大变形弹塑性理论

（上册）

Elasticity and Plasticity of Large Deformation (I)

陈明祥　著

科 学 出 版 社

北 京

内 容 简 介

本书在连续介质力学的理性框架下，介绍固体连续介质的大变形弹塑性理论。全书分上、下两册，上册介绍连续介质力学的基本理论和大变形弹性本构理论及其简单应用，主要包括：运动学分析，动力学基本定律，物质的对称性与时间空间不变性原理，弹性本构关系，相应边值问题的提法、解的唯一性和稳定性的概念，热弹性力学，物理场的间断性等，特别是有关物质描述和空间描述的内在联系和相互变换以及建立在它们基础上的对称性或不变性，本书给出了一系列新的阐述。基于正交性的各向同性弹性本构关系，不依赖于主轴的紧凑表示，以及由此建立的简洁运算是本书另外一个独到的工作。本书开篇对张量的基本知识包括张量函数表示理论进行了详细介绍，文后附录还对流体力学进行了基本的介绍。

本书可供高等学校力学、土木、机械、航天航空等专业的研究生用作教材，也可供相关学科的教师和科技工作者参考使用。

图书在版编目(CIP)数据

大变形弹塑性理论. 上册/陈明祥著. —北京: 科学出版社, 2022.4

ISBN 978-7-03-071436-7

Ⅰ. ①大…　Ⅱ. ①陈…　Ⅲ.①弹塑性变形理论　Ⅳ. ①O344.3

中国版本图书馆 CIP 数据核字 (2022) 第 023322 号

责任编辑: 刘信力　孔晓慧 / 责任校对: 彭珍珍
责任印制: 吴兆东 / 封面设计: 无极书装

科学出版社 出版
北京东黄城根北街 16 号
邮政编码: 100717
http://www.sciencep.com
北京虎彩文化传播有限公司 印刷
科学出版社发行　各地新华书店经销
*
2022 年 4 月第　一　版　开本: 720×1000　1/16
2022 年 4 月第一次印刷　印张: 35 3/4
字数: 720 000
定价: 178.00 元
(如有印装质量问题, 我社负责调换)

前　言

随着各种新型材料不断涌现，非均匀复杂介质越来越受到重视，围绕它们的多场耦合力学和多尺度力学正在不断发展，这些都离不开连续介质力学这一重要的理论基础，当前盛行的软物质研究更是离不开大变形理论，本书在连续介质力学的理性框架下，介绍固体连续介质的大变形弹塑性理论，旨在为力学和力学相关学科的研究者们提供一个内容系统并能反映当前发展状况的参考书，同时为相关专业的研究生提供一本多学时的教材。全书分上、下两册，上册介绍连续介质力学的基本理论和大变形弹性本构理论及其简单应用，为了理论体系理解上的完整性和一致性，书末附录对流体力学进行了最基本的介绍。下册介绍大变形黏弹性和塑性本构理论以及大变形弹塑性和黏弹性问题分析的非线性有限元方法。

物质描述和空间描述几乎平行地贯穿本书始终，这两种描述方法之间的内在联系和相互变换以及建立在它们基础上的对称性或不变性，是连续介质力学的迷人所在。从定义在参考构形上的物质张量与当前构形的转动无关性到定义在当前构形上的空间张量与参考构形的转动无关性；从基本物理量定义所必须具有的各向同性性质到它们时间变化率的空间标架无差异性或客观性要求；从基本原理的时空不变性到各种守恒定律的建立，从物质对称性和空间各向同性到本构响应函数的对称性，从固体相对无畸变参考构形的对称性到流体相对任意参考构形的各向同性，再到对称性“强弱”介于各向同性物质与流体之间的以当前构形为参考构形的各向同性，从各向异性在结构张量概念下的各向同性化表示定理到本构方程的一般不变性表示，再到各向同性超弹性本构方程在三维不变量空间的简洁直观表示，可谓是美不胜收，本书力求以逻辑严谨的方式展现其中的理性美。

考虑到一般曲线坐标系下的张量比较复杂，本书使用笛卡儿张量进行描述，只在阐明物理量前推和后拉运算的本质意义中涉及一点一般曲线坐标系，为此，书末附录中对这部分内容作了最基本和最必要的介绍。在边值问题的分析中，为达到简化的目的有时需要采用正交曲线坐标，如柱坐标和球坐标等，如第 9 章的相关内容，因此，后面对正交曲线坐标作了必要的介绍。假定读者对矢量运算和矩阵代数的基本内容有一定的熟悉。为了便于理解，对几乎所有的基本原理和定理以及绝大多数重要的结论都给出了详细的证明和推导，并附有少量的例题。

第 1 章介绍张量的一些基本运算符号规定和简单的运算规则，重点介绍二阶张量的一系列性质。第 2 章介绍张量函数的微分与线性化等基本运算，包括张量场的基本运算，如梯度、散度和旋度以及相关的积分定理等，最后介绍连续介质力学中非常有用的张量函数表示定理。少部分复杂的张量运算和相关定理放在后面各章所需要的地方进行介绍，以便结合具体的物理概念理解这些相对枯燥和抽象的数学运算和定理。

第 3 章从几何角度描述物体在固定时刻的变形状态，给出构形、物质描述方法和空间描述方法等基本概念，以及建立在它们基础上的一系列变形几何量的定义和意义，特别是各种应变度量。第 4 章转向物体运动的分析，即考虑取决于时间的当前构形系列，给出一些变形几何物理量的时间变化率，包括描述各种矢量轴转动的旋率。第 5 章集中在建立连续介质力学中物理量应遵循的基本守恒定律，包括：质量守恒；动量守恒和动量矩守恒；动量守恒的弱形式——虚位移原理；能量守恒和热力学第二定律，其中根据动量守恒和动量矩守恒，导出 Cauchy 应力原理、Cauchy 应力的对称性以及运动方程，并通过功共轭原理给出其他应力度量。为后面讨论对称性或不变性，第 3~第 5 章分别详细地建立了应变、应力及其时间变化率在参考构形变换和当前构形刚体转动下的变换特性。

为了描述物体的运动及其规律，总是需要引入一个空间标架和时钟，即所谓的时空系以度量物体在 Euclid 空间中的位置并记录时间的流逝。不同的观察者尽管所采用的时空系会不同，但是物质的宏观物理性质和基本原理都必须是不变的，即应满足所谓的客观性或更广义地讲就是时间不变性和空间不变性。第 6 章对其中所涉及的概念和原理进行详细讨论。

描述物质宏观物理性质的本构方程除应满足包括标架无差异性原理外，还应满足决定性原理和局部作用原理以及物质内部微结构所决定的物质对称性，第 7 章集中讨论这些原理和对称性，包括它们对本构响应函数形成的约束与简化；此外，根据物质对称性对物质进行分类，并针对不同物质类型的不同变形性质如弹性、黏性和塑性等，建立相应响应函数的一般结构；最后，介绍建立各向异性物质本构响应函数中非常有用的概念和定理——结构张量和各向同性化定理，以及各向同性函数的若干重要性质。

第 8 章讨论 Cauchy 弹性和超弹性物质使用常规应力应变度量的本构方程的一般表示，重点讨论应用张量表示定理建立它们在各向同性、横观各向同性和正交各向异性下的一般表示，根据本构方程在各向同性条件下的特点，专门建立它们在不变量空间的三种正交化基表示及其相互转换关系。第 9 章主要介绍边值问题的提法，以及解的唯一性和稳定性的概念，针对几个特殊的弹性体大变形边值问题，讨论其严格解，最后介绍能动量张量的定义和相应的守恒方程。

第 10 章讨论本构方程线性化后的增量 (率) 形式，针对应力客观率和变形率呈线性关系的次弹性物质，讨论其特殊的不变性以及使用对数客观率时的唯一可积性。第 11 章针对当前平衡状态施加微小增量荷载产生微小增量变形的情况，讨论增量形式的运动方程、增量形式的虚位移原理和增量形式的最小势能原理。在此基础上，讨论增量解的局部唯一性和局部 (或者线性化) 稳定性以及一些相关的概念，包括变形局部化与椭圆性、强椭圆性、外凸性等，并重点讨论它们对本构方程的约束。

第 12 章将前面介绍的本构原理拓展到包括热力学在内，建立热弹性物质和热黏性物质的本构方程应满足的一系列约束。还介绍热传导中的一些概念，包括潜热和比热等，以及热传导方程。第 13 章讨论物理量的间断条件，包括运动间断和动力间断。

作者在理解上的偏差在所难免，欢迎读者进行批评指正。

陈明祥

2021 年 10 月于珞珈山

目　　录

第 1 章　张量代数的基本知识

连续介质力学涉及各种物理量和它们所遵循的基本方程，人们通常总是在某一选取的坐标系中进行描述，并最终实现对它们所表达的问题的分析。但是这些物理量及其遵循的规律是客观存在的，并不随坐标系的选取而改变，即应具有坐标不变性。因此，在不同参考坐标系中，相应物理量的分量之间必须满足某种变换关系，以保证物理本质的不变性。这些物理量通常用张量描述，张量就是研究坐标变换中的不变性关系的。

在连续介质力学中，采用张量作为分析问题的工具是很有利的，它不仅使烦琐的数学公式变得简明、清晰，同时，由于张量的坐标不变性，定义物理量和建立它们所遵循的基本方程不受具体的坐标系的限制。

考虑到二阶张量是最常用的张量，本章以二阶张量为主要对象，介绍张量的定义、一些基本的运算符号规定和运算规则，对二阶张量的一些性质和特征量 (如不变量、特征值和特征矢量等) 进行较详细介绍，涉及的高阶张量主要是四阶张量，它往往由两个二阶张量所定义，其中一种方积方式经常遇到，为此给予专门介绍。本章所有讨论仅限于参考系为笛卡儿 (Descartes) 坐标系的情况，对于曲线坐标系下的张量运算将在附录中作简要介绍。

抽象记法 (也称符号记法) 中的张量均使用黑斜体表示，例如，使用 $\boldsymbol{u}$、$\boldsymbol{v}$、$\boldsymbol{w}$、$\boldsymbol{x}$ 和 $\boldsymbol{y}$ 代表矢量 (一阶张量)，$\boldsymbol{S}$、$\boldsymbol{T}$、$\boldsymbol{W}$、$\boldsymbol{R}$ 和 $\boldsymbol{Q}$ 代表二阶张量；$\mathbb{C}$、$\mathbb{F}$、$\boldsymbol{\mathcal{C}}$ 和 $\boldsymbol{\mathcal{F}}$ 等 Euclid 符号代表四阶张量。

1.1　矢量、指标记法、Kronecker 符号与置换符号

1.1.1　矢量

根据平行四边形法则，任意矢量相加产生一个新的矢量，且具有以下性质

$$\boldsymbol{u}+\boldsymbol{v}=\boldsymbol{v}+\boldsymbol{u}$$

$$(\boldsymbol{u}+\boldsymbol{v})+\boldsymbol{w}=\boldsymbol{u}+(\boldsymbol{v}+\boldsymbol{w})$$

$$\boldsymbol{u}+\boldsymbol{0}=\boldsymbol{u}$$

$$\boldsymbol{u}+(-\boldsymbol{u})=\boldsymbol{0}$$

式中 $\mathbf{0}$ 代表零矢量，它没有特定的方向，长度为零。使用 α，β 表示标量，矢量 $\boldsymbol{u}$ 与标量 α 相乘产生一个新的矢量 $\alpha\boldsymbol{u}$，若 $\alpha>0$，则它与 $\boldsymbol{u}$ 同方向，若 $\alpha<0$，则它与 $\boldsymbol{u}$ 方向相反，进一步，具有以下性质

$$(\alpha\beta)\,\boldsymbol{u}=\alpha\,(\beta\boldsymbol{u})$$

$$(\alpha+\beta)\,\boldsymbol{u}=\alpha\boldsymbol{u}+\beta\boldsymbol{u}$$

$$\alpha\,(\boldsymbol{u}+\boldsymbol{v})=\alpha\boldsymbol{u}+\alpha\boldsymbol{v}$$

任意两个矢量 $\boldsymbol{u}$ 和 $\boldsymbol{v}$ 的点积产生一个标量，故点积也称为标量积，使用 $\boldsymbol{u}\cdot\boldsymbol{v}$ 表示，满足下面的性质

$$\boldsymbol{u}\cdot\boldsymbol{v}=\boldsymbol{v}\cdot\boldsymbol{u}$$

$$\boldsymbol{u}\cdot\boldsymbol{u}>0,\quad 若\quad \boldsymbol{u}\neq\mathbf{0};\quad \boldsymbol{u}\cdot\boldsymbol{u}=0,\quad 若\quad \boldsymbol{u}=\mathbf{0}$$

以及双线性性质

$$(\alpha\boldsymbol{u}+\beta\boldsymbol{v})\cdot\boldsymbol{w}=\alpha\,(\boldsymbol{u}\cdot\boldsymbol{w})+\beta\,(\boldsymbol{v}\cdot\boldsymbol{w}) \tag{1.1}$$

矢量的长度或者模由 $\boldsymbol{u}\cdot\boldsymbol{u}$ 的平方根所定义，使用 $|\boldsymbol{u}|$ 表示，即

$$|\boldsymbol{u}|\xlongequal{\text{def}}(\boldsymbol{u}\cdot\boldsymbol{u})^{1/2}>0 \tag{1.2}$$

式中符号“$\xlongequal{\text{def}}$”表示“定义为”。一个矢量 $\boldsymbol{e}$，若 $|\boldsymbol{e}|=1$，则称它为单位矢量；若 $\boldsymbol{u}\cdot\boldsymbol{v}=0$，则称矢量 $\boldsymbol{u}$ 和 $\boldsymbol{v}$ 正交。

两个矢量 $\boldsymbol{u}$ 和 $\boldsymbol{v}$ 之间的矢量乘 (也称叉乘) 使用 $\boldsymbol{u}\times\boldsymbol{v}$ 表示，产生一个新的矢量，满足下面的性质

$$\boldsymbol{u}\times\boldsymbol{v}=-\,(\boldsymbol{v}\times\boldsymbol{u}) \tag{1.3a}$$

$$|\boldsymbol{u}\times\boldsymbol{v}|^2=|\boldsymbol{u}|^2\,|\boldsymbol{v}|^2-(\boldsymbol{u}\cdot\boldsymbol{v})^2 \tag{1.3b}$$

$$\boldsymbol{u}\cdot(\boldsymbol{u}\times\boldsymbol{v})=0 \tag{1.3c}$$

$$(\alpha\boldsymbol{u}+\beta\boldsymbol{v})\times\boldsymbol{w}=\alpha\,(\boldsymbol{u}\times\boldsymbol{w})+\beta\,(\boldsymbol{v}\times\boldsymbol{w}) \tag{1.3d}$$

根据这些定义式，可知点积和叉乘的几何解释应是

$$\boldsymbol{u}\cdot\boldsymbol{v}=|\boldsymbol{u}|\,|\boldsymbol{v}|\cos\theta \tag{1.4a}$$

$$\boldsymbol{u}\times\boldsymbol{v}=|\boldsymbol{u}|\,|\boldsymbol{v}|\sin\theta\boldsymbol{k} \tag{1.4b}$$

式中 θ 是矢量 $\boldsymbol{u}$ 和 $\boldsymbol{v}$ 之间的夹角，$\boldsymbol{k}$ 是与矢量 $\boldsymbol{u}$ 和 $\boldsymbol{v}$ 所在平面相垂直的单位矢量。于是有

$$|\boldsymbol{u}\times\boldsymbol{v}|=|\boldsymbol{u}|\,|\boldsymbol{v}|\sin\theta \tag{1.5}$$

几何上代表以 $\boldsymbol{u}$ 和 $\boldsymbol{v}$ 为边的平行四边形的面积。

上面的讨论采用黑体符号进行整体表述，没有涉及坐标系 (基) 和坐标分量，因而具有坐标不变性，这种表述非常简明、清晰。然而，在具体计算，特别是数值计算分析中，往往需要将矢量放在一个特定的坐标系 (基) 里使用分量进行讨论。

1.1.2 指标记法与 Kronecker 符号

选取特定的笛卡儿直角坐标系，其三个相互正交的单位基矢量使用 $\boldsymbol{e}_i(i=1,2,3)$ 表示，由于正交性，它们应满足

$$\boldsymbol{e}_1\cdot\boldsymbol{e}_2=\boldsymbol{e}_2\cdot\boldsymbol{e}_3=\boldsymbol{e}_3\cdot\boldsymbol{e}_1=0,\quad \boldsymbol{e}_1\cdot\boldsymbol{e}_1=\boldsymbol{e}_2\cdot\boldsymbol{e}_2=\boldsymbol{e}_3\cdot\boldsymbol{e}_3=1 \tag{1.6}$$

定义 Kronecker 符号为

$$\delta_{ij}\overset{\text{def}}{=\!=}\begin{cases}1, & i=j\\ 0, & i\neq j\end{cases} \tag{1.7}$$

式中下指标 i =1，2，3；j =1，2，3。因此，所定义的符号 δ 具有九个分量，可用单位矩阵以矩阵的形式表示 (通常让第一个指标对应行，第二个指标对应列)。按照指标记法规定，在表达式的每一项中，只出现一次的指标称之为自由指标，如式 (1.7) 中 i 和 j，自由指标均在 1 到 3 之间自由变化而不必再作专门注明。于是，基矢量的正交性式 (1.6) 可简记为

$$\boldsymbol{e}_i\cdot\boldsymbol{e}_j=\delta_{ij} \tag{1.8}$$

即任意两个基矢量之间的点积就等于 Kronecker 符号。

在选定的坐标基下，矢量 $\boldsymbol{u}$ 可一般表示为

$$\boldsymbol{u}=u_1\boldsymbol{e}_1+u_2\boldsymbol{e}_2+u_3\boldsymbol{e}_3=\sum_{i=1}^{3}u_i\boldsymbol{e}_i \tag{1.9}$$

式中 u_1，u_2，u_3 是 $\boldsymbol{u}$ 的三个坐标分量。为简便起见，约定：在表达式的每一项中，凡是重复出现两次的指标，都表示将这个指标依次取为 1、2、3 时所得的各项进行累加求和，而将原来的求和符号省略，这就是求和约定，其中重复出现两次的指标称为哑指标。于是，式 (1.9) 可简记为

$$\boldsymbol{u}=u_i\boldsymbol{e}_i \tag{1.10}$$

将上式中的哑指标 i 用 j 替换，然后两边使用 $\boldsymbol{e}_i$ 点积，考虑到 $\boldsymbol{u}$ 与 $\boldsymbol{e}_i$ 的点积即 $\boldsymbol{u}$ 在 $\boldsymbol{e}_i$ 上的投影就是 $\boldsymbol{u}$ 的第 i 个分量 u_i，再利用式 (1.8) 和定义式 (1.7)，应有

$$\boldsymbol{e}_i\cdot\boldsymbol{u}=\boldsymbol{e}_i\cdot(u_j\boldsymbol{e}_j)=\delta_{ij}u_j=u_i \tag{1.11}$$

式中 i 是自由指标，从 1 到 3 自由变化，而 j 是哑指标，需累加求和。根据上式的最后一个等式，Kronecker 符号可理解为指标替换符号，它将被乘矢量中的哑指标 j 替换为它自身中的自由指标 i。进一步有

$$\delta_{ij}\delta_{jk} = \delta_{ik} \tag{1.12}$$

应用式 (1.8) 和式 (1.11) 的最后一个等式，两个矢量之间的点积可表示为

$$\begin{aligned}\boldsymbol{u} \cdot \boldsymbol{v} &= (u_i\boldsymbol{e}_i) \cdot (v_j\boldsymbol{e}_j) = u_iv_j\boldsymbol{e}_i \cdot \boldsymbol{e}_j = u_i\delta_{ij}v_j = u_iv_i \\ &= u_1v_1 + u_2v_2 + u_3v_3\end{aligned}$$

显然，矢量 $\boldsymbol{u}$ 的长度的平方可表示为

$$|\boldsymbol{u}|^2 = \boldsymbol{u} \cdot \boldsymbol{u} = u_iu_i = u_1^2 + u_2^2 + u_3^2 \tag{1.13}$$

1.1.3 置换符号

置换符号定义为

$$\mathcal{E}_{ijk} \xlongequal{\text{def}} \begin{cases} 0, & \text{当两个或两个以上指标取相同值时} \\ 1, & \text{当 } i,j,k \text{ 按正序}(1,2,3);(2,3,1);(3,1,2)\text{取值时} \\ -1, & \text{当 } i,j,k \text{ 按逆序}(3,2,1);(2,1,3);(1,3,2)\text{取值时} \end{cases} \tag{1.14}$$

或者直接写成

$$\mathcal{E}_{123} = \mathcal{E}_{231} = \mathcal{E}_{312} = 1, \quad \mathcal{E}_{321} = \mathcal{E}_{213} = \mathcal{E}_{132} = -1$$

其余 21 个分量均为零。根据上面的定义，应有

$$\mathcal{E}_{ijk} = \mathcal{E}_{jki} = \mathcal{E}_{kij}, \quad \mathcal{E}_{ijk} = -\mathcal{E}_{jik}, \quad \mathcal{E}_{ijk} = -\mathcal{E}_{kji}, \quad \mathcal{E}_{ijk} = -\mathcal{E}_{ikj} \tag{1.15}$$

对于右手正交坐标系，两个基矢量之间的矢量乘应满足

$$\boldsymbol{e}_1 \times \boldsymbol{e}_2 = \boldsymbol{e}_3, \quad \boldsymbol{e}_2 \times \boldsymbol{e}_3 = \boldsymbol{e}_1, \quad \boldsymbol{e}_3 \times \boldsymbol{e}_1 = \boldsymbol{e}_2$$

$$\boldsymbol{e}_2 \times \boldsymbol{e}_1 = -\boldsymbol{e}_3, \quad \boldsymbol{e}_3 \times \boldsymbol{e}_2 = -\boldsymbol{e}_1, \quad \boldsymbol{e}_1 \times \boldsymbol{e}_3 = -\boldsymbol{e}_2$$

$$\boldsymbol{e}_1 \times \boldsymbol{e}_1 = \boldsymbol{e}_2 \times \boldsymbol{e}_2 = \boldsymbol{e}_3 \times \boldsymbol{e}_3 = \boldsymbol{0}$$

上面的关系应用置换符号则可简洁地表示为

$$\boldsymbol{e}_j \times \boldsymbol{e}_k = \mathcal{E}_{ijk}\boldsymbol{e}_i \tag{1.16}$$

式中 i 是哑指标，但在右边的累加求和中只有 $i \neq j \neq k$ 的一项不为零。将 i 用 l 替换，然后两边使用 $\boldsymbol{e}_i$ 点积，得

$$\boldsymbol{e}_i \cdot (\boldsymbol{e}_j \times \boldsymbol{e}_k) = \mathcal{E}_{ljk}\boldsymbol{e}_l \cdot \boldsymbol{e}_i = \mathcal{E}_{ljk}\delta_{li} \tag{1.17}$$

式中 l 是哑指标。利用 Kronecker 符号的指标替换性质，参考式 (1.11)，有

$$\mathcal{E}_{ijk} = \boldsymbol{e}_i \cdot (\boldsymbol{e}_j \times \boldsymbol{e}_k) \tag{1.18}$$

将式 (1.16) 中的哑指标 i 用 l 替换，然后两边同乘 $\mathcal{E}_{ijk}$，并利用后面式 (1.28) 的第一式，得

$$\mathcal{E}_{ijk}\boldsymbol{e}_j \times \boldsymbol{e}_k = \mathcal{E}_{ijk}\mathcal{E}_{ljk}\boldsymbol{e}_l = 2\delta_{il}\boldsymbol{e}_l = 2\boldsymbol{e}_i \tag{1.19}$$

因此

$$\boldsymbol{e}_i = \frac{1}{2}\mathcal{E}_{ijk}\boldsymbol{e}_j \times \boldsymbol{e}_k \tag{1.20}$$

利用置换符号，任意两个矢量之间的矢量乘可表示为

$$\boldsymbol{x} = \boldsymbol{u} \times \boldsymbol{v} = u_i\boldsymbol{e}_i \times v_j\boldsymbol{e}_j = \mathcal{E}_{kij}u_iv_j\boldsymbol{e}_k = x_k\boldsymbol{e}_k \tag{1.21}$$

得分量表达式是

$$x_k = \mathcal{E}_{kij}u_iv_j = \mathcal{E}_{ijk}u_iv_j$$

或展开表示为

$$x_1 = u_2v_3 - u_3v_2, \quad x_2 = u_3v_1 - u_1v_3, \quad x_3 = u_1v_2 - u_2v_1$$

三个矢量的混合乘 $(\boldsymbol{u} \times \boldsymbol{v}) \cdot \boldsymbol{w}$ 记作 $[\boldsymbol{u},\ \boldsymbol{v},\ \boldsymbol{w}]$，即有

$$[\boldsymbol{u}, \boldsymbol{v}, \boldsymbol{w}] \xlongequal{\text{def}} (\boldsymbol{u} \times \boldsymbol{v}) \cdot \boldsymbol{w} \tag{1.22}$$

它在几何上代表以这三个矢量为边的平行六面体的体积，如图 1.1 所示，因为根据定义

$$(\boldsymbol{u} \times \boldsymbol{v}) \cdot \boldsymbol{w} = |\boldsymbol{u} \times \boldsymbol{v}|\,|\boldsymbol{w}|\cos\psi = |\boldsymbol{u}|\,|\boldsymbol{v}|\sin\theta\,|\boldsymbol{w}|\cos\psi$$

其中 $|\boldsymbol{u}|\,|\boldsymbol{v}|\sin\theta$ 代表底面积，$|\boldsymbol{w}|\cos\psi$ 代表高。在式 (1.22) 中使用式 (1.21) 和式 (1.8)，有

$$\begin{aligned}[\boldsymbol{u}, \boldsymbol{v}, \boldsymbol{w}] &= \mathcal{E}_{ijk}u_iv_j\boldsymbol{e}_k \cdot (w_l\boldsymbol{e}_l) = \mathcal{E}_{ijk}u_iv_j\delta_{kl}w_l = \mathcal{E}_{ijk}u_iv_jw_k \\ &= u_1v_2w_3 + u_2v_3w_1 + u_3v_1w_2 - u_2v_1w_3 - u_3v_2w_1 - u_1v_3w_2\end{aligned} \tag{1.23}$$

很容易证明，上述混合乘就等于三个矢量的九个分量所组成矩阵的行列式，即

$$[\boldsymbol{u},\boldsymbol{v},\boldsymbol{w}]=\det\begin{bmatrix}u_1 & u_2 & u_3\\ v_1 & v_2 & v_3\\ w_1 & w_2 & w_3\end{bmatrix}\tag{1.24}$$

式中 det 代表求行列式。上面的行列式只有当三个矢量 $\boldsymbol{u}$，$\boldsymbol{v}$，$\boldsymbol{w}$ 线性相关时，即其中至少两个矢量相互平行时，才会为零。利用式 (1.22) 和式 (1.3a)，可证明下列等式关系成立

$$[\boldsymbol{u},\boldsymbol{v},\boldsymbol{w}]=[\boldsymbol{v},\boldsymbol{w},\boldsymbol{u}]=[\boldsymbol{w},\boldsymbol{u},\boldsymbol{v}]=-[\boldsymbol{v},\boldsymbol{u},\boldsymbol{w}]=-[\boldsymbol{u},\boldsymbol{w},\boldsymbol{v}]=-[\boldsymbol{w},\boldsymbol{v},\boldsymbol{u}]\tag{1.25}$$

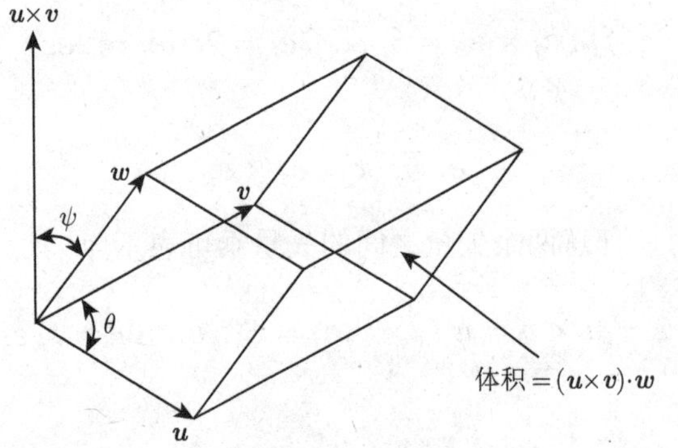

图 1.1　混合乘的几何意义

若结合定义式 (1.18) 和式 (1.22) 以及式 (1.8)，并考虑到三个矢量的混合乘就等于它们在坐标基矢量上投影分量所形成的矩阵行列式，见式 (1.24)，还可将置换符号写成行列式的形式

$$\mathcal{E}_{ijk}=[\boldsymbol{e}_i,\boldsymbol{e}_j,\boldsymbol{e}_k]=\det\begin{bmatrix}\boldsymbol{e}_i\cdot\boldsymbol{e}_1 & \boldsymbol{e}_i\cdot\boldsymbol{e}_2 & \boldsymbol{e}_i\cdot\boldsymbol{e}_3\\ \boldsymbol{e}_j\cdot\boldsymbol{e}_1 & \boldsymbol{e}_j\cdot\boldsymbol{e}_2 & \boldsymbol{e}_j\cdot\boldsymbol{e}_3\\ \boldsymbol{e}_k\cdot\boldsymbol{e}_1 & \boldsymbol{e}_k\cdot\boldsymbol{e}_2 & \boldsymbol{e}_k\cdot\boldsymbol{e}_3\end{bmatrix}=\det\begin{bmatrix}\delta_{i1} & \delta_{i2} & \delta_{i3}\\ \delta_{j1} & \delta_{j2} & \delta_{j3}\\ \delta_{k1} & \delta_{k2} & \delta_{k3}\end{bmatrix}$$

使用上式，并考虑到转置矩阵的行列式与矩阵本身的行列式相等，两矩阵乘的行列式与两矩阵行列式的乘积相等以及 $\delta_{im}\delta_{pm}=\delta_{ip}$，得

$$\begin{aligned}\mathcal{E}_{ijk}\mathcal{E}_{pqr}&=\det\begin{bmatrix}\delta_{i1} & \delta_{i2} & \delta_{i3}\\ \delta_{j1} & \delta_{j2} & \delta_{j3}\\ \delta_{k1} & \delta_{k2} & \delta_{k3}\end{bmatrix}\det\begin{bmatrix}\delta_{p1} & \delta_{p2} & \delta_{p3}\\ \delta_{q1} & \delta_{q2} & \delta_{q3}\\ \delta_{r1} & \delta_{r2} & \delta_{r3}\end{bmatrix}\\ &=\det\begin{bmatrix}\delta_{i1} & \delta_{i2} & \delta_{i3}\\ \delta_{j1} & \delta_{j2} & \delta_{j3}\\ \delta_{k1} & \delta_{k2} & \delta_{k3}\end{bmatrix}\det\begin{bmatrix}\delta_{p1} & \delta_{q1} & \delta_{r1}\\ \delta_{p2} & \delta_{q2} & \delta_{r2}\\ \delta_{p3} & \delta_{q3} & \delta_{r3}\end{bmatrix}\end{aligned}$$

$$
= \det\left(\begin{bmatrix} \delta_{i1} & \delta_{i2} & \delta_{i3} \\ \delta_{j1} & \delta_{j2} & \delta_{j3} \\ \delta_{k1} & \delta_{k2} & \delta_{k3} \end{bmatrix}\begin{bmatrix} \delta_{p1} & \delta_{q1} & \delta_{r1} \\ \delta_{p2} & \delta_{q2} & \delta_{r2} \\ \delta_{p3} & \delta_{q3} & \delta_{r3} \end{bmatrix}\right)
$$

$$
= \det\begin{bmatrix} \delta_{im}\delta_{pm} & \delta_{im}\delta_{qm} & \delta_{im}\delta_{rm} \\ \delta_{jm}\delta_{pm} & \delta_{jm}\delta_{qm} & \delta_{jm}\delta_{rm} \\ \delta_{km}\delta_{pm} & \delta_{km}\delta_{qm} & \delta_{km}\delta_{rm} \end{bmatrix} = \det\begin{bmatrix} \delta_{ip} & \delta_{iq} & \delta_{ir} \\ \delta_{jp} & \delta_{jq} & \delta_{jr} \\ \delta_{kp} & \delta_{kq} & \delta_{kr} \end{bmatrix}
$$

展开最后的行列式，参见式 (1.23)，得

$$
\begin{aligned} \mathcal{E}_{ijk}\mathcal{E}_{pqr} = {} & \delta_{ip}\delta_{jq}\delta_{kr} + \delta_{iq}\delta_{jr}\delta_{kp} + \delta_{ir}\delta_{jp}\delta_{kq} \\ & - \delta_{ir}\delta_{jq}\delta_{kp} - \delta_{iq}\delta_{jp}\delta_{kr} - \delta_{ip}\delta_{jr}\delta_{kq} \end{aligned} \tag{1.26}
$$

在上式中令 $p = i$，考虑到 $\delta_{ii} = 3$，并利用 Kronecker 符号的指标替换性质，从而得

$$
\mathcal{E}_{ijk}\mathcal{E}_{iqr} = \delta_{jq}\delta_{kr} - \delta_{jr}\delta_{kq} \tag{1.27}
$$

进一步地，得

$$
\mathcal{E}_{ijk}\mathcal{E}_{ijr} = 2\delta_{kr}, \quad \mathcal{E}_{ijk}\mathcal{E}_{ijk} = 6 \tag{1.28}
$$

1.1.4 矢量的坐标变换

设 $\boldsymbol{e}_k^*(k = 1, 2, 3)$ 代表另外一套新坐标系的三个单位基矢量，将它们分别投影到原有旧坐标系单位基矢量 $\boldsymbol{e}_l(l = 1, 2, 3)$ 上，则有

$$
\boldsymbol{e}_1^* = (\boldsymbol{e}_1^* \cdot \boldsymbol{e}_1)\,\boldsymbol{e}_1 + (\boldsymbol{e}_1^* \cdot \boldsymbol{e}_2)\,\boldsymbol{e}_2 + (\boldsymbol{e}_1^* \cdot \boldsymbol{e}_3)\,\boldsymbol{e}_3
$$

$$
\boldsymbol{e}_2^* = (\boldsymbol{e}_2^* \cdot \boldsymbol{e}_1)\,\boldsymbol{e}_1 + (\boldsymbol{e}_2^* \cdot \boldsymbol{e}_2)\,\boldsymbol{e}_2 + (\boldsymbol{e}_2^* \cdot \boldsymbol{e}_3)\,\boldsymbol{e}_3
$$

$$
\boldsymbol{e}_3^* = (\boldsymbol{e}_3^* \cdot \boldsymbol{e}_1)\,\boldsymbol{e}_1 + (\boldsymbol{e}_3^* \cdot \boldsymbol{e}_2)\,\boldsymbol{e}_2 + (\boldsymbol{e}_3^* \cdot \boldsymbol{e}_3)\,\boldsymbol{e}_3
$$

将式中的 9 个投影分量定义为 Q_{kl}，即

$$
Q_{kl} = \boldsymbol{e}_k^* \cdot \boldsymbol{e}_l \tag{1.29}
$$

于是前面三个式子可简洁地写成

$$
\boldsymbol{e}_k^* = Q_{kl}\boldsymbol{e}_l \tag{1.30}
$$

按照上面的步骤，将旧坐标系的基矢量分别投影到新坐标系的基矢量上，则有

$$
\boldsymbol{e}_l = Q_{kl}\boldsymbol{e}_k^* \tag{1.31}
$$

利用式 (1.31) 和基矢量的正交性可得

$$\boldsymbol{e}_k \cdot \boldsymbol{e}_l = (Q_{jk}\boldsymbol{e}_j^*) \cdot \boldsymbol{e}_l = Q_{jk}Q_{jl} = \delta_{kl} \tag{1.32a}$$

$$\boldsymbol{e}_k^* \cdot \boldsymbol{e}_l^* = (Q_{kj}\boldsymbol{e}_j) \cdot \boldsymbol{e}_l^* = Q_{kj}Q_{lj} = \delta_{kl} \tag{1.32b}$$

结合起来写成

$$Q_{jk}Q_{jl} = Q_{kj}Q_{lj} = \delta_{kl} \tag{1.33}$$

将 Q_{ij} 的九个分量使用 3×3 矩阵 $[Q]$ 表示，其中，第一个指标对应行，第二个指标对应列，上式可写成

$$[Q]^{\mathrm{T}}[Q] = [Q][Q]^{\mathrm{T}} = [1]$$

式中 [1] 代表单位矩阵，上标 “T” 表示转置。式 (1.33) 表明：$[Q]$ 的 k 行 (列) 和 l 行 (列) 对应元素相乘，当 $k=l$ 时为 1，当 $k\neq l$ 时为零，从推导过程可知，这种性质是由坐标系 $\boldsymbol{e}_k^*(k=1,2,3)$ 和坐标系 $\boldsymbol{e}_k(k=1,2,3)$ 的正交性所决定的，实际上，根据式 (1.31)，矩阵 $[Q]$ 的 k 行 (列) 三个元素代表 $\boldsymbol{e}_k^*(\boldsymbol{e}_k)$ 在旧 (新) 坐标系下的三个分量。

作为一个例子，考虑绕 $\boldsymbol{e}_3$ 轴转动 θ 角的坐标变换，如图 1.2 所示，就有 $\boldsymbol{e}_3^* = \boldsymbol{e}_3$, 以及

$$\boldsymbol{e}_1^* = \cos\theta\boldsymbol{e}_1 + \sin\theta\boldsymbol{e}_2, \quad \boldsymbol{e}_2^* = -\sin\theta\boldsymbol{e}_1 + \cos\theta\boldsymbol{e}_2 \tag{1.34}$$

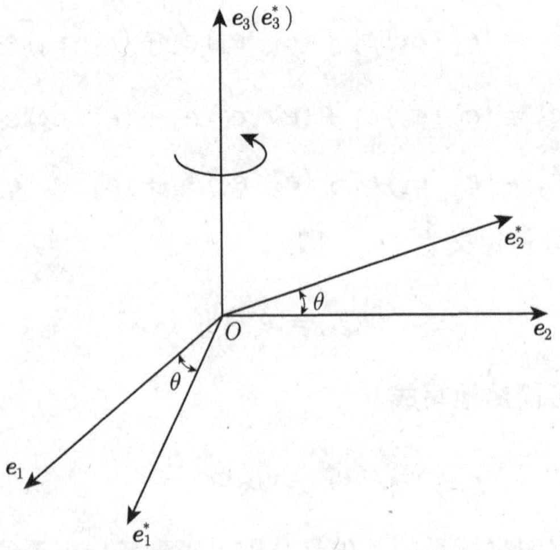

图 1.2　绕 $\boldsymbol{e}_3$ 轴转动的坐标变换

将上式代入式 (1.29)，得分量 Q_{ij} 组成的矩阵 $[Q]$ 是

$$[Q]=\begin{bmatrix}\cos\theta & \sin\theta & 0\\ -\sin\theta & \cos\theta & 0\\ 0 & 0 & 1\end{bmatrix} \tag{1.35}$$

任意一个矢量 $\boldsymbol{v}$ 在不同坐标系下，应满足

$$\boldsymbol{v}=v_l\boldsymbol{e}_l=v_k^*\boldsymbol{e}_k^* \tag{1.36}$$

将式 (1.31) 代入其中，得

$$v_lQ_{kl}\boldsymbol{e}_k^*=v_k^*\boldsymbol{e}_k^*$$

因此，新旧坐标系下的分量之间的关系便是

$$v_k^*=Q_{kl}v_l \tag{1.37}$$

1.2 二阶张量的定义

张量的本质就是它不依赖坐标系，即具有坐标不变性。标量 (如温度、密度和质量等) 和矢量 (如位移、速度和加速度等) 都不依赖坐标系，所以都是张量。标量仅由一个分量组成，而矢量既可由黑体字母抽象表示，也可由相对一个特定坐标系的三个分量所表示，无论是标量还是矢量，其分量个数就是 3^n，对于标量 $n=0$，而对于矢量 $n=1$，所以它们被分别称为零阶张量和一阶张量。下面讨论具有 3^2 分量的二阶张量。

1.2.1 定义为线性变换的二阶张量及其分量表示

二阶张量是三维矢量空间中的线性变换，它将一个矢量线性变换成另外一个矢量。例如，在变形几何分析中，考察初始状态中的线元矢量 $\mathrm{d}\boldsymbol{X}$，它经过转动和伸长变形变换为当前状态下的线元矢量 $\mathrm{d}\boldsymbol{x}$，分析表明 $\mathrm{d}\boldsymbol{x}$ 必将线性地取决于 $\mathrm{d}\boldsymbol{X}$，或者说，它们之间的变换是线性变换，这个线性变换就是 3.3 节中定义的变形梯度 (二阶张量)$\boldsymbol{F}$。又例如，考察物体中一点的应力状态，过该点作任意一个微小截面，设微元面积矢量为 $\boldsymbol{n}\mathrm{d}a$(其中 $\boldsymbol{n}$ 和 $\mathrm{d}a$ 分别是面积微元的法线和面积)，作用在面积微元上的合力矢量为 $\mathrm{d}\boldsymbol{q}$，分析表明单位面积上的力矢量 $\boldsymbol{t}=\mathrm{d}\boldsymbol{q}/\mathrm{d}a$ 线性地取决于法线 $\boldsymbol{n}$，或者说，$\boldsymbol{n}$ 和 $\boldsymbol{t}$ 之间的变换为线性变换，而这个线性变换就是描述一点应力状态的 Cauchy 应力 (二阶张量)$\boldsymbol{\sigma}$。总体来说，二阶张量是一个线性算子，定义一个自变量为矢量、函数值也为矢量的线性函数。为方便讨论，设二阶张量为 $\boldsymbol{S}$，它将矢量 $\boldsymbol{u}$ 线性变换成另外一个矢量 $\boldsymbol{v}$，或者说，它定义了一个

自变量为矢量 $\boldsymbol{u}$、函数值为矢量 $\boldsymbol{v}$ 的线性函数，暂时记作 $\boldsymbol{v}=\boldsymbol{S}[\boldsymbol{u}]$，其中中括号表示变换。所谓线性性，即要求：对任意两个矢量和的变换等于对这两个矢量分别变换后再求和；对矢量与标量乘的变换等于对这个矢量变换后再标量乘，

$$\boldsymbol{S}[\boldsymbol{x}+\boldsymbol{y}]=\boldsymbol{S}[\boldsymbol{x}]+\boldsymbol{S}[\boldsymbol{y}]$$

$$\boldsymbol{S}[\alpha\boldsymbol{x}]=\alpha\boldsymbol{S}[\boldsymbol{x}]$$

其中 $\boldsymbol{x}$ 和 $\boldsymbol{y}$ 是任意的矢量，α 是任意的标量，设 β 是另外的标量，上述性质可写成

$$\boldsymbol{S}[\alpha\boldsymbol{x}+\beta\boldsymbol{y}]=\alpha\boldsymbol{S}[\boldsymbol{x}]+\beta\boldsymbol{S}[\boldsymbol{y}] \tag{1.38}$$

即对两个任意矢量线性组合的变换等于对这两个矢量变换的线性组合。

上面的定义与坐标系的选取无关。然而，实际问题的具体分析往往需要在特定的坐标系下进行，若选取特定的笛卡儿坐标系，其三个单位基矢量为 $\boldsymbol{e}_i$，矢量 $\boldsymbol{u}$ 表示为 $\boldsymbol{u}=u_i\boldsymbol{e}_i$，下面介绍二阶张量将如何表示。根据线性性质，二阶张量 $\boldsymbol{S}$ 对矢量 $\boldsymbol{u}$ 的变换可写成

$$\boldsymbol{v}=\boldsymbol{S}[\boldsymbol{u}]=\boldsymbol{S}[u_j\boldsymbol{e}_j]=u_j\boldsymbol{S}[\boldsymbol{e}_j] \tag{1.39}$$

式中 $\boldsymbol{S}[\mathrm{e}_j](j=1,2,3)$ 代表将每个基矢量分别变换所得的矢量，共三个。将这三个矢量分别在基矢量 $\mathrm{e}_i(i=1,2,3)$ 上进行投影，得其表示为

$$\boldsymbol{S}[\mathbf{e}_1]=(\mathbf{e}_1\cdot\boldsymbol{S}[\mathbf{e}_1])\,\mathbf{e}_1+(\mathbf{e}_2\cdot\boldsymbol{S}[\mathbf{e}_1])\,\mathbf{e}_2+(\mathbf{e}_3\cdot\boldsymbol{S}[\mathbf{e}_1])\,\mathbf{e}_3$$

$$\boldsymbol{S}[\mathbf{e}_2]=(\mathbf{e}_1\cdot\boldsymbol{S}[\mathbf{e}_2])\,\mathbf{e}_1+(\mathbf{e}_2\cdot\boldsymbol{S}[\mathbf{e}_2])\,\mathbf{e}_2+(\mathbf{e}_3\cdot\boldsymbol{S}[\mathbf{e}_2])\,\mathbf{e}_3$$

$$\boldsymbol{S}[\mathbf{e}_3]=(\mathbf{e}_1\cdot\boldsymbol{S}[\mathbf{e}_3])\,\mathbf{e}_1+(\mathbf{e}_2\cdot\boldsymbol{S}[\mathbf{e}_3])\,\mathbf{e}_2+(\mathbf{e}_3\cdot\boldsymbol{S}[\mathbf{e}_3])\,\mathbf{e}_3$$

将式中的九个投影分量定义为 S_{ij}，即

$$\boldsymbol{e}_i\cdot\boldsymbol{S}[\mathbf{e}_j]\xlongequal{\text{def}}S_{ij} \tag{1.40}$$

于是，三个矢量 $\boldsymbol{S}[\mathbf{e}_1]$，$\boldsymbol{S}[\mathbf{e}_2]$ 和 $\boldsymbol{S}[\mathbf{e}_3]$ 采用指标记法简洁地表示为

$$\boldsymbol{S}[\mathbf{e}_j]=S_{ij}\boldsymbol{e}_i \tag{1.41}$$

将式 (1.41) 代入式 (1.39)，考虑到 $\boldsymbol{v}=v_i\boldsymbol{e}_i$，有

$$\boldsymbol{v}=\boldsymbol{S}[\boldsymbol{u}]=S_{ij}u_j\boldsymbol{e}_i=v_i\boldsymbol{e}_i \tag{1.42}$$

因此得变换的分量表示为

$$S_{ij}u_j=v_i \tag{1.43}$$

或写成矩阵形式

$$\begin{bmatrix} S_{11} & S_{12} & S_{13} \\ S_{21} & S_{22} & S_{23} \\ S_{31} & S_{32} & S_{33} \end{bmatrix} \begin{Bmatrix} u_1 \\ u_2 \\ u_3 \end{Bmatrix} = \begin{Bmatrix} v_1 \\ v_2 \\ v_3 \end{Bmatrix}$$

显然，二阶张量对矢量的变换等价于 3×3 矩阵对 3×1 列阵的变换，其中 3×1 列阵对应矢量，而 3×3 矩阵对应二阶张量。

上面关于变换的分量或矩阵表示取决于坐标系，如何将坐标系基矢量的信息包括在张量的表示中，下面进行讨论。

1.2.2 两矢量之间的并乘、二阶张量的表示及其与矢量的点积

考虑到 $u_j=\boldsymbol{e}_j\cdot\boldsymbol{u}$，张量 $\boldsymbol{S}$ 对 $\boldsymbol{u}$ 的线性变换式 (1.42) 可表示为

$$\boldsymbol{S}[\boldsymbol{u}]=S_{ij}u_j\boldsymbol{e}_i=S_{ij}\boldsymbol{e}_i(\boldsymbol{e}_j\cdot\boldsymbol{u}) \tag{1.44}$$

引入定义

$$(\boldsymbol{e}_i\otimes\boldsymbol{e}_j)\cdot\boldsymbol{u}\overset{\text{def}}{=\!=\!=}\boldsymbol{e}_i(\boldsymbol{e}_j\cdot\boldsymbol{u}) \tag{1.45}$$

式中符号“$\otimes$”代表张量乘或并乘，则有

$$\boldsymbol{S}[\boldsymbol{u}]=(S_{ij}\boldsymbol{e}_i\otimes\boldsymbol{e}_j)\cdot\boldsymbol{u}=\boldsymbol{S}\cdot\boldsymbol{u} \tag{1.46}$$

其中

$$\boldsymbol{S}=S_{ij}\boldsymbol{e}_i\otimes\boldsymbol{e}_j \tag{1.47}$$

上式是二阶张量 $\boldsymbol{S}$ 在特定坐标系下的整体表示。从定义式 (1.45) 可知，两个基矢量之间的张量乘“$\boldsymbol{e}_i\otimes\boldsymbol{e}_j$”显然构成二阶张量，因为它们将矢量 $\boldsymbol{u}$ 分别变换为大小为 u_j、方向沿 $\boldsymbol{e}_i$ 的矢量，且变换是线性的，

$$\begin{aligned}(\boldsymbol{e}_i\otimes\boldsymbol{e}_j)\cdot(\boldsymbol{x}+\boldsymbol{y})&=\boldsymbol{e}_i(\boldsymbol{e}_j\cdot(\boldsymbol{x}+\boldsymbol{y}))=\boldsymbol{e}_i(\boldsymbol{e}_j\cdot\boldsymbol{x}+\boldsymbol{e}_j\cdot\boldsymbol{y})\\&=\boldsymbol{e}_i(\boldsymbol{e}_j\cdot\boldsymbol{x})+\boldsymbol{e}_i(\boldsymbol{e}_j\cdot\boldsymbol{y})=(\boldsymbol{e}_i\otimes\boldsymbol{e}_j)\cdot\boldsymbol{x}+(\boldsymbol{e}_i\otimes\boldsymbol{e}_j)\cdot\boldsymbol{y}\end{aligned} \tag{1.48a}$$

$$(\boldsymbol{e}_i\otimes\boldsymbol{e}_j)\cdot(\alpha\boldsymbol{x})=\boldsymbol{e}_i(\boldsymbol{e}_j\cdot\alpha\boldsymbol{x})=\alpha\boldsymbol{e}_i(\boldsymbol{e}_j\cdot\boldsymbol{x})=\alpha(\boldsymbol{e}_i\otimes\boldsymbol{e}_j)\cdot\boldsymbol{x} \tag{1.48b}$$

通常将“$\boldsymbol{e}_i\otimes\boldsymbol{e}_j$”称作基张量，共九个，从式 (1.47) 可知，二阶张量 $\boldsymbol{S}$ 是九个基张量的线性组合，组合系数构成它的九个分量。

根据式 (1.46) 和式 (1.45)，二阶张量 $\boldsymbol{S}$ 对矢量 $\boldsymbol{u}$ 的变换写成不依赖于坐标系的形式便是 $\boldsymbol{S}\cdot\boldsymbol{u}$，就是在它们之间进行点积。变换的线性性质式 (1.38) 使用点积可表示为

$$S[\alpha\boldsymbol{x}+\beta\boldsymbol{y}]=\boldsymbol{S}\cdot(\alpha\boldsymbol{x}+\beta\boldsymbol{y})=\alpha(\boldsymbol{S}\cdot\boldsymbol{x})+\beta(\boldsymbol{S}\cdot\boldsymbol{y}) \tag{1.49}$$

张量 $\boldsymbol{S}$ 对基矢量 $\boldsymbol{e}_j$ 的线性变换可表示为

$$\boldsymbol{S}[\boldsymbol{e}_j] = \boldsymbol{S} \cdot \boldsymbol{e}_j \tag{1.50}$$

将它代入式 (1.40)，二阶张量 $\boldsymbol{S}$ 的分量可用二阶张量与基矢量之间的点积得到，为

$$S_{ij} = \boldsymbol{e}_i \cdot (\boldsymbol{S} \cdot \boldsymbol{e}_j) \tag{1.51}$$

相应式 (1.45)，可等价地定义

$$\boldsymbol{u} \cdot (\boldsymbol{e}_i \otimes \boldsymbol{e}_j) \xlongequal{\text{def}} (\boldsymbol{u} \cdot \boldsymbol{e}_i)\, \boldsymbol{e}_j \tag{1.52}$$

则二阶张量 $\boldsymbol{S}$ 前点积矢量 $\boldsymbol{u}$ 有

$$\boldsymbol{u} \cdot \boldsymbol{S} = \boldsymbol{u} \cdot (S_{ij} \boldsymbol{e}_i \otimes \boldsymbol{e}_j) = S_{ij}\, (\boldsymbol{u} \cdot \boldsymbol{e}_i)\, \boldsymbol{e}_j = u_i S_{ij} \boldsymbol{e}_j \tag{1.53}$$

若将所得矢量记为 $\boldsymbol{y}= y_j \boldsymbol{e}_j$，则有

$$u_i S_{ij} = y_j \tag{1.54}$$

写成矩阵是

$$\{u_1 \quad u_2 \quad u_3\} \begin{bmatrix} S_{11} & S_{12} & S_{13} \\ S_{21} & S_{22} & S_{23} \\ S_{31} & S_{32} & S_{33} \end{bmatrix} = \{y_1 \quad y_2 \quad y_3\}$$

或用转置矩阵写成

$$\begin{bmatrix} S_{11} & S_{12} & S_{13} \\ S_{21} & S_{22} & S_{23} \\ S_{31} & S_{32} & S_{33} \end{bmatrix}^{\mathrm{T}} \begin{Bmatrix} u_1 \\ u_2 \\ u_3 \end{Bmatrix} = \begin{Bmatrix} y_1 \\ y_2 \\ y_3 \end{Bmatrix} \tag{1.55}$$

总结式 (1.53) 和式 (1.46) 可知，在特定的坐标系下，张量与矢量之间的点积 (无论是前点积还是后点积) 就是将二阶张量的每一个基张量 $\boldsymbol{e}_i \otimes \boldsymbol{e}_j$ 中靠近矢量 $\boldsymbol{u}$ 的一个基矢量与矢量 $\boldsymbol{u}$ 进行点积。显然式 (1.51) 可写成

$$S_{ij} = \boldsymbol{e}_i \cdot (\boldsymbol{S} \cdot \boldsymbol{e}_j) = (\boldsymbol{e}_i \cdot \boldsymbol{S}) \cdot \boldsymbol{e}_j = \boldsymbol{e}_i \cdot \boldsymbol{S} \cdot \boldsymbol{e}_j \tag{1.56}$$

即前后点积可不分先后。

使用定义式 (1.45) 和式 (1.52)，任意两个矢量 $\boldsymbol{a}$ 和 $\boldsymbol{b}$ 之间的张量积 $\boldsymbol{a} \otimes \boldsymbol{b}$ 定义一个二阶张量，且满足

$$(\boldsymbol{a} \otimes \boldsymbol{b}) \cdot \boldsymbol{u} = \boldsymbol{a}\, (\boldsymbol{b} \cdot \boldsymbol{u}) \tag{1.57a}$$

$$\boldsymbol{u}\cdot(\boldsymbol{b}\otimes\boldsymbol{a})=(\boldsymbol{u}\cdot\boldsymbol{b})\,\boldsymbol{a} \tag{1.57b}$$

注意：$\boldsymbol{a}\otimes\boldsymbol{b}\neq\boldsymbol{b}\otimes\boldsymbol{a}$。由这两个式子可写出

$$(\boldsymbol{v}\cdot\boldsymbol{a})\,(\boldsymbol{b}\cdot\boldsymbol{u})=\boldsymbol{v}\cdot((\boldsymbol{a}\otimes\boldsymbol{b})\cdot\boldsymbol{u})=(\boldsymbol{v}\cdot(\boldsymbol{a}\otimes\boldsymbol{b}))\cdot\boldsymbol{u}=\boldsymbol{v}\cdot(\boldsymbol{a}\otimes\boldsymbol{b})\cdot\boldsymbol{u} \tag{1.58}$$

根据式 (1.51)，二阶张量 $\boldsymbol{a}\otimes\boldsymbol{b}$ 的分量应是

$$(\boldsymbol{a}\otimes\boldsymbol{b})_{ij}=\boldsymbol{e}_i\cdot(\boldsymbol{a}\otimes\boldsymbol{b})\cdot\boldsymbol{e}_j=a_ib_j$$

因此它的表示是

$$\boldsymbol{a}\otimes\boldsymbol{b}=a_ib_j\boldsymbol{e}_i\otimes\boldsymbol{e}_j \tag{1.59}$$

虽然两个矢量并乘得到一个二阶张量，但并不是所有的二阶张量都可通过两个矢量的并乘得到，因为，由任意两个矢量并乘所得的二阶张量具有局限性：比如设 $\boldsymbol{T}=\boldsymbol{a}\otimes\boldsymbol{b}$，它将任意一个与 $\boldsymbol{b}$ 正交的矢量变换为零矢量，而且所有其他矢量包括平行于 $\boldsymbol{a}$ 在内的矢量经 $\boldsymbol{T}$ 变换后仍平行于 $\boldsymbol{a}$，根据后面有关特征值与特征矢量的定义，与 $\boldsymbol{b}$ 正交的平面上的任意矢量及矢量 $\boldsymbol{a}$ 都是张量 $\boldsymbol{T}=\boldsymbol{a}\otimes\boldsymbol{b}$ 的特征矢量，也就是说，只有具有这种特征矢量性质的张量才能通过两个矢量的并乘得到。不过，任意一个二阶张量总是可以表达为三个矢量与另外三个矢量分别对应并乘后相加，比如，结合式 (1.47)、式 (1.41) 和式 (1.50)，可将张量 $\boldsymbol{S}$ 表示为

$$\boldsymbol{S}=(\boldsymbol{S}\cdot\boldsymbol{e}_j)\otimes\boldsymbol{e}_j \tag{1.60}$$

此外，可证明所定义的矢量之间的并乘还具有如下性质

$$\boldsymbol{a}\otimes(\alpha\boldsymbol{x}+\beta\boldsymbol{y})=\alpha\boldsymbol{a}\otimes\boldsymbol{x}+\beta\boldsymbol{a}\otimes\boldsymbol{y} \tag{1.61a}$$

$$(\boldsymbol{S}\cdot\boldsymbol{a})\otimes\boldsymbol{b}=\boldsymbol{S}\cdot(\boldsymbol{a}\otimes\boldsymbol{b})=\boldsymbol{S}\cdot\boldsymbol{a}\otimes\boldsymbol{b} \tag{1.61b}$$

1.3 二阶张量的基本运算规则

1.3.1 二阶张量的和与标量乘

二阶张量是通过矢量而定义的，因此，二阶张量的一系列运算也是通过矢量来进行定义。两个二阶张量 $\boldsymbol{S}$ 和 $\boldsymbol{T}$ 的和定义为这两个二阶张量分别对矢量变换后再求和，即

$$(\boldsymbol{S}+\boldsymbol{T})\cdot\boldsymbol{u}\overset{\text{def}}{=\!=\!=}\boldsymbol{S}\cdot\boldsymbol{u}+\boldsymbol{T}\cdot\boldsymbol{u} \tag{1.62}$$

二阶张量的标量乘定义为

$$(\alpha\boldsymbol{S})\cdot\boldsymbol{u}\overset{\text{def}}{=\!=\!=}\alpha\,(\boldsymbol{S}\cdot\boldsymbol{u}) \tag{1.63}$$

由此定义的两个张量 $\boldsymbol{S}+\boldsymbol{T}$ 和 $\alpha\boldsymbol{S}$ 均为二阶张量，其分量为

$$(\boldsymbol{S}+\boldsymbol{T})_{ij}=S_{ij}+T_{ij} \tag{1.64a}$$

$$(\alpha\boldsymbol{S})_{ij}=\alpha S_{ij} \tag{1.64b}$$

根据定义还有

$$(\alpha\boldsymbol{S}+\beta\boldsymbol{T})\cdot\boldsymbol{u}=\alpha(\boldsymbol{S}\cdot\boldsymbol{u})+\beta(\boldsymbol{T}\cdot\boldsymbol{u}) \tag{1.65}$$

如果对于任意的矢量 $\boldsymbol{u}$，两个二阶张量 $\boldsymbol{S}$ 和 $\boldsymbol{T}$ 对它的变换都相等，即

$$\boldsymbol{S}\cdot\boldsymbol{u}=\boldsymbol{T}\cdot\boldsymbol{u}$$

则称二阶张量 $\boldsymbol{S}$ 和 $\boldsymbol{T}$ 相等。

1.3.2　二阶单位张量

将任意的矢量 $\boldsymbol{u}$ 变换为它自身的二阶张量定义为二阶单位张量，用 $\boldsymbol{I}$ 表示，即有

$$\boldsymbol{I}\cdot\boldsymbol{u}\overset{\text{def}}{=\!=\!=}\boldsymbol{u} \tag{1.66}$$

根据式 (1.51)，并考虑到 $\boldsymbol{I}\cdot\boldsymbol{e}_j=\boldsymbol{e}_j$，得它在笛卡儿坐标系下的分量就是 Kronecker 符号 δ_{ij}，即

$$(\boldsymbol{I})_{ij}=\boldsymbol{e}_i\cdot\boldsymbol{I}\cdot\boldsymbol{e}_j=\boldsymbol{e}_i\cdot\boldsymbol{e}_j=\delta_{ij}$$

因此，二阶单位张量可表示为

$$\boldsymbol{I}=\delta_{ij}\boldsymbol{e}_i\otimes\boldsymbol{e}_j=\boldsymbol{e}_1\otimes\boldsymbol{e}_1+\boldsymbol{e}_2\otimes\boldsymbol{e}_2+\boldsymbol{e}_3\otimes\boldsymbol{e}_3=\boldsymbol{e}_i\otimes\boldsymbol{e}_i \tag{1.67}$$

式 (1.66) 的分量形式就是

$$\delta_{ik}u_k=u_i \tag{1.68}$$

考察如下两个二阶张量

$$\boldsymbol{P}^{\parallel}=\boldsymbol{n}\otimes\boldsymbol{n},\quad \boldsymbol{P}^{\perp}=\boldsymbol{I}-\boldsymbol{n}\otimes\boldsymbol{n} \tag{1.69}$$

其中 $\boldsymbol{n}$ 是单位矢量，根据定义，它们对任意矢量 $\boldsymbol{u}$ 的变换应分别是

$$\boldsymbol{P}^{\parallel}\cdot\boldsymbol{u}=(\boldsymbol{n}\otimes\boldsymbol{n})\cdot\boldsymbol{u}=(\boldsymbol{u}\cdot\boldsymbol{n})\boldsymbol{n}$$

$$\boldsymbol{P}^{\perp}\cdot\boldsymbol{u}=\boldsymbol{I}\cdot\boldsymbol{u}-(\boldsymbol{n}\otimes\boldsymbol{n})\cdot\boldsymbol{u}=\boldsymbol{u}-(\boldsymbol{u}\cdot\boldsymbol{n})\boldsymbol{n}$$

前者将 $\boldsymbol{u}$ 变换为 $\boldsymbol{n}$ 方向的投影，后者将 $\boldsymbol{u}$ 变换为以 $\boldsymbol{n}$ 为法线的平面上的投影，如图 1.3 所示，它们均称为投影张量。若 $\boldsymbol{u}$ 是位于 (以 $\boldsymbol{n}$ 为法线的) 平面内的矢量，则它在 $\boldsymbol{P}^{\perp}$ 的变换下保持不变，所以 $\boldsymbol{P}^{\perp}$ 可理解为平面上的单位张量。

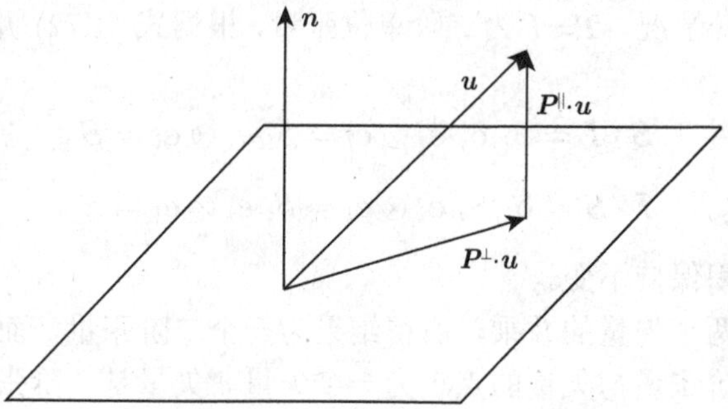

图 1.3 投影张量

1.3.3 二阶张量之间的点积

两个二阶张量 $\boldsymbol{S}$ 和 $\boldsymbol{T}$ 之间的点积定义为

$$(\boldsymbol{S}\cdot\boldsymbol{T})\cdot\boldsymbol{u} \xlongequal{\text{def}} \boldsymbol{S}\cdot(\boldsymbol{T}\cdot\boldsymbol{u}) \tag{1.70}$$

设 $\boldsymbol{T}$ 的分量用 T_{kl} 表示，即

$$\boldsymbol{T} = T_{kl}\boldsymbol{e}_k\otimes\boldsymbol{e}_l$$

根据二阶张量的线性性质和式 (1.45)，应有

$$\begin{aligned}\boldsymbol{S}\cdot(\boldsymbol{T}\cdot\boldsymbol{u}) &= S_{ij}\boldsymbol{e}_i\otimes\boldsymbol{e}_j\cdot(T_{kl}u_l\boldsymbol{e}_k) = S_{ij}T_{kl}u_l\boldsymbol{e}_i\,(\boldsymbol{e}_j\cdot\boldsymbol{e}_k)\\ &= S_{ij}T_{kl}\delta_{jk}u_l\boldsymbol{e}_i = S_{ij}T_{jl}u_l\boldsymbol{e}_i = S_{ij}T_{jl}\boldsymbol{e}_i\otimes\boldsymbol{e}_l\cdot\boldsymbol{u}\end{aligned} \tag{1.71}$$

上式用到 Kronecker 符号的指标替换性质 $T_{kl}\delta_{jk}=T_{jl}$。将上式与定义式 (1.70) 对照，得

$$\boldsymbol{S}\cdot\boldsymbol{T} = S_{ij}T_{jl}\boldsymbol{e}_i\otimes\boldsymbol{e}_l \tag{1.72}$$

显然，点积所得结果仍然为二阶张量，其分量为

$$(\boldsymbol{S}\cdot\boldsymbol{T})_{il} = S_{ij}T_{jl} \tag{1.73}$$

另一方面，式 (1.72) 的点积运算可写成

$$\boldsymbol{S}\cdot\boldsymbol{T} = (S_{ij}\boldsymbol{e}_i\otimes\boldsymbol{e}_j)\cdot(T_{kl}\boldsymbol{e}_k\otimes\boldsymbol{e}_l) \tag{1.74}$$

对照上式和式 (1.72)，不难理解两个二阶张量之间的点积就是：前一个张量的后一个基矢量 $\boldsymbol{e}_j$ 与后一个张量的前一个基矢量 $\boldsymbol{e}_k$，进行通常意义上的矢量点积，从分量记法上，就是将两个张量相近的一对指标变为哑指标。该表述同样适用于张量与矢量的点积，实际上，点积的本质就是将相邻的基矢量进行点积。

考察一种特殊情况，$\boldsymbol{T}=\boldsymbol{I}$ 为二阶单位张量，根据式 (1.72) 并考虑到 δ_{ij} 的指标替换性质，有

$$\boldsymbol{S}\cdot\boldsymbol{I}=S_{ij}\delta_{jl}\boldsymbol{e}_i\otimes\boldsymbol{e}_l=S_{il}\boldsymbol{e}_i\otimes\boldsymbol{e}_l=\boldsymbol{S} \tag{1.75a}$$

$$\boldsymbol{I}\cdot\boldsymbol{S}=\delta_{ij}S_{jl}\boldsymbol{e}_i\otimes\boldsymbol{e}_l=S_{il}\boldsymbol{e}_i\otimes\boldsymbol{e}_l=\boldsymbol{S} \tag{1.75b}$$

与单位张量的点积保持不变。

前面定义了两个矢量的并乘，所得结果为一个二阶张量，而两个矢量的点积为一个标量，二阶张量与矢量的点积为一个矢量。矢量是一阶张量，标量是零阶张量，显然，并乘所得张量的阶数是参与并乘的两矢量阶数之和，而点积所得张量的阶数是参与点积的两张量 (或矢量) 阶数之和再减去 2，点积使得张量的阶数降低 (相对并乘所得)，从这个意义上，也将张量之间的点积称作缩并。

需要说明，二阶张量可看作 3×3 矩阵，矢量可看作 3×1 列阵，因此，二阶张量与矢量之间以及二阶张量与二阶张量之间的点积等价于对应的矩阵乘，矩阵通常也是使用黑体表示，而且矩阵乘之间没有引入特定的符号，故许多文献将点积符号 “·” 省略，但有一种情况需要注意，即矢量之间点积或矢量点积张量，比如，$\boldsymbol{u}\cdot\boldsymbol{v}$ 和 $\boldsymbol{u}\cdot\boldsymbol{S}\cdot\boldsymbol{v}$ 仍然不能采用矩阵记法分别简记为 $\boldsymbol{uv}$ 和 $\boldsymbol{uSv}$，只能分别简记为 $\boldsymbol{u}^{\mathrm{T}}\boldsymbol{v}$ 和 $\boldsymbol{u}^{\mathrm{T}}\boldsymbol{Sv}$(或 $\boldsymbol{u}\cdot\boldsymbol{Sv}$)，其中 “T” 代表矢量列阵的转置。本书将符号 “·” 保留是为了更强调物理量的张量属性。

此外，可以证明二阶张量 $\boldsymbol{S}$、$\boldsymbol{T}$ 和 $\boldsymbol{A}$ 之间的点积还具有如下性质:

$$(\alpha\boldsymbol{S}+\beta\boldsymbol{T})\cdot\boldsymbol{A}=\alpha\boldsymbol{S}\cdot\boldsymbol{A}+\beta\boldsymbol{T}\cdot\boldsymbol{A} \tag{1.76a}$$

$$\boldsymbol{S}\cdot(\boldsymbol{T}\cdot\boldsymbol{A})=(\boldsymbol{S}\cdot\boldsymbol{T})\cdot\boldsymbol{A}=\boldsymbol{S}\cdot\boldsymbol{T}\cdot\boldsymbol{A} \tag{1.76b}$$

说明多个二阶张量之间的点积满足结合律。而且

$$(\boldsymbol{a}\otimes\boldsymbol{b})\cdot(\boldsymbol{u}\otimes\boldsymbol{v})=(\boldsymbol{b}\cdot\boldsymbol{u})(\boldsymbol{a}\otimes\boldsymbol{v})=(\boldsymbol{a}\otimes\boldsymbol{v})(\boldsymbol{b}\cdot\boldsymbol{u}) \tag{1.77}$$

注意：$\boldsymbol{S}\cdot\boldsymbol{T}\neq\boldsymbol{T}\cdot\boldsymbol{S}$，而且 $\boldsymbol{S}\cdot\boldsymbol{T}=\boldsymbol{0}$ 并不意味着 $\boldsymbol{S}=\boldsymbol{0}$ 或 $\boldsymbol{T}=\boldsymbol{0}$; $\boldsymbol{S}\cdot\boldsymbol{u}=\boldsymbol{0}$ 也并不意味着 $\boldsymbol{S}=\boldsymbol{0}$ 或 $\boldsymbol{u}=\boldsymbol{0}$。

1.3.4　二阶张量的转置：对称张量和反对称张量

一个二阶张量 $\boldsymbol{S}$ 的转置张量定义为

$$\boldsymbol{v}\cdot\boldsymbol{S}^{\mathrm{T}}\cdot\boldsymbol{u}\overset{\text{def}}{=\!=}\boldsymbol{u}\cdot\boldsymbol{S}\cdot\boldsymbol{v} \tag{1.78}$$

式中上标 “T” 表示转置。对于张量 $\boldsymbol{S}=S_{kl}\boldsymbol{e}_k\otimes\boldsymbol{e}_l$，它的转置张量的分量记作 S_{kl}^{T}，即

$$\boldsymbol{S}^{\mathrm{T}}=S_{kl}^{\mathrm{T}}\boldsymbol{e}_k\otimes\boldsymbol{e}_l$$

结合式 (1.51) 和式 (1.78)，应有

$$S_{kl}^{\mathrm{T}} = \boldsymbol{e}_k \cdot \boldsymbol{S}^{\mathrm{T}} \cdot \boldsymbol{e}_l = \boldsymbol{e}_l \cdot \boldsymbol{S} \cdot \boldsymbol{e}_k = \boldsymbol{S}_{lk} \tag{1.79}$$

所以，从分量记法来看，转置就是将张量 (二阶) 分量的前后指标交换次序，或者说，张量的转置就是将对应矩阵转置。于是，整体记法上转置张量应表示为

$$\boldsymbol{S}^{\mathrm{T}} = S_{lk}\boldsymbol{e}_k \otimes \boldsymbol{e}_l \tag{1.80}$$

将上式的两个哑指标互换，变为

$$\boldsymbol{S}^{\mathrm{T}} = S_{kl}\boldsymbol{e}_l \otimes \boldsymbol{e}_k \tag{1.81}$$

因此，从整体记法来看，转置就是将张量 (二阶) 的前后基矢量交换次序。显然，将转置张量再转置就等于张量本身，即

$$\left(\boldsymbol{S}^{\mathrm{T}}\right)^{\mathrm{T}} = S_{kl}\boldsymbol{e}_k \otimes \boldsymbol{e}_l = \boldsymbol{S} \tag{1.82}$$

根据转置张量的定义，应有

$$\begin{aligned}\boldsymbol{S} \cdot \boldsymbol{u} &= S_{ij}u_j\boldsymbol{e}_i = S_{ij}\left(\boldsymbol{u} \cdot \boldsymbol{e}_j\right)\boldsymbol{e}_i \\ &= \boldsymbol{u} \cdot \left(S_{ij}\boldsymbol{e}_j \otimes \boldsymbol{e}_i\right) = \boldsymbol{u} \cdot \boldsymbol{S}^{\mathrm{T}}\end{aligned}$$

因此

$$\boldsymbol{S} \cdot \boldsymbol{u} = \boldsymbol{u} \cdot \boldsymbol{S}^{\mathrm{T}} \tag{1.83}$$

上式还可以写成

$$\boldsymbol{u} \cdot \boldsymbol{S} = \boldsymbol{S}^{\mathrm{T}} \cdot \boldsymbol{u} \tag{1.84}$$

使用上面的定义，可证明如下性质成立

$$(\boldsymbol{S} \cdot \boldsymbol{T})^{\mathrm{T}} = \boldsymbol{T}^{\mathrm{T}} \cdot \boldsymbol{S}^{\mathrm{T}} \tag{1.85}$$

使用式 (1.78)、式 (1.70) 以及式 (1.83)，有

$$\begin{aligned}\boldsymbol{v} \cdot (\boldsymbol{S} \cdot \boldsymbol{T})^{\mathrm{T}} \cdot \boldsymbol{u} &= \boldsymbol{u} \cdot (\boldsymbol{S} \cdot \boldsymbol{T}) \cdot \boldsymbol{v} = (\boldsymbol{u} \cdot \boldsymbol{S}) \cdot (\boldsymbol{T} \cdot \boldsymbol{v}) \\ &= \left(\boldsymbol{S}^{\mathrm{T}} \cdot \boldsymbol{u}\right) \cdot \left(\boldsymbol{v} \cdot \boldsymbol{T}^{\mathrm{T}}\right) = \left(\boldsymbol{v} \cdot \boldsymbol{T}^{\mathrm{T}}\right) \cdot \left(\boldsymbol{S}^{\mathrm{T}} \cdot \boldsymbol{u}\right) \\ &= \boldsymbol{v} \cdot \left(\boldsymbol{T}^{\mathrm{T}} \cdot \boldsymbol{S}^{\mathrm{T}}\right) \cdot \boldsymbol{u}\end{aligned}$$

比较第一项和最后一项，由于矢量 $\boldsymbol{u}$、$\boldsymbol{v}$ 是任意的，从而式 (1.85) 成立。

此外，转置张量还具有如下性质

$$(\alpha\boldsymbol{S} + \beta\boldsymbol{T})^{\mathrm{T}} = \alpha\boldsymbol{S}^{\mathrm{T}} + \beta\boldsymbol{T}^{\mathrm{T}} \tag{1.86a}$$

$$(\boldsymbol{a}\otimes\boldsymbol{b})^{\mathrm{T}}=\boldsymbol{b}\otimes\boldsymbol{a} \tag{1.86b}$$

如果一个二阶张量的转置与张量本身相等，即

$$\boldsymbol{T}^{\mathrm{T}}=\boldsymbol{T} \quad 或 \quad T_{lk}=T_{kl} \tag{1.87}$$

则称之为对称张量，它具有 6 个独立分量；如果一个二阶张量 $\boldsymbol{W}$ 满足

$$\boldsymbol{W}^{\mathrm{T}}=-\boldsymbol{W} \quad 或 \quad W_{lk}=-W_{kl} \tag{1.88}$$

则称之为反对称张量，写成矩阵是

$$W_{ij}=\begin{bmatrix} 0 & W_{12} & W_{13} \\ -W_{12} & 0 & W_{23} \\ -W_{13} & -W_{23} & 0 \end{bmatrix} \tag{1.89}$$

它只有三个独立的坐标分量。

任意一个二阶张量 $\boldsymbol{S}$ 总是可以分解为对称张量 $\boldsymbol{T}$ 与反对称张量 $\boldsymbol{W}$ 之和，即

$$\boldsymbol{S}=\boldsymbol{T}+\boldsymbol{W}$$

其中

$$\boldsymbol{T}=\frac{1}{2}\left(\boldsymbol{S}+\boldsymbol{S}^{\mathrm{T}}\right),\quad \boldsymbol{W}=\frac{1}{2}\left(\boldsymbol{S}-\boldsymbol{S}^{\mathrm{T}}\right) \tag{1.90}$$

1.3.5　二阶张量的逆

二阶张量 $\boldsymbol{S}$ 的逆用 $\boldsymbol{S}^{-1}$ 表示，定义为

$$\boldsymbol{S}^{-1}\cdot(\boldsymbol{S}\cdot\boldsymbol{u})\overset{\mathrm{def}}{=\!=}\boldsymbol{u} \quad 或 \quad \boldsymbol{S}\cdot\left(\boldsymbol{S}^{-1}\cdot\boldsymbol{u}\right)\overset{\mathrm{def}}{=\!=}\boldsymbol{u} \tag{1.91}$$

根据张量点积的定义，上式可写成

$$\left(\boldsymbol{S}^{-1}\cdot\boldsymbol{S}\right)\cdot\boldsymbol{u}=\boldsymbol{u},\quad \left(\boldsymbol{S}\cdot\boldsymbol{S}^{-1}\right)\cdot\boldsymbol{u}=\boldsymbol{u}$$

结合单位张量的定义，应有

$$\boldsymbol{S}^{-1}\cdot\boldsymbol{S}=\boldsymbol{S}\cdot\boldsymbol{S}^{-1}=\boldsymbol{I} \tag{1.92}$$

设 $\boldsymbol{S}^{-1}$ 的分量用 S_{kl}^{-1} 表示，即

$$\boldsymbol{S}^{-1}=S_{kl}^{-1}\boldsymbol{e}_k\otimes\boldsymbol{e}_l \tag{1.93}$$

使用式 (1.72)，并考虑到单位张量的谱表示 $\boldsymbol{I}=\delta_{il}\boldsymbol{e}_i\otimes\boldsymbol{e}_l$，式 (1.92) 的分量形式是

$$S_{ij}^{-1}S_{jk}=\delta_{ik},\quad S_{ij}S_{jk}^{-1}=\delta_{ik} \tag{1.94}$$

上面两式左边均可看作两个矩阵相乘，右边可看作单位矩阵，比如，第一个式子用矩阵表示就是

$$\begin{bmatrix} S_{11}^{-1} & S_{12}^{-1} & S_{13}^{-1} \\ S_{21}^{-1} & S_{22}^{-1} & S_{23}^{-1} \\ S_{31}^{-1} & S_{32}^{-1} & S_{33}^{-1} \end{bmatrix} \begin{bmatrix} S_{11} & S_{12} & S_{13} \\ S_{21} & S_{22} & S_{23} \\ S_{31} & S_{32} & S_{33} \end{bmatrix} = \begin{bmatrix} 1 & 0 & 0 \\ 0 & 1 & 0 \\ 0 & 0 & 1 \end{bmatrix}$$

实际上就是要求二阶张量及其逆所对应的矩阵互为逆矩阵。并非所有二阶张量都有逆，有逆存在的张量称为可逆张量。根据后面的式 (1.135)，逆存在的条件是其行列式不为零，即 $\det\boldsymbol{S}\neq 0$。

若 $\boldsymbol{S}$，$\boldsymbol{T}$ 均为可逆张量，下面证明如下性质成立

$$\left(\boldsymbol{S}^{-1}\right)^{\mathrm{T}} = \left(\boldsymbol{S}^{\mathrm{T}}\right)^{-1} \tag{1.95a}$$

$$(\boldsymbol{S}\cdot\boldsymbol{T})^{-1} = \boldsymbol{T}^{-1}\cdot\boldsymbol{S}^{-1} \tag{1.95b}$$

设

$$\left(\boldsymbol{S}^{-1}\right)^{\mathrm{T}}\cdot\boldsymbol{u} = \boldsymbol{v}$$

则根据式 (1.83) 和张量逆的定义，得

$$\left(\boldsymbol{S}^{-1}\right)^{\mathrm{T}}\cdot\boldsymbol{u} = \boldsymbol{u}\cdot\boldsymbol{S}^{-1} = \boldsymbol{v} \quad\Rightarrow\quad \boldsymbol{u} = \boldsymbol{v}\cdot\boldsymbol{S} = \boldsymbol{S}^{\mathrm{T}}\cdot\boldsymbol{v} \quad\Rightarrow\quad \left(\boldsymbol{S}^{\mathrm{T}}\right)^{-1}\cdot\boldsymbol{u} = \boldsymbol{v}$$

将最后一个式子与第一式比较，由于 $\boldsymbol{u}$，$\boldsymbol{v}$ 是任意，因此式 (1.95a) 得证，这表明张量求逆和取转置的顺序可以交换，为简便起见，记

$$\boldsymbol{S}^{-\mathrm{T}} = \left(\boldsymbol{S}^{-1}\right)^{\mathrm{T}} = \left(\boldsymbol{S}^{\mathrm{T}}\right)^{-1} \tag{1.96}$$

再设

$$(\boldsymbol{S}\cdot\boldsymbol{T})^{-1}\cdot\boldsymbol{u} = \boldsymbol{v}$$

根据张量逆的定义，则有以下关系

$$\boldsymbol{u} = (\boldsymbol{S}\cdot\boldsymbol{T})\cdot\boldsymbol{v} = \boldsymbol{S}\cdot(\boldsymbol{T}\cdot\boldsymbol{v}) \quad\Rightarrow\quad \boldsymbol{S}^{-1}\cdot\boldsymbol{u} = \boldsymbol{T}\cdot\boldsymbol{v} \quad\Rightarrow\quad \boldsymbol{T}^{-1}\cdot\boldsymbol{S}^{-1}\cdot\boldsymbol{u} = \boldsymbol{v}$$

对比后式 (1.95b) 得证。

此外，还可证明求逆运算的如下性质

$$\left(\boldsymbol{S}^{-1}\right)^{-1} = \boldsymbol{S} \tag{1.97a}$$

$$(\alpha\boldsymbol{S})^{-1} = \alpha^{-1}\boldsymbol{S}^{-1} \tag{1.97b}$$

$$\det\left(\boldsymbol{S}^{-1}\right) = (\det\boldsymbol{S})^{-1} \tag{1.97c}$$

1.3.6 二阶张量之间的双点积

对任意的两个矢量 $\boldsymbol{u}$ 和 $\boldsymbol{v}$，定义

$$\boldsymbol{S}:(\boldsymbol{u}\otimes\boldsymbol{v})\xlongequal{\text{def}}\boldsymbol{u}\cdot\boldsymbol{S}\cdot\boldsymbol{v} \tag{1.98}$$

由于 $\boldsymbol{u}\otimes\boldsymbol{v}$ 是二阶张量，上式定义了两个二阶张量的并双点积。特别地，当 $\boldsymbol{u}=\boldsymbol{e}_i$，$\boldsymbol{v}=\boldsymbol{e}_j$ 时，定义式变为

$$\boldsymbol{S}:(\boldsymbol{e}_i\otimes\boldsymbol{e}_j)=\boldsymbol{e}_i\cdot\boldsymbol{S}\cdot\boldsymbol{e}_j=S_{ij} \tag{1.99}$$

根据二阶张量的定义和上面并双点积的定义，显然

$$\begin{aligned}\boldsymbol{S}:(\boldsymbol{u}\otimes\boldsymbol{v})&=\boldsymbol{u}\cdot(S_{ij}\boldsymbol{e}_i\otimes\boldsymbol{e}_j)\cdot\boldsymbol{v}=S_{ij}\,(\boldsymbol{u}\cdot\boldsymbol{e}_i)\,(\boldsymbol{v}\cdot\boldsymbol{e}_j)\\&=S_{ij}u_iv_j=S_{ij}\,(\boldsymbol{u}\otimes\boldsymbol{v})_{ij}\end{aligned}$$

特别地，若 $\boldsymbol{S}=\boldsymbol{a}\otimes\boldsymbol{b}$，则

$$\boldsymbol{S}:(\boldsymbol{u}\otimes\boldsymbol{v})=(\boldsymbol{a}\otimes\boldsymbol{b}):(\boldsymbol{u}\otimes\boldsymbol{v})=(\boldsymbol{a}\cdot\boldsymbol{u})\,(\boldsymbol{b}\cdot\boldsymbol{v}) \tag{1.100}$$

按照上式并考虑到 δ_{ij} 的指标替换作用，任意两个张量间的并双点积就是

$$\begin{aligned}\boldsymbol{S}:\boldsymbol{T}&=(S_{ij}\boldsymbol{e}_i\otimes\boldsymbol{e}_j):(T_{kl}\boldsymbol{e}_k\otimes\boldsymbol{e}_l)=S_{ij}T_{kl}\,(\boldsymbol{e}_i\cdot\boldsymbol{e}_k)\,(\boldsymbol{e}_j\cdot\boldsymbol{e}_l)\\&=S_{ij}T_{kl}\delta_{ik}\delta_{jl}=S_{ij}T_{ij}\end{aligned} \tag{1.101}$$

总地来说，并双点积就是将它们两对基矢量前、后分别对应点积，或者说，两对指标前、后分别对应变为哑指标，即进行缩并，所得结果为标量。

根据定义，双点积应具有如下性质

$$\boldsymbol{S}:\boldsymbol{T}=\boldsymbol{T}:\boldsymbol{S}=\boldsymbol{S}^{\mathrm{T}}:\boldsymbol{T}^{\mathrm{T}}=\boldsymbol{T}^{\mathrm{T}}:\boldsymbol{S}^{\mathrm{T}} \tag{1.102}$$

如果 $\boldsymbol{T}$ 是二阶对称张量，而 $\boldsymbol{W}$ 是二阶反对称张量，利用上式，得

$$\boldsymbol{T}:\boldsymbol{W}=\boldsymbol{T}^{\mathrm{T}}:\boldsymbol{W}^{\mathrm{T}}=-\boldsymbol{T}:\boldsymbol{W}$$

因此，对称张量和反对称张量的双点积为零，即

$$\boldsymbol{T}:\boldsymbol{W}=0 \tag{1.103}$$

利用式 (1.102) 还可证明：如果 $\boldsymbol{S}$ 是二阶张量，而 $\boldsymbol{T}$ 是二阶对称张量，则有

$$\boldsymbol{S}:\boldsymbol{T}=\boldsymbol{S}^{\mathrm{T}}:\boldsymbol{T}=\frac{1}{2}\left(\boldsymbol{S}+\boldsymbol{S}^{\mathrm{T}}\right):\boldsymbol{T} \tag{1.104}$$

或者说，如果对于任意的对称张量 $\boldsymbol{T}$，都有 $\boldsymbol{S}:\boldsymbol{T}=\boldsymbol{A}:\boldsymbol{T}$ 成立，这并不意味着 $\boldsymbol{S}=\boldsymbol{A}$，实际上，它们之间可以相差一个反对称张量。

还有一种串双点积"$\cdot\cdot$"，定义为

$$\boldsymbol{S}\cdot\cdot(\boldsymbol{e}_j\otimes\boldsymbol{e}_i)\overset{\text{def}}{=\!=\!=}\boldsymbol{e}_i\cdot\boldsymbol{S}\cdot\boldsymbol{e}_j,\quad \boldsymbol{S}\cdot\cdot(\boldsymbol{v}\otimes\boldsymbol{u})\overset{\text{def}}{=\!=\!=}\boldsymbol{u}\cdot\boldsymbol{S}\cdot\boldsymbol{v} \tag{1.105}$$

根据定义，显然

$$\boldsymbol{S}\cdot\cdot\boldsymbol{T}=S_{ij}T_{ji} \tag{1.106}$$

基矢量对应点积或指标对应缩并的顺序与并双点积正好反过来。

根据双点积的定义，并结合张量转置的定义，应有

$$\boldsymbol{S}\cdot\cdot\boldsymbol{T}=\boldsymbol{T}\cdot\cdot\boldsymbol{S} \tag{1.107a}$$

$$\boldsymbol{S}:\boldsymbol{T}=\boldsymbol{S}^{\mathrm{T}}\cdot\cdot\boldsymbol{T}=\boldsymbol{S}\cdot\cdot\boldsymbol{T}^{\mathrm{T}} \tag{1.107b}$$

1.3.7 二阶张量的迹

求迹定义为一个线性运算，用符号"tr"表示，它对任意一个二阶张量指定一个标量，并要求对于任意两个矢量 $\boldsymbol{a}$ 和 $\boldsymbol{b}$ 并乘所得的二阶张量满足

$$\operatorname{tr}(\boldsymbol{a}\otimes\boldsymbol{b})\overset{\text{def}}{=\!=\!=}\boldsymbol{a}\cdot\boldsymbol{b}=a_ib_i \tag{1.108}$$

于是 $\operatorname{tr}(\alpha\boldsymbol{a}\otimes\boldsymbol{b})=\alpha\boldsymbol{a}\cdot\boldsymbol{b}=\alpha\operatorname{tr}(\boldsymbol{a}\otimes\boldsymbol{b})$，定义的线性性质还要求，对于任意两个二阶张量 $\boldsymbol{S}$ 和 $\boldsymbol{T}$，应有

$$\operatorname{tr}(\boldsymbol{S}+\boldsymbol{T})=\operatorname{tr}\boldsymbol{S}+\operatorname{tr}\boldsymbol{T} \tag{1.109}$$

结合起来则有

$$\begin{aligned}\operatorname{tr}\boldsymbol{S}&=\operatorname{tr}(S_{ij}\boldsymbol{e}_i\otimes\boldsymbol{e}_j)=S_{ij}\operatorname{tr}(\boldsymbol{e}_i\otimes\boldsymbol{e}_j)\\&=S_{ij}\boldsymbol{e}_i\cdot\boldsymbol{e}_j=S_{ij}\delta_{ij}=S_{ii}\end{aligned}$$

即将张量的两个指标缩并。进一步地，有

$$\operatorname{tr}\boldsymbol{S}^{\mathrm{T}}=\operatorname{tr}\boldsymbol{S}=S_{ii} \tag{1.110a}$$

$$\operatorname{tr}(\boldsymbol{S}\cdot\boldsymbol{T})=S_{ij}T_{ji} \tag{1.110b}$$

反对称张量 $\boldsymbol{W}$ 的迹为零，即

$$\operatorname{tr}\boldsymbol{W}=0$$

比较式 (1.110b) 和式 (1.106)，并考虑到式 (1.107a)，求迹与串双点积的关系是

$$\operatorname{tr}(\boldsymbol{S}\cdot\boldsymbol{T})=\boldsymbol{S}\cdot\cdot\boldsymbol{T}=\boldsymbol{T}\cdot\cdot\boldsymbol{S}=\operatorname{tr}(\boldsymbol{T}\cdot\boldsymbol{S}) \tag{1.111}$$

再结合式 (1.107b) 和式 (1.110a)，得并双点积与求迹的关系为

$$\begin{aligned}\boldsymbol{S}:\boldsymbol{T}&=\operatorname{tr}\left(\boldsymbol{S}\cdot\boldsymbol{T}^{\mathrm{T}}\right)=\operatorname{tr}\left(\boldsymbol{S}^{\mathrm{T}}\cdot\boldsymbol{T}\right)\\&=\operatorname{tr}\left(\boldsymbol{T}^{\mathrm{T}}\cdot\boldsymbol{S}\right)=\operatorname{tr}\left(\boldsymbol{T}\cdot\boldsymbol{S}^{\mathrm{T}}\right)\end{aligned}\tag{1.112}$$

若 $\boldsymbol{A}$ 是另外一个二阶张量，则有下面求迹公式成立

$$\operatorname{tr}(\boldsymbol{S}\cdot\boldsymbol{T}\cdot\boldsymbol{A})=\operatorname{tr}(\boldsymbol{A}\cdot\boldsymbol{S}\cdot\boldsymbol{T})=\operatorname{tr}(\boldsymbol{T}\cdot\boldsymbol{A}\cdot\boldsymbol{S})\tag{1.113}$$

式中二阶张量 $\boldsymbol{S}$，$\boldsymbol{T}$，$\boldsymbol{A}$ 的循环顺序保持不变，对式 (1.113) 说明如下，根据运算定义，有

$$\operatorname{tr}(\boldsymbol{S}\cdot\boldsymbol{T}\cdot\boldsymbol{A})=S_{ij}T_{jk}A_{ki}$$

$$\operatorname{tr}(\boldsymbol{A}\cdot\boldsymbol{S}\cdot\boldsymbol{T})=A_{ij}S_{jk}T_{ki}=A_{ki}S_{ij}T_{jk}$$

最后等式中进行了哑指标互换 $i\to k, j\to i, k\to j$，因此式 (1.113) 成立。式 (1.113) 还可以推广到多个张量点积后求迹的情况，比如四个二阶张量的情况，就有

$$\operatorname{tr}(\boldsymbol{S}\cdot\boldsymbol{T}\cdot\boldsymbol{A}\cdot\boldsymbol{B})=\operatorname{tr}(\boldsymbol{B}\cdot\boldsymbol{S}\cdot\boldsymbol{T}\cdot\boldsymbol{A})=\operatorname{tr}(\boldsymbol{A}\cdot\boldsymbol{B}\cdot\boldsymbol{S}\cdot\boldsymbol{T})=\operatorname{tr}(\boldsymbol{T}\cdot\boldsymbol{A}\cdot\boldsymbol{B}\cdot\boldsymbol{S})\tag{1.114}$$

使用式 (1.112) 和式 (1.113)，有如下关系成立

$$\begin{aligned}\boldsymbol{S}:(\boldsymbol{T}\cdot\boldsymbol{A})&=\operatorname{tr}\left(\boldsymbol{S}^{\mathrm{T}}\cdot\boldsymbol{T}\cdot\boldsymbol{A}\right)=\operatorname{tr}\left(\boldsymbol{A}\cdot\boldsymbol{S}^{\mathrm{T}}\cdot\boldsymbol{T}\right)\\&=\left(\boldsymbol{A}\cdot\boldsymbol{S}^{\mathrm{T}}\right)^{\mathrm{T}}:\boldsymbol{T}=\left(\boldsymbol{S}\cdot\boldsymbol{A}^{\mathrm{T}}\right):\boldsymbol{T}=\left(\boldsymbol{A}\cdot\boldsymbol{S}^{\mathrm{T}}\right):\boldsymbol{T}^{\mathrm{T}}\\&=\left(\boldsymbol{S}^{\mathrm{T}}\cdot\boldsymbol{T}\right)^{\mathrm{T}}:\boldsymbol{A}=\left(\boldsymbol{T}^{\mathrm{T}}\cdot\boldsymbol{S}\right):\boldsymbol{A}=\left(\boldsymbol{S}^{\mathrm{T}}\cdot\boldsymbol{T}\right):\boldsymbol{A}^{\mathrm{T}}\end{aligned}\tag{1.115}$$

若 $\boldsymbol{S}$，$\boldsymbol{T}$ 两个张量中只要有一个对称，使用式 (1.112) 和式 (1.107b)，串、并两种双点积的结果没有差别，即有

$$\boldsymbol{S}:\boldsymbol{T}=\boldsymbol{S}\cdot\cdot\boldsymbol{T}=\operatorname{tr}(\boldsymbol{S}\cdot\boldsymbol{T})\tag{1.116}$$

特别地，当 $\boldsymbol{T}=\boldsymbol{I}$ 为单位张量，则

$$\boldsymbol{S}:\boldsymbol{I}=\boldsymbol{S}\cdot\cdot\boldsymbol{I}=\operatorname{tr}(\boldsymbol{S}\cdot\boldsymbol{I})=\operatorname{tr}\boldsymbol{S}\tag{1.117}$$

1.3.8　二阶张量的坐标变换

同矢量一样，任意一个二阶张量 $\boldsymbol{S}$ 在不同坐标系下分量之间的坐标变换，有

$$\boldsymbol{S}=S_{ij}\boldsymbol{e}_i\otimes\boldsymbol{e}_j=S^*_{kl}\boldsymbol{e}^*_k\otimes\boldsymbol{e}^*_l\tag{1.118}$$

$$\Rightarrow\quad S_{ij}Q_{ki}\boldsymbol{e}^*_k\otimes Q_{lj}\boldsymbol{e}^*_l=S^*_{kl}\boldsymbol{e}^*_k\otimes\boldsymbol{e}^*_l$$

$$\Rightarrow \quad S_{kl}^{*}=Q_{ki}Q_{lj}S_{ij} \tag{1.119}$$

式 (1.119) 构成了二阶张量的另外一种定义，即凡是在任意不同坐标系下的分量能够满足该式规定的坐标变换关系的量就称为二阶张量。

在式 (1.119) 的推导中使用了式 (1.118)，其实是张量的不变性要求，这种不变性还可以用如下方式理解：二阶张量 $\boldsymbol{S}$ 对矢量 $\boldsymbol{u}$ 的线性变换用分量表示是 $S_{ij}u_j=v_i$，见式 (1.43)，在新的坐标下是 $S_{ij}^{*}u_j^{*}=v_i^{*}$，如何保证这两个式子定义的线性变换是不变的？由于 $u_j^{*}=Q_{jl}u_l$，$v_i^{*}=Q_{im}v_m$，代入得

$$S_{ij}^{*}Q_{jl}u_l=Q_{im}v_m \tag{1.120}$$

两边同乘 Q_{ik}，利用正交性质式 (1.33) 和 δ_{ij} 的指标替换性质，得

$$Q_{ik}Q_{jl}S_{ij}^{*}u_l=Q_{ik}Q_{im}v_m=\delta_{km}v_m=v_k$$

为了保证上式与 $S_{kl}u_l=v_k$ 定义的线性变换具有不变性，则要求

$$S_{kl}=Q_{ik}Q_{jl}S_{ij}^{*} \tag{1.121}$$

该坐标变换关系与式 (1.119) 是一致的。

考察二阶单位张量。使用式 (1.119)，并考虑到 δ_{ij} 的指标替换性质和正交性质式 (1.33)，有

$$\delta_{kl}^{*}=Q_{ki}Q_{lj}\delta_{ij}=Q_{kj}Q_{lj}=\delta_{kl}$$

说明它在任意两套坐标系下的分量始终相等，写成整体形式是

$$\boldsymbol{I}=\boldsymbol{e}_k\otimes\boldsymbol{e}_k=\boldsymbol{e}_k^{*}\otimes\boldsymbol{e}_k^{*} \tag{1.122}$$

1.4 二阶张量的主不变量、特征值和特征矢量

1.4.1 主不变量

若 $\boldsymbol{S}$ 是一个任意的二阶张量，对于一组任意的矢量 $\boldsymbol{u}$，$\boldsymbol{v}$，$\boldsymbol{w}$，通过下面三个等式定义得三个标量

$$I=\frac{[\boldsymbol{S}\cdot\boldsymbol{u},\boldsymbol{v},\boldsymbol{w}]+[\boldsymbol{u},\boldsymbol{S}\cdot\boldsymbol{v},\boldsymbol{w}]+[\boldsymbol{u},\boldsymbol{v},\boldsymbol{S}\cdot\boldsymbol{w}]}{[\boldsymbol{u},\boldsymbol{v},\boldsymbol{w}]} \tag{1.123a}$$

$$II=\frac{[\boldsymbol{S}\cdot\boldsymbol{u},\boldsymbol{S}\cdot\boldsymbol{v},\boldsymbol{w}]+[\boldsymbol{u},\boldsymbol{S}\cdot\boldsymbol{v},\boldsymbol{S}\cdot\boldsymbol{w}]+[\boldsymbol{S}\cdot\boldsymbol{u},\boldsymbol{v},\boldsymbol{S}\cdot\boldsymbol{w}]}{[\boldsymbol{u},\boldsymbol{v},\boldsymbol{w}]} \tag{1.123b}$$

$$III=\frac{[\boldsymbol{S}\cdot\boldsymbol{u},\boldsymbol{S}\cdot\boldsymbol{v},\boldsymbol{S}\cdot\boldsymbol{w}]}{[\boldsymbol{u},\boldsymbol{v},\boldsymbol{w}]} \tag{1.123c}$$

它们与矢量 $\boldsymbol{u}, \boldsymbol{v}, \boldsymbol{w}$ 无关。式中中括号“[ ]”代表三个矢量的混合乘，见式 (1.22)。

证明　考虑到 $\boldsymbol{u}=u_i\boldsymbol{e}_i$，$\boldsymbol{v}=v_j\boldsymbol{e}_j$，$\boldsymbol{w}=w_k\boldsymbol{e}_k$，使用式 (1.22) 和式 (1.16)，则有

$$[\boldsymbol{S}\cdot\boldsymbol{u},\boldsymbol{v},\boldsymbol{w}]=(\boldsymbol{S}\cdot u_i\boldsymbol{e}_i)\cdot(v_j\boldsymbol{e}_j\times w_k\boldsymbol{e}_k)=u_iv_jw_k\left[\boldsymbol{S}\cdot\boldsymbol{e}_i,\boldsymbol{e}_j,\boldsymbol{e}_k\right] \tag{1.124}$$

采用同样的方法可给出式 (1.123a) 分子中其他两项的类似表示，于是，式 (1.123a) 的分子可写成

$$u_iv_jw_k\left([\boldsymbol{S}\cdot\boldsymbol{e}_i,\boldsymbol{e}_j,\boldsymbol{e}_k]+[\boldsymbol{e}_i,\boldsymbol{S}\cdot\boldsymbol{e}_j,\boldsymbol{e}_k]+[\boldsymbol{e}_i,\boldsymbol{e}_j,\boldsymbol{S}\cdot\boldsymbol{e}_k]\right) \tag{1.125}$$

在有两个指标重合时，上式括号中的项为零，比如 $i=j$，根据混合乘的定义式 (1.22)，上式括号里第一项和第二项互为反号，第三项为零；当两个指标互换时，上式括号中的项将改变正负号，比如 i 和 j 互换，根据式 (1.25)，有

$$\begin{aligned}&[\boldsymbol{S}\cdot\boldsymbol{e}_j,\boldsymbol{e}_i,\boldsymbol{e}_k]+[\boldsymbol{e}_j,\boldsymbol{S}\cdot\boldsymbol{e}_i,\boldsymbol{e}_k]+[\boldsymbol{e}_j,\boldsymbol{e}_i,\boldsymbol{S}\cdot\boldsymbol{e}_k]\\&=-[\boldsymbol{e}_i,\boldsymbol{S}\cdot\boldsymbol{e}_j,\boldsymbol{e}_k]-[\boldsymbol{S}\cdot\boldsymbol{e}_i,\boldsymbol{e}_j,\boldsymbol{e}_k]-[\boldsymbol{e}_i,\boldsymbol{e}_j,\boldsymbol{S}\cdot\boldsymbol{e}_k]\end{aligned} \tag{1.126}$$

上述性质结合置换符号 $\mathcal{E}_{ijk}$ 的定义式 (1.14)，因此有

$$\begin{aligned}&[\boldsymbol{S}\cdot\boldsymbol{e}_i,\boldsymbol{e}_j,\boldsymbol{e}_k]+[\boldsymbol{e}_i,\boldsymbol{S}\cdot\boldsymbol{e}_j,\boldsymbol{e}_k]+[\boldsymbol{e}_i,\boldsymbol{e}_j,\boldsymbol{S}\cdot\boldsymbol{e}_k]\\&=\mathcal{E}_{ijk}\left([\boldsymbol{S}\cdot\boldsymbol{e}_1,\boldsymbol{e}_2,\boldsymbol{e}_3]+[\boldsymbol{e}_1,\boldsymbol{S}\cdot\boldsymbol{e}_2,\boldsymbol{e}_3]+[\boldsymbol{e}_1,\boldsymbol{e}_2,\boldsymbol{S}\cdot\boldsymbol{e}_3]\right)\end{aligned} \tag{1.127}$$

将上面的结果代入式 (1.125)，再代入式 (1.123a)，并考虑到式 (1.23)，得

$$I=[\boldsymbol{S}\cdot\boldsymbol{e}_1,\boldsymbol{e}_2,\boldsymbol{e}_3]+[\boldsymbol{e}_1,\boldsymbol{S}\cdot\boldsymbol{e}_2,\boldsymbol{e}_3]+[\boldsymbol{e}_1,\boldsymbol{e}_2,\boldsymbol{S}\cdot\boldsymbol{e}_3] \tag{1.128}$$

而

$$\begin{aligned}&[\boldsymbol{S}\cdot\boldsymbol{e}_1,\boldsymbol{e}_2,\boldsymbol{e}_3]+[\boldsymbol{e}_1,\boldsymbol{S}\cdot\boldsymbol{e}_2,\boldsymbol{e}_3]+[\boldsymbol{e}_1,\boldsymbol{e}_2,\boldsymbol{S}\cdot\boldsymbol{e}_3]\\&=(\boldsymbol{S}\cdot\boldsymbol{e}_1)\cdot(\boldsymbol{e}_2\times\boldsymbol{e}_3)+(\boldsymbol{S}\cdot\boldsymbol{e}_2)\cdot(\boldsymbol{e}_3\times\boldsymbol{e}_1)+(\boldsymbol{S}\cdot\boldsymbol{e}_3)\cdot(\boldsymbol{e}_1\times\boldsymbol{e}_2)\\&=\boldsymbol{e}_1\cdot(\boldsymbol{S}\cdot\boldsymbol{e}_1)+\boldsymbol{e}_2\cdot(\boldsymbol{S}\cdot\boldsymbol{e}_2)+\boldsymbol{e}_3\cdot(\boldsymbol{S}\cdot\boldsymbol{e}_3)=\mathrm{tr}\boldsymbol{S}\end{aligned}$$

所以最终得

$$I=\mathrm{tr}\boldsymbol{S} \tag{1.129}$$

用类似的方法可得

$$II=[\boldsymbol{S}\cdot\boldsymbol{e}_1,\boldsymbol{S}\cdot\boldsymbol{e}_2,\boldsymbol{e}_3]+[\boldsymbol{e}_1,\boldsymbol{S}\cdot\boldsymbol{e}_2,\boldsymbol{S}\cdot\boldsymbol{e}_3]+[\boldsymbol{S}\cdot\boldsymbol{e}_1,\boldsymbol{e}_2,\boldsymbol{S}\cdot\boldsymbol{e}_3] \tag{1.130a}$$

$$III=[\boldsymbol{S}\cdot\boldsymbol{e}_1,\boldsymbol{S}\cdot\boldsymbol{e}_2,\boldsymbol{S}\cdot\boldsymbol{e}_3] \tag{1.130b}$$

显然，这三个标量只取决于二阶张量 $\boldsymbol{S}$，与矢量 $\boldsymbol{u}$，$\boldsymbol{v}$，$\boldsymbol{w}$ 无关，因此得证。◆◆

利用上面的结果并结合张量与矢量点积的运算规则，有

$$\begin{aligned}II &= [S_{i1}\boldsymbol{e}_i, S_{j2}\boldsymbol{e}_j, \boldsymbol{e}_3] + [\boldsymbol{e}_1, S_{j2}\boldsymbol{e}_j, S_{k3}\boldsymbol{e}_k] + [S_{i1}\boldsymbol{e}_i, \boldsymbol{e}_2, S_{k3}\boldsymbol{e}_k] \\ &= \mathcal{E}_{ij3}S_{i1}S_{j2}[\boldsymbol{e}_1, \boldsymbol{e}_2, \boldsymbol{e}_3] + \mathcal{E}_{1jk}S_{j2}S_{k3}[\boldsymbol{e}_1, \boldsymbol{e}_2, \boldsymbol{e}_3] + \mathcal{E}_{i2k}S_{i1}S_{k3}[\boldsymbol{e}_1, \boldsymbol{e}_2, \boldsymbol{e}_3]\end{aligned} \tag{1.131}$$

使用置换符号 $\mathcal{E}_{ijk}$ 的定义式 (1.14)，则

$$\begin{aligned}\mathcal{E}_{ij3}S_{i1}S_{j2} &= S_{11}S_{22} - S_{21}S_{12} \\ \mathcal{E}_{1jk}S_{j2}S_{k3} &= S_{22}S_{33} - S_{32}S_{23} \\ \mathcal{E}_{i2k}S_{i1}S_{k3} &= S_{11}S_{33} - S_{31}S_{13}\end{aligned}$$

由于 $[\boldsymbol{e}_1, \boldsymbol{e}_2, \boldsymbol{e}_3] = 1$，因此有

$$II = \det\begin{bmatrix} S_{11} & S_{12} \\ S_{21} & S_{22}\end{bmatrix} + \det\begin{bmatrix} S_{22} & S_{23} \\ S_{32} & S_{33}\end{bmatrix} + \det\begin{bmatrix} S_{11} & S_{13} \\ S_{31} & S_{33}\end{bmatrix} \tag{1.132}$$

同样的方法，可得

$$III = \mathcal{E}_{ijk}S_{i1}S_{j2}S_{k3}[\boldsymbol{e}_1, \boldsymbol{e}_2, \boldsymbol{e}_3] = \det \boldsymbol{S} \tag{1.133}$$

根据混合乘的定义，式 (1.123c) 的分母代表三个矢量 $\boldsymbol{u}$，$\boldsymbol{v}$ 和 $\boldsymbol{w}$ 组成的六面体的体积，而分子则是它们经过 $\boldsymbol{S}$ 变换后所得六面体的体积，所以，III 是 $\boldsymbol{S}$ 变换前后的体积比。

后面将利用张量分量的坐标变换关系式 (1.119) 和正交性质式 (1.33)，证明 I，II 和 III 与坐标选取无关，即为坐标不变量，通常称为主不变量。

1.4.2 余因子张量

任意一个二阶张量 $\boldsymbol{S}$ 的余因子张量，记作 $\text{cof}\boldsymbol{S}$，定义为

$$\text{cof}\boldsymbol{S}\cdot(\boldsymbol{u}\times\boldsymbol{v}) \xlongequal{\text{def}} \boldsymbol{S}\cdot\boldsymbol{u}\times\boldsymbol{S}\cdot\boldsymbol{v} \tag{1.134}$$

考虑到 $\boldsymbol{u}\times\boldsymbol{v}$ 代表这两个矢量所组成的平行四边形的面积元，上式右边则是经过 $\boldsymbol{S}$ 变换后的面积元，所以，余因子张量 $\text{cof}\boldsymbol{S}$ 代表 $\boldsymbol{S}$ 变换前后面积元之间的转换关系。

首先说明式 (1.134) 定义的余因子张量 $\text{cof}\boldsymbol{S}$ 存在，然后导出它的表达式

$$\text{cof}\boldsymbol{S} = (\det \boldsymbol{S})\,\boldsymbol{S}^{-\mathrm{T}} \tag{1.135}$$

以及第二主不变量 II 的简单表达式

$$II = \text{tr}\,(\text{cof}\boldsymbol{S}) \tag{1.136}$$

为描述问题方便，记

$$\boldsymbol{a}=\boldsymbol{S}\cdot\boldsymbol{u}\times\boldsymbol{S}\cdot\boldsymbol{v} \tag{1.137}$$

则 $\boldsymbol{a}$ 与 $\boldsymbol{S}\cdot\boldsymbol{u}$，$\boldsymbol{S}\cdot\boldsymbol{v}$ 垂直，即

$$\boldsymbol{a}\cdot(\boldsymbol{S}\cdot\boldsymbol{u})=\left(\boldsymbol{S}^{\mathrm{T}}\cdot\boldsymbol{a}\right)\cdot\boldsymbol{u}=0,\quad \boldsymbol{a}\cdot(\boldsymbol{S}\cdot\boldsymbol{v})=\left(\boldsymbol{S}^{\mathrm{T}}\cdot\boldsymbol{a}\right)\cdot\boldsymbol{v}=0$$

从而 $\boldsymbol{S}^{\mathrm{T}}\cdot\boldsymbol{a}$ 与 $\boldsymbol{u}$，$\boldsymbol{v}$ 垂直，即与 $\boldsymbol{u}\times\boldsymbol{v}$ 平行，于是有

$$\boldsymbol{S}^{\mathrm{T}}\cdot\boldsymbol{a}=\beta\boldsymbol{u}\times\boldsymbol{v} \tag{1.138}$$

式中 β 是标量因子，上式求逆可写成

$$\boldsymbol{a}=\boldsymbol{S}\cdot\boldsymbol{u}\times\boldsymbol{S}\cdot\boldsymbol{v}=\beta\boldsymbol{S}^{-\mathrm{T}}\cdot(\boldsymbol{u}\times\boldsymbol{v})$$

所以，余因子张量 $\mathrm{cof}\boldsymbol{S}$ 存在，为

$$\mathrm{cof}\boldsymbol{S}=\beta\boldsymbol{S}^{-\mathrm{T}} \tag{1.139}$$

为求标量因子 β，利用混合乘的定义式 (1.22)、式 (1.134)、式 (1.139) 和式 (1.78)，有

$$\begin{aligned}[\boldsymbol{S}\cdot\boldsymbol{u},\boldsymbol{S}\cdot\boldsymbol{v},\boldsymbol{S}\cdot\boldsymbol{w}]&=(\boldsymbol{S}\cdot\boldsymbol{u})\cdot\mathrm{cof}\boldsymbol{S}\cdot(\boldsymbol{v}\times\boldsymbol{w})=(\boldsymbol{S}\cdot\boldsymbol{u})\cdot\beta\boldsymbol{S}^{-\mathrm{T}}\cdot(\boldsymbol{v}\times\boldsymbol{w})\\&=(\boldsymbol{v}\times\boldsymbol{w})\cdot\beta\boldsymbol{S}^{-1}\cdot(\boldsymbol{S}\cdot\boldsymbol{u})=\beta\boldsymbol{u}\cdot(\boldsymbol{v}\times\boldsymbol{w})\end{aligned} \tag{1.140}$$

与式 (1.123c) 对照，得

$$\beta=III=\det\boldsymbol{S} \tag{1.141}$$

所以得式 (1.135)。

为证明式 (1.136)，在式 (1.123b) 中使用式 (1.134) 并考虑到式 (1.83)，有

$$\begin{aligned}[\boldsymbol{u},\boldsymbol{S}\cdot\boldsymbol{v},\boldsymbol{S}\cdot\boldsymbol{w}]&=\boldsymbol{u}\cdot(\boldsymbol{S}\cdot\boldsymbol{v})\times(\boldsymbol{S}\cdot\boldsymbol{w})=\boldsymbol{u}\cdot\mathrm{cof}\boldsymbol{S}\cdot(\boldsymbol{v}\times\boldsymbol{w})\\&=\left((\mathrm{cof}\boldsymbol{S})^{\mathrm{T}}\cdot\boldsymbol{u}\right)\cdot(\boldsymbol{v}\times\boldsymbol{w})=\left[(\mathrm{cof}\boldsymbol{S})^{\mathrm{T}}\cdot\boldsymbol{u},\boldsymbol{v},\boldsymbol{w}\right]\end{aligned} \tag{1.142}$$

于是，在式 (1.25) 的帮助下

$$\begin{aligned}II\,[\boldsymbol{u},\boldsymbol{v},\boldsymbol{w}]&=[\boldsymbol{u},\boldsymbol{S}\cdot\boldsymbol{v},\boldsymbol{S}\cdot\boldsymbol{w}]+[\boldsymbol{v},\boldsymbol{S}\cdot\boldsymbol{w},\boldsymbol{S}\cdot\boldsymbol{u}]+[\boldsymbol{w},\boldsymbol{S}\cdot\boldsymbol{u},\boldsymbol{S}\cdot\boldsymbol{v}]\\&=\left[(\mathrm{cof}\boldsymbol{S})^{\mathrm{T}}\cdot\boldsymbol{u},\boldsymbol{v},\boldsymbol{w}\right]+\left[(\mathrm{cof}\boldsymbol{S})^{\mathrm{T}}\cdot\boldsymbol{v},\boldsymbol{w},\boldsymbol{u}\right]+\left[(\mathrm{cof}\boldsymbol{S})^{\mathrm{T}}\cdot\boldsymbol{w},\boldsymbol{u},\boldsymbol{v}\right]\\&=\left[(\mathrm{cof}\boldsymbol{S})^{\mathrm{T}}\cdot\boldsymbol{u},\boldsymbol{v},\boldsymbol{w}\right]+\left[\boldsymbol{u},(\mathrm{cof}\boldsymbol{S})^{\mathrm{T}}\cdot\boldsymbol{v},\boldsymbol{w}\right]+\left[\boldsymbol{u},\boldsymbol{v},(\mathrm{cof}\boldsymbol{S})^{\mathrm{T}}\cdot\boldsymbol{w}\right]\end{aligned} \tag{1.143}$$

将式 (1.123a) 中的 $\boldsymbol{S}$ 用 $(\mathrm{cof}\boldsymbol{S})^{\mathrm{T}}$ 替换,考虑到 $(\mathrm{cof}\boldsymbol{S})^{\mathrm{T}}$ 的第一不变量应是 $\mathrm{tr}(\mathrm{cof}\boldsymbol{S})^{\mathrm{T}}$，见式 (1.129)，因此得

$$\left[(\mathrm{cof}\boldsymbol{S})^{\mathrm{T}}\cdot\boldsymbol{u},\boldsymbol{v},\boldsymbol{w}\right]+\left[\boldsymbol{u},(\mathrm{cof}\boldsymbol{S})^{\mathrm{T}}\cdot\boldsymbol{v},\boldsymbol{w}\right]+\left[\boldsymbol{u},\boldsymbol{v},(\mathrm{cof}\boldsymbol{S})^{\mathrm{T}}\cdot\boldsymbol{w}\right]=\mathrm{tr}\,(\mathrm{cof}\boldsymbol{S})^{\mathrm{T}}\,[\boldsymbol{u},\boldsymbol{v},\boldsymbol{w}] \tag{1.144}$$

比较上面两个式子，最后得式 (1.136)。

下面利用前面的结果证明一个重要的关系式

$$(\mathrm{cof}\boldsymbol{S})^{\mathrm{T}}=III-(\mathrm{tr}\boldsymbol{S})\,\boldsymbol{S}+\boldsymbol{S}^2 \tag{1.145}$$

式中

$$\boldsymbol{S}^2=\boldsymbol{S}\cdot\boldsymbol{S}$$

在式 (1.123a) 中将 $\boldsymbol{u}$ 代换为 $\boldsymbol{S}\cdot\boldsymbol{u}$，$I$ 应保持不变，再结合式 (1.129)，得到

$$\mathrm{tr}\boldsymbol{S}\,[\boldsymbol{S}\cdot\boldsymbol{u},\boldsymbol{v},\boldsymbol{w}]=\left[\boldsymbol{S}^2\cdot\boldsymbol{u},\boldsymbol{v},\boldsymbol{w}\right]+[\boldsymbol{S}\cdot\boldsymbol{u},\boldsymbol{S}\cdot\boldsymbol{v},\boldsymbol{w}]+[\boldsymbol{S}\cdot\boldsymbol{u},\boldsymbol{v},\boldsymbol{S}\cdot\boldsymbol{w}] \tag{1.146}$$

利用式 (1.142) 的结果，式 (1.123b) 可写成

$$II\,[\boldsymbol{u},\boldsymbol{v},\boldsymbol{w}]=[\boldsymbol{S}\cdot\boldsymbol{u},\boldsymbol{S}\cdot\boldsymbol{v},\boldsymbol{w}]+\left[(\mathrm{cof}\boldsymbol{S})^{\mathrm{T}}\cdot\boldsymbol{u},\boldsymbol{v},\boldsymbol{w}\right]+[\boldsymbol{S}\cdot\boldsymbol{u},\boldsymbol{v},\boldsymbol{S}\cdot\boldsymbol{w}] \tag{1.147}$$

上面两个等式的左右两边对应相减，并考虑到 $\boldsymbol{I}\cdot\boldsymbol{u}=\boldsymbol{u}$, 得

$$\mathrm{tr}\boldsymbol{S}\,[\boldsymbol{S}\cdot\boldsymbol{u},\boldsymbol{v},\boldsymbol{w}]-II\,[\boldsymbol{I}\cdot\boldsymbol{u},\boldsymbol{v},\boldsymbol{w}]=\left[\boldsymbol{S}^2\cdot\boldsymbol{u},\boldsymbol{v},\boldsymbol{w}\right]-\left[(\mathrm{cof}\boldsymbol{S})^{\mathrm{T}}\cdot\boldsymbol{u},\boldsymbol{v},\boldsymbol{w}\right] \tag{1.148}$$

整理得

$$\left[(\mathrm{cof}\boldsymbol{S})^{\mathrm{T}}\cdot\boldsymbol{u},\boldsymbol{v},\boldsymbol{w}\right]=\left[\left(III-(\mathrm{tr}\boldsymbol{S})\,\boldsymbol{S}+\boldsymbol{S}^2\right)\cdot\boldsymbol{u},\boldsymbol{v},\boldsymbol{w}\right] \tag{1.149}$$

矢量 $\boldsymbol{u}$，$\boldsymbol{v}$，$\boldsymbol{w}$ 是任意的，从而式 (1.145) 得证。

分别使用式 (1.135) 和式 (1.145)，很容易得到

$$\mathrm{cof}\boldsymbol{S}^{\mathrm{T}}=(\mathrm{cof}\boldsymbol{S})^{\mathrm{T}},\quad \boldsymbol{S}\cdot(\mathrm{cof}\boldsymbol{S})^{\mathrm{T}}=(\mathrm{cof}\boldsymbol{S})^{\mathrm{T}}\cdot\boldsymbol{S} \tag{1.150}$$

对式 (1.145) 两边求迹，并考虑到式 (1.136)，整理得

$$II=\frac{1}{2}\left((\mathrm{tr}\boldsymbol{S})^2-\mathrm{tr}\boldsymbol{S}^2\right) \tag{1.151}$$

将它展开用分量表示就是式 (1.132)。

需要指出：根据式 (1.135) 及其推导过程，似乎余因子张量 $\mathrm{cof}\boldsymbol{S}$ 的存在依赖张量逆 $\boldsymbol{S}^{-1}$ 的存在，然而，根据线性代数的知识，不管张量的逆存在与否，其余

因子张量总是存在。原因在于：cof$\boldsymbol{S}$ 对应的矩阵在代数上就是 $\boldsymbol{S}$ 所对应矩阵的余因子矩阵，余因子矩阵是由余因子组成的，对于一个 $n\times n$ 阶矩阵，第 i 行 j 列的余因子 (元素) 定义为 $(-1)^{i+j}\det(M_{ij})$，其中 M_{ij} 是将该矩阵的第 i 行和第 j 列的所有元素划去以后所余下的 $(n-1)\times(n-1)$ 阶子矩阵，余因子也称代数余子式。在线性代数中，式 (1.135) 被用来分析矩阵的逆，因此将它写成

$$\boldsymbol{S}^{-1}=\frac{1}{\det\boldsymbol{S}}\left(\mathrm{cof}\boldsymbol{S}\right)^{\mathrm{T}}\tag{1.152}$$

这说明张量逆 $\boldsymbol{S}^{-1}$ 存在必须要求 $\det\boldsymbol{S}\neq0$。

下面利用式 (1.123c) 和式 (1.133) 证明一个经常使用的有关行列式的关系式

$$\det\left(\boldsymbol{S}\cdot\boldsymbol{T}\right)=\det\boldsymbol{S}\det\boldsymbol{T}\tag{1.153}$$

将式 (1.123c) 和式 (1.133) 中 $\boldsymbol{S}$ 使用 $\boldsymbol{S}\cdot\boldsymbol{T}$ 替代，有

$$[(\boldsymbol{S}\cdot\boldsymbol{T})\cdot\boldsymbol{u},(\boldsymbol{S}\cdot\boldsymbol{T})\cdot\boldsymbol{v},(\boldsymbol{S}\cdot\boldsymbol{T})\cdot\boldsymbol{w}]=\det\left(\boldsymbol{S}\cdot\boldsymbol{T}\right)[\boldsymbol{u},\boldsymbol{v},\boldsymbol{w}]\tag{1.154}$$

再将这两式中 $\boldsymbol{u}$，$\boldsymbol{v}$，$\boldsymbol{w}$ 使用 $\boldsymbol{T}\cdot\boldsymbol{u}$，$\boldsymbol{T}\cdot\boldsymbol{v}$，$\boldsymbol{T}\cdot\boldsymbol{w}$ 替代，写成

$$\begin{aligned}[\boldsymbol{S}\cdot(\boldsymbol{T}\cdot\boldsymbol{u}),\boldsymbol{S}\cdot(\boldsymbol{T}\cdot\boldsymbol{v}),\boldsymbol{S}\cdot(\boldsymbol{T}\cdot\boldsymbol{w})]&=\det\boldsymbol{S}\,[\boldsymbol{T}\cdot\boldsymbol{u},\boldsymbol{T}\cdot\boldsymbol{v},\boldsymbol{T}\cdot\boldsymbol{w}]\\&=\det\boldsymbol{S}\det\boldsymbol{T}\,[\boldsymbol{u},\boldsymbol{v},\boldsymbol{w}]\end{aligned}\tag{1.155}$$

考虑到两个张量点积的定义式 (1.70)，两式左边相等，因此，右边也应相等，从而得证。

1.4.3　特征值和特征矢量

对于二阶张量 $\boldsymbol{S}$，如果存在单位方向矢量 $\boldsymbol{n}$ 使得

$$\boldsymbol{S}\cdot\boldsymbol{n}=\lambda\boldsymbol{n}\tag{1.156}$$

称 $\boldsymbol{n}$ 为特征矢量，也称主方向或主轴，而 λ 为特征值或主值。将上面的方程写成

$$(\boldsymbol{S}-\lambda\boldsymbol{I})\cdot\boldsymbol{n}=\boldsymbol{0}\tag{1.157}$$

它是关于 $\boldsymbol{n}$ 的齐次方程，要有非零解 $\boldsymbol{n}$ 存在，就必须满足系数矩阵的行列式为零，即

$$\det\left(\boldsymbol{S}-\lambda\boldsymbol{I}\right)=0\tag{1.158}$$

上式称为 $\boldsymbol{S}$ 的特征方程。将式 (1.123c) 中的 $\boldsymbol{S}$ 用 $\boldsymbol{S}-\lambda\boldsymbol{I}$ 替换，则有

$$\det\left(\boldsymbol{S}-\lambda\boldsymbol{I}\right)=\frac{[(\boldsymbol{S}-\lambda\boldsymbol{I})\cdot\boldsymbol{u},(\boldsymbol{S}-\lambda\boldsymbol{I})\cdot\boldsymbol{v},(\boldsymbol{S}-\lambda\boldsymbol{I})\cdot\boldsymbol{w}]}{[\boldsymbol{u},\boldsymbol{v},\boldsymbol{w}]}\tag{1.159}$$

考虑到 $[c\boldsymbol{u}+d\boldsymbol{v},\boldsymbol{x},\boldsymbol{y}]=c[\boldsymbol{u},\boldsymbol{x},\boldsymbol{y}]+d[\boldsymbol{v},\boldsymbol{x},\boldsymbol{y}]$，则

$$\begin{aligned}&[(\boldsymbol{S}-\lambda\boldsymbol{I})\cdot\boldsymbol{u},(\boldsymbol{S}-\lambda\boldsymbol{I})\cdot\boldsymbol{v},(\boldsymbol{S}-\lambda\boldsymbol{I})\cdot\boldsymbol{w}]\\=&[\boldsymbol{S}\cdot\boldsymbol{u}-\lambda\boldsymbol{u},\boldsymbol{S}\cdot\boldsymbol{v}-\lambda\boldsymbol{v},\boldsymbol{S}\cdot\boldsymbol{w}-\lambda\boldsymbol{w}]\\=&[\boldsymbol{S}\cdot\boldsymbol{u},\boldsymbol{S}\cdot\boldsymbol{v}-\lambda\boldsymbol{v},\boldsymbol{S}\cdot\boldsymbol{w}-\lambda\boldsymbol{w}]-\lambda[\boldsymbol{u},\boldsymbol{S}\cdot\boldsymbol{v}-\lambda\boldsymbol{v},\boldsymbol{S}\cdot\boldsymbol{w}-\lambda\boldsymbol{w}]\end{aligned}$$

进一步展开，并利用式 (1.123a)~ 式 (1.123c)，特征方程式 (1.158) 最终变为

$$\lambda^3-I\lambda^2+II\lambda-III=0 \tag{1.160}$$

式中 I，II，III 是 $\boldsymbol{S}$ 的三个主不变量，分别由式 (1.129)、式 (1.136) 或式 (1.151) 及式 (1.133) 给出，即

$$\begin{aligned}I&=\mathrm{tr}\boldsymbol{S}\\II&=\mathrm{tr}(\mathrm{cof}\boldsymbol{S})=\frac{1}{2}\left((\mathrm{tr}\boldsymbol{S})^2-\mathrm{tr}\boldsymbol{S}^2\right)\\III&=\det\boldsymbol{S}\end{aligned} \tag{1.161}$$

一般地，解特征方程式 (1.160) 可得三个特征值 $\lambda_k(k=1,2,3)$，再代入式 (1.156) 可求解得对应的三个特征矢量 $\boldsymbol{n}_k(k=1,2,3)$。一旦解得特征值，特征方程式 (1.160) 可写成

$$(\lambda-\lambda_1)(\lambda-\lambda_2)(\lambda-\lambda_3)=0 \tag{1.162}$$

展开上式并与式 (1.160) 比较，得 I、II、III 由特征值表示为

$$\begin{aligned}I&=\lambda_1+\lambda_2+\lambda_3\\II&=\lambda_1\lambda_2+\lambda_2\lambda_3+\lambda_1\lambda_3\\III&=\lambda_1\lambda_2\lambda_3\end{aligned} \tag{1.163}$$

特征值及特征矢量是张量的固有性质，与求解所选取的坐标系无关，结合式 (1.163)，则有 I、II、III 与坐标的选取无关，是坐标不变量。另一方面，利用坐标变换关系式 (1.119) 和正交性质式 (1.33)，并考虑到行列式性质式 (1.153)，得式 (1.158) 在新坐标系下的分量表示是

$$\begin{aligned}0&=\det(S_{kl}^*-\lambda\delta_{kl}^*)=\det[Q_{ki}Q_{lj}(S_{ij}-\lambda\delta_{ij})]\\&=\det Q_{ki}\det Q_{lj}\det(S_{ij}-\lambda\delta_{ij})\\&=\det(S_{ij}-\lambda\delta_{ij})\end{aligned}$$

与旧坐标系下的表示一致，展开所得方程的系数也应一致，同样说明 I、II、III 是坐标不变量。

考察特殊情况 $\boldsymbol{S}=\boldsymbol{a}\otimes\boldsymbol{b}$ 的特征矢量和特征值，对于任意的矢量 $\boldsymbol{u}$，$\boldsymbol{v}$ 和 $\boldsymbol{w}$，则

$$(\boldsymbol{S}\cdot\boldsymbol{u})\times(\boldsymbol{S}\cdot\boldsymbol{v})=(\boldsymbol{b}\cdot\boldsymbol{u})(\boldsymbol{b}\cdot\boldsymbol{v})\,\boldsymbol{a}\times\boldsymbol{a}=\boldsymbol{0} \tag{1.164a}$$

$$(\boldsymbol{S}\cdot\boldsymbol{w})\cdot(\boldsymbol{S}\cdot\boldsymbol{u})\times(\boldsymbol{S}\cdot\boldsymbol{v})=0 \tag{1.164b}$$

因此，结合式 (1.123c)、式 (1.134) 和式 (1.136)，得 $II=III=0$，它的三个主不变量只有 $I=a_ib_i$ 不为零，代入特征方程式 (1.160)，得它的特征根是 0 与 I，0 对应的特征矢量是与 $\boldsymbol{b}$ 正交的任意矢量，而 I 对应的特征矢量是矢量 $\boldsymbol{a}$。

1.5　二阶张量的幂与 Hamilton-Cayley 定理

一个二阶张量 $\boldsymbol{S}$ 的 n 次幂定义为 n 个 $\boldsymbol{S}$ 的连续点积

$$\begin{aligned}
&\boldsymbol{S}^2=\boldsymbol{S}\cdot\boldsymbol{S}\\
&\boldsymbol{S}^3=\boldsymbol{S}\cdot\boldsymbol{S}\cdot\boldsymbol{S}\\
&\cdots\cdots\\
&\boldsymbol{S}^n=\underbrace{\boldsymbol{S}\cdot\boldsymbol{S}\cdot\cdots\cdot\boldsymbol{S}}_{n}
\end{aligned}$$

它们具有如下性质：

(1) 仍为二阶张量，与二阶张量 $\boldsymbol{S}$ 的特征矢量相同，即共主轴，且 $\boldsymbol{S}^n$ 的特征值是 $\boldsymbol{S}$ 的特征值的 n 次幂；

(2) 二阶张量 $\boldsymbol{S}$ 的幂满足张量自身特征值的特征方程，即

$$\boldsymbol{S}^3-I\boldsymbol{S}^2+II\boldsymbol{S}-III\boldsymbol{I}=\boldsymbol{0} \tag{1.165}$$

式中 I、II、III 是 $\boldsymbol{S}$ 的三个主不变量，式 (1.165) 称为 Hamilton-Cayley 定理。

证明　使用特征矢量和特征值的定义式 (1.156)，结合 $\boldsymbol{S}$ 的幂的定义和点积的运算规则，有

$$\boldsymbol{S}^i\cdot\boldsymbol{n}=\boldsymbol{S}^{i-1}\cdot(\boldsymbol{S}\cdot\boldsymbol{n})=\lambda\boldsymbol{S}^{i-1}\cdot\boldsymbol{n}=\cdots=\lambda^{i-1}\boldsymbol{S}\cdot\boldsymbol{n}=\lambda^i\boldsymbol{n} \tag{1.166}$$

上式说明 $\boldsymbol{S}$ 的任意次幂 $\boldsymbol{S}^i$ 均与 $\boldsymbol{S}$ 共主轴，且 $\boldsymbol{S}^i$ 的特征值是 $\boldsymbol{S}$ 的特征值的 i 次幂。

将特征方程式 (1.160) 两边同乘主轴 $\boldsymbol{n}$，得

$$\lambda^3\boldsymbol{n}-I\lambda^2\boldsymbol{n}+II\lambda\boldsymbol{n}-III\boldsymbol{n}=\boldsymbol{0}$$

应用式 (1.166)，得

$$\boldsymbol{S}^3\cdot\boldsymbol{n}-I\boldsymbol{S}^2\cdot\boldsymbol{n}+II\boldsymbol{S}\cdot\boldsymbol{n}-III\boldsymbol{I}\cdot\boldsymbol{n}=\boldsymbol{0}$$

将 $\boldsymbol{n}$ 从各项中提出，由于 $\boldsymbol{n}\neq\boldsymbol{0}$，从而证得 Hamilton-Cayley 定理式 (1.165)。或者，将式 (1.145) 两边点积张量 $\boldsymbol{S}$，再利用式 (1.135)，也可证得该定理。◆◆

由于特征方程 (1.160) 可表示为式 (1.162)，Hamilton-Cayley 定理式 (1.165) 还可表示为

$$(\boldsymbol{S}-\lambda_1\boldsymbol{I})\cdot(\boldsymbol{S}-\lambda_2\boldsymbol{I})\cdot(\boldsymbol{S}-\lambda_3\boldsymbol{I})=\boldsymbol{0} \tag{1.167}$$

实际上，展开上式并利用式 (1.163)，可得式 (1.165)。

Hamilton-Cayley 定理的三个简单应用：

(1) 对式 (1.165) 两边求迹，并考虑到式 (1.151)，可导出不变量 $III=\det\boldsymbol{S}$ 由三个标量 $\mathrm{tr}\boldsymbol{S}$，$\mathrm{tr}\boldsymbol{S}^2$，$\mathrm{tr}\boldsymbol{S}^3$ 的表示为

$$\det\boldsymbol{S}=\frac{1}{6}\left(2\mathrm{tr}\boldsymbol{S}^3-3\left(\mathrm{tr}\boldsymbol{S}\right)\mathrm{tr}\boldsymbol{S}^2+\left(\mathrm{tr}\boldsymbol{S}\right)^3\right) \tag{1.168}$$

(2) 如果 $\boldsymbol{A}^2=\boldsymbol{S}$，应用 Hamilton-Cayley 定理，则可将 $\boldsymbol{A}$ 使用 $\boldsymbol{S}$ 表示为

$$\boldsymbol{A}=\frac{1}{III^{\boldsymbol{A}}-I^{\boldsymbol{A}}II^{\boldsymbol{A}}}\left[\boldsymbol{S}^2+\left(II^{\boldsymbol{A}}-\left(I^{\boldsymbol{A}}\right)^2\right)\boldsymbol{S}-I^{\boldsymbol{A}}III^{\boldsymbol{A}}\boldsymbol{I}\right] \tag{1.169}$$

式中 $I^{\boldsymbol{A}}$，$II^{\boldsymbol{A}}$，$III^{\boldsymbol{A}}$ 是 $\boldsymbol{A}$ 的三个主不变量。对张量 $\boldsymbol{A}$ 应用 Hamilton-Cayley 定理，得

$$\begin{aligned}&\boldsymbol{A}^3-I^{\boldsymbol{A}}\boldsymbol{A}^2+II^{\boldsymbol{A}}\boldsymbol{A}-III^{\boldsymbol{A}}\boldsymbol{I}=0\\ \Rightarrow\quad&\boldsymbol{A}\cdot\boldsymbol{S}-I^{\boldsymbol{A}}\boldsymbol{S}+II^{\boldsymbol{A}}\boldsymbol{A}-III^{\boldsymbol{A}}\boldsymbol{I}=0\end{aligned}$$

将第二个方程两边同乘 $I^{\boldsymbol{A}}$ 所得的方程与将它两边前点积 $\boldsymbol{A}$ 所得的方程相加并整理得式 (1.169)。借助式 (1.163)，$\boldsymbol{A}$ 的三个主不变量可以通过它的三个特征值表示，再根据式 (1.166)，$\boldsymbol{A}$ 的三个特征值是 $\boldsymbol{S}$ 的三个对应特征值开方，从而最终实现 $\boldsymbol{A}$ 完全由 $\boldsymbol{S}$ 进行表示。

(3) 对 Hamilton-Cayley 定理式 (1.165) 的两边点积 $\boldsymbol{S}^{-1}$，当 $III=\det\boldsymbol{S}\neq 0$ 时，整理后得 $\boldsymbol{S}^{-1}$ 的解析表达

$$\boldsymbol{S}^{-1}=\frac{1}{III}\left(\boldsymbol{S}^2-I\boldsymbol{S}+III\boldsymbol{I}\right) \tag{1.170}$$

使用式 (1.161)，并对式 (1.165) 两边求迹，整理得三个标量 $\mathrm{tr}\boldsymbol{S}$，$\mathrm{tr}\boldsymbol{S}^2$，$\mathrm{tr}\boldsymbol{S}^3$ 与三个主不变量的对应关系是

$$\mathrm{tr}\boldsymbol{S}=I,\quad \mathrm{tr}\boldsymbol{S}^2=I^2-2II,\quad \mathrm{tr}\boldsymbol{S}^3=I^3-3I\times II+3III \tag{1.171}$$

因此，$\mathrm{tr}\boldsymbol{S}$，$\mathrm{tr}\boldsymbol{S}^2$，$\mathrm{tr}\boldsymbol{S}^3$ 也构成一组不变量。

1.6 对称张量

1.6.1 特征值与特征矢量

若 $\boldsymbol{T}$ 是对称张量，求解特征方程式 (1.160)，则得它的三个特征值均为实数。当三个特征值不等时，对应的三个特征矢量相互正交；当有两个特征值重合时，比如 $\lambda_1 \neq \lambda_2 = \lambda_3$，则与 $\boldsymbol{n}_1$(对应于 λ_1 的特征矢量) 垂直的平面上的任意矢量都是特征矢量；当三个特征根全部重合时，任意矢量都是特征矢量。

证明 利用式 (1.156)，对于两个不同的特征值 λ_l，λ_k 和相应的特征矢量 $\boldsymbol{n}_l$，$\boldsymbol{n}_k$，有

$$\boldsymbol{n}_l \cdot (\boldsymbol{T} \cdot \boldsymbol{n}_k) = \boldsymbol{n}_l \cdot (\lambda_k \boldsymbol{n}_k), \quad \boldsymbol{n}_k \cdot (\boldsymbol{T} \cdot \boldsymbol{n}_l) = \boldsymbol{n}_k \cdot (\lambda_l \boldsymbol{n}_l) \quad (k \neq l, k\text{、} l \text{ 不求和})$$

由于 $\boldsymbol{T}$ 的对称性，上面两式的左边相等，从而右边也应相等，因此，当特征值不等时，即 $\lambda_k \neq \lambda_l$ $(k \neq l)$，有

$$\boldsymbol{n}_k \cdot \boldsymbol{n}_l = 0 \quad (k \neq l) \tag{1.172}$$

从而正交。

当有两个特征值重合时，比如 $\lambda_1 \neq \lambda_2 = \lambda_3$，上面的证明则给出 $\boldsymbol{n}_1$ 分别与 $\boldsymbol{n}_2$ 和 $\boldsymbol{n}_3$ 正交，考察由 $\boldsymbol{n}_2$ 和 $\boldsymbol{n}_3$ 构成的平面 (与 $\boldsymbol{n}_1$ 垂直的平面) 上的任意矢量 $\boldsymbol{r}= c_2\boldsymbol{n}_2 + c_3\boldsymbol{n}_3$，考虑到 $\lambda_2 = \lambda_3$，得

$$\begin{aligned}\boldsymbol{T} \cdot \boldsymbol{r} &= c_2\boldsymbol{T} \cdot \boldsymbol{n}_2 + c_3\boldsymbol{T} \cdot \boldsymbol{n}_3 = c_2\lambda_2\boldsymbol{n}_2 + c_3\lambda_3\boldsymbol{n}_3 \\ &= \lambda_2 (c_2\boldsymbol{n}_2 + c_3\boldsymbol{n}_3) = \lambda_2\boldsymbol{r}\end{aligned}$$

这说明 $\boldsymbol{r}$ 是 $\boldsymbol{T}$ 的特征矢量，从而得证。通常将矢量 $\boldsymbol{r}$ 所在的平面称为特征平面。当三个特征根全部重合时，采用同样的方法可以证明任意矢量都是特征矢量。◆◆

使用三个特征矢量 (也称主轴且设定为单位矢量) 建立的坐标系，称为主轴坐标系，在该坐标系下，利用上面的式子和主轴的正交性，有 $k \neq l$ 时，$T_{kl} = T_{lk} = \boldsymbol{n}_k \cdot \boldsymbol{T} \cdot \boldsymbol{n}_l = \lambda_l \boldsymbol{n}_k \cdot \boldsymbol{n}_l = 0$($l$ 不求和)，因此 $\boldsymbol{T}$ 可表示为

$$\boldsymbol{T} = \sum_{k=1}^{3} \lambda_k \boldsymbol{n}_k \otimes \boldsymbol{n}_k \tag{1.173}$$

称之为张量的谱表示。注意：这里指标需要重复出现三次，不能应用求和约定，即求和符号不能省略。当有两个特征值重合时，比如 $\lambda_1 \neq \lambda_2 = \lambda_3$，则 $\boldsymbol{T}$ 可表示为

$$\boldsymbol{T} = \lambda_1 \boldsymbol{n}_1 \otimes \boldsymbol{n}_1 + \lambda_2 (\boldsymbol{I} - \boldsymbol{n}_1 \otimes \boldsymbol{n}_1) \tag{1.174}$$

式中括号项是式 (1.69) 所定义的投影张量，它对矢量的变换是将它投影到以 $\boldsymbol{n}_1$ 为法线的平面上，或者说它将该平面上的矢量变换为自身，所以可理解为平面上的单位张量。当三个特征根全部重合时，即 $\lambda_1=\lambda_2=\lambda_3=\lambda$，$\boldsymbol{T}$ 可表示为

$$\boldsymbol{T}=\lambda\boldsymbol{I}$$

这时，称 $\boldsymbol{T}$ 为球形张量。当 $III=\det\boldsymbol{T}\neq 0$ 时，即三个特征值均不为零，$\boldsymbol{T}$ 的逆存在，根据式 (1.173) 为

$$\boldsymbol{T}^{-1}=\sum_{k=1}^{3}\frac{1}{\lambda_k}\boldsymbol{n}_k\otimes\boldsymbol{n}_k \tag{1.175}$$

通常将特征矢量与自身并乘所得的张量称为特征基张量，即

$$\boldsymbol{A}_a=\boldsymbol{n}_a\otimes\boldsymbol{n}_a\quad(a=1,2,3;\text{不对 }a\text{ 求和}) \tag{1.176}$$

它可以通过张量 $\boldsymbol{T}$ 和其特征值表示，下面进行讨论。使用式 (1.173)，考虑到 $\boldsymbol{I}=\boldsymbol{A}_1+\boldsymbol{A}_2+\boldsymbol{A}_3$，得

$$\boldsymbol{T}-\lambda_b\boldsymbol{I}=(\lambda_a-\lambda_b)\,\boldsymbol{A}_a+(\lambda_c-\lambda_b)\,\boldsymbol{A}_c$$

上面下标 (a，b，c) 为 (1，2，3) 或 (2，3，1) 或 (3，1，2) 的正序排列，例如，当 $b=2$ 时，$c=3$，$a=1$，上式也可写成

$$\boldsymbol{T}-\lambda_c\boldsymbol{I}=(\lambda_a-\lambda_c)\,\boldsymbol{A}_a+(\lambda_b-\lambda_c)\,\boldsymbol{A}_b \tag{1.177}$$

上面两式左右两边分别对应点积，并考虑当 $a\neq b$ 时，$\boldsymbol{A}_a\cdot\boldsymbol{A}_b=0$，$\boldsymbol{A}_a\cdot\boldsymbol{A}_a=\boldsymbol{A}_a(a=1, 2, 3, a$ 不求和)，从而得特征基 $\boldsymbol{A}_a$(Morman，1987；Miehe，1998)

$$\boldsymbol{A}_a=\frac{(\boldsymbol{T}-\lambda_b\boldsymbol{I})\cdot(\boldsymbol{T}-\lambda_c\boldsymbol{I})}{(\lambda_a-\lambda_b)\,(\lambda_a-\lambda_c)} \tag{1.178}$$

1.6.2 偏张量及其特征值与特征矢量

将迹为零的张量定义为偏张量。对于二阶对称张量 $\boldsymbol{T}$，考察张量

$$\boldsymbol{T}'=\boldsymbol{T}-\frac{1}{3}\left(\mathrm{tr}\boldsymbol{T}\right)\boldsymbol{I} \tag{1.179}$$

显然有

$$\mathrm{tr}\boldsymbol{T}'=0 \tag{1.180}$$

故是偏张量且对称，称之为 $\boldsymbol{T}$ 的偏量部分，而将

$$\frac{1}{3}\left(\mathrm{tr}\boldsymbol{T}\right)\boldsymbol{I} \tag{1.181}$$

称为 $\boldsymbol{T}$ 的球形部分。所以，任意一个二阶对称张量 $\boldsymbol{T}$ 总是可以分解为一个对称的偏张量和球形张量之和，即

$$\boldsymbol{T}=\boldsymbol{T}'+p\boldsymbol{I},\quad \text{其中 } p=\frac{1}{3}\mathrm{tr}\boldsymbol{T} \tag{1.182}$$

根据定义应有

$$\boldsymbol{T}':p\boldsymbol{I}=0 \tag{1.183}$$

两个对称张量的双点积可以看作两个 6 维矢量的点积，点积为零称为正交，故偏张量与球形张量相互正交，下面将有几何直观解释。

结合偏张量 (后面常简称为偏量) 定义与式 (1.160) 和式 (1.161)，得求偏量 $\boldsymbol{T}'$ 特征值 λ' 的特征方程为

$$\lambda'^3-I'\lambda'^2+(-II')\,\lambda'-III'=0 \tag{1.184}$$

其中

$$\begin{aligned}
&I'=\mathrm{tr}\boldsymbol{T}'=0\\
&-II'=\frac{1}{2}\left(\left(\mathrm{tr}\boldsymbol{T}'\right)^2-\mathrm{tr}\left(\boldsymbol{T}'\cdot\boldsymbol{T}'\right)\right)=-\frac{1}{2}\mathrm{tr}\left(\boldsymbol{T}'\cdot\boldsymbol{T}'\right)\\
&III'=\det\boldsymbol{T}'
\end{aligned} \tag{1.185}$$

是 $\boldsymbol{T}'$ 的三个不变量。根据定义，考虑单位张量的特殊性，很容易证明偏量 $\boldsymbol{T}'$ 和张量 $\boldsymbol{T}$ 共主轴，且两者的特征值之间满足

$$\lambda_i'=\lambda_i-p \tag{1.186}$$

式中

$$p=\frac{1}{3}\mathrm{tr}\boldsymbol{T}=\frac{1}{3}\left(\lambda_1+\lambda_2+\lambda_3\right)=\frac{1}{3}I$$

因为结合式 (1.156) 和式 (1.182)，有

$$\boldsymbol{T}\cdot\boldsymbol{n}=(\boldsymbol{T}'+p\boldsymbol{I})\cdot\boldsymbol{n}=\boldsymbol{T}'\cdot\boldsymbol{n}+p\boldsymbol{n}=\lambda\boldsymbol{n}$$

从而

$$\boldsymbol{T}'\cdot\boldsymbol{n}=(\lambda-p)\,\boldsymbol{n}$$

所以偏张量 $\boldsymbol{T}'$ 的谱表示是

$$\boldsymbol{T}'=\sum_{k=1}^{3}\lambda_k'\boldsymbol{n}_k\otimes\boldsymbol{n}_k \tag{1.187}$$

下面讨论如何通过几何方法获得式 (1.184) 的解析解，即偏量 $\boldsymbol{T}'$ 特征值的解析表达式，从而最终得到张量 $\boldsymbol{T}$ 的特征值。

以张量 $\boldsymbol{T}$ 的三个特征值为坐标轴，建立一个直角坐标系，其定义的空间称为主空间。在主空间中，定义与三个坐标轴的正向 (或负向) 夹相同角度且过原点的矢量为静水压力轴 (该轴上任意一点的三个坐标值相等，若 $\boldsymbol{T}$ 为应力张量，则这一点所代表的应力状态为静水压力状态，故将此轴称为静水压力轴)，设三个坐标轴的基矢量分别为 $\boldsymbol{e}_1$、$\boldsymbol{e}_2$、$\boldsymbol{e}_3$，则该轴的方向矢量是

$$\frac{1}{\sqrt{3}}(\boldsymbol{e}_1+\boldsymbol{e}_2+\boldsymbol{e}_3) \tag{1.188}$$

以静水压力轴为法线且过坐标原点的平面为偏平面，也称 π 平面，如图 1.4 所示。设由 $\boldsymbol{T}$ 的三个特征值 (λ_1，λ_2，λ_3) 为坐标定义的矢量为 OP，它在静水压力轴上的投影是 ON，其大小为

$$(\lambda_1\boldsymbol{e}_1+\lambda_2\boldsymbol{e}_2+\lambda_3\boldsymbol{e}_3)\cdot\frac{1}{\sqrt{3}}(\boldsymbol{e}_1+\boldsymbol{e}_2+\boldsymbol{e}_3)=\sqrt{3}p \tag{1.189}$$

ON 矢量便是

$$p(\boldsymbol{e}_1+\boldsymbol{e}_2+\boldsymbol{e}_3) \tag{1.190}$$

代表张量 $\boldsymbol{T}$ 的球形部分。OP 在 π 平面上的投影 OQ 是

$$(\lambda_1\boldsymbol{e}_1+\lambda_2\boldsymbol{e}_2+\lambda_3\boldsymbol{e}_3)-p(\boldsymbol{e}_1+\boldsymbol{e}_2+\boldsymbol{e}_3)=\lambda_1'\boldsymbol{e}_1+\lambda_2'\boldsymbol{e}_2+\lambda_3'\boldsymbol{e}_3$$

代表偏量部分，从而几何直观地给出了张量的分解，同时也给出了偏量部分与球形部分的正交性。三个坐标轴在 π 平面上的投影轴分别记作 $\boldsymbol{e}_1'$，$\boldsymbol{e}_2'$ 和 $\boldsymbol{e}_3'$，投影轴两两相邻之间的夹角均为 $\dfrac{2\pi}{3}$，在 π 平面上建立平面直角坐标系，让 y 轴与 $\boldsymbol{e}_2'$ 重合，设 OQ 与 x 轴之间的夹角为 θ，OQ 的模为 r，(r，θ) 构成 Q 点的极坐标，如图 1.5(a) 所示。

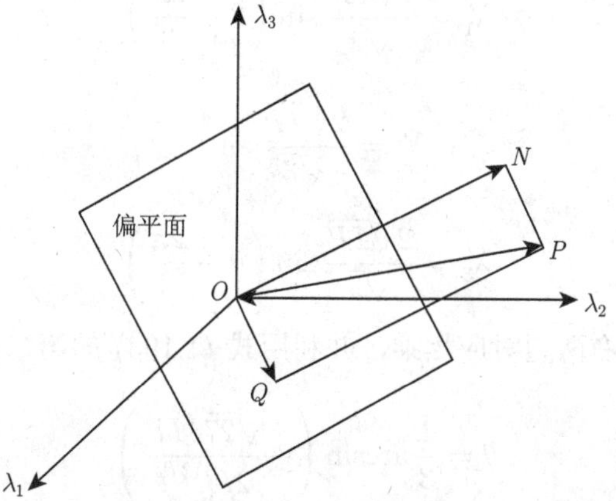

图 1.4 主空间：静水压力轴和偏平面，张量的分解

偏张量特征值 (λ_1'，λ_2'，λ_3') 是 OQ 在 $\boldsymbol{e}_1$，$\boldsymbol{e}_2$，$\boldsymbol{e}_3$ 轴上的投影，为导出它们与极坐标 (r，θ) 的关系，先将 $OQ=r$ 分别投影到 $\boldsymbol{e}_1'$，$\boldsymbol{e}_2'$，$\boldsymbol{e}_3'$，得三个投影分量为

$$r\cos\left(\theta+\frac{\pi}{6}\right)=r\sin\left(\theta+\frac{2\pi}{3}\right),\quad r\sin\theta,\quad r\cos\left(\theta+\frac{5\pi}{6}\right)=r\sin\left(\theta-\frac{2\pi}{3}\right)$$

再将上面三个分量分别投影到空间坐标轴 $\boldsymbol{e}_1$，$\boldsymbol{e}_2$，$\boldsymbol{e}_3$，得 (λ_1'，λ_2'，λ_3')，设三个空间坐标轴 $\boldsymbol{e}_1$、$\boldsymbol{e}_2$、$\boldsymbol{e}_3$ 与 π 平面的夹角为 β，所以有

$$\lambda_1'=r\cos\beta\sin\left(\theta+\frac{2\pi}{3}\right),\quad \lambda_2'=r\cos\beta\sin\theta,\quad \lambda_3'=r\cos\beta\sin\left(\theta-\frac{2\pi}{3}\right) \tag{1.191}$$

其中 β 可根据图 1.5(b) 求得：OA，OB，OC 的长度均为 1，斜面 ABC 与 π 平面平行，过 $\boldsymbol{e}_2$ 轴作垂直于斜面 ABC 的平面，交线为 CD，OC 与 CD 的夹角就是 β，根据几何关系可得

$$\cos\beta=\frac{OC}{CD}=\frac{1}{\sqrt{\dfrac{3}{2}}}=\sqrt{\frac{2}{3}} \tag{1.192}$$

考虑到式 (1.185) 给出的 $\boldsymbol{T}'$ 的不变量在其谱表示的帮助下可使用其特征值表示为

$$II'=\frac{1}{2}\left(\lambda_1'^2+\lambda_2'^2+\lambda_3'^2\right),\quad III'=\lambda_1'\lambda_2'\lambda_3' \tag{1.193}$$

第一式给出 $r=\sqrt{2II'}$，所以得

$$\lambda_1'=\frac{2\sqrt{II'}}{\sqrt{3}}\sin\left(\theta+\frac{2\pi}{3}\right) \tag{1.194a}$$

$$\lambda_2'=\frac{2\sqrt{II'}}{\sqrt{3}}\sin\theta \tag{1.194b}$$

$$\lambda_3'=\frac{2\sqrt{II'}}{\sqrt{3}}\sin\left(\theta-\frac{2\pi}{3}\right) \tag{1.194c}$$

将上面三个式子左右两边对应相乘，并利用式 (1.193) 的第二式，经整理得

$$\theta=\frac{1}{3}\arcsin\left(-\frac{\sqrt{27}III'}{2II'^{3/2}}\right) \tag{1.195}$$

通常将 θ 称为 Lode 角。

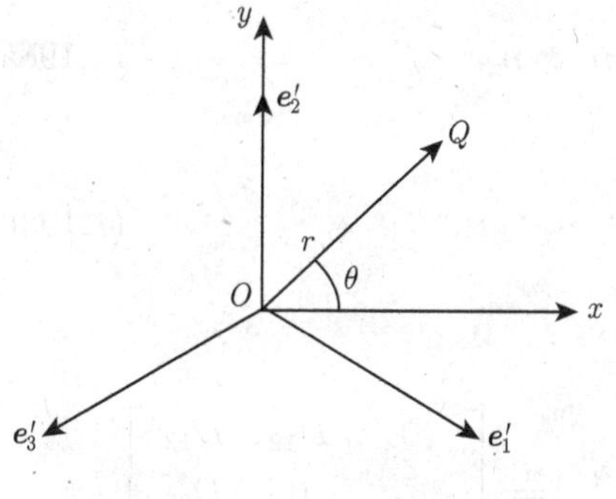

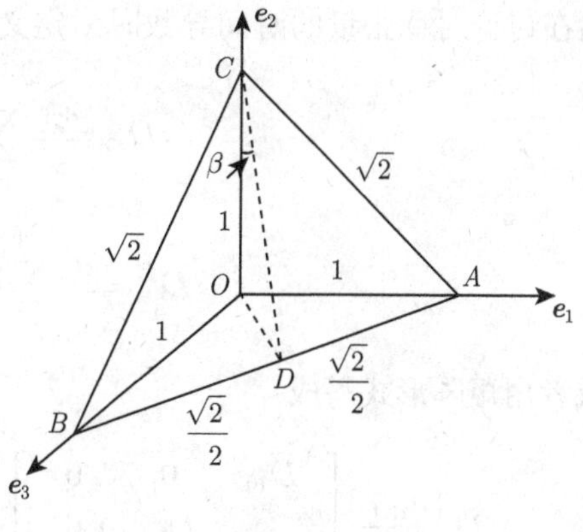

图 1.5 (a) 偏平面；(b) 偏平面与坐标轴的夹角

给定张量 $\boldsymbol{T}$，使用式 (1.185) 求其偏量的两个不变量 II' 和 III'，然后使用式 (1.195) 求 Lode 角，再使用式 (1.194) 得偏张量的特征值 (λ_1'，λ_2'，λ_3')，最后得 $\boldsymbol{T}$ 的特征值 $\lambda_i = \lambda_i' + p\ (i = 1, 2, 3)$。

上面的导出过程也说明，借助主空间和偏平面等几何概念，可以获得任意形如式 (1.184) 即二次项为零的一元三次方程的解析解，方程中不为零的两个系数可以不必是某个偏张量的不变量。而且，对于任意的一元三次方程如式 (1.160)，它总是可以通过引入 $\lambda = \lambda' + p = \lambda' + \dfrac{1}{3}I$ 转化成式 (1.184) 的形式，从而获得其解析解。

在一些应用比如塑性力学屈服面的讨论中，需要建立 $\boldsymbol{\pi}$ 平面的直角坐标 (x，y) 与 (λ_1'，λ_2'，λ_3') 之间的关系，为此，将式 (1.194a) 与式 (1.194c) 相减，并改写式 (1.194b)，得

$$\lambda_1' - \lambda_3' = \sqrt{2} r \cos\theta, \quad \lambda_2' = \sqrt{\frac{2}{3}} r \sin\theta \tag{1.196}$$

进一步有

$$x = r\cos\theta = \frac{\sqrt{2}}{2}\left(\lambda_1' - \lambda_3'\right) \tag{1.197a}$$

$$y = r\sin\theta = \sqrt{\frac{3}{2}}\lambda_2' = \frac{1}{\sqrt{6}}\left(2\lambda_2' - \lambda_1' - \lambda_3'\right) \tag{1.197b}$$

上式的最后一个等式考虑了偏量的第一不变量即三个特征值之和为零。

1.6.3 对称张量的另外一种分解

对于二阶对称张量 $\boldsymbol{T}$，设它的特征值和主轴分别是 λ_k 和 $\boldsymbol{n}_k (k = 1, 2, 3)$，在它的主轴坐标系下考察任意一个其他的二阶对称张量 $\boldsymbol{D}$ 有时是必要的，比如后

面在讨论对称张量的时间导数时，定义

$$\boldsymbol{D}^A \xlongequal{\text{def}} \sum_{i=1}^{3} D_{ii}\boldsymbol{n}_i \otimes \boldsymbol{n}_i \tag{1.198a}$$

$$\boldsymbol{D}^B \xlongequal{\text{def}} \sum_{i=1}^{3}\sum_{j\neq i}^{3} D_{ij}\boldsymbol{n}_i \otimes \boldsymbol{n}_j \tag{1.198b}$$

或者用矩阵形式写成

$$\boldsymbol{D}^A \xlongequal{\text{def}} \begin{bmatrix} D_{11} & 0 & 0 \\ & D_{22} & 0 \\ \text{对称} & & D_{33} \end{bmatrix}, \quad \boldsymbol{D}^B \xlongequal{\text{def}} \begin{bmatrix} 0 & D_{12} & D_{13} \\ & 0 & D_{23} \\ \text{对称} & & 0 \end{bmatrix}$$

则 $\boldsymbol{D}$ 可分解为上述两个张量和

$$\boldsymbol{D} = \boldsymbol{D}^A + \boldsymbol{D}^B \tag{1.199}$$

对称张量 $\boldsymbol{D}^A$ 的三个对称基张量是 $\boldsymbol{T}$ 的特征基

$$\boldsymbol{n}_1 \otimes \boldsymbol{n}_1, \quad \boldsymbol{n}_2 \otimes \boldsymbol{n}_2, \quad \boldsymbol{n}_3 \otimes \boldsymbol{n}_3 \tag{1.200}$$

它们定义了一个张量子空间，记作 $\mathscr{F}_1$，这个子空间中的所有张量共主轴，所以也称为共主轴子空间。对称张量 $\boldsymbol{D}^B$ 的三个对称基张量则是

$$\boldsymbol{n}_1 \otimes \boldsymbol{n}_2 + \boldsymbol{n}_2 \otimes \boldsymbol{n}_1, \quad \boldsymbol{n}_2 \otimes \boldsymbol{n}_3 + \boldsymbol{n}_3 \otimes \boldsymbol{n}_2, \quad \boldsymbol{n}_3 \otimes \boldsymbol{n}_1 + \boldsymbol{n}_1 \otimes \boldsymbol{n}_3 \tag{1.201}$$

这三个基张量定义了另外一个张量子空间，记作 $\mathscr{F}_2$。由于基张量之间满足

$$(\boldsymbol{n}_i \otimes \boldsymbol{n}_j + \boldsymbol{n}_j \otimes \boldsymbol{n}_i) : \boldsymbol{n}_i \otimes \boldsymbol{n}_i = 0 \quad (i, j = 1, 2, 3; i \neq j; i\text{不求和}) \tag{1.202}$$

子空间 $\mathscr{F}_1$ 和子空间 $\mathscr{F}_2$ 的所有基张量之间相互正交，这意味着子空间 $\mathscr{F}_1$ 中的任意张量和子空间 $\mathscr{F}_2$ 中的任意张量相互正交，因而称两子空间正交，显然

$$\boldsymbol{D}^A : \boldsymbol{D}^B = 0 \tag{1.203}$$

在后面的分析中，会频繁地遇到一个结构为

$$\boldsymbol{W} \cdot \boldsymbol{T} + \boldsymbol{T} \cdot \boldsymbol{W}^{\mathrm{T}} \tag{1.204}$$

的张量，其中 $\boldsymbol{W}$ 是反对称张量，两个组成项互为转置，因此是对称张量，下面讨论该对称张量属于张量子空间 $\mathscr{F}_2$。

使用张量 $\boldsymbol{T}$ 的谱分解表示，在其主轴坐标系下，有

$$\begin{aligned}\boldsymbol{W}\cdot\boldsymbol{T}+\boldsymbol{T}\cdot\boldsymbol{W}^{\mathrm{T}}&=\sum_{j=1}^{3}\lambda_j\boldsymbol{W}\cdot\boldsymbol{n}_j\otimes\boldsymbol{n}_j+\sum_{j=1}^{3}\lambda_j\boldsymbol{n}_j\otimes\boldsymbol{n}_j\cdot\boldsymbol{W}^{\mathrm{T}}\\&=\sum_{i=1}^{3}\sum_{j=1}^{3}\lambda_jW_{ij}\boldsymbol{n}_i\otimes\boldsymbol{n}_j+\sum_{i=1}^{3}\sum_{j=1}^{3}\lambda_jW_{ij}\boldsymbol{n}_j\otimes\boldsymbol{n}_i\end{aligned}\tag{1.205}$$

式中 W_{ij} 是 $\boldsymbol{W}$ 在主轴坐标系下的分量，将上式中最后一项的求和下标 i 和 j 互换，并考虑到反对称张量 $W_{ij}=-W_{ji}$，有

$$\boldsymbol{W}\cdot\boldsymbol{T}+\boldsymbol{T}\cdot\boldsymbol{W}^{\mathrm{T}}=\sum_{i=1}^{3}\sum_{j=1}^{3}(\lambda_j-\lambda_i)\,W_{ij}\boldsymbol{n}_i\otimes\boldsymbol{n}_j\tag{1.206}$$

上式中的求和下标 j 可要求 $j\neq i$，因为 $i=j$，对应的分量为零，上式写成矩阵形式是

$$\boldsymbol{W}\cdot\boldsymbol{T}+\boldsymbol{T}\cdot\boldsymbol{W}^{\mathrm{T}}=\begin{bmatrix}0&(\lambda_2-\lambda_1)\,W_{12}&(\lambda_3-\lambda_1)\,W_{13}\\&0&(\lambda_3-\lambda_2)\,W_{23}\\&\text{对称}&0\end{bmatrix}$$

所以它属于子空间 $\mathscr{F}_2$。根据 $\mathscr{F}_1$ 和 $\mathscr{F}_2$ 的正交性，则对于任意与 $\boldsymbol{T}$ 共主轴的张量 $\boldsymbol{D}^A$ 和任意的反对称张量 $\boldsymbol{W}$，有

$$\boldsymbol{D}^A:\left(\boldsymbol{W}\cdot\boldsymbol{T}+\boldsymbol{T}\cdot\boldsymbol{W}^{\mathrm{T}}\right)=0\tag{1.207}$$

该性质在后面的分析中会常常使用到。

需要指出：子空间 $\mathscr{F}_1$ 中的三个坐标虽然也代表张量的特征值，严格来讲与 1.6.2 节定义的主空间有所不同，那里没有将坐标轴与式 (1.200) 给出的基张量联系起来，或者说那里对主轴没有规定，空间中每个点所代表的张量的主轴可以没有任何联系，而这里的子空间 $\mathscr{F}_1$ 中的张量必须是共主轴的。有关子空间 $\mathscr{F}_1$ 的讨论和相关应用详见 8.3 节。

1.6.4 对称张量的正定性

对于任意的矢量 $\boldsymbol{a}$，二阶对称张量 $\boldsymbol{T}$ 都满足

$$\boldsymbol{a}\cdot\boldsymbol{T}\cdot\boldsymbol{a}>0\tag{1.208}$$

称 $\boldsymbol{T}$ 正定，$\boldsymbol{T}$ 正定的充分必要条件是它的所有特征值必须大于零，或者三个主不变量大于零。

证明　设 $\boldsymbol{T}$ 的特征值和特征方向分别是 λ 和 $\boldsymbol{n}$，则 $\boldsymbol{T}\cdot\boldsymbol{n}=\lambda\boldsymbol{n}$，两边点积 $\boldsymbol{n}$ 并考虑到 $\boldsymbol{n}$ 是单位矢量，得 $\boldsymbol{n}\cdot\boldsymbol{T}\cdot\boldsymbol{n}=\lambda$，正定性要求 $\boldsymbol{n}\cdot\boldsymbol{T}\cdot\boldsymbol{n}>0$，因此，$\lambda>0$。反过来，假设 $\boldsymbol{T}$ 的三个特征值 $\lambda_k>0\ (k=1,2,3)$，则 $\boldsymbol{T}$ 正定。设三个特征值对应的特征矢量分别是 $\boldsymbol{n}_k\ (k=1,2,3)$，则 $\boldsymbol{T}$ 可用谱分解表示为

$$\boldsymbol{T}=\sum_{k=1}^{3}\lambda_k\boldsymbol{n}_k\otimes\boldsymbol{n}_k$$

于是

$$\boldsymbol{a}\cdot\boldsymbol{T}\cdot\boldsymbol{a}=\sum_{k=1}^{3}\lambda_k\left(\boldsymbol{a}\cdot\boldsymbol{n}_k\right)^2 \tag{1.209}$$

由于 $\left(\boldsymbol{a}\cdot\boldsymbol{n}_k\right)^2>0$，且已知 $\lambda_k>0\ (k=1,2,3)$，从而 $\boldsymbol{T}$ 正定。

此外，三个特征值为正与三个主不变量为正等价。若 $\lambda_k>0\ (k=1,2,3)$，根据式 (1.163)，则三个主不变量均大于零。反过来，假设三个主不变量均大于零，每个特征值应满足

$$\lambda_k^3-I\lambda_k^2+II\lambda_k-III=0\quad (k=1,2,3) \tag{1.210}$$

如果这时 $\lambda_k<0$，则上式左边的每一项均为负，上式 (为零) 不能成立，从而 $\lambda_k>0$。◆◆

下面证明：若 $\boldsymbol{T}$ 正定，则存在唯一正定的 $\boldsymbol{A}$ 使得 $\boldsymbol{A}^2=\boldsymbol{T}$，需要说明同时还存在正不定的 $\boldsymbol{A}$ 使得 $\boldsymbol{A}^2=\boldsymbol{T}$ 成立，但这里不去关心它。若将 $\boldsymbol{A}$ 使用谱分解表示为

$$\boldsymbol{A}=\sum_{k=1}^{3}\sqrt{\lambda_k}\boldsymbol{n}_k\otimes\boldsymbol{n}_k \tag{1.211}$$

则它显然满足 $\boldsymbol{A}^2=\boldsymbol{T}$。下面进一步说明：作为正定张量，上式是它唯一的表示，$\boldsymbol{T}$ 的特征方程可写成

$$\begin{aligned}0&=(\boldsymbol{T}-\lambda\boldsymbol{I})\cdot\boldsymbol{n}=\left(\boldsymbol{A}^2-\lambda\boldsymbol{I}\right)\cdot\boldsymbol{n}\\&=\left(\boldsymbol{A}+\sqrt{\lambda}\boldsymbol{I}\right)\cdot\left(\boldsymbol{A}-\sqrt{\lambda}\boldsymbol{I}\right)\cdot\boldsymbol{n}\end{aligned} \tag{1.212}$$

记 $\left(\boldsymbol{A}-\sqrt{\lambda}\boldsymbol{I}\right)\cdot\boldsymbol{n}=\hat{\boldsymbol{n}}$，则有

$$\left(\boldsymbol{A}+\sqrt{\lambda}\boldsymbol{I}\right)\cdot\hat{\boldsymbol{n}}=0 \tag{1.213}$$

上式意味着 $\boldsymbol{A}$ 的特征值为 $-\sqrt{\lambda}<0$，根据前面的分析，$\boldsymbol{A}$ 设为正不定张量，这与已知前提要求矛盾，因此，前面关于 $\boldsymbol{T}$ 的特征方程式 (1.212) 变为

$$\left(\boldsymbol{A}-\sqrt{\lambda}\boldsymbol{I}\right)\cdot\boldsymbol{n}=0 \tag{1.214}$$

上式说明 $\boldsymbol{A}$ 的特征值必须是 $\sqrt{\lambda}>0$，对应的特征矢量是 $\boldsymbol{n}$，从而唯一性得到证明。

1.7 反对称张量

反对称张量的定义见式 (1.88) 和式 (1.89)，对于任意反对称张量 $\boldsymbol{W}$，使用式 (1.161)，得它的三个主不变量中 $I^W=0$，$III^W=0$，只有第二不变量 II^W 不为零，即

$$II^W=W_{12}^2+W_{13}^2+W_{23}^2\neq 0 \tag{1.215}$$

记 $II^W=\omega^2$，将这些不变量代入特征方程式 (1.160)，解得特征值是

$$\lambda_1=\omega\mathrm{i},\quad \lambda_2=-\omega\mathrm{i},\quad \lambda_3=0 \tag{1.216}$$

式中 i 是虚数单位，$\mathrm{i}^2=-1$。与前两个特征值对应的特征矢量 $\boldsymbol{g}_1$ 和 $\boldsymbol{g}_2$ 为复向量，而与 λ_3 对应的特征矢量 $\boldsymbol{i}_3$ 满足

$$\boldsymbol{W}\cdot\boldsymbol{i}_3=\boldsymbol{0} \tag{1.217}$$

在 $\boldsymbol{g}_1$ 和 $\boldsymbol{g}_2$ 及 $\boldsymbol{i}_3$ 构成的坐标基下，$\boldsymbol{W}$ 的矩阵为对角形式

$$\boldsymbol{W}=\begin{bmatrix}\omega\mathrm{i} & 0 & 0\\ 0 & -\omega\mathrm{i} & 0\\ 0 & 0 & 0\end{bmatrix}$$

若在与 $\boldsymbol{i}_3$ 垂直的平面内任意选取两个相互正交的单位矢量 $\boldsymbol{i}_1$ 和 $\boldsymbol{i}_2$，可得在 $\boldsymbol{i}_1$ 和 $\boldsymbol{i}_2$ 及 $\boldsymbol{i}_3$ 构成的坐标架下，$\boldsymbol{W}$ 的矩阵表示是

$$\boldsymbol{W}=\begin{bmatrix}0 & -\omega & 0\\ \omega & 0 & 0\\ 0 & 0 & 0\end{bmatrix} \tag{1.218}$$

或

$$\boldsymbol{W}=\omega\left(-\boldsymbol{i}_1\otimes\boldsymbol{i}_2+\boldsymbol{i}_2\otimes\boldsymbol{i}_1\right) \tag{1.219}$$

因为使用式 (1.217) 有

$$W_{13}=-W_{31}=\boldsymbol{i}_1\cdot\boldsymbol{W}\cdot\boldsymbol{i}_3=0,\quad W_{23}=-W_{32}=\boldsymbol{i}_2\cdot\boldsymbol{W}\cdot\boldsymbol{i}_3=0 \tag{1.220}$$

代入式 (1.215) 得 $W_{12}=-W_{21}=-\omega$，从而得到式 (1.219)。

若在与 $\boldsymbol{i}_3$ 垂直的平面内将相互正交的单位矢量 $\boldsymbol{i}_1$ 和 $\boldsymbol{i}_2$ 绕 $\boldsymbol{i}_3$ 转动任意的角度 θ，得到两个新的单位矢量

$$\boldsymbol{i}_1^* = \cos\theta \boldsymbol{i}_1 + \sin\theta \boldsymbol{i}_2, \quad \boldsymbol{i}_2^* = -\sin\theta \boldsymbol{i}_1 + \cos\theta \boldsymbol{i}_2 \tag{1.221}$$

将上式与式 (1.219) 结合可得，在由 $\boldsymbol{i}_1^*$，$\boldsymbol{i}_2^*$ 和 $\boldsymbol{i}_3$ 组成的新坐标架下，反对称张量 $\boldsymbol{W}$ 的表示为

$$\boldsymbol{W} = \omega\left(-\boldsymbol{i}_1^* \otimes \boldsymbol{i}_2^* + \boldsymbol{i}_2^* \otimes \boldsymbol{i}_1^*\right)$$

从而保持形式不变，这说明式 (1.219) 中的 $\boldsymbol{i}_1$ 和 $\boldsymbol{i}_2$ 是任意两个相互正交的单位矢量 (在与 $\boldsymbol{i}_3$ 垂直的平面内)。

记与特征矢量 $\boldsymbol{i}_3$ 平行且大小为 ω 的矢量为 $\boldsymbol{\omega}$，即

$$\boldsymbol{\omega} = \omega \boldsymbol{i}_3$$

则有，$\boldsymbol{W}$ 对任意矢量 $\boldsymbol{x}$ 的变换等价于 $\boldsymbol{\omega}$ 对这个矢量 $\boldsymbol{x}$ 进行叉乘

$$\boldsymbol{W} \cdot \boldsymbol{x} = \boldsymbol{\omega} \times \boldsymbol{x} \tag{1.222}$$

因为，使用式 (1.219)，并考虑叉乘的定义，有

$$\begin{aligned}\boldsymbol{W} \cdot \boldsymbol{x} - \boldsymbol{\omega} \times \boldsymbol{x} &= \omega\left[(-\boldsymbol{i}_1 \otimes \boldsymbol{i}_2 + \boldsymbol{i}_2 \otimes \boldsymbol{i}_1) \cdot \boldsymbol{x} - \boldsymbol{i}_3 \times ((\boldsymbol{x} \cdot \boldsymbol{i}_1)\, \boldsymbol{i}_1 + (\boldsymbol{x} \cdot \boldsymbol{i}_2)\, \boldsymbol{i}_2 + (\boldsymbol{x} \cdot \boldsymbol{i}_3)\, \boldsymbol{i}_3)\right] \\ &= \omega\left[-(\boldsymbol{i}_2 \cdot \boldsymbol{x})\, \boldsymbol{i}_1 + (\boldsymbol{i}_1 \cdot \boldsymbol{x})\, \boldsymbol{i}_2 - (\boldsymbol{x} \cdot \boldsymbol{i}_1)\, \boldsymbol{i}_3 \times \boldsymbol{i}_1 - (\boldsymbol{x} \cdot \boldsymbol{i}_2)\, \boldsymbol{i}_3 \times \boldsymbol{i}_2\right] \\ &= \boldsymbol{0}\end{aligned}$$

称 $\boldsymbol{\omega}$ 是 $\boldsymbol{W}$ 的轴矢量。

为了得到一般坐标系 $\boldsymbol{e}_1$，$\boldsymbol{e}_2$，$\boldsymbol{e}_3$ 下 $\boldsymbol{W}$ 的分量与轴矢量 $\boldsymbol{\omega}$ 的分量之间的关系，在式 (1.222) 中取 $\boldsymbol{x}=\boldsymbol{e}_j (j=1, 2, 3)$，并考虑到式 (1.16) 和式 (1.15)，得

$$\begin{aligned}\boldsymbol{W} \cdot \boldsymbol{e}_j &= W_{kj} \boldsymbol{e}_k \\ &= \boldsymbol{\omega} \times \boldsymbol{e}_j = \omega_i \boldsymbol{e}_i \times \boldsymbol{e}_j = \omega_i \mathcal{E}_{jki} \boldsymbol{e}_k\end{aligned} \tag{1.223}$$

从而得分量之间的关系

$$W_{jk} = -\mathcal{E}_{jki} \omega_i \tag{1.224}$$

或

$$W_{23} = -W_{32} = -\omega_1, \quad W_{31} = -W_{13} = -\omega_2, \quad W_{12} = -W_{21} = -\omega_3$$

或用矩阵表示为

$$\boldsymbol{W} = \begin{bmatrix} 0 & -\omega_3 & \omega_2 \\ \omega_3 & 0 & -\omega_1 \\ -\omega_2 & \omega_1 & 0 \end{bmatrix} \tag{1.225}$$

所以，轴矢量可写成

$$\boldsymbol{\omega}=W_{32}\boldsymbol{e}_1+W_{13}\boldsymbol{e}_2+W_{21}\boldsymbol{e}_3 \tag{1.226}$$

根据矢量代数，并结合图 1.6，式 (1.222) 中矢量的大小为

$$|\boldsymbol{\omega}\times\boldsymbol{x}|=|\boldsymbol{\omega}|\,|\boldsymbol{x}|\sin(\boldsymbol{\omega},\boldsymbol{x})=|\boldsymbol{\omega}|\,BB' \tag{1.227}$$

而方向则与 $\boldsymbol{\omega}$ 同 $\boldsymbol{x}$ 构成的 ABB' 平面正交，如图 1.6 所示，$|\boldsymbol{\omega}|BB'$ 代表半径为 BB'、圆心角为 $|\boldsymbol{\omega}|$ 的弧长，当 $\boldsymbol{\omega}$ 是微小量时，$\boldsymbol{\omega}\times\boldsymbol{x}$ 可近似地看作沿弧长方向，**$\boldsymbol{W}$ 对矢量 $\boldsymbol{x}$ 的变换就是将它绕其轴矢量 $\boldsymbol{\omega}$ 进行转动，转动的角度为 $\boldsymbol{\omega}$ 的模。**

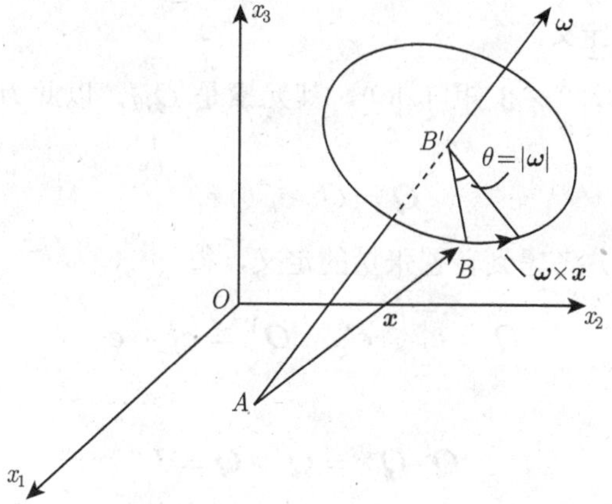

图 1.6 反对称张量的几何意义

需要指出：① 在实际应用中，任意的反对称张量都可被用来描述单位时间内的转动，即转动速率，$|\boldsymbol{\omega}|$ 一般并非微小量，但是用它考察微小时间增量 $\mathrm{d}t$ 内所产生的转动时，$|\boldsymbol{\omega}|\mathrm{d}t$ 总是微小量，因此，上面的几何解释总能成立，$|\boldsymbol{\omega}|$ 就是单位时间内产生的转动角度。② 反对称张量的微小转动作用还可以看作单位时间内绕三个坐标轴 $\boldsymbol{e}_1$，$\boldsymbol{e}_2$，$\boldsymbol{e}_3$ 分别转动角度 $|\omega_1|$，$|\omega_2|$，$|\omega_3|$ (若 $\boldsymbol{\omega}$ 的某个分量为负，则相应的转轴也应为对应坐标轴的负向)，然后再叠加起来，由于转动量是微小量，最终结果与转动的先后顺序无关。说明如下：比如，首先绕 $\boldsymbol{e}_1$ 轴转动矢量 $\boldsymbol{x}$，转动量是 $\omega_1\boldsymbol{e}_1\times\boldsymbol{x}$，得到的矢量是

$$\boldsymbol{x}+\omega_1\boldsymbol{e}_1\times\boldsymbol{x} \tag{1.228}$$

然后再绕 $\boldsymbol{e}_2$ 轴转动上面所得的矢量，得到一个新的矢量，忽略二阶小量，为

$$(\boldsymbol{x}+\omega_1\boldsymbol{e}_1\times\boldsymbol{x})+\omega_2\boldsymbol{e}_2\times(\boldsymbol{x}+\omega_1\boldsymbol{e}_1\times\boldsymbol{x})\approx\boldsymbol{x}+\omega_1\boldsymbol{e}_1\times\boldsymbol{x}+\omega_2\boldsymbol{e}_2\times\boldsymbol{x} \tag{1.229}$$

后面两项是两次转动后的转动总量，最后绕 $\boldsymbol{e}_3$ 轴转动上面新得的矢量，得到一个更新的矢量，忽略二阶小量，为

$$\begin{aligned}&(\boldsymbol{x}+\omega_1\boldsymbol{e}_1\times\boldsymbol{x}+\omega_2\boldsymbol{e}_2\times\boldsymbol{x})+\omega_3\boldsymbol{e}_3\times(\boldsymbol{x}+\omega_1\boldsymbol{e}_1\times\boldsymbol{x}+\omega_2\boldsymbol{e}_2\times\boldsymbol{x})\\&\approx\boldsymbol{x}+\omega_1\boldsymbol{e}_1\times\boldsymbol{x}+\omega_2\boldsymbol{e}_2\times\boldsymbol{x}+\omega_3\boldsymbol{e}_3\times\boldsymbol{x}=\boldsymbol{x}+\boldsymbol{\omega}\times\boldsymbol{x}\end{aligned} \tag{1.230}$$

最终的转动总量就是三次转动量的线性组合，为 $\boldsymbol{\omega}\times\boldsymbol{x}$，实际上与转动的顺序无关。

1.8 正交张量

1.8.1 正交张量的定义

坐标变换中涉及 3×3 矩阵 $[Q]$，其元素是 Q_{kl}，以此为分量定义一个二阶张量

$$\boldsymbol{Q}=Q_{kl}\boldsymbol{e}_k\otimes\boldsymbol{e}_l \tag{1.231}$$

将式 (1.30) 代入，并考虑到转置张量的定义，得

$$\boldsymbol{Q}=\boldsymbol{e}_k\otimes\boldsymbol{e}_k^*,\quad \boldsymbol{Q}^{\mathrm{T}}=\boldsymbol{e}_k^*\otimes\boldsymbol{e}_k \tag{1.232}$$

使用上式可得

$$\boldsymbol{Q}\cdot\boldsymbol{Q}^{\mathrm{T}}=\boldsymbol{Q}^{\mathrm{T}}\cdot\boldsymbol{Q}=\boldsymbol{I} \tag{1.233}$$

比如

$$\boldsymbol{Q}\cdot\boldsymbol{Q}^{\mathrm{T}}=\boldsymbol{e}_k\otimes\boldsymbol{e}_k^*\cdot\boldsymbol{e}_l^*\otimes\boldsymbol{e}_l=\delta_{kl}\boldsymbol{e}_k\otimes\boldsymbol{e}_l=\boldsymbol{e}_k\otimes\boldsymbol{e}_k=\boldsymbol{I} \tag{1.234}$$

凡是满足条件式 (1.233) 的张量称为正交张量，正交张量进行的变换称为正交变换。

下面讨论正交张量的性质。设 $\boldsymbol{u}$，$\boldsymbol{v}$ 是两个任意的矢量，经正交变换后分别变为

$$\boldsymbol{u}^*=\boldsymbol{Q}\cdot\boldsymbol{u},\quad \boldsymbol{v}^*=\boldsymbol{Q}\cdot\boldsymbol{v} \tag{1.235}$$

根据正交性 (1.233)，并考虑到式 (1.83)，有

$$\boldsymbol{v}^*\cdot\boldsymbol{v}^*=\boldsymbol{v}\cdot\boldsymbol{Q}^{\mathrm{T}}\cdot\boldsymbol{Q}\cdot\boldsymbol{v}=\boldsymbol{v}\cdot\boldsymbol{v} \tag{1.236a}$$

$$\boldsymbol{u}^*\cdot\boldsymbol{v}^*=\boldsymbol{u}\cdot\boldsymbol{Q}^{\mathrm{T}}\cdot\boldsymbol{Q}\cdot\boldsymbol{v}=\boldsymbol{u}\cdot\boldsymbol{v} \tag{1.236b}$$

所以，正交变换既不改变矢量大小，也不改变矢量之间的夹角。例如，将式 (1.232) 的第一式和第二式的两边分别后点积 $\boldsymbol{e}_l^*$ 和 $\boldsymbol{e}_l$，得基矢量之间的转换关系表示为

$$\boldsymbol{e}_k=\boldsymbol{Q}\cdot\boldsymbol{e}_k^*\quad 或\quad \boldsymbol{e}_k^*=\boldsymbol{Q}^{\mathrm{T}}\cdot\boldsymbol{e}_k \tag{1.237}$$

相互正交的单位矢量经正交变换后仍然为相互正交的单位矢量。

使用式 (1.233) 和式 (1.153)，可知正交张量还具有如下性质

$$\boldsymbol{Q}^{-1}=\boldsymbol{Q}^{\mathrm{T}},\quad \det\left(\boldsymbol{Q}\cdot\boldsymbol{Q}^{\mathrm{T}}\right)=1 \quad \text{或} \quad \det\boldsymbol{Q}=\pm1 \tag{1.238}$$

通常将 $\det\boldsymbol{Q}$=1 的正交张量称为正常正交张量，$\det\boldsymbol{Q}$= -1 的正交张量称为非正常正交张量。

例如，式 (1.35) 中的矩阵行列式为 1，它所对应的正交张量为正常正交张量，代表绕 $\boldsymbol{e}_3$ 轴转动 θ 角。实际上，任意的正常正交张量就代表刚体转动 (讨论见 3.5 节开始)。

注意：式 (1.37)$v_k^*=Q_{kl}v_l$ 写成通常的矩阵形式是 $\{v^*\}=[Q]\{v\}$，它与 $\boldsymbol{v}^*=\boldsymbol{Q}\cdot\boldsymbol{v}$(其中 $\boldsymbol{Q}$ 使用式 (1.231) 定义) 的意义不同，前者代表同一个矢量 $\boldsymbol{v}$ 在不同 (新、旧) 坐标系下的分量之间的关系，而后者表示在同一个坐标下考察矢量 $\boldsymbol{v}$ 经过旋转后得到一个新的矢量。然而，由矢量 $\boldsymbol{v}$ 在旧坐标系的分量通过矩阵 $[Q]$ 变换得它在新坐标系下的分量，等价于坐标系不转动而将矢量 $\boldsymbol{v}$ 进行逆变换 $\boldsymbol{Q}^{-1}=\boldsymbol{Q}^{\mathrm{T}}$ 或者相反方向转动所得新矢量 $\boldsymbol{Q}^{-1}\cdot\boldsymbol{v}=\boldsymbol{Q}^{\mathrm{T}}\cdot\boldsymbol{v}$ 的分量，或者说，直接使用坐标变换中矩阵 $[Q]$ 的分量构造正交张量 $\boldsymbol{Q}$，那么它对矢量引起的转动与坐标变换中新坐标轴的转动正好反过来。所以，将矢量 $\boldsymbol{v}$ 绕 $\boldsymbol{e}_3$ 轴从 $\boldsymbol{e}_1$ 转向 $\boldsymbol{e}_2$ 轴的转动，其转动张量对应的矩阵应是式 (1.35) 中矩阵的转置，即为

$$\boldsymbol{Q}=\begin{bmatrix}\cos\theta & -\sin\theta & 0\\ \sin\theta & \cos\theta & 0\\ 0 & 0 & 1\end{bmatrix} \tag{1.239}$$

单位张量是一个特殊的正常正交张量。

1.8.2 非正常正交张量

下面着重讨论非正常正交张量。例如

$$\boldsymbol{R}=\boldsymbol{e}_1\otimes\boldsymbol{e}_1+\boldsymbol{e}_2\otimes\boldsymbol{e}_2-\boldsymbol{e}_3\otimes\boldsymbol{e}_3 \tag{1.240}$$

或写成矩阵形式

$$\boldsymbol{R}=\begin{bmatrix}1 & 0 & 0\\ 0 & 1 & 0\\ 0 & 0 & -1\end{bmatrix} \tag{1.241}$$

显然 $\boldsymbol{R}$ 的行列式为 -1，它是典型的非正常正交张量，简单运算给出经它变换后的坐标基矢量为

$$\boldsymbol{e}_1^*=\boldsymbol{R}\cdot\boldsymbol{e}_1=\boldsymbol{e}_1,\quad \boldsymbol{e}_2^*=\boldsymbol{R}\cdot\boldsymbol{e}_2=\boldsymbol{e}_2,\quad \boldsymbol{e}_3^*=\boldsymbol{R}\cdot\boldsymbol{e}_3=-\boldsymbol{e}_3$$

由原来的右手坐标系变换为左手坐标系，$\boldsymbol{R}$ 将任意一个空间矢量比如 $\boldsymbol{v}=v_i\boldsymbol{e}_i$ 变换为

$$\begin{aligned}\boldsymbol{v}^*&=\boldsymbol{R}\cdot\boldsymbol{v}=v_i\boldsymbol{R}\cdot\boldsymbol{e}_i\\&=v_1\boldsymbol{e}_1+v_2\boldsymbol{e}_2-v_3\boldsymbol{e}_3\end{aligned}\tag{1.242}$$

它与 $\boldsymbol{v}$ 在 $\boldsymbol{e}_3$ 方向的投影反向，而在以 $\boldsymbol{e}_3$ 为法线的平面上的投影一致，实质上，两者关于 $\boldsymbol{e}_3$ 为法线的平面对称，如图 1.7(a) 所示，所以，$\boldsymbol{R}$ 代表以 $\boldsymbol{e}_3$ 为法线的镜面反射变换，镜面也称对称面。

从式 (1.242) 的第二个等式可知，对矢量变换是对三个基矢量变换而保持分量不变。推广到 $\boldsymbol{R}$ 对任意二阶张量 $\boldsymbol{S}$ 的变换，就是将基矢量使用 $\boldsymbol{R}$ 逐个进行变换，得变换后的张量为

$$\begin{aligned}\boldsymbol{S}^*&=S_{ij}\left(\boldsymbol{R}\cdot\boldsymbol{e}_i\right)\otimes\left(\boldsymbol{R}\cdot\boldsymbol{e}_j\right)=\boldsymbol{R}\cdot\left(S_{ij}\boldsymbol{e}_i\otimes\boldsymbol{e}_j\right)\cdot\boldsymbol{R}^{\mathrm{T}}=\boldsymbol{R}\cdot\boldsymbol{S}\cdot\boldsymbol{R}^{\mathrm{T}}\\&=\begin{bmatrix}1&0&0\\0&1&0\\0&0&-1\end{bmatrix}\begin{bmatrix}S_{11}&S_{12}&S_{13}\\S_{21}&S_{22}&S_{23}\\S_{31}&S_{32}&S_{33}\end{bmatrix}\begin{bmatrix}1&0&0\\0&1&0\\0&0&-1\end{bmatrix}^{\mathrm{T}}\\&=\begin{bmatrix}S_{11}&S_{12}&-S_{13}\\S_{21}&S_{22}&-S_{23}\\-S_{31}&-S_{32}&S_{33}\end{bmatrix}\end{aligned}\tag{1.243}$$

该变换是将与 $\boldsymbol{e}_3$ 相关的非对角元素反号。

为了更好地理解反射变换，考察在 $\boldsymbol{e}_2$ 和 $\boldsymbol{e}_3$ 平面内沿 $\boldsymbol{e}_2$ 方向的剪切变形，其变形特点是物质点在 $\boldsymbol{e}_3$ 方向的位置坐标保持不变，仅沿 $\boldsymbol{e}_2$ 方向发生位移，且该位移与物质点到 $\boldsymbol{e}_2$ 轴的距离即 $\boldsymbol{e}_3$ 方向的坐标值成正比，可表示为

$$\boldsymbol{x}=\boldsymbol{a}+\gamma a_3\boldsymbol{e}_2\tag{1.244}$$

式中矢量 $\boldsymbol{a}$ 和矢量 $\boldsymbol{x}$ 分别代表变形前、后物质点的位置矢量 (仅考虑小变形情况)，γ 假定很小，代表剪切角。将剪切变形后的物体进行以 $\boldsymbol{e}_3$ 为法线的镜面反射变换，即将上式两边点积式 (1.240) 中的 $\boldsymbol{R}$，得

$$\boldsymbol{x}^*=\boldsymbol{a}^*+\gamma a_3\boldsymbol{e}_2\tag{1.245}$$

式中

$$\boldsymbol{x}^*=x_1\boldsymbol{e}_1+x_2\boldsymbol{e}_2-x_3\boldsymbol{e}_3,\quad \boldsymbol{a}^*=a_1\boldsymbol{e}_1+a_2\boldsymbol{e}_2-a_3\boldsymbol{e}_3$$

针对 $0\leqslant a_2\leqslant 1$ 和 $0\leqslant a_3\leqslant 1$ 的正方形单元体，经过式 (1.244) 定义的剪切变形后变成图 1.7(b) 中实线表示的平行四边形，再经式 (1.245) 定义的反射变换后变成图中虚线表示的平行四边形，反射变换前后的小变形应变张量分别是

$$\boldsymbol{\varepsilon} = \frac{1}{2}\left(\frac{\partial \boldsymbol{x}}{\partial \boldsymbol{a}} + \left(\frac{\partial \boldsymbol{x}}{\partial \boldsymbol{a}}\right)^{\mathrm{T}} - 2\boldsymbol{I}\right) = \begin{bmatrix} 0 & 0 & 0 \\ 0 & 0 & \frac{1}{2}\gamma \\ 0 & \frac{1}{2}\gamma & 0 \end{bmatrix} \tag{1.246a}$$

$$\boldsymbol{\varepsilon}^* = \boldsymbol{R}\cdot\boldsymbol{\varepsilon}\cdot\boldsymbol{R}^{\mathrm{T}} = \begin{bmatrix} 0 & 0 & 0 \\ 0 & 0 & -\frac{1}{2}\gamma \\ 0 & -\frac{1}{2}\gamma & 0 \end{bmatrix} \tag{1.246b}$$

其中，反射变换后的应变张量也可直接由下面表达式给出

$$\boldsymbol{\varepsilon}^* = \frac{1}{2}\left(\frac{\partial \boldsymbol{x}^*}{\partial \boldsymbol{a}^*} + \left(\frac{\partial \boldsymbol{x}^*}{\partial \boldsymbol{a}^*}\right)^{\mathrm{T}} - 2\boldsymbol{I}\right) \tag{1.247}$$

关于小变形应变张量与变形前后坐标之间的关系及其涉及的矢量偏导数见后面的相关内容，这里只用到它的结果。

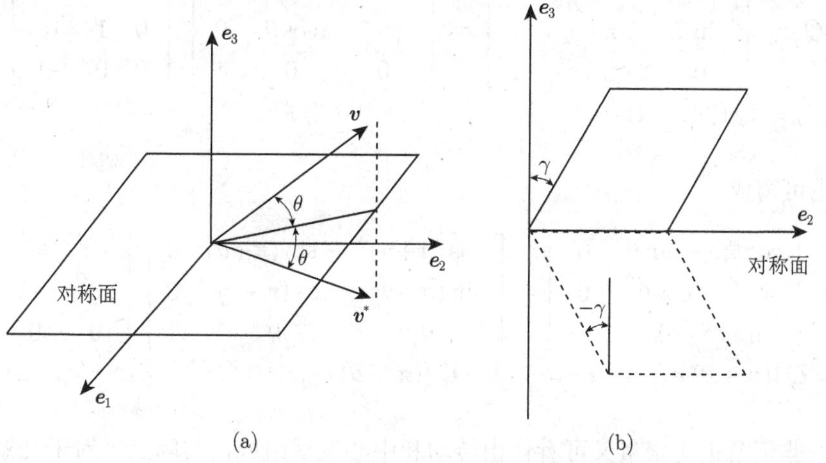

图 1.7 镜面反射变换

(a) 矢量的反射变换；(b) 剪切变形的反射变换

非正常正交张量另外一个特殊的例子是 $-\boldsymbol{I}$，它将矢量变换为相反方向的矢量，即

$$(-\boldsymbol{I})\cdot\boldsymbol{v} = -\boldsymbol{v}$$

通常将这种变换称为中心反演变换，在中心反演变换的作用下，二阶张量保持不变，因为

$$(-\boldsymbol{I})\cdot\boldsymbol{S}\cdot(-\boldsymbol{I})^{\mathrm{T}} = \boldsymbol{S} \tag{1.248}$$

镜面反射变换总可看作绕镜面法线 180° 旋转变换和中心反演变换的组合，比如

$$\boldsymbol{R}(\boldsymbol{e}_3)=\begin{bmatrix}1&0&0\\0&1&0\\0&0&-1\end{bmatrix}=\begin{bmatrix}\cos\pi&-\sin\pi&0\\\sin\pi&\cos\pi&0\\0&0&1\end{bmatrix}\begin{bmatrix}-1&0&0\\0&-1&0\\0&0&-1\end{bmatrix}=\boldsymbol{Q}(\pi\boldsymbol{e}_3)\cdot(-\boldsymbol{I}) \tag{1.249}$$

式中 $\boldsymbol{R}$ 后括号中的 $\boldsymbol{e}_3$ 代表镜面法线，$\boldsymbol{Q}$ 后括号中的 $\boldsymbol{e}_3$ 代表转动轴，π 代表转动角度。反过来，中心反演变换总可看作绕镜面法线 180° 旋转变换和镜面反射变换的组合，比如将上式求逆，有

$$-\boldsymbol{I}=\boldsymbol{Q}(-\pi\boldsymbol{e}_3)\cdot\boldsymbol{R}(\boldsymbol{e}_3)=\boldsymbol{Q}(\pi\boldsymbol{e}_3)\cdot\boldsymbol{R}(\boldsymbol{e}_3)$$

非正常正交张量总是可看作由转动和镜面反射组成，例如

$$\boldsymbol{Q}_1=\begin{bmatrix}\cos\theta&-\sin\theta&0\\\sin\theta&\cos\theta&0\\0&0&-1\end{bmatrix}=\begin{bmatrix}\cos\theta&-\sin\theta&0\\\sin\theta&\cos\theta&0\\0&0&1\end{bmatrix}\begin{bmatrix}1&0&0\\0&1&0\\0&0&-1\end{bmatrix}=\boldsymbol{Q}(\theta\boldsymbol{e}_3)\cdot\boldsymbol{R}(\boldsymbol{e}_3) \tag{1.250}$$

上式也可写成

$$\boldsymbol{Q}_1=\begin{bmatrix}\cos\theta&-\sin\theta&0\\\sin\theta&\cos\theta&0\\0&0&-1\end{bmatrix}=\begin{bmatrix}\cos(\pi+\theta)&-\sin(\pi+\theta)&0\\\sin(\pi+\theta)&\cos(\pi+\theta)&0\\0&0&1\end{bmatrix}\begin{bmatrix}-1&0&0\\0&-1&0\\0&0&-1\end{bmatrix}=\boldsymbol{Q}[(\pi+\theta)\boldsymbol{e}_3]\cdot(-\boldsymbol{I})=(-\boldsymbol{I})\cdot\boldsymbol{Q}[(\pi+\theta)\boldsymbol{e}_3] \tag{1.251}$$

所以，非正常正交张量又可看作由转动和中心反演组成，实际上，对于任意的非正常正交张量 $\boldsymbol{Q}$

$$\boldsymbol{Q}=(-\boldsymbol{I})\cdot(-\boldsymbol{Q})=(-\boldsymbol{Q})\cdot(-\boldsymbol{I}) \tag{1.252}$$

式中 $-\boldsymbol{Q}$ 必然为正常正交张量，代表转动。

1.8.3　正常正交张量使用反对称张量的表示

正常正交张量 $\boldsymbol{Q}$ 必定有一个为 1 的特征值，设相应的单位特征矢量是 $\boldsymbol{u}$，而 $\boldsymbol{v}$ 和 $\boldsymbol{w}$ 是垂直于 $\boldsymbol{u}$ 的平面上任意两个相互正交的单位矢量，则它总是可以表示为

$$\boldsymbol{Q}=\boldsymbol{I}+\sin\theta\hat{\boldsymbol{W}}+2\sin^2\frac{\theta}{2}\hat{\boldsymbol{W}}^2 \tag{1.253}$$

式中 θ 是角度，$\hat{\boldsymbol{W}}$ 是轴矢量大小为 1 的反对称张量

$$\hat{\boldsymbol{W}} = \boldsymbol{w} \otimes \boldsymbol{v} - \boldsymbol{v} \otimes \boldsymbol{w} \tag{1.254}$$

证明 根据正交张量的性质式 (1.233)，可以按如下步骤得到正交张量 $\boldsymbol{Q}$ 的特征方程

$$\begin{aligned}
\boldsymbol{Q}^{\mathrm{T}} \cdot \boldsymbol{Q} = \boldsymbol{I} &\Rightarrow \boldsymbol{Q}^{\mathrm{T}} \cdot \boldsymbol{Q} - \boldsymbol{Q}^{\mathrm{T}} = \boldsymbol{I} - \boldsymbol{Q}^{\mathrm{T}} \\
&\Rightarrow \boldsymbol{Q}^{\mathrm{T}} \cdot (\boldsymbol{Q} - \boldsymbol{I}) = -(\boldsymbol{Q} - \boldsymbol{I})^{\mathrm{T}} \\
&\Rightarrow \det \boldsymbol{Q}^{\mathrm{T}} \det(\boldsymbol{Q} - \boldsymbol{I}) = -\det(\boldsymbol{Q} - \boldsymbol{I})^{\mathrm{T}} \\
&\Rightarrow \det(\boldsymbol{Q} - \boldsymbol{I}) = -\det(\boldsymbol{Q} - \boldsymbol{I}) \\
&\Rightarrow \det(\boldsymbol{Q} - \boldsymbol{I}) = 0
\end{aligned}$$

最后一式与式 (1.158) 对照可知，它就是 $\boldsymbol{Q}$ 的特征方程，这说明 $\boldsymbol{Q}$ 至少有一个为 1 的特征值，若相应的单位特征矢量用 $\boldsymbol{u}$ 表示，则有

$$\boldsymbol{Q} \cdot \boldsymbol{u} = \boldsymbol{u} \tag{1.255}$$

在垂直于 $\boldsymbol{u}$ 的平面上，考察其他两个相互垂直的单位矢量 $\boldsymbol{v}$ 和 $\boldsymbol{w}$，由于正交变换不改变矢量的大小和它们之间的夹角，见式 (1.236)，再结合上式，则经正交变换后的矢量 $\boldsymbol{Q} \cdot \boldsymbol{v}$ 和 $\boldsymbol{Q} \cdot \boldsymbol{w}$ 仍然位于垂直于 $\boldsymbol{u}$ 的平面上，且相互垂直，所以，$\boldsymbol{Q}$ 对 $\boldsymbol{v}$ 和 $\boldsymbol{w}$ 的变换就是将它们绕 $\boldsymbol{Q}$ 的特征矢量 $\boldsymbol{u}$ 转动一定的角度，设这个角度为 θ，规定从 $\boldsymbol{v}$ 转向 $\boldsymbol{w}$ 为正，则有

$$\boldsymbol{Q} \cdot \boldsymbol{v} = \cos\theta \boldsymbol{v} + \sin\theta \boldsymbol{w}$$

$$\boldsymbol{Q} \cdot \boldsymbol{w} = -\sin\theta \boldsymbol{v} + \cos\theta \boldsymbol{w}$$

结合式 (1.60)，正交张量 $\boldsymbol{Q}$ 可表示为

$$\begin{aligned}
\boldsymbol{Q} &= \boldsymbol{Q} \cdot \boldsymbol{u} \otimes \boldsymbol{u} + \boldsymbol{Q} \cdot \boldsymbol{v} \otimes \boldsymbol{v} + \boldsymbol{Q} \cdot \boldsymbol{w} \otimes \boldsymbol{w} \\
&= \boldsymbol{u} \otimes \boldsymbol{u} + \cos\theta\,(\boldsymbol{v} \otimes \boldsymbol{v} + \boldsymbol{w} \otimes \boldsymbol{w}) - \sin\theta\,(\boldsymbol{v} \otimes \boldsymbol{w} - \boldsymbol{w} \otimes \boldsymbol{v})
\end{aligned} \tag{1.256}$$

根据上式，任意一个矢量 $\boldsymbol{x}$ 在正交张量 $\boldsymbol{Q}$ 的变换下，保持在 $\boldsymbol{u}$ 上的投影不变，在垂直于 $\boldsymbol{u}$ 的平面上的投影绕 $\boldsymbol{u}$ 矢量轴转动角度 θ，实际上，就是将整个矢量 $\boldsymbol{x}$ 绕 $\boldsymbol{u}$ 矢量轴转动角度 θ，如图 1.8 所示。

需要说明：$\boldsymbol{v}$ 和 $\boldsymbol{w}$ 在垂直于 $\boldsymbol{u}$ 的平面上任意选取，它们仅影响 θ 的取值，因此，正交张量具有三个独立的分量，一个是角度 θ，另外就是转轴——单位矢量 $\boldsymbol{u}$ 的三个分量中的两个。

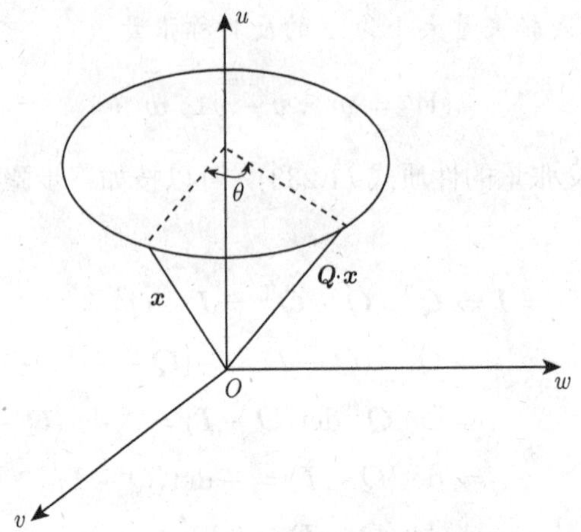

图 1.8 正交张量的几何解释

考虑到单位张量 $\boldsymbol{I}=\boldsymbol{u}\otimes\boldsymbol{u}+\boldsymbol{v}\otimes\boldsymbol{v}+\boldsymbol{w}\otimes\boldsymbol{w}$，式 (1.256) 还可写成

$$\boldsymbol{Q}=\boldsymbol{I}+(\cos\theta-1)(\boldsymbol{v}\otimes\boldsymbol{v}+\boldsymbol{w}\otimes\boldsymbol{w})-\sin\theta(\boldsymbol{v}\otimes\boldsymbol{w}-\boldsymbol{w}\otimes\boldsymbol{v}) \tag{1.257}$$

定义 $\hat{\boldsymbol{W}}=\boldsymbol{w}\otimes\boldsymbol{v}-\boldsymbol{v}\otimes\boldsymbol{w}$，显然有 $\hat{\boldsymbol{W}}^{\mathrm{T}}=-\hat{\boldsymbol{W}}$，是反对称张量，而且，$-\hat{\boldsymbol{W}}^2=\boldsymbol{v}\otimes\boldsymbol{v}+\boldsymbol{w}\otimes\boldsymbol{w}$，从而证得式 (1.253)。◆◆

当 θ 很小时，式 (1.253) 中的二阶项可略去，而 $\sin\theta\approx\theta$，因此有

$$\boldsymbol{Q}\approx\boldsymbol{I}+\boldsymbol{W},\quad \boldsymbol{W}=\theta\hat{\boldsymbol{W}} \tag{1.258}$$

若将坐标轴 $\boldsymbol{u}$，$\boldsymbol{v}$ 和 $\boldsymbol{w}$ 分别使用 1，2 和 3 表示，根据 $\hat{\boldsymbol{W}}$ 的定义式和式 (1.224)，反对称张量 $\boldsymbol{W}$ 的轴矢量 $\boldsymbol{\omega}$ 的坐标分量应是 $\omega_1=W_{32}=\theta$，$\omega_2=W_{13}=0$，$\omega_3=W_{21}=0$，显然，$\boldsymbol{\omega}$ 沿 1 方向即 $\boldsymbol{u}$ 方向，其大小为 θ，所以，$\boldsymbol{W}$ 和 $\boldsymbol{Q}$ 的转轴相同，只不过，$\boldsymbol{W}$ 对任意矢量 $\boldsymbol{x}$ 的变换是矢量转动前后的差，若 $\boldsymbol{x}$ 是空间位置矢量，且转动发生在单位时间，则可以得出，$\boldsymbol{W}$ 描述了转动的速率。注意，上式给出的 $\boldsymbol{Q}$ 不能严格满足正交条件，因为

$$\boldsymbol{Q}\cdot\boldsymbol{Q}^{\mathrm{T}}\approx\boldsymbol{I}-\theta^2\hat{\boldsymbol{W}}^2 \tag{1.259}$$

由于 $\hat{\boldsymbol{W}}$ 的分量为 1 (在 $\boldsymbol{u}$，$\boldsymbol{v}$ 和 $\boldsymbol{w}$ 坐标系下) 或小于 1 (在其他坐标下)，因此，其误差为 θ 的二次项。

上面的分析表明，任意的正交张量 $\boldsymbol{Q}$ 和任意的反对称张量 $\boldsymbol{W}$ 对矢量 $\boldsymbol{x}$ 的变换都是将它绕某一个特定的矢量轴旋转，不过，正交张量给出的是有限转动，而反对称张量给出的是转动速率，或是微小转动引起的增量。

1.8.4 正交张量的 Euler 角表示

上面的分析指出：正交张量由转轴和转角所表示，转轴是它的特征矢量，需要求解它的特征方程后才能得到。实际应用中针对分析问题所建立的坐标系，可采用三个 Euler 角表示正交张量，三个 Euler 角通常这样定义：首先绕 x_3 轴转动角度 ψ，再绕转动所得的 x_1' 轴转动角度 ϕ，最后绕第二次转动所得的 x_2'' 轴转动角度 θ，这三个 Euler 角转动对应的正交张量用矩阵表示分别是 (参照式 (1.239))

$$\boldsymbol{Q}_1=\begin{bmatrix}\cos\psi & -\sin\psi & 0\\ \sin\psi & \cos\psi & 0\\ 0 & 0 & 1\end{bmatrix},\quad \boldsymbol{Q}_2=\begin{bmatrix}1 & 0 & 0\\ 0 & \cos\phi & -\sin\phi\\ 0 & \sin\phi & \cos\phi\end{bmatrix},$$

$$\boldsymbol{Q}_3=\begin{bmatrix}\cos\theta & 0 & -\sin\theta\\ 0 & 1 & 0\\ \sin\theta & 0 & \cos\theta\end{bmatrix}$$

整个刚体转动对应的正交张量的矩阵表示就是

$$\begin{aligned}\boldsymbol{Q}&=\boldsymbol{Q}_1\cdot\boldsymbol{Q}_2\cdot\boldsymbol{Q}_3\\&=\begin{bmatrix}\cos\psi\cos\theta-\sin\psi\sin\phi\sin\theta & -\sin\psi\cos\phi & \cos\psi\sin\theta-\sin\psi\sin\phi\cos\theta\\ \sin\psi\cos\theta-\cos\psi\sin\phi\sin\theta & \cos\psi\cos\phi & \sin\psi\sin\theta-\cos\psi\sin\phi\cos\theta\\ -\cos\phi\sin\theta & \sin\phi & \cos\phi\cos\theta\end{bmatrix}\end{aligned}\tag{1.260}$$

当三个 Euler 角都很小时，$\sin\psi\approx\psi$，$\sin\phi\approx\phi$，$\sin\theta\approx\theta$，$\cos\psi\approx1$，$\cos\phi\approx1$，$\cos\theta\approx1$，略去二阶及三阶小量，则上式的正交张量简化为

$$\boldsymbol{Q}\approx\begin{bmatrix}1 & -\psi & \theta\\ \psi & 1 & -\phi\\ -\theta & \phi & 1\end{bmatrix}=\begin{bmatrix}1 & 0 & 0\\ 0 & 1 & 0\\ 0 & 0 & 1\end{bmatrix}+\begin{bmatrix}0 & -\psi & \theta\\ \psi & 0 & -\phi\\ -\theta & \phi & 0\end{bmatrix}\tag{1.261}$$

是单位张量与反对称张量之和，这与式 (1.258) 的结果一致 (注：两者中的 θ 所代表的角度不一致)，其中，反对称张量的轴矢量 $\boldsymbol{\omega}$ 由三个 Euler 角所定义，具体为 $\omega_1=\phi$，$\omega_2=\theta$，$\omega_3=\psi$，反对称张量所定义的转动则可看作绕三个坐标轴 x_1，x_2 和 x_3 分别转动角度 ϕ，θ 和 ψ 的线性叠加，与这三次转动的顺序无关。

1.9 高阶张量

1.9.1 三阶张量

类似于二阶张量，三阶张量定义为空间中的线性变换，它将一个矢量线性变换成一个二阶张量，即

$$\boldsymbol{\mathcal{A}}[\boldsymbol{u}]=\boldsymbol{S}\tag{1.262}$$

其中 [ ] 仍然代表变换。根据线性性质，上述变换可写成

$$\boldsymbol{S}=\boldsymbol{\mathcal{A}}[u_k\boldsymbol{e}_k]=u_k\boldsymbol{\mathcal{A}}[\boldsymbol{e}_k] \tag{1.263}$$

式中 $\boldsymbol{\mathcal{A}}[\boldsymbol{e}_k]$ 代表将每个基矢量分别变换所得的二阶张量，共三个，分量总数就有 $3\times 9=27$ 个，定义为

$$\boldsymbol{e}_i\cdot\boldsymbol{\mathcal{A}}[\boldsymbol{e}_k]\cdot\boldsymbol{e}_j=\mathcal{A}_{ijk} \tag{1.264}$$

根据二阶张量的性质，见式 (1.51) 和式 (1.47)，则有

$$\boldsymbol{\mathcal{A}}[\boldsymbol{e}_k]=\mathcal{A}_{ijk}\boldsymbol{e}_i\otimes\boldsymbol{e}_j \tag{1.265}$$

将上式代入式 (1.263)，有

$$\boldsymbol{S}=u_k\mathcal{A}_{ijk}\boldsymbol{e}_i\otimes\boldsymbol{e}_j=\mathcal{A}_{ijk}\boldsymbol{e}_i\otimes\boldsymbol{e}_j\left(\boldsymbol{e}_k\cdot\boldsymbol{u}\right) \tag{1.266}$$

类似于式 (1.45)，三个矢量之间并乘定义为

$$(\boldsymbol{a}\otimes\boldsymbol{b}\otimes\boldsymbol{c})\cdot\boldsymbol{u}\overset{\text{def}}{=\!=\!=}(\boldsymbol{a}\otimes\boldsymbol{b})\,(\boldsymbol{c}\cdot\boldsymbol{u}) \tag{1.267}$$

根据该定义，线性变换式 (1.266) 可表示为

$$\boldsymbol{S}=\mathcal{A}_{ijk}\boldsymbol{e}_i\otimes\boldsymbol{e}_j\otimes\boldsymbol{e}_k\cdot\boldsymbol{u}=\boldsymbol{\mathcal{A}}\cdot\boldsymbol{u} \tag{1.268}$$

从而有

$$\boldsymbol{\mathcal{A}}=\mathcal{A}_{ijk}\boldsymbol{e}_i\otimes\boldsymbol{e}_j\otimes\boldsymbol{e}_k \tag{1.269}$$

上式给出 $\boldsymbol{\mathcal{A}}$ 对矢量 $\boldsymbol{u}$ 的线性变换就是将 $\boldsymbol{\mathcal{A}}$ 的最后一个基矢量与 $\boldsymbol{u}$ 进行点积。

引入双点积定义

$$\boldsymbol{\mathcal{A}}:(\boldsymbol{u}\otimes\boldsymbol{v})\overset{\text{def}}{=\!=\!=}(\boldsymbol{\mathcal{A}}\cdot\boldsymbol{v})\cdot\boldsymbol{u} \tag{1.270}$$

按照上式和式 (1.266)，显然

$$\begin{aligned}\boldsymbol{\mathcal{A}}:(\boldsymbol{u}\otimes\boldsymbol{v})&=(\mathcal{A}_{ijk}\boldsymbol{e}_i\otimes\boldsymbol{e}_j\left(\boldsymbol{e}_k\cdot v_m\boldsymbol{e}_m\right))\cdot(u_l\boldsymbol{e}_l)\\&=(\mathcal{A}_{ijk}v_m\delta_{km}\boldsymbol{e}_i\otimes\boldsymbol{e}_j)\cdot(u_l\boldsymbol{e}_l)\\&=\mathcal{A}_{ijk}v_ku_l\delta_{jl}\boldsymbol{e}_i=\mathcal{A}_{ijk}u_jv_k\boldsymbol{e}_i=\mathcal{A}_{ijk}\left(\boldsymbol{u}\otimes\boldsymbol{v}\right)_{jk}\boldsymbol{e}_i\end{aligned} \tag{1.271}$$

因此，并双点积就是将它们最靠近的两对基矢量前、后分别对应点积，或者说，最靠近的两对指标前、后分别对应地变为哑指标。考虑到 $\boldsymbol{\mathcal{A}}$ 对矢量的线性变换就是与它进行点积，所以，式 (1.264) 可写成

$$\mathcal{A}_{ijk}=\boldsymbol{e}_i\cdot\boldsymbol{\mathcal{A}}:(\boldsymbol{e}_j\otimes\boldsymbol{e}_k)=(\boldsymbol{e}_i\otimes\boldsymbol{e}_j):\boldsymbol{\mathcal{A}}\cdot\boldsymbol{e}_k$$

按照前面建立二阶张量坐标变换关系的步骤，很容易建立三阶张量的坐标变换，使用式 (1.30)，有

$$\begin{aligned}\boldsymbol{\mathcal{A}} &= \mathcal{A}^*_{lmn}\boldsymbol{e}^*_l \otimes \boldsymbol{e}^*_m \otimes \boldsymbol{e}^*_n \\ &= \mathcal{A}_{ijk}Q_{li}\boldsymbol{e}_i \otimes Q_{mj}\boldsymbol{e}_j \otimes Q_{nk}\boldsymbol{e}_k = \mathcal{A}_{ijk}\boldsymbol{e}_i \otimes \boldsymbol{e}_j \otimes \boldsymbol{e}_k\end{aligned}$$

$$\Rightarrow \quad \mathcal{A}^*_{lmn} = Q_{li}Q_{mj}Q_{nk}\mathcal{A}_{ijk} \tag{1.272}$$

凡是在任意不同坐标系下的分量能够满足上式规定的坐标变换关系的一组量就称为三阶张量。

三阶张量的一个例子就是以置换符号作为分量定义的张量 (称为置换张量)，因为在两套不同的坐标系下分量之间有

$$\mathcal{E}^*_{lmn} = \boldsymbol{e}^*_l \cdot (\boldsymbol{e}^*_m \times \boldsymbol{e}^*_n) = Q_{li}Q_{mj}Q_{nk}\boldsymbol{e}_i \cdot (\boldsymbol{e}_j \times \boldsymbol{e}_k) = Q_{li}Q_{mj}Q_{nk}\mathcal{E}_{ijk} \tag{1.273}$$

置换张量整体记为

$$\boldsymbol{\mathcal{E}} = \mathcal{E}_{ijk}\boldsymbol{e}_i \otimes \boldsymbol{e}_j \otimes \boldsymbol{e}_k \tag{1.274}$$

或展开写成

$$\begin{aligned}\boldsymbol{\mathcal{E}} = &\, \boldsymbol{e}_1 \otimes \boldsymbol{e}_2 \otimes \boldsymbol{e}_3 + \boldsymbol{e}_2 \otimes \boldsymbol{e}_3 \otimes \boldsymbol{e}_1 + \boldsymbol{e}_3 \otimes \boldsymbol{e}_1 \otimes \boldsymbol{e}_2 \\ &- \boldsymbol{e}_3 \otimes \boldsymbol{e}_2 \otimes \boldsymbol{e}_1 - \boldsymbol{e}_2 \otimes \boldsymbol{e}_1 \otimes \boldsymbol{e}_3 - \boldsymbol{e}_1 \otimes \boldsymbol{e}_3 \otimes \boldsymbol{e}_2\end{aligned}$$

所以，结合双点积和点积的定义，式 (1.224) 和式 (1.28) 的第一式可分别整体表示为

$$\boldsymbol{W} = -\boldsymbol{\mathcal{E}} \cdot \boldsymbol{\omega}, \quad \boldsymbol{\mathcal{E}} : \boldsymbol{\mathcal{E}} = 2\boldsymbol{I} \tag{1.275}$$

将上面的第一式两边双点积 $\boldsymbol{\mathcal{E}}$，并利用第二式，得

$$\boldsymbol{\omega} = -\frac{1}{2}\boldsymbol{\mathcal{E}} : \boldsymbol{W} \tag{1.276}$$

可以证明置换张量与两个矢量 $\boldsymbol{u}$ 和 $\boldsymbol{v}$ 并乘所得二阶张量的双点积满足

$$\boldsymbol{\mathcal{E}} : (\boldsymbol{u} \otimes \boldsymbol{v}) = \boldsymbol{u} \times \boldsymbol{v} \tag{1.277}$$

因为使用式 (1.274) 和式 (1.271)，并考虑到 $\mathcal{E}_{ijk} = \mathcal{E}_{kij}$，再与式 (1.21) 对照，得

$$\begin{aligned}\boldsymbol{\mathcal{E}} : (\boldsymbol{u} \otimes \boldsymbol{v}) &= \mathcal{E}_{ijk}u_j v_k \boldsymbol{e}_i = \mathcal{E}_{kij}u_i v_j \boldsymbol{e}_k \\ &= \mathcal{E}_{ijk}u_i v_j \boldsymbol{e}_k = \boldsymbol{u} \times \boldsymbol{v}\end{aligned}$$

1.9.2　四阶张量

四阶张量定义为将一个二阶张量变换为另外一个二阶张量的线性变换，因此，如果四阶张量 $\mathbb{C}$ 将二阶张量 $\boldsymbol{S}$ 变换为二阶张量 $\boldsymbol{T}$，就可写成

$$\boldsymbol{T}=\mathbb{C}\left[\boldsymbol{S}\right] \tag{1.278}$$

为了讨论问题方便，记 $\boldsymbol{E}_{ij}=\boldsymbol{e}_i\otimes\boldsymbol{e}_j$，于是，$\boldsymbol{S}=S_{kl}\boldsymbol{E}_{kl}$，根据张量的线性性质，则

$$\boldsymbol{T}=\mathbb{C}\left[S_{kl}\boldsymbol{E}_{kl}\right]=S_{kl}\mathbb{C}\left[\boldsymbol{E}_{kl}\right] \tag{1.279}$$

其中 $\mathbb{C}\left[\boldsymbol{E}_{kl}\right]$ 是对基张量 $\boldsymbol{E}_{kl}$ 变换后所得二阶张量，共九个，而每个二阶张量有九个分量，全部共 81 个分量，类比式 (1.40)，并考虑到式 (1.99)，定义为

$$\boldsymbol{E}_{ij}:\mathbb{C}\left[\boldsymbol{E}_{kl}\right]\xlongequal{\text{def}}\mathbb{C}_{ijkl} \tag{1.280}$$

从而

$$\mathbb{C}\left[\boldsymbol{E}_{kl}\right]=\mathbb{C}_{ijkl}\boldsymbol{E}_{ij} \tag{1.281}$$

再根据式 (1.99)，有 $S_{kl}=\boldsymbol{E}_{kl}:\boldsymbol{S}$，将它和上式一起代入式 (1.279)，得

$$\boldsymbol{T}=S_{kl}\mathbb{C}_{ijkl}\boldsymbol{E}_{ij}=\mathbb{C}_{ijkl}\boldsymbol{E}_{ij}\left(\boldsymbol{E}_{kl}:\boldsymbol{S}\right) \tag{1.282}$$

对于任意的三个二阶张量 $\boldsymbol{A}$，$\boldsymbol{B}$ 和 $\boldsymbol{S}$，类似式 (1.45)，定义

$$(\boldsymbol{A}\otimes\boldsymbol{B}):\boldsymbol{S}\xlongequal{\text{def}}\boldsymbol{A}\left(\boldsymbol{B}:\boldsymbol{S}\right) \tag{1.283}$$

或等价地定义

$$\boldsymbol{A}:(\boldsymbol{B}\otimes\boldsymbol{S})\xlongequal{\text{def}}(\boldsymbol{A}:\boldsymbol{B})\,\boldsymbol{S}$$

根据该定义，式 (1.282) 可写成

$$\boldsymbol{T}=\mathbb{C}:\boldsymbol{S} \tag{1.284}$$

式中

$$\mathbb{C}=\mathbb{C}_{ijkl}\boldsymbol{E}_{ij}\otimes\boldsymbol{E}_{kl}=\mathbb{C}_{ijkl}\boldsymbol{e}_i\otimes\boldsymbol{e}_j\otimes\boldsymbol{e}_k\otimes\boldsymbol{e}_l$$

它就是四阶张量的整体表示。

考虑到 $\boldsymbol{T}=T_{mn}\boldsymbol{E}_{mn}$，$T_{mn}=\boldsymbol{T}:\boldsymbol{E}_{mn}$，将式 (1.282) 第一个等式两边双点积 $\boldsymbol{E}_{mn}$，注意

$$\boldsymbol{E}_{mn}:\boldsymbol{E}_{ij}=\delta_{mi}\delta_{nj} \tag{1.285}$$

得四阶张量所定义变换的分量形式为

$$T_{mn} = \mathbb{C}_{mnkl} S_{kl} \tag{1.286}$$

将其中的自由指标 m，n 替换为 i，j，则有 $T_{ij} = \mathbb{C}_{ijkl} S_{kl}$。

式 (1.284) 给出：四阶张量 $\mathbb{C}$ 对二阶张量的变换可用双点积表示，于是，张量 $\mathbb{C}$ 对基张量 $\boldsymbol{E}_{kl}$ 的线性变换式 (1.281) 就应表示为

$$\mathbb{C} : \boldsymbol{E}_{kl} = \mathbb{C}_{ijkl} \boldsymbol{E}_{ij}$$

以及四阶张量的分量为

$$\mathbb{C}_{ijkl} = \boldsymbol{E}_{ij} : \mathbb{C} : \boldsymbol{E}_{kl} = (\boldsymbol{e}_i \otimes \boldsymbol{e}_j) : \mathbb{C} : (\boldsymbol{e}_k \otimes \boldsymbol{e}_l) \tag{1.287}$$

根据上式，两个二阶张量并乘所定义的四阶张量 $\boldsymbol{A} \otimes \boldsymbol{B}$ 的分量应是

$$(\boldsymbol{A} \otimes \boldsymbol{B})_{ijkl} = \boldsymbol{E}_{ij} : (\boldsymbol{A} \otimes \boldsymbol{B}) : \boldsymbol{E}_{kl} = A_{ij} B_{kl} \tag{1.288}$$

因此它的整体表示是

$$\boldsymbol{A} \otimes \boldsymbol{B} = A_{ij} B_{kl} \boldsymbol{e}_i \otimes \boldsymbol{e}_j \otimes \boldsymbol{e}_k \otimes \boldsymbol{e}_l \tag{1.289}$$

类似于二阶张量之间点积的定义式 (1.70)，定义四阶张量之间的双点积为

$$(\mathbb{C} : \mathbb{D}) : \boldsymbol{B} \xlongequal{\text{def}} \mathbb{C} : (\mathbb{D} : \boldsymbol{B}) \tag{1.290}$$

采用推导式 (1.72) 的方法，可得

$$\mathbb{C} : \mathbb{D} = \mathbb{C}_{ijmn} \mathbb{D}_{mnkl} \boldsymbol{E}_{ij} \otimes \boldsymbol{E}_{kl}$$

或者

$$(\mathbb{C} : \mathbb{D})_{ijkl} = \mathbb{C}_{ijmn} \mathbb{D}_{mnkl} \tag{1.291}$$

类似于二阶张量转置的定义式 (1.78)，定义四阶张量的转置为

$$\boldsymbol{A} : \mathbb{C}^{\mathrm{T}} : \boldsymbol{B} \xlongequal{\text{def}} \boldsymbol{B} : \mathbb{C} : \boldsymbol{A} \tag{1.292}$$

这实际上定义

$$\mathbb{C}^{\mathrm{T}} \xlongequal{\text{def}} \mathbb{C}_{klij} \boldsymbol{e}_i \otimes \boldsymbol{e}_j \otimes \boldsymbol{e}_k \otimes \boldsymbol{e}_l = \mathbb{C}_{ijkl} \boldsymbol{e}_k \otimes \boldsymbol{e}_l \otimes \boldsymbol{e}_i \otimes \boldsymbol{e}_j \tag{1.293}$$

是将 1、2 指标 (或基矢量) 和 3、4 指标 (或基矢量) 整体对调，很容易得类似于式 (1.83) 的式子

$$\mathbb{C} : \boldsymbol{A} = \boldsymbol{A} : \mathbb{C}^{\mathrm{T}} \tag{1.294}$$

而且，类似于式 (1.86b)，有

$$(\boldsymbol{A}\otimes\boldsymbol{B})^{\mathrm{T}}=\boldsymbol{B}\otimes\boldsymbol{A} \tag{1.295}$$

若 $\mathbb{C}$ 与它的转置相等

$$\mathbb{C}^{\mathrm{T}}=\mathbb{C}$$

用分量表示就是 1、2 指标与 3、4 指标可以对调

$$\mathbb{C}_{klij}=\mathbb{C}_{ijkl} \tag{1.296}$$

则称 $\mathbb{C}$ 具有主对称性。如果满足 1、2 指标或者 3、4 指标可以对调，即

$$\mathbb{C}_{ijkl}=\mathbb{C}_{jikl} \quad 或 \quad \mathbb{C}_{ijkl}=\mathbb{C}_{ijlk} \tag{1.297}$$

称前者为第一次对称性，后者为第二次对称性。

此外，类似于二阶张量性质式 (1.58)、式 (1.61a)、式 (1.76b) 和式 (1.77)，并考虑到式 (1.100)，有下列性质存在

$$\begin{aligned}
&\boldsymbol{S}\cdot(\boldsymbol{A}\otimes\boldsymbol{B})\cdot\boldsymbol{T}=(\boldsymbol{S}\cdot\boldsymbol{A})\otimes(\boldsymbol{B}\cdot\boldsymbol{T})\\
&\boldsymbol{A}\otimes(\alpha\boldsymbol{S}+\beta\boldsymbol{T})=\alpha\boldsymbol{A}\otimes\boldsymbol{S}+\beta\boldsymbol{A}\otimes\boldsymbol{T}\\
&\mathbb{B}:(\mathbb{C}:\mathbb{D})=(\mathbb{B}:\mathbb{C}):\mathbb{D}=\mathbb{B}:\mathbb{C}:\mathbb{D}\\
&(\boldsymbol{A}\otimes\boldsymbol{B}):(\boldsymbol{S}\otimes\boldsymbol{T})=(\boldsymbol{B}:\boldsymbol{S})(\boldsymbol{A}\otimes\boldsymbol{T})=(\boldsymbol{A}\otimes\boldsymbol{T})(\boldsymbol{B}:\boldsymbol{S})\\
&(\boldsymbol{u}\otimes\boldsymbol{v}\otimes\boldsymbol{x}\otimes\boldsymbol{y}):(\boldsymbol{a}\otimes\boldsymbol{b})=(\boldsymbol{x}\cdot\boldsymbol{a})(\boldsymbol{y}\cdot\boldsymbol{b})\boldsymbol{u}\otimes\boldsymbol{v}
\end{aligned} \tag{1.298}$$

1.9.3 高阶张量

将前面定义二阶、三阶和四阶张量的方法进行推广，可定义 n 阶张量，它是将矢量变换为 $n-1$ 阶张量的线性变换，可表示为

$$\boldsymbol{\mathcal{T}}=\mathcal{T}_{i_1i_2i_3\cdots i_n}\boldsymbol{e}_{i_1}\otimes\boldsymbol{e}_{i_2}\otimes\boldsymbol{e}_{i_3}\otimes\cdots\otimes\boldsymbol{e}_{i_n} \tag{1.299}$$

式中的分量应为

$$\mathcal{T}_{i_1i_2i_3\cdots i_n}=(((\boldsymbol{\mathcal{T}}\cdot\boldsymbol{e}_{i_n})\cdot\boldsymbol{e}_{i_n-1})\cdot\ \cdots\ \cdot\boldsymbol{e}_{i_2})\cdot\boldsymbol{e}_{i_1} \tag{1.300}$$

它的坐标变换法则应是

$$\mathcal{T}^*_{i_1i_2i_3\cdots i_n}=Q_{i_1j_1}Q_{i_2j_2}Q_{i_3j_3}\cdots Q_{i_nj_n}\mathcal{T}_{j_1j_2j_3\cdots j_n} \tag{1.301}$$

像定义两个二阶张量的和与标量乘那样，可定义两个相同阶的高阶张量的和及标量乘。关于张量之间并乘，前面已经定义，两个矢量并乘得一个二阶张量，一个二阶张量与一个矢量 (或者一个矢量与二阶张量) 并乘得一个三阶张量，两个二阶张量并乘得一个四阶张量。一般地，一个 m 阶的张量与 n 阶张量的并乘得到一个 $m+n$ 阶张量，如果是多次并乘，那么所得张量是参与的各个张量阶数的总和。关于张量之间的点积和并双点积就是将它们最靠近的两对基矢量前、后分别对应点积，或者说，最靠近的两对指标前、后分别对应地变为哑指标。一般地，一个 m 阶的张量与 n 阶张量的点积得到一个 $m+n-2$ 阶张量，双点积得到一个 $m+n-4$ 阶张量。

1.9.4 张量的方积与四阶单位张量

如果 $\boldsymbol{A}$ 是另外一个二阶张量，则两个二阶张量之间的方积 $\boldsymbol{S}\boxtimes\boldsymbol{T}$ 定义了一个四阶张量，为

$$(\boldsymbol{S}\boxtimes\boldsymbol{T}):\boldsymbol{A}\xlongequal{\text{def}}\boldsymbol{S}\cdot\boldsymbol{A}\cdot\boldsymbol{T}^{\mathrm{T}} \tag{1.302}$$

根据上面的定义，对照式 (1.287)，并应用式 (1.83) 和双点积性质式 (1.100)，$\boldsymbol{S}\boxtimes\boldsymbol{T}$ 的分量应是

$$\begin{aligned}(\boldsymbol{S}\boxtimes\boldsymbol{T})_{ijkl}&=(\boldsymbol{e}_i\otimes\boldsymbol{e}_j):(\boldsymbol{S}\boxtimes\boldsymbol{T}):(\boldsymbol{e}_k\otimes\boldsymbol{e}_l)=(\boldsymbol{e}_i\otimes\boldsymbol{e}_j):(\boldsymbol{S}\cdot\boldsymbol{e}_k\otimes\boldsymbol{e}_l\cdot\boldsymbol{T}^{\mathrm{T}})\\&=(\boldsymbol{e}_i\otimes\boldsymbol{e}_j):(\boldsymbol{S}\cdot\boldsymbol{e}_k\otimes\boldsymbol{T}\cdot\boldsymbol{e}_l)=(\boldsymbol{e}_i\cdot\boldsymbol{S}\cdot\boldsymbol{e}_k)(\boldsymbol{e}_j\cdot\boldsymbol{T}\cdot\boldsymbol{e}_l)=S_{ik}T_{jl}\end{aligned}$$

所以，式 (1.302) 写成分量的形式是

$$((\boldsymbol{S}\boxtimes\boldsymbol{T}):\boldsymbol{A})_{ij}=(\boldsymbol{S}\boxtimes\boldsymbol{T})_{ijkl}A_{kl}=S_{ik}T_{jl}A_{kl} \tag{1.303}$$

若 $\boldsymbol{T}$ 为对称张量，则

$$(\boldsymbol{S}\boxtimes\boldsymbol{T}):\boldsymbol{A}=\boldsymbol{S}\cdot\boldsymbol{A}\cdot\boldsymbol{T} \tag{1.304}$$

根据上面的定义，应有

$$(\boldsymbol{S}\boxtimes\boldsymbol{I}):\boldsymbol{A}=\boldsymbol{S}\cdot\boldsymbol{A},\quad(\boldsymbol{I}\boxtimes\boldsymbol{S}^{\mathrm{T}}):\boldsymbol{A}=\boldsymbol{A}\cdot\boldsymbol{S} \tag{1.305}$$

因此，张量方程 $\boldsymbol{A}\cdot\boldsymbol{S}+\boldsymbol{S}\cdot\boldsymbol{A}=\boldsymbol{0}$ 可以写成 $(\boldsymbol{S}\boxtimes\boldsymbol{I}+\boldsymbol{I}\boxtimes\boldsymbol{S}^{\mathrm{T}}):\boldsymbol{A}=\boldsymbol{0}$。

关于 $\boldsymbol{S}\boxtimes\boldsymbol{T}$ 的转置，有

$$(\boldsymbol{S}\boxtimes\boldsymbol{T})^{\mathrm{T}}=\boldsymbol{S}^{\mathrm{T}}\boxtimes\boldsymbol{T}^{\mathrm{T}} \tag{1.306}$$

因为根据转置的定义式 (1.292)，求迹运算式 (1.112) 和式 (1.114)，以及式 (1.85)，

有

$$\begin{aligned}\boldsymbol{A}:\left((\boldsymbol{S}\boxtimes\boldsymbol{T})^{\mathrm{T}}:\boldsymbol{B}\right)&=\boldsymbol{B}:((\boldsymbol{S}\boxtimes\boldsymbol{T}):\boldsymbol{A})=\boldsymbol{B}:\left(\boldsymbol{S}\cdot\boldsymbol{A}\cdot\boldsymbol{T}^{\mathrm{T}}\right)\\&=\operatorname{tr}\left(\boldsymbol{B}\cdot\left(\boldsymbol{S}\cdot\boldsymbol{A}\cdot\boldsymbol{T}^{\mathrm{T}}\right)^{\mathrm{T}}\right)=\operatorname{tr}\left(\boldsymbol{B}\cdot\boldsymbol{T}\cdot\boldsymbol{A}^{\mathrm{T}}\cdot\boldsymbol{S}^{\mathrm{T}}\right)\\&=\operatorname{tr}\left(\boldsymbol{A}^{\mathrm{T}}\cdot\boldsymbol{S}^{\mathrm{T}}\cdot\boldsymbol{B}\cdot\boldsymbol{T}\right)\\&=\boldsymbol{A}:\left(\boldsymbol{S}^{\mathrm{T}}\cdot\boldsymbol{B}\cdot\boldsymbol{T}\right)=\boldsymbol{A}:\left(\left(\boldsymbol{S}^{\mathrm{T}}\boxtimes\boldsymbol{T}^{\mathrm{T}}\right):\boldsymbol{B}\right)\end{aligned}\tag{1.307}$$

根据式 (1.294) 和式 (1.306)，应有

$$(\boldsymbol{S}\boxtimes\boldsymbol{T}):\boldsymbol{A}=\boldsymbol{A}:(\boldsymbol{S}\boxtimes\boldsymbol{T})^{\mathrm{T}},\quad \boldsymbol{A}:(\boldsymbol{S}\boxtimes\boldsymbol{T})=\boldsymbol{S}^{\mathrm{T}}\cdot\boldsymbol{A}\cdot\boldsymbol{T}\tag{1.308}$$

有时为方便起见，还引入符号 “$\overline{\boxtimes}$” 代表下面的运算

$$(\boldsymbol{S}\,\overline{\boxtimes}\,\boldsymbol{T}):\boldsymbol{A}\xlongequal{\text{def}}\boldsymbol{S}\cdot\boldsymbol{A}^{\mathrm{T}}\cdot\boldsymbol{T}^{\mathrm{T}}\tag{1.309}$$

写成分量的形式是

$$(\boldsymbol{S}\,\overline{\boxtimes}\,\boldsymbol{T})_{ijkl}=S_{il}T_{jk}\tag{1.310}$$

$\boldsymbol{S}\,\overline{\boxtimes}\,\boldsymbol{T}$ 定义的四阶张量就是将四阶张量 $\boldsymbol{S}\boxtimes\boldsymbol{T}$ 的后两个指标对调。

结合上面的定义，对于任意的二阶对称张量 $\boldsymbol{T}$，显然有

$$(\boldsymbol{I}\boxtimes\boldsymbol{I}):\boldsymbol{T}=\boldsymbol{I}\cdot\boldsymbol{T}\cdot\boldsymbol{I}^{\mathrm{T}}=\boldsymbol{T}$$

于是，$\boldsymbol{I}\boxtimes\boldsymbol{I}$ 可理解为四阶单位张量，它将二阶对称张量变换为自身，该四阶张量的分量就是

$$(\boldsymbol{I}\boxtimes\boldsymbol{I})_{ijkl}=\delta_{ik}\delta_{jl}\tag{1.311}$$

然而，将 $\boldsymbol{I}\boxtimes\boldsymbol{I}$ 的后两个指标对调得另一个四阶张量 $\boldsymbol{I}\overline{\boxtimes}\boldsymbol{I}$，即

$$\left(\boldsymbol{I}\,\overline{\boxtimes}\,\boldsymbol{I}\right)_{ijkl}=\delta_{il}\delta_{jk}\tag{1.312}$$

它也具有性质

$$\left(\boldsymbol{I}\,\overline{\boxtimes}\,\boldsymbol{I}\right):\boldsymbol{T}=\boldsymbol{T}^{\mathrm{T}}=\boldsymbol{T}\tag{1.313}$$

为了唯一性，通常将四阶单位张量定义为

$$\mathbb{I}\xlongequal{\text{def}}\frac{1}{2}\left(\boldsymbol{I}\boxtimes\boldsymbol{I}+\boldsymbol{I}\,\overline{\boxtimes}\,\boldsymbol{I}\right)\tag{1.314}$$

其分量是

$$\mathbb{I}_{ijkl}=\frac{1}{2}\left(\delta_{ik}\delta_{jl}+\delta_{il}\delta_{jk}\right)\tag{1.315}$$

实际上就是将后面两个指标对称化。它的谱表示是

$$\mathbb{I}=\mathbb{I}_{ijkl}\boldsymbol{e}_i\otimes\boldsymbol{e}_j\otimes\boldsymbol{e}_k\otimes\boldsymbol{e}_l=\frac{1}{2}\boldsymbol{e}_i\otimes\boldsymbol{e}_j\otimes(\boldsymbol{e}_i\otimes\boldsymbol{e}_j+\boldsymbol{e}_j\otimes\boldsymbol{e}_i) \tag{1.316}$$

因为

$$\delta_{ik}\delta_{jl}\boldsymbol{e}_i\otimes\boldsymbol{e}_j\otimes\boldsymbol{e}_k\otimes\boldsymbol{e}_l=\delta_{jl}\boldsymbol{e}_i\otimes\boldsymbol{e}_j\otimes\boldsymbol{e}_i\otimes\boldsymbol{e}_l=\boldsymbol{e}_i\otimes\boldsymbol{e}_j\otimes\boldsymbol{e}_i\otimes\boldsymbol{e}_j$$

$$\delta_{il}\delta_{jk}\boldsymbol{e}_i\otimes\boldsymbol{e}_j\otimes\boldsymbol{e}_k\otimes\boldsymbol{e}_l=\delta_{jk}\boldsymbol{e}_i\otimes\boldsymbol{e}_j\otimes\boldsymbol{e}_k\otimes\boldsymbol{e}_i=\boldsymbol{e}_i\otimes\boldsymbol{e}_j\otimes\boldsymbol{e}_j\otimes\boldsymbol{e}_i$$

由此定义的四阶单位张量对任意的二阶张量，都有

$$\mathbb{I}:\boldsymbol{S}=\frac{1}{2}\left(\boldsymbol{S}+\boldsymbol{S}^{\mathrm{T}}\right) \tag{1.317}$$

即将任意的二阶张量变换为它的对称部分。比如对于非对称张量 $\boldsymbol{e}_1\otimes\boldsymbol{e}_2$，则有

$$\mathbb{I}:(\boldsymbol{e}_1\otimes\boldsymbol{e}_2)=\frac{1}{2}(\boldsymbol{e}_1\otimes\boldsymbol{e}_2+\boldsymbol{e}_2\otimes\boldsymbol{e}_1)$$

对于任意的二阶张量 $\boldsymbol{S}$，$\boldsymbol{T}$，$\boldsymbol{A}$ 和 $\boldsymbol{B}$，都存在下面关系

$$(\boldsymbol{S}\boxtimes\boldsymbol{T}):(\boldsymbol{A}\boxtimes\boldsymbol{B})=(\boldsymbol{S}\cdot\boldsymbol{A})\boxtimes(\boldsymbol{T}\cdot\boldsymbol{B}) \tag{1.318}$$

因为将左边表达式双点积二阶张量 $\boldsymbol{C}$，多次应用定义式 (1.302) 有

$$\begin{aligned}(\boldsymbol{S}\boxtimes\boldsymbol{T}):((\boldsymbol{A}\boxtimes\boldsymbol{B}):\boldsymbol{C})&=(\boldsymbol{S}\boxtimes\boldsymbol{T}):(\boldsymbol{A}\cdot\boldsymbol{C}\cdot\boldsymbol{B}^{\mathrm{T}})\\&=\boldsymbol{S}\cdot(\boldsymbol{A}\cdot\boldsymbol{C}\cdot\boldsymbol{B}^{\mathrm{T}})\cdot\boldsymbol{T}^{\mathrm{T}}=(\boldsymbol{S}\cdot\boldsymbol{A})\cdot\boldsymbol{C}\cdot(\boldsymbol{T}\cdot\boldsymbol{B})^{\mathrm{T}}\\&=[(\boldsymbol{S}\cdot\boldsymbol{A})\boxtimes(\boldsymbol{T}\cdot\boldsymbol{B})]:\boldsymbol{C}\end{aligned}$$

根据式 (1.318)，很容易得

$$(\boldsymbol{S}^{-1}\boxtimes\boldsymbol{S}^{-1}):(\boldsymbol{S}\boxtimes\boldsymbol{S})=\boldsymbol{I}\boxtimes\boldsymbol{I} \tag{1.319}$$

类似于二阶张量，四阶张量的逆定义为

$$\mathbb{C}:\mathbb{C}^{-1}=\mathbb{C}^{-1}:\mathbb{C}=\mathbb{I} \tag{1.320}$$

1.9.5 四阶张量的特征张量与特征值

类似于二阶张量，如果存在单位化的二阶张量 $\boldsymbol{A}$(大小为 1，关于大小的定义见式 (2.11)) 和标量 λ 使得

$$\mathbb{C}:\boldsymbol{A}=\lambda\boldsymbol{A} \tag{1.321}$$

称 $\boldsymbol{A}$ 为特征张量，而 λ 为特征值。将上面的方程写成

$$(\mathbb{C}-\lambda\mathbb{I}):\boldsymbol{A}=\boldsymbol{0} \tag{1.322}$$

上式可以转换为矩阵表示，使用符号 Ψ 表示这种转换，其中，四阶张量 $\mathbb{C}$ 和 $\mathbb{I}$ 经过 Ψ 分别转换为 9×9 矩阵 $\Psi(\mathbb{C})$ 和 9×9 单位矩阵 $\Psi(\mathbb{I})$，二阶张量 $\boldsymbol{A}$ 转换为 9×1 列阵 $\Psi(\boldsymbol{A})$，四阶张量与二阶张量的双点积就转换为对应的矩阵乘，关于张量分量与矩阵元素的对应关系，可规定四阶张量的双指标与矩阵的行或列之间以及二阶张量的双指标与列阵的行之间按下列方式对应

$$11\to 1,\ 22\to 2,\ 33\to 3,\ 12\to 4,\ 23\to 5,\ 31\to 6,\ 21\to 7,\ 32\to 8,\ 13\to 9$$

其中，前两个指标对应行，后两个指标对应列，例如，$\mathbb{C}_{1133}\to\Psi(\mathbb{C})_{13}$，$\mathbb{C}_{1223}\to\Psi(\mathbb{C})_{45}$，$\boldsymbol{A}_{32}\to\Psi(A)_{8}$。

式 (1.322) 有非零解 $\boldsymbol{A}$ 存在，就必须满足系数矩阵的行列式为零，用矩阵表示为

$$\det\left(\Psi(\mathbb{C})-\lambda\Psi(\mathbb{I})\right)=0 \tag{1.323}$$

展开得特征方程

$$\lambda^9-I_1\lambda^8+I_2\lambda^7-\cdots-I_9=0 \tag{1.324}$$

式中

$$\begin{aligned}
&I_1=\mathrm{tr}\Psi(\mathbb{C})=\lambda_1+\lambda_2+\cdots+\lambda_9\\
&I_2=\frac{1}{2}\left[\left(\mathrm{tr}\Psi(\mathbb{C})\right)^2-\mathrm{tr}\left(\Psi(\mathbb{C})\right)^2\right]=\lambda_1\lambda_2+\lambda_1\lambda_3+\cdots+\lambda_8\lambda_9\\
&\cdots\cdots\\
&I_9=\det\Psi(\mathbb{C})=\lambda_1\lambda_2\cdots\lambda_9
\end{aligned} \tag{1.325}$$

是四阶张量 $\mathbb{C}$ 的 9 个不变量。

解特征方程式 (1.324) 可得九个特征值 $\lambda_k(k=1,2,\cdots,9)$，再代入式 (1.322) 可求解得对应的九个特征张量 $\boldsymbol{A}_k(k=1,2,\cdots,9)$。若 $\mathbb{C}$ 具有主对称性，则它的九个特征值均为实数，对应的 9 个特征张量相互正交，有

$$\boldsymbol{A}_k:\boldsymbol{A}_l=\begin{cases}1 & k=l\\ 0 & k\neq l\end{cases}\qquad (k,l=1,2,\cdots,9) \tag{1.326}$$

而且，其中六个特征张量为对称张量，另外三个为反对称张量 (Jog，2007)。根据上式给出的正交性，$\mathbb{C}$ 可用谱分解表示为

$$\mathbb{C}=\sum_{k=1}^{9}\lambda_k\boldsymbol{A}_k\otimes\boldsymbol{A}_k \tag{1.327}$$

若 $I_9 = \det \Psi(\mathbb{C}) = \lambda_1\lambda_2\cdots\lambda_9 \neq 0$，则它的逆存在，根据四阶张量逆的定义式 (1.320)、特征张量的对称性和正交性式 (1.326)，其逆张量的谱表示应是

$$\mathbb{C}^{-1} = \sum_{k=1}^{9} \frac{1}{\lambda_k} \boldsymbol{A}_k \otimes \boldsymbol{A}_k \tag{1.328}$$

若 $\mathbb{C}$ 不仅具有主对称性，还具有次对称性，则它只有六个特征值，对应的六个特征张量均为对称张量，因此谱表示是

$$\mathbb{C} = \sum_{k=1}^{6} \lambda_k \boldsymbol{A}_k \otimes \boldsymbol{A}_k, \quad \boldsymbol{A}_k = \boldsymbol{A}_k^{\mathrm{T}} \quad (k = 1, 2, \cdots, 6) \tag{1.329}$$

注意：这时若用矩阵表示特征方程式 (1.321)，四阶张量 $\mathbb{C}$ 和 $\mathbb{I}$ 可使用 6×6 矩阵表示，而二阶张量 $\boldsymbol{A}$ 使用 6×1 列阵表示，具体来说，是将原来 9×9 的矩阵 $\Psi(\mathbb{C})$ 和 $\Psi(\mathbb{I})$ 的最后三行和三列元素划去，9×1 列阵 $\Psi(\boldsymbol{A})$ 的最后三行直接划去，但矩阵 $\Psi(\mathbb{C})$ 的 4、5、6 三列的元素应乘以 2，有

$$\begin{bmatrix} \mathbb{C}_{1111} & \mathbb{C}_{1122} & \mathbb{C}_{1133} & 2\mathbb{C}_{1112} & 2\mathbb{C}_{1123} & 2\mathbb{C}_{1131} \\ \mathbb{C}_{2211} & \mathbb{C}_{2222} & \mathbb{C}_{2233} & 2\mathbb{C}_{2212} & 2\mathbb{C}_{2223} & 2\mathbb{C}_{2231} \\ \mathbb{C}_{3311} & \mathbb{C}_{3322} & \mathbb{C}_{3333} & 2\mathbb{C}_{3312} & 2\mathbb{C}_{3323} & 2\mathbb{C}_{3331} \\ \mathbb{C}_{1211} & \mathbb{C}_{1222} & \mathbb{C}_{1233} & 2\mathbb{C}_{1212} & 2\mathbb{C}_{1223} & 2\mathbb{C}_{1231} \\ \mathbb{C}_{2311} & \mathbb{C}_{2322} & \mathbb{C}_{2333} & 2\mathbb{C}_{2312} & 2\mathbb{C}_{2323} & 2\mathbb{C}_{2331} \\ \mathbb{C}_{3111} & \mathbb{C}_{3122} & \mathbb{C}_{3133} & 2\mathbb{C}_{3112} & 2\mathbb{C}_{3123} & 2\mathbb{C}_{3131} \end{bmatrix} \begin{Bmatrix} A_{11} \\ A_{22} \\ A_{33} \\ A_{12} \\ A_{23} \\ A_{31} \end{Bmatrix} = \lambda \begin{Bmatrix} A_{11} \\ A_{22} \\ A_{33} \\ A_{12} \\ A_{23} \\ A_{31} \end{Bmatrix} \tag{1.330}$$

如果它的三个特征张量是三个正交矢量 $\boldsymbol{n}_i$ 的并乘，即

$$\boldsymbol{A}_i = \boldsymbol{n}_i \otimes \boldsymbol{n}_i \quad (i = 1, 2, 3; \text{不对 } i \text{ 求和}) \tag{1.331}$$

则它的另外三个特征张量必然为

$$\boldsymbol{A}_{i+j+1} = \frac{1}{\sqrt{2}} (\boldsymbol{n}_i \otimes \boldsymbol{n}_j + \boldsymbol{n}_j \otimes \boldsymbol{n}_i) \quad (i, j = 1, 2, 3; i < j) \tag{1.332}$$

以满足特征张量之间的正交性式 (1.326)。使用方积定义式 (1.302) 和式 (1.309) 可知，前三个特征张量自身的并乘满足

$$\boldsymbol{n}_i \otimes \boldsymbol{n}_i \otimes \boldsymbol{n}_i \otimes \boldsymbol{n}_i = \boldsymbol{A}_i \otimes \boldsymbol{A}_i = \boldsymbol{A}_i \boxtimes \boldsymbol{A}_i = \boldsymbol{A}_i \overline{\boxtimes} \boldsymbol{A}_i \quad (i = 1, 2, 3; \text{不对 } i \text{ 求和}) \tag{1.333}$$

而且

$$\boldsymbol{n}_i \otimes \boldsymbol{n}_j \otimes \boldsymbol{n}_i \otimes \boldsymbol{n}_j = \boldsymbol{A}_i \boxtimes \boldsymbol{A}_j, \quad \boldsymbol{n}_i \otimes \boldsymbol{n}_j \otimes \boldsymbol{n}_j \otimes \boldsymbol{n}_i = \boldsymbol{A}_i \overline{\boxtimes} \boldsymbol{A}_j$$

$$\boldsymbol{n}_j \otimes \boldsymbol{n}_i \otimes \boldsymbol{n}_i \otimes \boldsymbol{n}_j = \boldsymbol{A}_j \overline{\boxtimes} \boldsymbol{A}_i, \quad \boldsymbol{n}_j \otimes \boldsymbol{n}_i \otimes \boldsymbol{n}_j \otimes \boldsymbol{n}_i = \boldsymbol{A}_j \boxtimes \boldsymbol{A}_i$$

其中 $i, j = 1, 2, 3; i \neq j$; 不求和，则后面三个特征张量的并乘为

$$\begin{aligned} 2\boldsymbol{A}_{i+j+1} \otimes \boldsymbol{A}_{i+j+1} &= (\boldsymbol{n}_i \otimes \boldsymbol{n}_j + \boldsymbol{n}_j \otimes \boldsymbol{n}_i) \otimes (\boldsymbol{n}_i \otimes \boldsymbol{n}_j + \boldsymbol{n}_j \otimes \boldsymbol{n}_i) \\ &= \boldsymbol{A}_i \boxtimes \boldsymbol{A}_j + \boldsymbol{A}_i \overline{\boxtimes} \boldsymbol{A}_j + \boldsymbol{A}_j \overline{\boxtimes} \boldsymbol{A}_i + \boldsymbol{A}_j \boxtimes \boldsymbol{A}_i \end{aligned} \tag{1.334}$$

记对应的六个特征值为 $\lambda_i = \beta_{ii}$，$\lambda_{i+j+1} = \beta_{ij}\,(i, j = 1, 2, 3; i < j$; i 不求和)，则四阶张量的谱表示是

$$\mathbb{C} = \frac{1}{2} \sum_{i=1}^{3} \sum_{j=1}^{3} \beta_{ij} \left(\boldsymbol{A}_i \boxtimes \boldsymbol{A}_j + \boldsymbol{A}_i \overline{\boxtimes} \boldsymbol{A}_j \right) \tag{1.335}$$

这里对最后两个指标进行了对称化处理，参见后面的式 (2.66)。

第 2 章　张量分析初步

连续介质力学中物理量之间的关系从数学上讲就是张量函数关系，且往往是非线性的，问题近似分析通常需要进行线性化处理，而线性化中涉及张量函数的方向导数和相对自变量的梯度或偏导数等，另一方面，会经常遇到求张量物理量随时间的变化，即时间导数，其本质也是线性化，本章首先针对这些概念加以讨论。连续介质力学另外一个非常重要的概念是张量场，本章讨论张量场的梯度、散度和旋度的概念与基本运算，以及包括散度定理在内的积分定理。材料本构方程的描述中都要涉及张量函数的表示，无论是各向同性材料还是各向异性材料，由于各向同性化定理最终都归结为各向同性张量函数的表示，因此，本章末较详细地讨论了一系列相应的表示定理，至于各向同性张量函数运算中涉及的一些重要性质将留在第 7 章末介绍，以便结合具体的物理概念对这些性质有更好的理解。

2.1　张量函数

以张量为自变量的函数称为张量函数，如果它们的函数值也是张量，则具体地称它们为张量值张量函数，或张量的张量值函数，如张量的幂级数

$$\boldsymbol{S}=\sum_{k=1}^{n} c_k \boldsymbol{A}^k \tag{2.1}$$

是常见的张量函数。如果函数值是标量，则该类函数被称为标量值张量函数，如二阶张量的三个不变量，见式 (1.161)。

通过幂级数展开可以方便地定义很多张量值张量函数，例如，考虑到标量 a 的指数函数 e^a 使用 Taylor 级数可展开表示为

$$\mathrm{e}^a=1+a+\cdots+\frac{1}{n!}a^n+\cdots \tag{2.2}$$

将张量 $\boldsymbol{A}$ 的指数函数定义为

$$\mathrm{e}^{\boldsymbol{A}} \xlongequal{\text{def}} \boldsymbol{I}+\boldsymbol{A}+\cdots+\frac{1}{n!}\boldsymbol{A}^n+\cdots \tag{2.3}$$

类似地，标量 b 的对数函数 $\ln b$ 使用 Taylor 级数在 $b=1$ 处 (在 $b=0$ 处，对数函数奇异) 可展开表示为

$$\ln b=(b-1)+\cdots+\frac{(-1)^{n-1}}{n}(b-1)^n+\cdots=\sum_{n=1}^{\infty}\frac{(-1)^{n-1}}{n}(b-1)^n \tag{2.4}$$

于是，将张量 $\boldsymbol{B}$ 的对数函数定义为

$$\ln \boldsymbol{B} \overset{\text{def}}{=\!=} (\boldsymbol{B}-\boldsymbol{I})+\cdots+\frac{(-1)^{n-1}}{n}(\boldsymbol{B}-\boldsymbol{I})^n+\cdots=\sum_{i=1}^{\infty}\frac{(-1)^{n-1}}{n}(\boldsymbol{B}-\boldsymbol{I})^n \tag{2.5}$$

为更好地理解上面定义的指数函数和对数函数，在定义式中代入自变量的谱分解表示，例如，在式 (2.5) 中代入 $\boldsymbol{B}=\sum\limits_{K=1}^{3}\lambda_K^{\boldsymbol{B}}\boldsymbol{m}_K\otimes\boldsymbol{m}_K$，其中 $\lambda_K^{\boldsymbol{B}}$ 和 $\boldsymbol{m}_K$ 分别是 $\boldsymbol{B}$ 的特征值和特征矢量，得

$$\begin{aligned}\ln \boldsymbol{B}&=\sum_{n=1}^{\infty}\frac{(-1)^{n-1}}{n}\left(\sum_{K=1}^{3}\left(\lambda_K^{\boldsymbol{B}}-1\right)\boldsymbol{m}_K\otimes\boldsymbol{m}_K\right)^n\\&=\sum_{n=1}^{\infty}\frac{(-1)^{n-1}}{n}\left(\sum_{K=1}^{3}\left(\lambda_K^{\boldsymbol{B}}-1\right)^n\boldsymbol{m}_K\otimes\boldsymbol{m}_K\right)\\&=\sum_{K=1}^{3}\left(\sum_{n=1}^{\infty}\frac{(-1)^{n-1}}{n}\left(\lambda_K^{\boldsymbol{B}}-1\right)^n\right)\boldsymbol{m}_K\otimes\boldsymbol{m}_K\end{aligned}$$

根据式 (2.4) 有 $\ln\lambda_K^{\boldsymbol{B}}=\sum\limits_{n=1}^{\infty}\frac{(-1)^{n-1}}{n}\left(\lambda_K^{\boldsymbol{B}}-1\right)^n$，因此有

$$\ln \boldsymbol{B}=\sum_{K=1}^{3}\ln\lambda_K^{\boldsymbol{B}}\boldsymbol{m}_K\otimes\boldsymbol{m}_K \tag{2.6}$$

上式说明对数函数与自变量张量共主轴，其特征值是自变量的特征值取对数，或者说，在主轴坐标下，对数函数的分量就是自变量相应分量取对数。如果 $\boldsymbol{C}=\boldsymbol{B}^2$，根据式 (1.166)，则 $\lambda_K^{\boldsymbol{C}}=\left(\lambda_K^{\boldsymbol{B}}\right)^2$，且与 $\boldsymbol{B}$ 共主轴，因此，

$$\begin{aligned}\ln \boldsymbol{B}&=\frac{1}{2}\sum_{K=1}^{3}\ln\left(\lambda_K^{\boldsymbol{B}}\right)^2\boldsymbol{m}_K\otimes\boldsymbol{m}_K\\&=\frac{1}{2}\sum_{K=1}^{3}\ln\lambda_K^{\boldsymbol{C}}\boldsymbol{m}_K\otimes\boldsymbol{m}_K=\frac{1}{2}\ln\boldsymbol{C}\end{aligned} \tag{2.7}$$

设 $\boldsymbol{A}=\sum\limits_{K=1}^{3}\lambda_K^{\boldsymbol{A}}\boldsymbol{k}_K\otimes\boldsymbol{k}_K$，用同样的方法可得指数函数的主轴坐标系下表示，即谱分解表示

$$\mathrm{e}^{\boldsymbol{A}}=\sum_{K=1}^{3}\mathrm{e}^{\lambda_K^{\boldsymbol{A}}}\boldsymbol{k}_K\otimes\boldsymbol{k}_K \tag{2.8}$$

如果 $\boldsymbol{B}=\mathrm{e}^{\boldsymbol{A}}$，结合上式和式 (2.6)，应有

$$\ln \boldsymbol{B}=\sum_{K=1}^{3} \ln \mathrm{e}^{\lambda_K^{\boldsymbol{A}}} \boldsymbol{k}_K \otimes \boldsymbol{k}_K=\sum_{K=1}^{3} \lambda_K^{\boldsymbol{A}} \boldsymbol{k}_K \otimes \boldsymbol{k}_K=\boldsymbol{A} \tag{2.9}$$

二阶张量可看作 9 维空间中的矢量，张量之间的并双点积可看作 9 维矢量之间的点积，在这个意义上，张量 $\boldsymbol{A}$ 的大小由对应 9 维矢量的模所定义，为

$$|\boldsymbol{A}| \stackrel{\text{def}}{=\!=} \left|\sqrt{\boldsymbol{A}:\boldsymbol{A}}\right| \tag{2.10}$$

用分量表示为

$$|\boldsymbol{A}|=\left(A_{11}^2+A_{12}^2+A_{13}^2+A_{21}^2+\cdots+A_{33}^2\right)^{1/2} \tag{2.11}$$

显然，当 $|\boldsymbol{A}|\to 0$ 时，它的所有分量 $A_{ij}\to 0$。令 $\boldsymbol{S}(\boldsymbol{A})$ 是 $\boldsymbol{A}$ 的张量值函数，$\boldsymbol{S}$ 本身也是一个二阶张量，当 $|\boldsymbol{A}|\to 0$ 时，存在 $\alpha>0$，使得 $|\boldsymbol{S}(\boldsymbol{A})|<\alpha|\boldsymbol{A}|^n$，则记 $\boldsymbol{S}(\boldsymbol{A})=\boldsymbol{O}\left(|\boldsymbol{A}|^n\right)$。

2.2 张量函数的线性化与方向导数

2.2.1 基本定义与性质

考虑张量 $\boldsymbol{A}$ 的张量值非线性函数 $\boldsymbol{S}(\boldsymbol{A})$，若自变量张量 $\boldsymbol{A}$ 在 $\boldsymbol{A}_0$ 处产生一个改变或者增量 $\boldsymbol{U}$，变为 $\boldsymbol{A}_0+\boldsymbol{U}$，当 $\boldsymbol{U}$ 很小 (它的模 $|\boldsymbol{U}|$ 很小) 时，如何建立张量值函数的改变 $\boldsymbol{S}(\boldsymbol{A}_0+\boldsymbol{U})-\boldsymbol{S}(\boldsymbol{A}_0)$ 的近似表达？由此引出线性化与方向导数的概念。这里的描述主要参考了 Bonet 和 Wood(2008)。

首先，引入一个人为的参数 ε，构造一个 ε 的非线性函数 $\boldsymbol{S}(\boldsymbol{A}_0+\varepsilon\boldsymbol{U})$，使用 Taylor 级数将该函数在 $\varepsilon=0$ 处展开，则有

$$\begin{aligned}\boldsymbol{S}\left(\boldsymbol{A}_0+\varepsilon \boldsymbol{U}\right)=&\ \boldsymbol{S}\left(\boldsymbol{A}_0+\varepsilon \boldsymbol{U}\right)_{\varepsilon=0}\\&+\varepsilon \left.\frac{\mathrm{d}}{\mathrm{d} \varepsilon}\right|_{\varepsilon=0} \boldsymbol{S}\left(\boldsymbol{A}_0+\varepsilon \boldsymbol{U}\right)+\frac{1}{2} \varepsilon^2 \left.\frac{\mathrm{d}^2}{\mathrm{d}^2 \varepsilon}\right|_{\varepsilon=0} \boldsymbol{S}\left(\boldsymbol{A}_0+\varepsilon \boldsymbol{U}\right)+\cdots\end{aligned} \tag{2.12}$$

上式是关于 ε 的多项式，若取 $\varepsilon=1$，得

$$\boldsymbol{S}\left(\boldsymbol{A}_0+\boldsymbol{U}\right)-\boldsymbol{S}\left(\boldsymbol{A}_0\right)=\left.\frac{\mathrm{d}}{\mathrm{d} \varepsilon}\right|_{\varepsilon=0} \boldsymbol{S}\left(\boldsymbol{A}_0+\varepsilon \boldsymbol{U}\right)+\frac{1}{2} \left.\frac{\mathrm{d}^2}{\mathrm{d}^2 \varepsilon}\right|_{\varepsilon=0} \boldsymbol{S}\left(\boldsymbol{A}_0+\varepsilon \boldsymbol{U}\right)+\cdots \tag{2.13}$$

式中右边第一项必定是 $\boldsymbol{U}$ 的线性项，因为 $\boldsymbol{U}$ 的非线性项即 ε 的非线性项，在对 ε 求导后，会含有 ε，再让 $\varepsilon=0$，则必然消失。同理可得，第二项必定是 $\boldsymbol{U}$ 的二

次项，后面各项将依次是 $\boldsymbol{U}$ 的二次以上高次项。所以说，式 (2.13) 的右边是 $\boldsymbol{U}$ 的多项式。

关于 $\boldsymbol{U}$ 的线性项即式 (2.13) 中右边第一项，根据导数的定义，可表示为

$$\begin{aligned}\left.\frac{\mathrm{d}}{\mathrm{d}\varepsilon}\right|_{\varepsilon=0}\boldsymbol{S}\left(\boldsymbol{A}_0+\varepsilon\boldsymbol{U}\right)&=\lim_{\Delta\varepsilon\to 0}\left.\frac{\boldsymbol{S}\left(\boldsymbol{A}_0+\left(\varepsilon+\Delta\varepsilon\right)\boldsymbol{U}\right)-\boldsymbol{S}\left(\boldsymbol{A}_0+\varepsilon\boldsymbol{U}\right)}{\Delta\varepsilon}\right|_{\varepsilon=0}\\&=\lim_{\Delta\varepsilon\to 0}\frac{\boldsymbol{S}\left(\boldsymbol{A}_0+\Delta\varepsilon\boldsymbol{U}\right)-\boldsymbol{S}\left(\boldsymbol{A}_0\right)}{\Delta\varepsilon}\\&=\lim_{\varepsilon\to 0}\frac{\boldsymbol{S}\left(\boldsymbol{A}_0+\varepsilon\boldsymbol{U}\right)-\boldsymbol{S}\left(\boldsymbol{A}_0\right)}{\varepsilon}\end{aligned}\tag{2.14}$$

式中 $\Delta\varepsilon$ 是 ε 的增量，但由于 ε 的初值为零，所以 $\Delta\varepsilon$ 和 ε 是一回事。上式代表着函数 $\boldsymbol{S}(\boldsymbol{A})$ 因自变量在 $\boldsymbol{A}_0$ 处沿 $\boldsymbol{U}$ 方向产生改变而引起的改变，其中，$\boldsymbol{U}$ 起着方向的作用，因此，将它定义为函数 $\boldsymbol{S}(\boldsymbol{A})$ 在 $\boldsymbol{A}_0$ 处的 $\boldsymbol{U}$ 方向上的导数，即所谓的方向导数，记作

$$\mathrm{D}\boldsymbol{S}\left(\boldsymbol{A}_0\right)\left[\boldsymbol{U}\right]\overset{\text{def}}{=\!=\!=}\left.\frac{\mathrm{d}}{\mathrm{d}\varepsilon}\right|_{\varepsilon=0}\boldsymbol{S}\left(\boldsymbol{A}_0+\varepsilon\boldsymbol{U}\right)\tag{2.15}$$

或

$$\mathrm{D}\boldsymbol{S}\left(\boldsymbol{A}_0\right)\left[\boldsymbol{U}\right]\overset{\text{def}}{=\!=\!=}\lim_{\varepsilon\to 0}\frac{\boldsymbol{S}\left(\boldsymbol{A}_0+\varepsilon\boldsymbol{U}\right)-\boldsymbol{S}\left(\boldsymbol{A}_0\right)}{\varepsilon}\tag{2.16}$$

当 $|\boldsymbol{U}|$ 很小时，式 (2.13) 右边的其余各项将依次是 $|\boldsymbol{U}|$ 的二阶和更高阶小量，于是有

$$\boldsymbol{S}\left(\boldsymbol{A}_0+\boldsymbol{U}\right)-\boldsymbol{S}\left(\boldsymbol{A}_0\right)=\mathrm{D}\boldsymbol{S}\left(\boldsymbol{A}_0\right)\left[\boldsymbol{U}\right]+\boldsymbol{O}\left(\left|\boldsymbol{U}\right|^2\right)\tag{2.17}$$

或者近似地表示为

$$\boldsymbol{S}\left(\boldsymbol{A}_0+\boldsymbol{U}\right)\approx\boldsymbol{S}\left(\boldsymbol{A}_0\right)+\mathrm{D}\boldsymbol{S}\left(\boldsymbol{A}_0\right)\left[\boldsymbol{U}\right]\tag{2.18}$$

由于方向导数 $\mathrm{D}\boldsymbol{S}(\boldsymbol{A}_0)[\boldsymbol{U}]$ 是自变量增量 $\boldsymbol{U}$ 的线性函数，所以上述过程称为线性化。

需要强调指出：方向导数的定义本身并没有要求 $\boldsymbol{U}$ 很小，仅代表方向，然而，为了使得方向导数能够近似地给出函数值的增量改变，即式 (2.18) 近似成立，这时要求自变量增量 $\boldsymbol{U}$ 很小。

式 (2.15) 定义的方向导数具有下列性质：

(1) 加法法则：如果 $\boldsymbol{B}(\boldsymbol{A})=\boldsymbol{S}(\boldsymbol{A})+\boldsymbol{T}(\boldsymbol{A})$，则

$$\mathrm{D}\boldsymbol{B}\left(\boldsymbol{A}_0\right)\left[\boldsymbol{U}\right]=\mathrm{D}\boldsymbol{S}\left(\boldsymbol{A}_0\right)\left[\boldsymbol{U}\right]+\mathrm{D}\boldsymbol{T}\left(\boldsymbol{A}_0\right)\left[\boldsymbol{U}\right]\tag{2.19}$$

(2) 乘法法则：如果 $\boldsymbol{B}(\boldsymbol{A})=\boldsymbol{S}(\boldsymbol{A})\cdot\boldsymbol{T}(\boldsymbol{A})$，则

$$\mathrm{D}\boldsymbol{B}\left(\boldsymbol{A}_0\right)\left[\boldsymbol{U}\right]=\mathrm{D}\boldsymbol{S}\left(\boldsymbol{A}_0\right)\left[\boldsymbol{U}\right]\cdot\boldsymbol{T}\left(\boldsymbol{A}_0\right)+\boldsymbol{S}\left(\boldsymbol{A}_0\right)\cdot\mathrm{D}\boldsymbol{T}\left(\boldsymbol{A}_0\right)\left[\boldsymbol{U}\right]\tag{2.20}$$

(3) 复合法则：如果 $\boldsymbol{B}(\boldsymbol{A})=\boldsymbol{S}(\boldsymbol{T}(\boldsymbol{A}))$，则

$$\mathrm{D}\boldsymbol{B}(\boldsymbol{A}_0)[\boldsymbol{U}]=\mathrm{D}\boldsymbol{S}(\boldsymbol{T}(\boldsymbol{A}_0))[\mathrm{D}\boldsymbol{T}(\boldsymbol{A}_0)[\boldsymbol{U}]] \tag{2.21}$$

证明 加法法则显而易见。至于乘法法则，根据方向导数的定义，有

$$\begin{aligned}\mathrm{D}(\boldsymbol{S}(\boldsymbol{A}_0)\cdot\boldsymbol{T}(\boldsymbol{A}_0))[\boldsymbol{U}]&=\left.\frac{\mathrm{d}}{\mathrm{d}\varepsilon}\right|_{\varepsilon=0}(\boldsymbol{S}(\boldsymbol{A}_0+\varepsilon\boldsymbol{U})\cdot\boldsymbol{T}(\boldsymbol{A}_0+\varepsilon\boldsymbol{U}))\\&=\left(\frac{\mathrm{d}}{\mathrm{d}\varepsilon}\boldsymbol{S}(\boldsymbol{A}_0+\varepsilon\boldsymbol{U})\cdot\boldsymbol{T}(\boldsymbol{A}_0+\varepsilon\boldsymbol{U})\right.\\&\qquad\left.\left.+\boldsymbol{S}(\boldsymbol{A}_0+\varepsilon\boldsymbol{U})\cdot\frac{\mathrm{d}}{\mathrm{d}\varepsilon}\boldsymbol{T}(\boldsymbol{A}_0+\varepsilon\boldsymbol{U})\right)\right|_{\varepsilon=0}\\&=\mathrm{D}\boldsymbol{S}(\boldsymbol{A}_0)[\boldsymbol{U}]\cdot\boldsymbol{T}(\boldsymbol{A}_0)+\boldsymbol{S}(\boldsymbol{A}_0)\cdot\mathrm{D}\boldsymbol{T}(\boldsymbol{A}_0)[\boldsymbol{U}]\end{aligned}$$

从而得证。另外一种证明方式是将 $\boldsymbol{S}(\boldsymbol{A})$ 和 $\boldsymbol{T}(\boldsymbol{A})$ 分别在 $\boldsymbol{A}_0$ 处使用式 (2.13) 展开，即

$$\begin{aligned}\boldsymbol{B}(\boldsymbol{A}_0+\boldsymbol{U})&=\boldsymbol{S}(\boldsymbol{A}_0+\boldsymbol{U})\cdot\boldsymbol{T}(\boldsymbol{A}_0+\boldsymbol{U})\\&=\left(\boldsymbol{S}(\boldsymbol{A}_0)+\mathrm{D}\boldsymbol{S}(\boldsymbol{A}_0)[\boldsymbol{U}]+O(|\boldsymbol{U}|^2)\right)\\&\quad\cdot\left(\boldsymbol{T}(\boldsymbol{x}_0)+\mathrm{D}\boldsymbol{T}(\boldsymbol{A}_0)[\boldsymbol{U}]+O(|\boldsymbol{U}|^2)\right)\end{aligned} \tag{2.22}$$

再展开上式的点积，考虑到 $\mathrm{D}\boldsymbol{S}(\boldsymbol{A}_0)[\boldsymbol{U}]\cdot\mathrm{D}\boldsymbol{T}(\boldsymbol{A}_0)[\boldsymbol{U}]$ 是 $\boldsymbol{U}$ 的二阶项，以及 $\boldsymbol{B}(\boldsymbol{A}_0)=\boldsymbol{S}(\boldsymbol{A}_0)\cdot\boldsymbol{T}(\boldsymbol{A}_0)$，则得 $\boldsymbol{B}(\boldsymbol{A}_0+\boldsymbol{U})-\boldsymbol{B}(\boldsymbol{A}_0)$ 的线性项就剩下式 (2.20) 的右边部分，从而得证。

需要指出：乘法法则同样适用于标量与张量乘及张量之间的并乘，比如 $\boldsymbol{B}(\boldsymbol{A})=\varPhi(\boldsymbol{A})\boldsymbol{S}(\boldsymbol{A})$，则有

$$\mathrm{D}\boldsymbol{B}(\boldsymbol{A}_0)[\boldsymbol{U}]=\mathrm{D}\varPhi(\boldsymbol{A}_0)[\boldsymbol{U}]\,\boldsymbol{S}(\boldsymbol{A}_0)+\varPhi(\boldsymbol{A}_0)\,\mathrm{D}\boldsymbol{S}(\boldsymbol{A}_0)[\boldsymbol{U}] \tag{2.23}$$

若 $\mathbb{C}(\boldsymbol{A})=\boldsymbol{S}(\boldsymbol{A})\otimes\boldsymbol{T}(\boldsymbol{A})$，则有

$$\mathrm{D}\mathbb{C}(\boldsymbol{A}_0)[\boldsymbol{U}]=\mathrm{D}\boldsymbol{S}(\boldsymbol{A}_0)[\boldsymbol{U}]\otimes\boldsymbol{T}(\boldsymbol{A}_0)+\boldsymbol{S}(\boldsymbol{A}_0)\otimes\mathrm{D}\boldsymbol{T}(\boldsymbol{A}_0)[\boldsymbol{U}] \tag{2.24}$$

至于复合法则，首先根据方向导数的定义将作为自变量的张量函数 $\boldsymbol{T}$ 线性化，有

$$\begin{aligned}\mathrm{D}\boldsymbol{B}(\boldsymbol{A}_0)[\boldsymbol{U}]&=\left.\frac{\mathrm{d}}{\mathrm{d}\varepsilon}\right|_{\varepsilon=0}\boldsymbol{S}(\boldsymbol{T}(\boldsymbol{A}_0+\varepsilon\boldsymbol{U}))\\&=\left.\frac{\mathrm{d}}{\mathrm{d}\varepsilon}\right|_{\varepsilon=0}\boldsymbol{S}\Bigg(\boldsymbol{T}(\boldsymbol{A}_0)+\varepsilon\left.\frac{\mathrm{d}}{\mathrm{d}\varepsilon}\right|_{\varepsilon=0}\boldsymbol{T}(\boldsymbol{A}_0+\varepsilon\boldsymbol{U})\\&\qquad+\frac{1}{2}\varepsilon^2\left.\frac{\mathrm{d}^2}{\mathrm{d}^2\varepsilon}\right|_{\varepsilon=0}\boldsymbol{T}(\boldsymbol{A}_0+\varepsilon\boldsymbol{U})+\cdots\Bigg)\\&=\left.\frac{\mathrm{d}}{\mathrm{d}\varepsilon}\right|_{\varepsilon=0}\boldsymbol{S}(\boldsymbol{T}(\boldsymbol{A}_0)+\varepsilon\mathrm{D}\boldsymbol{T}(\boldsymbol{A}_0)[\boldsymbol{U}])\end{aligned}$$

然后，将张量函数 $\boldsymbol{S}$ 在 $\boldsymbol{T}(\boldsymbol{A}_0)$ 的位置沿着方向 $\mathrm{D}\boldsymbol{T}(\boldsymbol{A}_0)[\boldsymbol{U}]$ 进行线性化，即将式 (2.15) 中的 $\boldsymbol{A}_0$ 用 $\boldsymbol{T}(\boldsymbol{A}_0)$ 代替，而 $\boldsymbol{U}$ 用 $\mathrm{D}\boldsymbol{T}(\boldsymbol{A}_0)[\boldsymbol{U}]$ 代替，得

$$\mathrm{D}\boldsymbol{S}(\boldsymbol{T}(\boldsymbol{A}_0))[\mathrm{D}\boldsymbol{T}(\boldsymbol{A}_0)[\boldsymbol{U}]] = \left.\frac{\mathrm{d}}{\mathrm{d}\varepsilon}\right|_{\varepsilon=0} \boldsymbol{S}(\boldsymbol{T}(\boldsymbol{A}_0) + \varepsilon\mathrm{D}\boldsymbol{T}(\boldsymbol{A}_0)[\boldsymbol{U}]) \tag{2.25}$$

从而式 (2.21) 得证。◆◆

2.2.2 若干例子

下面根据线性化的意义直接给出张量的幂指数 $\boldsymbol{A}^2$ 的方向导数。设张量 $\boldsymbol{A}$ 的增量为 $\boldsymbol{U}$，由此引起的函数值的增量是

$$(\boldsymbol{A}+\boldsymbol{U})^2 - \boldsymbol{A}^2 = \boldsymbol{U}\cdot\boldsymbol{A} + \boldsymbol{A}\cdot\boldsymbol{U} + \boldsymbol{U}^2$$

等式右边 $\boldsymbol{U}^2$ 是二次项，前面两项是 $\boldsymbol{U}$ 的线性项，所以有方向导数

$$\mathrm{D}\boldsymbol{A}^2[\boldsymbol{U}] = \boldsymbol{U}\cdot\boldsymbol{A} + \boldsymbol{A}\cdot\boldsymbol{U} \tag{2.26}$$

一般地，对于二阶张量 $\boldsymbol{A}$ 的 n 次幂，根据定义式 (2.15)，有方向导数

$$\mathrm{D}\boldsymbol{A}^n[\boldsymbol{U}] = \left.\frac{\mathrm{d}}{\mathrm{d}\varepsilon}\right|_{\varepsilon=0} (\boldsymbol{A}+\varepsilon\boldsymbol{U})^n \tag{2.27}$$

考虑到

$$(\boldsymbol{A}+\varepsilon\boldsymbol{U})^n = \boldsymbol{A}^n + \varepsilon\left(\boldsymbol{U}\cdot\boldsymbol{A}^{n-1} + \boldsymbol{A}\cdot\boldsymbol{U}\cdot\boldsymbol{A}^{n-2} + \cdots + \boldsymbol{A}^{n-1}\cdot\boldsymbol{U}\right) + \varepsilon^2(\cdots) + \cdots$$

代入前面的式子，得

$$\mathrm{D}\boldsymbol{A}^n[\boldsymbol{U}] = \boldsymbol{U}\cdot\boldsymbol{A}^{n-1} + \boldsymbol{A}\cdot\boldsymbol{U}\cdot\boldsymbol{A}^{n-2} + \cdots + \boldsymbol{A}^{n-1}\cdot\boldsymbol{U} \tag{2.28}$$

使用上式可导出 $\mathrm{tr}\boldsymbol{A}^n$ 的方向导数，根据定义，求迹是线性运算，再结合方向导数的加法法则式 (2.19)，得

$$\begin{aligned}\mathrm{Dtr}\boldsymbol{A}^n[\boldsymbol{U}] &= \mathrm{tr}(\mathrm{D}\boldsymbol{A}^n[\boldsymbol{U}]) \\ &= \mathrm{tr}\left(\boldsymbol{U}\cdot\boldsymbol{A}^{n-1} + \boldsymbol{A}\cdot\boldsymbol{U}\cdot\boldsymbol{A}^{n-2} + \cdots + \boldsymbol{A}^{n-1}\cdot\boldsymbol{U}\right)\end{aligned} \tag{2.29}$$

应用式 (1.113)，得

$$\mathrm{tr}\left(\boldsymbol{U}\cdot\boldsymbol{A}^{n-1}\right) = \mathrm{tr}\left(\boldsymbol{A}\cdot\boldsymbol{U}\cdot\boldsymbol{A}^{n-2}\right) = \cdots = \mathrm{tr}\left(\boldsymbol{A}^{n-1}\cdot\boldsymbol{U}\right) \tag{2.30}$$

因此有

$$\mathrm{Dtr}\boldsymbol{A}^n[\boldsymbol{U}] = n\mathrm{tr}\left(\boldsymbol{A}^{n-1}\cdot\boldsymbol{U}\right) \tag{2.31}$$

下面给出二阶张量 $\boldsymbol{A}$ 的行列式的方向导数。根据方向导数的定义式 (2.15) 以及式 (1.153)，有

$$\begin{aligned}\mathrm{D}\det\boldsymbol{A}[\boldsymbol{U}] &= \left.\frac{\mathrm{d}}{\mathrm{d}\varepsilon}\right|_{\varepsilon=0}\det(\boldsymbol{A}+\varepsilon\boldsymbol{U})\\ &= \left.\frac{\mathrm{d}}{\mathrm{d}\varepsilon}\right|_{\varepsilon=0}\det\left[\boldsymbol{A}\cdot\left(\boldsymbol{I}+\varepsilon\boldsymbol{A}^{-1}\cdot\boldsymbol{U}\right)\right]\\ &= \det\boldsymbol{A}\left.\frac{\mathrm{d}}{\mathrm{d}\varepsilon}\right|_{\varepsilon=0}\det\left(\boldsymbol{I}+\varepsilon\boldsymbol{A}^{-1}\cdot\boldsymbol{U}\right)\end{aligned}\tag{2.32}$$

注意，任意一个二阶张量 $\boldsymbol{B}$，若它的特征值为 $\lambda_1^{\boldsymbol{B}}$，$\lambda_2^{\boldsymbol{B}}$ 和 $\lambda_3^{\boldsymbol{B}}$，由式 (1.158) 和式 (1.162)，则它的特征方程可写为

$$\det(\boldsymbol{B}-\lambda\boldsymbol{I}) = \left(\lambda_1^{\boldsymbol{B}}-\lambda\right)\left(\lambda_2^{\boldsymbol{B}}-\lambda\right)\left(\lambda_3^{\boldsymbol{B}}-\lambda\right)\tag{2.33}$$

使用上式并令 $\lambda=-1$ 和 $\boldsymbol{B}=\varepsilon\boldsymbol{A}^{-1}\cdot\boldsymbol{U}$，相对 ε 求导，得

$$\begin{aligned}\left.\frac{\mathrm{d}}{\mathrm{d}\varepsilon}\right|_{\varepsilon=0}\det\left(\boldsymbol{I}+\varepsilon\boldsymbol{A}^{-1}\cdot\boldsymbol{U}\right) &= \left.\frac{\mathrm{d}}{\mathrm{d}\varepsilon}\right|_{\varepsilon=0}\left(\varepsilon\lambda_1^{\boldsymbol{A}^{-1}\cdot\boldsymbol{U}}+1\right)\left(\varepsilon\lambda_2^{\boldsymbol{A}^{-1}\cdot\boldsymbol{U}}+1\right)\left(\varepsilon\lambda_3^{\boldsymbol{A}^{-1}\cdot\boldsymbol{U}}+1\right)\\ &= \left(\lambda_1^{\boldsymbol{A}^{-1}\cdot\boldsymbol{U}}+\lambda_2^{\boldsymbol{A}^{-1}\cdot\boldsymbol{U}}+\lambda_3^{\boldsymbol{A}^{-1}\cdot\boldsymbol{U}}\right)\\ &= \mathrm{tr}\left(\boldsymbol{A}^{-1}\cdot\boldsymbol{U}\right) = \boldsymbol{A}^{-\mathrm{T}}:\boldsymbol{U}\end{aligned}\tag{2.34}$$

式中 $\lambda_1^{\boldsymbol{A}^{-1}\cdot\boldsymbol{U}},\lambda_2^{\boldsymbol{A}^{-1}\cdot\boldsymbol{U}},\lambda_3^{\boldsymbol{A}^{-1}\cdot\boldsymbol{U}}$ 是张量 $\boldsymbol{A}^{-1}\cdot\boldsymbol{U}$ 的特征值，而 $\varepsilon\lambda_1^{\boldsymbol{A}^{-1}\cdot\boldsymbol{U}},\varepsilon\lambda_2^{\boldsymbol{A}^{-1}\cdot\boldsymbol{U}}$，$\varepsilon\lambda_3^{\boldsymbol{A}^{-1}\cdot\boldsymbol{U}}$ 则是张量 $\varepsilon\boldsymbol{A}^{-1}\cdot\boldsymbol{U}$ 的特征值，式中还使用了三个特征值之和就是第一不变量。代入前面的式子，最后得

$$\mathrm{D}\det\boldsymbol{A}[\boldsymbol{U}] = \det\boldsymbol{A}\left(\boldsymbol{A}^{-\mathrm{T}}:\boldsymbol{U}\right)\tag{2.35}$$

下面给出二阶张量 $\boldsymbol{A}$ 的逆 $\boldsymbol{A}^{-1}$ 的方向导数。考虑二阶单位张量 $\boldsymbol{I}$ 的方向导数应是零张量，因此有

$$\mathrm{D}\left(\boldsymbol{A}^{-1}\cdot\boldsymbol{A}\right)[\boldsymbol{U}] = \mathrm{D}(\boldsymbol{I})[\boldsymbol{U}] = \boldsymbol{0}\tag{2.36}$$

根据复合求导法则式 (2.21)，则有

$$\mathrm{D}\left(\boldsymbol{A}^{-1}\cdot\boldsymbol{A}\right)[\boldsymbol{U}] = \mathrm{D}\boldsymbol{A}^{-1}[\boldsymbol{U}]\cdot\boldsymbol{A}+\boldsymbol{A}^{-1}\cdot\mathrm{D}\boldsymbol{A}[\boldsymbol{U}] = \boldsymbol{0}$$

考虑到 $\mathrm{D}\boldsymbol{A}[\boldsymbol{U}]=\boldsymbol{U}$，整理上式得

$$\mathrm{D}\boldsymbol{A}^{-1}[\boldsymbol{U}] = -\boldsymbol{A}^{-1}\cdot\mathrm{D}\boldsymbol{A}[\boldsymbol{U}]\cdot\boldsymbol{A}^{-1} = -\boldsymbol{A}^{-1}\cdot\boldsymbol{U}\cdot\boldsymbol{A}^{-1}\tag{2.37}$$

2.3　张量函数的梯度

2.3.1　标量值张量函数的梯度

设张量 $\boldsymbol{A}$ 的标量值函数为 $\varPhi(\boldsymbol{A})$，由 2.2 节的分析可知，$\varPhi$ 的方向导数是自变量改变方向 $\boldsymbol{U}$ 的线性函数，它的梯度或偏导数 $\dfrac{\partial\varPhi}{\partial\boldsymbol{A}}$ 通过其方向导数定义为

$$\mathrm{D}\varPhi(\boldsymbol{A})[\boldsymbol{U}] \overset{\text{def}}{=\!=} \frac{\partial\varPhi}{\partial\boldsymbol{A}}:\boldsymbol{U} \tag{2.38}$$

显然，所定义的梯度 $\dfrac{\partial\varPhi}{\partial\boldsymbol{A}}$ 是二阶张量。考虑到方向导数定义中并没有要求代表自变量改变方向的 $\boldsymbol{U}$ 很小，见式 (2.18) 后面的说明，为得出梯度的分量，令 $\boldsymbol{U}=\boldsymbol{e}_i\otimes\boldsymbol{e}_j$，则有

$$\begin{aligned}\left(\frac{\partial\varPhi}{\partial\boldsymbol{A}}\right)_{ij} &= \frac{\partial\varPhi}{\partial\boldsymbol{A}}:(\boldsymbol{e}_i\otimes\boldsymbol{e}_j)=\mathrm{D}\varPhi(\boldsymbol{A})[\boldsymbol{e}_i\otimes\boldsymbol{e}_j]\\ &=\lim_{\varepsilon\to0}\frac{\varPhi(\boldsymbol{A}+\varepsilon\boldsymbol{e}_i\otimes\boldsymbol{e}_j)-\varPhi(\boldsymbol{A})}{\varepsilon}\end{aligned} \tag{2.39}$$

上式极限系指仅 $\boldsymbol{A}$ 的 ij 分量变化而引起 $\varPhi$ 的变化率，所以有

$$\left(\frac{\partial\varPhi}{\partial\boldsymbol{A}}\right)_{ij}=\frac{\partial\varPhi}{\partial A_{ij}} \quad 或 \quad \frac{\partial\varPhi}{\partial\boldsymbol{A}}=\frac{\partial\varPhi}{\partial A_{ij}}\boldsymbol{e}_i\otimes\boldsymbol{e}_j \tag{2.40}$$

从而式 (2.38) 用分量可写成

$$\mathrm{D}\varPhi(\boldsymbol{A})[\boldsymbol{U}]=\frac{\partial\varPhi}{\partial A_{ij}}U_{ij} \tag{2.41}$$

二阶张量可看作 9 维空间中的矢量，张量之间的并双点积可看作 9 维矢量之间的点积，由于式 (2.38) 的定义与 $\boldsymbol{U}$ 的大小无关，将 $\boldsymbol{U}$ 按照式 (2.11) 的定义进行单位化，即让它成为 9 维空间中的单位矢量，则式 (2.38) 的右边项可看作梯度所代表的 9 维矢量在 $\boldsymbol{U}$ 方向上的投影。进一步地将梯度表示为

$$\frac{\partial\varPhi}{\partial\boldsymbol{A}}=\left|\frac{\partial\varPhi}{\partial\boldsymbol{A}}\right|\boldsymbol{N} \tag{2.42}$$

式中 $\boldsymbol{N}:\boldsymbol{N}=1$，$\boldsymbol{N}$ 也是 9 维空间中的一个单位矢量，于是

$$\mathrm{D}\varPhi(\boldsymbol{A})[\boldsymbol{U}]=\left|\frac{\partial\varPhi}{\partial\boldsymbol{A}}\right|\boldsymbol{N}:\boldsymbol{U},\quad \mathrm{D}\varPhi(\boldsymbol{A})[\boldsymbol{N}]=\left|\frac{\partial\varPhi}{\partial\boldsymbol{A}}\right| \tag{2.43}$$

由于两个 9 维单位矢量之间点积即它们之间夹角的余弦小于 1，$\boldsymbol{N}:\boldsymbol{U}<1$，所以在 $\boldsymbol{N}$ 方向上的方向导数最大。实际上，$\varPhi(\boldsymbol{A})$=const 定义了 9 维空间中的曲面，则 $\boldsymbol{N}$ 是该曲面的外法线方向，进一步的讨论见 2.5.1 节。归纳起来有：**方向导数在曲面 $\varPhi(\boldsymbol{A})$=const 的外法线方向最大且等于梯度的大小，任意其他方向上的方向导数则等于梯度在该方向上的投影。**

还需要说明：在一般情况下，即使二阶张量 $\boldsymbol{A}$ 为对称张量，梯度 $\dfrac{\partial \varPhi}{\partial \boldsymbol{A}}$ 可能是非对称的二阶张量，比如，$\varPhi(\boldsymbol{A})=\boldsymbol{B}:\boldsymbol{A}$，其中 $\boldsymbol{B}$ 是非对称的常张量，由于 $\mathrm{D}\varPhi(\boldsymbol{A})[\boldsymbol{U}]=\boldsymbol{B}:\boldsymbol{U}$，它的梯度 $\dfrac{\partial \varPhi}{\partial \boldsymbol{A}}=\boldsymbol{B}$ 是非对称的。在计算方向导数 $\mathrm{D}\varPhi(\boldsymbol{A})[\boldsymbol{U}]=\dfrac{\partial \varPhi}{\partial \boldsymbol{A}}:\boldsymbol{U}$ 时，由于 $\boldsymbol{U}$(是 $\boldsymbol{A}$ 的改变方向) 为对称张量，且反对称张量与对称张量的双点积总为零，因此，$\dfrac{\partial \varPhi}{\partial \boldsymbol{A}}$ 中反对称部分的贡献应是零，或者说，我们可以人为地在梯度中加上一个任意的反对称张量而不影响方向导数的结果，为了唯一性起见，人为约定 $\dfrac{\partial \varPhi}{\partial \boldsymbol{A}}$ 为对称张量，即进行对称化处理，这时，梯度表示为

$$\left(\frac{\partial \varPhi}{\partial \boldsymbol{A}}\right)_{kl}=\operatorname{sym}\left(\frac{\partial \varPhi}{\partial A_{kl}}\right)=\frac{1}{2}\left(\frac{\partial \varPhi}{\partial A_{kl}}+\frac{\partial \varPhi}{\partial A_{lk}}\right) \tag{2.44}$$

式中 sym 代表对称化处理，其一般定义为，对于任意的二阶张量 $\boldsymbol{A}$

$$\operatorname{sym}\boldsymbol{A}=\frac{1}{2}\left(\boldsymbol{A}+\boldsymbol{A}^{\mathrm{T}}\right) \tag{2.45}$$

关于任意两个标量函数 $\varPhi_1(\boldsymbol{A})$ 和 $\varPhi_2(\boldsymbol{A})$ 乘积所得函数相对自变量张量 $\boldsymbol{A}$ 的梯度，使用方向导数的乘法法则式 (2.20)，有

$$\mathrm{D}\left(\varPhi_1(\boldsymbol{A})\varPhi_2(\boldsymbol{A})\right)[\boldsymbol{U}]=\mathrm{D}\varPhi_1(\boldsymbol{A})[\boldsymbol{U}]\,\varPhi_2(\boldsymbol{A})+\varPhi_1(\boldsymbol{A})\,\mathrm{D}\varPhi_2(\boldsymbol{A})[\boldsymbol{U}]$$

使用定义式 (2.38)，上式可写成

$$\frac{\partial\left(\varPhi_1\varPhi_2\right)}{\partial \boldsymbol{A}}:\boldsymbol{U}=\varPhi_2\frac{\partial \varPhi_1}{\partial \boldsymbol{A}}:\boldsymbol{U}+\varPhi_1\frac{\partial \varPhi_2}{\partial \boldsymbol{A}}:\boldsymbol{U}$$

由于 $\boldsymbol{U}$ 任意，则有

$$\frac{\partial\left(\varPhi_1\varPhi_2\right)}{\partial \boldsymbol{A}}=\frac{\partial \varPhi_1}{\partial \boldsymbol{A}}\varPhi_2+\varPhi_1\frac{\partial \varPhi_2}{\partial \boldsymbol{A}} \tag{2.46}$$

上式可理解为对两个标量函数乘积求导数的乘法法则。若 $\boldsymbol{A}$ 为对称张量，也需要按照式 (2.44) 的方式进行对称化处理。

下面介绍使用上面定义求标量值函数梯度的四个实例。

实例之一：二阶张量 $\boldsymbol{A}$ 的第三不变量 III 相对 $\boldsymbol{A}$ 的梯度，考虑到 $III=\det\boldsymbol{A}$，应用行列式方向导数的结果式 (2.35)，有

$$\mathrm{D}III(\boldsymbol{A})[\boldsymbol{U}]=\det\boldsymbol{A}\left(\boldsymbol{A}^{-\mathrm{T}}:\boldsymbol{U}\right)=\det\boldsymbol{A}\left(\boldsymbol{A}^{-\mathrm{T}}\right)_{ij}U_{ij} \tag{2.47}$$

比较上式与式 (2.38) 和 (2.41)，考虑到对于任意 $\boldsymbol{U}$ 都要成立，得

$$\frac{\partial III}{\partial\boldsymbol{A}}=(\det\boldsymbol{A})\boldsymbol{A}^{-\mathrm{T}},\quad\frac{\partial III}{\partial A_{ij}}=\det\boldsymbol{A}\left(\boldsymbol{A}^{-\mathrm{T}}\right)_{ij} \tag{2.48}$$

考虑式 (1.135)，上式又可写成

$$\frac{\partial(\det\boldsymbol{A})}{\partial\boldsymbol{A}}=(\det\boldsymbol{A})\boldsymbol{A}^{-\mathrm{T}}=\mathrm{cof}\boldsymbol{A} \tag{2.49}$$

实例之二：二阶张量 $\boldsymbol{A}$ 的 n 次幂然后取迹所得标量函数 $\mathrm{tr}\boldsymbol{A}^n$ 相对 $\boldsymbol{A}$ 的梯度。它沿 $\boldsymbol{U}$ 的方向导数使用式 (2.31) 应是

$$\mathrm{Dtr}\boldsymbol{A}^n[\boldsymbol{U}]=n\mathrm{tr}\left(\boldsymbol{A}^{n-1}\cdot\boldsymbol{U}\right)=n\left(\boldsymbol{A}^{n-1}\right)^{\mathrm{T}}:\boldsymbol{U}$$

因此有

$$\frac{\partial\mathrm{tr}\boldsymbol{A}^n}{\partial\boldsymbol{A}}=n\left(\boldsymbol{A}^{n-1}\right)^{\mathrm{T}} \tag{2.50}$$

特别地，当 $n=1$ 和 $n=2$ 时，得

$$\frac{\partial\mathrm{tr}\boldsymbol{A}}{\partial\boldsymbol{A}}=\boldsymbol{I},\quad\frac{\partial\mathrm{tr}\boldsymbol{A}^2}{\partial\boldsymbol{A}}=2\boldsymbol{A}^{\mathrm{T}} \tag{2.51}$$

有时使用分量形式求梯度会比较方便，例如，类比式 (2.40)，则有

$$\left(\frac{\partial\mathrm{tr}\boldsymbol{A}}{\partial\boldsymbol{A}}\right)_{ij}=\frac{\partial A_{kk}}{\partial A_{ij}}=\delta_{ki}\delta_{kj}=\delta_{ij} \tag{2.52a}$$

$$\left(\frac{\partial\mathrm{tr}\boldsymbol{A}^2}{\partial\boldsymbol{A}}\right)_{ij}=\frac{\partial\left(A_{kl}A_{lk}\right)}{\partial A_{ij}}=\delta_{ki}\delta_{lj}A_{lk}+\delta_{li}\delta_{kj}A_{kl}=2A_{ji} \tag{2.52b}$$

实例之三：$\boldsymbol{A}$ 的第二不变量 II 相对 $\boldsymbol{A}$ 的梯度。使用定义式 (1.161)，考虑到 $(\mathrm{tr}\boldsymbol{A})^2$ 是标量函数 $\mathrm{tr}\boldsymbol{A}$ 与自身的乘积，应用乘法法则式 (2.46)，再结合式 (2.51) 的结果，得

$$\begin{aligned}\frac{\partial II}{\partial\boldsymbol{A}}&=\frac{1}{2}\frac{\partial}{\partial\boldsymbol{A}}\left((\mathrm{tr}\boldsymbol{A})^2-\mathrm{tr}\boldsymbol{A}^2\right)\\&=\frac{1}{2}\left(2(\mathrm{tr}\boldsymbol{A})\frac{\partial\mathrm{tr}\boldsymbol{A}}{\partial\boldsymbol{A}}-\frac{\partial\mathrm{tr}\boldsymbol{A}^2}{\partial\boldsymbol{A}}\right)=(\mathrm{tr}\boldsymbol{A})\boldsymbol{I}-\boldsymbol{A}^{\mathrm{T}}\end{aligned} \tag{2.53}$$

实例之四：二阶对称张量 $\boldsymbol{A}$ 的三个特征值 λ_1，λ_2 和 λ_3 相对 $\boldsymbol{A}$ 的梯度。类似于式 (1.173)，它在主轴坐标下可表示为

$$\boldsymbol{A}=\sum_{j=1}^{3}\lambda_j\boldsymbol{k}_j\otimes\boldsymbol{k}_j$$

式中 $\boldsymbol{k}_j(j=1,2,3)$ 是 $\boldsymbol{A}$ 的主轴。使用乘法法则式 (2.23) 和式 (2.24)，有

$$\mathrm{D}\boldsymbol{A}\left[\boldsymbol{U}\right]=\sum_{j=1}^{3}\left(\mathrm{D}\lambda_j\left[\boldsymbol{U}\right]\boldsymbol{k}_j\otimes\boldsymbol{k}_j+\lambda_j\mathrm{D}\boldsymbol{k}_j\left[\boldsymbol{U}\right]\otimes\boldsymbol{k}_j+\lambda_j\boldsymbol{k}_j\otimes\mathrm{D}\boldsymbol{k}_j\left[\boldsymbol{U}\right]\right) \tag{2.54}$$

式中的方向导数表达中省略了自变量 $\boldsymbol{A}$。考虑到 $\boldsymbol{k}_i\cdot\boldsymbol{k}_i=1$，使用乘法法则式 (2.20) 求其方向导数，得

$$\mathrm{D}\boldsymbol{k}_i\left[\boldsymbol{U}\right]\cdot\boldsymbol{k}_i+\boldsymbol{k}_i\cdot\mathrm{D}\boldsymbol{k}_i\left[\boldsymbol{U}\right]=0\quad(i=1,2,3;\ \text{不对 } i \text{ 求和})$$

进而

$$\mathrm{D}\boldsymbol{k}_i\left[\boldsymbol{U}\right]\cdot\boldsymbol{k}_i=0\quad(i=1,2,3;\ \text{不对 } i \text{ 求和}) \tag{2.55}$$

式 (2.54) 两边分别前点积和后点积 $\boldsymbol{k}_i$，考虑到上式和 $\boldsymbol{k}_i\cdot\boldsymbol{k}_k=\delta_{ik}$，因此得

$$\boldsymbol{k}_i\cdot\mathrm{D}\boldsymbol{A}\left[\boldsymbol{U}\right]\cdot\boldsymbol{k}_i=\mathrm{D}\lambda_i\left[\boldsymbol{U}\right]\quad(i=1,2,3;\ \text{不对 } i \text{ 求和}) \tag{2.56}$$

根据方向导数和梯度的定义，有

$$\mathrm{D}\boldsymbol{A}\left[\boldsymbol{U}\right]=\boldsymbol{U},\quad \mathrm{D}\lambda_i\left[\boldsymbol{U}\right]=\frac{\partial\lambda_i}{\partial\boldsymbol{A}}:\boldsymbol{U}\quad(i=1,2,3) \tag{2.57}$$

代入式 (2.56)，可将它写成

$$\boldsymbol{k}_i\cdot\boldsymbol{U}\cdot\boldsymbol{k}_i=(\boldsymbol{k}_i\otimes\boldsymbol{k}_i):\boldsymbol{U}=\frac{\partial\lambda_i}{\partial\boldsymbol{A}}:\boldsymbol{U}\quad(i=1,2,3;\ \text{不对 } i \text{ 求和})$$

从而得

$$\frac{\partial\lambda_i}{\partial\boldsymbol{A}}=\boldsymbol{k}_i\otimes\boldsymbol{k}_i\quad(i=1,2,3;\ \text{不对 } i \text{ 求和}) \tag{2.58}$$

若 $\boldsymbol{S}=\boldsymbol{A}^2$，采用上面相同的步骤，可得

$$\frac{\partial\lambda_i^2}{\partial\boldsymbol{S}}=\boldsymbol{k}_i\otimes\boldsymbol{k}_i\quad\text{或}\quad 2\lambda_i\frac{\partial\lambda_i}{\partial\boldsymbol{S}}=\boldsymbol{k}_i\otimes\boldsymbol{k}_i\quad(i=1,2,3;\ \text{不对 } i \text{ 求和}) \tag{2.59}$$

2.3.2　张量值张量函数的梯度

按照式 (2.38)，张量 $\boldsymbol{A}$ 的张量值张量函数 $\boldsymbol{S}(\boldsymbol{A})$ 相对 $\boldsymbol{A}$ 的梯度由下式定义

$$\mathrm{D}\boldsymbol{S}(\boldsymbol{A})[\boldsymbol{U}]=\frac{\partial \boldsymbol{S}}{\partial \boldsymbol{A}}:\boldsymbol{U}=\left(\frac{\partial \boldsymbol{S}}{\partial \boldsymbol{A}}\right)_{kl}U_{kl} \tag{2.60}$$

按照导出式 (2.40) 的过程，则有

$$\left(\frac{\partial \boldsymbol{S}}{\partial \boldsymbol{A}}\right)_{kl}=\frac{\partial \boldsymbol{S}}{\partial A_{kl}}\quad 或\quad \frac{\partial \boldsymbol{S}}{\partial \boldsymbol{A}}=\frac{\partial \boldsymbol{S}}{\partial A_{kl}}\otimes \boldsymbol{e}_k\otimes \boldsymbol{e}_l \tag{2.61}$$

其中

$$\begin{aligned}\frac{\partial \boldsymbol{S}}{\partial A_{kl}}&=\lim_{\varepsilon\to 0}\frac{\boldsymbol{S}(\boldsymbol{A}+\varepsilon\boldsymbol{e}_k\otimes\boldsymbol{e}_l)-\boldsymbol{S}(\boldsymbol{A})}{\varepsilon}\\&=\lim_{\varepsilon\to 0}\frac{S_{ij}(\boldsymbol{A}+\varepsilon\boldsymbol{e}_k\otimes\boldsymbol{e}_l)-S_{ij}(\boldsymbol{A})}{\varepsilon}\boldsymbol{e}_i\otimes\boldsymbol{e}_j\end{aligned} \tag{2.62}$$

是一个二阶张量，可进一步表示为

$$\frac{\partial \boldsymbol{S}}{\partial A_{kl}}=\frac{\partial S_{ij}}{\partial A_{kl}}\boldsymbol{e}_i\otimes\boldsymbol{e}_j \tag{2.63}$$

因此，梯度 $\dfrac{\partial \boldsymbol{S}}{\partial \boldsymbol{A}}$ 是一个四阶张量，可表示为

$$\frac{\partial \boldsymbol{S}}{\partial \boldsymbol{A}}=\frac{\partial S_{ij}}{\partial A_{kl}}\boldsymbol{e}_i\otimes\boldsymbol{e}_j\otimes\boldsymbol{e}_k\otimes\boldsymbol{e}_l \tag{2.64}$$

例如，求 $\boldsymbol{A}$ 的逆 $\boldsymbol{A}^{-1}$ 相对 $\boldsymbol{A}$ 的梯度，借助张量逆的方向导数式 (2.37)，并考虑到方积的定义式 (1.302)，有

$$\begin{aligned}\mathrm{D}\boldsymbol{A}^{-1}(\boldsymbol{A})[\boldsymbol{U}]&=-\boldsymbol{A}^{-1}\cdot\boldsymbol{U}\cdot\boldsymbol{A}^{-1}=-\boldsymbol{A}^{-1}\boxtimes\boldsymbol{A}^{-T}:\boldsymbol{U}\\&=-\left(\boldsymbol{A}^{-1}\right)_{ik}\left(\boldsymbol{A}^{-1}\right)_{lj}U_{kl}\boldsymbol{e}_i\otimes\boldsymbol{e}_j\end{aligned}$$

与梯度的定义式 (2.60) 对照，对于任意 $\boldsymbol{U}$ 都应成立，则得四阶张量为

$$\frac{\partial \boldsymbol{A}^{-1}}{\partial \boldsymbol{A}}=-\boldsymbol{A}^{-1}\boxtimes\boldsymbol{A}^{-\mathrm{T}},\quad \frac{\partial\left(\boldsymbol{A}^{-1}\right)_{ij}}{\partial A_{kl}}=-\left(\boldsymbol{A}^{-1}\right)_{ik}\left(\boldsymbol{A}^{-1}\right)_{lj} \tag{2.65}$$

前面说明：二阶对称张量 $\boldsymbol{A}$ 的标量值函数 $\varPhi(\boldsymbol{A})$ 的梯度可能为非对称，同样，它的二阶张量值函数 $\boldsymbol{S}(\boldsymbol{A})$ 的梯度 $\dfrac{\partial \boldsymbol{S}}{\partial \boldsymbol{A}}$(四阶张量) 关于最后两个指标有可能非对称，即 $\left(\dfrac{\partial \boldsymbol{S}}{\partial \boldsymbol{A}}\right)_{ijkl}\neq\left(\dfrac{\partial \boldsymbol{S}}{\partial \boldsymbol{A}}\right)_{ijlk}$，如式 (2.65) 给出的结果，基于同样的原因，我

们可以约定 $\dfrac{\partial \boldsymbol{S}}{\partial \boldsymbol{A}}$ 是关于最后两个指标对称的四阶张量，因此，需对这两个指标进行对称化处理，于是，式 (2.65) 的结果应更改为

$$\frac{\partial\left(\boldsymbol{A}^{-1}\right)_{ij}}{\partial A_{kl}}=-\frac{1}{2}\left[\left(\boldsymbol{A}^{-1}\right)_{ik}\left(\boldsymbol{A}^{-1}\right)_{lj}+\left(\boldsymbol{A}^{-1}\right)_{il}\left(\boldsymbol{A}^{-1}\right)_{kj}\right] \tag{2.66}$$

引入式 (1.309) 的记法，上式可以抽象方式表示为

$$\frac{\partial \boldsymbol{A}^{-1}}{\partial \boldsymbol{A}}=-\frac{1}{2}\left(\boldsymbol{A}^{-1}\boxtimes\boldsymbol{A}^{-1}+\boldsymbol{A}^{-1}\overline{\boxtimes}\boldsymbol{A}^{-1}\right) \tag{2.67}$$

后面的讨论中经常涉及张量的幂指数函数，如 $\boldsymbol{A}^2$，对照式 (2.26)，并考虑到方积的定义式 (1.302)，它的方向导数应是

$$\begin{aligned}\mathrm{D}\boldsymbol{A}^2[\boldsymbol{U}]&=\boldsymbol{A}\cdot\boldsymbol{U}+\boldsymbol{U}\cdot\boldsymbol{A}=\left(\boldsymbol{A}\boxtimes\boldsymbol{I}+\boldsymbol{I}\boxtimes\boldsymbol{A}^{\mathrm{T}}\right):\boldsymbol{U}\\&=\left(A_{ik}\delta_{jl}+\delta_{ik}A_{lj}\right)U_{kl}\end{aligned} \tag{2.68}$$

它的梯度张量就是

$$\frac{\partial \boldsymbol{A}^2}{\partial \boldsymbol{A}}=\boldsymbol{A}\boxtimes\boldsymbol{I}+\boldsymbol{I}\boxtimes\boldsymbol{A}^{\mathrm{T}},\quad \frac{\partial\left(\boldsymbol{A}^2\right)_{ij}}{\partial A_{kl}}=A_{ik}\delta_{jl}+\delta_{ik}A_{lj} \tag{2.69}$$

张量函数梯度的其他几个例子：

(1) 标量函数 $\Phi(\boldsymbol{A})$ 和张量函数 $\boldsymbol{S}(\boldsymbol{A})$ 乘积所得函数相对自变量 $\boldsymbol{A}$ 的梯度。使用乘法法则式 (2.20)，得其方向导数是

$$\begin{aligned}\mathrm{D}(\Phi\boldsymbol{S})[\boldsymbol{U}]&=\boldsymbol{S}\mathrm{D}\Phi[\boldsymbol{U}]+\Phi\mathrm{D}\boldsymbol{S}[\boldsymbol{U}]\\&=\boldsymbol{S}\otimes\frac{\partial\Phi}{\partial\boldsymbol{A}}:\boldsymbol{U}+\Phi\frac{\partial\boldsymbol{S}}{\partial\boldsymbol{A}}:\boldsymbol{U}\end{aligned} \tag{2.70}$$

式中的方向导数表达中省略了自变量 $\boldsymbol{A}$，由上式可得

$$\frac{\partial(\Phi\boldsymbol{S})}{\partial\boldsymbol{A}}=\boldsymbol{S}\otimes\frac{\partial\Phi}{\partial\boldsymbol{A}}+\Phi\frac{\partial\boldsymbol{S}}{\partial\boldsymbol{A}} \tag{2.71}$$

或用分量写成

$$\frac{\partial(\Phi S_{ij})}{\partial A_{kl}}=S_{ij}\frac{\partial\Phi}{\partial A_{kl}}+\Phi\frac{\partial S_{ij}}{\partial A_{kl}} \tag{2.72}$$

(2) 两个二阶张量函数 $\boldsymbol{S}(\boldsymbol{A})$ 和 $\boldsymbol{T}(\boldsymbol{A})$ 的单点积所得函数相对自变量 $\boldsymbol{A}$ 的梯度。使用乘法法则式 (2.20)，得其方向导数是

$$\begin{aligned}\mathrm{D}(\boldsymbol{S}\cdot\boldsymbol{T})[\boldsymbol{U}]&=\boldsymbol{S}\cdot\mathrm{D}\boldsymbol{T}[\boldsymbol{U}]+\mathrm{D}\boldsymbol{S}[\boldsymbol{U}]\cdot\boldsymbol{T}\\&=\boldsymbol{S}\cdot\left(\frac{\partial\boldsymbol{T}}{\partial\boldsymbol{A}}:\boldsymbol{U}\right)\cdot\boldsymbol{I}+\boldsymbol{I}\cdot\left(\frac{\partial\boldsymbol{S}}{\partial\boldsymbol{A}}:\boldsymbol{U}\right)\cdot\boldsymbol{T}\\&=\left(\boldsymbol{S}\boxtimes\boldsymbol{I}^{\mathrm{T}}\right):\left(\frac{\partial\boldsymbol{T}}{\partial\boldsymbol{A}}:\boldsymbol{U}\right)+\left(\boldsymbol{I}\boxtimes\boldsymbol{T}^{\mathrm{T}}\right):\left(\frac{\partial\boldsymbol{S}}{\partial\boldsymbol{A}}:\boldsymbol{U}\right)\end{aligned} \tag{2.73}$$

在上式中使用了定义式 (1.302)，因此有

$$\frac{\partial(\boldsymbol{S}\cdot\boldsymbol{T})}{\partial\boldsymbol{A}}=(\boldsymbol{S}\boxtimes\boldsymbol{I}):\frac{\partial\boldsymbol{T}}{\partial\boldsymbol{A}}+\left(\boldsymbol{I}\boxtimes\boldsymbol{T}^{\mathrm{T}}\right):\frac{\partial\boldsymbol{S}}{\partial\boldsymbol{A}} \tag{2.74}$$

或用分量写成

$$\frac{\partial(S_{im}T_{mj})}{\partial A_{kl}}=S_{im}\frac{\partial T_{mj}}{\partial A_{kl}}+\frac{\partial S_{im}}{\partial A_{kl}}T_{mj}=S_{im}\delta_{jn}\frac{\partial T_{mn}}{\partial A_{kl}}+\delta_{in}T_{mj}\frac{\partial S_{nm}}{\partial A_{kl}} \tag{2.75}$$

按照上面相同的步骤，可导出两个二阶张量函数 $\boldsymbol{S}(\boldsymbol{A})$ 和 $\boldsymbol{T}(\boldsymbol{A})$ 的并乘所得函数相对自变量 $\boldsymbol{A}$ 的梯度，为

$$\frac{\partial(\boldsymbol{S}\otimes\boldsymbol{T})}{\partial\boldsymbol{A}}=\frac{\partial\boldsymbol{S}}{\partial\boldsymbol{A}}\overline{\otimes}\boldsymbol{T}+\boldsymbol{S}\otimes\frac{\partial\boldsymbol{T}}{\partial\boldsymbol{A}}$$

式中符号 $\overline{\otimes}$ 定义为，对于任意的二阶张量 $\boldsymbol{A}$、$\boldsymbol{T}$ 和四阶张量 $\mathbb{S}$，都有

$$(\mathbb{S}\overline{\otimes}\boldsymbol{T}):\boldsymbol{A}=\mathbb{S}:\boldsymbol{A}\otimes\boldsymbol{T} \tag{2.76}$$

或者直接用分量形式写为

$$\frac{\partial(S_{ij}T_{kl})}{\partial A_{mn}}=\frac{\partial S_{ij}}{\partial A_{mn}}T_{kl}+S_{ij}\frac{\partial T_{kl}}{\partial A_{mn}} \tag{2.77}$$

2.4　张量函数的时间导数

例如，张量函数 $\boldsymbol{S}(\boldsymbol{A})$ 中自变量张量 $\boldsymbol{A}$ 是时间 t 的函数，因而 $\boldsymbol{S}$ 最终也是时间 t 的函数 $\boldsymbol{S}(t)$，欲求 $\boldsymbol{S}(t)$ 的时间导数，首先将 $\boldsymbol{S}$ 看作是 t 的复合函数 $\boldsymbol{S}(t)=\boldsymbol{S}(\boldsymbol{A}(t))$，根据复合法则式 (2.21)，应有

$$\mathrm{D}\boldsymbol{S}(t)[\Delta t]=\mathrm{D}\boldsymbol{S}(\boldsymbol{A}(t))[\mathrm{D}\boldsymbol{A}(t)[\Delta t]] \tag{2.78}$$

根据导数的定义有

$$\mathrm{D}\boldsymbol{S}(t)[\Delta t]=\frac{\mathrm{d}\boldsymbol{S}}{\mathrm{d}t}\Delta t,\quad \mathrm{D}\boldsymbol{A}(t)[\Delta t]=\frac{\mathrm{d}\boldsymbol{A}}{\mathrm{d}t}\Delta t \tag{2.79}$$

考虑到方向导数是自变量的线性函数，因此得

$$\frac{\mathrm{d}\boldsymbol{S}}{\mathrm{d}t}=\mathrm{D}\boldsymbol{S}(\boldsymbol{A}(t))\left[\frac{\mathrm{d}\boldsymbol{A}}{\mathrm{d}t}\right] \tag{2.80}$$

上式表明：一个张量函数 $\boldsymbol{S}(\boldsymbol{A})$ 的时间导数就等于以自变量 $\boldsymbol{A}$ 的速率作为方向的方向导数。再根据梯度的定义，上式可写成

$$\frac{\mathrm{d}\boldsymbol{S}}{\mathrm{d}t}=\frac{\partial\boldsymbol{S}}{\partial\boldsymbol{A}}:\frac{\mathrm{d}\boldsymbol{A}}{\mathrm{d}t} \tag{2.81}$$

若存在张量函数 $\boldsymbol{T}(t)=\boldsymbol{T}(\boldsymbol{A}(t))$，为求 $\boldsymbol{T}$ 与 $\boldsymbol{S}$ 点积所得张量的时间导数，将式 (2.74) 两边双点积 $\dfrac{\mathrm{d}\boldsymbol{A}}{\mathrm{d}t}$，并考虑到上式，则

$$\frac{\mathrm{d}\,(\boldsymbol{S}\cdot\boldsymbol{T})}{\mathrm{d}t}=(\boldsymbol{S}\boxtimes\boldsymbol{I}):\frac{\mathrm{d}\boldsymbol{T}}{\mathrm{d}t}+\left(\boldsymbol{I}\boxtimes\boldsymbol{T}^{\mathrm{T}}\right):\frac{\mathrm{d}\boldsymbol{S}}{\mathrm{d}t}=\boldsymbol{S}\cdot\frac{\mathrm{d}\boldsymbol{T}}{\mathrm{d}t}+\frac{\mathrm{d}\boldsymbol{S}}{\mathrm{d}t}\cdot\boldsymbol{T} \tag{2.82}$$

上式可理解为对张量之间点积求时间导数的乘法法则，该法则同样适用于标量与张量乘以及张量之间的并乘，从而有

$$\frac{\mathrm{d}\,(\varPhi\boldsymbol{S})}{\mathrm{d}t}=\frac{\mathrm{d}\varPhi}{\mathrm{d}t}\boldsymbol{S}+\varPhi\frac{\mathrm{d}\boldsymbol{S}}{\mathrm{d}t} \tag{2.83a}$$

$$\frac{\mathrm{d}\,(\boldsymbol{S}\otimes\boldsymbol{T})}{\mathrm{d}t}=\frac{\mathrm{d}\boldsymbol{S}}{\mathrm{d}t}\otimes\boldsymbol{T}+\boldsymbol{S}\otimes\frac{\mathrm{d}\boldsymbol{T}}{\mathrm{d}t} \tag{2.83b}$$

为进一步说明复合法则和乘法法则的应用，考虑一个实例，设 $\boldsymbol{A}$ 是任意的二阶张量，$\boldsymbol{C}=\boldsymbol{A}^{\mathrm{T}}\cdot\boldsymbol{A}$ 是对称二阶张量，$\varPhi(\boldsymbol{C})$ 是 $\boldsymbol{C}$ 的标量值函数，定义标量值函数 $\varLambda$ 满足

$$\varLambda\,(\boldsymbol{A})=\varPhi\,(\boldsymbol{C})$$

或

$$\varLambda\,(\boldsymbol{A})=\varPhi\left(\boldsymbol{A}^{\mathrm{T}}\cdot\boldsymbol{A}\right) \tag{2.84}$$

求时间导数，有

$$\frac{\mathrm{d}}{\mathrm{d}t}\varLambda\,(\boldsymbol{A})=\frac{\mathrm{d}}{\mathrm{d}t}\varPhi\,(\boldsymbol{C})$$

使用式 (2.81) 和乘法法则式 (2.82)，得

$$\frac{\partial\varLambda\,(\boldsymbol{A})}{\partial\boldsymbol{A}}:\frac{\mathrm{d}\boldsymbol{A}}{\mathrm{d}t}=\frac{\partial\varPhi\,(\boldsymbol{C})}{\partial\boldsymbol{C}}:\frac{\mathrm{d}\boldsymbol{C}}{\mathrm{d}t}=\frac{\partial\varPhi\,(\boldsymbol{C})}{\partial\boldsymbol{C}}:\left(\frac{\mathrm{d}\boldsymbol{A}^{\mathrm{T}}}{\mathrm{d}t}\cdot\boldsymbol{A}+\boldsymbol{A}^{\mathrm{T}}\cdot\frac{\mathrm{d}\boldsymbol{A}}{\mathrm{d}t}\right) \tag{2.85}$$

使用式 (1.102)，并考虑到 $\dfrac{\partial\varPhi\,(\boldsymbol{C})}{\partial\boldsymbol{C}}$ 的对称性 (见式 (2.44) 前的讨论)，则有

$$\frac{\partial\varPhi\,(\boldsymbol{C})}{\partial\boldsymbol{C}}:\left(\frac{\mathrm{d}\boldsymbol{A}^{\mathrm{T}}}{\mathrm{d}t}\cdot\boldsymbol{A}\right)=\frac{\partial\varPhi\,(\boldsymbol{C})}{\partial\boldsymbol{C}}:\left(\frac{\mathrm{d}\boldsymbol{A}^{\mathrm{T}}}{\mathrm{d}t}\cdot\boldsymbol{A}\right)^{\mathrm{T}}=\frac{\partial\varPhi\,(\boldsymbol{C})}{\partial\boldsymbol{C}}:\left(\boldsymbol{A}^{\mathrm{T}}\cdot\frac{\mathrm{d}\boldsymbol{A}}{\mathrm{d}t}\right) \tag{2.86}$$

进一步地，使用式 (1.115)，结合起来得

$$\frac{\partial\varLambda\,(\boldsymbol{A})}{\partial\boldsymbol{A}}:\frac{\mathrm{d}\boldsymbol{A}}{\mathrm{d}t}=2\frac{\partial\varPhi\,(\boldsymbol{C})}{\partial\boldsymbol{C}}:\left(\boldsymbol{A}^{\mathrm{T}}\cdot\frac{\mathrm{d}\boldsymbol{A}}{\mathrm{d}t}\right)=2\left(\boldsymbol{A}\cdot\frac{\partial\varPhi\,(\boldsymbol{C})}{\partial\boldsymbol{C}}\right):\frac{\mathrm{d}\boldsymbol{A}}{\mathrm{d}t}$$

因此

$$\left(\frac{\partial\varLambda\,(\boldsymbol{A})}{\partial\boldsymbol{A}}-2\boldsymbol{A}\cdot\frac{\partial\varPhi\,(\boldsymbol{C})}{\partial\boldsymbol{C}}\right):\frac{\mathrm{d}\boldsymbol{A}}{\mathrm{d}t}=0 \tag{2.87}$$

由于 $\boldsymbol{A}$ 是任意的，最终有

$$\frac{\partial \varLambda(\boldsymbol{A})}{\partial \boldsymbol{A}} = 2\boldsymbol{A} \cdot \frac{\partial \varPhi(\boldsymbol{C})}{\partial \boldsymbol{C}} \tag{2.88}$$

下面针对对称张量使用其主轴坐标系讨论它的时间导数。考虑对称张量 $\boldsymbol{T}$，设它的特征值和主轴分别是 λ_k 和 $\boldsymbol{n}_k(k=1,2,3)$，使用谱分解形式在主轴坐标系下将它表示为

$$\boldsymbol{T} = \sum_{k=1}^{3} \lambda_k \boldsymbol{n}_k \otimes \boldsymbol{n}_k \tag{2.89}$$

它的时间导数或者说时间变化率由两部分组成：一部分是特征值随时间的大小变化率，另一部分是主轴随时间的转动变化率。

首先讨论主轴随时间的转动变化率。三个主轴 $\boldsymbol{n}_k(k=1,2,3)$ 可看作固定坐标系的三个基矢量 $\boldsymbol{e}_i(i=1,2,3)$ 经过某种旋转得来，使用正交张量 $\boldsymbol{Q}$ 表示这个旋转，因此得

$$\boldsymbol{n}_i = \boldsymbol{Q} \cdot \boldsymbol{e}_i \tag{2.90}$$

式中

$$\boldsymbol{Q} = \boldsymbol{n}_k \otimes \boldsymbol{e}_k \tag{2.91}$$

由于 $\boldsymbol{n}_i$ 随时间变化，$\boldsymbol{Q}$ 也随时间变化。对式 (2.90) 两边求时间导数，考虑到 $\boldsymbol{e}_i$ 不随时间变化，有

$$\frac{\mathrm{d}\boldsymbol{n}_i}{\mathrm{d}t} = \frac{\mathrm{d}\boldsymbol{Q}}{\mathrm{d}t} \cdot \boldsymbol{e}_i, \tag{2.92}$$

对式 (2.90) 求逆并使用正交性质式 (1.233)$\boldsymbol{Q}^{-1} = \boldsymbol{Q}^{\mathrm{T}}$，有

$$\boldsymbol{e}_i = \boldsymbol{Q}^{\mathrm{T}} \cdot \boldsymbol{n}_i \tag{2.93}$$

代入前面的式子，将它写成

$$\frac{\mathrm{d}\boldsymbol{n}_i}{\mathrm{d}t} = \boldsymbol{\varOmega} \cdot \boldsymbol{n}_i \tag{2.94}$$

式中

$$\boldsymbol{\varOmega} = \frac{\mathrm{d}\boldsymbol{Q}}{\mathrm{d}t} \cdot \boldsymbol{Q}^{\mathrm{T}} \tag{2.95}$$

对正交性质式 $\boldsymbol{Q} \cdot \boldsymbol{Q}^{\mathrm{T}} = \boldsymbol{I}$ 两边求时间导数，利用乘法法则，见式 (2.82)，则有

$$\frac{\mathrm{d}\boldsymbol{Q}}{\mathrm{d}t} \cdot \boldsymbol{Q}^{\mathrm{T}} + \boldsymbol{Q} \cdot \frac{\mathrm{d}\boldsymbol{Q}^{\mathrm{T}}}{\mathrm{d}t} = \boldsymbol{\varOmega} + \boldsymbol{\varOmega}^{\mathrm{T}} = 0 \tag{2.96}$$

所以 $\boldsymbol{\varOmega}$ 是反对称张量，结合 1.7 节末的分析，它代表主轴 $\boldsymbol{n}_k(k=1,2,3)$ 的旋转速率，简称为旋率。

对 $\boldsymbol{T}$ 的主轴表示式 (2.89) 求时间导数，使用乘法法则，见式 (2.83)，有

$$\frac{\mathrm{d}\boldsymbol{T}}{\mathrm{d}t}=\sum_{i=1}^{3}\left(\frac{\mathrm{d}\lambda_i}{\mathrm{d}t}\boldsymbol{n}_i\otimes\boldsymbol{n}_i+\lambda_i\frac{\mathrm{d}\boldsymbol{n}_i}{\mathrm{d}t}\otimes\boldsymbol{n}_i+\lambda_i\boldsymbol{n}_i\otimes\frac{\mathrm{d}\boldsymbol{n}_i}{\mathrm{d}t}\right) \tag{2.97}$$

上式括号中第一项代表仅特征值变化引起的变化率，后两项代表仅主轴转动引起的变化率。使用式 (2.94) 和式 (2.89)，得

$$\sum_{k=1}^{3}\lambda_k\frac{\mathrm{d}\boldsymbol{n}_k}{\mathrm{d}t}\otimes\boldsymbol{n}_k=\sum_{k=1}^{3}\lambda_k\boldsymbol{\Omega}\cdot\boldsymbol{n}_k\otimes\boldsymbol{n}_k=\boldsymbol{\Omega}\cdot\boldsymbol{T} \tag{2.98a}$$

$$\sum_{k=1}^{3}\lambda_k\boldsymbol{n}_k\otimes\frac{\mathrm{d}\boldsymbol{n}_k}{\mathrm{d}t}=\sum_{k=1}^{3}\lambda_k\boldsymbol{n}_k\otimes\boldsymbol{n}_k\cdot\boldsymbol{\Omega}^{\mathrm{T}}=\boldsymbol{T}\cdot\boldsymbol{\Omega}^{\mathrm{T}} \tag{2.98b}$$

将上面两个式子代入式 (2.97)，得

$$\frac{\mathrm{d}\boldsymbol{T}}{\mathrm{d}t}=\sum_{i=1}^{3}\frac{\mathrm{d}\lambda_i}{\mathrm{d}t}\boldsymbol{n}_i\otimes\boldsymbol{n}_i+\boldsymbol{\Omega}\cdot\boldsymbol{T}+\boldsymbol{T}\cdot\boldsymbol{\Omega}^{\mathrm{T}} \tag{2.99}$$

或使用式 (1.206)，将它写成

$$\frac{\mathrm{d}\boldsymbol{T}}{\mathrm{d}t}=\sum_{i=1}^{3}\frac{\mathrm{d}\lambda_i}{\mathrm{d}t}\boldsymbol{n}_i\otimes\boldsymbol{n}_i+\sum_{i=1}^{3}\sum_{j\neq i}^{3}(\lambda_j-\lambda_i)\,\Omega_{ij}\boldsymbol{n}_i\otimes\boldsymbol{n}_j \tag{2.100}$$

式中 Ω_{ij} 是旋率 $\boldsymbol{\Omega}$ 在主轴坐标下的分量。第一项和第二项分别代表仅特征值变化引起的变化率和仅主轴转动引起的变化率，这两个变化率张量是对称张量，使用式 (1.207)，得两者的双点积为零，即相互正交

$$\left(\sum_{k=1}^{3}\frac{\mathrm{d}\lambda_k}{\mathrm{d}t}\boldsymbol{n}_k\otimes\boldsymbol{n}_k\right):\left(\boldsymbol{\Omega}\cdot\boldsymbol{T}+\boldsymbol{T}\cdot\boldsymbol{\Omega}^{\mathrm{T}}\right)=0 \tag{2.101}$$

仅主值改变而引起的时间变化率，可理解为与主轴坐标系共旋的观察者所观察到的 $\boldsymbol{T}$ 的时间变化率，称为共旋率，有

$$\sum_{i=1}^{3}\frac{\mathrm{d}\lambda_i}{\mathrm{d}t}\boldsymbol{n}_i\otimes\boldsymbol{n}_i=\frac{\mathrm{d}\boldsymbol{T}}{\mathrm{d}t}-\boldsymbol{\Omega}\cdot\boldsymbol{T}-\boldsymbol{T}\cdot\boldsymbol{\Omega}^{\mathrm{T}} \tag{2.102}$$

共旋率在后面建立本构关系中起着很重要的作用。

2.5 张　量　场

在连续介质力学中，我们经常需要考虑物理量在一定区域内随物质质点或空间位置的变化，即它们作为物质坐标或空间坐标的函数，这些物理量的区域分布称之为场。若物理量为标量或矢量或张量，则称为标量场或矢量场或张量场，对应的例子如温度场、位移场和应变场。从张量函数的角度讲，它们的共同特点是自变量为位置矢量。物理量随物质质点或空间位置的变化往往可以使用它们相对自变量矢量的一阶变化即梯度来描述，如变形梯度、位移梯度和速度梯度等，除此以外，还经常需要使用它们的散度和旋度，以及它们的积分等，下面对这些概念以及涉及的一些主要运算作详细介绍。

2.5.1 梯度

设存在标量场 $\varPhi = \varPhi(\boldsymbol{x})$，例如温度场和密度场等，其中 $\boldsymbol{x}$ 表示空间位置，按照 2.3 节张量函数梯度的一般定义，如式 (2.38)，梯度 $\dfrac{\partial \varPhi}{\partial \boldsymbol{x}}$ 定义了 $\boldsymbol{x}$ 处沿 $\boldsymbol{U}$ 方向的方向导数为

$$\mathrm{D}\varPhi(\boldsymbol{x})[\boldsymbol{U}] = \frac{\partial \varPhi}{\partial \boldsymbol{x}} \cdot \boldsymbol{U} \tag{2.103}$$

采用式 (2.40) 的导出步骤，得梯度是矢量，可表示为

$$\frac{\partial \varPhi}{\partial \boldsymbol{x}} = \frac{\partial \varPhi}{\partial x_i} \boldsymbol{e}_i \tag{2.104}$$

考虑 $|\boldsymbol{U}| \to 0$，$\boldsymbol{U}$ 就是空间位置的微分改变，记作 $\mathrm{d}\boldsymbol{x}$，这时可以忽略高阶项，只保留一阶项或线性项，便有

$$\varPhi(\boldsymbol{x} + \mathrm{d}\boldsymbol{x}) - \varPhi(\boldsymbol{x}) = \mathrm{D}\varPhi(\boldsymbol{x})[\mathrm{d}\boldsymbol{x}] \tag{2.105}$$

左边项是函数值的微分改变，按照通常的记法记作 $\mathrm{d}\varPhi$，于是

$$\mathrm{d}\varPhi = \frac{\partial \varPhi}{\partial \boldsymbol{x}} \cdot \mathrm{d}\boldsymbol{x}$$

引入不变性微分 (矢量) 算子

$$\nabla = \boldsymbol{e}_i \frac{\partial}{\partial x_i} \tag{2.106}$$

可将函数微分的表达式简写成

$$\mathrm{d}\varPhi = \nabla\varPhi \cdot \mathrm{d}\boldsymbol{x}, \quad \nabla\varPhi = \frac{\partial \varPhi}{\partial \boldsymbol{x}} = \frac{\partial \varPhi}{\partial x_i} \boldsymbol{e}_i \tag{2.107}$$

当 $\mathrm{d}\boldsymbol{x}$ 沿着 $\varPhi$ 的等值面即与等值面相切时，$\mathrm{d}\varPhi=0$，这意味着 $\nabla\varPhi$ 与 $\mathrm{d}\boldsymbol{x}$ 正交，从而 $\nabla\varPhi$ 与 $\varPhi$ 的等值面正交，即沿着等值面的法线方向，如图 2.1 所示。而且，$\nabla\varPhi$ 的正向指向 $\varPhi$ 增加的方向，因为，当 $\mathrm{d}\boldsymbol{x}$ 与 $\nabla\varPhi$ 同方向时，$\mathrm{d}\varPhi>0$，反向时，$\mathrm{d}\varPhi<0$。

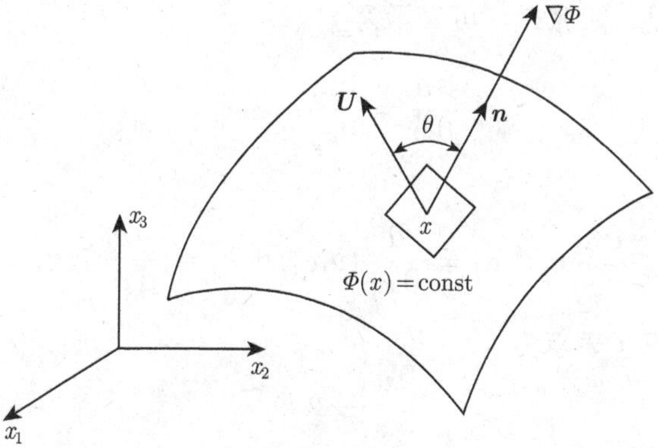

图 2.1 等值面与梯度的方向

回到式 (2.103)，将其中的 $\boldsymbol{U}$ 当作单位矢量，于是，$\varPhi$ 沿 $\boldsymbol{U}$ 方向的方向导数就等于梯度 $\nabla\varPhi$ 在该方向上的投影，$\boldsymbol{U}$ 与梯度 $\nabla\varPhi$ 的夹角越小，则方向导数越大，当两者方向相同时，方向导数将达到最大，所以梯度方向是方向导数最大的方向，或者说是 $\varPhi$ 变化最快的方向。

上面有关梯度的表示也可按通常的方式得到，首先，在笛卡儿坐标下使用分量表示函数 $\varPhi$

$$\varPhi=\varPhi\left(x_1,x_2,x_3\right)$$

然后，两边求微分有

$$\mathrm{d}\varPhi=\frac{\partial\varPhi}{\partial x_i}\mathrm{d}x_i=\frac{\partial\varPhi}{\partial x_i}\left(\boldsymbol{e}_i\cdot\mathrm{d}\boldsymbol{x}\right)=\nabla\varPhi\cdot\mathrm{d}\boldsymbol{x} \tag{2.108}$$

对于矢量场 $\boldsymbol{u}=\boldsymbol{u}(\boldsymbol{x})$(例如位移场、速度场和加速度场)，空间位置相邻两点的微分改变可写成

$$\mathrm{d}\boldsymbol{u}=\boldsymbol{u}\left(\boldsymbol{x}+\mathrm{d}\boldsymbol{x}\right)-\boldsymbol{u}\left(\boldsymbol{x}\right) \tag{2.109}$$

或以分量的形式写成

$$\mathrm{d}u_i=u_i\left(x_1+\mathrm{d}x_1,x_2+\mathrm{d}x_2,x_3+\mathrm{d}x_3\right)-u_i\left(x_1,x_2,x_3\right) \tag{2.110}$$

按照上面标量场的描述，其梯度定义了矢量场的微分改变

$$\mathrm{d}\boldsymbol{u}=\frac{\partial\boldsymbol{u}}{\partial\boldsymbol{x}}\cdot\mathrm{d}\boldsymbol{x}$$

使用分量形式有

$$\mathrm{d}\boldsymbol{u}=\mathrm{d}u_i\boldsymbol{e}_i=\frac{\partial u_i}{\partial x_j}\mathrm{d}x_j\boldsymbol{e}_i=\frac{\partial u_i}{\partial x_j}\boldsymbol{e}_i\otimes\boldsymbol{e}_j\cdot\mathrm{d}\boldsymbol{x} \tag{2.111}$$

所以，$\boldsymbol{u}$ 的梯度是二阶张量，可表示为

$$\frac{\partial\boldsymbol{u}}{\partial\boldsymbol{x}}=\frac{\partial u_i}{\partial x_j}\boldsymbol{e}_i\otimes\boldsymbol{e}_j \tag{2.112}$$

由于

$$\frac{\partial u_i}{\partial x_j}\boldsymbol{e}_i\otimes\boldsymbol{e}_j=\frac{\partial}{\partial x_j}(u_i\boldsymbol{e}_i)\otimes\boldsymbol{e}_j=\frac{\partial\boldsymbol{u}}{\partial x_j}\otimes\boldsymbol{e}_j \tag{2.113}$$

梯度可采用微分算子表示为

$$\frac{\partial\boldsymbol{u}}{\partial\boldsymbol{x}}=\boldsymbol{u}\otimes\nabla \tag{2.114}$$

微分算子 ∇ 写在变量的右边，称为右梯度，从上面的定义可知，其意义是，对变量在求偏导数后再并乘不变性微分算子的基矢量。若将 ∇ 写在变量的左边，则称为左梯度，表示微分算子的基矢量并乘变量的偏导数，即

$$\nabla\otimes\boldsymbol{u}=\boldsymbol{e}_j\otimes\frac{\partial\boldsymbol{u}}{\partial x_j}=\boldsymbol{e}_j\otimes\frac{\partial}{\partial x_j}(u_i\boldsymbol{e}_i)=\frac{\partial u_i}{\partial x_j}\boldsymbol{e}_j\otimes\boldsymbol{e}_i \tag{2.115}$$

比较上面两个式子，显然有

$$\boldsymbol{u}\otimes\nabla=(\nabla\otimes\boldsymbol{u})^{\mathrm{T}} \tag{2.116}$$

于是，$\boldsymbol{u}$ 的微分改变可表示为

$$\mathrm{d}\boldsymbol{u}=(\boldsymbol{u}\otimes\nabla)\cdot\mathrm{d}\boldsymbol{x}=\mathrm{d}\boldsymbol{x}\cdot(\nabla\otimes\boldsymbol{u}) \tag{2.117}$$

对于一个标量 $\varPhi$ 与矢量 $\boldsymbol{u}$ 乘积的梯度，根据上面的定义，应有

$$(\varPhi\boldsymbol{u})\otimes\nabla=\frac{\partial(\varPhi\boldsymbol{u})}{\partial x_j}\otimes\boldsymbol{e}_j=\varPhi\frac{\partial\boldsymbol{u}}{\partial x_j}\otimes\boldsymbol{e}_j+\frac{\partial\varPhi}{\partial x_j}\boldsymbol{u}\otimes\boldsymbol{e}_j$$

因此有

$$(\varPhi\boldsymbol{u})\otimes\nabla=\varPhi(\boldsymbol{u}\otimes\nabla)+\boldsymbol{u}\otimes(\varPhi\nabla) \tag{2.118}$$

对于两个矢量 $\boldsymbol{u}$ 和 $\boldsymbol{v}$ 点积的梯度，根据上面的定义，应有

$$\nabla(\boldsymbol{u}\cdot\boldsymbol{v})=\frac{\partial(u_iv_i)}{\partial x_j}\boldsymbol{e}_j=v_i\frac{\partial u_i}{\partial x_j}\boldsymbol{e}_j+u_i\frac{\partial v_i}{\partial x_j}\boldsymbol{e}_j$$

因此有

$$\begin{aligned}\nabla(\boldsymbol{u}\cdot\boldsymbol{v}) &= \boldsymbol{v}\cdot(\boldsymbol{u}\otimes\nabla)+\boldsymbol{u}\cdot(\boldsymbol{v}\otimes\nabla)\\ &= (\nabla\otimes\boldsymbol{u})\cdot\boldsymbol{v}+(\nabla\otimes\boldsymbol{v})\cdot\boldsymbol{u}\end{aligned}\tag{2.119}$$

一个二阶张量场 (例如应变场和应力场) 的梯度构成一个三阶张量

$$\boldsymbol{S}\otimes\nabla=\frac{\partial\boldsymbol{S}}{\partial x_k}\otimes\boldsymbol{e}_k=\frac{\partial}{\partial x_k}(S_{ij}\boldsymbol{e}_i\otimes\boldsymbol{e}_j)\otimes\boldsymbol{e}_k=\frac{\partial S_{ij}}{\partial x_k}\boldsymbol{e}_i\otimes\boldsymbol{e}_j\otimes\boldsymbol{e}_k\tag{2.120}$$

所以说，无论是标量场、矢量场还是张量场，若使用符号 $(*)$ 表示，则它的梯度可统一地表示为

$$(*)\otimes\nabla=\frac{\partial(*)}{\partial x_k}\otimes\boldsymbol{e}_k,\quad \nabla\otimes(*)=\boldsymbol{e}_k\otimes\frac{\partial(*)}{\partial x_k}\tag{2.121}$$

2.5.2 散度

将矢量场的梯度求迹 (即将矢量场与微分算子点积) 所得的标量场定义为它的散度，在笛卡儿坐标下

$$\begin{aligned}\mathrm{tr}(\boldsymbol{u}\otimes\nabla) &= \boldsymbol{u}\cdot\nabla=u_i\boldsymbol{e}_i\cdot\left(\boldsymbol{e}_j\frac{\partial}{\partial x_j}\right)\\ &= \frac{\partial}{\partial x_j}(u_i\boldsymbol{e}_i)\cdot\boldsymbol{e}_j=\frac{\partial u_i}{\partial x_j}\delta_{ij}=\frac{\partial u_i}{\partial x_i}\end{aligned}$$

将式 (2.118) 两边求迹，我们可以容易得到一个标量场和矢量场乘积的散度为

$$(\varPhi\boldsymbol{u})\cdot\nabla=\varPhi(\boldsymbol{u}\cdot\nabla)+\boldsymbol{u}\cdot(\varPhi\nabla)\tag{2.122}$$

下面讨论二阶张量场的散度。首先，对两个矢量并乘所得的二阶张量，根据上面的定义应有

$$\begin{aligned}(\boldsymbol{u}\otimes\boldsymbol{v})\cdot\nabla &= \frac{\partial(\boldsymbol{u}\otimes\boldsymbol{v})}{\partial x_j}\cdot\boldsymbol{e}_j=\boldsymbol{u}\otimes\frac{\partial\boldsymbol{v}}{\partial x_j}\cdot\boldsymbol{e}_j+\frac{\partial\boldsymbol{u}}{\partial x_j}\otimes\boldsymbol{v}\cdot\boldsymbol{e}_j\\ &= \boldsymbol{u}\left(\frac{\partial\boldsymbol{v}}{\partial x_j}\cdot\boldsymbol{e}_j\right)+\frac{\partial\boldsymbol{u}}{\partial x_j}\otimes\boldsymbol{e}_j\cdot\boldsymbol{v}\end{aligned}$$

因此得

$$(\boldsymbol{u}\otimes\boldsymbol{v})\cdot\nabla=\boldsymbol{u}(\boldsymbol{v}\cdot\nabla)+(\boldsymbol{u}\otimes\nabla)\cdot\boldsymbol{v}\tag{2.123}$$

同理可得

$$\nabla\cdot(\boldsymbol{u}\otimes\boldsymbol{v})=(\nabla\cdot\boldsymbol{u})\boldsymbol{v}+\boldsymbol{u}\cdot(\nabla\otimes\boldsymbol{v})\tag{2.124}$$

对于任意的二阶张量场 $\boldsymbol{S}$，根据式 (2.123) 并考虑到 $\boldsymbol{e}_i$ 是常矢量，$\boldsymbol{e}_i \otimes \nabla = 0$，有

$$\boldsymbol{S} \cdot \nabla = \boldsymbol{e}_i \left(S_{ij} \boldsymbol{e}_j \cdot \nabla \right) + \left(\boldsymbol{e}_i \otimes \nabla \right) \cdot S_{ij} \boldsymbol{e}_j = \boldsymbol{e}_i \left(S_{ij} \boldsymbol{e}_j \cdot \nabla \right) = \frac{\partial S_{ij}}{\partial x_j} \boldsymbol{e}_i \tag{2.125}$$

这里 $\boldsymbol{S} \cdot \nabla$ 称为张量场 $\boldsymbol{S}$ 的右散度，即微分算子对 $\boldsymbol{S}$ 的后一个指标进行运算。张量场 $\boldsymbol{S}$ 的左散度为 $\nabla \cdot \boldsymbol{S}$，根据式 (2.124)，有

$$\nabla \cdot \boldsymbol{S} = \nabla \cdot \left(S_{ij} \boldsymbol{e}_i \right) \boldsymbol{e}_j + S_{ij} \boldsymbol{e}_i \cdot \left(\nabla \otimes \boldsymbol{e}_j \right) = \nabla \cdot \left(S_{ij} \boldsymbol{e}_i \right) \boldsymbol{e}_j = \frac{\partial S_{ij}}{\partial x_i} \boldsymbol{e}_j \tag{2.126}$$

需要说明：矢量场的散度没有左右区别，因为两个矢量的点积是可以交换的，比如

$$\boldsymbol{u} \cdot \nabla = \nabla \cdot \boldsymbol{u} \tag{2.127}$$

而张量场的左、右散度满足

$$\nabla \cdot \boldsymbol{S}^{\mathrm{T}} = \boldsymbol{S} \cdot \nabla \quad \text{或} \quad \nabla \cdot \boldsymbol{S} = \boldsymbol{S}^{\mathrm{T}} \cdot \nabla \tag{2.128}$$

因此，对称张量场的左、右散度相等。总结起来，无论是矢量场还是张量场，若使用符号 $(*)$ 表示，则它的散度可统一地表示为

$$(*) \cdot \nabla = \frac{\partial (*)}{\partial x_k} \cdot \boldsymbol{e}_k, \quad \nabla \cdot (*) = \boldsymbol{e}_k \cdot \frac{\partial (*)}{\partial x_k} \tag{2.129}$$

还可以证明以下关系成立

$$(\boldsymbol{u} \cdot \boldsymbol{T}) \cdot \nabla = \boldsymbol{u} \otimes \nabla : \boldsymbol{T} + \boldsymbol{u} \cdot (\boldsymbol{T} \cdot \nabla) \tag{2.130a}$$

$$(\boldsymbol{S} \cdot \boldsymbol{T}) \cdot \nabla = \boldsymbol{S} \otimes \nabla : \boldsymbol{T} + \boldsymbol{S} \cdot (\boldsymbol{T} \cdot \nabla) \tag{2.130b}$$

2.5.3 旋度

矢量与微分算子的“×”乘所得的矢量定义为它的旋度，在笛卡儿坐标下

$$\nabla \times \boldsymbol{u} = \boldsymbol{e}_i \times \frac{\partial}{\partial x_i} \left(u_j \boldsymbol{e}_j \right) = \frac{\partial u_j}{\partial x_i} \boldsymbol{e}_i \times \boldsymbol{e}_j = \frac{\partial u_j}{\partial x_i} \mathcal{E}_{kij} \boldsymbol{e}_k \tag{2.131}$$

旋度 $\nabla \times \boldsymbol{u}$ 是反对称张量 $\boldsymbol{W} = \nabla \otimes \boldsymbol{u} - \boldsymbol{u} \otimes \nabla$ 的轴矢量，即

$$\left(\nabla \otimes \boldsymbol{u} - \boldsymbol{u} \otimes \nabla \right) \cdot \boldsymbol{x} = \nabla \times \boldsymbol{u} \times \boldsymbol{x} \tag{2.132}$$

下面予以证明。

记对称张量

$$\boldsymbol{T} = \nabla \otimes \boldsymbol{u} + \boldsymbol{u} \otimes \nabla$$

结合式 (1.15) 和 $\boldsymbol{T}$ 的对称性有 $\mathcal{E}_{ijk}T_{jk} = \mathcal{E}_{ikj}T_{kj} = -\mathcal{E}_{ijk}T_{jk}$，从而

$$\boldsymbol{\mathcal{E}} : \boldsymbol{T} = 0 \tag{2.133}$$

再结合式 (1.276)，得反对称张量 $\boldsymbol{W}$ 的轴矢量可表示为

$$\boldsymbol{\omega} = -\frac{1}{2}\boldsymbol{\mathcal{E}} : \boldsymbol{W} = -\frac{1}{2}\boldsymbol{\mathcal{E}} : (\boldsymbol{W} + \boldsymbol{T}) = -\boldsymbol{\mathcal{E}} : \nabla \otimes \boldsymbol{u} \tag{2.134}$$

在式 (2.131) 的帮助下，并考虑到哑指标可变换及 $\mathcal{E}_{kji} = -\mathcal{E}_{kij}$，有

$$\boldsymbol{\mathcal{E}} : \nabla \otimes \boldsymbol{u} = \frac{\partial u_i}{\partial x_j}\mathcal{E}_{kij}\boldsymbol{e}_k = \frac{\partial u_j}{\partial x_i}\mathcal{E}_{kji}\boldsymbol{e}_k = -\nabla \times \boldsymbol{u} \tag{2.135}$$

结合上面两式，从而证得式 (2.132)，式 (2.132) 也可看作旋度的定义。

对于标量场 $\varPhi$ 必定有

$$(\varPhi\nabla) \times \nabla = 0 \tag{2.136}$$

下面予以证明。根据定义式 (2.131)，并考虑到式 (1.16)，应有

$$(\varPhi\nabla) \times \nabla = \frac{\partial}{\partial x_j}\left(\frac{\partial \varPhi}{\partial x_i}\boldsymbol{e}_i\right) \times \boldsymbol{e}_j = \frac{\partial^2 \varPhi}{\partial x_j \partial x_i}\boldsymbol{e}_i \times \boldsymbol{e}_j = \frac{\partial^2 \varPhi}{\partial x_j \partial x_i}\mathcal{E}_{kij}\boldsymbol{e}_k$$

交换哑指标 i、j，考虑到置换张量的性质和关系式 $\mathcal{E}_{kij} = -\mathcal{E}_{kji}$，以及求偏导顺序的可交换性，则有

$$\begin{aligned}\frac{\partial^2 \varPhi}{\partial x_j \partial x_i}\mathcal{E}_{kij}\boldsymbol{e}_k &= \frac{\partial^2 \varPhi}{\partial x_i \partial x_j}\mathcal{E}_{kji}\boldsymbol{e}_k = -\frac{\partial^2 \varPhi}{\partial x_i \partial x_j}\mathcal{E}_{kij}\boldsymbol{e}_k \\ &= -\frac{\partial^2 \varPhi}{\partial x_j \partial x_i}\mathcal{E}_{kij}\boldsymbol{e}_k\end{aligned} \tag{2.137}$$

结合上面两个式子，从而式 (2.136) 得证。

类似于式 (2.131)，可定义二阶张量场的左、右旋度分别为

$$\nabla \times \boldsymbol{S} = \boldsymbol{e}_j \times \frac{\partial \boldsymbol{S}}{\partial x_j}, \quad \boldsymbol{S} \times \nabla = \frac{\partial \boldsymbol{S}}{\partial x_j} \times \boldsymbol{e}_j \tag{2.138}$$

2.5.4 Laplace 算子和 Hessian 算子

矢量算子 ∇ 与自身点积 $\nabla^2 = \nabla \cdot \nabla$ 给出所谓的 Laplace 算子，即

$$\begin{aligned}\nabla^2(*) &\xlongequal{\text{def}} \nabla \cdot (\nabla \otimes (*)) = \nabla \cdot \left(\boldsymbol{e}_k \otimes \frac{\partial (*)}{\partial x_k}\right) = \boldsymbol{e}_l \cdot \boldsymbol{e}_k \otimes \frac{\partial^2 (*)}{\partial x_k \partial x_l} \\ &= \frac{\partial^2 (*)}{\partial x_k \partial x_l}\delta_{lk} = \frac{\partial^2 (*)}{\partial x_k \partial x_k}\end{aligned} \tag{2.139}$$

Laplace 算子 ∇^2 对一个标量场 $\Phi(\boldsymbol{x})$ 进行运算得到另一个标量场，其应用例子如 Laplace 方程 $\nabla^2\Phi=0$ 和非齐次的 Laplace 方程 $\nabla^2\Phi=\omega$(也称 Possion 方程)，这两类方程在物理学和弹性力学中都会遇到。

Hessian 算子是矢量算子 ∇ 与自身并乘，即 $\nabla\otimes\nabla$，为

$$\nabla\otimes\nabla(*)=\nabla\otimes\left(\boldsymbol{e}_l\otimes\frac{\partial(*)}{\partial x_l}\right)=\frac{\partial^2(*)}{\partial x_k\partial x_l}\otimes\boldsymbol{e}_k\otimes\boldsymbol{e}_l \tag{2.140}$$

2.5.5　积分定理

考虑闭合曲面 Γ，它上面任意一点的外法线为 $\boldsymbol{n}$，它所包围区域是 Ω，在该区域内存在一个标量场 $\Phi(\boldsymbol{x})$，则有体积分和面积分的如下关系存在

$$\int_\Omega \Phi\nabla \mathrm{d}V=\int_\Gamma \Phi\boldsymbol{n}\mathrm{d}a \tag{2.141}$$

式中 $\mathrm{d}a$ 是闭合曲面 Γ 上的面积元，而 $\mathrm{d}V$ 是区域 Ω 的体积元。

证明　首先考虑如图 2.2 所示的微小六面体，各边均与坐标轴平行，边长分别为 Δx_1，Δx_2 和 Δx_3。考察外法线为 $-\boldsymbol{e}_1$ 的面 (平行于 x_2x_3 坐标平面) 上任意一点 b，$\Phi\boldsymbol{n}$ 的值是 $-\boldsymbol{e}_1\Phi\left(x_1^b,x_2^b,x_3^b\right)$，再在六面体内任意选取一点 a(该点不必位于外法线为 $-\boldsymbol{e}_1$ 的面上)，将它相对 a 点进行线性化，或者说使用 Taylor 级数将它在 a 点展开并略去二阶及其高阶项，得

$$\begin{aligned}\Phi\boldsymbol{n}\big|_b&=-\boldsymbol{e}_1\Phi\left(x_1^b,x_2^b,x_3^b\right)\\&\approx-\boldsymbol{e}_1\left(\Phi+\frac{\partial\Phi}{\partial x_1}\left(x_1^b-x_1^a\right)+\frac{\partial\Phi}{\partial x_2}\left(x_2^b-x_2^a\right)+\frac{\partial\Phi}{\partial x_3}\left(x_3^b-x_3^a\right)\right)\end{aligned} \tag{2.142}$$

式中括号中 Φ 及其偏导均在 a 点取值。在外法线为 $\boldsymbol{e}_1$ 的面上取与 b 具有相同 x_2 和 x_3 坐标的点 c，这两点的 x_1 坐标相差为边长 Δx_1，即 $x_1^c=x_1^b+\Delta x_1$，$x_2^c=x_2^b$，$x_3^c=x_3^b$，$\Phi\boldsymbol{n}$ 的值是 $\boldsymbol{e}_1\Phi\left(x_1^c,x_2^c,x_3^c\right)$，相对同一点 a 线性化得

$$\begin{aligned}\Phi\boldsymbol{n}\big|_c&=\boldsymbol{e}_1\Phi\left(x_1^c,x_2^c,x_3^c\right)\\&\approx\boldsymbol{e}_1\left(\Phi+\frac{\partial\Phi}{\partial x_1}\left(x_1^c-x_1^a\right)+\frac{\partial\Phi}{\partial x_2}\left(x_2^c-x_2^a\right)+\frac{\partial\Phi}{\partial x_3}\left(x_3^c-x_3^a\right)\right)\\&\approx\boldsymbol{e}_1\left(\Phi+\frac{\partial\Phi}{\partial x_1}\left(x_1^b-x_1^a+\Delta x_1\right)+\frac{\partial\Phi}{\partial x_2}\left(x_2^b-x_2^a\right)+\frac{\partial\Phi}{\partial x_3}\left(x_3^b-x_3^a\right)\right)\end{aligned} \tag{2.143}$$

因此在平行于 x_2x_3 的两个平面上的面积分为

$$\int_{\Gamma_{-\boldsymbol{e}_1}+\Gamma_{\boldsymbol{e}_1}}\Phi\boldsymbol{n}\mathrm{d}a\approx\int_{\Gamma_{-\boldsymbol{e}_1}}\left(\boldsymbol{e}_1\frac{\partial\Phi}{\partial x_1}\Delta x_1\right)\mathrm{d}a=\boldsymbol{e}_1\frac{\partial\Phi}{\partial x_1}\Delta x_1\Delta x_2\Delta x_3 \tag{2.144}$$

同理可得其他两对与坐标面平行的平面上的面积分，加起来可得在六个面上的面积分

$$\int_{\Gamma} \Phi \boldsymbol{n} \mathrm{d}a \approx \Delta x_1 \Delta x_2 \Delta x_3 \left(\boldsymbol{e}_1 \frac{\partial \Phi}{\partial x_1} + \boldsymbol{e}_2 \frac{\partial \Phi}{\partial x_2} + \boldsymbol{e}_3 \frac{\partial \Phi}{\partial x_3} \right) \tag{2.145}$$

将该积分值除以体积 $\Delta V = \Delta x_1 \Delta x_2 \Delta x_3$，并取极限 Δx_1，Δx_2，$\Delta x_3 \to 0$，六面体退化为一个点，上式的近似等号变为等号，因此

$$\lim_{\Delta V - 0} \frac{1}{\Delta V} \int_{\Gamma} \Phi \boldsymbol{n} \mathrm{d}a = \boldsymbol{e}_1 \frac{\partial \Phi}{\partial x_1} + \boldsymbol{e}_2 \frac{\partial \Phi}{\partial x_2} + \boldsymbol{e}_3 \frac{\partial \Phi}{\partial x_3} = \Phi \nabla \tag{2.146}$$

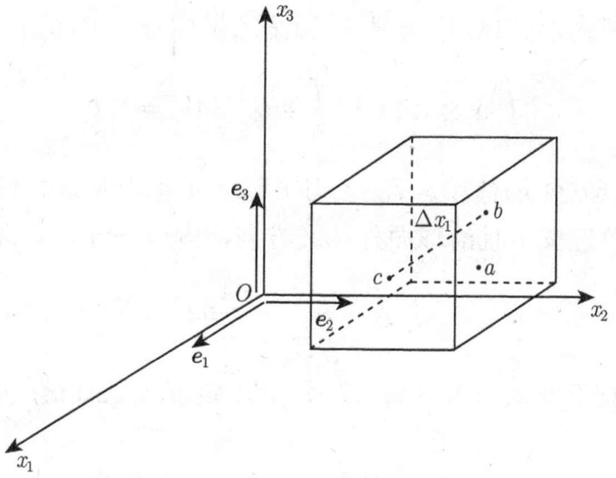

图 2.2 微单元体上的积分

将有限区域 Ω 分成许许多多微小的子区域，这些子区域的体积分别为 ΔV_1，ΔV_2，$\cdots$，ΔV_n，它们的边界面分别为 Γ_1，Γ_2，$\cdots$，Γ_n。在任意一个体积为 ΔV_i(边界面为 Γ_i) 的微小子区域内任取一点 (α，β，γ)，应用上式，可得

$$\left(\Phi(\alpha, \beta, \gamma) \nabla \right) \Delta V_i \approx \int_{\Gamma_i} \Phi \boldsymbol{n} \mathrm{d}a \tag{2.147}$$

上式的近似等号在 $\Delta V_i \to 0$ 时变为等号。将所有这些子区域的结果相加后，取极限 $\Delta V_i \to 0$，并考虑到相邻两个子区域在交界面上的面积分相互抵消变为零 (它们的外法线方向相反)，则得在整个区域 Ω 内的体积分与整个边界的面积分之间的关系式 (2.141) 成立。◆◆

利用式 (2.141)，很容易证明关于矢量梯度的如下定理

$$\int_{\Omega} \boldsymbol{u} \otimes \nabla \mathrm{d}V = \int_{\Gamma} \boldsymbol{u} \otimes \boldsymbol{n} \mathrm{d}a \tag{2.148}$$

根据式 (2.118)，应有

$$\boldsymbol{u}\otimes\nabla=(u_i\boldsymbol{e}_i)\otimes\nabla=\boldsymbol{e}_i\otimes(u_i\nabla)+u_i\,(\boldsymbol{e}_i\otimes\nabla)$$

在笛卡儿坐标下，基矢量不变，上式的最后一项为零，结合式 (2.141)，则有

$$\begin{aligned}\int_\Omega \boldsymbol{u}\otimes\nabla\mathrm{d}V&=\boldsymbol{e}_i\otimes\int_\Omega(u_i\nabla)\,\mathrm{d}V=\boldsymbol{e}_i\otimes\int_\Gamma u_i\boldsymbol{n}\mathrm{d}a\\&=\int_\Gamma u_i\boldsymbol{e}_i\otimes\boldsymbol{n}\mathrm{d}a=\int_\Gamma\boldsymbol{u}\otimes\boldsymbol{n}\mathrm{d}a\end{aligned}\tag{2.149}$$

从而式 (2.148) 得证。

例如，取定理式 (2.148) 中矢量 $\boldsymbol{u}$ 为空间坐标 $\boldsymbol{x}$，考虑到 $\boldsymbol{x}\otimes\nabla=\boldsymbol{I}$，则有

$$\int_\Gamma\boldsymbol{x}\otimes\boldsymbol{n}\mathrm{d}a=\int_\Omega\boldsymbol{x}\otimes\nabla\mathrm{d}V=V\boldsymbol{I}\tag{2.150}$$

式中 V 是空间区域 Ω 的体积。若 Ω 为半径为 1 的单位球，球面上任意一点的空间位置矢量为单位矢量且沿球面外法线方向，即 $\boldsymbol{x}=\boldsymbol{n}$，因此

$$\int_\Gamma\boldsymbol{n}\otimes\boldsymbol{n}\mathrm{d}a=\frac{4}{3}\pi\boldsymbol{I}\tag{2.151}$$

需要说明：对于任意的张量场，比如 $\boldsymbol{S}$，定理式 (2.148) 依然成立，即可将其中的矢量场 $\boldsymbol{u}$ 换成张量场 $\boldsymbol{S}$

$$\int_\Omega\boldsymbol{S}\otimes\nabla\mathrm{d}V=\int_\Gamma\boldsymbol{S}\otimes\boldsymbol{n}\mathrm{d}a\tag{2.152}$$

对式 (2.148) 两边求迹，由于 $\mathrm{tr}(\boldsymbol{u}\otimes\boldsymbol{n})=\boldsymbol{u}\cdot\boldsymbol{n}$，则直接得下面的散度定理 (也称 Gauss 定理)

$$\int_\Omega\boldsymbol{u}\cdot\nabla\mathrm{d}V=\int_\Gamma\boldsymbol{u}\cdot\boldsymbol{n}\mathrm{d}a,\quad\int_\Omega\frac{\partial u_i}{\partial x_i}\mathrm{d}V=\int_\Gamma u_in_i\mathrm{d}a\tag{2.153}$$

利用上式可表明

$$\boldsymbol{u}\cdot\nabla=\lim_{\Delta V-0}\frac{1}{\Delta V}\int_{\Delta\Gamma}\boldsymbol{u}\cdot\boldsymbol{n}\mathrm{d}a\tag{2.154}$$

该式可看作散度的定义。

散度定理可作如下解释：$\boldsymbol{u}\cdot\nabla$ 和 $\boldsymbol{u}\cdot\boldsymbol{n}$ 分别代表物体内单位体积和边界上单位面积流出的某个物理量，物体内的流出最终总是通过边界流出实现的，从而定理式 (2.153) 成立，比如，设 $\boldsymbol{u}$ 代表位移场，令 α 是微小常数，则 $\alpha\boldsymbol{u}$ 代表另外一小变形位移场 (若 $\boldsymbol{u}$ 本身就是小变形位移场，可让 $\alpha=1$)，$(\alpha\boldsymbol{u})\cdot\nabla=\alpha\,(\boldsymbol{u}\cdot\nabla)$ 代表每个物质点的体积应变，即单位体积增加 (流出) 的体积，它的体积分就是总

的体积改变，另一方面，考察边界上法线为 $\boldsymbol{n}$ 的面积元 $\boldsymbol{n}\mathrm{d}a$ 上每一点产生微小位移 $\alpha\boldsymbol{u}$，由此形成一个柱状的体积元，$\alpha\boldsymbol{u}\cdot\boldsymbol{n}$ 代表其高，其底面积为 $\mathrm{d}a$，因此，$\alpha\boldsymbol{u}\cdot\boldsymbol{n}\mathrm{d}a$ 就是流出的体积，如后面的图 5.1 所示，沿整个边界积分也是总的体积改变，所以两者应相等，略去常数 α，得式 (2.153)。

将定理式 (2.148) 中的矢量场 $\boldsymbol{u}$ 换成二阶张量场 $\boldsymbol{S}$，然后两边求迹，则得相应的散度定理为

$$\int_{\Omega} \boldsymbol{S}\cdot\nabla\mathrm{d}V = \int_{\Gamma} \boldsymbol{S}\cdot\boldsymbol{n}\mathrm{d}a, \quad \int_{\Omega} \frac{\partial S_{ij}}{\partial x_j}\mathrm{d}V = \int_{\Gamma} S_{ij}n_j\mathrm{d}a \tag{2.155}$$

对于左散度，相应的散度定理为

$$\int_{\Omega} \nabla\cdot\boldsymbol{S}\mathrm{d}V = \int_{\Gamma} \boldsymbol{n}\cdot\boldsymbol{S}\mathrm{d}a, \quad \int_{\Omega} \frac{\partial S_{ij}}{\partial x_i}\mathrm{d}V = \int_{\Gamma} n_iS_{ij}\mathrm{d}a \tag{2.156}$$

类似于证明式 (2.148) 的方法，可证明下面的积分定理成立

$$\int_{\Omega} \boldsymbol{u}\times\nabla\mathrm{d}V = \int_{\Gamma} \boldsymbol{u}\times\boldsymbol{n}\mathrm{d}a \tag{2.157}$$

利用上式，还可表明

$$\boldsymbol{u}\times\nabla = \lim_{\Delta V-0}\frac{1}{\Delta V}\int_{\Delta\Gamma} \boldsymbol{u}\times\boldsymbol{n}\mathrm{d}a \tag{2.158}$$

该式可看作旋度的定义。

张量场中另外一个非常有用的定理——Stokes 定理表述为：若 C 是简单的闭合曲线，$\mathrm{d}\boldsymbol{x}$ 是该曲线上的线元，Γ 是曲线 C 所围成的任意曲面，$\mathrm{d}a$ 是该曲面上的面积元，则有

$$\oint_{C} \boldsymbol{u}\cdot\mathrm{d}\boldsymbol{x} = \int_{\Gamma} (\nabla\times\boldsymbol{u})\cdot\boldsymbol{n}\mathrm{d}a \tag{2.159}$$

上式左、右两边分别理解为环量和通量，具体应用见附录 D.2 节。

2.6 各向同性张量函数

2.6.1 标量值各向同性函数

张量的分量因坐标变换而变化，因此在描述张量与张量之间的函数关系时，同一个函数在不同坐标系中将具有不同的形式，例如，标量 $\varPhi$ 是平面矢量 $\boldsymbol{u}$ 在某一特定笛卡儿坐标系 R 的分量 u_1，u_2 之和：

$$\varPhi = f(\boldsymbol{u}) = f_{(R)}(u_1, u_2) = u_1 + u_2 \tag{2.160}$$

当坐标系由 x_1，x_2 顺时针旋转 θ 角变换为另一笛卡儿坐标系 $R'(\boldsymbol{x}_{1'}，\boldsymbol{x}_{2'})$ 以后，由于矢量分量满足坐标变换关系

$$u_1 = u_{1'}\cos\theta + u_{2'}\sin\theta, \quad u_2 = -u_{1'}\sin\theta + u_{2'}\cos\theta \tag{2.161}$$

上面的函数在坐标系 $R'(\boldsymbol{x}_{1'}, \boldsymbol{x}_{2'})$ 中的形式为

$$\Phi = f_{(R')}(\boldsymbol{u}) = f_{(R')}(u_{1'}, u_{2'}) = u_{1'}(\cos\theta - \sin\theta) + u_{2'}(\sin\theta + \cos\theta) \tag{2.162}$$

这里函数符号 f 的下标 (R) 和 (R') 用来区别不同坐标系中的不同函数形式。在不同坐标系下，它们的函数值相同，但函数形式一个为 $f_{(R)}(u_1, u_2)$，另一个为 $f_{(R')}(u_{1'}, u_{2'})$，并不相同。

考察另一个标量 Φ 是平面矢量 $\boldsymbol{u}$ 在某一特定坐标系 R 中的分量 u_1，u_2 平方之和：

$$\Phi = \bar{f}_{(R)}(\boldsymbol{u}) = \bar{f}_{(R)}(u_1, u_2) = u_1^2 + u_2^2 \tag{2.163}$$

根据坐标变换关系，有 $u_1^2 + u_2^2 = u_{1'}^2 + u_{2'}^2$，因此得 Φ 在坐标系 $R'(\boldsymbol{x}_{1'}, \boldsymbol{x}_{2'})$ 中的形式为

$$\Phi = \bar{f}_{(R')}(\boldsymbol{u}) = \bar{f}_{(R')}(u_{1'}, u_{2'}) = u_{1'}^2 + u_{2'}^2$$

显然，两者的函数形式一致，即 $\bar{f}_{(R)} = \bar{f}_{(R')}$，于是，可将函数 f 用来区别坐标系的下标省略，写成

$$\bar{f}(u_1, u_2) = \bar{f}(u_{1'}, u_{2'}) \tag{2.164}$$

我们将这种函数形式不因坐标系的变换而改变的函数称为各向同性张量函数。推广到自变量为二阶张量的标量值函数，比如 $\phi = f(\boldsymbol{A})$，其中 $\boldsymbol{A}$ 是二阶张量，在不同坐标系下，若满足

$$\phi = f(A_{i'j'}) = f(A_{ij}) \tag{2.165}$$

则称 f 为各向同性张量函数。各向同性张量函数的实质就是，自变量和函数值在任意坐标变换下保持原有的函数关系不变。

1.8.1 节已指出：矢量的坐标变换可以理解为，坐标系不变，将矢量按照与坐标系旋转相反的方向进行相同角度的旋转，或者说，在两个不同坐标系下描述同一个矢量 (或张量) 等价于在同一个坐标系下描述两个不同的矢量 (或张量)。矢量经过旋转后的旋转量可表示为

$$\boldsymbol{u}^* = \boldsymbol{Q}\cdot\boldsymbol{u} \tag{2.166}$$

二阶张量的旋转量是将基矢量旋转而保持分量不变，如同式 (1.243) 的处理那样，则可表示为

$$\boldsymbol{A}^* = A_{ij}(\boldsymbol{Q}\cdot\boldsymbol{e}_i)\otimes(\boldsymbol{Q}\cdot\boldsymbol{e}_j) = \boldsymbol{Q}\cdot\boldsymbol{A}\cdot\boldsymbol{Q}^{\mathrm{T}} \tag{2.167}$$

顺便指出：式 (2.167) 也可使用式 (1.302) 和式 (1.308) 定义的记法表示为

$$\boldsymbol{A}^{*}=(\boldsymbol{Q}\boxtimes\boldsymbol{Q}):\boldsymbol{A}=\boldsymbol{A}:(\boldsymbol{Q}\boxtimes\boldsymbol{Q})^{\mathrm{T}} \tag{2.168}$$

对于标量值张量函数 $\varPhi=\bar{f}(\boldsymbol{u})$，$\phi=f(\boldsymbol{A})$，若满足

$$\varPhi=\bar{f}(\boldsymbol{u})=\bar{f}(\boldsymbol{u}^{*}) \quad 或 \quad \varPhi=\bar{f}(\boldsymbol{u})=\bar{f}(\boldsymbol{Q}\cdot\boldsymbol{u}) \tag{2.169a}$$

$$\phi=f(\boldsymbol{A})=f(\boldsymbol{A}^{*}) \quad 或 \quad \phi=f(\boldsymbol{A})=f\left(\boldsymbol{Q}\cdot\boldsymbol{A}\cdot\boldsymbol{Q}^{\mathrm{T}}\right) \tag{2.169b}$$

则称它们为各向同性张量函数，这同前面采用分量进行的定义一致。

需要说明：为直观起见，在上面的定义描述中所使用的是转动变换，对应的张量是正常正交张量，然而，就各向同性的严格定义而言，其函数形式不变性应是针对包括非正常正交张量在内的所有正交张量所代表的变换，如果仅仅在转动变换下不变性成立，则称为半各向同性。

若 $\varPhi$ 是一个二阶张量 $\boldsymbol{A}$ 和一个矢量 $\boldsymbol{v}$ 的函数，$\varPhi=f(\boldsymbol{v},\ \boldsymbol{A})$，且对于任意的正交张量 $\boldsymbol{Q}$ 都满足

$$f\left(\boldsymbol{Q}\cdot\boldsymbol{v},\boldsymbol{Q}\cdot\boldsymbol{A}\cdot\boldsymbol{Q}^{\mathrm{T}}\right)=f(\boldsymbol{v},\boldsymbol{A}) \tag{2.170}$$

则称 f 为各向同性函数。

一般地，对于自变量为多个矢量 $\boldsymbol{u}$，$\boldsymbol{v}$，$\cdots$ 和多个二阶张量 $\boldsymbol{A}$，$\boldsymbol{B}$，$\cdots$，若对于任意的正交张量 $\boldsymbol{Q}$ 都满足

$$\varPhi=f\left(\boldsymbol{Q}\cdot\boldsymbol{u},\boldsymbol{Q}\cdot\boldsymbol{v},\cdots,\boldsymbol{Q}\cdot\boldsymbol{A}\cdot\boldsymbol{Q}^{\mathrm{T}},\boldsymbol{Q}\cdot\boldsymbol{B}\cdot\boldsymbol{Q}^{\mathrm{T}},\cdots\right)=f(\boldsymbol{u},\boldsymbol{v},\cdots,\boldsymbol{A},\boldsymbol{B},\cdots) \tag{2.171}$$

则称 f 为各向同性函数。

式 (1.171) 中的二阶张量的三个不变量 $\mathrm{tr}\boldsymbol{S}$，$\mathrm{tr}\boldsymbol{S}^2$，$\mathrm{tr}\boldsymbol{S}^3$ 是各向同性函数，在式 (1.113) 的帮助下，我们有

$$\begin{aligned}
&\mathrm{tr}\left(\boldsymbol{Q}\cdot\boldsymbol{S}\cdot\boldsymbol{Q}^{\mathrm{T}}\right)=\mathrm{tr}\left(\boldsymbol{S}\cdot\boldsymbol{Q}^{\mathrm{T}}\cdot\boldsymbol{Q}\right)=\mathrm{tr}\boldsymbol{S}\\
&\mathrm{tr}\left(\boldsymbol{Q}\cdot\boldsymbol{S}\cdot\boldsymbol{Q}^{\mathrm{T}}\right)^{2}=\mathrm{tr}\left(\boldsymbol{Q}\cdot\boldsymbol{S}\cdot\boldsymbol{Q}^{\mathrm{T}}\cdot\boldsymbol{Q}\cdot\boldsymbol{S}\cdot\boldsymbol{Q}^{\mathrm{T}}\right)\\
&\qquad=\mathrm{tr}\left(\boldsymbol{Q}\cdot\boldsymbol{S}^{2}\cdot\boldsymbol{Q}^{\mathrm{T}}\right)=\mathrm{tr}\left(\boldsymbol{S}^{2}\cdot\boldsymbol{Q}^{\mathrm{T}}\cdot\boldsymbol{Q}\right)=\mathrm{tr}\boldsymbol{S}^{2}\\
&\mathrm{tr}\left(\boldsymbol{Q}\cdot\boldsymbol{S}\cdot\boldsymbol{Q}^{\mathrm{T}}\right)^{3}=\mathrm{tr}\left(\boldsymbol{Q}\cdot\boldsymbol{S}\cdot\boldsymbol{Q}^{\mathrm{T}}\cdot\boldsymbol{Q}\cdot\boldsymbol{S}\cdot\boldsymbol{Q}^{\mathrm{T}}\cdot\boldsymbol{Q}\cdot\boldsymbol{S}\cdot\boldsymbol{Q}^{\mathrm{T}}\right)\\
&\qquad=\mathrm{tr}\left(\boldsymbol{Q}\cdot\boldsymbol{S}^{3}\cdot\boldsymbol{Q}^{\mathrm{T}}\right)=\mathrm{tr}\left(\boldsymbol{S}^{3}\cdot\boldsymbol{Q}^{\mathrm{T}}\cdot\boldsymbol{Q}\right)=\mathrm{tr}\boldsymbol{S}^{3}
\end{aligned} \tag{2.172}$$

因此，它们是各向同性函数。

2.6.2　张量值各向同性函数

对于张量的张量值函数 $\boldsymbol{T}=\boldsymbol{F}(\boldsymbol{A})$，自变量张量 $\boldsymbol{A}$ 和函数值张量 $\boldsymbol{T}$ 都是二阶张量，它们在正交变换下 (参见式 (2.167)) 分别变为 $\boldsymbol{A}^*$ 和 $\boldsymbol{T}^*$，若对于任意的正交张量 $\boldsymbol{Q}$ 都满足

$$\boldsymbol{T}^*=\boldsymbol{F}(\boldsymbol{A}^*) \quad 或 \quad \boldsymbol{Q}\cdot\boldsymbol{F}(\boldsymbol{A})\cdot\boldsymbol{Q}^{\mathrm{T}}=\boldsymbol{F}\left(\boldsymbol{Q}\cdot\boldsymbol{A}\cdot\boldsymbol{Q}^{\mathrm{T}}\right) \tag{2.173}$$

则称 $\boldsymbol{F}$ 为各向同性函数。

若二阶张量 $\boldsymbol{T}$ 是一个二阶张量 $\boldsymbol{A}$ 和一个矢量 $\boldsymbol{v}$ 的函数，即 $\boldsymbol{T}=\boldsymbol{F}(\boldsymbol{v},\boldsymbol{A})$，且对于任意的正交张量 $\boldsymbol{Q}$ 都满足

$$\boldsymbol{T}^*=\boldsymbol{F}(\boldsymbol{v}^*,\boldsymbol{A}^*) \quad 或 \quad \boldsymbol{Q}\cdot\boldsymbol{F}(\boldsymbol{v},\boldsymbol{A})\cdot\boldsymbol{Q}^{\mathrm{T}}=\boldsymbol{F}\left(\boldsymbol{Q}\cdot\boldsymbol{v},\boldsymbol{Q}\cdot\boldsymbol{A}\cdot\boldsymbol{Q}^{\mathrm{T}}\right) \tag{2.174}$$

则称 $\boldsymbol{F}$ 为各向同性函数。

二阶张量的幂指数函数是各向同性函数。当自变量张量 $\boldsymbol{A}$ 变为 $\boldsymbol{Q}\cdot\boldsymbol{A}\cdot\boldsymbol{Q}^{\mathrm{T}}$ 时，它的幂指数函数变为

$$\left(\boldsymbol{Q}\cdot\boldsymbol{A}\cdot\boldsymbol{Q}^{\mathrm{T}}\right)^n=\underbrace{\boldsymbol{Q}\cdot\boldsymbol{A}\cdot\boldsymbol{Q}^{\mathrm{T}}\cdot\boldsymbol{Q}\cdot\boldsymbol{A}\cdot\boldsymbol{Q}^{\mathrm{T}}\cdot\cdots\cdot\boldsymbol{Q}\cdot\boldsymbol{A}\cdot\boldsymbol{Q}^{\mathrm{T}}}_{n}=\boldsymbol{Q}\cdot\boldsymbol{A}^n\cdot\boldsymbol{Q}^{\mathrm{T}} \tag{2.175}$$

因此 $\boldsymbol{A}^n$ 是 $\boldsymbol{A}$ 的各向同性函数。

式 (2.3) 定义的指数函数是各向同性函数，因为，结合式 (2.175) 有

$$\begin{aligned}\boldsymbol{Q}\cdot e^{\boldsymbol{A}}\cdot\boldsymbol{Q}^{\mathrm{T}}&=\boldsymbol{Q}\cdot\boldsymbol{I}\cdot\boldsymbol{Q}^{\mathrm{T}}+\boldsymbol{Q}\cdot\boldsymbol{A}\cdot\boldsymbol{Q}^{\mathrm{T}}+\cdots+\frac{1}{n!}\boldsymbol{Q}\cdot\boldsymbol{A}^n\cdot\boldsymbol{Q}^{\mathrm{T}}+\cdots\\&=\boldsymbol{I}+\boldsymbol{Q}\cdot\boldsymbol{A}\cdot\boldsymbol{Q}^{\mathrm{T}}+\cdots+\frac{1}{n!}\left(\boldsymbol{Q}\cdot\boldsymbol{A}\cdot\boldsymbol{Q}^{\mathrm{T}}\right)^n+\cdots=e^{\boldsymbol{Q}\cdot\boldsymbol{A}\cdot\boldsymbol{Q}^{\mathrm{T}}}\end{aligned} \tag{2.176}$$

用类似的方法可证明式 (2.5) 定义的对数函数也是各向同性函数。

二阶张量的四阶张量值函数，比如二阶张量 $\boldsymbol{T}$ 相对二阶张量 $\boldsymbol{A}$ 的梯度 $\mathbb{C}(\boldsymbol{A})=\dfrac{\partial\boldsymbol{T}}{\partial\boldsymbol{A}}$，在经过正交变换 $\boldsymbol{Q}$ 后 (参照式 (2.167)，就是使用正交张量 $\boldsymbol{Q}$ 分别点积 $\mathbb{C}$ 的每一个基矢量) 变为

$$\begin{aligned}\mathbb{C}^*&=\mathbb{C}_{mnpq}\boldsymbol{Q}\cdot\boldsymbol{e}_m\otimes\boldsymbol{Q}\cdot\boldsymbol{e}_n\otimes\boldsymbol{Q}\cdot\boldsymbol{e}_p\otimes\boldsymbol{Q}\cdot\boldsymbol{e}_q\\&=Q_{im}Q_{jn}Q_{kp}Q_{lq}\mathbb{C}_{mnpq}\boldsymbol{e}_i\otimes\boldsymbol{e}_j\otimes\boldsymbol{e}_k\otimes\boldsymbol{e}_l\end{aligned} \tag{2.177}$$

所以其分量就是

$$\mathbb{C}^*_{ijkl}=Q_{im}Q_{jn}Q_{kp}Q_{lq}\mathbb{C}_{mnpq} \tag{2.178}$$

由于使用式 (1.302) 和式 (1.308) 定义的记法，有

$$\begin{aligned}\boldsymbol{Q}\cdot\boldsymbol{e}_m\otimes\boldsymbol{Q}\cdot\boldsymbol{e}_n\otimes\boldsymbol{Q}\cdot\boldsymbol{e}_p\otimes\boldsymbol{Q}\cdot\boldsymbol{e}_q&=\left(\boldsymbol{Q}\cdot\boldsymbol{e}_m\otimes\boldsymbol{e}_n\cdot\boldsymbol{Q}^{\mathrm{T}}\right)\otimes\left(\boldsymbol{Q}\cdot\boldsymbol{e}_p\otimes\boldsymbol{e}_q\cdot\boldsymbol{Q}^{\mathrm{T}}\right)\\&=(\boldsymbol{Q}\boxtimes\boldsymbol{Q}):\boldsymbol{e}_m\otimes\boldsymbol{e}_n\otimes\boldsymbol{e}_p\otimes\boldsymbol{e}_q:(\boldsymbol{Q}\boxtimes\boldsymbol{Q})^{\mathrm{T}}\end{aligned}$$

$\mathbb{C}$ 的变换量可用抽象形式简记为

$$\mathbb{C}^*=(\boldsymbol{Q}\boxtimes\boldsymbol{Q}):\mathbb{C}:(\boldsymbol{Q}\boxtimes\boldsymbol{Q})^{\mathrm{T}} \tag{2.179}$$

若对于任意的正交张量 $\boldsymbol{Q}$ 都满足

$$\mathbb{C}^*=\mathbb{C}\left(\boldsymbol{A}^*\right)$$

或者具体地

$$(\boldsymbol{Q}\boxtimes\boldsymbol{Q}):\mathbb{C}(\boldsymbol{A}):(\boldsymbol{Q}\boxtimes\boldsymbol{Q})^{\mathrm{T}}=\mathbb{C}\left(\boldsymbol{Q}\cdot\boldsymbol{A}\cdot\boldsymbol{Q}^{\mathrm{T}}\right) \tag{2.180}$$

则称 $\mathbb{C}$ 是 $\boldsymbol{A}$ 的各向同性函数。

需要强调：正交张量包括正常的和非正常的，根据式 (1.248)~ 式 (1.252) 的说明与分析，任意的非正常正交张量都可看作中心反演 (或者镜面反射) 与转动的组合，然而，二阶张量在中心反演变换中保持不变，见式 (1.248)，其实偶数阶张量都是如此，因此，仅涉及偶数阶张量的张量函数在中心反演变换中总是保持不变，是否为各向同性只需要讨论它在转动变换下是否保持不变。

2.6.3 各向同性张量

若二阶张量 $\boldsymbol{T}$ 为常张量，或者说，张量值函数 $\boldsymbol{T}=\boldsymbol{F}(\boldsymbol{A})$ 仅取决于 $\boldsymbol{A}$ 的零次幂 ($\boldsymbol{A}=\boldsymbol{I}$)，则各向同性条件式 (2.173) 可表示为

$$\boldsymbol{Q}\cdot\boldsymbol{T}\cdot\boldsymbol{Q}^{\mathrm{T}}=\boldsymbol{T}\quad\text{或}\quad Q_{im}Q_{jn}T_{mn}=T_{ij} \tag{2.181}$$

称 $\boldsymbol{T}$ 为各向同性张量。上面分量表达式右边的 T_{ij} 若看作 $\boldsymbol{T}$ 在新坐标系下的分量，对照式 (1.119)，则左边的 T_{mn} 是坐标变换前 $\boldsymbol{T}$ 在旧坐标系下的分量，因此，各向同性张量就意味着它在所有坐标下的分量均相同，这样的二阶张量只能表示为标量 λ 与二阶单位张量 $\boldsymbol{I}$ 相乘，即 $\lambda\boldsymbol{I}$，说明如下：

选择转动张量为

$$\boldsymbol{Q}=\begin{bmatrix}0&1&0\\-1&0&0\\0&0&1\end{bmatrix} \tag{2.182}$$

则前面的各向同性条件要求

$$\begin{bmatrix}T_{22}&-T_{21}&T_{23}\\-T_{12}&T_{11}&-T_{31}\\T_{32}&-T_{13}&T_{33}\end{bmatrix}=\begin{bmatrix}T_{11}&T_{12}&T_{13}\\T_{21}&T_{22}&T_{23}\\T_{31}&T_{32}&T_{33}\end{bmatrix} \tag{2.183}$$

所以有 $T_{22}=T_{11}$，$T_{12}=-T_{21}$，$T_{13}=T_{31}=T_{23}=T_{32}=0$，再选择

$$\boldsymbol{Q}=\begin{bmatrix}1&0&0\\0&0&1\\0&-1&0\end{bmatrix}$$

则得 $T_{33}=T_{11}$，$T_{12}=0$，最后有 $T_{ij}=T_{11}\delta_{ij}$，该结果也可直接使用后面的表示定理式 (2.226)，令其中 $\boldsymbol{A}$=$\boldsymbol{I}$ 得到。

将二阶各向同性张量的概念推广，对于任意阶常张量，若满足

$$\mathcal{T}_{i_1i_2i_3\cdots i_n}=Q_{i_1j_1}Q_{i_2j_2}Q_{i_3j_3}\cdots Q_{i_nj_n}\mathcal{T}_{j_1j_2j_3\cdots j_n} \tag{2.184}$$

即它在不同坐标下的分量都相等，则称它为各向同性张量。

除 **0** 矢量外的所有矢量在不同坐标系下的分量都不可能相等，因此，各向同性的矢量不存在，或者说，各向同性的矢量只能是 **0** 矢量。

置换张量 $\boldsymbol{\mathcal{E}}$ 是 (半) 各向同性的。根据坐标变换和行列式的定义 (参考式 (1.23))

$$\mathcal{E}^*_{lmn}=Q_{li}Q_{mj}Q_{nk}\mathcal{E}_{ijk}=\det\boldsymbol{Q}\mathcal{E}_{lmn} \tag{2.185}$$

对于任意的转动张量 $\det\boldsymbol{Q}$=1，于是 $\mathcal{E}^*_{lmn}=\mathcal{E}_{lmn}$，所以置换张量是 (半) 各向同性的，它与标量相乘所得的三阶张量也是 (半) 各向同性的。

对于四阶常张量 $\mathbb{C}$，若它为各向同性，使用后面的表示定理式 (2.262)，令其中 $\boldsymbol{B}$=$\boldsymbol{I}$，并考虑到四阶单位张量的表达式 (1.314)，得它的一般表示是

$$\mathbb{C}=\lambda\boldsymbol{I}\otimes\boldsymbol{I}+\mu\boldsymbol{I}\boxtimes\boldsymbol{I}+\gamma\boldsymbol{I}\overline{\boxtimes}\boldsymbol{I} \tag{2.186}$$

式中 λ，μ 和 γ 均为标量，上式写成分量形式

$$\mathbb{C}_{ijkl}=\lambda\delta_{ij}\delta_{kl}+\mu\delta_{ik}\delta_{jl}+\gamma\delta_{il}\delta_{jk} \tag{2.187}$$

作为上式的一个应用实例，下面导出 $\mathcal{E}_{ijm}\mathcal{E}_{klm}$ 的表示式 (1.27)，由于 $\boldsymbol{\mathcal{E}}$ 为各向同性，即 $\mathcal{E}^*_{ijm}=\mathcal{E}_{ijm}$，则 $\mathcal{E}^*_{ijm}\mathcal{E}^*_{klm}=\mathcal{E}_{ijm}\mathcal{E}_{klm}$ 为四阶各向同性张量，因此可表示为

$$\mathcal{E}_{ijm}\mathcal{E}_{klm}=\lambda\delta_{ij}\delta_{kl}+\mu\delta_{ik}\delta_{jl}+\gamma\delta_{il}\delta_{jk} \tag{2.188}$$

将指标 i 和 j 互换，考虑到 $\mathcal{E}_{jim}=-\mathcal{E}_{ijm}$ 和 $\delta_{ij}=\delta_{ji}$，有

$$-\mathcal{E}_{ijm}\mathcal{E}_{klm}=\lambda\delta_{ij}\delta_{kl}+\mu\delta_{jk}\delta_{il}+\gamma\delta_{jl}\delta_{ik} \tag{2.189}$$

上面两式相加得 $\lambda=0$，$\mu+\gamma=0$，再选取 $i=k=1$，$j=l=2$，得 $\mu=1$，从而得式 (1.27)。

若 $\mathbb{C}$ 满足主对称性 $\mathbb{C}_{ijkl}=\mathbb{C}_{klij}$，见式 (1.296)，则 $\mu=\gamma$，最后它的一般表示是

$$\mathbb{C}=\lambda \boldsymbol{I}\otimes\boldsymbol{I}+2\mu\mathbb{I} \tag{2.190}$$

实际上它就代表各向同性线弹性体的弹性张量。

2.7 各向同性标量值张量函数表示定理

2.7.1 自变量为一个对称张量的标量值各向同性函数

表示定理一：对于对称的二阶张量 $\boldsymbol{A}$，标量值张量函数 $f(\boldsymbol{A})$ 为各向同性的充分必要条件是 $f(\boldsymbol{A})$ 可以表示为 $\boldsymbol{A}$ 的三个不变量的函数，即

$$\varPhi=f\left(I^{\boldsymbol{A}},II^{\boldsymbol{A}},III^{\boldsymbol{A}}\right) \tag{2.191}$$

证明 (1) 充分性是显然的，因为 $\boldsymbol{A}$ 的三个不变量 $I^{\boldsymbol{A}}$，$II^{\boldsymbol{A}}$，$III^{\boldsymbol{A}}$ 是 $\boldsymbol{A}$ 的各向同性函数，满足

$$I^{\boldsymbol{A}}=I^{\boldsymbol{A}^*},\quad II^{\boldsymbol{A}}=II^{\boldsymbol{A}^*},\quad III^{\boldsymbol{A}}=III^{\boldsymbol{A}^*}$$

于是

$$\begin{aligned}\varPhi&=f(\boldsymbol{A})=f\left(I^{\boldsymbol{A}},II^{\boldsymbol{A}},III^{\boldsymbol{A}}\right)\\&=f\left(I^{\boldsymbol{A}^*},II^{\boldsymbol{A}^*},III^{\boldsymbol{A}^*}\right)=f(\boldsymbol{A}^*)\end{aligned} \tag{2.192}$$

所以式 (2.191) 表示的函数为各向同性。

(2) 关于必要性，就是要证明：若 $f(\boldsymbol{A})$ 为各向同性函数，则它必然可表示为 $\boldsymbol{A}$ 的三个不变量的函数。为此，假定另外有一个对称张量 $\boldsymbol{B}$，现在来证明，只要 $\boldsymbol{A}$ 与 $\boldsymbol{B}$ 的三个主不变量相等，$I^{\boldsymbol{A}}=I^{\boldsymbol{B}}$，$II^{\boldsymbol{A}}=II^{\boldsymbol{B}}$，$III^{\boldsymbol{A}}=III^{\boldsymbol{B}}$，则必然有 $f(\boldsymbol{A})=f(\boldsymbol{B})$，即 f 仅依赖于自变量张量的不变量。

由于 $\boldsymbol{A}$ 与 $\boldsymbol{B}$ 的三个不变量相等，则它们的特征值相等，$\lambda_K^{\boldsymbol{A}}=\lambda_K^{\boldsymbol{B}}=\lambda_K$，它们的谱分解式便可写成

$$\boldsymbol{A}=\sum_{K=1}^{3}\lambda_K\boldsymbol{k}_K\otimes\boldsymbol{k}_K,\quad \boldsymbol{B}=\sum_{K=1}^{3}\lambda_K\boldsymbol{m}_K\otimes\boldsymbol{m}_K \tag{2.193}$$

式中 $\boldsymbol{k}_K$，$\boldsymbol{m}_K$ 分别是 $\boldsymbol{A}$ 和 $\boldsymbol{B}$ 的特征矢量。构造一个正交张量 $\boldsymbol{Q}=\boldsymbol{m}_L\otimes\boldsymbol{k}_L$，使得 $\boldsymbol{m}_K=\boldsymbol{Q}\cdot\boldsymbol{k}_K$，于是

$$\boldsymbol{Q}\cdot\boldsymbol{k}_K\otimes\boldsymbol{k}_K\cdot\boldsymbol{Q}^{\mathrm{T}}=(\boldsymbol{Q}\cdot\boldsymbol{k}_K)\otimes(\boldsymbol{Q}\cdot\boldsymbol{k}_K)=\boldsymbol{m}_K\otimes\boldsymbol{m}_K \tag{2.194}$$

从而有 $\boldsymbol{B}=\boldsymbol{Q}\cdot\boldsymbol{A}\cdot\boldsymbol{Q}^{\mathrm{T}}$，因此，当 $f(\boldsymbol{A})$ 为各向同性函数时，就有

$$f(\boldsymbol{A})=f\left(\boldsymbol{Q}\cdot\boldsymbol{A}\cdot\boldsymbol{Q}^{\mathrm{T}}\right)=f(\boldsymbol{B}) \tag{2.195}$$

从而得证。◆◆

由于 $\boldsymbol{A}$ 的三个 (主) 不变量 $I^{\boldsymbol{A}}$，$II^{\boldsymbol{A}}$，$III^{\boldsymbol{A}}$ 可由三个不变量 $\mathrm{tr}\boldsymbol{A}$，$\mathrm{tr}\boldsymbol{A}^2$，$\mathrm{tr}\boldsymbol{A}^3$ 所表示，见式 (1.171)，因此，各向同性的标量值张量函数 $f(\boldsymbol{A})$ 也可表示为

$$\varPhi=f\left(\mathrm{tr}\boldsymbol{A},\mathrm{tr}\boldsymbol{A}^2,\mathrm{tr}\boldsymbol{A}^3\right) \tag{2.196}$$

有时为了方便起见，也使用不变量

$$II^{*\boldsymbol{A}}=\mathrm{tr}\boldsymbol{A}^2 \tag{2.197}$$

代替第二主不变量 $II^{\boldsymbol{A}}$，$f(\boldsymbol{A})$ 还可表示为

$$\varPhi=f\left(I^{\boldsymbol{A}},II^{*\boldsymbol{A}},III^{\boldsymbol{A}}\right) \tag{2.198}$$

自变量张量三个独立的不变量构成了其标量值函数的完备不可约表示，所谓完备是指任意一个各向同性标量值函数 $f(\boldsymbol{A})$ 都可以由这三个不变量的函数所表示；所谓不可约是指这三个不变量中任意一个都不能由其他两个所表示。式 (2.198) 首先由 Rivlin 和 Ericksen(1955) 建立。

2.7.2 自变量为一个对称张量和一个矢量的标量值各向同性函数

表示定理二：若 $\varPhi$ 是一个二阶张量 $\boldsymbol{A}$ 和一个矢量 $\boldsymbol{v}$ 的标量值各向同性函数，$\varPhi=f(\boldsymbol{v},\boldsymbol{A})$，这时，它必然可表示为下面六个不变量的函数

$$\mathrm{tr}\boldsymbol{A},\quad \mathrm{tr}\boldsymbol{A}^2,\quad \mathrm{tr}\boldsymbol{A}^3,\quad \boldsymbol{v}\cdot\boldsymbol{v},\quad \boldsymbol{v}\cdot\boldsymbol{A}\cdot\boldsymbol{v},\quad \boldsymbol{v}\cdot\boldsymbol{A}^2\cdot\boldsymbol{v} \tag{2.199}$$

证明 矢量 $\boldsymbol{v}$ 只有一个不变量，就是 $\boldsymbol{v}\cdot\boldsymbol{v}$，矢量 $\boldsymbol{v}$ 与张量 $\boldsymbol{A}$ 的混合不变量应包括

$$\boldsymbol{v}\cdot\boldsymbol{A}\cdot\boldsymbol{v},\quad \boldsymbol{v}\cdot\boldsymbol{A}^2\cdot\boldsymbol{v},\quad \boldsymbol{v}\cdot\boldsymbol{A}^3\cdot\boldsymbol{v},\quad \cdots,\quad \boldsymbol{v}\cdot\boldsymbol{A}^n\cdot\boldsymbol{v},\quad \cdots \tag{2.200}$$

然而，根据 Hamilton-Cayley 定理式 (1.165)，张量 $\boldsymbol{A}$ 的三次及三次以上的幂都可以由三个基张量 $\boldsymbol{I}$，$\boldsymbol{A}$，$\boldsymbol{A}^2$，以及 $\boldsymbol{A}$ 的三个标量不变量所表示，因此，$\boldsymbol{v}\cdot\boldsymbol{A}^3\cdot\boldsymbol{v}$，$\cdots$，$\boldsymbol{v}\cdot\boldsymbol{A}^n\cdot\boldsymbol{v}$，$\cdots$ 都是不独立的，从而得证。◆◆

2.7.3 自变量为多个对称张量和反对称张量的标量值各向同性函数

表示定理三：若 $\varPhi$ 是两个二阶对称张量 $\boldsymbol{A}$ 和 $\boldsymbol{B}$ 的各向同性函数，$\varPhi=f(\boldsymbol{A},\boldsymbol{B})$，则它必然可表示为下面 10 个不变量的函数

$$\begin{aligned}&\mathrm{tr}\boldsymbol{A},\quad \mathrm{tr}\boldsymbol{A}^2,\quad \mathrm{tr}\boldsymbol{A}^3,\\&\mathrm{tr}\boldsymbol{B},\quad \mathrm{tr}\boldsymbol{B}^2,\quad \mathrm{tr}\boldsymbol{B}^3,\\&\mathrm{tr}(\boldsymbol{A}\cdot\boldsymbol{B}),\quad \mathrm{tr}(\boldsymbol{A}^2\cdot\boldsymbol{B}),\quad \mathrm{tr}(\boldsymbol{A}\cdot\boldsymbol{B}^2),\quad \mathrm{tr}(\boldsymbol{A}^2\cdot\boldsymbol{B}^2)\end{aligned}\tag{2.201}$$

后面四个是张量 $\boldsymbol{A}$ 和 $\boldsymbol{B}$ 的混合不变量。该表示定理由 Rivlin 和 Ericksen(1955) 给出。

证明 设 $\boldsymbol{A}$ 的主轴是 $\boldsymbol{k}_i(i=1,2,3)$，让分析问题的坐标系与 $\boldsymbol{A}$ 的主轴坐标系重合，即令 $\boldsymbol{e}_i=\boldsymbol{k}_i(i=1,2,3)$，并定义

$$\boldsymbol{K}_1\overset{\text{def}}{=\!=}\boldsymbol{e}_1\otimes\boldsymbol{e}_1,\quad \boldsymbol{K}_2\overset{\text{def}}{=\!=}\boldsymbol{e}_2\otimes\boldsymbol{e}_2,\quad \boldsymbol{K}_3\overset{\text{def}}{=\!=}\boldsymbol{e}_3\otimes\boldsymbol{e}_3\tag{2.202a}$$

$$\boldsymbol{K}_4\overset{\text{def}}{=\!=}\boldsymbol{e}_2\otimes\boldsymbol{e}_3+\boldsymbol{e}_3\otimes\boldsymbol{e}_2,\quad \boldsymbol{K}_5\overset{\text{def}}{=\!=}\boldsymbol{e}_3\otimes\boldsymbol{e}_1+\boldsymbol{e}_1\otimes\boldsymbol{e}_3,\quad \boldsymbol{K}_6\overset{\text{def}}{=\!=}\boldsymbol{e}_1\otimes\boldsymbol{e}_2+\boldsymbol{e}_2\otimes\boldsymbol{e}_1\tag{2.202b}$$

$\boldsymbol{A}$ 的三个特征基 $\boldsymbol{K}_1$，$\boldsymbol{K}_2$ 和 $\boldsymbol{K}_3$ 定义了共主轴的对称张量子空间 $\mathscr{F}_1$，而 $\boldsymbol{K}_4$，$\boldsymbol{K}_5$ 和 $\boldsymbol{K}_6$ 定义了与 $\mathscr{F}_1$ 正交的对称张量子空间 $\mathscr{F}_2$，见 1.6.3 节，则对称张量 $\boldsymbol{A}$，$\boldsymbol{B}$ 可表示为

$$\boldsymbol{A}=A_1\boldsymbol{K}_1+A_2\boldsymbol{K}_2+A_3\boldsymbol{K}_3\tag{2.203a}$$

$$\boldsymbol{B}=B_1\boldsymbol{K}_1+B_2\boldsymbol{K}_2+B_3\boldsymbol{K}_3+B_4\boldsymbol{K}_4+B_5\boldsymbol{K}_5+B_6\boldsymbol{K}_6\tag{2.203b}$$

标量值张量函数 $\varPhi=f(\boldsymbol{A},\boldsymbol{B})$ 可表示为

$$\varPhi=f\left(\boldsymbol{A},\boldsymbol{B}\right)=f\left(A_1,A_2,A_3,B_1,B_2,\cdots,B_6\right)\tag{2.204}$$

各向同性条件要求

$$A_i=A_i\left(\boldsymbol{A},\boldsymbol{B}\right)=A_i\left(\boldsymbol{Q}\cdot\boldsymbol{A}\cdot\boldsymbol{Q}^{\mathrm{T}},\boldsymbol{Q}\cdot\boldsymbol{B}\cdot\boldsymbol{Q}^{\mathrm{T}}\right)\quad(i=1,2,3)\tag{2.205a}$$

$$B_j=B_j\left(\boldsymbol{A},\boldsymbol{B}\right)=B_j\left(\boldsymbol{Q}\cdot\boldsymbol{A}\cdot\boldsymbol{Q}^{\mathrm{T}},\boldsymbol{Q}\cdot\boldsymbol{B}\cdot\boldsymbol{Q}^{\mathrm{T}}\right)\quad(j=1,2,\cdots,6)\tag{2.205b}$$

是不变量。

根据前面的分析，$\boldsymbol{A}$ 的三个主值 A_1，A_2，A_3 可由三个不变量 $\mathrm{tr}\boldsymbol{A}$，$\mathrm{tr}\boldsymbol{A}^2$，$\mathrm{tr}\boldsymbol{A}^3$ 所表示，即

$$\mathrm{tr}\boldsymbol{A},\quad \mathrm{tr}\boldsymbol{A}^2,\quad \mathrm{tr}\boldsymbol{A}^3\quad\Rightarrow\quad A_1,\quad A_2,\quad A_3\tag{2.206}$$

而根据 2.8 节的分析，$\boldsymbol{A}$ 的三个特征基 $\boldsymbol{K}_1$，$\boldsymbol{K}_2$，$\boldsymbol{K}_3$ 可由 $\boldsymbol{I}$，$\boldsymbol{A}$，$\boldsymbol{A}^2$ 所表示，其中表示系数是 $\mathrm{tr}\boldsymbol{A}$，$\mathrm{tr}\boldsymbol{A}^2$，$\mathrm{tr}\boldsymbol{A}^3$ 的标量值函数，

$$\boldsymbol{I},\quad \boldsymbol{A},\quad \boldsymbol{A}^2\quad\Rightarrow\quad \boldsymbol{K}_1,\quad \boldsymbol{K}_2,\quad \boldsymbol{K}_3\tag{2.207}$$

因此有

$$\mathrm{tr}\boldsymbol{B},\quad \mathrm{tr}\,(\boldsymbol{A}\cdot\boldsymbol{B}),\quad \mathrm{tr}\left(\boldsymbol{A}^2\cdot\boldsymbol{B}\right)\quad\Rightarrow\quad B_1,\quad B_2,\quad B_3 \tag{2.208}$$

例如，将 $\boldsymbol{K}_1$ 表示为 $\boldsymbol{K}_1=\varphi_0\boldsymbol{I}+\varphi_1\boldsymbol{A}+\varphi_2\boldsymbol{A}^2$，则利用正交性有

$$B_1=\mathrm{tr}\,(\boldsymbol{B}\cdot\boldsymbol{K}_1)=\varphi_0\mathrm{tr}\boldsymbol{B}+\varphi_1\mathrm{tr}\,(\boldsymbol{A}\cdot\boldsymbol{B})+\varphi_2\mathrm{tr}\left(\boldsymbol{A}^2\cdot\boldsymbol{B}\right) \tag{2.209}$$

使用式 (2.203) 和式 (2.202)，得

$$\mathrm{tr}\boldsymbol{B}^2=\left(B_1^2+B_5^2+B_6^2\right)+\left(B_2^2+B_4^2+B_6^2\right)+\left(B_3^2+B_4^2+B_5^2\right) \tag{2.210a}$$

$$\mathrm{tr}\left(\boldsymbol{A}\cdot\boldsymbol{B}^2\right)=A_1\left(B_1^2+B_5^2+B_6^2\right)+A_2\left(B_2^2+B_4^2+B_6^2\right)+A_3\left(B_3^2+B_4^2+B_5^2\right) \tag{2.210b}$$

$$\mathrm{tr}\left(\boldsymbol{A}^2\cdot\boldsymbol{B}^2\right)=A_1^2\left(B_1^2+B_5^2+B_6^2\right)+A_2^2\left(B_2^2+B_4^2+B_6^2\right)+A_3^2\left(B_3^2+B_4^2+B_5^2\right) \tag{2.210c}$$

$$\mathrm{tr}\boldsymbol{B}^3=6B_4B_5B_6+3B_1\left(B_5^2+B_6^2\right)+3B_2\left(B_4^2+B_6^2\right)+3B_3\left(B_4^2+B_5^2\right)+B_1^3+B_2^3+B_3^3 \tag{2.210d}$$

在 B_1，B_2，B_3 已确定且 $A_1A_2A_3\neq 0$ 的情况下，则有

$$\mathrm{tr}\boldsymbol{B}^2,\quad \mathrm{tr}\left(\boldsymbol{A}\cdot\boldsymbol{B}^2\right),\quad \mathrm{tr}\left(\boldsymbol{A}^2\cdot\boldsymbol{B}^2\right)\quad\Rightarrow\quad B_4^2,\quad B_5^2,\quad B_6^2 \tag{2.211}$$

进一步地，若 $\boldsymbol{A}$ 的特征值有两个相等，比如 $A_2=A_3$，则

$$\mathrm{tr}\boldsymbol{B}^2,\quad \mathrm{tr}\left(\boldsymbol{A}\cdot\boldsymbol{B}^2\right),\quad \mathrm{tr}\left(\boldsymbol{A}^2\cdot\boldsymbol{B}^2\right)\quad\Rightarrow\quad B_4^2,\quad B_5^2+B_6^2$$

这意味着上式左边的三个不变量有一个是可约的，必须再结合 $\mathrm{tr}\boldsymbol{B}^3$ 最终确定 B_5 和 B_6，所以

$$\mathrm{tr}\boldsymbol{B}^2,\quad \mathrm{tr}\left(\boldsymbol{A}\cdot\boldsymbol{B}^2\right),\quad \mathrm{tr}\left(\boldsymbol{A}^2\cdot\boldsymbol{B}^2\right),\quad \mathrm{tr}\boldsymbol{B}^3\quad\Rightarrow\quad B_4,\quad B_5,\quad B_6 \tag{2.212}$$

式 (2.206)、式 (2.208) 与式 (2.210) 的左边项共十个量均为不变量，它们确定的九个系数也均为不变量，能满足式 (2.205) 的要求；十个不变量确定九个系数，似乎有一个为可约，然而，在一些特殊情况下 (比如 $\boldsymbol{A}$ 的特征值有两个相等)，原本不可约的不变量变得可约，这时为了确定 9 个系数需要增加不变量。从而最终得证。♦♦

若 Φ 是两个二阶对称张量 $\boldsymbol{A}$, $\boldsymbol{B}$ 和一个反对称张量 $\boldsymbol{W}$ 的各向同性函数，则表示它的不可约不变量是 (Smith，1971；Boehler，1977)

$$\begin{aligned}
&\mathrm{tr}\boldsymbol{W}^2,\\
&\mathrm{tr}\boldsymbol{A},\quad \mathrm{tr}\boldsymbol{A}^2,\quad \mathrm{tr}\boldsymbol{A}^3,\quad \mathrm{tr}(\boldsymbol{A}\cdot\boldsymbol{W}^2),\quad \mathrm{tr}(\boldsymbol{A}^2\cdot\boldsymbol{W}^2),\quad \mathrm{tr}(\boldsymbol{A}^2\cdot\boldsymbol{W}^2\cdot\boldsymbol{A}\cdot\boldsymbol{W}),\\
&\mathrm{tr}\boldsymbol{B},\quad \mathrm{tr}\boldsymbol{B}^2,\quad \mathrm{tr}\boldsymbol{B}^3,\quad \mathrm{tr}(\boldsymbol{B}\cdot\boldsymbol{W}^2),\quad \mathrm{tr}(\boldsymbol{B}^2\cdot\boldsymbol{W}^2),\quad \mathrm{tr}(\boldsymbol{B}^2\cdot\boldsymbol{W}^2\cdot\boldsymbol{B}\cdot\boldsymbol{W}),\\
&\mathrm{tr}(\boldsymbol{A}\cdot\boldsymbol{B}\cdot\boldsymbol{W}),\quad \mathrm{tr}(\boldsymbol{A}^2\cdot\boldsymbol{B}\cdot\boldsymbol{W}),\quad \mathrm{tr}(\boldsymbol{A}\cdot\boldsymbol{B}^2\cdot\boldsymbol{W}),\quad \mathrm{tr}(\boldsymbol{A}\cdot\boldsymbol{W}^2\cdot\boldsymbol{B}\cdot\boldsymbol{W})
\end{aligned} \tag{2.213}$$

证明 定义

$$\boldsymbol{\Omega}_1 \xlongequal{\text{def}} \boldsymbol{e}_2 \otimes \boldsymbol{e}_3 - \boldsymbol{e}_3 \otimes \boldsymbol{e}_2, \quad \boldsymbol{\Omega}_2 \xlongequal{\text{def}} \boldsymbol{e}_3 \otimes \boldsymbol{e}_1 - \boldsymbol{e}_1 \otimes \boldsymbol{e}_3, \quad \boldsymbol{\Omega}_3 \xlongequal{\text{def}} \boldsymbol{e}_1 \otimes \boldsymbol{e}_2 - \boldsymbol{e}_2 \otimes \boldsymbol{e}_1 \tag{2.214}$$

它们定义了一个反对称的张量子空间。让反对称张量 $\boldsymbol{W}$ 的轴矢量与分析问题的坐标系中的 $\boldsymbol{e}_1$ 重合，则它可表示为

$$\boldsymbol{W} = W_1 \boldsymbol{\Omega}_1 \tag{2.215}$$

而对称张量 $\boldsymbol{A}$ 可表示为

$$\boldsymbol{A} = A_1 \boldsymbol{K}_1 + A_2 \boldsymbol{K}_2 + A_3 \boldsymbol{K}_3 + A_4 \boldsymbol{K}_4 + A_5 \boldsymbol{K}_5 + A_6 \boldsymbol{K}_6 \tag{2.216}$$

运算可得

$$\boldsymbol{W}^2 = W_1^2 (\boldsymbol{K}_1 - \boldsymbol{I}), \quad \mathrm{tr}\boldsymbol{W}^2 = -2W_1^2 \tag{2.217a}$$

$$\mathrm{tr}\left(\boldsymbol{A} \cdot \boldsymbol{W}^2\right) = -(A_2 + A_3) W_1^2 \tag{2.217b}$$

$$\det \boldsymbol{A} = A_1 \left(A_2 A_3 - A_4^2\right) + 2A_4 A_5 A_6 - A_2 A_5^2 - A_3 A_6^2 \tag{2.217c}$$

$$\mathrm{tr}\boldsymbol{A}^2 = A_1^2 + A_2^2 + A_3^2 + 2A_4^2 + 2\left(A_5^2 + A_6^2\right) \tag{2.217d}$$

$$\mathrm{tr}\left(\boldsymbol{A}^2 \cdot \boldsymbol{W}^2\right) = -\left(A_2^2 + A_3^2 + 2A_4^2 + A_5^2 + A_6^2\right) W_1^2 \tag{2.217e}$$

$$\mathrm{tr}\left(\boldsymbol{A}^2 \cdot \boldsymbol{W}^2 \cdot \boldsymbol{A} \cdot \boldsymbol{W}\right) = -W_1^3 \left[(A_2 - A_3) A_5 A_6 + A_4 \left(A_5^2 - A_6^2\right)\right] \tag{2.217f}$$

使用上面的结果，在 $\mathrm{tr}\boldsymbol{W}^2 \Rightarrow W_1$ 已确定的情况下，$\boldsymbol{A}$ 的六个分量按照下列步骤确定

$$\mathrm{tr}\boldsymbol{A}, \quad \mathrm{tr}\left(\boldsymbol{A} \cdot \boldsymbol{W}^2\right) \quad \Rightarrow \quad A_1, \quad A_2 + A_3 \tag{2.218a}$$

$$\mathrm{tr}\boldsymbol{A}^2, \quad \mathrm{tr}\left(\boldsymbol{A}^2 \cdot \boldsymbol{W}^2\right) \quad \Rightarrow \quad A_2^2 + A_3^2 + 2A_4^2, \quad A_5^2 + A_6^2 \tag{2.218b}$$

使用式 (2.217c)，并考虑到式 (2.210d)(将其中的 $\boldsymbol{B}$ 用 $\boldsymbol{A}$ 替换)，经整理得

$$\begin{aligned}\mathrm{tr}\boldsymbol{A}^3 + 3\det \boldsymbol{A} = {} & 3A_1 \left(A_5^2 + A_6^2\right) + A_1^3 + (A_2 + A_3)^3 - 3\mathrm{tr}\boldsymbol{A} \left(A_2 A_3 - A_4^2\right) \\ & + 3(A_2 - A_3)\left(A_6^2 - A_5^2\right) + 12A_4 A_5 A_6\end{aligned}$$

由于

$$A_2^2 + A_3^2 + 2A_4^2 - (A_2 + A_3)^2 = -2\left(A_2 A_3 - A_4^2\right) \tag{2.219}$$

在式 (2.218) 的基础上，考虑到式 (1.168)，结合上面两式有

$$\mathrm{tr}\boldsymbol{A}, \quad \mathrm{tr}\boldsymbol{A}^2, \quad \mathrm{tr}\boldsymbol{A}^3 \quad \Rightarrow \quad (A_2 - A_3)\left(A_6^2 - A_5^2\right) + 4A_4 A_5 A_6 \tag{2.220}$$

考虑矩阵

$$\begin{bmatrix} A_2 & A_4 \\ A_4 & A_3 \end{bmatrix} \tag{2.221}$$

在式 (2.219) 的帮助下，它的特征方程是

$$\lambda^2-(A_2+A_3)\lambda-\frac{1}{2}\left(A_2^2+A_3^2+2A_4^2\right)+\frac{1}{2}\left(A_2+A_3\right)^2=0$$

则特征值 λ 也是确定的，若两个特征值不等且 $A_5^2+A_6^2\neq 0$，由于 A_2，A_3 和 A_4 分别对应张量 $\boldsymbol{A}$ 的坐标分量 A_{22}，A_{33} 和 A_{23}，即 $\boldsymbol{e}_2$ 轴和 $\boldsymbol{e}_3$ 轴平面内的分量，因此，矩阵的两个特征矢量位于该平面从而与 $\boldsymbol{e}_1$ 轴正交，绕 $\boldsymbol{e}_1$ 轴旋转直到 $\boldsymbol{e}_2$ 轴与最大特征值对应的特征矢量重合，至于 $\boldsymbol{e}_1$ 轴的方向，当 $A_5\neq 0$ 时，选取 $\boldsymbol{e}_1$ 使得 $A_5>0$，若 $A_5=0$，选取 $\boldsymbol{e}_1$ 使得 $A_6>0$，在这个旋转后的坐标系中，$A_4=0$，A_2 和 A_3 是矩阵的特征值，前面已假定两个特征值不等，即 $A_2\neq A_3$，结合式 (2.218) 的两个式子确定 A_2 和 A_3，使用式 (2.217f) 确定 A_5A_6，结合式 (2.218b) 和式 (2.220) 确定 A_5^2, A_6^2。因此有

$$\begin{aligned}&\mathrm{tr}\boldsymbol{A},\quad \mathrm{tr}\boldsymbol{A}^2,\quad \mathrm{tr}A^3,\quad \mathrm{tr}\left(\boldsymbol{A}\cdot\boldsymbol{W}^2\right),\quad \mathrm{tr}\left(\boldsymbol{A}^2\cdot\boldsymbol{W}^2\right),\quad \mathrm{tr}\left(\boldsymbol{A}^2\cdot\boldsymbol{W}^2\cdot\boldsymbol{A}\cdot\boldsymbol{W}\right)\\ &\Rightarrow\quad A_1,\quad A_2,\quad A_3,\quad A_4,\quad A_5,\quad A_6\end{aligned} \tag{2.222}$$

当自变量还包括另外一个对称张量 $\boldsymbol{B}$ 时，Boehler(1977) 修正 Smith(1971) 的结果，给出新增不可约的不变量为式 (2.213) 最后两行列出的不变量。◆◆

若 $\varPhi$ 是三个二阶对称张量 $\boldsymbol{A}$，$\boldsymbol{B}$ 和 $\boldsymbol{C}$ 的各向同性函数，则表示它的不可约不变量在式 (2.201) 的基础上还需要增加下列不变量 (Smith，1971)

$$\begin{aligned}&\mathrm{tr}\boldsymbol{C},\quad \mathrm{tr}\boldsymbol{C}^2,\quad \mathrm{tr}\boldsymbol{C}^3,\\ &\mathrm{tr}(\boldsymbol{A}\cdot\boldsymbol{C}),\quad \mathrm{tr}(\boldsymbol{A}^2\cdot\boldsymbol{C}),\quad \mathrm{tr}(\boldsymbol{A}\cdot\boldsymbol{C}^2),\quad \mathrm{tr}(\boldsymbol{A}^2\cdot\boldsymbol{C}^2),\\ &\mathrm{tr}(\boldsymbol{A}\cdot\boldsymbol{B}\cdot\boldsymbol{C})\end{aligned} \tag{2.223}$$

分别在式 (2.223)(结合式 (2.201)) 和式 (2.213) 中令 $\boldsymbol{B}=\boldsymbol{v}\otimes\boldsymbol{v}$ 可得到下面表示 (Smith，1971)。

若 $\varPhi$ 是矢量 $\boldsymbol{v}$ 和两个二阶对称张量 $\boldsymbol{A}$ 和 $\boldsymbol{C}$ 的各向同性函数，则表示它的不可约不变量在式 (2.199) 的基础上还需要增加下列不变量

$$\mathrm{tr}\boldsymbol{C},\quad \mathrm{tr}\boldsymbol{C}^2,\quad \mathrm{tr}\boldsymbol{C}^3,\quad \boldsymbol{v}\cdot\boldsymbol{C}\cdot\boldsymbol{v},\quad \boldsymbol{v}\cdot\boldsymbol{C}^2\cdot\boldsymbol{v},\quad \boldsymbol{v}\cdot\boldsymbol{A}\cdot\boldsymbol{C}\cdot\boldsymbol{v} \tag{2.224}$$

若 $\varPhi$ 是矢量 $\boldsymbol{v}$ 和二阶对称张量 $\boldsymbol{A}$ 和反对称张量 $\boldsymbol{W}$ 的各向同性函数，则表

示它的不可约不变量在式 (2.199) 的基础上需增加下列不变量

$$\begin{aligned}&\mathrm{tr}\boldsymbol{W}^2,\\&\mathrm{tr}(\boldsymbol{A}\cdot\boldsymbol{W}^2),\quad \mathrm{tr}(\boldsymbol{A}^2\cdot\boldsymbol{W}^2),\quad \mathrm{tr}(\boldsymbol{A}^2\cdot\boldsymbol{W}^2\cdot\boldsymbol{A}\cdot\boldsymbol{W}),\\&\boldsymbol{v}\cdot\boldsymbol{W}^2\cdot\boldsymbol{v},\\&\boldsymbol{v}\cdot\boldsymbol{A}\cdot\boldsymbol{W}\cdot\boldsymbol{v},\quad \boldsymbol{v}\cdot\boldsymbol{A}^2\cdot\boldsymbol{W}\cdot\boldsymbol{v},\quad \boldsymbol{v}\cdot\boldsymbol{W}\cdot\boldsymbol{A}\cdot\boldsymbol{W}^2\cdot\boldsymbol{v}\end{aligned} \tag{2.225}$$

2.8 各向同性张量值张量函数表示定理

2.8.1 自变量为一个对称张量的张量值各向同性函数

表示定理四：对于对称的二阶张量 $\boldsymbol{A}$，张量值函数 $\boldsymbol{F}(\boldsymbol{A})$ 为各向同性的充分必要条件是 $\boldsymbol{F}(\boldsymbol{A})$ 可表示为

$$\boldsymbol{T}=\boldsymbol{F}(\boldsymbol{A})=\varphi_0\boldsymbol{I}+\varphi_1\boldsymbol{A}+\varphi_2\boldsymbol{A}^2 \tag{2.226}$$

其中 φ_0，φ_1 和 φ_2 是 $\boldsymbol{A}$ 的三个不变量的标量值函数。这就是说，三个基张量 $\boldsymbol{I}$，$\boldsymbol{A}$，$\boldsymbol{A}^2$ 的线性组合 (组合系数是 $\boldsymbol{A}$ 的三个不变量) 构成了各向同性张量函数 $\boldsymbol{F}(\boldsymbol{A})$ 的完备不可约表示。表示定理式 (2.226) 由 Rivlin 和 Ericksen(1955) 给出。

证明 首先证明 $\boldsymbol{A}$ 的各向同性函数 $\boldsymbol{F}(\boldsymbol{A})$ 与 $\boldsymbol{A}$ 共主轴。仍然让分析问题的坐标系与 $\boldsymbol{A}$ 的主轴坐标系重合，即令 $\boldsymbol{e}_i=\boldsymbol{k}_i(i=1,2,3)$，沿用定义式 (2.202)，假定张量 $\boldsymbol{T}$ 对称，它可表示为

$$\boldsymbol{T}=\boldsymbol{F}\left(\boldsymbol{A}\right)=T_1\boldsymbol{K}_1+T_2\boldsymbol{K}_2+T_3\boldsymbol{K}_3+T_4\boldsymbol{K}_4+T_5\boldsymbol{K}_5+T_6\boldsymbol{K}_6 \tag{2.227}$$

(若不假定 $\boldsymbol{T}$ 对称，会多出三项，但不影响结果。) 各向同性条件要求

$$\boldsymbol{Q}\cdot\boldsymbol{F}\left(\boldsymbol{A}\right)\cdot\boldsymbol{Q}^{\mathrm{T}}=\boldsymbol{F}\left(\boldsymbol{Q}\cdot\boldsymbol{A}\cdot\boldsymbol{Q}^{\mathrm{T}}\right)$$

考察以 $\boldsymbol{A}$ 的三个主轴为法线的镜面反射变换

$$\boldsymbol{Q}_1\left(\boldsymbol{k}_1\right)=-\boldsymbol{K}_1+\boldsymbol{K}_2+\boldsymbol{K}_3,\quad \boldsymbol{Q}_2\left(\boldsymbol{k}_2\right)=\boldsymbol{K}_1-\boldsymbol{K}_2+\boldsymbol{K}_3,\quad \boldsymbol{Q}_3\left(\boldsymbol{k}_3\right)=\boldsymbol{K}_1+\boldsymbol{K}_2-\boldsymbol{K}_3 \tag{2.228}$$

在这些反射变换作用下 $\boldsymbol{A}$ 均保持不变，例如，在以 $\boldsymbol{k}_3=\boldsymbol{e}_3$ 为法线的镜面反射变换 $\boldsymbol{Q}_3$ 作用下

$$\boldsymbol{Q}_3\cdot\boldsymbol{A}\cdot\boldsymbol{Q}_3^{\mathrm{T}}=\begin{bmatrix}1&0&0\\0&1&0\\0&0&-1\end{bmatrix}\begin{bmatrix}A_1&0&0\\0&A_2&0\\0&0&A_3\end{bmatrix}\begin{bmatrix}1&0&0\\0&1&0\\0&0&-1\end{bmatrix}=\boldsymbol{A} \tag{2.229}$$

各向同性条件则具体要求

$$\boldsymbol{Q}_i \cdot \boldsymbol{F}(\boldsymbol{A}) \cdot \boldsymbol{Q}_i^{\mathrm{T}} = \boldsymbol{F}\left(\boldsymbol{Q}_i \cdot \boldsymbol{A} \cdot \boldsymbol{Q}_i^{\mathrm{T}}\right) = \boldsymbol{F}(\boldsymbol{A}) \quad (i=1,2,3; \text{不对 } i \text{ 求和}) \tag{2.230}$$

即在如此的反射变换中函数形式保持不变，从而可导出

$$T_4 = T_5 = T_6 = 0$$

例如，在 $\boldsymbol{Q}_3$ 的反射变换中，类比式 (1.243)，张量 $\boldsymbol{T}$ 变换为

$$\boldsymbol{Q}_3 \cdot \boldsymbol{F}(\boldsymbol{A}) \cdot \boldsymbol{Q}_3^{\mathrm{T}} = T_1\boldsymbol{K}_1 + T_2\boldsymbol{K}_2 + T_3\boldsymbol{K}_3 - T_4\boldsymbol{K}_4 - T_5\boldsymbol{K}_5 + T_6\boldsymbol{K}_6 \tag{2.231}$$

为使得式 (2.230) 满足，将上式与式 (2.227) 对比，则 $T_4 = T_5 = 0$，进一步地考察 $\boldsymbol{Q}_1$ 的反射变换，得 $T_6 = 0$，因此有

$$\boldsymbol{T} = T_1\boldsymbol{K}_1 + T_2\boldsymbol{K}_2 + T_3\boldsymbol{K}_3 \tag{2.232}$$

这说明 $\boldsymbol{T}$ 与 $\boldsymbol{A}$ 共主轴。

其次证明：三个张量 $\boldsymbol{I}$，$\boldsymbol{A}$，$\boldsymbol{A}^2$ 是线性无关的，或是不可约的，且它们定义的二阶对称张量子空间与三个特征基张量 $\boldsymbol{K}_i$ $(i=1,2,3)$ 所定义的二阶对称张量子空间 $\mathscr{F}_1$ 等同。

对于线性无关性 (不可约性)，只需要证明，当

$$\varphi_0\boldsymbol{I} + \varphi_1\boldsymbol{A} + \varphi_2\boldsymbol{A}^2 = \boldsymbol{0} \tag{2.233}$$

时，必有 $\varphi_0 = \varphi_1 = \varphi_2 = 0$。三个张量 $\boldsymbol{I}$，$\boldsymbol{A}$，$\boldsymbol{A}^2$ 在主轴坐标系下可表示为

$$\boldsymbol{I} = \boldsymbol{K}_1 + \boldsymbol{K}_2 + \boldsymbol{K}_3, \quad \boldsymbol{A} = A_1\boldsymbol{K}_1 + A_2\boldsymbol{K}_2 + A_3\boldsymbol{K}_3, \quad \boldsymbol{A}^2 = A_1^2\boldsymbol{K}_1 + A_2^2\boldsymbol{K}_2 + A_3^2\boldsymbol{K}_3 \tag{2.234}$$

很容易得到

$$\varphi_0\boldsymbol{I} + \varphi_1\boldsymbol{A} + \varphi_2\boldsymbol{A}^2 = \sum_{K=1}^{3}\left(\varphi_2 A_K^2 + \varphi_1 A_K + \varphi_0\right)\boldsymbol{K}_K \tag{2.235}$$

欲使式 (2.233) 成立，则有

$$\varphi_2 A_K^2 + \varphi_1 A_K + \varphi_0 = 0$$

对于 $\boldsymbol{A}$ 的三个特征值不等的一般情况而言，由于上式所表示的二次方程只有两个根，而 $\boldsymbol{A}$ 的三个不等的特征值要满足上式，只有 $\varphi_0 = \varphi_1 = \varphi_2 = 0$，线性无关性得证。

两个子空间 ($\boldsymbol{I}$，$\boldsymbol{A}$，$\boldsymbol{A}^2$ 定义的和三个特征基张量 $\boldsymbol{K}_i$ $(i=1,2,3)$ 定义的) 的等同性，可从式 (2.235) 显而易见，从而整个问题得证。◆◆

需要说明，前面的证明都是针对 $\boldsymbol{A}$ 的三个特征值不相等，对于特征值有相等的情况，式 (2.226) 依然成立，其证明可沿用上面的步骤得到 (Wang，1970)。

表示定理式 (2.226) 还可通过 Hamilton-Cayley 定理式 (1.165) 用 $\boldsymbol{I}$，$\boldsymbol{A}$，$\boldsymbol{A}^{-1}$ 及不变量表示。将式 (1.165) 两边点乘 $\boldsymbol{A}^{-1}$，变为

$$\boldsymbol{A}^2 = I^{\boldsymbol{A}}\boldsymbol{A} - II^{\boldsymbol{A}}\boldsymbol{I} + III^{\boldsymbol{A}}\boldsymbol{A}^{-1} \tag{2.236}$$

将上式代入式 (2.226)，可将它表示为

$$\boldsymbol{T} = \phi_0\boldsymbol{I} + \phi_1\boldsymbol{A} + \phi_{-1}\boldsymbol{A}^{-1} \tag{2.237}$$

式中 ϕ_0，ϕ_1，ϕ_{-1} 是 $\boldsymbol{A}$ 的不变量的函数。

根据表示定理式 (2.226)，若 $\boldsymbol{T}$=$\boldsymbol{F}(\boldsymbol{A})$ 为 $\boldsymbol{A}$ 的各向同性线性函数，例如，线弹性力学中各向同性材料的应力与应变为线性函数关系，这时，$\boldsymbol{F}(\boldsymbol{A})$ 必定可以表示为

$$\boldsymbol{T} = \boldsymbol{F}(\boldsymbol{A}) = \lambda(\mathrm{tr}\boldsymbol{A})\boldsymbol{I} + 2\mu\boldsymbol{A} \tag{2.238}$$

其中 λ，μ 为常数。使用式 (2.226)，欲使 $\boldsymbol{F}(\boldsymbol{A})$ 是 $\boldsymbol{A}$ 的线性函数，则 $\boldsymbol{A}^2$ 的系数必须为零，即 $\varphi_2=0$，$\boldsymbol{A}$ 的系数 φ_1 必须为常数，设 $\varphi_1=2\mu$，$\boldsymbol{I}$ 的系数 φ_0 必须是 $\boldsymbol{A}$ 的线性标量值函数，由于 $\boldsymbol{A}$ 的三个不变量中只有 $\mathrm{tr}\boldsymbol{A}$ 是 $\boldsymbol{A}$ 的线性函数，因此，φ_0 只能线性地取决于 $\mathrm{tr}\boldsymbol{A}$，可设为 $\varphi_0=\lambda\mathrm{tr}\boldsymbol{A}$，其中 λ 必须为常数，于是得到式 (2.238)。

直接使用四阶各向同性常张量 $\mathbb{C}$ 的一般表示式 (2.190)，也可得到式 (2.238)。由于 $\boldsymbol{T}$ 是 $\boldsymbol{A}$ 的各向同性线性函数，则必然可表示为

$$\boldsymbol{T} = \mathbb{C} : \boldsymbol{A} \tag{2.239}$$

其中 $\mathbb{C}$ 必须是四阶各向同性常张量，将它的一般表达式 (2.190) 代入上式便可得式 (2.238)。当然反过来，可将由表示定理式 (2.226) 导出的式 (2.238) 写成式 (2.239) 的形式，从而得出四阶各向同性常张量 $\mathbb{C}$ 的一般表示式 (2.190)。

下面讨论定理式 (2.226) 的一个推论。若张量 $\boldsymbol{T}$ 是二阶对称张量 $\boldsymbol{A}$ 的各向同性函数，$\boldsymbol{T}$=$\boldsymbol{T}(\boldsymbol{A})$，则有

$$\boldsymbol{T}^{\mathrm{T}} = \boldsymbol{T}, \quad \boldsymbol{A}\cdot\boldsymbol{T} = \boldsymbol{T}\cdot\boldsymbol{A}, \quad (\boldsymbol{A}\cdot\boldsymbol{T})^{\mathrm{T}} = \boldsymbol{A}\cdot\boldsymbol{T} \tag{2.240}$$

这说明，二阶对称张量的各向同性张量值函数是对称张量，它与自变量张量本身点积的顺序可以交换，且点积所得二阶张量仍为对称张量。

证明 根据表示定理四的式 (2.226)，各向同性张量值函数 $\boldsymbol{T}(\boldsymbol{A})$ 可表示为

$$\boldsymbol{T}=\alpha_1\boldsymbol{A}+\alpha_2\boldsymbol{A}+\alpha_3\boldsymbol{A}^2 \tag{2.241}$$

式中系数 α_1，α_2 和 α_3 是 $\boldsymbol{A}$ 的三个不变量 $\mathrm{tr}\boldsymbol{A}$，$\mathrm{tr}\boldsymbol{A}^2$ 和 $\mathrm{tr}\boldsymbol{A}^3$ 的函数。因此，$\boldsymbol{T}$ 的对称性显而易见，用 $\boldsymbol{A}$ 分别前点积和后点积上式，得

$$\boldsymbol{A}\cdot\boldsymbol{T}=\boldsymbol{T}\cdot\boldsymbol{A}=\alpha_1\boldsymbol{A}+\alpha_2\boldsymbol{A}^2+\alpha_3\boldsymbol{A}^3$$

等式右边项显然也具有对称性，从而

$$(\boldsymbol{A}\cdot\boldsymbol{T})^{\mathrm{T}}=\boldsymbol{T}^{\mathrm{T}}\cdot\boldsymbol{A}^{\mathrm{T}}=\boldsymbol{T}\cdot\boldsymbol{A}=\boldsymbol{A}\cdot\boldsymbol{T} \tag{2.242}$$

因此得证，而且 $\boldsymbol{A}$、$\boldsymbol{T}$ 和 $\boldsymbol{A}\cdot\boldsymbol{T}$ 均共主轴。◆◆

2.8.2 自变量为一个张量和一个矢量的张量值各向同性函数

表示定理五：以一个二阶对称张量 $\boldsymbol{A}$ 和一个矢量 $\boldsymbol{v}$ 为自变量的各向同性矢量值函数 $\boldsymbol{y}$ 和对称张量值函数 $\boldsymbol{T}$，其完备不可约表示分别是

$$\boldsymbol{y}=\boldsymbol{f}(\boldsymbol{A},\ \boldsymbol{v})=\phi_0\boldsymbol{v}+\phi_1\boldsymbol{A}\cdot\boldsymbol{v}+\phi_2\boldsymbol{A}^2\cdot\boldsymbol{v} \tag{2.243a}$$

$$\begin{aligned}\boldsymbol{T}=\boldsymbol{F}(\boldsymbol{A},\ \boldsymbol{v})=&\varphi_0\boldsymbol{I}+\varphi_1\boldsymbol{A}+\varphi_2\boldsymbol{A}^2+\varphi_3\boldsymbol{v}\otimes\boldsymbol{v}\\&+\varphi_4(\boldsymbol{A}\cdot\boldsymbol{v}\otimes\boldsymbol{v}+\boldsymbol{v}\otimes\boldsymbol{A}\cdot\boldsymbol{v})+\varphi_5\left(\boldsymbol{A}^2\cdot\boldsymbol{v}\otimes\boldsymbol{v}+\boldsymbol{v}\otimes\boldsymbol{A}^2\cdot\boldsymbol{v}\right)\end{aligned} \tag{2.243b}$$

其中系数 ϕ_0，ϕ_1，ϕ_2 以及 φ_0，φ_1，$\cdots$，φ_5 是式 (2.199) 中所列不变量的标量值函数。

证明 二阶张量和矢量共同构造一个新的矢量只能通过点积，因此，$\boldsymbol{A}$ 和 $\boldsymbol{v}$ 的矢量值函数只能是

$$\boldsymbol{v},\quad \boldsymbol{A}\cdot\boldsymbol{v},\quad \boldsymbol{A}^2\cdot\boldsymbol{v},\quad \boldsymbol{A}^3\cdot\boldsymbol{v},\quad \cdots,\quad \boldsymbol{A}^n\cdot\boldsymbol{v},\quad \cdots$$

然而，根据 Hamilton-Cayley 定理式 (1.165)，张量 $\boldsymbol{A}$ 的三次幂是不独立的，因此，$\boldsymbol{A}^3\cdot\boldsymbol{v}$，$\cdots$，$\boldsymbol{A}^n\cdot\boldsymbol{v}$，$\cdots$ 都是不独立的，从而式 (2.243a) 得证。

关于式 (2.243b) 的证明，引入二阶对称张量 $\boldsymbol{B}$，定义一个如下的标量值函数

$$\varPhi(\boldsymbol{B},\boldsymbol{A},\boldsymbol{v})=\mathrm{tr}\left(\boldsymbol{B}\cdot\boldsymbol{F}(\boldsymbol{A},\boldsymbol{v})\right) \tag{2.244}$$

它是 $\boldsymbol{B}$ 的线性函数，且为各向同性，因为应用求迹式 (1.114) 和正交张量的性质 $\boldsymbol{Q}^{\mathrm{T}}\cdot\boldsymbol{Q}=\boldsymbol{I}$ 以及 $\boldsymbol{F}(\boldsymbol{A},\ \boldsymbol{v})$ 为各向同性函数，有

$$\begin{aligned}\varPhi\left(\boldsymbol{Q}\cdot\boldsymbol{B}\cdot\boldsymbol{Q}^{\mathrm{T}},\boldsymbol{Q}\cdot\boldsymbol{A}\cdot\boldsymbol{Q}^{\mathrm{T}},\boldsymbol{Q}\cdot\boldsymbol{v}\right)&=\mathrm{tr}\left(\boldsymbol{Q}\cdot\boldsymbol{B}\cdot\boldsymbol{Q}^{\mathrm{T}}\cdot\boldsymbol{F}\left(\boldsymbol{Q}\cdot\boldsymbol{A}\cdot\boldsymbol{Q}^{\mathrm{T}},\boldsymbol{Q}\cdot\boldsymbol{v}\right)\right)\\&=\mathrm{tr}\left(\boldsymbol{Q}\cdot\boldsymbol{B}\cdot\boldsymbol{Q}^{\mathrm{T}}\cdot\boldsymbol{Q}\cdot\boldsymbol{F}(\boldsymbol{A},\boldsymbol{v})\cdot\boldsymbol{Q}^{\mathrm{T}}\right)\\&=\mathrm{tr}\left(\boldsymbol{B}\cdot\boldsymbol{F}(\boldsymbol{A},\boldsymbol{v})\cdot\boldsymbol{Q}^{\mathrm{T}}\cdot\boldsymbol{Q}\right)\\&=\mathrm{tr}\left(\boldsymbol{B}\cdot\boldsymbol{F}(\boldsymbol{A},\boldsymbol{v})\right)=\varPhi(\boldsymbol{B},\boldsymbol{A},\boldsymbol{v})\end{aligned} \tag{2.245}$$

所以 $\varPhi$ 为各向同性函数。继续推导需将 $\varPhi$ 表示为 $\boldsymbol{B}$ 的线性函数，由 $\boldsymbol{B}$，$\boldsymbol{A}$，$\boldsymbol{v}$ 构成且是 $\boldsymbol{B}$ 的线性函数的不可约标量不变量只能是下面六个

$$\mathrm{tr}\boldsymbol{B},\quad \mathrm{tr}\left(\boldsymbol{B}\cdot\boldsymbol{A}\right),\quad \mathrm{tr}\left(\boldsymbol{B}\cdot\boldsymbol{A}^2\right),\quad \boldsymbol{v}\cdot\boldsymbol{B}\cdot\boldsymbol{v},\quad \boldsymbol{v}\cdot\boldsymbol{B}\cdot\boldsymbol{A}\cdot\boldsymbol{v},\quad \boldsymbol{v}\cdot\boldsymbol{B}\cdot\boldsymbol{A}^2\cdot\boldsymbol{v} \tag{2.246}$$

考虑到 $\boldsymbol{v}\cdot\boldsymbol{B}\cdot\boldsymbol{v}=\mathrm{tr}\left(\boldsymbol{B}\cdot\boldsymbol{v}\otimes\boldsymbol{v}\right)$，于是，$\varPhi$ 作为 $\boldsymbol{B}$ 的各向同性线性函数可写成

$$\begin{aligned}\varPhi=&\phi_0\mathrm{tr}\boldsymbol{B}+\phi_1\mathrm{tr}\left(\boldsymbol{B}\cdot\boldsymbol{A}\right)+\phi_2\mathrm{tr}\left(\boldsymbol{B}\cdot\boldsymbol{A}^2\right)\\&+\phi_3\mathrm{tr}\left(\boldsymbol{B}\cdot\boldsymbol{v}\otimes\boldsymbol{v}\right)+\phi_4\mathrm{tr}\left(\boldsymbol{B}\cdot\boldsymbol{A}\cdot\boldsymbol{v}\otimes\boldsymbol{v}\right)+\phi_5\mathrm{tr}\left(\boldsymbol{B}\cdot\boldsymbol{A}^2\cdot\boldsymbol{v}\otimes\boldsymbol{v}\right)\end{aligned} \tag{2.247}$$

式中 ϕ_0，ϕ_1，$\cdots$，ϕ_5 与 $\boldsymbol{B}$ 无关，是式 (2.199) 中所列不变量的函数。将上式与式 (2.244) 对照，并考虑到 $\boldsymbol{B}$ 是任意的二阶张量以及 $\boldsymbol{T}$ 是对称的，便可得式 (2.243b)。♦♦

2.8.3 自变量为两个对称张量的对称张量值和反对称张量值的各向同性函数

表示定理六：以两个二阶对称张量 $\boldsymbol{A}$ 和 $\boldsymbol{B}$ 为自变量张量的各向同性对称张量值函数 $\boldsymbol{T}$ 和反对称张量值函数 $\boldsymbol{Z}$，其完备不可约表示分别是

$$\begin{aligned}\boldsymbol{T}=\boldsymbol{F}\left(\boldsymbol{A},\ \boldsymbol{B}\right)=&\varphi_0\boldsymbol{I}+\varphi_1\boldsymbol{A}+\varphi_2\boldsymbol{A}^2+\varphi_3\boldsymbol{B}+\varphi_4\boldsymbol{B}^2+\varphi_5\left(\boldsymbol{A}\cdot\boldsymbol{B}+\boldsymbol{B}\cdot\boldsymbol{A}\right)\\&+\varphi_6\left(\boldsymbol{A}^2\cdot\boldsymbol{B}+\boldsymbol{B}\cdot\boldsymbol{A}^2\right)+\varphi_7\left(\boldsymbol{A}\cdot\boldsymbol{B}^2+\boldsymbol{B}^2\cdot\boldsymbol{A}\right)\end{aligned} \tag{2.248}$$

$$\begin{aligned}\boldsymbol{Z}=\boldsymbol{G}\left(\boldsymbol{A},\ \boldsymbol{B}\right)=&\phi_1\left(\boldsymbol{A}\cdot\boldsymbol{B}-\boldsymbol{B}\cdot\boldsymbol{A}\right)+\phi_2\left(\boldsymbol{A}^2\cdot\boldsymbol{B}-\boldsymbol{B}\cdot\boldsymbol{A}^2\right)\\&+\phi_3\left(\boldsymbol{A}\cdot\boldsymbol{B}^2-\boldsymbol{B}^2\cdot\boldsymbol{A}\right)+\phi_4\left(\boldsymbol{A}^2\cdot\boldsymbol{B}\cdot\boldsymbol{A}-\boldsymbol{A}\cdot\boldsymbol{B}\cdot\boldsymbol{A}^2\right)\\&+\phi_5\left(\boldsymbol{B}^2\cdot\boldsymbol{A}\cdot\boldsymbol{B}-\boldsymbol{B}\cdot\boldsymbol{A}\cdot\boldsymbol{B}^2\right)\end{aligned} \tag{2.249}$$

其中系数 φ_0，φ_1，$\cdots$，φ_7 以及系数 ϕ_1，ϕ_2，$\cdots$，ϕ_5 都为式 (2.201) 中所列不变量的标量值函数。

表示定理式 (2.248) 由 Rivlin(1955) 给出。Zheng(1994) 给出了建立自变量包括矢量、对称张量和反对称张量在内的矢量值、对称张量值和反对称张量值函数完备不可约表示的一般方法，下面采用 Zheng(1994) 给出的一般方法对上面两个定理进行证明。

证明 选择一组正交坐标系，其坐标基矢量是 $\boldsymbol{e}_i(i=1,2,3)$，借助式 (2.202) 和式 (2.214) 的定义，对称张量值函数 $\boldsymbol{T}$ 可表示为

$$\boldsymbol{T}=\boldsymbol{F}\left(\boldsymbol{A},\ \boldsymbol{B}\right)=T_1\boldsymbol{K}_1+T_2\boldsymbol{K}_2+T_3\boldsymbol{K}_3+T_4\boldsymbol{K}_4+T_5\boldsymbol{K}_5+T_6\boldsymbol{K}_6 \tag{2.250}$$

反对称张量值函数 $\boldsymbol{Z}$ 可表示为

$$\boldsymbol{Z}=\boldsymbol{G}\left(\boldsymbol{A},\ \boldsymbol{B}\right)=Z_1\boldsymbol{\varOmega}_1+Z_2\boldsymbol{\varOmega}_2+Z_3\boldsymbol{\varOmega}_3 \tag{2.251}$$

式中

$$T_i = T_i(\boldsymbol{A}, \boldsymbol{B}), \quad \boldsymbol{K}_i = \boldsymbol{K}_i(\boldsymbol{A}, \boldsymbol{B}) \quad (i = 1, 2, \cdots, 6) \tag{2.252a}$$

$$Z_j = Z_j(\boldsymbol{A}, \boldsymbol{B}), \quad \boldsymbol{\Omega}_j = \boldsymbol{\Omega}_j(\boldsymbol{A}, \boldsymbol{B}) \quad (j = 1, 2, 3) \tag{2.252b}$$

各向同性条件要求

$$T_i(\boldsymbol{A}, \boldsymbol{B}) = T_i\left(\boldsymbol{Q} \cdot \boldsymbol{A} \cdot \boldsymbol{Q}^{\mathrm{T}}, \boldsymbol{Q} \cdot \boldsymbol{B} \cdot \boldsymbol{Q}^{\mathrm{T}}\right) \quad (i = 1, 2, \cdots, 6) \tag{2.253a}$$

$$\boldsymbol{Q} \cdot \boldsymbol{K}_i(\boldsymbol{A}, \boldsymbol{B}) \cdot \boldsymbol{Q}^{\mathrm{T}} = K_i\left(\boldsymbol{Q} \cdot \boldsymbol{A} \cdot \boldsymbol{Q}^{\mathrm{T}}, \boldsymbol{Q} \cdot \boldsymbol{B} \cdot \boldsymbol{Q}^{\mathrm{T}}\right) \quad (i = 1, 2, \cdots, 6) \tag{2.253b}$$

$$Z_j(\boldsymbol{A}, \boldsymbol{B}) = Z_j\left(\boldsymbol{Q} \cdot \boldsymbol{A} \cdot \boldsymbol{Q}^{\mathrm{T}}, \boldsymbol{Q} \cdot \boldsymbol{B} \cdot \boldsymbol{Q}^{\mathrm{T}}\right) \quad (j = 1, 2, 3) \tag{2.253c}$$

$$\boldsymbol{Q} \cdot \boldsymbol{\Omega}_j(\boldsymbol{A}, \boldsymbol{B}) \cdot \boldsymbol{Q}^{\mathrm{T}} = \boldsymbol{\Omega}_j\left(\boldsymbol{Q} \cdot \boldsymbol{A} \cdot \boldsymbol{Q}^{\mathrm{T}}, \boldsymbol{Q} \cdot \boldsymbol{B} \cdot \boldsymbol{Q}^{\mathrm{T}}\right) \quad (j = 1, 2, 3) \tag{2.253d}$$

通常将满足式 (2.253a)~(2.253d) 的量称之为形式不变量。

让分析问题的坐标系与 $\boldsymbol{A}$ 的主轴坐标系重合，$\boldsymbol{e}_i = \boldsymbol{k}_i\ (i = 1, 2, 3)$，根据前面的分析，$\boldsymbol{A}$ 的三个特征基 $\boldsymbol{K}_1$，$\boldsymbol{K}_2$，$\boldsymbol{K}_3$ 可由 $\boldsymbol{I}$，$\boldsymbol{A}$，$\boldsymbol{A}^2$ 确定，$\boldsymbol{A}$ 和 $\boldsymbol{B}$ 的分量 A_1，A_2，A_3 和 B_1，B_2，$\cdots$，B_6 可由式 (2.201) 的不变量确定，在这些量已确定的情况下，可构造表 2.1，其中左边代表给定的已知量 (包括对称张量和反对称张量)，右边代表能确定的量。

表 2.1　形式不变量列表

1	$\boldsymbol{B}$	$B_4\boldsymbol{K}_4 + B_5\boldsymbol{K}_5 + B_6\boldsymbol{K}_6$
2	$\boldsymbol{A} \cdot \boldsymbol{B} + \boldsymbol{B} \cdot \boldsymbol{A}$	$(A_2 + A_3) B_4\boldsymbol{K}_4 + (A_3 + A_1) B_5\boldsymbol{K}_5 + (A_1 + A_2) B_6\boldsymbol{K}_6$
3	$\boldsymbol{A}^2 \cdot \boldsymbol{B} + \boldsymbol{B} \cdot \boldsymbol{A}^2$	$(A_2^2 + A_3^2) B_4\boldsymbol{K}_4 + (A_3^2 + A_1^2) B_5\boldsymbol{K}_5 + (A_1^2 + A_2^2) B_6\boldsymbol{K}_6$
4	$\boldsymbol{A} \cdot \boldsymbol{B} - \boldsymbol{B} \cdot \boldsymbol{A}$	$(A_2 - A_3) B_4\boldsymbol{\Omega}_1 + (A_3 - A_1) B_5\boldsymbol{\Omega}_2 + (A_1 - A_2) B_6\boldsymbol{\Omega}_3$
5	$\boldsymbol{A}^2 \cdot \boldsymbol{B} - \boldsymbol{B} \cdot \boldsymbol{A}^2$	$(A_2^2 - A_3^2) B_4\boldsymbol{\Omega}_1 + (A_3^2 - A_1^2) B_5\boldsymbol{\Omega}_2 + (A_1^2 - A_2^2) B_6\boldsymbol{\Omega}_3$
6	$\boldsymbol{A}^2 \cdot \boldsymbol{B} \cdot \boldsymbol{A} - \boldsymbol{A} \cdot \boldsymbol{B} \cdot \boldsymbol{A}^2$	$(A_2^2 - A_3^2) A_2A_3B_4\boldsymbol{\Omega}_1 + (A_3^2 - A_1^2) A_3A_1B_5\boldsymbol{\Omega}_2 + (A_1^2 - A_2^2) A_1A_2B_6\boldsymbol{\Omega}_3$
7	$\boldsymbol{B}^2$	$\Delta_4\boldsymbol{K}_4 + \Delta_5\boldsymbol{K}_5 + \Delta_6\boldsymbol{K}_6$
8	$\boldsymbol{A} \cdot \boldsymbol{B}^2 + \boldsymbol{B}^2 \cdot \boldsymbol{A}$	$(A_2 + A_3) \Delta_4\boldsymbol{K}_4 + (A_3 + A_1) \Delta_5\boldsymbol{K}_5 + (A_1 + A_2) \Delta_6\boldsymbol{K}_6$
9	$\boldsymbol{A} \cdot \boldsymbol{B}^2 - \boldsymbol{B}^2 \cdot \boldsymbol{A}$	$(A_2 - A_3) \Delta_4\boldsymbol{\Omega}_1 + (A_3 - A_1) \Delta_5\boldsymbol{\Omega}_2 + (A_1 - A_2) \Delta_6\boldsymbol{\Omega}_3$
10	$\boldsymbol{B}^2 \cdot \boldsymbol{A} \cdot \boldsymbol{B} - \boldsymbol{B} \cdot \boldsymbol{A} \cdot \boldsymbol{B}^2$	$\xi_4\boldsymbol{\Omega}_1 + \xi_5\boldsymbol{\Omega}_2 + \xi_6\boldsymbol{\Omega}_3$

表 2.1 中

$$\Delta_4 = B_2B_4 + B_3B_4 + B_5B_6, \quad \Delta_5 = B_3B_5 + B_1B_5 + B_6B_4,$$
$$\Delta_6 = B_1B_6 + B_2B_6 + B_4B_5$$

$$\begin{aligned}\xi_4 = &(A_2 - A_3)\left(B_4^2 - B_2B_3\right)B_4 + (A_3 - A_1)(B_3B_6 - B_4B_5)B_5 \\ &+ (A_1 - A_2)(B_2B_5 - B_4B_6)B_6\end{aligned}$$

$$\xi_5 = (A_2 - A_3)(B_3B_6 - B_4B_5)B_4 + (A_3 - A_1)\left(B_5^2 - B_1B_3\right)B_5 + (A_1 - A_2)(B_1B_4 - B_5B_6)B_6$$

$$\xi_6 = (A_2 - A_3)(B_2B_5 - B_4B_6)B_4 + (A_3 - A_1)(B_1B_4 - B_5B_6)B_5 + (A_1 - A_2)\left(B_6^2 - B_1B_2\right)B_6$$

下面分几种情况进行讨论：

(1) $\boldsymbol{A}$ 的三个主值不等，$B_4B_5B_6 \neq 0$，则

$$\boldsymbol{B},\quad \boldsymbol{A}\cdot\boldsymbol{B}+\boldsymbol{B}\cdot\boldsymbol{A},\quad \boldsymbol{A}^2\cdot\boldsymbol{B}+\boldsymbol{B}\cdot\boldsymbol{A}^2 \quad\Rightarrow\quad \boldsymbol{K}_4,\quad \boldsymbol{K}_5,\quad \boldsymbol{K}_6 \tag{2.254a}$$

$$\boldsymbol{A}\cdot\boldsymbol{B}-\boldsymbol{B}\cdot\boldsymbol{A},\quad \boldsymbol{A}^2\cdot\boldsymbol{B}-\boldsymbol{B}\cdot\boldsymbol{A}^2,\quad \boldsymbol{A}^2\cdot\boldsymbol{B}\cdot\boldsymbol{A}-\boldsymbol{A}\cdot\boldsymbol{B}\cdot\boldsymbol{A}^2 \quad\Rightarrow\quad \boldsymbol{\Omega}_1,\quad \boldsymbol{\Omega}_2,\quad \boldsymbol{\Omega}_3 \tag{2.254b}$$

(2) $\boldsymbol{A}$ 的三个主值不等，B_4，B_5 和 B_6 中有一个为零，则

$$\boldsymbol{B},\quad \boldsymbol{A}\cdot\boldsymbol{B}+\boldsymbol{B}\cdot\boldsymbol{A},\quad \boldsymbol{B}^2 \quad\Rightarrow\quad \boldsymbol{K}_4,\quad \boldsymbol{K}_5,\quad \boldsymbol{K}_6 \tag{2.255a}$$

$$\boldsymbol{A}\cdot\boldsymbol{B}-\boldsymbol{B}\cdot\boldsymbol{A},\quad \boldsymbol{A}^2\cdot\boldsymbol{B}-\boldsymbol{B}\cdot\boldsymbol{A}^2,\quad \boldsymbol{A}\cdot\boldsymbol{B}^2-\boldsymbol{B}^2\cdot\boldsymbol{A} \quad\Rightarrow\quad \boldsymbol{\Omega}_1,\quad \boldsymbol{\Omega}_2,\quad \boldsymbol{\Omega}_3 \tag{2.255b}$$

(3) $\boldsymbol{A}$ 的三个主值有两个相等，B_4，B_5 和 B_6 中有一个为零，比如不失一般性，令 $A_1 = A_3$，$B_5 = 0$，则对称张量函数的三个基张量 $\boldsymbol{B}$，$\boldsymbol{A}\cdot\boldsymbol{B}+\boldsymbol{B}\cdot\boldsymbol{A}$，$\boldsymbol{A}^2\cdot\boldsymbol{B}+\boldsymbol{B}\cdot\boldsymbol{A}^2$ 只有一个是不可约的，同样地，反对称张量函数的三个基张量 $\boldsymbol{A}\cdot\boldsymbol{B}-\boldsymbol{B}\cdot\boldsymbol{A}$，$\boldsymbol{A}^2\cdot\boldsymbol{B}-\boldsymbol{B}\cdot\boldsymbol{A}^2$，$\boldsymbol{A}^2\cdot\boldsymbol{B}\cdot\boldsymbol{A}-\boldsymbol{A}\cdot\boldsymbol{B}\cdot\boldsymbol{A}^2$ 也只有一个是不可约的，因此

$$\boldsymbol{B},\quad \boldsymbol{B}^2,\quad \boldsymbol{A}\cdot\boldsymbol{B}^2+\boldsymbol{B}^2\cdot\boldsymbol{A} \quad\Rightarrow\quad \boldsymbol{K}_4,\quad \boldsymbol{K}_5,\quad \boldsymbol{K}_6 \tag{2.256a}$$

$$\boldsymbol{A}\cdot\boldsymbol{B}-\boldsymbol{B}\cdot\boldsymbol{A},\quad \boldsymbol{A}\cdot\boldsymbol{B}^2-\boldsymbol{B}^2\cdot\boldsymbol{A},\quad \boldsymbol{B}^2\cdot\boldsymbol{A}\cdot\boldsymbol{B}-\boldsymbol{B}\cdot\boldsymbol{A}\cdot\boldsymbol{B}^2 \quad\Rightarrow\quad \boldsymbol{\Omega}_1,\quad \boldsymbol{\Omega}_2,\quad \boldsymbol{\Omega}_3 \tag{2.256b}$$

(4) B_4，B_5 和 B_6 中有两个为零，比如不失一般性，令 $B_5 = B_6 = 0$，但 $\boldsymbol{A}$ 的特征值 $A_2 \neq A_3$，则 $\Delta_5 = \Delta_6 = \xi_5 = \xi_6 = 0$，表 2.1 左边的对称张量和反对称张量均只有一个是不可约的，只能分别用来确定 $\boldsymbol{K}_4$ 和 $\boldsymbol{\Omega}_1$。使用证明式 (2.232) 的方法可证，对称和反对称张量函数必然可分别表示为

$$\boldsymbol{T} = T_1\boldsymbol{K}_1 + T_2\boldsymbol{K}_2 + T_3\boldsymbol{K}_3 + T_4\boldsymbol{K}_4,\quad \boldsymbol{Z} = Z_1\boldsymbol{\Omega}_1 \tag{2.257}$$

具体地，考察以 $\boldsymbol{A}$ 的主轴为法线的镜面反射变换 $\boldsymbol{Q}_1$，见式 (2.228)，张量 $\boldsymbol{A}$ 显然是保持不变的，类比式 (1.243) 可知，由于 $B_5 = B_6 = 0$，张量 $\boldsymbol{B}$ 也保持不变，为使各向同性条件得到满足，必然要求 $\boldsymbol{T}$ 和 $\boldsymbol{Z}$ 保持不变，考虑到

$$\boldsymbol{Q}_1 \cdot \boldsymbol{T} \cdot \boldsymbol{Q}_1^{\mathrm{T}} = T_1\boldsymbol{K}_1 + T_2\boldsymbol{K}_2 + T_3\boldsymbol{K}_3 + T_4\boldsymbol{K}_4 - T_5\boldsymbol{K}_5 - T_6\boldsymbol{K}_6 \tag{2.258a}$$

$$\boldsymbol{Q}_1 \cdot \boldsymbol{Z} \cdot \boldsymbol{Q}_1^{\mathrm{T}} = Z_1\boldsymbol{\Omega}_1 - Z_2\boldsymbol{\Omega}_2 - Z_3\boldsymbol{\Omega}_3 \tag{2.258b}$$

从而 $T_5 = T_6 = Z_2 = Z_3 = 0$，式 (2.257) 得证。若 $B_5 = B_6 = 0$ 且 $A_2 = A_3$，这时 $\boldsymbol{B}$ 与 $\boldsymbol{A}$ 共主轴，因为

$$\boldsymbol{B} \cdot \boldsymbol{e}_1 = B_1\boldsymbol{e}_1 \tag{2.259}$$

说明 $\boldsymbol{e}_1$ 是 $\boldsymbol{B}$ 的主轴之一，前面已设定 $\boldsymbol{e}_1$ 与 $\boldsymbol{A}$ 的主轴 $\boldsymbol{k}_1$ 重合，特征值 $A_2 = A_3$ 意味着它们俩对应的主轴是与 $\boldsymbol{e}_1$ 轴正交的任意矢量，无论 $\boldsymbol{B}$ 的其他两个主轴具体如何，它们都将与 $\boldsymbol{e}_1$ 轴正交，因此，$\boldsymbol{B}$ 与 $\boldsymbol{A}$ 共主轴，让 $\boldsymbol{e}_2$ 轴和 $\boldsymbol{e}_3$ 轴与 $\boldsymbol{B}$ 的这两个主轴重合，或者说，将原先的 $\boldsymbol{e}_2$ 轴和 $\boldsymbol{e}_3$ 轴绕 $\boldsymbol{e}_1$ 轴旋转使得 $B_4 = 0$，则有

$$\boldsymbol{T} = T_1\boldsymbol{K}_1 + T_2\boldsymbol{K}_2 + T_3\boldsymbol{K}_3, \quad \boldsymbol{Z} = \boldsymbol{0} \tag{2.260}$$

表 2.1 左边项均为形式不变量，因此，由它们确定的右边项也是形式不变量，从而满足式 (2.253) 的要求，从推导过程可知，这些形式不变量构成的函数基是完备的。关于函数基的不可约性的证明可参考 Pennisi 和 Trovato(1987) 的工作。证毕。◆◆

下面讨论表示定理式 (2.248) 的应用。

首先导出单个二阶对称张量自变量的四阶张量值函数为各向同性时的不可约表示。通过构造一个二阶张量值函数，它是两个对称张量的各向同性函数，但它是其中一个自变量张量的线性函数，如设 $\boldsymbol{T}=\boldsymbol{F}(\boldsymbol{A}, \boldsymbol{B})$ 为自变量张量 $\boldsymbol{A}$ 的线性函数，这时，使用式 (2.248)，则 $\boldsymbol{A}$ 二次项的系数 $\varphi_2 = \varphi_6 = 0$，$\boldsymbol{A}$ 线性项的系数 φ_1，φ_5，φ_7 必须与含 $\boldsymbol{A}$ 的不变量无关，只能是 $\boldsymbol{B}$ 的不变量的函数，其余系数 φ_0，φ_3，φ_4 必须是 $\boldsymbol{A}$ 的线性标量值函数，由于 $\boldsymbol{A}$，$\boldsymbol{B}$ 的所有不变量 (见式 (2.201)) 中有三个不变量，

$$\mathrm{tr}\boldsymbol{A}, \quad \mathrm{tr}\,(\boldsymbol{A}\cdot\boldsymbol{B}), \quad \mathrm{tr}\left(\boldsymbol{A}\cdot\boldsymbol{B}^2\right)$$

是 $\boldsymbol{A}$ 的线性函数，因此，系数 φ_0，φ_3，φ_4 必须是这三个不变量的线性组合，于是得

$$\begin{aligned}\boldsymbol{T} = \boldsymbol{F}(\boldsymbol{A}, \boldsymbol{B}) &= \left(\phi_1\mathrm{tr}\boldsymbol{A} + \phi_2\mathrm{tr}\,(\boldsymbol{A}\cdot\boldsymbol{B}) + \phi_3\mathrm{tr}\left(\boldsymbol{A}\cdot\boldsymbol{B}^2\right)\right)\boldsymbol{I} \\ &+ \phi_4\boldsymbol{A} + \left(\phi_5\mathrm{tr}\boldsymbol{A} + \phi_6\mathrm{tr}\,(\boldsymbol{A}\cdot\boldsymbol{B}) + \phi_7\mathrm{tr}\left(\boldsymbol{A}\cdot\boldsymbol{B}^2\right)\right)\boldsymbol{B} \\ &+ \left(\phi_8\mathrm{tr}\boldsymbol{A} + \phi_9\mathrm{tr}\,(\boldsymbol{A}\cdot\boldsymbol{B}) + \phi_{10}\mathrm{tr}\left(\boldsymbol{A}\cdot\boldsymbol{B}^2\right)\right)\boldsymbol{B}^2 \\ &+ \phi_{11}\,(\boldsymbol{A}\cdot\boldsymbol{B} + \boldsymbol{B}\cdot\boldsymbol{A}) + \phi_{12}\left(\boldsymbol{A}\cdot\boldsymbol{B}^2 + \boldsymbol{B}^2\cdot\boldsymbol{A}\right)\end{aligned} \tag{2.261}$$

式中 ϕ_1，ϕ_2，$\cdots$，ϕ_{12} 均为 $\boldsymbol{B}$ 的三个不变量的函数，且 $\phi_4=\varphi_1$，$\phi_{11}=\varphi_5$，$\phi_{12}=\varphi_7$。

式 (2.261) 也可以写成 $\boldsymbol{T}=\mathbb{C}:\boldsymbol{A}$ 的形式，这时四阶张量 $\mathbb{C}$ 变为

$$\begin{aligned}\mathbb{C}=&\phi_1\boldsymbol{I}\otimes\boldsymbol{I}+\phi_2\boldsymbol{I}\otimes\boldsymbol{B}+\phi_3\boldsymbol{I}\otimes\boldsymbol{B}^2+\phi_4\mathbb{I}+\phi_5\boldsymbol{B}\otimes\boldsymbol{I}\\&+\phi_6\boldsymbol{B}\otimes\boldsymbol{B}+\phi_7\boldsymbol{B}\otimes\boldsymbol{B}^2+\phi_8\boldsymbol{B}^2\otimes\boldsymbol{I}+\phi_9\boldsymbol{B}^2\otimes\boldsymbol{B}+\phi_{10}\boldsymbol{B}^2\otimes\boldsymbol{B}^2\\&+\phi_{11}(\boldsymbol{B}\boxtimes\boldsymbol{I}+\boldsymbol{I}\boxtimes\boldsymbol{B})+\phi_{12}(\boldsymbol{B}^2\boxtimes\boldsymbol{I}+\boldsymbol{I}\boxtimes\boldsymbol{B}^2)\end{aligned}\tag{2.262}$$

式中考虑了 $\boldsymbol{B}$ 的对称性。导出二阶对称张量的四阶各向同性张量值函数的不可约表示的更一般方法可参考 Zheng 和 Betten(1995)，令其中 $\boldsymbol{B}=\boldsymbol{I}$ 就得到四阶各向同性常张量的一般表达式 (2.186)。

若四阶张量 $\mathbb{C}$ 满足主对称性 $\mathbb{C}_{ijkl}=\mathbb{C}_{klij}$，则式 (2.262) 中的系数必须有 $\phi_2=\phi_5$，$\phi_3=\phi_8$，$\phi_7=\phi_9$，最后

$$\begin{aligned}\mathbb{C}=&\phi_1\boldsymbol{I}\otimes\boldsymbol{I}+\phi_2(\boldsymbol{I}\otimes\boldsymbol{B}+\boldsymbol{B}\otimes\boldsymbol{I})+\phi_3\left(\boldsymbol{I}\otimes\boldsymbol{B}^2+\boldsymbol{B}^2\otimes\boldsymbol{I}\right)+\phi_4\mathbb{I}\\&+\phi_6\boldsymbol{B}\otimes\boldsymbol{B}+\phi_7\left(\boldsymbol{B}\otimes\boldsymbol{B}^2+\boldsymbol{B}^2\otimes\boldsymbol{B}\right)+\phi_{10}\boldsymbol{B}^2\otimes\boldsymbol{B}^2\\&+\phi_{11}(\boldsymbol{B}\boxtimes\boldsymbol{I}+\boldsymbol{I}\boxtimes\boldsymbol{B})+\phi_{12}\left(\boldsymbol{B}^2\boxtimes\boldsymbol{I}+\boldsymbol{I}\boxtimes\boldsymbol{B}^2\right)\end{aligned}\tag{2.263}$$

共包含 9 个不可约的张量基。

作为另外一个应用实例，下面表明 $\boldsymbol{A}$ 的线性函数 $\boldsymbol{B}\cdot\boldsymbol{A}\cdot\boldsymbol{B}$ 可由式 (2.261) 所表示。使用方向导数的乘法法则和求迹式 (1.113)，得方向导数

$$\begin{aligned}\mathrm{D}\left(\mathrm{tr}\left(\boldsymbol{A}\cdot\boldsymbol{B}^3\right)\right)&=\mathrm{tr}\left(\boldsymbol{A}\cdot\mathrm{D}\boldsymbol{B}\cdot\boldsymbol{B}^2+\boldsymbol{A}\cdot\boldsymbol{B}\cdot\mathrm{D}\boldsymbol{B}\cdot\boldsymbol{B}+\boldsymbol{A}\cdot\boldsymbol{B}^2\cdot\mathrm{D}\boldsymbol{B}\right)\\&=\left(\boldsymbol{B}^2\cdot\boldsymbol{A}+\boldsymbol{B}\cdot\boldsymbol{A}\cdot\boldsymbol{B}+\boldsymbol{A}\cdot\boldsymbol{B}^2\right)^{\mathrm{T}}:\mathrm{D}\boldsymbol{B}\end{aligned}\tag{2.264}$$

使用偏导的定义式 (2.38)，有

$$\frac{\partial\,\mathrm{tr}\left(\boldsymbol{A}\cdot\boldsymbol{B}^3\right)}{\partial\boldsymbol{B}}=\left(\boldsymbol{A}\cdot\boldsymbol{B}^2+\boldsymbol{B}\cdot\boldsymbol{A}\cdot\boldsymbol{B}+\boldsymbol{B}^2\cdot\boldsymbol{A}\right)^{\mathrm{T}}\tag{2.265}$$

另一方面，对 $\boldsymbol{B}^3$ 使用 Hamilton-Cayley 定理，再使用不变量的偏导数式 (2.53) 和式 (2.49) 并结合式 (1.145)，得偏导数

$$\begin{aligned}\frac{\partial\,\mathrm{tr}\left(\boldsymbol{A}\cdot\boldsymbol{B}^3\right)}{\partial\boldsymbol{B}}&=\frac{\partial}{\partial\boldsymbol{B}}\left(I^{\boldsymbol{B}}\mathrm{tr}\left(\boldsymbol{A}\cdot\boldsymbol{B}^2\right)-II^{\boldsymbol{B}}\mathrm{tr}\left(\boldsymbol{A}\cdot\boldsymbol{B}\right)+III^{\boldsymbol{B}}\mathrm{tr}\boldsymbol{A}\right)\\&=\mathrm{tr}\left(\boldsymbol{A}\cdot\boldsymbol{B}^2\right)\boldsymbol{I}+I^{\boldsymbol{B}}\frac{\partial\,\mathrm{tr}\left(\boldsymbol{A}\cdot\boldsymbol{B}^2\right)}{\partial\boldsymbol{B}}-\mathrm{tr}\left(\boldsymbol{A}\cdot\boldsymbol{B}\right)\left(I^{\boldsymbol{B}}\boldsymbol{I}-\boldsymbol{B}^{\mathrm{T}}\right)\\&\quad-II^{\boldsymbol{B}}\frac{\partial\,\mathrm{tr}\left(\boldsymbol{A}\cdot\boldsymbol{B}\right)}{\partial\boldsymbol{B}}+\mathrm{tr}\boldsymbol{A}\left(\boldsymbol{B}^2-I^{\boldsymbol{B}}\boldsymbol{B}+II^{\boldsymbol{B}}\boldsymbol{I}\right)^{\mathrm{T}}\\&=\mathrm{tr}\left(\boldsymbol{A}\cdot\boldsymbol{B}^2\right)\boldsymbol{I}+I^{\boldsymbol{B}}\left(\boldsymbol{A}\cdot\boldsymbol{B}+\boldsymbol{B}\cdot\boldsymbol{A}\right)^{\mathrm{T}}-\mathrm{tr}\left(\boldsymbol{A}\cdot\boldsymbol{B}\right)\left(I^{\boldsymbol{B}}\boldsymbol{I}-\boldsymbol{B}^{\mathrm{T}}\right)\\&\quad-II^{\boldsymbol{B}}\boldsymbol{A}^{\mathrm{T}}+\mathrm{tr}\boldsymbol{A}\left(\boldsymbol{B}^2-I^{\boldsymbol{B}}\boldsymbol{B}+II^{\boldsymbol{B}}\boldsymbol{I}\right)^{\mathrm{T}}\end{aligned}$$

两式相等再进行整理就可得

$$\begin{aligned}\boldsymbol{B}\cdot\boldsymbol{A}\cdot\boldsymbol{B}=&\left(\operatorname{tr}\left(\boldsymbol{A}\cdot\boldsymbol{B}^2\right)-I^{\boldsymbol{B}}\operatorname{tr}\left(\boldsymbol{A}\cdot\boldsymbol{B}\right)+I^{\boldsymbol{A}}II^{\boldsymbol{B}}\right)\boldsymbol{I}-II^{\boldsymbol{B}}\boldsymbol{A}\\&+\left(\operatorname{tr}\left(\boldsymbol{A}\cdot\boldsymbol{B}\right)-I^{\boldsymbol{A}}I^{\boldsymbol{B}}\right)\boldsymbol{B}+I^{\boldsymbol{A}}\boldsymbol{B}^2\\&+I^{\boldsymbol{B}}\left(\boldsymbol{A}\cdot\boldsymbol{B}+\boldsymbol{B}\cdot\boldsymbol{A}\right)-\left(\boldsymbol{A}\cdot\boldsymbol{B}^2+\boldsymbol{B}^2\cdot\boldsymbol{A}\right)\end{aligned}\tag{2.266}$$

显然与式 (2.261) 的形式相同。上式是所谓的 Rivlin 等式 (Rivlin，1955)。从上面的推导过程来看，张量 $\boldsymbol{A}$ 和 $\boldsymbol{B}$ 可以是对称张量、非对称张量和反对称张量。将式 (2.266) 中的 $\boldsymbol{A}$ 与 $\boldsymbol{B}$ 互换，可得 $\boldsymbol{A}\cdot\boldsymbol{B}\cdot\boldsymbol{A}$ 的表示。

2.8.4 自变量为一个对称张量和一个反对称张量的对称张量值和反对称张量值的各向同性函数

表示定理七：以一个对称张量 $\boldsymbol{A}$ 和一个反对称张量 $\boldsymbol{W}$ 为自变量张量的各向同性对称张量值函数 $\boldsymbol{T}$ 和反对称张量值函数 $\boldsymbol{Z}$，其完备不可约表示分别是

$$\begin{aligned}\boldsymbol{T}=\boldsymbol{F}\left(\boldsymbol{A},\,\boldsymbol{W}\right)=&\,\varphi_0\boldsymbol{I}+\varphi_1\boldsymbol{A}+\varphi_2\boldsymbol{A}^2+\varphi_3\boldsymbol{W}^2\\&+\varphi_4\left(\boldsymbol{A}\cdot\boldsymbol{W}-\boldsymbol{W}\cdot\boldsymbol{A}\right)+\varphi_5\left(\boldsymbol{A}\cdot\boldsymbol{W}^2+\boldsymbol{W}^2\cdot\boldsymbol{A}\right)\\&+\varphi_6\left(\boldsymbol{A}^2\cdot\boldsymbol{W}-\boldsymbol{W}\cdot\boldsymbol{A}^2\right)+\varphi_7\left(\boldsymbol{W}\cdot\boldsymbol{A}\cdot\boldsymbol{W}^2-\boldsymbol{W}^2\cdot\boldsymbol{A}\cdot\boldsymbol{W}\right)\end{aligned}\tag{2.267}$$

$$\boldsymbol{Z}=\boldsymbol{G}\left(\boldsymbol{A},\,\boldsymbol{W}\right)=\phi_1\boldsymbol{W}+\phi_2\left(\boldsymbol{A}\cdot\boldsymbol{W}+\boldsymbol{W}\cdot\boldsymbol{A}\right)+\phi_3\left(\boldsymbol{A}\cdot\boldsymbol{W}^2-\boldsymbol{W}^2\cdot\boldsymbol{A}\right)\tag{2.268}$$

其中系数 φ_0，φ_1，$\cdots$，φ_7 以及系数 ϕ_1，ϕ_1，ϕ_3 是式 (2.213) 中所列不变量的标量值函数。

证明 同证明定理式 (2.213) 一样，让分析问题坐标系中的 $\boldsymbol{e}_1$ 轴与反对称张量 $\boldsymbol{W}$ 的轴矢量重合，$\boldsymbol{e}_2$ 轴指向式 (2.221) 矩阵最大特征值所对应的特征矢量，使得 $A_4=0$，可以构造表 2.2，若 $(A_2-A_3)(A_5^2+A_6^2)\neq 0$，可通过表中左边的形式不变量最终确定 $\boldsymbol{K}_1$，$\boldsymbol{K}_2$，$\cdots$，$\boldsymbol{K}_6$ 以及 $\boldsymbol{\Omega}_1$，$\boldsymbol{\Omega}_2$，$\boldsymbol{\Omega}_3$。

表 2.2 形式不变量列表

1	$\boldsymbol{I},\boldsymbol{W}^2$	$\boldsymbol{K}_1,\boldsymbol{K}_2+\boldsymbol{K}_3$
2	$\boldsymbol{W}$	$\boldsymbol{\Omega}_1$
3	$\boldsymbol{W}\cdot\boldsymbol{A}\cdot\boldsymbol{W}^2-\boldsymbol{W}^2\cdot\boldsymbol{A}\cdot\boldsymbol{W},\boldsymbol{A}\cdot\boldsymbol{W}-\boldsymbol{W}\cdot\boldsymbol{A}$	$(A_2-A_3)\,\boldsymbol{K}_4,A_6\boldsymbol{K}_5-A_5\boldsymbol{K}_6$
4	$\boldsymbol{A},\boldsymbol{A}\cdot\boldsymbol{W}^2+\boldsymbol{W}^2\cdot\boldsymbol{A}$	$A_2\boldsymbol{K}_2+A_3\boldsymbol{K}_3,A_5\boldsymbol{K}_5+A_6\boldsymbol{K}_6$
5	$\boldsymbol{A}\cdot\boldsymbol{W}+\boldsymbol{W}\cdot\boldsymbol{A},\boldsymbol{A}\cdot\boldsymbol{W}^2-\boldsymbol{W}^2\cdot\boldsymbol{A}$	$A_6\boldsymbol{\Omega}_2+A_5\boldsymbol{\Omega}_3,A_5\boldsymbol{\Omega}_2-A_6\boldsymbol{\Omega}_3$

然而，当 $A_2=A_3$ 时，但 $A_5^2+A_6^2\neq 0$，$\boldsymbol{K}_4$ 不能确定，可以确定 $\boldsymbol{K}_1$，$\boldsymbol{K}_2+\boldsymbol{K}_3$，$\boldsymbol{K}_5$，$\boldsymbol{K}_6$，在这些已确定的条件下，考虑到

$$\boldsymbol{A}^2\cdot\boldsymbol{W}-\boldsymbol{W}\cdot\boldsymbol{A}^2\quad\Rightarrow\quad -2A_5A_6\left(\boldsymbol{K}_2-\boldsymbol{K}_3\right)+\left(A_6^2-A_5^2\right)\boldsymbol{K}_4\tag{2.269a}$$

$$\boldsymbol{A}^2 \quad \Rightarrow \quad \left(A_2^2+A_6^2\right)\boldsymbol{K}_2+\left(A_3^2+A_5^2\right)\boldsymbol{K}_3+A_5A_6\boldsymbol{K}_4 \tag{2.269b}$$

从而确定 $\boldsymbol{K}_2$，$\boldsymbol{K}_3$，$\boldsymbol{K}_4$。

若 $A_5^2+A_6^2=0$，$\boldsymbol{K}_5$，$\boldsymbol{K}_6$ 以及 $\boldsymbol{\Omega}_2$，$\boldsymbol{\Omega}_3$ 不能确定，这时，坐标轴 $\boldsymbol{e}_1$，$\boldsymbol{e}_2$，$\boldsymbol{e}_3$ 是 $\boldsymbol{A}$ 的主轴，采用导出式 (2.257) 的方法，可得这里的 $\boldsymbol{T}$ 和 $\boldsymbol{Z}$ 的表达式也是式 (2.257)。证毕。♦♦

作为应用例子，使用表示定理式 (2.268) 求解张量方程

$$\boldsymbol{A}\cdot\boldsymbol{Z}+\boldsymbol{Z}\cdot\boldsymbol{A}=\boldsymbol{W} \tag{2.270}$$

若 $\boldsymbol{A}$ 为对称张量，$\boldsymbol{Z}$ 为反对称张量，则 $\boldsymbol{W}$ 必然是反对称张量，考虑 $\boldsymbol{A}$ 和 $\boldsymbol{W}$ 为已知求解 $\boldsymbol{Z}$。

显然 $\boldsymbol{Z}$ 为 $\boldsymbol{A}$ 和 $\boldsymbol{W}$ 的反对称张量值各向同性函数,可使用表示定理式 (2.268) 建立它的一般表示。需要说明：由于

$$\boldsymbol{A}\cdot\boldsymbol{W}\cdot\boldsymbol{A} \quad \Rightarrow \quad \left(A_4A_5-A_3A_6\right)\boldsymbol{\Omega}_2+\left(A_4A_6-A_2A_5\right)\boldsymbol{\Omega}_3$$

结合表 2.2 中最后一行的结果，为讨论问题方便起见，可以在定理式 (2.268) 中使用 $\boldsymbol{A}\cdot\boldsymbol{W}\cdot\boldsymbol{A}$ 替代 $\boldsymbol{A}\cdot\boldsymbol{W}^2-\boldsymbol{W}^2\cdot\boldsymbol{A}$，从而将 $\boldsymbol{Z}$ 表示为

$$\boldsymbol{Z}=\phi_1\boldsymbol{W}+\phi_2\left(\boldsymbol{A}\cdot\boldsymbol{W}+\boldsymbol{W}\cdot\boldsymbol{A}\right)+\phi_3\boldsymbol{A}\cdot\boldsymbol{W}\cdot\boldsymbol{A} \tag{2.271}$$

代入式 (2.270)，得

$$\begin{aligned}&\phi_1\left(\boldsymbol{A}\cdot\boldsymbol{W}+\boldsymbol{W}\cdot\boldsymbol{A}\right)+\phi_2\left[\boldsymbol{A}\cdot\left(\boldsymbol{A}\cdot\boldsymbol{W}+\boldsymbol{W}\cdot\boldsymbol{A}\right)+\left(\boldsymbol{A}\cdot\boldsymbol{W}+\boldsymbol{W}\cdot\boldsymbol{A}\right)\cdot\boldsymbol{A}\right]\\&+\phi_3\boldsymbol{A}\cdot\left(\boldsymbol{A}\cdot\boldsymbol{W}+\boldsymbol{W}\cdot\boldsymbol{A}\right)\cdot\boldsymbol{A}=\boldsymbol{W}\end{aligned} \tag{2.272}$$

使用 Rivlin 等式 (2.266)，用 $\boldsymbol{W}$ 和 $\boldsymbol{A}$ 分别替代其中的 $\boldsymbol{A}$ 和 $\boldsymbol{B}$，考虑到对称张量与反对称张量的双点积为零且 $I^{\boldsymbol{W}}=0$，因此有

$$\boldsymbol{A}^2\cdot\boldsymbol{W}+\boldsymbol{W}\cdot\boldsymbol{A}^2=-\boldsymbol{A}\cdot\boldsymbol{W}\cdot\boldsymbol{A}-II^{\boldsymbol{A}}\boldsymbol{W}+I^{\boldsymbol{A}}\left(\boldsymbol{A}\cdot\boldsymbol{W}+\boldsymbol{W}\cdot\boldsymbol{A}\right) \tag{2.273}$$

或写成

$$\boldsymbol{A}\cdot\left(\boldsymbol{A}\cdot\boldsymbol{W}+\boldsymbol{W}\cdot\boldsymbol{A}\right)+\left(\boldsymbol{A}\cdot\boldsymbol{W}+\boldsymbol{W}\cdot\boldsymbol{A}\right)\cdot\boldsymbol{A}=\boldsymbol{A}\cdot\boldsymbol{W}\cdot\boldsymbol{A}-II^{\boldsymbol{A}}\boldsymbol{W}+I^{\boldsymbol{A}}\left(\boldsymbol{A}\cdot\boldsymbol{W}+\boldsymbol{W}\cdot\boldsymbol{A}\right) \tag{2.274}$$

将式 (2.274) 两边后点积 $\boldsymbol{A}$，并使用 Hamilton-Cayley 定理，整理得

$$\boldsymbol{A}\cdot\left(\boldsymbol{A}\cdot\boldsymbol{W}+\boldsymbol{W}\cdot\boldsymbol{A}\right)\cdot\boldsymbol{A}=I^{\boldsymbol{A}}\boldsymbol{A}\cdot\boldsymbol{W}\cdot\boldsymbol{A}-III^{\boldsymbol{A}}\boldsymbol{W} \tag{2.275}$$

将式 (2.274) 和式 (2.275) 一起代入式 (2.272)，得

$$(\phi_1+\phi_2 I^{\boldsymbol{A}})(\boldsymbol{A}\cdot\boldsymbol{W}+\boldsymbol{W}\cdot\boldsymbol{A})+(\phi_2+\phi_3 I^{\boldsymbol{A}})\,\boldsymbol{A}\cdot\boldsymbol{W}\cdot\boldsymbol{A}-(\phi_2 II^{\boldsymbol{A}}+\phi_3 III^{\boldsymbol{A}}+1)\,\boldsymbol{W}=0$$

上述三个张量基是不可约的，因此其系数必须为零，从而得

$$\phi_1=-\frac{(I^{\boldsymbol{A}})^2}{III^{\boldsymbol{A}}-I^{\boldsymbol{A}}II^{\boldsymbol{A}}},\quad \phi_2=\frac{I^{\boldsymbol{A}}}{III^{\boldsymbol{A}}-I^{\boldsymbol{A}}II^{\boldsymbol{A}}},\quad \phi_3=-\frac{1}{III^{\boldsymbol{A}}-I^{\boldsymbol{A}}II^{\boldsymbol{A}}} \tag{2.276}$$

代入式 (2.271) 可将它写成

$$\boldsymbol{Z}=-\frac{1}{III^{\boldsymbol{A}}-I^{\boldsymbol{A}}II^{\boldsymbol{A}}}(I^{\boldsymbol{A}}\boldsymbol{I}-\boldsymbol{A})\cdot\boldsymbol{W}\cdot(I^{\boldsymbol{A}}\boldsymbol{I}-\boldsymbol{A}) \tag{2.277}$$

下面考虑式 (2.270) 右边是对称张量，用 $\boldsymbol{B}$ 表示，则 $\boldsymbol{Z}$ 也必须是对称张量，使用 $\boldsymbol{T}$ 替换，即求解

$$\boldsymbol{A}\cdot\boldsymbol{T}+\boldsymbol{T}\cdot\boldsymbol{A}=\boldsymbol{B} \tag{2.278}$$

将上式前点积分 $\boldsymbol{A}$，整理可写成

$$\boldsymbol{A}\cdot\left(\boldsymbol{A}\cdot\boldsymbol{T}-\frac{1}{2}\boldsymbol{B}\right)+\left(\boldsymbol{A}\cdot\boldsymbol{T}-\frac{1}{2}\boldsymbol{B}\right)\cdot\boldsymbol{A}=\frac{1}{2}(\boldsymbol{A}\cdot\boldsymbol{B}-\boldsymbol{B}\cdot\boldsymbol{A}) \tag{2.279}$$

右边是反对称张量，左边括号里的项记作 $\frac{1}{2}\boldsymbol{Z}$，根据式 (2.278) 可知它也为反对称张量，则

$$\boldsymbol{A}\cdot\boldsymbol{T}-\frac{1}{2}\boldsymbol{B}=\frac{1}{2}\boldsymbol{B}-\boldsymbol{T}\cdot\boldsymbol{A}=\frac{1}{2}\boldsymbol{Z} \tag{2.280}$$

式 (2.279) 可写成

$$\boldsymbol{A}\cdot\boldsymbol{Z}+\boldsymbol{Z}\cdot\boldsymbol{A}=(\boldsymbol{A}\cdot\boldsymbol{B}-\boldsymbol{B}\cdot\boldsymbol{A}) \tag{2.281}$$

使用式 (2.277)，得

$$\boldsymbol{Z}=-\frac{1}{III^{\boldsymbol{A}}-I^{\boldsymbol{A}}II^{\boldsymbol{A}}}(I^{\boldsymbol{A}}\boldsymbol{I}-\boldsymbol{A})\cdot(\boldsymbol{A}\cdot\boldsymbol{B}-\boldsymbol{B}\cdot\boldsymbol{A})\cdot(I^{\boldsymbol{A}}\boldsymbol{I}-\boldsymbol{A}) \tag{2.282}$$

代入式 (2.280)，注意 $\boldsymbol{T}$ 是对称张量，最终得

$$\boldsymbol{T}=\frac{1}{4}\left(\boldsymbol{A}^{-1}\cdot(\boldsymbol{B}+\boldsymbol{Z})+(\boldsymbol{B}-\boldsymbol{Z})\cdot\boldsymbol{A}^{-1}\right) \tag{2.283}$$

上式还可以直接按照求解式 (2.270) 的方法得到：首先，根据表示定理式 (2.248) 建立 $\boldsymbol{T}$ 的一般表达式，然而代入式 (2.278)，使用张量基的不可约性质求解其中的标量系数，最后整理可得式 (2.283)。

最后强调指出：本节张量函数的各种完备表示均为多项式形式，实际上，任意张量函数的完备表示都可以是多项式形式，Pipkin 和 Wineman(1963)、Wineman 和 Pipkin(1964) 给出了一般性证明。

第 3 章　变形几何

本章从几何角度描述物体在固定时刻的变形几何状态。首先介绍物体的连续介质假定，包括它的物理含义和有效性，从而引出物质质点的概念。固定时刻物体中的每一个物质质点在三维空间中所占据的特定位置而形成的几何状态就是所谓的构形，不同时刻构形之间的变化就定义了变形和运动，为了描述它们，需要选择一个特定的构形比如初始未变形构形作为参照，并建立嵌入物体的所谓物质坐标系，以达到永久地标识构形上的各物质点而不受变形的影响，另外，也需要建立一个在空间中固定不变的所谓空间坐标系，以定义当前时刻构形各物质点的空间位置，由此产生两种描述方法——基于物质标识点的物质 (Lagrange) 方法和基于空间位置点的空间 (Euler) 方法。两个相邻物质标识点的空间位置变化梯度即变形梯度无疑是一个最重要的物理量，本章将详细讨论它的定义和意义，建立各种几何量如伸长、转动、剪切、面积和体积等与它的关系，在此基础上给出物质描述下的 Green 应变张量和空间描述下的 Almansi 应变张量等的定义，讨论它们在构形刚体转动下的变换性质。在总结归纳应变度量应满足的条件后，介绍 Hill 类、Seth 类等一般应变度量。本章不讨论引起变形的外在因素，关于变形随时间的变化将留在第 4 章。最后，为了给出所定义的变形几何量在小变形情况下的近似表示，讨论了几何线性化的问题。

3.1　连续介质

众所周知，所有的物体，无论是固体还是流体，从微观固有本质上说，都是不连续的，它们由分子组成，分子由若干个离散的原子组成 (而原子又由原子核和电子组成)，原子之间是空的。

物体的许多重要物理现象发生在大的空间尺度和时间尺度上，比如，当所考虑的物体在空间尺度比原子间距的特征长度大很多以及在时间尺度上比原子键振动的特征时间大很多时，就是这种情况。特征长度和特征时间取决于物体的物理状态，如温度和变形等，然而，我们可以根据物理学的基本知识，粗略地估计出特征长度和特征时间分别是在纳米 (10^{-9}m) 和飞秒 (10^{-15}s) 的量级，只要感兴趣的物理问题所发生的空间和时间尺度远比这些大，可以将物体视为连续介质，这就是说，不去考虑它的离散性质，也不会给问题的分析带来明显的误差。

连续介质构成了一个重要的假定，其本质就是将具有离散且不均匀微观结构的物体，取出一个代表性的体积元，进行均匀化抹平处理，使其成为均匀、密实连续的物质，处理后的连续介质的物理性质独立于所取的空间尺寸，具体地说，假象将连续介质的物体不断切开成小块，无论多么小，它的物理性质都是不变的，这样连续介质的物体就可视作由均匀、密实连续的物质质点所组成。一个重要的问题是代表性体积元应取多大，首先，它相对感兴趣的物体问题所发生的空间尺度要非常小，以至于在体积元上分布的物理量宏观上变化较小，可视为均匀。另一方面，在微观上应足够大，以至于包括大量的微结构，使得均匀化处理抹平后的物理量与体积元大小无关。所以，通常称之为宏观无限小、微观无限大。

固体和流体 (包括液体和气体) 在许多情况下都可以作为连续介质处理。

3.2 构形与运动

连续介质力学就是研究由物质质点组成的连续介质物体是如何响应外部的作用 (力、热等)。通常将任意时刻 t 物体中的每一个物质质点在三维空间中所占据的特定位置而形成的几何状态称为构形，所有物质质点所占据的空间位置的集合就是物体所占据的区域。物体在不同的外部作用下，将具有不同的构形，因此，占据不同的空间区域。应注意构形与区域两者之间的差别，例如，一个物体在一定的构形下占据圆柱形的空间区域，如果物体在外力作用下产生绕其轴线的扭转，它所占据的空间区域是不变的，但它的构形却是不同的。

为了识别物质质点，就必须标识它。通常选定某一构形，物体中各物质质点就使用它在该构形中对应的空间位置来加以标识，并以此作为参照，研究其他构形中的变形几何，包括诸如长度、角度、面积和体积等特征量的相对改变，所以，该构形称为参考构形。无应力、未变形状态所具有的构形称为自然构形，变形后的当前时刻所具有的构形称为当前构形或者即时构形。一般将自然构形对应的时刻设置为零，所以该构形也称初始构形，通常选取自然构形作为参考构形。

在参考构形中建立一套坐标系，通过每个物质点在坐标系中所处的位置矢量来达到标识物质点的目的，该坐标系称为物质坐标系或 Lagrange 坐标系。通常选取它为笛卡儿坐标系，其三个基矢量使用 $\boldsymbol{E}_I$ $(I=1,2,3)$ 表示，则每个物质点就通过它所处的位置矢量

$$\boldsymbol{X} = X_K \boldsymbol{E}_K \tag{3.1}$$

来标识，其中 X_1、X_2、X_3 称为物质坐标，也称 Lagrange 坐标。物质坐标系可理解为镶嵌在物体内部，同物质一起变形，无论物体发生怎样的变形，每个物质点的坐标刻度总是恒定不变的，就像足球场上各队员的球衣号码一样，无论他运动到那里，他的号码总是不变的。

另外，建立一在空间中固定不变的坐标系，以描述物质点在变形后所处的空间位置，该坐标系称为空间坐标系或 Euler 坐标系。通常选取它为笛卡儿坐标系，其三个基矢量使用 $\boldsymbol{e}_i$ $(i=1,2,3)$ 表示，物质点在变形后所处的空间位置就使用矢量

$$\boldsymbol{x}=x_i\boldsymbol{e}_i \tag{3.2}$$

描述，其中 x_1、x_2、x_3 称为空间坐标或 Euler 坐标。注意：两套笛卡儿坐标系可以相同，也可以不相同。本节的描述中使用了不同的坐标系，它们的单位基矢量分别使用 $\boldsymbol{E}$ 和 $\boldsymbol{e}$ 表示，而相应的下标也分别为大写和小写，以示区别。

如果选 $t=0$ 时刻的初始构形为参考构形且空间坐标系与物质坐标系重合 (在许多具体应用中，通常这样处理)，$t=0$ 时刻的空间坐标 $\boldsymbol{x}$ 实际就是物质坐标 $\boldsymbol{X}$，从而标识物质点。

对于参考构形中的每一个物质点，在物体的运动过程中，它的物质坐标将保持不变，但在不同时刻 t，它位于当前构形中的空间坐标将不断变化，物质点随时间的运动可由下式表示

$$\boldsymbol{x}=\boldsymbol{x}\left(\boldsymbol{X},t\right) \tag{3.3}$$

或写成分量形式

$$x_i=x_i(X_1,\ X_2,\ X_3,\ t)$$

在上式中若固定 $\boldsymbol{X}$，仅 t 是变量，则上式给出一个特定物质点的运动规律；如果让 $\boldsymbol{X}$ 是变量，而 t 固定不变，则上式给出物体各物质点在该时刻的空间位置状态。

研究变形体力学时，我们希望利用微积分这一工具，所以通常假定描述连续介质运动规律的函数，如上式中的 $\boldsymbol{x}(\boldsymbol{X},t)$ 是连续的，它们对自变量的偏导数也是连续的。当然在一些情况下描述运动的特征物理量或者是其导数在某些曲面上发生间断，例如金属塑性滑移场中的速度，这时，我们必须弱化运动连续的假定，不过需要指出，连续运动的理论是研究有间断存在的不连续运动的基础。

数学上，式 (3.3) 表示从参考构形到当前构形的变换，或是映射。已假定函数 $\boldsymbol{x}(\boldsymbol{X},t)$ 连续，如果进一步假定在每个固定时刻都是单值的，则必定存在下面的逆变换，即从当前构形到参考构形的变换，且是唯一的

$$\boldsymbol{X}=\boldsymbol{X}\left(\boldsymbol{x},t\right) \tag{3.4}$$

于是，我们说两个构形之间的变换始终是一一对应的单值关系，且还必须连续。比如，体不能变换为点，否则违反单值条件；一个封闭的曲面和曲线，必须分别变换为封闭的曲面和曲线，否则违反变换的连续性条件。

式 (3.4) 可更通俗地理解为，对于一个空间位置固定的坐标点，经过它的物质点总是随时间变化的。

在变形和运动描述时，若以物质坐标作为基本变量，即始终跟踪每一个物质点，如式 (3.3)，或者说，所考察的体积元、面积元、线元始终由同样一些物质点组成，则称为物质描述或 Lagrange 描述。若以空间坐标作为基本变量，即始终着眼于空间中每一个固定的点，如式 (3.4)，或者说，所考察的体积元、面积元、线元在空间中固定，但占据它们的物质点在不断变化，则称为空间描述或 Euler 描述。由于参考构形到当前构形之间变换的一一对应性，两种描述可以相互转换。

流体力学通常采用空间描述方法，对于流体，其力学行为通常与运动历史无关，没有必要甚至也不可能描述它的各个质点相对固定参考构形的运动历史，只需要了解在固定空间点的即时变化，比如，水在江河中的流动，我们往往关心固定空间断面上若干固定空间点的速度及其随时间的变化，从而获得流量及其随时间的变化，而不关心流过这个固定空间点的是哪些水体物质质点。而对固体而言，其变形和运动历史的描述往往是重要的，因此，固体力学大多数情况下采用物质方法更合适。

3.3　变 形 梯 度

考察参考构形上 P 点附近的一个邻域，P 点的物质坐标是 $\boldsymbol{X}$，取过 P 点的任意一个物质线元 $\mathrm{d}\boldsymbol{X}$，线元的另一个端点用 Q 表示，其物质坐标是 $\boldsymbol{X}+\mathrm{d}\boldsymbol{X}$，如图 3.1 所示，变形后的线元在当前构形上的空间矢径表示为

$$\mathrm{d}\boldsymbol{x}=\boldsymbol{x}\left(\boldsymbol{X}+\mathrm{d}\boldsymbol{X},t\right)-\boldsymbol{x}\left(\boldsymbol{X},t\right) \tag{3.5}$$

线性化后可表示为

$$\mathrm{d}\boldsymbol{x}=\frac{\partial\boldsymbol{x}}{\partial\boldsymbol{X}}\cdot\mathrm{d}\boldsymbol{X}=\boldsymbol{F}\cdot\mathrm{d}\boldsymbol{X} \tag{3.6}$$

式中

$$\boldsymbol{F}=\frac{\partial\boldsymbol{x}}{\partial\boldsymbol{X}} \tag{3.7}$$

是变形梯度。上面的描述使用分量形式可表示成

$$\mathrm{d}x_i=x_i\left(X_K+\mathrm{d}X_K,t\right)-x_i\left(X_K,t\right)=\frac{\partial x_i}{\partial X_K}\mathrm{d}X_K=F_{iK}\mathrm{d}X_K \tag{3.8}$$

式中

$$F_{iK}=\frac{\partial x_i}{\partial X_K} \tag{3.9}$$

是变形梯度的分量，使用式 (3.8)，有

$$\mathrm{d}\boldsymbol{x} = \mathrm{d}x_i\boldsymbol{e}_i = \frac{\partial x_i}{\partial X_K}\mathrm{d}X_K\boldsymbol{e}_i = \frac{\partial x_i}{\partial X_K}\boldsymbol{e}_i \otimes \boldsymbol{E}_K \cdot \mathrm{d}\boldsymbol{X} \tag{3.10}$$

得变形梯度具体表示为

$$\boldsymbol{F} = \frac{\partial x_i}{\partial X_K}\boldsymbol{e}_i \otimes \boldsymbol{E}_K = F_{iK}\boldsymbol{e}_i \otimes \boldsymbol{E}_K \tag{3.11}$$

注意它是相对物质坐标的梯度，为与相对空间坐标的梯度 (如第 4 章中的速度梯度) 区别起见，相对物质坐标的微分算子采用在相对空间坐标的微分算子 ∇ 加下标 0，则变形梯度可简记为

$$\boldsymbol{F} = \boldsymbol{x} \otimes \nabla_0, \quad \nabla_0 = \boldsymbol{E}_J\frac{\partial}{\partial X_J} \tag{3.12}$$

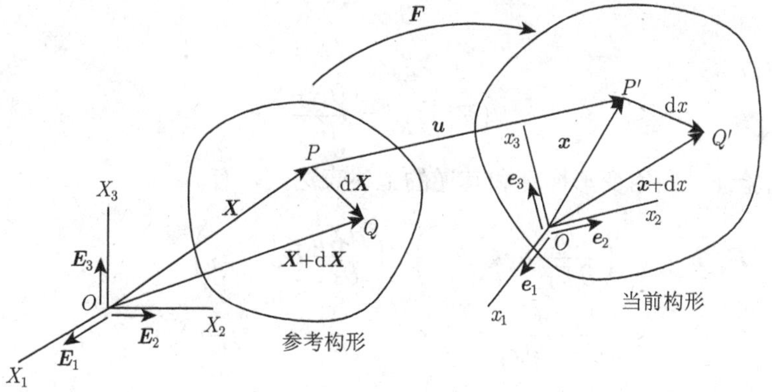

图 3.1 参考构形与物质坐标系、当前构形与空间坐标系 ($\boldsymbol{u}$ 代表位移)

物质线元矢量 $\mathrm{d}\boldsymbol{X}$，由于它位于参考构形中，也称为物质矢量或 Lagrange 矢量，相应地，当前构形中的空间线元矢量 $\mathrm{d}\boldsymbol{x}$ 也称为空间矢量或 Euler 矢量。变形梯度 $\boldsymbol{F}$ 是一个两点张量，前基矢量位于当前构形，后基矢量位于参考构形，它将一个物质矢量变换为一个空间矢量，两点张量也称 Euler-Lagrange 张量。由于 $\mathrm{d}\boldsymbol{X}$ 是过 P 点的任意物质线元，式 (3.6) 说明变形梯度 $\boldsymbol{F}$ 决定了 P 点邻域线元的变形，由后面的分析可知，有了它就可以算出一切变形几何的信息，包括线元伸长、转动、剪切 (线元夹角改变) 以及面积、体积改变等。

根据定义，张量转置是将张量的前后基矢量交换次序，因此变形梯度 $\boldsymbol{F}$ 的转置张量应是

$$\boldsymbol{F}^{\mathrm{T}} = \frac{\partial x_i}{\partial X_K}\boldsymbol{E}_K \otimes \boldsymbol{e}_i = F^{\mathrm{T}}_{Ki}\boldsymbol{E}_K \otimes \boldsymbol{e}_i, \quad F^{\mathrm{T}}_{Ki} = \frac{\partial x_i}{\partial X_K} = F_{iK} \tag{3.13}$$

使用转置张量，当前构形中的线元可表示为

$$\mathrm{d}\boldsymbol{x} = \mathrm{d}\boldsymbol{X} \cdot \boldsymbol{F}^{\mathrm{T}} \tag{3.14}$$

变形梯度的逆必定存在。变形梯度 $\boldsymbol{F}$ 代表从参考构形线元 $\mathrm{d}\boldsymbol{X}$ 到当前构形线元 $\mathrm{d}\boldsymbol{x}$ 的变换，变形梯度的逆 $\boldsymbol{F}^{-1}$ 则代表从当前构形线元 $\mathrm{d}\boldsymbol{x}$ 返回到参考构形线元 $\mathrm{d}\boldsymbol{X}$ 的变换，前面已述，这两个线元之间的变换总是一一对应的，因此，变形梯度的逆必定存在。另一方面，由后面的式 (3.128) 可知，变形梯度的 Jacobi 行列式

$$J = \det \boldsymbol{F} \tag{3.15}$$

是变形前后物质点或微元的体积之比，显然大于零而不会等于零，根据线性代数的知识，它的逆也应存在，可验证为

$$\boldsymbol{F}^{-1} = \frac{\partial X_K}{\partial x_i} \boldsymbol{E}_K \otimes \boldsymbol{e}_i \tag{3.16}$$

或使用分量表示为

$$\left(\boldsymbol{F}^{-1}\right)_{Ki} = \frac{\partial X_K}{\partial x_i} \tag{3.17}$$

下面给出验证：利用变形梯度和其逆的上述表达式，有

$$\begin{aligned}\boldsymbol{F} \cdot \boldsymbol{F}^{-1} &= \left(\frac{\partial x_i}{\partial X_K} \boldsymbol{e}_i \otimes \boldsymbol{E}_K\right) \cdot \left(\frac{\partial X_L}{\partial x_j} \boldsymbol{E}_L \otimes \boldsymbol{e}_j\right) \\ &= \frac{\partial x_i}{\partial X_K} \frac{\partial X_K}{\partial x_j} \boldsymbol{e}_i \otimes \boldsymbol{e}_j = \frac{\partial x_i}{\partial x_j} \boldsymbol{e}_i \otimes \boldsymbol{e}_j = \delta_{ij} \boldsymbol{e}_i \otimes \boldsymbol{e}_j = \boldsymbol{I}\end{aligned}$$

同样可以验证 $\boldsymbol{F}^{-1} \cdot \boldsymbol{F} = \boldsymbol{I}$，因此式 (3.16) 给出的逆成立。

若已知当前构形中的线元 $\mathrm{d}\boldsymbol{x}$，欲求参考构形中的线元 $\mathrm{d}\boldsymbol{X}$，用分量可表示为

$$\mathrm{d}X_K = \frac{\partial X_K}{\partial x_i} \mathrm{d}x_i = \left(\boldsymbol{F}^{-1}\right)_{Ki} \mathrm{d}x_i \tag{3.18}$$

或者用符号记法形式写成

$$\mathrm{d}\boldsymbol{X} = \boldsymbol{F}^{-1} \cdot \mathrm{d}\boldsymbol{x} \quad 或 \quad \mathrm{d}\boldsymbol{X} = \mathrm{d}\boldsymbol{x} \cdot \boldsymbol{F}^{-\mathrm{T}} \tag{3.19}$$

其中 $\boldsymbol{F}^{-\mathrm{T}}$ 是变形梯度的逆再取转置，也可理解取转置后再求逆，见式 (1.96)，再结合式 (3.16) 有

$$\boldsymbol{F}^{-\mathrm{T}} = \left(\boldsymbol{F}^{-1}\right)^{\mathrm{T}} = \left(\boldsymbol{F}^{\mathrm{T}}\right)^{-1} = \frac{\partial X_K}{\partial x_i} \boldsymbol{e}_i \otimes \boldsymbol{E}_K \tag{3.20}$$

3.4 伸长与变形张量

变形梯度对物质点各线元的作用，使得线元长度改变和方向转动。本节集中讨论线元的伸长。

3.4.1 伸长比与变形张量

考虑过物质点 P 的任意一物质线元 $\mathrm{d}\boldsymbol{X}$，变形后变为空间线元 $\mathrm{d}\boldsymbol{x}$，由原来的长度 $|\mathrm{d}\boldsymbol{X}|$ 变为当前的长度 $|\mathrm{d}\boldsymbol{x}|$，将变形前后线元的长度之比定义为伸长比，即

$$\lambda_M \xlongequal{\text{def}} \frac{|\mathrm{d}\boldsymbol{x}|}{|\mathrm{d}\boldsymbol{X}|} \tag{3.21}$$

使用 $\boldsymbol{M}$ 和 $\boldsymbol{m}$ 分别代表 $\mathrm{d}\boldsymbol{X}$ 方向和 $\mathrm{d}\boldsymbol{x}$ 方向的单位矢量，即

$$\boldsymbol{M} = \frac{\mathrm{d}\boldsymbol{X}}{|\mathrm{d}\boldsymbol{X}|}, \quad \boldsymbol{m} = \frac{\mathrm{d}\boldsymbol{x}}{|\mathrm{d}\boldsymbol{x}|} \tag{3.22}$$

则 $\mathrm{d}\boldsymbol{x} = \boldsymbol{F}\cdot\mathrm{d}\boldsymbol{X}$ 可写成

$$\boldsymbol{F}\cdot\boldsymbol{M} = \lambda_M \boldsymbol{m} \tag{3.23}$$

那就是说，线元从 $\boldsymbol{M}$ 方向转动到 $\boldsymbol{m}$ 方向，并按 λ_M 的比例产生了伸长。下面分别采用物质和空间两种描述方式计算伸长比。

物质描述。考察物质线元 $\mathrm{d}\boldsymbol{X}$，使用式 (3.6)、式 (3.8) 和式 (3.14)，变形后对应空间线元的长度平方可写成

$$\begin{aligned} |\mathrm{d}\boldsymbol{x}|^2 &= \mathrm{d}x_i \mathrm{d}x_i = F_{iK}F_{iL}\mathrm{d}X_K\mathrm{d}X_L \\ &= \mathrm{d}\boldsymbol{x}\cdot\mathrm{d}\boldsymbol{x} = \mathrm{d}\boldsymbol{X}\cdot\left(\boldsymbol{F}^{\mathrm{T}}\cdot\boldsymbol{F}\right)\cdot\mathrm{d}\boldsymbol{X} \end{aligned} \tag{3.24}$$

定义

$$\boldsymbol{C} \xlongequal{\text{def}} \boldsymbol{F}^{\mathrm{T}}\cdot\boldsymbol{F} \tag{3.25}$$

称为 Green 变形张量，或称为右 Cauchy-Green 变形张量，在式 (3.11) 的帮助下，可将它写成

$$\boldsymbol{C} = C_{KL}\boldsymbol{E}_K\otimes\boldsymbol{E}_L = F_{iK}F_{iL}\boldsymbol{E}_K\otimes\boldsymbol{E}_L, \quad C_{KL} = F_{iK}F_{iL}$$

于是，变形后长度平方可表示为

$$|\mathrm{d}\boldsymbol{x}|^2 = C_{KL}\mathrm{d}X_K\mathrm{d}X_L = \mathrm{d}\boldsymbol{X}\cdot\boldsymbol{C}\cdot\mathrm{d}\boldsymbol{X} \tag{3.26}$$

而伸长比应是

$$\lambda_M = \frac{\sqrt{\mathrm{d}\boldsymbol{X}\cdot\boldsymbol{C}\cdot\mathrm{d}\boldsymbol{X}}}{|\mathrm{d}\boldsymbol{X}|} = \sqrt{\boldsymbol{M}\cdot\boldsymbol{C}\cdot\boldsymbol{M}} \tag{3.27}$$

任意方向的伸长比都由 $\boldsymbol{C}$ 所决定，所以说，它是物质描述下的一个重要的变形度量。顺便指出，式 (3.27) 也可直接使用式 (3.23) 得到

$$\lambda_M = |\boldsymbol{F}\cdot\boldsymbol{M}| = \sqrt{(\boldsymbol{F}\cdot\boldsymbol{M})(\boldsymbol{F}\cdot\boldsymbol{M})} = \sqrt{\boldsymbol{M}\cdot\boldsymbol{C}\cdot\boldsymbol{M}} \tag{3.28}$$

上面定义的右 Cauchy-Green 变形张量 $\boldsymbol{C}$ 是对称张量且有逆存在，因为

$$\boldsymbol{C}^{\mathrm{T}} = \left(\boldsymbol{F}^{\mathrm{T}}\cdot\boldsymbol{F}\right)^{\mathrm{T}} = \boldsymbol{F}^{\mathrm{T}}\cdot\boldsymbol{F} = \boldsymbol{C} \tag{3.29a}$$

$$\det\boldsymbol{C} = \det\boldsymbol{F}^{\mathrm{T}}\det\boldsymbol{F} = (\det\boldsymbol{F})^2 = J^2 > 0 \tag{3.29b}$$

而且，根据式 (3.26) 可知 $\boldsymbol{C}$ 必须正定。

空间描述。考察空间线元 $\mathrm{d}\boldsymbol{x}$，使用式 (3.18) 和式 (3.19) 计算它在变形前对应物质线元的长度，则有

$$\begin{aligned}|\mathrm{d}\boldsymbol{X}|^2 &= \mathrm{d}X_K\mathrm{d}X_K = \left(\boldsymbol{F}^{-1}\right)_{Ki}\left(\boldsymbol{F}^{-1}\right)_{Kj}\mathrm{d}x_i\mathrm{d}x_j\\ &= \mathrm{d}\boldsymbol{X}\cdot\mathrm{d}\boldsymbol{X} = \mathrm{d}\boldsymbol{x}\cdot\left(\boldsymbol{F}^{-\mathrm{T}}\cdot\boldsymbol{F}^{-1}\right)\cdot\mathrm{d}\boldsymbol{x}\end{aligned} \tag{3.30}$$

定义

$$\boldsymbol{c} \overset{\mathrm{def}}{=\!=} \boldsymbol{F}^{-\mathrm{T}}\cdot\boldsymbol{F}^{-1} \tag{3.31}$$

称为 Cauchy 变形张量，其分量就是

$$c_{ij} = \left(\boldsymbol{F}^{-\mathrm{T}}\right)_{iK}\left(\boldsymbol{F}^{-1}\right)_{Kj} = \left(\boldsymbol{F}^{-1}\right)_{Ki}\left(\boldsymbol{F}^{-1}\right)_{Kj}$$

于是，变形前长度平方是

$$|\mathrm{d}\boldsymbol{X}|^2 = c_{ij}\mathrm{d}x_i\mathrm{d}x_j = \mathrm{d}\boldsymbol{x}\cdot\boldsymbol{c}\cdot\mathrm{d}\boldsymbol{x} \tag{3.32}$$

而空间描述下的伸长比则是

$$\lambda_M = \frac{|\mathrm{d}\boldsymbol{x}|}{\sqrt{\mathrm{d}\boldsymbol{x}\cdot\boldsymbol{c}\cdot\mathrm{d}\boldsymbol{x}}} = \frac{1}{\sqrt{\boldsymbol{m}\cdot\boldsymbol{c}\cdot\boldsymbol{m}}} \tag{3.33}$$

或直接使用式 (3.23) 得到

$$\lambda_M = \frac{1}{|\boldsymbol{F}^{-1}\cdot\boldsymbol{m}|} = \frac{1}{\sqrt{(\boldsymbol{F}^{-1}\cdot\boldsymbol{m})(\boldsymbol{F}^{-1}\cdot\boldsymbol{m})}} = \frac{1}{\sqrt{\boldsymbol{m}\cdot\boldsymbol{c}\cdot\boldsymbol{m}}} \tag{3.34}$$

同右 Cauchy-Green 变形张量 $\boldsymbol{C}$ 一样，Cauchy 变形张量 $\boldsymbol{c}$ 也是对称张量，有逆存在且正定。然而，在后面的分析与应用中，绝大多数情况下使用 $\boldsymbol{c}$ 的逆而不是 $\boldsymbol{c}$ 本身。通常将 $\boldsymbol{c}$ 的逆称为左 Cauchy-Green 变形张量，一些文献中也称 Finger 变形张量，记作 $\boldsymbol{b}$，结合式 (3.31)，则有

$$\boldsymbol{b} \overset{\mathrm{def}}{=\!=} \boldsymbol{c}^{-1} \quad 或 \quad \boldsymbol{b} \overset{\mathrm{def}}{=\!=} \boldsymbol{F}\cdot\boldsymbol{F}^{\mathrm{T}} \tag{3.35}$$

同 Cauchy 变形张量 $\boldsymbol{c}$ 一样，$\boldsymbol{b}$ 也是对称张量且正定。根据上面的定义并结合式 (3.11)，得 $\boldsymbol{b}$ 具体表示为

$$\boldsymbol{b} = b_{ij}\boldsymbol{e}_i \otimes \boldsymbol{e}_j = F_{iK}F_{jK}\boldsymbol{e}_i \otimes \boldsymbol{e}_j, \quad b_{ij} = F_{iK}F_{jK}$$

右 Cauchy-Green 变形张量 $\boldsymbol{C}$ 的两个基矢量均位于参考构形，称为物质张量或 Lagrange 张量，它将物质矢量变换为物质矢量。Cauchy 变形张量 $\boldsymbol{c}$ 和左 Cauchy-Green 变形张量 $\boldsymbol{b}$ 的两个基矢量均位于当前构形，称为空间张量或 Euler 张量，它将空间矢量变换为空间矢量。

3.4.2 主伸长比与主方向

1. 物质描述

根据式 (3.27)，随物质线元方向 $\boldsymbol{M}$ 不同，伸长比不同，所有伸长比中存在三个极值，这三个极值被称为主伸长比。下面分析将表明：主伸长比就等于 $\boldsymbol{C}$ 的主值 (特征值) 开方；主伸长比所在的方向就是 $\boldsymbol{C}$ 的主方向 (特征矢量或主轴)。

求主伸长比及所在的方向就是求 $\boldsymbol{M}\cdot\boldsymbol{C}\cdot\boldsymbol{M}$ 相对 $\boldsymbol{M}$ 的极值及所在的方向，并受到条件 $\boldsymbol{M}\cdot\boldsymbol{M}=1$ 的约束。使用求条件极值的 Lagrange 乘子方法，有

$$\frac{\partial}{\partial M_I}\left[M_K C_{KL} M_L - \bar{\lambda}\left(M_L M_L - 1\right)\right] = 0 \tag{3.36}$$

式中 $\bar{\lambda}$ 是 Lagrange 乘子。考虑到 $\dfrac{\partial M_K}{\partial M_I} = \delta_{KI}$，由于 $\boldsymbol{C}$ 的对称性，有 $C_{IL}M_L = M_K C_{KI}$，从式 (3.36) 可导出

$$\left(C_{IL} - \bar{\lambda}\delta_{IL}\right) M_L = 0 \quad 或 \quad C_{IL}M_L = \bar{\lambda} M_I \tag{3.37}$$

对比式 (1.156) 可知，Lagrange 乘子 $\bar{\lambda}$ 就是 $\boldsymbol{C}$ 的主值，满足上式的 M_I 就是 $\boldsymbol{C}$ 的主方向。求解主值的特征方程应由式 (3.37) 系数矩阵行列式为零导出，根据式 (1.160) 有

$$\bar{\lambda}^3 - I^{\boldsymbol{C}}\bar{\lambda}^2 + II^{\boldsymbol{C}}\bar{\lambda} - III^{\boldsymbol{C}} = 0 \tag{3.38}$$

式中 $I^{\boldsymbol{C}}$，$II^{\boldsymbol{C}}$，$III^{\boldsymbol{C}}$ 是张量 $\boldsymbol{C}$ 的三个主不变量

$$\begin{aligned} I^{\boldsymbol{C}} &= \mathrm{tr}\boldsymbol{C} \\ II^{\boldsymbol{C}} &= \mathrm{tr}\left(\mathrm{cof}\boldsymbol{C}\right) = \frac{1}{2}\left(\left(\mathrm{tr}\boldsymbol{C}\right)^2 - \mathrm{tr}\boldsymbol{C}^2\right) \\ III^{\boldsymbol{C}} &= \det\boldsymbol{C} \end{aligned} \tag{3.39}$$

解特征方程式 (3.38) 得 $\boldsymbol{C}$ 的三个主值 $\bar{\lambda}_K$ $(K=1,2,3)$，将特征方程式 (3.37) 代入式 (3.27)，得它与主伸长比 λ_K $(K=1,2,3)$ 的关系是

$$\bar{\lambda}_K=\lambda_K^2 \quad (K=1,2,3) \tag{3.40}$$

这也说明 $\boldsymbol{C}$ 的特征值恒为正，因此正定性显而易见。

将三个主值 $\bar{\lambda}_K$ $(K=1,2,3)$ 代回式 (3.37)，解得三个相应的主方向，它们是产生主伸长的方向，由于 $\boldsymbol{C}$ 是物质 (Lagrange) 张量，通常将它们称为 Lagrange 主轴，使用 $\boldsymbol{N}_K$ $(K=1,2,3)$ 表示，它们相互正交，由它们构成的坐标系称为 Lagrange 主轴坐标系或 Lagrange 标架。类比式 (1.173)，$\boldsymbol{C}$ 在该主轴坐标下表示为

$$\boldsymbol{C}=\sum_{K=1}^{3}\lambda_K^2\boldsymbol{N}_K\otimes\boldsymbol{N}_K \tag{3.41}$$

2. 空间描述

同样也可使用空间描述的伸长比表达式 (3.33) 求主伸长比和相应的主方向，建立特征方程

$$\boldsymbol{c}\cdot\boldsymbol{m}=\hat{\lambda}\boldsymbol{m} \tag{3.42}$$

式中 $\hat{\lambda}$ 是 Lagrange 乘子，也是 $\boldsymbol{c}$ 的主值。上式两边点积左 Cauchy-Green 变形张量 $\boldsymbol{b}$，并考虑到它定义为 $\boldsymbol{c}$ 的逆，得 $\boldsymbol{b}$ 的特征方程为

$$\boldsymbol{b}\cdot\boldsymbol{m}=\hat{\lambda}^{-1}\boldsymbol{m} \tag{3.43}$$

所以 $\boldsymbol{b}$ 与 $\boldsymbol{c}$ 共主轴，而主值是 $\hat{\lambda}^{-1}$。将 $\boldsymbol{c}\cdot\boldsymbol{m}=\hat{\lambda}\boldsymbol{m}$ 代入式 (3.33) 得 $\hat{\lambda}_i^{-1}=\lambda_i^2$ $(i=1,2,3)$，因此，$\boldsymbol{b}$ 和 $\boldsymbol{C}$ 的主值相等，实际上，它们的三个不变量分别相等，使用 $\boldsymbol{b}$ 和 $\boldsymbol{C}$ 的定义以及求迹式 (1.112) 与式 (1.114)，得

$$\begin{aligned}
I^{\boldsymbol{b}}&=\mathrm{tr}\boldsymbol{b}=\mathrm{tr}\left(\boldsymbol{F}\cdot\boldsymbol{F}^{\mathrm{T}}\right)=\mathrm{tr}\left(\boldsymbol{F}^{\mathrm{T}}\cdot\boldsymbol{F}\right)\\
&=\mathrm{tr}\boldsymbol{C}=I^{\boldsymbol{C}}\\
II^{*\boldsymbol{b}}&=\mathrm{tr}\boldsymbol{b}^2=\mathrm{tr}\left(\boldsymbol{F}\cdot\boldsymbol{F}^{\mathrm{T}}\cdot\boldsymbol{F}\cdot\boldsymbol{F}^{\mathrm{T}}\right)=\mathrm{tr}\left(\boldsymbol{F}^{\mathrm{T}}\cdot\boldsymbol{F}\cdot\boldsymbol{F}^{\mathrm{T}}\cdot\boldsymbol{F}\right)\\
&=\mathrm{tr}\boldsymbol{C}^2=II^{*\boldsymbol{C}}\\
III^{\boldsymbol{b}}&=\det\boldsymbol{b}=\det\left(\boldsymbol{F}\cdot\boldsymbol{F}^{\mathrm{T}}\right)=\det\left(\boldsymbol{F}\cdot\boldsymbol{F}^{\mathrm{T}}\right)^{\mathrm{T}}\\
&=\det\left(\boldsymbol{F}^{\mathrm{T}}\cdot\boldsymbol{F}\right)=\det\boldsymbol{C}=III^{\boldsymbol{C}}
\end{aligned} \tag{3.44}$$

进一步地，$II^{\boldsymbol{b}}=II^{\boldsymbol{C}}$，因此，主值相等便成为必然。解 $\boldsymbol{b}$ 的特征方程 $\boldsymbol{b}\cdot\boldsymbol{m}=\hat{\lambda}^{-1}\boldsymbol{m}$，得三个主方向，称为 Euler 主轴，记作 $\boldsymbol{n}_k(k=1,2,3)$，显然，$\boldsymbol{b}$ 的主方向 $\boldsymbol{n}_k$ 将

不同于 $\boldsymbol{C}$ 的主方向 $\boldsymbol{N}_K$。同样地，将 Euler 主轴 $\boldsymbol{n}_k(k=1,2,3)$ 构成的坐标系称为 Euler 主轴坐标系或 Euler 标架。

类比式 (3.41)，在 Euler 主轴坐标系下，可将 $\boldsymbol{b}$ 和 $\boldsymbol{c}$ 表示为

$$\boldsymbol{b}=\sum_{k=1}^{3}\lambda_k^2\boldsymbol{n}_k\otimes\boldsymbol{n}_k,\quad \boldsymbol{c}=\sum_{k=1}^{3}\frac{1}{\lambda_k^2}\boldsymbol{n}_k\otimes\boldsymbol{n}_k \tag{3.45}$$

需要说明：无论是 Lagrange 主轴还是 Euler 主轴，它们都是非物质的，即在变形过程中的不同时刻，它们一般与不同的物质线元重合。

3.5 变形梯度的极分解——伸长和转动

考察一种特殊的变形——刚体转动，任意方向物质线元的长度没有改变，即伸长比恒为 1，根据式 (3.41) 和式 (3.45) 可知，这时左、右 Cauchy-Green 变形张量 $\boldsymbol{C}$ 及 $\boldsymbol{b}$ 都必须为单位张量 $\boldsymbol{I}$，即 $\boldsymbol{C}=\boldsymbol{b}=\boldsymbol{I}$，从而变形梯度 $\boldsymbol{F}$ 满足

$$\boldsymbol{F}^{\mathrm{T}}\cdot\boldsymbol{F}=\boldsymbol{F}\cdot\boldsymbol{F}^{\mathrm{T}}=\boldsymbol{I}$$

为正交张量，实际的变形必须有 $J=\det\boldsymbol{F}>0$，因此，与刚体转动对应的应是正常正交张量。反过来，当变形梯度为正交张量时，变形必然为刚体转动。

然而在一般情况下，$\boldsymbol{F}$ 为非正交张量，变形一部分为刚体转动，另外一部分为伸长，问题是 $\boldsymbol{F}$ 中的哪一部分是刚体转动，哪一部分是伸长？下面的极分解定理给出了明确的回答。

3.5.1 极分解

任意一个具有 $\det\boldsymbol{F}>0$ 的非奇异张量 $\boldsymbol{F}$，都可以下面两种方式进行分解

$$\boldsymbol{F}=\boldsymbol{R}\cdot\boldsymbol{U}=\boldsymbol{V}\cdot\boldsymbol{R} \tag{3.46}$$

其中张量 $\boldsymbol{R}$，$\boldsymbol{U}$，$\boldsymbol{V}$ 具有如下性质：

(1) $\boldsymbol{R}$ 为正常正交张量，代表刚体转动；

(2) $\boldsymbol{U}$，$\boldsymbol{V}$ 是对称、正定的，代表伸长变形；

(3) $\boldsymbol{R}$，$\boldsymbol{U}$，$\boldsymbol{V}$ 唯一地确定；

(4) $\boldsymbol{U}$ 与 $\boldsymbol{V}$ 的主值相等，但主轴不同。

通常将 $\boldsymbol{F}=\boldsymbol{R}\cdot\boldsymbol{U}$ 和 $\boldsymbol{F}=\boldsymbol{V}\cdot\boldsymbol{R}$ 分别称为右、左分解，而将 $\boldsymbol{U}$ 称为右伸长张量，$\boldsymbol{V}$ 称为左伸长张量。

证明 设张量 $\boldsymbol{U}$ 满足

$$\boldsymbol{U}\cdot\boldsymbol{U}=\boldsymbol{U}^2=\boldsymbol{C} \tag{3.47}$$

1.6.4 节末已指出，在 $\boldsymbol{C}$ 为正定的情况下，同时存在正定和正不定的 $\boldsymbol{U}$ 满足上式条件，然而，正不定的 $\boldsymbol{U}$ 将产生无意义的变形，因此忽略不去考虑。1.6.4 节末还表明，$\boldsymbol{U}$ 与 $\boldsymbol{C}$ 共主轴，其主值是 $\boldsymbol{C}$ 的主值开方，即为 λ_K $(K=1,2,3)$，于是，在 Lagrange 主轴坐标系下有

$$\boldsymbol{U}=\sum_{K=1}^{3}\lambda_K\boldsymbol{N}_K\otimes\boldsymbol{N}_K,\quad \boldsymbol{U}^{-1}=\sum_{K=1}^{3}\frac{1}{\lambda_K}\boldsymbol{N}_K\otimes\boldsymbol{N}_K \tag{3.48}$$

$\boldsymbol{U}$ 是对称的，进一步地有

$$\begin{aligned}\boldsymbol{R}^{\mathrm{T}}\cdot\boldsymbol{R}&=(\boldsymbol{F}\cdot\boldsymbol{U}^{-1})^{\mathrm{T}}\cdot(\boldsymbol{F}\cdot\boldsymbol{U}^{-1})=\boldsymbol{U}^{-1}\cdot\boldsymbol{F}^{\mathrm{T}}\cdot\boldsymbol{F}\cdot\boldsymbol{U}^{-1}\\&=\boldsymbol{U}^{-1}\cdot\boldsymbol{C}\cdot\boldsymbol{U}^{-1}=\boldsymbol{U}^{-1}\cdot\boldsymbol{U}\cdot\boldsymbol{U}\cdot\boldsymbol{U}^{-1}=\boldsymbol{I}\end{aligned}$$

同理可得 $\boldsymbol{R}\cdot\boldsymbol{R}^{\mathrm{T}}=\boldsymbol{I}$，故 $\boldsymbol{R}$ 是正交张量。结合 $\boldsymbol{C}$ 和 $\boldsymbol{U}$ 的定义、式 (1.153)、式 (3.29b)、$\boldsymbol{U}$ 的正定性以及 $\det\boldsymbol{F}>0$，有

$$(\det\boldsymbol{U})^2=\det\boldsymbol{C}\quad\Rightarrow\quad\det\boldsymbol{U}=\det\boldsymbol{F}=J \tag{3.49}$$

而且，考虑到式 (1.97c)，有

$$\det\boldsymbol{R}=\det\left(\boldsymbol{F}\cdot\boldsymbol{U}^{-1}\right)=\det\boldsymbol{F}\,(\det\boldsymbol{U})^{-1}=1$$

即 $\boldsymbol{R}$ 是正常正交张量，这说明 $\boldsymbol{R}$ 只能是刚体转动。

关于右伸长张量 $\boldsymbol{U}$ 的几何意义。考察沿主轴方向的单位长度线元 $\mathrm{d}\boldsymbol{X}=\boldsymbol{N}_K(K=1,2,3)$，利用 $\boldsymbol{U}$ 的主轴表达式 (3.48) 或主轴、主值的定义式，可得

$$\boldsymbol{U}\cdot\mathrm{d}\boldsymbol{X}=\boldsymbol{U}\cdot\boldsymbol{N}_K=\lambda_K\boldsymbol{N}_K\quad(K=1,2,3;\ \text{不对}\ K\ \text{求和}) \tag{3.50}$$

上式表示，在 $\boldsymbol{U}$ 的作用下，主轴方向的线元仅发生长度的改变，由原来的单位长度变为 λ_K，但不会产生转动。任意的物质线元矢量都可看作 $\boldsymbol{N}_K(K=1,2,3)$ 的线性组合而表示为 $\mathrm{d}\boldsymbol{X}=\sum_{K=1}^{3}\mathrm{d}X_K\boldsymbol{N}_K$，因此有

$$\boldsymbol{U}\cdot\mathrm{d}\boldsymbol{X}=\sum_{K=1}^{3}\lambda_K\mathrm{d}X_K\boldsymbol{N}_K \tag{3.51}$$

一般情况下，三个主伸长比不全相等，则变形后的线元 $\boldsymbol{U}\cdot\mathrm{d}\boldsymbol{X}$ 与原有线元 $\mathrm{d}\boldsymbol{X}$ 并不同方向，这就是说，对于任意方向线元，$\boldsymbol{U}$ 不仅产生伸长，还产生转动，由于各方向线元伸长不同，其转动也不同，因此不同于刚体转动，这也是产生剪切变形的根本原因。所以，$\boldsymbol{U}$ 代表纯变形。

考虑到 $\boldsymbol{R}$ 是正交张量，则有

$$\boldsymbol{F}=\boldsymbol{R}\cdot\boldsymbol{U}=(\boldsymbol{R}\cdot\boldsymbol{U}\cdot\boldsymbol{R}^{\mathrm{T}})\cdot\boldsymbol{R}=\boldsymbol{V}\cdot\boldsymbol{R} \tag{3.52}$$

所以，分解式 $\boldsymbol{F}=\boldsymbol{V}\cdot\boldsymbol{R}$ 成立，式中左伸长张量 $\boldsymbol{V}$

$$\boldsymbol{V}=\boldsymbol{R}\cdot\boldsymbol{U}\cdot\boldsymbol{R}^{\mathrm{T}} \tag{3.53}$$

显然也是对称张量。

我们还可证明上面两种分解的唯一性。从独立分量的个数也可评判分解的合理性：变形梯度 $\boldsymbol{F}$ 有 9 个独立分量，由 1.8.3 节的分析，正交张量 $\boldsymbol{R}$ 有 3 个独立分量，伸长张量 $\boldsymbol{U}$ (或 $\boldsymbol{V}$) 是对称的，有 6 个独立分量。

利用分解式 $\boldsymbol{F}=\boldsymbol{V}\cdot\boldsymbol{R}$ 和左 Cauchy-Green 变形张量 $\boldsymbol{b}$ 的定义可得，$\boldsymbol{b}$ 与 $\boldsymbol{V}$ 的关系是

$$\boldsymbol{b}=\boldsymbol{F}\cdot\boldsymbol{F}^{\mathrm{T}}=\boldsymbol{V}\cdot\boldsymbol{R}\cdot\boldsymbol{R}^{\mathrm{T}}\cdot\boldsymbol{V}=\boldsymbol{V}^2 \tag{3.54}$$

类似于 $\boldsymbol{C}$ 与 $\boldsymbol{U}$ 之间的关系 $\boldsymbol{C}=\boldsymbol{U}^2$，结合 $\boldsymbol{b}$ 的主轴表达式 (3.45)，则 $\boldsymbol{V}$ 可表示为

$$\boldsymbol{V}=\sum_{k=1}^{3}\lambda_k\boldsymbol{n}_k\otimes\boldsymbol{n}_k \tag{3.55}$$

因此，$\boldsymbol{V}$ 的主轴和主值分别是 Euler 主轴 $\boldsymbol{n}_k$ 和主伸长 $\lambda_k(k=1,2,3)$。与 $\boldsymbol{U}$ 的主值相同，但主轴不同，$\boldsymbol{U}$ 是物质张量，而 $\boldsymbol{V}$ 是空间张量。♦♦

将式 (3.55) 和式 (3.48) 一起代入式 (3.53)，得

$$\boldsymbol{n}_k=\boldsymbol{R}\cdot\boldsymbol{N}_K=\boldsymbol{N}_K\cdot\boldsymbol{R}^{\mathrm{T}}\quad(K=k=1,2,3) \tag{3.56}$$

说明 Euler 主轴 $\boldsymbol{n}_k$ 是由 Lagrange 主轴 $\boldsymbol{N}_K$ 转动 $\boldsymbol{R}$ 而得。

利用式 (3.48) 和式 (3.55)，很容易证明 $\boldsymbol{U}$ 与 $\boldsymbol{V}$ 的 n 次幂可分别表示为

$$\boldsymbol{U}^n=\sum_{K=1}^{3}\lambda_K^n\boldsymbol{N}_K\otimes\boldsymbol{N}_K,\quad \boldsymbol{V}^n=\sum_{k=1}^{3}\lambda_k^n\boldsymbol{n}_k\otimes\boldsymbol{n}_k \tag{3.57}$$

利用主轴之间的关系式 (3.56)，得

$$\boldsymbol{U}^n=\boldsymbol{R}^{\mathrm{T}}\cdot\boldsymbol{V}^n\cdot\boldsymbol{R}\quad\text{或}\quad\boldsymbol{V}^n=\boldsymbol{R}\cdot\boldsymbol{U}^n\cdot\boldsymbol{R}^{\mathrm{T}} \tag{3.58}$$

3.5.2 变形椭球

考察参考构形中以 $\boldsymbol{X}$ 点为中心、半径为 $\mathrm{d}\boldsymbol{X}$ 的微小圆球面，在式 (3.32) 中代入 $\boldsymbol{c}$ 的主轴表达式，即式 (3.45) 的第二式，得当前构形中

$$\sum_{k=1}^{3}\left(\frac{\mathrm{d}x_k}{\lambda_k}\right)^2=|\mathrm{d}\boldsymbol{X}|^2 \tag{3.59}$$

式中 $\mathrm{d}x_k = \mathrm{d}\boldsymbol{x}\cdot\boldsymbol{n}_k$ 是 $\mathrm{d}\boldsymbol{x}$ 在 $\boldsymbol{n}_k$ 轴上的投影，在以 $\boldsymbol{n}_k$ $(k=1,2,3)$ 为坐标轴的 Euler 主轴坐标系中，上式所表达的方程为椭球方程，椭球的三个轴正好与主轴 $\boldsymbol{n}_k$ $(k=1,2,3)$ 重合，这说明球变形为椭球，该椭球称为应变椭球。

用类似的方法还可证明：变形前的微小椭球，变形后仍然为椭球形状。设变形前物质点位于下面定义的微小椭球上

$$\sum_{k=1}^{3}\left(\frac{\mathrm{d}X_k}{K_k}\right)^2=1$$

式中 K_k $(k=1,2,3)$ 是椭球三个轴的大小。为讨论方便，将上式改写为

$$\mathrm{d}\boldsymbol{X}\cdot\boldsymbol{K}\cdot\mathrm{d}\boldsymbol{X}=1,\quad \boldsymbol{K}=K_1^{-2}\boldsymbol{E}_1\otimes\boldsymbol{E}_1+K_2^{-2}\boldsymbol{E}_2\otimes\boldsymbol{E}_2+K_3^{-2}\boldsymbol{E}_3\otimes\boldsymbol{E}_3 \tag{3.60}$$

将式 (3.19) 代入上面左边式，得变形后

$$\mathrm{d}\boldsymbol{x}\cdot\boldsymbol{k}\cdot\mathrm{d}\boldsymbol{x}=1,\quad \boldsymbol{k}=\boldsymbol{F}^{-\mathrm{T}}\cdot\boldsymbol{K}\cdot\boldsymbol{F}^{-1}$$

显然，$\boldsymbol{k}$ 是对称的，必有三个相互正交的主轴和三个主值，主值记为 k_k^{-2} $(k=1,2,3)$，在这三个主轴构成的坐标系下，上式可写成

$$\sum_{k=1}^{3}\left(\frac{\mathrm{d}x_k}{k_k}\right)^2=1 \tag{3.61}$$

所以仍然为椭球。实际上，初始为球，即使是变形后变为椭球，继续变形则始终保持为椭球，只是其轴的长度和方向随变形不断变化。还需要指出，对于任意有限大小的物体，若受均匀变形 (变形梯度为常张量)，在其内任意取球或者椭球，上述结论仍然成立。

结合上面的分析可知：分解式 $\boldsymbol{F}=\boldsymbol{R}\cdot\boldsymbol{U}$ 表示，以 $\boldsymbol{X}$ 点为中心的物质圆球在 (均匀) 变形梯度 $\boldsymbol{F}$ 作用下，首先经过伸长变形变为椭球，其中 Lagrange 主轴方向的物质线元保持方向不变即没有转动，且为椭球的轴，然后整体产生刚体转动 $\boldsymbol{R}$，如图 3.2 所示，在 $\boldsymbol{U}$ 的作用下，除 Lagrange 主轴 $\boldsymbol{N}_K$ 方向上的物质线元外，其他方向的线元均产生转动，且伸长比介于最大与最小的主伸长比之间，因此，主伸长比是所有方向线元伸长比的极值。这里还说明：沿 Lagrange 主轴的物质线元，变形前相互垂直，变形后仍然相互垂直且沿着 Euler 主轴，或者说，它们之间没有剪切变形。

分解式 $\boldsymbol{F}=\boldsymbol{V}\cdot\boldsymbol{R}$ 表示，以 $\boldsymbol{X}$ 点为中心的物质圆球在变形梯度 $\boldsymbol{F}$ 的作用下，首先整体产生刚体转动 $\boldsymbol{R}$，然后在沿左伸长张量 $\boldsymbol{V}$ 主轴方向的物质线元保持方向不变的条件下，经过伸长变形变为椭球，如图 3.3 所示。

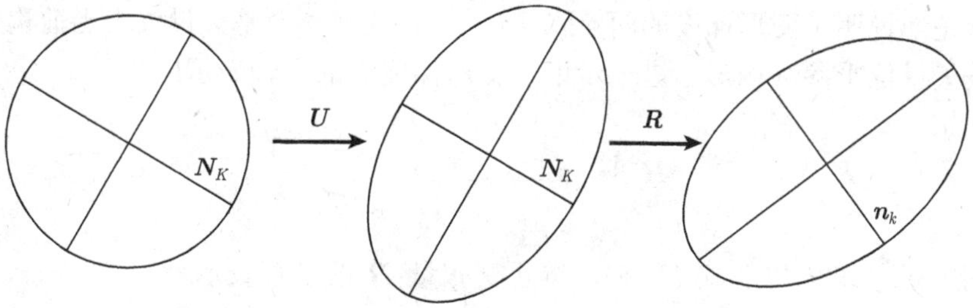

图 3.2　先伸长后转动

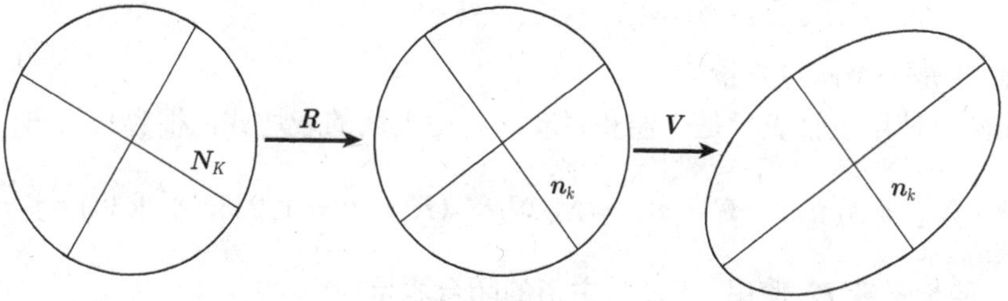

图 3.3　先转动后伸长

从变形分解的角度，会产生以下几种变形情形：

(1) 当主伸长比 λ_k 接近 1，且刚体转动 $\boldsymbol{R}$ 较小，接近单位张量时，为小变形；

(2) 当主伸长比 λ_k 接近 1，但刚体转动 $\boldsymbol{R}$ 较大时，为小应变大转动，例如，将一张纸卷起来，将衣服进行褶皱等；

(3) 当主伸长比 λ_k 偏离 1 较多时，称为大应变，由于在伸长变形 $\boldsymbol{U}$ 或者 $\boldsymbol{V}$ 作用下线元也会伴随转动，特别是当主伸长比 λ_k 相差较大时，转动更加显著，因此，大应变通常伴随着大转动；

(4) 当三个主伸长比 λ_k 较大但非常接近，$\boldsymbol{U}$ 接近球形张量，而且 $\boldsymbol{R}$ 接近单位张量，或者说，变形梯度 $\boldsymbol{F}$ 接近球张量时，为大应变小转动。

后三种情形均为大变形。需要说明，最后一种情形实际中很少出现，因为它要求物体内的整个变形场比较均匀，且每一个物质点的变形梯度接近球形张量，所以通常不作专门考虑。

3.5.3　变形梯度和正交张量的主轴表达

式 (3.48) 两边点积 $\boldsymbol{R}$，并利用主轴之间的关系式 (3.56)，则变形梯度可表示为

$$\boldsymbol{F} = \boldsymbol{R}\cdot\boldsymbol{U} = \sum_{k=K=1}^{3} \lambda_k \boldsymbol{n}_k \otimes \boldsymbol{N}_K \tag{3.62}$$

上式清楚地说明了变形梯度的两点张量性质，它的前一个基矢量位于当前构形，后一个基矢量位于参考构形。进一步地，变形梯度逆的主轴表示应是

$$\boldsymbol{F}^{-1}=\boldsymbol{U}^{-1}\cdot\boldsymbol{R}^{-1}=\boldsymbol{U}^{-1}\cdot\boldsymbol{R}^{\mathrm{T}}=\sum_{k=K=1}^{3}\frac{1}{\lambda_k}\boldsymbol{N}_K\otimes\boldsymbol{n}_k \tag{3.63}$$

利用式 (3.62) 以及式 (3.48)，得正交张量 $\boldsymbol{R}$ 的主轴表示为

$$\boldsymbol{R}=\boldsymbol{F}\cdot\boldsymbol{U}^{-1}=\sum_{k=K=1}^{3}\boldsymbol{n}_k\otimes\boldsymbol{N}_K \tag{3.64}$$

说明 $\boldsymbol{R}$ 也是一个两点张量。

显然，使用主轴表示是方便和直观的。由上面的表达式，很容易给出

$$\boldsymbol{F}\cdot\boldsymbol{N}_K=\lambda_k\boldsymbol{n}_k,\quad \boldsymbol{F}^{\mathrm{T}}\cdot\boldsymbol{n}_k=\lambda_K\boldsymbol{N}_K\quad (K=k=1,2,3;\ \text{不求和}) \tag{3.65}$$

3.5.4　伸长张量 $\boldsymbol{U}$ 使用 $\boldsymbol{C}$ 及其主值的闭合表示

已知变形梯度 $\boldsymbol{F}$，为了解析获得 $\boldsymbol{F}$ 极分解中的伸长张量 $\boldsymbol{U}$，可首先通过求解特征方程式 (3.38) 和式 (3.37) 获得 $\boldsymbol{C}=\boldsymbol{F}^{\mathrm{T}}\cdot\boldsymbol{F}$ 的主值 λ_K^2 及其主轴 $\boldsymbol{N}_K$ $(K=1,2,3)$，从而得到 $\boldsymbol{U}$，实际上，并不需要知道 $\boldsymbol{N}_K$ 的显式表示，而仅需要得到所谓特征基张量即可

$$\boldsymbol{A}_a=\boldsymbol{N}_a\otimes\boldsymbol{N}_a\quad (a=1,2,3;\ \text{不求和}) \tag{3.66}$$

而特征基张量可以通过式 (1.178) 由张量及其主值所表示，因此有

$$\boldsymbol{A}_a=\frac{(\boldsymbol{C}-\lambda_b^2\boldsymbol{I})\cdot(\boldsymbol{C}-\lambda_c^2\boldsymbol{I})}{(\lambda_a^2-\lambda_b^2)(\lambda_a^2-\lambda_c^2)} \tag{3.67}$$

下标 $(a,\ b,\ c)$ 为 (1，2，3) 或 (2，3，1) 或 (3，1，2) 的正序排列，例如，当 $a=2$ 时，$b=3$，$c=1$。代入 $\boldsymbol{U}$ 的主轴表达式 (3.48)，最终有

$$\boldsymbol{U}=\sum_{a=1}^{3}\lambda_a\frac{(\boldsymbol{C}-\lambda_b^2\boldsymbol{I})\cdot(\boldsymbol{C}-\lambda_c^2\boldsymbol{I})}{(\lambda_a^2-\lambda_b^2)(\lambda_a^2-\lambda_c^2)},\quad \lambda_1\neq\lambda_2\neq\lambda_3 \tag{3.68}$$

上面是三个主值不相同的一般情况，若存在主值相等的情况，用上面同样的方法可导出

$$\boldsymbol{U}=\lambda\boldsymbol{I}+(\lambda_3-\lambda)\frac{(\boldsymbol{C}-\lambda^2\boldsymbol{I})^2}{(\lambda_3^2-\lambda^2)^2},\quad \lambda=\lambda_1=\lambda_2\neq\lambda_3 \tag{3.69a}$$

$$\boldsymbol{U}=\lambda\boldsymbol{I},\quad \lambda=\lambda_1=\lambda_2=\lambda_3 \tag{3.69b}$$

上面的公式取决主值是否有重根和重根的数目，然而，根据 Hamilton-Cayley 定理导出的式 (1.169)，可以统一地将 $\boldsymbol{U}$ 表示为

$$\boldsymbol{U}=\frac{1}{III^U-I^UII^U}\left\{\boldsymbol{C}^2+\left[II^U-\left(I^U\right)^2\right]\boldsymbol{C}-I^UIII^U\boldsymbol{I}\right\} \tag{3.70}$$

根据式 (1.163)，上式分母可用主值表示为

$$III^{\boldsymbol{U}}-I^{\boldsymbol{U}}II^{\boldsymbol{U}}=-\left(\lambda_1+\lambda_2\right)\left(\lambda_2+\lambda_3\right)\left(\lambda_3+\lambda_1\right) \tag{3.71}$$

对 $\boldsymbol{U}$ 应用 Hamilton-Cayley 原理式 (1.165)，两边再点积 $\boldsymbol{U}^{-1}$，整理后得 $\boldsymbol{U}^{-1}$ 的解析表达

$$\boldsymbol{U}^{-1}=\frac{1}{III^{\boldsymbol{U}}}\left(\boldsymbol{C}-I^{\boldsymbol{U}}\boldsymbol{U}+II^{\boldsymbol{U}}\boldsymbol{I}\right) \tag{3.72}$$

3.6 几个简单变形实例的分析

3.6.1 均匀拉伸

考虑初始构形中一个边长为单位 1 的立方体，让 $\{\boldsymbol{E}_1, \boldsymbol{E}_2, \boldsymbol{E}_3\}$ 分别是沿三个边长方向的单位基矢量，如图 3.4 所示。考虑立方体产生沿边长方向均匀的伸长，设空间坐标与物质坐标重合 ($\boldsymbol{e}_1=\boldsymbol{E}_1$，$\boldsymbol{e}_2=\boldsymbol{E}_2$，$\boldsymbol{e}_3=\boldsymbol{E}_3$)，其变形由下式描述

$$x_1=\lambda_1X_1,\quad x_2=\lambda_2X_2,\quad x_3=\lambda_3X_3$$

式中 λ_1，λ_2 和 λ_3 是边长方向物质线元的伸长比。很容易求出变形梯度使用张量形式表示为

$$\boldsymbol{F}=\lambda_1\boldsymbol{E}_1\otimes\boldsymbol{E}_1+\lambda_2\boldsymbol{E}_2\otimes\boldsymbol{E}_2+\lambda_3\boldsymbol{E}_3\otimes\boldsymbol{E}_3 \tag{3.73}$$

对应的矩阵是

$$\boldsymbol{F}=\begin{bmatrix}\lambda_1 & 0 & 0\\ 0 & \lambda_2 & 0\\ 0 & 0 & \lambda_3\end{bmatrix} \tag{3.74}$$

其 Jacobi 行列式 $\det\boldsymbol{F}=\lambda_1\lambda_2\lambda_3$，它就是变形前后的体积比。

右 Cauchy-Green 变形张量 $\boldsymbol{C}$ 为

$$\boldsymbol{C}=\boldsymbol{F}^{\mathrm{T}}\cdot\boldsymbol{F}=\lambda_1^2\boldsymbol{E}_1\otimes\boldsymbol{E}_1+\lambda_2^2\boldsymbol{E}_2\otimes\boldsymbol{E}_2+\lambda_3^2\boldsymbol{E}_3\otimes\boldsymbol{E}_3 \tag{3.75}$$

则右伸长张量 $\boldsymbol{U}$ 应是

$$\boldsymbol{U}=\sqrt{\boldsymbol{C}}=\lambda_1\boldsymbol{E}_1\otimes\boldsymbol{E}_1+\lambda_2\boldsymbol{E}_2\otimes\boldsymbol{E}_2+\lambda_3\boldsymbol{E}_3\otimes\boldsymbol{E}_3=\boldsymbol{F}$$

显然有

$$\boldsymbol{R}=\boldsymbol{I},\quad \boldsymbol{V}=\boldsymbol{U}$$

根据 $\boldsymbol{b}=\boldsymbol{F}\cdot\boldsymbol{F}^{\mathrm{T}}=\boldsymbol{V}^2$，很容易导出

$$\boldsymbol{b}=\boldsymbol{C}=\boldsymbol{c}^{-1}$$

因此，$\boldsymbol{C}$，$\boldsymbol{V}$，$\boldsymbol{U}$，$\boldsymbol{b}$，$\boldsymbol{c}$ 共主轴，为拉伸方向 $\boldsymbol{E}_1$，$\boldsymbol{E}_2$，$\boldsymbol{E}_3$，也就是边长方向，且保持不变，即主轴没有转动。实际上，与主轴重合的物质线元也没有转动，但是其他方向的物质线元除伸长外还有转动，如每个面的对角线。

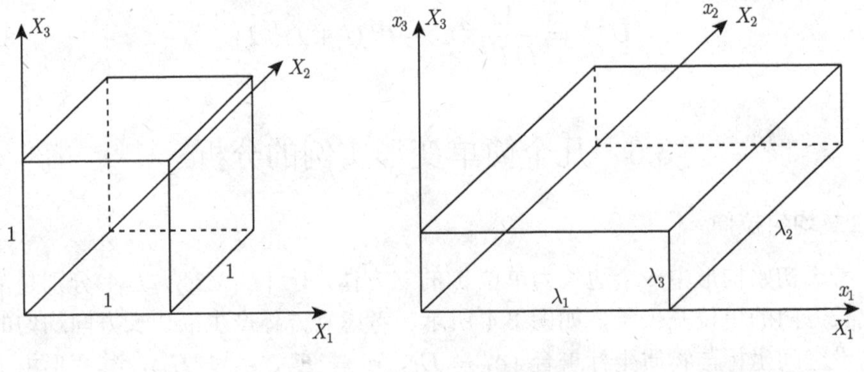

图 3.4　立方体产生均匀伸长

当 $\lambda_1=\lambda_2=\lambda_3$ 时，变形梯度变为

$$\boldsymbol{F}=\lambda_1\left(\boldsymbol{E}_1\otimes\boldsymbol{E}_1+\boldsymbol{E}_2\otimes\boldsymbol{E}_2+\boldsymbol{E}_3\otimes\boldsymbol{E}_3\right)=\lambda_1\boldsymbol{I}\tag{3.76}$$

它对任意方向线元的作用是，仅沿自身方向产生伸长而没有转动，且伸长比均相同，因此，它代表纯体积扩容变形。

3.6.2　平面变形

设变形仅发生在 X_1，X_2 平面内，可一般描述为

$$x_1=x_1\left(X_1,X_2\right),\quad x_2=x_2\left(X_1,X_2\right),\quad x_3=X_3\tag{3.77}$$

对应的变形梯度是

$$\boldsymbol{F}=\begin{bmatrix}F_{11} & F_{12} & 0\\ F_{21} & F_{22} & 0\\ 0 & 0 & 1\end{bmatrix}$$

或使用张量表示为

$$\boldsymbol{F}=F_{11}\boldsymbol{E}_1\otimes\boldsymbol{E}_1+F_{12}\boldsymbol{E}_1\otimes\boldsymbol{E}_2+F_{21}\boldsymbol{E}_2\otimes\boldsymbol{E}_1+F_{22}\boldsymbol{E}_2\otimes\boldsymbol{E}_2+\boldsymbol{E}_3\otimes\boldsymbol{E}_3 \quad (3.78)$$

与变形平面垂直的方向 $\boldsymbol{E}_3$ 为 Langrange 主轴之一，也是 Euler 主轴之一，即 $\boldsymbol{N}_3=\boldsymbol{n}_3=\boldsymbol{E}_3$，对应的主伸长 $\lambda_3=1$，它们的另外两个主轴在变形平面内，设 Lagrange 主轴 $\boldsymbol{N}_1$ 与 Euler 主轴 $\boldsymbol{n}_1$ 之间的夹角是 θ，则有

$$\boldsymbol{n}_1=\cos\theta\boldsymbol{N}_1+\sin\theta\boldsymbol{N}_2,\quad \boldsymbol{n}_2=-\sin\theta\boldsymbol{N}_1+\cos\theta\boldsymbol{N}_2 \quad (3.79)$$

代入式 (3.64)，或参照式 (1.239)，得转动张量相对 Lagrange 主轴的矩阵表示应是

$$\boldsymbol{R}=\begin{bmatrix}\cos\theta & -\sin\theta & 0\\ \sin\theta & \cos\theta & 0\\ 0 & 0 & 1\end{bmatrix}$$

伸长张量相对 Lagrange 主轴的矩阵表示则是

$$\boldsymbol{U}=\begin{bmatrix}\lambda_1 & 0 & 0\\ 0 & \lambda_2 & 0\\ 0 & 0 & 1\end{bmatrix}$$

λ_1 和 λ_2 是两个主伸长，它们可根据变形梯度的分量 F_{11}、F_{12}、F_{21} 和 F_{22} 确定，见下面的例题 3.1 和 3.6.3 节有关简单剪切的讨论。

例题 3.1 考虑平面变形梯度

$$\boldsymbol{F}=\begin{bmatrix}c-as & ac-s\\ s+ac & as+c\end{bmatrix}$$

其中 $c=\cos\theta$，$s=\sin\theta$，a 为常数。求当 $a=1/2$，$\theta=\pi/2$ 时的伸长张量和转动张量。

解 对于给定的取值，有

$$\boldsymbol{F}=\frac{1}{2}\begin{bmatrix}-1 & -2\\ 2 & 1\end{bmatrix},\quad \boldsymbol{C}=\boldsymbol{F}^{\mathrm{T}}\cdot\boldsymbol{F}=\frac{1}{4}\begin{bmatrix}5 & 4\\ 4 & 5\end{bmatrix}$$

$\boldsymbol{C}$ 的主值和相应的 Lagrange 主轴向量为

$$\bar{\lambda}_1=\frac{1}{4},\quad \boldsymbol{y}_1^{\mathrm{T}}=\frac{1}{\sqrt{2}}[1\quad -1]$$

$$\bar{\lambda}_2=\frac{9}{4},\quad \boldsymbol{y}_2^{\mathrm{T}}=\frac{1}{\sqrt{2}}[1\quad 1]$$

相对 Lagrange 主轴，$\boldsymbol{C}$ 使用对角矩阵形式表示为

$$\boldsymbol{C}=\frac{1}{4}\begin{bmatrix}1&0\\0&9\end{bmatrix}\quad\Rightarrow\quad\boldsymbol{U}=\sqrt{\boldsymbol{C}}=\frac{1}{2}\begin{bmatrix}1&0\\0&3\end{bmatrix}=\begin{bmatrix}\lambda_1&0\\0&\lambda_2\end{bmatrix}$$

将它们变换回到原来的坐标系，由于 $\boldsymbol{U}$ 张量可写成

$$\boldsymbol{U}=\lambda_1\boldsymbol{y}_1\otimes\boldsymbol{y}_1+\lambda_2\boldsymbol{y}_2\otimes\boldsymbol{y}_2=[\boldsymbol{y}_1\quad\boldsymbol{y}_2]\begin{bmatrix}\lambda_1&0\\0&\lambda_2\end{bmatrix}\begin{bmatrix}\otimes\boldsymbol{y}_1\\\otimes\boldsymbol{y}_2\end{bmatrix}$$

将式中特征矢量 $\boldsymbol{y}_1$，$\boldsymbol{y}_2$ 看作分量组成的列阵，则 $[\boldsymbol{y}_1\quad\boldsymbol{y}_2]$ 是一个方阵 (由于两个特征矢量相互垂直，则它是一个正交矩阵)，$\begin{bmatrix}\boldsymbol{y}_1\\\boldsymbol{y}_2\end{bmatrix}$ 是该方阵的转置矩阵，这时，去掉张量乘符号 "$\otimes$" 后，上式就是 $\boldsymbol{U}$ 的矩阵表达，代入前面的结果得

$$\boldsymbol{U}=\frac{1}{\sqrt{2}}\begin{bmatrix}1&1\\-1&1\end{bmatrix}\times\frac{1}{2}\begin{bmatrix}1&0\\0&3\end{bmatrix}\times\frac{1}{\sqrt{2}}\begin{bmatrix}1&-1\\1&1\end{bmatrix}=\frac{1}{2}\begin{bmatrix}2&1\\1&2\end{bmatrix}$$

求得 $\boldsymbol{U}$ 的逆，则转动矩阵为

$$\boldsymbol{R}=\boldsymbol{F}\cdot\boldsymbol{U}^{-1}=\frac{1}{2}\begin{bmatrix}-1&-2\\2&1\end{bmatrix}\times\frac{2}{3}\begin{bmatrix}2&-1\\-1&2\end{bmatrix}=\begin{bmatrix}0&-1\\1&0\end{bmatrix}$$

$\boldsymbol{R}$ 代表平面内逆时针 90° 的旋转，因为

$$\boldsymbol{R}\cdot\boldsymbol{X}=\begin{bmatrix}0&-1\\1&0\end{bmatrix}\begin{Bmatrix}X\\Y\end{Bmatrix}=\begin{Bmatrix}-Y\\X\end{Bmatrix}$$

3.6.3 简单剪切

考虑立方体的另外一种特殊变形，如图 3.5 所示，变形仅发生在 X_1，X_2 平面内，所有物质质点只产生沿 X_1 方向的位移，且与 X_1 方向平行的物质线元上各质点的位移均相同，通常将这种变形称为简单剪切变形，它属于平面变形。仍然设物质坐标与空间坐标重合，其变形由下式描述

$$x_1=X_1+\gamma X_2,\quad x_2=X_2,\quad x_3=X_3\tag{3.80}$$

式中 γ 是常数，代表剪切变形的大小。对于任意的 γ，变形梯度使用张量形式表示为

$$\boldsymbol{F}=\boldsymbol{I}+\gamma\boldsymbol{E}_1\otimes\boldsymbol{E}_2\tag{3.81}$$

对应的矩阵则为

$$\boldsymbol{F}=\begin{bmatrix}1 & \gamma & 0\\ 0 & 1 & 0\\ 0 & 0 & 1\end{bmatrix} \tag{3.82}$$

根据上式很容易求出变形梯度的行列式为 $J=\det\boldsymbol{F}=1$，这说明简单剪切下体积不变。$\boldsymbol{F}\cdot\boldsymbol{E}_1=\boldsymbol{E}_1$，沿 X_1 方向的物质线元的长度也保持不变。

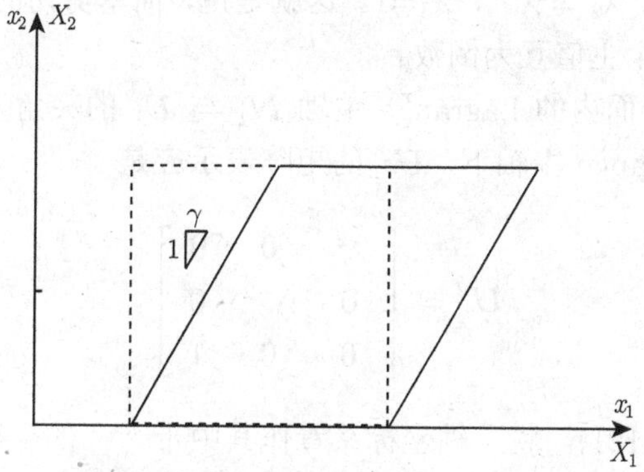

图 3.5 简单剪切变形 (虚线表示初始构形中的几何形体)

使用式 (3.81)，则右伸长张量可表示为

$$\boldsymbol{U}^2=\boldsymbol{C}=\boldsymbol{F}^{\mathrm{T}}\cdot\boldsymbol{F}=\boldsymbol{I}+\gamma\left(\boldsymbol{E}_1\otimes\boldsymbol{E}_2+\boldsymbol{E}_2\otimes\boldsymbol{E}_1\right)+\gamma^2\boldsymbol{E}_2\otimes\boldsymbol{E}_2 \tag{3.83}$$

它对应矩阵则为

$$\boldsymbol{U}^2=\begin{bmatrix}1 & \gamma & 0\\ \gamma & 1+\gamma^2 & 0\\ 0 & 0 & 1\end{bmatrix} \tag{3.84}$$

记主伸长比为 λ，则 $\boldsymbol{U}^2$ 的主值就是 λ^2，对应的特征方程是

$$\det\left(\boldsymbol{U}^2-\lambda^2\boldsymbol{I}\right)=\det\begin{bmatrix}1-\lambda^2 & \gamma & 0\\ \gamma & 1+\gamma^2-\lambda^2 & 0\\ 0 & 0 & 1-\lambda^2\end{bmatrix}=0 \tag{3.85}$$

简化为

$$\left(1-\lambda^2\right)\left[\lambda^4-\left(2+\gamma^2\right)\lambda^2+1\right]=0$$

注意：伸长比 $\lambda>0$，所以上式显然有一个解 λ_3=1，另外两个解 λ_1、λ_2 满足

$$\lambda^2+\lambda^{-2}=2+\gamma^2$$

或等价地

$$\lambda - \lambda^{-1} = \gamma$$

求解得

$$\lambda_1 = \frac{\gamma + \sqrt{\gamma^2+4}}{2}\,(>1)\,, \quad \lambda_2 = \frac{\sqrt{\gamma^2+4} - \gamma}{2}\,(<1) \tag{3.86}$$

注意，由于 $\lambda_3 = 1$，且剪切变形保持体积不变，则 $\lambda_1\lambda_2 = 1$，因此，三个主值可简单地记作 $\lambda_1 = \lambda$，$\lambda_2 = \lambda^{-1}$，$\lambda_3=1$。这就是说，简单剪切的伸长张量必有一个主值为 1 而另外两个主值互为倒数。

使用 θ_{L} 表示平面内的 Lagrange 主轴 $\boldsymbol{N}_1$ 与 $\boldsymbol{E}_1$ 的夹角 (从 $\boldsymbol{E}_1$ 逆时针到达 $\boldsymbol{N}_1$ 为正)，在 Lagrange 主轴下，$\boldsymbol{U}^2$ 的矩阵表示应是

$$\boldsymbol{U}^2 = \begin{bmatrix} \lambda^2 & 0 & 0 \\ 0 & \lambda^{-2} & 0 \\ 0 & 0 & 1 \end{bmatrix}$$

根据坐标变换式 (1.121)，将主轴坐标系看作其中带 “*” 的坐标系，有

$$\begin{aligned} &\begin{bmatrix} 1 & \gamma & 0 \\ \gamma & 1+\gamma^2 & 0 \\ 0 & 0 & 1 \end{bmatrix} \\ &= \begin{bmatrix} \cos\theta_{\mathrm{L}} & -\sin\theta_{\mathrm{L}} & 0 \\ \sin\theta_{\mathrm{L}} & \cos\theta_{\mathrm{L}} & 0 \\ 0 & 0 & 1 \end{bmatrix} \begin{bmatrix} \lambda^2 & 0 & 0 \\ 0 & \lambda^{-2} & 0 \\ 0 & 0 & 1 \end{bmatrix} \begin{bmatrix} \cos\theta_{\mathrm{L}} & \sin\theta_{\mathrm{L}} & 0 \\ -\sin\theta_{\mathrm{L}} & \cos\theta_{\mathrm{L}} & 0 \\ 0 & 0 & 1 \end{bmatrix} \end{aligned} \tag{3.87}$$

上式等号右边最后一个矩阵是从 $\boldsymbol{E}_1$ 和 $\boldsymbol{E}_2$ 到 Lagrange 主轴 $\boldsymbol{N}_1$ 和 $\boldsymbol{N}_2$ 的转动矩阵 $Q_{ij} = \boldsymbol{N}_i \cdot \boldsymbol{E}_j$ (或参照式 (1.35))，第一个矩阵是该转动矩阵的转置。上式导致下面关于 θ_{L} 的三个方程

$$\begin{aligned} &\lambda^2\cos^2\theta_{\mathrm{L}} + \lambda^{-2}\sin^2\theta_{\mathrm{L}} = 1 \\ &\lambda^2\sin^2\theta_{\mathrm{L}} + \lambda^{-2}\cos^2\theta_{\mathrm{L}} = 1+\gamma^2 \\ &\left(\lambda^2 - \lambda^{-2}\right)\sin\theta_{\mathrm{L}}\cos\theta_{\mathrm{L}} = \gamma \end{aligned} \tag{3.88}$$

将第一个方程与第二个方程的两边对应相减，所得结果与第三个方程两边对应相除，得

$$\tan 2\theta_{\mathrm{L}} = -2/\gamma \tag{3.89}$$

为求 $\boldsymbol{V}$ 的主轴方向即 Euler 主轴方向，可采用上面相同的步骤，先计算 $\boldsymbol{V}^2$

$$\boldsymbol{V}^2=\boldsymbol{F}\cdot\boldsymbol{F}^{\mathrm{T}}=\begin{bmatrix}1+\gamma^2 & \gamma & 0\\ \gamma & 1 & 0\\ 0 & 0 & 1\end{bmatrix} \tag{3.90}$$

使用 θ_{E} 表示 Euler 主轴 $\boldsymbol{n}_1$ 与 $\boldsymbol{e}_1$ 的夹角 (从 $\boldsymbol{e}_1$ 逆时针到达 $\boldsymbol{n}_1$ 为正)，考虑到 $\boldsymbol{V}$ 与 $\boldsymbol{U}$ 的主值相同，将式 (3.87) 中的左边矩阵用上式矩阵替换，而右边的角度 θ_{L} 用 θ_{E} 替换，可导出类似于式 (3.88) 的方程式，从而求解得

$$\tan 2\theta_{\mathrm{E}}=2/\gamma=-\tan 2\theta_{\mathrm{L}} \tag{3.91}$$

考虑到 γ 大于零，根据上式可确定方向角的取值范围是

$$\frac{\pi}{4}\leqslant\theta_{\mathrm{L}}\leqslant\frac{\pi}{2},\quad 0\leqslant\theta_{\mathrm{E}}\leqslant\frac{\pi}{4}$$

且

$$\theta_{\mathrm{L}}+\theta_{\mathrm{E}}=\frac{\pi}{2}$$

在初始构形 $\gamma=0$，$\theta_{\mathrm{L}}=\theta_{\mathrm{E}}=\pi/4$，两套主轴重合。当 $\gamma\to\infty$ 时，$\theta_{\mathrm{E}}=0$，$\theta_{\mathrm{L}}=\pi/2$，由于每套主轴所包含的两个主轴是正交的，实际上，两者又重合在一起。令 $2\delta=\theta_{\mathrm{L}}-\theta_{\mathrm{E}}$，根据上式应有

$$\theta_{\mathrm{L}}=\frac{\pi}{4}+\delta,\quad \theta_{\mathrm{E}}=\frac{\pi}{4}-\delta \tag{3.92}$$

说明 Lagrange 主轴和 Euler 主轴相对 45° 斜线对称。

如图 3.6 所示，在产生了 γ 剪切变形的当前构形中，1×1 方块对角线与水平轴 $\boldsymbol{e}_1$ 的夹角满足

$$\tan\theta_{\mathrm{D}}=(\gamma+1)^{-1} \tag{3.93}$$

当 $\gamma=0$ 时，$\theta_{\mathrm{D}}=\theta_{\mathrm{E}}=\pi/4$，一旦剪切开始即 $\gamma>0$，则 $\theta_{\mathrm{E}}>\theta_{\mathrm{D}}(\theta_{\mathrm{E}}<\pi/4)$，当 $\gamma\to\infty$ 时，$\theta_{\mathrm{E}}\to\theta_{\mathrm{D}}$。实际上，对于较大的 γ，上面的表达式可借助 Talyor 级数近似地表达为

$$\tan\theta_{\mathrm{D}}\approx\frac{2}{\gamma}\left(1-\frac{1}{\gamma}\right)$$

对于足够大的 γ，括号中的项近似为 1，则 $\theta_{\mathrm{E}}\approx\theta_{\mathrm{D}}$，即最大伸长可看作发生在对角线方向，而最大缩短发生在另外一条对角线上。

为获得转动张量，可根据式 (3.72) 首先求出 $\boldsymbol{U}$ 的逆 $\boldsymbol{U}^{-1}$，其中的 $\boldsymbol{U}$ 可使用式 (3.70) 由 $\boldsymbol{C}$ 得到，而不变量则利用式 (1.163) 由上面的主值得到，再使用极分解式 $\boldsymbol{R}=\boldsymbol{F}\cdot\boldsymbol{U}^{-1}$ 求得 $\boldsymbol{R}$，显然，计算比较烦琐。在求出 Lagrange 和 Euler 主

轴后，可直接使用式 (3.64)，计算将变得简单。根据上面的结果，引入下列矩阵记法

$$\{\boldsymbol{E}\}=\begin{Bmatrix}\boldsymbol{E}_1\\ \boldsymbol{E}_2\\ \boldsymbol{E}_3\end{Bmatrix},\quad \{\boldsymbol{N}\}=\begin{Bmatrix}\boldsymbol{N}_1\\ \boldsymbol{N}_2\\ \boldsymbol{N}_3\end{Bmatrix},\quad \{\boldsymbol{n}\}=\begin{Bmatrix}\boldsymbol{n}_1\\ \boldsymbol{n}_2\\ \boldsymbol{n}_3\end{Bmatrix} \tag{3.94}$$

则有

$$\{\boldsymbol{N}\}=[R_1]\{\boldsymbol{E}\},\quad \{\boldsymbol{n}\}=[R_2]\{\boldsymbol{E}\} \tag{3.95}$$

式中

$$[R_1]=\begin{bmatrix}\cos\theta_{\mathrm{L}} & -\sin\theta_{\mathrm{L}} & 0\\ \sin\theta_{\mathrm{L}} & \cos\theta_{\mathrm{L}} & 0\\ 0 & 0 & 1\end{bmatrix},\quad [R_2]=\begin{bmatrix}\cos\theta_{\mathrm{E}} & -\sin\theta_{\mathrm{E}} & 0\\ \sin\theta_{\mathrm{E}} & \cos\theta_{\mathrm{E}} & 0\\ 0 & 0 & 1\end{bmatrix}$$

式 (3.64) 可写成

$$\boldsymbol{R}=\{\boldsymbol{n}\}^{\mathrm{T}}\{\otimes\boldsymbol{N}\}=\{\boldsymbol{E}\}^{\mathrm{T}}[R_2]^{\mathrm{T}}[R_1]\{\otimes\boldsymbol{E}\} \tag{3.96}$$

将上面的矩阵结果代入，得转动张量的矩阵为

$$[R]=[R_2]^{\mathrm{T}}[R_1]=\begin{bmatrix}\cos(\theta_{\mathrm{E}}-\theta_{\mathrm{L}}) & -\sin(\theta_{\mathrm{E}}-\theta_{\mathrm{L}}) & 0\\ \sin(\theta_{\mathrm{E}}-\theta_{\mathrm{L}}) & \cos(\theta_{\mathrm{E}}-\theta_{\mathrm{L}}) & 0\\ 0 & 0 & 1\end{bmatrix}$$

对照式 (1.239) 可知，它代表绕 $\boldsymbol{E}_3$ 轴逆时针转动角度 $\theta_{\mathrm{E}}-\theta_{\mathrm{L}}$，或顺时针转动角度 $\theta_{\mathrm{L}}-\theta_{\mathrm{E}}$。考虑到 $\theta_{\mathrm{L}}+\theta_{\mathrm{E}}=\pi/2$ 以及 $\tan 2\theta_{\mathrm{L}}=-2/\gamma$，则

$$[R]=\begin{bmatrix}\sin 2\theta_{\mathrm{L}} & -\cos 2\theta_{\mathrm{L}} & 0\\ \cos 2\theta_{\mathrm{L}} & \sin 2\theta_{\mathrm{L}} & 0\\ 0 & 0 & 1\end{bmatrix}=\frac{1}{\sqrt{\gamma^2+4}}\begin{bmatrix}2 & \gamma & 0\\ -\gamma & 2 & 0\\ 0 & 0 & \sqrt{\gamma^2+4}\end{bmatrix} \tag{3.97}$$

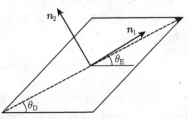

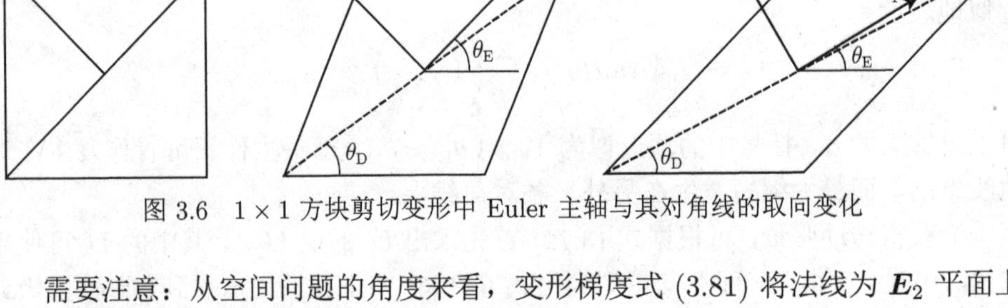

图 3.6 1 × 1 方块剪切变形中 Euler 主轴与其对角线的取向变化

需要注意：从空间问题的角度来看，变形梯度式 (3.81) 将法线为 $\boldsymbol{E}_2$ 平面上的任意线元 $\mathrm{d}\boldsymbol{X}=\mathrm{d}X_1\boldsymbol{E}_1+\mathrm{d}X_3\boldsymbol{E}_3$ 变换为自身：

$$\begin{aligned}\boldsymbol{F}\cdot\mathrm{d}\boldsymbol{X}&=(\boldsymbol{I}+\gamma\boldsymbol{E}_1\otimes\boldsymbol{E}_2)\cdot(\mathrm{d}X_1\boldsymbol{E}_1+\mathrm{d}X_3\boldsymbol{E}_3)\\&=\mathrm{d}X_1\boldsymbol{E}_1+\mathrm{d}X_3\boldsymbol{E}_3=\mathrm{d}\boldsymbol{X}\end{aligned}$$

说明该平面上的任意线元既不伸长也不缩短，而且还没有转动，从一定意义上理解为刚性平面仅产生刚体平动，但这并不意味着该平面是伸长张量 $\boldsymbol{U}$ 的特征平面且对应的特征值均为 1，实际上，伸长张量 $\boldsymbol{U}$ 的特征值只有一个为 1，对应的特征矢量是 $\boldsymbol{E}_3$，这是因为，在剪切平面 ($\boldsymbol{E}_1$ 和 $\boldsymbol{E}_2$ 组成的平面)，$\boldsymbol{U}$ 的特征值一个大于 1，一个小于 1，见式 (3.86)，从变形椭圆来看，必然有 1 个方向的伸长比正好为 1，如图 3.7 中的 OA，再经过 $\boldsymbol{R}$ 转动后 (绕 $\boldsymbol{E}_3$ 轴顺时针转动的角度为 $\theta_{\mathrm{L}}-\theta_{\mathrm{E}}$) 也正好与剪切方向 $\boldsymbol{E}_1$ 重合，如图 3.7 中的 OA'，这样使得 $\boldsymbol{E}_1$ 和 $\boldsymbol{E}_3$ 平面的线元既不伸长也不缩短。

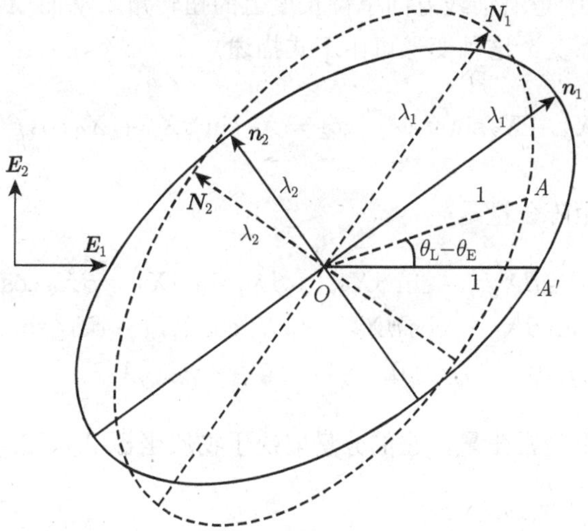

图 3.7 简单剪切的变形椭圆

前面讨论的均匀拉伸和简单剪切的变形梯度 $\boldsymbol{F}$ 均为常张量，代表均匀变形，变形均可表示为

$$\boldsymbol{x}=\boldsymbol{F}\cdot\boldsymbol{X}\tag{3.98}$$

均匀变形的特点是：在未变形构形中所有位于一条直线 (面) 上的物质质点，变形后在当前构形中仍然位于同一条直线 (面) 上。比如设 a，b，c 三个物质点位于参考构形中的同一条直线上，根据几何关系，它们的物质坐标应满足

$$\frac{X_i^a-X_i^b}{X_i^b-X_i^c}=C\quad(i=1,2,3)$$

式中 C 为常数。使用 $\boldsymbol{x}=\boldsymbol{F}\cdot\boldsymbol{X}$ 并结合上式，则空间坐标有如下关系

$$\frac{x_i^a-x_i^b}{x_i^b-x_i^c}=\frac{F_{ik}\left(X_k^a-X_k^b\right)}{F_{ij}\left(X_j^b-X_j^c\right)}=\frac{F_{ik}C\left(X_k^b-X_k^c\right)}{F_{ij}\left(X_j^b-X_j^c\right)}=C \quad (i=1,2,3;\ \text{对}\ i\ \text{不求和}) \tag{3.99}$$

因此，当前构形中 a，b，c 三点仍位于同一条直线。在均匀变形下，由一系列物质点构成的椭球，变形后仍然为椭球，见 3.5.2 节的说明。

然而，大多数变形是非均匀的，下面是两个特殊例子。

3.6.4　扭转

一个简单的非均匀变形例子是圆柱体绕轴线的扭转变形，如图 3.8 所示，$X_3=0$ 的平面固定，$X_3=\text{const}$ 的平面上沿半径方向的线元绕圆柱体轴线均转动角度 βX_3，其中 $\beta(>0)$ 是沿轴线方向单位长度上的扭转角，从而 $X_3=\text{const}$ 的平面变形后保持平面不变，这种变形可由下式描述

$$x_1=X_1\cos\beta X_3-X_2\sin\beta X_3,\quad x_2=X_1\sin\beta X_3+X_2\cos\beta X_3,\quad x_3=X_3 \tag{3.100}$$

变形梯度对应的矩阵分量是

$$\boldsymbol{F}=\begin{bmatrix}\cos\beta X_3 & -\sin\beta X_3 & -\beta X_1\sin\beta X_3-\beta X_2\cos\beta X_3\\ \sin\beta X_3 & \cos\beta X_3 & \beta X_1\cos\beta X_3-\beta X_2\sin\beta X_3\\ 0 & 0 & 1\end{bmatrix}$$

显然，变形梯度不是常张量，它的分量取决于物质坐标 X_1、X_2、X_3。

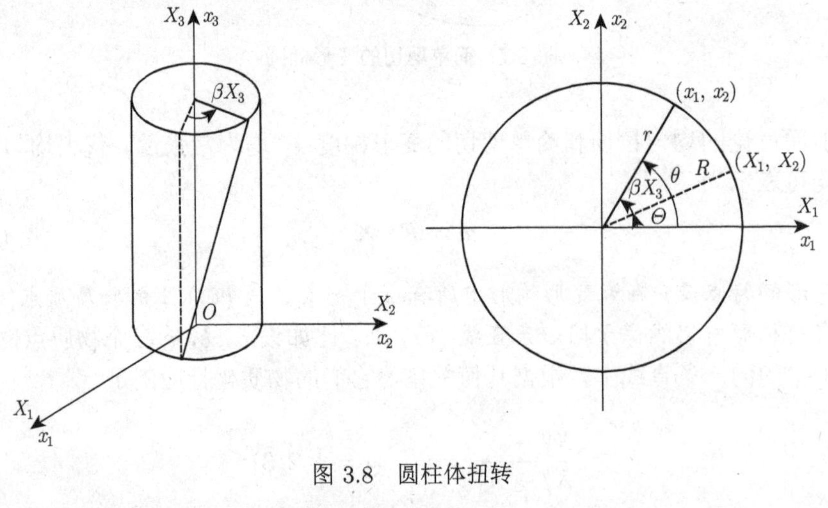

图 3.8　圆柱体扭转

若物质坐标系和空间坐标系均采用柱坐标系，物质坐标使用 $\{R, \Theta, Z\}$ 表示，基矢量使用 $\{\boldsymbol{E}_R, \boldsymbol{E}_\Theta, \boldsymbol{E}_Z\}$ 表示，而空间坐标使用 $\{r, \theta, z\}$ 表示，基矢量使用 $\{\boldsymbol{e}_r, \boldsymbol{e}_\theta, \boldsymbol{e}_z\}$ 表示，则上面的扭转变形可表示为

$$r = R, \quad \theta = \Theta + \beta Z, \quad z = Z \tag{3.101}$$

曲线坐标的基本知识见附录 B，根据式 (B.60)，物质柱坐标和空间柱坐标的尺度因子应分别为

$$h_r = 1, \quad h_\theta = r, \quad h_z = 1 \tag{3.102a}$$

$$H_R = 1, \quad h_\Theta = R, \quad h_Z = 1 \tag{3.102b}$$

使用柱坐标下变形梯度的表达式 (B.48)，考虑到其中的“位移”分量定义为变形前后的柱坐标之差，见式 (B.47)，即有

$$\xi_r = r - R = 0, \quad \xi_\theta = \theta - \Theta = \beta Z, \quad \xi_z = z - Z = 0 \tag{3.103}$$

得变形梯度为

$$\boldsymbol{F} = (\boldsymbol{e}_r \quad \boldsymbol{e}_\theta \quad \boldsymbol{e}_z) \begin{bmatrix} 1 & 0 & 0 \\ 0 & 1 & \beta r \\ 0 & 0 & 1 \end{bmatrix} \begin{pmatrix} \otimes \boldsymbol{E}_R \\ \otimes \boldsymbol{E}_\Theta \\ \otimes \boldsymbol{E}_Z \end{pmatrix} \tag{3.104}$$

或写成

$$\boldsymbol{F} = \boldsymbol{e}_r \otimes \boldsymbol{E}_R + \boldsymbol{e}_\theta \otimes \boldsymbol{E}_\Theta + \boldsymbol{e}_z \otimes \boldsymbol{E}_Z + \beta r \boldsymbol{e}_\theta \otimes \boldsymbol{E}_Z$$

上式还可改写成

$$\boldsymbol{F} = (\boldsymbol{I} + \beta r \boldsymbol{e}_\theta \otimes \boldsymbol{e}_z) \cdot (\boldsymbol{e}_r \otimes \boldsymbol{E}_R + \boldsymbol{e}_\theta \otimes \boldsymbol{E}_\Theta + \boldsymbol{e}_z \otimes \boldsymbol{E}_Z) \tag{3.105}$$

对比式 (3.81)，不难理解右边第一括号里的项代表 $\boldsymbol{e}_\theta$，$\boldsymbol{e}_z$ 平面内的简单剪切，或者说，剪切产生在与 $\boldsymbol{e}_r$ 垂直的平面，注意：剪切变形的大小为 βr，与到原点的距离 r 成正比。第二括号里的项代表参考构形基矢量 $\{\boldsymbol{E}_R, \boldsymbol{E}_\Theta, \boldsymbol{E}_Z\}$ 到当前构形基矢量 $\{\boldsymbol{e}_r, \boldsymbol{e}_\theta, \boldsymbol{e}_z\}$ 的转动，由于 $\boldsymbol{e}_z = \boldsymbol{E}_Z$，其实就是绕 $\boldsymbol{E}_Z$ 轴的转动，注意，它并不是极分解中的转动张量 $\boldsymbol{R}$，因为简单剪切中还包含刚体转动。

左 Cauchy-Green 变形张量应是

$$\begin{aligned} \boldsymbol{b} = \boldsymbol{F} \cdot \boldsymbol{F}^{\mathrm{T}} &= (\boldsymbol{I} + \beta r \boldsymbol{e}_\theta \otimes \boldsymbol{e}_z) \cdot (\boldsymbol{I} + \beta r \boldsymbol{e}_\theta \otimes \boldsymbol{e}_z)^{\mathrm{T}} \\ &= \boldsymbol{I} + \beta r (\boldsymbol{e}_\theta \otimes \boldsymbol{e}_z + \boldsymbol{e}_z \otimes \boldsymbol{e}_\theta) + \beta^2 r^2 \boldsymbol{e}_\theta \otimes \boldsymbol{e}_\theta \end{aligned} \tag{3.106}$$

所以，Euler 主轴之一是沿着 $\boldsymbol{e}_r$ 轴，对应的主伸长是 $\lambda_3=1$。另外两个 Euler 主轴则位于 $\boldsymbol{e}_\theta$，$\boldsymbol{e}_z$ 定义的平面内，可表示为

$$\cos\psi\boldsymbol{e}_\theta+\sin\psi\boldsymbol{e}_z,\quad -\sin\psi\boldsymbol{e}_\theta+\cos\psi\boldsymbol{e}_z \tag{3.107}$$

式中的角度 ψ 根据式 (3.91) 应满足

$$\tan 2\psi=2/(\beta r) \tag{3.108}$$

类比式 (3.86)，相应的主伸长是

$$\lambda_1=\frac{\beta r+\sqrt{\beta^2r^2+4}}{2}\,(\geqslant 1),\quad \lambda_2=\frac{\sqrt{\beta^2r^2+4}-\beta r}{2}\,(\leqslant 1) \tag{3.109}$$

若圆柱体在绕 z 轴的扭转变形前发生了轴向拉伸变形，轴向的伸长比为 λ，设物质为体积不可压缩，由于变形的轴向对称性，径向与环向的伸长比应相等，都为 $\lambda^{-1/2}$，因此，变形可由下式描述

$$r=\lambda^{-1/2}R,\quad \theta=\Theta,\quad z=\lambda Z \tag{3.110}$$

得拉伸和扭转组合变形为

$$r=\lambda^{-1/2}R,\quad \theta=\Theta+\beta\lambda Z,\quad z=\lambda Z \tag{3.111}$$

采用前面导出式 (3.105) 的方法，得变形梯度为

$$\begin{aligned}\boldsymbol{F}=&(\boldsymbol{I}+\beta r\boldsymbol{e}_\theta\otimes\boldsymbol{e}_z)\cdot(\boldsymbol{e}_r\otimes\boldsymbol{E}_R+\boldsymbol{e}_\theta\otimes\boldsymbol{E}_\Theta+\boldsymbol{e}_z\otimes\boldsymbol{E}_Z)\\&\cdot\left(\lambda^{-1/2}\boldsymbol{E}_R\otimes\boldsymbol{E}_R+\lambda^{-1/2}\boldsymbol{E}_\Theta\otimes\boldsymbol{E}_\Theta+\lambda\boldsymbol{E}_Z\otimes\boldsymbol{E}_Z\right)\end{aligned} \tag{3.112}$$

显然，前面两个括号内的项代表扭转变形，最后括号内的项代表轴向拉伸变形，所以说，组合变形的变形梯度是单个变形的变形梯度依次相乘。

左 Cauchy-Green 变形张量应是

$$\boldsymbol{b}=\lambda^{-1}\boldsymbol{e}_r\otimes\boldsymbol{e}_r+\left(\lambda^{-1}+\lambda^2\beta^2r^2\right)\boldsymbol{e}_\theta\otimes\boldsymbol{e}_\theta+\lambda^2\boldsymbol{e}_z\otimes\boldsymbol{e}_z+\lambda^2\beta r\left(\boldsymbol{e}_\theta\otimes\boldsymbol{e}_z+\boldsymbol{e}_z\otimes\boldsymbol{e}_\theta\right) \tag{3.113}$$

采用与前面相类似的分析，可得它的主轴和主伸长。

3.6.5 弯曲

另外一个非均匀变形的例子是，一个长方体块弯曲为 (扇形) 圆柱块，如图 3.9 所示。在未变形构形中，长方体块由下式所定义

$$-A\leqslant X_1\leqslant A,\quad -B\leqslant X_2\leqslant B,\quad -C\leqslant X_3\leqslant C$$

其中 $\{X_1, X_2, X_3\}$ 是直角坐标。弯曲变形后，$X_1 = \text{const1}$ 的平面变为圆柱体的扇形面 $r = \text{const2}$，$X_2 = \text{const3}$ 的平面变为 $\theta = \text{const4}$，$X_3 = \text{const5}$ 的平面变为 $z = \text{const6}$，其中 $\{r,\ \theta,\ z\}$ 是柱坐标。所以，r 只与 X_1 有关，而 θ 只与 X_2 有关，这样的变形可由下式描述

$$r = f(X_1), \quad \theta = g(X_2), \quad z = \lambda X_3 \tag{3.114}$$

未变形构形的直角坐标系 (物质坐标系) 基矢量使用 $\{\boldsymbol{E}_1,\ \boldsymbol{E}_2,\ \boldsymbol{E}_3\}$ 表示，而当前构形的柱坐标系 (空间坐标系) 基矢量使用 $\{\boldsymbol{e}_r,\ \boldsymbol{e}_\theta,\ \boldsymbol{e}_z\}$，因此有

$$\begin{aligned}
\boldsymbol{X} &= X_1\boldsymbol{E}_1 + X_2\boldsymbol{E}_2 + X_3\boldsymbol{E}_3 \\
\boldsymbol{x} &= r\boldsymbol{e}_r + \lambda X_3\boldsymbol{e}_z \\
\boldsymbol{e}_z &= \boldsymbol{E}_3
\end{aligned} \tag{3.115}$$

若使用 $\{\boldsymbol{e}_1,\ \boldsymbol{e}_2,\ \boldsymbol{e}_3\}$ 表示当前构形的直角坐标系 (空间坐标系) 基矢量，则

$$\boldsymbol{e}_r = \cos\theta\boldsymbol{e}_1 + \sin\theta\boldsymbol{e}_2, \quad \boldsymbol{e}_\theta = -\sin\theta\boldsymbol{e}_1 + \cos\theta\boldsymbol{e}_2 \tag{3.116}$$

代入式 (3.115) 的第二式，它可改写成

$$\boldsymbol{x} = r\cos\theta\boldsymbol{e}_1 + r\sin\theta\boldsymbol{e}_2 + \lambda X_3\boldsymbol{e}_3 \tag{3.117}$$

使用上式并考虑到式 (3.114)，得直角坐标系 $\{\boldsymbol{E}_1,\ \boldsymbol{E}_2,\ \boldsymbol{E}_3\}$ 和 $\{\boldsymbol{e}_1,\ \boldsymbol{e}_2,\ \boldsymbol{e}_3\}$ 下，变形梯度张量为

$$\begin{aligned}
\boldsymbol{F} = {} & f'(X_1)\cos\theta\boldsymbol{e}_1\otimes\boldsymbol{E}_1 - r\sin\theta g'(X_2)\,\boldsymbol{e}_1\otimes\boldsymbol{E}_2 \\
& + f'(X_1)\sin\theta\boldsymbol{e}_2\otimes\boldsymbol{E}_1 + r\cos\theta g'(X_2)\,\boldsymbol{e}_2\otimes\boldsymbol{E}_2 + \lambda\boldsymbol{e}_3\otimes\boldsymbol{E}_3
\end{aligned} \tag{3.118}$$

或写成矩阵形式

$$\boldsymbol{F} = \begin{bmatrix} f'(X_1)\cos\theta & -r\sin\theta g'(X_2) & 0 \\ f'(X_1)\sin\theta & r\cos\theta g'(X_2) & 0 \\ 0 & 0 & \lambda \end{bmatrix}$$

式中“$'$”代表相对自变量求导数。将上式中的直角坐标系 $\{\boldsymbol{e}_1,\ \boldsymbol{e}_2,\ \boldsymbol{e}_3\}$ 使用柱坐标系 $\{\boldsymbol{e}_r,\ \boldsymbol{e}_\theta,\ \boldsymbol{e}_z\}$ 表示，则可改写成

$$\boldsymbol{F} = f'(X_1)\,\boldsymbol{e}_r\otimes\boldsymbol{E}_1 + rg'(X_2)\,\boldsymbol{e}_\theta\otimes\boldsymbol{E}_2 + \lambda\boldsymbol{e}_z\otimes\boldsymbol{E}_3 \tag{3.119}$$

上式可直接使用式 (3.114) 根据附录 B 中的式 (B.46) 导出，其中 $x_\alpha = r$，$x_\beta = \theta$，$x_\gamma = z$，$h_\alpha = 1$，$h_\beta = r$，$h_\gamma = 1$，$X_\alpha = X_1$，$X_\beta = X_2$，$X_\gamma = X_3$，$H_\alpha = H_\beta = H_\gamma = 1$。

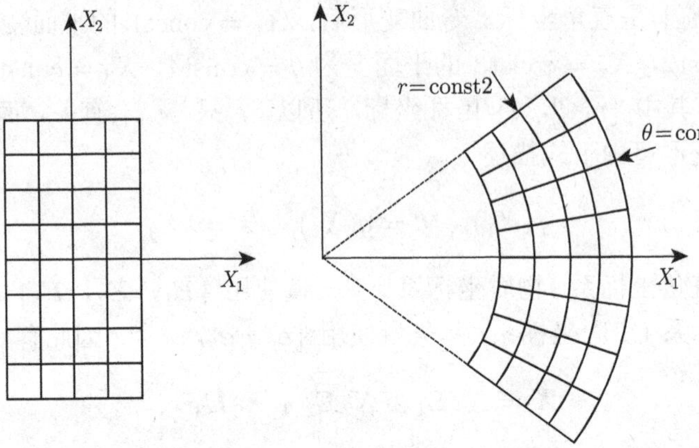

图 3.9　长方体块弯曲为 (扇形) 圆柱块

式 (3.119) 可进一步地改写成

$$\begin{aligned}\boldsymbol{F} = &(\boldsymbol{e}_r \otimes \boldsymbol{E}_1 + \boldsymbol{e}_\theta \otimes \boldsymbol{E}_2 + \boldsymbol{e}_z \otimes \boldsymbol{E}_3)\\ &\cdot (f'(X_1)\,\boldsymbol{E}_1 \otimes \boldsymbol{E}_1 + rg'(X_2)\,\boldsymbol{E}_2 \otimes \boldsymbol{E}_2 + \lambda \boldsymbol{E}_3 \otimes \boldsymbol{E}_3)\end{aligned} \tag{3.120}$$

或者

$$\begin{aligned}\boldsymbol{F} = &(f'(X_1)\,\boldsymbol{e}_r \otimes \boldsymbol{e}_r + rg'(X_2)\,\boldsymbol{e}_\theta \otimes \boldsymbol{e}_\theta + \lambda \boldsymbol{e}_z \otimes \boldsymbol{e}_z)\\ &\cdot (\boldsymbol{e}_r \otimes \boldsymbol{E}_1 + \boldsymbol{e}_\theta \otimes \boldsymbol{E}_2 + \boldsymbol{e}_z \otimes \boldsymbol{E}_3)\end{aligned}$$

因此，转动张量和右、左伸长张量分别是

$$\begin{aligned}\boldsymbol{R} &= \boldsymbol{e}_r \otimes \boldsymbol{E}_1 + \boldsymbol{e}_\theta \otimes \boldsymbol{E}_2 + \boldsymbol{e}_z \otimes \boldsymbol{E}_3\\ \boldsymbol{U} &= f'(X_1)\,\boldsymbol{E}_1 \otimes \boldsymbol{E}_1 + rg'(X_2)\,\boldsymbol{E}_2 \otimes \boldsymbol{E}_2 + \lambda \boldsymbol{E}_3 \otimes \boldsymbol{E}_3\\ \boldsymbol{V} &= f'(X_1)\,\boldsymbol{e}_r \otimes \boldsymbol{e}_r + rg'(X_2)\,\boldsymbol{e}_\theta \otimes \boldsymbol{e}_\theta + \lambda \boldsymbol{e}_z \otimes \boldsymbol{e}_z\end{aligned} \tag{3.121}$$

这说明，Lagrange 主轴与未变形构形的直角坐标系基矢量 $\{\boldsymbol{E}_1,\ \boldsymbol{E}_2,\ \boldsymbol{E}_3\}$ 一致；而 Euler 主轴与当前构形的柱坐标系基矢量 $\{\boldsymbol{e}_r,\ \boldsymbol{e}_\theta,\ \boldsymbol{e}_z\}$ 一致。显然，三个主伸长比应是

$$\lambda_1 = f'(X_1), \quad \lambda_2 = rg'(X_2), \quad \lambda_3 = \lambda \tag{3.122}$$

3.6.6　不可伸长约束与方向转动约束

设 $\boldsymbol{L}$ 是参考构形中的单位矢量，若该方向上的物质线元不可伸长，则变形梯度应满足

$$|\boldsymbol{F} \cdot \boldsymbol{L}| = 1 \quad 或 \quad \boldsymbol{L} \cdot \boldsymbol{F}^{\mathrm{T}} \cdot \boldsymbol{F} \cdot \boldsymbol{L} = \boldsymbol{L} \cdot \boldsymbol{C} \cdot \boldsymbol{L} = 1 \tag{3.123}$$

若沿另外一单位矢量 $\boldsymbol{M}$ 的物质线元也不可伸长，则有

$$\boldsymbol{M}\cdot\boldsymbol{C}\cdot\boldsymbol{M}=1$$

若变形仅发生在 $\boldsymbol{L}$ 和 $\boldsymbol{M}$ 所定义的平面内，则在 Lagrange 主轴坐标下，$\boldsymbol{C}$ 表示为

$$\boldsymbol{C}=\lambda_1^2\boldsymbol{N}_1\otimes\boldsymbol{N}_1+\lambda_2^2\boldsymbol{N}_2\otimes\boldsymbol{N}_2+\boldsymbol{N}_3\otimes\boldsymbol{N}_3$$

Lagrange 主轴 $\boldsymbol{N}_1$，$\boldsymbol{N}_2$ 与 $\boldsymbol{L}$、$\boldsymbol{M}$ 共平面，设 $\boldsymbol{L}$ 和 $\boldsymbol{M}$ 相对 $\boldsymbol{N}_1$ 的夹角分别是 θ 和 ϕ，则前面的两个不可伸长关系式简化为

$$\left(\lambda_1^2-\lambda_2^2\right)\cos^2\theta=1-\lambda_2^2=\left(\lambda_1^2-\lambda_2^2\right)\cos^2\phi \tag{3.124}$$

上式成立则要求：要么 $\theta=\phi$，$\theta=\phi+\pi$，即 $\boldsymbol{M}=\pm\boldsymbol{L}$，$\boldsymbol{M}$ 与 $\boldsymbol{L}$ 共线；或者，$\lambda_1=\lambda_2=1$，即不产生变形。

如果变形仅仅沿 $\boldsymbol{L}$ 方向不可伸长，且变形产生在包含 $\boldsymbol{L}$ 的某个平面内，还是体积不可压缩的，即 $\lambda_1\lambda_2=1$，由式 (3.124) 可导出 $\boldsymbol{L}$ 与 Lagrange 主轴 $\boldsymbol{N}_1$ 的夹角 θ 满足

$$\cos^2\theta=\left(1+\lambda_1^2\right)^{-1}$$

变形必然是简单剪切，见式 (3.86) 后的说明。

下面考虑变形发生在参考构形中的两个单位矢量 $\boldsymbol{L}$ 和 $\boldsymbol{M}$ 所定义的平面内，变形过程中，$\boldsymbol{L}$ 和 $\boldsymbol{M}$ 方向上的物质线元保持方向不变，伸长比分别是 λ_L 和 λ_M。设方向矢量 $\boldsymbol{N}$ 垂直于 $\boldsymbol{L}$ 和 $\boldsymbol{M}$ 所定义的平面，参考式 (3.78)，则该平面变形的变形梯度可一般表示为

$$\boldsymbol{F}=F_{LL}\boldsymbol{L}\otimes\boldsymbol{L}+F_{LM}\boldsymbol{L}\otimes\boldsymbol{M}+F_{ML}\boldsymbol{M}\otimes\boldsymbol{L}+F_{MM}\boldsymbol{M}\otimes\boldsymbol{M}+\boldsymbol{N}\otimes\boldsymbol{N} \tag{3.125}$$

根据已知条件，它应满足

$$\boldsymbol{F}\cdot\boldsymbol{L}=\lambda_L\boldsymbol{L},\quad \boldsymbol{F}\cdot\boldsymbol{M}=\lambda_M\boldsymbol{M}$$

从而

$$\begin{aligned}&\boldsymbol{L}\cdot\boldsymbol{F}\cdot\boldsymbol{L}=\lambda_L, &&\boldsymbol{M}\cdot\boldsymbol{F}\cdot\boldsymbol{L}=\lambda_L\left(\boldsymbol{L}\cdot\boldsymbol{M}\right),\\ &\boldsymbol{M}\cdot\boldsymbol{F}\cdot\boldsymbol{M}=\lambda_M, &&\boldsymbol{L}\cdot\boldsymbol{F}\cdot\boldsymbol{M}=\lambda_M\left(\boldsymbol{L}\cdot\boldsymbol{M}\right)\end{aligned}$$

解得

$$F_{LL}=\lambda_L\left[1-\left(\boldsymbol{L}\cdot\boldsymbol{M}\right)^2\right]^{-1},\quad F_{LM}=-\lambda_L\left(\boldsymbol{L}\cdot\boldsymbol{M}\right)\left[1-\left(\boldsymbol{L}\cdot\boldsymbol{M}\right)^2\right]^{-1}$$

$$F_{MM} = \lambda_M \left[1 - (\boldsymbol{L} \cdot \boldsymbol{M})^2\right]^{-1}, \quad F_{ML} = -\lambda_M (\boldsymbol{L} \cdot \boldsymbol{M}) \left[1 - (\boldsymbol{L} \cdot \boldsymbol{M})^2\right]^{-1}$$

当 $\boldsymbol{L}$ 和 $\boldsymbol{M}$ 正交且体积不可压缩时，$\lambda_L \lambda_M = 1$，变形梯度简化为

$$\boldsymbol{F} = \lambda_L \boldsymbol{L} \otimes \boldsymbol{L} + \lambda_L^{-1} \boldsymbol{M} \otimes \boldsymbol{M} + \boldsymbol{N} \otimes \boldsymbol{N} \tag{3.126}$$

这时，右 Cauchy-Green 变形张量则是

$$\boldsymbol{C} = \boldsymbol{F}^{\mathrm{T}} \cdot \boldsymbol{F} = \lambda_L^2 \boldsymbol{L} \otimes \boldsymbol{L} + \lambda_L^{-2} \boldsymbol{M} \otimes \boldsymbol{M} + \boldsymbol{N} \otimes \boldsymbol{N} \tag{3.127}$$

说明 $\boldsymbol{L}$，$\boldsymbol{M}$，$\boldsymbol{N}$ 方向就是 Lagrange 主轴方向，显然

$$\boldsymbol{U} = \sqrt{\boldsymbol{C}} = \boldsymbol{F} = \lambda_L \boldsymbol{L} \otimes \boldsymbol{L} + \lambda_L^{-1} \boldsymbol{M} \otimes \boldsymbol{M} + \boldsymbol{N} \otimes \boldsymbol{N}, \quad \boldsymbol{R} = \boldsymbol{I}$$

上式给出的 $\boldsymbol{U}$ 与简单剪切在 Lagrange 主轴下 $\boldsymbol{U}$ 的表达式一致，但这里的转动张量 $\boldsymbol{R} = \boldsymbol{I}$，即主轴不转动，不同于简单剪切，通常将这种主轴不转动的等体积平面变形称为纯剪切变形 (Ogden，1984)。

3.7　体积比、面积比与剪切角

3.7.1　体积比

考虑任意三个物质线元 $\mathrm{d}\boldsymbol{X}_{(1)}$、$\mathrm{d}\boldsymbol{X}_{(2)}$ 和 $\mathrm{d}\boldsymbol{X}_{(3)}$，变形后分别变为 $\mathrm{d}\boldsymbol{x}_{(1)}$、$\mathrm{d}\boldsymbol{x}_{(2)}$ 和 $\mathrm{d}\boldsymbol{x}_{(3)}$，变形前、后的体积分别用 $\mathrm{d}V_0$ 和 $\mathrm{d}V$ 表示，则它们之比即体积比就是变形梯度的 Jacobi 行列式

$$\mathrm{d}V = J\mathrm{d}V_0 \tag{3.128}$$

因为根据式 (3.6) 和式 (1.123c)，可得

$$\begin{aligned}\mathrm{d}V &= [\mathrm{d}\boldsymbol{x}_{(1)}, \mathrm{d}\boldsymbol{x}_{(2)}, \mathrm{d}\boldsymbol{x}_{(3)}] = [\boldsymbol{F} \cdot \mathrm{d}\boldsymbol{X}_{(1)}, \boldsymbol{F} \cdot \mathrm{d}\boldsymbol{X}_{(2)}, \boldsymbol{F} \cdot \mathrm{d}\boldsymbol{X}_{(3)}] \\ &= \det \boldsymbol{F} [\mathrm{d}\boldsymbol{X}_{(1)}, \mathrm{d}\boldsymbol{X}_{(2)}, \mathrm{d}\boldsymbol{X}_{(3)}] = J\mathrm{d}V_0\end{aligned}$$

这里隐含利用了变形几何的一个事实，即线元的取向顺序保持不变，如变形前 $\mathrm{d}\boldsymbol{X}_{(1)}$、$\mathrm{d}\boldsymbol{X}_{(2)}$ 和 $\mathrm{d}\boldsymbol{X}_{(3)}$ 为右手系，变形后对应的 $\mathrm{d}\boldsymbol{x}_{(1)}$、$\mathrm{d}\boldsymbol{x}_{(2)}$ 和 $\mathrm{d}\boldsymbol{x}_{(3)}$ 也应为右手系。

结合式 (3.48) 和式 (3.49) 可知

$$J = \det(\boldsymbol{R} \cdot \boldsymbol{U}) = \det \boldsymbol{U} = \lambda_1 \lambda_2 \lambda_3$$

对上式的直观解释是：在初始构形中沿 $\boldsymbol{U}$ 的三个正交主轴方向 $\boldsymbol{N}_K$ $(K = 1, 2, 3)$ 截取边长为单位 1 的立方体，其体积为 1，经变形梯度 $\boldsymbol{F}$ 的作用后，三个主轴变为 $\boldsymbol{n}_k$ $(k = 1, 2, 3)$，仍然相互正交，其长度变为 λ_1，λ_2，λ_3，即变为边长为主伸长比的正六边体，因此，其体积是 $\lambda_1 \lambda_2 \lambda_3$。

3.7.2 面积比

对于一个在参考构形中大小为 $\mathrm{d}A$、法线为 $\boldsymbol{N}$ 的面积元，考察以该面积元为底面、轴向长度矢量为 $\mathrm{d}\boldsymbol{X}$ 的微小柱形体，变形后，面积元的大小变为 $\mathrm{d}a$，其法线变为 $\boldsymbol{n}$，轴向长度矢量变为 $\mathrm{d}\boldsymbol{x}$，如图 3.10 所示，微小柱形体变形前后的体积分别为

$$\mathrm{d}V_0 = \mathrm{d}\boldsymbol{X} \cdot \boldsymbol{N}\mathrm{d}A, \quad \mathrm{d}V = \mathrm{d}\boldsymbol{x} \cdot \boldsymbol{n}\mathrm{d}a \tag{3.129}$$

利用式 (3.128) $\mathrm{d}V = J\mathrm{d}V_0$ 和式 (3.6) $\mathrm{d}\boldsymbol{x} = \boldsymbol{F} \cdot \mathrm{d}\boldsymbol{X}$，得

$$(\boldsymbol{F} \cdot \mathrm{d}\boldsymbol{X}) \cdot \boldsymbol{n}\mathrm{d}a = J\mathrm{d}\boldsymbol{X} \cdot \boldsymbol{N}\mathrm{d}A \tag{3.130}$$

在上式中考虑 $\boldsymbol{F} \cdot \mathrm{d}\boldsymbol{X} = \mathrm{d}\boldsymbol{X} \cdot \boldsymbol{F}^{\mathrm{T}}$，对于任意的 $\mathrm{d}\boldsymbol{X}$，上式都应成立，可得

$$\boldsymbol{F}^{\mathrm{T}} \cdot \boldsymbol{n}\mathrm{d}a = J\boldsymbol{N}\mathrm{d}A \quad \text{或} \quad \boldsymbol{n}\mathrm{d}a = J\boldsymbol{F}^{-\mathrm{T}} \cdot \boldsymbol{N}\mathrm{d}A \tag{3.131}$$

式 (3.131) 称为 Nanson 公式。它也可根据余因子张量的定义式 (1.134) 直接导出，设 $\mathrm{d}\boldsymbol{X}_{(1)}$、$\mathrm{d}\boldsymbol{X}_{(2)}$ 是组成面积元 $\boldsymbol{N}\mathrm{d}A$ 的两个线元矢量，变形后分别变为 $\mathrm{d}\boldsymbol{x}_{(1)}$、$\mathrm{d}\boldsymbol{x}_{(2)}$，则

$$\begin{aligned}\boldsymbol{n}\mathrm{d}a &= \mathrm{d}\boldsymbol{x}_{(1)} \times \mathrm{d}\boldsymbol{x}_{(2)} = \boldsymbol{F} \cdot \mathrm{d}\boldsymbol{X}_{(1)} \times \boldsymbol{F} \cdot \mathrm{d}\boldsymbol{X}_{(2)} \\ &= \mathrm{cof}\boldsymbol{F} \cdot \left(\mathrm{d}\boldsymbol{X}_{(1)} \times \mathrm{d}\boldsymbol{X}_{(2)}\right) = \mathrm{cof}\boldsymbol{F} \cdot \boldsymbol{N}\mathrm{d}A\end{aligned} \tag{3.132}$$

再使用式 (1.135) 和 $J = \det \boldsymbol{F}$ 可得式 (3.131)。结合前面的分析可知，$\boldsymbol{F}$、$\mathrm{Cof}\boldsymbol{F}$ 和 $\det\boldsymbol{F}$ 分别定义了线元、面元和体积元的变形。

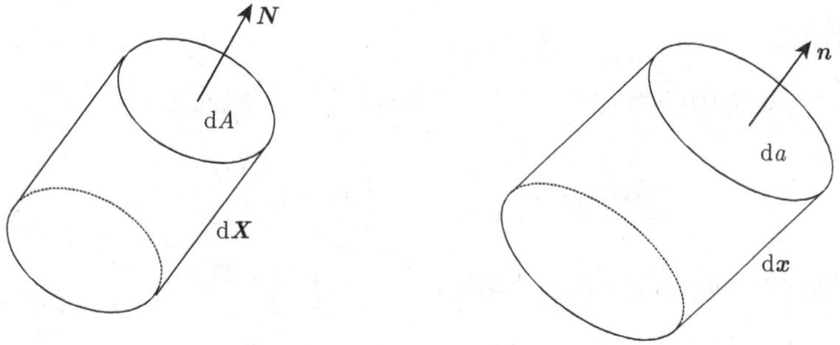

图 3.10 变形前后的面积元与体积元

将式 (3.131) 的左右两边分别自身进行点积，得

$$\boldsymbol{n} \cdot \boldsymbol{F} \cdot \boldsymbol{F}^{\mathrm{T}} \cdot \boldsymbol{n} (\mathrm{d}a)^2 = (J\mathrm{d}A)^2 \quad \text{或} \quad (\mathrm{d}a)^2 = \boldsymbol{N} \cdot \boldsymbol{F}^{-1} \cdot \boldsymbol{F}^{-\mathrm{T}} \cdot \boldsymbol{N} (J\mathrm{d}A)^2 \tag{3.133}$$

在上式中考虑到变形张量 $\boldsymbol{b}$ 和 $\boldsymbol{C}$ 的定义，得变形前后面积元的大小之比为

$$\frac{\mathrm{d}a}{\mathrm{d}A} = \frac{J}{\sqrt{\boldsymbol{n} \cdot \boldsymbol{b} \cdot \boldsymbol{n}}} \quad \text{或} \quad \frac{\mathrm{d}a}{\mathrm{d}A} = J\sqrt{\boldsymbol{N} \cdot \boldsymbol{C}^{-1} \cdot \boldsymbol{N}} \tag{3.134}$$

前者为空间描述,后者为物质描述。注意上面两个式子的右边恒大于零,因为 $J>0$,且 $\boldsymbol{b}$ 和 $\boldsymbol{C}^{-1}$ 是正定的。

结合 Nanson 公式 (3.131) 和式 (3.134),得变形前后面法线矢量之间的关系为

$$\boldsymbol{n}=\frac{\boldsymbol{F}^{-\mathrm{T}}\cdot\boldsymbol{N}}{\sqrt{\boldsymbol{N}\cdot\boldsymbol{C}^{-1}\cdot\boldsymbol{N}}}=\frac{\boldsymbol{F}^{-\mathrm{T}}\cdot\boldsymbol{N}}{|\boldsymbol{F}^{-\mathrm{T}}\cdot\boldsymbol{N}|} \tag{3.135}$$

单位矢量 $\boldsymbol{N}$ 经 $\boldsymbol{F}^{-\mathrm{T}}$ 变换到当前构形,但所得矢量并不是单位矢量,因此需要除以 $\left|\boldsymbol{F}^{-\mathrm{T}}\cdot\boldsymbol{N}\right|$ 单位化。

使用 Nanson 公式 (3.131) 可证得所谓的 Piola 等式

$$\left(J\boldsymbol{F}^{-\mathrm{T}}\right)\cdot\nabla_0=0 \tag{3.136}$$

两次应用散度定理和 Nanson 公式 (3.131),得下面积分

$$\begin{aligned}\int_{\Omega_0}\left(J\boldsymbol{F}^{-\mathrm{T}}\right)\cdot\nabla_0\mathrm{d}V_0&=\int_{\Gamma_0}J\boldsymbol{F}^{-\mathrm{T}}\cdot\boldsymbol{N}\mathrm{d}A=\int_{\Gamma}\boldsymbol{n}\mathrm{d}a\\&=\int_{\Gamma}\boldsymbol{I}\cdot\boldsymbol{n}\mathrm{d}a=\int_{\Gamma}\boldsymbol{I}\cdot\nabla\mathrm{d}V=0\end{aligned}$$

由于区域是任意的,因此 Piola 等式成立。用同样的方法可证

$$\left(J^{-1}\boldsymbol{F}^{\mathrm{T}}\right)\cdot\nabla=0 \tag{3.137}$$

3.7.3 剪切角

考虑参考构形中的物质线元 $\mathrm{d}\boldsymbol{X}_{(1)}$ 和 $\mathrm{d}\boldsymbol{X}_{(2)}$,沿线元方向的单位矢量是

$$\boldsymbol{M}_{(1)}=\frac{\mathrm{d}\boldsymbol{X}_{(1)}}{|\mathrm{d}\boldsymbol{X}_{(1)}|},\quad \boldsymbol{M}_{(2)}=\frac{\mathrm{d}\boldsymbol{X}_{(2)}}{|\mathrm{d}\boldsymbol{X}_{(2)}|} \tag{3.138}$$

变形后分别变为 $\mathrm{d}\boldsymbol{x}_{(1)}$ 和 $\mathrm{d}\boldsymbol{x}_{(2)}$,这两个方向的单位矢量分别是

$$\boldsymbol{m}_{(1)}=\frac{\mathrm{d}\boldsymbol{x}_{(1)}}{|\mathrm{d}\boldsymbol{x}_{(1)}|},\quad \boldsymbol{m}_{(2)}=\frac{\mathrm{d}\boldsymbol{x}_{(2)}}{|\mathrm{d}\boldsymbol{x}_{(2)}|} \tag{3.139}$$

变形前两线元的夹角为 $\cos\Theta=\boldsymbol{M}_{(1)}\cdot\boldsymbol{M}_{(2)}$,变形后两线元的夹角为

$$\begin{aligned}\cos\theta=\boldsymbol{m}_{(1)}\cdot\boldsymbol{m}_{(2)}&=\frac{\mathrm{d}\boldsymbol{x}_{(1)}}{|\mathrm{d}\boldsymbol{x}_{(1)}|}\cdot\frac{\mathrm{d}\boldsymbol{x}_{(2)}}{|\mathrm{d}\boldsymbol{x}_{(2)}|}\\&=\frac{\mathrm{d}\boldsymbol{X}_{(1)}\cdot\boldsymbol{C}\cdot\mathrm{d}\boldsymbol{X}_{(2)}}{\lambda_{M_{(1)}}\lambda_{M_{(2)}}\left|\mathrm{d}\boldsymbol{X}_{(1)}\right|\left|\mathrm{d}\boldsymbol{X}_{(2)}\right|}=\frac{1}{\lambda_{M_{(1)}}\lambda_{M_{(2)}}}\boldsymbol{M}_{(1)}\cdot\boldsymbol{C}\cdot\boldsymbol{M}_{(2)}\end{aligned} \tag{3.140}$$

其中 $\lambda_{M_{(1)}}$ 和 $\lambda_{M_{(2)}}$ 是物质线元 $\mathrm{d}\boldsymbol{X}_{(1)}$ 和 $\mathrm{d}\boldsymbol{X}_{(2)}$ 的伸长比。

夹角的减小量 $\gamma=\Theta-\theta$，称为剪切角，使用上面的公式可给出它的表达式，一般来说比较复杂。考察一种相对简单的情况——沿两个物质坐标轴方向的物质线元之间的剪切，即令 $\boldsymbol{M}_{(1)}=\boldsymbol{E}_1$，$\boldsymbol{M}_{(2)}=\boldsymbol{E}_2$，变形前的夹角 $\Theta=\pi/2$，则剪切角 $\gamma=\pi/2-\theta$，一起代入式 (3.140)，并使用伸长比的表达式 (3.27)，经整理得

$$\gamma=\arcsin\left(\frac{C_{12}}{\sqrt{C_{11}C_{22}}}\right) \tag{3.141}$$

若取物质坐标轴与 Lagrange 主轴重合，则 $C_{12}=0$，因此，$\gamma=0$，即主轴方向没有剪切变形，这与前面的分析一致。

若已知两个线元在当前构形中的夹角，采用上面类似的步骤，可导出它们在变形前的夹角为

$$\cos\Theta=\frac{\mathrm{d}\boldsymbol{X}_{(1)}\cdot\mathrm{d}\boldsymbol{X}_{(2)}}{\left|\mathrm{d}\boldsymbol{X}_{(1)}\right|\left|\mathrm{d}X_{(2)}\right|}=\lambda_{m_{(1)}}\lambda_{m_{(2)}}\frac{\mathrm{d}\boldsymbol{x}_{(1)}\cdot\boldsymbol{c}\cdot\mathrm{d}\boldsymbol{x}_{(2)}}{\left|\mathrm{d}\boldsymbol{x}_{(1)}\right|\left|\mathrm{d}\boldsymbol{x}_{(2)}\right|}=\lambda_{m_{(1)}}\lambda_{m_{(2)}}\boldsymbol{m}_{(1)}\cdot\boldsymbol{c}\cdot\boldsymbol{m}_{(2)} \tag{3.142}$$

这是剪切的空间描述。

3.8 等体积变形与变形的分解

在小变形理论中，我们将变形分解为等体积变形 (即形状改变) 和体积变形，应变张量的偏量部分代表前者，而体积 (球形) 部分代表后者。对于大变形，如何进行类似的分解？等体积变形在这里要求变形梯度满足

$$J=\det\boldsymbol{F}=1 \tag{3.143}$$

前面讨论的简单剪切就是一种等体积变形。若一种材料的变形梯度始终满足 $J=1$ 的条件，则称该材料是体积不可压缩的。

对于存在体积变化的变形，可定义

$$\tilde{\boldsymbol{F}}\overset{\text{def}}{=\!=}J^{-1/3}\boldsymbol{F} \tag{3.144}$$

显然有 $\det\tilde{\boldsymbol{F}}=1$，因此 $\tilde{\boldsymbol{F}}$ 是等体积变形，以此为基础可将变形梯度以乘法分解的形式表示为等体积变形和纯体积变形两部分

$$\boldsymbol{F}=J^{1/3}\tilde{\boldsymbol{F}}=\tilde{\boldsymbol{F}}\cdot J^{1/3}\boldsymbol{I} \tag{3.145}$$

其中 $J^{1/3}\boldsymbol{I}$ 代表纯体积变形部分。这种变形分解最初由 Flory(1961) 提出。

针对其他变形张量如右 Cauchy-Green 变形张量 $\boldsymbol{C}$，可以上面变形梯度的分解为基础，定义它的等体积变形部分即形变部分，为

$$\tilde{\boldsymbol{C}} \xlongequal{\text{def}} \tilde{\boldsymbol{F}}^{\mathrm{T}} \cdot \tilde{\boldsymbol{F}} = J^{-2/3}\boldsymbol{C} \tag{3.146}$$

另一方面，等体积变形梯度 $\tilde{\boldsymbol{F}}$ 中的伸长变形 $\tilde{\boldsymbol{U}} = \sqrt{\tilde{\boldsymbol{C}}} = J^{-1/3}\boldsymbol{U}$，其主值应为 $\tilde{\lambda}_K = J^{-1/3}\lambda_K$，主方向仍为 $\boldsymbol{N}_K$，因此其主轴表示式是

$$\tilde{\boldsymbol{U}} = \sum_{K=1}^{3} \tilde{\lambda}_K \boldsymbol{N}_K \otimes \boldsymbol{N}_K \tag{3.147}$$

由于 $\tilde{\lambda}_1\tilde{\lambda}_2\tilde{\lambda}_3 = 1$，它又可乘法分解为两个简单剪切对应的伸长变形 $\boldsymbol{U}_1$ 和 $\boldsymbol{U}_2$ (注：简单剪切的伸长变形张量必有一个主值为 1 而另外两个主值互为倒数)，且两个简单剪切所在的平面相互正交，即

$$\tilde{\boldsymbol{U}} = \boldsymbol{U}_2 \cdot \boldsymbol{U}_1 \tag{3.148}$$

式中

$$\boldsymbol{U}_1 = \tilde{\lambda}_1 \boldsymbol{N}_1 \otimes \boldsymbol{N}_1 + \boldsymbol{N}_2 \otimes \boldsymbol{N}_2 + \tilde{\lambda}_1^{-1} \boldsymbol{N}_3 \otimes \boldsymbol{N}_3 \tag{3.149a}$$

$$\boldsymbol{U}_2 = \boldsymbol{N}_1 \otimes \boldsymbol{N}_1 + \tilde{\lambda}_2 \boldsymbol{N}_2 \otimes \boldsymbol{N}_2 + \tilde{\lambda}_2^{-1} \boldsymbol{N}_3 \otimes \boldsymbol{N}_3 \tag{3.149b}$$

它们对应的简单剪切变形分别发生在 $\boldsymbol{N}_1$，$\boldsymbol{N}_3$ 平面和 $\boldsymbol{N}_2$，$\boldsymbol{N}_3$ 平面。等体积的伸长变形 $\tilde{\boldsymbol{U}}$ 也可分解为一个简单伸长变形和一个简单剪切，说明如下

$$\begin{aligned}
\tilde{\boldsymbol{U}} &= \tilde{\lambda}_1 \boldsymbol{N}_1 \otimes \boldsymbol{N}_1 + \tilde{\lambda}_2 \boldsymbol{N}_2 \otimes \boldsymbol{N}_2 + \tilde{\lambda}_3 \boldsymbol{N}_3 \otimes \boldsymbol{N}_3 \\
&= \left[\tilde{\lambda}_1^* \boldsymbol{N}_1 \otimes \boldsymbol{N}_1 + \left(\tilde{\lambda}_1^*\right)^{-1} \boldsymbol{N}_2 \otimes \boldsymbol{N}_2 + \boldsymbol{N}_3 \otimes N_3\right] \\
&\quad \cdot \left[\tilde{\lambda}_3^{-1/2} (\boldsymbol{N}_1 \otimes \boldsymbol{N}_1 + \boldsymbol{N}_2 \otimes \boldsymbol{N}_2) + \tilde{\lambda}_3 \boldsymbol{N}_3 \otimes \boldsymbol{N}_3\right]
\end{aligned}$$

式中 $\tilde{\lambda}_1^* = \tilde{\lambda}_1\tilde{\lambda}_3^{1/2}$。显然后一个括号中张量代表沿 $\boldsymbol{N}_3$ 方向等体积的简单伸长变形，而前一个括号中张量代表垂直于 $\boldsymbol{N}_3$ 方向的平面内的简单剪切。

代表纯体积变形的变形梯度 $J^{1/3}\boldsymbol{I}$，相应的转动张量为 $\boldsymbol{I}$，相应的伸长张量使用 $\boldsymbol{U}_0$ 表示，显然有 $\boldsymbol{U}_0= J^{1/3}\boldsymbol{I}$，因此 $\boldsymbol{U} = \tilde{\boldsymbol{U}} \cdot \boldsymbol{U}_0$，变形梯度可分解表示为

$$\boldsymbol{F} = \boldsymbol{R} \cdot \boldsymbol{U} = \boldsymbol{R} \cdot \boldsymbol{U}_2 \cdot \boldsymbol{U}_1 \cdot \boldsymbol{U}_0 \tag{3.150}$$

同样的道理，也可分解写成

$$\boldsymbol{F} = \boldsymbol{V}_2 \cdot \boldsymbol{V}_1 \cdot \boldsymbol{V}_0 \cdot \boldsymbol{R} \tag{3.151}$$

式中 $\boldsymbol{V}_0=\boldsymbol{U}_0=J^{1/3}\boldsymbol{I}$ 是纯体积变形，$\boldsymbol{V}_1$ 和 $\boldsymbol{V}_2$ 代表两个简单剪切对应的伸长变形

$$\boldsymbol{V}_1=\tilde{\lambda}_1\boldsymbol{n}_1\otimes\boldsymbol{n}_1+\boldsymbol{n}_2\otimes\boldsymbol{n}_2+\tilde{\lambda}_1^{-1}\boldsymbol{n}_3\otimes\boldsymbol{n}_3$$

$$\boldsymbol{V}_2=\boldsymbol{n}_1\otimes\boldsymbol{n}_1+\tilde{\lambda}_2\boldsymbol{n}_2\otimes\boldsymbol{n}_2+\tilde{\lambda}_2^{-1}\boldsymbol{n}_3\otimes\boldsymbol{n}_3$$

因此得出结论：*伸长变形可乘法分解为一个纯体积变形和两个简单剪切。*

3.9 Green 和 Almansi 应变张量

3.9.1 Green 应变张量

使用线元长度的物质描述式 (3.26)，并考虑到

$$|\mathrm{d}\boldsymbol{X}|^2=\mathrm{d}X_K\mathrm{d}X_K=\delta_{KL}\mathrm{d}X_K\mathrm{d}X_L=\mathrm{d}\boldsymbol{X}\cdot\mathrm{d}\boldsymbol{X}=\mathrm{d}\boldsymbol{X}\cdot\boldsymbol{I}\cdot\mathrm{d}\boldsymbol{X} \tag{3.152}$$

则过物质点 P 的任意线元 $\mathrm{d}\boldsymbol{X}$ 变形前后的长度平方的改变可表示为

$$|\mathrm{d}\boldsymbol{x}|^2-|\mathrm{d}\boldsymbol{X}|^2=(C_{KL}-\delta_{KL})\,\mathrm{d}X_K\mathrm{d}X_L=\mathrm{d}\boldsymbol{X}\cdot(\boldsymbol{C}-\boldsymbol{I})\cdot\mathrm{d}\boldsymbol{X} \tag{3.153}$$

上式说明 $\boldsymbol{C}-\boldsymbol{I}$ 确定了 P 点邻域任意方向线元长度的改变量。当只有刚体转动时，应没有应变产生，这时，$\boldsymbol{F}=\boldsymbol{R}$，$\boldsymbol{C}-\boldsymbol{I}=\boldsymbol{0}$，因此，可使用 $\boldsymbol{C}-\boldsymbol{I}$ 作为应变的度量。Green 应变定义为

$$\boldsymbol{E}\overset{\text{def}}{=\!=}\frac{1}{2}(\boldsymbol{C}-\boldsymbol{I})\quad \text{或}\quad E_{KL}\overset{\text{def}}{=\!=}\frac{1}{2}(C_{KL}-\delta_{KL}) \tag{3.154}$$

式中的 1/2 是为了使得当变形很小时上面的定义能够退化到小变形理论中的应变定义，详细讨论见后面有关内容。

考虑物质坐标系与空间坐标系不重合的一般情况，设两坐标系原点之间的矢径为 $\boldsymbol{j}$，如图 3.11 所示，使用 $\boldsymbol{u}$ 表示物质点 P 点的位移矢量，则 P 点的空间坐标与物质坐标之间的关系是

$$\boldsymbol{x}=\boldsymbol{X}+\boldsymbol{u}-\boldsymbol{j} \tag{3.155}$$

为描述方便，使用 $\boldsymbol{A}$ 表示位移梯度，即

$$\boldsymbol{A}\overset{\text{def}}{=\!=}\frac{\partial\boldsymbol{u}}{\partial\boldsymbol{X}} \tag{3.156}$$

将式 (3.155) 代入变形梯度的定义，由于坐标原点之间的矢径 $\boldsymbol{j}$ 与物质坐标 $\boldsymbol{X}$ 无关，得变形梯度为单位张量与位移梯度之和

$$\boldsymbol{F}=\boldsymbol{I}+\boldsymbol{A} \tag{3.157}$$

考虑到 $\boldsymbol{C}=\boldsymbol{F}^{\mathrm{T}}\cdot\boldsymbol{F}$，结合上式，则 Green 应变张量可由位移梯度表示为

$$\boldsymbol{E}=\frac{1}{2}\left(\boldsymbol{A}+\boldsymbol{A}^{\mathrm{T}}+\boldsymbol{A}^{\mathrm{T}}\cdot\boldsymbol{A}\right) \tag{3.158}$$

使用 U_K 表示位移矢量 $\boldsymbol{u}$ 在物质坐标系下的分量，即 $\boldsymbol{u}=U_K\boldsymbol{E}_K$，则位移梯度的分量表示应是

$$A_{IJ}=\frac{\partial U_I}{\partial X_J}$$

于是，Green 应变的分量就是

$$E_{KL}=\frac{1}{2}\left(A_{KL}+A_{LK}+A_{IK}A_{IL}\right) \tag{3.159}$$

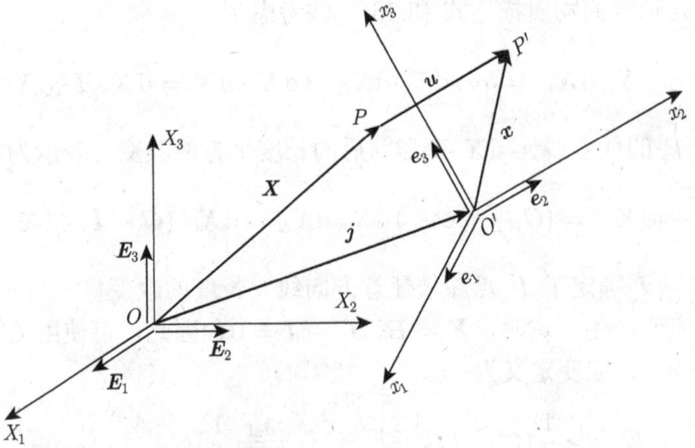

图 3.11 物质点的位移

需要说明：式 (3.157) 中的 $\boldsymbol{F}$ 是两点张量，而 $\boldsymbol{I}$ 和 $\boldsymbol{A}$ (当位移 $\boldsymbol{u}$ 在参考构形中表示时) 都是参考构形中的张量，实际上，$\boldsymbol{I}$ 和 $\boldsymbol{A}$ 可通过引入“转移”的定义表示为两点张量，“转移”定义为

$$\delta_{iK}\overset{\text{def}}{=\!=}\boldsymbol{e}_i\cdot\boldsymbol{E}_K \tag{3.160}$$

它明显不同于 Kronecker 符号，它的对角元素不为 1，非对角元素也不为零，这些元素代表空间坐标基矢量 $\boldsymbol{e}_i$ 在物质坐标基矢量 $\boldsymbol{E}_K$ 的投影，为区别起见，“转移”的下标一个小写而另一个大写，根据定义则有

$$\boldsymbol{E}_K=\delta_{iK}\boldsymbol{e}_i \tag{3.161}$$

从而单位张量 $\boldsymbol{I}$ 可表示为

$$\boldsymbol{I}=\boldsymbol{E}_K\otimes\boldsymbol{E}_K=\delta_{iK}\boldsymbol{e}_i\otimes\boldsymbol{E}_K$$

对位移梯度 $\boldsymbol{A}$ 也可进行类似处理写成两点张量，这样，式 (3.157) 两边都是两点张量，具有相同的张量基，对照可得其分量表示是

$$F_{iK} = \delta_{iM}\left(\delta_{MK} + A_{MK}\right) \tag{3.162}$$

类似于式 (1.32) 的推导，利用 "转移" 的定义，可得它具有如下正交性质

$$\delta_{iK}\delta_{iL} = \delta_{iK}\boldsymbol{e}_i \cdot \boldsymbol{E}_L = \boldsymbol{E}_K \cdot \boldsymbol{E}_L = \delta_{KL} \tag{3.163}$$

这使得 $C_{KL} = F_{iK}F_{jK}$ 的分量表示与 "转移" 无关，所以，Green 应变的分量表示式 (3.159) 也与它无关。

从式 (3.159) 可知，Green 应变与位移是非线性关系，称之为几何非线性。小变形要求小伸长和小转动，本章末的讨论表明，该要求等价于位移梯度 $|\boldsymbol{A}| \ll 1$ 是小量，那么其乘积项是更高一阶小量，可以忽略，应变与位移退化为线性关系，回到了小变形理论中的应变定义 $\boldsymbol{\varepsilon}$

$$\boldsymbol{E} \approx \frac{1}{2}\left(\boldsymbol{A} + \boldsymbol{A}^{\mathrm{T}}\right) = \boldsymbol{\varepsilon} \tag{3.164}$$

注意：当产生小的刚体转动时，小变形应变 $\boldsymbol{\varepsilon}$ 并不为零，这时，$\boldsymbol{F} = \boldsymbol{Q}$，结合 $\boldsymbol{A} = \boldsymbol{F} - \boldsymbol{I}$ 和式 (1.253)，并考虑到 $\boldsymbol{W}$ 是反对称张量，而 $\boldsymbol{W}^2$ 是对称张量，得

$$\boldsymbol{\varepsilon} = \frac{1}{2}\left(\boldsymbol{Q} + \boldsymbol{Q}^{\mathrm{T}} - 2\boldsymbol{I}\right) = 2\boldsymbol{W}^2 \sin^2\frac{\theta}{2} \tag{3.165}$$

由于 $\boldsymbol{W}$ 的分量为 1 (在图 1.8 所示的坐标系下) 或小于 1(在其他坐标系下)，上式表明在小变形情况下，小变形应变定义带来的误差是转动角 θ 的二次方。

下面讨论长度和夹角的改变与 Green 应变分量的关系。使用伸长比的表达式 (3.27) 和 Green 应变的定义式 (3.154)，任意方向线元长度的相对改变可写成

$$\frac{|\mathrm{d}\boldsymbol{x}| - |\mathrm{d}\boldsymbol{X}|}{|\mathrm{d}\boldsymbol{X}|} = \lambda_M - 1 = \sqrt{1 + 2\boldsymbol{M} \cdot \boldsymbol{E} \cdot \boldsymbol{M}} - 1 \tag{3.166}$$

若考察物质坐标方向的物质线元 $\boldsymbol{M} = \boldsymbol{E}_1$，则有

$$\frac{|\mathrm{d}\boldsymbol{x}| - |\mathrm{d}\boldsymbol{X}|}{|\mathrm{d}\boldsymbol{X}|} = \sqrt{1 + 2E_{11}} - 1 \tag{3.167}$$

说明坐标方向的长度相对改变量只取决于该方向的正应变分量 E_{11}。当发生小变形时，上式右边的近似值为 E_{11}，与小变形理论一致。

使用式 (3.27) 和式 (3.154)，两物质线元 $\boldsymbol{M}_{(1)}$ 和 $\boldsymbol{M}_{(2)}$ 变形后的夹角表达式 (3.140) 可表示为

$$\cos\theta = \frac{\boldsymbol{M}_{(1)} \cdot (\boldsymbol{I} + 2\boldsymbol{E}) \cdot \boldsymbol{M}_{(2)}}{\sqrt{1 + 2\boldsymbol{M}_{(1)} \cdot \boldsymbol{E} \cdot \boldsymbol{M}_{(1)}}\sqrt{1 + 2\boldsymbol{M}_{(2)} \cdot \boldsymbol{E} \cdot \boldsymbol{M}_{(2)}}} \tag{3.168}$$

沿物质坐标方向的两物质线元 $\boldsymbol{M}_{(1)}=\boldsymbol{E}_1$ 和 $\boldsymbol{M}_{(2)}=\boldsymbol{E}_2$ 之间的剪切角 $\gamma=\pi/2-\theta$，变为

$$\gamma=\arcsin\left(\frac{2E_{12}}{\sqrt{1+2E_{11}}\sqrt{1+2E_{22}}}\right) \tag{3.169}$$

这说明：大变形下，剪切角不仅取决于剪应变 E_{12}，而且还取决于正应变 E_{11} 和 E_{22}。当发生小变形时，正应变 E_{11} 和 E_{22} 比 1 小很多，上式给出剪切角的近似值为 $2E_{12}$，与小变形理论的结果一致。

3.9.2 Almansi 应变张量

上面定义的 Green 应变相对参考构形是物质张量。下面定义空间描述的 Almansi 应变张量，它是空间张量。

将当前 (变形后) 的长度平方表示为

$$|\mathrm{d}\boldsymbol{x}|^2=\mathrm{d}x_i\mathrm{d}x_i=\delta_{ij}\mathrm{d}x_i\mathrm{d}x_j=\mathrm{d}\boldsymbol{x}\cdot\mathrm{d}\boldsymbol{x}=\mathrm{d}\boldsymbol{x}\cdot\boldsymbol{I}\cdot\mathrm{d}\boldsymbol{x} \tag{3.170}$$

使用上式和式 (3.32)，空间线元 $\mathrm{d}\boldsymbol{x}$ 变形前后长度平方的改变为

$$|\mathrm{d}\boldsymbol{x}|^2-|\mathrm{d}\boldsymbol{X}|^2=(\delta_{ij}-c_{ij})\,\mathrm{d}x_i\mathrm{d}x_j=\mathrm{d}\boldsymbol{x}\cdot(\boldsymbol{I}-\boldsymbol{c})\cdot\mathrm{d}\boldsymbol{x} \tag{3.171}$$

Almansi 应变定义为

$$e_{ij}\overset{\mathrm{def}}{=\!=\!=}\frac{1}{2}(\delta_{ij}-c_{ij}),\quad \boldsymbol{e}\overset{\mathrm{def}}{=\!=\!=}\frac{1}{2}(\boldsymbol{I}-\boldsymbol{c}) \tag{3.172}$$

使用式 (3.155)，考虑到坐标原点之间的矢径 $\boldsymbol{j}$ 也与空间坐标 $\boldsymbol{x}$ 无关，得变形梯度的逆可表示为

$$\boldsymbol{F}^{-1}=\frac{\partial\boldsymbol{X}}{\partial\boldsymbol{x}}=\frac{\partial\boldsymbol{u}}{\partial\boldsymbol{x}}-\boldsymbol{I} \tag{3.173}$$

式中 $\dfrac{\partial\boldsymbol{u}}{\partial\boldsymbol{x}}$ 是位移相对空间坐标的梯度，结合式 (3.31) 和上式，则 Almansi 应变可表示为

$$\boldsymbol{e}=\frac{1}{2}\left(\frac{\partial\boldsymbol{u}}{\partial\boldsymbol{x}}+\left(\frac{\partial\boldsymbol{u}}{\partial\boldsymbol{x}}\right)^{\mathrm{T}}-\left(\frac{\partial\boldsymbol{u}}{\partial\boldsymbol{x}}\right)^{\mathrm{T}}\cdot\frac{\partial\boldsymbol{u}}{\partial\boldsymbol{x}}\right) \tag{3.174}$$

使用 u_k 表示 $\boldsymbol{u}$ 在空间坐标系下的分量，即 $\boldsymbol{u}=u_k\boldsymbol{e}_k$，则位移空间梯度的分量表示应是

$$\left(\frac{\partial\boldsymbol{u}}{\partial\boldsymbol{x}}\right)_{ij}=\frac{\partial u_i}{\partial x_j}$$

从而得 Almansi 应变用位移分量表示为

$$e_{ij}=\frac{1}{2}\left(\frac{\partial u_i}{\partial x_j}+\frac{\partial u_j}{\partial x_i}-\frac{\partial u_k}{\partial x_i}\frac{\partial u_k}{\partial x_j}\right) \tag{3.175}$$

对 Almansi 应变，前点积 $\boldsymbol{F}^{\mathrm{T}}$，后点积 $\boldsymbol{F}$，并考虑到式 (3.31)，得它与 Green 应变的关系为

$$\boldsymbol{F}^{\mathrm{T}}\cdot\boldsymbol{e}\cdot\boldsymbol{F}=\frac{1}{2}\left(\boldsymbol{F}^{\mathrm{T}}\cdot\boldsymbol{F}-\boldsymbol{I}\right)=\boldsymbol{E} \tag{3.176}$$

许多情况下往往取物质坐标系和空间坐标系重合，这时，每个物质点的物质坐标与 $t=0$ 时刻的空间坐标重合 ($X_K=x_k|_{t=0}$)，位移矢量 $\boldsymbol{u}$ 在两套坐标系下的分量及其下标不再需要使用大小写区别，即 $U_K=u_k(k=K)$，则有

$$x_k=X_K+U_K=x_k|_{t=0}+u_k\quad(k=K) \tag{3.177}$$

若进一步考虑小变形情况，每个物质点的物质坐标与空间坐标相差一个小量，而位移梯度 $|\boldsymbol{A}|\ll 1$ 本身也是小量，则位移的空间梯度与位移梯度 $\boldsymbol{A}$ 相差一个高阶小量，从而

$$e_{ij}\approx E_{ij}\approx\frac{1}{2}\left(\frac{\partial u_i}{\partial X_j}+\frac{\partial u_j}{\partial X_i}\right)=\varepsilon_{ij} \tag{3.178}$$

Green 应变和 Almannsi 应变均退化为小变形下的应变定义。这种处理在数学上就是所谓线性化，针对各种变形几何量采用 2.2 节介绍的方法进行线性化的严格讨论将放在本章末。

例题 3.2 一个单元绕原点刚体转动了角度 θ，分别按现在的应变度量如 Green 应变和 Almansi 应变等与按小应变的应变度量计算所产生的应变。

解 设两套坐标系重合，对于单纯的刚体转动，其运动表示为 $\boldsymbol{x}=\boldsymbol{R}\cdot\boldsymbol{X}$，具体使用下式给出

$$\left\{\begin{matrix}x\\y\end{matrix}\right\}=\begin{bmatrix}\cos\theta & -\sin\theta\\ \sin\theta & \cos\theta\end{bmatrix}\left\{\begin{matrix}X\\Y\end{matrix}\right\}$$

位移分量则是

$$\left\{\begin{matrix}u_x\\u_y\end{matrix}\right\}=\left\{\begin{matrix}x\\y\end{matrix}\right\}-\left\{\begin{matrix}X\\Y\end{matrix}\right\}=\begin{bmatrix}\cos\theta-1 & -\sin\theta\\ \sin\theta & \cos\theta-1\end{bmatrix}\left\{\begin{matrix}X\\Y\end{matrix}\right\}$$

根据上式，有

$$\frac{\partial u_x}{\partial X}=\cos\theta-1,\quad\frac{\partial u_y}{\partial Y}=\cos\theta-1,\quad\frac{\partial u_x}{\partial Y}=-\sin\theta,\quad\frac{\partial u_y}{\partial X}=\sin\theta$$

Green 应变张量的各分量为

$$\begin{aligned}E_{xx}&=\frac{1}{2}\left(2\frac{\partial u_x}{\partial X}+\frac{\partial u_x}{\partial X}\frac{\partial u_x}{\partial X}+\frac{\partial u_y}{\partial X}\frac{\partial u_y}{\partial X}\right)\\&=\frac{1}{2}\left[2\left(\cos\theta-1\right)+\left(\cos\theta-1\right)^2+\sin^2\theta\right]=0\end{aligned}$$

$$E_{yy}=\frac{1}{2}\left(2\frac{\partial u_y}{\partial Y}+\frac{\partial u_x}{\partial Y}\frac{\partial u_x}{\partial Y}+\frac{\partial u_y}{\partial Y}\frac{\partial u_y}{\partial Y}\right)$$
$$=\frac{1}{2}\left[2\left(\cos\theta-1\right)+\sin^2\theta+\left(\cos\theta-1\right)^2\right]=0$$
$$E_{xy}=\frac{1}{2}\left(\frac{\partial u_x}{\partial Y}+\frac{\partial u_y}{\partial X}+\frac{\partial u_x}{\partial X}\frac{\partial u_x}{\partial Y}+\frac{\partial u_y}{\partial X}\frac{\partial u_y}{\partial Y}\right)$$
$$=\frac{1}{2}\left[-\sin\theta\left(\cos\theta-1\right)+\sin\theta\left(\cos\theta-1\right)\right]=0$$

为了计算 Almansi 应变，需要将位移表示为空间坐标的函数，利用前面式子有

$$\left\{\begin{matrix}u_x\\u_y\end{matrix}\right\}=\begin{bmatrix}\cos\theta-1 & -\sin\theta\\ \sin\theta & \cos\theta-1\end{bmatrix}\begin{bmatrix}\cos\theta & \sin\theta\\ -\sin\theta & \cos\theta\end{bmatrix}\left\{\begin{matrix}x\\y\end{matrix}\right\}$$
$$=\begin{bmatrix}1-\cos\theta & -\sin\theta\\ \sin\theta & 1-\cos\theta\end{bmatrix}\left\{\begin{matrix}x\\y\end{matrix}\right\}$$

于是

$$\frac{\partial u_x}{\partial x}=1-\cos\theta,\quad \frac{\partial u_y}{\partial y}=1-\cos\theta,\quad \frac{\partial u_x}{\partial y}=-\sin\theta,\quad \frac{\partial u_y}{\partial x}=\sin\theta$$

Almansi 应变张量的各分量为

$$e_{xx}=\frac{1}{2}\left(2\frac{\partial u_x}{\partial x}-\frac{\partial u_x}{\partial x}\frac{\partial u_x}{\partial x}-\frac{\partial u_y}{\partial x}\frac{\partial u_y}{\partial x}\right)$$
$$=\frac{1}{2}\left[2\left(1-\cos\theta\right)-\left(1-\cos\theta\right)^2-\sin^2\theta\right]=0$$
$$e_{yy}=\frac{1}{2}\left(2\frac{\partial u_y}{\partial y}-\frac{\partial u_x}{\partial y}\frac{\partial u_x}{\partial y}-\frac{\partial u_y}{\partial y}\frac{\partial u_y}{\partial y}\right)$$
$$=\frac{1}{2}\left[2\left(1-\cos\theta\right)-\sin^2\theta-\left(1-\cos\theta\right)^2\right]=0$$
$$e_{xy}=\frac{1}{2}\left(\frac{\partial u_x}{\partial y}+\frac{\partial u_y}{\partial x}-\frac{\partial u_x}{\partial x}\frac{\partial u_x}{\partial y}-\frac{\partial u_y}{\partial x}\frac{\partial u_y}{\partial y}\right)$$
$$=\frac{1}{2}\left[-\sin\theta\left(1-\cos\theta\right)+\sin\theta\left(1-\cos\theta\right)\right]=0$$

使用小应变的应变度量 (即线应变) 计算得

$$\varepsilon_x=\frac{\partial u_x}{\partial X}=\cos\theta-1,\quad \varepsilon_y=\frac{\partial u_y}{\partial Y}=\cos\theta-1,\quad \gamma_{xy}=2\varepsilon_{xy}=\frac{\partial u_x}{\partial Y}+\frac{\partial u_y}{\partial X}=0$$

当角度 θ 较大时，上式给出的线应变不为零。因此，小应变的应变度量不能用于大变形问题，即几何非线性问题。

到底多大的转动需要考虑几何非线性？将 $\cos\theta$ 使用 Taylor 级数展开，则有

$$\varepsilon_x = \cos\theta - 1 = -\frac{\theta^2}{2} + O(\theta^4)$$

这说明在转动中线性应变的误差是二阶的，线性分析的适用性则取决于应变所能容许误差的量级。如果感兴趣的应变量级是 10^{-2}，而且 1% 的误差是可以接受的，即应变的容许误差是 10^{-4}，这样转动的量级可以是 10^{-2}rad。如果感兴趣的应变更小，则可接受的转动更小。

例题 3.3 针对不可压缩平面应变，导出 Cauchy 变形张量 $\boldsymbol{c}$ 在参考构形中的表达式，并导出变形梯度各分量应满足的条件。

解 平面应变的运动为

$$x = x(X,Y), \quad y = y(X,Y), \quad z = Z$$

变形梯度应是

$$(\boldsymbol{F})_{iK} = \begin{bmatrix} \dfrac{\partial x}{\partial X} & \dfrac{\partial x}{\partial Y} & 0 \\ \dfrac{\partial y}{\partial X} & \dfrac{\partial y}{\partial Y} & 0 \\ 0 & 0 & 1 \end{bmatrix} \tag{3.179}$$

不可压缩条件应是

$$J = \det \boldsymbol{F} = \frac{\partial x}{\partial X}\frac{\partial y}{\partial Y} - \frac{\partial x}{\partial Y}\frac{\partial y}{\partial X} = 1 \tag{3.180}$$

对变形梯度求逆并考虑上式得

$$\left(\boldsymbol{F}^{-1}\right)_{Ki} = \begin{bmatrix} \dfrac{\partial y}{\partial Y} & -\dfrac{\partial x}{\partial Y} & 0 \\ -\dfrac{\partial y}{\partial X} & \dfrac{\partial x}{\partial X} & 0 \\ 0 & 0 & 1 \end{bmatrix} \tag{3.181}$$

另一方面，根据式 (3.16)，变形梯度的逆又可表示为

$$\left(\boldsymbol{F}^{-1}\right)_{Ki} = \begin{bmatrix} \dfrac{\partial X}{\partial x} & \dfrac{\partial X}{\partial y} & \dfrac{\partial X}{\partial z} \\ \dfrac{\partial Y}{\partial x} & \dfrac{\partial Y}{\partial y} & \dfrac{\partial Y}{\partial z} \\ \dfrac{\partial Z}{\partial x} & \dfrac{\partial Z}{\partial y} & \dfrac{\partial Z}{\partial z} \end{bmatrix} = \begin{bmatrix} \dfrac{\partial X}{\partial x} & \dfrac{\partial X}{\partial y} & 0 \\ \dfrac{\partial Y}{\partial x} & \dfrac{\partial Y}{\partial y} & 0 \\ 0 & 0 & 1 \end{bmatrix}$$

对照上面两个式子得平面应变下变形梯度的分量应满足

$$\frac{\partial x}{\partial X} = \frac{\partial Y}{\partial y}, \quad -\frac{\partial x}{\partial Y} = \frac{\partial X}{\partial y}, \quad -\frac{\partial y}{\partial X} = \frac{\partial Y}{\partial x}, \quad \frac{\partial y}{\partial Y} = \frac{\partial X}{\partial x} \tag{3.182}$$

根据 $\boldsymbol{c}$ 的分量形式，结合上面的矩阵表示和式 (3.182)，因此

$$c_{xx}=\left(\frac{\partial y}{\partial Y}\right)^2+\left(\frac{\partial y}{\partial X}\right)^2,\quad c_{yy}=\left(\frac{\partial x}{\partial X}\right)^2+\left(\frac{\partial x}{\partial Y}\right)^2$$

$$c_{xy}=c_{yx}=-\frac{\partial y}{\partial Y}\frac{\partial x}{\partial Y}-\frac{\partial y}{\partial X}\frac{\partial x}{\partial X}$$

$$c_{zz}=1,\quad c_{xz}=c_{zx}=c_{yz}=c_{zy}=0$$

3.10 参考构形转动与当前构形转动下变形张量的变换

后面的分析中将涉及物质宏观物理性质和基本原理在参考构形变换和当前构形转动 (变换) 下的不变性，即所谓的对称性，为此，下面专门讨论描述变形的两点张量，物质张量和空间张量，分别在参考构形转动和当前构形转动下的变换特性。

3.10.1 参考构形转动

将参考构形 $\mathscr{B}_0$ 进行正交张量 $\boldsymbol{Q}$ 定义的转动变换得到一个新的参考构形 $\mathscr{B}_\kappa$，设相对 $\mathscr{B}_0$ 的变形梯度为 $\boldsymbol{F}$，如图 3.12 所示，则相对 $\mathscr{B}_\kappa$ 的变形梯度应满足

$$\boldsymbol{F}=\hat{\boldsymbol{F}}\cdot\boldsymbol{Q} \tag{3.183}$$

相对新参考构形的所有量均采用上标 “^” 以示区别，考虑到 $\boldsymbol{Q}^{-1}=\boldsymbol{Q}^{\mathrm{T}}$，上式可写成

$$\hat{\boldsymbol{F}}=\boldsymbol{F}\cdot\boldsymbol{Q}^{\mathrm{T}} \tag{3.184}$$

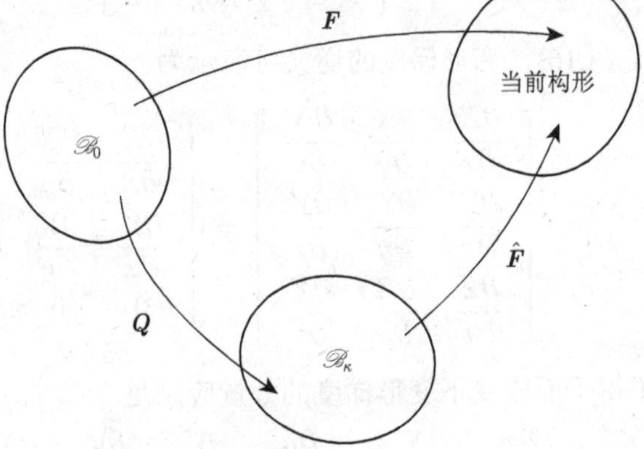

图 3.12 参考构形的变换

右 Cauchy-Green 变形张量 $\boldsymbol{C}$ 变为

$$\hat{\boldsymbol{C}} = \hat{\boldsymbol{F}}^{\mathrm{T}} \cdot \hat{\boldsymbol{F}} = \left(\boldsymbol{F} \cdot \boldsymbol{Q}^{\mathrm{T}}\right)^{\mathrm{T}} \cdot \left(\boldsymbol{F} \cdot \boldsymbol{Q}^{\mathrm{T}}\right) = \boldsymbol{Q} \cdot \boldsymbol{C} \cdot \boldsymbol{Q}^{\mathrm{T}} \tag{3.185}$$

考虑到 $\boldsymbol{C} = \boldsymbol{U}^2$ 和 $\hat{\boldsymbol{C}} = \hat{\boldsymbol{U}}^2$，使用主轴表示很容易得

$$\hat{\boldsymbol{U}} = \boldsymbol{Q} \cdot \boldsymbol{U} \cdot \boldsymbol{Q}^{\mathrm{T}} \tag{3.186}$$

相应的 Green 应变

$$\hat{\boldsymbol{E}} = \frac{1}{2}\left(\hat{\boldsymbol{C}} - \boldsymbol{I}\right) = \frac{1}{2}\left(\boldsymbol{Q} \cdot \boldsymbol{C} \cdot \boldsymbol{Q}^{\mathrm{T}} - \boldsymbol{Q} \cdot \boldsymbol{I} \cdot \boldsymbol{Q}^{\mathrm{T}}\right) = \boldsymbol{Q} \cdot \boldsymbol{E} \cdot \boldsymbol{Q}^{\mathrm{T}} \tag{3.187}$$

使用上面相同的方法，可得空间张量

$$\hat{\boldsymbol{b}} = \hat{\boldsymbol{F}} \cdot \hat{\boldsymbol{F}}^{\mathrm{T}} = \boldsymbol{b} \tag{3.188a}$$

$$\hat{\boldsymbol{V}} = \boldsymbol{V} \tag{3.188b}$$

$$\hat{e} = \frac{1}{2}\left(\boldsymbol{I} - \hat{\boldsymbol{b}}^{-1}\right) = \boldsymbol{e} \tag{3.188c}$$

将 $\boldsymbol{F}$ 和 $\hat{\boldsymbol{F}}$ 都进行极分解，利用式 (3.184) 和式 (3.188b)，有

$$\hat{\boldsymbol{F}} = \hat{\boldsymbol{V}} \cdot \hat{\boldsymbol{R}} = \boldsymbol{F} \cdot \boldsymbol{Q}^{\mathrm{T}} = \boldsymbol{V} \cdot \boldsymbol{R} \cdot \boldsymbol{Q}^{\mathrm{T}} \tag{3.189}$$

从而得

$$\hat{\boldsymbol{R}} = \boldsymbol{R} \cdot \boldsymbol{Q}^{\mathrm{T}} \tag{3.190}$$

上面说明在参考构形的刚体转动下：

两点张量 $\boldsymbol{F}$ 和 $\boldsymbol{R}$ 像矢量一样变换 (仅后一个基矢量参与变换)；

物质张量包括右伸长张量 $\boldsymbol{U}$、右 Cauchy-Green 变形张量 $\boldsymbol{C}$ 和 Green 应变张量 $\boldsymbol{E}$ 等按张量的旋转法则式 (2.167) 变换；

空间张量包括左伸长张量、左 Cauchy-Green 变形张量 $\boldsymbol{b}$ 和 Almansi 应变张量 $\boldsymbol{e}$ 等保持不变，即它们与参考构形的选择无关。

3.10.2 当前构形转动

从初始参考构形产生变形梯度 $\boldsymbol{F}$ 到达当前构形，设想在当前构形的基础上再施加刚体转动 $\boldsymbol{Q}$ 到达更新的当前构形，则其变形梯度变为

$$\boldsymbol{F}^* = \boldsymbol{Q} \cdot \boldsymbol{F} \tag{3.191}$$

更新当前构形上的所有量均采用上标 “*” 以示区别。

按照上面相同的方法可得，在当前构形的刚体转动下，有

$$\boldsymbol{R}^* = \boldsymbol{Q}\cdot\boldsymbol{R} \tag{3.192a}$$

$$\boldsymbol{U}^* = \boldsymbol{U},\quad \boldsymbol{C}^* = \boldsymbol{C},\quad \boldsymbol{E}^* = \boldsymbol{E} \tag{3.192b}$$

$$\boldsymbol{V}^* = \boldsymbol{Q}\cdot\boldsymbol{V}\cdot\boldsymbol{Q}^{\mathrm{T}},\quad \boldsymbol{b}^* = \boldsymbol{Q}\cdot\boldsymbol{b}\cdot\boldsymbol{Q}^{\mathrm{T}},\quad \boldsymbol{e}^* = \boldsymbol{Q}\cdot\boldsymbol{e}\cdot\boldsymbol{Q}^{\mathrm{T}} \tag{3.192c}$$

这说明：

两点张量 $\boldsymbol{F}$ 和 $\boldsymbol{R}$ 像空间矢量一样变换 (仅前一个基矢量参与变换)；

物质张量包括右伸长张量 $\boldsymbol{U}$、右 Cauchy-Green 变形张量 $\boldsymbol{C}$ 和 Green 应变张量 $\boldsymbol{E}$ 等保持不变；

空间张量包括左伸长张量、左 Cauchy-Green 变形张量 $\boldsymbol{b}$ 和 Almansi 应变张量 $\boldsymbol{e}$ 等按张量的旋转法则式 (2.167) 变换。

3.11　Hill 应变度量、Seth 应变度量

本节讨论更一般的应变度量。

3.11.1　Hill 应变度量

将 $\boldsymbol{C}$ 的主轴表达式 (3.41) 代入 Green 应变的定义式 (3.154)，得它的主轴表示为

$$\boldsymbol{E} = \sum_{K=1}^{3}\frac{1}{2}\left(\lambda_K^2 - 1\right)\boldsymbol{N}_K\otimes\boldsymbol{N}_K \tag{3.193}$$

因此，Green 应变的三个主应变是

$$E_K = \frac{1}{2}\left(\lambda_K^2 - 1\right)\quad (K = 1, 2, 3)$$

使用 l 和 l_0 分别表示变形前后线元的长度，根据伸长比的定义，主应变又可写成

$$E_K = \frac{1}{2}\left(\frac{l^2 - l_0^2}{l_0^2}\right)_K\qquad (K = 1, 2, 3) \tag{3.194}$$

所以，Green 应变在一定意义上可理解为长度平方的相对改变量，其中引入 1/2 是为了使得小变形下 (l 与 l_0 仅相差一个小量) 计算得到的主应变与小应变的定义一致，这时

$$E_K = \frac{1}{2}\left(\frac{(l + l_0)(l - l_0)}{l_0^2}\right)_K \approx \left(\frac{l - l_0}{l_0}\right)_K\quad (K = 1, 2, 3)$$

通过上面的分析可知，主伸长比 λ_K、主方向 $\boldsymbol{N}_K$ 反映了物体变形的程度，因此，任何以它们作为自变量的张量函数都可以作为应变的度量，于是，定义一般的物质应变度量为

$$\underline{\mathbf{E}} \overset{\text{def}}{=\!=\!=} \sum_{K=1}^{3} f(\lambda_K)\, \boldsymbol{N}_K \otimes \boldsymbol{N}_K \tag{3.195}$$

其中 $f(\lambda)$ 是应变度量的主值。所定义的应变度量必须满足：① 在刚体变形 $(\lambda = 1)$ 时，它为零；② 在小变形时，与通常的小应变定义给出一致的结果；③ 主值必须随 λ 增大而单调增大，且 $\lambda > 1$ 为正、$\lambda < 1$ 为负。为满足条件 ① 和条件 ③，应要求

$$f(1) = 0, \quad \frac{\mathrm{d}f(\lambda)}{\mathrm{d}\lambda} > 0 \tag{3.196}$$

关于条件 ②，使用 Taylor 级数在 $\lambda = 1$ 处展开 $f(\lambda)$，有

$$f(\lambda) = f(1) + \left.\frac{\mathrm{d}f(\lambda)}{\mathrm{d}\lambda}\right|_{\lambda=1} (\lambda - 1) + \frac{1}{2}\left.\frac{\mathrm{d}^2 f(\lambda)}{\mathrm{d}\lambda^2}\right|_{\lambda=1} (\lambda - 1)^2 + \cdots \tag{3.197}$$

小变形时，$|\lambda - 1|$ 较小，上式中的二阶及以上的高阶项可略去，考虑到 $f(1) = 0$，则得

$$f(\lambda) \approx \left.\frac{\mathrm{d}f(\lambda)}{\mathrm{d}\lambda}\right|_{\lambda=1} (\lambda - 1) \tag{3.198}$$

小变形定义的主应变就是 $\lambda-1$，因此，不管 f 取何种函数形式，为使得条件 ② 满足，应要求

$$\left.\frac{\mathrm{d}f(\lambda)}{\mathrm{d}\lambda}\right|_{\lambda=1} = 1 \tag{3.199}$$

由式 (3.195) 结合式 (3.196) 和式 (3.199) 所定义的应变是物质应变或 Lagrange 应变。若将式 (3.195) 中的 Lagrange 主轴 $\boldsymbol{N}_K$ 使用 Euler 主轴 $\boldsymbol{n}_k$ 代替，则可定义一类空间应变或 Euler 应变，它们统称为 Hill 应变度量。

3.11.2 Seth 应变度量

为满足式 (3.196) 和式 (3.199)，可设

$$f(\lambda) = \frac{1}{n}(\lambda^n - 1) \tag{3.200}$$

其中 n 为实数 (不限于整数)，由上式可定义一类物质应变张量 $\boldsymbol{E}^{(n)}$，为

$$\boldsymbol{E}^{(n)} \overset{\text{def}}{=\!=\!=} \frac{1}{n} \sum_{K=1}^{3} (\lambda_K^n - 1)\, \boldsymbol{N}_K \otimes \boldsymbol{N}_K$$

利用 $\boldsymbol{U}^n$ 的主轴表达式和二阶单位张量 $\boldsymbol{I}$ 的定义，则这类应变度量又可表示为

$$\boldsymbol{E}^{(n)} = \frac{1}{n}\left(\boldsymbol{U}^n - \boldsymbol{I}\right) \tag{3.201}$$

当 n 取不同整数时可导出通常使用的几种应变度量，例如：

(1) Green 应变 ($n=2$)。

$$f(\lambda) = \frac{1}{2}\left(\lambda^2 - 1\right), \quad \boldsymbol{E}^{(2)} = \sum_{K=1}^{3} \frac{1}{2}\left(\lambda_K^2 - 1\right) \boldsymbol{N}_K \otimes \boldsymbol{N}_K = \frac{1}{2}\left(\boldsymbol{U}^2 - \boldsymbol{I}\right) \tag{3.202}$$

(2) 名义应变 ($n=1$)。

$$f(\lambda) = \lambda - 1, \quad \boldsymbol{E}^{(1)} = \sum_{K=1}^{3} \left(\lambda_K - 1\right) \boldsymbol{N}_K \otimes \boldsymbol{N}_K = \boldsymbol{U} - \boldsymbol{I} \tag{3.203}$$

(3) 对数应变 ($n=0$)。

$$f(\lambda) = \lim_{n\to 0} \frac{1}{n}\left(\lambda^n - 1\right) = \ln\lambda, \quad \boldsymbol{E}^{(0)} = \sum_{K=1}^{3} \ln\lambda_K \boldsymbol{N}_K \otimes \boldsymbol{N}_K = \ln\boldsymbol{U} \tag{3.204}$$

式 (3.204) 的最后一个等式中应用了对数函数的主轴表示式 (2.6)。考虑到 $\boldsymbol{C}$ 与 $\boldsymbol{U}$ 的关系 $\boldsymbol{C} = \boldsymbol{U}^2$，则上述三个应变又可分别表示为

$$\boldsymbol{E}^{(2)} = \frac{1}{2}\left(\boldsymbol{C} - \boldsymbol{I}\right), \quad \boldsymbol{E}^{(1)} = \sqrt{\boldsymbol{C}} - \boldsymbol{I}, \quad \boldsymbol{E}^{(0)} = \frac{1}{2}\ln\boldsymbol{C} \tag{3.205}$$

注意：名义应变 $\boldsymbol{E}^{(1)}$ 虽然与小变形应变有相同的主值 $(\lambda-1)$，但两者并不等同，因为名义应变用位移梯度表示为

$$\boldsymbol{E}^{(1)} = \sqrt{\boldsymbol{F}^{\mathrm{T}} \cdot \boldsymbol{F}} - \boldsymbol{I} = \sqrt{(1 + \boldsymbol{A}^{\mathrm{T}}) \cdot (1 + \boldsymbol{A})} - \boldsymbol{I} \tag{3.206}$$

而小变形定义的应变是位移梯度的对称部分，它们只有在位移梯度 $\boldsymbol{A}$ 很小时，才可近似看作等同，见 3.12 节分析。

将物质应变张量 $\boldsymbol{E}^{(n)}$ 定义中的 Lagrange 主轴 $\boldsymbol{N}_K$ 使用 Euler 主轴 $\boldsymbol{n}_k$ 代替，也可引入类似的空间应变度量，为

$$\boldsymbol{e}^{(n)} \xlongequal{\text{def}} \frac{1}{n} \sum_{k=1}^{3} \left(\lambda_k^n - 1\right) \boldsymbol{n}_k \otimes \boldsymbol{n}_k \tag{3.207}$$

$\boldsymbol{E}^{(n)}$ 和 $\boldsymbol{e}^{(n)}$ 统一称为 Seth 应变度量，根据定义，它们具有相同的主值，只是主轴不同而已，一个是 Lagrange 主轴，另一个是 Euler 主轴。利用 $\boldsymbol{V}^n$ 的主轴表达式和二阶单位张量 $\boldsymbol{I}$ 的定义，$\boldsymbol{e}^{(n)}$ 可表达为

$$\boldsymbol{e}^{(n)} = \frac{1}{n}\left(\boldsymbol{V}^n - \boldsymbol{I}\right) \tag{3.208}$$

例如，当 n 取 -2 时，它就是 Almansi 应变，三个主值将变为

$$e_k = \frac{1}{2}\left(\frac{l^2 - l_0^2}{l^2}\right)_k \quad (k = 1, 2, 3)$$

即长度的平方相对当前值 (而不是初始值) 的改变量。当 n 取 0 时，它就是定义在当前构形上的空间对数应变

$$\boldsymbol{e}^{(0)} = \sum_{k=1}^{3} \ln \lambda_k \boldsymbol{n}_k \otimes \boldsymbol{n}_k = \ln \boldsymbol{V} = \frac{1}{2} \ln \boldsymbol{b} \tag{3.209}$$

后面的分析中将物质对数应变 $\boldsymbol{E}^{(0)}$ 和空间对数应变 $\boldsymbol{e}^{(0)}$ 分别记作 $\boldsymbol{H}$ 和 $\boldsymbol{h}$，即

$$\boldsymbol{H} = \boldsymbol{E}^{(0)}, \quad \boldsymbol{h} = \boldsymbol{e}^{(0)} \tag{3.210}$$

由于 $\boldsymbol{C} = \boldsymbol{U}^2$ 及 $\boldsymbol{b} = \boldsymbol{V}^2$，所以 Seth 应变度量又可表示为

$$\boldsymbol{E}^{(n)} = \frac{1}{n}\left(\boldsymbol{C}^{n/2} - \boldsymbol{I}\right), \quad \boldsymbol{e}^{(n)} = \frac{1}{n}\left(\boldsymbol{b}^{n/2} - \boldsymbol{I}\right)$$

利用 $\boldsymbol{U}^n$ 与 $\boldsymbol{V}^n$ 之间的关系式 (3.58)，很容易得物质和空间应变度量之间的关系为

$$\boldsymbol{E}^{(n)} = \boldsymbol{R}^{\mathrm{T}} \cdot \boldsymbol{e}^{(n)} \cdot \boldsymbol{R} \quad 或 \quad \boldsymbol{e}^{(n)} = \boldsymbol{R} \cdot \boldsymbol{E}^{(n)} \cdot \boldsymbol{R}^{\mathrm{T}} \tag{3.211}$$

比如取 $n = 0$，有

$$\boldsymbol{H} = \boldsymbol{R}^{\mathrm{T}} \cdot \boldsymbol{h} \cdot \boldsymbol{R} \quad 或 \quad \boldsymbol{h} = \boldsymbol{R} \cdot \boldsymbol{H} \cdot \boldsymbol{R}^{\mathrm{T}} \tag{3.212}$$

需要强调指出，上面定义的应变与变形几何呈非线性关系；式 (3.199) 给出的条件使得各种应变度量线性化后所得的线性应变是一致的。

Hill 物质应变度量前面使用 $\boldsymbol{C}$ (或 $\boldsymbol{U}$) 的主值和主方向进行定义，可以证明它们都是 $\boldsymbol{C}$(或 $\boldsymbol{U}$) 的各向同性张量函数。在正交变换 $\boldsymbol{Q}$ 下，$\boldsymbol{C}^* = \boldsymbol{Q} \cdot \boldsymbol{C} \cdot \boldsymbol{Q}^{\mathrm{T}}$，根据 $\boldsymbol{C}$ 的特征方程 $\boldsymbol{C} \cdot \boldsymbol{N} = \lambda^2 \boldsymbol{N}$，有

$$\boldsymbol{C}^* \cdot (\boldsymbol{Q} \cdot \boldsymbol{N}) = \boldsymbol{Q} \cdot \boldsymbol{C} \cdot \boldsymbol{Q}^{\mathrm{T}} \cdot \boldsymbol{Q} \cdot \boldsymbol{N} = \lambda^2 \boldsymbol{Q} \cdot \boldsymbol{N} \tag{3.213}$$

这说明 $\boldsymbol{C}^*$ 的主值与 $\boldsymbol{C}$ 的主值相同，但主轴变为 $\boldsymbol{N}^* = \boldsymbol{Q} \cdot \boldsymbol{N}$，在正交变换 $\boldsymbol{Q}$ 下，$\underline{\mathbf{E}}$ 的变换量是 $\underline{\mathbf{E}}^* = \boldsymbol{Q} \cdot \underline{\mathbf{E}} \cdot \boldsymbol{Q}^{\mathrm{T}}$，将式 (3.195) 代入其中，得

$$\underline{\mathbf{E}}^* = \boldsymbol{Q} \cdot \underline{\mathbf{E}} \cdot \boldsymbol{Q}^{\mathrm{T}} = \sum_{K=1}^{3} f(\lambda_K) \boldsymbol{Q} \cdot \boldsymbol{N}_K \otimes \boldsymbol{N}_K \cdot \boldsymbol{Q}^{\mathrm{T}} \tag{3.214}$$

结合起来有

$$\underline{\mathbf{E}}^{*}=\sum_{K=1}^{3} f\left(\lambda_{K}^{*}\right) \boldsymbol{N}_{K}^{*} \otimes \boldsymbol{N}_{K}^{*} \tag{3.215}$$

函数形式保持不变，从而说明是各向同性函数。

所以，Hill 物质应变度量可以更一般地使用 $\boldsymbol{C}$ (或 $\boldsymbol{U}$) 的各向同性张量函数 $\underline{\mathbf{G}}(\boldsymbol{C})$ 来定义 (Curnier and Zysset，2006)，根据各向同性张量函数表示定理，$\underline{\mathbf{G}}$ 应是 $\boldsymbol{C}$，$\boldsymbol{I}$ 和 $\boldsymbol{C}^{-1}$ 三个不可约基的线性组合，见式 (2.237)

$$\underline{\mathbf{E}}=\underline{\mathbf{G}}(\boldsymbol{C})=\phi_{0} \boldsymbol{C}+\phi_{1} \boldsymbol{I}+\phi_{-1} \boldsymbol{C}^{-1} \tag{3.216}$$

式中 ϕ_0，ϕ_1，ϕ_{-1} 是 $\boldsymbol{C}$ 的三个不变量的函数。在上式中使用主轴表示式 (3.41) 并考虑到 $\boldsymbol{I}=\sum\limits_{K=1}^{3} \boldsymbol{N}_{K} \otimes \boldsymbol{N}_{K}$，则有

$$\underline{\mathbf{E}}=\underline{\mathbf{G}}(\boldsymbol{C})=\sum_{K=1}^{3}\left(\phi_{0} \lambda_{K}^{2}+\phi_{1}+\phi_{-1} \lambda_{K}^{-2}\right) \boldsymbol{N}_{K} \otimes \boldsymbol{N}_{K} \tag{3.217}$$

就是在 Hill 应变度量的一般表达式 (3.195) 中，取

$$f\left(\lambda_{K}\right)=\phi_{0} \lambda_{K}^{2}+\phi_{1}+\phi_{-1} \lambda_{K}^{-2} \tag{3.218}$$

特别地，取其中的系数为

$$\phi_{0}=\frac{2+n}{8}, \quad \phi_{1}=-\frac{n}{4}, \quad \phi_{-1}=-\frac{2-n}{8}$$

能够满足式 (3.196) 和式 (3.199) 的要求，于是有应变度量

$$\underline{\mathbf{E}}^{(n)}=\frac{2+n}{8} \boldsymbol{C}-\frac{n}{4} \boldsymbol{I}-\frac{2-n}{8} \boldsymbol{C}^{-1}$$

当 $-2 \leqslant n \leqslant 2$ 时，定义的应变是

$n=2$，$\underline{\mathbf{E}}^{(2)}=\dfrac{1}{2}(\boldsymbol{C}-\boldsymbol{I})$

$n=1$，$\underline{\mathbf{E}}^{(1)}=\dfrac{1}{8}\left(3 \boldsymbol{C}-2 \boldsymbol{I}-\boldsymbol{C}^{-1}\right)$

$n=0$，$\underline{\mathbf{E}}^{(0)}=\dfrac{1}{4}\left(\boldsymbol{C}-\boldsymbol{C}^{-1}\right)$

$n=-1$，$\underline{\mathbf{E}}^{(-1)}=\dfrac{1}{8}\left(\boldsymbol{C}-2 \boldsymbol{I}-3 \boldsymbol{C}^{-1}\right)$

$n=-2$，$\underline{\mathbf{E}}^{(-2)}=\dfrac{1}{2}\left(\boldsymbol{I}-\boldsymbol{C}^{-1}\right)$

$\underline{\mathbf{E}}^{(2)}$ 和 $\underline{\mathbf{E}}^{(-2)}$ 就是前面的 Seth 应变度量，其中 $\underline{\mathbf{E}}^{(2)}$ 就是 Green 应变，显然有

$$\underline{\mathbf{E}}^{(n)} = \frac{2+n}{4}\underline{\mathbf{E}}^{(2)} + \frac{2-n}{4}\underline{\mathbf{E}}^{(-2)}$$

是 $\underline{\mathbf{E}}^{(2)}$ 和 $\underline{\mathbf{E}}^{(-2)}$ 两者的线性组合。

当然，Hill 空间应变度量可以使用 $\boldsymbol{b}$ (或 $\boldsymbol{V}$) 的各向同性张量函数来定义。实际上，**任意张量之间的函数关系，无论是直接定义的还是间接导出的，只要不涉及物质的物理性质，都应该为各向同性。**

3.12 几何线性化

前面定义的各种变形物理量，如伸长张量 $\boldsymbol{U}$ 和 $\boldsymbol{V}$、转动张量 $\boldsymbol{R}$、Cauchy-Green 变形张量 $\boldsymbol{C}$ 和 $\boldsymbol{b}$、应变张量 $\boldsymbol{E}$ 和 $\boldsymbol{e}$ 等都是由变形梯度 $\boldsymbol{F}$ 所表达，当然也可由位移梯度 $\boldsymbol{A}$ 所表达，即是变形梯度或者位移梯度的函数。该函数关系是非线性的，在小变形情况下，$|\boldsymbol{A}| \ll 1$，可通过数学上张量函数的线性化过程 (见 2.2 节)，给出这些变形物理量的近似表示。线性化总是通过求方向导数来实现的，下面的讨论中不再区别这两个概念。

3.12.1 变形梯度及其逆的线性化

考虑从当前构形的空间位置点 $\boldsymbol{x}$ 产生位移 $\boldsymbol{u}(\boldsymbol{x})$，变形梯度 $\boldsymbol{F}$ 在 $\boldsymbol{x}$ 处沿 $\boldsymbol{u}$ 方向的线性化可表示为

$$\begin{aligned} \mathrm{D}\boldsymbol{F}(x)[\boldsymbol{u}] &= \left.\frac{\mathrm{d}}{\mathrm{d}\varepsilon}\right|_{\varepsilon=0} \boldsymbol{F}(\boldsymbol{x}+\varepsilon\boldsymbol{u}) \\ &= \left.\frac{\mathrm{d}}{\mathrm{d}\varepsilon}\right|_{\varepsilon=0} \frac{\partial(\boldsymbol{x}+\varepsilon\boldsymbol{u})}{\partial\boldsymbol{X}} = \frac{\partial\boldsymbol{u}}{\partial\boldsymbol{X}} \end{aligned} \tag{3.219}$$

考虑到位移 $\boldsymbol{u}$ 是空间坐标 $\boldsymbol{x}$ 的函数，上式还可表示为

$$\mathrm{D}\boldsymbol{F}(\boldsymbol{x})[\boldsymbol{u}] = \frac{\partial\boldsymbol{u}(\boldsymbol{x})}{\partial\boldsymbol{X}} = \frac{\partial\boldsymbol{u}(\boldsymbol{x})}{\partial\boldsymbol{x}}\cdot\boldsymbol{F} \tag{3.220}$$

上面是变形梯度 $\boldsymbol{F}$ 相对空间坐标 $\boldsymbol{x}$ (相对当前构形) 的线性化。若要给出 $\boldsymbol{F}$ 相对物质坐标 $\boldsymbol{X}$(相对参考构形) 的线性化，则 $\boldsymbol{u}$ 应是 $\boldsymbol{X}$ 处的位移，相对参考构形产生，从而是 $\boldsymbol{X}$ 的函数，利用上式就有

$$\mathrm{D}\boldsymbol{F}(\boldsymbol{X})[\boldsymbol{u}] = \frac{\partial\boldsymbol{u}(\boldsymbol{X})}{\partial\boldsymbol{X}} = \boldsymbol{A} \tag{3.221}$$

变形梯度本身就是 $\boldsymbol{A}$ 的线性函数，见式 (3.157)，具体为 $\boldsymbol{A}$ 和单位张量 $\boldsymbol{I}$ 之和，因此式 (3.221) 的线性化结果成为必然。

需要强调说明：$\dfrac{\partial \boldsymbol{u}(\boldsymbol{x})}{\partial \boldsymbol{X}}$ 和 $\dfrac{\partial \boldsymbol{u}(\boldsymbol{X})}{\partial \boldsymbol{X}}$ 都是位移相对物质坐标的梯度，但前者的位移是相对当前构形的，本质是新的增量，而后者的位移是相对参考构形的，为区别起见，记

$$\frac{\partial \boldsymbol{u}(\boldsymbol{x})}{\partial \boldsymbol{X}} = \underline{\mathbf{A}} \tag{3.222}$$

利用张量逆的方向导数式 (2.37)，变形梯度逆 $\boldsymbol{F}^{-1}$ 的线性化为

$$\mathrm{D}\boldsymbol{F}^{-1}(\boldsymbol{x})[\boldsymbol{u}] = -\boldsymbol{F}^{-1} \cdot \mathrm{D}\boldsymbol{F}(\boldsymbol{x})[\boldsymbol{u}] \cdot \boldsymbol{F}^{-1} \tag{3.223}$$

将式 (3.220) 代入，得

$$\mathrm{D}\boldsymbol{F}^{-1}(\boldsymbol{x})[\boldsymbol{u}] = -\boldsymbol{F}^{-1} \cdot \frac{\partial \boldsymbol{u}(\boldsymbol{x})}{\partial \boldsymbol{x}} \tag{3.224}$$

若相对参考构形进行线性化，使用式 (3.223)，将其中的 $\boldsymbol{x}$ 用 $\boldsymbol{X}$ 替换，考虑到 $\boldsymbol{F}(\boldsymbol{X})=\boldsymbol{I}$ 及式 (3.221)，得

$$\mathrm{D}\boldsymbol{F}^{-1}(\boldsymbol{X})[\boldsymbol{u}] = -\mathrm{D}\boldsymbol{F}(\boldsymbol{X})[\boldsymbol{u}] = -\boldsymbol{A} \tag{3.225}$$

由于 $\boldsymbol{F}^{-1}$ 可看作 $\boldsymbol{F}$ 的函数，而 $\boldsymbol{F}$ 又是物质坐标 $\boldsymbol{X}$ 的函数，因此，$\boldsymbol{F}^{-1}$ 是 $\boldsymbol{X}$ 的复合函数。求方向导数时，在 $\boldsymbol{X}$ 处产生增量 $\boldsymbol{u}$，由此引起的 $\boldsymbol{F}$ 的增量就是 $\boldsymbol{A}$，见式 (3.221)，所以说，在 $\boldsymbol{X}$ 处沿 $\boldsymbol{u}$ 的线性化，本质上是在 $\boldsymbol{F}(\boldsymbol{X}) = \boldsymbol{I}$ 处沿 $\boldsymbol{A}$ 方向线性化，即

$$\mathrm{D}\boldsymbol{F}^{-1}(\boldsymbol{X})[\boldsymbol{u}] = \mathrm{D}\boldsymbol{F}^{-1}(\boldsymbol{F})[\mathrm{D}\boldsymbol{F}(\boldsymbol{X})[\boldsymbol{u}]] = \mathrm{D}\boldsymbol{F}^{-1}(\boldsymbol{F})[\boldsymbol{A}] \tag{3.226}$$

因此，当 $|\boldsymbol{A}| \ll 1$ 时，使用线性化的定义，结合上面解释和式 (3.225)，有

$$\begin{aligned}\boldsymbol{F}^{-1}(\boldsymbol{X}+\boldsymbol{u}) &= \boldsymbol{F}^{-1}(\boldsymbol{X}) + \mathrm{D}\boldsymbol{F}^{-1}(\boldsymbol{X})[\boldsymbol{A}] + \boldsymbol{O}\left(|\boldsymbol{A}|^2\right) \\ &= \boldsymbol{I} - \boldsymbol{A} + \boldsymbol{O}\left(|\boldsymbol{A}|^2\right)\end{aligned} \tag{3.227}$$

后面的 Green 应变张量、左右伸长张量、变形张量等的线性化都可以基于位移梯度 $\boldsymbol{A}$ 进行。

3.12.2 Green 应变张量的线性化

使用 Green 应变的定义并结合乘法法则式 (2.20) 以及式 (3.220)，得它相对当前构形在 $\boldsymbol{u}$ 方向的线性化可表示为

$$\mathrm{D}\boldsymbol{E}(\boldsymbol{x})[\boldsymbol{u}] = \frac{1}{2}\left(\boldsymbol{F}^{\mathrm{T}} \cdot \mathrm{D}\boldsymbol{F}(\boldsymbol{x})[\boldsymbol{u}] + \mathrm{D}\boldsymbol{F}^{\mathrm{T}}(\boldsymbol{x})[\boldsymbol{u}] \cdot \boldsymbol{F}\right)$$

$$
\begin{aligned}
&= \frac{1}{2}\left(\boldsymbol{F}^{\mathrm{T}} \cdot \frac{\partial \boldsymbol{u}}{\partial \boldsymbol{x}} \cdot \boldsymbol{F} + \boldsymbol{F}^{\mathrm{T}} \cdot \left(\frac{\partial \boldsymbol{u}}{\partial \boldsymbol{x}}\right)^{\mathrm{T}} \cdot \boldsymbol{F}\right) \\
&= \boldsymbol{F}^{\mathrm{T}} \cdot \frac{1}{2}\left(\frac{\partial \boldsymbol{u}}{\partial \boldsymbol{x}} + \left(\frac{\partial \boldsymbol{u}}{\partial \boldsymbol{x}}\right)^{\mathrm{T}}\right) \cdot \boldsymbol{F} = \frac{1}{2}\left(\boldsymbol{F}^{\mathrm{T}} \cdot \underline{\mathbf{A}} + \underline{\mathbf{A}}^{\mathrm{T}} \cdot \boldsymbol{F}\right)
\end{aligned} \tag{3.228}
$$

或者，将应变看作复合函数 $\boldsymbol{E}(\boldsymbol{x}) = \boldsymbol{E}(\boldsymbol{F}(\boldsymbol{x}))$，应用复合法则式 (2.21)，直接基于变形梯度进行线性化

$$
\begin{aligned}
\mathrm{D}\boldsymbol{E}(\boldsymbol{x})[\boldsymbol{u}] &= \mathrm{D}\boldsymbol{E}(\boldsymbol{F})[\mathrm{D}\boldsymbol{F}(\boldsymbol{x})[\boldsymbol{u}]] = \mathrm{D}\boldsymbol{E}(\boldsymbol{F})[\underline{\mathbf{A}}] \\
&= \frac{1}{2}\left.\frac{\mathrm{d}}{\mathrm{d}\varepsilon}\right|_{\varepsilon=0}\left[(\boldsymbol{F} + \varepsilon\underline{\mathbf{A}})^{\mathrm{T}} \cdot (\boldsymbol{F} + \varepsilon\underline{\mathbf{A}}) - \boldsymbol{I}\right] \\
&= \frac{1}{2}\left(\boldsymbol{F}^{\mathrm{T}} \cdot \underline{\mathbf{A}} + \underline{\mathbf{A}}^{\mathrm{T}} \cdot \boldsymbol{F}\right)
\end{aligned} \tag{3.229}
$$

相对参考构形进行线性化时，$\boldsymbol{F} = \boldsymbol{I}$，$\underline{\mathbf{A}} = \boldsymbol{A}$，于是

$$
\mathrm{D}\boldsymbol{E}(\boldsymbol{X})[\boldsymbol{u}] = \frac{1}{2}\left(\boldsymbol{A} + \boldsymbol{A}^{\mathrm{T}}\right) = \boldsymbol{\varepsilon}
$$

注意参考构形的应变 $\boldsymbol{E}(\boldsymbol{X}) = 0$，因此有

$$
\begin{aligned}
\boldsymbol{E} = \boldsymbol{E}(\boldsymbol{X} + \boldsymbol{u}) &= \boldsymbol{E}(\boldsymbol{X}) + \mathrm{D}\boldsymbol{E}(\boldsymbol{X})[\boldsymbol{u}] + \boldsymbol{O}\left(|\boldsymbol{A}|^2\right) \\
&= \boldsymbol{\varepsilon} + \boldsymbol{O}\left(|\boldsymbol{A}|^2\right)
\end{aligned} \tag{3.230}
$$

上式表明，当位移梯度 $|\boldsymbol{A}| \ll 1$ 时，Green 应变退化为小变形中的应变，即 $\boldsymbol{E} \approx \boldsymbol{\varepsilon}$，这与前面的直接分析一致。

3.12.3 其他变形张量的线性化

下面导出 Almansi 应变 $\boldsymbol{e}$、伸长张量 $\boldsymbol{U}$ 和 $\boldsymbol{V}$、转动张量 $\boldsymbol{R}$ 等相对参考构形的线性化，注意相对参考构形线性化时

$$
\boldsymbol{F}(\boldsymbol{X}) = \boldsymbol{U}(\boldsymbol{X}) = \boldsymbol{V}(\boldsymbol{X}) = \boldsymbol{R}(\boldsymbol{X}) = \boldsymbol{I}, \quad \boldsymbol{E}(\boldsymbol{X}) = \boldsymbol{e}(\boldsymbol{X}) = \boldsymbol{0} \tag{3.231}
$$

(1) $\boldsymbol{e}$ 的线性化。使用式 (3.176) 和乘法法则式 (2.20) 和式 (3.231)，可导出

$$
\begin{aligned}
\mathrm{D}\boldsymbol{e}(\boldsymbol{X})[\boldsymbol{u}] &= \mathrm{D}\boldsymbol{F}^{-\mathrm{T}}(\boldsymbol{X})[\boldsymbol{u}] \cdot \boldsymbol{E} \cdot \boldsymbol{F}^{-1} + \boldsymbol{F}^{-\mathrm{T}} \cdot \mathrm{D}\boldsymbol{E}(\boldsymbol{X})[\boldsymbol{u}] \cdot \boldsymbol{F}^{-1} \\
&\quad + \boldsymbol{F}^{-\mathrm{T}} \cdot \boldsymbol{E} \cdot \mathrm{D}\boldsymbol{F}^{-1}(\boldsymbol{X})[\boldsymbol{u}] \\
&= \mathrm{D}\boldsymbol{E}(\boldsymbol{X})[\boldsymbol{u}] = \boldsymbol{\varepsilon}
\end{aligned}
$$

(2) $\boldsymbol{U}$ 的线性化。利用关系式 $\boldsymbol{U}^2=\boldsymbol{F}^{\mathrm{T}}\cdot\boldsymbol{F}$、乘法法则式 (2.20) 和式 (3.221)，得

$$\boldsymbol{U}\cdot \mathrm{D}\boldsymbol{U}(\boldsymbol{X})[\boldsymbol{u}]+\mathrm{D}\boldsymbol{U}(\boldsymbol{X})[\boldsymbol{u}]\cdot\boldsymbol{U}=\mathrm{D}\boldsymbol{F}^{\mathrm{T}}(\boldsymbol{X})[\boldsymbol{u}]\cdot\boldsymbol{F}+\boldsymbol{F}^{\mathrm{T}}\cdot\mathrm{D}\boldsymbol{F}(\boldsymbol{X})[\boldsymbol{u}] \tag{3.232}$$

整理得

$$\mathrm{D}\boldsymbol{U}(\boldsymbol{X})[\boldsymbol{u}]=\frac{1}{2}\left(\boldsymbol{A}^{\mathrm{T}}\cdot\boldsymbol{I}+\boldsymbol{I}\cdot\boldsymbol{A}\right)=\boldsymbol{\varepsilon} \tag{3.233}$$

同理可得 $\mathrm{D}\boldsymbol{V}(\boldsymbol{X})[\boldsymbol{u}]=\boldsymbol{\varepsilon}$。这些说明 $\boldsymbol{U}$、$\boldsymbol{V}$、$\boldsymbol{E}$ 和 $\boldsymbol{e}$ 的线性化结果一致。

(3) $\boldsymbol{R}$ 的线性化。利用 $\boldsymbol{F}=\boldsymbol{R}\cdot\boldsymbol{U}$ 和上面的线性化结果，得

$$\mathrm{D}\boldsymbol{F}(\boldsymbol{X})[\boldsymbol{u}]=\mathrm{D}\boldsymbol{R}(\boldsymbol{X})[\boldsymbol{u}]\cdot\boldsymbol{U}+\boldsymbol{R}\cdot\mathrm{D}\boldsymbol{U}(\boldsymbol{X})[\boldsymbol{u}] \tag{3.234}$$

结合式 (3.221) 和式 (3.233)，上式给出

$$\begin{aligned}\mathrm{D}\boldsymbol{R}(\boldsymbol{X})[\boldsymbol{u}]&=\mathrm{D}\boldsymbol{F}(\boldsymbol{X})[\boldsymbol{u}]-\mathrm{D}\boldsymbol{U}(\boldsymbol{X})[\boldsymbol{u}]\\&=\boldsymbol{A}-\frac{1}{2}\left(\boldsymbol{A}+\boldsymbol{A}^{\mathrm{T}}\right)=\underline{\mathbf{w}}\end{aligned} \tag{3.235}$$

式中 $\underline{\mathbf{w}}$ 是位移梯度张量的反对称部分，为

$$\underline{\mathbf{w}}=\frac{1}{2}\left(\boldsymbol{A}-\boldsymbol{A}^{\mathrm{T}}\right) \tag{3.236}$$

综合上面的线性化结果以及线性化前的初值，当 $|\boldsymbol{A}|\ll 1$ 时，就有

$$\boldsymbol{E}\approx\boldsymbol{\varepsilon},\quad \boldsymbol{e}\approx\boldsymbol{\varepsilon},\quad \boldsymbol{U}\approx\boldsymbol{I}+\varepsilon,\quad \boldsymbol{V}\approx\boldsymbol{I}+\varepsilon,\quad \boldsymbol{R}\approx\boldsymbol{I}+\underline{\mathbf{w}} \tag{3.237}$$

这说明：在小变形理论中，Almansi 应变和 Green 应变之间的差别消失，左、右伸长张量的差别消失；转动可以用反对称张量描述。

采用上面线性化的结果，还可给出其他物理量在 $|\boldsymbol{A}|\ll 1$ 时经线性化 (相对参考构形) 后的近似表示，如左、右 Cauchy-Green 变形张量和名义应变

$$\begin{aligned}&\boldsymbol{C}=\boldsymbol{U}^2\approx(\boldsymbol{I}+\varepsilon)\cdot(\boldsymbol{I}+\varepsilon)\approx\boldsymbol{I}+2\varepsilon\\&\boldsymbol{b}=\boldsymbol{V}^2\approx(\boldsymbol{I}+\varepsilon)\cdot(\boldsymbol{I}+\varepsilon)\approx\boldsymbol{I}+2\varepsilon\\&\boldsymbol{E}^{(1)}=\boldsymbol{U}-\boldsymbol{I}\approx\varepsilon\end{aligned} \tag{3.238}$$

根据定义，变形梯度总是可表示为

$$\boldsymbol{F}=\boldsymbol{I}+\boldsymbol{A}=\boldsymbol{I}+\varepsilon+\underline{\mathbf{w}} \tag{3.239}$$

于是，线元的变化可表示为

$$\mathrm{d}\boldsymbol{x} = \mathrm{d}\boldsymbol{X} + \boldsymbol{\varepsilon} \cdot \mathrm{d}\boldsymbol{X} + \underline{\mathbf{w}} \cdot \mathrm{d}\boldsymbol{X} \tag{3.240}$$

上式右边第一项代表刚体平动，只有在位移梯度很小 ($|\boldsymbol{A}| \ll 1$) 的情况下，后面两项即位移梯度的对称部分 $\boldsymbol{\varepsilon}$ 和反对称部分 $\underline{\mathbf{w}}$ 对线元的作用才分别代表伸长变形与刚体转动，从而使得变形梯度的加法分解具有明确的几何意义，然而，在大变形中这种加法分解失去意义，不得不进行式 (3.46) 描述的乘法分解。

位移梯度 $\boldsymbol{A}$ 分解为 $\boldsymbol{\varepsilon}$ 和 $\underline{\mathbf{w}}$ 两项之和，位移梯度很小 ($|\boldsymbol{A}| \ll 1$) 实际上是要求

$$|\boldsymbol{\varepsilon}| \ll 1, \quad |\underline{\mathbf{w}}| \ll 1 \tag{3.241}$$

根据 $\boldsymbol{\varepsilon}$ 和 $\underline{\mathbf{w}}$ 的几何意义，就是要求小伸长和小转动。因此，位移梯度很小和小伸长加小转动构成了小变形条件的两种等价说法。

3.12.4 体积比的线性化

体积比 $J = \det \boldsymbol{F}$ 是 $\boldsymbol{F}$ 的函数，而 $\boldsymbol{F}$ 可以是 $\boldsymbol{x}$ 的函数，使用复合法则式 (2.21)，线性化结果式 (2.35) 和式 (3.220)，以及式 (1.115)，J 相对当前构形中 $\boldsymbol{x}$ 处 $\boldsymbol{u}$ 方向的方向导数可表示为

$$\begin{aligned} \mathrm{D}J(\boldsymbol{x})[\boldsymbol{u}] &= \mathrm{D}\det\boldsymbol{F}(\boldsymbol{F})[\mathrm{D}\boldsymbol{F}(\boldsymbol{x})[\boldsymbol{u}]] \\ &= J\boldsymbol{F}^{-\mathrm{T}} : \left(\frac{\partial \boldsymbol{u}}{\partial \boldsymbol{x}} \cdot \boldsymbol{F}\right) = J\left(\boldsymbol{F}^{-\mathrm{T}} \cdot \boldsymbol{F}^{\mathrm{T}}\right) : \frac{\partial \boldsymbol{u}}{\partial \boldsymbol{x}} = J\mathrm{tr}\left(\frac{\partial \boldsymbol{u}}{\partial \boldsymbol{x}}\right) \end{aligned} \tag{3.242}$$

相对初始参考构形时，$\boldsymbol{F} = \boldsymbol{I}$，$J = 1$，且位移相对空间坐标的梯度变为相对物质坐标的梯度，因此

$$\mathrm{D}J(\boldsymbol{X})[\boldsymbol{u}] = \mathrm{tr}\boldsymbol{A} \tag{3.243}$$

以上的线性化都基于位移梯度为小量进行，然而，在有些情况下需要基于其他物理量为小量进行线性化，例如小应变大转动的情况，这时，应变 $\boldsymbol{U} - \boldsymbol{I}$ 很小但转动 $\boldsymbol{R}$ 很大，线性化则应基于 $\boldsymbol{U} - \boldsymbol{I}$ 很小但 $\boldsymbol{R}$ 任意来进行。注意：在这样的条件下位移梯度 $\boldsymbol{A}$ 并不是小量。

3.13 变形梯度的相容性

变形梯度张量 $\boldsymbol{F}$ 是空间坐标矢量 $\boldsymbol{x}$ 相对物质坐标 $\boldsymbol{X}$ 的梯度，用证明式 (2.136) 的类似方法，可以证明它应满足下面的方程

$$\boldsymbol{F} \times \nabla_0 = 0 \tag{3.244}$$

根据定义式 (2.138) 以及式 (1.16)，有

$$\boldsymbol{F}\times\nabla_0=\frac{\partial \boldsymbol{F}}{\partial X_N}\times\boldsymbol{E}_N=\frac{\partial^2 x_i}{\partial X_M\partial X_N}\boldsymbol{e}_i\otimes(\boldsymbol{E}_M\times\boldsymbol{E}_N)$$
$$=\mathcal{E}_{MNJ}\frac{\partial^2 x_i}{\partial X_M\partial X_N}\boldsymbol{e}_i\otimes\boldsymbol{E}_J \tag{3.245}$$

将上式最后一个表达式中的哑指标 M、N 互换，并考虑求偏导的顺序可以交换，且 $\mathcal{E}_{NMJ}=-\mathcal{E}_{MNJ}$，得

$$\boldsymbol{F}\times\nabla_0=\mathcal{E}_{NMJ}\frac{\partial^2 x_i}{\partial X_N\partial X_M}\boldsymbol{e}_i\otimes\boldsymbol{E}_J$$
$$=-\mathcal{E}_{MNJ}\frac{\partial^2 x_i}{\partial X_M\partial X_N}\boldsymbol{e}_i\otimes\boldsymbol{E}_J=-\boldsymbol{F}\times\nabla_0 \tag{3.246}$$

从而式 (3.244) 得证。顺便指出：任意矢量场的梯度所定义的二阶张量场都具有式 (3.244) 的性质。

还可以证明: 若给定变形梯度 $\boldsymbol{F}$ 满足式 (3.244)，则必然存在变形场 $\boldsymbol{x}(\boldsymbol{X},t)$，使得 $\boldsymbol{F}=\boldsymbol{x}\otimes\nabla_0$，因此，式 (3.244) 是变形场 $\boldsymbol{x}(\boldsymbol{X},t)$ 存在且使得 $\boldsymbol{F}=\boldsymbol{x}\otimes\nabla_0$ 的充分必要条件。

第 4 章　运动分析

第 3 章集中讨论了固定时间 t 的某个单一当前构形相对参考构形的变形几何，本章转向物体运动的讨论，即考虑取决于时间的当前构形系列，给出主要变形几何量的时间变化率。由于运动的描述有物质 (Lagrange) 和空间 (Euler) 两种方法，求物理量的时间变化率也存在两种方式，相对固定的物质点和相对固定的空间点，从而引出一个重要的概念——物质时间导数，另一方面，这些物理的时间变化率都取决一个关键的物理量，即速度梯度，为此予以详细的讨论，包括它的分解以及分解量的意义。在导出包括变形 (应变) 张量在内的主要变形几何量的物质时间导数及其与速度梯度 (变形率和物质旋率) 的关系后，重点讨论空间变形 (应变) 张量的物质时间导数与当前构形刚体转动的相关性。在使用主轴坐标系讨论这些变形张量的时间变化率时，涉及主轴——矢量轴的时间变化率，需要采用旋率进行描述，本章给出了几种主要旋率的概念，导出了它们与速度梯度的关系式。

4.1　物质时间导数

相对一固定的参考构形，物体的运动通过内部每一个物质质点的运动描述，为

$$\boldsymbol{x}=\boldsymbol{x}\left(\boldsymbol{X},t\right)$$

则物质质点的速度应为

$$\boldsymbol{v}\left(\boldsymbol{X},t\right)=\frac{\partial \boldsymbol{x}\left(\boldsymbol{X},t\right)}{\partial t} \tag{4.1}$$

上面在求时间偏导数时保持物质坐标不变，这就是所谓的物质时间导数，它表示固定物质质点物理量的时间变化率。

以上是物质描述方法。然而，在许多情况下，速度采用空间描述比较方便，即将它们表述为空间坐标 $\boldsymbol{x}$ 的函数，特别是在流体力学中，我们总是习惯讨论某一固定空间坐标位置在不同时刻的速度，为此，在式 (4.1) 中使用式 (3.4)，将物质描述转换为空间描述，有

$$\boldsymbol{v}\left(\boldsymbol{X}\left(\boldsymbol{x},t\right),t\right)=\boldsymbol{v}\left(\boldsymbol{x},t\right)=\boldsymbol{v} \tag{4.2}$$

需要说明：上式中以物质坐标和以空间坐标为自变量的函数形式应不同，或者说，自变量由物质坐标替换为空间坐标，函数形式应发生改变，但为简便起见，这里

没有引入专门的符号加以区别，最后都用变量 $\boldsymbol{v}$ 表示。以后的讨论还会遇到相似的问题，大多数情况下作同样的处理。

固定物质点 $\boldsymbol{X}$ 的加速度使用空间描述的速度求时间导数表示为

$$\boldsymbol{a}(\boldsymbol{X},t)=\left.\frac{\partial \boldsymbol{v}(\boldsymbol{x},t)}{\partial t}\right|_{\boldsymbol{X}\text{固定}}=\left.\frac{\partial \boldsymbol{v}(\boldsymbol{x}(\boldsymbol{X},t),t)}{\partial t}\right|_{\boldsymbol{X}\text{固定}} \tag{4.3}$$

上式中求时间偏导数是针对固定的物质点而言，系物质时间导数。使用复合函数求导，有

$$\boldsymbol{a}(\boldsymbol{X},t)=\left.\frac{\partial \boldsymbol{v}(\boldsymbol{x},t)}{\partial t}\right|_{\boldsymbol{x}\text{固定}}+\frac{\partial \boldsymbol{v}(\boldsymbol{x},t)}{\partial \boldsymbol{x}}\cdot\left.\frac{\partial \boldsymbol{x}(\boldsymbol{X},t)}{\partial t}\right|_{\boldsymbol{X}\text{固定}} \tag{4.4}$$

式中等号右边第一项是在保持空间位置不变的条件下求时间的偏导数，称之为空间时间导数，它表示固定空间位置所观察到的速度的时间变化率，称之为当地加速度。显然，上面涉及的两种时间导数概念上不同，为区别起见，使用 $\dfrac{\mathrm{D}}{\mathrm{D}t}$ 或采取在变量上面加 “.” 表示物质时间导数，而空间时间导数则仍采用符号 $\dfrac{\partial}{\partial t}$，即规定

$$\dot{\boldsymbol{x}}=\frac{\mathrm{D}\boldsymbol{x}}{\mathrm{D}t}=\left.\frac{\partial \boldsymbol{x}(\boldsymbol{X},t)}{\partial t}\right|_{\boldsymbol{X}\text{固定}}=\boldsymbol{v}(\boldsymbol{X},t) \tag{4.5a}$$

$$\dot{\boldsymbol{v}}=\frac{\mathrm{D}\boldsymbol{v}}{\mathrm{D}t}=\left.\frac{\partial \boldsymbol{v}(\boldsymbol{x}(\boldsymbol{X},t),t)}{\partial t}\right|_{\boldsymbol{X}\text{固定}}=\boldsymbol{a}(\boldsymbol{X},t) \tag{4.5b}$$

$$\frac{\partial \boldsymbol{v}}{\partial t}=\left.\frac{\partial \boldsymbol{v}(\boldsymbol{x},t)}{\partial \boldsymbol{x}}\right|_{\boldsymbol{x}\text{固定}} \tag{4.5c}$$

对于加速度，采用与速度类似的处理方式，见式 (4.2) 及其后面的说明，记

$$\boldsymbol{a}(\boldsymbol{X},t)=\boldsymbol{a}(\boldsymbol{X}(\boldsymbol{x},t),t)=\boldsymbol{a}(\boldsymbol{x},t)=\boldsymbol{a} \tag{4.6}$$

采用上面的记法并略去自变量表示，结合式 (4.4)，物质点的加速度可简记为

$$\boldsymbol{a}=\frac{\partial \boldsymbol{v}}{\partial t}+\frac{\partial \boldsymbol{v}}{\partial \boldsymbol{x}}\cdot\boldsymbol{v} \tag{4.7}$$

最后一项是牵连加速度，即物质点的加速度分解为当地加速度与牵连加速度之和。式 (4.7) 可推广给出任意物理场变量 (*) 的两种时间导数的关系

$$\frac{\mathrm{D}}{\mathrm{D}t}(*)=\frac{\partial}{\partial t}(*)+\frac{\partial}{\partial \boldsymbol{x}}(*)\cdot\boldsymbol{v} \tag{4.8}$$

式 (4.7) 引出的 $\dfrac{\partial \boldsymbol{v}}{\partial \boldsymbol{x}}$ 是速度相对空间坐标的梯度，称之为速度梯度，后面的

讨论将表明，它在计算分析各种几何量的时间改变率时起着关键性的作用，记

$$\boldsymbol{l}=\frac{\partial \boldsymbol{v}}{\partial \boldsymbol{x}}=\boldsymbol{v}\otimes\nabla \tag{4.9}$$

速度是空间矢量，可表示成

$$\boldsymbol{v}=\frac{\mathrm{D}x_i}{\mathrm{D}t}\boldsymbol{e}_i=v_i\boldsymbol{e}_i$$

根据矢量梯度的运算式 (2.112)，速度梯度可表示成

$$\boldsymbol{l}=\frac{\partial v_i}{\partial x_j}\boldsymbol{e}_i\otimes\boldsymbol{e}_j=l_{ij}\boldsymbol{e}_i\otimes\boldsymbol{e}_j,\quad l_{ij}=\frac{\partial v_i}{\partial x_j} \tag{4.10}$$

所以是空间张量，注意：前面定义的变形梯度是空间位置相对物质坐标的梯度，是两点张量，速度梯度与变形梯度的物质时间导数的关系见 4.3 节。

例题 4.1 考虑一个以恒定角速度绕原点转动的单元，同时采用物质描述和空间描述得到加速度。

解 绕原点的纯转动可以应用二维情况下的转动矩阵表示为

$$\boldsymbol{x}(t)=\boldsymbol{R}(t)\cdot\boldsymbol{X}\Rightarrow\begin{Bmatrix}x\\y\end{Bmatrix}=\begin{bmatrix}\cos\omega t & -\sin\omega t\\ \sin\omega t & \cos\omega t\end{bmatrix}\begin{Bmatrix}X\\Y\end{Bmatrix}$$

上式中使用了 $\theta=\omega t$ 将运动表示为时间的函数，其中 θ 是转角，ω 是转动的角速度，为常数。对上式求物质时间导数得速度为

$$\begin{Bmatrix}v_x\\v_y\end{Bmatrix}=\begin{Bmatrix}\dot{x}\\\dot{y}\end{Bmatrix}=\omega\begin{bmatrix}-\sin\omega t & -\cos\omega t\\ \cos\omega t & -\sin\omega t\end{bmatrix}\begin{Bmatrix}X\\Y\end{Bmatrix} \tag{a}$$

对速度求物质时间导数得到物质描述下的加速度

$$\begin{Bmatrix}a_x\\a_y\end{Bmatrix}=\begin{Bmatrix}\dot{v}_x\\\dot{v}_y\end{Bmatrix}=\omega^2\begin{bmatrix}-\cos\omega t & \sin\omega t\\ -\sin\omega t & -\cos\omega t\end{bmatrix}\begin{Bmatrix}X\\Y\end{Bmatrix}$$

为了得到空间描述下的加速度，首先需要得到空间描述下的速度，其实，就是将速度表达式 (a) 中的物质坐标使用空间坐标表示即可

$$\begin{aligned}\begin{Bmatrix}v_x\\v_y\end{Bmatrix}&=\omega\begin{bmatrix}-\sin\omega t & -\cos\omega t\\ \cos\omega t & -\sin\omega t\end{bmatrix}\begin{bmatrix}\cos\omega t & \sin\omega t\\ -\sin\omega t & \cos\omega t\end{bmatrix}\begin{Bmatrix}x\\y\end{Bmatrix}\\&=\omega\begin{bmatrix}0 & -1\\ 1 & 0\end{bmatrix}\begin{Bmatrix}x\\y\end{Bmatrix}=\omega\begin{Bmatrix}-y\\x\end{Bmatrix}\end{aligned} \tag{b}$$

考虑到 ω 为常数，使用上式得速度的空间时间导数 (空间坐标不变) 是

$$\frac{\partial \boldsymbol{v}}{\partial t}=\left\{\begin{array}{c}\dfrac{\partial v_x}{\partial t}\\ \dfrac{\partial v_y}{\partial t}\end{array}\right\}=\left\{\begin{array}{c}0\\ \\ 0\end{array}\right\}$$

速度梯度是

$$\boldsymbol{l}=\frac{\partial \boldsymbol{v}}{\partial \boldsymbol{x}}=\left[\begin{array}{cc}\dfrac{\partial v_x}{\partial x} & \dfrac{\partial v_x}{\partial y}\\ \dfrac{\partial v_y}{\partial x} & \dfrac{\partial v_y}{\partial y}\end{array}\right]=\left[\begin{array}{cc}0 & -\omega\\ \omega & 0\end{array}\right]$$

将上式代入式 (4.7) 求加速度，得

$$\boldsymbol{a}=\frac{\partial \boldsymbol{v}}{\partial t}+\boldsymbol{l}\cdot\boldsymbol{v}=\left\{\begin{array}{c}0\\ 0\end{array}\right\}+\left[\begin{array}{cc}0 & -\omega\\ \omega & 0\end{array}\right]\left\{\begin{array}{c}v_x\\ v_y\end{array}\right\}=\omega\left\{\begin{array}{c}-v_y\\ v_x\end{array}\right\}$$

将上式中的速度使用空间坐标的形式 (式 (b)) 表示，则加速度分量为

$$\left\{\begin{array}{c}a_x\\ a_y\end{array}\right\}=-\omega^2\left\{\begin{array}{c}x\\ y\end{array}\right\}$$

这就是众所周知的向心加速度，其方向指向转动的中心，大小为 $\omega^2\left(x^2+y^2\right)^{1/2}$。

4.2 刚体运动与旋率的概念

上面的例题讨论了平面刚体转动，下面针对空间刚体运动作一般性讨论。第 3 章分析指出：如果物体变形为刚体运动，则变形梯度必须是正常正交张量，且在物体区域内为常张量，但可以随时间变化，即 $\boldsymbol{F}(t)=\boldsymbol{R}(t)$。考虑这个条件，积分 $\mathrm{d}\boldsymbol{x}=\boldsymbol{F}\cdot\mathrm{d}\boldsymbol{X}$，得

$$\boldsymbol{x}=\boldsymbol{R}(t)\cdot\boldsymbol{X}+\boldsymbol{x}_0(t) \tag{4.11}$$

式中 $\boldsymbol{x}_0(t)$ 是积分常数 (相对空间而言) 代表平动。对上式两边求物质时间导数，考虑到物质坐标不随时间变化，得

$$\boldsymbol{v}=\dot{\boldsymbol{R}}(t)\cdot\boldsymbol{X}+\dot{\boldsymbol{x}}_0(t) \tag{4.12}$$

式中 $\dot{\boldsymbol{x}}_0(t)$ 代表平动速度。将上式中的 $\boldsymbol{X}$ 利用式 (4.11) 表示，并考虑到正交张量的性质 $\boldsymbol{R}^{\mathrm{T}}=\boldsymbol{R}^{-1}$，经整理上式变为

$$\boldsymbol{v}=\boldsymbol{\Omega}(t)\cdot(\boldsymbol{x}(\boldsymbol{X},t)-\boldsymbol{x}_0(t))+\dot{\boldsymbol{x}}_0(t) \tag{4.13}$$

式中

$$\boldsymbol{\Omega}(t)=\dot{\boldsymbol{R}}(t)\cdot\boldsymbol{R}^{\mathrm{T}}(t) \tag{4.14}$$

使用式 (2.95) 后面的推导步骤，可得 $\boldsymbol{\Omega}$ 是反对称张量。这时，速度梯度是

$$\boldsymbol{l}=\frac{\partial \boldsymbol{v}}{\partial \boldsymbol{x}}=\boldsymbol{\Omega}(t)\cdot\frac{\partial}{\partial \boldsymbol{x}}\left(\boldsymbol{x}\left(\boldsymbol{X},t\right)-\boldsymbol{x}_0(t)\right)=\boldsymbol{\Omega}(t)\cdot\boldsymbol{I}=\boldsymbol{\Omega}(t) \tag{4.15}$$

根据反对称张量的性质式 (1.222)，则可进一步将速度式 (4.13) 表示为

$$\boldsymbol{v}=\boldsymbol{\omega}\times(\boldsymbol{x}-\boldsymbol{x}_0)+\dot{\boldsymbol{x}}_0 \tag{4.16}$$

式中 $\boldsymbol{\omega}$ 是 $\boldsymbol{\Omega}$ 对应的轴矢量。根据 1.7 节可知，$\mathrm{d}t\boldsymbol{\omega}\times(\boldsymbol{x}-\boldsymbol{x}_0)$(其中 $\mathrm{d}t$ 是微小时间，则 $\mathrm{d}t\boldsymbol{\omega}$ 是微小量) 是将矢径为 $\boldsymbol{x}$ 的点相对坐标为 $\boldsymbol{x}_0$ 的点绕 $\boldsymbol{\omega}$ 轴转动，转动角度为 $\mathrm{d}t\boldsymbol{\omega}$ 的模，则 $\boldsymbol{\omega}$ 的模就代表转动角速度，因此，上面描述的刚体运动可看成是在平动的基础上叠加绕定点 $\boldsymbol{x}_0$ 的刚体转动，或者说是牵连运动——平动和相对运动 (刚体转动) 的叠加。通常也将 $\boldsymbol{\omega}$ 称为转动角速度矢量，而将 $\boldsymbol{\Omega}$ 称为旋率。需要说明：$\boldsymbol{\omega}$ 随时间变化，即不同时刻的转动轴和角速度不同。

利用式 (4.16) 对速度求物质时间导数得加速度为

$$\boldsymbol{a}=\dot{\boldsymbol{\omega}}\times(\boldsymbol{x}-\boldsymbol{x}_0)+\boldsymbol{\omega}\times\boldsymbol{\omega}\times(\boldsymbol{x}-\boldsymbol{x}_0)+\ddot{\boldsymbol{x}}_0 \tag{4.17}$$

式中第一项是转动加速度，其中 $\dot{\boldsymbol{\omega}}$ 是角加速度矢量，也随时间变化，但与同一时刻的角速度矢量 $\boldsymbol{\omega}$ 并不共轴；第二项是指向 $\boldsymbol{\omega}$ 轴的加速度，称为向轴加速度；最后一项是平动加速度。

4.3 速度梯度与变形梯度的物质时间导数

通过第 3 章关于变形的讨论我们知道，计算分析各种几何量如长度、面积、体积和夹角等的改变，变形梯度是一个关键量。同样地，计算分析各种几何量的时间改变率，式 (4.9) 定义的速度梯度 $\boldsymbol{l}$ 是关键量。

首先讨论速度梯度与变形梯度物质时间导数的关系。参考式 (2.117)，速度梯度 $\boldsymbol{l}$ 对空间线元 $\mathrm{d}\boldsymbol{x}$ 的作用就是 $\mathrm{d}\boldsymbol{x}$ 两个端点的速度差，即

$$\mathrm{d}\boldsymbol{v}=(\boldsymbol{v}\otimes\nabla)\cdot\mathrm{d}\boldsymbol{x}=\boldsymbol{l}\cdot\mathrm{d}\boldsymbol{x} \tag{4.18}$$

由于 $\mathrm{d}\boldsymbol{x}=\boldsymbol{F}\cdot\mathrm{d}\boldsymbol{X}$，考虑到物质坐标不随时间变化，则 $\mathrm{d}\boldsymbol{x}$ 的物质时间导数可写为

$$\frac{\mathrm{D}\left(\mathrm{d}\boldsymbol{x}\right)}{\mathrm{D}t}=\dot{\boldsymbol{F}}\cdot\mathrm{d}\boldsymbol{X}=\dot{\boldsymbol{F}}\cdot\boldsymbol{F}^{-1}\cdot\mathrm{d}\boldsymbol{x} \tag{4.19}$$

由于求时间导数和求微分可交换顺序，上式左边就是 d$\boldsymbol{v}$，对照上面两式得

$$\boldsymbol{l} = \dot{\boldsymbol{F}} \cdot \boldsymbol{F}^{-1} \tag{4.20}$$

式 (4.20) 也可通过求变形梯度的物质时间导数得到，考虑到变形梯度是相对物质坐标的梯度，而物质坐标不随时间变化，因此有

$$\dot{F}_{iK} = \frac{\partial \dot{x}_i}{\partial X_K} = \frac{\partial v_i}{\partial X_K} = \frac{\partial v_i}{\partial x_j}\frac{\partial x_j}{\partial X_K} = l_{ij}F_{jK}$$

采用符号记法就有

$$\dot{\boldsymbol{F}} = \boldsymbol{l} \cdot \boldsymbol{F} \tag{4.21}$$

从而可得式 (4.20)。

$\boldsymbol{F}$ 的物质时间导数还可通过它的线性化结果即方向导数式 (3.220) 得到，式 (2.80) 给出，一个张量的时间导数就等于以自变量张量速率为方向的方向导数，这样只需将式 (3.220) 中的 $\boldsymbol{u}$ 换作 $\boldsymbol{v}$，有

$$\dot{\boldsymbol{F}} = \mathrm{D}\boldsymbol{F}(\boldsymbol{x})[\boldsymbol{v}] = \frac{\partial \boldsymbol{v}}{\partial \boldsymbol{X}} = \frac{\partial \boldsymbol{v}}{\partial \boldsymbol{x}} \cdot \frac{\partial \boldsymbol{x}}{\partial \boldsymbol{X}} = \boldsymbol{l} \cdot \boldsymbol{F} \tag{4.22}$$

已知变形梯度的物质时间导数，很容易求得其逆的物质时间导数，使用 $\boldsymbol{F} \cdot \boldsymbol{F}^{-1} = \boldsymbol{I}$ 和乘法法则式 (2.82)，则有

$$\dot{\boldsymbol{F}} \cdot \boldsymbol{F}^{-1} + \boldsymbol{F} \cdot \dot{\boldsymbol{F}}^{-1} = 0$$

将式 (4.20) 代入上式，有

$$\dot{\boldsymbol{F}}^{-1} = -\boldsymbol{F}^{-1} \cdot \boldsymbol{l} \tag{4.23}$$

显然它不等于变形梯度物质时间导数的逆。上式也可由线性化结果式 (3.224) 按照导出式 (4.22) 的方式得到

$$\dot{\boldsymbol{F}}^{-1} = \mathrm{D}\boldsymbol{F}^{-1}(\boldsymbol{x})[\boldsymbol{v}] = -\boldsymbol{F}^{-1} \cdot \mathrm{D}\boldsymbol{F}(\boldsymbol{x})[\boldsymbol{v}] \cdot \boldsymbol{F}^{-1} = -\boldsymbol{F}^{-1} \cdot \boldsymbol{l} \tag{4.24}$$

速度梯度同变形梯度一样也是非对称张量，它总是可以加法分解为对称部分和反对称部分之和，即

$$\boldsymbol{l} = \boldsymbol{d} + \boldsymbol{w} \tag{4.25}$$

式中

$$\boldsymbol{d} \overset{\text{def}}{=\!=\!=} \frac{1}{2}\left(\boldsymbol{l} + \boldsymbol{l}^{\mathrm{T}}\right), \quad \boldsymbol{w} \overset{\text{def}}{=\!=\!=} \frac{1}{2}\left(\boldsymbol{l} - \boldsymbol{l}^{\mathrm{T}}\right) \tag{4.26}$$

前者是对称部分，称之为变形率，后者是反对称部分，称之为物质旋率，它们都是空间张量，使用分量可写成

$$d_{ij} = \frac{1}{2}\left(\frac{\partial v_i}{\partial x_j} + \frac{\partial v_j}{\partial x_i}\right), \quad w_{ij} = \frac{1}{2}\left(\frac{\partial v_i}{\partial x_j} - \frac{\partial v_j}{\partial x_i}\right) \tag{4.27}$$

反对称张量 $\boldsymbol{w}$ 存在一个对应的轴矢量，根据式 (1.224) 并结合上式，其轴矢量 $\boldsymbol{\omega}$ 的三个分量分别是

$$\omega_1=\frac{1}{2}\left(\frac{\partial v_3}{\partial x_2}-\frac{\partial v_2}{\partial x_3}\right),\quad \omega_2=\frac{1}{2}\left(\frac{\partial v_1}{\partial x_3}-\frac{\partial v_3}{\partial x_1}\right),\quad \omega_3=\frac{1}{2}\left(\frac{\partial v_2}{\partial x_1}-\frac{\partial v_1}{\partial x_2}\right) \tag{4.28}$$

使用旋度的性质式 (2.132)，将其中的 $\boldsymbol{u}$ 使用 $\boldsymbol{v}$ 代替，两边同除 1/2，得轴矢量通过速度的旋度表示为

$$\boldsymbol{\omega}=\frac{1}{2}\nabla\times\boldsymbol{v} \tag{4.29}$$

根据 4.2 节的分析，作为反对称张量的物质旋率描述了物质质点刚体转动的速率，至于变形率的几何意义，4.4 节将通过线元的长度与方向矢量及线元之间夹角等几何量随时间的变化率来进行讨论。

4.4 各种几何量的时间率及变形率与物质旋率的意义

本节所有讨论均建立在当前构形上，所涉及的几何量，包括线元、面积元和体积元等均由固定的物质组成，因而是物质的，求它们随时间的变化率就是求物质时间导数。

4.4.1 线元的长度率和方向率

考虑任意一物质线元 $\mathrm{d}\boldsymbol{X}$，变形后变为当前构形中的线元 $\mathrm{d}\boldsymbol{x}$，其单位方向矢量是 $\boldsymbol{m}=\mathrm{d}\boldsymbol{x}/|\mathrm{d}\boldsymbol{x}|$，长度的相对变化率定义为

$$d_m \xlongequal{\text{def}} \frac{1}{|\mathrm{d}\boldsymbol{x}|}\frac{D\left(|\mathrm{d}\boldsymbol{x}|\right)}{\mathrm{D}t} \tag{4.30}$$

使用上式并结合复合求导法则，得

$$d_m=\frac{1}{|\mathrm{d}\boldsymbol{x}|}\frac{\mathrm{D}}{\mathrm{D}t}\left(\sqrt{\mathrm{d}\boldsymbol{x}\cdot\mathrm{d}\boldsymbol{x}}\right)=\frac{1}{2\,|\mathrm{d}\boldsymbol{x}|^2}\left(\frac{\mathrm{D}\left(\mathrm{d}\boldsymbol{x}\right)}{\mathrm{D}t}\cdot\mathrm{d}\boldsymbol{x}+\mathrm{d}\boldsymbol{x}\cdot\frac{\mathrm{D}\left(\mathrm{d}\boldsymbol{x}\right)}{\mathrm{D}t}\right)$$

考虑到式 (4.19) 可以写成

$$\frac{\mathrm{D}\left(\mathrm{d}\boldsymbol{x}\right)}{\mathrm{D}t}=\boldsymbol{l}\cdot\mathrm{d}\boldsymbol{x}=\mathrm{d}\boldsymbol{x}\cdot\boldsymbol{l}^{\mathrm{T}} \tag{4.31}$$

代入上面的式子，并考虑到变形率的定义，得

$$d_m=\frac{1}{2\,|\mathrm{d}\boldsymbol{x}|^2}\left(\mathrm{d}\boldsymbol{x}\cdot\boldsymbol{l}^{\mathrm{T}}\cdot\mathrm{d}\boldsymbol{x}+\mathrm{d}\boldsymbol{x}\cdot\boldsymbol{l}\cdot\mathrm{d}\boldsymbol{x}\right)=\boldsymbol{m}\cdot\boldsymbol{d}\cdot\boldsymbol{m} \tag{4.32}$$

使用 λ_m 表示线元的伸长比，根据伸长比的定义，长度的变化率又可以表达为

$$d_m = \frac{1}{\lambda_m}\frac{\mathrm{D}\lambda_m}{\mathrm{D}t} = \frac{\mathrm{D}\,(\ln\lambda_m)}{\mathrm{D}t} \tag{4.33}$$

线元长度率实际上就是以当前构形为参考构形的小变形理论中线应变的时间变化率。如图 4.1 所示，在 t 时刻的当前构形上，考察一个物质线元 PA，其方向矢量为 $\boldsymbol{m}$，物质 P 点和物质 A 点的空间坐标分别是 $\boldsymbol{x}$ 和 $\boldsymbol{x}+\mathrm{d}\boldsymbol{x}$，速度分别是 $\boldsymbol{v}(\boldsymbol{x},t)$ 和 $\boldsymbol{v}(\boldsymbol{x},t)+\mathrm{d}\boldsymbol{v}$，在一个微小的时间间隔 $\mathrm{d}t$ 后，这两点所产生的位移分别是 $\boldsymbol{v}\mathrm{d}t$ 和 $(\boldsymbol{v}+\mathrm{d}\boldsymbol{v})\mathrm{d}t$，到达 P' 点和 A' 点，其中，A 点的运动可看作先同 P 点一起平移 $\boldsymbol{v}\mathrm{d}t$ 到达 C' 点，再相对 C' 点产生 $\mathrm{d}\boldsymbol{v}\mathrm{d}t$ 的运动到达 A' 点，所以 $P'C'$ 与 PA 平行，均沿 $\boldsymbol{m}$ 方向。以 t 时刻的当前构形为参考，显然属于小变形，忽略高阶小量，线元长度改变 $P'A'-PA\approx C'D'$，其中 $C'D'$ 就是 $\mathrm{d}\boldsymbol{v}\mathrm{d}t$ 在线元方向 $\boldsymbol{m}$ 上的投影，所以线元的线应变率是

$$\frac{1}{\mathrm{d}t}\frac{C'D'}{PA} = \frac{\mathrm{d}\boldsymbol{v}\cdot\boldsymbol{m}}{|\mathrm{d}\boldsymbol{x}|} = \frac{\boldsymbol{m}\cdot\boldsymbol{l}\cdot\mathrm{d}\boldsymbol{x}}{|\mathrm{d}\boldsymbol{x}|} = \boldsymbol{m}\cdot\boldsymbol{l}\cdot\boldsymbol{m}$$

考虑到速度梯度的分解以及反对称张量与对称张量的双点积为零，即 $\boldsymbol{m}\cdot\boldsymbol{w}\cdot\boldsymbol{m} = \boldsymbol{w}:(\boldsymbol{m}\otimes\boldsymbol{m})=0$，因此，上式给出线元的长度率。

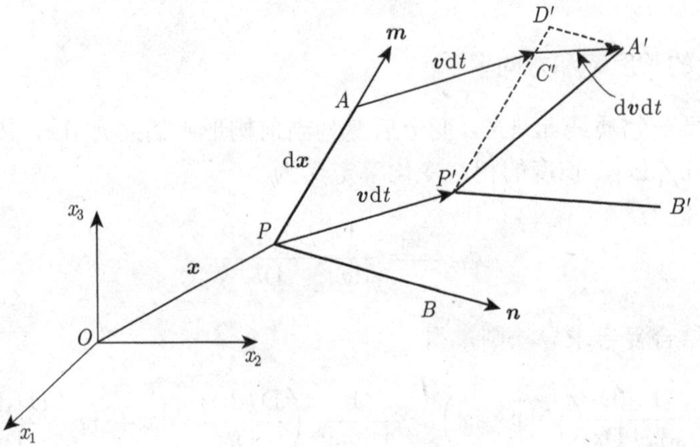

图 4.1　长度率的几何解释——单位时间内新增的线应变 (以 t 时刻的当前构形作为参考构形)

考察沿线元 $\mathrm{d}\boldsymbol{x}$ 的单位方向矢量 $\boldsymbol{m}$，它的物质时间导数称为方向率，可写为

$$\dot{\boldsymbol{m}} = \frac{\mathrm{D}}{\mathrm{D}t}\left(\frac{\mathrm{d}\boldsymbol{x}}{|\mathrm{d}\boldsymbol{x}|}\right) = \frac{1}{|\mathrm{d}\boldsymbol{x}|}\frac{\mathrm{D}\,(\mathrm{d}\boldsymbol{x})}{\mathrm{D}t} - \frac{\mathrm{d}\boldsymbol{x}}{|\mathrm{d}\boldsymbol{x}|^2}\frac{\mathrm{D}\,(|\mathrm{d}\boldsymbol{x}|)}{\mathrm{D}t} \tag{4.34}$$

在上式中应用式 (4.31) 和式 (4.30)，并考虑到 $\boldsymbol{m}=\mathrm{d}\boldsymbol{x}/|\mathrm{d}\boldsymbol{x}|$，得

$$\dot{\boldsymbol{m}} = \boldsymbol{l}\cdot\boldsymbol{m} - d_m\boldsymbol{m} \tag{4.35}$$

两边点积 $\boldsymbol{m}$，得

$$\boldsymbol{m}\cdot\dot{\boldsymbol{m}}=\boldsymbol{m}\cdot\boldsymbol{l}\cdot\boldsymbol{m}-d_m\boldsymbol{m}\cdot\boldsymbol{m}=0$$

即 $\dot{\boldsymbol{m}}$ 和 $\boldsymbol{m}$ 正交，这也可通过对 $\boldsymbol{m}\cdot\boldsymbol{m}=1$ 求物质时间导数导出。

4.4.2 剪切率

根据式 (4.35)，过同一点的各线元的方向率不同，从而产生剪切。在当前构形中考虑两个线元，其单位方向矢量分别为 $\boldsymbol{m}$ 和 $\boldsymbol{n}$，它们之间的夹角为 θ，利用式 (4.35)，得其余弦的物质时间导数为

$$\begin{aligned}\frac{\mathrm{D}(\cos\theta)}{\mathrm{D}t}&=\frac{\mathrm{D}(\boldsymbol{m}\cdot\boldsymbol{n})}{\mathrm{D}t}=\frac{\mathrm{D}\boldsymbol{m}}{\mathrm{D}t}\cdot\boldsymbol{n}+\boldsymbol{m}\cdot\frac{\mathrm{D}\boldsymbol{n}}{\mathrm{D}t}\\&=\boldsymbol{n}\cdot(\boldsymbol{l}\cdot\boldsymbol{m}-d_m\boldsymbol{m})+\boldsymbol{m}\cdot(\boldsymbol{l}\cdot\boldsymbol{n}-d_n\boldsymbol{n})\\&=2\boldsymbol{m}\cdot\boldsymbol{d}\cdot\boldsymbol{n}-(d_m+d_n)\,\boldsymbol{m}\cdot\boldsymbol{n}\end{aligned}\tag{4.36}$$

上式中还用到了 $\boldsymbol{m}\cdot\boldsymbol{l}\cdot\boldsymbol{n}=\boldsymbol{n}\cdot\boldsymbol{l}^{\mathrm{T}}\cdot\boldsymbol{m}$。

特别地，当 $\boldsymbol{m}$ 和 $\boldsymbol{n}$ 垂直时，$\sin\theta=1$，利用上面的式子，有

$$\frac{\mathrm{D}(\cos\theta)}{\mathrm{D}t}=-\sin\theta\frac{\mathrm{D}\theta}{\mathrm{D}t}=-\dot{\theta}=2\boldsymbol{m}\cdot\boldsymbol{d}\cdot\boldsymbol{n}\tag{4.37}$$

在小变形理论中，剪切应变定义为 90° 夹角的减少量，剪切应变率定义为单位时间内的剪应变改变，因此，以当前构形为参考构形的剪切应变率应是

$$\dot{\gamma}_{mn}=-\dot{\theta}=2\boldsymbol{m}\cdot\boldsymbol{d}\cdot\boldsymbol{n}\tag{4.38}$$

剪切率也可通过图 4.1 的几何直观给出，图中 $A'D'$ 与 PB 平行，均沿 $\boldsymbol{n}$ 方向，$\boldsymbol{m}$ 方向的线元 PA 在 $\boldsymbol{m}$ 和 $\boldsymbol{n}$ (两者正交) 构成的平面内的转角为 $\angle A'P'D'$，其角度改变率当忽略高阶小量时可表示为

$$\frac{1}{\mathrm{d}t}\frac{A'D'}{P'D'}=\frac{\mathrm{d}\boldsymbol{v}\cdot\boldsymbol{n}}{|\mathrm{d}\boldsymbol{x}|}=\frac{\boldsymbol{n}\cdot\boldsymbol{l}\cdot\mathrm{d}\boldsymbol{x}}{|\mathrm{d}\boldsymbol{x}|}=\boldsymbol{n}\cdot\boldsymbol{l}\cdot\boldsymbol{m}$$

同理，$\boldsymbol{n}$ 方向线元 PB 在 $\boldsymbol{m}$ 和 $\boldsymbol{n}$ 构成的平面内的角度改变率是 $\boldsymbol{m}\cdot\boldsymbol{l}\cdot\boldsymbol{n}$，两者之和就是剪切率。

4.4.3 变形率和物质旋率的意义

在当前构形中考察过一点的三个相互正交的方向，它们的单位方向矢量分别是 $\boldsymbol{k}$，$\boldsymbol{m}$ 和 $\boldsymbol{n}$，以当前构形为参考构形，使用式 (4.32) 和式 (4.38)，得 $\boldsymbol{k}$ 和 $\boldsymbol{n}$ 方向线元的长度率或线应变率分别为

$$d_k=\boldsymbol{k}\cdot\boldsymbol{d}\cdot\boldsymbol{k},\quad d_n=\boldsymbol{n}\cdot\boldsymbol{d}\cdot\boldsymbol{n}$$

以及 $\boldsymbol{k}$ 和 $\boldsymbol{m}$ 方向线元之间、$\boldsymbol{k}$ 和 $\boldsymbol{n}$ 方向线元之间的剪切应变率分别为

$$\dot{\gamma}_{km}=2\boldsymbol{k}\cdot\boldsymbol{d}\cdot\boldsymbol{m},\quad \dot{\gamma}_{kn}=2\boldsymbol{k}\cdot\boldsymbol{d}\cdot\boldsymbol{n}$$

因此，在 $\boldsymbol{k}$，$\boldsymbol{m}$ 和 $\boldsymbol{n}$ 组成的正交标架下，使用上面的表达式并考虑到变形率的对称性，则变形率可表示为

$$\begin{aligned}\boldsymbol{d}=&d_k\boldsymbol{k}\otimes\boldsymbol{k}+d_m\boldsymbol{m}\otimes\boldsymbol{m}+d_n\boldsymbol{n}\otimes\boldsymbol{n}+\frac{1}{2}\dot{\gamma}_{km}(\boldsymbol{k}\otimes\boldsymbol{m}+\boldsymbol{m}\otimes\boldsymbol{k})\\&+\frac{1}{2}\dot{\gamma}_{mn}(\boldsymbol{m}\otimes\boldsymbol{n}+\boldsymbol{n}\otimes\boldsymbol{m})+\frac{1}{2}\dot{\gamma}_{kn}(\boldsymbol{k}\otimes\boldsymbol{n}+\boldsymbol{n}\otimes\boldsymbol{k})\end{aligned}\tag{4.39}$$

等式右边就是以当前构形为参考构形的小变形应变率张量，即

$$\boldsymbol{d}=\dot{\boldsymbol{\varepsilon}}_t\tag{4.40}$$

下标 “t” 表示以当前构形为参考构形。

使用速度梯度的分解并考虑到式 (4.32)，式 (4.35) 可表示为

$$\begin{aligned}\dot{\boldsymbol{m}}&=\boldsymbol{w}\cdot\boldsymbol{m}+(\boldsymbol{d}-(\boldsymbol{m}\cdot\boldsymbol{d}\cdot\boldsymbol{m})\boldsymbol{I})\cdot\boldsymbol{m}\\&=\boldsymbol{w}\cdot\boldsymbol{m}+(\boldsymbol{d}\cdot(\boldsymbol{m}\otimes\boldsymbol{m})-(\boldsymbol{m}\otimes\boldsymbol{m})\cdot\boldsymbol{d})\cdot\boldsymbol{m}\end{aligned}\tag{4.41}$$

当变形率 $\boldsymbol{d}=0$ 时，方向率简化为 $\dot{\boldsymbol{m}}=\boldsymbol{w}\cdot\boldsymbol{m}=\boldsymbol{\omega}\times\boldsymbol{m}$，根据 1.7 节关于反对称张量性质的分析，$\boldsymbol{w}$ 对任意方向线元 $\boldsymbol{m}$ 的变换作用就是将线元 $\boldsymbol{m}$ 绕其轴矢量 $\boldsymbol{\omega}$ 进行转动，转动角速度就是 $\boldsymbol{\omega}$ 的模，因此，过同一点所有线元的运动是刚体转动。这里所讨论的线元 $\boldsymbol{m}$ 是由固定的物质点所组成，故称 $\boldsymbol{w}$ 为物质旋率，以区别本章末介绍的其他几种非物质旋率。当变形率 $\boldsymbol{d}\neq 0$ 时，对于线元来说，除了 $\boldsymbol{w}$ 贡献的刚体转动外，取决于 $\boldsymbol{d}$ 的式 (4.41) 右边第二项还将贡献额外的转动。

前面的分析表明：$\boldsymbol{d}$ 决定了线元 $\mathrm{d}\boldsymbol{x}$ 的长度变化率，同时也影响到线元 $\mathrm{d}\boldsymbol{x}$ 的方向率。设 $\boldsymbol{d}$ 的三个主值和主方向分别为 d_i 和 $\boldsymbol{n}_i^{\boldsymbol{d}}(i=1,2,3)$，于是

$$\boldsymbol{d}\cdot\boldsymbol{n}_i^{\boldsymbol{d}}=d_i\boldsymbol{n}_i^{\boldsymbol{d}}\quad(i=1,2,3;\ \text{不对}\ i\ \text{求和})\tag{4.42}$$

需要说明：主方向是随着时间而变化的单位矢量，而且不同时刻 t，它们是由不同的物质点所组成，也就是说，是非物质的。考察某一正好与 $\boldsymbol{d}$ 的主方向瞬时重合的三个物质线元 $\mathrm{d}\boldsymbol{x}$，根据方向率的式 (4.41)，并考虑到上式，则三个线元的方向率为

$$\dot{\boldsymbol{n}}_i^{\boldsymbol{d}}=\boldsymbol{w}\cdot\boldsymbol{n}_i^{\boldsymbol{d}}+(\boldsymbol{d}-d_i\boldsymbol{I})\cdot\boldsymbol{n}_i^{\boldsymbol{d}}=\boldsymbol{w}\cdot\boldsymbol{n}_i^{\boldsymbol{d}}\quad(i=1,2,3;\ \text{不对}\ i\ \text{求和})\tag{4.43}$$

这说明与 $\boldsymbol{d}$ 的主方向瞬时重合的物质线元，其方向率不受 $\boldsymbol{d}$ 的影响，但取决于 $\boldsymbol{w}$，因为 $\boldsymbol{w}$ 描述了物质点所有物质线元的刚体转动。

总地来说，速度梯度是从当前构形出发下一个单位时间内产生的微小位移相对当前构形的梯度，它加法分解为代表伸长的变形率和代表刚体转动的物质旋率。而变形梯度是从初始构形出发所产生的有限变形相对某一固定参考构形 (可以是初始构形，也可以是其他构形) 的梯度，它乘法分解为代表伸长的伸长张量和代表刚体转动的正交张量，由于乘法分解有先后顺序之分，即先伸长后转动还是先转动后伸长，从而导致伸长张量的左右之分。

4.4.4 体积率

使用变形前后体积元的关系式 $\mathrm{d}V = J\mathrm{d}V_0$，则体积元的物质时间率可表示为

$$\frac{1}{\mathrm{d}V}\frac{\mathrm{D}}{\mathrm{D}t}(\mathrm{d}V) = \frac{1}{\mathrm{d}V}\dot{J}\mathrm{d}V_0 = \frac{\dot{J}}{J} \tag{4.44}$$

利用式 (2.81)、式 (2.49) 并结合式 (4.20)，可得 J 的物质时间导数，或者参照式 (4.22)，使用线性化结果式 (3.242)，将其中的位移 $\boldsymbol{u}$ 使用速度 $\boldsymbol{v}$ 代替，考虑到 $\mathrm{tr}\boldsymbol{w} = 0$，得

$$\dot{J} = \mathrm{D}J(\boldsymbol{x})[\boldsymbol{v}] = J\mathrm{tr}\left(\frac{\partial \boldsymbol{v}}{\partial \boldsymbol{x}}\right) = J\mathrm{tr}\boldsymbol{l} = J\mathrm{tr}\boldsymbol{d} \tag{4.45}$$

从而得体积的变化率

$$\frac{1}{\mathrm{d}V}\frac{\mathrm{D}}{\mathrm{D}t}(\mathrm{d}V) = \mathrm{tr}\boldsymbol{d} \tag{4.46}$$

当物质是体积不可压缩时，体积率恒为零，因此要求 $\mathrm{tr}\boldsymbol{d} = 0$。

上面导出了几种几何量的时间变化率，按照小变形理论，它们都是相对当前构形且是在单位时间内产生的应变，变形率张量就是应变张量，长度率就是线应变，剪切率就是剪切应变，体积率就是体积应变。

4.4.5 面积率

应用面积比的 Nanson 公式 (3.131)，并考虑到式 (4.23) 和式 (4.45)，得当前构形面积元 $\boldsymbol{n}\mathrm{d}a$ 的物质时间导数为

$$\begin{aligned}\frac{\mathrm{D}}{\mathrm{D}t}(\boldsymbol{n}\mathrm{d}a) &= \frac{\mathrm{D}}{\mathrm{D}t}\left(J\boldsymbol{F}^{-\mathrm{T}}\cdot\boldsymbol{N}\mathrm{d}A\right) = \left(\dot{J}\boldsymbol{F}^{-\mathrm{T}} + J\dot{\boldsymbol{F}}^{-\mathrm{T}}\right)\cdot(\boldsymbol{N}\mathrm{d}A)\\ &= \left(J(\mathrm{tr}\boldsymbol{d})\boldsymbol{F}^{-\mathrm{T}} - J\boldsymbol{l}^{\mathrm{T}}\cdot\boldsymbol{F}^{-\mathrm{T}}\right)\cdot(\boldsymbol{N}\mathrm{d}A) = \left((\mathrm{tr}\boldsymbol{d})\boldsymbol{I} - \boldsymbol{l}^{\mathrm{T}}\right)\cdot(\boldsymbol{n}\mathrm{d}a)\end{aligned} \tag{4.47}$$

使用上式可导出面积率为

$$\begin{aligned}\frac{1}{\mathrm{d}a}\frac{\mathrm{D}}{\mathrm{D}t}(\mathrm{d}a) &= \frac{1}{\mathrm{d}a}\frac{\mathrm{D}}{\mathrm{D}t}\left(\sqrt{\boldsymbol{n}\mathrm{d}a\cdot\boldsymbol{n}\mathrm{d}a}\right)\\ &= \frac{1}{2(\mathrm{d}a)^2}\left(\frac{\mathrm{D}}{\mathrm{D}t}(\boldsymbol{n}\mathrm{d}a)\cdot\boldsymbol{n}\mathrm{d}a + \boldsymbol{n}\mathrm{d}a\cdot\frac{\mathrm{D}}{\mathrm{D}t}(\boldsymbol{n}\mathrm{d}a)\right) = \frac{1}{\mathrm{d}a}\boldsymbol{n}\cdot\frac{\mathrm{D}}{\mathrm{D}t}(\boldsymbol{n}\mathrm{d}a)\end{aligned}$$

$$= \mathrm{tr}\boldsymbol{d} - \boldsymbol{n} \cdot \boldsymbol{l}^{\mathrm{T}} \cdot \boldsymbol{n} = \mathrm{tr}\boldsymbol{d} - \boldsymbol{n} \cdot \boldsymbol{d} \cdot \boldsymbol{n} \tag{4.48}$$

与物质旋率 $\boldsymbol{w}$ 无关。

利用式 (4.48) 还可得面积元的物质时间导数为

$$\frac{\mathrm{D}}{\mathrm{D}t}(\boldsymbol{n}\mathrm{d}a) = \frac{\mathrm{D}\boldsymbol{n}}{\mathrm{D}t}\mathrm{d}a + \boldsymbol{n}\frac{\mathrm{D}}{\mathrm{D}t}(\mathrm{d}a) = \dot{\boldsymbol{n}}\mathrm{d}a + (\mathrm{tr}\boldsymbol{d} - \boldsymbol{n} \cdot \boldsymbol{d} \cdot \boldsymbol{n})\,\boldsymbol{n}\mathrm{d}a \tag{4.49}$$

与式 (4.47) 对照，经过整理得面法线的物质时间导数是

$$\dot{\boldsymbol{n}} = (\boldsymbol{n} \cdot \boldsymbol{d} \cdot \boldsymbol{n})\,\boldsymbol{n} - \boldsymbol{l}^{\mathrm{T}} \cdot \boldsymbol{n} = \boldsymbol{w} \cdot \boldsymbol{n} - (\boldsymbol{d} - (\boldsymbol{n} \cdot \boldsymbol{d} \cdot \boldsymbol{n})\,\boldsymbol{I}) \cdot \boldsymbol{n} \tag{4.50}$$

上式与方向率的表达式 (4.41) 相似，但不相同，相差一个符号，其原因是，方向率中的方向矢量 $\boldsymbol{m}$ 始终是由相同的物质点组成，即是物质的，而这里面积元的法线矢量 $\boldsymbol{n}$ 是非物质的，尽管面积元是物质的。

4.5　变形率意义的进一步解释

考察一种特殊的变形，整个过程中变形率的主方向始终不变，例如，单轴拉伸试验和双轴拉伸试验等，这时，变形率的主方向也是左、右伸长张量和应变张量的主方向，与三个主方向重合的物质线元没有转动，这意味着它们在变形的任何时刻始终由相同的物质组成，设它们的伸长比为 λ_i，由长度率的表达式 (4.33)，有

$$\frac{1}{\lambda_i}\frac{\mathrm{D}\lambda_i}{\mathrm{D}t} = \frac{\mathrm{D}}{\mathrm{D}t}\ln\lambda_i = d_i \quad (i = 1, 2, 3;\ \text{不对}\ i\ \text{求和}) \tag{4.51}$$

式中 d_i 是变形率主值。上式是针对三个固定的物质线元建立的，因此可对其进行时间积分，其结果就是对数应变的三个主值

$$\int_0^t d_i \mathrm{D}t = \ln\lambda_i \quad (i = 1, 2, 3) \tag{4.52}$$

由于 $\dfrac{\mathrm{D}\lambda_i}{\lambda_i} = d_i\mathrm{D}t$ 是变形过程中 $t + \mathrm{D}t$ 时刻相对 t 时刻构形的 (小变形) 应变增量，它的积分是把整个变形过程中所有的 (小变形) 应变增量加起来，这就是对数应变的几何意义。由于变形率和对数应变的主轴重合且保持不变，则式 (4.52) 可写成

$$\int_0^t \boldsymbol{d}\mathrm{D}t = \boldsymbol{h} \quad \text{或} \quad \boldsymbol{d} = \dot{\boldsymbol{h}}$$

在一般情况下，变形率 $\boldsymbol{d}$ 的主方向不断变化，不同时刻与主方向重合的物质线元不同，而伸长比是相对物质线元定义的，因此，对 d_i 进行时间积分失去意

义，从而式 (4.52) 不成立。若将整个变形率张量沿时间积分，该积分是路径相关的 (见 4.7 节例题 4.2)，就是说，它不可能路径无关地积分成一个应变度量。

变形率总是可加法分解为三部分之和 (Bertram, 2008)，一部分是体积率，其他两个部分是两个不同的剪切率，即

$$\boldsymbol{d}=\frac{1}{3}(\mathrm{tr}\boldsymbol{d})\boldsymbol{I}+\mathrm{sym}(\boldsymbol{a}_1\otimes\boldsymbol{b}_1)+\mathrm{sym}(\boldsymbol{a}_2\otimes\boldsymbol{b}_2) \tag{4.53}$$

式中 $\boldsymbol{a}_i\cdot\boldsymbol{b}_i=0$ ($i=1,2,i$ 不求和)，sym 表示对称化处理，见式 (2.45)。

证明 作为对称张量的变形率可以分解为球形部分和偏量部分 $\boldsymbol{d}'$ 之和，即

$$\boldsymbol{d}=\frac{1}{3}(\mathrm{tr}\boldsymbol{d})\boldsymbol{I}+\boldsymbol{d}' \tag{4.54}$$

使用 $\boldsymbol{n}_i^{\boldsymbol{d}}$ 和 d_i' 分别代表 $\boldsymbol{d}'$ 的主方向和主值，则 $\boldsymbol{d}'$ 可采用谱分解表示为

$$\boldsymbol{d}'=\sum_{i=1}^{3}d_i'\boldsymbol{n}_i^{\boldsymbol{d}}\otimes\boldsymbol{n}_i^{\boldsymbol{d}}$$

考虑到 $\boldsymbol{d}'$ 是偏量，$d_1'+d'_2+d'_3=0$，则有

$$\begin{aligned}\boldsymbol{d}'&=d_1'\boldsymbol{n}_1^{\boldsymbol{d}}\otimes\boldsymbol{n}_1^{\boldsymbol{d}}+d_2'\boldsymbol{n}_2^{\boldsymbol{d}}\otimes\boldsymbol{n}_2^{\boldsymbol{d}}-(d_1'+d_2')\boldsymbol{n}_3^{\boldsymbol{d}}\otimes\boldsymbol{n}_3^{\boldsymbol{d}}\\&=d_1'\left(\boldsymbol{n}_1^{\boldsymbol{d}}\otimes\boldsymbol{n}_1^{\boldsymbol{d}}-\boldsymbol{n}_3^{\boldsymbol{d}}\otimes\boldsymbol{n}_3^{\boldsymbol{d}}\right)+d_2'\left(\boldsymbol{n}_2^{\boldsymbol{d}}\otimes\boldsymbol{n}_2^{\boldsymbol{d}}-\boldsymbol{n}_3^{\boldsymbol{d}}\otimes\boldsymbol{n}_3^{\boldsymbol{d}}\right)\\&=d_1'\mathrm{sym}\left((\boldsymbol{n}_1^{\boldsymbol{d}}+\boldsymbol{n}_3^{\boldsymbol{d}})\otimes(\boldsymbol{n}_1^{\boldsymbol{d}}-\boldsymbol{n}_3^{\boldsymbol{d}})\right)+d_2'\mathrm{sym}\left((\boldsymbol{n}_2^{\boldsymbol{d}}+\boldsymbol{n}_3^{\boldsymbol{d}})\otimes(\boldsymbol{n}_2^{\boldsymbol{d}}-\boldsymbol{n}_3^{\boldsymbol{d}})\right)\end{aligned} \tag{4.55}$$

令 $\boldsymbol{a}_i=d_i'\left(\boldsymbol{n}_i^{\boldsymbol{d}}+\boldsymbol{n}_3^{\boldsymbol{d}}\right)$，$\boldsymbol{b}_i=\boldsymbol{n}_i^{\boldsymbol{d}}-\boldsymbol{n}_3^{\boldsymbol{d}}$ ($i=1,2,i$ 不求和)，显然 $\boldsymbol{a}_i\cdot\boldsymbol{b}_i=0$，从而得证。♦♦

注意这两个剪切发生在两个特定的平面，其面法线总是沿着一个主轴，而最大剪切率的方向与另外两个主轴均成 45° 夹角。例如，$\mathrm{sym}(\boldsymbol{a}_1\otimes\boldsymbol{b}_1)$ 代表的剪切发生在以 $\boldsymbol{n}_2^{\boldsymbol{d}}$ 为法线的平面内，相应最大剪切率的方向与 $\boldsymbol{n}_1^{\boldsymbol{d}}$ 和 $\boldsymbol{n}_3^{\boldsymbol{d}}$ 均成 45° 夹角。

一般地，体积不可压缩的变形率 (即 $\mathrm{tr}\boldsymbol{d}=0$) 或变形率偏量部分 $\boldsymbol{d}'$ 可分解为五个不共面的剪切之和，说明如下：在 Euler 标架下，可将 $\boldsymbol{d}'$ 表示为

$$\begin{aligned}\boldsymbol{d}'=&\sum_{i=1}^{3}d_{ii}'\boldsymbol{e}_i\otimes\boldsymbol{e}_i+d_{12}'(\boldsymbol{e}_1\otimes\boldsymbol{e}_2+\boldsymbol{e}_2\otimes\boldsymbol{e}_1)\\&+d_{23}'(\boldsymbol{e}_2\otimes\boldsymbol{e}_3+\boldsymbol{e}_3\otimes\boldsymbol{e}_2)+d_{31}'(\boldsymbol{e}_3\otimes\boldsymbol{e}_1+\boldsymbol{e}_1\otimes\boldsymbol{e}_3)\end{aligned} \tag{4.56}$$

根据上面的分析，第一项可分解为两个简单剪切，而后面三项代表三个坐标平面内的简单剪切，它们彼此不共面，因此，$\boldsymbol{d}'$ 可分解为五个不共面的简单剪切。或

者说，为实现任意一个体积不可压缩的变形率需要五个独立 (即不共面) 的简单剪切。例如，金属塑性变形是通过晶体内部各个滑移系 (剪切滑移所在平面的法线和滑移方向构成一个滑移系) 上的剪切滑移变形来实现的，通常体积不可压缩，因此，为使得塑性变形任意就需要五个独立的滑移系开动，否则，意味着某些变形不能实现，从而说变形受到某种约束。

4.6　速度梯度的另一种分解

4.3 节将速度梯度 $\boldsymbol{l}$ 分解为对称部分和反对称部分之和，即变形率和物质旋率之和，然而，使用变形梯度极分解 $\boldsymbol{F}=\boldsymbol{R}\cdot\boldsymbol{U}$ 并结合式 (4.20) 以及乘法法则式 (2.82)，也可得它的另外一种加法分解表示，为

$$\begin{aligned}\boldsymbol{l}=\dot{\boldsymbol{F}}\cdot\boldsymbol{F}^{-1}&=\left(\dot{\boldsymbol{R}}\cdot\boldsymbol{U}+\boldsymbol{R}\cdot\dot{\boldsymbol{U}}\right)\cdot\boldsymbol{U}^{-1}\cdot\boldsymbol{R}^{\mathrm{T}}\\&=\dot{\boldsymbol{R}}\cdot\boldsymbol{R}^{\mathrm{T}}+\boldsymbol{R}\cdot\dot{\boldsymbol{U}}\cdot\boldsymbol{U}^{-1}\cdot\boldsymbol{R}^{\mathrm{T}}\end{aligned}\tag{4.57}$$

为了理解上式两个组成项的意义，设想物体仅产生刚体转动 $\boldsymbol{F}=\boldsymbol{R}$，$\boldsymbol{U}=\boldsymbol{I}$，使用式 (4.20) 可知此时的速度梯度便是 $\dot{\boldsymbol{R}}\cdot\boldsymbol{R}^{-1}=\dot{\boldsymbol{R}}\cdot\boldsymbol{R}^{\mathrm{T}}$；另一方面，若物体仅产生纯伸长变形 $\boldsymbol{F}=\boldsymbol{U}$，$\boldsymbol{R}=\boldsymbol{I}$，速度梯度则是 $\dot{\boldsymbol{U}}\cdot\boldsymbol{U}^{-1}$；当既有伸长变形又有刚体转动时，根据极分解，应先产生伸长变形 $\boldsymbol{U}$，记所到达的构形为 $\mathscr{B}_U$，再产生刚体转动 $\boldsymbol{R}$，到达当前构形，如图 4.2 所示，$\dot{\boldsymbol{U}}\cdot\boldsymbol{U}^{-1}$ 所代表的速度梯度是构形 $\mathscr{B}_U$ 上的物理量，只有经过 $\boldsymbol{R}$ 定义的旋转后才能成为当前构形上的张量即空间张量，所以需要前点积 $\boldsymbol{R}$ 和后点积 $\boldsymbol{R}^{\mathrm{T}}$ (关于张量的旋转见式 (2.167))，$\dot{\boldsymbol{R}}\cdot\boldsymbol{R}^{\mathrm{T}}$ 是当前构形上的张量，采用式 (2.95) 后的方法可得它是反对称的，代表旋率，它是当前构形相对于构形 $\mathscr{B}_U$ 的旋率，称为相对旋率，进一步的讨论见本章末。

定义 $\dot{\boldsymbol{U}}\cdot\boldsymbol{U}^{-1}$ 所代表的速度梯度的对称部分和反对称部分为

$$\hat{\boldsymbol{d}}\xlongequal{\text{def}}\frac{1}{2}\left(\dot{\boldsymbol{U}}\cdot\boldsymbol{U}^{-1}+\boldsymbol{U}^{-1}\cdot\dot{\boldsymbol{U}}\right)\tag{4.58a}$$

$$\hat{\boldsymbol{w}}\xlongequal{\text{def}}\frac{1}{2}\left(\dot{\boldsymbol{U}}\cdot\boldsymbol{U}^{-1}-\boldsymbol{U}^{-1}\cdot\dot{\boldsymbol{U}}\right)\tag{4.58b}$$

它们就是仅伸长变形引起的变形率和旋率。回顾 $\boldsymbol{R}$ 代表 $\boldsymbol{U}$ 的主轴 (Lagrange 主轴) $\boldsymbol{N}_K$ 的转动，设想与 $\boldsymbol{N}_K$ 一起转动 (共旋) 的观察者观察不到 $\boldsymbol{N}_K$ 的转动，他所观察到的转动张量是 $\boldsymbol{R}=\boldsymbol{I}$，变形梯度是 $\boldsymbol{U}$，速度梯度就是 $\dot{\boldsymbol{U}}\cdot\boldsymbol{U}^{-1}$，所以式 (4.58) 定义的两个量分别被称为共旋的变形率和共旋的旋率。

使用式 (4.57)，得

$$\boldsymbol{d}=\frac{1}{2}\left(\boldsymbol{l}+\boldsymbol{l}^{\mathrm{T}}\right)=\boldsymbol{R}\cdot\hat{\boldsymbol{d}}\cdot\boldsymbol{R}^{\mathrm{T}}\tag{4.59a}$$

$$\boldsymbol{w}=\frac{1}{2}\left(\boldsymbol{l}-\boldsymbol{l}^{\mathrm{T}}\right)=\dot{\boldsymbol{R}}\cdot\boldsymbol{R}^{\mathrm{T}}+\boldsymbol{R}\cdot\hat{\boldsymbol{w}}\cdot\boldsymbol{R}^{\mathrm{T}} \tag{4.59b}$$

式 (4.59) 也说明，变形率 $\boldsymbol{d}$ 只取决于伸长率 $\dot{\boldsymbol{U}}$，而与刚体转动的时间变化率 $\dot{\boldsymbol{R}}$ 无关，但是，物质旋率 $\boldsymbol{w}$ 不仅取决于 $\dot{\boldsymbol{R}}$，还取决于 $\dot{\boldsymbol{U}}$。当在 t 到 $t+\mathrm{d}t$ 的微小时间增量内仅产生刚体转动 $\dot{\boldsymbol{U}}=\boldsymbol{0}$，$\dot{\boldsymbol{R}}\neq\boldsymbol{0}$ 时，则有 $\boldsymbol{d}=\boldsymbol{0}$，但 $\boldsymbol{w}=\dot{\boldsymbol{R}}\cdot\boldsymbol{R}^{\mathrm{T}}\neq\boldsymbol{0}$。

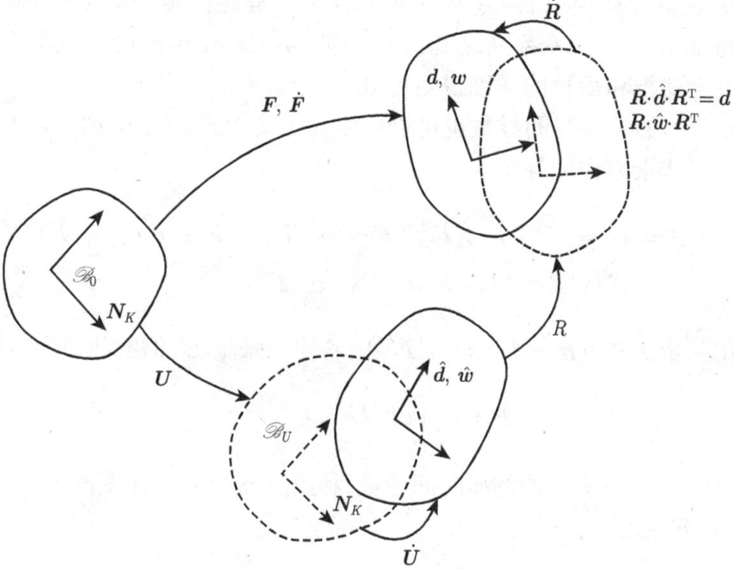

图 4.2 共旋变形率和共旋旋率

4.7 应变张量的物质时间导数

使用分量求 Green 应变的物质时间导数，有

$$\begin{aligned}2\dot{E}_{KL}=\dot{C}_{KL}&=\frac{\mathrm{D}}{\mathrm{D}t}\left(\frac{\partial x_i}{\partial X_K}\frac{\partial x_i}{\partial X_L}\right)=\frac{\partial v_i}{\partial X_K}\frac{\partial x_i}{\partial X_L}+\frac{\partial x_i}{\partial X_K}\frac{\partial v_i}{\partial X_L}\\&=\frac{\partial v_i}{\partial x_j}\frac{\partial x_j}{\partial X_K}\frac{\partial x_i}{\partial X_L}+\frac{\partial x_i}{\partial X_K}\frac{\partial v_i}{\partial x_j}\frac{\partial x_j}{\partial X_L}\end{aligned} \tag{4.60}$$

将最后一个等式右边第一个项中的哑指标 i，j 互换，并使用变形梯度和变形率的定义，有

$$\dot{E}_{KL}=\left(\frac{\partial v_j}{\partial x_i}+\frac{\partial v_i}{\partial x_j}\right)\frac{\partial x_i}{\partial X_K}\frac{\partial x_j}{\partial X_L}=d_{ij}F_{iK}F_{jL}=F^{\mathrm{T}}_{Ki}d_{ij}F_{jL}$$

用张量的符号记法形式表示为

$$\dot{\boldsymbol{E}}=\boldsymbol{F}^{\mathrm{T}}\cdot\boldsymbol{d}\cdot\boldsymbol{F} \tag{4.61}$$

上式表示的运算称为后拉运算，或者说，Green 应变率 $\dot{\boldsymbol{E}}$ 是将变形率 $\boldsymbol{d}$ 通过变形梯度从当前构形拉回到参考构形；反过来表示有

$$\boldsymbol{d}=\boldsymbol{F}^{-\mathrm{T}}\cdot\dot{\boldsymbol{E}}\cdot\boldsymbol{F}^{-1} \tag{4.62}$$

称之为前推运算，或者说，将 $\dot{\boldsymbol{E}}$ 从参考构形前推到当前构形就是 $\boldsymbol{d}$。Almansi 应变与 Green 应变存在类似的关系，见式 (3.176)。有趣的是：Green 应变率与变形率而不是与 Almansi 应变率满足 Green 应变与 Almansi 应变所遵循的前推和后拉关系。关于前推和后拉的详细说明见 6.2.2 节。

Green 应变的物质时间导数也可以利用其定义和式 (4.20) $\dot{\boldsymbol{F}}=\boldsymbol{l}\cdot\boldsymbol{F}$，用张量的符号记法形式很方便地导出

$$\begin{aligned}2\dot{\boldsymbol{E}}=\dot{\boldsymbol{C}}&=\dot{\boldsymbol{F}}^{\mathrm{T}}\cdot\boldsymbol{F}+\boldsymbol{F}^{\mathrm{T}}\cdot\dot{\boldsymbol{F}}=(\boldsymbol{l}\cdot\boldsymbol{F})^{\mathrm{T}}\cdot\boldsymbol{F}+\boldsymbol{F}^{\mathrm{T}}\cdot(\boldsymbol{l}\cdot\boldsymbol{F})\\&=\boldsymbol{F}^{\mathrm{T}}\cdot\left(\boldsymbol{l}^{\mathrm{T}}+\boldsymbol{l}\right)\cdot\boldsymbol{F}=2\boldsymbol{F}^{\mathrm{T}}\cdot\boldsymbol{d}\cdot\boldsymbol{F}\end{aligned}$$

还可以利用其定义式 $2\boldsymbol{E}=\boldsymbol{U}\cdot\boldsymbol{U}-\boldsymbol{I}$，由右伸长张量 $\boldsymbol{U}$ 的物质时间导数表示为

$$\dot{\boldsymbol{E}}=\frac{1}{2}\left(\dot{\boldsymbol{U}}\cdot\boldsymbol{U}+\boldsymbol{U}\cdot\dot{\boldsymbol{U}}\right) \tag{4.63}$$

为求 Almansi 应变 $\boldsymbol{e}$ 的物质时间导数,利用它与 Green 应变的关系式 (3.176)，结合 $\dot{\boldsymbol{F}}=\boldsymbol{l}\cdot\boldsymbol{F}$，得

$$\begin{aligned}\dot{\boldsymbol{E}}&=\dot{\boldsymbol{F}}^{\mathrm{T}}\cdot\boldsymbol{e}\cdot\boldsymbol{F}+\boldsymbol{F}^{\mathrm{T}}\cdot\dot{\boldsymbol{e}}\cdot\boldsymbol{F}+\boldsymbol{F}^{\mathrm{T}}\cdot\boldsymbol{e}\cdot\dot{\boldsymbol{F}}\\&=\boldsymbol{F}^{\mathrm{T}}\cdot\boldsymbol{l}^{\mathrm{T}}\cdot\boldsymbol{e}\cdot\boldsymbol{F}+\boldsymbol{F}^{\mathrm{T}}\cdot\dot{\boldsymbol{e}}\cdot\boldsymbol{F}+\boldsymbol{F}^{\mathrm{T}}\cdot\boldsymbol{e}\cdot\boldsymbol{l}\cdot\boldsymbol{F}\\&=\boldsymbol{F}^{\mathrm{T}}\cdot\left(\boldsymbol{l}^{\mathrm{T}}\cdot\boldsymbol{e}+\dot{\boldsymbol{e}}\cdot+\boldsymbol{e}\cdot\boldsymbol{l}\right)\cdot\boldsymbol{F}\end{aligned} \tag{4.64}$$

与式 (4.61) 对照，得 $\boldsymbol{e}$ 的物质时间导数为

$$\dot{\boldsymbol{e}}=\boldsymbol{d}-\boldsymbol{l}^{\mathrm{T}}\cdot\boldsymbol{e}-\boldsymbol{e}\cdot\boldsymbol{l} \tag{4.65}$$

至于左 Cauchy-Green 变形张量 $\boldsymbol{b}$ 的物质时间导数，由定义则有

$$\begin{aligned}\dot{\boldsymbol{b}}&=\dot{\boldsymbol{F}}\cdot\boldsymbol{F}^{\mathrm{T}}+\boldsymbol{F}\cdot\dot{\boldsymbol{F}}^{\mathrm{T}}=\boldsymbol{l}\cdot\boldsymbol{F}\cdot\boldsymbol{F}^{\mathrm{T}}+\boldsymbol{F}\cdot\boldsymbol{F}^{\mathrm{T}}\cdot\boldsymbol{l}^{\mathrm{T}}\\&=\boldsymbol{l}\cdot\boldsymbol{b}+\boldsymbol{b}\cdot\boldsymbol{l}^{\mathrm{T}}=\boldsymbol{l}\cdot\boldsymbol{V}^2+\boldsymbol{V}^2\cdot\boldsymbol{l}^{\mathrm{T}}\end{aligned} \tag{4.66}$$

从上面的分析可知，物质描述的变形张量的物质时间导数 $\dot{\boldsymbol{E}}$ 仅取决于变形率 $\boldsymbol{d}$，然而，空间描述的变形张量的物质时间导数 $\dot{\boldsymbol{e}}$ 和 $\dot{\boldsymbol{b}}$ 都取决于速度梯度 $\boldsymbol{l}$，即不仅依赖于变形率 $\boldsymbol{d}$，而且还与物质速率 $\boldsymbol{w}$ 有关。考察当前时刻 t 到 $t+\mathrm{d}t$ 的微小时间增量内仅产生刚体转动，$\dot{\boldsymbol{U}}=\boldsymbol{0}$，$\dot{\boldsymbol{R}}\neq\boldsymbol{0}$，使用式 (4.59a)，$\boldsymbol{d}=\boldsymbol{0}$，因此

有 $\dot{\boldsymbol{E}}=\boldsymbol{0}$，即物质应变度量的时间率在刚体转动下为零，但是，使用式 (4.59b)，$\boldsymbol{w}=\dot{\boldsymbol{R}}\cdot\boldsymbol{R}^{\mathrm{T}}\neq\boldsymbol{0}$，从而导致 $\dot{\boldsymbol{e}}$ 和 $\dot{\boldsymbol{b}}$ 在只有刚体转动时并不为零 (称之为不客观，见 6.6 节)，因此，不能作为纯变形率的度量。

为了消去刚体转动的影响，一种直观的方法就是将 $\dot{\boldsymbol{e}}$ 和 $\dot{\boldsymbol{b}}$ 表达式中有关 $\boldsymbol{w}$ 的项消去，定义一种新的不依赖刚体转动的纯变形率，也称之为客观率，以 $\dot{\boldsymbol{e}}$ 为例，定义

$$\boldsymbol{e}^{\nabla J}\xlongequal{\text{def}}\dot{\boldsymbol{e}}+\boldsymbol{w}^{\mathrm{T}}\cdot\boldsymbol{e}+\boldsymbol{e}\cdot\boldsymbol{w} \tag{4.67}$$

称为 Jaumann 应变率，将式 (4.65) 代入，得

$$\boldsymbol{e}^{\nabla J}=\boldsymbol{d}-\boldsymbol{d}\cdot\boldsymbol{e}-\boldsymbol{e}\cdot\boldsymbol{d} \tag{4.68}$$

显然与物质旋率 $\boldsymbol{w}$ 无关，从而达到与刚体转动无关，可以作为纯变形率的度量，有关客观性的深入讨论见 6.5 节和 6.6 节。

例题 4.2 一个单元体经历了如图 4.3 所示的变形阶段，在这些变形阶段之间，运动是时间的函数。计算每一阶段的变形率张量 $\boldsymbol{d}$，对于最终回到未变形构形的整个变形循环，计算变形率的时间积分。

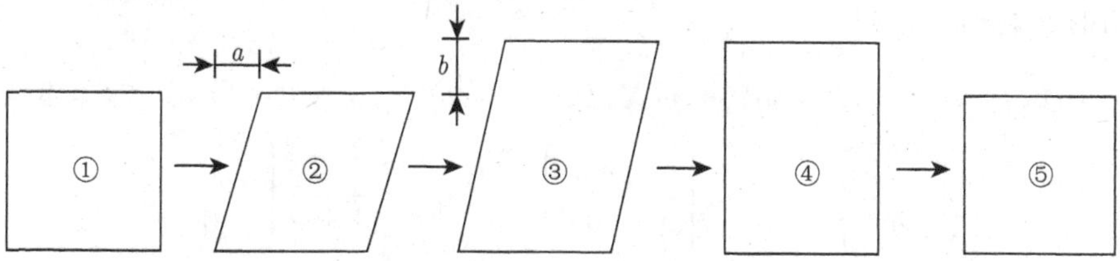

图 4.3 剪切与拉伸变形循环

解 假定变形的每一阶段都发生在一个单位时间间隔内。

从构形 1 到构形 2

为简单剪切运动，使用物质描述可表达为

$$x(\boldsymbol{X},t)=X+atY,\quad y(\boldsymbol{X},t)=Y,\quad 0\leqslant t\leqslant 1$$

为了确定变形率，必须首先确定变形梯度以及它的逆和物质时间导数，显然有

$$\boldsymbol{F}=\begin{bmatrix}1 & at\\ 0 & 1\end{bmatrix},\quad \dot{\boldsymbol{F}}=\begin{bmatrix}0 & a\\ 0 & 0\end{bmatrix},\quad \boldsymbol{F}^{-1}=\begin{bmatrix}1 & -at\\ 0 & 1\end{bmatrix}$$

因此，速度梯度和变形率分别为

$$\boldsymbol{l}=\dot{\boldsymbol{F}}\cdot\boldsymbol{F}^{-1}=\begin{bmatrix}0 & a\\ 0 & 0\end{bmatrix}\begin{bmatrix}1 & -at\\ 0 & 1\end{bmatrix}=\begin{bmatrix}0 & a\\ 0 & 0\end{bmatrix},\quad \boldsymbol{d}=\frac{1}{2}\left(\boldsymbol{l}+\boldsymbol{l}^{\mathrm{T}}\right)=\frac{1}{2}\begin{bmatrix}0 & a\\ a & 0\end{bmatrix}$$

变形率为一个纯剪切变形。Green 应变和它的时间变化率分别为

$$\boldsymbol{E}=\frac{1}{2}\left(\boldsymbol{F}^{\mathrm{T}}\cdot\boldsymbol{F}-\boldsymbol{I}\right)=\frac{1}{2}\left\{\begin{bmatrix}1 & 0\\ at & 1\end{bmatrix}\begin{bmatrix}1 & at\\ 0 & 1\end{bmatrix}-\begin{bmatrix}1 & 0\\ 0 & 1\end{bmatrix}\right\}=\frac{1}{2}\begin{bmatrix}0 & at\\ at & a^2t^2\end{bmatrix}$$

$$\dot{\boldsymbol{E}}=\frac{1}{2}\begin{bmatrix}0 & a\\ a & 2a^2t\end{bmatrix}$$

从构形 2 到构形 3

$$x(\boldsymbol{X},t)=X+aY,\quad y(\boldsymbol{X},t)=(1+bt)Y,\quad t=\bar{t}-1,\quad 1\leqslant\bar{t}\leqslant 2$$

$$\boldsymbol{F}=\begin{bmatrix}1 & a\\ 0 & 1+bt\end{bmatrix},\quad \dot{\boldsymbol{F}}=\begin{bmatrix}0 & 0\\ 0 & b\end{bmatrix},\quad \boldsymbol{F}^{-1}=\frac{1}{1+bt}\begin{bmatrix}1+bt & -a\\ 0 & 1\end{bmatrix}$$

$$\boldsymbol{l}=\dot{\boldsymbol{F}}\cdot\boldsymbol{F}^{-1}=\frac{1}{1+bt}\begin{bmatrix}0 & 0\\ 0 & b\end{bmatrix},\quad \boldsymbol{d}=\frac{1}{2}\left(\boldsymbol{l}+\boldsymbol{l}^{\mathrm{T}}\right)=\frac{1}{1+bt}\begin{bmatrix}0 & 0\\ 0 & b\end{bmatrix}$$

$$\boldsymbol{E}=\frac{1}{2}\left(\boldsymbol{F}^{\mathrm{T}}\cdot\boldsymbol{F}-\boldsymbol{I}\right)=\frac{1}{2}\begin{bmatrix}0 & a\\ a & a^2+bt\,(bt+2)\end{bmatrix},\quad \dot{\boldsymbol{E}}=\frac{1}{2}\begin{bmatrix}0 & 0\\ 0 & 2b\,(bt+1)\end{bmatrix}$$

从构形 3 到构形 4

$$x(\boldsymbol{X},t)=X+a(1-t)Y,\quad y(\boldsymbol{X},t)=(1+b)Y,\quad t=\bar{t}-2,\quad 2\leqslant\bar{t}\leqslant 3$$

$$\boldsymbol{F}=\begin{bmatrix}1 & a(1-t)\\ 0 & 1+b\end{bmatrix},\quad \dot{\boldsymbol{F}}=\begin{bmatrix}0 & -a\\ 0 & 0\end{bmatrix},\quad \boldsymbol{F}^{-1}=\frac{1}{1+b}\begin{bmatrix}1+b & a(t-1)\\ 0 & 1\end{bmatrix}$$

$$\boldsymbol{l}=\dot{\boldsymbol{F}}\cdot\boldsymbol{F}^{-1}=\frac{1}{1+b}\begin{bmatrix}0 & -a\\ 0 & 0\end{bmatrix},\quad \boldsymbol{d}=\frac{1}{2}\left(\boldsymbol{l}+\boldsymbol{l}^{\mathrm{T}}\right)=\frac{1}{2\,(1+b)}\begin{bmatrix}0 & -a\\ -a & 0\end{bmatrix}$$

从构形 4 到构形 5

$$x(\boldsymbol{X},t)=X,\quad y(\boldsymbol{X},t)=(1+b-bt)Y,\quad t=\bar{t}-3,\quad 3\leqslant\bar{t}\leqslant 4$$

$$\boldsymbol{F}=\begin{bmatrix}1 & 0\\ 0 & 1+b-bt\end{bmatrix},\quad \dot{\boldsymbol{F}}=\begin{bmatrix}0 & 0\\ 0 & -b\end{bmatrix},\quad \boldsymbol{F}^{-1}=\frac{1}{1+b-bt}\begin{bmatrix}1+b-bt & 0\\ 0 & 1\end{bmatrix}$$

$$\boldsymbol{l}=\dot{\boldsymbol{F}}\cdot\boldsymbol{F}^{-1}=\frac{1}{1+b-bt}\begin{bmatrix}0 & 0\\ 0 & -b\end{bmatrix},\quad \boldsymbol{d}=\frac{1}{2}\left(\boldsymbol{l}+\boldsymbol{l}^{\mathrm{T}}\right)=\boldsymbol{l}$$

对于构形 5，$\boldsymbol{F}=\boldsymbol{I}$ (在上面式子中令 $t=1$)，因此，Green 应变为零。变形率的时间积分为

$$\sum_{1}^{4}\int_0^1\boldsymbol{d}\,(t)\,\mathrm{d}t=\frac{1}{2}\begin{bmatrix}0 & a\\ a & 0\end{bmatrix}+\begin{bmatrix}0 & 0\\ 0 & \ln(1+b)\end{bmatrix}$$

$$+\frac{1}{2(1+b)}\begin{bmatrix}0 & -a\\ -a & 0\end{bmatrix}+\begin{bmatrix}0 & 0\\ 0 & -\ln(1+b)\end{bmatrix}$$
$$=\frac{ab}{2(1+b)}\begin{bmatrix}0 & 1\\ 1 & 0\end{bmatrix}$$

因此，变形率在回到初始构形的整个循环上的积分不为零，这说明变形率的积分不是应变的度量，它也不可能通过某个应变度量求物质时间导数获得，这就是它被称作变形率而不称作应变率的原因。而 Green 应变率在任何闭合循环上的积分等于零，因为它是 Green 应变 $\boldsymbol{E}$ 的导数，换句话说，Green 应变率的积分是路径无关的。

4.8 以当前构形作为参考构形

前面对变形和运动的描述都是以一个固定的构形作为参考构形，然而，有时候以随时间变化的构形比如当前构形作为参考构形，往往比较方便，下面具体讨论。

考虑物体处于时间间隔 $\tau_0 \leqslant \tau \leqslant \tau_1$ 的运动 (在本节里，使用 τ 代表运动过程中不断变化的任意瞬时，而 t 代表运动中某个特定的构形所处的瞬时，也有 $\tau_0 \leqslant t \leqslant \tau_1$)，相对原来固定的参考构形 (记作 $\mathscr{B}_0$)，物质点 $\boldsymbol{X}$ 的运动使用下式描述

$$\boldsymbol{x}_\tau = \boldsymbol{\chi}(\boldsymbol{X},\tau), \quad \tau_0 \leqslant \tau \leqslant \tau_1 \tag{4.69}$$

为得到在某个特定的构形 (记作 $\mathscr{B}_t$) 所处的时刻 t 物质点 $\boldsymbol{X}$ 的空间位置，在上式中令 $\tau = t$，就有

$$\boldsymbol{x}_t = \boldsymbol{\chi}(\boldsymbol{X},t) \tag{4.70}$$

将上式中 $\boldsymbol{\chi}(\boldsymbol{X},t)$ 的逆变换记作 $\boldsymbol{\chi}^{-1}(\boldsymbol{X},t)$，则有 $\boldsymbol{X} = \boldsymbol{\chi}^{-1}(\boldsymbol{x}_t,t)$，因此，物质点 $\boldsymbol{X}$ 的运动又可描述为

$$\boldsymbol{x}_\tau = \boldsymbol{\chi}\left(\boldsymbol{\chi}^{-1}(\boldsymbol{x}_t,t),\tau\right) = \hat{\boldsymbol{\chi}}(\boldsymbol{x}_t,\tau), \quad \tau_0 \leqslant \tau \leqslant \tau_1$$

上式中时间 t 是特定的，可以从自变量中略去。定义三个变形梯度

$$\boldsymbol{F}(\boldsymbol{X},\tau) = \frac{\partial \boldsymbol{x}_\tau}{\partial \boldsymbol{X}} = \frac{\partial \boldsymbol{\chi}}{\partial \boldsymbol{X}}, \quad \boldsymbol{F}(\boldsymbol{X},t) = \frac{\partial \boldsymbol{x}_t}{\partial \boldsymbol{X}} = \left.\frac{\partial \boldsymbol{\chi}}{\partial \boldsymbol{X}}\right|_{\tau=t}, \quad \boldsymbol{F}_t(\boldsymbol{x}_t,\tau) = \frac{\partial \boldsymbol{x}_\tau}{\partial \boldsymbol{x}_t} = \frac{\partial \hat{\boldsymbol{\chi}}}{\partial \boldsymbol{x}_t} \tag{4.71}$$

前两个分别是任意瞬时 τ 和某个特定时刻 t 相对原有固定参考构形 $\mathscr{B}_0$ 的变形梯度，最后一个是任意瞬时 τ 相对特定时刻 t 所处构形 $\mathscr{B}_t$ 的变形梯度，如图 4.4

所示，根据复合求导法则

$$\frac{\partial \boldsymbol{x}_\tau}{\partial \boldsymbol{X}} = \frac{\partial \boldsymbol{x}_\tau}{\partial \boldsymbol{x}_t} \cdot \frac{\partial \boldsymbol{x}_t}{\partial \boldsymbol{X}} \tag{4.72}$$

因此得

$$\boldsymbol{F}(\boldsymbol{X}, \tau) = \boldsymbol{F}_t(\boldsymbol{x}_t, \tau) \cdot \boldsymbol{F}(\boldsymbol{X}, t) \tag{4.73}$$

或写成

$$\boldsymbol{F}_t(\boldsymbol{x}_t, \tau) = \boldsymbol{F}(\boldsymbol{X}, \tau) \cdot \boldsymbol{F}^{-1}(\boldsymbol{X}, t) \tag{4.74}$$

上式是式 (3.184) 在参考构形产生更一般变换下的推广。

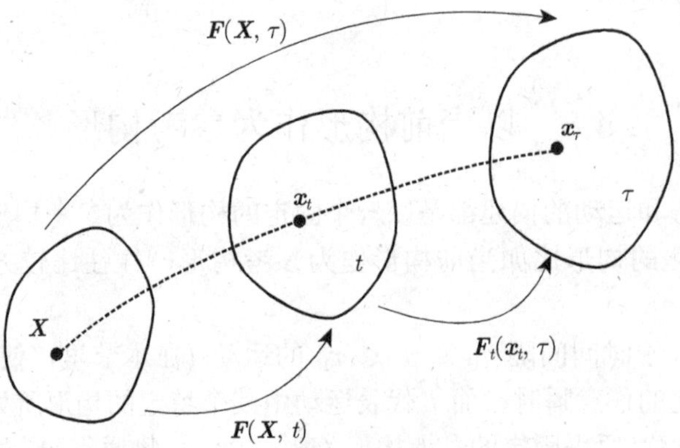

图 4.4　定义几种变形梯度的示意图

若取 $\tau = t$，则时刻 t 所处的构形 $\mathscr{B}_t$ 就是当前构形，于是，相对当前构形 $\mathscr{B}_t$ 的变形梯度

$$\boldsymbol{F}_t(\boldsymbol{x}_t, t) = \boldsymbol{I} \tag{4.75}$$

进而，其分解所得的伸长张量和转动张量应为

$$\boldsymbol{U}_t(\boldsymbol{x}_t, t) = \boldsymbol{I}, \quad \boldsymbol{V}_t(\boldsymbol{x}_t, t) = \boldsymbol{I} \quad 及 \quad \boldsymbol{R}_t(\boldsymbol{x}_t, t) = \boldsymbol{I} \tag{4.76}$$

显然，应变度量都应为零，即

$$\boldsymbol{E}_t(\boldsymbol{x}_t, t) = \boldsymbol{e}_t(\boldsymbol{x}_t, t) = \boldsymbol{0} \tag{4.77}$$

注意，因处在不断的运动中，这些变形几何张量的物质时间导数都不为零，下面的推导将表明：

相对当前构形的变形梯度、伸长张量和转动张量的物质时间导数分别是当前时刻 t 的速度梯度、变形率和物质旋率，而且所有应变度量的物质时间导数都相等，等于伸长张量的物质时间导数，也就是变形率。

对式 (4.73) 两边相对时间 τ 求物质时间导数

$$\frac{\mathrm{D}\boldsymbol{F}(\boldsymbol{X},\tau)}{\mathrm{D}\tau}=\frac{\mathrm{D}\boldsymbol{F}_t(\boldsymbol{x}_t,\tau)}{\mathrm{D}\tau}\cdot\boldsymbol{F}(\boldsymbol{X},t) \tag{4.78}$$

在当前时刻 τ，式 (4.20)$\dot{\boldsymbol{F}}=\boldsymbol{l}\cdot\boldsymbol{F}$ 可具体表示为

$$\frac{\mathrm{D}\boldsymbol{F}(\boldsymbol{X},\tau)}{\mathrm{D}\tau}=\boldsymbol{l}(\boldsymbol{x}_\tau,\tau)\cdot\boldsymbol{F}(\boldsymbol{X},\tau) \tag{4.79}$$

对照上面两式，并令 $\tau=t$，即以当前构形作为参考构形，得速度梯度为

$$\boldsymbol{l}(\boldsymbol{x}_t,t)=\left.\frac{\mathrm{D}\boldsymbol{F}_t(\boldsymbol{x}_t,\tau)}{\mathrm{D}\tau}\right|_{\tau=t} \tag{4.80}$$

将上式中变形梯度进行极分解后求相对时间 τ 的导数，再计算其对称部分和反对称部分，或直接使用式 (4.59) 和式 (4.58)，并考虑到式 (4.76)，得

$$\boldsymbol{d}(\boldsymbol{x}_t,t)=\left.\frac{\mathrm{D}\boldsymbol{U}_t(\boldsymbol{x}_t,\tau)}{\boldsymbol{D}\tau}\right|_{\tau=t},\quad \boldsymbol{w}(\boldsymbol{x}_t,\boldsymbol{t})=\left.\frac{\mathrm{D}\boldsymbol{R}_t(\boldsymbol{x}_t,\tau)}{\mathrm{D}\tau}\right|_{\tau=t} \tag{4.81}$$

因此，相对当前构形而言，变形率就等于伸长张量的时间率，而物质旋率就等于转动张量的时间率。使用式 (4.63) 和式 (4.76)，还可得

$$\left.\frac{\mathrm{D}\boldsymbol{E}_t(\boldsymbol{x}_t,\tau)}{\mathrm{D}\tau}\right|_{\tau=t}=\left.\frac{\mathrm{D}\boldsymbol{U}_t(\boldsymbol{x}_t,\tau)}{\mathrm{D}\tau}\right|_{\tau=t}=\boldsymbol{d}(\boldsymbol{x}_t,t) \tag{4.82}$$

上式也可以通过 Green 应变的定义结合 $\boldsymbol{F}_t(\boldsymbol{x}_t,t)=\boldsymbol{I}$ 和式 (4.80) 得到。至于 Almansi 应变的时间率，利用它与 Green 应变的关系式 (3.176)

$$\boldsymbol{F}_t^{\mathrm{T}}(\boldsymbol{x}_t,\tau)\cdot\boldsymbol{e}_t(\boldsymbol{x}_t,\tau)\cdot\boldsymbol{F}_t(\boldsymbol{x}_t,\tau)=\boldsymbol{E}_t(x_t,\tau) \tag{4.83}$$

两边相对 τ 求物质时间导数，并利用 $\boldsymbol{F}_t(\boldsymbol{x}_t,t)=\boldsymbol{I}$ 和 $\boldsymbol{e}_t(\boldsymbol{x}_t,t)=\boldsymbol{0}$，得

$$\left.\frac{\mathrm{D}\boldsymbol{e}_t(\boldsymbol{x}_t,\tau)}{\mathrm{D}\tau}\right|_{\tau=t}=\left.\frac{\mathrm{D}\boldsymbol{E}_t(\boldsymbol{x}_t,\tau)}{\mathrm{D}\tau}\right|_{\tau=t}=\boldsymbol{d}(x_t,t) \tag{4.84}$$

Green 应变和 Almansi 应变的时间变化率相等，就等于变形率。实际上，以当前构形为参考构形，任意应变度量的时间变化率就是单位时间内产生的小变形应变，按照 3.11 节应变度量定义的要求，它们都应相等，从而都等于变形率。

将式 (4.78) 右边项中的 $\boldsymbol{F}(\boldsymbol{X},t)$ 使用式 (4.73) 代入，可得

$$\frac{\mathrm{D}\boldsymbol{F}(\boldsymbol{X},\tau)}{\mathrm{D}\tau}\cdot\boldsymbol{F}^{-1}(\boldsymbol{X},\tau)=\frac{\mathrm{D}\boldsymbol{F}_t(\boldsymbol{x}_t,\tau)}{\mathrm{D}\tau}\cdot\boldsymbol{F}_t^{-1}(\boldsymbol{x}_t,\tau) \tag{4.85}$$

左边是相对原来参考构形 $\mathscr{B}_0$ 的速度梯度，而右边是以某个特定时刻 t 所处的构形 $\mathscr{B}_t$ 作为参考构形的速度梯度，由于 t 是任选的，因此，速度梯度与参考构形的选取无关，从而变形率和物质旋率也与参考构形的选取无关。

4.9 几种旋率

在讨论一些变形几何物理量的时间变化率时，往往要涉及单位矢量轴的时间变化率，比如，使用主轴表示的伸长张量、应变张量等，它们的时间变化率由两部分组成：一部分由主值随时间的大小变化引起，另一部分由主轴随时间的转动引起，具体见 2.4 节。各种不同矢量轴的转动速率需要采用不同的旋率进行描述，比如，Lagrange 主轴和 Euler 主轴的转动速率分别由 Lagrange 旋率和 Euler 旋率来描述。下面给出这两种旋率的具体概念，分别导出它们与伸长张量的时间变化率、变形率和物质旋率的关系式，此外，本节还将介绍其他两种常用的旋率——相对旋率和对数率。

需要说明：运动中每个物质点的 Lagrange 主轴 $\boldsymbol{N}_I(I=1,2,3)$ 和 Euler 主轴 $\boldsymbol{n}_i(i=1,2,3)$ 同前面所述变形率的主方向一样，都是非物质的，即在不同时刻 t 由不同的物质质点所组成。

4.9.1 Lagrange 旋率

1. Lagrange 旋率的概念

类似于 2.4 节的处理，三个 Lagrange 主轴 $\boldsymbol{N}_I(I=1,2,3)$ 可看作物质坐标系的三个基矢量 $\boldsymbol{E}_I(I=1,2,3)$ 经过某种旋转得来，使用正交张量 $\boldsymbol{R}^{\mathrm{Lag}}$ 表示这个旋转，有

$$\boldsymbol{N}_I=\boldsymbol{R}^{\mathrm{Lag}}\cdot\boldsymbol{E}_I,\quad \boldsymbol{R}^{\mathrm{Lag}}=\boldsymbol{N}_I\otimes\boldsymbol{E}_I \tag{4.86}$$

采用式 (2.94) 的导出步骤，可得

$$\dot{\boldsymbol{N}}_I=\boldsymbol{\Omega}^{\mathrm{Lag}}\cdot\boldsymbol{N}_I \tag{4.87}$$

式中

$$\boldsymbol{\Omega}^{\mathrm{Lag}}=\dot{\boldsymbol{R}}^{\mathrm{Lag}}\cdot\boldsymbol{R}^{\mathrm{Lag}^{\mathrm{T}}}=\Omega_{IJ}^{\mathrm{Lag}}\boldsymbol{N}_I\otimes\boldsymbol{N}_J \tag{4.88}$$

是反对称张量，代表 $\boldsymbol{N}_I$ 的旋率，即 Lagrange 旋率。

2. 右伸长张量 $\boldsymbol{U}$ 的时间率与 Lagrange 旋率

使用 $\boldsymbol{U}$ 的主轴表示式 (3.48)，类比式 (2.99) 和式 (2.100)，得 $\boldsymbol{U}$ 的物质时间导数

$$\dot{\boldsymbol{U}}=\sum_{I=1}^{3}\dot{\lambda}_I\boldsymbol{N}_I\otimes\boldsymbol{N}_I+\boldsymbol{\Omega}^{\mathrm{Lag}}\cdot\boldsymbol{U}+\boldsymbol{U}\cdot\boldsymbol{\Omega}^{\mathrm{LagT}} \tag{4.89}$$

或

$$\dot{\boldsymbol{U}}=\sum_{I=1}^{3}\dot{\lambda}_I\boldsymbol{N}_I\otimes\boldsymbol{N}_I+\sum_{I=1}^{3}\sum_{J\neq I}^{3}(\lambda_J-\lambda_I)\,\Omega_{IJ}^{\mathrm{Lag}}\boldsymbol{N}_I\otimes\boldsymbol{N}_J \tag{4.90}$$

第一项代表仅主值变化引起的变化率，第二项代表仅主轴转动引起的变化率。

设 $\left(\dot{\boldsymbol{U}}\right)_{IJ}$ 是 $\dot{\boldsymbol{U}}$ 在 Lagrange 标架下的分量，即

$$\dot{\boldsymbol{U}}=\left(\dot{\boldsymbol{U}}\right)_{IJ}\boldsymbol{N}_I\otimes\boldsymbol{N}_J \tag{4.91}$$

对照式 (4.90) 和式 (4.91)，有

$$\left(\dot{\boldsymbol{U}}\right)_{II}=\dot{\lambda}_I\quad(I=1,2,3;\ \text{对 } I \text{ 不求和}) \tag{4.92a}$$

$$\left(\dot{\boldsymbol{U}}\right)_{IJ}=\left(\lambda_J-\lambda_I\right)\varOmega_{IJ}^{\mathrm{Lag}}\quad(I,J=1,2,3;\ I\neq J;\ \text{对 } I,J \text{ 不求和}) \tag{4.92b}$$

伸长张量 $\boldsymbol{U}$ 中仅主值改变而引起的时间变化率，是与 Lagrange 标架共旋的观察者所观察到的 $\boldsymbol{U}$ 的变化率，称为 Lagrange 共旋率，记作

$$\boldsymbol{U}^{\nabla\mathrm{Lag}}\overset{\mathrm{def}}{=\!=}\sum_{I=1}^{3}\dot{\lambda}_I\boldsymbol{N}_I\otimes\boldsymbol{N}_I=\dot{\boldsymbol{U}}-\boldsymbol{\varOmega}^{\mathrm{Lag}}\cdot\boldsymbol{U}-\boldsymbol{U}\cdot\boldsymbol{\varOmega}^{\mathrm{Lag^T}} \tag{4.93}$$

3. Lagrange *旋率与变形率之间的关系*

下面首先使用 $\dot{\boldsymbol{U}}$ 与 $\boldsymbol{d}$ 的关系式 (4.59a) 和式 (4.58a) 导出它们在 Lagrange 标架下的分量之间的关系。使用式 (4.58a) 及 Lagrange 标架下的表示式 (3.48) 和式 (4.91)，得共旋变形率

$$\hat{\boldsymbol{d}}=\frac{1}{2}\left(\dot{\boldsymbol{U}}\cdot\boldsymbol{U}^{-1}+\boldsymbol{U}^{-1}\cdot\dot{\boldsymbol{U}}\right)=\frac{1}{2}\sum_{I=1}^{3}\sum_{J=1}^{3}\left(\frac{1}{\lambda_J}+\frac{1}{\lambda_I}\right)\left(\dot{\boldsymbol{U}}\right)_{IJ}\boldsymbol{N}_I\otimes\boldsymbol{N}_J \tag{4.94}$$

将变形率 $\boldsymbol{d}$ 在 Euler 标架下表示成

$$\boldsymbol{d}=d_{ij}\boldsymbol{n}_i\otimes\boldsymbol{n}_j \tag{4.95}$$

使用式 (4.59a)，考虑到 $\boldsymbol{n}_i=\boldsymbol{R}\cdot\boldsymbol{N}_I=\boldsymbol{N}_I\cdot\boldsymbol{R}^{\mathrm{T}}\ (i=I=1,2,3)$，则有共旋变形率

$$\hat{\boldsymbol{d}}=\boldsymbol{R}^{\mathrm{T}}\cdot\boldsymbol{d}\cdot\boldsymbol{R}=\sum_{i=1}^{3}\sum_{j=1}^{3}d_{ij}\boldsymbol{N}_I\otimes\boldsymbol{N}_J\quad(i=I,j=J) \tag{4.96}$$

注意：这里变形率的分量是相对 Euler 标架的，基张量是 Lagrange 标架的，两者并不对应。上面给出的两个共旋变形率应相等，便有

$$\left(\dot{\boldsymbol{U}}\right)_{IJ}=\frac{2\lambda_I\lambda_J}{\lambda_J+\lambda_I}d_{ij}\quad(i=I,\ j=J) \tag{4.97}$$

再代入式 (4.92a) 和式 (4.92b)，最后得

$$\Omega_{IJ}^{\mathrm{Lag}} = \frac{2\lambda_I\lambda_J}{\lambda_J^2 - \lambda_I^2} d_{ij} \quad (I \neq J, i = I, j = J, \text{但不求和}) \tag{4.98a}$$

$$\dot{\lambda}_I = \frac{2\lambda_I\lambda_J}{\lambda_J + \lambda_I} d_{ij} \quad (i = I, j = J, i = j) \quad \Rightarrow \quad \frac{\dot{\lambda}_i}{\lambda_i} = d_{ii} \quad (i\ \text{不求和}) \tag{4.98b}$$

当 d_{ij} 给定时，如果 $\lambda_I \neq \lambda_J (I \neq J)$，则式 (4.98a) 确定了 Lagrange 标架旋率；但如果 $\lambda_I = \lambda_J (I \neq J)$，即主伸长比 (特征值) 相等，从运动学的角度来说，Lagrange 标架旋率是不确定的，因为这时 λ_I，λ_J 对应的特征矢量是不确定的，它可以是特征平面 (与另外一个特征值对应的特征矢量相垂直) 内的任意方向。或者说，在特征平面内的任意转动都不会引起伸长张量的改变，这时对应的旋率分量 $\Omega_{IJ}^{\mathrm{Lag}}$ 可以取任意的值。比如，$\lambda_1 = \lambda_2 \neq \lambda_3$，绕主轴 $\boldsymbol{N}_3$ 的任意转动都不会引起伸长张量的改变，即 $\omega_3 = -\Omega_{12}^{\mathrm{Lag}}$ 可以任取。若三个主伸长比均相等，即 $\lambda_1 = \lambda_2 = \lambda_3$，绕任意轴的任意转动都不会引起伸长张量的改变，即 Lagrange 旋率张量 $\boldsymbol{\Omega}^{\mathrm{Lag}}$ 可以任取，因为这时的伸长张量为球张量，它的改变只取决于主伸长比的改变。

从式 (4.87) 还可知，Lagrange 旋率是物质张量。而且，它与代表物质质点从当前构形出发单位时间内产生的刚体转动的物质旋率 $\boldsymbol{w}$ 无关 (因为伸长张量 $\boldsymbol{U}$ 与当前构形的刚体转动无关，它的率与 $\boldsymbol{w}$ 无关，进而 Lagrange 旋率与 $\boldsymbol{w}$ 无关)。此外，式 (4.98b) 与式 (4.33) 的结果一致。

由式 (4.98a) 和式 (4.98b) 给出分量 d_{ij} 的表达式，再代入式 (4.95)，得变形率张量相对 Euler 标架的表示为

$$\boldsymbol{d} = \sum_{i=1}^{3} \frac{\dot{\lambda}_i}{\lambda_i} \boldsymbol{n}_i \otimes \boldsymbol{n}_i + \sum_{i=1}^{3} \sum_{j \neq i}^{3} \frac{\lambda_j^2 - \lambda_i^2}{2\lambda_i\lambda_j} \Omega_{IJ}^{\mathrm{Lag}} \boldsymbol{n}_i \otimes \boldsymbol{n}_j \quad (I = i, J = j) \tag{4.99}$$

注意，这里的 Lagrange 旋率分量 $\Omega_{IJ}^{\mathrm{Lag}}$ 是相对 Lagrange 标架的。

4.9.2 Euler 旋率

1. Euler 旋率的概念及与左伸长张量 $\boldsymbol{V}$ 的时间率的关系

类比于式 (4.88) 和式 (4.86)，Euler 旋率可表示为

$$\boldsymbol{\Omega}^{\mathrm{Eul}} = \dot{\boldsymbol{R}}^{\mathrm{Eul}} \cdot \boldsymbol{R}^{\mathrm{EulT}} = \Omega_{ij}^{\mathrm{Eul}} \boldsymbol{n}_i \otimes \boldsymbol{n}_j \tag{4.100}$$

式中转动张量 $\boldsymbol{R}^{\mathrm{Eul}}$ 是从空间坐标系的三个基矢量 $\boldsymbol{e}_i$ 到三个 Euler 主轴 $\boldsymbol{n}_i$ 的转动，有

$$\boldsymbol{n}_i = \boldsymbol{R}^{\mathrm{Eul}} \cdot \boldsymbol{e}_i, \quad \boldsymbol{R}^{\mathrm{Eul}} = \boldsymbol{n}_i \otimes \boldsymbol{e}_i$$

从而类比式 (4.87)，有

$$\dot{\boldsymbol{n}}_i = \boldsymbol{\varOmega}^{\mathrm{Eul}} \cdot \boldsymbol{n}_i \tag{4.101}$$

将左伸长张量 $\boldsymbol{V}$ 的物质时间导数 $\dot{\boldsymbol{V}}$ 在 Euler 标架下表示，即

$$\dot{\boldsymbol{V}} = \left(\dot{\boldsymbol{V}}\right)_{ij} \boldsymbol{n}_i \otimes \boldsymbol{n}_j \tag{4.102}$$

另一方面，类比于式 (4.90)，有

$$\dot{\boldsymbol{V}} = \sum_{i=1}^{3} \dot{\lambda}_i \boldsymbol{n}_i \otimes \boldsymbol{n}_i + \sum_{i=1}^{3} \sum_{j \neq i}^{3} (\lambda_j - \lambda_i)\, \varOmega_{ij}^{\mathrm{Eul}} \boldsymbol{n}_i \otimes \boldsymbol{n}_j \tag{4.103}$$

两式对照，得

$$\left(\dot{\boldsymbol{V}}\right)_{ii} = \dot{\lambda}_i \quad (i = 1,2,3;\ \text{对}\ i\ \text{不求和})$$

$$\left(\dot{\boldsymbol{V}}\right)_{ij} = (\lambda_j - \lambda_i)\, \varOmega_{ij}^{\mathrm{Eul}} \quad (i,j = 1,2,3; i \neq j;\ \text{对}\ i,j\ \text{不求和})$$

类似地，定义 $\boldsymbol{V}$ 的 Euler 共旋率为

$$\boldsymbol{V}^{\nabla \mathrm{Eul}} \overset{\mathrm{def}}{=\!=} \sum_{i=1}^{3} \dot{\lambda}_i \boldsymbol{n}_i \otimes \boldsymbol{n}_i = \dot{\boldsymbol{V}} - \boldsymbol{\varOmega}^{\mathrm{Eul}} \cdot \boldsymbol{V} - \boldsymbol{V} \cdot \boldsymbol{\varOmega}^{\mathrm{EulT}} \tag{4.104}$$

2. Euler 旋率与变形率和物质旋率的关系

先导出 $\boldsymbol{V}$ 的物质时间导数与变形率及物质旋率的关系。考虑到 $\boldsymbol{b} = \boldsymbol{V}^2$，两边求物质时间导数，得

$$\dot{\boldsymbol{b}} = \dot{\boldsymbol{V}} \cdot \boldsymbol{V} + \boldsymbol{V} \cdot \dot{\boldsymbol{V}} \tag{4.105}$$

借助式 (4.102)、式 (3.55) 以及 $\boldsymbol{l} = l_{ij} \boldsymbol{n}_i \otimes \boldsymbol{n}_j$，分别将上式和式 (4.66) 在 Euler 标架下表示，为

$$\dot{\boldsymbol{b}} = \sum_{i=1}^{3} \sum_{j=1}^{3} \left(\dot{\boldsymbol{V}}\right)_{ij} (\lambda_j + \lambda_i)\, \boldsymbol{n}_i \otimes \boldsymbol{n}_j \tag{4.106a}$$

$$\dot{\boldsymbol{b}} = \sum_{i=1}^{3} \sum_{j=1}^{3} \left(l_{ij} \lambda_j^2 + \lambda_i^2 l_{ji}\right) \boldsymbol{n}_i \otimes \boldsymbol{n}_j \tag{4.106b}$$

两式对照，得

$$\left(\dot{\boldsymbol{V}}\right)_{ij} = \frac{l_{ij} \lambda_j^2 + \lambda_i^2 l_{ji}}{\lambda_j + \lambda_i} = \frac{d_{ij} \left(\lambda_j^2 + \lambda_i^2\right) + w_{ij} \left(\lambda_j^2 - \lambda_i^2\right)}{\lambda_j + \lambda_i} \quad (i,j\ \text{不求和}) \tag{4.107}$$

最后得 Euler 旋率，为

$$\varOmega_{ij}^{\mathrm{Eul}} = \frac{1}{\lambda_j - \lambda_i} \left(\dot{\boldsymbol{V}}\right)_{ij} = w_{ij} + \frac{\lambda_j^2 + \lambda_i^2}{\lambda_j^2 - \lambda_i^2} d_{ij} \quad (i \neq j; i,j\ \text{不求和}) \tag{4.108}$$

4.9.3 相对旋率

正交张量 $\boldsymbol{R}$ 表示从 Lagrange 标架到 Euler 标架的旋转，即位于 Lagrange 标架上的观察者所看到的 Euler 标架的相对转动，仿照上面各种旋率的公式，定义

$$\boldsymbol{\Omega}^{\mathrm{R}} \xlongequal{\mathrm{def}} \dot{\boldsymbol{R}} \cdot \boldsymbol{R}^{\mathrm{T}} \tag{4.109}$$

它代表 Euler 标架相对于 Lagrange 标架旋转的速率，故称之为相对旋率。

对式 (3.56) 两边求物质时间导数，考虑到上式和式 (4.87)，得 Euler 主轴的变化率为

$$\begin{aligned}\dot{\boldsymbol{n}}_i &= \dot{\boldsymbol{R}} \cdot \boldsymbol{N}_I + \boldsymbol{R} \cdot \dot{\boldsymbol{N}}_I = \dot{\boldsymbol{R}} \cdot \boldsymbol{R}^{\mathrm{T}} \cdot \boldsymbol{n}_i + \boldsymbol{R} \cdot \boldsymbol{\Omega}^{\mathrm{Lag}} \cdot \boldsymbol{N}_I \\ &= \boldsymbol{\Omega}^{\mathrm{R}} \cdot \boldsymbol{n}_i + \boldsymbol{R} \cdot \boldsymbol{\Omega}^{\mathrm{Lag}} \cdot \boldsymbol{R}^{\mathrm{T}} \cdot \boldsymbol{n}_i \quad (i = I = 1, 2, 3)\end{aligned}$$

与式 (4.101) 对照，得三个旋率 $\boldsymbol{\Omega}^{\mathrm{Lag}}$、$\boldsymbol{\Omega}^{\mathrm{Eul}}$ 和 $\boldsymbol{\Omega}^{\mathrm{R}}$ 之间的关系为

$$\boldsymbol{\Omega}^{\mathrm{Eul}} = \boldsymbol{\Omega}^{\mathrm{R}} + \boldsymbol{R} \cdot \boldsymbol{\Omega}^{\mathrm{Lag}} \cdot \boldsymbol{R}^{\mathrm{T}} \tag{4.110}$$

其中，$\boldsymbol{\Omega}^{\mathrm{Eul}}$ 和 $\boldsymbol{\Omega}^{\mathrm{R}}$ 是当前构形上的张量，而 $\boldsymbol{\Omega}^{\mathrm{Lag}}$ 是构形 $\mathscr{B}_U$ 上的张量，只有经过 $\boldsymbol{R}$ 定义的旋转后才能成为当前构形上的张量，因此，不能直接相加，这与式 (4.59b) 的情形一致。

将式 (4.100)、式 (4.88) 代入上式，并考虑式 (3.56)，得

$$\boldsymbol{\Omega}^{\mathrm{R}} = \sum_{i=1}^{3} \sum_{j \neq i}^{3} \left(\Omega_{ij}^{\mathrm{Eul}} - \Omega_{IJ}^{\mathrm{Lag}} \right) \boldsymbol{n}_i \otimes \boldsymbol{n}_j = \sum_{i=1}^{3} \sum_{j \neq i}^{3} \Omega_{ij}^{\mathrm{R}} \boldsymbol{n}_i \otimes \boldsymbol{n}_j \quad (I = i, J = j) \tag{4.111}$$

其中再使用式 (4.108) 和式 (4.98a)，有

$$\Omega_{ij}^{\mathrm{R}} = \Omega_{ij}^{\mathrm{Eul}} - \Omega_{IJ}^{\mathrm{Lag}} = w_{ij} + \frac{\lambda_j - \lambda_i}{\lambda_j + \lambda_i} d_{ij} \quad (I = i; J = j; i \neq j; i, j \text{ 不求和}) \tag{4.112}$$

4.9.4 对数旋率

Xiao 等 (1997a，b) 证明：变形率 $\boldsymbol{d}$ 可唯一地表示为空间对数应变 $\boldsymbol{h}$ 的对数共旋率 $\boldsymbol{h}^{\log}$，即

$$\boldsymbol{d} = \boldsymbol{h}^{\log}, \quad \boldsymbol{h}^{\log} \xlongequal{\mathrm{def}} \dot{\boldsymbol{h}} - \boldsymbol{\Omega}^{\log} \cdot \boldsymbol{h} - \boldsymbol{h} \cdot \boldsymbol{\Omega}^{\log\,\mathrm{T}} \tag{4.113}$$

式中 $\boldsymbol{\Omega}^{\log}$ 称为对数旋率，为

$$\boldsymbol{\Omega}^{\log} = \boldsymbol{w} + \sum_{i=1}^{3} \sum_{j \neq i}^{3} \left(\frac{\lambda_j^2 + \lambda_i^2}{\lambda_j^2 - \lambda_i^2} + \frac{1}{\ln \lambda_i - \ln \lambda_j} \right) d_{ij} \boldsymbol{n}_i \otimes \boldsymbol{n}_j \tag{4.114}$$

证明 空间对数应变使用主轴表示，见式 (3.209)，为

$$\boldsymbol{h}=\ln V=\sum_{k=1}^{3}\ln\lambda_k\boldsymbol{n}_k\otimes\boldsymbol{n}_k \tag{4.115}$$

将式 (4.103) 的 λ_k 替换为 $\ln\lambda_k$，得对数应变的时间率

$$\dot{\boldsymbol{h}}=\sum_{k=1}^{3}\frac{\dot{\lambda}_k}{\lambda_k}\boldsymbol{n}_k\otimes\boldsymbol{n}_k+\sum_{i=1}^{3}\sum_{j\neq i}^{3}\left(\ln\lambda_j-\ln\lambda_i\right)\Omega_{ij}^{\mathrm{Eul}}\boldsymbol{n}_i\otimes\boldsymbol{n}_j \tag{4.116}$$

使用式 (4.33) 和式 (4.32)，则式 (4.116) 的第一项为

$$\sum_{k=1}^{3}\frac{\dot{\lambda}_k}{\lambda_k}\boldsymbol{n}_k\otimes\boldsymbol{n}_k=\sum_{k=1}^{3}d_{kk}\boldsymbol{n}_k\otimes\boldsymbol{n}_k=\boldsymbol{d}-\sum_{i=1}^{3}\sum_{j\neq i}^{3}d_{ij}\boldsymbol{n}_i\otimes\boldsymbol{n}_j \tag{4.117}$$

代入式 (4.116)，得对数应变率与变形率的关系为

$$\dot{\boldsymbol{h}}=\boldsymbol{d}-\sum_{i=1}^{3}\sum_{j\neq i}^{3}d_{ij}\boldsymbol{n}_i\otimes\boldsymbol{n}_j+\sum_{i=1}^{3}\sum_{j\neq i}^{3}\left(\ln\lambda_j-\ln\lambda_i\right)\Omega_{ij}^{\mathrm{Eul}}\boldsymbol{n}_i\otimes\boldsymbol{n}_j \tag{4.118}$$

定义对数旋率 $\boldsymbol{\Omega}^{\log}$ 在 Euler 标架下的分量为

$$\Omega_{ij}^{\log}=\Omega_{ij}^{\mathrm{Eul}}+\frac{1}{\ln\lambda_i-\ln\lambda_j}d_{ij}\quad(i\neq j;i,j\text{ 不求和}) \tag{4.119}$$

则式 (4.118) 可写成

$$\boldsymbol{d}=\dot{\boldsymbol{h}}-\sum_{i=1}^{3}\sum_{j\neq i}^{3}\left(\ln\lambda_j-\ln\lambda_i\right)\Omega_{ij}^{\log}\boldsymbol{n}_i\otimes\boldsymbol{n}_j \tag{4.120}$$

在上式中使用对数应变的主轴表示式 (4.115)，类似于式 (4.89) 的处理，最后得到式 (4.113)，利用 Euler 旋率的表达式 (4.108)，可知式 (4.119) 与式 (4.114) 一致，从而得证。◆◆

4.9.5 旋率不依赖坐标系的表示

上面导出的各种旋率均以 Lagrange 标架或 Euler 标架下的分量形式表示，下面以物质旋率与相对旋率之差 (见式 (4.112)) 为例，采用基于特征基的方法导出其不依赖坐标系的表示。

根据方积的定义式 (1.302)，将式 (4.112) 改写成

$$\boldsymbol{\Omega}^{\mathrm{R}}-\boldsymbol{w}=\sum_{i=1}^{3}\sum_{j\neq i}^{3}\frac{\lambda_j-\lambda_i}{\lambda_j+\lambda_i}\boldsymbol{n}_i\otimes\boldsymbol{n}_j\left(\boldsymbol{n}_i\otimes\boldsymbol{n}_j:\boldsymbol{d}\right)=\sum_{i=1}^{3}\sum_{j\neq i}^{3}\frac{\lambda_j-\lambda_i}{\lambda_j+\lambda_i}\left(\boldsymbol{a}_i\boxtimes\boldsymbol{a}_j\right):\boldsymbol{d} \tag{4.121}$$

式中

$$\boldsymbol{a}_i = \boldsymbol{n}_i \otimes \boldsymbol{n}_i \quad (i = 1, 2, 3;\ i \text{ 不求和}) \tag{4.122}$$

是 Euler 标架下的三个特征基，类比式 (1.178)，应有

$$\boldsymbol{a}_i = \frac{1}{D_i} (\boldsymbol{V} - \lambda_j \boldsymbol{I}) \cdot (\boldsymbol{V} - \lambda_k \boldsymbol{I}) \tag{4.123}$$

式中

$$D_i = (\lambda_i - \lambda_j)(\lambda_i - \lambda_k) \tag{4.124}$$

下标 (i, j, k) 为 (1，2，3) 或 (2，3，1) 或 (3，1，2) 的排列。特征基可展开表示为

$$\boldsymbol{a}_i = \frac{1}{D_i} \left[\boldsymbol{V}^2 + \left(\lambda_i - I^V \right) \boldsymbol{V} + III^V \lambda_i^{-1} \boldsymbol{I} \right] \tag{4.125}$$

代入式 (4.121)，得

$$\begin{aligned} \boldsymbol{\Omega}^{\mathrm{R}} - \boldsymbol{w} = & \sum_{i=1}^{3} \sum_{j \neq i}^{3} \frac{\lambda_j - \lambda_i}{\lambda_j + \lambda_i} \frac{1}{D_i D_j} \left[\boldsymbol{V}^2 + \left(\lambda_i - I^V \right) \boldsymbol{V} + III^V \lambda_i^{-1} \boldsymbol{I} \right] \cdot \boldsymbol{d} \\ & \cdot \left[\boldsymbol{V}^2 + \left(\lambda_j - I^V \right) \boldsymbol{V} + III^V \lambda_j^{-1} \boldsymbol{I} \right] \end{aligned}$$

展开上式，得

$$\begin{aligned} \boldsymbol{\Omega}^{\mathrm{R}} - \boldsymbol{w} = & \phi_1 (\boldsymbol{V} \cdot \boldsymbol{d} - \boldsymbol{d} \cdot \boldsymbol{V}) + \phi_2 \left(\boldsymbol{V}^2 \cdot \boldsymbol{d} - \boldsymbol{d} \cdot \boldsymbol{V}^2 \right) \\ & + \phi_3 \left(\boldsymbol{V}^2 \cdot \boldsymbol{d} \cdot \boldsymbol{V} - \boldsymbol{V} \cdot \boldsymbol{d} \cdot \boldsymbol{V}^2 \right) + \phi_4 \boldsymbol{V}^2 \cdot \boldsymbol{d} \cdot \boldsymbol{V}^2 + \phi_5 \boldsymbol{V} \cdot \boldsymbol{d} \cdot \boldsymbol{V} + \phi_6 \boldsymbol{d} \end{aligned} \tag{4.126}$$

式中系数

$$\begin{aligned} \phi_1 &= \sum_{i=1}^{3} \sum_{j \neq i}^{3} \frac{\lambda_j - \lambda_i}{\lambda_j + \lambda_i} \frac{\left(\lambda_i - I^V \right) III^V}{D_i D_j \lambda_j} = -\frac{\left(I^V \right)^2}{I^V II^V - III^V} \\ \phi_2 &= \sum_{i=1}^{3} \sum_{j \neq i}^{3} \frac{\lambda_j - \lambda_i}{\lambda_j + \lambda_i} \frac{III^V}{D_i D_j \lambda_j} = \frac{I^V}{I^V II^V - III^V} \\ \phi_3 &= \sum_{i=1}^{3} \sum_{j \neq i}^{3} \frac{\lambda_j - \lambda_i}{\lambda_j + \lambda_i} \frac{\left(\lambda_j - I^V \right)}{D_i D_j} = -\frac{1}{I^V II^V - III^V} \\ \phi_4 &= \sum_{i=1}^{3} \sum_{j \neq i}^{3} \frac{\lambda_j - \lambda_i}{\lambda_j + \lambda_i} \frac{1}{D_i D_j} = 0 \\ \phi_5 &= \sum_{i=1}^{3} \sum_{j \neq i}^{3} \frac{\lambda_j - \lambda_i}{\lambda_j + \lambda_i} \frac{\left(\lambda_i - I^V \right) \left(\lambda_j - I^V \right)}{D_i D_j} = 0 \end{aligned} \tag{4.127}$$

$$\phi_6=\sum_{i=1}^{3}\sum_{j\neq i}^{3}\frac{\lambda_j-\lambda_i}{\lambda_j+\lambda_i}\frac{\left(III^V\right)^2}{D_iD_j\lambda_i\lambda_j}=0$$

需要指出，式 (4.126) 右边的前三项是反对称的，后三项是对称的，由于旋率为反对称，因此，后三项的系数 $\phi_4=\phi_5=\phi_6=0$，从定性上理应如此。

上述方法可以用来给出其他旋率不依赖坐标系的表示，但是过程稍显复杂，Mehrabadi 与 Nemat-Nasser(1987) 通过反复使用 Hamilton-Cayley 定理式 (1.165)，建立了旋率不依赖坐标系的表示，过程相对简单一些，然而，一种更简单有效的方法是充分使用第 2 章末在张量表示定理帮助下得到的结果。首先，仍然以相对旋率为例，使用式 (4.20) 和变形梯度的分解，得

$$\begin{aligned}\boldsymbol{l}&=\dot{\boldsymbol{F}}\cdot\boldsymbol{F}^{-1}=\left(\dot{\boldsymbol{V}}\cdot\boldsymbol{R}+\boldsymbol{V}\cdot\dot{\boldsymbol{R}}\right)\cdot\boldsymbol{R}^{-1}\cdot\boldsymbol{V}^{-1}\\&=\dot{\boldsymbol{V}}\cdot\boldsymbol{V}^{-1}+\boldsymbol{V}\cdot\dot{\boldsymbol{R}}\cdot\boldsymbol{R}^{\mathrm{T}}\cdot\boldsymbol{V}^{-1}=\dot{\boldsymbol{V}}\cdot\boldsymbol{V}^{-1}+\boldsymbol{V}\cdot\boldsymbol{\Omega}^{\mathrm{R}}\cdot\boldsymbol{V}^{-1}\end{aligned}\tag{4.128}$$

将上式两边后点积 $\boldsymbol{V}$，再反对称化，得

$$\boldsymbol{l}\cdot\boldsymbol{V}-\boldsymbol{V}\cdot\boldsymbol{l}^{\mathrm{T}}=\boldsymbol{V}\cdot\boldsymbol{\Omega}^{\mathrm{R}}+\boldsymbol{\Omega}^{\mathrm{R}}\cdot\boldsymbol{V}\tag{4.129}$$

使用速度梯度的分解，得

$$\boldsymbol{V}\cdot\left(\boldsymbol{\Omega}^{\mathrm{R}}-\boldsymbol{w}\right)+\left(\boldsymbol{\Omega}^{\mathrm{R}}-\boldsymbol{w}\right)\cdot\boldsymbol{V}=\boldsymbol{d}\cdot\boldsymbol{V}-\boldsymbol{V}\cdot\boldsymbol{d}\tag{4.130}$$

上式与式 (2.270) 具有相同的张量结构，使用 $\boldsymbol{\Omega}^{\mathrm{R}}-\boldsymbol{w}$ 和 $\boldsymbol{d}\cdot\boldsymbol{V}-\boldsymbol{V}\cdot\boldsymbol{d}$ 分别替代式 (2.270) 中的 $\boldsymbol{Z}$ 和 $\boldsymbol{W}$，利用式 (2.277) 和式 (2.276) 给出的解，得

$$\boldsymbol{\Omega}^{\mathrm{R}}-\boldsymbol{w}=-\frac{1}{III^{\boldsymbol{V}}-I^{\boldsymbol{V}}II^{\boldsymbol{V}}}\left(I^{\boldsymbol{V}}\boldsymbol{I}-\boldsymbol{V}\right)\cdot(\boldsymbol{d}\cdot\boldsymbol{V}-\boldsymbol{V}\cdot\boldsymbol{d})\cdot\left(I^{\boldsymbol{V}}\boldsymbol{I}-\boldsymbol{V}\right)\tag{4.131}$$

展开后可得到式 (4.126)(其中系数由式 (4.127) 给定)。虽然式 (2.276) 和式 (4.127) 的对应系数相差一个正负号，但最终结果是一致的。

式 (4.128)~ 式 (4.131) 的方法可拓展到给出任意一个对称张量 $\boldsymbol{A}$ 的主轴旋率由它的时间率的表示。将式 (2.99) 的张量使用 $\boldsymbol{A}$ 替换，其旋率使用 $\breve{\boldsymbol{\Omega}}$ 表示，然后在式两边分别后点积 $\boldsymbol{A}$ 和前点积 $\boldsymbol{A}$，再将所得方程两边对应相减，由于右边第一项与 $\boldsymbol{A}$ 共主轴，后点积 $\boldsymbol{A}$ 和前点积 $\boldsymbol{A}$ 所得结果相等，相减后抵消，于是有

$$\dot{\boldsymbol{A}}\cdot\boldsymbol{A}-\boldsymbol{A}\cdot\dot{\boldsymbol{A}}=\left(\breve{\boldsymbol{\Omega}}\cdot\boldsymbol{A}+\boldsymbol{A}\cdot\breve{\boldsymbol{\Omega}}^{\mathrm{T}}\right)\cdot\boldsymbol{A}-\boldsymbol{A}\cdot\left(\breve{\boldsymbol{\Omega}}\cdot\boldsymbol{A}+\boldsymbol{A}\cdot\breve{\boldsymbol{\Omega}}^{\mathrm{T}}\right)\tag{4.132}$$

或写成

$$\boldsymbol{A}^2\cdot\breve{\boldsymbol{\Omega}}+\breve{\boldsymbol{\Omega}}\cdot\boldsymbol{A}^2-2\boldsymbol{A}\cdot\breve{\boldsymbol{\Omega}}\cdot\boldsymbol{A}=\dot{\boldsymbol{A}}\cdot\boldsymbol{A}-\boldsymbol{A}\cdot\dot{\boldsymbol{A}}\tag{4.133}$$

上式右边是反对称张量，下面表明它可转换为式 (2.270) 或式 (4.130) 的形式。使用式 (2.266) 或者类比式 (2.273)，得

$$\boldsymbol{A}\cdot\breve{\boldsymbol{\Omega}}\cdot\boldsymbol{A}=-II^{\boldsymbol{A}}\breve{\boldsymbol{\Omega}}+I^{\boldsymbol{A}}\left(\boldsymbol{A}\cdot\breve{\boldsymbol{\Omega}}+\breve{\boldsymbol{\Omega}}\cdot\boldsymbol{A}\right)-\left(\boldsymbol{A}^2\cdot\breve{\boldsymbol{\Omega}}+\breve{\boldsymbol{\Omega}}\cdot\boldsymbol{A}^2\right)\tag{4.134}$$

代入式 (4.133)，可将它表示为

$$3\left(\breve{\boldsymbol{\Omega}}\cdot\boldsymbol{A}^2+\boldsymbol{A}^2\cdot\breve{\boldsymbol{\Omega}}\right)-2I^{\boldsymbol{A}}\left(\boldsymbol{A}\cdot\breve{\boldsymbol{\Omega}}+\breve{\boldsymbol{\Omega}}\cdot\boldsymbol{A}\right)+2II^{\boldsymbol{A}}\breve{\boldsymbol{\Omega}}=\dot{\boldsymbol{A}}\cdot\boldsymbol{A}-\boldsymbol{A}\cdot\dot{\boldsymbol{A}}\tag{4.135}$$

考虑到 $2\breve{\boldsymbol{\Omega}}=\boldsymbol{I}\cdot\breve{\boldsymbol{\Omega}}+\breve{\boldsymbol{\Omega}}\cdot\boldsymbol{I}$，定义

$$\breve{\boldsymbol{A}}\overset{\text{def}}{=\!=\!=}3\boldsymbol{A}^2-2I^{\boldsymbol{A}}\boldsymbol{A}+II^{\boldsymbol{A}}\boldsymbol{I}\tag{4.136}$$

式 (4.135) 可写成

$$\breve{\boldsymbol{A}}\cdot\breve{\boldsymbol{\Omega}}+\breve{\boldsymbol{\Omega}}\cdot\breve{\boldsymbol{A}}=\dot{\boldsymbol{A}}\cdot\boldsymbol{A}-\boldsymbol{A}\cdot\dot{\boldsymbol{A}}\tag{4.137}$$

同式 (2.270) 具有相同的张量形式，因此，使用式 (2.277)，得解为

$$\breve{\boldsymbol{\Omega}}=-\frac{1}{III^{\breve{\boldsymbol{A}}}-I^{\breve{\boldsymbol{A}}}II^{\breve{\boldsymbol{A}}}}\left(I^{\breve{\boldsymbol{A}}}\boldsymbol{I}-\breve{\boldsymbol{A}}\right)\cdot\left(\dot{\boldsymbol{A}}\cdot\boldsymbol{A}-\boldsymbol{A}\cdot\dot{\boldsymbol{A}}\right)\cdot\left(I^{\breve{\boldsymbol{A}}}\boldsymbol{I}-\breve{\boldsymbol{A}}\right)\tag{4.138}$$

即将张量 $\boldsymbol{A}$ 的主轴旋率 $\breve{\boldsymbol{\Omega}}$ 由 $\boldsymbol{A}$ 的时间率和 $\boldsymbol{A}$ 及其不变量所表示。

具体到现在的情况，比如左伸长张量 $\boldsymbol{V}$，通常往往给定变形率，为得到 $\boldsymbol{V}$ 的时间率与变形率的关系，可通过将式 (4.128) 两边后点积 $\boldsymbol{V}$，再对称化，有

$$2\dot{\boldsymbol{V}}=\boldsymbol{V}\cdot\left(\boldsymbol{l}^{\mathrm{T}}-\boldsymbol{\Omega}^{\mathrm{R}}\right)+\left(\boldsymbol{l}+\boldsymbol{\Omega}^{\mathrm{R}}\right)\cdot\boldsymbol{V}\tag{4.139}$$

从而得

$$\begin{aligned}2\left(\dot{\boldsymbol{V}}\cdot\boldsymbol{V}-\boldsymbol{V}\cdot\dot{\boldsymbol{V}}\right)=&\,\boldsymbol{d}\cdot\boldsymbol{V}^2-\boldsymbol{V}^2\cdot\boldsymbol{d}+\left(\boldsymbol{\Omega}^{\mathrm{R}}+\boldsymbol{w}\right)\cdot\boldsymbol{V}^2\\&+\boldsymbol{V}^2\cdot\left(\boldsymbol{\Omega}^{\mathrm{R}}+\boldsymbol{w}\right)-2\boldsymbol{V}\cdot\left(\boldsymbol{\Omega}^{\mathrm{R}}+\boldsymbol{w}\right)\cdot\boldsymbol{V}\end{aligned}\tag{4.140}$$

使用式 (4.138) 结合式 (4.140) 就可建立 $\boldsymbol{V}$ 的主轴旋率 $\boldsymbol{\Omega}^{\mathrm{Eul}}$ 由变形率 $\boldsymbol{d}$ 的表示，然而，为了表达式的简洁起见，先按照式 (4.132)~ 式 (4.137) 的步骤，并考虑式 (4.140)，将 $\boldsymbol{\Omega}^{\mathrm{Eul}}$ 应满足的方程表示为更简洁的形式

$$\breve{\boldsymbol{V}}\cdot\left(2\boldsymbol{\Omega}^{\mathrm{Eul}}-\boldsymbol{\Omega}^{\mathrm{R}}-\boldsymbol{w}\right)+\left(2\boldsymbol{\Omega}^{\mathrm{Eul}}-\boldsymbol{\Omega}^{\mathrm{R}}-\boldsymbol{w}\right)\cdot\breve{\boldsymbol{V}}=\boldsymbol{d}\cdot\boldsymbol{V}^2-\boldsymbol{V}^2\cdot\boldsymbol{d}\tag{4.141}$$

式中 $\breve{\boldsymbol{V}}$ 由式 (4.136) 定义，即将其中的 $\boldsymbol{A}$ 用 $\boldsymbol{V}$ 替换 (后面的 $\breve{\boldsymbol{U}}$ 和 $\breve{\boldsymbol{h}}$ 也是这样定义)，进而得

$$\boldsymbol{\Omega}^{\mathrm{Eul}}=-\frac{1}{III^{\breve{\boldsymbol{V}}}-I^{\breve{\boldsymbol{V}}}II^{\breve{\boldsymbol{V}}}}\left(I^{\breve{\boldsymbol{V}}}\boldsymbol{I}-\breve{\boldsymbol{V}}\right)\cdot\frac{1}{2}\left(\boldsymbol{d}\cdot\boldsymbol{V}^2-\boldsymbol{V}^2\cdot\boldsymbol{d}\right)$$

$$\cdot\left(I^{\check{V}}\boldsymbol{I}-\check{\boldsymbol{V}}\right)+\frac{1}{2}\left(\boldsymbol{\Omega}^{\mathrm{R}}+\boldsymbol{w}\right)\tag{4.142}$$

Lubarda(2002) 通过将 $\left(\dot{\boldsymbol{V}}+\boldsymbol{V}\cdot\boldsymbol{\Omega}^{\mathrm{R}}-\boldsymbol{\Omega}^{\mathrm{R}}\cdot\boldsymbol{V}\right)\cdot\boldsymbol{V}^{-1}$ 反对称化 (使用式 (4.128) 可知，它的对称化结果是变形率)，建立张量结构如式 (4.141) 的方程，从而给出旋率一般表示，过程稍显复杂。上面式 (4.132)~ 式 (4.142) 给出的方法更简单、更紧凑、更具一般性。

对于右伸长张量 $\boldsymbol{U}$，使用式 (4.57) 并进行对称化处理，可得类似于式 (4.139) 的表达式

$$2\dot{\boldsymbol{U}}=\boldsymbol{U}\cdot\left(\hat{\boldsymbol{d}}-\hat{\boldsymbol{w}}+\hat{\boldsymbol{\Omega}}^{\mathrm{R}}\right)+\left(\hat{\boldsymbol{d}}+\hat{\boldsymbol{w}}-\hat{\boldsymbol{\Omega}}^{\mathrm{R}}\right)\cdot\boldsymbol{U}\tag{4.143}$$

式中

$$\hat{\boldsymbol{\Omega}}^{\mathrm{R}}=\boldsymbol{R}^{\mathrm{T}}\cdot\boldsymbol{\Omega}^{\mathrm{R}}\cdot\boldsymbol{R}\tag{4.144}$$

是将 $\boldsymbol{\Omega}^{\mathrm{R}}$ 从当前构形变换为构形 $\mathscr{B}_U$ 上的张量，进而有

$$\begin{aligned}2\left(\dot{\boldsymbol{U}}\cdot\boldsymbol{U}-\boldsymbol{U}\cdot\dot{\boldsymbol{U}}\right)=&\hat{\boldsymbol{d}}\cdot\boldsymbol{U}^2-\boldsymbol{U}^2\cdot\hat{\boldsymbol{d}}-\left(\hat{\boldsymbol{\Omega}}^{\mathrm{R}}-\hat{\boldsymbol{w}}\right)\cdot\boldsymbol{U}^2\\&-\boldsymbol{U}^2\cdot\left(\hat{\boldsymbol{\Omega}}^{\mathrm{R}}-\hat{\boldsymbol{w}}\right)+2\boldsymbol{U}\cdot\left(\hat{\boldsymbol{\Omega}}^{\mathrm{R}}-\hat{\boldsymbol{w}}\right)\cdot\boldsymbol{U}\end{aligned}\tag{4.145}$$

进行类似于式 (4.141) 的处理，最终得

$$\begin{aligned}\boldsymbol{\Omega}^{\mathrm{Lag}}=&-\frac{1}{III^{\check{U}}-I^{\check{U}}II^{\check{U}}}\left(I^{\check{U}}\boldsymbol{I}-\check{\boldsymbol{U}}\right)\cdot\frac{1}{2}\left(\hat{\boldsymbol{d}}\cdot\boldsymbol{U}^2-\boldsymbol{U}^2\cdot\hat{\boldsymbol{d}}\right)\\&\cdot\left(I^{\check{U}}\boldsymbol{I}-\check{\boldsymbol{U}}\right)-\frac{1}{2}\left(\hat{\boldsymbol{\Omega}}^{\mathrm{R}}-\hat{\boldsymbol{w}}\right)\end{aligned}\tag{4.146}$$

将上式两边进行 $\boldsymbol{R}\cdot()\cdot\boldsymbol{R}^{\mathrm{T}}$ 变换，则 $\check{\boldsymbol{U}}$，$\hat{\boldsymbol{\Omega}}^{\mathrm{R}}$ 和 $\hat{\boldsymbol{w}}$ 分别变换为 $\check{\boldsymbol{V}}$，$\boldsymbol{\Omega}^{\mathrm{R}}$ 和 $\boldsymbol{w}$，而 $\hat{\boldsymbol{d}}\cdot\boldsymbol{U}^2-\boldsymbol{U}^2\cdot\hat{\boldsymbol{d}}$ 变换为 $\boldsymbol{d}\cdot\boldsymbol{V}^2-\boldsymbol{V}^2\cdot\boldsymbol{d}$，因为

$$\begin{aligned}&\boldsymbol{R}\cdot\left(\hat{\boldsymbol{d}}\cdot\boldsymbol{U}^2-\boldsymbol{U}^2\cdot\hat{\boldsymbol{d}}\right)\cdot\boldsymbol{R}^{\mathrm{T}}\\&=\boldsymbol{R}\cdot\left(\boldsymbol{R}^{\mathrm{T}}\cdot\boldsymbol{d}\cdot\boldsymbol{R}\cdot\boldsymbol{U}^2\cdot\boldsymbol{R}^{\mathrm{T}}-\boldsymbol{R}\cdot\boldsymbol{U}^2\cdot\boldsymbol{R}^{\mathrm{T}}\cdot\boldsymbol{d}\cdot\boldsymbol{R}\cdot\boldsymbol{R}^{\mathrm{T}}\right)\\&=\boldsymbol{d}\cdot\boldsymbol{V}^2-\boldsymbol{V}^2\cdot\boldsymbol{d}\end{aligned}\tag{4.147}$$

考虑到 $\boldsymbol{U}$ 和 $\boldsymbol{V}$ 的特征值相等，变换所得方程右边第一项与式 (4.142) 右边第一项完全相同，两式相减则给出与式 (4.110) 相同的结果。

至于对数旋率，将式 (4.133) 中的 $\boldsymbol{A}$ 使用 $\boldsymbol{h}$ 替换 ($\boldsymbol{h}$ 与 $\boldsymbol{V}$ 共主轴，它们的主轴旋率相等，都是 $\boldsymbol{\Omega}^{\mathrm{Eul}}$，所以 $\check{\boldsymbol{\Omega}}$ 需使用 $\boldsymbol{\Omega}^{\mathrm{Eul}}$ 替换)，得

$$\boldsymbol{h}^2\cdot\boldsymbol{\Omega}^{\mathrm{Eul}}+\boldsymbol{\Omega}^{\mathrm{Eul}}\cdot\boldsymbol{h}^2-2\boldsymbol{h}\cdot\boldsymbol{\Omega}^{\mathrm{Eul}}\cdot\boldsymbol{h}=\dot{\boldsymbol{h}}\cdot\boldsymbol{h}-\boldsymbol{h}\cdot\dot{\boldsymbol{h}}\tag{4.148}$$

将式 (4.113) 代入上式的右边，整理得

$$\boldsymbol{h}^2\cdot\left(\boldsymbol{\Omega}^{\log}-\boldsymbol{\Omega}^{\mathrm{Eul}}\right)+\left(\boldsymbol{\Omega}^{\log}-\boldsymbol{\Omega}^{\mathrm{Eul}}\right)\cdot\boldsymbol{h}^2-2\boldsymbol{h}\cdot\left(\boldsymbol{\Omega}^{\log}-\boldsymbol{\Omega}^{\mathrm{Eul}}\right)\cdot\boldsymbol{h}=\boldsymbol{h}\cdot\boldsymbol{d}-\boldsymbol{d}\cdot\boldsymbol{h} \tag{4.149}$$

使用前面的方法，得 $\boldsymbol{\Omega}^{\log}$ 的表达式

$$\boldsymbol{\Omega}^{\log}=-\frac{1}{III^{\check{\boldsymbol{h}}}-I^{\check{\boldsymbol{h}}}II^{\check{\boldsymbol{h}}}}\left(I^{\check{\boldsymbol{h}}}\boldsymbol{I}-\check{\boldsymbol{h}}\right)\cdot(\boldsymbol{h}\cdot\boldsymbol{d}-\boldsymbol{d}\cdot\boldsymbol{h})\cdot\left(I^{\check{\boldsymbol{h}}}\boldsymbol{I}-\check{\boldsymbol{h}}\right)+\boldsymbol{\Omega}^{\mathrm{Eul}} \tag{4.150}$$

4.9.6 讨论

以上给出的三种旋率 $\boldsymbol{\Omega}^{\mathrm{Eul}}$、$\boldsymbol{\Omega}^{\mathrm{R}}$ 和 $\boldsymbol{\Omega}^{\log}$ 展开以后再应用 Hamilton-Cayley 定理式 (1.165) 可知，其表示式的三个张量基必然是

$$\boldsymbol{V}\cdot\boldsymbol{d}-\boldsymbol{d}\cdot\boldsymbol{V},\quad \boldsymbol{V}^2\cdot\boldsymbol{d}-\boldsymbol{d}\cdot\boldsymbol{V}^2,\quad \boldsymbol{V}^2\cdot\boldsymbol{d}\cdot\boldsymbol{V}-\boldsymbol{V}\cdot\boldsymbol{d}\cdot\boldsymbol{V}^2 \tag{4.151}$$

它们是 $\boldsymbol{d}$ 和 $\boldsymbol{V}$ 的各向同性函数，因为它的每一项比如 $\boldsymbol{V}\cdot\boldsymbol{d}$ 满足

$$\left(\boldsymbol{Q}\cdot\boldsymbol{V}\cdot\boldsymbol{Q}^{\mathrm{T}}\right)\cdot\left(\boldsymbol{Q}\cdot\boldsymbol{d}\cdot\boldsymbol{Q}^{\mathrm{T}}\right)=\boldsymbol{Q}\cdot(\boldsymbol{V}\cdot\boldsymbol{d})\cdot\boldsymbol{Q}^{\mathrm{T}}$$

所以说，旋率 $\boldsymbol{\Omega}^{\mathrm{Eul}}$、$\boldsymbol{\Omega}^{\mathrm{R}}$ 和 $\boldsymbol{\Omega}^{\log}$ 是 $\boldsymbol{d}$ 和 $\boldsymbol{V}$ 的各向同性函数，且线性地取决于 $\boldsymbol{d}$，可形式上统一地表示为

$$\boldsymbol{\Omega}-\boldsymbol{w}=\boldsymbol{\mathcal{W}}(\boldsymbol{V}):\boldsymbol{d} \tag{4.152}$$

式中 $\boldsymbol{\mathcal{W}}$ 是 $\boldsymbol{V}$ 的各向同性四阶张量值函数，$\boldsymbol{\mathcal{W}}(\boldsymbol{V}):\boldsymbol{d}$ 是 $\boldsymbol{V}$ 和 $\boldsymbol{d}$ 的二阶反对称张量值各向同性函数，由于 $\boldsymbol{w}$，$\boldsymbol{d}$ 和 $\boldsymbol{V}$ 都是空间张量，显然 $\boldsymbol{\Omega}^{\mathrm{Eul}}$、$\boldsymbol{\Omega}^{\mathrm{R}}$ 和 $\boldsymbol{\Omega}^{\log}$ 也都是空间张量，它们是在物质旋率 $\boldsymbol{w}$ 的基础上叠加变形率 $\boldsymbol{d}$ 的线性项。至于 Lagrange 旋率 $\boldsymbol{\Omega}^{\mathrm{Lag}}$ 的表示，可以表明为

$$\boldsymbol{\Omega}^{\mathrm{Lag}}=\hat{\boldsymbol{\mathcal{W}}}(\boldsymbol{U}):\hat{\boldsymbol{d}} \tag{4.153}$$

式中 $\hat{\boldsymbol{\mathcal{W}}}$ 是 $\boldsymbol{U}$ 的各向同性四阶张量值函数，注意这里不含 $\boldsymbol{w}$，因为 $\boldsymbol{\Omega}^{\mathrm{Lag}}$ 是物质张量。

当变形率 $\boldsymbol{d}$ 的主方向沿着 $\boldsymbol{V}$ 的主轴即 Euler 主轴 $\boldsymbol{n}_i$ $(i=1,2,3)$ 或者说两者共主轴时，比如单轴拉伸的情况，可以证明 $\boldsymbol{d}$ 和 $\boldsymbol{V}$($\hat{\boldsymbol{d}}$ 和 $\boldsymbol{U}$) 之间的点积可交换顺序，参见式 (2.240)，从而各向同性函数 $\boldsymbol{\mathcal{W}}(\boldsymbol{V}):\boldsymbol{d}$ 和 $\hat{\boldsymbol{\mathcal{W}}}(\boldsymbol{U}):\hat{\boldsymbol{d}}$ 中的每一项均为零张量，因此有

$$\boldsymbol{\Omega}^{\mathrm{Eul}}=\boldsymbol{\Omega}^{\mathrm{R}}=\boldsymbol{\Omega}^{\log}=\boldsymbol{w},\quad \boldsymbol{\Omega}^{\mathrm{Lag}}=\boldsymbol{0},\quad \boldsymbol{d}\text{ 和 }\boldsymbol{V}\text{ 共主轴} \tag{4.154}$$

关于这一点也可从它们的分量表示得到证明，比如，针对 Euler 旋率的式 (4.108)，当 $\boldsymbol{d}$ 和 $\boldsymbol{V}$ 共主轴时，在 Euler 标架下，$d_{ij}=0\ (i\neq j)$，因此，$\boldsymbol{d}$ 的贡献为零，

Euler 旋率就等于 $\boldsymbol{w}$，若再考虑式 (4.98a)，则 Lagrange 旋率应为零，从而 $\boldsymbol{U}$ 的主轴应不变。

关于几何量之间的函数，需要强调指出：① 由于不涉及物质的物理力学性质，它们都应该为各向同性；② 它们还应该是率无关的，或者更具体说，几何量的率之间的函数关系应该是线性的，否则，积分所得几何量之间的函数关系会显含时间 t。根据表示定理式 (2.249)，任意一个 $\boldsymbol{d}$ 和 $\boldsymbol{V}$ 的反对称张量值各向同性函数，其完备不可约张量基应包含 5 个，除了式 (4.151) 的三个外，其他两个是

$$\boldsymbol{V}\cdot\boldsymbol{d}^2-\boldsymbol{d}^2\cdot\boldsymbol{V},\quad \boldsymbol{d}^2\cdot\boldsymbol{V}\cdot\boldsymbol{d}-\boldsymbol{d}\cdot\boldsymbol{V}\cdot\boldsymbol{d}^2$$

它们是 $\boldsymbol{d}$ 的二次项和三次项，由于率之间的线性性质，所以没有出现。

上面所述的各向同性和线性性等性质有许多有用的用途，比如，可帮助导出方向率式 (4.35)，说明如下：方向率是速度梯度 $\boldsymbol{l}$ 和方向矢量 $\boldsymbol{m}$ 的各向同性矢量值函数，且与 $\boldsymbol{l}$ 为线性关系，使用证明式 (2.243a) 的方法，可得它的完备不可约表示只能是

$$\dot{\boldsymbol{m}}=\varphi_1\boldsymbol{m}+\varphi_2\boldsymbol{l}\cdot\boldsymbol{m}\quad 且\quad \varphi_1=\varphi_1'(\boldsymbol{m}\cdot\boldsymbol{l}\cdot\boldsymbol{m})$$

$\dot{\boldsymbol{m}}$ 与 $\boldsymbol{m}$ 应正交 (对 $\boldsymbol{m}\cdot\boldsymbol{m}=1$ 两边求物质时间导数可得 $\dot{\boldsymbol{m}}\cdot\boldsymbol{m}=\boldsymbol{m}\cdot\dot{\boldsymbol{m}}=0$)，则有 $\varphi_1'=-\varphi_2$，当仅产生刚体运动时 ($\boldsymbol{d}=\boldsymbol{0}$)，$\boldsymbol{m}\cdot\boldsymbol{l}\cdot\boldsymbol{m}=\boldsymbol{m}\cdot\boldsymbol{w}\cdot\boldsymbol{m}=0$，根据物质旋率的意义并结合式 (2.94)，应有 $\dot{\boldsymbol{m}}=\boldsymbol{w}\cdot\boldsymbol{m}$，所以 $\varphi_2=1$，于是得式 (4.35)

$$\dot{\boldsymbol{m}}=\boldsymbol{l}\cdot\boldsymbol{m}-(\boldsymbol{m}\cdot\boldsymbol{l}\cdot\boldsymbol{m})\,\boldsymbol{m}\tag{4.155}$$

实际上，第 2 章末在建立式 (2.270) 关于旋率的解时也应用到了各向同性和线性性等性质。

旋率是反对称张量，有一个对应的轴矢量 $\boldsymbol{\omega}$，即转动角速度矢量。从 4.2 节的分析可知，旋率张量等于正交张量的时间率点积它的转置，若正交张量由三个 Euler 角所定义，见式 (1.260)，一般来说，转动角速度矢量的三个分量不等于这三个 Euler 角直接求物质时间导数，使用式 (1.260)，根据定义和数学运算，得

$$\boldsymbol{\omega}=\begin{bmatrix}\dot{\phi}\cos\psi-\dot{\theta}\sin\psi\cos\phi\\ \dot{\phi}\sin\psi+\dot{\theta}\cos\psi\cos\phi\\ \dot{\psi}+\dot{\theta}\sin\phi\end{bmatrix}\tag{4.156}$$

但是，若考虑微小转动，三个 Euler 角 ψ，φ 和 θ 均为小量，由上式并结合三角函数的性质可得转动角速度矢量近似等于三个 Euler 角的物质时间导数，即

$$\boldsymbol{\omega}\approx\begin{bmatrix}\dot{\phi}\\ \dot{\theta}\\ \dot{\psi}\end{bmatrix}\tag{4.157}$$

实际上，式 (1.261) 已给出小转动下的正交张量，且可表示为单位张量和反对称张量之和，见式 (1.258)，从而得出了反对称张量的轴矢量就是三个 Euler 角。弹性力学关于板的小变形弯曲分析中需要应用这一性质。

4.10　Hill 应变度量、Seth 应变度量的物质时间导数

4.10.1　分量表示的物质应变率和空间应变率

有了 Lagrange 旋率和 Euler 旋率后，我们可以使用主轴表示导出 Hill 应变度量及 Seth 应变度量的物质时间导数。对于 Hill 物质应变度量的式 (3.195)，类比 $\boldsymbol{U}$ 的物质时间导数式 (4.89)，将其中的 λ_I 用 $f(\lambda_I)$ 代替，得其物质时间导数为

$$\dot{\underline{\mathbf{E}}} = \sum_{I=1}^{3} f'(\lambda_I)\,\dot{\lambda}_I \boldsymbol{N}_I \otimes \boldsymbol{N}_I + \sum_{I=1}^{3}\sum_{J\neq I}^{3} \left(f(\lambda_J) - f(\lambda_I)\right) \varOmega_{IJ}^{\mathrm{Lag}} \boldsymbol{N}_I \otimes \boldsymbol{N}_J \tag{4.158}$$

或者用 Lagrange 标架下的分量写成

$$\dot{\underline{\mathrm{E}}}_{II} = f'(\lambda_I)\,\dot{\lambda}_I \quad (I = 1,2,3;\ 对\ I\ 不求和)$$

$$\dot{\underline{\mathrm{E}}}_{IJ} = \left(f(\lambda_J) - f(\lambda_I)\right) \varOmega_{IJ}^{\mathrm{Lag}} \quad (I, J = 1,2,3;\ I \neq J;\ 对\ I, J\ 不求和)$$

在上式中代入 Lagrange 旋率表达式 (4.98a) 和伸长率表达式 (4.98b)，得

$$\dot{\underline{\mathrm{E}}}_{II} = \lambda_I f'(\lambda_I)\, d_{ii} \quad (i = I;\ 对\ i, I\ 不求和) \tag{4.159a}$$

$$\dot{\underline{\mathrm{E}}}_{IJ} = \frac{f(\lambda_J) - f(\lambda_I)}{\lambda_J - \lambda_I} \frac{2\lambda_I\lambda_J}{\lambda_J + \lambda_I} d_{ij} \quad (I \neq J;\ i = I;\ j = J;\ 对\ I, J\ 不求和) \tag{4.159b}$$

考虑有下列极限存在

$$\lim_{\lambda_j \to \lambda_i} \frac{f(\lambda_J) - f(\lambda_I)}{\lambda_J - \lambda_I} = f'(\lambda_I) \tag{4.160}$$

因此，上面两个式子统一地写成

$$\dot{E}_{IJ} = \frac{2\lambda_I\lambda_J}{\lambda_J + \lambda_I} \varphi(I, J)\, d_{ij} \quad (i = I;\ j = J;\ 对\ I, J\ 不求和) \tag{4.161a}$$

式中

$$\varphi(I, J) = \frac{f(\lambda_J) - f(\lambda_I)}{\lambda_J - \lambda_I} \tag{4.161b}$$

对于 Seth 物质应变度量 $\boldsymbol{E}^{(n)}$，将上式中的 $f(\lambda)$ 取为式 (3.200)，得它的时间率在 Lagrange 标架下的分量为

$$\dot{E}_{IJ}^{(n)} = \frac{1}{n} \frac{\lambda_J^n - \lambda_I^n}{\lambda_J - \lambda_I} \frac{2\lambda_I\lambda_J}{\lambda_J + \lambda_I} d_{ij} \quad (i = I;\ j = J;\ 对\ I, J\ 不求和) \tag{4.162}$$

或以整体形式写成

$$\dot{\boldsymbol{E}}^{(n)} = \dot{E}_{IJ}^{(n)} \boldsymbol{N}_I \otimes \boldsymbol{N}_J$$

上面的结果表明：所有物质应变度量的时间率只取决于变形率，而与物质旋率无关，所以在只产生刚体转动下均为零。

使用上面的结果可求空间 Seth 应变度量的物质时间率。式 (3.211) 给出

$$\boldsymbol{e}^{(n)} = \boldsymbol{R} \cdot \boldsymbol{E}^{(n)} \cdot \boldsymbol{R}^{\mathrm{T}} \tag{4.163}$$

两边求物质时间导数，得

$$\begin{aligned}\dot{\boldsymbol{e}}^{(n)} &= \boldsymbol{R} \cdot \dot{\boldsymbol{E}}^{(n)} \cdot \boldsymbol{R}^{\mathrm{T}} + \dot{\boldsymbol{R}} \cdot \boldsymbol{E}^{(n)} \cdot \boldsymbol{R}^{\mathrm{T}} + \boldsymbol{R} \cdot \boldsymbol{E}^{(n)} \cdot \dot{\boldsymbol{R}}^{\mathrm{T}} \\ &= \boldsymbol{R} \cdot \dot{\boldsymbol{E}}^{(n)} \cdot \boldsymbol{R}^{\mathrm{T}} + \dot{\boldsymbol{R}} \cdot \boldsymbol{R}^{\mathrm{T}} \cdot \boldsymbol{e}^{(n)} + \boldsymbol{e}^{(n)} \cdot \boldsymbol{R} \cdot \dot{\boldsymbol{R}}^{\mathrm{T}}\end{aligned} \tag{4.164}$$

在上式中使用相对旋率的定义式 (4.109)，整理得

$$\boldsymbol{R} \cdot \dot{\boldsymbol{E}}^{(n)} \cdot \boldsymbol{R}^{\mathrm{T}} = \dot{\boldsymbol{e}}^{(n)} - \boldsymbol{\Omega}^{\mathrm{R}} \cdot \boldsymbol{e}^{(n)} - \boldsymbol{e}^{(n)} \cdot \boldsymbol{\Omega}^{\mathrm{RT}} \tag{4.165}$$

上式右边被称为空间应变 $\boldsymbol{e}^{(n)}$ 的 Green-Naghdi 共旋率，见后面的定义式 (6.91)，它是以 $\boldsymbol{R}$ 作刚体转动的观察者所观察到的空间应变 $\boldsymbol{e}^{(n)}$ 的变化率。考察当前时刻 t 到 $t+\mathrm{d}t$ 的微小时间增量内仅产生刚体转动，$\boldsymbol{d}=0$，$\boldsymbol{w}\neq 0$，根据前面的分析，则有 $\boldsymbol{\Omega}^{\mathrm{R}}=\boldsymbol{w}\neq 0$，$\dot{\boldsymbol{E}}^{(n)}=0$，因此，使用式 (4.165) 和式 (4.67) 可知，$\boldsymbol{e}^{(n)}$ 的 Green-Naghdi 率与 Jamman 率都为零，但 $\dot{\boldsymbol{e}}^{(n)}$ 本身并不为零。归纳起来说：

当仅产生刚体转动时，所有物质应变度量的率均为零，而所有空间应变度量的率都不为零，但空间应变度量的无论是 Green-Naghdi 率还是 Jamman 率也都为零。

4.10.2 对数应变的时间率

特别地，在式 (4.161b) 中取 $f(\lambda)$ 为 $\ln\lambda$，即在式 (3.200) 中取 $n=0$，利用式 (4.161a) 得物质对数应变 $\boldsymbol{H}=\boldsymbol{E}^{(0)}$ 的时间率在 Lagrange 标架下的分量

$$\dot{H}_{IJ} = \frac{2\lambda_I\lambda_J}{\lambda_J^2-\lambda_I^2}\left(\ln\lambda_J - \ln\lambda_I\right) d_{ij} \quad (i=I; j=J; \lambda_I \neq \lambda_J;\ \text{对 } I,J \text{ 不求和}) \tag{4.166a}$$

$$\dot{H}_{IJ} = d_{ij} \quad (i=I; j=J; \lambda_I=\lambda_J) \tag{4.166b}$$

当变形率 $\boldsymbol{d}$ 的主方向沿着 Euler 主轴 $\boldsymbol{n}_i$ $(i=1,2,3)$ 方向时，$d_{ij}=0$ $(i\neq j)$，比如，单轴拉伸下会发生这种情况。根据式 (4.166a) 和式 (4.166b)，则 $\dot{H}_{IJ}=0$ $(I\neq J)$ 且 $\dot{H}_{II}=d_{ii}$ ($i=I$；对 I,i 不求和)，于是有

$$\dot{H}_{IJ} = d_{ij} \quad (i=I; j=J) \tag{4.167}$$

利用主轴之间的关系式 (3.56)，上式可写成整体形式

$$\begin{aligned}\dot{\boldsymbol{H}} &= \sum_{I=1}^{3}\sum_{J=1}^{3}\dot{H}_{IJ}\boldsymbol{N}_I\otimes\boldsymbol{N}_J \\ &= \sum_{i=1}^{3}\sum_{j=1}^{3}d_{ij}\boldsymbol{R}^{\mathrm{T}}\cdot\boldsymbol{n}_i\otimes\boldsymbol{n}_j\cdot\boldsymbol{R} = \boldsymbol{R}^{\mathrm{T}}\cdot\boldsymbol{d}\cdot\boldsymbol{R} = \hat{\boldsymbol{d}}\end{aligned} \tag{4.168}$$

即 $\dot{\boldsymbol{H}}$ 就等于共旋变形率 $\hat{\boldsymbol{d}}$，见式 (4.59a)。

当变形率 $\boldsymbol{d}$ 的主方向不是沿着 Euler 主轴 $\boldsymbol{n}_i$ $(i=1,2,3)$ 方向，但伸长不太大时，两者近似相等，即 $\dot{\boldsymbol{H}}\approx\hat{\boldsymbol{d}}$，原因如下：将式 (4.166a) 在 $\ln(\lambda_J/\lambda_I)=0$ 即 $\lambda_J/\lambda_I=1$ 附近作 Taylor 展开，得

$$\dot{H}_{IJ} = d_{ij}\left[1-\frac{1}{3}(\ln\lambda_J-\ln\lambda_I)^2+\cdots\right] \quad (i=I; j=J;\ \text{对 } I,J \text{ 不求和}) \tag{4.169}$$

由上式可知，对数应变率和变形率的非对角元素之差是对数应变分量的二次项，当伸长不太大即 $|\lambda-1|$ 较小时，可以忽略不计，比如，$\lambda_J=1.1, \lambda_I=0.9$，直接使用式 (4.166a) 计算得 $\dot{H}_{IJ}=0.99332d_{ij}$，近似值 $\dot{H}_{IJ}\approx d_{ij}$ $(I\neq J, I=i, J=j)$ 与之相差仅 0.67‰。注意：对角元素严格相等，即 $\dot{H}_{II}=d_{ii}$ $(i=I$；对 I,i 不求和)，因此有 $\dot{\boldsymbol{H}}\approx\hat{\boldsymbol{d}}$。有关进一步的讨论见 Fitzgerald (1980) 及 Hoger(1986)。

1. 不依赖坐标系的表达

式 (4.166a) 和式 (4.166b) 是物质对数应变率在主轴坐标系下的分量表示，然而，建立其不依赖坐标系的表达往往是必要的，Hoger(1986) 进行了该项工作，过程非常复杂。Xiao(1995) 借助特征基的表示导出了包括对数应变率在内的任意 Hill 应变率的表达，过程相对而言简单很多，Xiao 的方法就是推导式 (4.126) 所采用的方法。

首先，考虑当 $\lambda_j\to\lambda_i$ 时有下列极限存在

$$\lim_{\lambda_j\to\lambda_i}\frac{2\lambda_i\lambda_j}{\lambda_j^2-\lambda_i^2}(\ln\lambda_j-\ln\lambda_i)=1 \tag{4.170}$$

将式 (4.166a) 和式 (4.166b) 结合起来写成整体形式

$$\dot{\boldsymbol{H}} = \sum_{i=1}^{3}\sum_{j=1}^{3}\frac{2\lambda_i\lambda_j}{\lambda_j^2-\lambda_i^2}(\ln\lambda_j-\ln\lambda_i)\boldsymbol{N}_i\otimes\boldsymbol{N}_j(\boldsymbol{n}_i\otimes\boldsymbol{n}_j:\boldsymbol{d}) \tag{4.171}$$

注意：这里不同于式 (4.121)，求和包括 $i=j$ 的情况。再将上式前点积 $\boldsymbol{R}$ 和后点积 $\boldsymbol{R}^{\mathrm{T}}$，并考虑到式 (3.56) 和式 (1.302)，有

$$\boldsymbol{R}\cdot\dot{\boldsymbol{H}}\cdot\boldsymbol{R}^{\mathrm{T}} = \boldsymbol{\mathcal{T}}:\boldsymbol{d} \tag{4.172}$$

式中 $\mathcal{T}$ 是四阶空间转换张量，为

$$\mathcal{T}=\frac{1}{2}\sum_{i=1}^{3}\sum_{j=1}^{3}\frac{2\lambda_i\lambda_j\left(\ln\lambda_j-\ln\lambda_i\right)}{\lambda_j^2-\lambda_i^2}\left(\boldsymbol{a}_i\boxtimes\boldsymbol{a}_j+\boldsymbol{a}_i\overline{\boxtimes}\boldsymbol{a}_j\right)\tag{4.173}$$

这里对最后两个指标进行了对称化处理。

对照式 (1.335) 可知，式 (4.173) 是 $\mathcal{T}$ 的谱表示，所以

(1) $\mathcal{T}$ 具有六个特征张量，再结合式 (1.335) 前的分析并考虑到式 (4.170) 可知，其中三个特征张量是 $\boldsymbol{a}_i$ $(i=1,2,3)$，对应的特征值均为 1，即有

$$\mathcal{T}:\boldsymbol{a}_i=\boldsymbol{a}_i\tag{4.174}$$

上式也可通过分别令 $\boldsymbol{d}=\boldsymbol{a}_i$ $(i=1,2,3)$ (这时，$\boldsymbol{d}$ 与 $\boldsymbol{V}$ 共主轴)，使用式 (4.168) 和式 (4.172) 得到。另外三个特征张量和对应的特征值则分别是

$$\frac{1}{\sqrt{2}}\left(\boldsymbol{n}_i\otimes\boldsymbol{n}_j+\boldsymbol{n}_j\otimes\boldsymbol{n}_i\right),\quad\frac{2\lambda_i\lambda_j\left(\ln\lambda_j-\ln\lambda_i\right)}{\lambda_j^2-\lambda_i^2}$$
$$(i,j=1,2,3;\ i<j;\ \text{不求和})\tag{4.175}$$

(2) $\mathcal{T}$ 对于 $\boldsymbol{V}$ 的任意二阶张量值各向同性函数 $\boldsymbol{f}(\boldsymbol{V})$，都有

$$\mathcal{T}:\boldsymbol{f}\left(\boldsymbol{V}\right)=\boldsymbol{f}\left(\boldsymbol{V}\right)\tag{4.176}$$

因为根据张量函数表示定理，$\boldsymbol{V}$ 的各向同性函数都可由 $\boldsymbol{a}_i$ $(i=1,2,3)$ 的线性组合所表示，结合式 (4.174)，式 (4.176) 成立。然而，式 (4.176) 并不意味着 $\mathcal{T}$ 是四阶单位张量，除非当 $\boldsymbol{f}$ 为任意的二阶张量或张量值函数，它都能成立。

采用类似于式 (4.121)~ 式 (4.126) 的处理方法，在式 (4.173) 的基础上可导出转换张量使用左伸长张量 $\boldsymbol{V}$ 的不依赖坐标系的表达为

$$\begin{aligned}\mathcal{T}=&\psi_1\left(\boldsymbol{V}\boxtimes\boldsymbol{I}+\boldsymbol{I}\boxtimes\boldsymbol{V}\right)+\psi_2\left(\boldsymbol{V}^2\boxtimes\boldsymbol{I}+\boldsymbol{I}\boxtimes\boldsymbol{V}^2\right)+\psi_3\left(\boldsymbol{V}^2\boxtimes\boldsymbol{V}+\boldsymbol{V}\boxtimes\boldsymbol{V}^2\right)\\&+\psi_4\boldsymbol{V}^2\boxtimes\boldsymbol{V}^2+\psi_5\boldsymbol{V}\boxtimes\boldsymbol{V}+\psi_6\mathcal{I}\end{aligned}\tag{4.177}$$

式中系数 $\psi_1\sim\psi_6$ 的表达式形式分别与 $\phi_1\sim\phi_6$ 对应相同，只需要在求和中进行下面的代换 (通过对照式 (4.166a) 和式 (4.112))

$$\frac{\lambda_j-\lambda_i}{\lambda_j+\lambda_i}\quad\Rightarrow\quad\frac{2\lambda_i\lambda_j}{\lambda_j^2-\lambda_i^2}\left(\ln\lambda_j-\ln\lambda_i\right)\tag{4.178}$$

注意：其中的求和必须包括 $i=j$ 的情况。不过，利用转换张量 $\mathcal{T}$ 的性质式 (4.174) 可导出系数 $\psi_1\sim\psi_6$ 之间的三个关系式。根据式 (4.174)，$\mathcal{T}$ 将二阶单位张量 $\boldsymbol{I}=\boldsymbol{a}_1+\boldsymbol{a}_2+\boldsymbol{a}_3$ 变换为它本身，得

$$2\psi_3\boldsymbol{V}^3+2\psi_1\boldsymbol{V}+\left(2\psi_2+\psi_5\right)\boldsymbol{V}^2+\psi_4\boldsymbol{V}^4+\psi_6\boldsymbol{I}=\boldsymbol{I}\tag{4.179}$$

在上式中使用 Hamilton-Cayley 定理式 (1.165) 并整理，得

$$\left[\left(2\psi_3+\psi_4 I^V\right) I^V + 2\psi_2+\psi_5 - \psi_4 II^V\right] \boldsymbol{V}^2 + \left[2\psi_1 + \psi_4 III^V - \left(2\psi_3+\psi_4 I^V\right) II^V\right] \boldsymbol{V}$$
$$+ \left[\psi_6 + \left(2\psi_3+\psi_4 I^V\right) III^V - 1\right] \boldsymbol{I} = \boldsymbol{0}$$

上式是 $\boldsymbol{V}$ 的二次多项式，由于 $\boldsymbol{V}$ 是任意的，因此，欲使多项式为零张量，其系数必须是零，得

$$\begin{aligned}
\psi_1 &= \psi_3 II^V + \frac{1}{2}\psi_4\left(I^V II^V - III^V\right) \\
\psi_5 &= -2\psi_2 - 2\psi_3 I^V + \psi_4\left(II^V - I^V I^V\right) \\
\psi_6 &= 1 - \left(2\psi_3+\psi_4 I^V\right) III^V
\end{aligned}$$

而其余三个系数通过式 (4.178) 定义的代换方法给出，为

$$\begin{aligned}
\psi_2 &= \sum_{i=1}^{3}\sum_{j=1}^{3} \frac{2\lambda_i\lambda_j\left(\ln\lambda_j - \ln\lambda_i\right)}{\lambda_j^2 - \lambda_i^2} \frac{III^V}{D_i D_j \lambda_j} \\
\psi_3 &= \sum_{i=1}^{3}\sum_{j=1}^{3} \frac{2\lambda_i\lambda_j\left(\ln\lambda_j - \ln\lambda_i\right)}{\lambda_j^2 - \lambda_i^2} \frac{\left(\lambda_j - I^V\right)}{D_i D_j} \\
\psi_4 &= \sum_{i=1}^{3}\sum_{j=1}^{3} \frac{2\lambda_i\lambda_j\left(\ln\lambda_j - \ln\lambda_i\right)}{\lambda_j^2 - \lambda_i^2} \frac{1}{D_i D_j}
\end{aligned} \tag{4.180}$$

当 $\boldsymbol{V}$ 的三个主值重合 $(\lambda_1 = \lambda_2 = \lambda_3)$ 时，使用式 (4.173)，并考虑到极限式 (4.170)，则

$$\boldsymbol{\mathcal{T}} = \frac{1}{2}\sum_{i=1}^{3}\sum_{j=1}^{3}\left(\boldsymbol{a}_i \boxtimes \boldsymbol{a}_j + \boldsymbol{a}_i \overline{\boxtimes} \boldsymbol{a}_j\right) \tag{4.181}$$

它将任意的二阶张量都转换为它本身，因此，转换张量退化为 (空间) 四阶单位张量 $\boldsymbol{\mathcal{T}} = \boldsymbol{\mathcal{I}}$。实际上，将 $\boldsymbol{I} = \boldsymbol{a}_1 + \boldsymbol{a}_2 + \boldsymbol{a}_3$ 代入四阶单位张量的式 (1.314) 就得上式。

2. 近似表示

前文还指出，当伸长不太大，即 $|\lambda - 1|$ 较小时，物质对数应变率在 Lagrange 标架下的分量为式 (4.169)，按照上述方法有

$$\boldsymbol{R}\cdot\dot{\boldsymbol{H}}\cdot\boldsymbol{R}^{\mathrm{T}} \approx \sum_{i=1}^{3}\sum_{j=1}^{3} d_{ij}\left[1 - \frac{1}{3}\left(\ln\lambda_j - \ln\lambda_i\right)^2\right]\boldsymbol{n}_i \otimes \boldsymbol{n}_j$$

$$\approx \boldsymbol{d}-\frac{1}{3}\left[\sum_{i=1}^{3}\sum_{j=1}^{3} d_{ij}\boldsymbol{n}_i\otimes\boldsymbol{n}_j\cdot\sum_{k=1}^{3}(\ln\lambda_k)^2\boldsymbol{n}_k\otimes\boldsymbol{n}_k\right.$$
$$\left.+\sum_{k=1}^{3}(\ln\lambda_k)^2\boldsymbol{n}_k\otimes\boldsymbol{n}_k\cdot\sum_{i=1}^{3}\sum_{j=1}^{3} d_{ij}\boldsymbol{n}_i\otimes\boldsymbol{n}_j\right]$$
$$+\frac{2}{3}\sum_{k=1}^{3}\ln\lambda_k\boldsymbol{n}_k\otimes\boldsymbol{n}_k\cdot\sum_{i=1}^{3}\sum_{j=1}^{3} d_{ij}\boldsymbol{n}_i\otimes\boldsymbol{n}_j\cdot\sum_{k=1}^{3}\ln\lambda_k\boldsymbol{n}_k\otimes\boldsymbol{n}_k$$

上式写成符号记法形式是

$$\boldsymbol{R}\cdot\dot{\boldsymbol{H}}\cdot\boldsymbol{R}^{\mathrm{T}}\approx\boldsymbol{d}-\frac{1}{3}\left(\boldsymbol{h}^2\cdot\boldsymbol{d}+\boldsymbol{d}\cdot\boldsymbol{h}^2\right)+\frac{2}{3}\boldsymbol{h}\cdot\boldsymbol{d}\cdot\boldsymbol{h} \tag{4.182}$$

与式 (4.172) 对照，则有

$$\boldsymbol{\mathcal{T}}\approx\boldsymbol{\mathcal{I}}-\frac{1}{3}\left(\boldsymbol{h}^2\boxtimes\boldsymbol{I}+\boldsymbol{I}\boxtimes\boldsymbol{h}^2\right)+\frac{2}{3}\boldsymbol{h}\boxtimes\boldsymbol{h} \tag{4.183}$$

3. 转换张量的物质形式

将式 (4.172) 前点积 $\boldsymbol{R}^{\mathrm{T}}$ 和后点积 $\boldsymbol{R}$，考虑到式 (1.302) 定义的记法和性质式 (1.306)，有

$$\dot{\boldsymbol{H}}=(\boldsymbol{R}\boxtimes\boldsymbol{R})^{\mathrm{T}}:\boldsymbol{\mathcal{T}}:\boldsymbol{d} \tag{4.184}$$

另外，有

$$\boldsymbol{d}=\boldsymbol{R}\cdot\hat{\boldsymbol{d}}\cdot\boldsymbol{R}^{\mathrm{T}}=(\boldsymbol{R}\boxtimes\boldsymbol{R}):\hat{\boldsymbol{d}}$$

因此，式 (4.184) 可写成

$$\dot{\boldsymbol{H}}=\mathbb{T}:\hat{\boldsymbol{d}} \tag{4.185}$$

式中

$$\mathbb{T}=(\boldsymbol{R}\boxtimes\boldsymbol{R})^{\mathrm{T}}:\boldsymbol{\mathcal{T}}:(\boldsymbol{R}\boxtimes\boldsymbol{R}) \tag{4.186}$$

是物质转换张量，它将共旋变形率转换为物质对数应变的时间率，将式 (4.177) 代入其中，逐项应用式 (1.318)、式 (1.306) 和式 (3.53)，例如

$$\begin{aligned}(\boldsymbol{R}\boxtimes\boldsymbol{R})^{\mathrm{T}}:\left(\boldsymbol{V}^2\boxtimes\boldsymbol{V}\right):(\boldsymbol{R}\boxtimes\boldsymbol{R})&=\left(\left(\boldsymbol{R}^{\mathrm{T}}\cdot\boldsymbol{V}^2\right)\boxtimes\left(\boldsymbol{R}^{\mathrm{T}}\cdot\boldsymbol{V}\right)\right):(\boldsymbol{R}\boxtimes\boldsymbol{R})\\&=\left(\boldsymbol{R}^{\mathrm{T}}\cdot\boldsymbol{V}^2\cdot\boldsymbol{R}\right)\boxtimes\left(\boldsymbol{R}^{\mathrm{T}}\cdot\boldsymbol{V}\cdot\boldsymbol{R}\right)=\boldsymbol{U}^2\boxtimes\boldsymbol{U}\end{aligned} \tag{4.187}$$

所以将 $\boldsymbol{\mathcal{T}}$ 表达式中的 $\boldsymbol{V}\rightarrow\boldsymbol{U}$ 就可得到 $\mathbb{T}$ 的表达式，为

$$\begin{aligned}\mathbb{T}=&\psi_1\left(\boldsymbol{U}^2\boxtimes\boldsymbol{U}+\boldsymbol{U}\boxtimes\boldsymbol{U}^2\right)+\psi_2\left(\boldsymbol{U}\boxtimes\boldsymbol{I}+\boldsymbol{I}\boxtimes\boldsymbol{U}\right)+\psi_3\left(\boldsymbol{U}^2\boxtimes\boldsymbol{I}+\boldsymbol{I}\boxtimes\boldsymbol{U}^2\right)\\&+\psi_4\boldsymbol{U}^2\boxtimes\boldsymbol{U}^2+\psi_5\boldsymbol{U}\boxtimes\boldsymbol{U}+\psi_6\mathbb{I}\end{aligned} \tag{4.188}$$

实际上，在给出了相对旋率和对数率的表达后，很容易得到物质对数应变率的表达，在式 (4.165) 中取 $n=0$，得

$$\boldsymbol{R}\cdot\dot{\boldsymbol{H}}\cdot\boldsymbol{R}^{\mathrm{T}}=\dot{\boldsymbol{h}}-\boldsymbol{\Omega}^{\mathrm{R}}\cdot\boldsymbol{h}-\boldsymbol{h}\cdot\boldsymbol{\Omega}^{\mathrm{RT}} \tag{4.189}$$

上式右边是空间对数应变的 Green-Naghdi 共旋率，结合该式和式 (4.113)，得

$$\boldsymbol{R}\cdot\dot{\boldsymbol{H}}\cdot\boldsymbol{R}^{\mathrm{T}}=\boldsymbol{d}+\left(\boldsymbol{\Omega}^{\log}-\boldsymbol{\Omega}^{\mathrm{R}}\right)\cdot\boldsymbol{h}+\boldsymbol{h}\cdot\left(\boldsymbol{\Omega}^{\log}-\boldsymbol{\Omega}^{\mathrm{R}}\right)^{\mathrm{T}} \tag{4.190}$$

将对数率式 (4.150) 和相对旋率式 (4.131) 代入上式，并考虑了空间对数应变 $\boldsymbol{h}$ 是左伸长张量 $\boldsymbol{V}$ 的各向同性函数 (2.6.1 节已表明，对数函数是自变量的各向同性函数)，得 $\boldsymbol{\mathcal{T}}$ 使用 $\boldsymbol{V}$ 的一般表示。

第 5 章　基本力学定律

第 3 章和第 4 章讨论了物体的变形几何和运动，本章主要讨论物体的力与能量应遵循的基本定律，包括：动量守恒和动量矩守恒；动量守恒的弱形式——虚位移原理；热力学第一定律和第二定律。

这些定律常常需要将物体内具有一定分布且随时间变化的物理量在所关心的区域上进行积分得到这个区域的相应总量，如质量、动量、动量矩和能量等，关心的区域往往是指由一系列固定不变的物质所组成的，在边界上的物质将始终保持在边界上，它在空间中随物质的运动而变形与移动，或者说，它在不同时刻所占据的空间域不同，具有这种性质的区域称为物质区域，其积分所得物理总量随时间变化，它的时间导数就简称为积分的物质时间导数，本章首先讨论有关的 Reynold 输运定理。接下来讨论质量守恒定律，以及根据它导出后面经常要使用的 Reynold 第二输运定理。在当前构形中讨论了动量守恒定律和动量矩守恒定律后，将它们应用于物质质点, 导出 Cauchy 应力原理与运动方程以及 Cauchy 应力的对称性。功和能始终是力学中非常重要的概念，本章接下来在当前构形中讨论了外力功率、内力功率和动能之间的能量平衡关系。一些分析有时会涉及针对固定空间区域 (不同时刻包含的物质不同)，而且会更经常地需要在选定的参考构形中进行，本章分别针对这两种情况建立了基本定律的相应表示，在参考构形的讨论中，着重介绍了第一 P-K 应力的定义。通过引入功共轭的概念给出其他应力度量，如第二 P-K 应力、Biot 应力和对数应力等。在后面建立本构方程的讨论，经常需要使用应力率的概念，本章给出了作为两点张量的第一 P-K 应力和作为物质张量的第二 P-K 应力与空间张量的 Cauchy 应力三者时间率之间的关系，重点讨论了这些应力率与刚体转动的相关性。最后，介绍了能量守恒——热力学第一定律，以及描述能量传递方向的热力学第二定律，包括这两个定律的整体和局部形式，以及在当前构形和参考构形中的表示。

5.1　Reynold 输运定理

使用 $\varOmega$ 表示物质区域，对于标量值被积函数 $\varPhi(\boldsymbol{x}, t)$，其积分的物质时间导数定义为

$$\frac{\mathrm{D}}{\mathrm{D}t}\int_{\Omega}\Phi(\boldsymbol{x},t)\,\mathrm{d}V \xlongequal{\text{def}} \frac{1}{\Delta t}\lim_{\Delta t\to 0}\left(\int_{\Omega_{t+\Delta t}}\Phi(\boldsymbol{x},t+\Delta t)\,\mathrm{d}V-\int_{\Omega_t}\Phi(\boldsymbol{x},t)\,\mathrm{d}V\right) \tag{5.1}$$

式中 $\Omega_{t+\Delta t}$ 是组成 Ω 的物质在 $t+\Delta t$ 时刻所占据的空间域，而 Ω_t 是该物质在 t 时刻所占据的空间域。Reynold 输运定理给出

$$\frac{\mathrm{D}}{\mathrm{D}t}\int_{\Omega}\Phi(\boldsymbol{x},t)\,\mathrm{d}V=\int_{\Omega}\left(\frac{\mathrm{D}\Phi(\boldsymbol{x},t)}{\mathrm{D}t}+\Phi(\boldsymbol{x},t)\,\nabla\cdot\boldsymbol{v}\right)\mathrm{d}V \tag{5.2}$$

或者

$$\frac{\mathrm{D}}{\mathrm{D}t}\int_{\Omega}\Phi(\boldsymbol{x},t)\,\mathrm{d}V=\int_{\Omega}\frac{\partial\Phi(\boldsymbol{x},t)}{\partial t}\mathrm{d}V+\int_{\Gamma}\Phi(\boldsymbol{x},t)\,\boldsymbol{v}\cdot\boldsymbol{n}\mathrm{d}a \tag{5.3}$$

其中 Γ 代表物质区域 Ω 的边界，是物质面，即在运动中总是由一系列固定不变的物质点组成。

证明 将式 (5.1) 右边的积分转换到参考构形上，考虑到 $\mathrm{d}V=J\mathrm{d}V_0$，有

$$\begin{aligned}\frac{\mathrm{D}}{\mathrm{D}t}\int_{\Omega}\Phi(\boldsymbol{x},t)\,\mathrm{d}V=\frac{1}{\Delta t}\lim_{\Delta t\to 0}&\left(\int_{\Omega_0}\Phi(\boldsymbol{X},t+\Delta t)\,J(\boldsymbol{X},t+\Delta t)\,\mathrm{d}V_0\right.\\&\left.-\int_{\Omega_0}\Phi(\boldsymbol{X},t)\,J(\boldsymbol{X},t)\,\mathrm{d}V_0\right)\end{aligned}$$

式中 Ω_0 是组成 Ω 的物质在参考构形中所占据的空间域。经过积分域的变换，Φ 成为物质坐标 $\boldsymbol{X}$ 的函数。由于参考构形不随时间变化，因此，上式右边取极限只针对被积函数，再结合导数的定义应有

$$\frac{\mathrm{D}}{\mathrm{D}t}\int_{\Omega}\Phi(\boldsymbol{x},t)\,\mathrm{d}V=\int_{\Omega_0}\frac{\mathrm{D}}{\mathrm{D}t}\left(\Phi(\boldsymbol{X},t)\,J(\boldsymbol{X},t)\right)\mathrm{d}V_0 \tag{5.4}$$

在上式中使用复合函数求导法则以及式 (4.45)，即

$$\frac{\mathrm{D}J(\boldsymbol{X},t)}{\mathrm{D}t}=\dot{J}(\boldsymbol{X},t)=J(\boldsymbol{X},t)\,\nabla\cdot\boldsymbol{v} \tag{5.5}$$

则有

$$\begin{aligned}\frac{\mathrm{D}}{\mathrm{D}t}\int_{\Omega}\Phi(\boldsymbol{x},t)\,\mathrm{d}V&=\int_{\Omega_0}\left(\frac{\mathrm{D}\Phi(\boldsymbol{X},t)}{\mathrm{D}t}J(\boldsymbol{X},t)+\Phi(\boldsymbol{X},t)\,\frac{\mathrm{D}J(\boldsymbol{X},t)}{\mathrm{D}t}\right)\mathrm{d}V_0\\&=\int_{\Omega_0}\left(\frac{\mathrm{D}\Phi(\boldsymbol{x},t)}{\mathrm{D}t}+\Phi(\boldsymbol{X},t)\,\nabla\cdot\boldsymbol{v}\right)J(\boldsymbol{X},t)\,\mathrm{d}V_0\end{aligned} \tag{5.6}$$

考虑到 $\mathrm{d}V=J\mathrm{d}V_0$，于是，积分又变回到了当前构形，得式 (5.2)。

参照式 (4.7)，作为空间坐标 $\boldsymbol{x}$ 的函数，$\varPhi$ 的物质时间导数为下式所表示，为简便起见，将 $\varPhi$ 函数的自变量表示略去，有

$$\frac{\mathrm{D}\varPhi}{\mathrm{D}t} = \frac{\partial \varPhi}{\partial t} + \frac{\partial \varPhi}{\partial x_i} v_i = \frac{\partial \varPhi}{\partial t} + (\nabla \varPhi) \cdot \boldsymbol{v} \tag{5.7}$$

式中 $\dfrac{\partial \varPhi}{\partial t}$ 是空间时间导数。代入式 (5.2)，得

$$\frac{\mathrm{D}}{\mathrm{D}t} \int_{\Omega} \varPhi \mathrm{d}V = \int_{\Omega} \left(\frac{\partial \varPhi}{\partial t} + (\nabla \varPhi) \cdot \boldsymbol{v} + \varPhi \nabla \cdot \boldsymbol{v} \right) \mathrm{d}V = \int_{\Omega} \left(\frac{\partial \varPhi}{\partial t} + \nabla \cdot (\boldsymbol{v} \varPhi) \right) \mathrm{d}V \tag{5.8}$$

应用散度定理式 (2.153)，式 (5.3) 得证。♦♦

Reynold 输运定理式 (5.3) 中等号右边第一项表示，在当前构形中空间区域不变，仅因被积函数变化而引起的积分变化，代表“局部导数”；而第二项则表示被积函数不变，仅因物质流出空间区域 Ω 而引起的积分变化，其中 $\boldsymbol{v}\Delta t \cdot \boldsymbol{n}\mathrm{d}a$ 是时间 Δt 流出物质的体积元 (正值为流出，负值为流入)，$\boldsymbol{v} \cdot \boldsymbol{n}\mathrm{d}a$ 就是单位时间内流出物质的体积元，如图 5.1 所示。

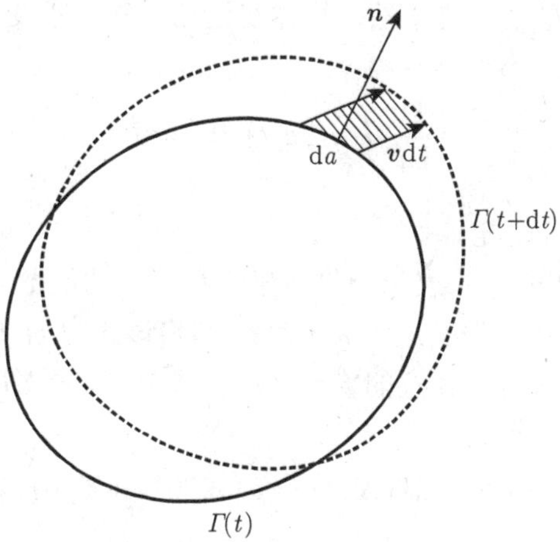

图 5.1 Reynold 输运定理的几何解释

实际上，定理式 (5.2) 可以使用体积率的表达式 (4.46) 很容易导出，即

$$\frac{\mathrm{D}}{\mathrm{D}t} \int_{\Omega} \varPhi \mathrm{d}V = \int_{\Omega} \left(\frac{\mathrm{D}\varPhi}{\mathrm{D}t} \mathrm{d}V + \varPhi \frac{\mathrm{D}}{\mathrm{D}t} (\mathrm{d}V) \right) = \int_{\Omega} \left(\frac{\mathrm{D}\varPhi}{\mathrm{D}t} + \varPhi \nabla \cdot \boldsymbol{v} \right) \mathrm{d}V \tag{5.9}$$

类似于式 (5.9) 的推导方法，可以很容易导出一个连续可微的矢量场 $\boldsymbol{q}(\boldsymbol{x}, t)$ 通过物质曲面 $\varGamma$ 的通量 $\displaystyle\int_{\varGamma} \boldsymbol{q} \cdot \boldsymbol{n} \mathrm{d}a$ 的物质时间导数，考虑到面积元 $\boldsymbol{n}\mathrm{d}a$ 的物质

时间导数式 (4.47) 和速度梯度的定义，有

$$\frac{\mathrm{D}}{\mathrm{D}t}\int_{\Gamma}\boldsymbol{q}\cdot\boldsymbol{n}\mathrm{d}a=\int_{\Gamma}\frac{\mathrm{D}\boldsymbol{q}}{\mathrm{D}t}\cdot\boldsymbol{n}\mathrm{d}a+\int_{\Gamma}\boldsymbol{q}\cdot\frac{\mathrm{D}\left(\boldsymbol{n}\mathrm{d}a\right)}{\mathrm{D}t}$$
$$=\int_{\Gamma}\left(\frac{\mathrm{D}\boldsymbol{q}}{\mathrm{D}t}+\left(\nabla\cdot\boldsymbol{v}\right)\boldsymbol{q}-\boldsymbol{q}\cdot\left(\boldsymbol{v}\otimes\nabla\right)^{\mathrm{T}}\right)\cdot\boldsymbol{n}\mathrm{d}a \tag{5.10}$$

5.2 质量守恒定律

按照连续介质假设，质量被认为是连续分布于物体中，因此可引入一个连续场变量——质量密度 ρ 来描述，它定义为单位体积微元所含的质量，设 t 时刻当前构形中位于空间位置 $\boldsymbol{x}$ 处的微元体积 ΔV 所包含的质量为 Δm，就有

$$\rho\left(\boldsymbol{x},t\right)\overset{\text{def}}{=\!=\!=}\lim_{\Delta V\to 0}\frac{\Delta m}{\Delta V} \tag{5.11}$$

则物质区域 Ω 内的质量是

$$m=\int_{\Omega}\rho\left(\boldsymbol{x},t\right)\mathrm{d}V$$

不考虑质量与能量之间的交换，物体在运动中质量不变，即对于物体内任意的物质区域 Ω 都应有

$$\frac{\mathrm{D}}{\mathrm{D}t}\int_{\Omega}\rho\left(\boldsymbol{x},t\right)\mathrm{d}V=0 \tag{5.12}$$

这是整体形式的质量守恒定律。

将式 (5.12) 中的密度 ρ 表示为物质坐标和时间的函数 $\rho=\rho\left(\boldsymbol{X},t\right)$，然后，应用推导 Reynold 输运定理的过程式 (5.4)，即将该式中的 $f(\boldsymbol{X},t)$ 使用 $\rho\left(\boldsymbol{X},t\right)$ 代替，考虑到式 (5.12) 对于任意的物质区域都应成立，得物质描述下质量守恒方程的局部形式

$$\rho\left(\boldsymbol{X},t\right)J\left(\boldsymbol{X},t\right)=\rho\left(\boldsymbol{X},0\right)J\left(\boldsymbol{X},0\right)$$

设初始参考构形无变形，$J(\boldsymbol{X},0)=1$，且记初始密度 $\rho(\boldsymbol{X},0)=\rho_0(\boldsymbol{X})$，则上式变为

$$\rho\left(\boldsymbol{X},t\right)J\left(\boldsymbol{X},t\right)=\rho_0\left(\boldsymbol{X}\right) \tag{5.13}$$

在式 (5.12) 中应用 Reynold 输运定理式 (5.2) 或者式 (5.8)，进行与上面相类似的处理，得空间描述下质量守恒方程的局部形式，为简单起见，略去空间坐标和时间 $(\boldsymbol{x},t)$ 的自变量表示，有

$$\dot{\rho}+\rho\nabla\cdot\boldsymbol{v}=0 \tag{5.14}$$

或者

$$\frac{\partial \rho}{\partial t} + \nabla \cdot (\rho \boldsymbol{v}) = 0 \tag{5.15}$$

需要说明：式 (5.14) 的第一项是单位体积不变、仅密度改变引起的质量改变，而第二项是密度不变、仅单位体积改变而引起的质量改变 ($\nabla \cdot \boldsymbol{v}$ 是单位体积的体积改变)。

5.3 Reynold 第二输运定理

使用 Reynold 输运定理式并结合质量守恒定律，可导出一个非常有用的定理，即 Reynold 第二输运定理：

对于任意的物理场变量 $\underline{\mathbf{t}}(\boldsymbol{x}, t)$(可以是标量、矢量、张量场)，若它们连续可微，物质区域积分 $\int_{\Omega} \rho \underline{\mathbf{t}} \mathrm{d}V$ 仅是时间的函数，则它的物质时间导数应为

$$\frac{\mathrm{D}}{\mathrm{D}t} \int_{\Omega} \rho \underline{\mathbf{t}} \mathrm{d}V = \int_{\Omega} \rho \frac{\mathrm{D}\underline{\mathbf{t}}}{\mathrm{D}t} \mathrm{d}V = \int_{\Omega} \rho \dot{\underline{\mathbf{t}}} \mathrm{d}V \tag{5.16}$$

这意味着对被积函数中包含质量密度的体积分求物质时间导数就好像质量密度和积分体积域是不变的，只有被积函数中的物理量 $\underline{\mathbf{t}}$ 在变化。

证明 使用 Reynold 输运定理式 (5.2)，有

$$\begin{aligned} \frac{\mathrm{D}}{\mathrm{D}t} \int_{\Omega} \rho \underline{\mathbf{t}} \mathrm{d}V &= \int_{\Omega} \left[\frac{\mathrm{D}}{\mathrm{D}t} (\rho \underline{\mathbf{t}}) + \rho \underline{\mathbf{t}} \nabla \cdot \boldsymbol{v} \right] \mathrm{d}V \\ &= \int_{\Omega} \left[\rho \frac{\mathrm{D}\underline{\mathbf{t}}}{\mathrm{D}t} + \underline{\mathbf{t}} \left(\frac{\mathrm{D}\rho}{\mathrm{D}t} + \rho \nabla \cdot \boldsymbol{v} \right) \right] \mathrm{d}V \end{aligned}$$

在上式中使用质量守恒定律式 (5.14)，则式 (5.16) 成立，这实质上是质量守恒的结果。一种更直接的理解是，将 $\rho \mathrm{d}V$ 看作新的"微元体体积"，被积函数仅剩 $\underline{\mathbf{t}}$，由于质量守恒，"微元体体积" $\rho \mathrm{d}V$ 是不变的，因此，求物质时间导数时仅需要对 $\underline{\mathbf{t}}$ 求导数。♦♦

5.4 动量守恒定律与动量矩守恒定律

本节至 5.7 节所有讨论均针对当前构形。

5.4.1 惯性参考系、动量和动量矩

在经典的质点力学中，惯性参考系定义为物体运动规律由 Newton 定律 $\boldsymbol{F} = m\boldsymbol{a}$ 所支配的参考系，例如，工程师们处理地球上的力学应用活动总是以联系到地球的某个参考系作为惯性参考系。本书所有讨论都假设是在惯性参考系中进行。

考察当前构形中的一物质区域 Ω，动量是

$$\int_{\Omega} \rho \boldsymbol{v} \mathrm{d}V \tag{5.17}$$

在不考虑内禀动量矩 (其概念见下册) 的情况下，相对一个固定空间点 $\boldsymbol{x}_0$ 的动量矩为

$$\int_{\Omega} \boldsymbol{r} \times \rho \boldsymbol{v} \mathrm{d}V \tag{5.18}$$

式中位置矢量

$$\boldsymbol{r} = \boldsymbol{x} - \boldsymbol{x}_0 = \boldsymbol{x}(\boldsymbol{X}, t) - \boldsymbol{x}_0 \tag{5.19}$$

使用 Reynold 输运第二定理式 (5.16)，得动量的物质时间导数是

$$\frac{\mathrm{D}}{\mathrm{D}t} \int_{\Omega} \rho \boldsymbol{v} \mathrm{d}V = -\int_{\Omega} (-\rho \dot{\boldsymbol{v}})\, \mathrm{d}V \tag{5.20}$$

等式右边积分代表惯性力。考虑到 $\dot{\boldsymbol{r}} = \boldsymbol{v}$ 和 $\boldsymbol{v} \times \boldsymbol{v} = \boldsymbol{0}$，得动量矩的物质时间导数是

$$\frac{\mathrm{D}}{\mathrm{D}t} \int_{\Omega} \boldsymbol{r} \times \rho \boldsymbol{v} \mathrm{d}V = \int_{\Omega} \rho \frac{\mathrm{D}}{\mathrm{D}t} (\boldsymbol{r} \times \boldsymbol{v})\, \mathrm{d}V = -\int_{\Omega} \boldsymbol{r} \times (-\rho \dot{\boldsymbol{v}})\, \mathrm{d}V \tag{5.21}$$

等式右边积分代表惯性力的力矩。

5.4.2　应力矢量和体积力

研究运动就离不开力，连续介质力学中的力在空间中表现为：

(1) 物体内部相邻空间区域之间通过公共边界传递的接触力。

(2) 外部环境通过物体边界施加的接触力。

(3) 外部环境施加在物体内部物质质点上的体积力。

接触力和体积力可通过参考构形的单位面积和体积或者当前构形上的单位面积和体积来描述，下面采用后一种描述。

连续介质力学一个非常重要的公理是 Cauchy 假设，对于相邻空间区域之间接触面或者物体边界 Γ，它假定其接触力可通过引入一个定义在 Γ 面上每一个点的表面力矢量 (也称应力矢量)$\boldsymbol{t}(\boldsymbol{x}, t, \boldsymbol{n})$ 来描述，其中 $\boldsymbol{x}$ 是 Γ 面上的任意一点，t 是当前时刻，$\boldsymbol{n}$ 是 $\boldsymbol{x}$ 点处切平面的法线，具体来说，若在切平面上包括 $\boldsymbol{x}$ 点在内的微小面积 Δa 内，所受作用力的合力为 $\Delta \boldsymbol{q}$，如图 5.2 所示，将法线为 $\boldsymbol{n}$ 和 $-\boldsymbol{n}$ 的面分别称为正面和负面，则正面一侧区域物质在 $\boldsymbol{x}$ 点作用于负面一侧区域物质 (图中 Ω 区域) 的应力矢量 $\boldsymbol{t}$ 定义为

$$\boldsymbol{t}(\boldsymbol{x}, t, \boldsymbol{n}) \overset{\mathrm{def}}{=\!=} \lim_{\Delta a \to 0} \frac{\Delta \boldsymbol{q}}{\Delta a} \tag{5.22}$$

由此定义的应力矢量除了与空间位置 $\boldsymbol{x}$ 和时间 t 相关外，对于同一空间位置或者同一物质点，它还与过这点的曲面 Γ 的 (切平面) 法线方向 $\boldsymbol{n}$ 有关。但是，过同一点的不同曲面，若其法线相同或者说它们是相切的，则定义的应力矢量完全相同。

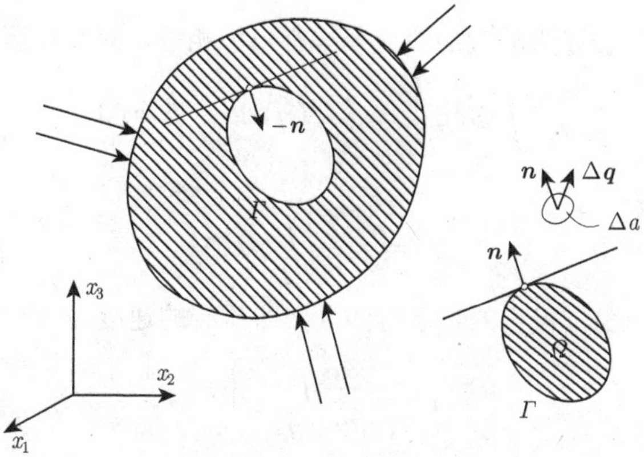

图 5.2 应力矢量定义

关于体积力，考察当前构形中物质区域 Ω 的一体积微元 ΔV，质量密度为 ρ，在上面作用的体积力为 $\Delta \boldsymbol{b}$，则单位质量的体积力是

$$\boldsymbol{f}(\boldsymbol{x},t) \xlongequal{\text{def}} \frac{1}{\rho} \lim_{\Delta V \to 0} \frac{\Delta \boldsymbol{b}}{\Delta V} \tag{5.23}$$

体积力按照单位质量来定义，而不像小变形理论那里按单位体积定义，主要考虑到体积随变形总在不断变化，而质量是守恒的。类似定义的物理量在后面还有一些，如能量、熵等。

如图 5.2 所示，通过面 Γ 作用于物质区域 Ω 的表面力合力是

$$\int_\Gamma \boldsymbol{t}(\boldsymbol{x},t,\boldsymbol{n})\,\mathrm{d}a \tag{5.24}$$

物质区域 Ω 的体积力合力是

$$\int_\Omega \rho(\boldsymbol{x},t)\,\boldsymbol{f}(\boldsymbol{x},t)\,\mathrm{d}V \tag{5.25}$$

在同一区域，表面力和体积力相对一个固定空间点 $\boldsymbol{x}_0$ 所施加的力矩分别是

$$\int_\Gamma \boldsymbol{r} \times \boldsymbol{t}(\boldsymbol{x},t,\boldsymbol{n})\,\mathrm{d}a \quad \text{和} \quad \int_\Omega \boldsymbol{r} \times \rho(\boldsymbol{x},t)\,\boldsymbol{f}(\boldsymbol{x},t)\,\mathrm{d}V \tag{5.26}$$

为简便起见，下面的表达式中略去各物理量关于空间和时间的自变量表示。作用于物质区域 Ω 的合力和合力矩 (相对一个固定空间点 $\boldsymbol{x}_0$) 分别是

$$\underline{\mathbf{f}} = \int_{\Gamma} \boldsymbol{t}(\boldsymbol{n})\,\mathrm{d}a + \int_{\Omega} \rho \boldsymbol{f} \mathrm{d}V \tag{5.27a}$$

$$\underline{\mathbf{m}} = \int_{\Gamma} \boldsymbol{r} \times \boldsymbol{t}(\boldsymbol{n})\,\mathrm{d}a + \int_{\Omega} \boldsymbol{r} \times \rho \boldsymbol{f} \mathrm{d}V \tag{5.27b}$$

5.4.3　动量守恒和动量矩守恒

动量守恒定律表述为动量的改变率与合外力相等，对物质区域 Ω，应有

$$\frac{\mathrm{D}}{\mathrm{D}t}\int_{\Omega} \rho \boldsymbol{v} \mathrm{d}V = \int_{\Gamma} \boldsymbol{t}(\boldsymbol{n})\,\mathrm{d}a + \int_{\Omega} \rho \boldsymbol{f} \mathrm{d}V \tag{5.28}$$

物体的质心定义为

$$\boldsymbol{r}_C \xlongequal{\text{def}} \frac{1}{m}\int_{\Omega} \rho \boldsymbol{x} \mathrm{d}V \tag{5.29}$$

考虑到定理式 (5.16)，得它的物质时间导数即质心的速度为

$$\dot{\boldsymbol{r}}_C = \frac{1}{m}\int_{\Omega} \rho \boldsymbol{v} \mathrm{d}V$$

上式意味着物质区域 Ω 的动量可当作质量集中在质心的质点处理，所以动量守恒定律式 (5.28) 又可表示为，合外力等于质量乘以质心加速度，即

$$m\ddot{\boldsymbol{r}}_C = \underline{\mathbf{f}} \tag{5.30}$$

动量矩守恒定律表述为动量矩的改变率等于合外力矩，应有

$$\frac{\mathrm{D}}{\mathrm{D}t}\int_{\Omega} \boldsymbol{r} \times \rho \boldsymbol{v} \mathrm{d}V = \int_{\Gamma} \boldsymbol{r} \times \boldsymbol{t}(\boldsymbol{n})\,\mathrm{d}a + \int_{\Omega} \boldsymbol{r} \times \rho \boldsymbol{f} \mathrm{d}V \tag{5.31}$$

定义广义的体积力为

$$\boldsymbol{f}_G \xlongequal{\text{def}} \rho \boldsymbol{f} - \rho \dot{\boldsymbol{v}} \tag{5.32}$$

在式 (5.28) 和式 (5.31) 中分别使用式 (5.20) 和式 (5.21)，得动量守恒定律和动量矩守恒定律可分别表示为

$$\underline{\mathbf{f}}_G = 0, \quad \underline{\mathbf{m}}_G = 0 \tag{5.33}$$

式中

$$\underline{\mathbf{f}}_G \xlongequal{\text{def}} \int_{\Omega} \boldsymbol{f}_G \mathrm{d}V + \int_{\Gamma} \boldsymbol{t}(\boldsymbol{n})\,\mathrm{d}a \tag{5.34a}$$

$$\underline{\mathbf{m}}_G \xlongequal{\text{def}} \int_{\Omega} \boldsymbol{r} \times \boldsymbol{f}_G \mathrm{d}V + \int_{\Gamma} \boldsymbol{r} \times \boldsymbol{t}(\boldsymbol{n})\,\mathrm{d}a \tag{5.34b}$$

由于惯性力可理解为外力，所以分别称 $\underline{\mathbf{f}}_G$ 和 $\underline{\mathbf{m}}_G$ 为广义的合外力和广义的合外力矩。

5.5 Cauchy 应力原理与运动方程

5.5.1 Cauchy 应力原理

Cauchy 应力原理：存在一个称作 Cauchy 应力的空间张量场使得下式成立

$$\boldsymbol{t}(\boldsymbol{n})=\boldsymbol{\sigma}\cdot\boldsymbol{n} \tag{5.35}$$

它是动量守恒定律式 (5.28) 和动量矩守恒定律式 (5.31) 的结果。

证明 使用动量守恒定律式 (5.28) 分析如图 5.3 所示微小四面体所代表的区域。让微小四面体的边长趋于无限小，它就代表一个物质质点 (其空间位置为 $\boldsymbol{x}$，当前时刻为 t)，它的三个面为坐标平面，还有一个相对坐标平面倾斜的斜面。设斜面的法线为 $\boldsymbol{n}=n_i\boldsymbol{e}_i$，面积为 Δa，其应力矢量为 $\boldsymbol{t}(\boldsymbol{n})$，法线为 $-\boldsymbol{e}_i$ 的坐标平面的面积为 Δa_i ($i=1,2,3$)，其应力矢量为 $\boldsymbol{t}(-\boldsymbol{e}_i)$，如图 5.3 所示，则式 (5.28) 变为

$$\boldsymbol{t}(\boldsymbol{n})\Delta a+\boldsymbol{t}(-\boldsymbol{e}_i)\Delta a_i+\frac{1}{3}\rho\boldsymbol{f}\Delta a\Delta h=\frac{1}{3}\rho\dot{\boldsymbol{v}}\Delta a\Delta h$$

式中 Δh 是坐标原点到斜面的距离，即四面体的高，下指标 i 当作哑指标。因为 Δh 是一个无限小量，或者说体积元相对面积元是高一阶的小量，质量力、惯性力相对面积力均为高一阶的小量，可以略去，而且面积元之间存在关系 $\Delta a_i=n_i\Delta a$，于是整理得

$$\boldsymbol{t}(\boldsymbol{n})=-n_i\boldsymbol{t}(-\boldsymbol{e}_i) \tag{5.36}$$

在上式中令 $\boldsymbol{n}=\boldsymbol{e}_k$，$k$ 为 1，2，3 中的某个固定值，于是，当 $i=k$ 时，n_i=1，否则 n_i=0，因此有

$$\boldsymbol{t}(\boldsymbol{e}_i)=-\boldsymbol{t}(-\boldsymbol{e}_i) \tag{5.37}$$

上式反映了作用力与反作用力定律。再代回式 (5.36)，得

$$\boldsymbol{t}(\boldsymbol{n})=n_i\boldsymbol{t}(\boldsymbol{e}_i) \tag{5.38}$$

上式说明，一个物质质点的三个坐标平面上的应力矢量已知，则任意斜面上的应力矢量可通过它们得到，因此，三个坐标平面上的应力矢量就决定了该点的应力状态。将作用在这三个坐标面上的应力矢量 $\boldsymbol{t}(\boldsymbol{e}_j)$ 分别沿三个坐标轴 $\boldsymbol{e}_i$ 分解，共得九个分量，对于固定的坐标面，即 j 固定，$\boldsymbol{t}(\boldsymbol{e}_j)$ 的第 i 分量记为 σ_{ij}，有

$$\sigma_{ij}\xlongequal{\text{def}}\boldsymbol{t}(\boldsymbol{e}_j)\cdot\boldsymbol{e}_i \tag{5.39}$$

或者表示为

$$\boldsymbol{t}(\boldsymbol{e}_j)=\sigma_{ij}\boldsymbol{e}_i \tag{5.40}$$

将式 (5.40) 代入式 (5.38)，定义 Cauchy 应力

$$\boldsymbol{\sigma} = \sigma_{ij}\boldsymbol{e}_i \otimes \boldsymbol{e}_j$$

从而得

$$\boldsymbol{t}(\boldsymbol{n}) = n_j\boldsymbol{t}(\boldsymbol{e}_j) = \sigma_{ij}\boldsymbol{e}_i(\boldsymbol{n}\cdot\boldsymbol{e}_j) = \boldsymbol{\sigma}\cdot\boldsymbol{n} \tag{5.41}$$

即 Cauchy 应力原理式 (5.35)。♦♦

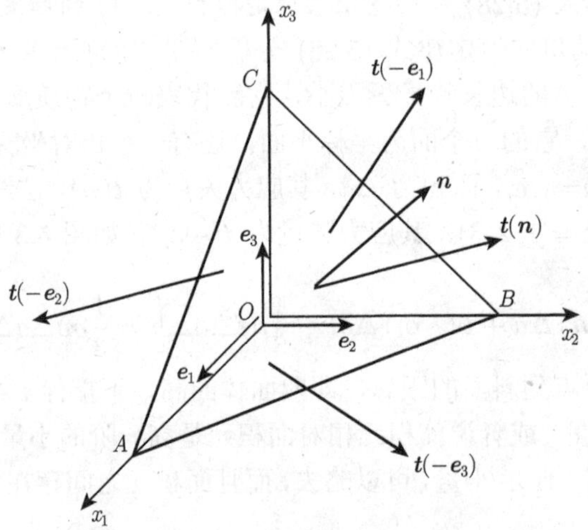

图 5.3 当前构形中微小四面体的平衡

Cauchy 应力原理是连续介质力学中的一个重要原理，它建立了应力矢量与应力张量之间的联系，说明如果应力矢量 $\boldsymbol{t}$ 取决于它所作用面的法线 $\boldsymbol{n}$，则必然是线性的。$\boldsymbol{t}$ 和 $\boldsymbol{n}$ 都是空间矢量，Cauchy 应力张量将空间矢量变换为空间矢量，构成空间张量场。

根据式 (5.38) 定义 Cauchy 应力并得到 Cauchy 应力原理的更一般方法是，首先，将它写成

$$\boldsymbol{t}(\boldsymbol{n}) = \boldsymbol{t}(\boldsymbol{e}_i)(\boldsymbol{e}_i\cdot\boldsymbol{n}) = \boldsymbol{t}(\boldsymbol{e}_i)\otimes\boldsymbol{e}_i\cdot\boldsymbol{n} \tag{5.42}$$

然后，定义 Cauchy 应力

$$\boldsymbol{\sigma} = \boldsymbol{t}(\boldsymbol{e}_i)\otimes\boldsymbol{e}_i \tag{5.43}$$

则同样得到 Cauchy 应力原理式 (5.35)。

注意：这里 $\boldsymbol{\sigma}$ 的下指标含义规定与通常弹性理论相反，第一个下指标代表力的作用方向，而第二个下指标代表力作用面的法线方向，例如，σ_{12}、σ_{22}、σ_{32} 代表作用在法线为 $\boldsymbol{e}_2$ 的坐标面上的三个分量。实际上，若规定 $\sigma_{ji} = \boldsymbol{t}(\boldsymbol{e}_j)\cdot\boldsymbol{e}_i$ 或者 $\boldsymbol{\sigma} = \boldsymbol{e}_i\otimes\boldsymbol{t}(\boldsymbol{e}_i)$，就与通常弹性理论一致。

显然，$\sigma_{ii}(i=1,2,3;\ i$ 不求和) 中的每一个分量代表正应力，因为它沿着坐标面的法线方向，而 $\sigma_{ij}(i \neq j)$ 的每一个分量代表剪应力，因为它沿着坐标面。一般地，若已知应力张量 $\boldsymbol{\sigma}$，使用式 (5.35)，任意一个法线为 $\boldsymbol{n}$ 的斜面上的正应力是

$$\sigma_n = \boldsymbol{n} \cdot \boldsymbol{t}(\boldsymbol{n}) = \boldsymbol{n} \cdot \boldsymbol{\sigma} \cdot \boldsymbol{n} \tag{5.44}$$

为得到斜面上的剪应力，将应力矢量 $\boldsymbol{t}(\boldsymbol{n})$ 投影到斜面上，如图 5.4 所示, 有

$$\boldsymbol{t}^{\perp} = \boldsymbol{t}(\boldsymbol{n}) - \sigma_n \boldsymbol{n} = (\boldsymbol{I} - \boldsymbol{n} \otimes \boldsymbol{n}) \cdot \boldsymbol{t}(\boldsymbol{n}) \tag{5.45}$$

式中 $\boldsymbol{I} - \boldsymbol{n} \otimes \boldsymbol{n}$ 称为投影张量，见式 (1.69)，剪应力的大小应是

$$\tau_n = \sqrt{\boldsymbol{t}^{\perp} \cdot \boldsymbol{t}^{\perp}} = \sqrt{|\boldsymbol{t}(\boldsymbol{n})|^2 - \sigma_n^2} \tag{5.46}$$

设 $\boldsymbol{m}$ 是斜面上的某个单位矢量，$\boldsymbol{m} \cdot \boldsymbol{n} = 0$，则沿这个方向的剪应力大小应是

$$\tau_{mn} = \boldsymbol{t}^{\perp} \cdot \boldsymbol{m} = \boldsymbol{t}(\boldsymbol{n}) \cdot \boldsymbol{m} = \boldsymbol{m} \cdot \boldsymbol{\sigma} \cdot \boldsymbol{n} \tag{5.47}$$

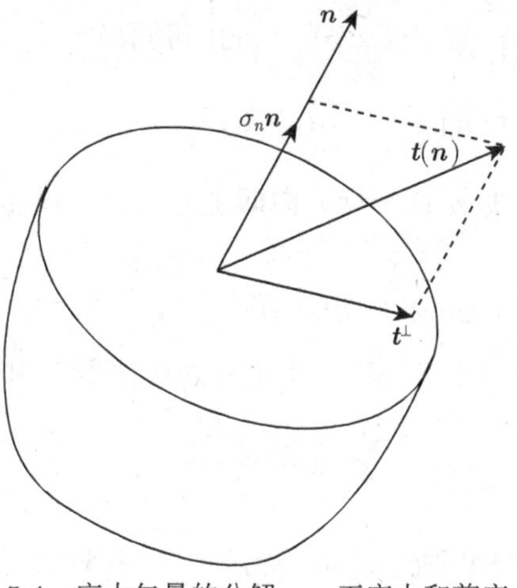

图 5.4 应力矢量的分解——正应力和剪应力

斜面上的正应力 σ_n 随其法线 $\boldsymbol{n}$ 而变化，存在三个极值，称之为主应力，所在的斜面和其法线分别称为主平面和主方向，使用式 (1.156) 结合 Cauchy 应力原理式 (5.35) 建立求主应力 σ 和主方向 $\boldsymbol{n}^{\sigma}$ 的特征方程，为

$$\boldsymbol{t}(\boldsymbol{n}^{\sigma}) = \boldsymbol{\sigma} \cdot \boldsymbol{n}^{\sigma} = \sigma \boldsymbol{n}^{\sigma} \tag{5.48}$$

这说明，在主平面上应力矢量必然沿着面法线，即主平面上没有剪切应力，根据式 (1.160)，应有

$$\sigma^3 - I^{\sigma}\sigma^2 + II^{\sigma}\sigma - III^{\sigma} = 0$$

式中

$$
\begin{aligned}
I^{\sigma} &= \mathrm{tr}\boldsymbol{\sigma} \\
II^{\sigma} &= \frac{1}{2}\left((\mathrm{tr}\boldsymbol{\sigma})^2 - \mathrm{tr}\boldsymbol{\sigma}^2\right) \\
III^{\sigma} &= \det\boldsymbol{\sigma}
\end{aligned} \tag{5.49}
$$

是应力的三个主不变量。解特征方程可得三个主应力 σ_1、σ_2 和 σ_3 以及相应的三个主方向 $\boldsymbol{n}_1^{\sigma}$、$\boldsymbol{n}_2^{\sigma}$ 和 $\boldsymbol{n}_3^{\sigma}$，应力张量可使用它们表示为

$$
\boldsymbol{\sigma} = \sigma_1 \boldsymbol{n}_1^{\sigma} \otimes \boldsymbol{n}_1^{\sigma} + \sigma_2 \boldsymbol{n}_2^{\sigma} \otimes \boldsymbol{n}_2^{\sigma} + \sigma_3 \boldsymbol{n}_3^{\sigma} \otimes \boldsymbol{n}_3^{\sigma}
$$

斜面上的剪应力 τ_n 同样随其法线 $\boldsymbol{n}$ 而变化，也存在着极值，下面讨论在已知主应力和主方向的情况下求 τ_n 的极值。设三个坐标轴与三个主方向对应重合，则三个坐标平面即三个主平面上的应力矢量是

$$
\boldsymbol{t}(\boldsymbol{e}_1) = \sigma_1 \boldsymbol{e}_1, \quad \boldsymbol{t}(\boldsymbol{e}_2) = \sigma_2 \boldsymbol{e}_2, \quad \boldsymbol{t}(\boldsymbol{e}_3) = \sigma_3 \boldsymbol{e}_3 \tag{5.50}
$$

斜面上的应力矢量根据式 (5.38) 和式 (5.50) 可写成

$$
\boldsymbol{t}(\boldsymbol{n}) = \sigma_1 n_1 \boldsymbol{e}_1 + \sigma_2 n_2 \boldsymbol{e}_2 + \sigma_3 n_3 \boldsymbol{e}_3 \tag{5.51}
$$

式中 n_1, n_2 和 n_3 是法线 $\boldsymbol{n}$ 在坐标方向即主方向上的投影，将上式代入式 (5.46)，得

$$
\tau_n^2 = (\sigma_1 n_1)^2 + (\sigma_2 n_2)^2 + (\sigma_3 n_3)^2 - \left(\sigma_1 n_1^2 + \sigma_2 n_2^2 + \sigma_3 n_3^2\right)^2 \tag{5.52}
$$

在 $n_1^2 + n_2^2 + n_3^2 = 1$ 的约束条件下，求上式的极值得三组有意义的极值结果

$$
\pm\frac{\sigma_1 - \sigma_2}{2}, \quad \pm\frac{\sigma_2 - \sigma_3}{2}, \quad \pm\frac{\sigma_1 - \sigma_3}{2} \tag{5.53}
$$

所在平面总是与两个主平面成 45° 而与另外一个主平面正交，比如 $\dfrac{\sigma_1 - \sigma_3}{2}$ 所在平面与 σ_1 和 σ_3 所在主平面均成 45° 而与 σ_2 所在的主平面正交。

下面讨论几个特殊的应力状态，讨论中设 $\boldsymbol{m}$ 和 $\boldsymbol{n}$ 是相互正交的单位矢量，$\boldsymbol{m} \cdot \boldsymbol{n} = 0$。

(1) 若 Cauchy 应力张量为

$$
\boldsymbol{\sigma} = \sigma \boldsymbol{n} \otimes \boldsymbol{n}
$$

代入上面的表达式，得法线为 $\boldsymbol{n}$ 的斜面上 $\sigma_n = \sigma$，τ_n=0，而法线为 $\boldsymbol{m}$ 的斜面上 σ_m=0，τ_m=0，这时应力张量 $\boldsymbol{\sigma}$ 代表 $\boldsymbol{n}$ 方向上的单轴拉伸，$\boldsymbol{n}$ 方向就是 $\boldsymbol{\sigma}$ 的主方向，σ 就是它的主值，与 $\boldsymbol{n}$ 正交的任意方向都是主方向，对应的主应力为零。

(2) 若 Cauchy 应力张量为

$$\boldsymbol{\sigma} = \tau\left(\boldsymbol{m} \otimes \boldsymbol{n} + \boldsymbol{n} \otimes \boldsymbol{m}\right) \tag{5.54}$$

得 $\sigma_n=0$，$\tau_n = \tau$，$\sigma_m=0$，$\tau_m = \tau$，这时应力张量 $\boldsymbol{\sigma}$ 代表 $\boldsymbol{m}$ 和 $\boldsymbol{n}$ 平面内的纯剪切应力状态。它的三个主不变量分别是 $I^{\sigma}=III^{\sigma} = 0$，$II^{\sigma}=-\tau^2$，代入特征方程解得三个主应力分别是 $\sigma_1 = \tau$，$\sigma_2=0$，$\sigma_3 = -\tau$，其中 σ_1 和 σ_3 位于 $\boldsymbol{m}$ 和 $\boldsymbol{n}$ 的平面内，σ_1 分别与 $\boldsymbol{m}$ 和 $\boldsymbol{n}$ 成 45°，σ_3 分别与 $\boldsymbol{m}$ 和 $\boldsymbol{n}$ 成 45° 和 −45°，σ_2 与 $\boldsymbol{m}$ 和 $\boldsymbol{n}$ 的平面正交。

(3) 若 Cauchy 应力张量为

$$\boldsymbol{\sigma} = -p\boldsymbol{I}$$

则任意斜面上均有 $\sigma_n = -p$，$\tau_n=0$，因此，代表静水压力状态。任意方向均为主方向，其主应力就是 $-p$。

前面已强调，应力矢量 $\boldsymbol{t}$ 是作用在当前构形单位面积上的力，因此，Cauchy 应力是当前构形上单位面积上的力，也就是真应力。后面的分析中出于各种不同的考虑，引入了一些其他的应力度量，但这些应力度量都是以 Cauchy 应力为基础而定义的。

5.5.2 运动方程

考虑物质区域 Ω，它的边界面为 Γ，使用 Cauchy 应力原理式 (5.35)，并应用散度定理式 (2.155)，得物体表面力的合力为

$$\int_{\Gamma} \boldsymbol{t}\left(\boldsymbol{n}\right) \mathrm{d}a = \int_{\Gamma} \boldsymbol{\sigma} \cdot \boldsymbol{n} \mathrm{d}a = \int_{\Omega} \boldsymbol{\sigma} \cdot \nabla \mathrm{d}V \tag{5.55}$$

将式 (5.55) 代入动量守恒定律式 (5.28)，得

$$\int_{\Omega} \left(\boldsymbol{\sigma}\cdot \nabla + \rho \boldsymbol{f} - \rho \dot{\boldsymbol{v}}\right) \mathrm{d}V = \boldsymbol{0}$$

由于物质区域 Ω 是任意的，其被积函数应为零，得 Cauchy 运动方程为

$$\boldsymbol{\sigma} \cdot \nabla + \rho \boldsymbol{f} - \rho \dot{\boldsymbol{v}} = \boldsymbol{0} \tag{5.56}$$

或用分量形式表示为

$$\frac{\partial \sigma_{ij}}{\partial x_j} + \rho f_i - \rho \dot{v}_i = 0$$

它是动量守恒方程的局部或微分形式。

考虑到式 (5.38) 并结合散度定理式 (2.153)，则有

$$\int_{\Gamma} \boldsymbol{t}\left(\boldsymbol{n}\right) \mathrm{d}a = \int_{\Gamma} n_i \boldsymbol{t}\left(\boldsymbol{e}_i\right) \mathrm{d}a = \int_{\Omega} \frac{\partial \boldsymbol{t}\left(\boldsymbol{e}_i\right)}{\partial x_i} \mathrm{d}V \tag{5.57}$$

使用导出式 (5.55) 的相同步骤，得运动方程直接使用应力矢量表示为

$$\frac{\partial \boldsymbol{t}(\boldsymbol{e}_i)}{\partial x_i} + \rho \boldsymbol{f} - \rho \dot{\boldsymbol{v}} = \boldsymbol{0} \tag{5.58}$$

当物体处于静止状态时，惯性力为零，上面由动量守恒定律导出的运动方程退化为静力平衡微分方程

$$\boldsymbol{\sigma} \cdot \nabla + \rho \boldsymbol{f} = \boldsymbol{0} \quad 或 \quad \frac{\partial \boldsymbol{t}(\boldsymbol{e}_i)}{\partial x_i} + \rho \boldsymbol{f} = \boldsymbol{0} \tag{5.59}$$

Cauchy 应力原理式 (5.35) 也是由动量守恒方程导出的，由于包括惯性力在内的体积力是高阶小量而被略去，所以式 (5.35) 也可看成是平衡条件，只是在导出式 (5.35) 时没有考虑应力矢量 $\boldsymbol{t}$ 的变化，而导出平衡微分方程时考虑到 $\boldsymbol{t}$ 的一阶变化，因此，Cauchy 应力原理和平衡微分方程都描述的是平衡，前者可理解为 0 阶平衡，而后者可理解为 1 阶平衡。

例题 5.1　考察当前构形中处于静力平衡状态的物体 Ω，边界 Γ 上各点的应力为常张量 $\bar{\boldsymbol{\sigma}}$，或者说受分布面积力 $\boldsymbol{t} = \bar{\boldsymbol{t}} = \bar{\boldsymbol{\sigma}} \cdot \boldsymbol{n}$ 作用，不考虑质量力作用，$\boldsymbol{f}$=$\boldsymbol{0}$，物体是非均质的，比如均匀的基体材料含有夹杂，内部 Cauchy 应力分布将不均匀，如图 5.5 所示，但其体积平均可表示为

$$\bar{\boldsymbol{\sigma}} = \frac{1}{V}\int_{\Omega} \boldsymbol{\sigma} \mathrm{d}V \tag{5.60}$$

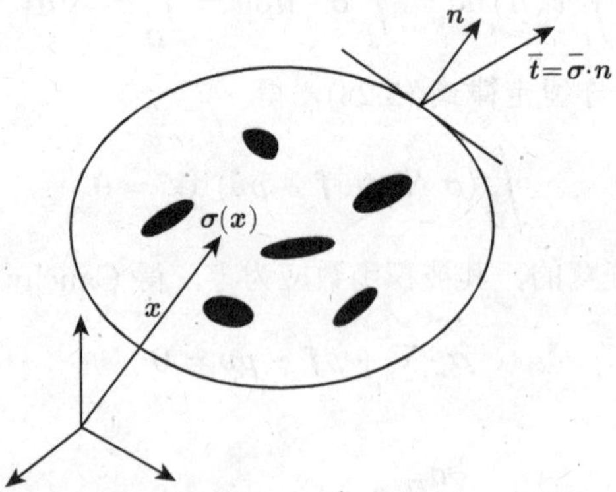

图 5.5　非均质体边界上受均匀应力作用

证明　使用 $\boldsymbol{t}$=$\boldsymbol{\sigma}\cdot\boldsymbol{n}$ 以及散度定理式 (2.155)，得

$$\frac{1}{V}\int_{\Gamma} \boldsymbol{x} \otimes \boldsymbol{t} \mathrm{d}a = \frac{1}{V}\int_{\Gamma} \boldsymbol{x} \otimes \boldsymbol{\sigma} \cdot \boldsymbol{n} \mathrm{d}a = \frac{1}{V}\int_{\Omega} (\boldsymbol{x} \otimes \boldsymbol{\sigma}) \cdot \nabla \mathrm{d}V \tag{5.61}$$

根据 $\boldsymbol{\sigma}$ 的对称性和静力平衡方程 $\boldsymbol{\sigma}\cdot\nabla=0$ 或 $\dfrac{\partial \sigma_{jk}}{\partial x_k}=0$，被积函数中的散度用分量可写成

$$\frac{\partial\left(x_i\sigma_{jk}\right)}{\partial x_k}=\frac{\partial x_i}{\partial x_k}\sigma_{jk}+x_i\frac{\partial \sigma_{jk}}{\partial x_k}=\delta_{ik}\sigma_{jk}=\sigma_{ik} \tag{5.62}$$

上式用符号记法形式表示是

$$(\boldsymbol{x}\otimes\boldsymbol{\sigma})\cdot\nabla=(\boldsymbol{x}\otimes\nabla)\cdot\boldsymbol{\sigma}^{\mathrm{T}}+\boldsymbol{x}\otimes(\boldsymbol{\sigma}\cdot\nabla)=\boldsymbol{I}\cdot\boldsymbol{\sigma}=\boldsymbol{\sigma} \tag{5.63}$$

从而有

$$\frac{1}{V}\int_{\Gamma}\boldsymbol{x}\otimes\boldsymbol{t}\mathrm{d}a=\frac{1}{V}\int_{\Omega}\boldsymbol{\sigma}\mathrm{d}V \tag{5.64}$$

上式与具体的边界条件无关，是普遍成立的 (只要没有体积力作用)，对于现在的特定问题 $\boldsymbol{t}=\bar{\boldsymbol{t}}=\bar{\boldsymbol{\sigma}}\cdot\boldsymbol{n}$，利用上式及导出过程，并考虑到 $\bar{\boldsymbol{\sigma}}$ 的常张量，有

$$\frac{1}{V}\int_{\Gamma}\boldsymbol{x}\otimes\boldsymbol{t}\mathrm{d}a=\frac{1}{V}\int_{\Gamma}\boldsymbol{x}\otimes\bar{\boldsymbol{t}}\mathrm{d}a=\bar{\boldsymbol{\sigma}} \tag{5.65}$$

比较上面两式，从而得证。◆◆

5.5.3 Cauchy 应力的对称性

利用动量矩守恒式 (5.31) 并结合运动方程可导出 Cauchy 应力的对称性。使用式 (5.38) 和散度定理，考虑到式 (5.40) 可写成 $\boldsymbol{t}(\boldsymbol{e}_i)=\sigma_{ji}\boldsymbol{e}_j$ 以及 $\dfrac{\partial \boldsymbol{r}}{\partial x_i}=\boldsymbol{e}_i$，式 (5.31) 中的表面力矩可写成

$$\begin{aligned}\int_{\Gamma}\boldsymbol{r}\times\boldsymbol{t}(\boldsymbol{n})\,\mathrm{d}a&=\int_{\Gamma}\boldsymbol{r}\times\boldsymbol{t}(\boldsymbol{e}_i)\,n_i\mathrm{d}a=\int_{\Omega}\frac{\partial}{\partial x_i}\left(\boldsymbol{r}\times\boldsymbol{t}(\boldsymbol{e}_i)\right)\mathrm{d}V\\&=\int_{\Omega}\frac{\partial \boldsymbol{r}}{\partial x_i}\times\boldsymbol{t}(\boldsymbol{e}_i)\,\mathrm{d}V+\int_{\Omega}\boldsymbol{r}\times\frac{\partial \boldsymbol{t}(\boldsymbol{e}_i)}{\partial x_i}\mathrm{d}V\\&=\int_{\Omega}(\boldsymbol{e}_i\times\boldsymbol{e}_j)\,\sigma_{ji}\mathrm{d}V+\int_{\Omega}\boldsymbol{r}\times\frac{\partial \boldsymbol{t}(\boldsymbol{e}_i)}{\partial x_i}\mathrm{d}V\end{aligned} \tag{5.66}$$

将上式的结果代入式 (5.31) 并利用运动方程式 (5.58) 和置换符号的定义式 (1.16)，得

$$\int_{\Omega}(\boldsymbol{e}_i\times\boldsymbol{e}_j)\,\sigma_{ji}\mathrm{d}V=\int_{\Omega}\mathcal{E}_{kij}\sigma_{ji}\boldsymbol{e}_k\mathrm{d}V=0$$

由于 Ω 是任意的，因此要求

$$\mathcal{E}_{kij}\sigma_{ji}=0 \tag{5.67}$$

当 $k=1,2,3$ 时，上式分别给出 $\sigma_{32}=\sigma_{23}$，$\sigma_{13}=\sigma_{31}$，$\sigma_{21}=\sigma_{12}$，因此 Cauchy 应力张量对称，可写成

$$\sigma_{ij}=\sigma_{ji} \tag{5.68}$$

顺便指出：式 (5.56) 中的 $\boldsymbol{\sigma}\cdot\nabla$ 是 $\boldsymbol{\sigma}$ 的右散度，其左散度记为 $\nabla\cdot\boldsymbol{\sigma}$，由于 Cauchy 应力张量的对称性，因此，左、右散度相等，可以不加区别。

5.5.4 运动方程的等价形式

运动方程还可以写成如下等价的形式

$$\frac{\partial(\rho\boldsymbol{v})}{\partial t}=(\boldsymbol{\sigma}-\rho\boldsymbol{v}\otimes\boldsymbol{v})\cdot\nabla+\rho\boldsymbol{f} \tag{5.69}$$

使用速度的物质时间导数式 (4.7) 和质量守恒式 (5.15)，得

$$\begin{aligned}\rho\dot{\boldsymbol{v}}&=\rho\frac{\partial\boldsymbol{v}}{\partial t}+\rho(\boldsymbol{v}\otimes\nabla)\cdot\boldsymbol{v}=\frac{\partial(\rho\boldsymbol{v})}{\partial t}-\frac{\partial\rho}{\partial t}\boldsymbol{v}+\rho(\boldsymbol{v}\otimes\nabla)\cdot\boldsymbol{v}\\&=\frac{\partial(\rho\boldsymbol{v})}{\partial t}+\boldsymbol{v}\nabla\cdot(\rho\boldsymbol{v})+(\boldsymbol{v}\otimes\nabla)\cdot\rho\boldsymbol{v}\end{aligned} \tag{5.70}$$

对上式中的最后两项使用式 (2.123)，得等式

$$\rho\dot{\boldsymbol{v}}=\frac{\partial(\rho\boldsymbol{v})}{\partial t}+(\rho\boldsymbol{v}\otimes\boldsymbol{v})\cdot\nabla \tag{5.71}$$

将上式代入式 (5.56)，从而得式 (5.69)。

5.6 功率关系及机械能守恒

5.6.1 刚体运动上广义外力所做功率

当前构形中任意的物质区域 Ω，设它的边界为 Γ，对于给定的速度场 $\boldsymbol{v}(\boldsymbol{x},t)$，物体 Ω 内部体积元 $\mathrm{d}V$ 上广义体积力所做的功率是 $(\boldsymbol{f}_G\mathrm{d}V)\cdot\boldsymbol{v}=\boldsymbol{f}_G\cdot\boldsymbol{v}\mathrm{d}V$，物体边界 Γ 上面积元 $\mathrm{d}a$ 上表面力所做的功率是 $(\boldsymbol{t}\mathrm{d}a)\cdot\boldsymbol{v}=\boldsymbol{t}\cdot\boldsymbol{v}\mathrm{d}a$，所以，广义外力所做的功率之和是

$$\mathcal{P}_G=\int_\Omega\boldsymbol{f}_G\cdot\boldsymbol{v}\mathrm{d}V+\int_\Gamma\boldsymbol{t}(\boldsymbol{n})\cdot\boldsymbol{v}\mathrm{d}a \tag{5.72}$$

若给定的运动是刚体运动，使用式 (4.16)，其速度场可表示为

$$\boldsymbol{v}=\boldsymbol{v}_0+\boldsymbol{\omega}_{\mathrm{R}}\times\boldsymbol{r} \tag{5.73}$$

式中 $\boldsymbol{v}_0$ 是平动速度，而 $\boldsymbol{\omega}_{\mathrm{R}}$ 是角速度，均为常矢量，$\boldsymbol{r}=\boldsymbol{x}-\boldsymbol{x}_0$，考虑到

$$\boldsymbol{f}_G\cdot\boldsymbol{v}=\boldsymbol{f}_G\cdot\boldsymbol{v}_0+(\boldsymbol{\omega}_{\mathrm{R}}\times\boldsymbol{r})\cdot\boldsymbol{f}_G=\boldsymbol{f}_G\cdot\boldsymbol{v}_0+(\boldsymbol{r}\times\boldsymbol{f}_G)\cdot\boldsymbol{\omega}_{\mathrm{R}} \tag{5.74}$$

$\boldsymbol{t}(\boldsymbol{n})\cdot\boldsymbol{v}$ 也存在类似的关系，因此有

$$\mathcal{P}_G=\underline{\mathbf{f}}_G\cdot\boldsymbol{v}_0+\underline{\mathbf{m}}_G\cdot\boldsymbol{\omega}_{\mathrm{R}} \tag{5.75}$$

动量守恒和动量矩守恒式 (5.33) 要求 $\underline{\mathbf{f}}_G=0$，$\underline{\mathbf{m}}_G=0$，所以

$$\mathcal{P}_G=0$$

即广义外力在刚体运动所做功率之和为零。

反过来，若对于任意给定的刚体运动，恒有 $\mathcal{P}_G=0$，则动量守恒和动量矩守恒式 (5.33) 必然成立，比如仅分别产生平动和转动，使用式 (5.75)，得 $\underline{\mathbf{f}}_G=0$，$\underline{\mathbf{m}}_G=0$。因此，*广义外力在刚体运动所做功率为零与动量守恒和动量矩守恒等价*。

5.6.2 内力功率

若给定的运动为变形运动，则广义外力所做功率等于内力功率

$$\mathcal{P}_G=\mathcal{P}_{\text{int}} \tag{5.76}$$

式中

$$\mathcal{P}_{\text{int}}=\int_\Omega \boldsymbol{\sigma}:\boldsymbol{l}\mathrm{d}V \tag{5.77}$$

是内力功率。

证明 利用 Cauchy 原理式 $\boldsymbol{t}=\boldsymbol{\sigma}\cdot\boldsymbol{n}$，散度定理式 (2.153) 和式 (2.130a)，得表面力在该速度场上所做的功率是

$$\begin{aligned}\int_\Gamma \boldsymbol{t}\cdot\boldsymbol{v}\mathrm{d}a=\int_\Gamma \boldsymbol{v}\cdot\boldsymbol{\sigma}\cdot\boldsymbol{n}\mathrm{d}a&=\int_\Omega(\boldsymbol{v}\cdot\boldsymbol{\sigma})\cdot\nabla\mathrm{d}V\\&=\int_\Omega(\boldsymbol{v}\cdot(\boldsymbol{\sigma}\cdot\nabla)+\boldsymbol{v}\otimes\nabla:\boldsymbol{\sigma})\,\mathrm{d}V\end{aligned} \tag{5.78}$$

将上式代入广义外力功率式 (5.72)，并使用运动方程式 (5.56)，得式 (5.76)。◆◆

从式 (5.76) 的导出过程可知，其中的速度场可以与真实的速度场没有联系 (详细讨论见 5.10 节) 是任意的，因而对刚体运动也应成立，由此也可证明应力张量 $\boldsymbol{\sigma}$ 必须对称 (Gurtin et al.，2010)，说明如下：5.6.1 节给出刚体运动下 $\mathcal{P}_G=0$，这时，变形率为零，速度梯度 $\boldsymbol{l}=\boldsymbol{w}$ 是旋率为反对称张量，结合式 (5.76) 得

$$\mathcal{P}_{\text{int}}=\int_\Omega \boldsymbol{\sigma}:\boldsymbol{w}\mathrm{d}V=0$$

考虑到上式的积分区域为任意，反对称张量 $\boldsymbol{w}$ 也为任意，且对称张量与反对称张量的双点积为零，因此应力张量 $\boldsymbol{\sigma}$ 必须对称。

于是，内力功率式 (5.77) 可表示为

$$\mathcal{P}_{\text{int}}=\int_\Omega \boldsymbol{\sigma}:\boldsymbol{d}\mathrm{d}V \tag{5.79}$$

其中 $\boldsymbol{\sigma}:\boldsymbol{d}$ 是当前构形中单位体积内应力所做的功率，说明如下：在当前构形中考察体积为 ΔV 的微单元体，仅在其表面 $\Delta\Gamma$ 上作用有表面力矢量 $\boldsymbol{t}=\boldsymbol{\sigma}\cdot\boldsymbol{n}$，无体积力和惯性力作用，使用式 (5.76)，得

$$\boldsymbol{\sigma}:\boldsymbol{d}=\lim_{\Delta V\to 0}\frac{1}{\Delta V}\int_{\Omega}\boldsymbol{\sigma}:\boldsymbol{d}\mathrm{d}V=\lim_{\Delta V\to 0}\frac{1}{\Delta V}\int_{\Delta\Gamma}(\boldsymbol{\sigma}\cdot\boldsymbol{n})\cdot\boldsymbol{v}\mathrm{d}a \tag{5.80}$$

上式右边积分是单位体积的整个表面上表面力即应力所做的功率。实际上，$\boldsymbol{\sigma}$ 是当前构形的应力，$\boldsymbol{d}$ 是单位时间产生的相对于当前构形的小变形应变 (改变)，用小变形理论就不难理解 $\boldsymbol{\sigma}:\boldsymbol{d}$ 作为应力功率的意义。应力功率用来使物体产生形变，有时也称之为变形功率。由于 $\boldsymbol{\sigma}:\boldsymbol{d}$ 代表功率，称 $\boldsymbol{\sigma}$ 和 $\boldsymbol{d}$ 是功共轭的。

5.6.3 机械能守恒

在当前构形中，考察物体内任意的物质区域 Ω，设它的边界为 Γ，物体内部真实的速度场是 $\boldsymbol{v}(\boldsymbol{x},t)$，物质区域 Ω 内的动能是

$$\mathcal{K}=\int_{\Omega}\frac{1}{2}\rho\boldsymbol{v}\cdot\boldsymbol{v}\mathrm{d}V \tag{5.81}$$

关于动能的改变率，使用 Reynold 第二输运定理式 (5.16)，可得

$$\int_{\Omega}\rho\dot{\boldsymbol{v}}\cdot\boldsymbol{v}\mathrm{d}V=\int_{\Omega}\rho\frac{\mathrm{D}}{\mathrm{D}t}\left(\frac{1}{2}\boldsymbol{v}\cdot\boldsymbol{v}\right)\mathrm{d}V=\frac{\mathrm{D}}{\mathrm{D}t}\left(\int_{\Omega}\frac{1}{2}\rho\boldsymbol{v}\cdot\boldsymbol{v}\mathrm{d}V\right) \tag{5.82}$$

或写成

$$\int_{\Omega}(-\rho\dot{\boldsymbol{v}})\cdot\boldsymbol{v}\mathrm{d}V=-\dot{\mathcal{K}} \tag{5.83}$$

上式给出：*惯性力所做的功率应等于动能改变 (减少) 率*。

外力向区域 Ω 输入的功率是

$$\mathcal{P}_{\mathrm{ext}}=\int_{\Omega}\rho\boldsymbol{f}\cdot\boldsymbol{v}\mathrm{d}V+\int_{\Gamma}\boldsymbol{t}\cdot\boldsymbol{v}\mathrm{d}a \tag{5.84}$$

存在下面的机械能守恒关系：*外力功率一部分转化为动能的改变率，另一部分转化为内力功率*，即

$$\mathcal{P}_{\mathrm{ext}}=\dot{\mathcal{K}}+\mathcal{P}_{\mathrm{int}} \tag{5.85}$$

证明 使用广义体积力的定义式 (5.32) 和式 (5.79)，则式 (5.76) 式可写成

$$\int_{\Omega}(\rho\boldsymbol{f}-\rho\dot{\boldsymbol{v}})\cdot\boldsymbol{v}\mathrm{d}V+\int_{\Gamma}\boldsymbol{t}\cdot\boldsymbol{v}\mathrm{d}a=\int_{\Omega}\boldsymbol{\sigma}:\boldsymbol{d}\mathrm{d}V \tag{5.86}$$

将式 (5.83) 代入式 (5.86)，得机械能守恒式 (5.85) 成立。♦♦

5.7 固定空间区域的基本力学定律

上面对基本定律的讨论是针对固定物质区域，本节的讨论将针对固定空间区域。考虑固定空间区域 Ω_c，其边界面为 Γ_c，它不随时间变化，但在不同时刻 t，所包含的物质将不同，下面讨论这种情况下的质量守恒、动量守恒、动量矩守恒以及机械能守恒。

采用导出式 (5.71) 的相同步骤，针对任意的矢量 $\underline{\mathbf{t}}(\boldsymbol{x},t)$，可得

$$\rho\dot{\underline{\mathbf{t}}}=\frac{\partial\left(\rho\underline{\mathbf{t}}\right)}{\partial t}+\left(\rho\underline{\mathbf{t}}\otimes\boldsymbol{v}\right)\cdot\nabla \tag{5.87}$$

右边第一项代表空间时间导数。将上式两边在 Ω_c 内积分，应用散度定理得

$$\int_{\Omega_c}\rho\dot{\underline{\mathbf{t}}}\mathrm{d}V=\int_{\Omega_c}\frac{\partial\left(\rho\underline{\mathbf{t}}\right)}{\partial t}\mathrm{d}V+\int_{\Gamma_c}\rho\underline{\mathbf{t}}\left(\boldsymbol{v}\cdot\boldsymbol{n}\right)\mathrm{d}a \tag{5.88}$$

需要指出：上述积分针对固定空间区域 Ω_c 所包含的物质进行物质时间导数，可理解为针对与 Ω_c 瞬时重合的物质区域进行。因此，Reynold 输运第二定理式 (5.16) 仍然有效，

$$\frac{\mathrm{D}}{\mathrm{D}t}\int_{\Omega_c}\rho\underline{\mathbf{t}}\mathrm{d}V=\int_{\Omega_c}\rho\dot{\underline{\mathbf{t}}}\mathrm{d}V \tag{5.89}$$

考虑到 Ω_c 是空间固定的，不随时间变化，有

$$\int_{\Omega_c}\frac{\partial\left(\rho\underline{\mathbf{t}}\right)}{\partial t}\mathrm{d}V=\frac{\partial}{\partial t}\int_{\Omega_c}\rho\underline{\mathbf{t}}\mathrm{d}V \tag{5.90}$$

结合在一起得

$$\frac{\mathrm{D}}{\mathrm{D}t}\int_{\Omega_c}\rho\underline{\mathbf{t}}\mathrm{d}V=\frac{\partial}{\partial t}\int_{\Omega_c}\rho\underline{\mathbf{t}}\mathrm{d}V+\int_{\Gamma_c}\rho\underline{\mathbf{t}}\left(\boldsymbol{v}\cdot\boldsymbol{n}\right)\mathrm{d}a \tag{5.91}$$

上式中的 $\underline{\mathbf{t}}$ 可以替换为标量，针对标量函数 $\Phi=\Phi(\boldsymbol{x},t)$，于是有

$$\frac{\mathrm{D}}{\mathrm{D}t}\int_{\Omega_c}\rho\Phi\mathrm{d}V=\frac{\partial}{\partial t}\int_{\Omega_c}\rho\Phi\mathrm{d}V+\int_{\Gamma_c}\rho\Phi\left(\boldsymbol{v}\cdot\boldsymbol{n}\right)\mathrm{d}a \tag{5.92}$$

下面讨论具体应用。质量守恒式 (5.12) 针对固定空间区域 Ω_c 包含的物质要求

$$\frac{\mathrm{D}}{\mathrm{D}t}\int_{\Omega_c}\rho\mathrm{d}V=0$$

使用式 (5.92)，令其中的 Φ=1，得

$$\frac{\mathrm{D}}{\mathrm{D}t}\int_{\Omega_c}\rho\mathrm{d}V=\frac{\partial}{\partial t}\int_{\Omega_c}\rho\mathrm{d}V+\int_{\Gamma_c}\rho\left(\boldsymbol{v}\cdot\boldsymbol{n}\right)\mathrm{d}a=0 \tag{5.93}$$

因此，针对固定空间区域 Ω_c 的质量守恒定律可表示为

$$\frac{\partial}{\partial t}\int_{\Omega_c}\rho \mathrm{d}V = -\int_{\Gamma_c}\rho\left(\boldsymbol{v}\cdot\boldsymbol{n}\right)\mathrm{d}a \tag{5.94}$$

按照式 (5.9) 前的解释，$\rho(\boldsymbol{v}\cdot\boldsymbol{n})\mathrm{d}a$ 是单位时间内通过边界 Γ_c 上微单元 $\mathrm{d}a$ 流出的质量，负号则代表流入，因此，上式右边是通过边界 Γ_c 流入区域 Ω_c 的质量。

动量守恒式 (5.28) 针对固定空间区域 Ω_c 包含的物质要求

$$\frac{\mathrm{D}}{\mathrm{D}t}\int_{\Omega_c}\rho\boldsymbol{v}\mathrm{d}V = \int_{\Omega_c}\rho\boldsymbol{f}\mathrm{d}V + \int_{\Gamma_c}\boldsymbol{t}\left(\boldsymbol{n}\right)\mathrm{d}a \tag{5.95}$$

使用式 (5.91)，将其中的 $\underline{\mathrm{t}}$ 用速度 $\boldsymbol{v}$ 代替，得

$$\frac{\mathrm{D}}{\mathrm{D}t}\int_{\Omega_c}\rho\boldsymbol{v}\mathrm{d}V = \frac{\partial}{\partial t}\int_{\Omega_c}\rho\boldsymbol{v}\mathrm{d}V + \int_{\Gamma_c}\rho\boldsymbol{v}\left(\boldsymbol{v}\cdot\boldsymbol{n}\right)\mathrm{d}a \tag{5.96}$$

因此，针对固定空间区域 Ω_c 的动量守恒定律可表示为

$$\frac{\partial}{\partial t}\int_{\Omega_c}\rho\boldsymbol{v}\mathrm{d}V = \int_{\Omega_c}\rho\boldsymbol{f}\mathrm{d}V + \int_{\Gamma_c}\boldsymbol{t}\left(\boldsymbol{n}\right)\mathrm{d}a - \int_{\Gamma_c}\rho\boldsymbol{v}\left(\boldsymbol{v}\cdot\boldsymbol{n}\right)\mathrm{d}a \tag{5.97}$$

右边最后一项相对物质区域的守恒方程是新增的，它代表从边界 Γ_c 流入空间区域 Ω_c 的动量。

而针对固定空间区域 Ω_c 的动量矩守恒式 (5.31) 可表示为

$$\frac{\partial}{\partial t}\int_{\Omega_c}\boldsymbol{r}\times\rho\boldsymbol{v}\mathrm{d}V = \int_{\Omega_c}\boldsymbol{r}\times\rho\boldsymbol{f}\mathrm{d}V + \int_{\Gamma_c}\boldsymbol{r}\times\boldsymbol{t}\left(\boldsymbol{n}\right)\mathrm{d}a - \int_{\Gamma_c}\boldsymbol{r}\times\rho\boldsymbol{v}\left(\boldsymbol{v}\cdot\boldsymbol{n}\right)\mathrm{d}a \tag{5.98}$$

最后一项是从边界 Γ_c 流入空间区域 Ω_c 的动量矩。

针对固定空间区域 Ω_c 的机械能守恒式 (5.85) 则为

$$\begin{aligned}\frac{\partial}{\partial t}\left(\int_{\Omega_c}\frac{1}{2}\rho\boldsymbol{v}\cdot\boldsymbol{v}\mathrm{d}V\right) = &\int_{\Omega_c}\rho\boldsymbol{f}\cdot\boldsymbol{v}\mathrm{d}V + \int_{\Gamma_c}\boldsymbol{t}\cdot\boldsymbol{v}\mathrm{d}a - \int_{\Omega_c}\boldsymbol{\sigma}:\boldsymbol{d}\mathrm{d}V\\ &-\int_{\Gamma_c}\frac{1}{2}\rho\boldsymbol{v}\cdot\boldsymbol{v}\left(\boldsymbol{v}\cdot\boldsymbol{n}\right)\mathrm{d}a\end{aligned} \tag{5.99}$$

最后一项是从边界 Γ_c 流入空间区域 Ω_c 的动能。

5.8　参考构形上的基本力学定律

前面给出的基本定律都是针对当前构形建立的，属于空间描述。然而，固体物质通常存在无应力无变形的参考构形，在此构形上定义应变和建立本构方程都十分方便，因此有必要在选定的参考构形中建立基本定律的物质描述。

5.8.1 第一 P-K 应力的定义

考察当前构形中面积为 da 的微元，其法线为 $\boldsymbol{n}$，作用的应力矢量为 $\boldsymbol{t}(\boldsymbol{x},t,\boldsymbol{n})$，该微元物质对应参考构形中的面积为 d$A$，而外法线为 $\boldsymbol{N}$，面积微元 da 的接触力合力为 $\boldsymbol{t}(\boldsymbol{x},t,\boldsymbol{n})\mathrm{d}a$，将应力矢量中的空间位置和时间变量略去，结合 Cauchy 原理式 (5.35) 以及 Nanson 公式 (3.131)，得内力

$$\boldsymbol{t}\mathrm{d}a=\boldsymbol{\sigma}\cdot\boldsymbol{n}\mathrm{d}a=J\boldsymbol{\sigma}\cdot\boldsymbol{F}^{-\mathrm{T}}\cdot\boldsymbol{N}\mathrm{d}A$$

定义张量 $\boldsymbol{P}$ 和矢量 $\boldsymbol{t}_0$：

$$\boldsymbol{P}\overset{\mathrm{def}}{=\!=\!=}J\boldsymbol{\sigma}\cdot\boldsymbol{F}^{-\mathrm{T}} \tag{5.100a}$$

$$\boldsymbol{t}_0\overset{\mathrm{def}}{=\!=\!=}\boldsymbol{P}\cdot\boldsymbol{N} \tag{5.100b}$$

则内力可写成

$$\boldsymbol{t}\mathrm{d}a=\boldsymbol{t}_0\mathrm{d}A\quad 或\quad \boldsymbol{t}_0\mathrm{d}A=\boldsymbol{P}\cdot\boldsymbol{N}\mathrm{d}A \tag{5.101}$$

式 (5.101) 第一个等式表明将当前构形上作用在面积微元 da 上的接触力 $\boldsymbol{t}(\boldsymbol{x},t,\boldsymbol{n})\mathrm{d}a$ 平移到作用在参考构形面积微元 dA 上，如图 5.6 所示，所以，$\boldsymbol{t}_0$ 是参考构形上单位面积上的内力，即应力矢量。式 (5.101) 第二个等式表明接下来在参考构形上进行应力的定义 (比较 Cauchy 应力原理 $\boldsymbol{t}\mathrm{d}a=\boldsymbol{\sigma}\cdot\boldsymbol{n}\mathrm{d}a$)，所定义的应力 $\boldsymbol{P}$ 称为第一 Piola-Kirchhoff 应力，简称第一 P-K 应力，其实质是将当前的力设想作用在参考构形的面积上，或者说不去考虑面积随变形的改变，包括大小和方向，它是一种名义应力。需要说明：也有一些文献 (例如，Belytschko et al., 2000; Lubarda, 2002) 将第一 P-K 应力的转置称为名义应力。

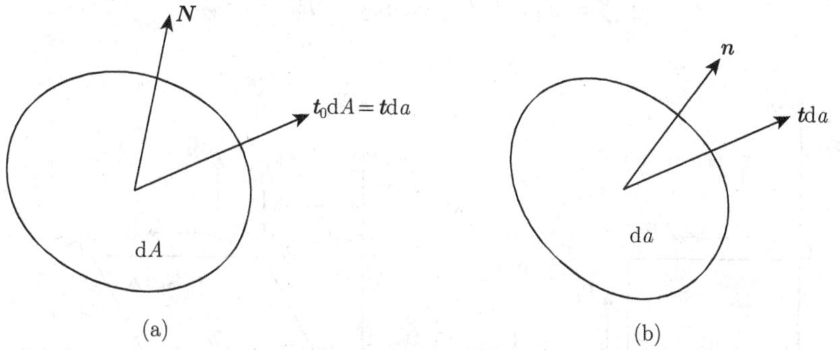

图 5.6 参考构形和当前构形中的应力矢量

(a) 参考构形；(b) 当前构形

从式 (5.100b) 可知，第一 P-K 应力将物质矢量 $\boldsymbol{N}$ 变换为空间矢量 $\boldsymbol{t}_0$(它与应力矢量 $\boldsymbol{t}$ 平行)，与变形梯度一样是两点张量，而且也是非对称张量，实际上，

考虑到式 (3.16)，第一 P-K 可写成

$$\boldsymbol{P} = P_{iK}\boldsymbol{e}_i \otimes \boldsymbol{E}_K, \quad P_{iK} = J\sigma_{ij}\frac{\partial X_K}{\partial x_j} \tag{5.102}$$

为了更好地理解第一 P-K 应力的定义，考虑 1×1×1 单元体在应力的作用下沿 $\boldsymbol{E}_1$ 方向产生简单剪切变形，图 5.7 给出了其平面示意。设空间坐标系和物质坐标系重合，$\boldsymbol{E}_K = \boldsymbol{e}_k$ $(k = K = 1,2,3)$，在当前构形 $C'D'$ 面上，内力矢量是

$$(\boldsymbol{t}\mathrm{d}a)_{C'D'} = (\sigma_{1j}n_j\boldsymbol{e}_1 + \sigma_{2j}n_j\boldsymbol{e}_2 + \sigma_{3j}n_j\boldsymbol{e}_3) \times C'D' \tag{5.103}$$

平移到参考构形 CD 面上有

$$(\boldsymbol{t}_0\mathrm{d}A)_{CD} = (P_{11}\boldsymbol{E}_1 + P_{21}\boldsymbol{E}_2 + P_{31}\boldsymbol{E}_3) \times 1 \tag{5.104}$$

根据变形几何有

$$n_1 \times C'D' = 1, \quad n_2 \times C'D' = -\gamma, \quad n_3 = 0$$

两者相等，得

$$\begin{aligned} P_{11} &= \sigma_{1j}n_j \times C'D' = \sigma_{11} - \sigma_{12}\gamma \\ P_{21} &= \sigma_{2j}n_j \times C'D' = \sigma_{21} - \sigma_{22}\gamma \\ P_{31} &= \sigma_{3j}n_j \times C'D' = \sigma_{31} - \sigma_{32}\gamma \end{aligned} \tag{5.105}$$

参考构形上 AC 面变形到当前构形的 $A'C'$ 面，大小和方向都没有变化，因此，该面上有

$$P_{12} = \sigma_{12}, \quad P_{22} = \sigma_{22}, \quad P_{32} = \sigma_{32}$$

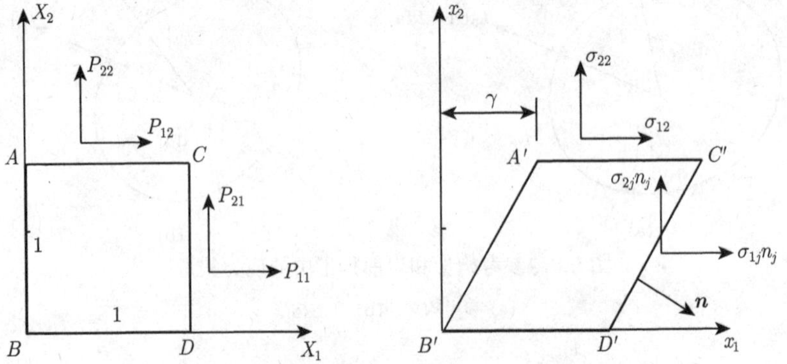

图 5.7　剪切变形下第一 P-K 应力与 Cauchy 应力关系

5.8.2 动量守恒与动量矩守恒

考虑参考构形中物质区域 Ω_0，其边界用 Γ_0 表示，参考构形中的应力矢量是 $\boldsymbol{t}_0(\boldsymbol{X}, t, \boldsymbol{N})$，密度是 $\rho_0(\boldsymbol{X})$，将当前构形中单位质量的体积力同样设想平移到参考构形，由于质量守恒并不随构形变化，参考构形中单位质量的体积力仍然是 $\boldsymbol{f}$，不过这里它是物质坐标的函数 $\boldsymbol{f}(\boldsymbol{X}, t)$，所以单位体积的体积力是 $\rho_0(\boldsymbol{X})\,\boldsymbol{f}(\boldsymbol{X}, t)$，合外力则为

$$\underline{\mathrm{f}} = \int_{\Omega_0} \rho_0(\boldsymbol{X})\,\boldsymbol{f}(\boldsymbol{X}, t)\,\mathrm{d}V_0 + \int_{\Gamma_0} \boldsymbol{t}_0(\boldsymbol{X}, t, \boldsymbol{N})\,\mathrm{d}A \tag{5.106}$$

物质描述的速度是 $\boldsymbol{v}(\boldsymbol{X}, t)$，动量是

$$\int_{\Omega_0} \rho_0(\boldsymbol{X})\,\boldsymbol{v}(\boldsymbol{X}, t)\,\mathrm{d}V_0 \tag{5.107}$$

动量守恒定律要求

$$\frac{\mathrm{D}}{\mathrm{D}t}\int_{\Omega_0} \rho_0(\boldsymbol{X})\,\boldsymbol{v}(\boldsymbol{X}, t)\,\mathrm{d}V_0 = \int_{\Omega_0} \rho_0(\boldsymbol{X})\,\boldsymbol{f}(\boldsymbol{X}, t)\,\mathrm{d}V_0 + \int_{\Gamma_0} \boldsymbol{t}_0(\boldsymbol{X}, t, \boldsymbol{N})\,\mathrm{d}A \tag{5.108}$$

为简便起见，下面的表示中将自变量略去。由于 $\boldsymbol{t}_0 = \boldsymbol{P}\cdot\boldsymbol{N}$，根据散度定理式 (2.155)，得表面力的合力为

$$\int_{\Gamma_0} \boldsymbol{t}_0 \mathrm{d}A = \int_{\Gamma_0} \boldsymbol{P}\cdot\boldsymbol{N}\mathrm{d}A = \int_{\Omega_0} \boldsymbol{P}\cdot\nabla_0 \mathrm{d}V_0 \tag{5.109}$$

考虑到参考构形上的密度和体积元都与时间无关，式 (5.108) 左边的求导可以仅针对速度，结合上式，因此得

$$\int_{\Omega_0} (\boldsymbol{P}\cdot\nabla_0 + \rho_0\boldsymbol{f} - \rho_0\dot{\boldsymbol{v}})\,\mathrm{d}V_0 = 0$$

由于所考察的物质区域 Ω_0 是任意的，则要求

$$\boldsymbol{P}\cdot\nabla_0 + \rho_0\boldsymbol{f} - \rho_0\dot{\boldsymbol{v}} = 0 \tag{5.110}$$

或应用分量表示为

$$\frac{\partial P_{iK}}{\partial X_K} + \rho_0 f_i - \rho_0 \dot{v}_i = 0$$

上面方程就是参考构形上的运动方程，即动量守恒方程式 (5.108) 的局部形式，所有物理量都是物质坐标的函数。上面的方程也可使用式 (5.56) 结合 Piola 公式 (3.137) 得到，因为有

$$\begin{aligned}\frac{\partial \sigma_{ij}}{\partial x_j} &= \frac{\partial}{\partial x_j}\left(J^{-1}P_{iK}F_{Kj}\right) = \frac{\partial}{\partial x_j}\left(J^{-1}F_{Kj}\right)P_{iK} + J^{-1}\frac{\partial P_{iK}}{\partial x_j}F_{Kj} \\ &= J^{-1}\frac{\partial P_{iK}}{\partial x_j}\frac{\partial x_j}{\partial X_K} = J^{-1}\frac{\partial P_{iK}}{\partial X_K}\end{aligned} \tag{5.111}$$

以及质量守恒 $\rho_0 = \rho J$。

由于 Cauchy 应力张量的对称性，利用式 (5.100a) 很容易证明

$$\boldsymbol{P} \cdot \boldsymbol{F}^{\mathrm{T}} = \boldsymbol{F} \cdot \boldsymbol{P}^{\mathrm{T}} \tag{5.112}$$

上式本质上是参考构形上动量矩守恒的局部形式。一旦给定 $\boldsymbol{F}$，上式将提供三个独立的 $\boldsymbol{P}$ 应满足的方程，所以，尽管 $\boldsymbol{P}$ 不对称，有九个分量，但仍然只有六个独立。

5.8.3 机械能守恒

使用 Cauchy 应力的对称性，对称张量与反对称张量的双点积为零，由式 (4.20) 和式 (1.115)，得当前构形单位体积的应力功率是

$$\boldsymbol{\sigma} : \boldsymbol{d} = \boldsymbol{\sigma} : \boldsymbol{l} = \boldsymbol{\sigma} : \left(\dot{\boldsymbol{F}} \cdot \boldsymbol{F}^{-1}\right) = \left(\boldsymbol{\sigma} \cdot \boldsymbol{F}^{-\mathrm{T}}\right) : \dot{\boldsymbol{F}} \tag{5.113}$$

使用应力的关系式 (5.100a)，得

$$\boldsymbol{P} : \dot{\boldsymbol{F}} = J\boldsymbol{\sigma} : \boldsymbol{d} \tag{5.114}$$

它是参考构形单位体积的应力功率，因为

$$\frac{\boldsymbol{\sigma} : \boldsymbol{d}\mathrm{d}V}{\mathrm{d}V_0} = J\boldsymbol{\sigma} : \boldsymbol{d} \tag{5.115}$$

所以 $\boldsymbol{P}$ 与 $\dot{\boldsymbol{F}}$ 是功共轭的，注意：$\boldsymbol{F}$ 并不是应变度量，它包含刚体转动。物理上要求应力在刚体转动上所做功率必须为零，见 5.6.2 节。下面证明第一 P-K 应力满足这一要求。考察当前时刻 t 到 $t+\mathrm{d}t$ 的微小时间增量内仅产生刚体转动，$\dot{\boldsymbol{U}} = \boldsymbol{0}$，$\dot{\boldsymbol{R}} \neq \boldsymbol{0}$，从而 $\dot{\boldsymbol{F}} = \dot{\boldsymbol{R}} \cdot \boldsymbol{U}$，考虑到 $\dot{\boldsymbol{R}} \cdot \boldsymbol{R}^{\mathrm{T}} = \boldsymbol{\Omega}^{\mathrm{R}}$ 是相对旋率 (见式 (4.109))，为反对称张量，$\boldsymbol{\sigma}$ 和 $\boldsymbol{U}$ 均为对称张量，可计算得

$$\begin{aligned}\boldsymbol{P} : \dot{\boldsymbol{F}} &= \mathrm{tr}\left(\boldsymbol{P} \cdot \boldsymbol{U} \cdot \dot{\boldsymbol{R}}^{\mathrm{T}}\right) = \mathrm{tr}\left(\boldsymbol{P} \cdot \boldsymbol{U} \cdot \boldsymbol{R}^{\mathrm{T}} \cdot \boldsymbol{R} \cdot \dot{\boldsymbol{R}}^{\mathrm{T}}\right) \\ &= \mathrm{tr}\left(\boldsymbol{P} \cdot \boldsymbol{F}^{\mathrm{T}} \cdot \left(\dot{\boldsymbol{R}} \cdot \boldsymbol{R}^{\mathrm{T}}\right)^{\mathrm{T}}\right) = J\boldsymbol{\sigma} : \boldsymbol{\Omega}^{\mathrm{R}} = 0\end{aligned} \tag{5.116}$$

参考构形中在物质区域 Ω_0 上所做的内力功率是

$$\mathcal{P}_{\mathrm{int}} = \int_{\Omega} \boldsymbol{\sigma} : \boldsymbol{d}\mathrm{d}V = \int_{\Omega_0} \boldsymbol{P} : \dot{\boldsymbol{F}}\mathrm{d}V_0 \tag{5.117}$$

而外力功率是

$$\mathcal{P}_{\mathrm{ext}} = \int_{\Omega_0} \rho_0 \boldsymbol{f} \cdot \boldsymbol{v}\mathrm{d}V_0 + \int_{\Gamma_0} \boldsymbol{t}_0 \cdot \boldsymbol{v}\mathrm{d}A \tag{5.118}$$

动能是

$$\mathcal{K}=\int_{\Omega_0}\frac{1}{2}\rho_0\boldsymbol{v}\cdot\boldsymbol{v}\mathrm{d}V_0 \tag{5.119}$$

因此，参考构形上的机械能守恒为

$$\int_{\Omega_0}\rho_0\boldsymbol{f}\cdot\boldsymbol{v}\mathrm{d}V_0+\int_{\Gamma_0}\boldsymbol{t}_0\cdot\boldsymbol{v}\mathrm{d}A=\frac{\mathrm{D}}{\mathrm{D}t}\left(\int_{\Omega_0}\frac{1}{2}\rho_0\boldsymbol{v}\cdot\boldsymbol{v}\mathrm{d}V_0\right)+\int_{\Omega_0}\boldsymbol{P}:\dot{\boldsymbol{F}}\mathrm{d}V_0 \tag{5.120}$$

5.9 应力度量的进一步讨论

为描述问题方便，定义 Kirchhoff 应力张量 $\boldsymbol{\tau}$ 为

$$\boldsymbol{\tau}\stackrel{\mathrm{def}}{=\!=}J\boldsymbol{\sigma} \tag{5.121}$$

是对称张量，则参考构形中单位体积的应力功率是

$$w=J\boldsymbol{\sigma}:\boldsymbol{d}=\boldsymbol{\tau}:\boldsymbol{d} \tag{5.122}$$

使用式 (5.100a)，Kirchhoff 应力 $\boldsymbol{\tau}$ 与第一 P-K 应力 $\boldsymbol{P}$ 的关系是

$$\boldsymbol{\tau}=\boldsymbol{P}\cdot\boldsymbol{F}^{\mathrm{T}} \tag{5.123}$$

前面已表明：Cauchy 应力 $\boldsymbol{\sigma}$ 与变形率 $\boldsymbol{d}$ 构成功共轭对，$\boldsymbol{P}$ 与变形梯度的率 $\dot{\boldsymbol{F}}$ 也构成功共轭对，然而，变形率 $\boldsymbol{d}$ 并不是一个应变度量的时间率，而变形梯度 $\boldsymbol{F}$ 包含刚体转动在内，不构成纯应变度量。从实际应用的角度，我们还需要引入与纯应变的时间变化率相共轭的其他应力度量来描述参考构形中的应力功率。理论上，针对一般应变度量 $\underline{\mathbf{B}}$，设与之共轭的应力为 $\underline{\mathbf{T}}$，可通过满足下面的功率相等要求导出 $\underline{\mathbf{T}}$ 的具体定义

$$\underline{\mathbf{T}}:\dot{\underline{\mathbf{B}}}=\boldsymbol{\tau}:\boldsymbol{d} \tag{5.124}$$

5.9.1 几种常用的应力度量

1. 与 Green 应变功共轭的第二 P-K 应力

设与 Green 应变共轭的应力张量为 $\boldsymbol{S}$，称为第二 Piola-Kirchhoff 应力张量，简称第二 P-K 应力。按照功共轭要求应有

$$w=\boldsymbol{S}:\dot{\boldsymbol{E}}=\boldsymbol{\tau}:\boldsymbol{d} \tag{5.125}$$

利用式 (4.61) 和求迹式 (1.114)，并考虑到 $\boldsymbol{\tau}$ 和 $\dot{\boldsymbol{E}}$ 的对称性，有

$$\boldsymbol{\tau}:\boldsymbol{d}=\mathrm{tr}\left(\boldsymbol{\tau}\cdot\boldsymbol{F}^{-\mathrm{T}}\cdot\dot{\boldsymbol{E}}\cdot\boldsymbol{F}^{-1}\right)=\mathrm{tr}\left(\boldsymbol{F}^{-1}\cdot\boldsymbol{\tau}\cdot\boldsymbol{F}^{-\mathrm{T}}\cdot\dot{\boldsymbol{E}}\right)=\left(\boldsymbol{F}^{-1}\cdot\boldsymbol{\tau}\cdot\boldsymbol{F}^{-\mathrm{T}}\right):\dot{\boldsymbol{E}}$$

对照得第二 P-K 应力的定义

$$\boldsymbol{S} \xlongequal{\text{def}} \boldsymbol{F}^{-1} \cdot \boldsymbol{\tau} \cdot \boldsymbol{F}^{-\mathrm{T}} \tag{5.126}$$

考虑到式 (3.16)，上式还可表示为

$$\boldsymbol{S}= S_{IJ}\boldsymbol{E}_I \otimes \boldsymbol{E}_J = \frac{\partial X_I}{\partial x_i}\tau_{ij}\frac{\partial X_J}{\partial x_j}\boldsymbol{E}_I \otimes \boldsymbol{E}_J, \quad S_{IJ} = \frac{\partial X_I}{\partial x_i}\tau_{ij}\frac{\partial X_J}{\partial x_j}$$

由于 Cauchy 应力 (Kirchhoff 应力) 对称，则第二 P-K 应力也对称。不同的是，第二 P-K 应力是参考构形上的物质张量，它可以理解为 Kirchhoff 应力 (当前构形上) 后拉到参考构形上。另一方面，也可以认为 Kirchhoff 应力是由第二 P-K 应力前推到当前构形上。注意：应力的后拉 (前推) 运算与前面变形中的后拉 (前推) 运算不同。应力的后拉称之为逆变型后拉，而变形的后拉称之为协变型后拉，详见 6.2 节。

式 (5.126) 用 Cauchy 应力表示就是

$$\boldsymbol{S} = \boldsymbol{F}^{-1} \cdot J\boldsymbol{\sigma} \cdot \boldsymbol{F}^{-\mathrm{T}} \quad \text{或} \quad J\boldsymbol{\sigma} = \boldsymbol{F} \cdot \boldsymbol{S} \cdot \boldsymbol{F}^{\mathrm{T}} \tag{5.127}$$

由上式给出的第二 P-K 应力与 Cauchy 应力之间的前推后拉运算，也称 Piola 变换，广义上，Piola 变换就是将当前构形上的张量乘以 J 之后 (比如这里的 $J\boldsymbol{\sigma}$) 进行由变形梯度定义的前推后拉运算。

第二 P-K 应力也有另外一种定义方式。将当前构形上的力矢量 $\boldsymbol{t}\mathrm{d}a$ 假象通过变形梯度的逆变换回到参考构形，即把力当作线元一样变换，由此定义的应力就是第二 P-K 应力，即有

$$\boldsymbol{F}^{-1} \cdot \boldsymbol{t}\mathrm{d}a = \boldsymbol{S} \cdot \boldsymbol{N}\mathrm{d}A \tag{5.128}$$

使用 Cauchy 原理式 (5.35) 和 Nanson 公式 (3.131)，得

$$\boldsymbol{F}^{-1} \cdot \boldsymbol{t}\mathrm{d}a = \boldsymbol{F}^{-1} \cdot (\boldsymbol{\sigma} \cdot \boldsymbol{n}\mathrm{d}a) = \boldsymbol{F}^{-1} \cdot \left(\boldsymbol{\sigma} \cdot J\boldsymbol{F}^{-\mathrm{T}} \cdot \boldsymbol{N}\mathrm{d}A\right)$$

两式对照给出一致的定义式 (5.126)。结合式 (5.126) 和式 (5.123)，得它与第一 P-K 应力的关系

$$\boldsymbol{S} = \boldsymbol{F}^{-1} \cdot \boldsymbol{P} \quad \text{或} \quad \boldsymbol{P} = \boldsymbol{F} \cdot \boldsymbol{S} \tag{5.129}$$

第二 P-K 应力在第一 P-K 应力的基础上进行了 $\boldsymbol{F}^{-1}$ 的变换后成了对称张量。

为了更清晰地了解第二 P-K 应力的意义，下面讨论通过第二 P-K 应力获得当前构形中面积微元 $\boldsymbol{n}\mathrm{d}a$ 上的 (合) 内力矢量 $\boldsymbol{t}\mathrm{d}a$，结合式 (5.128) 和式 (5.101)，有

$$\boldsymbol{t}\mathrm{d}a = \boldsymbol{t}_0\mathrm{d}A = \boldsymbol{P} \cdot \boldsymbol{N}\mathrm{d}A = \boldsymbol{F} \cdot \boldsymbol{S} \cdot \boldsymbol{N}\mathrm{d}A \tag{5.130}$$

考察初始参考构形中以三个单位基矢量 $\boldsymbol{E}_K$ $(K=1,2,3)$ 为边长的正立方体，经过变形梯度 $\boldsymbol{F}$ 所描述的变形后，该正六面体变为当前构形中的一个平行六面体，它的三个边长是

$$\hat{\boldsymbol{e}}_K = \boldsymbol{F}\cdot\boldsymbol{E}_K \tag{5.131}$$

注意，三个矢量 $\hat{\boldsymbol{e}}_K$ $(K=1,2,3)$ 之间相互不正交，也不是单位矢量，它们的模不为 1，而是

$$|\hat{\boldsymbol{e}}_K| = \left|\frac{\partial x_i}{\partial X_K}\boldsymbol{e}_i\right| = \sqrt{\sum_{i=1}^{3}\left(\frac{\partial x_i}{\partial X_K}\right)^2} \quad (K=1,2,3) \tag{5.132}$$

它就是 $\boldsymbol{E}_K$ 方向上的伸长比。

为求平行六面体六个面上的内力，只需求三个正面 (外法线指向基矢量的正方向) 或者三个负面的内力。正六面体每个面的面积为单位 1，三个正面的面积元就是 $\boldsymbol{E}_K$ $(K=1,2,3)$，变形后，它们不再是单位面积，三个正面的面积元分别变为 $\hat{\boldsymbol{e}}_2\times\hat{\boldsymbol{e}}_3$，$\hat{\boldsymbol{e}}_3\times\hat{\boldsymbol{e}}_1$，$\hat{\boldsymbol{e}}_1\times\hat{\boldsymbol{e}}_2$，使用式 (5.128)，作用在其上的内力是

$$\boldsymbol{F}\cdot\boldsymbol{S}\cdot\boldsymbol{E}_L = \boldsymbol{F}\cdot S_{KL}\boldsymbol{E}_K = S_{KL}\hat{\boldsymbol{e}}_K \tag{5.133}$$

式中使用了 $\boldsymbol{S}= S_{KM}\boldsymbol{E}_K\otimes\boldsymbol{E}_M$。由于 $\hat{\boldsymbol{e}}_K$ 的模不为 1，对于固定的某个面 L，其上沿 $\hat{\boldsymbol{e}}_K$ 方向的内力大小为 $S_{KL}\,|\hat{\boldsymbol{e}}_K|$ (对 K 不求和)，即放大了 $|\hat{\boldsymbol{e}}_K|$，实际上，每个面的内力都会按照所作用方向线元的伸长比放大，图 5.8 给出了法线为 $\boldsymbol{E}_2$ 的面上变形前后的内力。

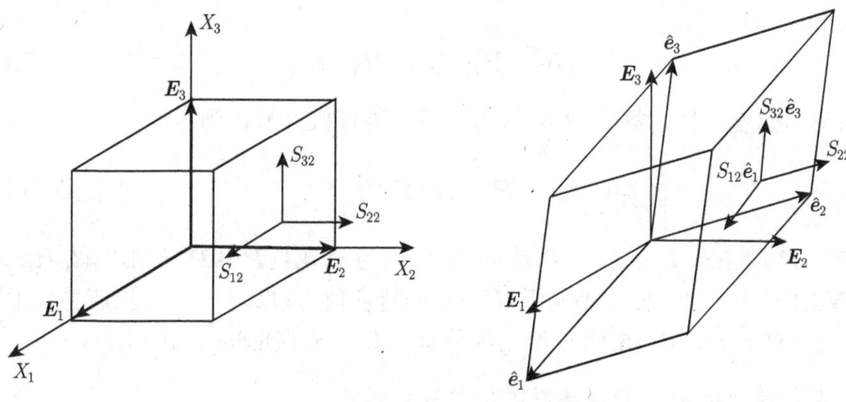

图 5.8 关于第二 P-K 应力的说明

(a) 参考构形；(b) 当前构形

2. 与名义应变率张量 $\dot{\boldsymbol{U}}$ 功共轭的 Biot 应力

记与名义应变率张量 $\dot{\boldsymbol{E}}^{(1)}=\dot{\boldsymbol{U}}$ 功共轭的应力即 Biot 应力 (Biot，1965) 为 $\boldsymbol{S}^{(1)}$，根据功共轭要求，并考虑到式 (4.63)、式 (1.115) 和 $\boldsymbol{U}$ 的对称性，有

$$\begin{aligned}\boldsymbol{S}:\dot{\boldsymbol{E}}&=\frac{1}{2}\boldsymbol{S}:\left(\boldsymbol{U}\cdot\dot{\boldsymbol{U}}+\dot{\boldsymbol{U}}\cdot\boldsymbol{U}\right)\\&=\frac{1}{2}\left(\boldsymbol{U}\cdot\boldsymbol{S}+\boldsymbol{S}\cdot\boldsymbol{U}\right):\dot{\boldsymbol{U}}=\boldsymbol{S}^{(1)}:\dot{\boldsymbol{E}}^{(1)}\end{aligned}\tag{5.134}$$

得 Biot 应力张量为

$$\boldsymbol{S}^{(1)}=\frac{1}{2}\left(\boldsymbol{S}\cdot\boldsymbol{U}+\boldsymbol{U}\cdot\boldsymbol{S}\right)\tag{5.135}$$

它是对称张量。

考虑到极分解 $\dot{\boldsymbol{F}}=\dot{\boldsymbol{R}}\cdot\boldsymbol{U}+\boldsymbol{R}\cdot\dot{\boldsymbol{U}}$ 和 $\boldsymbol{P}$ 在 $\dot{\boldsymbol{R}}\cdot\boldsymbol{U}$ 上做的功率 $\operatorname{tr}\left(\boldsymbol{P}\cdot\boldsymbol{U}\cdot\dot{\boldsymbol{R}}^{\mathrm{T}}\right)$ 为零，见式 (5.116)，功共轭也要求

$$\begin{aligned}\boldsymbol{P}:\dot{\boldsymbol{F}}&=\operatorname{tr}\left(\boldsymbol{P}\cdot\dot{\boldsymbol{F}}^{\mathrm{T}}\right)=\operatorname{tr}\left(\boldsymbol{P}\cdot\dot{\boldsymbol{U}}\cdot\boldsymbol{R}^{\mathrm{T}}\right)+\operatorname{tr}\left(\boldsymbol{P}\cdot\boldsymbol{U}\cdot\dot{\boldsymbol{R}}^{\mathrm{T}}\right)\\&=\operatorname{tr}\left(\boldsymbol{R}^{\mathrm{T}}\cdot\boldsymbol{P}\cdot\dot{\boldsymbol{U}}\right)=\operatorname{tr}\left(\boldsymbol{S}^{(1)}\cdot\dot{\boldsymbol{U}}\right)\end{aligned}\tag{5.136}$$

利用上式的最后一个等式并考虑到 $\boldsymbol{S}^{(1)}$ 是对称张量，得 Biot 应力与第一 P-K 应力的关系

$$\boldsymbol{S}^{(1)}=\frac{1}{2}\left(\boldsymbol{R}^{\mathrm{T}}\cdot\boldsymbol{P}+\boldsymbol{P}^{\mathrm{T}}\cdot\boldsymbol{R}\right)\tag{5.137}$$

式中非对称张量 $\boldsymbol{R}^{\mathrm{T}}\cdot\boldsymbol{P}$ 可看作一种应力，它通过将参考构形上的应力矢量 $\boldsymbol{t}_0$ 进行 $\boldsymbol{R}^{\mathrm{T}}$ 转动来定义：

$$\left(\boldsymbol{R}^{\mathrm{T}}\cdot\boldsymbol{P}\right)\cdot\boldsymbol{N}=\boldsymbol{R}^{\mathrm{T}}\cdot\boldsymbol{t}_0\tag{5.138}$$

同变形梯度一样，第一 P-K 应力也可以进行极分解，为

$$\boldsymbol{P}=\boldsymbol{R}\cdot\boldsymbol{S}^{(1)}\tag{5.139}$$

虽然 $\boldsymbol{P}^{\mathrm{T}}\cdot\boldsymbol{P}$ 同 $\boldsymbol{F}^{\mathrm{T}}\cdot\boldsymbol{F}=\boldsymbol{C}$ 一样是正定的 (因为 $\boldsymbol{N}\mathrm{d}A\cdot\boldsymbol{P}^{\mathrm{T}}\cdot\boldsymbol{P}\cdot\boldsymbol{N}\mathrm{d}A=\boldsymbol{t}_0\cdot\boldsymbol{t}_0>0$，其中 $\boldsymbol{N}\mathrm{d}A$ 任意)，但 $\boldsymbol{S}^{(1)}$ 不同于 $\boldsymbol{U}$，它的特征值可以为负 (代表压应力)，因此，$\boldsymbol{S}^{(1)}=\pm\sqrt{\boldsymbol{P}^{\mathrm{T}}\cdot\boldsymbol{P}}$，式 (5.139) 给出的分解并非唯一 (Ogden，1984)。

3. 与物质 Almansi 应变率功共轭的应力张量

在物质应变定义式 (3.201) 中取 $n=-2$ 所得应变称为物质 Almansi 应变

$$\boldsymbol{E}^{(-2)}=-\frac{1}{2}\left(\boldsymbol{U}^{-2}-\boldsymbol{I}\right)=\frac{1}{2}\left(\boldsymbol{I}-\boldsymbol{F}^{-1}\cdot\boldsymbol{F}^{-\mathrm{T}}\right)\tag{5.140}$$

注意，$\boldsymbol{E}^{(-2)}$ 并不等于 Almansi 应变。对上式求物质时间导数，并考虑到 $\dot{\boldsymbol{F}}^{-1}=-\boldsymbol{F}^{-1}\cdot\boldsymbol{l}$，见式 (4.23)，得应变率 $\dot{\boldsymbol{E}}^{(-2)}$ 为

$$\begin{aligned}\dot{\boldsymbol{E}}^{(-2)}&=-\frac{1}{2}\left(\dot{\boldsymbol{F}}^{-1}\cdot\boldsymbol{F}^{-\mathrm{T}}+\boldsymbol{F}^{-1}\cdot\dot{\boldsymbol{F}}^{-\mathrm{T}}\right)\\&=\frac{1}{2}\left(\boldsymbol{F}^{-1}\cdot\boldsymbol{l}\cdot\boldsymbol{F}^{-\mathrm{T}}+\boldsymbol{F}^{-1}\cdot\boldsymbol{l}^{\mathrm{T}}\cdot\boldsymbol{F}^{-\mathrm{T}}\right)=\boldsymbol{F}^{-1}\cdot\boldsymbol{d}\cdot\boldsymbol{F}^{-\mathrm{T}}\end{aligned}\tag{5.141}$$

与之功共轭的应力张量记作 $\boldsymbol{S}^{(-2)}$，应用求迹式 (1.114)，则应力功率是

$$\boldsymbol{S}^{(-2)}:\dot{\boldsymbol{E}}^{(-2)}=\boldsymbol{S}^{(-2)}:\left(\boldsymbol{F}^{-1}\cdot\boldsymbol{d}\cdot\boldsymbol{F}^{-\mathrm{T}}\right)=\left(\boldsymbol{F}^{-\mathrm{T}}\cdot\boldsymbol{S}^{(-2)}\cdot\boldsymbol{F}^{-1}\right):\boldsymbol{d}$$

结合功共轭要求，因此有

$$\boldsymbol{S}^{(-2)}=\boldsymbol{F}^{\mathrm{T}}\cdot\boldsymbol{\tau}\cdot\boldsymbol{F}\tag{5.142}$$

对照第 6 章的式 (6.26a) 可知，$\boldsymbol{S}^{(-2)}$ 是 $\boldsymbol{\tau}$ 的协变型后拉。

4. 小结

上面的分析表明：一般来说，各种应变的时间率都可表示为变形率和变形梯度的函数，如 Green 应变率 $\dot{\boldsymbol{E}}=\boldsymbol{F}^{\mathrm{T}}\cdot\boldsymbol{d}\cdot\boldsymbol{F}$，而与之共轭的应力则可表示为 Cauchy 应力和变形梯度的函数，许多情况下，共轭应力可能没有很具体的意义，但可一般地将它理解为使得应变不断改变的驱动力。

需要说明，Kirchhoff 应力没有功共轭的应变度量，实际上，所有空间应力 (应变) 张量都不存在功共轭的应变 (应力) 度量 (Hill，1968；Sansour，2001；Bertram，2008)，详见 5.9.2 节的讨论。

例题 5.2 考虑矩形截面杆在两端部截面受均匀分布且合力始终为 P 的拉力作用，给出 Cauchy 应力、第一 P-K 应力和第二 P-K 应力以及它们之间的关系。

解 初始参考构形中杆的尺寸为：长 l_0、宽 a_0 和高 b_0，变形后分别变为 l、a 和 b，设物质坐标与空间坐标重合，坐标轴 $X(x)$、$Y(y)$ 和 $Z(z)$ 分别沿杆的长、宽和高，有

$$x=\frac{l}{l_0}X,\quad y=\frac{a}{a_0}Y,\quad z=\frac{b}{b_0}Z$$

变形梯度、它的逆和 Jacobi 行列式分别是

$$\boldsymbol{F}=\begin{bmatrix}l/l_0&0&0\\0&a/a_0&0\\0&0&b/b_0\end{bmatrix},\quad\boldsymbol{F}^{-1}=\begin{bmatrix}l_0/l&0&0\\0&a_0/a&0\\0&0&b_0/b\end{bmatrix}$$

$$J=\det(\boldsymbol{F})=\frac{abl}{a_0b_0l_0}$$

Cauchy 应力只有 x 方向上的分量不为零，为

$$\boldsymbol{\sigma}=\begin{bmatrix} P/(ab) & 0 & 0 \\ 0 & 0 & 0 \\ 0 & 0 & 0 \end{bmatrix}$$

根据式 (5.100a)，得第一 P-K 应力

$$\boldsymbol{P}=J\boldsymbol{\sigma}\cdot\boldsymbol{F}^{-\mathrm{T}}=\frac{abl}{a_0b_0l_0}\begin{bmatrix} P/(ab) & 0 & 0 \\ 0 & 0 & 0 \\ 0 & 0 & 0 \end{bmatrix}\begin{bmatrix} l_0/l & 0 & 0 \\ 0 & a_0/a & 0 \\ 0 & 0 & b_0/b \end{bmatrix}$$

$$=\begin{bmatrix} P/(a_0b_0) & 0 & 0 \\ 0 & 0 & 0 \\ 0 & 0 & 0 \end{bmatrix}$$

所以，也只有一个不为零的分量，为

$$P_x=\frac{P}{a_0b_0}=\frac{ab}{a_0b_0}\sigma_x$$

根据式 (5.129)，得第二 P-K 应力不为零的分量为

$$S_x=\frac{l_0}{l}P_x=\frac{l_0}{l}\frac{P}{a_0b_0}=\frac{l_0}{l}\frac{ab}{a_0b_0}\sigma_x$$

显然，第一 P-K 应力是相对初始参考构形定义的名义应力，而第二 P-K 应力的物理意义并不清楚。

例题 5.3 给定单元体初始状态的 Cauchy 应力为

$$\sigma_{(t=0)}=\begin{bmatrix} \sigma_x^0 & 0 \\ 0 & \sigma_y^0 \end{bmatrix}$$

设想该应力嵌固在单元体上，随单元体一起转动。如图 5.9 所示，求单元体旋转 90° 后的 Cauchy 应力分量、第一 P-K 应力分量、第二 P-K 应力分量和 Biot 应力。

解 在初始状态，变形梯度 $\boldsymbol{F}=\boldsymbol{I}$，所以

$$\boldsymbol{P}=\boldsymbol{S}=\boldsymbol{\sigma}=\begin{bmatrix} \sigma_x^0 & 0 \\ 0 & \sigma_y^0 \end{bmatrix}$$

在旋转 90° 后的变形构形中，由于没有伸长变形，$\boldsymbol{U}=\boldsymbol{V}=\boldsymbol{I}$，变形梯度就是 0° 到 90° 旋转的转动张量，有

$$\boldsymbol{F}=\begin{bmatrix} \cos(\pi/2) & -\sin(\pi/2) \\ \sin(\pi/2) & \cos(\pi/2) \end{bmatrix}=\begin{bmatrix} 0 & -1 \\ 1 & 0 \end{bmatrix},\quad \boldsymbol{F}^{-1}=\begin{bmatrix} 0 & 1 \\ -1 & 0 \end{bmatrix},\quad J=\det(\boldsymbol{F})=1$$

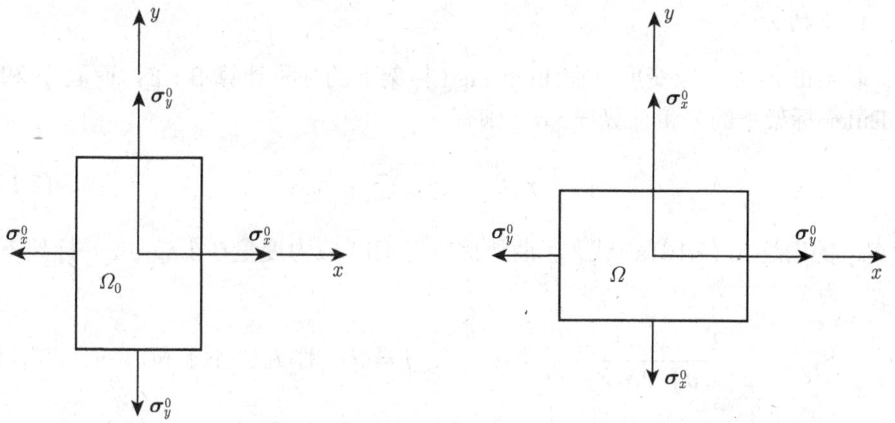

图 5.9 受应力作用的单元体转动 90°

显然，这时 Cauchy 应力为

$$\boldsymbol{\sigma} = \begin{bmatrix} \sigma_y^0 & 0 \\ 0 & \sigma_x^0 \end{bmatrix}$$

第一 P-K 应力为

$$\boldsymbol{P} = J\boldsymbol{\sigma} \cdot \boldsymbol{F}^{-\mathrm{T}} = \begin{bmatrix} \sigma_y^0 & 0 \\ 0 & \sigma_x^0 \end{bmatrix} \begin{bmatrix} 0 & -1 \\ 1 & 0 \end{bmatrix} = \begin{bmatrix} 0 & -\sigma_y^0 \\ \sigma_x^0 & 0 \end{bmatrix}$$

注意第一 P-K 应力是非对称的，而且非零的应力分量是剪应力，因此说很难赋予第一 P-K 应力明确的物理解释。第二 P-K 应力为

$$\boldsymbol{S} = \boldsymbol{F}^{-1} \cdot \boldsymbol{P} = \begin{bmatrix} 0 & 1 \\ -1 & 0 \end{bmatrix} \begin{bmatrix} 0 & -\sigma_y^0 \\ \sigma_x^0 & 0 \end{bmatrix} = \begin{bmatrix} \sigma_x^0 & 0 \\ 0 & \sigma_y^0 \end{bmatrix}$$

这说明，在纯转动中，第二 P-K 应力保持不变。

使用式 (5.135) 计算 Biot 应力，由于本题 $\boldsymbol{U}=\boldsymbol{I}$，显然有

$$\boldsymbol{S}^{(1)} = \frac{1}{2}(\boldsymbol{S} \cdot \boldsymbol{U} \cdot + \boldsymbol{U} \cdot \boldsymbol{S}) = \boldsymbol{S} \tag{5.143}$$

因此，也与当前构形上的刚体转动无关。

5.9.2 与 Hill 应变度量、Seth 应变度量功共轭的应力度量

与 Hill 应变度量 $\underline{\mathbf{E}}$、Seth 应变度量 $\boldsymbol{E}^{(n)}$ 等物质应变度量功共轭的应力度量，称为 Hill、Seth 应力度量，分别记作 $\underline{\mathbf{S}}$、$\boldsymbol{S}^{(n)}$，按照功共轭要求，一般地，有

$$w = \boldsymbol{\tau} : \boldsymbol{d} = \underline{\mathbf{S}} : \dot{\underline{\mathbf{E}}} = \boldsymbol{S}^{(n)} : \dot{\boldsymbol{E}}^{(n)} \tag{5.144}$$

下面采用两种方法分别讨论。

1. 主轴方法

取 Hill 应力、应变度量在 Lagrange 标架下的分量计算 $\underline{\mathbf{S}}:\dot{\underline{\mathbf{E}}}$，而取 $\boldsymbol{\tau}$ 和 $\boldsymbol{d}$ 在 Euler 标架下的分量计算 $\boldsymbol{\tau}:\boldsymbol{d}$，则有

$$\tau_{ij}d_{ij}=\underline{\mathrm{S}}_{IJ}\dot{\underline{\mathrm{E}}}_{IJ} \tag{5.145}$$

将 $\dot{\underline{\mathrm{E}}}_{IJ}$ 的表达式 (4.161a) 代入，两边比较得 Hill 应力度量在 Lagrange 标架下的分量，为

$$\underline{\mathrm{S}}_{IJ}=\frac{1}{\varphi(I,J)}\frac{\lambda_J+\lambda_I}{2\lambda_I\lambda_J}\tau_{ij}\quad (i=I;\ j=J;\ \text{对 } I,J \text{ 不求和}) \tag{5.146}$$

式中的函数 $\varphi(I,\ J)$ 见式 (4.161b)，由定义应变度量的函数 $f(\lambda)$ 确定。

若取函数 $\varphi(I,\ J)$ 中的 $f(\lambda)$ 为式 (3.200) 就可得到 Seth 应力度量在 Lagrange 标架下的分量，特别地，在式 (3.200) 中取 n=0，即令 $f(\lambda)$=lnλ，得与物质对数应变 $\boldsymbol{H}$ 共轭的应力度量，即对数应力 $\boldsymbol{T}$=$\boldsymbol{S}^{(0)}$，为

$$T_{IJ}=\frac{1}{\ln\lambda_J-\ln\lambda_I}\frac{\lambda_J^2-\lambda_I^2}{2\lambda_I\lambda_J}\tau_{ij}\ (i=I;\ j=J;\ \lambda_I\neq\lambda_J;\ \text{对 } I,J \text{ 不求和}) \tag{5.147a}$$

$$T_{IJ}=\tau_{ij}\quad (i=I;\ j=J;\ \lambda_I=\lambda_J) \tag{5.147b}$$

类似于第 5 章对对数应变分量 H_{IJ} 的处理方法，见式 (4.166) ~ 式 (4.169)，将式 (5.147a) 在 $\ln(\lambda_J/\lambda_I)=0$ 即 $\lambda_J/\lambda_I=1$ 附近作 Taylor 级数展开，得

$$T_{IJ}=\tau_{ij}\left(1+\frac{1}{6}(\ln\lambda_J-\ln\lambda_I)^2+\cdots\right)$$
$$(\ i=I;j=J;\lambda_I\neq\lambda_J;\ \text{对 } I,J \text{ 不求和}) \tag{5.148}$$

当 Kirchhoff 应力 $\boldsymbol{\tau}$ 的主方向沿着 Euler 标架基矢量 $\boldsymbol{n}_i$ $(i=1,2,3)$ 方向 (Euler 主轴方向)，即 $\boldsymbol{\tau}$ 与 $\boldsymbol{V}$ 共主轴 (各向同性弹性材料总是如此，见 8.1.2 节的讨论) 时，$\tau_{ij}=0$ $(i\neq j)$，根据上式有 T_{IJ}= 0 $(I\neq J)$，注意：T_{IJ} 是 $\boldsymbol{T}$ 在 Lagrange 标架下的分量，而 $\boldsymbol{\tau}_{ij}$ 是 $\boldsymbol{\tau}$ 在 Euler 标架下的分量，于是采用导出式 (4.168) 的方式，得

$$\boldsymbol{T}=\boldsymbol{R}^{\mathrm{T}}\cdot\boldsymbol{\tau}\cdot\boldsymbol{R} \tag{5.149}$$

其右边是将 Kirchhoff 应力从当前构形拉回到没有刚体转动的构形 $\mathscr{B}_U$(从参考构形经过纯伸长变形 $\boldsymbol{U}$ 到达的构形)，这实质上是与 Lagrange 主轴 $\boldsymbol{N}_K$ 共旋的观察者所观察到的应力，称之为共旋的 Kirchhoff 应力，用 $\hat{\boldsymbol{\tau}}$ 表示，有

$$\hat{\boldsymbol{\tau}}\overset{\text{def}}{=\!=}\boldsymbol{R}^{\mathrm{T}}\cdot\boldsymbol{\tau}\cdot\boldsymbol{R} \tag{5.150}$$

因此，当 Kirchhoff 应力的主方向沿着 Euler 主轴方向 $\boldsymbol{n}_i$ 时，$\boldsymbol{T}=\hat{\boldsymbol{\tau}}$，否则只是近似相等，即 $\boldsymbol{T}\approx\hat{\boldsymbol{\tau}}$，由式 (5.148) 可知，它们两者之差是对数应变分量的二次项。因此，当伸长不太大即 $|\lambda-1|$ 较小时，常将共旋的应力 $\hat{\boldsymbol{\tau}}$ 近似地当作对数应力 $\boldsymbol{T}$。

利用共旋应力的定义式 (5.150) 和共旋变形率定义式 (4.58a)，可证明它们两者功共轭，即

$$\hat{\boldsymbol{\tau}}:\hat{\boldsymbol{d}}=\operatorname{tr}\left(\boldsymbol{R}^{\mathrm{T}}\cdot\boldsymbol{\tau}\cdot\boldsymbol{R}\cdot\boldsymbol{R}^{\mathrm{T}}\cdot\boldsymbol{d}\cdot\boldsymbol{R}\right)=\operatorname{tr}\left(\boldsymbol{R}^{\mathrm{T}}\cdot\boldsymbol{\tau}\cdot\boldsymbol{d}\cdot\boldsymbol{R}\right)=\boldsymbol{\tau}:\boldsymbol{d} \tag{5.151}$$

2. *基于一般表示的方法*

对 Seth 应变度量的一般表达式 (3.201) 求物质时间导数，得

$$\dot{\boldsymbol{E}}^{(n)}=\frac{1}{n}\left(\dot{\boldsymbol{U}}\cdot\boldsymbol{U}^{n-1}+\boldsymbol{U}\cdot\dot{\boldsymbol{U}}\cdot\boldsymbol{U}^{n-2}+\cdots+\boldsymbol{U}^{n-2}\cdot\dot{\boldsymbol{U}}\cdot U+\boldsymbol{U}^{n-1}\cdot\dot{\boldsymbol{U}}\right) \tag{5.152}$$

功共轭要求

$$\operatorname{tr}\left(\boldsymbol{S}^{(n)}\cdot\dot{\boldsymbol{E}}^{(n)}\right)=\operatorname{tr}\left(\boldsymbol{S}^{(1)}\cdot\dot{\boldsymbol{E}}^{(1)}\right)$$

考虑到 $\dot{\boldsymbol{E}}^{(1)}=\dot{\boldsymbol{U}}$，并使用求迹式 (1.113)，由于对于任意的 $\dot{\boldsymbol{U}}$ 都必须成立，则有

$$\frac{1}{n}\left(\boldsymbol{U}^{n-1}\cdot\boldsymbol{S}^{(n)}+\boldsymbol{U}^{n-2}\cdot\boldsymbol{S}^{(n)}\cdot\boldsymbol{U}+\cdots+\boldsymbol{U}\cdot\boldsymbol{S}^{(n)}\cdot\boldsymbol{U}^{n-2}+\boldsymbol{S}^{(n)}\cdot\boldsymbol{U}^{n-1}\right)=\boldsymbol{S}^{(1)} \tag{5.153}$$

一般来说，通过对上式求逆来给出 $\boldsymbol{S}^{(n)}$ 作为 $\boldsymbol{S}^{(1)}$ 和 $\boldsymbol{U}$ 的张量函数的显式表达式并不容易，然而，下面证明它们之间存在如下简单关系

$$\frac{1}{n}\left(\boldsymbol{U}^{n}\cdot\boldsymbol{S}^{(n)}-\boldsymbol{S}^{(n)}\cdot\boldsymbol{U}^{n}\right)=\boldsymbol{U}\cdot\boldsymbol{S}^{(1)}-\boldsymbol{S}^{(1)}\cdot\boldsymbol{U} \tag{5.154}$$

将式 (5.153) 两边分别前点积 $\boldsymbol{U}$ 和后点积 $\boldsymbol{U}$，得

$$\begin{aligned}&\frac{1}{n}\left(\boldsymbol{U}^{n}\cdot\boldsymbol{S}^{(n)}+\boldsymbol{U}^{n-1}\cdot\boldsymbol{S}^{(n)}\cdot\boldsymbol{U}+\cdots+\boldsymbol{U}^{2}\cdot\boldsymbol{S}^{(n)}\cdot\boldsymbol{U}^{n-2}+\boldsymbol{U}\cdot\boldsymbol{S}^{(n)}\cdot\boldsymbol{U}^{n-1}\right)\\&=\boldsymbol{U}\cdot\boldsymbol{S}^{(1)}\\&\frac{1}{n}\left(\boldsymbol{U}^{n-1}\cdot\boldsymbol{S}^{(n)}\cdot\boldsymbol{U}+\boldsymbol{U}^{n-2}\cdot\boldsymbol{S}^{(n)}\cdot\boldsymbol{U}^{2}+\cdots+\boldsymbol{U}\cdot\boldsymbol{S}^{(n)}\cdot\boldsymbol{U}^{n-1}+\boldsymbol{S}^{(n)}\cdot\boldsymbol{U}^{n-1}\right)\\&=\boldsymbol{S}^{(1)}\cdot\boldsymbol{U}\end{aligned}$$

两式左右两边对应相减，左边将只剩下第一式的第一项和第二式的最后一项，从而得证。

考虑一种特殊的情况：$\boldsymbol{S}^{(n)}$ 与 $\boldsymbol{U}$ 共主轴，将它们都在相同的主轴坐标系下表示，很容易得到

$$\boldsymbol{U}^{n-1}\cdot\boldsymbol{S}^{(n)}=\boldsymbol{U}^{n-2}\cdot\boldsymbol{S}^{(n)}\cdot\boldsymbol{U}=\cdots=\boldsymbol{U}\cdot\boldsymbol{S}^{(n)}\cdot\boldsymbol{U}^{n-2}=\boldsymbol{S}^{(n)}\cdot\boldsymbol{U}^{n-1} \tag{5.155}$$

从而式 (5.153) 给出

$$\boldsymbol{S}^{(n)}=\boldsymbol{U}^{-(n-1)}\cdot\boldsymbol{S}^{(1)}=\boldsymbol{S}^{(1)}\cdot\boldsymbol{U}^{-(n-1)} \tag{5.156}$$

在上式中取 n=0，得对数应力为

$$\boldsymbol{T}=\boldsymbol{S}^{(0)}=\boldsymbol{U}\cdot\boldsymbol{S}^{(1)}=\boldsymbol{S}^{(1)}\cdot\boldsymbol{U} \tag{5.157}$$

取 n=2，$\boldsymbol{S}^{(2)}$ 就是第二 P-K 应力 $\boldsymbol{S}$，得 Biot 应力与它的关系

$$\boldsymbol{S}^{(1)}=\boldsymbol{U}\cdot\boldsymbol{S}=\boldsymbol{S}\cdot\boldsymbol{U} \tag{5.158}$$

在式 (5.126) 中使用变形梯度的极分解和共旋应力的定义式 (5.150)，得第二 P-K 应力

$$\boldsymbol{S}=\boldsymbol{U}^{-1}\cdot\boldsymbol{R}^{\mathrm{T}}\cdot\boldsymbol{\tau}\cdot\boldsymbol{R}\cdot\boldsymbol{U}^{-1}=\boldsymbol{U}^{-1}\cdot\hat{\boldsymbol{\tau}}\cdot\boldsymbol{U}^{-1}$$

结合上面的三个式子，得与前面相同的结论，即在 $\boldsymbol{S}^{(n)}$ 与 $\boldsymbol{U}$ 共主轴的条件下有

$$\boldsymbol{T}=\hat{\boldsymbol{\tau}}=\boldsymbol{R}^{\mathrm{T}}\cdot\boldsymbol{\tau}\cdot\boldsymbol{R} \tag{5.159}$$

回顾 $\boldsymbol{U}=\boldsymbol{R}^{\mathrm{T}}\cdot\boldsymbol{V}\cdot\boldsymbol{R}$，结合上式可知，如果 $\boldsymbol{S}^{(n)}$(包括 $\boldsymbol{T}$=$\boldsymbol{S}^{(0)}$) 与 $\boldsymbol{U}$ 共主轴，则 $\boldsymbol{\tau}$ 与 $\boldsymbol{V}$ 共主轴。

3. 关于空间应变的共轭应力问题

使用物质应力应变度量求应力功率。将式 (4.164) 前点积 $\boldsymbol{R}^{\mathrm{T}}$、后点积 $\boldsymbol{R}$，并考虑到式 (4.163)，得物质应变的时间率

$$\dot{\boldsymbol{E}}^{(n)}=\boldsymbol{R}^{\mathrm{T}}\cdot\dot{\boldsymbol{e}}^{(n)}\cdot\boldsymbol{R}-\boldsymbol{R}^{\mathrm{T}}\cdot\dot{\boldsymbol{R}}\cdot\boldsymbol{E}^{(n)}-\boldsymbol{E}^{(n)}\cdot\dot{\boldsymbol{R}}^{\mathrm{T}}\cdot\boldsymbol{R} \tag{5.160}$$

使用求迹式 (1.114)，并考虑到 $\boldsymbol{S}^{(n)}$ 和 $\boldsymbol{E}^{(n)}$ 的对称性及 $\dot{\boldsymbol{R}}^{\mathrm{T}}\cdot\boldsymbol{R}=-\boldsymbol{R}^{\mathrm{T}}\cdot\dot{\boldsymbol{R}}$(参见式 (4.16)) 是反对称张量，得应力功率

$$\operatorname{tr}\left(\boldsymbol{S}^{(n)}\cdot\dot{\boldsymbol{E}}^{(n)}\right)=\operatorname{tr}\left(\boldsymbol{R}\cdot\boldsymbol{S}^{(n)}\cdot\boldsymbol{R}^{\mathrm{T}}\cdot\dot{\boldsymbol{e}}^{(n)}\right)+\operatorname{tr}\left(\left(\boldsymbol{S}^{(n)}\cdot\boldsymbol{E}^{(n)}-\boldsymbol{E}^{(n)}\cdot\boldsymbol{S}^{(n)}\right)\cdot\boldsymbol{R}^{\mathrm{T}}\cdot\dot{\boldsymbol{R}}\right) \tag{5.161}$$

由于 $\dot{\boldsymbol{e}}^{(n)}$ 和 $\dot{\boldsymbol{R}}$ 相互独立，只有当上式右边最后一项为零时，$\boldsymbol{R}\cdot\boldsymbol{S}^{(n)}\cdot\boldsymbol{R}^{\mathrm{T}}$ 和 $\boldsymbol{e}^{(n)}$ 才能成为功共轭对，由于 $\boldsymbol{R}^{\mathrm{T}}\cdot\dot{\boldsymbol{R}}$ 的反对称性，这就要求 $\boldsymbol{S}^{(n)}\cdot\boldsymbol{E}^{(n)}-\boldsymbol{E}^{(n)}\cdot\boldsymbol{S}^{(n)}$ 必须是对称张量，然而，它本身也是反对称的，所以它只能是零张量，即

$$\boldsymbol{S}^{(n)}\cdot\boldsymbol{E}^{(n)}=\boldsymbol{E}^{(n)}\cdot\boldsymbol{S}^{(n)}$$

该等式只有在 $\boldsymbol{S}^{(n)}$ 和 $\boldsymbol{E}^{(n)}$ 两者共主轴 (或者说，$\boldsymbol{\tau}$ 与 $\boldsymbol{V}$ 共主轴) 的情况下成立，共主轴通常发生在各向同性弹性材料中，见 8.1.2 节。比如共主轴情况下，空间对

数应变 $\boldsymbol{h}=\boldsymbol{e}^{(0)}$ 的功共轭应力 $\boldsymbol{R}\cdot\boldsymbol{S}^{(0)}\cdot\boldsymbol{R}^{\mathrm{T}}=\boldsymbol{R}\cdot\boldsymbol{T}\cdot\boldsymbol{R}^{\mathrm{T}}$ 就是 Kirchhoff 应力 $\boldsymbol{\tau}$，详细讨论见 8.2.2 节。一般情况下，空间应变张量都不存在功共轭的应力度量。

空间应变率的表达式 (4.164) 又可写成

$$\dot{\boldsymbol{e}}^{(n)}=\boldsymbol{R}\cdot\dot{\boldsymbol{E}}^{(n)}\cdot\boldsymbol{R}^{\mathrm{T}}+\boldsymbol{\Omega}^{\mathrm{R}}\cdot\boldsymbol{e}^{(n)}+\boldsymbol{e}^{(n)}\cdot\boldsymbol{\Omega}^{\mathrm{RT}} \tag{5.162}$$

上式后面两项的存在，使得空间应变率与刚体转动的旋率有关，因而不客观 (关于客观性的讨论见 6.6 节)，如果共轭的应力存在，它将会在刚体转动的旋率上做功，但是，功率必须客观，应与 (刚体) 旋率无关，式 (5.161) 的最后一项就是将该项功率剔除，所以说，空间应变张量不存在功共轭应力度量的本质原因是空间应变率不客观所致 (Lubarda，2002)。

4. 对数应力不依赖标架的表达

Hoger(1987) 基于他本人 (Hoger，1986) 导出的物质对数应变率 $\dot{\boldsymbol{H}}$ 与共旋变形率 $\hat{\boldsymbol{d}}$ 之间的关系，使用功共轭要求导出了其共轭应力 $\boldsymbol{T}$ 的符号记法表示，这实际上就是求前面定义的四阶物质转换张量 $\mathbb{T}$ 的逆或者其空间形式 $\boldsymbol{\mathcal{T}}$ 的逆，因为结合功共轭要求与式 (4.185)，并考虑到式 (5.151)，有

$$\boldsymbol{\tau}:\boldsymbol{d}=\boldsymbol{T}:\dot{\boldsymbol{H}}=\boldsymbol{T}:\mathbb{T}:\hat{\boldsymbol{d}}=\hat{\boldsymbol{\tau}}:\hat{\boldsymbol{d}} \tag{5.163}$$

考虑到 $\mathbb{T}$ 同样具有对称性质 $\mathbb{T}^{\mathrm{T}}=\mathbb{T}$，结合式 (1.294)，应有 $\mathbb{T}:\boldsymbol{T}=\boldsymbol{T}:\mathbb{T}^{\mathrm{T}}=\boldsymbol{T}:\mathbb{T}$，因此

$$\boldsymbol{T}=\mathbb{T}^{-1}:\hat{\boldsymbol{\tau}} \tag{5.164}$$

使用式 (4.184) ~ 式 (4.186) 的步骤，并考虑到定义式 (5.150)，则进一步有

$$\boldsymbol{R}\cdot\boldsymbol{T}\cdot\boldsymbol{R}^{\mathrm{T}}=\boldsymbol{\mathcal{T}}^{-1}:\boldsymbol{\tau} \tag{5.165}$$

式中

$$\boldsymbol{\mathcal{T}}^{-1}=(\boldsymbol{R}\boxtimes\boldsymbol{R}):\mathbb{T}^{-1}:(\boldsymbol{R}\boxtimes\boldsymbol{R})^{\mathrm{T}} \tag{5.166}$$

是式 (4.177) 定义的空间转换张量的逆。然而，解析求逆并不容易，涉及的过程比较复杂，可采用从式 (4.121) 到式 (4.126) 的推导方法，也就是导出式 (4.177) 的方法建立对数应力不依赖标架的表示，这里不再赘述。

5.9.3 参考构形变换与当前构形转动下应力张量的变换

在参考构形变换和当前构形转动下，应力张量的变换特性与 3.10 节中所讨论的有关变形张量的变换特性相似。

定义 Cauchy 应力 $\boldsymbol{\sigma}$ 的两个物理量即应力矢量和面积都是相对当前构形的，因而是确定的，定义就决定了作为空间张量的 Cauchy 应力与参考构形的选取无关，因此，在参考构形的变换下，它保持不变

$$\hat{\boldsymbol{\sigma}}=\boldsymbol{\sigma} \tag{5.167}$$

结合式 (3.184)，并考虑到

$$\hat{J}=\det\hat{\boldsymbol{F}}=\det\boldsymbol{F}\det\boldsymbol{Q}^{\mathrm{T}}=J \tag{5.168}$$

可导出第一 P-K 应力和第二 P-K 应力在参考构形变换下将分别变为

$$\hat{\boldsymbol{P}}=\hat{J}\hat{\boldsymbol{\sigma}}\cdot\hat{\boldsymbol{F}}^{-\mathrm{T}}=J\boldsymbol{\sigma}\cdot\boldsymbol{F}^{-\mathrm{T}}\cdot\boldsymbol{Q}^{\mathrm{T}}=\boldsymbol{P}\cdot\boldsymbol{Q}^{\mathrm{T}} \tag{5.169a}$$

$$\hat{\boldsymbol{S}}=\hat{\boldsymbol{F}}^{-1}\cdot\hat{\boldsymbol{P}}=\boldsymbol{Q}^{-\mathrm{T}}\cdot\boldsymbol{F}^{-1}\cdot\boldsymbol{P}\cdot\boldsymbol{Q}^{\mathrm{T}}=\boldsymbol{Q}\cdot\boldsymbol{S}\cdot\boldsymbol{Q}^{\mathrm{T}} \tag{5.169b}$$

然而，当前构形施加刚体转动后，第二 P-K 应力保持不变，即

$$\boldsymbol{S}^{*}=\boldsymbol{S} \tag{5.170}$$

而第一 P-K 应力和 Cauchy 应力张量的变换分别是

$$\boldsymbol{P}^{*}=\boldsymbol{Q}\cdot\boldsymbol{P} \tag{5.171a}$$

$$\boldsymbol{\sigma}^{*}=\boldsymbol{Q}\cdot\boldsymbol{\sigma}\cdot\boldsymbol{Q}^{\mathrm{T}} \tag{5.171b}$$

证明　设想在当前变形构形的基础上产生刚体转动 $\boldsymbol{Q}$，则变形梯度变为

$$\boldsymbol{F}^{*}=\boldsymbol{Q}\cdot\boldsymbol{F} \tag{5.172}$$

相应的 Jacobi 行列式变为

$$J^{*}=\det\boldsymbol{F}^{*}=\det\boldsymbol{Q}\det\boldsymbol{F}=J$$

对于刚体转动后到达的构形，其应力矢量和所作用面的外法线变为

$$\boldsymbol{t}^{*}(\boldsymbol{n}^{*})=\boldsymbol{Q}\cdot\boldsymbol{t}(\boldsymbol{n}),\quad \boldsymbol{n}^{*}=\boldsymbol{Q}\cdot\boldsymbol{n} \tag{5.173}$$

考虑到 Cauchy 应力原理 $\boldsymbol{t}^{*}(\boldsymbol{n}^{*})=\boldsymbol{\sigma}^{*}\cdot\boldsymbol{n}^{*}$，$\boldsymbol{t}(\boldsymbol{n})=\boldsymbol{\sigma}\cdot\boldsymbol{n}$，以及 $\boldsymbol{Q}^{\mathrm{T}}=\boldsymbol{Q}^{-1}$，代入上式，则

$$\boldsymbol{\sigma}^{*}\cdot\boldsymbol{Q}\cdot\boldsymbol{n}=\boldsymbol{Q}\cdot\boldsymbol{\sigma}\cdot\boldsymbol{n}$$

上式对于任意的 $\boldsymbol{n}$ 都必须成立，从而得式 (5.171b)。

利用第一 P-K 应力、第二 P-K 应力的定义和上面的关系式以及 $\boldsymbol{Q}^{-\mathrm{T}}=\boldsymbol{Q}$，就有

$$\boldsymbol{P}^{*}=J^{*}\boldsymbol{\sigma}^{*}\cdot\boldsymbol{F}^{*-\mathrm{T}}=J\boldsymbol{Q}\cdot\boldsymbol{\sigma}\cdot\boldsymbol{Q}^{\mathrm{T}}\cdot\boldsymbol{Q}\cdot\boldsymbol{F}^{-\mathrm{T}}=J\boldsymbol{Q}\cdot\boldsymbol{\sigma}\cdot\boldsymbol{F}^{-\mathrm{T}}=\boldsymbol{Q}\cdot\boldsymbol{P} \quad (5.174a)$$

$$\boldsymbol{S}^{*}=J^{*}\boldsymbol{F}^{*-1}\cdot\boldsymbol{\sigma}^{*}\cdot\boldsymbol{F}^{*-\mathrm{T}}=J\left(\boldsymbol{F}^{-1}\cdot\boldsymbol{Q}^{\mathrm{T}}\right)\cdot\left(\boldsymbol{Q}\cdot\boldsymbol{\sigma}\cdot\boldsymbol{Q}^{\mathrm{T}}\right)\cdot\left(\boldsymbol{Q}\cdot\boldsymbol{F}^{-\mathrm{T}}\right)=\boldsymbol{S} \quad (5.174b)$$

得证。♦♦

由于 $\boldsymbol{U}$ 与施加于当前构形的任何刚体转动无关，根据式 (5.135)，$\boldsymbol{S}^{(1)}$ 也同样与施加于当前构形的任何刚体转动无关。实际上，所有物质应力张量都具有这一性质。

5.9.4 应力张量的分解

在许多工程应用中，如金属塑性、土力学和生物力学等，常常将 Cauchy 应力张量分解为偏应力部分 $\boldsymbol{\sigma}'$ 和静水压力部分 p，按照 1.6.2 节的定义，它们是

$$\mathrm{tr}\boldsymbol{\sigma}'=\boldsymbol{\sigma}':\boldsymbol{I}=0,\quad p=-\frac{1}{3}\mathrm{tr}\boldsymbol{\sigma}=-\frac{1}{3}\boldsymbol{\sigma}:\boldsymbol{I} \quad (5.175)$$

注意这里与 1.6.2 节有所不同的是规定静水压力为正。应力的分解表示为

$$\boldsymbol{\sigma}=\boldsymbol{\sigma}'-p\boldsymbol{I} \quad (5.176)$$

对 Kirchhoff 应力可进行同样的分解

$$\boldsymbol{\tau}=\boldsymbol{\tau}'+\frac{1}{3}(\boldsymbol{\tau}:\boldsymbol{I})\boldsymbol{I} \quad (5.177)$$

其中偏量满足 $\boldsymbol{\tau}'=J\boldsymbol{\sigma}'$。

将上面 $\boldsymbol{\sigma}$ 的分解式代入式 (5.123) 和式 (5.126)，得

$$\boldsymbol{P}=\boldsymbol{P}'-pJ\boldsymbol{F}^{-\mathrm{T}} \quad (5.178a)$$

$$\boldsymbol{S}=\boldsymbol{S}'-pJ\boldsymbol{C}^{-1} \quad (5.178b)$$

式中张量 $\boldsymbol{P}'$ 和 $\boldsymbol{S}'$ 被称为 $\boldsymbol{P}$ 和 $\boldsymbol{S}$ 的偏量，为

$$\boldsymbol{P}'=J\boldsymbol{\sigma}'\cdot\boldsymbol{F}^{-\mathrm{T}}=\boldsymbol{\tau}'\cdot\boldsymbol{F}^{-\mathrm{T}} \quad (5.179a)$$

$$\boldsymbol{S}'=J\boldsymbol{F}^{-1}\cdot\boldsymbol{\sigma}'\cdot\boldsymbol{F}^{-\mathrm{T}}=\boldsymbol{F}^{-1}\cdot\boldsymbol{\tau}'\cdot\boldsymbol{F}^{-\mathrm{T}} \quad (5.179b)$$

显然，$\boldsymbol{P}'$ 和 $\boldsymbol{S}'$ 是 $\boldsymbol{\tau}'$ 后拉所得，尽管 $\boldsymbol{\sigma}'$ 的迹是零，但 $\boldsymbol{P}'$ 和 $\boldsymbol{S}'$ 的迹并不为零，实际上，使用上式及求迹公式，很容易得到

$$\boldsymbol{P}':\boldsymbol{F}=\mathrm{tr}\left(\boldsymbol{P}'\cdot\boldsymbol{F}^{\mathrm{T}}\right)=\mathrm{tr}\boldsymbol{\tau}'=0 \quad (5.180a)$$

$$\boldsymbol{S}':\boldsymbol{C}=\mathrm{tr}\left(\boldsymbol{F}^{-1}\cdot\boldsymbol{\tau}'\cdot\boldsymbol{F}^{-\mathrm{T}}\cdot\boldsymbol{F}^{\mathrm{T}}\cdot\boldsymbol{F}\right)=\mathrm{tr}\left(\boldsymbol{F}^{-1}\cdot\boldsymbol{\tau}'\cdot\boldsymbol{F}\right)=\mathrm{tr}\boldsymbol{\tau}'=0 \quad (5.180\mathrm{b})$$

上面两式可看作偏量 $\boldsymbol{P}'$ 和 $\boldsymbol{S}'$ 的定义。8.3 节需要用到 $\boldsymbol{S}$ 的迹为零的偏量，见式 (8.146)，为区别起见，将它记作 $\boldsymbol{S}_{\mathrm{d}}$，即有

$$\boldsymbol{S}_{\mathrm{d}}=\boldsymbol{S}-\frac{1}{3}(\mathrm{tr}\boldsymbol{S})\boldsymbol{I},\quad \mathrm{tr}\boldsymbol{S}_{\mathrm{d}}=0 \quad (5.181)$$

称 $\boldsymbol{S}_{\mathrm{d}}$ 为数学偏量，而这里的 $\boldsymbol{S}'$ 称为物理偏量。

将式 (5.178) 的两个式子两边分别双点积 $\boldsymbol{F}$ 和 $\boldsymbol{C}$，并利用式 (5.180)，得静水压力 p 由 $\boldsymbol{P}$ 和 $\boldsymbol{S}$ 表示的表达式分别为

$$p=-\frac{1}{3}J^{-1}\boldsymbol{P}:\boldsymbol{F},\quad p=-\frac{1}{3}J^{-1}\boldsymbol{S}:\boldsymbol{C} \quad (5.182)$$

将式 (5.182) 代入式 (5.178)，则有

$$\boldsymbol{P}'=\boldsymbol{P}-\frac{1}{3}(\boldsymbol{P}:\boldsymbol{F})\boldsymbol{F}^{-\mathrm{T}} \quad (5.183\mathrm{a})$$

$$\boldsymbol{S}'=\boldsymbol{S}-\frac{1}{3}(\boldsymbol{S}:\boldsymbol{C})\boldsymbol{C}^{-1} \quad (5.183\mathrm{b})$$

5.10　虚位移原理——动量守恒定律的弱形式

实际问题的分析中，要求在物体 Ω 的内部，运动方程处处都应得到满足

$$\boldsymbol{\sigma}\cdot\nabla+\rho\boldsymbol{f}-\rho\dot{\boldsymbol{v}}=0,\quad 在\ \Omega\ 内$$

物体边界一部分由外部提供已知的表面力矢量 $\boldsymbol{t}$，一部分由外部给定已知的位移 (速度) 矢量，前者称为力边界 Γ_σ，而后者称为位移 (速度) 边界 Γ_u，因此，边界条件表述为

$$\boldsymbol{t}=\bar{\boldsymbol{t}},\quad 在\ \Gamma_\sigma\ 上 \quad (5.184\mathrm{a})$$

$$\boldsymbol{u}=\bar{\boldsymbol{u}},\quad 在\ \Gamma_u\ 上 \quad (5.184\mathrm{b})$$

其中，$\bar{\boldsymbol{t}}$ 为已知的表面力矢量，$\bar{\boldsymbol{u}}$ 是已知的位移矢量。由于 $\boldsymbol{t}=\boldsymbol{\sigma}\cdot\boldsymbol{n}$，力边界条件要求应力满足

$$\boldsymbol{\sigma}\cdot\boldsymbol{n}=\bar{\boldsymbol{t}},\quad 在\ \Gamma_\sigma\ 上 \quad (5.185)$$

在位移边界 Γ_u 上，$\boldsymbol{\sigma}\cdot\boldsymbol{n}=\boldsymbol{t}_R$ 给出未知的约束反力 $\boldsymbol{t}_R$。

下面建立运动方程及力边界条件的等价形式——虚位移原理或虚功率原理。

5.10.1 虚位移

在当前构形上考察物体 Ω，它的边界为 Γ，设想每个空间位置 $\boldsymbol{x}$ 在原有位移 $\boldsymbol{u}(\boldsymbol{x})$ 的基础上产生任意微小的虚位移，使用 $\delta\boldsymbol{u}(\boldsymbol{x})$ 表示，到达一个虚设的构形，其位移场变为

$$\hat{\boldsymbol{u}}(\boldsymbol{x}) = \boldsymbol{u}(\boldsymbol{x}) + \delta\boldsymbol{u}(\boldsymbol{x}) \tag{5.186}$$

其中，δ 是变分符号，数学上表示微小的改变，$\delta\boldsymbol{u}(\boldsymbol{x})$ 也称位移的变分。注意：$\mathrm{d}\boldsymbol{u}$ 也表示位移的微小改变，但它是真实的改变，而这里是完全虚设的。虚位移场 $\delta\boldsymbol{u}(\boldsymbol{x})$ 完全独立于实际的位移场 $\boldsymbol{u}(\boldsymbol{x})$，可以像式 (5.186) 那样采用空间坐标也可以采用物质坐标描述，即

$$\delta\boldsymbol{u}(\boldsymbol{x}) = \delta\boldsymbol{u}(\boldsymbol{x}(\boldsymbol{X})) = \delta\boldsymbol{U}(\boldsymbol{X}) \tag{5.187}$$

为简便起见，将虚位移场 $\delta\boldsymbol{u}(\boldsymbol{x}) = \delta\boldsymbol{U}(\boldsymbol{X})$ 记作 $\delta\boldsymbol{u}$。

下面表明微分 (求偏导) 与变分可以交换顺序。使用式 (5.186)，有

$$\frac{\partial(\delta\boldsymbol{u})}{\partial\boldsymbol{x}} = \frac{\partial\hat{\boldsymbol{u}}}{\partial\boldsymbol{x}} - \frac{\partial\boldsymbol{u}}{\partial\boldsymbol{x}} \quad \text{或} \quad (\delta\boldsymbol{u})\otimes\nabla = \hat{\boldsymbol{u}}\otimes\nabla - \boldsymbol{u}\otimes\nabla \tag{5.188}$$

类比式 (5.186)，针对位移梯度则可写出

$$\hat{\boldsymbol{u}}\otimes\nabla = \boldsymbol{u}\otimes\nabla + \delta(\boldsymbol{u}\otimes\nabla) \tag{5.189}$$

两式对照得

$$(\delta\boldsymbol{u})\otimes\nabla = \delta(\boldsymbol{u}\otimes\nabla) \quad \text{或} \quad \frac{\partial(\delta\boldsymbol{u})}{\partial\boldsymbol{x}} = \delta\left(\frac{\partial\boldsymbol{u}}{\partial\boldsymbol{x}}\right) \tag{5.190}$$

位移 $\boldsymbol{u}$ 的张量值函数因位移的变分而应引起的改变称之为该函数的变分，结合方向导数的定义式 (2.15)，变形梯度 $\boldsymbol{F}$ 的变分应是

$$\begin{aligned}\delta\boldsymbol{F} &= \mathrm{D}\boldsymbol{F}(\boldsymbol{u})[\delta\boldsymbol{u}] = \left.\frac{\mathrm{d}}{\mathrm{d}\varepsilon}\right|_{\varepsilon=0}\boldsymbol{F}(\boldsymbol{u}+\varepsilon\delta\boldsymbol{u}) \\ &= \left.\frac{\mathrm{d}}{\mathrm{d}\varepsilon}\right|_{\varepsilon=0}\left(\frac{\partial(\boldsymbol{X}+\boldsymbol{u}+\varepsilon\delta\boldsymbol{u})}{\partial\boldsymbol{X}}\right) = \left.\frac{\mathrm{d}}{\mathrm{d}\varepsilon}\right|_{\varepsilon=0}\left(\boldsymbol{F}+\varepsilon\frac{\partial(\delta\boldsymbol{u})}{\partial\boldsymbol{X}}\right) \\ &= \frac{\partial(\delta\boldsymbol{u})}{\partial\boldsymbol{X}} = (\delta\boldsymbol{u})\otimes\nabla_0\end{aligned} \tag{5.191}$$

就等于位移变分的梯度，该结果也可直接类比式 (3.219) 得到，只需要将其中的 $\boldsymbol{u}$ 替换为 $\delta\boldsymbol{u}$。同样地，在式 (3.228) 中使用式 (3.222) 后，将其中的 $\boldsymbol{u}$ 替换为 $\delta\boldsymbol{u}$，并考虑到式 (5.191)，得 Green 应变的变分为

$$\delta\boldsymbol{E} = \mathrm{D}\boldsymbol{E}(\boldsymbol{u})[\delta\boldsymbol{u}] = \frac{1}{2}\left(\delta\boldsymbol{F}^{\mathrm{T}}\cdot\boldsymbol{F} + \boldsymbol{F}^{\mathrm{T}}\cdot\delta\boldsymbol{F}\right) \tag{5.192}$$

上式也可使用类似于方向导数的乘法法则得到。

通常要求在位移边界 Γ_u 上虚位移为零，即 $\delta\boldsymbol{u}=0$，以便使得真实的位移场叠加上虚位移场后所得的位移场成为一种变形可能的位移场，即一种处处连续可微且满足边界位移约束条件的位移场，这时，当前构形经过虚位移到达的虚设构形是一种变形可能的构形。

5.10.2 当前构形上的虚位移原理

从式 (5.76) 的导出过程可知，它对于任意的速度场 $\boldsymbol{\eta}(\boldsymbol{x})$ 都成立，即

$$\int_{\Omega}\boldsymbol{f}_G\cdot\boldsymbol{\eta}\mathrm{d}V+\int_{\Gamma}\boldsymbol{t}(\boldsymbol{n})\cdot\boldsymbol{\eta}\mathrm{d}a=\int_{\Omega}\boldsymbol{\sigma}:\mathrm{sym}(\boldsymbol{\eta}\otimes\nabla)\,\mathrm{d}V \tag{5.193}$$

导出过程中使用了运动方程和 Cauchy 应力原理 (这两者是动量守恒的局部形式，本质上反映的是动量守恒) 及动量矩守恒，反过来，

如果对于任意的速度场 $\boldsymbol{\eta}(\boldsymbol{x})$，式 (5.193) 恒满足，则可导出运动方程、Cauchy 应力原理以及动量矩守恒，从而式 (5.193) 与动量守恒和动量矩守恒等价。

证明 将速度场 $\boldsymbol{\eta}(\boldsymbol{x})$ 设为刚体运动，根据 5.6.1 节，则有 $\mathcal{P}_G=0$，$\mathbf{f}_G=0$，$\mathbf{m}_G=0$，后者直接导致 Cauchy 应力对称。随后有

$$\int_{\Omega}\boldsymbol{\sigma}:\mathrm{sym}(\boldsymbol{\eta}\otimes\nabla)\,\mathrm{d}V=\int_{\Omega}\boldsymbol{\sigma}:(\boldsymbol{\eta}\otimes\nabla)\,\mathrm{d}V \tag{5.194}$$

从式 (5.78) 的导出过程可知，使用散度定理可得

$$\int_{\Omega}\boldsymbol{\sigma}:(\boldsymbol{\eta}\otimes\nabla)\,\mathrm{d}V=\int_{\Gamma}\boldsymbol{\eta}\cdot\boldsymbol{\sigma}\cdot\boldsymbol{n}\mathrm{d}a-\int_{\Omega}\boldsymbol{\eta}\cdot(\boldsymbol{\sigma}\cdot\nabla)\,\mathrm{d}V \tag{5.195}$$

代入式 (5.193)，得

$$\int_{\Omega}(\boldsymbol{\sigma}\cdot\nabla+\rho\boldsymbol{f}_G)\cdot\boldsymbol{\eta}\mathrm{d}V+\int_{\Gamma}(\boldsymbol{t}-\boldsymbol{\sigma}\cdot\boldsymbol{n})\cdot\boldsymbol{\eta}\mathrm{d}a=0 \tag{5.196}$$

上式恒为零则要求两个被积函数均为零，又由于 $\boldsymbol{\eta}$ 任意，因此，两个括号里的项必须分别为零。从而导出运动方程和 Cauchy 应力原理。♦♦

式 (5.193) 对物体内部任意一个物质区域及其相应的边界都有效，它建立在当前构形上，所有的物理量是空间坐标的函数，求导运算相对空间坐标，积分也在当前构形上进行。$\boldsymbol{\eta}(\boldsymbol{x})$ 可以是任意虚设的速度，式 (5.193) 的左边可理解为外力的虚功率，右边为应力 (内力) 的虚功率，式 (5.193) 就是所谓的虚功率原理。

如果使用式 (5.193) 讨论一个实际的边值问题，应注意面积分沿物体的所有边界，既包含力边界 Γ_σ，也包含位移边界 Γ_u，Γ_σ 上的应力矢量 $\boldsymbol{t}$ 由外部提供，为已知，而 Γ_u 上的 $\boldsymbol{t}$ 是未知的约束反力。选取其中的虚速度场 $\boldsymbol{\eta}(\boldsymbol{x})=\delta\boldsymbol{u}(\boldsymbol{x})/\delta t$，

其中 δt 是微小的时间改变，再考虑到广义体积力的定义以及位移边界 Γ_u 上虚位移为零，即 $\delta\boldsymbol{u}=0$，式 (5.193) 可写成

$$\int_{\Omega}\boldsymbol{\sigma}:\mathrm{sym}\left(\delta\boldsymbol{u}\otimes\nabla\right)\mathrm{d}V=-\int_{\Omega}\rho\dot{\boldsymbol{v}}\cdot\delta\boldsymbol{u}\mathrm{d}V+\int_{\Omega}\rho\boldsymbol{f}\cdot\delta\boldsymbol{u}\mathrm{d}V+\int_{\Gamma_\sigma}\boldsymbol{t}\cdot\delta\boldsymbol{u}\mathrm{d}a \tag{5.197}$$

由于虚位移 $\delta\boldsymbol{u}$ 为微小量，$\mathrm{sym}\left(\delta\boldsymbol{u}\otimes\nabla\right)$ 可以理解为小变形意义的虚应变，式中左边项代表 Cauchy 应力在虚应变上所做的功，称为内力虚功，右边第一项代表惯性力的虚功，后面两项代表体积力和力边界 Γ_σ 上表面力的虚功，加起来称为外力虚功，注意：位移边界 Γ_u 上因 $\delta\boldsymbol{u}=0$，其反力所做虚功为零。式 (5.197) 给出所谓的虚位移原理：

从当前构形出发，对于任意微小的虚位移，内力虚功应等于外力虚功。

按照式 (5.196) 的导出过程，则式 (5.197) 可等价地写成

$$\int_{\Omega}(\boldsymbol{\sigma}\cdot\nabla+\rho\boldsymbol{f}-\rho\dot{\boldsymbol{v}})\cdot\delta\boldsymbol{u}\mathrm{d}V+\int_{\Gamma_\sigma}(\boldsymbol{t}-\boldsymbol{\sigma}\cdot\boldsymbol{n})\cdot\delta\boldsymbol{u}\mathrm{d}a=0 \tag{5.198}$$

使用虚位移原理对边值问题求解，由于无法实现它对于绝对任意的虚位移 $\delta\boldsymbol{u}$ 都成立，而只能针对给定函数空间 (比如多项式函数空间) 中的虚位移让它满足，所以不能从上式导出括号里的项在物体求解区域内处处为零，即运动方程和力边界条件不能严格满足，存在一定的误差，即所谓的残差。从这个意义上，虚位移原理可理解为残差加权积分为零，$\delta\boldsymbol{u}$ 起着加权函数的作用。这也是将虚位移原理称作动量守恒原理的弱形式的原因。

5.10.3 参考构形上的虚位移原理

在参考构形上考察物体所占据的物质区域 Ω_0，它的边界为 Γ_0，基于运动方程式 (5.110)，采用导出式 (5.76) 相同的方法，得对于在物质描述下任意分布的速度场 $\boldsymbol{\eta}(\boldsymbol{X})$ 都有

$$\int_{\Omega_0}\boldsymbol{P}:(\boldsymbol{\eta}\otimes\nabla_0)\,\mathrm{d}V_0=-\int_{\Omega_0}\rho_0\dot{\boldsymbol{v}}\cdot\boldsymbol{\eta}\mathrm{d}V_0+\int_{\Omega_0}\rho_0\boldsymbol{f}\cdot\boldsymbol{\eta}\mathrm{d}V_0+\int_{\Gamma_0}\boldsymbol{t}_0\cdot\boldsymbol{\eta}\mathrm{d}A \tag{5.199}$$

式中 $\boldsymbol{\eta}\otimes\nabla_0$ 是 $\boldsymbol{\eta}$ 相对参考构形的梯度。实际上，从数学推导来看，$\boldsymbol{\eta}$ 可以不是速度，只要是分布函数就可以，比如，选取它为空间坐标 $\boldsymbol{\eta}(\boldsymbol{X})=\boldsymbol{x}(\boldsymbol{X})$，得

$$\int_{\Omega_0}\boldsymbol{P}:\boldsymbol{F}\mathrm{d}V_0=-\int_{\Omega_0}\rho_0\dot{\boldsymbol{v}}\cdot\boldsymbol{x}\mathrm{d}V_0+\int_{\Omega_0}\rho_0\boldsymbol{f}\cdot\boldsymbol{x}\mathrm{d}V_0+\int_{\Gamma_0}\boldsymbol{t}_0\cdot\boldsymbol{x}\mathrm{d}A$$

选取 $\boldsymbol{\eta}(\boldsymbol{X})$ 为虚位移 $\delta\boldsymbol{u}(\boldsymbol{X})$，得参考构形上的虚位移原理

$$\int_{\Omega_0}\boldsymbol{P}:\delta\boldsymbol{F}\mathrm{d}V_0=-\int_{\Omega_0}\rho_0\dot{\boldsymbol{v}}\cdot\delta\boldsymbol{u}\mathrm{d}V_0+\int_{\Omega_0}\rho_0\boldsymbol{f}\cdot\delta\boldsymbol{u}\mathrm{d}V_0+\int_{\Gamma_{0\sigma}}\boldsymbol{t}_0\cdot\delta\boldsymbol{u}\mathrm{d}A \tag{5.200}$$

使用式 (5.192) 和求迹式 (1.115)，并考虑到第二 P-K 应力的对称性，得

$$
\begin{aligned}
\boldsymbol{S}:\delta\boldsymbol{E} &= \operatorname{tr}\left(\boldsymbol{S}\cdot\frac{1}{2}\left(\delta\boldsymbol{F}^{\mathrm{T}}\cdot\boldsymbol{F}+\boldsymbol{F}^{\mathrm{T}}\cdot\delta\boldsymbol{F}\right)\right) \\
&= \frac{1}{2}\left(\boldsymbol{F}\cdot\boldsymbol{S}\right):\delta\boldsymbol{F}+\frac{1}{2}\left(\boldsymbol{S}\cdot\boldsymbol{F}^{\mathrm{T}}\right)^{\mathrm{T}}:\delta\boldsymbol{F}=\boldsymbol{P}:\delta\boldsymbol{F}
\end{aligned} \tag{5.201}
$$

虚位移原理使用第二 P-K 应力表示为

$$
\int_{\Omega_0}\boldsymbol{S}:\delta\boldsymbol{E}\mathrm{d}V_0=-\int_{\Omega_0}\rho_0\dot{\boldsymbol{v}}\cdot\delta\boldsymbol{u}\mathrm{d}V_0+\int_{\Omega_0}\rho_0\boldsymbol{f}\cdot\delta\boldsymbol{u}\mathrm{d}V_0+\int_{\Gamma_{0\sigma}}\boldsymbol{t}_0\cdot\delta\boldsymbol{u}\mathrm{d}A \tag{5.202}
$$

5.11 以当前构形作为参考构形的应力

考察一个新的参考构形 $\mathscr{B}_\tau$，它是从原来的参考构形 $\mathscr{B}_0$ 通过变形梯度 $\underline{\mathbf{F}}$ 变换而得来的，使用 $\boldsymbol{F}_\tau$ 表示当前时刻 t 的变形相对 $\mathscr{B}_\tau$ 的变形梯度 (下面分析中相对 $\mathscr{B}_\tau$ 的物理量均采用下标“τ”表示)，则相对参考构形 $\mathscr{B}_0$ 的变形梯度 $\boldsymbol{F}$ 是

$$
\boldsymbol{F}=\boldsymbol{F}_\tau\cdot\underline{\mathbf{F}} \quad \text{或} \quad \boldsymbol{F}_\tau=\boldsymbol{F}\cdot\underline{\mathbf{F}}^{-1} \tag{5.203}
$$

使用 $\boldsymbol{N}_\tau\mathrm{d}A_\tau$ 和 $\boldsymbol{t}_\tau$ 分别代表参考构形 $\mathscr{B}_\tau$ 上的面积元和作用于其上的应力矢量，回顾第一 P-K 应力是通过参考构形上的应力矢量进行定义，而该应力矢量又要求与当前构形上的应力矢量相等，所以有

$$
\boldsymbol{t}_\tau\mathrm{d}A_\tau=\boldsymbol{P}_\tau\cdot\boldsymbol{N}_\tau\mathrm{d}A_\tau,\quad \boldsymbol{t}_\tau\mathrm{d}A_\tau=\boldsymbol{t}\mathrm{d}a=\boldsymbol{\sigma}\cdot\boldsymbol{n}\mathrm{d}a \tag{5.204}
$$

根据 Nanson 公式 (3.131)，有

$$
\boldsymbol{n}\mathrm{d}a=J_\tau\boldsymbol{F}_\tau^{-\mathrm{T}}\cdot\boldsymbol{N}_\tau\mathrm{d}A_\tau
$$

式中

$$
J_\tau=\det\boldsymbol{F}_\tau \tag{5.205}
$$

整理得参考构形 $\mathscr{B}_\tau$ 上的第一 P-K 应力

$$
\boldsymbol{P}_\tau=J_\tau\boldsymbol{\sigma}\cdot\boldsymbol{F}_\tau^{-\mathrm{T}} \tag{5.206}
$$

采用上面相同的方式，可得参考构形 $\mathscr{B}_\tau$ 上的第二 P-K 应力为

$$
\boldsymbol{S}_\tau=J_\tau\boldsymbol{F}_\tau^{-1}\cdot\boldsymbol{\sigma}\cdot\boldsymbol{F}_\tau^{-\mathrm{T}} \tag{5.207}
$$

按照功共轭要求，并使用式 (5.203)，参考构形 $\mathscr{B}_\tau$ 的 Kirchhoff 应力由下式定义

$$
w=\frac{\boldsymbol{\sigma}:\boldsymbol{d}\mathrm{d}V}{\mathrm{d}V_\tau}=\frac{\det\boldsymbol{F}\mathrm{d}V_0}{\det\underline{\mathbf{F}}\mathrm{d}V_0}\boldsymbol{\sigma}:\boldsymbol{d}=J_\tau\boldsymbol{\sigma}:\boldsymbol{d}=\boldsymbol{\tau}_\tau:\boldsymbol{d}
$$

所以有

$$\tau_\tau = J_\tau \sigma \tag{5.208}$$

于是

$$P_\tau = \tau_\tau \cdot F_\tau^{-\mathrm{T}} \tag{5.209a}$$

$$S_\tau = F_\tau^{-1} \cdot \tau_\tau \cdot F_\tau^{-\mathrm{T}} = F_\tau^{-1} \cdot P_\tau \tag{5.209b}$$

根据上面的定义式，不难导出两个不同参考构形上的应力之间满足

$$P_\tau = (\det \underline{\mathbf{F}})^{-1} P \cdot \underline{\mathbf{F}}^{\mathrm{T}} \tag{5.210a}$$

$$S_\tau = (\det \underline{\mathbf{F}})^{-1} \underline{\mathbf{F}} \cdot S \cdot \underline{\mathbf{F}}^{\mathrm{T}} \tag{5.210b}$$

考虑到相对当前构形而言，时间 $\tau = t$，$F_t = R_t = I$，$J_t = \det F_t = 1$，因此

$$P_t = S_t = \tau_t = \sigma \tag{5.211}$$

三个应力度量都相等，就等于 Cauchy 应力。不过，它们只是瞬时相等，它们的时间变化率并不相等。

实际上，*以当前构形为参考构形，所有的应力度量都应相等，都等于* Cauchy *应力*。这是因为，所有应变度量的时间变化率都相等，都等于变形率 (见 4.8 节末)，结合功共轭要求可知，它们所共轭的应力度量都必须相等，再考虑到 Cauchy 应力与变形率的双点积为功率，因此，都等于 Cauchy 应力。

5.12 应力的物质时间导数

5.12.1 应力度量物质时间导数之间的关系与它们受刚体转动的影响

在后面的分析中，经常涉及物质点的应力随时间的改变率，即应力的物质时间导数。下面首先导出第一 P-K 应力和第二 P-K 应力的物质时间导数及其与 Kirchhoff 应力和 Cauchy 应力的物质时间导数之间的关系。

对式 (5.123) 和式 (5.126) 求物质时间导数，并使用 $\dot{F}^{-1} = -F^{-1} \cdot l$，见式 (4.23)，得

$$\dot{P} = \dot{\tau} \cdot F^{-\mathrm{T}} + \tau \cdot \dot{F}^{-\mathrm{T}} = \left(\dot{\tau} - \tau \cdot l^{\mathrm{T}}\right) \cdot F^{-\mathrm{T}} \tag{5.212a}$$

$$\begin{aligned}\dot{S} &= F^{-1} \cdot \dot{\tau} \cdot F^{-\mathrm{T}} + \dot{F}^{-1} \cdot \tau \cdot F^{-\mathrm{T}} + F^{-1} \cdot \tau \cdot \dot{F}^{-\mathrm{T}} \\ &= F^{-1} \cdot \left(\dot{\tau} - l \cdot \tau - \tau \cdot l^{\mathrm{T}}\right) \cdot F^{-\mathrm{T}}\end{aligned} \tag{5.212b}$$

使用式 (5.121) 并考虑到式 (4.45)，得 Kirchhoff 应力 τ 的物质时间导数为

$$\dot{\tau} = J\dot{\sigma} + J\,(\mathrm{tr}\,d)\,\sigma \tag{5.213}$$

所以又有

$$\dot{\boldsymbol{P}} = J\left(\dot{\boldsymbol{\sigma}} + (\mathrm{tr}\boldsymbol{d})\,\boldsymbol{\sigma} - \boldsymbol{\sigma}\cdot\boldsymbol{l}^{\mathrm{T}}\right)\cdot\boldsymbol{F}^{-\mathrm{T}} \tag{5.214a}$$

$$\dot{\boldsymbol{S}} = J\boldsymbol{F}^{-1}\cdot\left(\dot{\boldsymbol{\sigma}} + (\mathrm{tr}\boldsymbol{d})\,\boldsymbol{\sigma} - \boldsymbol{l}\cdot\boldsymbol{\sigma} - \boldsymbol{\sigma}\cdot\boldsymbol{l}^{\mathrm{T}}\right)\cdot\boldsymbol{F}^{-\mathrm{T}} \tag{5.214b}$$

下面讨论应力物质时间导数受刚体转动的影响。对 Cauchy 原理式 (5.35) 两边求物质时间导数，得 Cauchy 应力的物质时间率满足

$$\dot{\boldsymbol{t}} = \dot{\boldsymbol{\sigma}}\cdot\boldsymbol{n} + \boldsymbol{\sigma}\cdot\dot{\boldsymbol{n}} \tag{5.215}$$

需要说明：$\boldsymbol{n}$ 本身是非物质的，它的物质时间导数 $\dot{\boldsymbol{n}}$ 指过固定物质点的面法线随时间的变化率，不同于与 $\boldsymbol{n}$ 瞬时重合的物质线元的时间导数，见式 (4.50) 及其后面的比较分析。

考察当前时刻 t 到 $t+\mathrm{d}t$ 的微小时间增量内仅产生刚体转动，$\boldsymbol{d} = \boldsymbol{0}$，但 $\boldsymbol{l} = \boldsymbol{w} \neq \boldsymbol{0}$，结合式 (4.50) 以及根据物质旋率的意义有刚体转动下 $\dot{\boldsymbol{n}} = \boldsymbol{w}\cdot\boldsymbol{n}$，$\dot{\boldsymbol{t}} = \boldsymbol{w}\cdot\boldsymbol{t} = \boldsymbol{w}\cdot\boldsymbol{\sigma}\cdot\boldsymbol{n}$，式 (5.125) 可写成

$$\boldsymbol{w}\cdot\boldsymbol{\sigma}\cdot\boldsymbol{n} = (\dot{\boldsymbol{\sigma}} + \boldsymbol{\sigma}\cdot\boldsymbol{w})\cdot\boldsymbol{n}$$

对于物质点中任意截面法线方向 $\boldsymbol{n}$ 都成立，考虑到 $\boldsymbol{w} = -\boldsymbol{w}^{\mathrm{T}}$，于是有

$$\dot{\boldsymbol{\sigma}} = \boldsymbol{w}\cdot\boldsymbol{\sigma} + \boldsymbol{\sigma}\cdot\boldsymbol{w}^{\mathrm{T}} \tag{5.216}$$

在仅产生刚体转动下 ($\boldsymbol{d}$=$\boldsymbol{0}$)，物质点应力状态的应力主值应不变，只有主轴随之转动，因此，上式就是仅主轴转动而引起的应力张量的改变率，这时根据式 (5.213)，还有 $\dot{\boldsymbol{\tau}} = J\dot{\boldsymbol{\sigma}}$，将它代入式 (5.212a) 和式 (5.212b) 并考虑到式 (5.216)，得

$$\dot{\boldsymbol{S}} = \boldsymbol{0}, \quad \dot{\boldsymbol{P}} = \boldsymbol{w}\cdot\boldsymbol{\tau}\cdot\boldsymbol{F}^{-\mathrm{T}} \neq \boldsymbol{0}$$

这说明，作为物质张量的第二 P-K 应力不随刚体转动而变化，与 4.6 节的结论一致，但是，作为两点张量的第一 P-K 应力和作为空间张量的 Cauchy 应力的时间率在仅有刚体转动下都不为零，然而，这时的纯变形率为零，所以原理上要求应力率也必须为零，为解决这个问题，可以作类似于对 Almansi 应变进行的处理，将应力时间率表达式中有关 $\boldsymbol{w}$ 的项剔除，定义一种新的不依赖刚体转动的客观应力率，比如 Jaumann 应力率，类比式 (4.67)，有

$$\boldsymbol{\sigma}^{\nabla J} = \dot{\boldsymbol{\sigma}} - \boldsymbol{w}\cdot\boldsymbol{\sigma} - \boldsymbol{\sigma}\cdot\boldsymbol{w}^{\mathrm{T}} \tag{5.217}$$

有关深入的讨论见 6.6 节。

5.12.2 以当前构形作为参考构形

下面讨论以当前构形作为参考构形下的应力及其物质时间率。直接对式 (5.206) 和式 (5.207) 两边求物质时间导数，并考虑到 $\boldsymbol{F}_t=1$，$J_t=1$，得

$$\dot{\boldsymbol{P}}_t=(\mathrm{tr}\boldsymbol{d})\,\boldsymbol{\sigma}-\boldsymbol{\sigma}\cdot\boldsymbol{l}^{\mathrm{T}}+\dot{\boldsymbol{\sigma}} \tag{5.218a}$$

$$\dot{\boldsymbol{S}}_t=(\mathrm{tr}\boldsymbol{d})\,\boldsymbol{\sigma}-\boldsymbol{l}\cdot\boldsymbol{\sigma}-\boldsymbol{\sigma}\cdot\boldsymbol{l}^{\mathrm{T}}+\dot{\boldsymbol{\sigma}} \tag{5.218b}$$

在仅产生刚体转动时，$\boldsymbol{d}=\boldsymbol{0}$，式 (5.216) 成立，因此，$\dot{\boldsymbol{S}}_t=\boldsymbol{0}$，$\dot{\boldsymbol{P}}_t=\boldsymbol{w}\cdot\boldsymbol{\sigma}\neq\boldsymbol{0}$。

比较式 (5.214a) 和式 (5.218a)，以及式 (5.214b) 和式 (5.218b)，得两个不同参考构形上同一应力的物质时间率之间的关系

$$\dot{\boldsymbol{P}}=J\dot{\boldsymbol{P}}_t\cdot\boldsymbol{F}^{-\mathrm{T}} \tag{5.219a}$$

$$\dot{\boldsymbol{S}}=J\boldsymbol{F}^{-1}\cdot\dot{\boldsymbol{S}}_t\cdot\boldsymbol{F}^{-\mathrm{T}} \tag{5.219b}$$

为了进一步地理解第一 P-K 应力的两个物质时间率之间的关系，结合式 (5.219a) 和 Nanson 公式 (3.131)，得

$$\dot{\boldsymbol{P}}_t\cdot\boldsymbol{n}\mathrm{d}a=J^{-1}\dot{\boldsymbol{P}}\cdot\boldsymbol{F}^{\mathrm{T}}\cdot\boldsymbol{n}\mathrm{d}a=J^{-1}\dot{\boldsymbol{P}}\cdot\boldsymbol{F}^{\mathrm{T}}\cdot J\boldsymbol{F}^{-\mathrm{T}}\cdot\boldsymbol{N}\mathrm{d}A$$

整理得

$$\dot{\boldsymbol{P}}\cdot\boldsymbol{N}\mathrm{d}A=\dot{\boldsymbol{P}}_t\cdot\boldsymbol{n}\mathrm{d}a \tag{5.220}$$

实际上，根据第一 P-K 应力的定义，应有

$$\boldsymbol{P}\cdot\boldsymbol{N}\mathrm{d}A=\boldsymbol{P}_t\cdot\boldsymbol{n}\mathrm{d}a \tag{5.221}$$

两边求物质时间导数，考虑到从 t 时刻开始到 $t+\mathrm{d}t$ 的时间增量过程中，定义第一 P-K 应力的参考构形应固定在 t 时刻，面积元矢量 $\boldsymbol{n}\mathrm{d}a$ 并不改变 (注意：定义 Cauchy 应力的参考构形始终是当前时刻的构形，是时时变化的)，因此得式 (5.220)。

下面证明：*对于任意两个以当前构形为参考构形的 Hill 应力度量 $\underline{\mathbf{S}}_t^*$ 和 $\underline{\mathbf{S}}_t$ (物质张量)，它们的物质时间导数之间存在如下关系*

$$\dot{\underline{\mathbf{S}}}_t^*+\frac{1}{2}f^{*\prime\prime}(1)\,(\boldsymbol{\sigma}\cdot\boldsymbol{d}+\boldsymbol{d}\cdot\boldsymbol{\sigma})=\dot{\underline{\mathbf{S}}}_t+\frac{1}{2}f^{\prime\prime}(1)\,(\boldsymbol{\sigma}\cdot\boldsymbol{d}+\boldsymbol{d}\cdot\boldsymbol{\sigma}) \tag{5.222}$$

式中 $f(\lambda)$ 是定义应变度量的函数，应满足式 (3.196) 和式 (3.199)。

证明 首先，导出任意两个 Hill 应变度量 $\underline{\mathbf{E}}$ 和 $\underline{\mathbf{E}}^*$ 的物质时间导数，设定义它们的函数分别是 $f(\lambda)$ 和 $f^*(\lambda)$，则

$$\underline{\mathbf{E}}=\sum_{K=1}^{3}f(\lambda_K)\,\boldsymbol{N}_K\otimes\boldsymbol{N}_K,\quad \underline{\mathbf{E}}^*=\sum_{K=1}^{3}f^*(\lambda_K)\,\boldsymbol{N}_K\otimes\boldsymbol{N}_K$$

类比式 (4.89)，得应变率为

$$\dot{\underline{\mathbf{E}}} = \sum_{K=1}^{3} \dot{f}\left(\lambda_K\right) \boldsymbol{N}_K \otimes \boldsymbol{N}_K + \boldsymbol{\Omega}^{\mathrm{Lag}} \cdot \underline{\mathbf{E}} + \underline{\mathbf{E}} \cdot \boldsymbol{\Omega}^{\mathrm{LagT}} \tag{5.223}$$

再求应变率的物质时间导数，得

$$\begin{aligned} \ddot{\underline{\mathbf{E}}} = & \left(\sum_{K=1}^{3} \ddot{f}\left(\lambda_K\right) \boldsymbol{N}_K \otimes \boldsymbol{N}_K + \boldsymbol{\Omega}^{\mathrm{Lag}} \cdot \underline{\mathbf{E}}^{\nabla \mathrm{Lag}} + \underline{\mathbf{E}}^{\nabla \mathrm{Lag}} \cdot \boldsymbol{\Omega}^{\mathrm{LagT}}\right) \\ & + \dot{\boldsymbol{\Omega}}^{\mathrm{Lag}} \cdot \underline{\mathbf{E}} + \underline{\mathbf{E}} \cdot \dot{\boldsymbol{\Omega}}^{\mathrm{LagT}} + \boldsymbol{\Omega}^{\mathrm{Lag}} \cdot \dot{\underline{\mathbf{E}}} + \dot{\underline{\mathbf{E}}} \cdot \boldsymbol{\Omega}^{\mathrm{LagT}} \end{aligned} \tag{5.224}$$

式中括号里的项是 $\dot{\underline{\mathbf{E}}}$ 中第一项 (求和项即 $\underline{\mathbf{E}}$ 的 Lagrange 共旋率，参见式 (4.93)) 的物质时间导数。上面两式中 $f(\lambda)$ 的时间导数可表示为

$$\dot{f}(\lambda) = f'(\lambda)\dot{\lambda} \tag{5.225a}$$

$$\ddot{f}(\lambda) = \left(f''(\lambda)\dot{\lambda}\right)\dot{\lambda} + f'(\lambda)\ddot{\lambda} \tag{5.225b}$$

以当前构形作为参考构形，所有的应变度量都为零，应变率都为变形率，即

$$\underline{\mathbf{E}}_t = \mathbf{0}, \quad \dot{\underline{\mathbf{E}}}_t = \dot{\underline{\mathbf{E}}}_t^* = \boldsymbol{d}$$

相对当前构形而言，伸长比均为 $\lambda=1$，考虑到 $f'(1)=1$，见式 (3.199)，则由式 (5.225) 有

$$\dot{f}(1) = \dot{\lambda}, \quad \ddot{f}(1) = f''(1)\dot{\lambda}\dot{\lambda} + \ddot{\lambda}$$

使用 $\boldsymbol{n}_K$ 表示变形率的主轴，将式 (5.223) 和式 (5.224) 中的 $\boldsymbol{N}_K$ 替换为 $\boldsymbol{n}_K$ 并结合上面两式，得

$$\dot{\underline{\mathbf{E}}}_t = \dot{\underline{\mathbf{E}}}_t^* = \boldsymbol{d} = \sum_{K=1}^{3} \dot{\lambda}_K \boldsymbol{n}_K \otimes \boldsymbol{n}_K \tag{5.226a}$$

$$\ddot{\underline{\mathbf{E}}}_t = \sum_{K=1}^{3} \left(f''(1)\dot{\lambda}_K\dot{\lambda}_K + \ddot{\lambda}_K\right) \boldsymbol{n}_K \otimes \boldsymbol{n}_K + 2\left(\boldsymbol{\Omega}^{\mathrm{d}} \cdot \boldsymbol{d} + \boldsymbol{d} \cdot \boldsymbol{\Omega}^{\mathrm{dT}}\right) \tag{5.226b}$$

式中 $\boldsymbol{\Omega}^{\mathrm{d}}$ 是 $\boldsymbol{n}_K$ 的旋率，将其中的 $f''(1)$ 用 $f^{*\prime\prime}(1)$ 替换得 $\ddot{\underline{\mathbf{E}}}_t^*$ 的表达式。

按照功共轭要求 $\underline{\mathbf{S}}_t^* : \dot{\underline{\mathbf{E}}}_t^* = \underline{\mathbf{S}}_t : \dot{\underline{\mathbf{E}}}_t$，两边求物质时间导数，当以当前构形为参考构形时，所有的应力度量都等于 Cauchy 应力 $\boldsymbol{\sigma}$，因此得

$$\dot{\underline{\mathbf{S}}}_t^* : \boldsymbol{d} + \boldsymbol{\sigma} : \ddot{\underline{\mathbf{E}}}_t^* = \dot{\underline{\mathbf{S}}}_t : \boldsymbol{d} + \boldsymbol{\sigma} : \ddot{\underline{\mathbf{E}}}_t \tag{5.227}$$

将式 (5.226b) 代入上式，得

$$\dot{\underline{\mathbf{S}}}_t^* : \boldsymbol{d} + \boldsymbol{\sigma} : \sum_{K=1}^{3} \left(f^{*\prime\prime}(1)\, \dot{\lambda}_K \dot{\lambda}_K + \ddot{\lambda}_K \right) \boldsymbol{n}_K \otimes \boldsymbol{n}_K$$
$$= \dot{\underline{\mathbf{S}}}_t : \boldsymbol{d} + \boldsymbol{\sigma} : \sum_{K=1}^{3} \left(f''(1)\, \dot{\lambda}_K \dot{\lambda}_K + \ddot{\lambda}_K \right) \boldsymbol{n}_K \otimes \boldsymbol{n}_K$$

利用式 (5.226a)，可得

$$\boldsymbol{\sigma} : \sum_{K=1}^{3} \dot{\lambda}_K \dot{\lambda}_K \boldsymbol{n}_K \otimes \boldsymbol{n}_K = \mathrm{tr}\,(\boldsymbol{\sigma} \cdot \boldsymbol{d} \cdot \boldsymbol{d}) = \frac{1}{2}(\boldsymbol{\sigma} \cdot \boldsymbol{d} + \boldsymbol{d} \cdot \boldsymbol{\sigma}) : \boldsymbol{d} \tag{5.228}$$

上式中最后一步进行了对称化处理，结合上面两式，从而式 (5.222) 得证。◆◆

让式 (5.222) 中 $\underline{\mathbf{S}}_t^* = \boldsymbol{S}_t$ 为第二 P-K 应力度量，而 $\underline{\mathbf{S}}_t$ 为某一个其他应力度量，则 $f^*(\lambda) = \dfrac{1}{2}(\lambda^2 - 1)$，应有

$$\dot{\underline{\mathbf{S}}}_t = \dot{\boldsymbol{S}}_t + \frac{1}{2}(1 - f''(1))(\boldsymbol{\sigma} \cdot \boldsymbol{d} + \boldsymbol{d} \cdot \boldsymbol{\sigma}) \tag{5.229}$$

若取 $\underline{\mathbf{S}}_t$ 为物质对数应力 $\boldsymbol{T}_t$，则 $f(\lambda) = \ln \lambda$，得

$$\dot{\boldsymbol{T}}_t = \dot{\boldsymbol{S}}_t + (\boldsymbol{\sigma} \cdot \boldsymbol{d} + \boldsymbol{d} \cdot \boldsymbol{\sigma}) \tag{5.230}$$

若取 $\underline{\mathbf{S}}_t$ 为 Biot 应力 $\boldsymbol{S}_t^{(1)}$(与名义应变 $\boldsymbol{U} - \boldsymbol{I}$ 功共轭)，则 $f(\lambda) = \lambda - 1$，得

$$\dot{\boldsymbol{S}}_t^{(1)} = \dot{\boldsymbol{S}}_t + \frac{1}{2}(\boldsymbol{\sigma} \cdot \boldsymbol{d} + \boldsymbol{d} \cdot \boldsymbol{\sigma}) = \frac{1}{2}\left(\dot{\boldsymbol{S}}_t + \dot{\boldsymbol{T}}_t\right) \tag{5.231}$$

在仅产生刚体转动时，$\boldsymbol{d} = \mathbf{0}$，根据式 (5.222)，所有 Hill 应力度量的时间率均相等，都等于第二 P-K 应力的时间率，按照式 (5.218a) 后面的分析，它为零，因此

$$\dot{\underline{\mathbf{S}}}_t = \dot{\boldsymbol{S}}_t = 0$$

这里再次说明所有物质应力张量与刚体转动无关。

5.12.3 应力的线性化

当产生微小位移时讨论几种应力度量的改变量之间的关系，这就涉及线性化的问题。按照式 (2.80)，张量场的物质时间导数应等于相对当前构形以速度 $\boldsymbol{v}$ 作为增量进行线性化所得的结果，两边乘以时间增量就得张量场在微小位移 $\boldsymbol{u}=\boldsymbol{u}(\boldsymbol{x})$ 增量下的线性化表达，因此，使用式 (5.212a) ~ 式 (5.213)，将其中的 $\boldsymbol{v}$ 使用位移 $\boldsymbol{u}$ 替换，时间率用增量替换，得应力的线性化表达式

$$\mathrm{D}\boldsymbol{P}(\boldsymbol{x})[\boldsymbol{u}] = \left(\mathrm{D}\boldsymbol{\tau}(\boldsymbol{x})[\boldsymbol{u}] - \boldsymbol{\tau} \cdot \left(\frac{\partial \boldsymbol{u}}{\partial \boldsymbol{x}} \right)^{\mathrm{T}} \right) \cdot \boldsymbol{F}^{-\mathrm{T}}$$

$$\mathrm{D}\boldsymbol{S}(\boldsymbol{x})[\boldsymbol{u}]=\boldsymbol{F}^{-1}\cdot\left(\mathrm{D}\boldsymbol{\tau}(\boldsymbol{x})[\boldsymbol{u}]-\left(\frac{\partial\boldsymbol{u}}{\partial\boldsymbol{x}}\right)\cdot\boldsymbol{\tau}-\boldsymbol{\tau}\cdot\left(\frac{\partial\boldsymbol{u}}{\partial\boldsymbol{x}}\right)^{\mathrm{T}}\right)\cdot\boldsymbol{F}^{-\mathrm{T}} \tag{5.232}$$

$$\mathrm{D}\boldsymbol{\tau}(\boldsymbol{x})[\boldsymbol{u}]=J\mathrm{D}\boldsymbol{\sigma}(\boldsymbol{x})[\boldsymbol{u}]+J\mathrm{tr}\left(\frac{\partial\boldsymbol{u}}{\partial\boldsymbol{x}}\right)\boldsymbol{\sigma}$$

使用上面三个式子考察 t=0 时刻的初始构形，其中的 $\boldsymbol{x}$ 应采用 $\boldsymbol{X}$ 替换，取初始构形为未变形、无初应力的自然状态，$\boldsymbol{F}(\boldsymbol{X})=\boldsymbol{I}$，$J(\boldsymbol{X})=1$，$\boldsymbol{P}(\boldsymbol{X})=\boldsymbol{S}(\boldsymbol{X})=\boldsymbol{\tau}(\boldsymbol{X})=\boldsymbol{\sigma}(\boldsymbol{X})=\boldsymbol{0}$，基于式 (3.225) 后的解释，应力作为变形梯度的函数在 $\boldsymbol{X}$ 处沿位移 $\boldsymbol{u}$ 的线性化本质上是在 $\boldsymbol{F}(\boldsymbol{X})=\boldsymbol{I}$ 处沿位移梯度 $\boldsymbol{A}$ 方向线性化。因此，上面三式用来表示应力当所略去的项为 $\boldsymbol{A}$ 的二阶及以上项，就有

$$\begin{aligned}&\boldsymbol{P}(\boldsymbol{X}+\boldsymbol{u})\approx\mathrm{D}\boldsymbol{P}(\boldsymbol{X})[\boldsymbol{u}]=\boldsymbol{\tau}(\boldsymbol{X}+\boldsymbol{u})-\boldsymbol{\tau}\cdot\boldsymbol{A}^{\mathrm{T}}\\&\boldsymbol{S}(\boldsymbol{X}+\boldsymbol{u})\approx\mathrm{D}\boldsymbol{S}(\boldsymbol{X})[\boldsymbol{u}]=\boldsymbol{\tau}(\boldsymbol{X}+\boldsymbol{u})-\boldsymbol{A}\cdot\boldsymbol{\tau}-\boldsymbol{\tau}\cdot\boldsymbol{A}^{\mathrm{T}}\\&\boldsymbol{\tau}(\boldsymbol{X}+\boldsymbol{u})\approx\mathrm{D}\boldsymbol{\tau}(\boldsymbol{X})[\boldsymbol{u}]=\boldsymbol{\sigma}(\boldsymbol{X}+\boldsymbol{u})+(\mathrm{tr}\boldsymbol{A})\boldsymbol{\sigma}\end{aligned} \tag{5.233}$$

当位移梯度 $|\boldsymbol{A}|\ll 1$ 时，这实际上就是小变形的情况，有关 $\boldsymbol{A}$ 的项均可略去，因此

$$\boldsymbol{P}(\boldsymbol{X}+\boldsymbol{u})\approx\boldsymbol{S}(\boldsymbol{X}+\boldsymbol{u})\approx\boldsymbol{\tau}(\boldsymbol{X}+\boldsymbol{u})\approx\boldsymbol{\sigma}(\boldsymbol{X}+\boldsymbol{u}) \tag{5.234}$$

四者没有差别。在这种情况下，我们通常使用符号 $\boldsymbol{\sigma}$ 表示应力。上式和式 (5.211) 本质是一致的，因为以当前构形作为参考构形，在下一个无限小时间增量所产生的变形总是可以看做小变形。

有关运动方程和虚位移原理的线性化见 10.6 节。

5.13 热力学中的几个基本概念

前面讨论中没有涉及热与力的相互作用，下面从热力学角度讨论能量平衡。首先，介绍热力学中的几个基本概念。

物体所处的状态往往可通过一组变量来描述，这组变量称之为状态变量。状态变量可以是物质质点的应变和温度等；当然，对于整个物体或者物体的有限区域而言，状态变量就应包括应变和温度等的分布。

状态变量改变的序列所对应的一系列状态称为过程，若以状态变量作为坐标定义一个所谓的状态空间，则当过程为连续时，过程在状态空间中对应一条连续曲线。若一个系统经过一个过程后返回到它在状态空间中的初始位置，这个过程称之为循环，在连续过程的情况下，循环在状态空间中对应闭合曲线。

在一般情况下，一个系统在完成某个过程时会与外界 (外部的物体和外部场，比如重力场) 发生相互作用，连续介质力学的基本任务就是确定所取出的连续介质微元与外界 (这时，外界应是相邻微元体和外部场) 相互作用的定律和机理。

相互作用必然会产生能量交换，即流入或流出 (释放) 能量，其能量形式主要包括外力所做的机械功和热流。考虑一均匀热力学系统 (状态变量不随空间位置变化的系统)，能量的微小增量改变 (流入或流出) 将使得系统的状态变量发生微小的增量改变，可一般地表示为

$$\text{能量改变} = \sum_{\alpha=1}^{n} \text{第 } \alpha \text{ 个状态变量的驱动力} \times \text{第 } \alpha \text{ 个状态变量的改变} \tag{5.235}$$

所谓第 α 个状态变量的驱动力就是仅第 α 个状态变量发生单位改变而其他状态变量保持不变时所需要的能量改变。

一个系统每一个质点的状态变量在外部控制条件不变且没有外部能量和质量流入或流出时，都能够任意长久保持不变，则称系统处于平衡态，它对应状态空间中的一个点。一个系统的状态变量比如温度和速度随时间不断变化 (存在梯度)，则称系统处于非平衡态。

热力学过程既可以进行得很快，也可进行得很慢，一种极限的情况是：过程进行得如此之慢，以至于其中所有状态变量的时间变化率都是无穷小量，在状态空间中这样的过程表示为每个点都是平衡点的曲线。所以，通常将中间每一个状态都是平衡态的无限缓慢的过程称为平衡过程。

若从一个状态 A 到另一个状态 B 的过程称为可逆，则要求：对于每个中间状态，关于各参量无穷小增量的所有方程在这些增量改变符号后仍然成立，或者说，系统沿正向 (从状态 A 到状态 B) 和沿逆向 (从状态 B 到状态 A) 都可以经历一系列相同的状态，即从状态 A 到状态 B 在状态空间中对应的曲线，从状态 B 可以沿同一曲线返回状态 A，否则，是不可逆的。在所研究的系统中，如果作用力和相互作用特别依赖于状态变量变化率的方向，如摩擦力，相应的过程不可逆。不可逆过程的其他典型例子就是热传导，热量从物体的高温区域向低温区域传递，但不能反过来进行。

5.14 热力学第一定律

热是一种形式的能量，它通过温度梯度在物体与周围环境之间 (或两个物体之间) 传递。使用 κ 表示每单位时间物体内部每单位质量接收的外部的热，这部分热是从外部热源以热辐射 (电磁波) 的方式通过远程作用而流入的；使用 q_n 表示热通量，即每单位时间经过表面的每单位面积从邻域流入物质区域 Ω 的热，这

部分热是以热传导的方式通过边界作用而流入的，则单位时间内从外界流入物质区域 Ω 的热量可表示为

$$\mathcal{Q}=\int_{\Omega}\rho\kappa\mathrm{d}\Omega+\int_{\Gamma}q_{n}\mathrm{d}a \tag{5.236}$$

总的热量是

$$Q=\int_{t}\mathcal{Q}\mathrm{d}t \quad 或 \quad \dot{Q}=\mathcal{Q} \tag{5.237}$$

热力学中的 Stokes 热通量定理,与连续介质力学的 Cauchy 应力原理式 (5.35) 相对应，它假定标量函数 q_n 是边界面外法线的线性函数，有

$$q_{n}(\boldsymbol{n})=-\boldsymbol{q}\cdot\boldsymbol{n} \tag{5.238}$$

$\boldsymbol{q}$ 称为 Cauchy 热通量或热流矢量，注意：通常规定热量流出物体 $\boldsymbol{q}$ 为正，而流入物体则 $\boldsymbol{q}$ 为负。于是，单位时间内从外界流入物质区域 Ω 的热量是

$$\mathcal{Q}=\int_{\Omega}\rho\kappa\mathrm{d}V-\int_{\Gamma}\boldsymbol{q}\cdot\boldsymbol{n}\mathrm{d}a \tag{5.239}$$

Clausius 和 Rankine 在 19 世纪后期引入了内能的概念，它代表物体内部所有微观形式能量的总和，若以 e 表示单位质量的内能，则当前构形中物体任意物质区域 Ω 内的内能是

$$\mathcal{E}=\int_{\Omega}e\rho\mathrm{d}V \tag{5.240}$$

内能 $\mathcal{E}$ 和动能 $\mathcal{K}$ 构成物体的总能量，它的改变只能通过外部的能量输入 (出)，外部的能量输入就是外力所做的功和流入的热量。

热力学第一定律即能量守恒定律指出：

外力 (体积力和面积力) 所做的功率加上外界流入热量的增长率等于由动能和内能组成的总能量的增长率，即

$$\mathcal{P}_{\mathrm{ext}}+\mathcal{Q}=\dot{\mathcal{K}}+\dot{\mathcal{E}} \tag{5.241}$$

式 (5.84) 表明外力所做的机械功率与动能的物质时间率之差就等于内力功率，即

$$\mathcal{P}_{\mathrm{ext}}-\dot{\mathcal{K}}=\mathcal{P}_{\mathrm{int}} \tag{5.242}$$

结合上面两式，则能量守恒定律可表述为：**内能变化率为单位时间流入的热量和内力功率之和**

$$\dot{\mathcal{E}}=\mathcal{Q}+\mathcal{P}_{\mathrm{int}} \tag{5.243}$$

或展开写成

$$\int_{\Omega}\dot{e}\rho\mathrm{d}V=\int_{\Omega}\kappa\rho\mathrm{d}V-\int_{\Gamma}\boldsymbol{q}\cdot\boldsymbol{n}\mathrm{d}a+\int_{\Omega}\boldsymbol{\sigma}:\boldsymbol{d}\mathrm{d}V \tag{5.244}$$

应用散度定理式 (2.153)，将上式中的面积分转化为体积分，考虑到物质区域 Ω 是任意的，得热力学第一定律的局部或微分形式为

$$\rho\dot{e} = \rho\kappa - \boldsymbol{q}\cdot\nabla + \boldsymbol{\sigma} : \boldsymbol{d} \tag{5.245}$$

使用式 (5.243) 考察均匀系统，即状态变量不随空间位置变化的系统。在当前时刻，若没有新的变形产生，$\boldsymbol{d}$=0，内力功率 $\mathcal{P}_{\rm int}=0$，则系统的内能就等于流入的热量；若变形过程中系统处于没有热量流入或流出的绝热状态，$\mathcal{Q}=0$，则内能的变化率就等于内力功率，即 $\dot{\mathcal{E}}=\mathcal{P}_{\rm int}$。我们常常会遇到系统处于等温状态，$\dot{\theta}=0$，式中 θ 表示温度，等温不等同于绝热，等温状态的能量如何描述？显然，仅靠 $\mathcal{E}$，$\mathcal{Q}$ 和 $\mathcal{P}_{\rm int}$ 还不够，因此，还存在描述能量的其他状态变量。从另一方面考虑，对照式 (5.235)，内能的状态变量也不可能只是温度 θ，因为这样它虽然可以描述等温状态但无法描述绝热状态。因此，一定存在其他的状态变量，它就是熵，5.15 节将详细讨论它的定义和意义。

上面给出的热力学第一定律是热与功之间相互转换所应遵循的守恒定律。然而，对于不可逆过程，热和功并不是可以完全交换的，例如，机械功通过摩擦转换为热，但是，反过来却不能，熵在这里又起怎样的作用？这就导致了热力学第二定律的建立。

5.15 热力学第二定律

经典热力学中，热力学第二定律主要被用来给出热力学过程——热流和能量流方向的限制，有两种等价的表述。第一种表述为，不可能制造出这样一种装置，它仅仅依靠与单一热源的热交换进行循环做功，而不对其他事物产生影响；第二种表述为，不可能制造这样一种循环运转的装置，它使热量从低温物体到高温物体，而不对其他物体产生影响。连续介质力学用一种不同于经典热力学的方式应用热力学第二定律，它主要用来建立对材料本构响应的约束。

本节中，首先介绍一个联系热与机械响应的热力学状态变量，即所谓的熵，使用这个状态变量，针对均匀系统，介绍热力学第二定律的经典表述及其意义，再推广到一般为非均匀系统的连续介质，从而建立所谓 Clausius-Duhem 不等式。在后面的章节中，将使用这个不等式来建立对各种材料本构响应的函数约束。

5.15.1 热力学第二定律的经典表述

1. 卡诺循环

卡诺循环是 1824 年法国工程师卡诺对热机最大效率问题进行研究时提出的，它对热力学第二定律的建立起了重要作用。下面讨论中所涉及的温度均为绝对

温度

$$\theta > 0 \tag{5.246}$$

卡诺循环是个封闭且可逆的平衡过程，完成这个循环的工作物或介质是一种完全气体，或者是由压力 p 和体积 V 决定的任何一种双参量介质，如图 5.10 所示，气体从状态空间中的任意一点 $M(p_0, V_0)$ 沿等温线 θ_1=const 无限缓慢地膨胀至状态 N，然后绝热膨胀至温度为 $\theta_2 < \theta_1$ 的状态 K，再从 K 等温压缩至状态 P，最后沿绝热线重新返回初始状态 M。显然，膨胀过程中压力会下降，而压缩过程中压力必然增加；在低温下保持相同的体积所需要的压力比高温下要小，因此，θ_2 $(< \theta_1)$ 等温线对应的 p 与 V 的关系曲线位于下方。

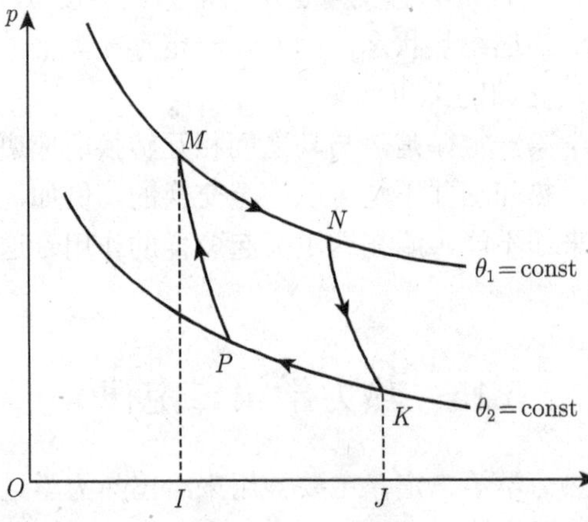

图 5.10　卡诺循环

卡诺循环可通过以下方式在想象中实现。一个上下两端封闭的圆柱形容器，底端固定，上端是可运动的活塞，取温度为 θ_1 的气体放入容器中，为使初始时刻活塞处于平衡态，活塞上端作用有一定荷载。容器的侧面与上部活塞都是绝热的，但底部导热良好，位于一个温度 θ_1 保持不变的恒温热源上，逐渐从活塞卸掉部分荷载，使活塞无限缓慢上升，以便气体的温度来得及与热源的温度 θ_1 平衡，从而使得气体的温度在活塞上升的所有时间保持不变，这时气体膨胀，气体的压力减小，而体积增大。用这种方式达到状态 N 后，将容器与热源分开，在容器底部覆盖一块绝热板，使气体绝热地膨胀至状态 K，这时温度降低至 θ_2。此后，将底部绝热板移去，并将容器底部放置在温度恒定为 θ_2 的低温热源上，再开始无限缓慢地增加活塞荷载，使气体压缩至状态 P，这时温度显然会有升高趋势，利用温度恒定为 θ_2 的低温热源来冷却气体使之温度保持为 θ_2 不变。最后，在绝热的情况下，无限缓慢地增加活塞荷载来压缩气体，使之回到初始状态 M。

设气体在等温膨胀阶段从高温热源吸收的热量为 Q_1，而气体在等温压缩阶段释放给低温热源的热量为 Q_2，根据热力学第一定律，对外所做的机械功应为

$$A = Q_1 - Q_2 \tag{5.247}$$

实际上，在等温的吸热膨胀阶段，$\theta = \theta_1$，对外做的机械功就是 MN 与纵轴平行线及横轴所围面积，与吸收的热量 Q_1 相等，结合理想气体压力、体积和温度三者应满足的状态方程 $pV = p_M V_M = R\theta_1$，其中 R 是气体常数，有

$$Q_1 = \int_M^N p\mathrm{d}V = \int_M^N \frac{p_M V_M}{V}\mathrm{d}V = R\theta_1 \ln\frac{V_N}{V_M} \tag{5.248}$$

而在等温的压缩放热阶段，对外做的机械功 (为负功) 就是 KP 与纵轴平行线及横轴所围面积，与释放的热量 Q_2 相等，采用上面相同的方法，得其绝对值大小是

$$Q_2 = \int_P^K p\mathrm{d}V = \int_P^K \frac{p_P V_P}{V}\mathrm{d}V = R\theta_2 \ln\frac{V_K}{V_P} \tag{5.249}$$

将上面两式两边分别相除，并考虑到绝热方程 $\theta_1 V_N^{r-1} = \theta_2 V_K^{r-1}$ 和 $\theta_1 V_M^{r-1} = \theta_2 V_P^{r-1}$，其中 r 是热力学常数，得

$$\frac{Q_1}{Q_2} = \frac{\theta_1}{\theta_2} \tag{5.250}$$

即在卡诺循环中，系统从高温热源吸收的热量与系统释放给低温热源的热量之比就等于高温热源与低温热源的温度之比。

按卡诺循环运转的热机，其效率 ζ 定义为，循环完成后所得的机械功 $A(>0)$ 与循环过程中热源向系统提供的热量 $Q_1(>0)$ 之比，通常称之为卡诺循环的效率。根据热力学第一定律，它应小于 1，即

$$\zeta = \frac{A}{Q_1} = 1 - \frac{Q_2}{Q_1} < 1 \tag{5.251}$$

效率 ζ 表征了热机运转时高温热源所提供的热量 Q_1 的利用率，在这些热量中，仅有效率 ζ 所决定的那一部分被热机转化为机械功。需要强调，用任何方法都不能使效率 ζ 等于 1，因为为了得到机械功 A，不但需要从高温热源中获得热量 Q_1 来组成等温膨胀，而且还必须把所得热量的一部分 Q_2 释放给低温热源来组成等温压缩。根据卡诺循环中热量与温度的关系，效率 ζ 又可以写成

$$\zeta = 1 - \frac{\theta_2}{\theta_1} < 1$$

从中可知，对于任意的卡诺循环，ζ 的值只取决于等温线 MN 和 KP 所给定的对应温度 θ_1 和 θ_2，与参加卡诺循环的气体 (工作物) 无关，与组成循环的方法无关，如与工作物的大小和沿等温线膨胀的程度等均无关。

卡诺定理指出：对于不可逆的卡诺循环，则按此运转的热机的效率 ζ' 不可能高于按相应可逆卡诺循环运转的热机效率 ζ

$$\zeta' \leqslant \zeta \tag{5.252}$$

或者说，卡诺循环的效率在可逆循环中最大，具体证明可参考谢多夫 (2007)。使用 ${Q'}_1$ 和 ${Q'}_2$ 分别代表不可逆卡诺循环中从高温热源得到的热量和释放给低温热源的热量，则结合起来有

$$1-\frac{{Q'}_2}{{Q'}_1} \leqslant 1-\frac{\theta_2}{\theta_1} \tag{5.253}$$

从而

$$\frac{{Q'}_1}{\theta_1}-\frac{{Q'}_2}{\theta_2} \leqslant 0 \tag{5.254}$$

这就是热力学第二定律对不可逆卡诺循环的定量表述。

上面表达式中的热量采用的是绝对值大小，若规定吸收热量为正，释放热量为负，式 (5.250) 和上式分别变为

$$\frac{Q_1}{\theta_1}+\frac{Q_2}{\theta_2}=0 \quad (\text{可逆循环}) \tag{5.255a}$$

$$\frac{{Q'}_1}{\theta_1}+\frac{{Q'}_2}{\theta_2} \leqslant 0 \quad (\text{不可逆循环}) \tag{5.255b}$$

2. 任意的可逆循环

考察一个均匀系统，经历一个任意的可逆循环过程，如图 5.11 所示，从状态 M 开始沿某条路径到达状态 N 再沿另外一条路径返回状态 M，在状态空间中对应某一闭合曲线，该循环过程可看作由一连串的卡诺循环组成，考察第 i 个循环——$AA'B'$B 循环，AB 与 $A'B'$ 是绝热线，过 A 作等温线 AC，其温度为 θ_{i1}，过 B' 作等温线 $B'D$，其温度为 θ_{j2}，则 $ACB'D$ 构成一个卡诺循环，AA' 所吸收的热量 (即 $AA'C$ 所吸收的热量，因为 $A'C$ 是绝热的) ΔQ_{i1} 与 AC 所吸收的热量 $\Delta Q_{i1\text{isoth}}$ 之差等于 $AA'CA$ 所围三角形的面积，该面积是一个二阶小量，同理，$B'B$ 所吸收的热量 ΔQ_{j2} 与 $B'D$ 所吸收的热量 $\Delta Q_{j2\text{isoth}}$ 也仅相差一个二阶小量，因此，$AA'B'B$ 循环可看作卡诺循环 $ACB'D$，根据式 (5.255a) 应有

$$\frac{\Delta Q_{i1\text{isoth}}}{\theta_{i1}}+\frac{\Delta Q_{j2\text{isoth}}}{\theta_{j2}}=0 \quad \Rightarrow \quad \frac{\Delta Q_{i1}}{\theta_{i1}}+\frac{\Delta Q_{j2}}{\theta_{j2}}=0$$

将图 5.11 中一连串卡诺循环的相应式子相加，由于规定吸热为正，放热为负，不需要区别标示吸热与放热的下标 1 和 2，因此得

$$\sum_i \frac{\Delta Q_i}{\theta_i}+\sum_j \frac{\Delta Q_j}{\theta_j}=0 \tag{5.256}$$

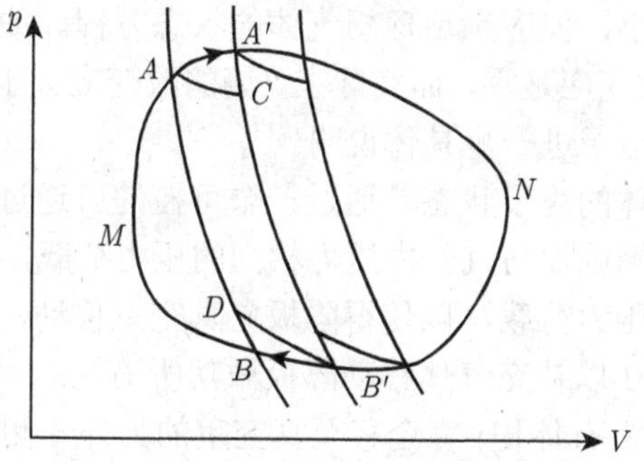

图 5.11 任意的可逆循环

假定该循环过程由无限多的微小卡诺循环组成，或者说所作的绝热线 (如 AB、$A'B'$ 等) 趋于无穷多，上式求和就转化为积分，得

$$\int_M^N \frac{\mathrm{d}Q}{\theta} + \int_N^M \frac{\mathrm{d}Q}{\theta} = \oint \frac{\mathrm{d}Q}{\theta} = 0$$

这就是可逆过程的热力学第二定律。

从上式可知，对于状态 M 与状态 N 之间的任意可逆过程，$\int_M^N \frac{\mathrm{d}Q}{\theta}$ 与积分路径无关，只与起始状态有关。于是，可引入一个称之为熵的状态函数

$$S(N) = \int_M^N \frac{\mathrm{d}Q}{\theta} + S(M) \tag{5.257}$$

当状态发生微小的改变，则熵的增量应为

$$\mathrm{d}S = \frac{\mathrm{d}Q}{\theta} \tag{5.258}$$

3. 任意的不可逆循环

对任意的不可逆过程，按照上述推理分析，不可逆卡诺循环的结果式 (5.255b) 将变为

$$\oint \frac{\mathrm{d}Q}{\theta} < 0 \tag{5.259}$$

而且，进一步地有

$$\mathrm{d}S > \frac{\mathrm{d}Q}{\theta} \tag{5.260}$$

至于式 (5.260) 给出的结果，下面以理想气体的自由膨胀这一不可逆过程为例进行说明。设想有一容器 (圆柱形)，中间用横隔板 (圆形) 分开为 A、B 两室，A 室内贮存有理想气体，B 室为真空，气体经自由膨胀 (膨胀过程中没有对外做功，也没有吸收热量) 后，均匀地充满整个容器，这时，热量没有改变，但体积增

大导致压力和温度减小，但应满足理想气体的状态方程。如果是可逆过程，则按 $\mathrm{d}Q/\theta$ 计算，其熵的改变应是零，而实际上，熵的改变应大于零，我们可利用熵是状态的函数这一特点给予进一步具体说明。

设想前面所述气体的终了状态是通过一个可控的可逆过程实现的，比如，设想在隔板的真空室一侧施加与气体内压力相同的压力荷载，解除隔板的其他约束，无限缓慢地卸去部分压力荷载，以使得隔板向真空室移动，同时，底部热源提供一定的热量 $\Delta Q^{(\mathrm{e})}>0$ 以补充气体移动隔板做功所消耗的内能 (热量)，直至隔板 (假想隔板无限薄，不占有体积) 完全移至真空室的另外一侧，气体均匀地充满 A、B 两室，达到与自由膨胀后的状态一致。我们还可以通过在隔板上加压力，同时，向外释放热量 $\Delta Q^{(\mathrm{e})}$ 以保持气体的内能 (热量) 不变，使气体回到最初状态，所以说这个过程是可逆的。由于熵的改变仅取决于状态，自由膨胀过程和前述可逆过程的初始和终了状态一致，因此熵的改变也应一致。对于可逆过程而言，由于吸收的热量 $\Delta Q^{(\mathrm{e})}$ 用于隔板移动时对外做功，应用理想气体的状态方程，熵的改变就是

$$\Delta S=\int\frac{\mathrm{d}Q^{(\mathrm{e})}}{\theta}=\int\frac{p\mathrm{d}V}{\theta}=R\ln\frac{V_2}{V_1}>0 \tag{5.261}$$

式中 V_1、V_2 分别是膨胀前、后的体积。根据前面的分析，上式就是气体自由膨胀后的熵的改变，仅与膨胀前后体积之比有关。

根据上面气体自由膨胀的分析，对于状态 M 与状态 N 之间的不可逆过程，式 (5.257) 的等号应变为大于号，因此，热力学第二定律给出

$$S(N)-S(M)>\int_M^N\frac{\mathrm{d}Q}{\theta} \tag{5.262}$$

对于连接两个无穷接近的状态的不可逆过程，就有式 (5.260)。

对于均匀的热力学过程，则热力学第二定律以时间率的形式表示为

$$\dot{S}\geqslant\frac{\dot{Q}}{\theta} \tag{5.263}$$

对于不可逆过程，上式中取 “>”，而对于可逆过程，则取 “=”。上式表明，从外部吸收热量的结果是使得其熵增加，熵的实际增加超过右边这一增加量的部分，是内禀熵的生成率，用 Σ 表示，它是系统内部因变形 (或其他因素，如热传导) 引起的微结构不可逆改变而产生的，是不可逆的。于是，式 (5.263) 可写成

$$\dot{S}=\frac{\dot{Q}}{\theta}+\Sigma \tag{5.264}$$

或写成

$$\theta\dot{S}=\dot{Q}+\dot{Q}^{(i)}$$

式中 $\dot{Q}^{(i)} = \theta\Sigma$ 称为内禀生成热，对于可逆过程，它应为零。

若可逆过程还是绝热的，外界流入的热量为零，根据上式应有

$$\theta\dot{S} = 0, \quad 故 \quad S = \text{const} \tag{5.265}$$

即可逆的绝热过程是等熵的。相反，若一个可逆过程是等熵的，即 $S = \text{const}$，则 $\dot{Q} = 0$，过程是绝热的。若一个过程是绝热不可逆的，则 $\dot{S} \geqslant 0$，因为 $\dot{Q}^{(i)} \geqslant 0$，如果熵发生改变的话，它只能增加。

气体自由膨胀过程是分子运动的无规则程度加剧，是不可逆的，相应的熵不断增加，因此说，熵的实质是系统微结构无序程度的一种度量。

熵的改变或无序程度的改变是通过系统与外界的热交换和 (或者) 系统内部的不可逆过程 (比如因热传导) 实现的。因系统与外界热交换引起的熵改变，下面称为熵供给，绝对温度 $\theta > 0$ 出现在分母中，是因为对于固定的外界热输入，在低温比在高温更容易引起无序程度的改变，即熵的增加更快，或者说，低温时系统的无序程度是低的，但对外界热输入更敏感。系统内部的不可逆过程引起的熵改变，只能增加，如气体自由膨胀，分子运动更加无序，于是熵增加了；由于气体不能自动地收缩，因此，这部分熵是不可逆的；自由膨胀后气体的能量虽然没有损失，但是有一部分能量变得不能有效地使用了，或者说，其能量的品质变差了，这部分能量就是内禀生成热。

5.15.2　连续介质的 Clausius-Duhem 不等式

前面考虑的是均匀系统，即状态变量不随空间位置变化。下面将式 (5.263) 推广到连续介质的情形，其中状态变量一般会随空间位置变化，构成状态变量场，比如温度场、熵场等。热可看作一种因分子不规则振荡引起的能量传递，熵作为分子不规则振荡导致的无序程度的度量，同热量和其他形式的能量一样，可以从物体内一个区域流向另一个区域，或者从物体外部流入物体内部，但与能量不同的是，物体内部还会生成熵。

从外部流入的熵称为熵供给，下面首先讨论单位时间内的熵供给，即熵供给率，考察物体的任意区域 Ω，它的熵供给率的来源由两部分组成，一是区域内所有质点因从外部吸收热量而产生的每单位质量的熵供给率，记作 $\dot{\eta}_b(\boldsymbol{x}, t)$，二是通过区域边界从邻域吸收热量而产生的流入区域的熵通量 $\dot{\eta}_s(\boldsymbol{x}, t, \boldsymbol{n})$，它们都是时间和空间位置的函数，由于熵的可加性，则区域 Ω 熵的总供给率为

$$\int_{\Omega} \rho\dot{\eta}_b(\boldsymbol{x}, t)\,\mathrm{d}V + \int_{\Gamma} \dot{\eta}_s(\boldsymbol{x}, t, \boldsymbol{n})\,\mathrm{d}a \tag{5.266}$$

根据前面的分析，它们应与热量通过下式联系

$$\dot{\eta}_b(\boldsymbol{x}, t) = \frac{\kappa}{\theta}, \quad \dot{\eta}_s(\boldsymbol{x}, t, \boldsymbol{n}) = -\frac{\boldsymbol{q}\cdot\boldsymbol{n}}{\theta} \tag{5.267}$$

式中 $\boldsymbol{q}/\theta$ 称为熵流，κ/θ 称为熵源。因此，区域 Ω 熵的总供给率为

$$\int_{\Omega}\frac{\kappa}{\theta}\rho\mathrm{d}V-\int_{\Gamma}\frac{\boldsymbol{q}\cdot\boldsymbol{n}}{\theta}\mathrm{d}a \tag{5.268}$$

上式对应式 (5.263) 的右边。

使用 $\eta(\boldsymbol{x},t)$ 表示熵的密度，即单位质量内的熵，则区域 Ω 内的总熵为

$$S=\int_{\Omega}\eta\left(\boldsymbol{x},t\right)\rho\mathrm{d}V \tag{5.269}$$

热力学第二定律式 (5.263) 要求

$$\dot{S}=\frac{\mathrm{D}}{\mathrm{D}t}\int_{\Omega}\eta\rho\mathrm{d}V\geqslant\int_{\Omega}\frac{1}{\theta}\kappa\rho\mathrm{d}V-\int_{\Gamma}\frac{1}{\theta}\boldsymbol{q}\cdot\boldsymbol{n}\mathrm{d}a \tag{5.270}$$

上式也称为熵不等式，或 Clausius-Duhem 不等式。

上式左边超出右边的部分是总内禀熵的生成率，是不可逆的，取决于变形的类型和材料的性质等因素。若以 γ 表示内禀熵生成率的密度，即每单位质量的内禀熵纯生成率，则

$$\Sigma=\int_{\Omega}\gamma\rho\mathrm{d}V \tag{5.271}$$

于是，式 (5.270) 可表示为

$$\frac{\mathrm{D}}{\mathrm{D}t}\int_{\Omega}\eta\rho\mathrm{d}V=\int_{\Omega}\frac{1}{\theta}\kappa\rho\mathrm{d}V-\int_{\Gamma}\frac{1}{\theta}\boldsymbol{q}\cdot\boldsymbol{n}\mathrm{d}a+\int_{\Omega}\gamma\rho\mathrm{d}V \tag{5.272}$$

或者

$$\Sigma\geqslant0$$

式 (5.272) 是熵的整体平衡方程，利用输运第二定理式 (5.16)，并应用散度定理式 (2.153) 将上式中的面积分转化为体积分，以及考虑到积分区域是任意的，得其局部或微分形式为

$$\rho\dot{\eta}=\rho\left(\frac{1}{\theta}\kappa+\gamma\right)-\left(\frac{1}{\theta}\boldsymbol{q}\right)\cdot\nabla \tag{5.273}$$

或者

$$\gamma\geqslant0 \tag{5.274}$$

在式 (5.273) 中的最后一项中应用式 (2.122)(用 $1/\theta$ 替换 $\varPhi$，用 $\boldsymbol{q}$ 替换 $\boldsymbol{u}$)，并将式两边同乘 θ/ρ，再经过整理，得

$$\theta\gamma=\theta\dot{\eta}-\kappa+\frac{1}{\rho}\left(\boldsymbol{q}\cdot\nabla\right)-\frac{1}{\rho\theta}\left(\theta\nabla\right)\cdot\boldsymbol{q} \tag{5.275}$$

回顾 $\kappa - \dfrac{1}{\rho}\boldsymbol{q}\cdot\nabla$ 是单位质量物质从邻域及外部吸收热的率，参见式 (5.245)，热是一种能量形式，因此，其他各项都可以理解为某种能量的时间变化率，对照式 (5.235)，这里与熵 η 共轭的热力学状态变量是温度 θ，整个表达式 (5.275) 可理解为能量的耗散率，右边最后一项是由热传导所耗散的，称为热传导耗散率，记作 $\theta\gamma_{\text{th}}$，而前三项是由于内部其他不可逆机制所耗散的，称为内禀耗散率，记作 $\theta\gamma_{\text{int}}$，有

$$\theta\gamma_{\text{int}} = \theta\dot{\eta} - \left(\kappa - \frac{1}{\rho}(\boldsymbol{q}\cdot\nabla)\right) \tag{5.276a}$$

$$\theta\gamma_{\text{th}} = -\frac{1}{\rho\theta}(\theta\nabla)\cdot\boldsymbol{q} \tag{5.276b}$$

按照熵不等式 (5.274)，$\theta\gamma_{\text{int}}$ 和 $\theta\gamma_{\text{th}}$ 两者之和大于或等于零，即

$$\theta\gamma = \theta\gamma_{\text{th}} + \theta\gamma_{\text{int}} \geqslant 0 \tag{5.277}$$

然而人们通常更强地假设两者分别都大于或等于零

$$\theta\gamma_{\text{th}} = -\frac{1}{\rho\theta}(\theta\,\nabla)\cdot\boldsymbol{q} \geqslant 0 \tag{5.278a}$$

$$\theta\gamma_{\text{int}} = \theta\dot{\eta} - \left(\kappa - \frac{1}{\rho}(\boldsymbol{q}\cdot\nabla)\right) \geqslant 0 \tag{5.278b}$$

$\theta\gamma_{\text{th}} \geqslant 0$ 就要求热流矢量 $\boldsymbol{q}$ 必与温度梯度 $\theta\nabla$ 的点积小于零，即 $\boldsymbol{q}$ 必须指向温度下降的方向，这就是说热量总是从温度高的位置流向温度低的位置，详细讨论见 12.2 节。

在式 (5.278b) 中使用热力学第一定律式 (5.245)，因此，内禀耗散率大于零就要求

$$\theta\gamma_{\text{int}} = \theta\dot{\eta} - \left(\dot{e} - \frac{1}{\rho}\boldsymbol{\sigma}:\boldsymbol{d}\right) \geqslant 0 \tag{5.279}$$

上式称之为 Clausius-Duhem 耗散不等式，括号内的量表示每单位质量内能增加率超过每单位质量应力功率的部分。针对可逆过程，上式取等号，则内能为

$$\dot{e} = \theta\dot{\eta} + \frac{1}{\rho}\boldsymbol{\sigma}:\boldsymbol{d} \tag{5.280}$$

前面分析给出可逆的绝热过程是等熵的，即 $\dot{\eta}=0$，因此，在绝热状态下，内能 e 就是应力功率。

由于温度是可直接测量的量，有时为了方便，不以熵 η 为状态变量，而是采用温度 θ 为状态量，这时不采用内能 e 为热力学能量函数，而是采用每单位质量的 Hemholtz 自由能 ψ 为热力学能量函数，其定义为

$$\psi \xlongequal{\text{def}} e - \theta\eta \tag{5.281}$$

上式称为 Legendre 变换。代入式 (5.279)，则 Clausius-Duhem 耗散不等式变为

$$\theta\gamma_{\text{int}} = \frac{1}{\rho}\boldsymbol{\sigma} : \boldsymbol{d} - \eta\dot{\theta} - \dot{\psi} \geqslant 0 \tag{5.282}$$

针对不可逆过程，上式取 “>”，这表明：由热力学项 $\eta\dot{\theta}$ 修正后的应力功率 $\frac{1}{\rho}\boldsymbol{\sigma} : \boldsymbol{d} - \eta\dot{\theta}$ 并不全部以自由能 $\dot{\psi}$ 的形式储存，其中超出自由能的部分以热的形式耗散。

针对可逆过程，上式取等号，则自由能为

$$\dot{\psi} = \frac{1}{\rho}\boldsymbol{\sigma} : \boldsymbol{d} - \eta\dot{\theta} \tag{5.283}$$

显然，在等温状态 ($\dot{\theta} = 0$) 下，Hemholtz 自由能 ψ 就是应力功率。

5.16 参考构形中的热力学定律

前面建立热力学定律是在当前构形上进行，本节将热力学定律表示在参考构形中。参考构形中的热通量使用 $\boldsymbol{q}_0$ 表示，流过物质区域的热量应与构形无关，因此要求

$$\boldsymbol{q}_0 \cdot \boldsymbol{N}\mathrm{d}A = \boldsymbol{q} \cdot \boldsymbol{n}\mathrm{d}a$$

使用 Nanson 公式 (3.131)，得

$$\boldsymbol{q}_0 = J\boldsymbol{q} \cdot \boldsymbol{F}^{-\mathrm{T}} = J\boldsymbol{F}^{-1} \cdot \boldsymbol{q} \quad 或 \quad \boldsymbol{q} = \frac{1}{J}\boldsymbol{F} \cdot \boldsymbol{q}_0 \tag{5.284}$$

单位时间内从外界流入物质区域 Ω_0 的热量是

$$\mathcal{Q} = \int_{\Omega_0} \kappa\rho_0 \mathrm{d}V_0 - \int_{\Gamma_0} \boldsymbol{q}_0 \cdot \boldsymbol{N}\mathrm{d}A$$

参考构形中物质区域 Ω_0 内的内能是

$$\mathcal{E} = \int_{\Omega_0} e\rho_0 \mathrm{d}V_0$$

而内力功率是

$$\mathcal{P}_{\text{int}} = \int_{\Omega_0} \boldsymbol{P} : \dot{\boldsymbol{F}} \mathrm{d}V_0$$

则热力学第一定律式 (5.243) 在参考构形下可表达为

$$\int_{\Omega_0} \rho_0 \dot{e} \mathrm{d}V_0 = \int_{\Omega_0} \kappa\rho_0 \mathrm{d}V_0 - \int_{\Gamma_0} \boldsymbol{q}_0 \cdot \boldsymbol{N}\mathrm{d}A + \int_{\Omega_0} \boldsymbol{P} : \dot{\boldsymbol{F}} \mathrm{d}V_0 \tag{5.285}$$

其局部或微分形式是

$$\rho_0\dot{e} = \rho_0\kappa - \boldsymbol{q}_0 \cdot \nabla_0 + \boldsymbol{P} : \dot{\boldsymbol{F}} \tag{5.286}$$

所有物理量都是物质坐标的函数。

下面讨论参考构形下 Clausius-Duhem 耗散不等式的表达。将式 (5.272) 在参考构形中表达，得

$$\frac{\mathrm{D}}{\mathrm{D}t}\int_{\Omega_0} \eta\rho_0 \mathrm{d}V_0 = \int_{\Omega_0} \frac{1}{\theta}\kappa\rho_0\mathrm{d}V_0 - \int_{\Gamma_0} \frac{1}{\theta}\boldsymbol{q}_0 \cdot \boldsymbol{N}\mathrm{d}A + \int_{\Omega_0} \gamma\rho_0\mathrm{d}V_0 \tag{5.287}$$

按照式 (5.272) 到式 (5.282) 的推导过程，得内禀耗散率 $\theta\gamma$ 的两部分分别是

$$\theta\gamma_{\mathrm{th}} = -\frac{1}{\rho_0\theta}(\theta\,\nabla_0) \cdot \boldsymbol{q}_0 \tag{5.288a}$$

$$\theta\gamma_{\mathrm{int}} = \theta\dot{\eta} - \kappa + \frac{1}{\rho_0}(\boldsymbol{q}_0 \cdot \nabla_0) = \frac{1}{\rho_0}\boldsymbol{P} : \dot{\boldsymbol{F}} - \eta\dot{\theta} - \dot{\psi} \tag{5.288b}$$

因此，Clausius-Duhem 耗散不等式在参考构形中的表达式应为

$$\theta\gamma_{\mathrm{int}} = \frac{1}{\rho_0}\boldsymbol{P} : \dot{\boldsymbol{F}} - \eta\dot{\theta} - \dot{\psi} \geqslant 0 \tag{5.289}$$

若使用第二 P-K 应力和 Green 应变，则它可表示为

$$\theta\gamma_{\mathrm{int}} = \frac{1}{\rho_0}\boldsymbol{S} : \dot{\boldsymbol{E}} - \eta\dot{\theta} - \dot{\psi} \geqslant 0 \tag{5.290}$$

第 6 章　客观性及其原理

第 4 章和第 5 章的讨论表明：空间应变张量和空间应力张量的物质时间导数在仅产生刚体转动下不为零，后面建立时间率形式的本构方程时不能使用它们，因此，如何定义它们的时间率以避免刚体转动下不为零的出现是十分重要的，这个问题的本质是物质的宏观物理性质和基本原理都应不受刚体转动的影响，即应具有所谓的客观性。设想观察者同物体一起变形包括刚体转动，即位于随体坐标系下，他必然观察不到刚体转动，因此，所观察到的物理量时间变化率必然具有客观性。

本章前一部分介绍随体坐标的相关概念，包括：随体坐标下观察到的物理量时间变化率即随体导数，参考构形与当前构形之间物理量的前推后拉运算，以及通过前推后拉所定义的 Lie 导数。

由于在同一空间标架中的观察者对一个运动及这个运动经历刚体转动后所得另一运动的观察，等价于两个做相对刚体转动的空间标架中的观察者对同一运动的观察，所以，考察刚体转动的影响本质上就是考察观察者所采用的空间标架的影响，本章后一部分介绍空间标架改变下物理量的客观性和物理量时间率的客观性，以及要求物质的宏观物理性质和基本原理在空间标架改变下都必须保持不变的客观性原理或标架无差异性原理。

6.1　随体 (曲线) 坐标

假想参考构形中的物质坐标系镶嵌在物体上，随物体一起变形，即使初始是直线坐标系，它在当前构形中一般会变为曲线坐标系，称它为随体坐标系，或物质嵌入坐标系。在随体坐标系下，每个物质点的坐标将始终不变，且与物质坐标相等，变化的只是坐标系的基矢量。更具体地说，在参考构形中假想在物体里面刻画上三簇坐标线 (一个坐标值变化，而其他两个坐标值不变的线)，然后随物体一起变形，虽然这些坐标线变为曲线，但它们标识的刻度本身并没有变化，即每个物质点的坐标是不变的。基矢量定义为，一个坐标值微小变化一个单位而保持其他两个坐标值不变的情况下矢径的变化，由此定义的基矢量是沿坐标线的切线，一般来说既非正交也非单位矢量。由于三簇坐标线随物体的运动不断变化，基矢量也要随物体的运动而不断变化，因此，随体坐标系是典型的不断变化的曲线坐标系，关于曲线坐标的基本知识详见附录 A。

6.1.1 物质曲线坐标与空间曲线坐标系

在参考构形中，为不失一般性，我们假定采用的物质坐标系也是曲线坐标系。在该坐标系下，标识物质点的位置矢量可由该点的三个逆变坐标分量 X^K 决定，即

$$\boldsymbol{X}=\boldsymbol{X}\left(X^K\right),\quad (K=\text{I},\text{II},\text{III})$$

上式中取其中任意两个坐标为常数仅让另一个坐标变化得三簇物质坐标线，或者说，过每一个物质点都有三簇坐标线通过，作每簇坐标线的切线，其方向使用 $\boldsymbol{G}_K$ (K=I,II,III) 表示，应有

$$\boldsymbol{G}_K\overset{\text{def}}{=\!=}\frac{\partial \boldsymbol{X}}{\partial X^K}\quad (K=\text{I},\text{II},\text{III}) \tag{6.1}$$

这三个切线矢量定义为物质坐标系 X^K 的协变基矢量。物质线元 $\mathrm{d}\boldsymbol{X}$ 可表达为

$$\mathrm{d}\boldsymbol{X}=\frac{\partial \boldsymbol{X}}{\partial X^K}\mathrm{d}X^K=\mathrm{d}X^K\boldsymbol{G}_K \tag{6.2}$$

定义一组逆变基矢量 $\boldsymbol{G}^L$，它与协变基矢量之间满足对偶条件

$$\boldsymbol{G}^L\cdot\boldsymbol{G}_K\overset{\text{def}}{=\!=}\delta_K^L \tag{6.3}$$

其中 δ_K^L 是 Kronecker 符号。将式 (6.2) 两边点积 $\boldsymbol{G}^L$，得 $\mathrm{d}X^L$ 就是 $\mathrm{d}\boldsymbol{X}$ 在逆变基矢量 $\boldsymbol{G}^L$ 上的投影

$$\mathrm{d}X^L=\mathrm{d}\boldsymbol{X}\cdot\boldsymbol{G}^L \tag{6.4}$$

矢量 $\mathrm{d}\boldsymbol{X}$ 又可以用协变分量配逆变基表示为

$$\mathrm{d}\boldsymbol{X}=\mathrm{d}X_K\boldsymbol{G}^K\quad 而\quad \mathrm{d}X_K=\mathrm{d}\boldsymbol{X}\cdot\boldsymbol{G}_K \tag{6.5}$$

注意：$\mathrm{d}X_K$ 只表示 $\mathrm{d}\boldsymbol{X}$ 在协变基 $\boldsymbol{G}_K$ 上的投影，并不是“协变坐标”X_K 的微分，X_K 一般不存在，详细解释见附录 A。

如果空间坐标系也采用曲线坐标系，标识空间位置的矢量由该点的三个空间坐标 x^i 所决定，即

$$\boldsymbol{x}=\boldsymbol{x}\left(x^i\right),\quad (i=1,2,3) \tag{6.6}$$

线元 $\mathrm{d}\boldsymbol{x}$ 可表示为

$$\mathrm{d}\boldsymbol{x}=\mathrm{d}x^i\boldsymbol{g}_i \tag{6.7}$$

式中的协变基矢量定义为

$$\boldsymbol{g}_i\overset{\text{def}}{=\!=}\frac{\partial \boldsymbol{x}}{\partial x^i}\quad (i=1,2,3) \tag{6.8}$$

同样地，线元 $\mathrm{d}\boldsymbol{x}$ 可通过协变分量配逆变基表示为

$$\mathrm{d}\boldsymbol{x} = \mathrm{d}x_i \boldsymbol{g}^i \tag{6.9}$$

其中的逆变基与协变基应满足对偶条件 $\boldsymbol{g}^i \cdot \boldsymbol{g}_j = \delta^i_j$。

6.1.2 随体坐标系

在当前构形中，每个物质点的空间位置表示为

$$\boldsymbol{x} = \boldsymbol{x}\left(X^K, t\right) \quad (K = \text{I,II,III}) \tag{6.10}$$

式 (6.10) 决定了物质坐标线的当前空间状态，实际上，在式中取其中两个物质坐标不变，仅让一个物质坐标变化，就得到变形后的物质坐标线，即随体坐标线，注意，标识坐标 X^K 的刻度并没有变化，再在该坐标线上逐点考察其空间位置矢量 $\boldsymbol{x}$ 随物质坐标 X^K 的变化即可得随体坐标系的协变基矢量，使用 $\hat{\boldsymbol{g}}_K(K=\text{I, II, III})$ 表示，为

$$\hat{\boldsymbol{g}}_K = \frac{\partial \boldsymbol{x}}{\partial X^K} \quad (K = \text{I,II,III}) \tag{6.11}$$

这时，线元 $\mathrm{d}\boldsymbol{x}$ 可表示为

$$\mathrm{d}\boldsymbol{x} = \frac{\partial \boldsymbol{x}}{\partial X^K}\mathrm{d}X^K = \mathrm{d}X^K \hat{\boldsymbol{g}}_K \tag{6.12}$$

比较线元 $\mathrm{d}\boldsymbol{X}$ 和 $\mathrm{d}\boldsymbol{x}$ 的表达式 (6.2) 和式 (6.12)，不难发现它们具有相同的逆变分量 $\mathrm{d}X^K$，所不同的是基矢量，前者为 $\boldsymbol{G}_K$，而后者为 $\hat{\boldsymbol{g}}_K$。也就是说，在随体坐标系看来，变形前后的坐标分量 $\mathrm{d}X^K$ 没有改变，改变的是坐标基矢量，由原来的 $\boldsymbol{G}_K$ 改变为 $\hat{\boldsymbol{g}}_K$。利用式 (6.2) 和式 (6.12)，线元 $\mathrm{d}\boldsymbol{x}$ 可表示为

$$\mathrm{d}\boldsymbol{x} = \mathrm{d}X^K \hat{\boldsymbol{g}}_K = \boldsymbol{F} \cdot \mathrm{d}\boldsymbol{X} = \mathrm{d}X^K \boldsymbol{F} \cdot \boldsymbol{G}_K \tag{6.13}$$

因此，得随体坐标系和物质坐标系的协变基矢量之间的关系为

$$\hat{\boldsymbol{g}}_K = \boldsymbol{F} \cdot \boldsymbol{G}_K, \quad (K = \text{I,II,III}) \tag{6.14}$$

式 (6.14) 说明可以把两组协变基矢量 $\boldsymbol{G}_K$ 和 $\hat{\boldsymbol{g}}_K$ 看作是变形前后的物质线元。

使用 $\hat{\boldsymbol{g}}^K$ 表示随体坐标系的逆变基矢量，考虑到对偶条件 $\hat{\boldsymbol{g}}^L \cdot \hat{\boldsymbol{g}}_K = \delta^L_K = \boldsymbol{G}^L \cdot \boldsymbol{G}_K$，结合式 (6.14)，可得出两组逆变基矢量 $\hat{\boldsymbol{g}}^K$ 和 $\boldsymbol{G}^K$ 之间的关系为

$$\hat{\boldsymbol{g}}^L = \boldsymbol{F}^{-\mathrm{T}} \cdot \boldsymbol{G}^L \tag{6.15}$$

因为

$$\delta^L_K = \hat{\boldsymbol{g}}^L \cdot \hat{\boldsymbol{g}}_K = \hat{\boldsymbol{g}}^L \cdot \boldsymbol{F} \cdot \boldsymbol{G}_K = \boldsymbol{G}^L \cdot \boldsymbol{G}_K$$

根据上式有 $\left(\hat{\boldsymbol{g}}^L \cdot \boldsymbol{F} - \boldsymbol{G}^L\right) \cdot \boldsymbol{G}_K = \boldsymbol{0}$，于是，$\hat{\boldsymbol{g}}^L \cdot \boldsymbol{F} = \boldsymbol{G}^L$，从而得到关系式 (6.15)。

6.2 前推后拉运算

6.2.1 矢量的前推后拉运算

在当前构形中的随体坐标系下，空间矢量 $\underline{\mathrm{t}}$ 有两种表示形式

$$\underline{\mathrm{t}} = \underline{\mathrm{t}}^K \hat{\boldsymbol{g}}_K = \underline{\mathrm{t}}_K \hat{\boldsymbol{g}}^K \tag{6.16}$$

使用上面两个分量分别配上参考构形物质坐标系的对应基矢量 $\boldsymbol{G}^L$ 和 $\boldsymbol{G}_K$，可定义两个物质矢量

$$\boldsymbol{t}_{(1)} = \underline{\mathrm{t}}^K \boldsymbol{G}_K \tag{6.17a}$$

$$\boldsymbol{t}_{(2)} = \underline{\mathrm{t}}_K \boldsymbol{G}^K \tag{6.17b}$$

使用两组基矢量之间的关系式 (6.14) 和式 (6.15)，得

$$\boldsymbol{t}_{(1)} = \boldsymbol{F}^{-1} \cdot \underline{\mathrm{t}} = \underline{\mathrm{t}} \cdot \boldsymbol{F}^{-\mathrm{T}} \tag{6.18a}$$

$$\boldsymbol{t}_{(2)} = \boldsymbol{F}^{\mathrm{T}} \cdot \underline{\mathrm{t}} = \underline{\mathrm{t}} \cdot \boldsymbol{F} \tag{6.18b}$$

式 (6.18a) 和式 (6.18b) 本质上是将空间矢量 $\underline{\mathrm{t}}$ 通过变形梯度 $\boldsymbol{F}$ 分别以两种不同方式从当前构形变换到参考构形，得到物质矢量 $\boldsymbol{t}_{(1)}$ 和 $\boldsymbol{t}_{(2)}$，通常将这种变换称之为后拉运算，反过来，将物质矢量 $\boldsymbol{t}_{(1)}$ 和 $\boldsymbol{t}_{(2)}$ 通过变形梯度从参考构形变换到当前构形得到空间张量 $\underline{\mathrm{t}}$，称之为前推运算

$$\underline{\mathrm{t}} = \boldsymbol{F} \cdot \boldsymbol{t}_{(1)} = \boldsymbol{t}_{(1)} \cdot \boldsymbol{F}^{\mathrm{T}} \tag{6.19a}$$

$$\underline{\mathrm{t}} = \boldsymbol{F}^{-\mathrm{T}} \cdot \boldsymbol{t}_{(2)} = \boldsymbol{t}_{(2)} \cdot \boldsymbol{F}^{-1} \tag{6.19b}$$

$\boldsymbol{t}_{(1)}$ 和 $\underline{\mathrm{t}}$ 之间定义的前推 (后拉) 又称为切线型前推 (后拉)，而 $\boldsymbol{t}_{(2)}$ 和 $\underline{\mathrm{t}}$ 之间定义的前推 (后拉) 又称为法线型前推 (后拉)，解释如下。

在参考构形中考察一物质曲线 $\boldsymbol{X} = \hat{\boldsymbol{X}}(\xi)$，其中 ξ 是变化参数，在变形梯度 $\boldsymbol{F}(\boldsymbol{X})$ 的作用下，它变换为当前构形中的曲线 $\boldsymbol{x} = \boldsymbol{x}\left(\hat{\boldsymbol{X}}(\xi)\right) = \hat{\boldsymbol{x}}(\xi)$。参考构形中物质曲线上一物质点的切线方向是

$$\boldsymbol{t} = \frac{\mathrm{d}\hat{\boldsymbol{X}}}{\mathrm{d}\xi} \tag{6.20}$$

当前构形中曲线在该物质点的切线方向则是

$$\frac{\mathrm{d}\hat{\boldsymbol{x}}}{\mathrm{d}\xi} = \frac{\partial \boldsymbol{x}}{\partial \boldsymbol{X}} \cdot \frac{\mathrm{d}\hat{\boldsymbol{X}}}{\mathrm{d}\xi} = \boldsymbol{F} \cdot \boldsymbol{t} \tag{6.21}$$

所以称矢量

$$\boldsymbol{F}\cdot\boldsymbol{t} \quad 或 \quad \boldsymbol{t}\cdot\boldsymbol{F}^{\mathrm{T}} \tag{6.22}$$

为物质矢量 $\boldsymbol{t}$ 的切线型前推。

然而，定义另一个空间矢量

$$\boldsymbol{F}^{-\mathrm{T}}\cdot\boldsymbol{t} \quad 或 \quad \boldsymbol{t}\cdot\boldsymbol{F}^{-1} \tag{6.23}$$

若 $\boldsymbol{t}$ 代表参考构形上物质曲面一物质点的法线方向，则式 (6.23) 代表当前构形上物质曲面在该物质点的法线方向，因为：在物质面过该点的切平面上取任意一方向矢量为 $\boldsymbol{M}$，$\boldsymbol{t}\cdot\boldsymbol{M}=0$，通过变形梯度变换后，按照上面的分析，$\boldsymbol{M}$ 变换为 $\boldsymbol{F}\cdot\boldsymbol{M}$，因此变换后物质面切平面的法线必然为 $\boldsymbol{t}\cdot\boldsymbol{F}^{-1}$，以保证 $(\boldsymbol{t}\cdot\boldsymbol{F}^{-1})\cdot(\boldsymbol{F}\cdot\boldsymbol{M})=0$，如图 6.1 所示。故式 (6.23) 称为物质矢量 $\boldsymbol{t}$ 的法线型前推。式 (3.131) 中 $\boldsymbol{N}$ 到 $\boldsymbol{n}$ 的变换就是法线型前推的直接例子。

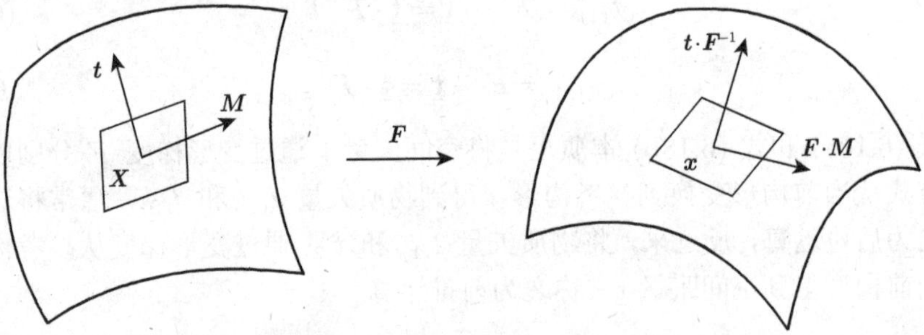

图 6.1　前推运算的几何解释

随体坐标系的协变基矢量与参考构形上的协变基矢量之间是属于切线型前推后拉，见式 (6.14)，它们对偶的逆变基矢量之间则是属于法线型前推后拉，见式 (6.15)。基矢量的切线型和法线型前推后拉的组合将导致下面二阶张量的四种前推后拉。

6.2.2　张量的前推后拉运算

使用式 (A.25)，空间二阶张量 $\underline{\mathbf{T}}$ 有四种表示形式

$$\underline{\mathbf{T}}=\underline{\mathrm{T}}_{KL}\hat{\boldsymbol{g}}^{K}\otimes\hat{\boldsymbol{g}}^{L}=\underline{\mathrm{T}}^{KL}\hat{\boldsymbol{g}}_{K}\otimes\hat{\boldsymbol{g}}_{L}=\underline{\mathrm{T}}^{K}{}_{L}\hat{\boldsymbol{g}}_{K}\otimes\hat{\boldsymbol{g}}^{L}=\underline{\mathrm{T}}_{K}{}^{L}\hat{\boldsymbol{g}}^{K}\otimes\hat{\boldsymbol{g}}_{L} \tag{6.24}$$

使用上面四个分量分别配上参考构形物质坐标系的对应基矢量 $\boldsymbol{G}_K$ 和 $\boldsymbol{G}^L$，可定义四个物质张量

$$\boldsymbol{T}_{(1)}=\underline{\mathrm{T}}_{KL}\boldsymbol{G}^{K}\otimes\boldsymbol{G}^{L} \tag{6.25a}$$

$$\boldsymbol{T}_{(2)} = \underline{\mathrm{T}}^{KL}\boldsymbol{G}_K \otimes \boldsymbol{G}_L \tag{6.25b}$$

$$\boldsymbol{T}_{(3)} = \underline{\mathrm{T}}^{K}{}_{L}\boldsymbol{G}_K \otimes \boldsymbol{G}^L \tag{6.25c}$$

$$\boldsymbol{T}_{(2)} = \underline{\mathrm{T}}_{K}{}^{L}\boldsymbol{G}^K \otimes \boldsymbol{G}_L \tag{6.25d}$$

使用两组基矢量之间的关系式 (6.14) 和式 (6.15)，得

$$\boldsymbol{T}_{(1)} = \boldsymbol{F}^{\mathrm{T}} \cdot \underline{\mathbf{T}} \cdot \boldsymbol{F} \quad 或 \quad \underline{\mathbf{T}} = \boldsymbol{F}^{-\mathrm{T}} \cdot \boldsymbol{T}_{(1)} \cdot \boldsymbol{F}^{-1} \tag{6.26a}$$

$$\boldsymbol{T}_{(2)} = \boldsymbol{F}^{-1} \cdot \underline{\mathbf{T}} \cdot \boldsymbol{F}^{-\mathrm{T}} \quad 或 \quad \underline{\mathbf{T}} = \boldsymbol{F} \cdot \boldsymbol{T}_{(2)} \cdot \boldsymbol{F}^{\mathrm{T}} \tag{6.26b}$$

$$\boldsymbol{T}_{(3)} = \boldsymbol{F}^{-1} \cdot \underline{\mathbf{T}} \cdot \boldsymbol{F} \quad 或 \quad \underline{\mathbf{T}} = \boldsymbol{F} \cdot \boldsymbol{T}_{(3)} \cdot \boldsymbol{F}^{-1} \tag{6.26c}$$

$$\boldsymbol{T}_{(4)} = \boldsymbol{F}^{\mathrm{T}} \cdot \underline{\mathbf{T}} \cdot \boldsymbol{F}^{-\mathrm{T}} \quad 或 \quad \underline{\mathbf{T}} = \boldsymbol{F}^{-\mathrm{T}} \cdot \boldsymbol{T}_{(4)} \cdot \boldsymbol{F}^{\mathrm{T}} \tag{6.26d}$$

当 $\underline{\mathbf{T}}$ 为对称张量时，$\underline{\mathbf{T}}$ 和 $\boldsymbol{T}_{(1)}$ 具有相同的协变分量，称 $\underline{\mathbf{T}}$ 是由 $\boldsymbol{T}_{(1)}$ 从参考构形协变型前推到当前构形，或者说，$\boldsymbol{T}_{(1)}$ 是由 $\underline{\mathbf{T}}$ 从当前构形协变型后拉到参考构形。回顾 Almansi 应变与 Green 应变的关系

$$\boldsymbol{E} = \boldsymbol{F}^{\mathrm{T}} \cdot \boldsymbol{e} \cdot \boldsymbol{F} \quad 或 \quad \boldsymbol{e} = \boldsymbol{F}^{-\mathrm{T}} \cdot \boldsymbol{E} \cdot \boldsymbol{F}^{-1}$$

显然它们之间是协变型前推后拉关系，即 $\boldsymbol{e}$ 和 $\boldsymbol{E}$ 的协变分量相同，仅逆变基矢量不同，$\boldsymbol{e}$ 的基矢量是随体坐标系的，而 $\boldsymbol{E}$ 的基矢量是参考构形上物质坐标系的，协变型前推后拉的另外一个例子是变形率与 Green 应变率之间，见式 (4.61)。

$\underline{\mathbf{T}}$ 和 $\boldsymbol{T}_{(2)}$ 具有相同的逆变分量，称它们之间的关系式 (6.26b) 为逆变型前推后拉，例如，Kirchhoff 应力 $\boldsymbol{\tau}$ 和第二 P-K 应力 $\boldsymbol{S}$ 之间，见式 (5.126)

$$\boldsymbol{S} = \boldsymbol{F}^{-1} \cdot \boldsymbol{\tau} \cdot \boldsymbol{F}^{-\mathrm{T}} \quad 或 \quad \boldsymbol{\tau} = \boldsymbol{F} \cdot \boldsymbol{S} \cdot \boldsymbol{F}^{\mathrm{T}}$$

$\underline{\mathbf{T}}$ 和 $\boldsymbol{T}_{(3)}$ 及 $\underline{\mathbf{T}}$ 和 $\boldsymbol{T}_{(4)}$ 具有相同的混变分量，称它们之间的关系为混合型前推后拉。例如，对当前构形中的速度梯度 $\boldsymbol{l}$ 采用式 (6.26c) 混合型后拉到参考构形定义一个新的速度梯度

$$\boldsymbol{L} \xlongequal{\mathrm{def}} \boldsymbol{F}^{-1} \cdot \boldsymbol{l} \cdot \boldsymbol{F} \tag{6.27}$$

或写成

$$\boldsymbol{F} \cdot \boldsymbol{L} = \boldsymbol{l} \cdot \boldsymbol{F} \tag{6.28}$$

仿照伸长张量的定义，$\boldsymbol{L}$ 称为右速度梯度，它与速度梯度 $\boldsymbol{l}$ 具有相同的混变分量

$$L^{K}{}_{L} = l^{K}{}_{L}$$

顺带讨论，作为物质张量的 $\boldsymbol{L}$ 与当前构形的刚体转动无关。刚体转动后的变形梯度为 $\boldsymbol{F}^* = \boldsymbol{Q} \cdot \boldsymbol{F}$，其中 $\boldsymbol{Q}$ 是常张量，使用式 (4.20) 有 $\boldsymbol{l}^* = \dot{\boldsymbol{F}}^* \cdot \boldsymbol{F}^{*-1}$，通过式 (6.27) 定义的后拉，得对应的右速度梯度

$$\begin{aligned}\boldsymbol{L}^* &= \boldsymbol{F}^{*-1} \cdot \boldsymbol{l}^* \cdot \boldsymbol{F}^* = \boldsymbol{F}^{*-1} \cdot \left(\dot{\boldsymbol{F}}^* \cdot \boldsymbol{F}^{*-1}\right) \cdot \boldsymbol{F}^* \\ &= (\boldsymbol{Q} \cdot \boldsymbol{F})^{-1} \cdot \frac{\mathrm{D}}{\mathrm{D}t}(\boldsymbol{Q} \cdot \boldsymbol{F}) = \boldsymbol{F}^{-1} \cdot \dot{\boldsymbol{F}} \\ &= \boldsymbol{F}^{-1} \cdot \dot{\boldsymbol{F}} \cdot \boldsymbol{F}^{-1} \cdot \boldsymbol{F} = \boldsymbol{F}^{-1} \cdot \boldsymbol{l} \cdot \boldsymbol{F} = \boldsymbol{L}\end{aligned} \tag{6.29}$$

当然，还可以采用另外一种混合型后拉式 (6.26d) 定义

$$\hat{\boldsymbol{L}} \xlongequal{\text{def}} \boldsymbol{F}^{\mathrm{T}} \cdot \boldsymbol{l} \cdot \boldsymbol{F}^{-\mathrm{T}} \tag{6.30}$$

$\hat{\boldsymbol{L}}$ 也是物质张量，它与 $\boldsymbol{l}$ 具有相同的混变分量 $l_L{}^K$，它也与当前构形的刚体转动无关。

6.2.3 应力张量前推后拉的进一步讨论

与右速度梯度 $\boldsymbol{L}$ 和它的转置 $\hat{\boldsymbol{L}}$ 功共轭的物质应力分别是

$$\boldsymbol{F}^{\mathrm{T}} \cdot \boldsymbol{\tau} \cdot \boldsymbol{F}^{-\mathrm{T}}, \quad \boldsymbol{F}^{-1} \cdot \boldsymbol{\tau} \cdot \boldsymbol{F} \tag{6.31}$$

因为在式 (1.114) 和 (6.27) 的帮助下得这两个应力与右速度梯度的双点积为

$$\boldsymbol{F}^{\mathrm{T}} \cdot \boldsymbol{\tau} \cdot \boldsymbol{F}^{-\mathrm{T}} : \boldsymbol{L} = \operatorname{tr}\left(\boldsymbol{F}^{\mathrm{T}} \cdot \boldsymbol{\tau} \cdot \boldsymbol{F}^{-\mathrm{T}} \cdot \left(\boldsymbol{F}^{-1} \cdot \boldsymbol{l} \cdot \boldsymbol{F}\right)^{\mathrm{T}}\right) = \boldsymbol{\tau} : \boldsymbol{l} \tag{6.32a}$$

$$\boldsymbol{F}^{-1} \cdot \boldsymbol{\tau} \cdot \boldsymbol{F} : \hat{\boldsymbol{L}} = \operatorname{tr}\left(\boldsymbol{F}^{-1} \cdot \boldsymbol{\tau} \cdot \boldsymbol{F} \cdot \left(\boldsymbol{F}^{\mathrm{T}} \cdot \boldsymbol{l} \cdot \boldsymbol{F}^{-\mathrm{T}}\right)^{\mathrm{T}}\right) = \boldsymbol{\tau} : \boldsymbol{l} \tag{6.32b}$$

式 (6.31) 定义的两个物质应力互为转置，都是非对称张量，而且，第一个应力它本身还可表示为

$$\boldsymbol{F}^{\mathrm{T}} \cdot \boldsymbol{\tau} \cdot \boldsymbol{F}^{-\mathrm{T}} = \boldsymbol{F}^{\mathrm{T}} \cdot \boldsymbol{F} \cdot \boldsymbol{F}^{-1} \cdot \boldsymbol{\tau} \cdot \boldsymbol{F}^{-\mathrm{T}} = \boldsymbol{C} \cdot \boldsymbol{S} \tag{6.33}$$

因与 Eshelby 应力 (即 9.9 节的能动量张量，见式 (9.128)) 相差球形部分和一个符号 (Maugin，1994)，被称为 Eshelby 相似应力 (Sansour et al., 2007)，在下册描述塑性本构方程的中间构形中，该应力又被称之为 Mandel (1972) 应力。

式 (5.126)、式 (5.142) 和式 (6.31) 分别给出了 Kirchhoff 应力的逆变、协变和 (两种) 混变型后拉，从而得到四个物质应力张量。若变形为一刚体转动，$\boldsymbol{F}=\boldsymbol{R}$，由于 $\boldsymbol{R}^{\mathrm{T}}=\boldsymbol{R}^{-1}$ 及 $\boldsymbol{R}^{-\mathrm{T}}=\boldsymbol{R}$，则所定义的四个物质应力张量重合，它就是共旋的 Kirchhoff 应力 $\boldsymbol{R}^{\mathrm{T}} \cdot \boldsymbol{\tau} \cdot \boldsymbol{R} = \hat{\boldsymbol{\tau}}$，见式 (5.150)，这就是说，与空间张量通过转动张量相联系的物质张量是唯一的。

拓展上面的定义，一个两点张量，比如第一 P-K 应力 $\boldsymbol{P}$，通过变形梯度 $\boldsymbol{F}$ 最多可以定义两个与之对应的物质张量和两个与之对应的空间张量，分别是

$$\text{物质张量：}\boldsymbol{F}^{-1}\cdot\boldsymbol{P}\text{，}\boldsymbol{F}^{\mathrm{T}}\cdot\boldsymbol{P} \tag{6.34a}$$

$$\text{空间张量：}\boldsymbol{P}\cdot\boldsymbol{F}^{\mathrm{T}}\text{，}\boldsymbol{P}\cdot\boldsymbol{F}^{-1} \tag{6.34b}$$

它们像矢量一样变换。对于物质张量而言，是将 $\boldsymbol{P}$ 的前一个基矢量从当前构形拉回到参考构形，而对空间张量而言，是将 $\boldsymbol{P}$ 的后一个基矢量从参考构形前推到当前构形。因 $\boldsymbol{P}=\boldsymbol{F}\cdot\boldsymbol{S}$，$\boldsymbol{P}=\boldsymbol{\tau}\cdot\boldsymbol{F}^{-\mathrm{T}}$，所以，由式 (6.34) 定义的两个物质应力分别是第二 P-K 应力 $\boldsymbol{S}$ 和 Eshelby 相似应力；第一个空间应力是 Kirchhoff 应力 $\boldsymbol{\tau}$，而第二个则为 $\boldsymbol{\tau}\cdot\boldsymbol{b}^{-1}$。

6.3 随体导数

取空间张量 $\underline{\mathrm{T}}$ 在随体坐标系中的协变基表示

$$\underline{\mathrm{T}}=\underline{\mathrm{T}}^{kl}\hat{\boldsymbol{g}}_k\otimes\hat{\boldsymbol{g}}_l \tag{6.35}$$

求它的物质时间导数

$$\dot{\underline{\mathrm{T}}}=\dot{\underline{\mathrm{T}}}^{kl}\hat{\boldsymbol{g}}_k\otimes\hat{\boldsymbol{g}}_l+\underline{\mathrm{T}}^{kl}\dot{\hat{\boldsymbol{g}}}_k\otimes\hat{\boldsymbol{g}}_l+\underline{\mathrm{T}}^{kl}\hat{\boldsymbol{g}}_k\otimes\dot{\hat{\boldsymbol{g}}}_l \tag{6.36}$$

式 (6.36) 右边第一项是仅逆变分量变化而协变基矢量不变引起的变化率，称之为 Oldroyd 率，记作

$$\underline{\mathrm{T}}^{\nabla O}\overset{\mathrm{def}}{=\!=}\dot{\underline{\mathrm{T}}}^{kl}\hat{\boldsymbol{g}}_k\otimes\hat{\boldsymbol{g}}_l \tag{6.37}$$

它是与随体坐标一起运动的观察者所观察到的逆变分量的变化率，与随体坐标系本身所产生的运动包括刚体转动无关，通常总体称之为随体导数或随体率。

参考构形中物质坐标系的协变基矢量 $\boldsymbol{G}_K$ 不随时间改变，而 $\hat{\boldsymbol{g}}_k$ 随时间变化，两者之间的关系式见式 (6.14)，两边求物质时间导数，并考虑式 (4.20)，则有

$$\dot{\hat{\boldsymbol{g}}}_k=\dot{\boldsymbol{F}}\cdot\boldsymbol{G}_k=\boldsymbol{l}\cdot\boldsymbol{F}\cdot\boldsymbol{G}_k=\boldsymbol{l}\cdot\hat{\boldsymbol{g}}_k \tag{6.38}$$

将式 (6.38) 和定义式 (6.37) 代入式 (6.36)，得

$$\dot{\underline{\mathrm{T}}}=\underline{\mathrm{T}}^{\nabla O}+\underline{\mathrm{T}}^{kl}\boldsymbol{l}\cdot\hat{\boldsymbol{g}}_k\otimes\hat{\boldsymbol{g}}_l+\underline{\mathrm{T}}^{kl}\hat{\boldsymbol{g}}_k\otimes\hat{\boldsymbol{g}}_l\cdot\boldsymbol{l}^{\mathrm{T}}$$

或写成

$$\underline{\mathrm{T}}^{\nabla O}=\dot{\underline{\mathrm{T}}}-\boldsymbol{l}\cdot\underline{\mathrm{T}}-\underline{\mathrm{T}}\cdot\boldsymbol{l}^{\mathrm{T}} \tag{6.39}$$

采用以上相同的方法，仅让协变或混变分量变化而保持相对应的基矢量不变，可定义其他三个随体导数或随体率，为

$$\underline{\mathbf{T}}^{\nabla C} \xlongequal{\text{def}} \dot{\mathrm{T}}_{kl}\hat{\boldsymbol{g}}^k \otimes \hat{\boldsymbol{g}}^l = \dot{\underline{\mathbf{T}}} + \boldsymbol{l}^{\mathrm{T}} \cdot \underline{\mathbf{T}} + \underline{\mathbf{T}} \cdot \boldsymbol{l}$$

$$\underline{\mathbf{T}}^{\nabla 3} \xlongequal{\text{def}} \dot{\mathrm{T}}^k{}_l\hat{\boldsymbol{g}}_k \otimes \hat{\boldsymbol{g}}^l = \dot{\underline{\mathbf{T}}} - \boldsymbol{l} \cdot \underline{\mathbf{T}} + \underline{\mathbf{T}} \cdot \boldsymbol{l}$$

$$\underline{\mathbf{T}}^{\nabla 4} \xlongequal{\text{def}} \dot{\mathrm{T}}_k{}^l\hat{\boldsymbol{g}}^k \otimes \hat{\boldsymbol{g}}_l = \dot{\underline{\mathbf{T}}} + \boldsymbol{l}^{\mathrm{T}} \cdot \underline{\mathbf{T}} - \underline{\mathbf{T}} \cdot \boldsymbol{l}^{\mathrm{T}} \tag{6.40}$$

其中 $\underline{\mathbf{T}}^{\nabla C}$ 称为 Cotter-Rivlin 率。若 $\underline{\mathbf{T}}$ 为对称张量，$\underline{\mathbf{T}}^{\nabla O}$ 和 $\underline{\mathbf{T}}^{\nabla C}$ 对称，但 $\underline{\mathbf{T}}^{\nabla 3}$ 和 $\underline{\mathbf{T}}^{\nabla 4}$ 不对称，然而有

$$\frac{1}{2}\left(\underline{\mathbf{T}}^{\nabla O} + \underline{\mathbf{T}}^{\nabla C}\right) = \frac{1}{2}\left(\underline{\mathbf{T}}^{\nabla 3} + \underline{\mathbf{T}}^{\nabla 4}\right) = \dot{\underline{\mathbf{T}}} - \boldsymbol{w} \cdot \underline{\mathbf{T}} - \underline{\mathbf{T}} \cdot \boldsymbol{w}^{\mathrm{T}} \tag{6.41}$$

式 (6.41) 给出的是所谓的 Jaumann 率

$$\underline{\mathbf{T}}^{\nabla J} = \dot{\underline{\mathbf{T}}} - \boldsymbol{w} \cdot \underline{\mathbf{T}} - \underline{\mathbf{T}} \cdot \boldsymbol{w}^{\mathrm{T}} \tag{6.42}$$

当仅产生刚体转动，$\boldsymbol{d} = 0$，$\boldsymbol{l} = \boldsymbol{w}$，上面定义的四种随体导数及 Jaumann 率的表达式重合。5.12.1 节针对 Cauchy 应力，讨论了它的时间率在仅产生刚体转动下的表达式 (5.216)，该表达式也适用于任意的空间张量 $\underline{\mathbf{T}}$，因此说，在仅产生刚体转动下，$\underline{\mathbf{T}}$ 的四种随体导数及 Jaumann 率均为零。

6.4　Lie 导数

空间张量 (无论是应变还是应力) 的物质时间导数在仅产生刚体转动下不为零，但后拉所得的物质张量的物质时间导数却始终为零，这启发人们定义一种这样的时间导数，通过变形梯度把空间张量后拉变换为参考构形上的物质张量，求得物质张量的物质时间导数后，再把它前推变换为当前构形上的空间张量，如此的导数称为 Lie 导数，显然它将不受刚体转动的影响。

若 $\underline{\mathbf{T}}$ 是空间逆变张量 (定义见附录 A.3 节，实际例子包括左 Cauchy-Green 变形张量 $\boldsymbol{b}$ 和 Cauchy 应力)，其 Lie 导数定义是

$$\mathcal{L}_\nu \underline{\mathbf{T}} \xlongequal{\text{def}} \boldsymbol{F} \cdot \frac{\mathrm{D}}{\mathrm{D}t}\left(\boldsymbol{F}^{-1} \cdot \underline{\mathbf{T}} \cdot \boldsymbol{F}^{-\mathrm{T}}\right) \cdot \boldsymbol{F}^{\mathrm{T}} \tag{6.43}$$

其中前推后拉为逆变型，利用复合函数求导法则，显然

$$\mathcal{L}_\nu \underline{\mathbf{T}} = \boldsymbol{F} \cdot \left(\dot{\boldsymbol{F}}^{-1} \cdot \underline{\mathbf{T}} \cdot \boldsymbol{F}^{-\mathrm{T}} + \boldsymbol{F}^{-1} \cdot \dot{\underline{\mathbf{T}}} \cdot \boldsymbol{F}^{-\mathrm{T}} + \boldsymbol{F}^{-1} \cdot \underline{\mathbf{T}} \cdot \dot{\boldsymbol{F}}^{-\mathrm{T}}\right) \cdot \boldsymbol{F}^{\mathrm{T}}$$

上式使用 $\dot{\boldsymbol{F}}^{-1} = -\boldsymbol{F}^{-1} \cdot \boldsymbol{l}$，见式 (4.23)，并整理得

$$\mathcal{L}_\nu \underline{\mathbf{T}} = \dot{\underline{\mathbf{T}}} - \boldsymbol{l} \cdot \underline{\mathbf{T}} - \underline{\mathbf{T}} \cdot \boldsymbol{l}^{\mathrm{T}} \tag{6.44}$$

例如，逆变型张量左 Cauchy-Green 变形张量 $\boldsymbol{b}$，考虑到 $\boldsymbol{F}^{-1}\cdot\boldsymbol{b}\cdot\boldsymbol{F}^{-\mathrm{T}}=\boldsymbol{I}$，其 Lie 导数按照式 (6.43) 应是

$$\mathcal{L}_{\nu}\boldsymbol{b}=\boldsymbol{F}\cdot\frac{\mathrm{D}}{\mathrm{D}t}\left(\boldsymbol{F}^{-1}\cdot\boldsymbol{b}\cdot\boldsymbol{F}^{-\mathrm{T}}\right)\cdot\boldsymbol{F}^{\mathrm{T}}=\mathbf{0} \tag{6.45}$$

对比式 (6.44) 和式 (6.39)，可得逆变张量的 Lie 导数与其 Oldroyd 率相等

$$\underline{\mathbf{T}}^{\nabla O}=\mathcal{L}_{\nu}\underline{\mathbf{T}} \tag{6.46}$$

若 $\underline{\mathbf{e}}$ 是空间协变张量，其 Lie 导数定义是

$$\mathcal{L}_{\nu}\underline{\mathbf{e}}\overset{\mathrm{def}}{=\!=}\boldsymbol{F}^{-\mathrm{T}}\cdot\frac{\mathrm{D}}{\mathrm{D}t}\left(\boldsymbol{F}^{\mathrm{T}}\cdot\underline{\mathbf{e}}\cdot\boldsymbol{F}\right)\cdot\boldsymbol{F}^{-1} \tag{6.47}$$

其中前推后拉为协变型，采用同样的方法可导出

$$\mathcal{L}_{\nu}\underline{\mathbf{e}}=\dot{\underline{\mathbf{e}}}+\underline{\mathbf{e}}\cdot\boldsymbol{l}+\boldsymbol{l}^{\mathrm{T}}\cdot\underline{\mathbf{e}} \tag{6.48}$$

例如，Almansi 应变是空间协变张量，根据式 (3.176)、式 (6.47)、式 (6.48) 和式 (4.61)，得其 Lie 导数为

$$\mathcal{L}_{\nu}\boldsymbol{e}=\boldsymbol{F}^{-\mathrm{T}}\cdot\dot{\boldsymbol{E}}\cdot\boldsymbol{F}^{-1}=\dot{\boldsymbol{e}}+\boldsymbol{e}\cdot\boldsymbol{l}+\boldsymbol{l}^{\mathrm{T}}\cdot\boldsymbol{e}=\boldsymbol{d} \tag{6.49}$$

对比式 (6.48) 和式 (6.40) 的第一式，可得协变张量的 Lie 导数与其 Cotton-Rivlin 率相等

$$\underline{\mathbf{e}}^{\nabla C}=\mathcal{L}_{\nu}\underline{\mathbf{e}} \tag{6.50}$$

对于任意的空间张量，可使用两种混合型后拉定义两个对应的物质张量，参见式 (6.31)，求物质时间导数后再相应混合前推到当前构形，得两个 Lie 导数，它们分别等于第三和第四随体率。

$$\begin{aligned}\boldsymbol{F}\cdot\frac{\mathrm{D}}{\mathrm{D}t}\left(\boldsymbol{F}^{-1}\cdot\underline{\mathbf{T}}\cdot\boldsymbol{F}\right)\cdot\boldsymbol{F}^{-1}&=\boldsymbol{F}\cdot\dot{\boldsymbol{F}}^{-1}\cdot\underline{\mathbf{T}}+\dot{\underline{\mathbf{T}}}+\underline{\mathbf{T}}\cdot\dot{\boldsymbol{F}}\cdot\boldsymbol{F}^{-1}\\&=\dot{\underline{\mathbf{T}}}-\boldsymbol{l}\cdot\underline{\mathbf{T}}+\underline{\mathbf{T}}\cdot\boldsymbol{l}=\underline{\mathbf{T}}^{\nabla 3}\end{aligned} \tag{6.51a}$$

$$\begin{aligned}\boldsymbol{F}^{-\mathrm{T}}\cdot\frac{\mathrm{D}}{\mathrm{D}t}\left(\boldsymbol{F}^{\mathrm{T}}\cdot\underline{\mathbf{T}}\cdot\boldsymbol{F}^{-\mathrm{T}}\right)\cdot\boldsymbol{F}^{\mathrm{T}}&=\boldsymbol{F}^{-\mathrm{T}}\cdot\dot{\boldsymbol{F}}^{\mathrm{T}}\cdot\underline{\mathbf{T}}+\dot{\underline{\mathbf{T}}}+\underline{\mathbf{T}}\cdot\dot{\boldsymbol{F}}^{-\mathrm{T}}\cdot\boldsymbol{F}^{\mathrm{T}}\\&=\dot{\underline{\mathbf{T}}}+\boldsymbol{l}^{\mathrm{T}}\cdot\underline{\mathbf{T}}-\underline{\mathbf{T}}\cdot\boldsymbol{l}^{\mathrm{T}}=\underline{\mathbf{T}}^{\nabla 4}\end{aligned} \tag{6.51b}$$

它们互为转置，结合式 (6.41)，Jaumann 率是这两个 Lie 导数的对称化，即

$$\underline{\mathbf{T}}^{\nabla J}=\mathrm{sym}\left(\boldsymbol{F}\cdot\frac{\mathrm{D}}{\mathrm{D}t}\left(\boldsymbol{F}^{-1}\cdot\underline{\mathbf{T}}\cdot\boldsymbol{F}\right)\cdot\boldsymbol{F}^{-1}\right) \tag{6.52}$$

Lie 导数在后面建立本构方程中将起到重要作用。

6.5 客 观 性

6.5.1 观察者改变 (Euclid 变换)

为了描述物体的运动，总是需要引入一个参考标架以度量物体在 Euclid 空间中的位置，每个标架都对应有一个参考点或原点 O，作为量测距离并定义位置矢量的起点，同时，还需要一个时钟来记录时间的流逝。标架加上时钟组成一个时空系，可理解为一个观察者。

考虑两个观察者分别使用空间标架 D 和空间标架 D^*，描述同一物质的当前运动，所记录的时间分别是 t 和 t^*。通常认为每个观察者的时钟的快慢是一致的，只是起点可能不同，因此

$$t^* = t - a \tag{6.53}$$

式中 a 代表时间起点的差别，为常数。

标架上的观察者表征运动的位置不仅涉及标架的原点，还涉及系在原点上的坐标系，使用 $\{O,\ \boldsymbol{e}_1,\ \boldsymbol{e}_2,\ \boldsymbol{e}_3\}$ 和 $\{\boldsymbol{O}^*,\ \boldsymbol{e}_1^*,\ \boldsymbol{e}_2^*,\ \boldsymbol{e}_3^*\}$ 分别表示标架 D 和标架 D^* 的原点及其坐标系的基矢量。不失一般性假设标架 D 固定不动，标架 D^* 则处于运动，它相对标架 D 的转动由与时间相关的正交张量定义 (参考式 (1.232))

$$\boldsymbol{Q}(t) = \boldsymbol{e}_k^* \otimes \boldsymbol{e}_k \tag{6.54}$$

而平动由两标架原点之间的与时间相关的矢径 $\boldsymbol{c}(t)$ 所定义。

设物质运动所发生的位置距离标架 D 原点 O 的矢径是 $\boldsymbol{x}$，而距离标架 D^* 原点 O^* 的矢径是 $\vec{\boldsymbol{x}}(t)$，如图 6.2 所示，如果不涉及观察者的变换，或者说，将标架当作参考坐标系，则无论相对哪一个特定标架，总是有

$$\vec{\boldsymbol{x}} = \boldsymbol{x} + \boldsymbol{c}(t) \tag{6.55}$$

式 (6.55) 两边点积 $\boldsymbol{e}_i$ 得它们相对标架 D 的分量之间的关系

$$\vec{\boldsymbol{x}} \cdot \boldsymbol{e}_i = \boldsymbol{x} \cdot \boldsymbol{e}_i + \boldsymbol{c}(t) \cdot \boldsymbol{e}_i \tag{6.56}$$

式 (6.56) 两边配上标架 D^* 的基矢量 $\boldsymbol{e}_i^*$，为引入观察者改变，定义

$$\boldsymbol{x}^* \xlongequal{\text{def}} (\vec{\boldsymbol{x}} \cdot \boldsymbol{e}_i)\, \boldsymbol{e}_i^*, \quad \boldsymbol{c}^*(t) \xlongequal{\text{def}} (\boldsymbol{c}(t) \cdot \boldsymbol{e}_i)\, \boldsymbol{e}_i^* \tag{6.57}$$

考虑到式 (6.54)，有

$$(\boldsymbol{x} \cdot \boldsymbol{e}_i)\, \boldsymbol{e}_i^* = \boldsymbol{e}_i^* \otimes \boldsymbol{e}_i \cdot \boldsymbol{x} = \boldsymbol{Q}(t) \cdot \boldsymbol{x}$$

结合起来得变换关系

$$\boldsymbol{x}^* = \boldsymbol{Q}(t)\cdot\boldsymbol{x} + \boldsymbol{c}^*(t) \tag{6.58}$$

式 (6.58) 和式 (6.53) 一起被称之为 Euclid 变换，也称观察者改变。

为理解这种变换，使用它考察两个事件，标架 D 观察到它们发生的空间位置分别是 $\boldsymbol{x}_1$ 和 $\boldsymbol{x}_2$，而时间分别是 t_1 和 t_2，于是，两个事件的距离是 $|\boldsymbol{x}_1-\boldsymbol{x}_2|$，时间间隔是 t_2-t_1，在式 (6.58) 和式 (6.53) 的变换下，空间位置分别变换为 $\boldsymbol{x}_1^*$ 和 $\boldsymbol{x}_2^*$，时间分别变换为 t_1^* 和 t_2^*，而且满足

$$\boldsymbol{x}_2^*-\boldsymbol{x}_1^* = \boldsymbol{Q}(t)\cdot(\boldsymbol{x}_2-\boldsymbol{x}_1),\quad t_2^*-t_1^*=t_2-t_1 \tag{6.59}$$

尽管 $\boldsymbol{x}_2^*-\boldsymbol{x}_1^*$ 不同于 $\boldsymbol{x}_2-\boldsymbol{x}_1$，但由于 $\boldsymbol{Q}$ 是正交张量，它们的距离显然相同 $|\boldsymbol{x}_1^*-\boldsymbol{x}_2^*|=|\boldsymbol{x}_1-\boldsymbol{x}_2|$。式 (6.58) 和式 (6.53) 的变换保证了距离和时间间隔不变。

不同的观察者尽管所采用的标架和所使用的时钟都不同，但是物质的宏观物理性质和基本原理都必须是不变的，因此，我们有理由期望所有观察者观察到两个事件之间的距离和时间间隔应保持不变，在这个意义上，我们也称式 (6.58) 和式 (6.53) 所代表的从 $(\boldsymbol{x},t)$ 到 $(\boldsymbol{x}^*, t^*)$ 的变换为观察者改变，这实际上是说，标架 D 中观察者观察到的发生在 $(\boldsymbol{x},t)$ 的事件与标架 D^* 中观察者所观察到的发生在 $(\boldsymbol{x}^*, t^*)$ 的事件是同一个事件，只是观察者改变而已。通常认为每个观察者所使用的时钟的快慢是一致的，时间间隔的不变性就能得到满足，因此，观察者改变通常只是指他所采用的空间标架改变。

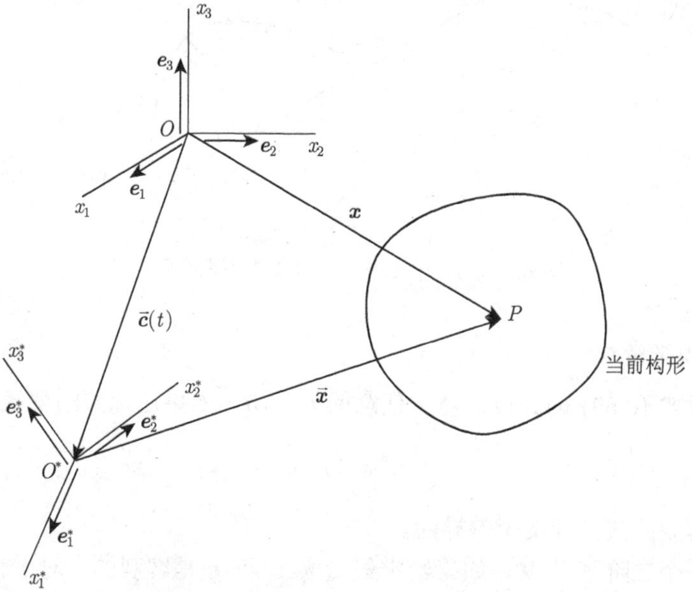

图 6.2 空间描述中两套做相对转动的标架观察同一个运动

设 $\boldsymbol{x}^*$ 和 $\boldsymbol{c}^*(t)$ 在标架 D^* 中的具体坐标表示是 $\boldsymbol{x}^*=x_i^*\boldsymbol{e}_i^*$，$\boldsymbol{c}^*(t)=c_i^*(t)\boldsymbol{e}_i^*$，与式 (6.57) 对照得 $x_i^*=\vec{\boldsymbol{x}}\cdot\boldsymbol{e}_i$，$\boldsymbol{c}^*(t)=\boldsymbol{c}(t)\cdot\boldsymbol{e}_i$，代入式 (6.56)，得

$$x_i^*=x_i+c_i^* \tag{6.60}$$

说明在不考虑标架平移的影响下，$\boldsymbol{x}^*$ 和 $\boldsymbol{x}$ 的坐标相同，所以说，观察者改变式 (6.58) 不同于坐标变换，坐标变换是空间位置点不变，即矢量不变，而坐标发生改变，而观察者改变是空间位置点变化，但坐标不变。

上面的观察者改变本质上是说，两个相对运动标架中的观察者对同一运动的观察，实际上等价于在同一标架中的观察者对这个运动以及在这个运动上强加刚体转动后所得运动的观察，简单地说，等价于考察两个构形的运动，一个是在当前构形，一个在当前构形基础上强加刚体转动后所得构形，如图 6.3 所示。使用这种等价性来说明问题会更加清楚。

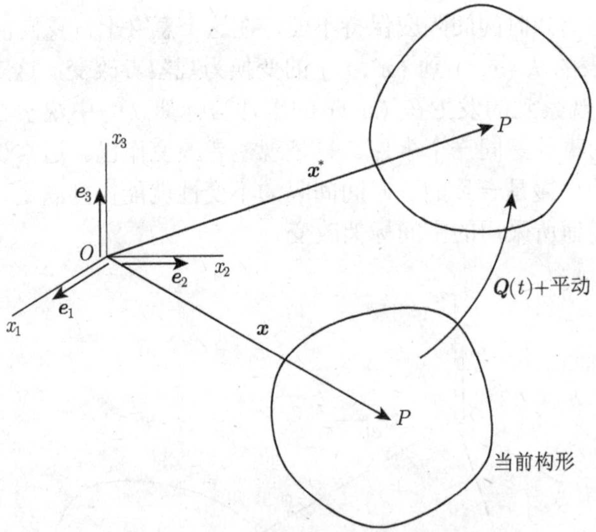

图 6.3　同一个 Euler 标架下观察两个运动

6.5.2　客观张量

根据对式 (6.59) 的分析，对于任意的矢量 $\boldsymbol{a}$，如果在标架的变换下满足

$$\boldsymbol{a}^*=\boldsymbol{Q}\cdot\boldsymbol{a} \tag{6.61}$$

则称它是客观的或是标架无差异的。

考虑一个二阶张量 $\boldsymbol{T}$，如果给定矢量场 $\boldsymbol{a}$ 和 $\boldsymbol{g}$ 是客观的，对于任意的 $\boldsymbol{g}$ 和标架转动 $\boldsymbol{Q}$

$$\boldsymbol{a}=\boldsymbol{T}\cdot\boldsymbol{g}\quad \text{都隐含着}\quad \boldsymbol{a}^*=\boldsymbol{T}^*\cdot\boldsymbol{g}^* \tag{6.62}$$

则称 $\boldsymbol{T}$ 是客观的或标架无差异的，这要求张量 $\boldsymbol{T}$ 必须满足转换规律

$$\boldsymbol{T}^*=\boldsymbol{Q}\cdot\boldsymbol{T}\cdot\boldsymbol{Q}^{\mathrm{T}} \tag{6.63}$$

因为矢量场 $\boldsymbol{a}$ 和 $\boldsymbol{g}$ 是客观的，就有

$$\boldsymbol{a}^*=\boldsymbol{Q}\cdot\boldsymbol{a}=\boldsymbol{Q}\cdot\boldsymbol{T}\cdot\boldsymbol{g}=\boldsymbol{Q}\cdot\boldsymbol{T}\cdot\boldsymbol{Q}^{\mathrm{T}}\cdot\boldsymbol{g}^* \tag{6.64}$$

由于 $\boldsymbol{a}^*=\boldsymbol{T}^*\cdot\boldsymbol{g}^*$ 必须得到满足，因此，式 (6.64) 变为

$$\boldsymbol{T}^*\cdot\boldsymbol{g}^*=\boldsymbol{Q}\cdot\boldsymbol{T}\cdot\boldsymbol{Q}^{\mathrm{T}}\cdot\boldsymbol{g}^* \tag{6.65}$$

已知 $\boldsymbol{g}$ 是任意的，$\boldsymbol{g}^*$ 也是任意的，从而转换关系式 (6.63) 成立。

在标架的变换下，对于矢量场 $\boldsymbol{a}$，参照式 (6.60) 可知，客观性式 (6.61) 要求

$$a_i^*=a_i \tag{6.66}$$

对于张量场，客观性式 (6.63) 要求

$$\begin{aligned}\boldsymbol{T}^*&=T_{ij}^*\boldsymbol{e}_i^*\otimes\boldsymbol{e}_j^*=\boldsymbol{Q}\cdot(T_{ij}\boldsymbol{e}_i\otimes\boldsymbol{e}_j)\cdot\boldsymbol{Q}^{\mathrm{T}}\\&=T_{ij}\boldsymbol{Q}\cdot\boldsymbol{e}_i\otimes\boldsymbol{Q}\cdot\boldsymbol{e}_j=T_{ij}\boldsymbol{e}_i^*\otimes\boldsymbol{e}_j^*\end{aligned}$$

即要求

$$T_{ij}^*=T_{ij} \tag{6.67}$$

所以，客观张量 (或矢量) 在不同标架下的分量相同，或者说，分量与标架无关。

上面的讨论都是针对空间矢量和空间张量。就物质矢量而言，由于它与空间标架无关，它在空间标架的变化中保持不变，我们称它具有客观性。对于物质张量 $\boldsymbol{A}$，设 $\boldsymbol{b}$ 和 $\boldsymbol{h}$ 是两个任意的物质矢量，$\boldsymbol{b}=\boldsymbol{b}^*$ 和 $\boldsymbol{h}=\boldsymbol{h}^*$，标量 $\boldsymbol{b}\cdot\boldsymbol{A}\cdot\boldsymbol{h}$ 在标架的变化下应保持不变，所以 $\boldsymbol{b}\cdot\boldsymbol{A}\cdot\boldsymbol{h}=\boldsymbol{b}^*\cdot\boldsymbol{A}^*\cdot\boldsymbol{h}^*$ 必须得到满足，结合起来要求 $\boldsymbol{A}=\boldsymbol{A}^*$，这时称物质张量 $\boldsymbol{A}$ 是客观的。

对于两点二阶张量如变形梯度张量，在刚体转动中，若满足

$$\boldsymbol{P}^*=\boldsymbol{Q}\cdot\boldsymbol{P} \tag{6.68}$$

即像空间矢量一样变换，则称为客观张量。

6.5.3　一些运动量在观察者改变下的转换

观察者改变等价于当前构形的刚体转动。根据式 (3.191) 和式 (3.192)，在当前构形刚体转动下，描述变形的相关张量 $\boldsymbol{F}$、$\boldsymbol{R}$、$\boldsymbol{U}$、$\boldsymbol{C}$、$\boldsymbol{E}$、$\boldsymbol{V}$、$\boldsymbol{b}$ 和 $\boldsymbol{e}$ 等的转换是

$$\boldsymbol{F}^* = \boldsymbol{Q} \cdot \boldsymbol{F}, \quad \boldsymbol{R}^* = \boldsymbol{Q} \cdot \boldsymbol{R} \tag{6.69a}$$

$$\boldsymbol{U}^* = \boldsymbol{U}, \quad \boldsymbol{C}^* = \boldsymbol{C}, \quad \boldsymbol{E}^* = \boldsymbol{E} \tag{6.69b}$$

$$\boldsymbol{V}^* = \boldsymbol{Q} \cdot \boldsymbol{V} \cdot \boldsymbol{Q}^{\mathrm{T}}, \quad \boldsymbol{b}^* = \boldsymbol{Q} \cdot \boldsymbol{b} \cdot \boldsymbol{Q}^{\mathrm{T}}, \quad \boldsymbol{e}^* = \boldsymbol{Q} \cdot \boldsymbol{e} \cdot \boldsymbol{Q}^{\mathrm{T}} \tag{6.69c}$$

上面表明：两点张量 $\boldsymbol{F}$ 像空间矢量一样变换，是客观的；参考构形中的右伸长张量 $\boldsymbol{U}$、应变张量 $\boldsymbol{C}$ 和 $\boldsymbol{E}$ 等物质张量保持不变，是客观的；当前构形中的对应张量包括左伸长张量 $\boldsymbol{V}$，左 Cauchy-Green 变形张量 $\boldsymbol{b}$ 和 Almansi 应变张量 $\boldsymbol{e}$ 则按式 (6.63) 规定的法则变换，它们也是客观的。就 $\boldsymbol{e}^*$ 和 $\boldsymbol{e}$ 而言，虽然它们不等，但它们给出的长度改变量是相同的

$$\frac{1}{2}\left(|\mathrm{d}\boldsymbol{x}|^2 - |\mathrm{d}\boldsymbol{X}|^2\right) = \mathrm{d}\boldsymbol{x} \cdot \boldsymbol{e} \cdot \mathrm{d}\boldsymbol{x} = \mathrm{d}\boldsymbol{x}^* \cdot \boldsymbol{e}^* \cdot \mathrm{d}\boldsymbol{x}^*$$

这再次说明，在一定意义上运动量的客观性是相对长度的不变性而言的。

一些运动物理量本身是客观量，但它们的物质时间导数或时间率往往不是客观量。例如，空间位置矢量 $\boldsymbol{x}$ 是客观量，但它的物质时间导数即速度就不是客观量，利用式 (6.58)，有

$$\begin{aligned}\boldsymbol{v}^* = \dot{\boldsymbol{x}}^* &= \dot{\boldsymbol{Q}} \cdot \boldsymbol{x} + \boldsymbol{Q} \cdot \dot{\boldsymbol{x}} + \dot{\boldsymbol{c}}^* \\ &= \boldsymbol{Q} \cdot \boldsymbol{v} + \dot{\boldsymbol{Q}} \cdot \boldsymbol{Q}^{\mathrm{T}} \cdot (\boldsymbol{x}^* - \boldsymbol{c}^*) + \dot{\boldsymbol{c}}^*\end{aligned} \tag{6.70}$$

显然它不是客观量，除非式 (6.70) 后面两项为零。同样可以证明，作为速度的物质时间导数的加速度也不是客观量。

对式 $\boldsymbol{F}^* = \boldsymbol{Q} \cdot \boldsymbol{F}$ 两边取物质时间导数，得

$$\dot{\boldsymbol{F}}^* = \dot{\boldsymbol{Q}} \cdot \boldsymbol{F} + \boldsymbol{Q} \cdot \dot{\boldsymbol{F}} \tag{6.71}$$

利用变形梯度的物质时间导数式 (4.20) 和式 (6.71)，刚体转动后的速度梯度张量 $\boldsymbol{l}^*$ 将是

$$\boldsymbol{l}^* = \dot{\boldsymbol{F}}^* \cdot \boldsymbol{F}^{*-1} = \left(\dot{\boldsymbol{Q}} \cdot \boldsymbol{F} + \boldsymbol{Q} \cdot \dot{\boldsymbol{F}}\right) \cdot \left(\boldsymbol{F}^{-1} \cdot \boldsymbol{Q}^{-1}\right) = \dot{\boldsymbol{Q}} \cdot \boldsymbol{Q}^{\mathrm{T}} + \boldsymbol{Q} \cdot \boldsymbol{l} \cdot \boldsymbol{Q}^{\mathrm{T}} \tag{6.72}$$

从而得到刚体转动后的变形率张量及物质旋率张量分别为

$$\boldsymbol{d}^* = \frac{1}{2}\left(\boldsymbol{l}^* + \boldsymbol{l}^{*\mathrm{T}}\right) = \boldsymbol{Q} \cdot \boldsymbol{d} \cdot \boldsymbol{Q}^{\mathrm{T}} \tag{6.73a}$$

$$w^* = \frac{1}{2}\left(l^* - l^{*\mathrm{T}}\right) = Q \cdot w \cdot Q^{\mathrm{T}} + \Omega \tag{6.73b}$$

式中

$$\Omega = \dot{Q} \cdot Q^{\mathrm{T}} \tag{6.74}$$

是刚体转动的速率即旋率。d、l、w 是空间张量，F 是两点张量，根据客观张量的定义，结合上面的结果，显然只有 d 是客观量，l 和 w 都不是，作为两点张量的 $\dot{F}$ 也不是。空间张量 Almansi 应变的时间率，利用式 (6.69c) 第三式可写成

$$\begin{aligned} \dot{e}^* &= Q \cdot \dot{e} \cdot Q^{\mathrm{T}} + \dot{Q} \cdot e \cdot Q^{\mathrm{T}} + Q \cdot e \cdot \dot{Q}^{\mathrm{T}} \\ &= Q \cdot \dot{e} \cdot Q^{\mathrm{T}} + \Omega \cdot e^* + e^* \cdot \Omega^{\mathrm{T}} \end{aligned} \tag{6.75}$$

它同样不客观，原因是包含不为零的旋率 Ω，式 (6.73b) 可写成

$$\Omega = w^* - Q \cdot w \cdot Q^{\mathrm{T}} \tag{6.76}$$

若 w 客观，就必须有 $\Omega = 0$，所以说，最终原因是 w 不客观。但是，物质张量的时间率如 Green 应变率是客观的

$$\begin{aligned} \dot{E}^* &= F^{*\mathrm{T}} \cdot d^* \cdot F^* = \left(F^{\mathrm{T}} \cdot Q^{\mathrm{T}}\right) \cdot \left(Q \cdot d \cdot Q^{\mathrm{T}}\right) \cdot (Q \cdot F) \\ &= F^{\mathrm{T}} \cdot d \cdot F = \dot{E} \end{aligned} \tag{6.77}$$

推广来说，物质张量的时间率是客观的，而空间张量的时间率一般不是。

一些物理量如质量密度、内能、温度和应力矢量等，它们的观察者改变性质不能用式 (6.58) 进行推导，因此，它们的客观性只能进行假定。还有一些物理量的客观性可通过这些假定导出，例如，5.9.3 节使用应力矢量 $t(n)$ 和面法线 n 在当前构形刚体转动下的变换关系式 (5.173)，导出了式 (5.171b) 即 Cauchy 应力的客观性，实际上，式 (5.173) 成立就是假定应力矢量和面法线为客观量。当然，也可通过假定标量应力功率为客观量来导出 Cauchy 应力的客观性，而且还能导出它的对称性，应力功率若是客观量的，则要求

$$\sigma^* : l^* = \sigma : l \tag{6.78}$$

将式 (6.72) 代入，并考虑式 (6.74)，使用求迹运算，得

$$\sigma^* : \left(\Omega + Q \cdot l \cdot Q^{\mathrm{T}}\right) = \sigma : l \tag{6.79}$$

对于任意的 Q 都应成立，考虑它为常张量，则有

$$\mathrm{tr}\left(\sigma^* \cdot Q \cdot l \cdot Q^{\mathrm{T}}\right) = \mathrm{tr}\left(Q^{\mathrm{T}} \cdot \sigma^* \cdot Q \cdot l^{\mathrm{T}}\right) = \mathrm{tr}\left(\sigma \cdot l^{\mathrm{T}}\right)$$

进一步可写成

$$\left(\boldsymbol{Q}^{\mathrm{T}}\cdot\boldsymbol{\sigma}^{*}\cdot\boldsymbol{Q}-\boldsymbol{\sigma}\right):\boldsymbol{l}=0$$

对于任意的速度梯度 $\boldsymbol{l}$ 都要成立，因此有

$$\boldsymbol{Q}^{\mathrm{T}}\cdot\boldsymbol{\sigma}^{*}\cdot\boldsymbol{Q}=\boldsymbol{\sigma}\Rightarrow\boldsymbol{\sigma}^{*}=\boldsymbol{Q}\cdot\boldsymbol{\sigma}\cdot\boldsymbol{Q}^{\mathrm{T}}\tag{6.80}$$

将上式代回式 (6.79)，得

$$\boldsymbol{\sigma}^{*}:\boldsymbol{\Omega}=0$$

由于 $\boldsymbol{\Omega}$ 是反对称张量，所以 $\boldsymbol{\sigma}^{*}$ 必须对称，从而 $\boldsymbol{\sigma}$ 必须对称。

5.9.3 节根据 (5.171b) 即式 (6.80) 导出了式 (5.170) 和式 (5.171a)，这意味着通过 Cauchy 应力的客观性可导出第一 P-K 应力、第二 P-K 应力的客观性。

需要进一步强调指出：观察者改变或空间标架改变与通常的坐标变换应加以严格区别。在任意一个给定的标架中，可以建立无限个坐标系，所有矢量和张量在两个坐标系之间的变换按照矢量和张量的坐标变换法则进行，而在空间标架改变中，不同构形上的物理量 (包括：物质张量、空间张量和两点张量) 按不同的方式变换；另一方面，空间标架改变中的转动张量与时间有关，而在坐标变换中，转动张量是常张量与时间无关。

6.6 客 观 率

下面以 Cauchy 应力张量为例讨论空间张量时间率的客观性即所谓的客观率。根据上面的定义，Cauchy 应力的时间率若要具有客观性，对于两个相对转动的标架，须满足

$$\boldsymbol{\sigma}^{\nabla *}=\boldsymbol{Q}\cdot\boldsymbol{\sigma}^{\nabla}\cdot\boldsymbol{Q}^{\mathrm{T}}\tag{6.81}$$

式中 $\boldsymbol{\sigma}^{\nabla}$ 表示客观率。式 (6.67) 说明，满足式 (6.81) 的 $\boldsymbol{\sigma}^{\nabla *}$ 和 $\boldsymbol{\sigma}^{\nabla}$，它们的分量一样，只是基矢量产生了一个旋转，或者说，以 $\boldsymbol{e}_i$ 为基矢量的标架和以 $\boldsymbol{e}_i^{*}$ 为基矢量的标架所观察到的应力率一致，都是 σ_{ij}^{∇}，与标架之间的相对刚体转动无关。回顾 6.3 节定义的随体率，它们与标架本身的变形包括刚体转动无关，显然都是客观的，下面具体讨论。

6.6.1 Jaumann 率与随体率

将式 (6.75) 中的 $\boldsymbol{e}$ 使用 $\boldsymbol{\sigma}$ 替代，并将式 (6.76) 代入，得

$$\dot{\boldsymbol{\sigma}}^{*}-\left(\boldsymbol{w}^{*}-\boldsymbol{Q}\cdot\boldsymbol{w}\cdot\boldsymbol{Q}^{\mathrm{T}}\right)\cdot\boldsymbol{\sigma}^{*}-\boldsymbol{\sigma}^{*}\cdot\left(\boldsymbol{w}^{*}-\boldsymbol{Q}\cdot\boldsymbol{w}\cdot\boldsymbol{Q}^{\mathrm{T}}\right)^{\mathrm{T}}=\boldsymbol{Q}\cdot\dot{\boldsymbol{\sigma}}\cdot\boldsymbol{Q}^{\mathrm{T}}\tag{6.82}$$

整理上式，得

$$\begin{aligned}\dot{\boldsymbol{\sigma}}^* - \boldsymbol{w}^* \cdot \boldsymbol{\sigma}^* - \dot{\boldsymbol{\sigma}}^* \cdot \boldsymbol{w}^{*\mathrm{T}} &= \boldsymbol{Q} \cdot \dot{\boldsymbol{\sigma}} \cdot \boldsymbol{Q}^{\mathrm{T}} - \boldsymbol{Q} \cdot \boldsymbol{w} \cdot \boldsymbol{Q}^{\mathrm{T}} \cdot \boldsymbol{Q} \cdot \boldsymbol{\sigma} \cdot \boldsymbol{Q}^{\mathrm{T}} \\ &\quad - \boldsymbol{Q} \cdot \boldsymbol{\sigma} \cdot \boldsymbol{Q}^{\mathrm{T}} \cdot \boldsymbol{Q} \cdot \boldsymbol{w}^{\mathrm{T}} \cdot \boldsymbol{Q}^{\mathrm{T}} \\ &= \boldsymbol{Q} \cdot \left(\dot{\boldsymbol{\sigma}} - \boldsymbol{w} \cdot \boldsymbol{\sigma} - \boldsymbol{\sigma} \cdot \boldsymbol{w}^{\mathrm{T}}\right) \cdot \boldsymbol{Q}^{\mathrm{T}}\end{aligned}$$

所以，应力的 Jaumann 率 (也称 Jaumann 应力率)

$$\boldsymbol{\sigma}^{\nabla J} = \dot{\boldsymbol{\sigma}} - \boldsymbol{w} \cdot \boldsymbol{\sigma} - \boldsymbol{\sigma} \cdot \boldsymbol{w}^{\mathrm{T}} \tag{6.83}$$

是客观的。

$\boldsymbol{d}$ 和 $\boldsymbol{\sigma}$ 的任意二阶张量值各向同性函数 $\boldsymbol{\Phi} = \boldsymbol{\Phi}(\boldsymbol{\sigma},\ \boldsymbol{d})$ 必然是客观的，因为使用式 (6.80) 和式 (6.73a) 并结合各向同性函数的定义式 (2.173)，有

$$\boldsymbol{\Phi}\left(\boldsymbol{\sigma}^*, \boldsymbol{d}^*\right) = \boldsymbol{\Phi}\left(\boldsymbol{Q} \cdot \boldsymbol{\sigma} \cdot \boldsymbol{Q}^{\mathrm{T}}, \boldsymbol{Q} \cdot \boldsymbol{d} \cdot \boldsymbol{Q}^{\mathrm{T}}\right) = \boldsymbol{Q} \cdot \boldsymbol{\Phi}\left(\boldsymbol{\sigma}, \boldsymbol{d}\right) \cdot \boldsymbol{Q}^{\mathrm{T}} \tag{6.84}$$

在客观量 $\boldsymbol{\sigma}^{\nabla J}$ 的基础上加减另外一个客观量 $\boldsymbol{\Phi}$ 不改变其客观性，所以客观率可一般表示为

$$\boldsymbol{\sigma}^{\nabla} = \boldsymbol{\sigma}^{\nabla J} + \boldsymbol{\Phi}\left(\boldsymbol{\sigma}, \boldsymbol{d}\right) \tag{6.85}$$

推广来说，任意多个空间客观张量，比如在 $\boldsymbol{d}$ 和 $\boldsymbol{\sigma}$ 的基础上增加左伸长变形张量 $\boldsymbol{V}$，所构成的各向同性张量函数也是客观的，任意多个客观张量函数的和仍然是客观的。

可以证明 $\boldsymbol{d} \cdot \boldsymbol{\sigma} + \boldsymbol{\sigma} \cdot \boldsymbol{d}$ 和 $\boldsymbol{\sigma} \cdot \boldsymbol{d} - \boldsymbol{d} \cdot \boldsymbol{\sigma}$ 是各向同性函数，在 $\boldsymbol{\sigma}^{\nabla J}$ 的基础上减 $\boldsymbol{d} \cdot \boldsymbol{\sigma} + \boldsymbol{\sigma} \cdot \boldsymbol{d}$ 得应力的 Oldroyd 率

$$\boldsymbol{\sigma}^{\nabla O} = \dot{\boldsymbol{\sigma}} - \boldsymbol{l} \cdot \boldsymbol{\sigma} - \boldsymbol{\sigma} \cdot \boldsymbol{l}^{\mathrm{T}} \tag{6.86}$$

加 $\boldsymbol{d} \cdot \boldsymbol{\sigma} + \boldsymbol{\sigma} \cdot \boldsymbol{d}$ 得 Cotter-Rivlin 率

$$\boldsymbol{\sigma}^{\nabla C} = \dot{\boldsymbol{\sigma}} + \boldsymbol{l}^{\mathrm{T}} \cdot \boldsymbol{\sigma} + \boldsymbol{\sigma} \cdot \boldsymbol{l}$$

分别加和减 $\boldsymbol{\sigma} \cdot \boldsymbol{d} - \boldsymbol{d} \cdot \boldsymbol{\sigma}$ 则得到另外两个随体导数，显然，它们都是客观的。

Cauchy 应力张量是逆变张量，根据式 (6.46)，它的 Oldroyd 率应与它的 Lie 导数相等

$$\boldsymbol{\sigma}^{\nabla O} = \mathcal{L}_{\nu}\boldsymbol{\sigma} \tag{6.87}$$

例题 6.1 如图 6.4 所示，受单轴应力作用的微单元体在 x-y 平面内以角速度 ω 绕原点做刚体转动，使用 Jaumann 率计算 Cauchy 应力的物质时间导数，并将其积分得到关于时间函数的 Cauchy 应力。

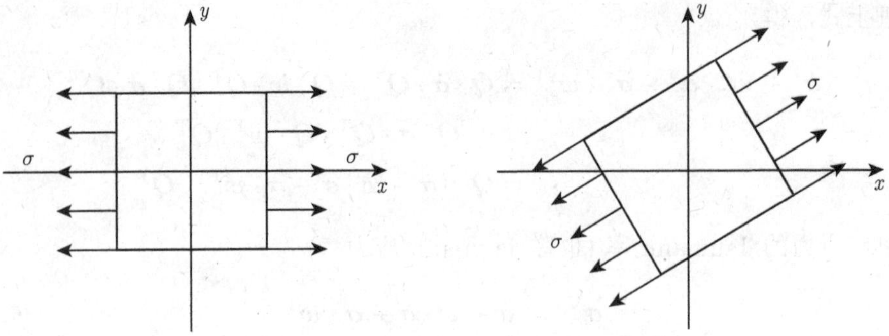

图 6.4　受单轴应力作用的微单元体做刚体转动

解　在本题给定的刚体转动下，应有

$$\boldsymbol{F}=\boldsymbol{R}=\begin{bmatrix}\cos\omega\theta & -\sin\omega\theta\\ \sin\omega\theta & \cos\omega\theta\end{bmatrix},\quad \dot{\boldsymbol{F}}=\omega\begin{bmatrix}-\sin\omega\theta & -\cos\omega\theta\\ \cos\omega\theta & -\sin\omega\theta\end{bmatrix},$$

$$\boldsymbol{F}^{-1}=\begin{bmatrix}\cos\omega\theta & \sin\omega\theta\\ -\sin\omega\theta & \cos\omega\theta\end{bmatrix}$$

速度梯度和物质旋率应是

$$\boldsymbol{l}=\dot{\boldsymbol{F}}\cdot\boldsymbol{F}^{-1}=\omega\begin{bmatrix}0 & -1\\ 1 & 0\end{bmatrix},\quad \boldsymbol{w}=\frac{1}{2}\left(\boldsymbol{l}-\boldsymbol{l}^{\mathrm{T}}\right)=\omega\begin{bmatrix}0 & -1\\ 1 & 0\end{bmatrix}$$

根据式 (5.216)，得刚体转动下 Cauchy 应力的物质时间导数是

$$\dot{\boldsymbol{\sigma}}=\boldsymbol{w}\cdot\boldsymbol{\sigma}+\boldsymbol{\sigma}\cdot\boldsymbol{w}^{\mathrm{T}}$$

即 Jaumann 率为零。由于空间坐标系是固定的，上式可直接写成分量形式或矩阵形式，将前面物质旋率代入，得

$$\begin{bmatrix}\dot{\sigma}_x & \dot{\sigma}_{xy}\\ \dot{\sigma}_{xy} & \dot{\sigma}_y\end{bmatrix}=\omega\begin{bmatrix}0 & -1\\ 1 & 0\end{bmatrix}\begin{bmatrix}\sigma_x & \sigma_{xy}\\ \sigma_{xy} & \sigma_y\end{bmatrix}+\omega\begin{bmatrix}\sigma_x & \sigma_{xy}\\ \sigma_{xy} & \sigma_y\end{bmatrix}\begin{bmatrix}0 & 1\\ -1 & 0\end{bmatrix}$$

$$\begin{bmatrix}\dot{\sigma}_x & \dot{\sigma}_{xy}\\ \dot{\sigma}_{xy} & \dot{\sigma}_y\end{bmatrix}=\omega\begin{bmatrix}-2\sigma_{xy} & \sigma_x-\sigma_y\\ \sigma_x-\sigma_y & 2\sigma_{xy}\end{bmatrix}$$

可以看出 Cauchy 应力的物质时间导数是对称的，上式对应三个微分方程

$$\dot{\sigma}_x=-2\omega\sigma_{xy},\quad \dot{\sigma}_y=2\omega\sigma_{xy},\quad \dot{\sigma}_{xy}=\omega\left(\sigma_x-\sigma_y\right)$$

初始条件是

$$\sigma_x(0)=\sigma_x^0,\quad \sigma_y(0)=0,\quad \sigma_{xy}(0)=0$$

解得

$$\boldsymbol{\sigma} = \sigma_x^0 \begin{bmatrix} \cos^2\omega\theta & \sin\omega\theta\cos\omega\theta \\ \sin\omega\theta\cos\omega\theta & \sin^2\omega\theta \end{bmatrix}$$

由于仅产生刚体转动，上式也可直接通过应力分量的坐标变换得到。

6.6.2 其他客观率

1. Truesdell 率

Truesdell 基于第二 P-K 应力与刚体转动无关的特性，将应力率这样定义，首先，将 Cauchy 应力使用 Piola 变换 (见式 (5.127) 后的说明) 后拉得到第二 P-K 应力，然而，求第二 P-K 应力的物质时间率，再实现 Piola 变换把它前推到当前构形中

$$\boldsymbol{\sigma}^{\nabla T} \xlongequal{\text{def}} J^{-1}\boldsymbol{F}\cdot\frac{\mathrm{D}}{\mathrm{D}t}\left(J\boldsymbol{F}^{-1}\cdot\boldsymbol{\sigma}\cdot\boldsymbol{F}^{-\mathrm{T}}\right)\cdot\boldsymbol{F}^{\mathrm{T}} = J^{-1}\boldsymbol{F}\cdot\dot{\boldsymbol{S}}\cdot\boldsymbol{F}^{\mathrm{T}} \tag{6.88}$$

在上式中使用式 (5.214b) 的结果，得

$$\boldsymbol{\sigma}^{\nabla T} = \dot{\boldsymbol{\sigma}} + (\mathrm{tr}\boldsymbol{d})\boldsymbol{\sigma} - \boldsymbol{l}\cdot\boldsymbol{\sigma} - \boldsymbol{\sigma}\cdot\boldsymbol{l}^{\mathrm{T}} \tag{6.89}$$

Truesdell 率相比 Oldroyd 率增加了一项 $(\mathrm{tr}\boldsymbol{d})\boldsymbol{\sigma}$，该项是 $\boldsymbol{d}$ 和 $\boldsymbol{\sigma}$ 的各向同性函数，所以，Truesdell 率仍然是客观的。

使用 Lie 导数的定义式 (6.43) 和 Truesdell 率的定义式 (6.89)，可证明

$$J\boldsymbol{\sigma}^{\nabla T} = \boldsymbol{F}\cdot\dot{\boldsymbol{S}}\cdot\boldsymbol{F}^{\mathrm{T}} = \mathcal{L}_v\boldsymbol{\tau} \tag{6.90}$$

2. Green-Naghdi 率

Green-Naghdi 率已在前面引入，见式 (4.165)，定义为

$$\boldsymbol{\sigma}^{\nabla G} \xlongequal{\text{def}} \dot{\boldsymbol{\sigma}} - \boldsymbol{\Omega}^R\cdot\boldsymbol{\sigma} - \boldsymbol{\sigma}\cdot\boldsymbol{\Omega}^{R\mathrm{T}} \tag{6.91}$$

其中 $\boldsymbol{\Omega}^R = \dot{\boldsymbol{R}}\cdot\boldsymbol{R}^{\mathrm{T}}$ 是相对旋率。

类似于式 (5.150)，共旋 Cauchy 应力 $\hat{\boldsymbol{\sigma}}$ 定义为

$$\hat{\boldsymbol{\sigma}} \xlongequal{\text{def}} \boldsymbol{R}^{\mathrm{T}}\cdot\boldsymbol{\sigma}\cdot\boldsymbol{R} \tag{6.92}$$

对照式 (4.163) 和式 (4.165)，得

$$\boldsymbol{R}\cdot\dot{\hat{\boldsymbol{\sigma}}}\cdot\boldsymbol{R}^{\mathrm{T}} = \dot{\boldsymbol{\sigma}} - \boldsymbol{\Omega}^R\cdot\boldsymbol{\sigma} - \boldsymbol{\sigma}\cdot\boldsymbol{\Omega}^{R\mathrm{T}} = \boldsymbol{\sigma}^{\nabla G} \tag{6.93}$$

因此，Cauchy 应力的 Green-Naghdi 率可理解为，首先将它拉回到没有转动的构形求物质时间导数，然后再前推到当前构形，这也是一种 Lie 导数。

使用 Jaumann 率的定义式 (6.83)，Green-Naghdi 率可写成

$$\boldsymbol{\sigma}^{\nabla G} = \boldsymbol{\sigma}^{\nabla J} - \left(\boldsymbol{\Omega}^{R} - \boldsymbol{w}\right) \cdot \boldsymbol{\sigma} - \boldsymbol{\sigma} \cdot \left(\boldsymbol{\Omega}^{R} - \boldsymbol{w}\right)^{\mathrm{T}} \tag{6.94}$$

考虑到 $\boldsymbol{\Omega}^{R} - \boldsymbol{w}$ 的式 (4.126) 是 $\boldsymbol{d}$ 和 $\boldsymbol{V}$ 的各向同性函数，结合式 (6.85) 及其后面的结论可知，Green-Naghdi 率是客观的。

3. 对数率

应力的所谓对数率定义为 (Xiao et al., 1997a)

$$\boldsymbol{\sigma}^{\log} \overset{\text{def}}{=\!=} \dot{\boldsymbol{\sigma}} - \boldsymbol{\Omega}^{\log} \cdot \boldsymbol{\sigma} - \boldsymbol{\sigma} \cdot \boldsymbol{\Omega}^{\log \mathrm{T}} \tag{6.95}$$

式中 $\boldsymbol{\Omega}^{\log}$ 是对数旋率，见式 (4.114)。考虑到 $\boldsymbol{\Omega}^{\log} - \boldsymbol{w}$ 的一般表达式 (4.152)，采用上面说明 Green-Naghdi 率是客观的方法，可知对数率也是客观的。

可以将旋率写成

$$\boldsymbol{\Omega}^{\log} = \dot{\boldsymbol{R}}^{\log} \cdot \boldsymbol{R}^{\log \mathrm{T}} \tag{6.96}$$

则对数率可写成

$$\boldsymbol{\sigma}^{\log} = \boldsymbol{R}^{\log} \cdot \frac{\mathrm{D}}{\mathrm{D}t}\left(\boldsymbol{R}^{\log\mathrm{T}} \cdot \boldsymbol{\sigma} \cdot \boldsymbol{R}^{\log}\right) \cdot \boldsymbol{R}^{\log\mathrm{T}} \tag{6.97}$$

上面定义的所有客观率都可以写成 Lie 导数的形式。实际上，所有的 Lie 导数都是客观的。

6.6.3 以当前构形为参考构形

下面讨论以当前构形为参考构形的物质应力的时间率与 Cauchy 应力或 Kirchhoff 应力的客观率之间的关系。至于第二 P-K 应力，根据式 (5.219b)，式 (6.88) 和式 (6.90) 及式 (6.46)，很容易得

$$\dot{\boldsymbol{S}}_t = \boldsymbol{\sigma}^{\nabla T} = J^{-1} \mathcal{L}_{v} \boldsymbol{\tau} = J^{-1} \boldsymbol{\tau}^{\nabla O} \tag{6.98}$$

结合式 (5.230)，式 (6.98)，Oldroyd 率和 Jaumann 率的定义式 (6.39) 和式 (6.42)，得物质对数应力 $\boldsymbol{T}_t$ 的时间率可表示为

$$\dot{\boldsymbol{T}}_t = J^{-1} \boldsymbol{\tau}^{\nabla O} + (\boldsymbol{\sigma} \cdot \boldsymbol{d} + \boldsymbol{d} \cdot \boldsymbol{\sigma}) = J^{-1} \boldsymbol{\tau}^{\nabla J} \tag{6.99}$$

使用式 (5.231) 并结合上面两式，得 Biot(物质) 应力 $\boldsymbol{S}_t^{(1)}$ 的时间率

$$\dot{\boldsymbol{S}}_t^{(1)} = \frac{1}{2} J^{-1}\left(\boldsymbol{\tau}^{\nabla O} + \boldsymbol{\tau}^{\nabla J}\right) \tag{6.100}$$

上面的分析表明：第二 P-K 应力率、物质对数应力率和 Biot 应力率分别为 Kirchhoff 应力的 Oldroyd 率、Jaumann 率和它们两者的平均 (除以 J)，这有助于我们理解 Oldroyd 率和 Jaumann 率的直观意义。

6.6.4 讨论

文献 (Wegener，1991) 中还定义了许多其他的旋率，几乎所有的旋率均可表示为

$$\boldsymbol{\sigma}^{\nabla} = \dot{\boldsymbol{\sigma}} - \boldsymbol{J} \cdot \boldsymbol{\sigma} - \boldsymbol{\sigma} \cdot \boldsymbol{J}^{\mathrm{T}} \tag{6.101}$$

其差别在于对张量 $\boldsymbol{J}$ 的选取。按 $\boldsymbol{J}$ 是否具有反对称性，可分为两大类，一类是 $\boldsymbol{J}$ 具有反对称性，即 $\boldsymbol{J}^{\mathrm{T}} = -\boldsymbol{J}$，如 Jaumann 率 ($\boldsymbol{J}=\boldsymbol{w}$) 和 Green-Naghdi 率 ($\boldsymbol{J} = \boldsymbol{\Omega}^{R}$)，称为共旋的，它代表同标架以旋率 $\boldsymbol{J}$ 一起旋转的观察者所观察到的变化率。否则 ($\boldsymbol{J}^{\mathrm{T}} \neq -\boldsymbol{J}$)，称为非共旋的，如 Oldroyd 率和 Truesdell 率 ($\boldsymbol{J}=\boldsymbol{l}$)。

对于共旋应力率，若它为零，则应力主值一定没有变化。下面以 Jaumann 率为例进行讨论，首先证明，Cauchy 应力的三个主不变量的时间率可表示为

$$\dot{I}^{\sigma} = \boldsymbol{I} : \dot{\boldsymbol{\sigma}} = \boldsymbol{I} : \boldsymbol{\sigma}^{\nabla J} \tag{6.102a}$$

$$\dot{II}^{\sigma} = (\mathrm{tr}\boldsymbol{\sigma})\,\boldsymbol{I} : \dot{\boldsymbol{\sigma}} - \boldsymbol{\sigma} : \dot{\boldsymbol{\sigma}} = (\mathrm{tr}\boldsymbol{\sigma})\,\boldsymbol{I} : \boldsymbol{\sigma}^{\nabla J} - \boldsymbol{\sigma} : \boldsymbol{\sigma}^{\nabla J} \tag{6.102b}$$

$$\dot{III}^{\sigma} = III^{\sigma}\boldsymbol{\sigma}^{-1} : \dot{\boldsymbol{\sigma}} = III^{\sigma}\boldsymbol{\sigma}^{-1} : \boldsymbol{\sigma}^{\nabla J} \tag{6.102c}$$

使用式 (2.49) ~ 式 (2.53)，将其中的 $\boldsymbol{A}$ 用 $\boldsymbol{\sigma}$ 代替，得

$$\dot{I}^{\sigma} = \frac{\partial I^{\sigma}}{\partial \boldsymbol{\sigma}} : \dot{\boldsymbol{\sigma}} = \boldsymbol{I} : \dot{\boldsymbol{\sigma}} \tag{6.103a}$$

$$\dot{II}^{\sigma} = \frac{\partial II^{\sigma}}{\partial \boldsymbol{\sigma}} : \dot{\boldsymbol{\sigma}} = (\mathrm{tr}\boldsymbol{\sigma})\,\boldsymbol{I} : \dot{\boldsymbol{\sigma}} - \boldsymbol{\sigma} : \dot{\boldsymbol{\sigma}} \tag{6.103b}$$

$$\dot{III}^{\sigma} = \frac{\partial III^{\sigma}}{\partial \boldsymbol{\sigma}} : \dot{\boldsymbol{\sigma}} = III^{\sigma}\boldsymbol{\sigma}^{-1} : \dot{\boldsymbol{\sigma}} \tag{6.103c}$$

使用求迹式 (1.113)，物质旋率的反对称性和 Cauchy 应力的对称性，则有

$$\begin{aligned}
&\boldsymbol{I} : \left(-\boldsymbol{\sigma} \cdot \boldsymbol{w}^{\mathrm{T}} - \boldsymbol{w} \cdot \boldsymbol{\sigma}\right) = \mathrm{tr}\left(\boldsymbol{I} \cdot \boldsymbol{\sigma} \cdot \boldsymbol{w}\right) - \mathrm{tr}\left(\boldsymbol{I} \cdot \boldsymbol{w} \cdot \boldsymbol{\sigma}\right) = 0 \\
&\boldsymbol{\sigma} : \left(-\boldsymbol{\sigma} \cdot \boldsymbol{w}^{\mathrm{T}} - \boldsymbol{w} \cdot \boldsymbol{\sigma}\right) = \mathrm{tr}\left(\boldsymbol{\sigma} \cdot \boldsymbol{\sigma} \cdot \boldsymbol{w}\right) - \mathrm{tr}\left(\boldsymbol{\sigma} \cdot \boldsymbol{w} \cdot \boldsymbol{\sigma}\right) = 0 \\
&\boldsymbol{\sigma}^{-1} : \left(-\boldsymbol{\sigma} \cdot \boldsymbol{w}^{\mathrm{T}} - \boldsymbol{w} \cdot \boldsymbol{\sigma}\right) = \mathrm{tr}\left(\boldsymbol{\sigma}^{-1} \cdot \boldsymbol{\sigma} \cdot \boldsymbol{w}\right) - \mathrm{tr}\left(\boldsymbol{\sigma}^{-1} \cdot \boldsymbol{w} \cdot \boldsymbol{\sigma}\right) = 0
\end{aligned} \tag{6.104}$$

再结合 Jaumann 率的定义式 (6.83)，可证得式 (6.102)，该式说明，若 $\boldsymbol{\sigma}^{\nabla J} = 0$，则应力的三个主不变量将没有变化，只可能有三个主轴的变化，即应力状态仅产生刚体的转动。

下面根据 2.4 节结合 1.6.3 节的结果对上述结论进行一般性证明。将 Cauchy 应力的主值、主轴和主轴的旋率分别使用 λ^{σ}，$\boldsymbol{n}^{\sigma}$，$\boldsymbol{\Omega}^{\sigma}$ 表示，使用式 (2.99)，有

$$\dot{\boldsymbol{\sigma}} = \sum_{i=1}^{3} \dot{\lambda}_i^{\sigma} \boldsymbol{n}_i^{\sigma} \otimes \boldsymbol{n}_i^{\sigma} + \boldsymbol{\Omega}^{\sigma} \cdot \boldsymbol{\sigma} + \boldsymbol{\sigma} \cdot \boldsymbol{\Omega}^{\sigma\mathrm{T}} \tag{6.105}$$

它由任意旋率 $\boldsymbol{\Omega}$ 定义的共旋率可写成

$$\begin{aligned}\boldsymbol{\sigma}^{\nabla} &= \dot{\boldsymbol{\sigma}} - \boldsymbol{\Omega}\cdot\boldsymbol{\sigma} - \boldsymbol{\sigma}\cdot\boldsymbol{\Omega}^{\mathrm{T}} \\ &= \sum_{i=1}^{3}\dot{\lambda}_i^{\sigma}\boldsymbol{n}_i^{\sigma}\otimes\boldsymbol{n}_i^{\sigma} - (\boldsymbol{\Omega}-\boldsymbol{\Omega}^{\sigma})\cdot\boldsymbol{\sigma} - \boldsymbol{\sigma}\cdot(\boldsymbol{\Omega}-\boldsymbol{\Omega}^{\sigma})^{\mathrm{T}}\end{aligned} \tag{6.106}$$

第一项代表仅由主值变化引起的，而后面项则代表由旋转引起的，式 (1.207) 给出，这两部分相互正交，即有

$$\boldsymbol{n}_i^{\sigma}\otimes\boldsymbol{n}_i^{\sigma} : \left[(\boldsymbol{\Omega}-\boldsymbol{\Omega}^{\sigma})\cdot\boldsymbol{\sigma} + \boldsymbol{\sigma}\cdot(\boldsymbol{\Omega}-\boldsymbol{\Omega}^{\sigma})^{\mathrm{T}}\right] = 0 \quad (i=1,2,3;\ i\ \text{不求和}) \tag{6.107}$$

从而

$$\dot{\lambda}_i^{\sigma} = \boldsymbol{\sigma}^{\nabla} : (\boldsymbol{n}_i^{\sigma}\otimes\boldsymbol{n}_i^{\sigma}) \tag{6.108}$$

因此，当 $\boldsymbol{\sigma}^{\nabla}=0$，$\dot{\lambda}_i^{\sigma}=0$。

然而，对于非共旋应力率，如 Oldroyd 率，将式 (6.104) 中的 $\boldsymbol{w}$ 用 $\boldsymbol{l}$ 替换，它们都将不为零，那么，类似于式 (6.102) 的表达式将不成立，比如，其中第一式现在变为

$$\dot{I}^{\sigma} = \boldsymbol{I} : \dot{\boldsymbol{\sigma}} = \boldsymbol{I} : \boldsymbol{\sigma}^{\nabla O} + 2\boldsymbol{\sigma} : \boldsymbol{d} \tag{6.109}$$

因此，就会出现客观应力率为零 ($\boldsymbol{\sigma}^{\nabla O}=0$) 时，主不变量 (或主值) 的时间率不为零 (Xiao et al., 2006)。

再次强调：当仅产生刚体转动时，上面定义的所有客观应力率包括随体率均为零。在刚体转动下 $\boldsymbol{d}=\boldsymbol{0}$，$\boldsymbol{l}=\boldsymbol{w}=\boldsymbol{\Omega}^{R}=\boldsymbol{\Omega}^{\log}$，见式 (4.154)，Cauchy 应力的各种客观率均可表示为

$$\dot{\boldsymbol{\sigma}} - \boldsymbol{w}\cdot\boldsymbol{\sigma} - \boldsymbol{\sigma}\cdot\boldsymbol{w}^{\mathrm{T}}$$

根据 (5.216)，在刚体转动下为零，因此，所有客观应力率与刚体转动无关。

6.6.5　第一 P-K 应力的客观率

上面讨论了 Cauchy 应力的各种客观率，也可采用相同的方法定义两点张量——第一 P-K 应力的客观率，尽管实际应用中很少遇到，为问题理解的完整性，下面以 Oldroyd 率为例予以简单讨论。

第一 P-K 应力在随体坐标下可表示为

$$\boldsymbol{P} = P^{kL}\hat{\boldsymbol{g}}_k\otimes\boldsymbol{G}_L \tag{6.110}$$

考虑到 $\boldsymbol{G}_L$ 是参考构形中物质坐标的协变基矢量，不随时间改变，采用前面类似的步骤并利用式 (6.38)，得第一 P-K 应力的物质时间导数为

$$\dot{\boldsymbol{P}} = \dot{P}^{kL}\hat{\boldsymbol{g}}_k\otimes\boldsymbol{G}_L + P^{kL}\boldsymbol{l}\cdot\hat{\boldsymbol{g}}_k\otimes\boldsymbol{G}_L \tag{6.111}$$

再结合 Oldroyd 率的定义式 (6.37)，从而得它的 Oldroyd 率为

$$\boldsymbol{P}^{\nabla O} = \dot{P}^{kL}\hat{\boldsymbol{g}}_k \otimes \boldsymbol{G}_L = \dot{\boldsymbol{P}} - \boldsymbol{l}\cdot\boldsymbol{P} \tag{6.112}$$

将式 (5.212a) 代入上式，并考虑到 Oldroyd 率的定义，得

$$\boldsymbol{P}^{\nabla O} = \left(\dot{\boldsymbol{\tau}} - \boldsymbol{l}\cdot\boldsymbol{\tau} - \boldsymbol{\tau}\cdot\boldsymbol{l}^{\mathrm{T}}\right)\cdot\boldsymbol{F}^{-\mathrm{T}} = \boldsymbol{\tau}^{\nabla O}\cdot\boldsymbol{F}^{-\mathrm{T}} \tag{6.113}$$

以当前构形为参考构形的第一 P-K 应力 $\boldsymbol{P}_t$ 的 Oldroyd 率，参照式 (6.112)，应为

$$\boldsymbol{P}_t^{\nabla O} = \dot{\boldsymbol{P}}_t - \boldsymbol{l}\cdot\boldsymbol{P}_t \tag{6.114}$$

式中 $\boldsymbol{P}_t=\boldsymbol{\sigma}$，再考虑式 (5.218a)，并利用 Oldroyd 率和 Truesdell 率的定义式 (6.86) 和式 (6.89)，得

$$\boldsymbol{P}_t^{\nabla O} = \dot{\boldsymbol{\sigma}} + \boldsymbol{\sigma}\mathrm{tr}\boldsymbol{d} - \boldsymbol{\sigma}\cdot\boldsymbol{l}^{\mathrm{T}} - \boldsymbol{l}\cdot\boldsymbol{\sigma} = \boldsymbol{\sigma}^{\nabla T} = J^{-1}\boldsymbol{\tau}^{\nabla O} \tag{6.115}$$

6.7 标架无差异原理

不同观察者尽管所采用的空间标架不同，但是物质的宏观物理性质和基本原理都必须是不变的，这就是所谓的客观性原理，也称标架无差异原理 (Trusedell and Noll，1965)。标架的差异或变换包括标架相互之间的平动和转动，所以，标架无差异原理本质上描述的是物理性质和基本原理的标架平动不变性和标架转动不变性，平动不变性反映了空间的均匀性，即空间点与点之间没有差别，而转动不变性反映了空间的各向同性，即空间的各个方向没有差别。在一定变换下保持不变的性质称为对称性，因此，标架无差异原理是一种空间对称性原理。

关于物质宏观物理力学性质的标架无差异性留在第 7 章讨论，本节以下集中讨论的基本原理包括质量守恒定律、动量守恒定律和动量矩守恒定律等的标架无差异性。

假定密度是客观的，考虑到标架变换不改变物质的体积率 (式 (4.46))，则有

$$\rho^* = \rho, \quad \nabla_*\cdot\boldsymbol{v}^* = \nabla\cdot\boldsymbol{v} \tag{6.116}$$

式中 ∇_* 是标架 D^* 下的不变性微分算子 $\nabla_* = \boldsymbol{e}_i^*\dfrac{\partial}{\partial x_i^*}$，因此，质量守恒方程式 (5.14) 可写成

$$\dot{\rho}^* + \rho^*\nabla_*\cdot\boldsymbol{v}^* = 0 \tag{6.117}$$

即在标架 D^* 下保持原有形式不变，从而满足标架无差异原理。

讨论动量守恒定律就涉及惯性力，使用 $\boldsymbol{f}_m$ 表示惯性力，即 $\boldsymbol{f}_m=-\rho\dot{\boldsymbol{v}}$，它不满足标架无差异原理，因为在变换的标架 D^* 下

$$\boldsymbol{f}_m^* \neq -\rho^*\dot{\boldsymbol{v}}^* \tag{6.118}$$

不具有形式不变性，除非 D^* 为惯性标架，这就意味着在一个特殊的非惯性标架下不能直接确定其惯性力的表达式。传统的解决方法是，先在惯性标架下建立基本方程，然后把它变换到非惯性标架中。变换中要求标架无差异原理必须得到满足，从而导出非惯性标架的惯性力表示。具体来说，以力平衡形式表示的动量守恒定律式 (5.33) 在变换的标架 D^* 下必须保持形式不变，应有

$$\int_{\Omega^*} \boldsymbol{f}_G^* \mathrm{d}V + \int_{\Gamma^*} \boldsymbol{t}^*(\boldsymbol{n})\,\mathrm{d}a = 0 \tag{6.119}$$

式中 $\boldsymbol{f}_G^*$ 是包含惯性力 $\boldsymbol{f}_m^*$ 在内的广义体积力，见式 (5.32)。通常假定应力矢量 $\boldsymbol{t}(\boldsymbol{n})$ 是客观的

$$\boldsymbol{t}^* = \boldsymbol{Q}\cdot\boldsymbol{t} \tag{6.120}$$

前面已指出，上式所代表的客观性和面法线矢量 $\boldsymbol{n}$ 的客观性假设一起，可导出 Cauchy 应力的客观性。使用式 (6.120) 并考虑到标架变换的刚体转动与空间位置无关 (仅取决于时间)，有

$$\int_{\Gamma^*} \boldsymbol{t}^*(\boldsymbol{n})\,\mathrm{d}a = \int_{\Gamma} \boldsymbol{Q}\cdot\boldsymbol{t}(\boldsymbol{n})\,\mathrm{d}a = \boldsymbol{Q}\cdot\int_{\Gamma} \boldsymbol{t}(\boldsymbol{n})\,\mathrm{d}a \tag{6.121}$$

在上式中使用式 (5.33)，再将结果代入式 (6.119)，得

$$\int_{\Omega^*} \boldsymbol{f}_G^* \mathrm{d}V - \boldsymbol{Q}\cdot\int_{\Omega} \boldsymbol{f}_G \mathrm{d}V = 0 \tag{6.122}$$

又一次考虑到标架变换的刚体转动与空间位置无关，得

$$\int_{\Omega} \left(\boldsymbol{f}_G^* - \boldsymbol{Q}\cdot\boldsymbol{f}_G\right)\mathrm{d}V = 0$$

由于物质区域 Ω 为任意，因此得广义体积力必须是客观的，即

$$\boldsymbol{f}_G^* = \boldsymbol{Q}\cdot\boldsymbol{f}_G \tag{6.123}$$

假定通常的体积力 $\boldsymbol{f}$ 像应力矢量一样是客观的，则上式要求惯性力 $\boldsymbol{f}_m$ 像矢量一样变换

$$\boldsymbol{f}_m^* = \boldsymbol{Q}\cdot\boldsymbol{f}_m = -\boldsymbol{Q}\cdot\rho\dot{\boldsymbol{v}} \tag{6.124}$$

使用式 (6.124) 结合两个标架之间的速度关系式 (6.70) 就可计算在非惯性标架 D^* 中的惯性力 $\boldsymbol{f}_m^*$ 的具体表达。考虑到式 (6.74)，式 (6.70) 可表示为

$$\boldsymbol{v} = \boldsymbol{Q}^{\mathrm{T}} \cdot \boldsymbol{v}^* - \boldsymbol{Q}^{\mathrm{T}} \cdot \boldsymbol{\Omega} \cdot (\boldsymbol{x}^* - \boldsymbol{c}^*) - \boldsymbol{Q}^{\mathrm{T}} \cdot \dot{\boldsymbol{c}}^* \tag{6.125}$$

两边求物质时间导数，得

$$\boldsymbol{Q}\cdot\dot{\boldsymbol{v}} = \dot{\boldsymbol{v}}^* - \ddot{\boldsymbol{c}}^* + \boldsymbol{Q}\cdot\dot{\boldsymbol{Q}}^{\mathrm{T}}\cdot(\boldsymbol{v}^* - \dot{\boldsymbol{c}}^*) - \boldsymbol{Q}\cdot\dot{\boldsymbol{Q}}^{\mathrm{T}}\cdot\boldsymbol{\Omega}\cdot(\boldsymbol{x}^* - \boldsymbol{c}^*) - \dot{\boldsymbol{\Omega}}\cdot(\boldsymbol{x}^* - \boldsymbol{c}^*) - \boldsymbol{\Omega}\cdot(\boldsymbol{v}^* - \dot{\boldsymbol{c}}^*)$$

由于 $\boldsymbol{\Omega} = -\boldsymbol{\Omega}^{\mathrm{T}} = -\boldsymbol{Q} \cdot \dot{\boldsymbol{Q}}^{\mathrm{T}}$，则上式可表示为

$$\boldsymbol{Q} \cdot \dot{\boldsymbol{v}} = \dot{\boldsymbol{v}}^* - \ddot{\boldsymbol{c}}^* + \boldsymbol{\Omega}^2 \cdot (\boldsymbol{x}^* - \boldsymbol{c}^*) - \dot{\boldsymbol{\Omega}} \cdot (\boldsymbol{x}^* - \boldsymbol{c}^*) - 2\boldsymbol{\Omega} \cdot (\boldsymbol{v}^* - \dot{\boldsymbol{c}}^*) \tag{6.126}$$

将上式代入式 (6.124)，使用 $\boldsymbol{\omega}$ 表示 $\boldsymbol{\Omega}$ 的轴矢量，得

$$\boldsymbol{f}_m^* = -\rho \left[\dot{\boldsymbol{v}}^* - \ddot{\boldsymbol{c}}^* + \boldsymbol{\omega} \times (\boldsymbol{\omega} \times (\boldsymbol{x}^* - \boldsymbol{c}^*)) - \dot{\boldsymbol{\Omega}} \cdot (\boldsymbol{x}^* - \boldsymbol{c}^*) - 2\boldsymbol{\omega} \times (\boldsymbol{v}^* - \dot{\boldsymbol{c}}^*)\right] \tag{6.127}$$

式中 $\dot{\boldsymbol{c}}^*$ 是平动加速度，$\boldsymbol{\omega} \times (\boldsymbol{\omega} \times (\boldsymbol{x}^* - \boldsymbol{c}^*))$ 是向轴加速度，$-\dot{\boldsymbol{\Omega}} \cdot (\boldsymbol{x}^* - \boldsymbol{c}^*)$ 是转动加速度，$-2\boldsymbol{\omega} \times (\boldsymbol{v}^* - \dot{\boldsymbol{c}}^*)$ 是 Coriolis 加速度。

最后，根据 Cauchy 应力的客观性式 (6.80)，由对称性 $\boldsymbol{\sigma}=\boldsymbol{\sigma}^{\mathrm{T}}$，得变换标架 D^* 下 Cauchy 应力的对称性

$$\boldsymbol{\sigma}^* = \boldsymbol{\sigma}^{*\mathrm{T}} \tag{6.128}$$

说明动量矩守恒定律满足标架无差异原理。

需要说明：在各向同性的对称性讨论中，转动张量 $\boldsymbol{Q}$ 为常张量，见 2.6 节，而标架无差异原理中的转动张量 $\boldsymbol{Q}$ 是一个随时间累计的量，即是时间的函数，从而存在一定的旋率，这说明标架无差异原理不仅可以理解为空间各向同性，而且有更广的含义，那就是还要求不同标架观察到的张量时间变化率满足张量的标架变换关系，与刚体转动的旋率无关，即构成所谓的客观率，当描述物理性质和基本原理的方程中包含有 (客观) 张量及其张量客观率时，在标架变换下由于都服从相同的转换关系，从而能够保持形式不变。

6.8 标架无差异原理应用于热力学第一定律

著名的 Noether (1918) 定理指出，物理作用量的每一种对称性都存在一个守恒量与之对应。已经证明：能量守恒对应于时间平移的不变性，动量守恒对应于空间平移的不变性，而动量矩守恒对应于空间转动的不变性。

下面将表明：热力学第一定律 (能量守恒定律，是关于时间不变性的原理) 与标架无差异原理 (关于空间平移不变性和空间转动不变性的原理) 结合不仅能

导出动量守恒定律和动量矩守恒定律，而且还包括广义体积力和表面力矢量的客观性。

热力学第一定律式 (5.241) 可写成

$$\frac{\mathrm{D}}{\mathrm{D}t}\int_{\Omega}\rho\left(e+\frac{1}{2}\boldsymbol{v}\cdot\boldsymbol{v}\right)\mathrm{d}V=\int_{\Omega}\rho\left(\boldsymbol{f}\cdot\boldsymbol{v}+\kappa\right)\mathrm{d}V+\int_{\Gamma}\left(\boldsymbol{t}\cdot\boldsymbol{v}+q_n\right)\mathrm{d}a \tag{6.129}$$

欲使热力学第一定律满足标架无差异原理，就要求在观察者改变下形式保持不变，有

$$\frac{\mathrm{D}}{\mathrm{D}t}\int_{\Omega}\rho^*\left(e^*+\frac{1}{2}\boldsymbol{v}^*\cdot\boldsymbol{v}^*\right)\mathrm{d}V=\int_{\Omega}\rho^*\left(\boldsymbol{f}^*\cdot\boldsymbol{v}^*+\kappa^*\right)\mathrm{d}V+\int_{\Gamma}\left(\boldsymbol{t}^*\cdot\boldsymbol{v}^*+q_n^*\right)\mathrm{d}a \tag{6.130}$$

假定质量密度 ρ、内能 e、单位时间每单位质量所接受的热 κ 和热通量 q_n 等标量物理量是客观性的，

$$\rho^*=\rho,\quad e^*=e,\quad \kappa^*=\kappa,\quad q_n^*=q_n \tag{6.131}$$

式 (6.130) 与式 (6.129) 的两边对应相减，考虑到上式，得

$$\frac{\mathrm{D}}{\mathrm{D}t}\int_{\Omega}\frac{1}{2}\rho\left(\boldsymbol{v}^*\cdot\boldsymbol{v}^*-\boldsymbol{v}\cdot\boldsymbol{v}\right)\mathrm{d}V=\int_{\Omega}\rho\left(\boldsymbol{f}^*\cdot\boldsymbol{v}^*-\boldsymbol{f}\cdot\boldsymbol{v}\right)\mathrm{d}V+\int_{\Gamma}\left(\boldsymbol{t}^*\cdot\boldsymbol{v}^*-\boldsymbol{t}\cdot\boldsymbol{v}\right)\mathrm{d}a \tag{6.132}$$

式 (6.132) 左边使用 Reynold 输运定理式 (5.2) 并考虑到式 (5.83)，得

$$\begin{aligned}&\frac{\mathrm{D}}{\mathrm{D}t}\int_{\Omega}\frac{1}{2}\rho\left(\boldsymbol{v}^*\cdot\boldsymbol{v}^*-\boldsymbol{v}\cdot\boldsymbol{v}\right)\mathrm{d}V\\=&\int_{\Omega}\left[\frac{1}{2}\dot{\rho}\left(\boldsymbol{v}^*\cdot\boldsymbol{v}^*-\boldsymbol{v}\cdot\boldsymbol{v}\right)+\rho\left(\dot{\boldsymbol{v}}^*\cdot\boldsymbol{v}^*-\dot{\boldsymbol{v}}\cdot\boldsymbol{v}\right)+\frac{1}{2}\rho\left(\boldsymbol{v}^*\cdot\boldsymbol{v}^*-\boldsymbol{v}\cdot\boldsymbol{v}\right)\nabla\cdot\boldsymbol{v}\right]\mathrm{d}V\end{aligned}$$

将上式代入式 (6.132) 并考虑到广义体积力的定义式 (5.32)，整理得

$$\begin{aligned}&\int_{\Omega}\frac{1}{2}\rho\left(\boldsymbol{v}^*\cdot\boldsymbol{v}^*-\boldsymbol{v}\cdot\boldsymbol{v}\right)\left(\frac{1}{\rho}\dot{\rho}+\nabla\cdot\boldsymbol{v}\right)\mathrm{d}V\\=&\int_{\Omega}\left(\boldsymbol{f}_G^*\cdot\boldsymbol{v}^*-\boldsymbol{f}_G\cdot\boldsymbol{v}\right)\mathrm{d}V+\int_{\Gamma}\left(\boldsymbol{t}^*\cdot\boldsymbol{v}^*-\boldsymbol{t}\cdot\boldsymbol{v}\right)\mathrm{d}a\end{aligned} \tag{6.133}$$

若让空间标架仅产生平动，并且假定应力矢量 $\boldsymbol{t}$ 和广义体积力 $\boldsymbol{f}_G$ 是客观的 ($\boldsymbol{Q}=\boldsymbol{I}$)，有

$$\boldsymbol{v}^*=\boldsymbol{v}+\dot{\boldsymbol{c}}^*(t),\quad \boldsymbol{f}_G^*=\boldsymbol{f}_G,\quad \boldsymbol{t}^*=\boldsymbol{t} \tag{6.134}$$

考虑到 $\dot{\boldsymbol{c}}^*$ 不随空间位置变化，式 (6.133) 简化为

$$\left(\frac{1}{2}\int_{\Omega}\left(\dot{\rho}+\rho\nabla\cdot\boldsymbol{v}\right)\mathrm{d}V\right)\dot{\boldsymbol{c}}^*\cdot\dot{\boldsymbol{c}}^*-\left(\int_{\Omega}\boldsymbol{v}\left(\dot{\rho}+\rho\nabla\cdot\boldsymbol{v}\right)\mathrm{d}V-\mathbf{f}_G\right)\cdot\dot{\boldsymbol{c}}^*=0 \tag{6.135}$$

式中 $\underline{\mathbf{f}}_G$ 是物体上广义的合外力，见式 (5.34a)。上式是 $\dot{\boldsymbol{c}}^*$ 的二次函数，对于任意的 $\dot{\boldsymbol{c}}^*$，欲使上式成立，则系数必须为零，得

$$\int_{\Omega}(\dot{\rho}+\rho\nabla\cdot\boldsymbol{v})\,\mathrm{d}V=0,\quad \int_{\Omega}\boldsymbol{v}\,(\dot{\rho}+\rho\nabla\cdot\boldsymbol{v})\,\mathrm{d}V-\underline{\mathbf{f}}_G=0$$

从而得质量守恒定律 $\dot{\rho}+\rho\nabla\cdot\boldsymbol{v}=0$ 和动量守恒定律即广义的合外力为零 $\underline{\mathbf{f}}_G=0$。在导出前假定广义体积力是客观的，这个假定非常强制，甚至要借助动量守恒定律来建立，见式 (6.123) 的导出过程，所以，上面的分析只能说明在动量守恒成立的前提下，应用能量守恒的标架无差异性可以导出质量守恒定律。

下面的讨论不对广义力体积力和表面力矢量的客观性作预先假定而只假定质量守恒成立。在式 (6.133) 中使用质量守恒，得

$$\int_{\Omega}(\boldsymbol{f}_G^*\cdot\boldsymbol{v}^*-\boldsymbol{f}_G\cdot\boldsymbol{v})\,\mathrm{d}V+\int_{\Gamma}(\boldsymbol{t}^*\cdot\boldsymbol{v}^*-\boldsymbol{t}\cdot\boldsymbol{v})\,\mathrm{d}a=0 \tag{6.136}$$

或写成

$$\int_{\Omega}\boldsymbol{f}_G^*\cdot\boldsymbol{v}^*\mathrm{d}V+\int_{\Gamma}\boldsymbol{t}^*\cdot\boldsymbol{v}^*\mathrm{d}a=\int_{\Omega}\boldsymbol{f}_G\cdot\boldsymbol{v}\mathrm{d}V+\int_{\Gamma}\boldsymbol{t}\cdot\boldsymbol{v}\mathrm{d}a \tag{6.137}$$

这意味着广义外力功率满足标架无差异原理。

然后，在式 (6.136) 中考虑空间标架的变换，见式 (6.70)

$$\boldsymbol{v}^*=\boldsymbol{Q}\cdot\boldsymbol{v}+\boldsymbol{\Omega}\cdot\boldsymbol{r}^*+\dot{\boldsymbol{c}}^* \tag{6.138}$$

式中

$$\boldsymbol{r}^*=\boldsymbol{x}^*-\boldsymbol{c}^*=\boldsymbol{Q}\cdot(\boldsymbol{x}-\boldsymbol{c})=\boldsymbol{Q}\cdot\boldsymbol{r}\quad 而\quad \boldsymbol{c}=\boldsymbol{Q}^{\mathrm{T}}\cdot\boldsymbol{c}^* \tag{6.139}$$

整理得

$$\begin{aligned}&\int_{\Omega}(\boldsymbol{f}_G^*\cdot\boldsymbol{Q}-\boldsymbol{f}_G)\cdot\boldsymbol{v}\mathrm{d}V+\int_{\Gamma}(\boldsymbol{t}^*\cdot\boldsymbol{Q}-\boldsymbol{t})\cdot\boldsymbol{v}\mathrm{d}a\\&+\left(\int_{\Omega}\boldsymbol{f}_G^*\mathrm{d}V+\int_{\Gamma}\boldsymbol{t}^*\mathrm{d}a\right)\cdot\dot{\boldsymbol{c}}^*+\int_{\Omega}(\boldsymbol{\omega}\times\boldsymbol{r}^*)\cdot\boldsymbol{f}_G^*\mathrm{d}V+\int_{\Gamma}(\boldsymbol{\omega}\times\boldsymbol{r}^*)\cdot\boldsymbol{t}^*\mathrm{d}a=0\end{aligned} \tag{6.140}$$

式中 $\boldsymbol{\omega}$ 是 $\boldsymbol{\Omega}$ 的轴矢量 $\boldsymbol{\Omega}\cdot\boldsymbol{r}=\boldsymbol{\omega}\times\boldsymbol{r}$。上式中前两项取决于速度 $\boldsymbol{v}$，后面三项与速度 $\boldsymbol{v}$ 无关，而针对任意的速度上式都必须成立，因此就要求前两项之和为零，后三项之和也为零

$$\int_{\Omega}(\boldsymbol{f}_G^*\cdot\boldsymbol{Q}-\boldsymbol{f}_G)\cdot\boldsymbol{v}\mathrm{d}V+\int_{\Gamma}(\boldsymbol{t}^*\cdot\boldsymbol{Q}-\boldsymbol{t})\cdot\boldsymbol{v}\,\mathrm{d}a=0 \tag{6.141a}$$

$$\left(\int_{\Omega}\boldsymbol{f}_G^*\mathrm{d}V+\int_{\Gamma}\boldsymbol{t}^*\mathrm{d}a\right)\cdot\dot{\boldsymbol{c}}^*+\left(\int_{\Omega}\boldsymbol{r}^*\times\boldsymbol{f}_G^*\mathrm{d}V+\int_{\Gamma}\boldsymbol{r}^*\times\boldsymbol{t}^*\mathrm{d}a\right)\cdot\boldsymbol{\omega}=0 \tag{6.141b}$$

式 (6.141b) 最后一项由式 (6.140) 后面两项的导出过程参见式 (5.75)。由于速度可以是任意的，式 (6.141a) 要求

$$\boldsymbol{f}_G^* = \boldsymbol{Q} \cdot \boldsymbol{f}_G, \quad \boldsymbol{t}^* = \boldsymbol{Q} \cdot \boldsymbol{t} \tag{6.142}$$

即广义力体积力和表面力矢量必须具有客观性，将其代入式 (6.141b)，考虑到 $\boldsymbol{Q}$ 和 $\boldsymbol{\omega}$ 与空间位置无关以及使用式 (1.134) 和式 (1.135) 有

$$\boldsymbol{r}^* \times \boldsymbol{f}_G^* = (\boldsymbol{Q} \cdot \boldsymbol{r}) \times (\boldsymbol{Q} \cdot \boldsymbol{f}_G) = \boldsymbol{Q} \cdot (\boldsymbol{r} \times \boldsymbol{f}_G) \tag{6.143}$$

则式 (6.141b) 可改写为

$$\boldsymbol{Q} \cdot \underline{\mathbf{f}}_G \cdot \dot{\boldsymbol{c}}^* + \boldsymbol{Q} \cdot \underline{\mathbf{m}}_G \cdot \boldsymbol{\omega} = 0$$

让标架仅产生平动，上式要求广义的合外力 $\underline{\mathbf{f}}_G = 0$，动量守恒定律成立；若仅产生刚体转动，则上式要求广义的合外力矩 $\underline{\mathbf{m}}_G$=0，动量矩守恒定律成立。所以，这两个守恒定律分别是由能量守恒定律的平动不变性和空间转动不变性所决定的。

第 7 章 本构原理

第 5 章已经建立了连续介质力学的基本场变量所必须满足的场方程或不等式，基本场变量包括：速度 $\boldsymbol{v}(\boldsymbol{x},t)$ (变形率 $\boldsymbol{d}(\boldsymbol{x},t)$ 由速度梯度所决定)，质量密度 $\rho(\boldsymbol{x},t)$，Cauchy 应力 $\boldsymbol{\sigma}(\boldsymbol{x},t)$，热流矢量 $\boldsymbol{q}(\boldsymbol{x},t)$，内能密度 $e(\boldsymbol{x},t)$，熵密度 $\eta(\boldsymbol{x},t)$ 和温度 $\theta(\boldsymbol{x},t)$ 等，使用空间描述，必须满足的场方程包括

$$
\begin{aligned}
&\dot{\rho}+\rho\nabla\cdot\boldsymbol{v}=0 && \text{质量守恒}\\
&\nabla\cdot\boldsymbol{\sigma}+\rho\boldsymbol{f}-\rho\dot{\boldsymbol{v}}=0 && \text{动量守恒}\\
&\boldsymbol{\sigma}=\boldsymbol{\sigma}^{\mathrm{T}} && \text{动量矩守恒}\\
&\rho\dot{e}=\rho\kappa-\boldsymbol{q}\cdot\nabla+\boldsymbol{\sigma}:\boldsymbol{d} && \text{能量守恒}\\
&\theta\dot{\eta}-\left(\dot{e}-\frac{1}{\rho}\boldsymbol{\sigma}:\boldsymbol{d}\right)\geqslant 0 && \text{熵不等式}
\end{aligned}
$$

体积力 $\boldsymbol{f}(\boldsymbol{x},t)$、热供给密度 $\kappa(\boldsymbol{x},t)$ 和热流矢量 $\boldsymbol{q}(\boldsymbol{x},t)$ 是物体外部的机构施加到物体上，认为它们是预先已知的。

这些场方程对所有的物质都适用，无论是固体，还是流体，只要这些物质构成的物体能够作为连续介质处理。众所周知，不同物质会有不同的响应，即使是其他所有的条件一样，但是，场方程中体现不出不同物质之间的差别，这说明它们不完整。从数学上说，上述场方程的数量明显少于所求解物理量的数量。因此，我们还需要引入反映物质行为特性的方程，这些方程由物质的本构关系所决定，因而称为本构方程。本构方程通常通过一系列本构响应函数来描述，当给定物体内所有质点的运动 $\boldsymbol{x}(\boldsymbol{X},t)$ 和温度场 $\theta(\boldsymbol{X},t)$ 从初始到当前构形的整个历史过程时，本构响应函数的作用就是去确定物体内每个质点的质量密度、Cauchy 应力、热流矢量、内能密度和熵密度等的当前值。当物质处于等温的运动状态而忽略热与力的相互作用时，则最重要的本构响应函数就是 Cauchy 应力取决于运动历史的函数。

为了确定这些描述不同物质行为的特殊响应函数，可以通过分子尺度上针对微观结构的计算分析、力学试验和两者的结合来确定。然而，就连续介质理论而言，这些响应函数的形式并不是完全任意的，除了满足第 6 章末给出的标架无差异原理外，还需要满足一些其他的基本原理，此外，物质内部的微结构特征通常会使得物质的力学具有一定的宏观对称性，而且，不同的物质类型如流体和固体表现出不同的对称性，本章将讨论这些原理和对称性以及它们对本构方程形成

的约束与简化，并根据几类常见的物质性质，如弹性、黏弹性和塑性，讨论本构方程的进一步简化表达；最后介绍在本构方程不变性表示中经常需要使用的各向异性张量函数的各向同性化表示定理，以及各向同性张量函数的一些重要的特殊性质。

7.1 本构方程的一般性原理

不同物质的力学行为尽管各不相同，但一般来说，它们都会具有一些共同的性质，这些共性往往通过遵循一些基本原理来反映，而这些基本原理的建立，部分依靠试验总结，部分依靠公设推理。这些原理将有助于建立本构方程的一般数学表达，同时，也有助对物质分类，并针对不同类型的物质给出较具体的简化的本构方程表达。

下面的讨论集中在纯力学过程，并不考虑热力学和电磁等效应的影响，目的是建立描述力与运动本构关系的一般性原理。将这些原理拓展到包括把热力学考虑在内的内容延迟到第 12 章介绍。

7.1.1 决定性原理

我们通常假定物体 Ω 内的应力与它的运动存在确定性的关系。为了将这个关系采用一定的函数形式表示，需要明确什么量作为独立的状态变量，什么量作为响应变量，目前通常的做法是将运动作为独立的状态变量，而应力作为响应变量。

一般认为将来的运动应对当前时刻 t 的应力没有影响，因此有所谓的决定性原理：

在当前时刻 t，物体 Ω 中物质点 $\boldsymbol{X}$ 处的 Cauchy 应力 $\boldsymbol{\sigma}$，完全由物体 Ω 在 t 时刻的状态和直到 t 时刻以前的全部运动 (变形) 历史所决定，数学表达为

$$\boldsymbol{\sigma}=\boldsymbol{\mathcal{F}}\left(\boldsymbol{\mathcal{B}}(\Omega,s)\big|_{s=0}^{t},t\right) \tag{7.1}$$

式中 $\boldsymbol{\mathcal{B}}(\Omega,s)\big|_{s=0}^{t}$ 代表物体 Ω 内所有物质的运动及其历史，其中 $0\leqslant s\leqslant t$，$\boldsymbol{\mathcal{F}}$ 是 $\boldsymbol{\mathcal{B}}(\Omega,s)\big|_{s=0}^{t}$ 的泛函，称为本构响应泛函，或简称响应泛函，t 表示运动历史的截止时间。

需要说明，许多文献考虑过去无限的历史，让 $-\infty<s\leqslant t$，或者采用 $t-s$ 作为时间变量，让 $0\leqslant s<\infty$。

7.1.2 局部原理

决定性原理指出：物体 Ω 内物质点 $\boldsymbol{X}$ 上的应力将受到体内全部物质点的影响。然而，局部作用原理认为：

物质点 $\boldsymbol{X}$ 处的 Cauchy 应力由该点有限邻域内的运动状态和其历史所决定，也就是说，物质点 $\boldsymbol{X}$ 有限邻域以外的物质点的运动 (变形) 和其历史不影响 $\boldsymbol{X}$ 处的应力，即

$$\boldsymbol{\sigma}=\mathcal{F}\left(\boldsymbol{\mathcal{B}}(\boldsymbol{Z},s)\big|_{s=0}^{t},t\right) \tag{7.2}$$

式中 $\boldsymbol{\mathcal{B}}(\boldsymbol{Z},s)\big|_{s=0}^{t}$ 代表物质点 $\boldsymbol{X}$ 有限邻域内的运动及其历史，其中 $\boldsymbol{Z}$ 表示 $\boldsymbol{X}$ 的邻域，即 $|\boldsymbol{Z}-\boldsymbol{X}|<\varepsilon$，这里 ε 是有限小量。

对于许多物质，物质点 $\boldsymbol{X}$ 处的应力 $\boldsymbol{\sigma}$ 仅依赖于以 $\boldsymbol{X}$ 为中心的充分小邻域内的运动及其历史，这时，邻域内任意一点 $\boldsymbol{Z}$ 的运动，可以通过线性化近似表达为

$$\boldsymbol{\mathcal{B}}(\boldsymbol{Z},s)=\boldsymbol{x}(\boldsymbol{X},s)+\boldsymbol{F}(\boldsymbol{X},s)\cdot(\boldsymbol{Z}-\boldsymbol{X})$$

其中 $0\leqslant s\leqslant t$。通常假定本构响应泛函与物质点 $\boldsymbol{X}$ 的运动 $\boldsymbol{x}\ (\boldsymbol{X},s)$ 无关，否则，物质点发生刚体平移会引起应力改变。于是，应力 $\boldsymbol{\sigma}$ 对物质点 $\boldsymbol{X}$ 充分小邻域运动的依赖关系，在一阶线性化近似下，可归结为对变形梯度 $\boldsymbol{F}(\boldsymbol{X},s)$ 及其历史的依赖关系

$$\boldsymbol{\sigma}=\mathcal{F}\left(\boldsymbol{F}(\boldsymbol{X},s)\big|_{s=0}^{t},t\right) \tag{7.3}$$

这种应力仅取决于变形梯度及其历史的物质，Noll(1958) 称之为简单物质。这里的“简单”是相对式 (7.2) 所描述的物质而言，其实，式 (7.3) 所描述的物质包括了工程所遇到的绝大多数物质。

从微观角度讲，物质点的相互作用是通过原子、分子之间的相互作用实现的，然而，由分子动力学的理论与分析可知，原子之间的相互作用随距离增大衰减很快，一般来说，相距十个原子距离的两个原子之间的相互作用可以忽略，也就是说原子、分子之间的相互作用是短程的，通常只限于 3nm=3×10^{-6}mm 以内的非常小的区域，这就是上面简单物质假定的物理依据。

局部作用原理与接触力的概念是一致的，通常把接触力看作是相邻物体通过接触面传递的相互作用，这就是某种程度上的作用局部化概念。

然而，也存在一些特殊的物质，物质点 $\boldsymbol{X}$ 处的 Cauchy 应力由该点有限小邻域而不是充分小邻域内的运动及其历史所决定，这时，需要取级数展开表达式前面有限阶变形梯度 $\boldsymbol{F}^{(k)}$ $(k=1,2,\cdots,n)$ 来描述该点有限小邻域内的运动及其历史，即

$$\boldsymbol{\mathcal{B}}(\boldsymbol{Z},s)=\boldsymbol{x}(\boldsymbol{X},s)+\boldsymbol{F}(\boldsymbol{X},s)\cdot(\boldsymbol{Z}-\boldsymbol{X})+\frac{1}{2}\boldsymbol{F}^{(2)}:(\boldsymbol{Z}-\boldsymbol{X})\otimes(\boldsymbol{Z}-\boldsymbol{X})+\cdots+ \tag{7.4}$$

式中

$$\boldsymbol{F}^{(k)}=\frac{\partial^k\boldsymbol{F}}{\partial\boldsymbol{X}_{i_1}\partial\boldsymbol{X}_{i_2}\cdots\partial\boldsymbol{X}_{i_k}}$$

表示 $\boldsymbol{F}$ 的 k 阶梯度。本构方程表达为

$$\boldsymbol{\sigma}=\boldsymbol{\mathcal{F}}\left(\boldsymbol{F}(\boldsymbol{X},s)\big|_{s=0}^{t},\boldsymbol{F}^{(2)}(\boldsymbol{X},s)\big|_{s=0}^{t},\cdots,\boldsymbol{F}^{(k)}(\boldsymbol{X},s)\big|_{s=0}^{t},t\right)\tag{7.5}$$

具有如此本构特性的物质称为 n 阶物质，相应的理论称为非局部理论，尽管它仍然属于上面原理所指的局部作用的范畴。

7.1.3 本构方程的标架无差异原理

对简单物质如果位于标架 D 的观察者建立的本构响应泛函是

$$\boldsymbol{\sigma}=\boldsymbol{\mathcal{F}}\left(\boldsymbol{F}(\boldsymbol{X},s)\big|_{s=0}^{t},t\right)\tag{7.6}$$

而另外一个位于标架 D^{*} 的观察者建立的响应泛函是

$$\boldsymbol{\sigma}^{*}=\boldsymbol{\mathcal{F}}^{*}\left(\boldsymbol{x}^{*}(\boldsymbol{X},s)\big|_{s=0}^{t},\boldsymbol{F}^{*}(\boldsymbol{X},s)\big|_{s=0}^{t},t\right)\tag{7.7}$$

两者之间的关系将通过第 6 章给出的标架无差异原理确定，具体来说，这涉及三个原理 (Svendsen and Bertram，1999；Bertram，2008)。

1. Euclid 客观性

6.5 节已通过假定应力功率 (绝热状态下的内能) 是客观的，导出了 Cauchy 应力的客观性，见式 (6.80)，与式 (7.6) 和式 (7.7) 结合，得

$$\boldsymbol{\mathcal{F}}^{*}\left(\boldsymbol{F}^{*}(\boldsymbol{X},s)\big|_{s=0}^{t},t\right)=\boldsymbol{Q}(t)\cdot\boldsymbol{\mathcal{F}}\left(\boldsymbol{F}(\boldsymbol{X},s)\big|_{s=0}^{t},t\right)\cdot\boldsymbol{Q}^{\mathrm{T}}(t)\tag{7.8}$$

一旦某个标架下的本构响应泛函确定，上式可用来确定任意标架下响应泛函的取值，但不是响应泛函本身，或者说，当 $\boldsymbol{\sigma}$ 已知时，上式可看作是 $\boldsymbol{\sigma}^{*}$ 的定义。这个原理被作为公理普遍接受，基本没有争议。但单独就这个原理来看，它并没有涉及物质的力学性质，不能给出有关建立本构方程的有用结论。然而，当与下面的形式不变性原理相结合，就能给出本构方程的简化。

2. 形式不变性

形式不变性原理认为：*在所有的观察者标架下，本构响应泛函具有相同的形式*，即

$$\boldsymbol{\mathcal{F}}^{*}\left(\boldsymbol{F}^{*}(\boldsymbol{X},s)\big|_{s=0}^{t},t\right)=\boldsymbol{\mathcal{F}}\left(\boldsymbol{F}^{*}(\boldsymbol{X},s)\big|_{s=0}^{t},t\right)\tag{7.9}$$

也就是说，任意两个不同的观察者从各自的力学实验中，归纳出本质相同的本构方程，即物质的力学性质与观察者无关。

该原理要求响应泛函只能包含物质所固有的变量，像标架旋率等与观察者所处标架相关的变量应排除在外，例如，一根弹簧放置在桌面上，一端与桌子固定，

另一端与质量块连接，桌子以角速度 ω 旋转，根据形式不变性要求，两个观察者 (一个随桌子一起转动，一个静止不动) 都应观察到相同的弹性常数 (它描述线弹性的本构响应)，因此，弹性常数不能取决旋转角速度 ω，也可以说，一个观察者在静止状态确定的弹性常数，可以用于任意角速度旋转的状态并计算确定其弹簧的伸长变形，所以，形式不变性原理在实际使用中非常有用，否则，我们要在旋转试验中去测量弹簧的伸长。

传统意义上的标架无差异原理 (Trusedell and Noll，1965) 隐含了上面两个方面，即形式不变性和 Eulid 客观性。然而，关于形式不变原理直到现在为止仍然存在争议，Müller(1972) 最早给出了与该原理相违背的实例，他根据气体动力学得到的本构方程取决于标架的旋率，自此以后，有一些学者主张在所有标架下本构方程不必具有相同的泛函形式，而这又导致了一些学者试图澄清他们在讨论中新涉及的问题 (例如，Svendsen and Bertram，1999；Liu，2004)，有兴趣的读者可参考 Frewer(2009) 的评述。

3. 刚体运动 (转动) 不变性

假定物质点 $\boldsymbol{X}$ 在经历了运动历史 $\boldsymbol{x}(\boldsymbol{X},s)|_{s=0}^{t}$ 后的应力是 $\boldsymbol{\sigma}(\boldsymbol{X},s)$，在原有运动上施加刚体运动形成新的运动历史

$$\boldsymbol{x}^{*}(\boldsymbol{X},s)|_{s=0}^{t}=\boldsymbol{Q}(s)\cdot\boldsymbol{x}(\boldsymbol{X},s)|_{s=0}^{t}+\boldsymbol{x}_0\ (s)|_{s=0}^{t} \tag{7.10}$$

刚体运动不变性要求对应的应力是

$$\boldsymbol{\sigma}^{*}(\boldsymbol{X},t)=\boldsymbol{Q}(t)\cdot\boldsymbol{\sigma}(\boldsymbol{X},t)\cdot\boldsymbol{Q}(t)^{\mathrm{T}} \tag{7.11}$$

式中

$$\boldsymbol{\sigma}^{*}(\boldsymbol{X},t)=\boldsymbol{\mathcal{F}}\left(\boldsymbol{Q}(s)\cdot\boldsymbol{F}(\boldsymbol{X},s)|_{s=0}^{t},t\right) \tag{7.12}$$

式 (7.11) 连同式 (7.12) 通常作为刚体运动 (转动) 的不变性被提到。

式 (7.8) 结合式 (7.9) 所得结果与式 (7.11) 连同式 (7.12) 一致，为

$$\boldsymbol{\mathcal{F}}\left(\boldsymbol{Q}(s)\cdot\boldsymbol{F}(X,s)|_{s=0}^{t},t\right)=\boldsymbol{Q}(t)\cdot\boldsymbol{\mathcal{F}}\left(\boldsymbol{F}(\boldsymbol{X},s)|_{s=0}^{t},t\right)\cdot\boldsymbol{Q}(t)^{\mathrm{T}} \tag{7.13}$$

上面表明客观性和形式不变性结合起来与刚体转动的不变性等价，即式 (7.8) 和式 (7.9) 隐含了式 (7.13)，很容易证明式 (7.9) 和式 (7.13) 隐含了式 (7.8)，而式 (7.13) 和式 (7.8) 隐含了式 (7.9)，因此，上述三个原理中任意两个成立则意味着第三个也成立，或者说，它们中有一个成立，则另外两个是等价的 (Svendsen and Bertram，1999；Bertram，2008)。上面三个原理合起来就是标架无差异原理。

需要指出：①坐标不变性通过将本构方程用张量的形式表示就可以得到满足。②参考构形上的张量即物质张量，如 Green 应变、第二 P-K 应力等，它们都在标架的变换中保持不变，因此，使用他们建立的本构关系自然满足标架无差异原理。

7.2　简单物质定义的参考构形无关性

式 (7.6) 中的本构响应泛函与所选取的参考构形有关，通常我们选取无畸变、无应力的自然构形 $\mathscr{B}_0$ 为参考构形。下面讨论当选取另外一个不同的参考构形 $\mathscr{B}_\kappa$ 时，响应泛函将如何变化。假定从 $\mathscr{B}_0$ 到 $\mathscr{B}_\kappa$ 的变形梯度为 $\underline{\mathbf{P}}$，所考察的运动相对 $\mathscr{B}_0$ 的变形梯度为 $\boldsymbol{F}$，相对 $\mathscr{B}_\kappa$ 的变形梯度为 $\boldsymbol{F}_\kappa$，如图 7.1 所示，显然

$$\boldsymbol{F}(\boldsymbol{X},s)=\boldsymbol{F}_\kappa(\boldsymbol{X},s)\cdot\underline{\mathbf{P}} \tag{7.14}$$

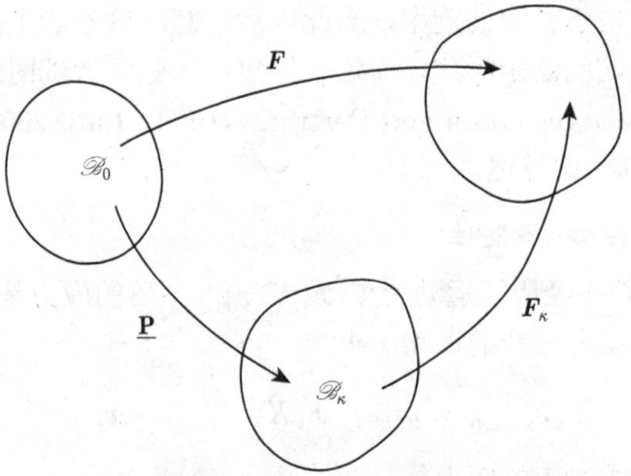

图 7.1　参考构形的变换

若以 $\mathscr{B}_0$ 为参考构形的本构响应泛函为 $\boldsymbol{\mathcal{F}}$，则本构方程写成

$$\boldsymbol{\sigma}=\boldsymbol{\mathcal{F}}\left(\boldsymbol{F}(\boldsymbol{X},s)\big|_{s=0}^{t},t\right)=\boldsymbol{\mathcal{F}}\left(\boldsymbol{F}_\kappa(\boldsymbol{X},s)\cdot\underline{\mathbf{P}}\big|_{s=0}^{t},t\right)$$

定义一个新的响应泛函 $\boldsymbol{\mathcal{F}}_\kappa$，它以 $\mathscr{B}_\kappa$ 为参考构形

$$\boldsymbol{\sigma}=\boldsymbol{\mathcal{F}}_\kappa\left(\boldsymbol{F}_\kappa(\boldsymbol{X},s)\big|_{s=0}^{t},t\right) \tag{7.15}$$

由于考察的是同一个运动，只是相对两个不同的参考构形来建立响应泛函，给出的应力应一致，因此

$$\boldsymbol{\mathcal{F}}_\kappa\left(\boldsymbol{F}_\kappa(\boldsymbol{X},s)\big|_{s=0}^{t},t\right)=\boldsymbol{\mathcal{F}}\left(\boldsymbol{F}_\kappa(\boldsymbol{X},s)\cdot\underline{\mathbf{P}}\big|_{s=0}^{t},t\right) \tag{7.16}$$

一般来说

$$\boldsymbol{\mathcal{F}}\neq\boldsymbol{\mathcal{F}}_\kappa$$

即参考构形变换时，本构响应泛函的形式将随之改变，但这并不影响简单物质的本质，或者说，在某个特定的参考构形中确定的简单物质，对于任意的参考构形也同样是简单物质。

7.3 本构方程的简化

我们假定本构响应泛函不显式地取决时间 t，即假定不会发生老化现象；如果物质是均匀的，即每一个物质点的响应泛函都相同，变形梯度中的物质坐标 $\boldsymbol{X}$ 也可省去。于是，式 (7.6) 可简化为

$$\boldsymbol{\sigma} = \mathcal{F}\left(\boldsymbol{F}(s)\big|_{s=0}^{t}\right) \tag{7.17}$$

标架无差异原理带来的约束方程式 (7.13) 简化为

$$\mathcal{F}\left(\boldsymbol{Q}(s)\cdot\boldsymbol{F}(s)\big|_{s=0}^{t}\right) = \boldsymbol{Q}(t)\cdot\mathcal{F}\left(\boldsymbol{F}(s)\big|_{s=0}^{t}\right)\cdot\boldsymbol{Q}(t)^{\mathrm{T}} \tag{7.18}$$

下面给出上式的进一步简化。将 $\boldsymbol{F}=\boldsymbol{R}\cdot\boldsymbol{U}$ 代入上式的左边，则有

$$\mathcal{F}\left(\boldsymbol{Q}(s)\cdot\boldsymbol{R}(s)\cdot\boldsymbol{U}(s)\big|_{s=0}^{t}\right) = \boldsymbol{Q}(t)\cdot\mathcal{F}\left(\boldsymbol{F}(s)\big|_{s=0}^{t}\right)\cdot\boldsymbol{Q}(t)^{\mathrm{T}}$$

$\boldsymbol{Q}(s)$ 可以任意选择，取 $\boldsymbol{Q}(s)=\boldsymbol{R}^{\mathrm{T}}(s)$，两边前点积 $\boldsymbol{R}(t)$ 和后点积 $\boldsymbol{R}(t)^{\mathrm{T}}$，得

$$\mathcal{F}\left(\boldsymbol{F}(s)\big|_{s=0}^{t}\right) = \boldsymbol{R}(t)\cdot\mathcal{F}\left(\boldsymbol{U}(s)\big|_{s=0}^{t}\right)\cdot\boldsymbol{R}(t)^{\mathrm{T}}$$

本构响应泛函中只包含 $\boldsymbol{U}(s)$，而 $\boldsymbol{R}(t)$ 从泛函中移出，这说明：

本构方程虽然还受当前转动的影响，但与转动的历史无关，它只取决于伸长张量的历史。

最后，本构方程可一般表达为

$$\boldsymbol{\sigma} = \boldsymbol{R}(t)\cdot\mathcal{F}\left(\boldsymbol{U}(s)\big|_{s=0}^{t}\right)\cdot\boldsymbol{R}(t)^{\mathrm{T}} \tag{7.19}$$

下面讨论以当前构形为参考构形，本构方程的简化表达式。让 $\boldsymbol{F}_t(s)$ 表示 s 时刻所处构形相对当前构形的变形梯度，使用式 (4.73)，s 时刻的变形梯度可用它和 t 时刻的变形梯度表示为

$$\boldsymbol{F}(s) = \boldsymbol{F}_t(s)\cdot\boldsymbol{F}(t)\quad(0\leqslant s\leqslant t) \tag{7.20}$$

对上式进行极分解

$$\boldsymbol{F}(s) = \boldsymbol{R}_t(s)\cdot\boldsymbol{U}_t(s)\cdot\boldsymbol{R}(t)\cdot\boldsymbol{U}(t)$$

将这个分解式代入式 (7.18)，令 $\boldsymbol{Q}(s)=\boldsymbol{R}^{\mathrm{T}}(t)\cdot\boldsymbol{R}_t^{\mathrm{T}}(s)$，并考虑到当前时刻 t 相对当前构形的变形梯度 $\boldsymbol{F}_t(t)=\boldsymbol{I}$，相应地 $\boldsymbol{R}_t(t)=\boldsymbol{I}$，得

$$\mathcal{F}\left(\boldsymbol{R}^{\mathrm{T}}(t)\cdot\boldsymbol{U}_t(s)\cdot\boldsymbol{R}(t)\cdot\boldsymbol{U}(t)\big|_{s=0}^{t}\right) = \boldsymbol{R}^{\mathrm{T}}(t)\cdot\mathcal{F}\left(\boldsymbol{F}(s)\big|_{s=0}^{t}\right)\cdot\boldsymbol{R}(t) \tag{7.21}$$

等式右边是共旋的 Cauchy 应力 $\hat{\boldsymbol{\sigma}}=\boldsymbol{R}^{\mathrm{T}}(t)\cdot\boldsymbol{\sigma}\cdot\boldsymbol{R}(t)$，见式 (6.92)，再定义

$$\hat{\boldsymbol{U}}_t(s)\xlongequal{\text{def}}\boldsymbol{R}^{\mathrm{T}}(t)\cdot\boldsymbol{U}_t(s)\cdot\boldsymbol{R}(t) \tag{7.22}$$

它是以当前构形为参考构形的共旋伸长张量。代入式 (7.21)，得

$$\hat{\boldsymbol{\sigma}}=\boldsymbol{\mathcal{F}}\left(\hat{\boldsymbol{U}}_t(s)\cdot\boldsymbol{U}(t)\Big|_{s=0}^{t}\right)$$

上式也可以写成

$$\hat{\boldsymbol{\sigma}}=\boldsymbol{\mathcal{F}}\left(\hat{\boldsymbol{C}}_t(s)\Big|_{s=0}^{t},\boldsymbol{C}(t)\right) \tag{7.23}$$

式中

$$\hat{\boldsymbol{C}}_t(s)=\left(\hat{\boldsymbol{U}}_t(s)\right)^2=\boldsymbol{R}^{\mathrm{T}}(t)\cdot\boldsymbol{C}_t(s)\cdot\boldsymbol{R}(t),\quad \boldsymbol{C}(t)=(\boldsymbol{U}(t))^2 \tag{7.24}$$

上面的分析说明：共旋 Cauchy 应力取决于以当前构形为参考构形的共旋伸长张量的历史以及当前的伸长张量。

考虑到 $\boldsymbol{R}(t)=\boldsymbol{F}(t)\cdot\boldsymbol{U}^{-1}(t)$ 和式 (7.24) 的第二式，式 (7.19) 又可表示为

$$\boldsymbol{\sigma}=\boldsymbol{F}(t)\cdot\boldsymbol{\mathcal{R}}\left(\boldsymbol{C}(s)|_{s=0}^{t}\right)\cdot\boldsymbol{F}^{\mathrm{T}}(t)$$

式中 $\boldsymbol{\mathcal{R}}$ 是一个新的响应泛函，为

$$\boldsymbol{\mathcal{R}}\left(\boldsymbol{C}(s)|_{s=0}^{t}\right)=\boldsymbol{U}^{-1}(t)\cdot\boldsymbol{\mathcal{F}}\left(\boldsymbol{U}(s)|_{s=0}^{t}\right)\cdot\boldsymbol{U}^{-1}(t) \tag{7.25}$$

使用第一 P-K 应力和第二 P-K 应力与 Cauchy 应力的关系，结合上式就有

$$\boldsymbol{P}=J(t)\,\boldsymbol{F}(t)\cdot\boldsymbol{\mathcal{R}}\left(\boldsymbol{C}(s)|_{s=0}^{t}\right) \tag{7.26}$$

$$\boldsymbol{S}=J(t)\,\boldsymbol{\mathcal{R}}\left(\boldsymbol{C}(s)|_{s=0}^{t}\right) \tag{7.27}$$

式中 $J(t)=\sqrt{\det\boldsymbol{C}(t)}$。从上式可知，第二 P-K 应力与转动无关，只取决于右 Cauchy-Green 张量及其历史。

Bertram 和 Svendsen(2001) 给出了建立本构方程简化形式的一般理论，可以在本构响应泛函中考虑包括热力学变量在内的任意变量。

7.4 物质对称性

7.4.1 对称群的概念

物质本构响应往往具有某种特定的对称性，其表现为本构方程的泛函形式随参考构形改变的不变性，比如单晶体，单晶晶格的对称性就决定了该物质本构响应的对称性。为了清楚地说明这种不变性及其对本构方程带来的约束，考虑两个

参考构形 $\mathscr{B}_\kappa$ 和 $\mathscr{B}_\mu$，从 $\mathscr{B}_\kappa$ 到 $\mathscr{B}_\mu$ 的变换为 $\underline{\mathbf{H}}$ (注意：变换 $\underline{\mathbf{H}}$ 可以不代表变形梯度，其行列式不必同变形梯度那样必须大于零，见下面的说明，也就是说，构形 $\mathscr{B}_\kappa$ 和 $\mathscr{B}_\mu$ 之间不一定能够通过变形实现相互变换)，设相对参考构形 $\mathscr{B}_\mu$ 发生变形梯度 $\boldsymbol{F}(s)$ 的运动，该运动相对参考构形 $\mathscr{B}_\kappa$ 的变形梯度则是 $\boldsymbol{F}(s)\cdot\underline{\mathbf{H}}$，7.2 节已述，同一运动相对两个不同的参考构形建立的本构响应泛函一般不相等，但应给出相同的应力，有

$$\boldsymbol{\sigma}_\mu=\boldsymbol{\mathcal{F}}_\mu\left(\boldsymbol{F}(s)\big|_{s=0}^{t}\right),\qquad \boldsymbol{\sigma}_\mu=\boldsymbol{\mathcal{F}}_\kappa\left(\boldsymbol{F}(s)\cdot\underline{\mathbf{H}}\big|_{s=0}^{t}\right)\tag{7.28}$$

若两个泛函相等，即满足

$$\boldsymbol{\mathcal{F}}_\mu=\boldsymbol{\mathcal{F}}_\kappa$$

或

$$\boldsymbol{\mathcal{F}}_\kappa\left(\boldsymbol{F}(s)\big|_{s=0}^{t}\right)=\boldsymbol{\mathcal{F}}_\kappa\left(\boldsymbol{F}(s)\cdot\underline{\mathbf{H}}\big|_{s=0}^{t}\right)\tag{7.29}$$

这说明物质的响应相对这两个参考构形不可区分，称这两个参考构形同格。所有满足式 (7.29) 的 $\underline{\mathbf{H}}$ 变换，称为物质对称性变换，或简称对称变换，这些变换构成一个群，称为同格群或物质对称群。

另一方面，考虑分别从这两个参考构形 $\mathscr{B}_\kappa$ 到 $\mathscr{B}_\mu$ 出发，所发生的运动 (变形) 历史都是 $\boldsymbol{F}(s)$，注意：这是两个不同的运动，如图 7.2 所示，前一个运动所需要的应力是

$$\boldsymbol{\sigma}_\kappa=\boldsymbol{\mathcal{F}}_\kappa\left(\boldsymbol{F}(s)\big|_{s=0}^{t}\right)\tag{7.30}$$

后一个运动所需要的应力由式 (7.28) 给出，式 (7.29) 成立就要求 $\boldsymbol{\sigma}_\mu=\boldsymbol{\sigma}_\kappa$，所以，物质对称性也可等价理解为：从不同的参考构形出发产生相同的变形，所需要的应力相同，如图 7.2 所示。

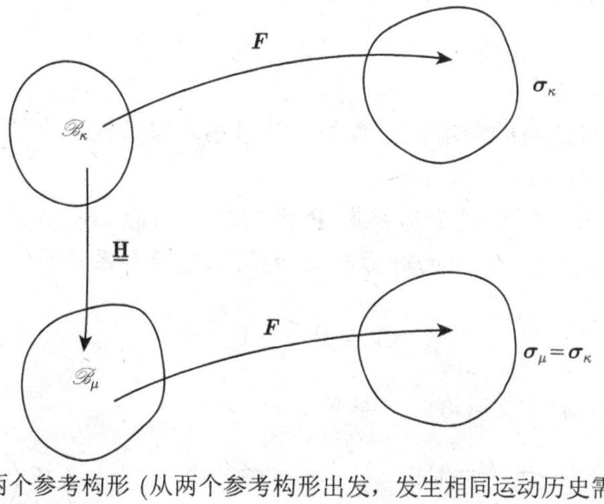

图 7.2 对称的两个参考构形 (从两个参考构形出发，发生相同运动历史需要的应力相同)

7.4.2　对称群的性质

$\underline{\mathbf{H}}$ 变换必须是等体积的，即等容的。将式 (7.29) 中的 $\boldsymbol{F}(s)$ 使用 $\boldsymbol{F}(s)\cdot\underline{\mathbf{H}}$ 替代，得到一个关系式，将这种替代重复应用 n 次，最后则有

$$\boldsymbol{\mathcal{F}}\left(\boldsymbol{F}(s)\big|_{s=0}^{t}\right)=\boldsymbol{\mathcal{F}}\left(\boldsymbol{F}(s)\cdot\underline{\mathbf{H}}^{n}\big|_{s=0}^{t}\right) \tag{7.31}$$

上式右边表示，将参考构形进行 n 次 $\underline{\mathbf{H}}$ 变换后，在所得的新的参考构形上产生变形梯度 $\boldsymbol{F}$ 所需要的应力。参考构形 $\mathscr{B}_\kappa$ 经过 $\underline{\mathbf{H}}$ 变换后，构形体积发生了变化，为原来的 $\det\left(\underline{\mathbf{H}}^{n}\right)=(\det\underline{\mathbf{H}})^{n}$ 倍，$\det\underline{\mathbf{H}}>1$ 表现为膨胀，$\det\underline{\mathbf{H}}<1$ 表现为缩小，当 n 很大时，显然，构形体积将膨胀得很大或缩小得很小。上式表示无论 n 多大，应力都不受影响，这与物理常识相违背，因此

$$|\det\underline{\mathbf{H}}|=1 \quad 或 \quad \det\underline{\mathbf{H}}=\pm1$$

需要说明：如果 $\det\underline{\mathbf{H}}=-1$，这时张量 $\underline{\mathbf{H}}$ 并不代表一个实际变形的变形梯度。在对称性讨论中，允许 $\det\underline{\mathbf{H}}=-1$，是为了包括镜面反射张量或者中心反演张量 $-\boldsymbol{I}$ 所代表的对称变换。

满足 $\det\underline{\mathbf{H}}=\pm1$ 的所有张量集合构成一个群，称之为“单位模群”，记作 $\boldsymbol{\mathcal{U}}$，表示为

$$\mathcal{U}=\mathcal{U}\{\underline{\mathbf{H}}:\det\underline{\mathbf{H}}=\pm1\} \tag{7.32}$$

将所讨论的物质对称群，记作 $\boldsymbol{\mathcal{G}}$，则表示为

$$\mathcal{G}=\mathcal{G}\left\{\underline{\mathbf{H}}:\det\underline{\mathbf{H}}=\pm1,\boldsymbol{\mathcal{F}}\left(\boldsymbol{F}(s)\big|_{s=0}^{t}\right)=\boldsymbol{\mathcal{F}}\left(\boldsymbol{F}(s)\cdot\underline{\mathbf{H}}^{n}\big|_{s=0}^{t}\right),\forall 非奇异的\ \boldsymbol{F}\right\}$$

显然，物质对称群 $\mathcal{G}$ 是单位模群 $\mathcal{U}$ 的子群，即

$$\mathcal{G}\subset\mathcal{U} \tag{7.33}$$

物质对称群与选取的参考构形有关。针对不同参考构形上的对称群，Noll 定理 (Noll，1974) 指出：

若选取从构形 $\mathscr{B}_0$ 经过变形梯度 $\underline{\mathbf{P}}$ 所到达的构形 $\mathscr{B}_\kappa$ 作为参考构形，这时 $\mathscr{B}_\kappa$ 上的对称群 $\mathcal{G}_\kappa$ 与 $\mathscr{B}_0$ 上的对称群 $\mathcal{G}$ 之间的变换关系应为

$$\mathcal{G}_\kappa=\underline{\mathbf{P}}\cdot\mathcal{G}\cdot\underline{\mathbf{P}}^{-1} \tag{7.34}$$

注意：$\mathscr{B}_\kappa$ 与 $\mathscr{B}_0$ 不必是同格的，即有

$$\boldsymbol{\mathcal{F}}\left(\boldsymbol{F}(s)\big|_{s=0}^{t}\right)\neq\boldsymbol{\mathcal{F}}_\kappa\left(\boldsymbol{F}(s)\big|_{s=0}^{t}\right) \quad 或 \quad \boldsymbol{\mathcal{F}}\left(\boldsymbol{F}(s)\big|_{s=0}^{t}\right)\neq\boldsymbol{\mathcal{F}}\left(\boldsymbol{F}(s)\cdot\underline{\mathbf{P}}\big|_{s=0}^{t}\right)$$

证明 设 $\underline{\mathbf{H}} \in \mathcal{G}$，根据行列式的性质有

$$\det\left(\underline{\mathbf{P}} \cdot \underline{\mathbf{H}} \cdot \underline{\mathbf{P}}^{-1}\right) = \det \underline{\mathbf{P}} \det \underline{\mathbf{H}} \det \underline{\mathbf{P}}^{-1} = \det \underline{\mathbf{H}} = \pm 1$$

因此，$\underline{\mathbf{P}} \cdot \underline{\mathbf{H}} \cdot \underline{\mathbf{P}}^{-1} \in \mathcal{U}$。设相对 $\mathscr{B}_\kappa$ 的变形梯度为 $\boldsymbol{F}(s)$，则相对 $\mathscr{B}_0$ 的变形梯度就是 $\boldsymbol{F}(s) \cdot \underline{\mathbf{P}}$，由于 $\underline{\mathbf{H}} \in \mathcal{G}$，则 $\mathscr{B}_0$ 上的对称性条件式 (7.29) 应满足，从而有

$$\begin{aligned}\boldsymbol{\mathcal{F}}_\kappa\left(\boldsymbol{F}(s) \cdot \underline{\mathbf{P}} \cdot \underline{\mathbf{H}} \cdot \underline{\mathbf{P}}^{-1}\Big|_{s=0}^{t}\right) &= \boldsymbol{\mathcal{F}}\left(\boldsymbol{F}(s) \cdot \underline{\mathbf{P}} \cdot \underline{\mathbf{H}} \cdot \underline{\mathbf{P}}^{-1} \cdot \underline{\mathbf{P}}\Big|_{s=0}^{t}\right) \\ &= \boldsymbol{\mathcal{F}}\left(\boldsymbol{F}(s) \cdot \underline{\mathbf{P}} \cdot \underline{\mathbf{H}}\Big|_{s=0}^{t}\right) = \boldsymbol{\mathcal{F}}\left(\boldsymbol{F}(s) \cdot \underline{\mathbf{P}}\Big|_{s=0}^{t}\right) \\ &= \boldsymbol{\mathcal{F}}_\kappa\left(\boldsymbol{F}(s)\Big|_{s=0}^{t}\right)\end{aligned} \tag{7.35}$$

所以有 $\underline{\mathbf{P}} \cdot \underline{\mathbf{H}} \cdot \underline{\mathbf{P}}^{-1} \in \mathcal{G}_\kappa$。♦♦

反过来，如果 $\underline{\mathbf{P}} \cdot \underline{\mathbf{H}} \cdot \underline{\mathbf{P}}^{-1} \in \mathcal{G}_\kappa$，则可以证明 $\underline{\mathbf{H}} \in \mathcal{G}$

$$\begin{aligned}\boldsymbol{\mathcal{F}}\left(\boldsymbol{F}(s) \cdot \underline{\mathbf{H}}\Big|_{s=0}^{t}\right) &= \boldsymbol{\mathcal{F}}\left(\boldsymbol{F}(s) \cdot \underline{\mathbf{H}} \cdot \underline{\mathbf{P}}^{-1} \cdot \underline{\mathbf{P}}\Big|_{s=0}^{t}\right) = \boldsymbol{\mathcal{F}}_\kappa\left(\boldsymbol{F}(s) \cdot \underline{\mathbf{H}} \cdot \underline{\mathbf{P}}^{-1}\Big|_{s=0}^{t}\right) \\ &= \boldsymbol{\mathcal{F}}_\kappa\left(\boldsymbol{F}(s) \cdot \underline{\mathbf{P}}^{-1} \cdot \underline{\mathbf{P}} \cdot \underline{\mathbf{H}} \cdot \underline{\mathbf{P}}^{-1}\Big|_{s=0}^{t}\right) = \boldsymbol{\mathcal{F}}_\kappa\left(\boldsymbol{F}(s) \cdot \underline{\mathbf{P}}^{-1}\Big|_{s=0}^{t}\right) \\ &= \boldsymbol{\mathcal{F}}\left(\boldsymbol{F}(s) \cdot \underline{\mathbf{P}}^{-1} \cdot \underline{\mathbf{P}}\Big|_{s=0}^{t}\right) = \boldsymbol{\mathcal{F}}\left(\boldsymbol{F}(s)\Big|_{s=0}^{t}\right)\end{aligned} \tag{7.36}$$

如果参考构形 $\mathscr{B}_\kappa$ 是由参考构形 $\mathscr{B}_0$ 经过体积扩容变形得到，即 $\underline{\mathbf{P}} = \lambda \boldsymbol{I}$，这里 $\lambda>0$，根据 Noll 定理式 (7.34) 有，$\mathcal{G}_\kappa = \mathcal{G}$，因此，相对两个不同参考构形的对称群可以是一致的，或者说，任意体积扩容变形所导致的参考构形的改变不影响对称群，但显然有 $\boldsymbol{\mathcal{F}}\left(\boldsymbol{F}(s)\Big|_{s=0}^{t}\right) \neq \boldsymbol{\mathcal{F}}\left(\boldsymbol{F}(s) \cdot \lambda \boldsymbol{I}\Big|_{s=0}^{t}\right)$，所以两参考构形并不同格，即从这两个构形出发产生相同的变形所需要的力将会不同。

根据上面的分析可知，最大可能的物质对称群为单位模群本身，即 $\mathcal{G} = \mathcal{U}$，单位模群的任意子群可以构成物质对称群。其中一个子群就是所有正交张量 ($\det \boldsymbol{Q} = \pm 1$) 的集合 $\mathcal{O}$，称之为正交群，实际上，正交群是单位模群中最大的子群，或者说，在正交群与单位模群之间没有群存在，证明可参考 Noll(1965) 或 Jog(2007)。所有正常正交张量 ($\det \boldsymbol{Q}=1$) 的集合 $\mathcal{O}^+$ 是正交群 $\mathcal{O}$ 的子群，此外，绕某一个特定轴的所有转动又是 $\mathcal{O}^+$ 的子群，也可以构成对称群。单位张量 $\boldsymbol{I}$ 和中心反演张量 $-\boldsymbol{I}$ 两个元素组成的子群则是正交群 $\mathcal{O}$ 的一个特殊子群，称为三斜群，记作 $\{\boldsymbol{I}, -\boldsymbol{I}\}$，其中，$\boldsymbol{I}$ 显然恒满足对称性条件式 (7.31)，因任意二阶张量在中心反演 $-\boldsymbol{I}$ 变换下保持不变，见式 (1.248)，或者直接使用下面的式 (7.41)，则 $-\boldsymbol{I}$ 也恒属于对称性群，所以，三斜群描述了最小可能的物质对称性。最后物质的对称群应是

$$\{\boldsymbol{I}, -\boldsymbol{I}\} \subset \mathcal{G} \subset \mathcal{O} \quad \text{或者} \quad \mathcal{G} = \mathcal{U} \tag{7.37}$$

7.4.3 正交张量属于对称群的充分必要条件

一个任意的正交张量 $\boldsymbol{Q}$ 属于对称群 $\mathcal{G}$ 的充分必要条件是

$$\boldsymbol{Q}\cdot\boldsymbol{\mathcal{F}}\left(\boldsymbol{F}(s)\big|_{s=0}^{t}\right)\cdot\boldsymbol{Q}^{\mathrm{T}}=\boldsymbol{\mathcal{F}}\left(\boldsymbol{Q}\cdot\boldsymbol{F}(s)\cdot\boldsymbol{Q}^{\mathrm{T}}\big|_{s=0}^{t}\right),\quad\forall\boldsymbol{Q}\in\mathcal{G}\tag{7.38}$$

对于所有的非奇异变形梯度 $\boldsymbol{F}(s)$ 都成立。

证明 必要性。若一个正交张量 $\boldsymbol{Q}\in\mathcal{G}$，则应满足对称性条件式 (7.29)，即令其中的 $\underline{\mathbf{H}}=\boldsymbol{Q}$，有

$$\boldsymbol{\mathcal{F}}\left(\boldsymbol{F}(s)\big|_{s=0}^{t}\right)=\boldsymbol{\mathcal{F}}\left(\boldsymbol{F}(s)\cdot\boldsymbol{Q}\big|_{s=0}^{t}\right)$$

上式对于任意的 $\boldsymbol{F}(s)$ 都应成立，用 $\boldsymbol{Q}(s)\cdot\boldsymbol{F}(s)$ 代换 $\boldsymbol{F}(s)$，则上式变为

$$\boldsymbol{\mathcal{F}}\left(\boldsymbol{Q}(s)\cdot\boldsymbol{F}(s)\big|_{s=0}^{t}\right)=\boldsymbol{\mathcal{F}}\left(\boldsymbol{Q}(s)\cdot\boldsymbol{F}(s)\cdot\boldsymbol{Q}\big|_{s=0}^{t}\right)\tag{7.39}$$

客观性讨论中空间标架的变换是转动变换，即 $\boldsymbol{Q}\in\mathcal{O}^{+}$，因此，根据本构响应泛函的标架无差异性原理，对于任意的正常正交张量历史 $\boldsymbol{Q}(s)\in\mathcal{O}^{+}$，恒有式 (7.18) 成立，即

$$\boldsymbol{\mathcal{F}}\left(\boldsymbol{Q}(s)\cdot\boldsymbol{F}(s)\big|_{s=0}^{t}\right)=\boldsymbol{Q}(t)\cdot\boldsymbol{\mathcal{F}}\left(\boldsymbol{F}(s)\big|_{s=0}^{t}\right)\cdot\boldsymbol{Q}(t)^{\mathrm{T}},\quad\boldsymbol{Q}(s)\in\mathcal{O}^{+}$$

两式结合起来，得

$$\boldsymbol{\mathcal{F}}\left(\boldsymbol{Q}(s)\cdot\boldsymbol{F}(s)\cdot\boldsymbol{Q}\big|_{s=0}^{t}\right)=\boldsymbol{Q}(t)\cdot\boldsymbol{\mathcal{F}}\left(\boldsymbol{F}(s)\big|_{s=0}^{t}\right)\cdot\boldsymbol{Q}(t)^{\mathrm{T}}\tag{7.40}$$

特别地选择 $\boldsymbol{Q}(s)=\boldsymbol{Q}(t)=\boldsymbol{Q}$，$\boldsymbol{Q}\in\mathcal{O}^{+}$，得等式 (7.38)。注意：$\boldsymbol{Q}(s)\in\mathcal{O}^{+}$。然而，在中心反演变换 $-\boldsymbol{I}\in\mathcal{G}$ 的作用下，恒有

$$(-\boldsymbol{I})\cdot\boldsymbol{\mathcal{F}}\left(\boldsymbol{F}(s)\big|_{s=0}^{t}\right)\cdot(-\boldsymbol{I})^{\mathrm{T}}\equiv\boldsymbol{\mathcal{F}}\left((-\boldsymbol{I})\cdot\boldsymbol{F}(s)\cdot(-\boldsymbol{I})^{\mathrm{T}}\Big|_{s=0}^{t}\right)\tag{7.41}$$

1.8.2 节已述，任意的非正常张量变换由转动变换和中心反演变换 (或者镜面反射) 组成，见式 (1.252)，因此，式 (7.38) 的正交张量还可以是非正常的，最终 $\boldsymbol{Q}\in\mathcal{O}$。

将上述证明过程反过去，可以证明充分性。♦♦

7.4.4 讨论

式 (7.38) 的左边是 $\boldsymbol{Q}\cdot\boldsymbol{\sigma}\cdot\boldsymbol{Q}^{\mathrm{T}}$，该式作为必要条件其本质上要求，对特定对称群的正交张量 $\boldsymbol{Q}\in\mathcal{G}$，自变量 $\boldsymbol{F}$ 和因变量 $\boldsymbol{\sigma}$ 都按 $\boldsymbol{Q}\cdot(\ )\cdot\boldsymbol{Q}^{\mathrm{T}}$ 的方式进行变换后，两者的泛函关系仍然保持不变。

从式 (7.40) 左边可知：$\boldsymbol{F}(s)$ 前的正交张量 $\boldsymbol{Q}(s)$ 代表空间标架变换，而 $\boldsymbol{F}(s)$ 后的正交张量 $\boldsymbol{Q}$ 代表对称性讨论中参考构形的变换，前者包含了后者 (除 $-\boldsymbol{I}$ 外)，特别地仅取前者等于后者 (除 $-\boldsymbol{I}$ 外)，这意味着空间标架仅发生与参考构形相同且与时间无关的正交变换 $\boldsymbol{Q} \in \mathcal{O}^+$，由于式 (7.41) 及其后面的说明，则 $\boldsymbol{Q} \in \mathcal{O}$。在这样的变换下，$\boldsymbol{F}(s) \to \boldsymbol{Q}\cdot\boldsymbol{F}(s)\cdot\boldsymbol{Q}^{\mathrm{T}}$，$\boldsymbol{\sigma} \to \boldsymbol{Q}\cdot\boldsymbol{\sigma}\cdot\boldsymbol{Q}^{\mathrm{T}}$，其他物理量的变换根据它们与 $\boldsymbol{F}$ 和 $\boldsymbol{\sigma}$ 的关系，将是

$$
\begin{aligned}
&\boldsymbol{C} = \boldsymbol{F}^{\mathrm{T}} \cdot \boldsymbol{F} \to \boldsymbol{Q} \cdot \boldsymbol{C} \cdot \boldsymbol{Q}^{\mathrm{T}} \\
&\boldsymbol{U} = \sqrt{\boldsymbol{C}} \to \boldsymbol{Q} \cdot \boldsymbol{U} \cdot \boldsymbol{Q}^{\mathrm{T}} \\
&\boldsymbol{R} = \boldsymbol{F} \cdot \boldsymbol{U}^{-1} \to \boldsymbol{Q} \cdot \boldsymbol{R} \cdot \boldsymbol{Q}^{\mathrm{T}} \\
&\boldsymbol{b} = \boldsymbol{F} \cdot \boldsymbol{F}^{\mathrm{T}} \to \boldsymbol{Q} \cdot \boldsymbol{b} \cdot \boldsymbol{Q}^{\mathrm{T}} \\
&\boldsymbol{S} = J\boldsymbol{F}^{-1} \cdot \boldsymbol{\sigma} \cdot \boldsymbol{F}^{-\mathrm{T}} \to \boldsymbol{Q} \cdot \boldsymbol{S} \cdot \boldsymbol{Q}^{\mathrm{T}} \\
&\boldsymbol{P} = \boldsymbol{F} \cdot \boldsymbol{S} \to \boldsymbol{Q} \cdot \boldsymbol{P} \cdot \boldsymbol{Q}^{\mathrm{T}}
\end{aligned}
\tag{7.42}
$$

所以在讨论本构泛函的不变性即对称性时，所有物理量包括物质张量、两点张量和空间张量都应按相同的方式 $\boldsymbol{Q}\cdot(\ )\cdot\boldsymbol{Q}^{\mathrm{T}}$ 进行变换。

结合上面的分析以及 3.10 节和 5.9.3 节的讨论，将物质对称性、标架无差异原理和本构泛函对称性三者对张量变换要求的比较列于表 7.1。

表 7.1 物质对称性、标架无差异原理和本构泛函对称性三者对张量变换要求的比较

	物质对称性	标架无差异原理	本构泛函对称性
构形转动	参考构形转动 $\boldsymbol{Q}$	当前构形转动 $\boldsymbol{Q}$	参考构形和当前构形均转动 $\boldsymbol{Q}$
两点张量 (比如 $\boldsymbol{F}$)	$\boldsymbol{F}\cdot\boldsymbol{Q}^{\mathrm{T}}$	$\boldsymbol{Q}\cdot\boldsymbol{F}$	$\boldsymbol{Q}\cdot\boldsymbol{F}\cdot\boldsymbol{Q}^{\mathrm{T}}$
物质张量 (比如 $\boldsymbol{C}$)	$\boldsymbol{Q}\cdot\boldsymbol{C}\cdot\boldsymbol{Q}^{\mathrm{T}}$	$\boldsymbol{C}$	$\boldsymbol{Q}\cdot\boldsymbol{C}\cdot\boldsymbol{Q}^{\mathrm{T}}$
空间张量 (比如 $\boldsymbol{b}$)	$\boldsymbol{b}$	$\boldsymbol{Q}\cdot\boldsymbol{b}\cdot\boldsymbol{Q}^{\mathrm{T}}$	$\boldsymbol{Q}\cdot\boldsymbol{b}\cdot\boldsymbol{Q}^{\mathrm{T}}$

利用上面物理量在对称变换下的转换关系，下面证明：任意正交张量 $\boldsymbol{Q}$ 属于对称群 $\mathcal{G}$ 的充分必要条件，用第二 P-K 应力的响应泛函 $\boldsymbol{\mathcal{R}}$ 在参考构形下表示为

$$
\boldsymbol{Q} \cdot \boldsymbol{\mathcal{R}}\left(\boldsymbol{C}(s)\big|_{s=0}^{t}\right) \cdot \boldsymbol{Q}^{\mathrm{T}} = \boldsymbol{\mathcal{R}}\left(\boldsymbol{Q} \cdot \boldsymbol{C}(s) \cdot \boldsymbol{Q}^{\mathrm{T}}\big|_{s=0}^{t}\right), \quad \forall \boldsymbol{Q} \in \mathcal{G} \tag{7.43}
$$

证明 式 (7.38) 对于任意的变形梯度都必须成立，取 $\boldsymbol{F}(s)=\boldsymbol{U}(s)$ 即令其中的 $\boldsymbol{R}(s)=\boldsymbol{I}$ 得

$$
\boldsymbol{Q} \cdot \boldsymbol{\mathcal{F}}\left(\boldsymbol{U}(s)\big|_{s=0}^{t}\right) \cdot \boldsymbol{Q}^{\mathrm{T}} = \boldsymbol{\mathcal{F}}\left(\boldsymbol{Q} \cdot \boldsymbol{U}(s) \cdot \boldsymbol{Q}^{\mathrm{T}}\big|_{s=0}^{t}\right), \quad \boldsymbol{Q} \in \mathcal{G} \subset \mathcal{O} \tag{7.44}
$$

根据式 (7.25)，第二 P-K 应力的响应函数为

$$\boldsymbol{\mathcal{R}}\left(\boldsymbol{C}(s)\big|_{s=0}^{t}\right)=\boldsymbol{U}^{-1}(t)\cdot\boldsymbol{\mathcal{F}}\left(\boldsymbol{U}(s)\big|_{s=0}^{t}\right)\cdot\boldsymbol{U}^{-1}(t)$$

将转换关系式 (7.42) 代入上式，并考虑到式 (7.44)，得

$$\begin{aligned}&\boldsymbol{\mathcal{R}}\left(\boldsymbol{Q}\cdot\boldsymbol{C}(s)\big|_{s=0}^{t}\cdot\boldsymbol{Q}^{\mathrm{T}}\right)\\&=\boldsymbol{Q}\cdot\boldsymbol{U}(t)^{-1}\cdot\boldsymbol{Q}^{\mathrm{T}}\cdot\boldsymbol{\mathcal{F}}\left(\boldsymbol{Q}\cdot\boldsymbol{U}(s)\big|_{s=0}^{t}\cdot\boldsymbol{Q}^{\mathrm{T}}\right)\cdot\boldsymbol{Q}\cdot\boldsymbol{U}(t)^{-1}\cdot\boldsymbol{Q}^{\mathrm{T}}\\&=\boldsymbol{Q}\cdot\boldsymbol{U}(t)^{-1}\cdot\boldsymbol{Q}^{\mathrm{T}}\cdot\boldsymbol{Q}\cdot\boldsymbol{\mathcal{F}}\left(\boldsymbol{U}(s)\big|_{s=0}^{t}\right)\cdot\boldsymbol{Q}^{\mathrm{T}}\cdot\boldsymbol{Q}\cdot\boldsymbol{U}(t)^{-1}\cdot\boldsymbol{Q}^{\mathrm{T}}\\&=\boldsymbol{Q}\cdot\boldsymbol{U}(t)^{-1}\cdot\boldsymbol{\mathcal{F}}\left(\boldsymbol{U}(s)\big|_{s=0}^{t}\right)\cdot\boldsymbol{U}(t)^{-1}\cdot\boldsymbol{Q}^{\mathrm{T}}\\&=\boldsymbol{Q}\cdot\boldsymbol{\mathcal{R}}\left(\boldsymbol{C}(s)\big|_{s=0}^{t}\right)\cdot\boldsymbol{Q}^{\mathrm{T}},\quad\boldsymbol{Q}\in\mathcal{G}\subset\boldsymbol{\mathcal{O}}\end{aligned}$$

从而得证必要性，将上面的过程反过来可证得充分性。◆◆

上面的分析表明：本构响应泛函无论是 Cauchy 应力的 $\boldsymbol{\mathcal{F}}$ 还是第二 P-K 应力的 $\boldsymbol{\mathcal{R}}$ 在对称变换下均要求保持形式不变。下面根据物质的对称性，对物质进行分类。

7.5 物 质 分 类

7.5.1 各向同性物质

1. 定义

对参考构形进行任意的转动变换后，再产生相同的变形所需要的应力相同，即物质的性质不随参考构形的转动变换而改变，则称物质是各向同性的。更准确地说，如果存在一个无畸变的参考构形 $\mathscr{B}_0$，正交群属于该物质的对称群

$$\mathcal{O}^{+}\subset\mathcal{G}$$

就要求对任意的正交张量 $\boldsymbol{Q}\in\mathcal{O}^{+}$，都有式 (7.38) 成立，使用式 (7.17)，则式 (7.38) 可写成

$$\boldsymbol{Q}\cdot\boldsymbol{\sigma}\cdot\boldsymbol{Q}^{\mathrm{T}}=\mathcal{F}\left(\boldsymbol{Q}\cdot\boldsymbol{F}(s)\big|_{s=0}^{t}\cdot\boldsymbol{Q}^{\mathrm{T}}\right),\quad\forall\boldsymbol{Q}\in\mathcal{O}^{+}\tag{7.45}$$

需要指出：上面各向同性的讨论中，物质性质的不变性本应是针对包括非正常正交张量在内的所有正交张量所代表的正交变换，然而，根据式 (7.41) 及其后面的说明，可以将它限定为正常正交张量所代表的刚体转动即 $\boldsymbol{Q}\in\mathcal{O}^{+}$。

式 (7.45) 本质上要求，对任意的正交张量 $\boldsymbol{Q}\in\mathcal{O}^{+}$，自变量 $\boldsymbol{F}$ 和因变量 $\boldsymbol{\sigma}$ 都按 $\boldsymbol{Q}\cdot(\ )\cdot\boldsymbol{Q}^{\mathrm{T}}$ 的方式进行变换后，两者的泛函关系仍然保持不变，根据 2.6.1 节张量函数对称性的定义，称该泛函为各向同性函数。

式 (7.45) 是式 (7.38) 的应用，整个推导过程表明：若物质各向同性对称性要求与标架无差异性原理相结合，则导致本构响应泛函为各向同性函数。另一方面，标架无差异原理可理解为空间是各向同性的，于是，只有空间和物质都为各向同性时，本构响应函数才为各向同性；实际上，标架无差异原理必须遵守，这样，物质的各向同性必然导致本构响应函数的各向同性。

2. *无畸变参考构形的不唯一性*

各向同性是相对一种特殊参考构形即无畸变构形，物质所表现出的性质，它相对其他构形 $\mathscr{B}_\kappa$ 的对称群，根据 Noll 定理式 (7.34) 应是 $\mathcal{G}_\kappa = \underline{\mathbf{P}} \cdot \mathcal{G} \cdot \underline{\mathbf{P}}^{-1}$，其中 $\underline{\mathbf{P}}$ 是从构形 $\mathscr{B}_0$ 到 $\mathscr{B}_\kappa$ 的变形梯度，因此，即使无畸变构形 $\mathscr{B}_0$ 的对称群 $\mathcal{G}$ 的元素是正交张量，但 $\mathcal{G}_\kappa$ 的元素并不是正交张量。然而，如果构形 $\mathscr{B}_\kappa$ 是无畸变的构形 $\mathscr{B}_0$ 经过刚体转动 $\underline{\mathbf{P}} = \boldsymbol{R}$ 而得到的，则构形 $\mathscr{B}_\kappa$ 也是无畸变的构形，并有 $\mathcal{G}_\kappa = \mathcal{G}$，说明如下：设 $\boldsymbol{Q}' \in \mathcal{O}$，则 $\boldsymbol{R}^{\mathrm{T}} \cdot \boldsymbol{Q}' \cdot \boldsymbol{R} \in \mathcal{O} \subset \mathcal{G}$，根据式 (7.34)，应有 $\boldsymbol{R} \cdot \boldsymbol{R}^{\mathrm{T}} \cdot \boldsymbol{Q}' \cdot \boldsymbol{R} \cdot \boldsymbol{R}^{-1} \in \mathcal{G}_\kappa$，从而，$\mathcal{O} \subset \mathcal{G}_\kappa$，因此，定义各向同性物质的无畸变的参考构形不唯一。实际上，由无畸变的构形 $\mathscr{B}_0$ 经过体积扩容变形 $\underline{\mathbf{P}} = \lambda \boldsymbol{I}$ 得到的构形 $\mathscr{B}_\kappa$ 也是无畸变的 (详细讨论见下面的 7.5.3 节)，或者说，体积扩容变形 $\underline{\mathbf{P}} = \lambda \boldsymbol{I}$ 不改变物体的对称性 (见前面式 (7.36) 后的讨论)。

3. *本构关系与刚体转动的无关性*

回顾 7.3 节指出：本构方程除取决于伸长张量及其历史外，还受当前 (刚体) 转动的影响，尽管与转动的历史无关。然而，各向同性物质的本构方程却与当前转动无关，下面进行分析。

回顾式 (7.23) 以及共旋物理量的定义式 (6.92) 和式 (7.24)，应有

$$\boldsymbol{\sigma} = \boldsymbol{R}(t) \cdot \boldsymbol{\mathcal{F}} \left(\boldsymbol{R}(t)^{\mathrm{T}} \cdot \boldsymbol{C}_t(s) \cdot \boldsymbol{R}(t) \Big|_{s=0}^{t}, \boldsymbol{C}(t) \right) \cdot \boldsymbol{R}(t)^{\mathrm{T}} \tag{7.46}$$

对于各向同性物质，正交张量 $\boldsymbol{R}^{\mathrm{T}}(t) \in \mathcal{O}$ 也应属于对称群 $\mathcal{G}$，因此，将上式中的 $\boldsymbol{F}$ 用 $\boldsymbol{F} \cdot \boldsymbol{R}^{\mathrm{T}}(t)$ 替换将不影响应力响应，这时，相关物理量将作如下替换 (王自强，2000)。

$$\boldsymbol{F}(t) \to \boldsymbol{F}(t) \cdot \boldsymbol{R}^{\mathrm{T}}(t) = \boldsymbol{V}(t)$$

$$\boldsymbol{C}(t) = \boldsymbol{F}(t)^{\mathrm{T}} \cdot \boldsymbol{F}(t) \to \boldsymbol{V}^2(t) = \boldsymbol{b}(t)$$

$$\boldsymbol{F}_t(s) = \boldsymbol{F}(s) \cdot \boldsymbol{F}^{-1}(t) \to \boldsymbol{F}(s) \cdot \boldsymbol{R}(t)^{\mathrm{T}} \cdot \left(\boldsymbol{F}(t) \cdot \boldsymbol{R}(t)^{\mathrm{T}} \right)^{-1} = \boldsymbol{F}(s) \cdot \boldsymbol{F}^{-1}(t) = \boldsymbol{F}_t(s)$$

$$\boldsymbol{C}_t(s) = \boldsymbol{F}_t^{\mathrm{T}}(s) \cdot \boldsymbol{F}_t(s) \to \boldsymbol{C}_t(s)$$

$$\boldsymbol{V}(t) = \left(\boldsymbol{F}(t) \cdot \boldsymbol{F}^{\mathrm{T}}(t) \right)^{1/2} \to \boldsymbol{V}(t)$$

$$\boldsymbol{R}(t) = \boldsymbol{V}(t)^{-1} \cdot \boldsymbol{F}(t) \to \boldsymbol{I}$$

将这些替换关系式代入式 (7.46)，得各向同性物质本构关系的一般表达式为

$$\boldsymbol{\sigma}=\boldsymbol{\mathcal{F}}\left(\left.\boldsymbol{C}_t(s)\right|_{s=0}^{t},\boldsymbol{b}(t)\right) \tag{7.47}$$

式中 $\boldsymbol{b}(t)$ 是当前时刻的左 Cauchy-Green 变形张量，与参考构形的刚体转动无关，见式 (3.188a)；而 $\left.\boldsymbol{C}_t(s)\right|_{s=0}^{t}$ 是以当前构形为参考构形的右 Cauchy-Green 变形张量的历史，更与参考构形的选取无关，这意味着无论物质发生怎样的刚体转动，只要伸长张量一样，意味着式 (7.47) 所需要的应力都一致，或者说，各向同性物质的本构方程消除了一切旋转的影响，而只与伸长张量有关。这个结果充分反映了各向同性物质的本质。

前面分析已给出，对于各向同性物质，式 (7.47) 中的响应泛函应为各向同性，即对于任意的正交张量，当 $\boldsymbol{F}(s)$ 变换为 $\boldsymbol{Q}\cdot\boldsymbol{F}(s)\cdot\boldsymbol{Q}^{\mathrm{T}}$ 时，$\boldsymbol{C}_t(s)$ 变换为 $\boldsymbol{Q}\cdot\boldsymbol{C}_t(s)\cdot\boldsymbol{Q}^{\mathrm{T}}$，而 $\boldsymbol{b}(t)$ 变换为 $\boldsymbol{Q}\cdot\boldsymbol{b}(t)\cdot\boldsymbol{Q}^{\mathrm{T}}$，都应满足下式

$$\boldsymbol{Q}\cdot\boldsymbol{\mathcal{F}}\left(\left.\boldsymbol{C}_t(s)\right|_{s=0}^{t},\boldsymbol{b}(t)\right)\cdot\boldsymbol{Q}^{\mathrm{T}}=\boldsymbol{\mathcal{F}}\left(\left.\boldsymbol{Q}\cdot\boldsymbol{C}_t(s)\cdot\boldsymbol{Q}^{\mathrm{T}}\right|_{s=0}^{t},\boldsymbol{Q}\cdot\boldsymbol{b}(t)\cdot\boldsymbol{Q}^{\mathrm{T}}\right),\quad\forall\boldsymbol{Q}\in\mathcal{O}^{+} \tag{7.48}$$

7.5.2 简单流体

如果将流体从一个容器中倒入形状各异的其他容器中，流体产生了大变形，或者说，经历了各种变换，当流体的密度保持不变时，通过直观可知，流体的应力响应性质并没有变化，原来为各向同性现在仍然保持为各向同性，或者说，任意的等容变形都不破坏流体的对称性，因此，流体具有最大的物质对称性。

流体严格定义是，如果存在一个参考构形 $\mathscr{B}_0$，物体相对它的对称群为单位模群，即

$$\mathcal{G}=\mathcal{U}$$

该物质就是流体。

与各向同性物质定义中的无畸变参考构形不同，这里参考构形并没有实质性意义，或者说，这里参考构形可以任意，不必是无畸变的，因为只要相对一个特定的参考构形 $\mathscr{B}_0$，$\mathcal{G}=\mathcal{U}$，则对于任意的参考构形 $\mathscr{B}_\kappa$，其对称群也都是单位模群，即有 $\mathcal{G}_\kappa=\mathcal{U}$，设从 $\mathscr{B}_0$ 到 $\mathscr{B}_\kappa$ 的变形梯度为 $\underline{\mathbf{P}}$，这种性质可进一步表述为

$$\underline{\mathbf{P}}\cdot\mathcal{U}\cdot\underline{\mathbf{P}}^{-1}=\mathcal{U} \tag{7.49}$$

证明 设 $\underline{\mathbf{H}}\in\mathcal{U}$，即 $\det\underline{\mathbf{H}}=\pm1$，定义 $\hat{\underline{\mathbf{H}}}=\underline{\mathbf{P}}^{-1}\cdot\underline{\mathbf{H}}\cdot\underline{\mathbf{P}}$，显然，$\det\hat{\underline{\mathbf{H}}}=\det\underline{\mathbf{H}}=\pm1$，则 $\hat{\underline{\mathbf{H}}}\in\mathcal{U}=\mathcal{G}$，根据 Noll 定理式 (7.34)

$$\underline{\mathbf{P}}\cdot\hat{\underline{\mathbf{H}}}\cdot\underline{\mathbf{P}}^{-1}=\underline{\mathbf{P}}\cdot\underline{\mathbf{P}}^{-1}\cdot\underline{\mathbf{H}}\cdot\underline{\mathbf{P}}\cdot\underline{\mathbf{P}}^{-1}=\underline{\mathbf{H}}$$

应是 $\mathcal{G}_\kappa$ 的元素，即 $\underline{\mathbf{H}} \in \mathcal{G}_\kappa$，因此，$\mathcal{U} \subset \mathcal{G}_\kappa$。根据前面的分析，$\mathcal{U}$ 是最大的对称群，应有 $\mathcal{G}_\kappa \subset \mathcal{U}$，因此有 $\mathcal{G}_\kappa = \mathcal{U}$。进一步地，根据 Noll 定理式 (7.34)，就有式 (7.49) 成立。♦ ♦

上面的分析说明：流体没有占优的参考构形，这与各向同性物质要求参考构形必须是无畸变的显著不同。所以说流体物质要求，对于任意的参考构形 $\mathscr{B}_0$，式 (7.47) 都应成立，或者说，式 (7.47) 应与参考构形的选取无关。

式 (7.47) 中的 $\boldsymbol{C}_t(s)\big|_{s=0}^{t}$ 是通过以当前构形为基准的相对变形梯度来定义的右 Cauchy-Green 应变历史，与参考构形选取无关。但是，左 Cauchy-Green 张量 $\boldsymbol{b}$ 是空间张量，依赖于参考构形，设相对 $\mathscr{B}_0$ 的变形梯度为 $\boldsymbol{F}$，相对 $\mathscr{B}_\kappa$ 的变形梯度就是 $\boldsymbol{F}_\kappa = \boldsymbol{F}\cdot\underline{\mathbf{P}}^{-1}$，则以 $\mathscr{B}_\kappa$ 为参考构形的左 Cauchy-Green 张量是

$$\boldsymbol{b}_\kappa = \boldsymbol{F}_\kappa \cdot \boldsymbol{F}_\kappa^{\mathrm{T}} = \boldsymbol{F} \cdot \underline{\mathbf{P}}^{-1} \cdot \underline{\mathbf{P}}^{-\mathrm{T}} \cdot \boldsymbol{F}^{\mathrm{T}} \neq \boldsymbol{b}$$

只有当参考构形之间的变形梯度为刚体转动 $\underline{\mathbf{P}} = \boldsymbol{R}$ 的特殊情况，两者才能相等 (这与 3.10 节的结论一致)；而另一方面，$\boldsymbol{b}(t)$ 的行列式与参考构形无关

$$\det \boldsymbol{b} = \det(\boldsymbol{F} \cdot \boldsymbol{F}^{\mathrm{T}}) = (\det \boldsymbol{F})^2 = \left(\frac{\rho_0}{\rho}\right)^2 \tag{7.50}$$

式中 ρ 和 ρ_0 分别是当前构形和初始未变形自然构形上的密度，它们都与参考构形选取无关。因此，流体的本构方程取决于 $\boldsymbol{b}(t)$ 只能通过取决密度 ρ 来体现，否则，它就会与参考构形有关，于是，本构方程可表示为

$$\boldsymbol{\sigma} = \boldsymbol{\mathcal{F}}\left(\boldsymbol{C}_t(s)\big|_{s=0}^{t}, \rho(t)\right) \tag{7.51}$$

而本构响应泛函 $\boldsymbol{\mathcal{F}}$ 所必须满足的式 (7.48) 变为

$$\boldsymbol{Q} \cdot \boldsymbol{\mathcal{F}}\left(\boldsymbol{C}_t(s)\big|_{s=0}^{t}, \rho(t)\right) \cdot \boldsymbol{Q}^{\mathrm{T}} = \boldsymbol{\mathcal{F}}\left(\boldsymbol{Q} \cdot \boldsymbol{C}_t(s) \cdot \boldsymbol{Q}^{\mathrm{T}}\big|_{s=0}^{t}, \rho(t)\right), \quad \forall \boldsymbol{Q} \in \mathcal{O} \tag{7.52}$$

考察流体静止的情况，这时，$\boldsymbol{C}_t(s) = \boldsymbol{I}$，应力为

$$\boldsymbol{\sigma} = \boldsymbol{\mathcal{F}}(\boldsymbol{I}, \rho(t)) = \boldsymbol{p}_0(\rho) \tag{7.53}$$

需要说明，考虑到 $\boldsymbol{I}$ 是常张量，应力仅取决于当前的密度，因此，泛函退化为状态函数，这里记作 $\boldsymbol{p}_0$；结合上式，式 (7.52) 表示的各向同性条件则为

$$\boldsymbol{Q} \cdot \boldsymbol{\mathcal{F}}(\boldsymbol{I}, \rho(t)) \cdot \boldsymbol{Q}^{\mathrm{T}} = \boldsymbol{\mathcal{F}}(\boldsymbol{Q} \cdot \boldsymbol{I} \cdot \boldsymbol{Q}^{\mathrm{T}}, \rho(t))$$

$$\Rightarrow \quad \boldsymbol{Q} \cdot \boldsymbol{p}_0(\rho) \cdot \boldsymbol{Q}^{\mathrm{T}} = \boldsymbol{p}_0(\rho)$$

根据 2.6 节张量函数的对称性定义，$\boldsymbol{p}_0$ 必须为各向同性张量，所以只能是球形张量

$$\boldsymbol{p}_0(\rho) = -p(\rho)\boldsymbol{I}$$

本构方程简化为

$$\boldsymbol{\sigma} = -p(\rho)\boldsymbol{I} \tag{7.54}$$

即静止的流体只能承受静水压力作用而不能传递剪切应力。

一般运动情况下流体的本构关系式 (7.51)，利用上面的讨论，可改写成两部分之和

$$\boldsymbol{\sigma} = -p(\rho)\boldsymbol{I} + \boldsymbol{\mathcal{F}}'\left(\left.(\boldsymbol{C}_t(s) - \boldsymbol{I})\right|_{s=0}^{t}, \rho(t)\right) \tag{7.55}$$

第一项反映静水压力，第二项反映流体运动引起的应力，构成所谓的黏性力，静止时为零，实际上，使用式 (7.51) 有

$$\boldsymbol{\mathcal{F}}'\left(\left.(\boldsymbol{C}_t(s) - \boldsymbol{I})\right|_{s=0}^{t}, \rho(t)\right) = \boldsymbol{\mathcal{F}}\left(\left.\boldsymbol{C}_t(s)\right|_{s=0}^{t}, \rho(t)\right) + p(\rho)\boldsymbol{I} \tag{7.56}$$

在上式中令 $\boldsymbol{C}_t(s) = \boldsymbol{I}$，并利用式 (7.53)，显然有

$$\boldsymbol{\mathcal{F}}'(\boldsymbol{0}, \rho(t)) = \boldsymbol{\mathcal{F}}(\boldsymbol{I}, \rho(t)) + p(\rho)\boldsymbol{I} = \boldsymbol{0}$$

式 (7.56) 右边两项均为各向同性张量函数，左边也应为各向同性，因此，描述黏性力的泛函应满足

$$\boldsymbol{Q}\cdot\boldsymbol{\mathcal{F}}'\left(\left.(\boldsymbol{C}_t(s) - \boldsymbol{I})\right|_{s=0}^{t}, \rho(t)\right)\cdot\boldsymbol{Q}^{\mathrm{T}} = \boldsymbol{\mathcal{F}}'\left(\left.\boldsymbol{Q}\cdot(\boldsymbol{C}_t(s) - \boldsymbol{I})\cdot\boldsymbol{Q}^{\mathrm{T}}\right|_{s=0}^{t}, \rho(t)\right) \tag{7.57}$$

黏性力实际上是所有物质在运动中表现出来的一种内部阻力，定性上说，它与运动速度密切相关，由于物体仅作刚体运动时，这种内部阻力应为零，因此，黏性力并不是取决于绝对速度 (关于这一点，还可以根据标架无差异原理从理论上进行证明，具体见例题 7.1)，而是质点间的相对速度，即速度梯度，例如，流体发生层与层之间的相对运动时，速度快的层对速度慢的层产生拖动力使它加速，而速度慢的层对速度快的层产生阻止力使它减速，拖动力与阻止力这对作用与反作用力就是流体的黏性力。流体的黏性使得流体在运动状态下具有一定的抗拒 (但不能完全抵制) 剪切变形、阻碍 (但不能完全阻止) 流体流动的能力。例题 7.1 根据标架无差异原理将表明，黏性力不能依赖于速度梯度的反对称部分——物质旋率 $\boldsymbol{w}$，只能取决于它的对称部分——变形率。7.7 节使用本构方程一般表达式 (7.55) 所进行的分析也表明，在一阶近似下黏性力只取决于变形率。

例题 7.1　对于非线性黏性流体，Stokes 假定其本构方程可以一般地表示为

$$\boldsymbol{\sigma} = -p(\rho)\boldsymbol{I} + \boldsymbol{f}(\rho, \boldsymbol{d}, \boldsymbol{w}, \dot{\boldsymbol{x}}) \tag{7.58}$$

其中 ρ 是质量密度，p 是压力，$\dot{\boldsymbol{x}}$ 是速度。讨论标架无差异原理对本构方程的限制。

解 标架无差异原理要求，在带 "*" 的空间标架中，应有

$$\boldsymbol{\sigma}^* = -p(\rho^*)\boldsymbol{I} + \boldsymbol{f}(\rho^*, \boldsymbol{d}^*, \boldsymbol{w}^*, \dot{x}^*) \tag{7.59}$$

根据前面的描述，在空间标架的变换中，各基本量的变换关系为

$$\boldsymbol{\sigma}^* = \boldsymbol{Q}\cdot\boldsymbol{\sigma}\cdot\boldsymbol{Q}^{\mathrm{T}}, \quad \rho^* = \rho, \quad \boldsymbol{d}^* = \boldsymbol{Q}\cdot\boldsymbol{d}\cdot\boldsymbol{Q}^{\mathrm{T}}$$
$$\boldsymbol{w}^* = \boldsymbol{Q}\cdot\boldsymbol{w}\cdot\boldsymbol{Q}^{\mathrm{T}} + \dot{\boldsymbol{Q}}\cdot\boldsymbol{Q}^{\mathrm{T}}, \quad \dot{\boldsymbol{x}}^* = \dot{\boldsymbol{Q}}\cdot\boldsymbol{x} + \boldsymbol{Q}\cdot\dot{\boldsymbol{x}} + \dot{\boldsymbol{c}}^*(t)$$

将这些关系代入式 (7.59) 并考虑到式 (7.58)，得

$$\begin{aligned}&\boldsymbol{Q}\cdot\boldsymbol{f}(\rho,\boldsymbol{d},\boldsymbol{w},\dot{\boldsymbol{x}})\cdot\boldsymbol{Q}^{\mathrm{T}}\\&=\boldsymbol{f}\left(\rho,\boldsymbol{Q}\cdot\boldsymbol{d}\cdot\boldsymbol{Q}^{\mathrm{T}},\boldsymbol{Q}\cdot\boldsymbol{w}\cdot\boldsymbol{Q}^{\mathrm{T}}+\dot{\boldsymbol{Q}}\cdot\boldsymbol{Q}^{\mathrm{T}},\dot{\boldsymbol{Q}}\cdot\boldsymbol{x}+\boldsymbol{Q}\cdot\dot{\boldsymbol{x}}+\dot{\boldsymbol{c}}^*(t)\right)\end{aligned} \tag{7.60}$$

对于任意的 $\boldsymbol{Q}$，$\dot{\boldsymbol{Q}}$ 和 $\dot{\boldsymbol{c}}^*(t)$ 都应成立，如取 $\boldsymbol{Q}=\boldsymbol{I}$，$\dot{\boldsymbol{Q}}=0$，就有

$$\boldsymbol{f}(\rho,\boldsymbol{d},\boldsymbol{w},\dot{\boldsymbol{x}}) = \boldsymbol{f}(\rho,\boldsymbol{d},\boldsymbol{w},\dot{\boldsymbol{x}}+\dot{\boldsymbol{c}}^*(t))$$

由于 $\dot{\boldsymbol{c}}^*(t)$ 是任意的，为了使得上式成立，则 $\boldsymbol{f}$ 不能依赖于速度 $\dot{\boldsymbol{x}}$。若进一步地在式 (7.60) 中取 $\boldsymbol{Q}=\boldsymbol{I}$，但 $\dot{\boldsymbol{Q}}\neq 0$，就有

$$\boldsymbol{f}(\rho,\boldsymbol{d},\boldsymbol{w}) = \boldsymbol{f}\left(\rho,\boldsymbol{d},\boldsymbol{w}+\dot{\boldsymbol{Q}}\right)$$

又由于 $\dot{\boldsymbol{Q}}$ 的任意性，为了使得上式成立，则 $\boldsymbol{f}$ 不能依赖于物质旋率 $\boldsymbol{w}$。于是，标架无差异原理所要求的本构关系表达式退化为

$$\boldsymbol{Q}\cdot\boldsymbol{f}(\rho,\boldsymbol{d})\cdot\boldsymbol{Q}^{\mathrm{T}} = f\left(\rho,\boldsymbol{Q}\cdot\boldsymbol{d}\cdot\boldsymbol{Q}^{\mathrm{T}}\right)$$

这说明，$\boldsymbol{f}$ 是关于 $\boldsymbol{d}$ 的各向同性张量函数，根据表示定理式 (2.226)，上式可表示为

$$\boldsymbol{\sigma} = -p(\rho)\boldsymbol{I} + \varphi_0\boldsymbol{I} + \varphi_1\boldsymbol{d} + \varphi_2\boldsymbol{d}^2 \tag{7.61}$$

其中 φ_0，φ_1 和 φ_2 是 $\boldsymbol{d}$ 的三个不变量和 ρ 的函数。由此可见标架无差异原理在建立本构方程中所起的作用。

7.5.3 固体

我们对固体试块施加载荷使它产生变形，选择变形后的试块作为新的参考构形，再施加相同的载荷，它相对新参考构形产生的变形显然会不同于第一次施加

载荷相对初始参考构形产生的变形，这就是说，固体的本构响应会随参考构形的非刚体变形改变。当然，参考构形的刚体变形可能改变或可能不改变其本构响应，这取决于固体物质的对称性质。

固体物质的严格定义是：如果存在一个无畸变的参考构形，物质的对称群为正交群的子群，

$$\mathcal{G} \subset \mathcal{O} \tag{7.62}$$

该物质就是固体。正如在各向同性物质的定义中那样，这里的参考构形是特定的，即为无畸变构形。无畸变的参考构形并不唯一，见 7.5.1 节的说明。

如果物质还是各向同性的，则存在一个无畸变的参考构形 $\mathscr{B}_\kappa$，物质的对称群将正交群包含在内，即 $\mathcal{O} \subset \mathcal{G}_\kappa$，因此

$$\mathcal{G}_\kappa = \mathcal{O}$$

这就是说各向同性固体相对无畸变参考构形的物质对称群与正交群重合。通常将物质对称群只是正交群的某个子群的固体，称为各向异性固体。

需要说明，两个无畸变的参考构形 $\mathscr{B}_0$ 和 $\mathscr{B}_\kappa$ 之间的变换可以不等密度，可由变形梯度 $\underline{\mathbf{P}} = \sqrt{\lambda}\boldsymbol{R}$ 给出，因为如果对于参考构形 $\mathscr{B}_0$，$\boldsymbol{Q} \in \mathcal{G} = \mathcal{O}$，则根据式 (7.34)，对于参考构形 $\mathscr{B}_\kappa$，应有 $\hat{\boldsymbol{Q}} = \underline{\mathbf{P}} \cdot \boldsymbol{Q} \cdot \underline{\mathbf{P}}^{-1} \in \mathcal{G}_\kappa = \mathcal{O}$，则 $\hat{\boldsymbol{Q}} \cdot \underline{\mathbf{P}} \cdot \boldsymbol{Q}^{\mathrm{T}} = \underline{\mathbf{P}}$，进一步地

$$\underline{\mathbf{P}}^{\mathrm{T}} \cdot \underline{\mathbf{P}} = \boldsymbol{Q} \cdot \underline{\mathbf{P}}^{\mathrm{T}} \cdot \hat{\boldsymbol{Q}}^{\mathrm{T}} \cdot \hat{\boldsymbol{Q}} \cdot \underline{\mathbf{P}} \cdot \boldsymbol{Q}^{\mathrm{T}} = \boldsymbol{Q} \cdot \underline{\mathbf{P}}^{\mathrm{T}} \cdot \underline{\mathbf{P}} \cdot \boldsymbol{Q}^{\mathrm{T}} \tag{7.63}$$

因此，$\underline{\mathbf{P}}^{\mathrm{T}} \cdot \underline{\mathbf{P}} = \lambda \boldsymbol{I}$，于是就有 $\underline{\mathbf{P}} = \sqrt{\lambda}\boldsymbol{R} = \boldsymbol{R} \cdot \sqrt{\lambda}\boldsymbol{I}$，其中 $\sqrt{\lambda}\boldsymbol{I}$ 代表体积扩容的伸长变形。

上面的分析表明：从无畸变的参考构形 $\mathscr{B}_0$(比如初始构形) 出发，若产生纯体积变形，则就变形后的构形 $\mathscr{B}_\kappa$ 而言，原有的对称性 (相对 $\mathscr{B}_0$) 保持不变，但若产生的变形是畸变的，则原有的对称性将会改变，如原来为各向同性，发生畸变变形后变为各向异性。注意：这里的各向异性是相对变形后的构形 $\mathscr{B}_\kappa$，相对变形前的构形 $\mathscr{B}_0$ 仍然是各向同性。

固体物质通常称为材料。一些纤维加筋复合材料通常由均质的基体材料和纤维簇 (一簇或多簇) 组成，这类材料的力学性质具有明显的方向性，表现为各向异性，下面以此为例介绍材料性质的三种各向异性。

若材料中仅包含一簇同方向的纤维，称为单向加筋复合材料，这类复合材料的特点是：关于包含纤维的任意平面 (镜面反射) 对称的各个方向其力学性质相同，于是，垂直于纤维的各个方向的力学性质均相同，即垂直于纤维的平面是各向同性的，但纤维方向的力学性质与之不同，这就构成所谓的横观各向同性材料，纤维方向称为占优方向。使用矢量轴 $\boldsymbol{k}$ 表示占优方向，进一步地，使用 $\boldsymbol{Q}(\phi\boldsymbol{k})$

代表绕 $\boldsymbol{k}$ 进行转角为 ϕ 的转动，绕一个固定的矢量轴的所有转动集合 $\{\boldsymbol{Q}(\phi\boldsymbol{k}),\ 0\leqslant\phi\leqslant 2\pi\}$，构成一个正交群的子群，记作 $\mathcal{O}^*$，使用 $\boldsymbol{R}(\boldsymbol{i})$ 表示过 $\boldsymbol{k}$ 轴的任意平面的镜面反射变换，其中 $\boldsymbol{i}$ 与 $\boldsymbol{k}$ 正交代表镜面法线方向，因此，在一个无畸变的参考构形 $\mathscr{B}_0$ 中，横观各向同性材料的对称群由子群 $\mathcal{O}^*$、镜面反射变换 $\boldsymbol{R}(\boldsymbol{i})$ 以及中心反演变换 $-\boldsymbol{I}$ 组成。其他具有相同对称性 (群) 的构形 $\mathscr{B}_\kappa$ 可通过下面的变换获得

$$\underline{\mathbf{P}} = \alpha\boldsymbol{I} + \beta\boldsymbol{k}\otimes\boldsymbol{k} \tag{7.64}$$

其中第一项代表体积扩容,第二项代表沿占优方向的拉伸。说明如下:如果 $\boldsymbol{Q}\in\mathcal{O}^*$，$\boldsymbol{Q}\cdot\boldsymbol{k}=\boldsymbol{k}$，则

$$\begin{aligned}\underline{\mathbf{P}}\cdot\boldsymbol{Q}\cdot\underline{\mathbf{P}}^{-1} &= (\alpha\boldsymbol{I}+\beta\boldsymbol{k}\otimes\boldsymbol{k})\cdot\boldsymbol{Q}\cdot\underline{\mathbf{P}}^{-1} = (\alpha\boldsymbol{Q}+\beta\boldsymbol{k}\otimes\boldsymbol{k})\cdot\underline{\mathbf{P}}^{-1}\\ &= \boldsymbol{Q}\cdot(\alpha\boldsymbol{I}+\beta\boldsymbol{k}\otimes\boldsymbol{k})\cdot\underline{\mathbf{P}}^{-1} = \boldsymbol{Q}\cdot\underline{\mathbf{P}}\cdot\underline{\mathbf{P}}^{-1} = \boldsymbol{Q}\end{aligned} \tag{7.65}$$

式中 α 和 β 为标量，因此，$\underline{\mathbf{P}}\cdot\boldsymbol{Q}\cdot\underline{\mathbf{P}}^{-1}\in\mathcal{O}^*$。这说明除了体积扩容外，沿占优方向的拉伸也不改变材料的对称性。

注意：根据式 (1.249) 及前面的描述，镜面反射变换 $\boldsymbol{R}(\boldsymbol{i})$ 只能由绕其法线 $\boldsymbol{i}$ (与 $\boldsymbol{k}$ 轴正交) 的转动变换和中心反演变换 $-\boldsymbol{I}$ 组成，并不能由子群 $\mathcal{O}^*$ 中的转动变换 (绕 $\boldsymbol{k}$ 轴) 和中心反演变换 $-\boldsymbol{I}$ 组成，因此，对称群中除了 $-\boldsymbol{I}$ 以外还必须包含 $\boldsymbol{R}(\boldsymbol{i})$ 在内。顺便指出：横观各向同性材料一个更直观的例子是，各向同性的薄板沿厚度方向黏结起来，厚度方向由于板与板之间的界面存在，其力学性质不同于板面方向，板厚度方向便是宏观材料的占优方向。

若纤维复合材料是由基体和两簇相互正交的纤维组成，这两簇正交纤维方向为占优方向，它们的力学性质可以各不相同，剩下与纤维正交的第三方向也是占优方向，其力学性质由基体材料决定，从而三个正交占优方向的力学性质各不相同。这三个正交占优方向用三个矢量轴 $\{\boldsymbol{i},\ \boldsymbol{j},\ \boldsymbol{k}\}$ 表示，它们构成三个正交平面，力学性质相对这三个正交的平面对称，考虑到反射变换的性质，见式 (1.240) 及后面的说明，因此说，这类物质的对称群是分别以三个相互正交矢量轴 $\{\boldsymbol{i},\ \boldsymbol{j},\ \boldsymbol{k}\}$ 为法线的镜面反射变换 $\boldsymbol{R}(\boldsymbol{i})$、$\boldsymbol{R}(\boldsymbol{j})$ 和 $\boldsymbol{R}(\boldsymbol{k})$ 以及中心反演变换 $-\boldsymbol{I}$ 所构成。注意：这三个反射变换又可看作绕轴 $\{\boldsymbol{i},\ \boldsymbol{j},\ \boldsymbol{k}\}$ 进行角度 π 的转动 $\boldsymbol{Q}(\pi\boldsymbol{i})$，$\boldsymbol{Q}(\pi\boldsymbol{j})$，$\boldsymbol{Q}(\pi\boldsymbol{k})$ 和中心反演组成，见式 (1.249) 及前面的说明。这类材料称之为正交各向异性材料。

如果纤维复合材料是由基体和三簇相互正交的纤维组成，而且三簇纤维的力学性质完全相同，则称该材料是立方对称性，或者说，立方对称性材料的对称群是由绕三个相互正交矢量轴 $\{\boldsymbol{i},\ \boldsymbol{j},\ \boldsymbol{k}\}$ 进行角度 $\pi/2$ 的转动 $\boldsymbol{Q}\left(\dfrac{\pi}{2}\boldsymbol{i}\right)$，$\boldsymbol{Q}\left(\dfrac{\pi}{2}\boldsymbol{j}\right)$，$\boldsymbol{Q}\left(\dfrac{\pi}{2}\boldsymbol{k}\right)$ 和中心反演变换 $-\boldsymbol{I}$ 所构成。

需要强调指出：固体物质无论具有哪种特定的各向异性，根据 7.4 节的分析，对于任何属于该各向异性对称群的正交张量 $\boldsymbol{Q}$，它的本构响应泛函都应满足式 (7.38)，即当自变量，包括两点张量——变形梯度 $\boldsymbol{F}$，按 $\boldsymbol{Q}\cdot(\quad)\cdot\boldsymbol{Q}^{\mathrm{T}}$ 的方式进行变换，相应的响应函数也按同样的方式进行变换，这时，称响应泛函为同样名称的各向异性函数，或者说，如果固体物质具有某种特定的对称性，则描述本构响应的泛函应具有相同的对称性，这就是所谓的 Neumman 原理。

7.5.4　流晶

存在一类物质，它的对称群既不是单位模群也不属于正交群，即

$$\mathcal{G} \neq \mathcal{U} \quad 及 \quad \mathcal{G} \not\subset \mathcal{O} \tag{7.66}$$

所以，它既不是流体，也不是固体，称之为流晶。

考察由下式定义的群

$$\mathcal{L}(\boldsymbol{e}) = \mathcal{L}\{\underline{\mathbf{H}} \in \mathcal{U} : \underline{\mathbf{H}} \cdot \boldsymbol{e} = \pm \boldsymbol{e}, \text{对于单位矢量 } \boldsymbol{e}\} \tag{7.67}$$

它具有式 (7.66) 定义的性质，下面进行说明。令 $\boldsymbol{e} = \boldsymbol{e}_1$，张量

$$\begin{bmatrix} 1 & 0 & 0 \\ 1 & 1 & 0 \\ 0 & 0 & 1 \end{bmatrix}$$

它的模为 1，属于单位模群 $\mathcal{U}$，但它将 $\boldsymbol{e}_1$ 变换为 $\boldsymbol{e}_1 + \boldsymbol{e}_2$，说明它不属于 $\boldsymbol{\mathcal{L}}(\boldsymbol{e})$，因此，$\mathcal{L}(\boldsymbol{e}) \neq \mathcal{U}$；然而，单位模张量

$$\underline{\mathbf{H}} = \begin{bmatrix} 1 & 0 & 1 \\ 0 & 1 & 0 \\ 0 & 0 & 1 \end{bmatrix} \tag{7.68}$$

它的模仍然为 1，将 $\boldsymbol{e}_1$ 变换为 $\boldsymbol{e}_1$，因此，它属于 $\mathcal{L}(\boldsymbol{e})$，但它并不是正交张量，因为 $\underline{\mathbf{H}} \cdot \underline{\mathbf{H}}^{\mathrm{T}} \neq \boldsymbol{I}$，从而，$\mathcal{L}(\boldsymbol{e}) \not\subset \mathcal{O}$。

下面我们将找到一种以 $\mathcal{L}(\boldsymbol{e})$ 为对称群的物质，比如，若物质具有如下形式本构方程

$$\boldsymbol{\sigma} = \alpha\,(\boldsymbol{F} \cdot \boldsymbol{e}) \otimes (\boldsymbol{F} \cdot \boldsymbol{e}) \tag{7.69}$$

它的对称群 $\mathcal{G} = \mathcal{L}(\boldsymbol{e})$。

证明　首先，设 $\underline{\mathbf{H}} \in \mathcal{L}(\boldsymbol{e})$，考虑到式 (7.67)，则

$$\boldsymbol{\sigma}\,(\boldsymbol{F} \cdot \underline{\mathbf{H}}) = \alpha\,(\boldsymbol{F} \cdot \underline{\mathbf{H}} \cdot \boldsymbol{e}) \otimes (\boldsymbol{F} \cdot \underline{\mathbf{H}} \cdot \boldsymbol{e}) = \alpha\,(\boldsymbol{F} \cdot \boldsymbol{e}) \otimes (\boldsymbol{F} \cdot \boldsymbol{e}) = \boldsymbol{\sigma}\,(\boldsymbol{F}) \tag{7.70}$$

所以有 $\mathcal{L}(\boldsymbol{e})\subset \mathcal{G}$。

其次，若 $\underline{\mathbf{H}} \in \mathcal{G}$，上式成立，可导出 $\underline{\mathbf{H}}\cdot\boldsymbol{e} = \pm\boldsymbol{e}$，即 $\mathcal{G} \subset\mathcal{L}(\boldsymbol{e})$，从而 $\mathcal{G} = \mathcal{L}(\boldsymbol{e})$。对上式中间等式进行整理可得

$$\boldsymbol{F}\cdot\underline{\mathbf{H}}\cdot\boldsymbol{e}\otimes\boldsymbol{e}\cdot\underline{\mathbf{H}}^{\mathrm{T}}\cdot\boldsymbol{F}^{\mathrm{T}} = \boldsymbol{F}\cdot\boldsymbol{e}\otimes\boldsymbol{e}\cdot\boldsymbol{F}^{\mathrm{T}} \tag{7.71}$$

就有

$$\underline{\mathbf{H}}\cdot\boldsymbol{e}\otimes\boldsymbol{e}\cdot\underline{\mathbf{H}}^{\mathrm{T}} = \boldsymbol{e}\otimes\boldsymbol{e} \tag{7.72}$$

两边单点积 $\boldsymbol{e}$，则

$$(\boldsymbol{e}\cdot\underline{\mathbf{H}}\cdot\boldsymbol{e})\underline{\mathbf{H}}\cdot\boldsymbol{e} = \boldsymbol{e} \tag{7.73}$$

令 $\boldsymbol{e}\cdot\underline{\mathbf{H}}\cdot\boldsymbol{e} = \beta$，上式变为 $\underline{\mathbf{H}}\cdot\boldsymbol{e} = \dfrac{\boldsymbol{e}}{\beta}$，再两边点积 $\boldsymbol{e}$ 得 $\beta^2 = 1$，因此，$\underline{\mathbf{H}}\cdot\boldsymbol{e} = \pm\boldsymbol{e}$，得证。♦♦

下面讨论本构方程为式 (7.69) 的流晶物质的性质。设矢量 $\boldsymbol{u}$，$\boldsymbol{v}$ 是位于法线为 $\boldsymbol{e}$ 的平面上的任意两个矢量，当 $\underline{\mathbf{H}} \in \mathcal{L}(\boldsymbol{e})$，矢量 $\boldsymbol{u}$ 和 $\boldsymbol{v}$ 经 $\underline{\mathbf{H}}$ 变换后所得的矢量 $\underline{\mathbf{H}}\cdot\boldsymbol{u}$ 和 $\underline{\mathbf{H}}\cdot\boldsymbol{v}$，虽然大小和方向都发生了改变，但可以证明它们仍然位于法线为 $\boldsymbol{e}$ 的平面上，且构成的平行四边形的面积保持不变

$$(\underline{\mathbf{H}}\cdot\boldsymbol{u})\cdot\boldsymbol{e} = (\boldsymbol{e}\cdot\underline{\mathbf{H}})\cdot\boldsymbol{u} = \pm\boldsymbol{e}\cdot\boldsymbol{u} = 0 \tag{7.74a}$$

$$[\underline{\mathbf{H}}\cdot\boldsymbol{e},\underline{\mathbf{H}}\cdot\boldsymbol{u},\underline{\mathbf{H}}\cdot\boldsymbol{v}] = [\boldsymbol{e},\underline{\mathbf{H}}\cdot\boldsymbol{u},\underline{\mathbf{H}}\cdot\boldsymbol{v}] = \det\underline{\mathbf{H}}\,[\boldsymbol{e},\boldsymbol{u},\boldsymbol{v}] = [\boldsymbol{e},\boldsymbol{u},\boldsymbol{v}] \tag{7.74b}$$

上式中应用了式 (1.123c)，所以有 $[\boldsymbol{e},\underline{\mathbf{H}}\cdot\boldsymbol{u},\underline{\mathbf{H}}\cdot\boldsymbol{v}] = [\boldsymbol{e},\boldsymbol{u},\boldsymbol{v}]$，结合式 (1.22)，由此可导出

$$|\underline{\mathbf{H}}\cdot\boldsymbol{u}\times\underline{\mathbf{H}}\cdot\boldsymbol{v}| = |\boldsymbol{u}\times\boldsymbol{v}| \tag{7.75}$$

即经 $\underline{\mathbf{H}}$ 变换后，面积保持不变，等价于剪切变形。由于 $\underline{\mathbf{H}} \in \mathcal{G}$，这意味着对于在以 $\boldsymbol{e}$ 为法线的平面内产生等面积的变换，本构响应函数保持不变，因此，在该平面内显示出流体的性质。

7.6 物质内部约束

在许多重要的应用问题中，物质的变形受到某种形式的内在约束和限制。例如，物质由于内部结构的原因沿某特定方向长度几乎不允许发生变化，或者说，沿特定方向长度发生很小的改变将引起相对大的应力，因此，当应力并不足够大时，这种变形完全可忽略，从而形成变形约束假定。具体如高分子材料，其分子之间通过共价键结合，沿分子链轴方向几乎不可伸长 (Chen et al., 1996)；又例如，材料的大变形过程往往发生在不可压缩或接近不可压缩条件下，比如橡胶材料。这

种内在的变形约束假定可为材料实际行为模拟提供很好的近似，同时使得变形的独立分量减少，从而使问题在数学上得到简化。既然变形受到约束，那么物体必然提供相应的约束反力，这种反力本质上不能通过本构方程来确定，所以原先的决定性原理必须予以修改。

不妨假设变形约束可通过一个标量值函数来表示，使得对于所有可能的变形都有

$$\Phi\left(\boldsymbol{F}(s)\right)=0 \quad (0\leqslant s\leqslant t) \tag{7.76}$$

由于 Φ 是描述物质变形性质的函数，是本构方程的一部分，因此，它也应遵守标架无差异原理

$$\Phi\left(\boldsymbol{F}(s)\right)=\Phi\left(\boldsymbol{Q}\cdot\boldsymbol{F}(s)\right) \quad (0\leqslant s\leqslant t) \tag{7.77}$$

选取 $\boldsymbol{Q}=\boldsymbol{R}^{\mathrm{T}}(s)$，则有

$$\Phi\left(\boldsymbol{F}(s)\right)=\Phi\left(\boldsymbol{U}(s)\right)=\Phi_C\left(\boldsymbol{C}(s)\right) \quad (0\leqslant s\leqslant t) \tag{7.78}$$

假设约束函数可导，上面的约束方程可用率形式表示为

$$\frac{\partial\Phi_C\left(\boldsymbol{C}\right)}{\partial\boldsymbol{C}}:\dot{\boldsymbol{C}}=0 \tag{7.79}$$

由于 $\Phi_C\left(\boldsymbol{C}\right)=0$ 可看作是 6 维空间的曲面，$\dfrac{\partial\Phi_C\left(\boldsymbol{C}\right)}{\partial\boldsymbol{C}}$ 是曲面的法线方向，上式要求右 Cauchy-Green 变形率 $\dot{\boldsymbol{C}}$ 必须沿着曲面的切平面，离开切平面的运动都是不可能的。

提供运动约束的反力不能通过本构方程确定，通常假定当前时刻的 Cauchy 应力由两部分组成：变形梯度历史 $\boldsymbol{F}(s)$ 确定的应力 $\boldsymbol{\sigma}_F$，以及在所有遵循约束的变形中不做功的约束反力 $\boldsymbol{\sigma}_R$，即

$$\boldsymbol{\sigma}=\boldsymbol{\sigma}_F+\boldsymbol{\sigma}_R \tag{7.80}$$

式中 $\boldsymbol{\sigma}_F$ 由变形梯度历史的泛函 $\boldsymbol{\mathcal{F}}$ 给出，并遵循标架无差异原理，因此，应满足式 (7.19)

$$\boldsymbol{\sigma}_F=\boldsymbol{R}(t)\cdot\boldsymbol{\mathcal{F}}\left(\boldsymbol{U}(s)\big|_{s=0}^{t}\right)\cdot\boldsymbol{R}(t)^{\mathrm{T}} \tag{7.81}$$

而约束反力 $\boldsymbol{\sigma}_R$ 在所有遵循约束的运动变形上做功为零

$$\boldsymbol{\sigma}_R:\boldsymbol{d}=0 \tag{7.82}$$

其中变形率 $\boldsymbol{d}$ 与 $\dot{\boldsymbol{C}}$ 的关系是

$$\boldsymbol{d}=\frac{1}{2}\boldsymbol{F}^{-\mathrm{T}}\cdot\dot{\boldsymbol{C}}\cdot\boldsymbol{F}^{-1}=\frac{1}{2}\left(\boldsymbol{F}^{-\mathrm{T}}\boxtimes\boldsymbol{F}^{-\mathrm{T}}\right):\dot{\boldsymbol{C}}$$

上式采用了式 (1.302) 定义的记法，上面两式结合起来并使用式 (1.308) 的第二式，有

$$\boldsymbol{\sigma}_R : \left(\boldsymbol{F}^{-\mathrm{T}} \boxtimes \boldsymbol{F}^{-\mathrm{T}}\right) : \dot{\boldsymbol{C}} = \left(\boldsymbol{F}^{-1} \cdot \boldsymbol{\sigma}_R \cdot \boldsymbol{F}^{-\mathrm{T}}\right) : \dot{\boldsymbol{C}} = 0 \tag{7.83}$$

式 (7.79) 和上式都可看作是两个 6 维矢量的点积为零，即两个 6 维矢量相互正交，也就是 $\dfrac{\partial \Phi_C(\boldsymbol{C})}{\partial \boldsymbol{C}}$ 和 $\boldsymbol{F}^{-1} \cdot \boldsymbol{\sigma}_R \cdot \boldsymbol{F}^{-\mathrm{T}}$ 都与 $\dot{\boldsymbol{C}}$ 正交，因此，它们两者必须相互平行

$$\boldsymbol{F}^{-1} \cdot \boldsymbol{\sigma}_R \cdot \boldsymbol{F}^{-\mathrm{T}} = \alpha \frac{\partial \Phi_C(\boldsymbol{C})}{\partial \boldsymbol{C}} \tag{7.84}$$

式中 α 是未知的比例系数 (标量)，反映约束反力的大小，它不能由本构方程确定，它只能在具体边值问题的求解中通过运动方程确定。

将式 (7.80) 后拉到参考构形，并考虑到式 (7.84)，得本构方程使用第二 P-K 应力分解表示为

$$\boldsymbol{S} = \boldsymbol{S}_F + \boldsymbol{S}_R \tag{7.85}$$

式中由变形梯度历史确定的应力 $\boldsymbol{S}_F$ 和约束反力 $\boldsymbol{S}_R$ 分别为

$$\boldsymbol{S}_F = J\boldsymbol{F}^{-1} \cdot \boldsymbol{\sigma}_F \cdot \boldsymbol{F}^{-\mathrm{T}} \tag{7.86a}$$

$$\boldsymbol{S}_R = J\boldsymbol{F}^{-1} \cdot \boldsymbol{\sigma}_R \cdot \boldsymbol{F}^{-\mathrm{T}} = \alpha J \frac{\partial \Phi_C(\boldsymbol{C})}{\partial \boldsymbol{C}} \tag{7.86b}$$

结合式 (7.86) 和式 (7.83)，得 $\boldsymbol{S}_R$ 对所有遵循约束的变形都不做功，即

$$\boldsymbol{S}_R : \dot{\boldsymbol{C}} = 0$$

如果物质存在多个内在约束，每个约束由不同的标量函数所表示，即 $\Phi_C^i(\boldsymbol{C}(s)) = 0$ $(0 \leqslant s \leqslant t;\ i = 1, 2, \cdots, n)$，那么，约束反力可表示为

$$\boldsymbol{S}_R = \sum_{i=1}^{n} \alpha^i J \frac{\partial \Phi_C^i(\boldsymbol{C})}{\partial \boldsymbol{C}} \tag{7.87}$$

下面针对几种约束实例进行具体分析。

1. 不可压缩

不可压缩条件为 $J=1$，即

$$\Phi_C(\boldsymbol{C}) = J - 1 = 0$$

考虑到 $J = \sqrt{\det \boldsymbol{C}}$，结合式 (2.49)，有

$$\frac{\partial J}{\partial \boldsymbol{C}} = \frac{1}{2} J \boldsymbol{C}^{-1} \tag{7.88}$$

于是，根据式 (7.84)，约束反力为

$$\boldsymbol{\sigma}_R = \frac{1}{2}\alpha J\boldsymbol{I} \tag{7.89}$$

是球形张量，将 α 与式 (5.175) 第二式定义的静水压力 p 联系起来通常会比较方便，比如让

$$p = -\frac{1}{2}\alpha J \quad \Rightarrow \quad \boldsymbol{\sigma}_R = -p\boldsymbol{I}$$

这实质上是：将 $\boldsymbol{\sigma}_F$ 中的静水压力部分与约束反力 $\boldsymbol{\sigma}_R$ 合并起来，或者说，让 $\boldsymbol{\sigma}_F$ 是式 (5.175) 第一式所定义的偏量 $\boldsymbol{\sigma}'$，满足

$$\mathrm{tr}\boldsymbol{\sigma}_F = \boldsymbol{\sigma}_F : \boldsymbol{I} = 0 \tag{7.90}$$

将它们后拉到参考构形，得

$$\boldsymbol{S}_R = -pJ\boldsymbol{C}^{-1}, \quad \boldsymbol{S}_F : \boldsymbol{C} = 0 \tag{7.91}$$

这意味着 $\boldsymbol{S}_F$ 是式 (5.178b) 所定义的偏量 $\boldsymbol{S}'$。注意：式 (7.88) ~ 式 (7.91) 所有式子中的 J=1。

2. 特定方向不可伸长

在高分子材料中，沿分子链方向几乎不可伸长，纤维加筋复合材料沿纤维方向，若纤维相对基体材料的刚度很大，也可认为不可伸长。设参考构形中物质点 $\boldsymbol{X}$ 处纤维的切线方向为 $\boldsymbol{a}$，不可伸长条件意味着

$$\varPhi_C(\boldsymbol{C}) = \boldsymbol{a}\cdot\boldsymbol{C}\cdot\boldsymbol{a} = \mathrm{const} \tag{7.92}$$

在这种情况下

$$\frac{\partial \varPhi_C(\boldsymbol{C})}{\partial \boldsymbol{C}} = \boldsymbol{a}\otimes\boldsymbol{a} \tag{7.93}$$

代入式 (7.84)，得约束反力

$$\boldsymbol{\sigma}_R = \alpha(\boldsymbol{F}\cdot\boldsymbol{a})\otimes(\boldsymbol{F}\cdot\boldsymbol{a})$$

$\boldsymbol{F}\cdot\boldsymbol{a}$ 是当前构形中纤维的切线方向，因此，$\boldsymbol{\sigma}_R$ 是纤维切线方向的拉力，将它后拉到参考构形，得

$$\boldsymbol{S}_R = \alpha J\boldsymbol{a}\otimes\boldsymbol{a}$$

7.7 本构响应泛函针对不同物质性质的进一步简化

前面讲到,简单物质的本构关系取决于当前构形的变形及以前的变形历史,因此,需要通过泛函来表示。然而,使用泛函表示的本构关系通常只有理论上的意义,虽然,在 7.3 节根据标架无差异原理作出了一定程度的简化,但还是难以用来描述具体物质的力学行为,这就需要针对不同加载条件下的不同物质,提出某些假设使本构响应泛函形式得到更进一步的简化。

7.7.1 无记忆的弹性物质——状态函数型

弹性物质是一种对过去的历史完全没有记忆的物质,它当前的应力只由当前的变形梯度唯一确定,而与过去的变形历史无关,因此,应力可表达为变形梯度的函数

$$\boldsymbol{\sigma}=\boldsymbol{K}(\boldsymbol{F}) \tag{7.94}$$

式中 $\boldsymbol{K}$ 是响应函数,它不再是泛函。将满足上式的物质称为 Cauchy 物质。使用标架无差异原理导出的一般表达式 (7.18) 和相应的简化式 (7.19),则本构响应函数应满足

$$\boldsymbol{Q}\cdot\boldsymbol{K}(\boldsymbol{F})\cdot\boldsymbol{Q}^{\mathrm{T}}=\boldsymbol{K}(\boldsymbol{Q}\cdot\boldsymbol{F}),\quad \forall\boldsymbol{Q}\in\mathcal{O}^{+} \tag{7.95}$$

据此本构方程可进一步表示为

$$\boldsymbol{\sigma}=\boldsymbol{R}\cdot\boldsymbol{K}(\boldsymbol{U})\cdot\boldsymbol{R}^{\mathrm{T}} \tag{7.96}$$

注意:$\boldsymbol{K}$ 取决于参考构形的选择,所以说它是相对某个特定参考构形 (比如说 $\mathscr{B}_0$) 的响应函数,选取一个新的参考构形 $\mathscr{B}_\kappa$,若它是 $\mathscr{B}_0$ 经过 $\underline{\mathbf{P}}$ 变换得到的,则相对 $\mathscr{B}_\kappa$ 的变形梯度 $\boldsymbol{F}_\kappa$ 满足 $\boldsymbol{F}_\kappa=\boldsymbol{F}\cdot\underline{\mathbf{P}}^{-1}$,使用 $\boldsymbol{K}_\kappa$ 表示相对构形 $\mathscr{B}_\kappa$ 的响应函数,于是,物质性质的参考构形无关形式 (7.16) 可写成

$$\boldsymbol{K}_\kappa(\boldsymbol{F}_\kappa)=\boldsymbol{K}(\boldsymbol{F})\quad 或\quad \boldsymbol{K}_\kappa\left(\boldsymbol{F}\cdot\underline{\mathbf{P}}^{-1}\right)=\boldsymbol{K}(\boldsymbol{F}) \tag{7.97}$$

对任意的变形梯度 $\boldsymbol{F}$ 都应成立,这规定了不同参考构形上响应函数之间的关系。

式 (7.96) 定义的 Cauchy 弹性材料,虽然其应力完全由变形状态唯一确定,与过去的变形历史无关,但这并不能保证应力在变形上所做的内力功与变形历史 (由于应力和变形一一对应,也是应力历史,通常称应力路径) 无关,或者说,并不能保证在加载和卸载的应力 (变形) 循环过程中能量可逆,从而存在能量耗散。若不产生能量耗散,则要求内力功是路径无关的,或者说仅取决于状态,内力功全部转化为弹性应力能储存在物体内,满足这种性质的材料称之为 Green 弹性,也称超弹性,关于超弹性材料的详细讨论见第 8 章。

7.7.2 有限记忆的黏弹性物质——微分型

简单物质本构关系的一般表达式为式 (7.19)，可写成

$$\boldsymbol{R}(t)^{\mathrm{T}} \cdot \boldsymbol{\sigma} \cdot \boldsymbol{R}(t) = \boldsymbol{\mathcal{F}}\left(\boldsymbol{U}(s)\big|_{s=0}^{t}\right) \tag{7.98}$$

当 s 接近于 t 时，可对右伸长张量 $\boldsymbol{U}$ 相对当前时刻 t 作如下 Taylor 展开

$$\boldsymbol{U}(s) = \boldsymbol{U}(t) + \boldsymbol{D}_{(1)}(t)(s-t) + \frac{1}{2}\boldsymbol{D}_{(2)}(t)(s-t)^2 + \cdots + \frac{1}{n!}\boldsymbol{D}_{(n)}(t)(s-t)^n \tag{7.99}$$

式中

$$\boldsymbol{D}_{(k)}(t) = \frac{\mathrm{D}^k}{\mathrm{D}t^k}\boldsymbol{U}(t) \quad (k = 1, 2, \cdots, n) \tag{7.100}$$

是右伸长张量的 k 阶物质时间导数。

有一类有限记忆物质，它的应力状态只依赖非常临近于当前时刻 t 的变形历史，根据式 (7.99)，这就是说，应力状态只依赖于在 t 时刻的伸长张量及有限阶物质时间导数，这时，本构关系的一般形式简化为

$$\boldsymbol{R}(t)^{\mathrm{T}} \cdot \boldsymbol{\sigma} \cdot \boldsymbol{R}(t) = \boldsymbol{K}\left(\boldsymbol{D}_{(1)}(t), \boldsymbol{D}_{(2)}(t), \cdots, \boldsymbol{D}_{(n)}(t), \boldsymbol{U}(t)\right) \tag{7.101}$$

注意，这里本构响应函数 $\boldsymbol{K}$ 不再是泛函。当上式右边与 $\boldsymbol{U}(t)$ 的各阶物质时间导数 $\boldsymbol{D}_{(k)}(t)$ 无关时，上式退化为弹性本构关系，上式取决于应变率 $\boldsymbol{D}_{(k)}(t)$，是物质中存在黏性所致，因此，上式是黏弹性物质本构方程的微分型一般表达。

前面分析给出，简单物质的本构方程可等价地使用以当前构形作为参考构形的式 (7.23) 表示，下面以式 (7.23) 为基础给出类似于式 (7.101) 的表达式。

式 (7.23) 中由相对当前构形的变形梯度 $\boldsymbol{F}_t(s)=\boldsymbol{F}(s)\cdot\boldsymbol{F}^{-1}(t)$ (见式 (7.20)) 所定义的右 Cauchy-Green 变形张量是

$$\boldsymbol{C}_t(s) = \boldsymbol{F}_t^{\mathrm{T}}(s) \cdot \boldsymbol{F}_t(s) \tag{7.102}$$

为给出它的级数展开，需求它在 $s = t$ 时刻的 k 阶物质时间导数，记作 $\boldsymbol{A}_{(k)}(t)$，称为 k 阶 Rivlin-Ericksen 张量

$$\boldsymbol{A}_{(k)}(t) = \frac{\mathrm{D}^k}{\mathrm{D}s^k}\boldsymbol{C}_t(s)\bigg|_{s=t} \tag{7.103}$$

使用定义式，则有

$$\begin{aligned}\boldsymbol{A}_{(k)}(t) &= \frac{\mathrm{D}^k}{\mathrm{D}s^k}\left(\boldsymbol{F}(t)^{-\mathrm{T}} \cdot \boldsymbol{F}^{\mathrm{T}}(s) \cdot \boldsymbol{F}(s) \cdot \boldsymbol{F}(t)^{-1}\right)\bigg|_{s=t} \\ &= \boldsymbol{F}(t)^{-\mathrm{T}} \cdot \frac{\mathrm{D}^k}{\mathrm{D}s^k}\boldsymbol{C}(s) \cdot \boldsymbol{F}(t)^{-1}\bigg|_{s=t}\end{aligned} \tag{7.104}$$

上式说明：Rivlin-Ericksen 张量是右 Cauchy-Green 变形张量 $\boldsymbol{C}$ 求 k 阶物质时间导数后协变型前推到当前构形中。实际上，它反映了线元平方的 k 阶物质时间导数，因为

$$\begin{aligned}\frac{\mathrm{D}^k}{\mathrm{D}t^k}\left(|\mathrm{d}\boldsymbol{x}|^2\right) &= \frac{\mathrm{D}^k}{\mathrm{D}t^k}\left(\mathrm{d}\boldsymbol{X}\cdot\boldsymbol{C}(t)\cdot\mathrm{d}\boldsymbol{X}\right)\\ &= \mathrm{d}\boldsymbol{X}\cdot\frac{\mathrm{D}^k}{\mathrm{D}t^k}\boldsymbol{C}(t)\cdot\mathrm{d}\boldsymbol{X} = \mathrm{d}\boldsymbol{x}\cdot\boldsymbol{F}^{-\mathrm{T}}\cdot\frac{\mathrm{D}^k}{\mathrm{D}t^k}\boldsymbol{C}(t)\cdot\boldsymbol{F}^{-1}\cdot\mathrm{d}\boldsymbol{x}\\ &= \mathrm{d}\boldsymbol{x}\cdot\boldsymbol{A}_{(k)}\cdot\mathrm{d}\boldsymbol{x}\end{aligned} \tag{7.105}$$

当 k=1 时，$\boldsymbol{A}_{(1)}(t)$=2$\boldsymbol{d}$。

作类似于式 (7.99) 的级数展开

$$\boldsymbol{C}_t(s)\approx\boldsymbol{I}+\boldsymbol{A}_{(1)}(t)(t-s)+\frac{1}{2}\boldsymbol{A}_{(2)}(t)(t-s)^2+\cdots+\frac{1}{n!}\boldsymbol{A}_{(n)}(t)(t-s)^n \tag{7.106}$$

注意：根据定义有 $\boldsymbol{C}_t(t)=\boldsymbol{I}$。

利用 $\hat{\boldsymbol{\sigma}}$ 和 $\hat{\boldsymbol{C}}_t(s)$ 的定义式 (6.92) 和式 (7.24) 并结合式 (7.106)，本构方程式 (7.23) 可表达为

$$\boldsymbol{R}(t)^{\mathrm{T}}\cdot\boldsymbol{\sigma}\cdot\boldsymbol{R}(t)=\boldsymbol{K}\left(\hat{\boldsymbol{A}}_{(1)}(t),\hat{\boldsymbol{A}}_{(2)}(t),\cdots,\hat{\boldsymbol{A}}_{(n)}(t),\boldsymbol{C}(t)\right) \tag{7.107}$$

其中

$$\hat{\boldsymbol{A}}_{(n)}(t)=\boldsymbol{R}^{\mathrm{T}}\cdot\boldsymbol{A}_{(n)}(t)\cdot\boldsymbol{R}$$

若物质为各向同性，直接以式 (7.47) 为基础，采用上面的推演方法，将本构方程简化为

$$\boldsymbol{\sigma}=\boldsymbol{K}_S\left(\boldsymbol{A}_{(1)}(t),\boldsymbol{A}_{(2)}(t),\cdots,\boldsymbol{A}_{(k)}(t),\boldsymbol{b}(t)\right) \tag{7.108}$$

这样的物质称为 Rivlin-Ericksen 物质。

若 Rivlin-Ericksen 物质为流体，由于流体对于任意的等容的参考构形它都是各向同性，则应以式 (7.51) 为基础，将本构方程简化为

$$\boldsymbol{\sigma}=\boldsymbol{K}_F\left(\boldsymbol{A}_{(1)}(t),\boldsymbol{A}_{(2)}(t),\cdots,\boldsymbol{A}_{(k)}(t),\rho(t)\right) \tag{7.109}$$

比较上面两个式子可知，各向同性固体和流体都取决于与运动相关的 Rivlin-Ericksen 张量 (本质为各阶应变率张量，当处于静止状态时这些张量全为零)，差别就体现在最后一个物理量，前者取决于当前的左 Cauchy-Green 变形张量，后者仅取决于密度，这两个物理量都是静止 (弹性) 状态的变形量，因此，各向同性固体和流体在静止 (弹性) 状态的本构响应将显著不同。

由于为各向同性，上述本构函数 $\boldsymbol{K}_S$ 和 $\boldsymbol{K}_F$ 都应为各向同性张量值函数，分别满足

$$
\begin{aligned}
&\boldsymbol{Q}\cdot\boldsymbol{K}_S\left(\boldsymbol{A}_{(1)}(t),\boldsymbol{A}_{(2)}(t),\cdots,\boldsymbol{A}_{(k)}(t),\boldsymbol{b}(t)\right)\cdot\boldsymbol{Q}^{\mathrm{T}}\\
=&\boldsymbol{K}_S\left(\boldsymbol{Q}\cdot\boldsymbol{A}_{(1)}(t)\cdot\boldsymbol{Q}^{\mathrm{T}},\boldsymbol{Q}\cdot\boldsymbol{A}_{(2)}(t)\cdot\boldsymbol{Q}^{\mathrm{T}},\cdots,\boldsymbol{Q}\cdot\boldsymbol{A}_{(k)}(t)\cdot\boldsymbol{Q}^{\mathrm{T}},\boldsymbol{Q}\cdot\boldsymbol{b}(t)\cdot\boldsymbol{Q}^{\mathrm{T}}\right)\\
&\boldsymbol{Q}\cdot\boldsymbol{K}_F\left(\boldsymbol{A}_{(1)}(t),\boldsymbol{A}_{(2)}(t),\cdots,\boldsymbol{A}_{(k)}(t),\rho(t)\right)\cdot\boldsymbol{Q}^{\mathrm{T}}\\
=&\boldsymbol{K}_F\left(\boldsymbol{Q}\cdot\boldsymbol{A}_{(1)}(t)\cdot\boldsymbol{Q}^{\mathrm{T}},\boldsymbol{Q}\cdot\boldsymbol{A}_{(2)}(t)\cdot\boldsymbol{Q}^{\mathrm{T}},\cdots,\boldsymbol{Q}\cdot\boldsymbol{A}_{(k)}(t)\cdot\boldsymbol{Q}^{\mathrm{T}},\rho(t)\right)
\end{aligned}
$$

对于流体，若取一阶近似，并考虑到 $\boldsymbol{A}_{(1)}(t)=2\boldsymbol{d}$，则本构方程简化为

$$\boldsymbol{\sigma}=\boldsymbol{K}_F\left(2\boldsymbol{d},\rho(t)\right) \tag{7.110}$$

即 Cauchy 应力取决于变形率和密度。这与式 (7.57) 后的定性分析一致。

7.7.3　记忆衰退与有限线性黏弹性物质——积分型

设想物质具有无限长的记忆能力，能记住当前时刻及以前的全部变形历史，比如塑性物质就是这样，这时，本构响应泛函可通过积分多项式表达 (王自强，2000)。然而，许多物质都会逐渐忘记遥远过去的变形历史，因此，在适当的条件下，我们有如下的衰退记忆原理：离开当前时刻越远的变形历史对当前构形应力的影响越小，或者说，过去的变形历史对当前状态的影响，会随着时间的往前追溯而逐渐减少。

为表征记忆衰退快慢，引入影响函数 $h(s)(>0)$，它是时间 s 的单调递减函数，若满足

$$\lim_{s\to\infty}s^r h(s)=0$$

称之为 r 阶影响函数，例如，$h(s)=\dfrac{1}{(s+1)^p}$，其阶数 $r<p$，而 $h(s)=\mathrm{e}^{-\beta s}(\beta>0)$，其阶数无穷大。定义一个范数

$$\|\boldsymbol{E}(t)\|=\left(\int_0^t h^2(s)\left|\boldsymbol{E}(t,s)\right|\mathrm{d}s\right)^{1/2} \tag{7.111}$$

式中符号“| |”代表张量的模，定义见式 (2.11)，而

$$\boldsymbol{E}(t,s)=\frac{1}{2}\left(\hat{\boldsymbol{C}}_t(t-s)-\boldsymbol{I}\right)$$

这里为简便起见，省掉了 $\boldsymbol{E}(t,\mathrm{s})$ 上方表征它为共旋物理量的符号“∧”。

基于泛函分析知识，可将式 (7.23) 中的本构响应泛函在静止历史 (永不变形的历史，即 $\boldsymbol{C}_t(t,\ s)=\hat{\boldsymbol{C}}_t(t-s)\equiv\boldsymbol{I}$) 附近展开，所涉及的具体讨论见王自强

(2000)，作为一阶近似，本构响应泛函可表示为关于变形历史 $\boldsymbol{E}(t, s)$ 的线性连续泛函。范数有界的历史 $\boldsymbol{E}(t, s)$ 的集合构成了 Hiber 空间，在该空间中，一切连续线性泛函都能写成内积的形式，所以式 (7.23) 可用如下积分表示

$$\boldsymbol{R}^{\mathrm{T}}(t)\cdot\boldsymbol{\sigma}\cdot\boldsymbol{R}(t)=\boldsymbol{K}(\boldsymbol{C})+\int_0^t \mathbb{M}(s,\boldsymbol{C}(t)):\boldsymbol{E}(t,s)\mathrm{d}s \tag{7.112}$$

式中积分核 $\mathbb{M}(s, \boldsymbol{C}(t))$ 是一个四阶张量，它的"大小"是有界的，要求

$$\int_0^t h^2(s)\left|\mathbb{M}(s,\boldsymbol{C}(t))\right|\mathrm{d}s<\infty \tag{7.113}$$

满足式 (7.112) 的物质称为有限线性黏弹性物质。

7.7.4 内变量型

弹性物质对过去的历史完全没有记忆，其当前的应力只由当前的变形梯度唯一确定，若考虑热力学因素在内，则还应取决于温度，从热力学角度讲，变形梯度和温度一起构成描述热力学状态的状态变量，这些变量是可观察的或是可控的，通常称之为外部变量。

有限记忆物质无论是记忆衰退物质还是有限线性黏弹性物质，它们都具有能量耗散，这类物质通常称为耗散物质，前面介绍了描述它们力学行为的积分型和微分型本构方程。针对耗散物质，也可引入一组额外的内部变量，简称内变量，假定这组内变量能够描述物质内部微结构改变的不可逆作用，变形 (应力) 和温度 (熵) 将取决于这组内变量，内变量的演化间接地刻画了变形历史，这样，热力学状态就由外部变量 (变形梯度和温度) 和内变量的当前值共同决定。这组内变量通常是不可以直接观察或控制的，所以也称为隐藏变量。

通常将内变量当作唯象的概念来使用，在宏观框架下，由应力和变形 (率) 的不变量来定义，假定取决于热力学状态的自由能存在，仅考虑等温情况，即自由能是变形和内变量的状态函数

$$\psi=\psi\left(\boldsymbol{F},\xi_1,\xi_2,\cdots,\xi_n\right) \tag{7.114}$$

式中 ξ_α $(\alpha=1,2,\cdots,n)$ 是一组内变量，它们可以是标量、矢量和张量。使用 Clausius-Duhem 熵不等式 (5.289)，有

$$\left(\boldsymbol{P}-\rho_0\frac{\partial\psi\left(\boldsymbol{F},\xi_\alpha\right)}{\partial\boldsymbol{F}}\right):\dot{\boldsymbol{F}}-\sum_{\alpha=1}^{m}\rho_0\frac{\partial\psi\left(\boldsymbol{F},\xi_\alpha\right)}{\partial\xi_\alpha}\cdot\dot{\xi}_\alpha\geqslant 0 \tag{7.115}$$

按照 Coleman 与 Noll(1964) 建议的步骤，设没有耗散 $\xi_\alpha=0$ $(\alpha=1,2,\cdots,n)$，物质应恢复为弹性，这时上式取等号，因此有

$$\boldsymbol{P}=\rho_0\frac{\partial\psi\left(\boldsymbol{F},\xi_\alpha\right)}{\partial\boldsymbol{F}} \tag{7.116}$$

进而耗散大于零则要求

$$\sum_{\alpha=1}^{m} \varXi_\alpha \cdot \dot{\xi}_\alpha \geqslant 0 \tag{7.117}$$

式中

$$\varXi_\alpha = -\rho_0 \frac{\partial \psi (\boldsymbol{F}, \xi_\alpha)}{\partial \xi_\alpha} \quad (\alpha = 1, 2, \cdots, n) \tag{7.118}$$

是与 ξ_α $(\alpha = 1, 2, \cdots, n)$ 共轭的广义力，也是内变量。为获得闭合的本构方程，还需要建立内变量的演化方程，具体见黏弹性部分和塑性部分。

7.8　各向异性与结构张量

根据 2.6 节的描述，无论是标量值还是张量值的张量函数，如各向同性就要求，对于任意的正交张量 $\boldsymbol{Q} \in \mathcal{O}$，都有

$$\boldsymbol{T}(\boldsymbol{A}) = \boldsymbol{Q}^{-1} \circ \boldsymbol{T}(\boldsymbol{Q} \circ \boldsymbol{A}) \tag{7.119}$$

式中 $\boldsymbol{Q} \circ \boldsymbol{A}$ 代表对张量 $\boldsymbol{A}$ 的正交变换，若 $\boldsymbol{A}$ 是矢量，则

$$\boldsymbol{Q} \circ \boldsymbol{A} = \boldsymbol{Q} \cdot \boldsymbol{A}, \quad \boldsymbol{Q}^{-1} \circ \boldsymbol{A} = \boldsymbol{Q}^{-1} \cdot \boldsymbol{A} \tag{7.120}$$

若 $\boldsymbol{A}$ 是二阶张量，则

$$\boldsymbol{Q} \circ \boldsymbol{A} = \boldsymbol{Q} \cdot \boldsymbol{A} \cdot \boldsymbol{Q}^{\mathrm{T}}, \quad \boldsymbol{Q}^{-1} \circ \boldsymbol{A} = \boldsymbol{Q}^{-1} \cdot \boldsymbol{A} \cdot \boldsymbol{Q}^{-\mathrm{T}} = \boldsymbol{Q}^{\mathrm{T}} \cdot \boldsymbol{A} \cdot \boldsymbol{Q} \tag{7.121}$$

因此，在这两种情况下，式 (7.119) 可写成

$$\boldsymbol{Q} \cdot \boldsymbol{T}(\boldsymbol{A}) = \boldsymbol{T}(\boldsymbol{Q} \cdot \boldsymbol{A}), \quad \text{当 } \boldsymbol{A} \text{ 为矢量时} \tag{7.122a}$$

$$\boldsymbol{Q} \cdot \boldsymbol{T}(\boldsymbol{A}) \cdot \boldsymbol{Q}^{\mathrm{T}} = \boldsymbol{T}\left(\boldsymbol{Q} \cdot \boldsymbol{A} \cdot \boldsymbol{Q}^{\mathrm{T}}\right), \quad \text{当 } \boldsymbol{A} \text{ 为二阶张量时} \tag{7.122b}$$

对于各向异性而言，式 (7.119) 仅对那些属于正交群 $\mathcal{O}$ 的某一特定子群 $\mathcal{O}^*$ 的正交张量 $\boldsymbol{Q}$ 才成立，这时，我们称 $\boldsymbol{T}(\boldsymbol{A})$ 在子群的作用下保持不变。

对于正交群 $\mathcal{O}$ 的某一子群 $\mathcal{O}^*$ 中的正交张量 $\boldsymbol{Q}$，张量 $\boldsymbol{M}$ 若满足下面的变换关系式

$$\boldsymbol{Q} \circ \boldsymbol{M} = \boldsymbol{M} \tag{7.123}$$

则称 $\boldsymbol{M}$ 是子群 $\mathcal{O}^*$ 的不变量，它描述了物质的对称性，又称之为结构张量。例如，对于横观各向同性，它的对称群是绕一个固定矢量轴 $\boldsymbol{k}$ 的所有转动集合 $\{\boldsymbol{Q}(\phi\boldsymbol{k}), 0 \leqslant \phi \leqslant 2\pi\}$ 所构成的正交群子群，在该子群的作用下，张量 $\boldsymbol{k} \otimes \boldsymbol{k}$ 保持不变，因此为横观各向同性的结构张量。

另一方面，对于给定的结构张量 $\boldsymbol{M}$，其相应的对称子群 $\mathcal{O}^*$ 定义为

$$\mathcal{O}^* = \{\boldsymbol{Q} \in \mathcal{O}, \boldsymbol{Q} \circ \boldsymbol{M} = \boldsymbol{M}\} \tag{7.124}$$

张量函数 $\boldsymbol{T}(\boldsymbol{A})$ 在 $\boldsymbol{Q} \in \mathcal{O}^*$ 作用下保持不变 (即式 (7.119) 成立) 的充分必要条件是，存在一个各向同性函数 $\hat{\boldsymbol{T}}(\boldsymbol{A}, \boldsymbol{M})$，使得 $\boldsymbol{T}$ 可表示为

$$\boldsymbol{T}(\boldsymbol{A}) = \hat{\boldsymbol{T}}(\boldsymbol{A}, \boldsymbol{M}) \tag{7.125}$$

该结论称之为各向同性化定理 (Boehler，1978，1979；Liu，1982)。

证明　首先证明必要性，若 $\boldsymbol{T}(\boldsymbol{A})$ 在 $\boldsymbol{Q} \in \mathcal{O}^*$ 作用下保持形式不变即式 (7.119) 成立，则式 (7.125) 必定成立。为此，定义一个张量函数

$$\hat{\boldsymbol{T}}(\boldsymbol{A}, \boldsymbol{t}) = \boldsymbol{Q}^{-1} \circ \boldsymbol{T}(\boldsymbol{Q} \circ \boldsymbol{A}) \tag{7.126}$$

式中 $\boldsymbol{Q} \in \mathcal{O}$ 是任意的正交张量，且

$$\boldsymbol{t} = \boldsymbol{Q}^{-1} \circ \boldsymbol{M} \tag{7.127}$$

当 $\boldsymbol{Q} \in \mathcal{O}^*$，则有 $\boldsymbol{Q}^{-1} \in \mathcal{O}^*$，进一步地 $\boldsymbol{t} = \boldsymbol{Q}^{-1} \circ \boldsymbol{M} = \boldsymbol{M}$ 及 $\hat{\boldsymbol{T}}(\boldsymbol{A}, \boldsymbol{t}) = \hat{\boldsymbol{T}}(\boldsymbol{A}, \boldsymbol{M})$，而这时，根据张量函数 $\boldsymbol{T}(\boldsymbol{A})$ 在 $\boldsymbol{Q} \in \mathcal{O}^*$ 作用下保持不变的对称性条件，式 (7.126) 右边项就是 $\boldsymbol{T}(\boldsymbol{A})$，考虑到 $\boldsymbol{M}$ 是常张量，可写出 $\boldsymbol{T}(\boldsymbol{A}) = \hat{\boldsymbol{T}}(\boldsymbol{A}, \boldsymbol{M})$，故定义式 (7.126) 在 $\boldsymbol{Q} \in \mathcal{O}^*$ 的情况下显然存在。

接下来证明，对于任意的 $\boldsymbol{Q} \in \mathcal{O}$，定义式 (7.126) 都存在。由于 $\boldsymbol{M}$ 是子群 $\mathcal{O}^*$ 的不变量，应存在正交张量 $\boldsymbol{Q}_1 \in \mathcal{O}$ 且 $\boldsymbol{Q}_1 \neq \boldsymbol{Q}$ (比如让 $\boldsymbol{Q}_1 = \boldsymbol{Q}^* \cdot \boldsymbol{Q}$，其中 $\boldsymbol{Q}^* \in \mathcal{O}^*$) 满足

$$\boldsymbol{Q}_1 \circ \boldsymbol{t} = \boldsymbol{M} \tag{7.128}$$

由于

$$\boldsymbol{Q}_1 \circ \boldsymbol{Q}^{-1} \circ \boldsymbol{M} = \boldsymbol{Q}_1 \circ \left(\boldsymbol{Q}^{-1} \circ \boldsymbol{M}\right) = \boldsymbol{Q}_1 \circ \boldsymbol{t} = \boldsymbol{M}$$

故有 $\boldsymbol{Q}_1 \circ \boldsymbol{Q}^{-1} \in \mathcal{O}^*$。然后，再证明定义式 (7.126) 与 $\boldsymbol{Q}$ 无关 (黄筑平，2003)，对于 $\boldsymbol{Q}_1 \circ \boldsymbol{Q}^{-1} \in \mathcal{O}^*$，根据张量函数 $\boldsymbol{T}$ 的对称性条件式 (7.119) 应有

$$\begin{aligned} \boldsymbol{T}(\boldsymbol{Q} \circ \boldsymbol{A}) &= \left(\boldsymbol{Q}_1 \circ \boldsymbol{Q}^{-1}\right)^{-1} \circ \boldsymbol{T}\left(\left(\boldsymbol{Q}_1 \circ \boldsymbol{Q}^{-1}\right) \circ \boldsymbol{Q} \circ \boldsymbol{A}\right) \\ &= \boldsymbol{Q} \circ \boldsymbol{Q}_1^{-1} \circ \boldsymbol{T}(\boldsymbol{Q}_1 \circ \boldsymbol{A}) \end{aligned} \tag{7.129}$$

因此得

$$\boldsymbol{Q}^{-1} \circ \boldsymbol{T}(\boldsymbol{Q} \circ \boldsymbol{A}) = \boldsymbol{Q}_1^{-1} \circ \boldsymbol{T}(\boldsymbol{Q}_1 \circ \boldsymbol{A}) \tag{7.130}$$

从而得证定义式 (7.126) 与 $\boldsymbol{Q}$ 无关，那么，它在 $\boldsymbol{Q} \in \mathcal{O}^*$ 的情况下存在，则在 $\boldsymbol{Q} \in \mathcal{O}$ 的情况下也应存在。

再证明，$\hat{\boldsymbol{T}}(\boldsymbol{A}, \boldsymbol{t}')$ 是以自变量为 $\boldsymbol{A}$ 和 $\boldsymbol{t}'$ 的各向同性函数，其中 $\boldsymbol{t}'$ 为集合 $\{\boldsymbol{Q}^{-1} \circ \boldsymbol{M} : \boldsymbol{Q} \in \mathcal{O}\}$ 的任意元素。由于 $\boldsymbol{t}'$ 是由 $\boldsymbol{M}$ 通过正交变换得到，因此，对于 $\boldsymbol{Q} \in \mathcal{O}$，则存在正交变换 $\boldsymbol{Q}' \in \mathcal{O}^*$，使得 $(\boldsymbol{Q}' \circ \boldsymbol{Q}) \circ \boldsymbol{t}' = \boldsymbol{M}$，将式 (7.126) 中 $\boldsymbol{A}$ 和 $\boldsymbol{t}$ 分别换成 $\boldsymbol{Q} \circ \boldsymbol{A}$ 和 $\boldsymbol{Q} \circ \boldsymbol{t}'$，而其中的 $\boldsymbol{Q}$ 换成 $\boldsymbol{Q}'$，可得

$$\begin{aligned}\boldsymbol{Q}^{-1} \circ \hat{\boldsymbol{T}}(\boldsymbol{Q} \circ \boldsymbol{A}, \boldsymbol{Q} \circ \boldsymbol{t}') &= \boldsymbol{Q}^{-1} \circ (\boldsymbol{Q}')^{-1} \circ \boldsymbol{T}(\boldsymbol{Q}' \circ \boldsymbol{Q} \circ \boldsymbol{A}) \\ &= (\boldsymbol{Q}' \circ \boldsymbol{Q})^{-1} \circ \boldsymbol{T}(\boldsymbol{Q}' \circ \boldsymbol{Q} \circ \boldsymbol{A}) = \hat{\boldsymbol{T}}(\boldsymbol{A}, \boldsymbol{t}')\end{aligned} \tag{7.131}$$

式中最后一个等式是在式 (7.126) 中将 $\boldsymbol{Q}$ 使用 $\boldsymbol{Q}' \circ \boldsymbol{Q}$ 代替并考虑到 $\boldsymbol{t}' = (\boldsymbol{Q}' \circ \boldsymbol{Q})^{-1} \circ \boldsymbol{M}$ 而得到的。根据各向同性函数的定义，则 $\hat{\boldsymbol{T}}(\boldsymbol{A}, \boldsymbol{t}')$ 是以自变量为 $\boldsymbol{A}$ 和 $\boldsymbol{t}'$ 的各向同性函数。从而必要性得证。

最后证明充分性，若式 (7.125) 成立，则张量函数 $\boldsymbol{T}(\boldsymbol{A})$ 在属于对称子群 $\boldsymbol{Q} \in \mathcal{O}^*$ 的正交变换 $\boldsymbol{Q}$ 作用下保持形式不变，即式 (7.119) 成立。利用式 (7.125) 和结构张量 $\boldsymbol{M}$ 的性质式 (7.123)，对于 $\boldsymbol{Q} \in \mathcal{O}^*$，则有

$$\boldsymbol{Q}^{-1} \circ \boldsymbol{T}(\boldsymbol{Q} \circ \boldsymbol{A}) = \boldsymbol{Q}^{-1} \circ \hat{\boldsymbol{T}}(\boldsymbol{Q} \circ \boldsymbol{A}, \boldsymbol{M}) = \boldsymbol{Q}^{-1} \circ \hat{\boldsymbol{T}}(\boldsymbol{Q} \circ \boldsymbol{A}, \boldsymbol{Q} \circ \boldsymbol{M}) \tag{7.132}$$

由于 $\hat{\boldsymbol{T}}(\boldsymbol{A}, \boldsymbol{M})$ 是各向同性的，并结合式 (7.125)，则

$$\boldsymbol{Q}^{-1} \circ \hat{\boldsymbol{T}}(\boldsymbol{Q} \circ \boldsymbol{A}, \boldsymbol{Q} \circ \boldsymbol{M}) = \hat{\boldsymbol{T}}(\boldsymbol{A}, \boldsymbol{M}) = \boldsymbol{T}(\boldsymbol{A})$$

结合上面两式，最后有

$$\boldsymbol{Q}^{-1} \circ \boldsymbol{T}(\boldsymbol{Q} \circ \boldsymbol{A}) = \boldsymbol{T}(\boldsymbol{A}), \quad \forall \boldsymbol{Q} \in \mathcal{O}^* \tag{7.133}$$

因此充分性得证。♦♦

7.9 各向同性函数的几个重要性质

无论物质是各向同性还是各向异性，根据各向同性化定理，本构方程的描述都涉及处理各向同性的张量函数，本节给出这种函数的若干个重要性质，它们在后面本构方程的推导中非常有用。

7.9.1 性质之一

若张量 $\boldsymbol{T}$ 是二阶对称张量 $\boldsymbol{A}$ 的各向同性函数 $\boldsymbol{T} = \boldsymbol{T}(\boldsymbol{A})$，则对于任意的共旋客观率

$$\boldsymbol{A}^{\nabla} = \dot{\boldsymbol{A}} - \boldsymbol{\Omega} \cdot \boldsymbol{A} - \boldsymbol{A} \cdot \boldsymbol{\Omega}^{\mathrm{T}}$$

其中 $\boldsymbol{\Omega}$ 是任意的旋率，都有

$$\boldsymbol{T}:\boldsymbol{A}^{\nabla}=\boldsymbol{T}:\dot{\boldsymbol{A}} \tag{7.134}$$

证明 利用式 (2.240) 和式 (1.115)，并考虑到 $\boldsymbol{A}$ 的对称性以及对称张量与反对称张量的双点积为零，有

$$\boldsymbol{T}:(\boldsymbol{\Omega}\cdot\boldsymbol{A})=(\boldsymbol{T}\cdot\boldsymbol{A}):\boldsymbol{\Omega}=0 \tag{7.135a}$$

$$\boldsymbol{T}:\left(\boldsymbol{A}\cdot\boldsymbol{\Omega}^{\mathrm{T}}\right)=(\boldsymbol{A}\cdot\boldsymbol{T}):\boldsymbol{\Omega}^{\mathrm{T}}=0 \tag{7.135b}$$

或考虑到各向同性条件下 $\boldsymbol{T}$ 和 $\boldsymbol{A}$ 共主轴，直接使用式 (1.207)，得

$$\boldsymbol{T}:\left(\boldsymbol{\Omega}\cdot\boldsymbol{A}+\boldsymbol{A}\cdot\boldsymbol{\Omega}^{\mathrm{T}}\right)=0 \tag{7.136}$$

从而

$$\boldsymbol{T}:\boldsymbol{A}^{\nabla}=\boldsymbol{T}:\dot{\boldsymbol{A}}-\boldsymbol{T}:(\boldsymbol{\Omega}\cdot\boldsymbol{A})-\boldsymbol{T}:\left(\boldsymbol{A}\cdot\boldsymbol{\Omega}^{T}\right)=\boldsymbol{T}:\dot{\boldsymbol{A}} \tag{7.137}$$

因此，式 (7.134) 得证。♦♦

特别地，若 $\boldsymbol{T}$ 由 $\boldsymbol{A}$ 的各向同性标量值函数 $\Phi=\Phi(\boldsymbol{A})$ 相对 $\boldsymbol{A}$ 的梯度得到，即 $\boldsymbol{T}(\boldsymbol{A})=\dfrac{\partial\Phi(\boldsymbol{A})}{\partial\boldsymbol{A}}$，则式 (7.134) 给出

$$\frac{\partial\Phi(\boldsymbol{A})}{\partial\boldsymbol{A}}:\dot{\boldsymbol{A}}=\frac{\partial\Phi(\boldsymbol{A})}{\partial\boldsymbol{A}}:\boldsymbol{A}^{\nabla} \tag{7.138}$$

利用式 (7.138) 很容易证明 6.6 节的结论：对于任意的共旋应力率，若它为零，则应力主值一定没有变化，实际上，只需要将式 (7.138) 中的标量函数代以应力的不变量即可得证。

7.9.2 性质之二

若 $\boldsymbol{A}$ 和 $\boldsymbol{B}$ 都是二阶对称张量，$\boldsymbol{T}$ 是它们的二阶对称张量值各向同性函数，则对于任意的二阶张量 $\boldsymbol{F}$(不要求它对称)，都有

$$\boldsymbol{F}\cdot\boldsymbol{T}(\boldsymbol{A},\boldsymbol{B})\cdot\boldsymbol{F}^{-1}=\boldsymbol{T}\left(\boldsymbol{F}\cdot\boldsymbol{A}\cdot\boldsymbol{F}^{-1},\boldsymbol{F}\cdot\boldsymbol{B}\cdot\boldsymbol{F}^{-1}\right) \tag{7.139}$$

这说明对张量函数进行 $\boldsymbol{F}\cdot(\ )\cdot\boldsymbol{F}^{-1}$ 变换只需要对其自变量进行相同的变换即可。

证明 当 $\boldsymbol{F}$ 是一个正交张量 $\boldsymbol{F}=\boldsymbol{Q}$，张量函数 $\boldsymbol{T}(\boldsymbol{A},\boldsymbol{B})$ 为各向同性，根据其定义应有

$$\boldsymbol{Q}\cdot\boldsymbol{T}(\boldsymbol{A},\boldsymbol{B})\cdot\boldsymbol{Q}^{\mathrm{T}}=\boldsymbol{T}\left(\boldsymbol{Q}\cdot\boldsymbol{A}\cdot\boldsymbol{Q}^{\mathrm{T}},\boldsymbol{Q}\cdot\boldsymbol{B}\cdot\boldsymbol{Q}^{\mathrm{T}}\right)$$

由于正交张量具有性质 $\boldsymbol{Q}^{-1}=\boldsymbol{Q}^{\mathrm{T}}$，因此，式 (7.139) 成立显而易见，下面证明 $\boldsymbol{F}$ 为任意张量时，它仍然成立，为讨论方便起见，记

$$\boldsymbol{A}^{*}=\boldsymbol{F}\cdot\boldsymbol{A}\cdot\boldsymbol{F}^{-1},\quad \boldsymbol{B}^{*}=\boldsymbol{F}\cdot\boldsymbol{B}\cdot\boldsymbol{F}^{-1}\tag{7.140}$$

它们具有如下特殊性质，对于任意的 n 次幂都有

$$\boldsymbol{A}^{*n}=\left(\boldsymbol{F}\cdot\boldsymbol{A}\cdot\boldsymbol{F}^{-1}\right)\cdot\left(\boldsymbol{F}\cdot\boldsymbol{A}\cdot\boldsymbol{F}^{-1}\right)\cdot\cdots\cdot\left(\boldsymbol{F}\cdot\boldsymbol{A}\cdot\boldsymbol{F}^{-1}\right)=\boldsymbol{F}\cdot\boldsymbol{A}^{n}\cdot\boldsymbol{F}^{-1}\tag{7.141a}$$

$$\mathrm{tr}\boldsymbol{A}^{*n}=\mathrm{tr}\left(\boldsymbol{F}\cdot\boldsymbol{A}^{n}\cdot\boldsymbol{F}^{-1}\right)=\mathrm{tr}\left(\boldsymbol{A}^{n}\cdot\boldsymbol{F}^{-1}\cdot\boldsymbol{F}\right)=\mathrm{tr}\boldsymbol{A}^{n}\tag{7.141b}$$

上面的关系式说明：$\boldsymbol{A}^{*n}$ 和 $\boldsymbol{A}^{n}$ 之间的变换关系与幂指数 n 没有关系，$\boldsymbol{A}^{*}$ 和 $\boldsymbol{A}$ 的三个不变量均对应相等。虽然已知 $\boldsymbol{A}$ 对称，但 $\boldsymbol{A}^{*}$ 并不对称，因为

$$\boldsymbol{A}^{*\mathrm{T}}=\boldsymbol{F}^{-\mathrm{T}}\cdot\boldsymbol{A}\cdot\boldsymbol{F}^{\mathrm{T}}\neq\boldsymbol{A}^{*}$$

同样地，$\boldsymbol{B}^{*n}$ 和 $\boldsymbol{B}^{n}$ 之间也存在上面的关系。而且还可证明，对于任意的幂指数 m 和 n，都有

$$\boldsymbol{A}^{*n}\cdot\boldsymbol{B}^{*m}=\boldsymbol{F}\cdot\boldsymbol{A}^{n}\cdot\boldsymbol{F}^{-1}\cdot\boldsymbol{F}\cdot\boldsymbol{B}^{m}\cdot\boldsymbol{F}^{-1}=\boldsymbol{F}\cdot\boldsymbol{A}^{n}\cdot\boldsymbol{B}^{m}\cdot\boldsymbol{F}^{-1}\tag{7.142a}$$

$$\mathrm{tr}\left(\boldsymbol{A}^{*n}\cdot\boldsymbol{B}^{*m}\right)=\mathrm{tr}\left(\boldsymbol{F}\cdot\boldsymbol{A}^{n}\cdot\boldsymbol{B}^{m}\cdot\boldsymbol{F}^{-1}\right)=\mathrm{tr}\left(\boldsymbol{A}^{n}\cdot\boldsymbol{B}^{m}\right)\tag{7.142b}$$

根据张量函数表示定理式 (2.248)，$\boldsymbol{T}$ 作为 $\boldsymbol{A}$ 和 $\boldsymbol{B}$ 的各向同性张量函数可以由 8 个不可约基所表示，为

$$\begin{aligned}\boldsymbol{T}=\boldsymbol{T}(\boldsymbol{A},\boldsymbol{B})=&\varphi_0\boldsymbol{I}+\varphi_1\boldsymbol{A}+\varphi_2\boldsymbol{A}^2+\varphi_3\boldsymbol{B}+\varphi_4\boldsymbol{B}^2+\varphi_5(\boldsymbol{A}\cdot\boldsymbol{B}+\boldsymbol{B}\cdot\boldsymbol{A})\\&+\varphi_6\left(\boldsymbol{A}^2\cdot\boldsymbol{B}+\boldsymbol{B}\cdot\boldsymbol{A}^2\right)+\varphi_7\left(\boldsymbol{A}\cdot\boldsymbol{B}^2+\boldsymbol{B}^2\cdot\boldsymbol{A}\right)\end{aligned}\tag{7.143}$$

式中系数 φ_0，φ_1，$\cdots$，φ_7 是 $\boldsymbol{A}$ 和 $\boldsymbol{B}$ 的不可约不变量的函数，参照式 (2.201)。对上式进行 $\boldsymbol{F}\cdot(\ )\cdot\boldsymbol{F}^{-1}$ 定义的变换，应用式 (7.141a) 和式 (7.142a)，则有

$$\begin{aligned}\boldsymbol{F}\cdot\boldsymbol{T}(\boldsymbol{A},\boldsymbol{B})\cdot\boldsymbol{F}^{-1}=&\varphi_0\boldsymbol{I}+\varphi_1\boldsymbol{A}^{*}+\varphi_2\boldsymbol{A}^{*2}+\varphi_3\boldsymbol{B}^{*}+\varphi_4\boldsymbol{B}^{*2}\\&+\varphi_5\left(\boldsymbol{A}^{*}\cdot\boldsymbol{B}^{*}+\boldsymbol{B}^{*}\cdot\boldsymbol{A}^{*}\right)\\&+\varphi_6\left(\boldsymbol{A}^{*2}\cdot\boldsymbol{B}^{*}+\boldsymbol{B}^{*}\cdot\boldsymbol{A}^{*2}\right)+\varphi_7\left(\boldsymbol{A}^{*}\cdot\boldsymbol{B}^{*2}+\boldsymbol{B}^{*2}\cdot\boldsymbol{A}^{*}\right)\end{aligned}\tag{7.144}$$

式 (7.141b) 和式 (7.142b) 表明：$\boldsymbol{A}$ 和 $\boldsymbol{B}$ 的所有不变量与 $\boldsymbol{A}^{*}$ 和 $\boldsymbol{B}^{*}$ 的所有不变量均对应相等，那么，原来由 $\boldsymbol{A}$ 和 $\boldsymbol{B}$ 的不可约不变量的函数给出的系数也可由 $\boldsymbol{A}^{*}$ 和 $\boldsymbol{B}^{*}$ 的对应不可约不变量以相同的函数形式给出，因此，上式右边就是将前一式的自变量 $\boldsymbol{A}$ 和 $\boldsymbol{B}$ 替换为 $\boldsymbol{A}^{*}$ 和 $\boldsymbol{B}^{*}$，最后有

$$\boldsymbol{F}\cdot\boldsymbol{T}(\boldsymbol{A},\boldsymbol{B})\cdot\boldsymbol{F}^{-1}=\boldsymbol{T}\left(\boldsymbol{A}^{*},\boldsymbol{B}^{*}\right)=\boldsymbol{T}\left(\boldsymbol{F}\cdot\boldsymbol{A}\cdot\boldsymbol{F}^{-1},\boldsymbol{F}\cdot\boldsymbol{B}\cdot\boldsymbol{F}^{-1}\right)\tag{7.145}$$

从而式 (7.139) 得证。♦♦

如果自变量只有一个，比如 $\boldsymbol{A}$，则显然有

$$\boldsymbol{F}\cdot\boldsymbol{T}(\boldsymbol{A})\cdot\boldsymbol{F}^{-1}=\boldsymbol{T}(\boldsymbol{A}^*)=\boldsymbol{T}\left(\boldsymbol{F}\cdot\boldsymbol{A}\cdot\boldsymbol{F}^{-1}\right) \tag{7.146}$$

7.9.3 性质之三

对于一个以二阶对称张量为自变量的各向同性标量值张量函数 $\Phi(\boldsymbol{A})$，下列变换关系成立

$$\boldsymbol{F}\cdot\frac{\partial\Phi(\boldsymbol{A})}{\partial\boldsymbol{A}}\cdot\boldsymbol{F}^{-1}=\frac{\partial\Phi(\boldsymbol{A}^*)}{\partial\boldsymbol{A}^*}$$

其中

$$\boldsymbol{A}^*=\boldsymbol{F}\cdot\boldsymbol{A}\cdot\boldsymbol{F}^{-1} \tag{7.147}$$

证明 记

$$\boldsymbol{T}(\boldsymbol{A})=\frac{\partial\Phi(\boldsymbol{A})}{\partial\boldsymbol{A}} \tag{7.148}$$

则 $\boldsymbol{T}(\boldsymbol{A})$ 必然是各向同性的张量值函数，因为 $\Phi(\boldsymbol{A})$ 为各向同性，则它应是三个不变量的函数

$$\Phi(\boldsymbol{A})=\Phi\left(I^A, II^A, III^A\right)$$

求偏导得

$$\boldsymbol{T}(\boldsymbol{A})=\frac{\partial\Phi}{\partial I^A}\frac{\partial I^A}{\partial\boldsymbol{A}}+\frac{\partial\Phi}{\partial II^A}\frac{\partial II^A}{\partial\boldsymbol{A}}+\frac{\partial\Phi}{\partial III^A}\frac{\partial III^A}{\partial\boldsymbol{A}} \tag{7.149}$$

由式 (2.49) ~ 式 (2.53)，得三个不变量的偏导为

$$\frac{\partial I^A}{\partial\boldsymbol{A}}=\boldsymbol{I},\quad\frac{\partial II^A}{\partial\boldsymbol{A}}=(\mathrm{tr}\boldsymbol{A})\,\boldsymbol{I}-\boldsymbol{A},\quad\frac{\partial III^A}{\partial\boldsymbol{A}}=III^A\boldsymbol{A}^{-1} \tag{7.150}$$

于是

$$\boldsymbol{T}(\boldsymbol{A})=\frac{\partial\Phi}{\partial I^A}\boldsymbol{I}+\frac{\partial\Phi}{\partial II^A}\left((\mathrm{tr}\boldsymbol{A})\,\boldsymbol{I}-\boldsymbol{A}\right)+III^A\frac{\partial\Phi}{\partial III^A}\boldsymbol{A}^{-1} \tag{7.151}$$

由于 $\boldsymbol{A}$ 的任意幂指数都是 $\boldsymbol{A}$ 的各向同性函数，它们的线性组合也仍然是 $\boldsymbol{A}$ 的各向同性函数，则 $\boldsymbol{T}(\boldsymbol{A})$ 为各向同性。根据式 (7.146)，应有

$$\boldsymbol{F}\cdot\boldsymbol{T}(\boldsymbol{A})\cdot\boldsymbol{F}^{-1}=\boldsymbol{T}(\boldsymbol{A}^*)=\frac{\partial\Phi(\boldsymbol{A}^*)}{\partial\boldsymbol{A}^*} \tag{7.152}$$

从而得证。♦♦

若一个各向同性标量值张量函数 Φ 以两个二阶对称张量为自变量，即 $\Phi(\boldsymbol{A}, \boldsymbol{B})$，采用与上面类似的步骤，得下列变换关系成立

$$\boldsymbol{F}\cdot\frac{\partial\Phi(\boldsymbol{A},\boldsymbol{B})}{\partial\boldsymbol{A}}\cdot\boldsymbol{F}^{-1}=\left.\frac{\partial\Phi(\boldsymbol{A}^*,\boldsymbol{B}^*)}{\partial\boldsymbol{A}^*}\right|_{\boldsymbol{B}^*\text{固定}} \tag{7.153}$$

7.9.4　性质之四

若 $\boldsymbol{A}$ 是二阶对称张量，$\boldsymbol{T}$ 是它的二阶对称张量值各向同性函数 $\boldsymbol{T}=\boldsymbol{T}(\boldsymbol{A})$，则对于任意的旋率 $\boldsymbol{\Omega}$，都有

$$\frac{\partial \boldsymbol{T}}{\partial \boldsymbol{A}}:\left(\boldsymbol{\Omega}\cdot\boldsymbol{A}+\boldsymbol{A}\cdot\boldsymbol{\Omega}^{\mathrm{T}}\right)=\boldsymbol{\Omega}\cdot\boldsymbol{T}+\boldsymbol{T}\cdot\boldsymbol{\Omega}^{\mathrm{T}} \tag{7.154}$$

证明　设

$$\boldsymbol{\Omega}=\dot{\boldsymbol{Q}}^{\mathrm{T}}\cdot\boldsymbol{Q},\quad \boldsymbol{A}^{*}=\boldsymbol{Q}\cdot\boldsymbol{A}\cdot\boldsymbol{Q}^{\mathrm{T}} \tag{7.155}$$

由于 $\boldsymbol{T}$ 是各向同性函数，满足

$$\boldsymbol{T}\left(\boldsymbol{A}^{*}\right)=\boldsymbol{T}\left(\boldsymbol{Q}\cdot\boldsymbol{A}\cdot\boldsymbol{Q}^{\mathrm{T}}\right)=\boldsymbol{Q}\cdot\boldsymbol{T}\left(\boldsymbol{A}\right)\cdot\boldsymbol{Q}^{\mathrm{T}} \tag{7.156}$$

上式两边求 $\boldsymbol{A}^{*}$ 的偏导数，并考虑到式 (1.302) 定义的方积记法，得

$$\frac{\partial \boldsymbol{T}\left(\boldsymbol{A}^{*}\right)}{\partial \boldsymbol{A}^{*}}=\left(\boldsymbol{Q}\boxtimes\boldsymbol{Q}\right):\frac{\partial \boldsymbol{T}\left(\boldsymbol{A}\right)}{\partial \boldsymbol{A}}:\frac{\partial \boldsymbol{A}}{\partial \boldsymbol{A}^{*}} \tag{7.157}$$

考虑到式 (7.155) 的第二式可写成

$$\boldsymbol{A}=\left(\boldsymbol{Q}\boxtimes\boldsymbol{Q}\right)^{\mathrm{T}}:\boldsymbol{A}^{*}$$

则有

$$\frac{\partial \boldsymbol{A}}{\partial \boldsymbol{A}^{*}}=\left(\boldsymbol{Q}\boxtimes\boldsymbol{Q}\right)^{\mathrm{T}} \tag{7.158}$$

为简便起见，记 $\boldsymbol{T}=\boldsymbol{T}\left(\boldsymbol{A}\right)$，$\boldsymbol{T}^{*}=\boldsymbol{T}\left(\boldsymbol{A}^{*}\right)$，式 (7.156) 和式 (7.157) 可简写成

$$\boldsymbol{T}^{*}=\boldsymbol{Q}\cdot\boldsymbol{T}\cdot\boldsymbol{Q}^{\mathrm{T}} \tag{7.159a}$$

$$\frac{\partial \boldsymbol{T}^{*}}{\partial \boldsymbol{A}^{*}}=\left(\boldsymbol{Q}\boxtimes\boldsymbol{Q}\right):\frac{\partial \boldsymbol{T}}{\partial \boldsymbol{A}}:\left(\boldsymbol{Q}\boxtimes\boldsymbol{Q}\right)^{\mathrm{T}} \tag{7.159b}$$

对照四阶各向同性张量函数的定义式 (2.180)，式 (7.159b) 说明二阶张量值的各向同性张量函数相对自变量张量求偏导所得四阶张量必然为各向同性。

分别对式 (7.155) 的第二式和式 (7.159a) 两边求时间导数，类比式 (6.93)，得

$$\boldsymbol{Q}^{\mathrm{T}}\cdot\dot{\boldsymbol{A}}^{*}\cdot\boldsymbol{Q}=\dot{\boldsymbol{A}}-\boldsymbol{\Omega}\cdot\boldsymbol{A}-\boldsymbol{A}\cdot\boldsymbol{\Omega}^{\mathrm{T}} \tag{7.160a}$$

$$\boldsymbol{Q}^{\mathrm{T}}\cdot\left(\frac{\partial \boldsymbol{T}^{*}}{\partial \boldsymbol{A}^{*}}:\dot{\boldsymbol{A}}^{*}\right)\cdot\boldsymbol{Q}=\frac{\partial \boldsymbol{T}}{\partial \boldsymbol{A}}:\dot{\boldsymbol{A}}-\boldsymbol{\Omega}\cdot\boldsymbol{T}-\boldsymbol{T}\cdot\boldsymbol{\Omega}^{\mathrm{T}} \tag{7.160b}$$

于是，使用式 (7.159b)，并考虑到式 (1.302)、式 (1.306) 和式 (1.319)，有

$$\begin{aligned}\boldsymbol{Q}^{\mathrm{T}}\cdot\left(\frac{\partial \boldsymbol{T}^{*}}{\partial \boldsymbol{A}^{*}}:\dot{\boldsymbol{A}}^{*}\right)\cdot\boldsymbol{Q}&=\left(\boldsymbol{Q}\boxtimes\boldsymbol{Q}\right)^{\mathrm{T}}:\left(\left(\boldsymbol{Q}\boxtimes\boldsymbol{Q}\right):\frac{\partial \boldsymbol{T}}{\partial \boldsymbol{A}}:\left(\boldsymbol{Q}\boxtimes\boldsymbol{Q}\right)^{\mathrm{T}}\right):\dot{\boldsymbol{A}}^{*}\\&=\frac{\partial \boldsymbol{T}}{\partial \boldsymbol{A}}:\left(\boldsymbol{Q}^{\mathrm{T}}\cdot\dot{\boldsymbol{A}}^{*}\cdot\boldsymbol{Q}\right)=\frac{\partial \boldsymbol{T}}{\partial \boldsymbol{A}}:\left(\dot{\boldsymbol{A}}-\boldsymbol{\Omega}\cdot\boldsymbol{A}-\boldsymbol{A}\cdot\boldsymbol{\Omega}^{\mathrm{T}}\right)\end{aligned} \tag{7.161}$$

与式 (7.160b) 对照得式 (7.154)。♦♦

$\boldsymbol{\Omega}\cdot\boldsymbol{A}+\boldsymbol{A}\cdot\boldsymbol{\Omega}^{\mathrm{T}}(\boldsymbol{\Omega}\cdot\boldsymbol{T}+\boldsymbol{T}\cdot\boldsymbol{\Omega}^{T})$ 是自变量 $\boldsymbol{A}$(因变量 $\boldsymbol{T}$) 因旋转引起的改变率，式 (7.154) 左边是因旋转引起自变量的改变率从而最终引起的因变量的改变率，式 (7.154) 表明：在各向同性的情况下它就等于因变量直接因相同的旋转引起的改变率。各向同性条件式 (7.156) 则意味着：自变量旋转所得因变量就是将因变量直接进行相同的旋转。因此，式 (7.154) 本质上是式 (7.156) 的率形式。

利用式 (7.154) 还可导出：任意两个对称张量只要它们之间的函数关系为各向同性，即 $\boldsymbol{T}=\boldsymbol{T}(\boldsymbol{A})$ 为各向同性，对于任意共旋客观率之间存在如下关系

$$\boldsymbol{T}^{\nabla}=\frac{\partial\boldsymbol{T}}{\partial\boldsymbol{A}}:\boldsymbol{A}^{\nabla}\tag{7.162}$$

式中

$$\boldsymbol{T}^{\nabla}=\dot{\boldsymbol{T}}-\boldsymbol{\Omega}\cdot\boldsymbol{T}-\boldsymbol{T}\cdot\boldsymbol{\Omega}^{\mathrm{T}},\quad \boldsymbol{A}^{\nabla}=\dot{\boldsymbol{A}}-\boldsymbol{\Omega}\cdot\boldsymbol{A}-\boldsymbol{A}\cdot\boldsymbol{\Omega}^{\mathrm{T}}\tag{7.163}$$

考虑到

$$\dot{\boldsymbol{T}}=\frac{\partial\boldsymbol{T}}{\partial\boldsymbol{A}}:\dot{\boldsymbol{A}}\tag{7.164}$$

将共旋率的定义式代入，并结合式 (7.154)，立即得到式 (7.162)。如果张量函数 $\boldsymbol{T}=\dfrac{\partial\varPhi}{\partial\boldsymbol{A}}$，则

$$\boldsymbol{T}^{\nabla}=\frac{\partial^{2}\varPhi}{\partial\boldsymbol{A}\partial\boldsymbol{A}}:\boldsymbol{A}^{\nabla}\tag{7.165}$$

第 8 章 Cauchy 弹性和超弹性

第 7 章针对无运动历史记忆的弹性材料，按照它在加载和卸载循环过程中是否存在能量耗散，分为 Cauchy 弹性和超弹性。本章介绍这两种弹性使用常规应力应变度量的本构方程一般表示，重点介绍应用张量表示定理建立它们在各向同性、横观各向同性和正交各向异性下的一般表示。以 Neo-Hooke 超弹性材料为例，讨论构造弹性储能函数的方法，以及剪切作用下的特殊性质和不可压缩的约束条件。根据 Cauchy 弹性和超弹性本构方程在各向同性下的特点，专门建立它们在不变量空间的三种正交化基表示及其相互转换关系。

8.1 Cauchy 弹性材料

Cauchy 弹性材料的应力完全由变形状态唯一确定，其本构方程见式 (7.94) 和式 (7.96)，它一般表示为

$$\boldsymbol{\sigma} = \boldsymbol{K}(\boldsymbol{F}) \tag{8.1}$$

标架无差异原理要求本构响应函数 $\boldsymbol{K}$ 对于任意的空间标架改变 $\boldsymbol{Q}$ 必须满足

$$\boldsymbol{Q}\cdot\boldsymbol{K}(\boldsymbol{F})\cdot\boldsymbol{Q}^{\mathrm{T}} = \boldsymbol{K}(\boldsymbol{Q}\cdot\boldsymbol{F}), \quad \forall \boldsymbol{Q}\in\mathcal{O}^{+} \tag{8.2}$$

从而本构方程可进一步地表示为

$$\boldsymbol{\sigma} = \boldsymbol{R}\cdot\boldsymbol{K}(\boldsymbol{U})\cdot\boldsymbol{R}^{\mathrm{T}} \tag{8.3}$$

第一 P-K 应力张量 $\boldsymbol{P}$ 则可表达为

$$\boldsymbol{P} = J\boldsymbol{\sigma}\cdot\boldsymbol{F}^{-\mathrm{T}} = J\boldsymbol{K}(\boldsymbol{F})\cdot\boldsymbol{F}^{-\mathrm{T}} = \boldsymbol{K}_0(\boldsymbol{F}) \tag{8.4}$$

式中 $\boldsymbol{K}_0$ 定义了 $\boldsymbol{P}$ 的响应函数。$\boldsymbol{P}$ 和 $\boldsymbol{F}$ 都是两点张量，在空间标架改变下，按 $\boldsymbol{P}^* = \boldsymbol{Q}\cdot\boldsymbol{P}$，$\boldsymbol{F}^* = \boldsymbol{Q}\cdot\boldsymbol{F}$ 进行变换，标架无差异原理要求

$$\boldsymbol{P}^* = \boldsymbol{K}_0(\boldsymbol{F}^*) \tag{8.5}$$

结合起来就要求响应函数 $\boldsymbol{K}_0$ 满足

$$\boldsymbol{K}_0(\boldsymbol{Q}\cdot\boldsymbol{F}) = \boldsymbol{Q}\cdot\boldsymbol{K}_0(\boldsymbol{F}) \tag{8.6}$$

将式 (8.3) 代入式 (8.4) 并使用变形梯度的极分解，有

$$\boldsymbol{P}=J\boldsymbol{R}\cdot\boldsymbol{K}(\boldsymbol{U})\cdot\boldsymbol{R}^{\mathrm{T}}\cdot\boldsymbol{R}\cdot\boldsymbol{U}^{-1}=\boldsymbol{R}\cdot J\boldsymbol{K}(\boldsymbol{U})\cdot\boldsymbol{U}^{-1} \tag{8.7}$$

对照上式右边项与响应函数 $\boldsymbol{K}_0$ 的定义，见式 (8.4) 的最右边等式两端，最后得第一 P-K 应力的本构关系表达为

$$\boldsymbol{P}=\boldsymbol{R}\cdot\boldsymbol{K}_0(\boldsymbol{U}) \tag{8.8}$$

第一 P-K 应力非对称，然而，为保证 Cauchy 应力对称，它应满足式 (5.112) $\boldsymbol{P}\cdot\boldsymbol{F}^{\mathrm{T}}=\boldsymbol{F}\cdot\boldsymbol{P}^{\mathrm{T}}$，从而有

$$\boldsymbol{K}_0(\boldsymbol{U})\cdot\boldsymbol{U}=\boldsymbol{U}\cdot(\boldsymbol{K}_0(\boldsymbol{U}))^{\mathrm{T}} \tag{8.9}$$

使用定义式 (5.137) 和式 (8.8)，得 Biot 应力为

$$\boldsymbol{S}^{(1)}=\frac{1}{2}\left(\boldsymbol{R}^{\mathrm{T}}\cdot\boldsymbol{P}+\boldsymbol{P}^{\mathrm{T}}\cdot\boldsymbol{R}\right)=\frac{1}{2}\left(\boldsymbol{K}_0(\boldsymbol{U})+(\boldsymbol{K}_0(\boldsymbol{U}))^{\mathrm{T}}\right) \tag{8.10}$$

第二 P-K 应力为

$$\boldsymbol{S}=\boldsymbol{F}^{-1}\cdot\boldsymbol{P}=\boldsymbol{F}^{-1}\cdot\boldsymbol{R}\cdot\boldsymbol{K}_0(\boldsymbol{U})=\boldsymbol{U}^{-1}\cdot\boldsymbol{K}_0(\boldsymbol{U}) \tag{8.11}$$

它的对称性通过式 (8.9) 得以保证，因为该式可写成

$$\boldsymbol{U}^{-1}\cdot\boldsymbol{K}_0(\boldsymbol{U})=(\boldsymbol{K}_0(\boldsymbol{U}))^{\mathrm{T}}\cdot\boldsymbol{U}^{-1}=\left(\boldsymbol{U}^{-1}\cdot\boldsymbol{K}_0(\boldsymbol{U})\right)^{\mathrm{T}}$$

由于 $\boldsymbol{U}$ 和 $\boldsymbol{S}^{(1)}$，$\boldsymbol{S}$ 都是客观量，本构关系式 (8.10) 和式 (8.11) 自然满足标架无差异原理。考虑到 $\boldsymbol{C}=\boldsymbol{U}^2$，记 $\boldsymbol{K}_C(\boldsymbol{C})=\boldsymbol{U}^{-1}\cdot\boldsymbol{K}_0(\boldsymbol{U})$，第二 P-K 应力可表示为

$$\boldsymbol{S}=\boldsymbol{K}_C(\boldsymbol{C}) \tag{8.12}$$

8.1.1 材料的对称性

若 $\underline{\mathbf{H}}$ 属于材料的对称群 $\mathcal{G}$，则式 (7.29) 必须得到满足，具体到弹性材料，响应函数不再是泛函且与变形历史无关，从而式 (7.29) 简化为

$$\boldsymbol{K}(\boldsymbol{F}\cdot\underline{\mathbf{H}})=\boldsymbol{K}(\boldsymbol{F}),\quad \underline{\mathbf{H}}\in\mathcal{G} \tag{8.13}$$

这实质上是要求相对两个参考构形 (它们之间的变换为 $\underline{\mathbf{H}}$) 的响应函数一样，即两个参考构形没有分别，或者，从两个不同的参考构形出发产生相同的变形梯度所需要的应力一样。

对于固体材料，对称群为正交群 $\mathcal{G}\subset\mathcal{O}$，令式 (8.13) 中 $\underline{\mathbf{H}}=\boldsymbol{Q}^{\mathrm{T}}$，使用 $\boldsymbol{Q}\cdot\boldsymbol{F}$ 代替 $\boldsymbol{F}$，并结合式 (8.2)，或者直接使用式 (7.38) 结合式 (7.94)，得对于任意属于材料对称群的正交张量 $\boldsymbol{Q}$ 和任意的变形梯度 $\boldsymbol{F}$，响应函数 $\boldsymbol{K}$ 都应满足

$$\boldsymbol{Q}\cdot\boldsymbol{K}(\boldsymbol{F})\cdot\boldsymbol{Q}^{\mathrm{T}}=\boldsymbol{K}\left(\boldsymbol{Q}\cdot\boldsymbol{F}\cdot\boldsymbol{Q}^{\mathrm{T}}\right),\quad\forall\boldsymbol{Q}\in\mathcal{G}\subset\mathcal{O}\tag{8.14}$$

若使用第一 P-K 应力 $\boldsymbol{P}$ 和变形梯度 $\boldsymbol{F}$ 建立本构方程，应用式 (8.4) 和式 (8.14)，得对于任意的 $\boldsymbol{Q}\in\mathcal{G}\subset\mathcal{O}$ 和任意的 $\boldsymbol{F}$，响应函数 $\boldsymbol{K}_0$ 都应满足

$$\begin{aligned}&\boldsymbol{Q}\cdot\boldsymbol{K}_0(\boldsymbol{F})\cdot\boldsymbol{Q}^{\mathrm{T}}\\&=\boldsymbol{Q}\cdot\left(J(\boldsymbol{F})\boldsymbol{K}(\boldsymbol{F})\cdot\boldsymbol{Q}^{\mathrm{T}}\cdot\boldsymbol{Q}\cdot\boldsymbol{F}^{-\mathrm{T}}\right)\cdot\boldsymbol{Q}^{\mathrm{T}}\\&=J\left(\boldsymbol{Q}\cdot\boldsymbol{F}\cdot\boldsymbol{Q}^{\mathrm{T}}\right)\cdot\boldsymbol{K}\left(\boldsymbol{Q}\cdot\boldsymbol{F}\cdot\boldsymbol{Q}^{\mathrm{T}}\right)\cdot\left(\boldsymbol{Q}\cdot\boldsymbol{F}\cdot\boldsymbol{Q}^{\mathrm{T}}\right)^{-\mathrm{T}}\\&=\boldsymbol{K}_0\left(\boldsymbol{Q}\cdot\boldsymbol{F}\cdot\boldsymbol{Q}^{\mathrm{T}}\right),\quad\forall\boldsymbol{Q}\in\mathcal{G}\subset\mathcal{O}\end{aligned}\tag{8.15}$$

若使用第二 P-K 应力 $\boldsymbol{P}$ 和变形张量 $\boldsymbol{C}$ 建立本构方程，采用与上面相同的步骤，或直接使用式 (7.43)，则对于任意 $\boldsymbol{Q}\in\mathcal{G}\subset\mathcal{O}$ 和任意的 $\boldsymbol{C}$，响应函数 $\boldsymbol{K}_C$ 都应满足

$$\boldsymbol{Q}\cdot\boldsymbol{K}_C(\boldsymbol{C})\cdot\boldsymbol{Q}^{\mathrm{T}}=\boldsymbol{K}_C\left(\boldsymbol{Q}\cdot\boldsymbol{C}\cdot\boldsymbol{Q}^{\mathrm{T}}\right),\quad\forall\boldsymbol{Q}\in\mathcal{G}\subset\mathcal{O}\tag{8.16}$$

上面式 (8.14) ~ 式 (8.16) 三个表达式左边分别为对称性变换下的 Cauchy 应力、第一 P-K 应力和第二 P-K 应力，右边括号里的自变量均为变换后的变形，见式 (7.42)，所以，这三个表达式要求各应力与变形之间的函数关系在对称性变换前后始终保持不变，这就构成 7.5.3 节提到的 Neumman 原理：*如果材料具有某种特定的对称性，则描述本构关系的响应函数都应具有相同的对称性。*

8.1.2 各向同性材料

若材料为各向同性，$\boldsymbol{Q}\in\mathcal{G}=\mathcal{O}$，式 (8.14) 要求本构响应函数 $\boldsymbol{K}$ 必须是 $\boldsymbol{F}$ 的各向同性函数，对称性条件式 (8.13) 中的 $\underline{\mathbf{H}}\in\mathcal{G}=\mathcal{O}$ 可以是任意的正交张量，令 $\underline{\mathbf{H}}=\boldsymbol{R}^{\mathrm{T}}$，本构方程变成

$$\boldsymbol{\sigma}=\boldsymbol{K}(\boldsymbol{F})=\boldsymbol{K}\left(\boldsymbol{F}\cdot\boldsymbol{R}^{\mathrm{T}}\right)=\boldsymbol{K}(\boldsymbol{V})=\hat{\boldsymbol{K}}(\boldsymbol{b})\tag{8.17}$$

按照 8.1.1 节的分析，上式中的 $\hat{\boldsymbol{K}}(\boldsymbol{b})$ 也应是 $\boldsymbol{b}$ 的各向同性函数。

反过来，一旦 Cauchy 应力 $\boldsymbol{\sigma}$ 表达为 $\boldsymbol{b}$ 或 $\boldsymbol{V}$ 的函数，$\boldsymbol{\sigma}=\hat{\boldsymbol{K}}(\boldsymbol{b})=\boldsymbol{K}(\boldsymbol{V})$，则材料必然为各向同性。因为对于任意的 $\underline{\mathbf{H}}\in\mathcal{G}=\mathcal{O}$，或者说，当参考构形发生任意的正交变换 $\boldsymbol{Q}$ 时，根据 3.10.1 节和式 (5.167) 可知，$\hat{\boldsymbol{b}}=\boldsymbol{b}$，$\hat{\boldsymbol{V}}=\boldsymbol{V}$，$\hat{\boldsymbol{\sigma}}=\boldsymbol{\sigma}$，于是，$\hat{\boldsymbol{\sigma}}=\hat{\boldsymbol{K}}(\hat{\boldsymbol{b}})=\boldsymbol{K}(\hat{\boldsymbol{V}})$，从而保持函数形式不变，因此材料为各向同性。另一方面，标架无差异原理要求，在任意空间标架的改变下，$\boldsymbol{\sigma}^*=\hat{\boldsymbol{K}}(\boldsymbol{b}^*)=\boldsymbol{K}(\boldsymbol{V}^*)$，

其中，$\boldsymbol{\sigma}^*=\boldsymbol{Q}\cdot\boldsymbol{\sigma}\cdot\boldsymbol{Q}^{\mathrm{T}}$，$\boldsymbol{b}^*=\boldsymbol{Q}\cdot\boldsymbol{b}\cdot\boldsymbol{Q}^{\mathrm{T}}$，$\boldsymbol{V}^*=\boldsymbol{Q}\cdot\boldsymbol{V}\cdot\boldsymbol{Q}^{\mathrm{T}}$，因此得出相同的结论即材料为各向同性。这些表明：只有在材料各向同性情况下，本构响应函数才能表示为 $\boldsymbol{b}$ 或者 $\boldsymbol{V}$ 空间张量的函数。

结合本构方程式 (8.12) 的性质，更广义上讲，

若本构方程使用空间张量建立，则材料必然为各向同性，若本构方程使用物质张量建立，则空间必然为各向同性，即标无差异原理得到满足。因此，对于各向异性的材料，其本构方程不能直接使用空间张量建立。

由张量函数表示定理式 (2.226) 或式 (2.237)，建立空间描述的各向同性本构方程的一般表达式如下

$$\boldsymbol{\sigma}=\hat{\boldsymbol{K}}(\boldsymbol{b})=\varphi_0\boldsymbol{I}+\varphi_1\boldsymbol{b}+\varphi_2\boldsymbol{b}^2 \tag{8.18}$$

或

$$\boldsymbol{\sigma}=\phi_0\boldsymbol{I}+\phi_1\boldsymbol{b}+\phi_{-1}\boldsymbol{b}^{-1} \tag{8.19}$$

其中 φ_0，φ_1 和 φ_2 (ϕ_0，ϕ_1 和 ϕ_{-1}) 是 $\boldsymbol{b}$ 的三个不变量的函数。显然，Cauchy 应力 $\boldsymbol{\sigma}$ 与 $\boldsymbol{b}$、$\boldsymbol{V}$ 共主轴。

对式 (8.18) 两边先乘 J，然后前点积 $\boldsymbol{F}^{-1}$ 及后点积 $\boldsymbol{F}^{-\mathrm{T}}$，得物质描述的各向同性本构方程，由第二 P-K 应力和右 Cauchy-Green 变形张量表示为

$$\boldsymbol{S}=\varphi_1 J\boldsymbol{I}+\varphi_2 J\boldsymbol{C}+\varphi_0 J\boldsymbol{C}^{-1} \tag{8.20}$$

显然，第二 P-K 应力 $\boldsymbol{S}$ 与 $\boldsymbol{C}$、$\boldsymbol{U}$ 共主轴。鉴于 $\boldsymbol{C}$ 与 $\boldsymbol{b}$ 的不变量恒相等，见式 (3.44)，且 $III^C=J^2$，所以式 (8.20) 中的系数也可写成 $\boldsymbol{C}$ 的三个不变量的函数。将式 (8.20) 代入式 (8.11)，然后再代入式 (8.10)，得 Biot 应力的表示为

$$\boldsymbol{S}^{(1)}=\frac{1}{2}(\boldsymbol{U}\cdot\boldsymbol{S}+\boldsymbol{S}\cdot\boldsymbol{U})=\varphi_1 J\boldsymbol{U}+\varphi_2 J\boldsymbol{U}^3+\varphi_0 J\boldsymbol{U}^{-1} \tag{8.21}$$

利用式 (8.16) 直接对式 (8.12) 使用张量函数表示定理也可得到式 (8.20)。

8.1.3 横观各向同性材料

7.5.3 节介绍，横观各向同性材料的对称群由绕一个固定矢量轴 $\boldsymbol{k}$ 的所有转动集合子群 $\mathcal{O}^*$，以及过 $\boldsymbol{k}$ 轴的任意平面的镜面反射变换 $\boldsymbol{R}(\boldsymbol{i})$ 和中心反演变换 $-\boldsymbol{I}$ 组成，记作 $\mathcal{G}_M$。

各向异性本构方程不能直接使用空间张量建立，这里使用物质张量 (第二 P-K 应力 $\boldsymbol{S}$ 和变形张量 $\boldsymbol{C}$) 建立，见式 (8.12)，使用式 (8.16)，其本构响应函数 $\boldsymbol{K}_C$ 必然满足

$$\boldsymbol{Q}\cdot\boldsymbol{K}_C(\boldsymbol{C})\cdot\boldsymbol{Q}^{\mathrm{T}}=\boldsymbol{K}_C\left(\boldsymbol{Q}\cdot\boldsymbol{C}\cdot\boldsymbol{Q}^{\mathrm{T}}\right),\quad\forall\boldsymbol{Q}\in\mathcal{G}_M \tag{8.22}$$

即在 $\boldsymbol{Q} \in \mathcal{G}_M$ 变换作用下，$\boldsymbol{S}$ 与 $\boldsymbol{C}$ 两者的本构关系保持不变 (式中 $\boldsymbol{K}_C(\boldsymbol{C})$ 就是 $\boldsymbol{S}$) 或者说 $\boldsymbol{K}_C$ 是 $\boldsymbol{C}$ 的横观各向同性张量值函数。根据 7.8 节的各向同性化定理，在响应函数 $\boldsymbol{K}_C$ 的自变量中，加入结构张量 (Zheng，1994)

$$\boldsymbol{M} = \boldsymbol{k} \otimes \boldsymbol{k} \tag{8.23}$$

则它可转化为各向同性函数，即本构方程可表达为

$$\boldsymbol{S} = \boldsymbol{K}_C(\boldsymbol{C}, \boldsymbol{M}) \tag{8.24}$$

式中 $\boldsymbol{K}_C$ 为自变量 $\boldsymbol{C}$ 和 $\boldsymbol{M}$ 的各向同性函数，即对于任意的正交变换 $\boldsymbol{Q}$，满足

$$\boldsymbol{Q} \cdot \boldsymbol{K}_C(\boldsymbol{C}, \boldsymbol{M}) \cdot \boldsymbol{Q}^{\mathrm{T}} = \boldsymbol{K}_C\left(\boldsymbol{Q} \cdot \boldsymbol{C} \cdot \boldsymbol{Q}^{\mathrm{T}}, \boldsymbol{Q} \cdot \boldsymbol{M} \cdot \boldsymbol{Q}^{\mathrm{T}}\right), \quad \forall \boldsymbol{Q} \in \mathcal{O} \tag{8.25}$$

需要说明，由于 $\boldsymbol{M}$ 是定义在参考构形，它同 $\boldsymbol{S}$ 和 $\boldsymbol{C}$ 一样是物质张量，与当前构形的转动无关，因此是客观量，故式 (8.24) 能够满足标架无差异原理。

根据两个自变量张量的各向同性张量值和标量值函数的表示定理 (Rivlin，1955)，见式 (2.248) 和式 (2.201)，考虑到这里 $\boldsymbol{M} = \boldsymbol{M}^2$，$\mathrm{tr}\boldsymbol{M} = \mathrm{tr}\boldsymbol{M}^2 = \mathrm{tr}\boldsymbol{M}^3 = 1$，得式 (8.24) 的完备不可约表示为

$$\boldsymbol{S} = \varphi_0 \boldsymbol{I} + \varphi_1 \boldsymbol{C} + \varphi_2 \boldsymbol{C}^2 + \varphi_3 \boldsymbol{M} + \varphi_4 (\boldsymbol{C} \cdot \boldsymbol{M} + \boldsymbol{M} \cdot \boldsymbol{C}) + \varphi_5 \left(\boldsymbol{C}^2 \cdot \boldsymbol{M} + \boldsymbol{M} \cdot \boldsymbol{C}^2\right) \tag{8.26}$$

其中系数 φ_0，φ_1，$\cdots$，φ_5 是 $\boldsymbol{C}$ 和 $\boldsymbol{M}$ 的下面五个不可约不变量的函数

$$\mathrm{tr}\boldsymbol{C}, \quad \mathrm{tr}\boldsymbol{C}^2, \quad \mathrm{tr}\boldsymbol{C}^3, \quad \mathrm{tr}(\boldsymbol{C} \cdot \boldsymbol{M}), \quad \mathrm{tr}(\boldsymbol{C}^2 \cdot \boldsymbol{M}) \tag{8.27}$$

对于线弹性情况，式 (8.26) 中的 $\boldsymbol{S}$ 与 $\boldsymbol{C}$ 呈线性函数关系，应有 $\varphi_2 = \varphi_5 = 0$，$\varphi_1$，$\varphi_4$ 是常数，而 φ_0，φ_3 是 $\boldsymbol{C}$ 的线性函数，根据式 (8.27)，只能是

$$\varphi_0 = \psi_0 \mathrm{tr}\boldsymbol{C} + \psi_2 \mathrm{tr}(\boldsymbol{C} \cdot \boldsymbol{M}) + \psi_6, \quad \varphi_3 = \psi_3 \mathrm{tr}\boldsymbol{C} + \psi_5 \mathrm{tr}(\boldsymbol{C} \cdot \boldsymbol{M}) + \psi_7$$

式中 ψ_0，ψ_2，ψ_3，ψ_5，ψ_6，ψ_7 均为常数，令常数 $\varphi_1 = \psi_1$，$\varphi_4 = \psi_4$，式 (8.26) 可表示为

$$\begin{aligned}\boldsymbol{S} = &(\psi_0 \mathrm{tr}\boldsymbol{C} + \psi_2 \mathrm{tr}(\boldsymbol{C} \cdot \boldsymbol{M}) + \psi_6) \boldsymbol{I} + \psi_1 \boldsymbol{C} \\ &+ (\psi_3 \mathrm{tr}\boldsymbol{C} + \psi_5 \mathrm{tr}(\boldsymbol{C} \cdot \boldsymbol{M}) + \psi_7) \boldsymbol{M} + \psi_4 (\boldsymbol{C} \cdot \boldsymbol{M} + \boldsymbol{M} \cdot \boldsymbol{C})\end{aligned}$$

若无初应力存在，即 $\boldsymbol{C} = \boldsymbol{I}$ 时，$\boldsymbol{S} = \boldsymbol{0}$，则要求

$$\begin{aligned}\psi_6 \boldsymbol{I} + \psi_7 \boldsymbol{M} = &-(\psi_0 \mathrm{tr}\boldsymbol{I} + \psi_2 \mathrm{tr}(\boldsymbol{I} \cdot \boldsymbol{M})) \boldsymbol{I} - \psi_1 \boldsymbol{I} \\ &-(\psi_3 \mathrm{tr}\boldsymbol{I} + \psi_5 \mathrm{tr}(\boldsymbol{I} \cdot \boldsymbol{M})) \boldsymbol{M} - \psi_4 (\boldsymbol{I} \cdot \boldsymbol{M} + \boldsymbol{M} \cdot \boldsymbol{I})\end{aligned}$$

代入前面的式子，则可将它写成

$$\boldsymbol{S}=\frac{1}{2}\mathbb{C}:(\boldsymbol{C}-\boldsymbol{I})=\mathbb{C}:\boldsymbol{E} \tag{8.28}$$

式中弹性张量为

$$\begin{aligned}\mathbb{C}=2\,[&\psi_0\boldsymbol{I}\otimes\boldsymbol{I}+\psi_1\mathbb{I}+\psi_2\boldsymbol{I}\otimes\boldsymbol{M}+\psi_3\boldsymbol{M}\otimes\boldsymbol{I}\\&+\psi_4(\boldsymbol{I}\boxtimes\boldsymbol{M}+\boldsymbol{M}\boxtimes\boldsymbol{I})+\psi_5\boldsymbol{M}\otimes\boldsymbol{M}]\end{aligned} \tag{8.29}$$

包含六个独立的弹性常数。若要求它具有主对称性 $\mathbb{C}_{ijkl}=\mathbb{C}_{klij}$，则必须有 $\psi_2=\psi_3$，独立的弹性常数为五个，而且，还必须进行下面的对称化处理

$$\boldsymbol{I}\boxtimes\boldsymbol{M}+\boldsymbol{M}\boxtimes\boldsymbol{I}\to\frac{1}{2}\left(\boldsymbol{I}\boxtimes\boldsymbol{M}+\boldsymbol{M}\boxtimes\boldsymbol{I}+\boldsymbol{I}\overline{\boxtimes}\boldsymbol{M}+\boldsymbol{M}\overline{\boxtimes}\boldsymbol{I}\right) \tag{8.30}$$

这时，若让坐标系的 $\boldsymbol{e}_3$ 轴与材料占优方向 $\boldsymbol{k}$ 重合 $\boldsymbol{e}_3=\boldsymbol{k}$，$\boldsymbol{M}=\boldsymbol{e}_3\otimes\boldsymbol{e}_3$，本构方程写成矩阵形式是

$$\begin{Bmatrix}S_{11}\\S_{22}\\S_{33}\\S_{12}\\S_{23}\\S_{31}\end{Bmatrix}=2\begin{bmatrix}c_{11}&c_{12}&c_{13}&0&0&0\\c_{12}&c_{22}&c_{23}&0&0&0\\c_{13}&c_{23}&c_{33}&0&0&0\\0&0&0&c_{44}&0&0\\0&0&0&0&c_{55}&0\\0&0&0&0&0&c_{66}\end{bmatrix}\begin{Bmatrix}E_{11}\\E_{22}\\E_{33}\\2E_{12}\\2E_{23}\\2E_{31}\end{Bmatrix} \tag{8.31}$$

系数矩阵 $\boldsymbol{c}$ 的单指标 (行或列) 与张量 $\mathbb{C}$ 的双指标的对应关系是 1→11，2→22，3→33，4→12，5→23，6→31，参见式 (1.330)，注意：这里应变列阵的后三个元素乘了 2，是为了一般坐标系下所得矩阵 $\boldsymbol{c}$ (所有元素均不为零) 的后三列不需要乘 2，从而为对称矩阵，此外，这里的矩阵 $\boldsymbol{c}$ 对应张量 $\mathbb{C}/2$。由于 $\boldsymbol{e}_1$、$\boldsymbol{e}_2$ 位于各向同性平面，$\mathbb{C}$ 以 1、2 为下指标的系数分量应没有差别，例如，系数

$$c_{11}=\frac{1}{2}\mathbb{C}_{1111}=\frac{1}{2}\mathbb{C}_{2222}=c_{22}=(\boldsymbol{e}_1\otimes\boldsymbol{e}_1):\frac{1}{2}\mathbb{C}:(\boldsymbol{e}_1\otimes\boldsymbol{e}_1)=\psi_0+\psi_1$$

$$\begin{aligned}c_{66}&=\frac{1}{2}\mathbb{C}_{3131}=\frac{1}{2}\mathbb{C}_{1313}=\frac{1}{2}\mathbb{C}_{2323}=\frac{1}{2}\mathbb{C}_{3232}\\&=c_{55}=(\boldsymbol{e}_3\otimes\boldsymbol{e}_1):\frac{1}{2}\mathbb{C}:(\boldsymbol{e}_3\otimes\boldsymbol{e}_1)=\psi_1+\psi_4\end{aligned}$$

最终计算得其他四个系数是

$$c_{12}=\psi_0,\quad c_{13}=c_{23}=\psi_0+\psi_2,\quad c_{33}=\psi_0+\psi_1+2\psi_2+2\psi_4+\psi_5,\quad c_{44}=\psi_1 \tag{8.32}$$

上面六个系数还存在一个关系

$$c_{11} = c_{12} + c_{44} \tag{8.33}$$

它是各向同性平面内弹性常数之间应满足的关系。

8.1.4 正交各向异性材料

正交各向异性材料的对称群由分别以三个相互正交矢量轴 $\{\boldsymbol{i},\ \boldsymbol{j},\ \boldsymbol{k}\}$ 为法线的镜面反射变换以及中心反演变换 $-\boldsymbol{I}$ 所构成，这三个反射变换可分别表示为

$$\boldsymbol{R}(\boldsymbol{i}) = \boldsymbol{I} - 2\boldsymbol{i}\otimes\boldsymbol{i},\quad \boldsymbol{R}(\boldsymbol{j}) = \boldsymbol{I} - 2\boldsymbol{j}\otimes\boldsymbol{j},\quad \boldsymbol{R}(\boldsymbol{k}) = \boldsymbol{I} - 2\boldsymbol{k}\otimes\boldsymbol{k} \tag{8.34}$$

描述正交各向异性的结构张量为 (Zheng，1994)

$$\boldsymbol{M} = \boldsymbol{i}\otimes\boldsymbol{i} - \boldsymbol{j}\otimes\boldsymbol{j} \tag{8.35}$$

它在三个反射变换下保持不变，例如

$$\boldsymbol{R}(\boldsymbol{i})\cdot\boldsymbol{M}\cdot\boldsymbol{R}(\boldsymbol{i})^{\mathrm{T}} = (-\boldsymbol{i}\otimes\boldsymbol{i} - \boldsymbol{j}\otimes\boldsymbol{j})\cdot\boldsymbol{R}(\boldsymbol{i})^{\mathrm{T}} = \boldsymbol{i}\otimes\boldsymbol{i} - \boldsymbol{j}\otimes\boldsymbol{j} = \boldsymbol{M} \tag{8.36}$$

本构方程的一般表达式仍可用式 (8.24) 表示，只是结构张量应由式 (8.35) 替换。对照式 (2.248)，则本构方程的完备不可约表示为

$$\begin{aligned}\boldsymbol{S} = {}& \varphi_0\boldsymbol{I} + \varphi_1\boldsymbol{C} + \varphi_2\boldsymbol{C}^2 + \varphi_3\boldsymbol{M} + \varphi_4\boldsymbol{M}^2 \\ & + \varphi_5(\boldsymbol{C}\cdot\boldsymbol{M} + \boldsymbol{M}\cdot\boldsymbol{C}) + \varphi_6(\boldsymbol{C}\cdot\boldsymbol{M}^2 + \boldsymbol{M}^2\cdot\boldsymbol{C})\end{aligned} \tag{8.37}$$

其中系数 φ_0，φ_1，$\cdots$，φ_6 是 $\boldsymbol{C}$ 和 $\boldsymbol{M}$ 的下列七个不变量的函数，见式 (2.201)

$$\mathrm{tr}\boldsymbol{C},\quad \mathrm{tr}\boldsymbol{C}^2,\quad \mathrm{tr}\boldsymbol{C}^3,\quad \mathrm{tr}(\boldsymbol{C}\cdot\boldsymbol{M}),\quad \mathrm{tr}(\boldsymbol{C}\cdot\boldsymbol{M}^2),\quad \mathrm{tr}(\boldsymbol{C}^2\cdot\boldsymbol{M}),\quad \mathrm{tr}(\boldsymbol{C}^2\cdot\boldsymbol{M}^2) \tag{8.38}$$

需要说明：$\boldsymbol{C}^2\cdot\boldsymbol{M}+\boldsymbol{M}\cdot\boldsymbol{C}^2$ 张量基是可约的，因此没有出现在式 (8.37) 中，且 $\mathrm{tr}\boldsymbol{M}$，$\mathrm{tr}\boldsymbol{M}^2$，$\mathrm{tr}\boldsymbol{M}^3$ 均为常数，因此也没有出现在式 (8.38) 中。

对于线弹性情况，按照导出式 (8.29) 的方法或者类比式 (2.263)，要求弹性张量具有主对称性 $\mathbb{C}_{ijkl} = \mathbb{C}_{klij}$，可导出它应是

$$\begin{aligned}\mathbb{C} = {}& \phi_1\boldsymbol{I}\otimes\boldsymbol{I} + \phi_2(\boldsymbol{I}\otimes\boldsymbol{M} + \boldsymbol{M}\otimes\boldsymbol{I}) + \phi_3(\boldsymbol{I}\otimes\boldsymbol{M}^2 + \boldsymbol{M}^2\otimes\boldsymbol{I}) \\ & + \phi_4\boldsymbol{M}\otimes\boldsymbol{M} + \phi_5(\boldsymbol{M}\otimes\boldsymbol{M}^2 + \boldsymbol{M}^2\otimes\boldsymbol{M}) + \phi_6\boldsymbol{M}^2\otimes\boldsymbol{M}^2 + \phi_7\mathbb{I} \\ & + \phi_8(\boldsymbol{M}\boxtimes\boldsymbol{I} + \boldsymbol{I}\boxtimes\boldsymbol{M}) + \phi_9(\boldsymbol{M}^2\boxtimes\boldsymbol{I} + \boldsymbol{I}\boxtimes\boldsymbol{M}^2)\end{aligned} \tag{8.39}$$

其中 ϕ_1，ϕ_2，$\cdots$，ϕ_9 是九个弹性常数。若让坐标系基矢量 $\boldsymbol{e}_1 = \boldsymbol{i}$，$\boldsymbol{e}_2 = \boldsymbol{j}$，$\boldsymbol{e}_3 = \boldsymbol{k}$，本构方程的矩阵形式仍然是式 (8.31)，所不同的是式中九个矩阵系数是相互独立的，仍可按式 (8.31) 后的方法由弹性常数 ϕ_1，ϕ_2，$\cdots$，ϕ_9 所表示。

8.1.5 各向异性材料的空间描述

8.1.2 节已述，若采用空间张量描述材料的本构方程，则材料必然为各向同性，其根本原因是：空间张量都是相对当前构形定义的，与参考构形的转动变换无关，或者说，对于一个特定的当前变形而言，无论参考构形如何变化，这些空间张量都是一致的，见式 (3.188)，因此，采用空间描述，参考构形的信息都将被“屏蔽”，描述材料的各向异性本构响应只能采用物质张量。然而，如果将物质描述的各向异性本构方程，比如式 (8.26) 和式 (8.37)，采用适当方式前推到当前构形，就能将它们由空间张量和结构张量表示。

很容易想到的前推是逆变型前推 $\boldsymbol{F}\cdot(\ )\cdot\boldsymbol{F}^{\mathrm{T}}$，这样左边就是 Kichhoff 应力，实际上，采用混变型前推 $\boldsymbol{F}\cdot(\ )\cdot\boldsymbol{F}^{-1}$ 会更方便简单。将本构方程一般式 (8.24) 混变型前推，并考虑到式 (7.139)，则有

$$\boldsymbol{F}\cdot\boldsymbol{K}_C\left(\boldsymbol{C},\boldsymbol{M}\right)\cdot\boldsymbol{F}^{-1}=\boldsymbol{K}_C\left(\boldsymbol{F}\cdot\boldsymbol{C}\cdot\boldsymbol{F}^{-1},\boldsymbol{F}\cdot\boldsymbol{M}\cdot\boldsymbol{F}^{-1}\right)\tag{8.40}$$

定义空间结构张量

$$\boldsymbol{m}\overset{\text{def}}{=\!=}\boldsymbol{F}\cdot\boldsymbol{M}\cdot\boldsymbol{F}^{-1}\tag{8.41}$$

$\boldsymbol{M}$ 通常是对称的，但 $\boldsymbol{m}$ 并不对称。右 Cauchy-Green 变形张量 $\boldsymbol{C}$ 的混变型前推就是左 Cauchy-Green 变形张量 $\boldsymbol{b}$，而第二 P-K 应力 $\boldsymbol{S}$ 的相应前推是

$$\boldsymbol{F}\cdot\boldsymbol{S}\cdot\boldsymbol{F}^{-1}=\boldsymbol{F}\cdot\left(\boldsymbol{F}^{-1}\cdot\boldsymbol{\tau}\cdot\boldsymbol{F}^{-\mathrm{T}}\right)\cdot\boldsymbol{F}^{-1}=\boldsymbol{\tau}\cdot\boldsymbol{b}^{-1}\tag{8.42}$$

因此空间形式的本构方程可写成

$$\boldsymbol{\tau}\cdot\boldsymbol{b}^{-1}=\boldsymbol{K}_C\left(\boldsymbol{b},\boldsymbol{m}\right)$$

或写成

$$\boldsymbol{\sigma}=\boldsymbol{K}\left(\boldsymbol{b},\boldsymbol{m}\right)\tag{8.43}$$

具体应用到本构方程式 (8.26) 和式 (8.37)，它们的混变型前推就是将左边替换为 $\boldsymbol{\tau}\cdot\boldsymbol{b}^{-1}$，而右边中的 $\boldsymbol{C}$ 和 $\boldsymbol{M}$ 分别用 $\boldsymbol{b}$ 和 $\boldsymbol{m}$ 替代。

在空间标架改变下，$\boldsymbol{F}^{*}=\boldsymbol{Q}\cdot\boldsymbol{F}$，空间结构张量 $\boldsymbol{m}$ 的变换是

$$\boldsymbol{m}^{*}=\boldsymbol{Q}\cdot\boldsymbol{F}\cdot\boldsymbol{M}\cdot\boldsymbol{F}^{-1}\cdot\boldsymbol{Q}^{\mathrm{T}}=\boldsymbol{Q}\cdot\boldsymbol{m}\cdot\boldsymbol{Q}^{\mathrm{T}}\tag{8.44}$$

而 $\boldsymbol{b}^{*}=\boldsymbol{Q}\cdot\boldsymbol{b}\cdot\boldsymbol{Q}^{\mathrm{T}}$，$\boldsymbol{\sigma}^{*}=\boldsymbol{Q}\cdot\boldsymbol{\sigma}\cdot\boldsymbol{Q}^{\mathrm{T}}$，它们都是客观量。标架无差异原理要求

$$\boldsymbol{\sigma}^{*}=\boldsymbol{K}\left(\boldsymbol{b}^{*},\boldsymbol{m}^{*}\right)\tag{8.45}$$

进而

$$\boldsymbol{Q}\cdot\boldsymbol{\sigma}\cdot\boldsymbol{Q}^{\mathrm{T}}=\boldsymbol{Q}\cdot\boldsymbol{K}\left(\boldsymbol{b},\boldsymbol{m}\right)\cdot\boldsymbol{Q}^{\mathrm{T}}=\boldsymbol{K}\left(\boldsymbol{Q}\cdot\boldsymbol{b}\cdot\boldsymbol{Q}^{\mathrm{T}},\boldsymbol{Q}\cdot\boldsymbol{m}\cdot\boldsymbol{Q}^{\mathrm{T}}\right)\tag{8.46}$$

因此，$\boldsymbol{K}$ 必须是 $\boldsymbol{b}$ 和 $\boldsymbol{m}$ 的各向同性函数。

空间结构张量的定义可以不唯一，6.2 节在讨论前推后拉中指出：由一个物质张量前推定义相应的空间张量有四种形式，见式 (6.26)，因此，还可定义其他三个空间结构张量

$$\boldsymbol{F}^{-\mathrm{T}}\cdot\boldsymbol{M}\cdot\boldsymbol{F}^{-1},\quad \boldsymbol{F}\cdot\boldsymbol{M}\cdot\boldsymbol{F}^{\mathrm{T}},\quad \boldsymbol{F}^{-\mathrm{T}}\cdot\boldsymbol{M}\cdot\boldsymbol{F}^{\mathrm{T}} \tag{8.47}$$

可以证明：空间结构张量无论按哪种前推方式定义，本构方程最终都可表示为式 (8.43) 的形式。

8.2　超弹性材料

单位参考构形体积的应力功率表示为

$$w=\boldsymbol{\tau}:\boldsymbol{d}=\boldsymbol{P}:\dot{\boldsymbol{F}} \tag{8.48}$$

若上式在任意应力循环 (由于应力和变形一一对应，既是应力循环也是变形循环) 下的闭合积分为零，或者说，积分是应力路径无关的，即满足

$$\oint \boldsymbol{P}:\dot{\boldsymbol{F}}\mathrm{d}t=0 \tag{8.49}$$

则物理上表示加载–卸载的循环中不存在能量耗散，这种材料被称为超弹性材料，或称 Green 材料。

欲使式 (8.49) 成立，则被积函数必须是某个函数的全微分，且该函数必须只取决于状态而与路径无关。通常在建立本构关系时将变形梯度取作自变量，而应力作为响应量，这样，该函数可表示为 $W=W(\boldsymbol{F})$，于是有

$$\boldsymbol{P}:\dot{\boldsymbol{F}}\mathrm{d}t=\mathrm{d}W\left(\boldsymbol{F}\right)=\dot{W}\left(\boldsymbol{F}\right)\mathrm{d}t \tag{8.50}$$

将上式从状态 A 积分到状态 B，得

$$W\left(\boldsymbol{F}_B\right)-W\left(\boldsymbol{F}_A\right)=\int_A^B \boldsymbol{P}:\dot{\boldsymbol{F}}\mathrm{d}t$$

所以，函数 $W(\boldsymbol{F})$ 是给定状态下单位参考构形体积内所储存的弹性应变能，称为储能函数。对 $W(\boldsymbol{F})$ 求物质时间导数，得

$$\dot{W}\left(\boldsymbol{F}\right)=\frac{\partial W\left(\boldsymbol{F}\right)}{\partial \boldsymbol{F}}:\dot{\boldsymbol{F}} \tag{8.51}$$

与式 (8.50) 对照，对于任意的变形梯度时间变化率都应成立，则要求

$$\boldsymbol{P}=\frac{\partial W\left(\boldsymbol{F}\right)}{\partial \boldsymbol{F}} \tag{8.52}$$

上式就是超弹性材料本构关系的一般表达式。其右边仍然是变形梯度的函数，因此，超弹性体一定是 Cauchy 弹性体，但反过来不成立。

从更广义的热力学角度来看，超弹性是可逆过程，内部耗散率始终为零，不需要引入内变量描述其热力学状态，不考虑温度变化，Helmholtz 自由能 ψ 仅取决于变形状态 $\psi=\psi(\boldsymbol{F})$，这时，使用第一 P-K 应力和变形梯度表示的热力学第二定律的 Clausius-Duhem 熵不等式 (5.289) 应取等号

$$\boldsymbol{P}:\dot{\boldsymbol{F}}-\rho_0\dot{\psi}=\left(\boldsymbol{P}-\rho_0\frac{\partial\psi(\boldsymbol{F})}{\partial\boldsymbol{F}}\right):\dot{\boldsymbol{F}}=0 \tag{8.53}$$

对于任意的变形梯度时间率，上式都要成立，因此括号中的项应为零，考虑到 Helmholtz 自由能 ψ 是相对单位质量定义的，而应变能 W 是相对单位体积定义的，在不考虑温度的情况下，自由能就是应变能，所以应有 $\psi=\rho_0 W$，最后，使用热力学第二定律所得的结果与式 (8.52) 一致。

Cauchy 应力和第二 P-K 应力分别为

$$J\boldsymbol{\sigma}=\frac{\partial W(\boldsymbol{F})}{\partial\boldsymbol{F}}\cdot\boldsymbol{F}^{\mathrm{T}} \tag{8.54a}$$

$$\boldsymbol{S}=\boldsymbol{F}^{-1}\cdot\frac{\partial W(\boldsymbol{F})}{\partial\boldsymbol{F}} \tag{8.54b}$$

在空间标架改变下，$\boldsymbol{F}^*=\boldsymbol{Q}\cdot\boldsymbol{F}$，储能函数必须客观，应满足

$$W(\boldsymbol{F}^*)=W(\boldsymbol{F}) \tag{8.55}$$

第一 P-K 应力的客观性要求

$$\boldsymbol{P}^*=\boldsymbol{Q}\cdot\boldsymbol{P}\quad\text{或}\quad\frac{\partial W(\boldsymbol{F}^*)}{\partial\boldsymbol{F}^*}=\boldsymbol{Q}\cdot\frac{\partial W(\boldsymbol{F})}{\partial\boldsymbol{F}} \tag{8.56}$$

另一方面，利用式 (8.54a)，则 Cauchy 应力的对称性要求为

$$\left(\frac{\partial W(\boldsymbol{F})}{\partial\boldsymbol{F}}\right)^{\mathrm{T}}=\boldsymbol{F}^{-1}\cdot\frac{\partial W(\boldsymbol{F})}{\partial\boldsymbol{F}}\cdot\boldsymbol{F}^{\mathrm{T}} \tag{8.57}$$

下面将证明：由式 (8.55) 可导出式 (8.56) 和式 (8.57)，这说明，只要储能函数客观，则第一 P-K 应力也客观，或者说，它表述的本构关系将自动满足标架无差异原理，而且，Cauchy 应力能满足对称性条件，即满足动量矩守恒。

证明 设在变形梯度 $\boldsymbol{F}$ 的基础上，产生任意的微小扰动变形 $\delta\boldsymbol{F}$，于是，式 (8.55) 变成

$$W(\boldsymbol{Q}\cdot(\boldsymbol{F}+\delta\boldsymbol{F}))=W(\boldsymbol{F}+\delta\boldsymbol{F}) \tag{8.58}$$

对上式两边线性化，得

$$W(\boldsymbol{Q}\cdot\boldsymbol{F})+\frac{\partial W(\boldsymbol{Q}\cdot\boldsymbol{F})}{\partial(Q_{ik}F_{kJ})}Q_{ij}\delta F_{jJ}=W(\boldsymbol{F})+\frac{\partial W(\boldsymbol{F})}{\partial F_{jJ}}\delta F_{jJ}\tag{8.59}$$

在上式中代入式 (8.55)，考虑到对于任意 $\boldsymbol{F}$ 上式都要成立，则必须有

$$\frac{\partial W(\boldsymbol{F})}{\partial F_{jJ}}=\frac{\partial W(\boldsymbol{Q}\cdot\boldsymbol{F})}{\partial(Q_{ik}F_{kJ})}Q_{ij}\quad\Rightarrow\quad\frac{\partial W(\boldsymbol{F})}{\partial\boldsymbol{F}}=\boldsymbol{Q}^{\mathrm{T}}\cdot\frac{\partial W(\boldsymbol{Q}\cdot\boldsymbol{F})}{\partial(\boldsymbol{Q}\cdot\boldsymbol{F})}$$

考虑到正交张量的性质，由上式可得式 (8.56)。反过来，也可由式 (8.56) 成立证明式 (8.55) 成立。这说明储能函数和第一 P-K 应力的客观性完全等价。

为了从式 (8.55) 导出式 (8.57)，设 $\boldsymbol{Q}$ 是一个参数为 α 的函数

$$\boldsymbol{F}^{*}=\boldsymbol{Q}(\alpha)\cdot\boldsymbol{F}\tag{8.60a}$$

$$\frac{\mathrm{d}}{\mathrm{d}\alpha}W(\boldsymbol{F}^{*})=\frac{\partial W(\boldsymbol{F}^{*})}{\partial\boldsymbol{F}^{*}}:\frac{\mathrm{d}}{\mathrm{d}\alpha}(\boldsymbol{Q}(\alpha)\cdot\boldsymbol{F})=\frac{\partial W(\boldsymbol{F}^{*})}{\partial\boldsymbol{F}^{*}}:\left(\dot{\boldsymbol{Q}}(\alpha)\cdot\boldsymbol{F}\right)\tag{8.60b}$$

式中 $\dot{\boldsymbol{Q}}(\alpha)=\frac{\mathrm{d}}{\mathrm{d}\alpha}\boldsymbol{Q}(\alpha)$。由于 $W(\boldsymbol{F}^{*})=W(\boldsymbol{F})$，且不随 α 改变，因此，上式求导的结果应为零。在上式中代入式 (8.56) 并利用求迹式 (1.114)，整理最后得

$$\begin{aligned}\frac{\mathrm{d}}{\mathrm{d}\alpha}W(\boldsymbol{F}^{*})&=\left(\boldsymbol{Q}(\alpha)\cdot\frac{\partial W(\boldsymbol{F})}{\partial\boldsymbol{F}}\right):\left(\dot{\boldsymbol{Q}}(\alpha)\cdot\boldsymbol{F}\right)\\&=\operatorname{tr}\left(\boldsymbol{Q}(\alpha)\cdot\frac{\partial W(\boldsymbol{F})}{\partial\boldsymbol{F}}\cdot\boldsymbol{F}^{\mathrm{T}}\cdot\dot{\boldsymbol{Q}}(\alpha)^{\mathrm{T}}\right)\\&=\operatorname{tr}\left(\frac{\partial W(\boldsymbol{F})}{\partial\boldsymbol{F}}\cdot\boldsymbol{F}^{\mathrm{T}}\cdot\boldsymbol{\Omega}(\alpha)\right)=\left(\frac{\partial W(\boldsymbol{F})}{\partial\boldsymbol{F}}\cdot\boldsymbol{F}^{\mathrm{T}}\right):\boldsymbol{\Omega}(\alpha)^{\mathrm{T}}=0\end{aligned}\tag{8.61}$$

式中 $\boldsymbol{\Omega}(\alpha)=\dot{\boldsymbol{Q}}(\alpha)^{\mathrm{T}}\cdot\boldsymbol{Q}(\alpha)$ 是反对称张量，因此，$\frac{\partial W(\boldsymbol{F})}{\partial\boldsymbol{F}}\cdot\boldsymbol{F}^{\mathrm{T}}$ 必须是对称张量，从而得式 (8.57)。♦♦

在标架无差异原理式 (8.55) 中令 $\boldsymbol{Q}=\boldsymbol{R}^{\mathrm{T}}$，则

$$W(\boldsymbol{F})=W(\boldsymbol{U})\tag{8.62}$$

说明储能函数只与伸长张量 $\boldsymbol{U}$ 有关，而与转动张量 $\boldsymbol{R}$ 无关。

考虑到 $\boldsymbol{C}=\boldsymbol{U}^{2}$，储能函数也可表示为右 Cauchy-Green 变形张量 $\boldsymbol{C}$ 的函数，其具体的函数形式应不同于 $W(\boldsymbol{U})$，但为了简便起见，不加以区别，仍记为 $W(\boldsymbol{C})$，又考虑到 $\dot{\boldsymbol{E}}=\frac{1}{2}\dot{\boldsymbol{C}}$，由功共轭得

$$\dot{W}(\boldsymbol{U})=\dot{W}(\boldsymbol{C})=\frac{\partial W(\boldsymbol{C})}{\partial\boldsymbol{C}}:\dot{\boldsymbol{C}}=\boldsymbol{S}:\frac{1}{2}\dot{\boldsymbol{C}}\tag{8.63}$$

对于任意的 $\dot{\boldsymbol{C}}$ 上式都应成立，因此有

$$\boldsymbol{S}=2\frac{\partial W(\boldsymbol{C})}{\partial \boldsymbol{C}} \tag{8.64}$$

它显然满足标架无差异原理，因为在空间标架改变中，$\boldsymbol{S}$ 与 $\boldsymbol{C}$ 都是不变的。考虑到 $2\boldsymbol{E}=\boldsymbol{C}-\boldsymbol{I}$，上式也可以使用 Green 应变表示为

$$\boldsymbol{S}=\frac{\partial W(\boldsymbol{E})}{\partial \boldsymbol{E}} \tag{8.65}$$

至于 Biot 应力，它与 $\boldsymbol{U}$ 功共轭，采用导出式 (8.63) 的步骤，得

$$\boldsymbol{S}^{(1)}=\frac{\partial W(\boldsymbol{U})}{\partial \boldsymbol{U}} \tag{8.66}$$

使用式 (8.62) 和变形梯度的极分解，得

$$\begin{aligned}
&\frac{\partial W(\boldsymbol{U})}{\partial U_{IJ}}\\
&=\frac{\partial W(\boldsymbol{F})}{\partial F_{KL}}\frac{\partial F_{KL}}{\partial U_{IJ}}=\frac{\partial W(\boldsymbol{F})}{\partial F_{KL}}\frac{\partial(R_{KM}U_{ML})}{\partial U_{IJ}}\\
&=\frac{\partial W(\boldsymbol{F})}{\partial F_{KL}}R_{KM}\frac{1}{2}(\delta_{MI}\delta_{LJ}+\delta_{MJ}\delta_{LI})=\frac{1}{2}\left(\frac{\partial W(\boldsymbol{F})}{\partial F_{KJ}}R_{KI}+\frac{\partial W(\boldsymbol{F})}{\partial F_{KI}}R_{KJ}\right)
\end{aligned}$$

将上式的结果写成符号记法形式，则 Biot 应力使用变形梯度表示为

$$\boldsymbol{S}^{(1)}=\frac{1}{2}\left(\boldsymbol{R}^{\mathrm{T}}\cdot\frac{\partial W(\boldsymbol{F})}{\partial \boldsymbol{F}}+\left(\frac{\partial W(\boldsymbol{F})}{\partial \boldsymbol{F}}\right)^{\mathrm{T}}\cdot\boldsymbol{R}\right) \tag{8.67}$$

上式也可通过将式 (8.52) 代入式 (8.10) 得到。

8.2.1 各向同性材料

上一小节讨论了标架无差异原理对超弹性材料的储能函数及本构方程的要求，即储能函数只与伸长张量 $\boldsymbol{U}$ 有关，而与转动张量 $\boldsymbol{R}$ 无关。下面讨论材料对称性的要求。设 $\underline{\mathbf{H}}$ 属于材料的对称群，则储能函数应满足

$$W(\boldsymbol{F}\cdot\underline{\mathbf{H}})=W(\boldsymbol{F}),\quad \underline{\mathbf{H}}\in\mathcal{G} \tag{8.68}$$

1. 物质描述

若材料为各向同性，当 $\underline{\mathbf{H}}$ 为任意的正交张量时，式 (8.68) 都应成立，设 $\underline{\mathbf{H}}=\boldsymbol{R}^{\mathrm{T}}$，并用 $\boldsymbol{Q}$ 表示 $\boldsymbol{R}$，再结合标架无差异原理要求式 (8.62)，式 (8.68) 变为

$$W(\boldsymbol{Q}\cdot\boldsymbol{U}\cdot\boldsymbol{Q}^{\mathrm{T}})=W(\boldsymbol{U}),\quad \forall\boldsymbol{Q}\in\mathcal{O} \tag{8.69}$$

因此，储能函数 W 为各向同性函数，根据表示定理式 (2.191)，它应是相应三个不变量的函数，其中第二主不变量 II^U，使用不变量 $II^{*U}=\mathrm{tr}\boldsymbol{U}^2$ 代替，于是有

$$W=W\left(I^U,II^{*U},III^U\right)$$

若以 $\boldsymbol{C}$ 为自变量，储能函数可表示为

$$W=W\left(I^C,II^{*C},III^C\right) \tag{8.70}$$

将不变量表示的储能函数代入式 (8.64)，给出超弹性本构方程在各向同性条件下采用物质描述的一般表达式，根据复合求导法则，应有

$$\boldsymbol{S}=2\frac{\partial W}{\partial I^C}\frac{\partial I^C}{\partial \boldsymbol{C}}+2\frac{\partial W}{\partial II^{*C}}\frac{\partial II^{*C}}{\partial \boldsymbol{C}}+2\frac{\partial W}{\partial III^C}\frac{\partial III^C}{\partial \boldsymbol{C}} \tag{8.71}$$

由式 (2.51) 和式 (2.49)，得三个不变量的偏导为

$$\frac{\partial I^C}{\partial \boldsymbol{C}}=\boldsymbol{I},\quad \frac{\partial II^{*C}}{\partial \boldsymbol{C}}=2\boldsymbol{C},\quad \frac{\partial III^C}{\partial \boldsymbol{C}}=J^2\boldsymbol{C}^{-1} \tag{8.72}$$

将上式代入式 (8.71)，得

$$\boldsymbol{S}=2\frac{\partial W(\boldsymbol{C})}{\partial \boldsymbol{C}}=2\left(\frac{\partial W}{\partial I^C}\boldsymbol{I}+2\frac{\partial W}{\partial II^{*C}}\boldsymbol{C}+J^2\frac{\partial W}{\partial III^C}\boldsymbol{C}^{-1}\right) \tag{8.73}$$

若应变能函数中的不变量 II^{*C} 使用 II^C 替换，采取与上面相同的步骤，或直接类比式 (7.151)，可得

$$\boldsymbol{S}=2\left[\left(\frac{\partial W}{\partial I^C}+I^C\frac{\partial W}{\partial II^C}\right)\boldsymbol{I}-\frac{\partial W}{\partial II^C}\boldsymbol{C}+J^2\frac{\partial W}{\partial III^C}\boldsymbol{C}^{-1}\right] \tag{8.74}$$

若应变能函数以 Green 应变 $\boldsymbol{E}$ 为自变量，采取与上面相同的步骤，可得

$$\boldsymbol{S}=\frac{\partial W(\boldsymbol{E})}{\partial \boldsymbol{E}}=\frac{\partial W}{\partial I^E}\boldsymbol{I}+2\frac{\partial W}{\partial II^{*E}}\boldsymbol{E}+\det\boldsymbol{E}\frac{\partial W}{\partial III^E}\boldsymbol{E}^{-1} \tag{8.75}$$

各向同性超弹性材料的一个最简单的例子就是 St. Venant-Kirchhoff 模型，它的储能函数 W 定义为

$$W=\frac{1}{2}\lambda\left(\mathrm{tr}\boldsymbol{E}\right)^2+\mu\mathrm{tr}\boldsymbol{E}^2 \tag{8.76}$$

得第二 P-K 应力与 Green 应变的线性本构关系式

$$\boldsymbol{S}=\lambda\left(\mathrm{tr}\boldsymbol{E}\right)\boldsymbol{I}+2\mu\boldsymbol{E}=\mathbb{C}:\boldsymbol{E} \tag{8.77}$$

式中

$$\mathbb{C}=\lambda\boldsymbol{I}\otimes\boldsymbol{I}+2\mu\mathbb{I} \tag{8.78}$$

是四阶弹性张量，λ、μ 是弹性常数，称 Lame 常数。上述方程与小变形线弹性理论形式上完全一致，只是将其中的小变形应变用 Green 应变代替。

但 St. Venant-Kirchhoff 模型有严重的缺陷。从理论上说，在材料压缩为一点时，其应变能函数应趋于无穷大，即当 $\det \boldsymbol{F} \to 0$ 时，$W \to \infty$，然而，St. Venant-Kirchhoff 模型并不能满足这一要求，因为当 $\det \boldsymbol{F} \to 0$ 时，$\lambda_K \to 0\,(K=1,2,3)$，$\boldsymbol{U} \to 0$，$\boldsymbol{E} \to -\boldsymbol{I}/2$，$W$ 为有限值，这主要是由它的应变能函数不包括 $\det \boldsymbol{C}$ (也就是 $\det \boldsymbol{F}$) 所造成的。另一方面，在单轴压缩时，给出不合理的结果，这时，第二 P-K 应力和 Green 应变分别是

$$S_{11} = \frac{1}{1+\varepsilon} P_{11}, \quad E_{11} = \varepsilon + \frac{1}{2}\varepsilon^2$$

式中 $\varepsilon = \Delta l / l_0$ 是压缩方向的名义应变，P_{11} 是第一 P-K 应力 (即名义应力) 在压缩方向的分量，代入本构关系式 (8.77)，并考虑到 $S_{22} = S_{33} = 0$，得

$$P_{11} = \frac{\mu\,(2\mu + 3\lambda)}{\mu + \lambda}\,(1+\varepsilon)\left(\varepsilon + \frac{1}{2}\varepsilon^2\right)$$

根据上式分析，在受压缩状态，当名义应变 $\varepsilon < -0.4226$ 时，随进一步压缩，名义压应力的绝对值将减少，总的压力 $P_{11}A$ (A 是截面的初始面积) 的绝对值也将减小，直到 $\varepsilon \to -1$，$P_{11} \to 0$，总的压力趋于零，这显然不合理。因此，在超出小变形范围以外该模型并没有多大的实用价值。

St. Venant-Kirchhoff 模型一种简单的改进办法是将式 (8.76) 中的 $\mathrm{tr}\boldsymbol{E}$ 替换为 $\ln J$ (在大变形下 $\mathrm{tr}\boldsymbol{E}$ 并不代表体积应变，而 $\ln J$ 却反映了体积变形)，这样就能满足，当 $J = \det \boldsymbol{F} \to 0$ 时，$W \to \infty$，从而改善模型在大的压缩变形下模拟材料变形性质的能力，例如，在单轴压缩下，该模型给出，当伸长比 $\lambda \to 0$ 时，应力趋于负 (压) 无限大，从而比较符合实际情况。

2. 空间描述

对本构方程式 (8.73) 采用逆变型前推 $\boldsymbol{F} \cdot (\ ) \cdot \boldsymbol{F}^{\mathrm{T}}$，应用式 (5.126) 及 $\boldsymbol{C}$ 和 $\boldsymbol{b}$ 的定义，得空间描述的本构方程为

$$\boldsymbol{\tau} = 2\left(\frac{\partial W}{\partial I^C}\boldsymbol{b} + 2\frac{\partial W}{\partial II^{*C}}\boldsymbol{b}^2 + J^2\frac{\partial W}{\partial III^C}\boldsymbol{I}\right) \tag{8.79}$$

注意这里的 W 仍是相对于 $\boldsymbol{C}$ 的不变量求偏导。由于 $\boldsymbol{C}$ 与 $\boldsymbol{b}$ 的不变量恒相等，见式 (3.44)，因此有

$$W = W\left(I^C, II^{*C}, III^C\right) = W\left(I^b, II^{*b}, III^b\right) \tag{8.80}$$

于是，式 (8.79) 中的求偏导可直接相对 $\boldsymbol{b}$ 的不变量进行，可表示为

$$\boldsymbol{\tau}=2\left(\frac{\partial W}{\partial I^{b}}\boldsymbol{I}+2\frac{\partial W}{\partial II^{*b}}\boldsymbol{b}+J^{2}\frac{\partial W}{\partial III^{b}}\boldsymbol{b}^{-1}\right)\cdot\boldsymbol{b} \tag{8.81}$$

将括号中的表达式与式 (8.73) 的右边对照，可将它表示为 $\dfrac{\partial W}{\partial \boldsymbol{b}}$，从而得

$$\boldsymbol{\tau}=2\frac{\partial W}{\partial \boldsymbol{b}}\cdot\boldsymbol{b} \tag{8.82}$$

注意，上式表示的本构方程仅在各向同性的情况下成立。

空间描述的本构方程也可用直接的方式导出。考虑到 $\boldsymbol{b}$ 的物质时间导数式 (4.66)，储能函数的物质时间率即应力功率就是

$$w=\dot{W}=\frac{\partial W}{\partial \boldsymbol{b}}:\dot{\boldsymbol{b}}=\frac{\partial W}{\partial \boldsymbol{b}}:\left(\boldsymbol{l}\cdot\boldsymbol{b}+\boldsymbol{b}\cdot\boldsymbol{l}^{\mathrm{T}}\right) \tag{8.83}$$

针对各向同性材料，由于 W 是 $\boldsymbol{b}$ 的不变量的函数，$\dfrac{\partial W}{\partial \boldsymbol{b}}$ 应是 $\boldsymbol{b}$ 的各向同性张量值函数，根据式 (2.240)，则有

$$\left(\frac{\partial W}{\partial \boldsymbol{b}}\right)^{\mathrm{T}}=\frac{\partial W}{\partial \boldsymbol{b}},\quad \boldsymbol{b}\cdot\frac{\partial W}{\partial \boldsymbol{b}}=\frac{\partial W}{\partial \boldsymbol{b}}\cdot\boldsymbol{b},\quad \left(\frac{\partial W}{\partial \boldsymbol{b}}\cdot\boldsymbol{b}\right)^{\mathrm{T}}=\frac{\partial W}{\partial \boldsymbol{b}}\cdot\boldsymbol{b} \tag{8.84}$$

应用式 (1.115) 和上式，并考虑到 $\boldsymbol{b}$ 的对称性，可将式 (8.83) 写成

$$w=\left(\frac{\partial W}{\partial \boldsymbol{b}}\cdot\boldsymbol{b}\right):\boldsymbol{l}+\left(\left(\frac{\partial W}{\partial \boldsymbol{b}}\right)^{\mathrm{T}}\cdot\boldsymbol{b}\right):\boldsymbol{l}=2\left(\frac{\partial W}{\partial \boldsymbol{b}}\cdot\boldsymbol{b}\right):\boldsymbol{l} \tag{8.85}$$

参考构形中单位体积应变能的时间率是 $J\boldsymbol{\sigma}:\boldsymbol{d}$，因此又有

$$w=J\boldsymbol{\sigma}:\boldsymbol{d}=\boldsymbol{\tau}:\boldsymbol{l}$$

上面两式对照，得空间描述的本构方程式 (8.82)。

还有一种简洁的推导方法。在各向同性情况下，借助式 (7.152)，将本构关系式 (8.64) 采用逆变型前推 $\boldsymbol{F}\cdot(\ )\cdot\boldsymbol{F}^{\mathrm{T}}$ 到当前构形

$$\boldsymbol{F}\cdot\frac{\partial W(\boldsymbol{C})}{\partial \boldsymbol{C}}\cdot\boldsymbol{F}^{\mathrm{T}}=\left(\boldsymbol{F}\cdot\frac{\partial W(\boldsymbol{C})}{\partial \boldsymbol{C}}\cdot\boldsymbol{F}^{-1}\right)\cdot\boldsymbol{F}\cdot\boldsymbol{F}^{\mathrm{T}}=\frac{\partial W(\boldsymbol{b})}{\partial \boldsymbol{b}}\cdot\boldsymbol{b} \tag{8.86}$$

从而得式 (8.82)。

从式 (8.82) 以及式 (8.83) ~ 式 (8.85) 的推导过程可知，$\boldsymbol{\tau}\cdot\boldsymbol{b}^{-1}$ 和 $\dfrac{1}{2}\dot{\boldsymbol{b}}$ 是功共轭的，即

$$w=\left(\boldsymbol{\tau}\cdot\boldsymbol{b}^{-1}\right):\frac{1}{2}\dot{\boldsymbol{b}}=\boldsymbol{\tau}:\boldsymbol{d} \tag{8.87}$$

可以表明 $\boldsymbol{\tau}\cdot\boldsymbol{b}^{-1}$ 和 $\boldsymbol{b}$ 分别是 $\boldsymbol{S}$ 和 $\boldsymbol{C}$ 的混合型前推 $\boldsymbol{F}\cdot(\ )\cdot\boldsymbol{F}^{-1}$ 所得，$\boldsymbol{S}$ 和 $\frac{1}{2}\dot{\boldsymbol{C}}$ 总是共轭的，但是，$\boldsymbol{\tau}\cdot\boldsymbol{b}^{-1}$ 和 $\frac{1}{2}\dot{\boldsymbol{b}}$ 功共轭要求 $\boldsymbol{\tau}$ 必须是 $\boldsymbol{b}$ 的各向同性函数，即仅在各向同性的情况下成立。

8.2.2 使用对数应变描述

与物质对称应变 $\boldsymbol{H}$ 共轭的是物质对数应力 $\boldsymbol{T}$，使用导出式 (8.52) 的步骤，可建立如下超弹性本构关系

$$\boldsymbol{T}=\frac{\partial W(\boldsymbol{H})}{\partial \boldsymbol{H}} \tag{8.88}$$

空间对数应变 $\boldsymbol{h}$ 与物质对数应变 $\boldsymbol{H}$ 的关系见式 (3.212)，为

$$\boldsymbol{h}=\boldsymbol{R}\cdot\boldsymbol{H}\cdot\boldsymbol{R}^{\mathrm{T}} \tag{8.89}$$

5.9.2 节已经介绍，空间应变张量均不存在共轭对的应力张量，除非物质应力 $\boldsymbol{S}^{(n)}$ 和右伸长张量 $\boldsymbol{U}$ 共主轴 (或者说 Kirchhoff 应力 $\boldsymbol{\tau}$ 与左伸长张量 $\boldsymbol{V}$ 共主轴)。所以说，一般情况下 Kirchhoff 应力 $\boldsymbol{\tau}$ 不存在共轭对的应变 (Sansour，2001)，从而无法建立相应的超弹性本构关系。然而，各向同性情况下，$\boldsymbol{\tau}$ 与 $\boldsymbol{V}$ 共主轴，Xiao 和 Chen(2003) 证明：*可以建立 Kirchhof 应力 $\boldsymbol{\tau}$ 和空间对数应变 $\boldsymbol{h}$ 的对偶超弹性本构关系*

$$\boldsymbol{\tau}=\frac{\partial W(\boldsymbol{h})}{\partial \boldsymbol{h}} \quad 或 \quad \boldsymbol{h}=\frac{\partial \breve{W}(\boldsymbol{\tau})}{\partial \boldsymbol{\tau}} \tag{8.90}$$

式中 $\breve{W}=\boldsymbol{\tau}:\boldsymbol{h}-W$ 代表应变余能函数。

证明 根据 8.1 节的分析，对于各向同性 Cauchy 弹性材料，可使用 $\boldsymbol{\tau}$ 和 $\boldsymbol{h}$ 等空间张量建立其本构关系

$$\boldsymbol{\tau}=\boldsymbol{\tau}(\boldsymbol{h}) \tag{8.91}$$

其中本构响应函数必须是 $\boldsymbol{h}$ 的各向同性函数，另一方面，根据式 (4.113) 有

$$\boldsymbol{d}=\dot{\boldsymbol{h}}-\boldsymbol{\Omega}^{\log}\cdot\boldsymbol{h}-\boldsymbol{h}\cdot\boldsymbol{\Omega}^{\log\mathrm{T}}=\boldsymbol{h}^{\log}$$

结合式 (7.134)，得应力功率为

$$w=\boldsymbol{\tau}:\boldsymbol{d}=\boldsymbol{\tau}:\boldsymbol{h}^{\log}=\boldsymbol{\tau}:\dot{\boldsymbol{h}} \tag{8.92}$$

按照导出式 (8.52) 的步骤，从而可证得式 (8.90) 的第一式。至于第二式可通过对应变余能表达式 $\breve{W}(\boldsymbol{\tau})=\boldsymbol{\tau}:\boldsymbol{h}-W(\boldsymbol{h})$ 两边求相对 $\boldsymbol{\tau}$ 的偏导得到。◆◆

证明式 (8.90) 的另外一种方法：在各向同性条件下，根据 8.1 节，$\boldsymbol{\tau}$ 与 $\boldsymbol{V}$ 共主轴，5.9.3 节已讨论，这时物质对数应力 $\boldsymbol{T}$ 与共旋应力 $\hat{\boldsymbol{\tau}}$ 相等，见式 (5.159)，

对式 (8.88) 进行 $\boldsymbol{R}\cdot(\ )\cdot\boldsymbol{R}^{\mathrm{T}}$ 定义的前推，即将式 (7.152) 的 $\boldsymbol{A}$，$\boldsymbol{A}^*$，$\boldsymbol{F}$ 分别使用 $\boldsymbol{H}$，$\boldsymbol{h}$，$\boldsymbol{R}$ 代替，也可得式 (8.90)。

对数应变在建立本构关系中的应用越来越受重视，主要由于它相对其他应变度量具有一些显著的优势 (Latorre and Montáns，2014)，包括：它的迹 $\mathrm{tr}\boldsymbol{h}=\ln J$ 反映体积改变，而它的偏量部分 $\boldsymbol{h}'=\boldsymbol{h}-(1/3)(\mathrm{tr}\boldsymbol{h})\boldsymbol{I}$ 没有体积变化，从而使得应变张量的加法分解 (偏张量和球张量之和) 具有物理意义；在单轴变形的情况下，它可以相加，即各阶段分别产生的应变相加起来就是最终的总应变，而且，将试件拉长一倍和缩短一半，应变的绝对值相等，仅符号改变；前推后拉运算仅通过使用刚体转动就可实现，见式 (8.89)，从而保持尺度不变；式 (8.90) 定义的超弹性本构关系在不太大或者适度大的变形下能够很好地模拟材料的真实弹性行为 (Anand，1979)；由于对数应变相关运算具有的特殊结构，由它建立的弹塑性本构关系具有很好的物理基础，并且在有限元数值中实现的效率很高 (Simo，1992)。

8.2.3　各向异性材料

采用物质描述，根据各向同性化定理，储能函数应是应变 $\boldsymbol{C}$ 和表征各向异性的结构张量 $\boldsymbol{M}$ 的各向同性函数，一般表示为

$$W=W(\boldsymbol{C},\boldsymbol{M})$$

对于横观各向同性，结构张量 $\boldsymbol{M}=\boldsymbol{k}\otimes\boldsymbol{k}$，对照式 (2.201) 或直接对照式 (8.27)，应有

$$W=W\left(I^C,II^{*C},III^C,K_1,K_2\right)\tag{8.93}$$

式中

$$K_1=\mathrm{tr}\,(\boldsymbol{C}\cdot\boldsymbol{M}),\quad K_2=\mathrm{tr}\left(\boldsymbol{C}^2\cdot\boldsymbol{M}\right)\tag{8.94}$$

注意：不变量 K_1 还可以写成 $K_1=\boldsymbol{k}\cdot\boldsymbol{C}\cdot\boldsymbol{k}=\lambda_k^2$，是沿占优方向 $\boldsymbol{k}$ 的伸长比 λ_k 的平方。

而对于正交各向异性，结构张量由式 (8.35) 定义，对照式 (2.201) 或直接对照式 (8.38)，应有

$$W=W\left(I^C,II^{*C},III^C,K_1,K_2,K_3,K_4\right)\tag{8.95}$$

式中

$$K_3=\mathrm{tr}\left(\boldsymbol{C}\cdot\boldsymbol{M}^2\right),\quad K_4=\mathrm{tr}\left(\boldsymbol{C}^2\cdot\boldsymbol{M}^2\right)\tag{8.96}$$

注意：正交各向异性和横观各向同性的结构张量不相同。

求 K_1，K_2，$\cdots$，K_4 不变量的偏导数，使用四阶单位张量的定义和式 (2.69)，得

$$\frac{\partial K_1}{\partial\boldsymbol{C}}=\frac{\partial(\boldsymbol{C}:\boldsymbol{M})}{\partial\boldsymbol{C}}=\frac{\partial\boldsymbol{C}}{\partial\boldsymbol{C}}:\boldsymbol{M}=\mathbb{I}:\boldsymbol{M}=\boldsymbol{M}\tag{8.97a}$$

$$\frac{\partial K_2}{\partial \boldsymbol{C}} = \frac{\partial \boldsymbol{C}^2}{\partial \boldsymbol{C}} : \boldsymbol{M} = (\boldsymbol{C} \boxtimes \boldsymbol{I} + \boldsymbol{I} \boxtimes \boldsymbol{C}) : \boldsymbol{M} = \boldsymbol{C} \cdot \boldsymbol{M} + \boldsymbol{M} \cdot \boldsymbol{C} \tag{8.97b}$$

类比上面两式，很容易得

$$\frac{\partial K_3}{\partial \boldsymbol{C}} = \boldsymbol{M}^2, \quad \frac{\partial K_4}{\partial \boldsymbol{C}} = \boldsymbol{C} \cdot \boldsymbol{M}^2 + \boldsymbol{M}^2 \cdot \boldsymbol{C} \tag{8.98}$$

对于横观各向同性，考虑到式 (8.73)，第二 P-K 应力的本构方程式应是

$$\begin{aligned} \boldsymbol{S} &= 2\frac{\partial W(\boldsymbol{C},\boldsymbol{M})}{\partial \boldsymbol{C}} \\ &= 2\left\{\frac{\partial W}{\partial I^C}\boldsymbol{I} + 2\frac{\partial W}{\partial II^{*C}}\boldsymbol{C} + J^2\frac{\partial W}{\partial III^C}\boldsymbol{C}^{-1} + \frac{\partial W}{\partial K_1}\boldsymbol{M} + \frac{\partial W}{\partial K_2}(\boldsymbol{C}\cdot\boldsymbol{M} + \boldsymbol{M}\cdot\boldsymbol{C})\right\} \end{aligned} \tag{8.99}$$

与对应的 Cauchy 材料的本构表达式 (8.26) 相比,少了一项张量基 $\boldsymbol{C}^2 \cdot \boldsymbol{M} + \boldsymbol{M} \cdot \boldsymbol{C}^2$。

对于正交各向异性，有

$$\begin{aligned} \boldsymbol{S} &= 2\frac{\partial W(\boldsymbol{C},\boldsymbol{M})}{\partial \boldsymbol{C}} \\ &= 2\left\{\begin{aligned} &\frac{\partial W}{\partial I^C}\boldsymbol{I} + 2\frac{\partial W}{\partial II^{*C}}\boldsymbol{C} + J^2\frac{\partial W}{\partial III^C}\boldsymbol{C}^{-1} + \frac{\partial W}{\partial K_1}\boldsymbol{M} \\ &+ \frac{\partial W}{\partial K_2}(\boldsymbol{C}\cdot\boldsymbol{M} + \boldsymbol{M}\cdot\boldsymbol{C}) + \frac{\partial W}{\partial K_3}\boldsymbol{M}^2 + \frac{\partial W}{\partial K_4}(\boldsymbol{C}\cdot\boldsymbol{M}^2 + \boldsymbol{M}^2\cdot\boldsymbol{C}) \end{aligned}\right\} \end{aligned} \tag{8.100}$$

与对应 Cauchy 材料的本构表达式 (8.37) 的形式一致。

上面的表示均采用物质描述。为了得到相应的空间形式,将 $\boldsymbol{S} = 2\dfrac{\partial W(\boldsymbol{C},\boldsymbol{M})}{\partial \boldsymbol{C}}$ 采用混变型前推 $\boldsymbol{F} \cdot (\ ) \cdot \boldsymbol{F}^{-1}$，使用式 (7.153)，并考虑到式 (8.42)，得空间形式的本构方程可一般写成

$$\boldsymbol{\tau} = 2 \left.\frac{\partial W(\boldsymbol{b},\boldsymbol{m})}{\partial \boldsymbol{b}}\right|_{\boldsymbol{m}\ \text{固定}} \cdot \boldsymbol{b} \tag{8.101}$$

上式同各向同性情况下的本构方程式 (8.82) 形式上一致，只是储能函数中多了一个反映各向异性的空间结构张量，注意：① 求偏导时应保持 $\boldsymbol{m}$ 固定不变，尽管 $\boldsymbol{m}$ 取决于变形梯度 $\boldsymbol{F}$ 从而取决于 $\boldsymbol{b}$；② 针对横观各向同性和正交各向异性，式中储能函数仍由式 (8.27) 或式 (8.38) 所列的不变量构造，仅需将其中的 $\boldsymbol{C}$ 和 $\boldsymbol{M}$ 分别用 $\boldsymbol{b}$ 和 $\boldsymbol{m}$ 替代，尽管由于 $\boldsymbol{m}$ 是不对称的，这些不变量在构造任意的各向同性函数时并不完备，或者说，在构造储能函数时仍将 $\boldsymbol{m}$ 视作对称张量。

具体地将本构方程式 (8.99) 和式 (8.100) 采用混变型前推 $\boldsymbol{F} \cdot (\ ) \cdot \boldsymbol{F}^{-1}$，就是将左边替换为 $\boldsymbol{\tau} \cdot \boldsymbol{b}^{-1}$，而右边中的 $\boldsymbol{C}$ 和 $\boldsymbol{M}$，分别用 $\boldsymbol{b}$ 和 $\boldsymbol{m}$ 替代，从而得到它们的空间形式。

也可将本构方程式 (8.99) 和式 (8.100) 按照 $\boldsymbol{R}\cdot(\ )\cdot\boldsymbol{R}^{\mathrm{T}}$ 的方式进行前推，并定义空间结构张量

$$\boldsymbol{m}^{\mathrm{R}} \stackrel{\text{def}}{=\!=} \boldsymbol{R}\cdot\boldsymbol{M}\cdot\boldsymbol{R}^{\mathrm{T}} \tag{8.102}$$

使用式 (7.153)，令其中的 $\boldsymbol{F}=\boldsymbol{R}$，并考虑到 $\boldsymbol{R}\cdot\boldsymbol{C}\cdot\boldsymbol{R}^{\mathrm{T}}=\boldsymbol{b}$，得空间形式本构方程的另外一种表示为

$$\boldsymbol{R}\cdot\boldsymbol{S}\cdot\boldsymbol{R}^{\mathrm{T}}=2\left.\frac{\partial W\left(\boldsymbol{b},\boldsymbol{m}^{R}\right)}{\partial \boldsymbol{b}}\right|_{\boldsymbol{m}^{R}\ \text{固定}} \tag{8.103}$$

或写成

$$\boldsymbol{\tau}=2\boldsymbol{V}\cdot\left.\frac{\partial W\left(\boldsymbol{b},\boldsymbol{m}^{R}\right)}{\partial \boldsymbol{b}}\right|_{\boldsymbol{m}^{R}\ \text{固定}}\cdot\boldsymbol{V} \tag{8.104}$$

注意：这里定义的空间结构张量 $\boldsymbol{m}^{R}$ 是对称的。

采用物质对数应变 $\boldsymbol{H}$ 及功共轭的应力 $\boldsymbol{T}$，建立各向异性情况下物质形式的超弹性本构方程为

$$\boldsymbol{T}=\frac{\partial W\left(\boldsymbol{H},\boldsymbol{M}\right)}{\partial \boldsymbol{H}} \tag{8.105}$$

式中 $W=W\left(\boldsymbol{H},\boldsymbol{M}\right)$ 是各向异性下的储能函数。按照 $\boldsymbol{R}\cdot(\ )\cdot\boldsymbol{R}^{\mathrm{T}}$ 的方式进行前推，使用式 (7.153)，令其中的 $\boldsymbol{F}=\boldsymbol{R}$，并考虑到式 (8.89) 和式 (8.102)，得

$$\boldsymbol{R}\cdot\boldsymbol{T}\cdot\boldsymbol{R}^{\mathrm{T}}=\left.\frac{\partial W\left(\boldsymbol{h},\boldsymbol{m}^{R}\right)}{\partial \boldsymbol{h}}\right|_{\boldsymbol{m}^{R}\ \text{固定}} \tag{8.106}$$

使用 $\boldsymbol{T}$ 与 $\boldsymbol{\tau}$ 之间关系的分量表达式 (5.147a)，得

$$\begin{aligned}\boldsymbol{R}\cdot\boldsymbol{T}\cdot\boldsymbol{R}^{\mathrm{T}}&=\boldsymbol{R}\cdot\left(\sum_{I=1}^{3}\sum_{J=1}^{3}T_{IJ}\boldsymbol{N}_I\otimes\boldsymbol{N}_J\right)\cdot\boldsymbol{R}^{\mathrm{T}}\\&=\sum_{i=I=1}^{3}\sum_{j=J=1}^{3}\frac{1}{\ln\lambda_J-\ln\lambda_I}\frac{\lambda_J^2-\lambda_I^2}{2\lambda_I\lambda_J}\tau_{ij}\boldsymbol{n}_i\otimes\boldsymbol{n}_j\end{aligned}$$

最后得分量表示的空间形式本构方程为

$$\tau_{ij}=2\left(\ln\lambda_j-\ln\lambda_i\right)\frac{\lambda_i\lambda_j}{\lambda_j^2-\lambda_i^2}\left.\frac{\partial W\left(\boldsymbol{h},\boldsymbol{m}^{R}\right)}{\partial h_{ij}}\right|_{\boldsymbol{m}^{R}\ \text{固定}}\quad(i,j\ \text{不求和}) \tag{8.107}$$

注意：上式是在 Euler 标架下的分量表示。为了得到不依赖标架的表示，结合物质对数应力和 Kirchhoff 应力的转换关系式 (5.165) 和式 (8.106)，有

$$\boldsymbol{\tau}=\boldsymbol{\mathcal{T}}:\left.\frac{\partial W\left(\boldsymbol{h},\boldsymbol{m}^{R}\right)}{\partial \boldsymbol{h}}\right|_{\boldsymbol{m}^{R}\ \text{固定}} \tag{8.108}$$

式中 $\mathcal{T}$ 是空间形式的转换张量，由式 (4.177) 给出。

在各向同性情况下，也可通过式 (8.108) 化简得到本构方程式 (8.90)，因为这时，结构张量 $\boldsymbol{M}=\boldsymbol{m}^R=\boldsymbol{I}$，偏导数 $\left.\dfrac{\partial W\left(\boldsymbol{h},\boldsymbol{m}^R\right)}{\partial \boldsymbol{h}}\right|_{\boldsymbol{m}^R\ 固定}=\dfrac{\partial W\left(\boldsymbol{h}\right)}{\partial \boldsymbol{h}}$ 与 $\boldsymbol{h}$ 共主轴，也就与 $\boldsymbol{V}$ 共主轴，根据式 (4.176)，它在 $\mathcal{T}$ 的变换下保持不变，从而回到式 (8.90)。

8.2.4 不可压缩材料

许多高分子材料可以产生很大的弹性变形但体积改变却很小，在连续介质力学中，常常将这类材料当作不可压缩处理。7.6 节就材料内部的变形约束及其对本构方程的影响进行了一般性讨论，下面就不可压缩条件对超弹性材料本构方程的影响予以具体讨论。

1. 物质描述

考虑到式 (7.88)，不可压缩条件 $J=1$ 即 $\dot{J}=0$ 要求 $\boldsymbol{C}$ 满足

$$\frac{1}{2}J\boldsymbol{C}^{-1}:\dot{\boldsymbol{C}}=0 \tag{8.109}$$

超弹性本构方程式 (8.63) 可重新写成

$$\left(\frac{1}{2}\boldsymbol{S}-\frac{\partial W\left(\boldsymbol{C}\right)}{\partial \boldsymbol{C}}\right):\dot{\boldsymbol{C}}=0 \tag{8.110}$$

如果变形不受任何约束，则 $\dot{\boldsymbol{C}}$ 任意，这就要求上式括号中的项应为零，得式 (8.64)。然而，对于不可压缩情况，$\dot{\boldsymbol{C}}$ 不再任意，应满足式 (8.109)，因此，括号中的项并不要求为零。

上面两个式子都可看作是两个 6 维矢量的点积为零，即两个矢量相互正交，也就是 $\dfrac{1}{2}\boldsymbol{S}-\dfrac{\partial W\left(\boldsymbol{C}\right)}{\partial \boldsymbol{C}}$ 和 $\dfrac{1}{2}J\boldsymbol{C}^{-1}$ 都与 $\dot{\boldsymbol{C}}$ 正交，因此，它们两者必须相互平行，即成比例

$$\frac{1}{2}\boldsymbol{S}-\frac{\partial W\left(\boldsymbol{C}\right)}{\partial \boldsymbol{C}}=-\zeta\frac{1}{2}J\boldsymbol{C}^{-1}$$

式中 ζ 是未知的比例系数。于是，不可压缩材料的超弹性本构方程表示为

$$\boldsymbol{S}=2\frac{\partial W\left(\boldsymbol{C}\right)}{\partial \boldsymbol{C}}-\zeta J\boldsymbol{C}^{-1} \tag{8.111}$$

与式 (7.85) 对照可知，右端第一项代表由变形张量 $\boldsymbol{C}$ 确定的应力 $\boldsymbol{S}_F$，而第二项代表附加的约束反力 $\boldsymbol{S}_R$

$$\boldsymbol{S}_F=2\frac{\partial W\left(\boldsymbol{C}\right)}{\partial \boldsymbol{C}},\quad \boldsymbol{S}_R=-\zeta J\boldsymbol{C}^{-1} \tag{8.112}$$

$\boldsymbol{S}_R$ 不能通过本构方程确定，约束方程式 (8.109) 表明 $\boldsymbol{S}_R$ 在满足约束条件的变形上所做的功率为零。

如果让 ζ 与静水压力 p 相等 $\zeta = p$，根据式 (7.91) 及其前面的讨论，$\boldsymbol{S}_F$ 必须是式 (5.179b) 第二式定义的偏量 $\boldsymbol{S}'$，满足

$$\boldsymbol{S}_F : \boldsymbol{C} = \frac{\partial W(\boldsymbol{C})}{\partial \boldsymbol{C}} : \boldsymbol{C} = 0 \tag{8.113}$$

若储能函数 $W(\boldsymbol{C})$ 是 $\boldsymbol{C}$ 的零次齐次函数，即相对于任意的 α，都有 $W(\alpha\boldsymbol{C}) = W(\boldsymbol{C})$，将它两边相对 α 求偏导并令 $\alpha = 1$，就能导出式 (8.113)，因此，$W(\boldsymbol{C})$ 是 $\boldsymbol{C}$ 的零次齐次函数就能保证式 (8.113) 得到满足。为了满足零次齐次条件，我们只需将储能函数表示为 $\boldsymbol{C}$ 的形变 (等体积) 部分 (见式 (3.146))

$$\tilde{\boldsymbol{C}} = (\det \boldsymbol{C})^{-1/3} \boldsymbol{C} = J^{-2/3}\boldsymbol{C} \tag{8.114}$$

的函数，即定义一个修改的储能函数

$$\hat{W}(\boldsymbol{C}) = W\left(\tilde{\boldsymbol{C}}\right) \tag{8.115}$$

因为 $\tilde{\boldsymbol{C}}$ 本身就是 $\boldsymbol{C}$ 的零次齐次函数，满足

$$\tilde{\boldsymbol{C}}(\alpha\boldsymbol{C}) = (\det(\alpha\boldsymbol{C}))^{-1/3}(\alpha\boldsymbol{C}) = (\det \boldsymbol{C})^{-1/3}\boldsymbol{C} = \tilde{\boldsymbol{C}}(\boldsymbol{C}) \tag{8.116}$$

从而式 (8.115) 定义的函数是 $\boldsymbol{C}$ 的零次齐次函数。因此有

$$\boldsymbol{S}_F = \boldsymbol{S}' = 2\frac{\partial \hat{W}(\boldsymbol{C})}{\partial \boldsymbol{C}} = 2\frac{\partial W\left(\tilde{\boldsymbol{C}}\right)}{\partial \boldsymbol{C}} \tag{8.117}$$

需要强调指出：即使是不可压缩变形 $\tilde{\boldsymbol{C}} = \boldsymbol{C}$，偏导 $\dfrac{\partial W\left(\tilde{\boldsymbol{C}}\right)}{\partial \boldsymbol{C}}$ $\left(\text{或 } \dfrac{\partial \hat{W}(\boldsymbol{C})}{\partial \boldsymbol{C}}\right)$ 与偏导 $\dfrac{\partial W(\boldsymbol{C})}{\partial \boldsymbol{C}}$ 并不相等，前者中 $\tilde{\boldsymbol{C}}$ 所包含的 J 是取决于 $\boldsymbol{C}$ 的变量，相对 $\boldsymbol{C}$ 求偏导后才能置为 1。下面给出它们之间的关系。使用式 (7.88)，求偏导

$$\begin{aligned}\frac{\partial \tilde{\boldsymbol{C}}}{\partial \boldsymbol{C}} &= \frac{\partial}{\partial \boldsymbol{C}}\left(J^{-2/3}\boldsymbol{C}\right) = J^{-2/3}\mathbb{I} - \boldsymbol{C} \otimes \left(\frac{2}{3}J^{-2/3-1}\frac{1}{2}J\boldsymbol{C}^{-1}\right) \\ &= J^{-2/3}\left(\mathbb{I} - \frac{1}{3}\boldsymbol{C} \otimes \boldsymbol{C}^{-1}\right) = J^{-2/3}\mathbb{P}^{\mathrm{T}}\end{aligned} \tag{8.118}$$

式中 $\mathbb{P}$ 是参考构形中的四阶投影张量，上标 T 代表转置，其定义与性质见式 (1.292) 和式 (1.294)，于是有

$$\mathbb{P} \xlongequal{\text{def}} \mathbb{I} - \frac{1}{3}\boldsymbol{C}^{-1} \otimes \boldsymbol{C} \tag{8.119}$$

它将任意一个参考构形中的二阶张量投影变换为其自身的偏量。根据复合函数求导及式 (8.118)，得

$$\frac{\partial W\left(\tilde{\boldsymbol{C}}\right)}{\partial \boldsymbol{C}}=\frac{\partial W\left(\tilde{\boldsymbol{C}}\right)}{\partial \tilde{\boldsymbol{C}}}:\frac{\partial \tilde{\boldsymbol{C}}}{\partial \boldsymbol{C}}=J^{-2/3}\frac{\partial W\left(\tilde{\boldsymbol{C}}\right)}{\partial \tilde{\boldsymbol{C}}}:\mathbb{P}^{\mathrm{T}} \tag{8.120}$$

考虑不可压缩条件 $J=1$，$\tilde{\boldsymbol{C}}=\boldsymbol{C}$，就有 $\dfrac{\partial W\left(\tilde{\boldsymbol{C}}\right)}{\partial \tilde{\boldsymbol{C}}}=\dfrac{\partial W\left(\boldsymbol{C}\right)}{\partial \boldsymbol{C}}$，在上式中使用这些及四阶张量转置的定义，结合式 (8.117)，得

$$\boldsymbol{S}'=\mathbb{P}:2\frac{\partial W\left(\boldsymbol{C}\right)}{\partial \boldsymbol{C}} \tag{8.121}$$

最后有

$$\boldsymbol{S}=\boldsymbol{S}'-p\boldsymbol{C}^{-1}=\mathbb{P}:2\frac{\partial W\left(\boldsymbol{C}\right)}{\partial \boldsymbol{C}}-p\boldsymbol{C}^{-1} \tag{8.122}$$

2. 空间描述

为得到不可压缩约束下空间描述的本构方程，可将式 (8.122) 采用 $\boldsymbol{F}\cdot(\ )\cdot\boldsymbol{F}^{\mathrm{T}}$ 逆变型前推到当前构形得到，过程稍有复杂。采取更一般的式 (8.111) 前推会变得简单一些，考虑到式 (8.86)，得

$$\boldsymbol{\sigma}=2\frac{1}{J}\frac{\partial W\left(\boldsymbol{b}\right)}{\partial \boldsymbol{b}}\cdot\boldsymbol{b}-\zeta\boldsymbol{I} \tag{8.123}$$

欲使第二项为静水压力 $-p\boldsymbol{I}$，即有 $\zeta=p$，则应将第一项取为偏量，于是，在考虑到不可压缩条件 $J=1$ 后，上式应改写为

$$\boldsymbol{\sigma}=\boldsymbol{\sigma}'-p\boldsymbol{I} \tag{8.124}$$

式中偏量

$$\boldsymbol{\sigma}'=2\frac{\partial W\left(\boldsymbol{b}\right)}{\partial \boldsymbol{b}}\cdot\boldsymbol{b}-\frac{1}{3}\mathrm{tr}\left(2\frac{\partial W\left(\boldsymbol{b}\right)}{\partial \boldsymbol{b}}\cdot\boldsymbol{b}\right)\boldsymbol{I}=\boldsymbol{\mathcal{P}}:\left(2\frac{\partial W\left(\boldsymbol{b}\right)}{\partial \boldsymbol{b}}\cdot\boldsymbol{b}\right) \tag{8.125}$$

其中

$$\boldsymbol{\mathcal{P}}\overset{\mathrm{def}}{=\!=}\boldsymbol{\mathcal{I}}-\frac{1}{3}\boldsymbol{I}\otimes\boldsymbol{I} \tag{8.126}$$

是四阶空间投影张量，它将一个空间张量投影变换为自身的偏量，最后得

$$\boldsymbol{\sigma}=\boldsymbol{\mathcal{P}}:\left(2\frac{\partial W\left(\boldsymbol{b}\right)}{\partial \boldsymbol{b}}\cdot\boldsymbol{b}\right)-p\boldsymbol{I} \tag{8.127}$$

从上面的分析可知，即使是在体积不可压缩 (仅形状改变) 的情况下，$\dfrac{\partial W(\boldsymbol{C})}{\partial \boldsymbol{C}}$ 和 $\dfrac{\partial W(\boldsymbol{b})}{\partial \boldsymbol{b}}\cdot\boldsymbol{b}$ 一般都不是偏量，前者在 $\mathbb{P}$ 的变换下而后者在 $\boldsymbol{\mathcal{P}}$ 的变换下才能成为偏量，这说明，无论是物质描述还是空间描述，可压缩材料在仅产生形状改变时 (如简单剪切) 会需要静水压力。

对于使用第一 P-K 应力和变形梯度表示的本构方程，其不可压缩约束可采用与上面相同的方法建立。首先，不可压缩条件表示为 $\det\boldsymbol{F}-1=0$，利用式 (2.49) 求 $\det\boldsymbol{F}$ 的物质时间率，得

$$\boldsymbol{F}^{-\mathrm{T}}:\dot{\boldsymbol{F}}=0 \tag{8.128}$$

使用上式和式 (8.52)，按照导出式 (8.111) 的步骤，得考虑不可压缩约束后的本构方程为

$$\boldsymbol{P}=\frac{\partial W(\boldsymbol{F})}{\partial \boldsymbol{F}}-\zeta\boldsymbol{F}^{-\mathrm{T}} \tag{8.129}$$

式中 ζ 不是静水压力 p，若要使得它们一致，必须对前面一项进行适当变换，以便成为式 (5.179a) 定义的偏量，变换张量可以采用与前面类似的方法导出。

8.2.5 近不可压缩材料

本小节讨论中将上面不可压缩情况下的储能函数记作 $W_{\mathrm{iso}}\left(\tilde{\boldsymbol{C}}\right)$。有限元施加不可压缩条件通常按近不可压缩处理，就是在 $W_{\mathrm{iso}}\left(\tilde{\boldsymbol{C}}\right)$ 上加上体积改变部分的储能函数 $W_{\mathrm{vol}}(J)$，得总的储能函数为

$$W(\boldsymbol{C})=W_{\mathrm{iso}}\left(\tilde{\boldsymbol{C}}\right)+W_{\mathrm{vol}}(J) \tag{8.130}$$

这实质上是将储能函数分解为等体积 (形变改变) 部分和体积改变部分之和。

本构方程式 (8.64) 结合分解式 (5.178b)，有

$$\boldsymbol{S}=2\frac{\partial W(\boldsymbol{C})}{\partial \boldsymbol{C}}=\boldsymbol{S}'-pJ\boldsymbol{C}^{-1} \tag{8.131}$$

将式 (8.130) 代入，考虑到 $W_{\mathrm{iso}}\left(\tilde{\boldsymbol{C}}\right)$ 是 $\boldsymbol{C}$ 的零次齐次函数，满足 $\dfrac{\partial W_{\mathrm{iso}}\left(\tilde{\boldsymbol{C}}\right)}{\partial \boldsymbol{C}}:\boldsymbol{C}=0$，从而使得 $\dfrac{\partial W_{\mathrm{iso}}\left(\tilde{\boldsymbol{C}}\right)}{\partial \boldsymbol{C}}$ 成为参考构形中的偏量，而且

$$2\frac{\partial W_{\mathrm{vol}}(J)}{\partial \boldsymbol{C}}=2\frac{\mathrm{d}W_{\mathrm{vol}}}{\mathrm{d}J}\frac{\partial J}{\partial \boldsymbol{C}}=\frac{\mathrm{d}W_{\mathrm{vol}}}{\mathrm{d}J}J\boldsymbol{C}^{-1} \tag{8.132}$$

得

$$\boldsymbol{S}'=2\frac{\partial W_{\mathrm{iso}}\left(\tilde{\boldsymbol{C}}\right)}{\partial \boldsymbol{C}},\quad p=-\frac{\mathrm{d}W_{\mathrm{vol}}}{\mathrm{d}J} \tag{8.133}$$

为方便起见，使用式 (8.120)，将式 (8.133) 中的应力偏量 $\boldsymbol{S}'$ 表示为

$$\boldsymbol{S}' = 2J^{-2/3}\frac{\partial W_{\text{iso}}\left(\tilde{\boldsymbol{C}}\right)}{\partial \tilde{\boldsymbol{C}}} : \mathbb{P}^{\mathrm{T}} = J^{-2/3}\mathbb{P} : \tilde{\boldsymbol{S}} \tag{8.134}$$

式中

$$\tilde{\boldsymbol{S}} = 2\frac{\partial W_{\text{iso}}\left(\tilde{\boldsymbol{C}}\right)}{\partial \tilde{\boldsymbol{C}}} \tag{8.135}$$

将式 (8.131) 采用 Piola 变换式 (5.127) 前推到当前构形，并考虑到式 (8.134)，得 Cauchy 应力为

$$\boldsymbol{\sigma} = \boldsymbol{\sigma}' + \boldsymbol{\sigma}_{\text{vol}} \tag{8.136}$$

式中

$$\boldsymbol{\sigma}' = J^{-1}\boldsymbol{F}\cdot\boldsymbol{S}'\cdot\boldsymbol{F}^{\mathrm{T}} = J^{-1}\tilde{\boldsymbol{F}}\cdot\left(\mathbb{P}:\tilde{\boldsymbol{S}}\right)\cdot\tilde{\boldsymbol{F}}^{\mathrm{T}}$$

$$\boldsymbol{\sigma}_{\text{vol}} = J^{-1}\boldsymbol{F}\cdot\left(-pJ\boldsymbol{C}^{-1}\right)\cdot\boldsymbol{F}^{\mathrm{T}} = -p\boldsymbol{I}$$

式中 $\tilde{\boldsymbol{F}}$ 是等体积变形的变形梯度，见式 (3.144)，使用式 (8.119) 和 $\tilde{\boldsymbol{C}}$ 的定义式 (3.146)，得

$$\begin{aligned}\tilde{\boldsymbol{F}}\cdot\left(\mathbb{P}:\tilde{\boldsymbol{S}}\right)\cdot\tilde{\boldsymbol{F}}^{\mathrm{T}} &= \tilde{\boldsymbol{F}}\cdot\left(\left(\mathbb{I}-\frac{1}{3}\tilde{\boldsymbol{C}}^{-1}\otimes\tilde{\boldsymbol{C}}\right):\tilde{\boldsymbol{S}}\right)\cdot\tilde{\boldsymbol{F}}^{\mathrm{T}} \\ &= \tilde{\boldsymbol{F}}\cdot\left(\tilde{\boldsymbol{S}}-\frac{1}{3}\left(\tilde{\boldsymbol{S}}:\tilde{\boldsymbol{C}}\right)\tilde{\boldsymbol{C}}^{-1}\right)\cdot\tilde{\boldsymbol{F}}^{\mathrm{T}} \\ &= \tilde{\boldsymbol{\tau}}-\frac{1}{3}\left(\mathrm{tr}\tilde{\boldsymbol{\tau}}\right)\boldsymbol{I} = \boldsymbol{\mathcal{P}}:\tilde{\boldsymbol{\tau}} = \tilde{\boldsymbol{\tau}}'\end{aligned} \tag{8.137}$$

式中

$$\tilde{\boldsymbol{\tau}} = \tilde{\boldsymbol{F}}\cdot\tilde{\boldsymbol{S}}\cdot\tilde{\boldsymbol{F}}^{\mathrm{T}} \tag{8.138}$$

使用式 (8.86) 和式 (8.135)，得

$$\tilde{\boldsymbol{\tau}} = 2\tilde{\boldsymbol{F}}\cdot\frac{\partial W_{\text{iso}}\left(\tilde{\boldsymbol{C}}\right)}{\partial\tilde{\boldsymbol{C}}}\cdot\tilde{\boldsymbol{F}}^{\mathrm{T}} = 2\frac{\partial W_{\text{iso}}\left(\tilde{\boldsymbol{b}}\right)}{\partial\tilde{\boldsymbol{b}}}\cdot\tilde{\boldsymbol{b}} \tag{8.139}$$

式中

$$\tilde{\boldsymbol{b}} = \tilde{\boldsymbol{F}}\cdot\tilde{\boldsymbol{C}}\cdot\tilde{\boldsymbol{F}}^{-1} = \tilde{\boldsymbol{F}}\cdot\tilde{\boldsymbol{F}}^{\mathrm{T}} \tag{8.140}$$

所以，最终有

$$\boldsymbol{\sigma}' = J^{-1}\tilde{\boldsymbol{\tau}}' = J^{-1}\boldsymbol{\mathcal{P}}:\tilde{\boldsymbol{\tau}} \tag{8.141}$$

体积储能函数常常取为如下简单的形式

$$W_{\text{vol}}(J)=\frac{1}{2}K(J-1)^2 \tag{8.142}$$

显然有 $p=K(J-1)$，所以 K 具有真实的物理意义，它代表材料的体积模量，当取较大值时，可近似地施加不可压缩条件。

8.2.6 本构约束

对于超弹性，可以根据试验假设各种形式的储能函数来描述其行为，然而，它们不可能任意，除了满足上面介绍的内部结构引起的变形几何约束外，还需要满足来自物理方面的约束条件，这些约束条件往往以不等式的形式表达，通常称之为本构不等式。

从物理方面考虑，通常要求无变形的参考构形 ($\boldsymbol{F}=\boldsymbol{I}$) 是无应力的，此时，储能函数为零，然后随着变形增加，就要求

$$W(\boldsymbol{I})=0,\quad W(\boldsymbol{F})\geqslant 0 \tag{8.143}$$

而且，当物体无限地体积膨胀或压缩到体积为零时，储能函数应趋于无限大，因此

$$W(\boldsymbol{F})\to\infty,\quad \text{当}\ \det\boldsymbol{F}\to\infty \tag{8.144a}$$

$$W(\boldsymbol{F})\to\infty,\quad \text{当}\ \det\boldsymbol{F}\to 0 \tag{8.144b}$$

对于各向同性弹性体，Cauchy 应力 $\boldsymbol{\sigma}$ 的主轴与 $\boldsymbol{b}$ 的主轴重合，见式 (8.18)，它们主值大小之间的对应关系如何？Baker 和 Ericksen(1954) 提出：最大的主应力对应最大的主伸长比 (反映 $\boldsymbol{b}$ 的主值)，最小的主应力对应最小的主伸长比，即应力和变形的大小顺序一致

$$(\sigma_j-\sigma_i)(\lambda_j-\lambda_i)\geqslant 0\quad (i,j=1,2,3;\ i\neq j;\ i,\ j\ \text{不求和}) \tag{8.145}$$

上面这些关系式都构成对本构响应函数的约束。对于特定的弹性力学边值问题，其解的存在性、唯一性和物体状态的稳定性与响应函数的形式密切相关，许多文献基于稳定性概念 (例如，Morrey, 1952; Hill，1957，1958; Coleman and Noll, 1964；Ball, 1977；Marsden and Hughes，1983) 讨论了响应函数应满足的其他不等式，从而对响应函数的选取也形成一定的约束条件。关于物体状态稳定性的一系列相关概念以及由它们建立的相应本构不等式将在第 11 章介绍。

8.3 各向同性本构方程的一般表示

针对各向同性材料，前面建立了本构方程的一般表达式，如物质描述中的式 (8.20) 和式 (8.75) 以及空间描述中的式 (8.19) 和式 (8.79)，其中三个基张量 $\boldsymbol{I}$、

$\boldsymbol{E}$、$\boldsymbol{E}^{-1}$(或 $\boldsymbol{E}^2$) 以及三个基张量 $\boldsymbol{I}$、$\boldsymbol{b}$、$\boldsymbol{b}^{-1}$(或 $\boldsymbol{b}^2$) 都是不正交的，在本构方程的试验曲线拟合和边值问题的有限元分析 (涉及四阶切线张量) 等应用中使用起来都很不方便，因此，正交化十分必要。下面使用张量函数表示定理将张量基正交化，然后使用它们来表示本构方程，仅以物质描述 (Chen et al., 2012) 为例。

8.3.1 正交化的基张量

1. 基张量 $\boldsymbol{I}$、$\boldsymbol{E}$ 和 $\boldsymbol{E}^2$ 的正交化与单位化

将第二 P-K 应力 $\boldsymbol{S}$ 和 Green 应变 $\boldsymbol{E}$ 分解为偏量部分和体积部分之和，即

$$\boldsymbol{S} = \frac{1}{3}(\mathrm{tr}\boldsymbol{S})\,\boldsymbol{I} + \boldsymbol{S}_{\mathrm{d}}, \quad \boldsymbol{E} = \frac{1}{3}(\mathrm{tr}\boldsymbol{E})\,\boldsymbol{I} + \boldsymbol{E}_{\mathrm{d}} \tag{8.146}$$

式中 $\boldsymbol{S}_{\mathrm{d}}$ 和 $\boldsymbol{E}_{\mathrm{d}}$ 分别是 $\boldsymbol{S}$ 和 $\boldsymbol{E}$ 的偏量部分。注意：5.9.5 节中式 (5.179b) 定义的偏量 $\boldsymbol{S}'$ 其迹并不为零，它是 Kirchhoff 应力偏量的后拉，称为物理偏量，而这里 $\boldsymbol{S}_{\mathrm{d}}$ 的迹为零，为区别起见，称 $\boldsymbol{S}_{\mathrm{d}}$ 为数学偏量。选择它们的三个不变量为

$$\bar{p} = \frac{1}{\sqrt{3}}\mathrm{tr}\boldsymbol{S}, \quad q = \sqrt{\boldsymbol{S}_{\mathrm{d}} : \boldsymbol{S}_{\mathrm{d}}} = \sqrt{\mathrm{tr}\boldsymbol{S}_{\mathrm{d}}^2}, \quad \theta = \frac{1}{3}\arcsin\left[-\frac{\sqrt{6}\mathrm{tr}\boldsymbol{S}_{\mathrm{d}}^3}{\left(\mathrm{tr}\boldsymbol{S}_{\mathrm{d}}^2\right)^{3/2}}\right] \tag{8.147a}$$

$$a = \frac{1}{\sqrt{3}}\mathrm{tr}\boldsymbol{E}, \quad b = \sqrt{\boldsymbol{E}_{\mathrm{d}} : \boldsymbol{E}_{\mathrm{d}}} = \sqrt{\mathrm{tr}\boldsymbol{E}_{\mathrm{d}}^2}, \quad \varphi = \frac{1}{3}\arcsin\left[-\frac{\sqrt{6}\mathrm{tr}\boldsymbol{E}_{\mathrm{d}}^3}{\left(\mathrm{tr}\boldsymbol{E}_{\mathrm{d}}^2\right)^{3/2}}\right] \tag{8.147b}$$

式中 q 和 b 分别表示 $\boldsymbol{S}_{\mathrm{d}}$ 和 $\boldsymbol{E}_{\mathrm{d}}$ 的大小，θ 和 φ 是 $\boldsymbol{S}$ 和 $\boldsymbol{E}$ 的 Lode 角，在 $-\pi/6$ 到 $\pi/6$ 变化。关于 Lode 角的定义和几何意义见式 (1.195) 和图 1.5，这里应用了由式 (1.185) 和式 (1.171) 的第三式给出的结果

$$\mathrm{tr}\boldsymbol{S}_{\mathrm{d}}^2 = 2II'^{\boldsymbol{S}_{\mathrm{d}}}, \quad \mathrm{tr}\boldsymbol{S}_{\mathrm{d}}^3 = 3III'^{\boldsymbol{S}_{\mathrm{d}}}, \quad \mathrm{tr}\boldsymbol{E}_{\mathrm{d}}^2 = 2II'^{\boldsymbol{E}_{\mathrm{d}}}, \quad \mathrm{tr}\boldsymbol{E}_{\mathrm{d}}^3 = 3III'^{\boldsymbol{E}_{\mathrm{d}}} \tag{8.148}$$

为了得到正交化的张量基，Chen 等 (2012) 使用张量函数表示定理定义一个单位化的张量 $\boldsymbol{\Phi}$，它是 $\boldsymbol{E}$ 的各向同性函数，且与 $\boldsymbol{E}$ 和单位张量 $\boldsymbol{I}$ 正交，这就要求：$\boldsymbol{\Phi}$ 应由基张量 $\boldsymbol{I}$、$\boldsymbol{E}$、$\boldsymbol{E}^2$ 的线性组合表示，且 $\mathrm{tr}\boldsymbol{\Phi}^2 = 1$，$\mathrm{tr}(\boldsymbol{E}\cdot\boldsymbol{\Phi}) = \mathrm{tr}(\boldsymbol{I}\cdot\boldsymbol{\Phi}) = 0$，使用后面的三个条件可求出三个组合系数，最后得

$$\boldsymbol{\Phi} \xlongequal{\mathrm{def}} \frac{1}{\cos 3\varphi}\left(\sqrt{2}\boldsymbol{Z} - \sin 3\varphi\boldsymbol{\Lambda} - \sqrt{6}\boldsymbol{\Lambda}^2\right) \tag{8.149}$$

式中 $\boldsymbol{Z}$ 和 $\boldsymbol{\Lambda}$ 分别是 $\boldsymbol{I}$ 和 $\boldsymbol{E}_{\mathrm{d}}$ 单位化后的张量，即

$$\boldsymbol{Z} \xlongequal{\mathrm{def}} \frac{\boldsymbol{I}}{\sqrt{\mathrm{tr}\boldsymbol{I}^2}} = \frac{\boldsymbol{I}}{\sqrt{3}}, \quad \boldsymbol{\Lambda} \xlongequal{\mathrm{def}} \frac{\boldsymbol{E}_{\mathrm{d}}}{\sqrt{\mathrm{tr}\boldsymbol{E}_{\mathrm{d}}^2}} = \frac{\boldsymbol{E}_{\mathrm{d}}}{b} \tag{8.150}$$

显然，$\mathrm{tr}\boldsymbol{Z}^2 = \mathrm{tr}\boldsymbol{\Lambda}^2 = \mathrm{tr}\boldsymbol{\Phi}^2 = 1$，$\mathrm{tr}(\boldsymbol{Z}\cdot\boldsymbol{\Lambda}) = \mathrm{tr}(\boldsymbol{\Lambda}\cdot\boldsymbol{\Phi}) = \mathrm{tr}(\boldsymbol{I}\cdot\boldsymbol{\Lambda}) = 0$，因此，$\boldsymbol{Z}$，$\boldsymbol{\Lambda}$ 和 $\boldsymbol{\Phi}$ 构成一组单位化的正交张量基。由于二阶对称张量的任意次幂及其线性组合与它本身共主轴，因此，三个基张量共主轴。

2. 特征基与主空间

$\boldsymbol{E}$ 的三个主方向 (Lagrange 主轴) $\boldsymbol{N}_1$，$\boldsymbol{N}_2$，$\boldsymbol{N}_3$ 定义了一组正交化特征基

$$\boldsymbol{A}_i = \boldsymbol{N}_i \otimes \boldsymbol{N}_i \quad (i = 1, 2, 3;\ \text{对 } i \text{ 不求和})$$

根据表示定理并结合上面的分析，$\boldsymbol{E}$ 的任意各向同性二阶对称张量值函数与 $\boldsymbol{E}$ 共主轴，均可由 $\boldsymbol{Z}$，$\boldsymbol{\Lambda}$，$\boldsymbol{\Phi}$ 或者 $\boldsymbol{A}_i(i = 1, 2, 3)$ 所表示，因此说，$\boldsymbol{Z}$，$\boldsymbol{\Lambda}$，$\boldsymbol{\Phi}$ 或者 $\boldsymbol{A}_i(i = 1, 2, 3)$ 定义了一个共主轴的二阶对称张量子空间 (在 1.6.3 节已引入并使用 $\mathscr{T}_1$ 表示)，$\boldsymbol{E}$ 的任意各向同性二阶对称张量值函数都属于子空间 $\mathscr{T}_1$。

让三个正交的坐标轴分别与 $\boldsymbol{A}_i$ $(i = 1, 2, 3)$ 联系起来建立所谓的三维主空间，则 $\mathscr{T}_1$ 中的任意张量可由主空间的一个矢量几何表示，它的三个主值就是该矢量的坐标分量。这就是说，共主轴的张量子空间 $\mathscr{T}_1$ 可由三维主空间等价表示。共主轴的二阶张量之间的运算，如两个张量的双点积就等于主空间中两个对应矢量的点积，如果两个张量正交，则相应的矢量也正交，因此，共主轴的二阶张量几何上可当作主空间的矢量来看待。下面将基张量 $\boldsymbol{Z}$，$\boldsymbol{\Lambda}$ 和 $\boldsymbol{\Phi}$ 由特征基表示，从而给出它们在主空间的具体几何解释。

使用式 (1.194)，可得应变偏量部分 $\boldsymbol{E}_{\mathrm{d}}$ 的三个主值由两个不变量 b 和 φ 给出的表达式，从而得到它的单位化张量 $\boldsymbol{\Lambda}$ 使用特征基的表达式为

$$\boldsymbol{\Lambda} = \sqrt{\frac{2}{3}} \sin\left(\varphi + \frac{2\pi}{3}\right) \boldsymbol{A}_1 + \sqrt{\frac{2}{3}} \sin\varphi \boldsymbol{A}_2 + \sqrt{\frac{2}{3}} \sin\left(\varphi - \frac{2\pi}{3}\right) \boldsymbol{A}_3 \tag{8.151}$$

根据定义，单位化的二阶单位张量可写成

$$\boldsymbol{Z} = \frac{1}{\sqrt{3}}(\boldsymbol{A}_1 + \boldsymbol{A}_2 + \boldsymbol{A}_3) \tag{8.152}$$

一起代入式 (8.149)，则基张量 $\boldsymbol{\Phi}$ 使用特征基表示为

$$\boldsymbol{\Phi} = \sqrt{\frac{2}{3}} \cos\left(\varphi + \frac{2\pi}{3}\right) \boldsymbol{A}_1 + \sqrt{\frac{2}{3}} \cos\varphi \boldsymbol{A}_2 + \sqrt{\frac{2}{3}} \cos\left(\varphi - \frac{2\pi}{3}\right) \boldsymbol{A}_3 \tag{8.153}$$

然而，将式 (8.151) 中的 φ 使用 $\varphi + \pi/2$ 代替，也可得到式 (8.153)，这表明 $\boldsymbol{\Phi}$ 的 Lode 角是 $\varphi + \pi/2$。

根据上面式子可知，在主空间中，张量 $\boldsymbol{Z}$ 对应的矢量轴与三个坐标轴 $\boldsymbol{A}_i(i = 1, 2, 3)$ 夹相同角度，为静水压力轴，张量 $\boldsymbol{\Lambda}$ 和 $\boldsymbol{\Phi}$ 对应的矢量轴位于以静水压力轴为法线的偏平面上，它们的 Lode 角相差 $\pi/2$，因而相互正交，$\boldsymbol{\Lambda}$，$\boldsymbol{\Phi}$ 和 $\boldsymbol{Z}$ 的大小均为 1，因此，它们在主空间中构成一组相互正交的单位基矢量。任意一个共主轴的张量均可沿静水压力轴和偏平面进行分解，它们分别就是张量的球形部

分和偏量部分。而偏量部分还可再沿 $\boldsymbol{\Lambda}$ 和 $\boldsymbol{\Phi}$ 轴进行分解，例如后面的第二 P-K 应力分解式 (8.160)。

需要说明，如果 $\boldsymbol{E}$ 的两个主值相等，即 Lode 角 $\varphi = \pm\pi/6$，式 (8.149) 定义的 $\boldsymbol{\Phi}$ 似乎会变得奇异，因为当 $\varphi \to \pm\pi/6$ 时，分母 $\cos 3\varphi$ 趋于零。然而将式 (8.153) 代入式 (8.149) 可知，当 $\varphi \to \pm\pi/6$ 时，分子也趋于零，即

$$\sqrt{2}\boldsymbol{Z} - \sin 3\varphi \boldsymbol{\Lambda} - \sqrt{6}\boldsymbol{\Lambda}^2 \to \boldsymbol{0}$$

当 $\varphi \to \pm\pi/6$ 时，$\boldsymbol{\Phi}$ 的极限是有限的，即非奇异。

3. 第三组正交化基

在式 (8.151) 中令 Lode 角 φ 分别为 0 和 $\pi/2$，从而定义两个位于偏平面单位化的偏张量 $\boldsymbol{X}$ 和 $\boldsymbol{Y}$

$$\boldsymbol{X} \stackrel{\text{def}}{=\!=} \frac{1}{\sqrt{2}}(\boldsymbol{A}_1 - \boldsymbol{A}_3) \tag{8.154a}$$

$$\boldsymbol{Y} \stackrel{\text{def}}{=\!=} \frac{1}{\sqrt{6}}(-\boldsymbol{A}_1 + 2\boldsymbol{A}_2 - \boldsymbol{A}_3) \tag{8.154b}$$

将式 (8.151) 两边同乘 $\cos\varphi$, 而式 (8.153) 两边同乘 $\sin\varphi$，两式对应相减；再将式 (8.151) 两边同乘 $\sin\varphi$，而式 (8.153) 两边同乘 $\cos\varphi$，两式对应相加，经整理得

$$\boldsymbol{X} = \boldsymbol{\Lambda}\cos\varphi - \boldsymbol{\Phi}\sin\varphi, \quad \boldsymbol{Y} = \boldsymbol{\Lambda}\sin\varphi + \boldsymbol{\Phi}\cos\varphi \tag{8.155}$$

让 $(\boldsymbol{A}_i)_\text{p}$ 代表坐标轴 $\boldsymbol{A}_i$ 在偏平面的投影，也就是特征基张量的偏量部分，为

$$(\boldsymbol{A}_i)_\text{p} = \boldsymbol{A}_i - \frac{1}{\sqrt{3}}\boldsymbol{Z} = \boldsymbol{A}_i - \frac{1}{3}\boldsymbol{I} \quad (i = 1, 2, 3) \tag{8.156}$$

根据式 (8.154) 的定义，可证 $\boldsymbol{X} : (\boldsymbol{A}_2)_\text{p} = 0$，$\boldsymbol{X} : \boldsymbol{Y} = 0$，$\boldsymbol{\Lambda} : \boldsymbol{X} = \cos\varphi$，因此，张量 $\boldsymbol{X}$ 相对应的矢量轴与 $(\boldsymbol{A}_2)_\text{p}$ 垂直，而张量 $\boldsymbol{Y}$ 相对应的矢量轴与 $(\boldsymbol{A}_2)_\text{p}$ 重合，而且，$\boldsymbol{\Lambda}$ 和 $\boldsymbol{X}$ 两张量所对应轴之间的夹角就是 Lode 角，其中，Lode 角从 $\boldsymbol{X}$ 轴反时针转为正，如图 8.1 所示。

$\boldsymbol{Z}$，$\boldsymbol{X}$ 和 $\boldsymbol{Y}$ 构成第三组单位化的正交基，由于它们仅取决于主轴，因此，在主空间中定义了一套固定的正交坐标系，Laine 等 (1999) 曾利用它表示小变形非线性弹性本构关系。$\boldsymbol{\Lambda}$ 和 $\boldsymbol{\Phi}$ 除取决于主轴外，还取决于 Lode 角，而 Lode 角随应变 $\boldsymbol{E}$ 的变化而变化，$\boldsymbol{\Lambda}$ 和 $\boldsymbol{\Phi}$ 将不断转动，因此，$\boldsymbol{\Lambda}$，$\boldsymbol{\Phi}$ 和 $\boldsymbol{Z}$ 定义一套局部的柱坐标系，其中 Lode 角起着极角的作用。

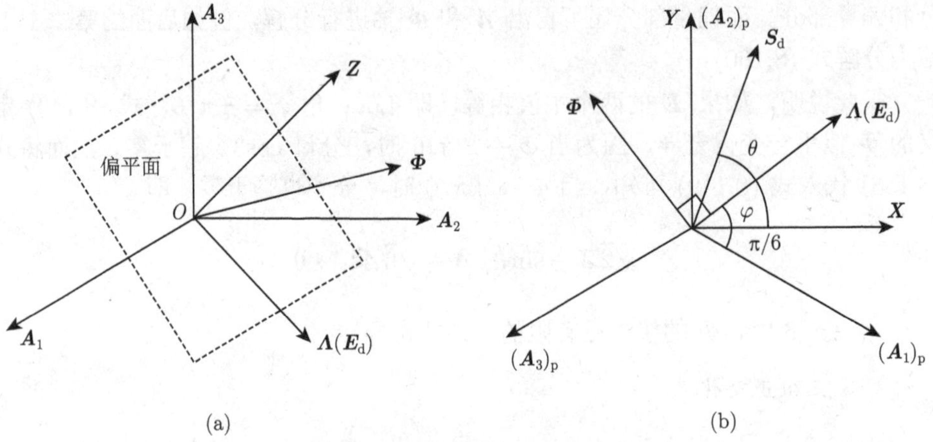

图 8.1　主空间与两组张量基

(a) 主空间及两组正交基；(b) 偏平面上三组基的投影关系

4. 三套基的坐标变换

综上所述，主空间中存在三套正交的坐标系，即 $\boldsymbol{X}$，$\boldsymbol{Y}$，$\boldsymbol{Z}$ 和 $\boldsymbol{\Lambda}$，$\boldsymbol{\Phi}$，$\boldsymbol{Z}$ 及 $\boldsymbol{A}_i$，式 (8.151) ~ 式 (8.155) 定义了它们之间的坐标变换关系，实际上，可以把它们当作矢量一样进行变换。为后面描述问题的方便，三套基张量之间的变换写成矩阵形式

$$\{\boldsymbol{B_\Phi}\}=[R_{\boldsymbol{X\Phi}}]\{\boldsymbol{B_X}\},\quad \{\boldsymbol{B_X}\}=[R_{\boldsymbol{AX}}]\{\boldsymbol{B_A}\},\quad \{\boldsymbol{B_\Phi}\}=[R_{\boldsymbol{A\Phi}}]\{\boldsymbol{B_A}\} \tag{8.157}$$

式中基张量组成的矩阵 $\{\boldsymbol{B_A}\}$，$\{\boldsymbol{B_\Phi}\}$ 和 $\{\boldsymbol{B_X}\}$ 分别定义为

$$\{\boldsymbol{B_\Phi}\}=\begin{Bmatrix}\boldsymbol{\Lambda}\\ \boldsymbol{\Phi}\\ \boldsymbol{Z}\end{Bmatrix},\quad \{\boldsymbol{B_X}\}=\begin{Bmatrix}\boldsymbol{X}\\ \boldsymbol{Y}\\ \boldsymbol{Z}\end{Bmatrix},\quad \{\boldsymbol{B_A}\}=\begin{Bmatrix}\boldsymbol{A}_1\\ \boldsymbol{A}_2\\ \boldsymbol{A}_3\end{Bmatrix} \tag{8.158}$$

而转换矩阵 (它们是正交矩阵) 则为

$$[R_{X\Phi}]=\begin{bmatrix}\cos\varphi & \sin\varphi & 0\\ -\sin\varphi & \cos\varphi & 0\\ 0 & 0 & 1\end{bmatrix},\quad [R_{AX}]=\begin{bmatrix}\dfrac{1}{\sqrt{2}} & 0 & -\dfrac{1}{\sqrt{2}}\\ -\dfrac{1}{\sqrt{6}} & \dfrac{2}{\sqrt{6}} & -\dfrac{1}{\sqrt{6}}\\ \dfrac{1}{\sqrt{3}} & \dfrac{1}{\sqrt{3}} & \dfrac{1}{\sqrt{3}}\end{bmatrix}$$

$$[R_{A\Phi}] = [R_{X\Phi}]\,[R_{AX}] = \begin{bmatrix} \sqrt{\dfrac{2}{3}}\sin\left(\varphi + \dfrac{2\pi}{3}\right) & \sqrt{\dfrac{2}{3}}\sin\varphi & \sqrt{\dfrac{2}{3}}\sin\left(\varphi - \dfrac{2\pi}{3}\right) \\ \sqrt{\dfrac{2}{3}}\cos\left(\varphi + \dfrac{2\pi}{3}\right) & \sqrt{\dfrac{2}{3}}\cos\varphi & \sqrt{\dfrac{2}{3}}\cos\left(\varphi - \dfrac{2\pi}{3}\right) \\ \dfrac{1}{\sqrt{3}} & \dfrac{1}{\sqrt{3}} & \dfrac{1}{\sqrt{3}} \end{bmatrix} \tag{8.159}$$

需要指出：这里将共主轴的张量子空间也称之为主空间，严格来讲与 1.6.2 节中定义的主空间有所不同，具体解释见 1.6.3 节末。

8.3.2 Cauchy 弹性的表示

对于各向同性材料，第二 P-K 应力 $\boldsymbol{S}$ 作为 Green 应变 $\boldsymbol{E}$ 的各向同性函数，与 $\boldsymbol{E}$ 共主轴，使用上面定义的正交化基 $\boldsymbol{\Lambda}$，$\boldsymbol{\Phi}$，$\boldsymbol{Z}$ 可表示为

$$\boldsymbol{S} = S_1^{\Phi}\boldsymbol{\Lambda} + S_2^{\Phi}\boldsymbol{\Phi} + S_3^{\Phi}\boldsymbol{Z} \tag{8.160}$$

使用式 (1.194) 将 $\boldsymbol{S}$ 的三个主值使用式 (8.147a) 定义的不变量 $\bar{p}$、q、θ 表示，则有

$$\boldsymbol{S} = q\sqrt{\frac{2}{3}}\sin\left(\theta + \frac{2\pi}{3}\right)\boldsymbol{A}_1 + q\sqrt{\frac{2}{3}}\sin\theta\boldsymbol{A}_2 + q\sqrt{\frac{2}{3}}\sin\left(\theta - \frac{2\pi}{3}\right)\boldsymbol{A}_3 + \bar{p}\boldsymbol{Z} \tag{8.161}$$

然后，利用基张量的正交性，并使用式 (8.151)～式 (8.153)，可以导出

$$\begin{aligned} S_1^{\Phi} &= \boldsymbol{S} : \boldsymbol{\Lambda} = q\cos(\theta - \varphi) \\ S_2^{\Phi} &= \boldsymbol{S} : \boldsymbol{\Phi} = q\sin(\theta - \varphi) \\ S_3^{\Phi} &= \boldsymbol{S} : \boldsymbol{Z} = \bar{p} \end{aligned} \tag{8.162}$$

因此，这三个系数可看作是应力张量 $\boldsymbol{S}$ 在坐标轴 $\boldsymbol{\Lambda}$、$\boldsymbol{\Phi}$、$\boldsymbol{Z}$ 的投影，如图 8.1 所示。

将式 (8.162) 代入式 (8.160)，并使用式 (8.155)，得 $\boldsymbol{S}$ 相对张量基 $\boldsymbol{X}$, $\boldsymbol{Y}$ 和 $\boldsymbol{Z}$ 的表示为

$$\boldsymbol{S} = S_1^{X}\boldsymbol{X} + S_2^{X}\boldsymbol{Y} + S_3^{X}\boldsymbol{Z} \tag{8.163}$$

式中

$$\begin{aligned} S_1^{X} &= \boldsymbol{S} : \boldsymbol{X} = q\cos\theta \\ S_2^{X} &= \boldsymbol{S} : \boldsymbol{Y} = q\sin\theta \\ S_3^{X} &= \boldsymbol{S} : \boldsymbol{Z} = \bar{p} = S_3^{\Phi} \end{aligned} \tag{8.164}$$

S_1^X 和 S_2^X 是 $\boldsymbol{S}$ 的偏量部分 $\boldsymbol{S}_\mathrm{d}$ 在 $\boldsymbol{X}$ 和 $\boldsymbol{Y}$ 轴上的投影，也都是不变量。应变 $\boldsymbol{E}$ 也可用上面类似的式子表示，只需将不变量作相应的替换。

上面的几何解释表明：应力应变之间的本构关系表征为主空间中对应的两个矢量之间的简单关系。当具体表示本构关系时，可以选取上面定义的三套坐标系中的任意一套。应力或应变相对任意两套坐标系的三个分量之间的坐标变换遵循矢量的坐标变换法则。

8.3.3 超弹性的表示

为给出超弹性的表示，需导出应变 $\boldsymbol{E}$ 的三个不变量 a、b、φ 相对它本身的偏导。使用定义式 (8.147b) 和式 (2.51) 以及复合函数求导法则，得

$$\frac{\partial a}{\partial \boldsymbol{E}}=\frac{1}{\sqrt{3}}\frac{\partial \mathrm{tr}\boldsymbol{E}}{\partial \boldsymbol{E}}=\frac{1}{\sqrt{3}}\boldsymbol{I}=\boldsymbol{Z} \tag{8.165a}$$

$$\frac{\partial b}{\partial \boldsymbol{E}_\mathrm{d}}=\frac{\partial\sqrt{\mathrm{tr}\boldsymbol{E}_\mathrm{d}^2}}{\partial \boldsymbol{E}_\mathrm{d}}=\frac{1}{2\sqrt{\mathrm{tr}\boldsymbol{E}_\mathrm{d}^2}}\frac{\partial \mathrm{tr}\boldsymbol{E}_\mathrm{d}^2}{\partial \boldsymbol{E}_\mathrm{d}}=\frac{1}{\sqrt{\mathrm{tr}\boldsymbol{E}_\mathrm{d}^2}}\boldsymbol{E}_\mathrm{d}=\boldsymbol{\Lambda} \tag{8.165b}$$

考虑到式 (8.146) 的第二式，有

$$\frac{\partial \boldsymbol{E}_\mathrm{d}}{\partial \boldsymbol{E}}=\frac{\partial}{\partial \boldsymbol{E}}\left(\boldsymbol{E}-\frac{1}{3}\left(\mathrm{tr}\boldsymbol{E}\right)\boldsymbol{I}\right)=\frac{\partial \boldsymbol{E}}{\partial \boldsymbol{E}}-\frac{1}{3}\boldsymbol{I}\otimes\frac{\partial \mathrm{tr}\boldsymbol{E}}{\partial \boldsymbol{E}}=\mathbb{I}-\frac{1}{3}\boldsymbol{I}\otimes\boldsymbol{I}$$

因此

$$\frac{\partial b}{\partial \boldsymbol{E}}=\frac{\partial b}{\partial \boldsymbol{E}_\mathrm{d}}:\frac{\partial \boldsymbol{E}_\mathrm{d}}{\partial \boldsymbol{E}}=\boldsymbol{\Lambda}:\left(\mathbb{I}-\frac{1}{3}\boldsymbol{I}\otimes\boldsymbol{I}\right)=\boldsymbol{\Lambda} \tag{8.166}$$

为求 Lode 角的偏导，将其定义式 (8.147b) 的第三式写成 $\sin 3\varphi=-\sqrt{6}\mathrm{tr}\boldsymbol{\Lambda}^3$，两边求偏导，并考虑到式 (2.50)，有

$$3\cos 3\varphi\frac{\partial \varphi}{\partial \boldsymbol{E}}=-\sqrt{6}\frac{\partial\left(\mathrm{tr}\boldsymbol{\Lambda}^3\right)}{\partial \boldsymbol{\Lambda}}:\frac{\partial \boldsymbol{\Lambda}}{\partial \boldsymbol{E}}=-3\sqrt{6}\boldsymbol{\Lambda}^2:\frac{\partial \boldsymbol{\Lambda}}{\partial \boldsymbol{E}} \tag{8.167}$$

对表达式 $\boldsymbol{E}=a\boldsymbol{Z}+b\boldsymbol{\Lambda}$ 两边求偏导并使用式 (8.165a) 和式 (8.166)，得

$$b\frac{\partial \boldsymbol{\Lambda}}{\partial \boldsymbol{E}}=\frac{\partial \boldsymbol{E}}{\partial \boldsymbol{E}}-\boldsymbol{Z}\otimes\frac{\partial a}{\partial \boldsymbol{E}}-\boldsymbol{\Lambda}\otimes\frac{\partial b}{\partial \boldsymbol{E}}=\mathbb{I}-\boldsymbol{Z}\otimes\boldsymbol{Z}-\boldsymbol{\Lambda}\otimes\boldsymbol{\Lambda} \tag{8.168}$$

上面两式结合起来，并考虑到 $\sqrt{3}\boldsymbol{\Lambda}^2:\boldsymbol{Z}=\boldsymbol{\Lambda}^2:\boldsymbol{I}=\mathrm{tr}\boldsymbol{\Lambda}^2=1$ 和定义式 (8.149)，得

$$b\frac{\partial \varphi}{\partial \boldsymbol{E}}=-\frac{1}{\cos 3\varphi}\sqrt{6}\boldsymbol{\Lambda}^2:(\mathbb{I}-\boldsymbol{Z}\otimes\boldsymbol{Z}-\boldsymbol{\Lambda}\otimes\boldsymbol{\Lambda})=\boldsymbol{\Phi} \tag{8.169}$$

所以最后有

$$\frac{\partial a}{\partial \boldsymbol{E}}=\boldsymbol{Z},\quad \frac{\partial b}{\partial \boldsymbol{E}}=\boldsymbol{\Lambda},\quad \frac{\partial \varphi}{\partial \boldsymbol{E}}=\frac{1}{b}\boldsymbol{\Phi} \tag{8.170}$$

对于超弹性材料，在各向同性条件下，储能函数必须是 $\boldsymbol{E}$ 的三个不变量 a、b、φ 的函数，即

$$W(\boldsymbol{E}) = W(a, b, \varphi)$$

代入超弹性本构关系式 (8.65)，使用复合函数求导法则并利用式 (8.170)，得

$$\boldsymbol{S} = \frac{\partial W}{\partial b}\boldsymbol{\Lambda} + \frac{1}{b}\frac{\partial W}{\partial \varphi}\boldsymbol{\Phi} + \frac{\partial W}{\partial a}\boldsymbol{Z} \tag{8.171}$$

将上式与式 (8.160) 对照，得

$$S_1^{\Phi} = \frac{\partial W}{\partial b},\quad S_2^{\Phi} = \frac{1}{b}\frac{\partial W}{\partial \varphi},\quad S_3^{\Phi} = \frac{\partial W}{\partial a} \tag{8.172}$$

注意：$\left\{\dfrac{\partial}{\partial b}\ \dfrac{1}{b}\dfrac{\partial}{\partial \varphi}\ \dfrac{\partial}{\partial a}\right\}$ 是柱坐标下的微分算子，见式 (B.61a)。上式表明应力张量在主空间中对应矢量可表示为应变能势函数 W 相对应变张量对应矢量的梯度。

类似于式 (8.170)，可导出 $\boldsymbol{E}$ 在基 $\boldsymbol{X}$，$\boldsymbol{Y}$ 和 $\boldsymbol{Z}$ 上的投影分量 E_1^X, E_2^X, E_3^X 以及在特征 $\boldsymbol{A}_i$ 基上的投影分量 E_i (即 $\boldsymbol{E}$ 的主值) 相对 $\boldsymbol{E}$ 的偏导，为

$$\frac{\partial E_1^X}{\partial \boldsymbol{E}} = \boldsymbol{X},\quad \frac{\partial E_2^X}{\partial \boldsymbol{E}} = \boldsymbol{Y},\quad \frac{\partial E_3^X}{\partial \boldsymbol{E}} = \boldsymbol{Z}, \tag{8.173a}$$

$$\frac{\partial E_i}{\partial \boldsymbol{E}} = \boldsymbol{A}_i \quad (i = 1, 2, 3) \tag{8.173b}$$

其中，最后一个等式的证明也可参考式 (2.58)。

将储能函数表示为 $W(\boldsymbol{E}) = W(E_1, E_2, E_3)$ 或 $W(\boldsymbol{E}) = W\left(E_1^X, E_2^X, E_3^X\right)$，利用这个式子，采用与上面类似的步骤，可给出本构方程相对这两套坐标系的表达式，为如下通常梯度的形式

$$S_i^X = \frac{\partial W\left(E_1^X, E_2^X, E_3^X\right)}{\partial E_i^X} \quad (i = 1, 2, 3) \tag{8.174}$$

或

$$S_i = \frac{\partial W(E_1, E_2, E_3)}{\partial E_i} \quad (i = 1, 2, 3) \tag{8.175}$$

式中 S_1，S_2，S_3 是 $\boldsymbol{S}$ 在特征基上的投影，即它的三个主值。

综上所述，本构方程可以写成如下一般形式

$$\boldsymbol{S} = \nabla_E W \tag{8.176}$$

式中微分算子在三套坐标下分别定义为

$$\nabla_{\boldsymbol{E}} \xlongequal{\text{def}} \boldsymbol{\Lambda}\frac{\partial}{\partial b} + \boldsymbol{\Phi}\frac{1}{b}\frac{\partial}{\partial \varphi} + \boldsymbol{Z}\frac{\partial}{\partial a}$$

$$\nabla_{\boldsymbol{E}} \xlongequal{\text{def}} \boldsymbol{X}\frac{\partial}{\partial E_1^X}+\boldsymbol{Y}\frac{\partial}{\partial E_2^X}+\boldsymbol{Z}\frac{\partial}{\partial E_3^X} \tag{8.177}$$

$$\nabla_{\boldsymbol{E}} \xlongequal{\text{def}} \sum_{i=1}^{3}\boldsymbol{A}_i\frac{\partial}{\partial E_i}$$

当微分算子取上式中的最后一个表达式，式 (8.176) 给出所谓的主轴表示，不过，许多文献使用主伸长比 λ_1，λ_2，λ_3 而不是 E_1，E_2，E_3 表示储能函数，考虑到 $E_i=\dfrac{1}{2}\left(\lambda_i^2-1\right)$，很容易导出

$$\nabla_{\boldsymbol{E}}=2\sum_{i=1}^{3}\boldsymbol{A}_i\frac{\partial}{\partial\lambda_i^2}=\sum_{i=1}^{3}\boldsymbol{A}_i\frac{1}{\lambda_i}\frac{\partial}{\partial\lambda_i} \tag{8.178}$$

式 (8.176) 和式 (8.177) 可推广应用于求自变量为任意二阶对称张量的标量值各向同性函数相对自变量张量自身的梯度，这对具体给出采用其他应力、应变度量的本构方程表达式会很有用，下面仅以式 (8.177) 最后一个表达式即主轴坐标系下的梯度表达式为例子进行讨论。

例如，当储能函数 W 由左伸长张量 $\boldsymbol{b}$ 给出 $W=W(\boldsymbol{b})$，考虑到 $\boldsymbol{b}$ 的主轴是 $\boldsymbol{n}_i$，主值是 $\lambda_i^2(i=1,2,3)$，各向同性情况下的储能函数写成 $W(\boldsymbol{b})=W(\lambda_1,\lambda_2,\lambda_3)$，对照式 (8.177) 的最后一式，将其中的 E_i 和 $\boldsymbol{A}_i$ 分别替换为 λ_i^2 和 $\boldsymbol{n}_i\otimes\boldsymbol{n}_i$，得

$$\frac{\partial W}{\partial\boldsymbol{b}}=\sum_{i=1}^{3}\frac{\partial W}{\partial\lambda_i^2}\boldsymbol{n}_i\otimes\boldsymbol{n}_i=\sum_{i=1}^{3}\frac{1}{2\lambda_i}\frac{\partial W}{\partial\lambda_i}\boldsymbol{n}_i\otimes\boldsymbol{n}_i \tag{8.179}$$

代入本构关系式 (8.82)，得

$$\begin{aligned}\boldsymbol{\tau}=J\boldsymbol{\sigma}=2\frac{\partial W}{\partial\boldsymbol{b}}\cdot\boldsymbol{b}&=2\sum_{i=1}^{3}\frac{1}{2\lambda_i}\frac{\partial W}{\partial\lambda_i}\boldsymbol{n}_i\otimes\boldsymbol{n}_i\cdot\sum_{j=1}^{3}\lambda_j^2\boldsymbol{n}_j\otimes\boldsymbol{n}_j\\&=\sum_{i=1}^{3}\lambda_i\frac{\partial W}{\partial\lambda_i}\boldsymbol{n}_i\otimes\boldsymbol{n}_i\end{aligned} \tag{8.180}$$

所以，相应的主值之间就有

$$\tau_i=J\sigma_i=\lambda_i\frac{\partial W}{\partial\lambda_i}\quad(i=1,2,3;i\ \text{不求和}) \tag{8.181}$$

利用上面的关系，得不可压缩材料的本构方程式 (8.127) 的主值表示是

$$\sigma_i=\lambda_i\frac{\partial W}{\partial\lambda_i}-\zeta\quad(i=1,2,3;i\ \text{不求和}) \tag{8.182}$$

式中

$$\zeta = p + \frac{1}{3}\sum_{i=1}^{3}\lambda_i\frac{\partial W}{\partial \lambda_i} \tag{8.183}$$

是约束反力。

又例如，当储能函数 W 由对数应变 $\boldsymbol{h}$ 给出，即 $W = W(\boldsymbol{h})$，$\boldsymbol{h}$ 的主轴是 $\boldsymbol{n}_i$，其主值是 $\ln\lambda_i$，所以

$$\frac{\partial W(\boldsymbol{h})}{\partial \boldsymbol{h}} = \sum_{i=1}^{3}\frac{\partial W}{\partial \ln\lambda_i}\boldsymbol{n}_i\otimes\boldsymbol{n}_i = \sum_{i=1}^{3}\lambda_i\frac{\partial W}{\partial \lambda_i}\boldsymbol{n}_i\otimes\boldsymbol{n}_i \tag{8.184}$$

比较式 (8.184) 和式 (8.180)，得

$$2\frac{\partial W}{\partial \boldsymbol{b}}\cdot\boldsymbol{b} = \frac{\partial W}{\partial \boldsymbol{h}} \tag{8.185}$$

这与前面的分析一致。具体地，类比式 (8.76)，设储能函数 W 为

$$W = \frac{1}{2}\lambda^{\mu}(\mathrm{tr}\boldsymbol{h})^2 + \mu\mathrm{tr}\boldsymbol{h}^2 \tag{8.186}$$

式中为与伸长比区别起见，使用 λ^{μ} 表示原来的 Lame 常数 λ，或用主值表示为

$$W = \frac{1}{2}\lambda^{\mu}(\ln\lambda_1 + \ln\lambda_2 + \ln\lambda_3)^2 + \mu\left((\ln\lambda_1)^2 + (\ln\lambda_2)^2 + (\ln\lambda_3)^2\right)$$

使用式 (8.184)，得

$$\boldsymbol{\tau} = \frac{\partial W(\boldsymbol{h})}{\partial \boldsymbol{h}} = \sum_{i=1}^{3}\left(\lambda^{\mu}(\ln\lambda_1 + \ln\lambda_2 + \ln\lambda_3) + 2\mu\ln\lambda_i\right)\boldsymbol{n}_i\otimes\boldsymbol{n}_i \tag{8.187}$$

考虑到 $\boldsymbol{I} = \boldsymbol{n}_i\otimes\boldsymbol{n}_i$ 和对数应变 $\boldsymbol{h}$ 的主轴表示，则上式可写成

$$\boldsymbol{\tau} = \lambda^{\mu}(\mathrm{tr}\boldsymbol{h})\boldsymbol{I} + 2\mu\boldsymbol{h} = \mathbb{C} : \boldsymbol{h} \tag{8.188}$$

式中 $\mathbb{C}$ 是小变形线弹性张量，见式 (8.78)。

再例如，当储能函数 W 由右伸长张量 $\boldsymbol{U}$ 给出，即 $W = W(\boldsymbol{U})$，$\boldsymbol{U}$ 的主轴是 $\boldsymbol{N}_i$ (主值是 λ_i) 而 Biot 应力 $\boldsymbol{S}^{(1)}$ 是与 $\boldsymbol{U}$ 功共轭的，按照上面的步骤，则有

$$\boldsymbol{S}^{(1)} = \frac{\partial W}{\partial \boldsymbol{U}} = \sum_{i=1}^{3}\frac{\partial W}{\partial \lambda_i}\boldsymbol{A}_i \tag{8.189}$$

相应的主值是

$$S_i^{(1)} = \frac{\partial W}{\partial \lambda_i} \quad (i = 1, 2, 3) \tag{8.190}$$

8.4 Neo-Hookean 及其他几种常用的各向同性超弹性材料模型

下面分别以可压缩和不可压缩的 Neo-Hookean 各向同性超弹性材料为例，根据定义的储能函数，给出本构方程的具体表达式。

8.4.1 可压缩

1. 储能函数与本构关系

Neo-Hookean 各向同性材料的储能函数定义为

$$W = \frac{1}{2}\mu\left(I^C - 3\right) - \mu \ln J + \frac{1}{2}\lambda (\ln J)^2 \tag{8.191}$$

在没有变形时 $\boldsymbol{C} = \boldsymbol{I}$，显然有 $W = 0$。将它代入式 (8.64)，得第二 P-K 应力为

$$\boldsymbol{S} = \mu\left(\boldsymbol{I} - \boldsymbol{C}^{-1}\right) + \lambda (\ln J)\, \boldsymbol{C}^{-1} \tag{8.192}$$

将式 (8.192) 逆变型前推 $\boldsymbol{F}\cdot(\ )\cdot\boldsymbol{F}^{\mathrm{T}}$，得 Cauchy 应力 $\boldsymbol{\sigma}$ 由左 Cauchy-Green 变形张量 $\boldsymbol{b}$ 表示为

$$\boldsymbol{\sigma} = \frac{\mu}{J}(\boldsymbol{b} - \boldsymbol{I}) + \frac{\lambda}{J}(\ln J)\, \boldsymbol{I} \tag{8.193}$$

2. 单轴拉伸分析

下面采用空间描述考察受单轴拉伸应力 σ 作用的 Neo-Hookean 超弹性材料。根据对称性，在与拉伸方向正交的平面上任意方向的伸长比均相等且没有剪切变形，总体来有

$$\boldsymbol{\sigma} = \begin{bmatrix} \sigma & 0 & 0 \\ 0 & 0 & 0 \\ 0 & 0 & 0 \end{bmatrix}, \quad \boldsymbol{b} = \begin{bmatrix} \lambda_1^2 & 0 & 0 \\ 0 & \lambda_2^2 & 0 \\ 0 & 0 & \lambda_2^2 \end{bmatrix} \tag{8.194}$$

代入本构方程式 (8.193)，为了与伸长比区别开来，将 Lame 常数 λ 改用 λ^μ 表示，得

$$J\sigma = \mu\left(\lambda_1^2 - 1\right) + \lambda^\mu \ln J \tag{8.195a}$$

$$0 = \mu\left(\lambda_2^2 - 1\right) + \lambda^\mu \ln J \tag{8.195b}$$

式中 $\lambda_1\lambda_2^2 = J$，两式相减得

$$J\sigma = \mu\left(\lambda_1^2 - \lambda_2^2\right) \tag{8.196}$$

根据物理直观，侧向伸长比 $\lambda_2 = \lambda_1^{-1/2} J^{1/2}$ 应随 λ_1 的增加而减小，而拉伸应力 $\sigma > 0$，因此应有

$$\mu > 0 \tag{8.197}$$

当受拉伸时 ($\sigma > 0$，$\lambda_1 > 1$)，必然伴随着体积增长，则 $J > 1$，$\lambda_2 < 1$，根据式 (8.195b)，所以有

$$\lambda^\mu > 0 \tag{8.198}$$

当受静水压力作用 $\sigma_1 = \sigma_2 = \sigma_3 = \sigma$ 时，$\lambda_1 = \lambda_2 = \lambda_3$，$J = \lambda_1^3$，本构关系就是

$$\lambda_1^3 \sigma = \mu \left(\lambda_1^2 - 1\right) + 3\lambda^\mu \ln \lambda_1 \tag{8.199}$$

若 $\sigma > 0$，上面的弹性常数 $\mu > 0$，$\lambda^\mu > 0$ 就保证了 $\lambda_1 > 1$ (当 $\lambda_1 < 1$ 时，上式右边两项均为负)，从而 $J > 1$，体积是增长的，符合物理要求。

3. 简单剪切分析

下面考察受简单剪切变形的 Neo-Hookean 超弹性材料。其变形是

$$\boldsymbol{F} = \begin{bmatrix} 1 & \gamma & 0 \\ 0 & 1 & 0 \\ 0 & 0 & 1 \end{bmatrix}, \quad \boldsymbol{b} = \begin{bmatrix} 1+\gamma^2 & \gamma & 0 \\ \gamma & 1 & 0 \\ 0 & 0 & 1 \end{bmatrix} \tag{8.200}$$

显然有 $J = 1$，即简单剪切变形不产生体积改变，代入本构方程式 (8.193)，就有 Cauchy 应力 $\boldsymbol{\sigma} = \mu(\boldsymbol{b} - \boldsymbol{I})$，用矩阵表示为

$$\boldsymbol{\sigma} = \mu \begin{bmatrix} \gamma^2 & \gamma & 0 \\ \gamma & 0 & 0 \\ 0 & 0 & 0 \end{bmatrix} \tag{8.201}$$

虽然这里没有体积变形，但从上面的表示可知，Cauchy 应力有正应力分量 $\mu\gamma^2$，因此，有静水压力存在，说明应力状态并不是纯剪切的，这被称之为 Kelvin 效应。当然，当 $\gamma \to 0$ 时，γ^2 是比 γ 高一阶的小量可略去，应力状态退化为纯剪切。

对于任意的各向同性 Cauchy 材料，本构方程由式 (8.19) 表示，下面表明：在简单剪切变形中都会产生正应力，且剪切变形平面内两个方向的正应力满足关系

$$\sigma_{11} - \sigma_{22} = \gamma \sigma_{12} \tag{8.202}$$

该式与式 (8.19) 中的标量函数 ϕ，ϕ_1 和 ϕ_{-1} 无关。使用式 (8.200)，得

$$\boldsymbol{b}^{-1} = \begin{bmatrix} 1 & -\gamma & 0 \\ -\gamma & 1+\gamma^2 & 0 \\ 0 & 0 & 1 \end{bmatrix} \tag{8.203}$$

以及 $\boldsymbol{b}$ 的三个不变量均为 γ 的函数，因此，标量函数 ϕ，ϕ_1 和 ϕ_{-1} 是 γ 的函数。将 $\boldsymbol{b}$ 和 $\boldsymbol{b}^{-1}$ 的矩阵表达式一起代入式 (8.19) $\boldsymbol{\sigma} = \phi_0 \boldsymbol{I} + \phi_1 \boldsymbol{b} + \phi_{-1} \boldsymbol{b}^{-1}$，得分量

$$\begin{aligned} &\sigma_{33} = \phi_0 + \phi_1 + \phi_{-1}, \quad \sigma_{23} = \sigma_{31} = 0 \\ &\sigma_{11} = \sigma_{33} + \gamma^2 \phi_1, \quad \sigma_{22} = \sigma_{33} + \gamma^2 \phi_{-1} \\ &\sigma_{12} = \sigma_{21} = \gamma (\phi_1 - \phi_{-1}) \end{aligned} \tag{8.204}$$

显然可得式 (8.202)。需要强调：该式对所有的各向同性材料均适用，因此，可用它来检验材料是否为各向同性。

4. 简单剪切和拉伸变形组合分析

将上面两小节的变形组合起来，设单轴拉伸先产生，再产生简单剪切，其变形梯度是

$$\boldsymbol{F} = \begin{bmatrix} 1 & \gamma & 0 \\ 0 & 1 & 0 \\ 0 & 0 & 1 \end{bmatrix} \begin{bmatrix} \lambda_1 & 0 & 0 \\ 0 & \lambda_2 & 0 \\ 0 & 0 & \lambda_2 \end{bmatrix} = \begin{bmatrix} \lambda_1 & \lambda_2 \gamma & 0 \\ 0 & \lambda_2 & 0 \\ 0 & 0 & \lambda_2 \end{bmatrix} \tag{8.205}$$

相应的左 Cauchy-Green 变形张量是

$$\boldsymbol{b} = \begin{bmatrix} \lambda_1^2 + \gamma^2 \lambda_2^2 & \lambda_2^2 \gamma & 0 \\ \lambda_2^2 \gamma & \lambda_2^2 & 0 \\ 0 & 0 & \lambda_2^2 \end{bmatrix}$$

将上式代入式 (8.193) 得产生组合变形所需要的总的应力

$$\begin{aligned} &J\sigma_{11} = \mu \left(\lambda_1^2 + \lambda_2^2 \gamma^2 - 1 \right) + \lambda^{\mu} (\ln J) \\ &J\sigma_{22} = J\sigma_{33} = \mu \left(\lambda_2^2 - 1 \right) + \lambda^{\mu} (\ln J) \\ &J\sigma_{12} = J\sigma_{21} = \mu \lambda_2^2 \gamma \end{aligned} \tag{8.206}$$

再与单轴拉伸中式 (8.195) 的对应应力分量相减，注意，使用式 (8.195b) 可知式 (8.206) 中的 $\sigma_{22} = \sigma_{23} = 0$，得在单轴拉伸的基础上产生简单剪切所需要增加的应力是

$$\begin{aligned} &\Delta\sigma_{11} = \mu \lambda_1^{-1} \gamma^2 \\ &\Delta\sigma_{22} = \Delta\sigma_{33} = 0 \\ &\Delta\sigma_{12} = \Delta\sigma_{21} = \mu \lambda_1^{-1} \gamma \end{aligned} \tag{8.207}$$

将式 (8.207) 与式 (8.201) 的对应应力分量进行比较可知，它们明显不同，这说明从无变形无应力的自然构形和已产生拉伸变形的构形出发，产生相同的剪切变形所需要的应力不同，或者说，相对于产生了变形的构形，其本构响应将不同于相对原来的自然构形，相对原来自然构形本构响应为各向同性，通常相对于变形后的构形则不再为各向同性。

8.4.2 不可压缩

8.2.4 节指出：对于不可压缩材料，需要构造 $\boldsymbol{C}$ 的零次齐次储能函数 $\hat{W}$，就是将可压缩材料的储能函数中的 $\boldsymbol{C}$ 替换为 $\tilde{\boldsymbol{C}} = J^{-2/3}\boldsymbol{C}$，见式 (8.115)，这里具体针对式 (8.191) 进行替换考虑到 $\tilde{J}(\tilde{\boldsymbol{C}}) = \sqrt{\det \tilde{\boldsymbol{C}}} \equiv 1$，有

$$\hat{W}(\boldsymbol{C}) = W\left(\tilde{\boldsymbol{C}}\right) = \frac{1}{2}\mu\left(\mathrm{tr}\tilde{\boldsymbol{C}} - 3\right) \tag{8.208}$$

或者写成

$$W(\boldsymbol{C}) = \frac{1}{2}\mu(\mathrm{tr}\boldsymbol{C} - 3)$$

代入式 (8.121)，考虑到式 (8.119)，得

$$\begin{aligned}\boldsymbol{S}' &= 2\mathbb{P} : \frac{\partial W(\boldsymbol{C})}{\partial \boldsymbol{C}} = \left(\mathbb{I} - \frac{1}{3}\boldsymbol{C}^{-1} \otimes \boldsymbol{C}\right) : \mu \boldsymbol{I} \\ &= \mu\left(\boldsymbol{I} - \frac{1}{3}I^C \boldsymbol{C}^{-1}\right)\end{aligned} \tag{8.209}$$

最后

$$\boldsymbol{S} = \mu\left(\boldsymbol{I} - \frac{1}{3}I^C\boldsymbol{C}^{-1}\right) - p\boldsymbol{C}^{-1} \tag{8.210}$$

需要指出：式中的静水压力 p 并不是常数，因为它包含有因等体积变形即形状改变而引起的部分，从而随变形而变化。

应用式 (8.127) 并考虑到 $\mathrm{tr}\boldsymbol{C} = \mathrm{tr}\boldsymbol{b}$ 以及式 (8.126)，得 Cauchy 应力为

$$\boldsymbol{\sigma} = \boldsymbol{\mathcal{P}} : \mu\boldsymbol{b} - p\boldsymbol{I} = \mu\boldsymbol{b}' - p\boldsymbol{I} \tag{8.211}$$

式中 $\boldsymbol{b}' = \boldsymbol{b} - \frac{1}{3}(\mathrm{tr}\boldsymbol{b})\boldsymbol{I}$ 是 $\boldsymbol{b}$ 的偏量。也可将本构方程使用式 (8.123) 表示为

$$\boldsymbol{\sigma} = \mu\boldsymbol{b} - \zeta\boldsymbol{I} \tag{8.212}$$

8.4.3 其他几种材料模型

Mooney-Rivlin 不可压缩材料的储能函数取为

$$W = \frac{1}{2}\mu\left(I^C - 3\right) + \beta\left(II^C - 3\right) \tag{8.213}$$

当取 $\beta = 0$ 时则退化为不可压缩 Neo-Hookean 材料。直接代入本构关系式 (8.127)，利用 $\boldsymbol{C}$ 和 $\boldsymbol{b}$ 的不变量相等，不变量的偏导数式 (2.53) 以及表示定理式 (2.236)，并考虑到 $J = 1$，得

$$\begin{aligned}\boldsymbol{\sigma} &= -p\boldsymbol{I} + 2\boldsymbol{\mathcal{P}} : \left(\frac{1}{2}\mu\boldsymbol{I} + \beta\left(I^b\boldsymbol{I} - \boldsymbol{b}\right)\right) \cdot \boldsymbol{b} \\ &= -\zeta\boldsymbol{I} + \mu\boldsymbol{b} - 2\beta\boldsymbol{b}^{-1}\end{aligned} \tag{8.214}$$

与一般情况下的本构关系式 (8.19) 比较，形式完全相同，只不过这里的系数 μ，β 为常数。Neo-Hookean 材料和 Mooney-Rivlin 材料虽然其储能函数形式十分简单，但在非线性弹性理论中起过很重要的作用。

更一般地，这类材料的储能函数设为

$$W = \sum_{p,q=0}^{\infty} C_{pq}\left(I^C - 3\right)^p\left(II^C - 3\right)^q \tag{8.215}$$

式中 C_{pq} 为材料常数。这种材料是由 Mooney(1940) 提出，并由 Rivlin(1948b) 表示为不变量形式。实际应用中通常取前面几项。

针对不可压橡胶类材料，Ogden(1972，1982) 提出了一种非常有用的模型，其储能函数表达为主伸长的函数

$$W = \sum_{p=1}^{N} \frac{\mu_p}{\alpha_p}\left(\lambda_1^{\alpha_p} + \lambda_2^{\alpha_p} + \lambda_3^{\alpha_p} - 3\right) \tag{8.216}$$

式中 μ_p 是剪切模量 (常数)，α_p 是无量纲材料常数 $(p = 1, 2, \cdots, N)$，N 是用来确定储能函数项数的正整数。当与线弹性理论比较，得如下条件

$$2\mu = \sum_{p=1}^{N} \alpha_p\mu_p \quad 且 \quad \alpha_p\mu_p > 0 \quad (p = 1, 2, \cdots, N) \tag{8.217}$$

式中 μ 是线弹性理论中的剪切模量。在式 (8.216) 中取 $N = 3$ 就能很好地拟合硫化橡胶材料在简单拉伸、双向拉伸和简单剪切下相当大变形范围内的应力变形试验资料 (Treloar，1944)。

在本构方程式 (8.182) 中代入式 (8.216)，得

$$\sigma_\alpha = -\zeta + \sum_{p=1}^{N} \mu_p\lambda_\alpha^{\alpha_p} \quad (\alpha = 1, 2, 3) \tag{8.218}$$

约束反力 ζ 需通过平衡条件确定。

例题 8.1 不可压缩橡胶材料的气球在内部充气压力作用下产生膨胀变形，如图 8.2 所示，使用 Neo-Hookean 模型、Mooney-Rivlin 模型和 Ogden 模型分析充气压力、圆周向 Cauchy 应力与圆周向伸长比的关系。设球的半径 $R = 10.0$，壁厚 $H = 0.1$。Ogden 模型的材料参数取为

$$\alpha_1 = 1.3, \quad \mu_1 = 6.3 \times 10^5 \mathrm{N/m^2}; \quad \alpha_2 = 5.0, \quad \mu_2 = 0.012 \times 10^5 \mathrm{N/m^2};$$
$$\alpha_3 = -2.0, \quad \mu_3 = -0.1 \times 10^5 \mathrm{N/m^2}$$

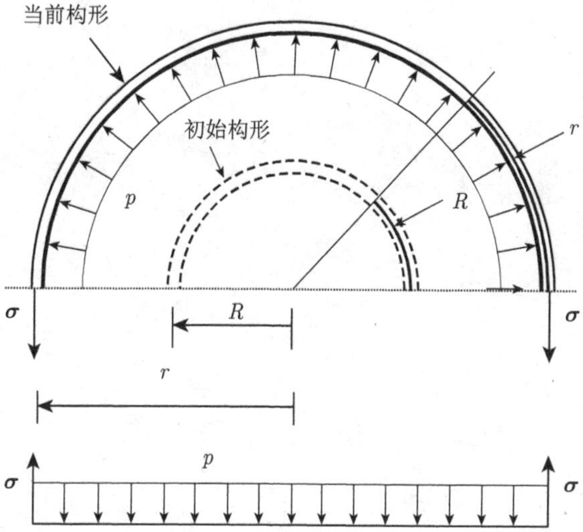

图 8.2 球受内部气压作用

在式 (8.217) 中使用这些参数得参考构形中的剪切模量 $\mu = 4.225 \times 10^5 \mathrm{N/m^2}$；Mooney-Rivlin 模型取 $\beta = 0.0625\mu$ (Holzapfel，2000)。

解 由于问题中的球对称，在球任意一点的切平面上任意方向的应力均相等，因此，任意方向都是主方向，球的每一点处于双向等拉状态，主应力是 $\sigma_1 = \sigma_2 = \sigma$，$\sigma_3 = 0$，主伸长比是 $\lambda_1 = \lambda_2 = \lambda$，$\lambda_3 = \lambda^{-2}$，左 Cauchy-Green 变形张量的主值是主伸长比的平方 $b_1 = b_2 = \lambda^2$，$b_3 = \lambda^{-4}$。

Ogden 模型：使用式 (8.218)，得

$$0 = -\zeta + \sum_{p=1}^{N} \mu_p \lambda_3^{\alpha_p} \quad \Rightarrow \quad \zeta = \sum_{p=1}^{N} \mu_p \lambda^{-2\alpha_p}$$

$$\sigma = -\zeta + \sum_{p=1}^{N} \mu_p \lambda_1^{\alpha_p} \quad \Rightarrow \quad \sigma = \sum_{p=1}^{N} \mu_p \left(\lambda^{\alpha_p} - \lambda^{-2\alpha_p}\right)$$

Mooney-Rivlin 模型：使用式 (8.214)，得

$$0 = -\zeta + \mu\lambda_3 - 2\beta\lambda_3^{-1} \quad \Rightarrow \quad \zeta = \mu\lambda^{-4} - 2\beta\lambda^4$$

$$\sigma = -\zeta + \mu\lambda_1 - 2\beta\lambda_1^{-1} \quad \Rightarrow \quad \sigma = \mu\left(\lambda^2 - \lambda^{-4}\right) - 2\beta\left(\lambda^{-2} - \lambda^4\right)$$

Neo-Hookean 模型：就是在上式中取 $\beta = 0$。

第 9 章　弹性边值问题分析

本章主要讨论大变形弹性边值问题，不考虑惯性力，即主要分析准静态平衡问题，均忽略热与机械能的相互交换，假定无内部热源，物体边界上无热交换，变形过程始终是等温的，此外，还假定弹性体为各向同性。首先，介绍边值问题的提法，以及用实际例子说明解的唯一性和稳定性的概念。然后，针对几个简单的超弹性体大变形边值问题，讨论其严格解。最后，描述了弹性体能动量张量的定义和相应的守恒方程。

9.1　边值问题的提法

9.1.1　基本方程

采用空间描述，由前面的推导可知，弹性体大变形边值问题的基本方程包括质量守恒方程

$$\dot{\rho}+\rho\nabla\cdot\boldsymbol{v}=0$$

平衡方程

$$\boldsymbol{\sigma}\cdot\nabla+\rho\boldsymbol{f}=\boldsymbol{0}$$

弹性本构方程

Cauchy 材料：
$$\boldsymbol{\sigma}=\boldsymbol{K}\left(\boldsymbol{b},\boldsymbol{m}\right)$$

超弹性材料：
$$\boldsymbol{\tau}=J\boldsymbol{\sigma}=2\left.\frac{\partial W\left(\boldsymbol{b},\boldsymbol{m}\right)}{\partial\boldsymbol{b}}\right|_{\boldsymbol{m}\text{ 固定}}\cdot\boldsymbol{b}$$

需要强调指出：本构方程中的 $\boldsymbol{K}$ 和 W 分别是 $\boldsymbol{b}$ 和结构张量 $\boldsymbol{m}$ 的各向同性张量值函数和标量值函数，而且在构造完备不可约基时，应将 $\boldsymbol{m}$ 视作对称张量；当材料为各向同性时，$\boldsymbol{m}=\boldsymbol{I}$。

再结合一定的边界条件，就可求解得出问题的变形、速度和应力分布。然而，在当前构形中物体的形状是未知的，即边界面的位置是未知的，或者说，边界条件建立在未知的边界上，这使得问题变得更加复杂。

物体自然状态的形状通常总是已知的，以此作为参考构形，即采用物质描述方法会比较直接，根据前面的介绍，质量守恒方程和平衡方程的表达式是

$$\rho=\rho_0$$

$$\boldsymbol{P} \cdot \nabla_0 + \rho_0 \boldsymbol{f} = \boldsymbol{0}$$

而动量矩守恒方程是

$$\boldsymbol{P} \cdot \boldsymbol{F}^{\mathrm{T}} = \boldsymbol{F} \cdot \boldsymbol{P}^{\mathrm{T}}$$

弹性本构方程是

Cauchy 弹性：
$$\boldsymbol{P} = \boldsymbol{K}_0(\boldsymbol{F})$$

超弹性：
$$\boldsymbol{P} = \frac{\partial W}{\partial \boldsymbol{F}}$$

使用本构方程结合复合求导法则，第一 P-K 应力的梯度使用分量表示为

$$\frac{\partial P_{iJ}}{\partial X_J} = \frac{\partial P_{iJ}}{\partial F_{kL}} \frac{\partial F_{kL}}{\partial X_J} = \mathbb{A}_{iJkL} \frac{\partial^2 x_k}{\partial X_J \partial X_L} \tag{9.1}$$

式中 $\mathbb{A}$ 是第一弹性张量 (第 10 章将有更详细的讨论) 为

$$\mathbb{A}_{iJkL} = \frac{\partial K_{0iJ}}{\partial F_{kL}} \text{ (Cauchy 弹性)} \quad \text{或} \quad \mathbb{A}_{iJkL} = \frac{\partial^2 W}{\partial F_{iJ} \partial F_{kL}} \text{ (超弹性)}$$

于是，平衡方程变为

$$\mathbb{A}_{iJkL} \frac{\partial^2 x_k}{\partial X_J \partial X_L} + \rho_0 f_i = 0 \tag{9.2}$$

通常弹性张量 $\mathbb{A}$ 取决于变形梯度，上式构成一组非线性的偏微分方程，求解作为物质坐标 X_J 和时间 t 函数的空间位置 x_i。弹性张量的具体形式对解的性质如存在性、唯一性和稳定性有重要的影响，第 11 章将进行相关讨论。

9.1.2　边界条件

位移边界条件：设想位移场 $\boldsymbol{u} = \boldsymbol{x} - \boldsymbol{X}$ 在物体的整个边界 $\varGamma_0$ 上已知，即

$$\boldsymbol{u} = \hat{\boldsymbol{u}}(\boldsymbol{X}) \tag{9.3}$$

式中 $\hat{\boldsymbol{u}}(\boldsymbol{X})$ 为已知函数。

力边界条件：采用物质描述，设想一种特殊的荷载情况，在物体的整个边界 $\varGamma_0$ 上，面力矢量 $\boldsymbol{t}_0$ 已知，不随变形而变化，表述为

$$\boldsymbol{t}_0 = \boldsymbol{P} \cdot \boldsymbol{N} = \hat{\boldsymbol{t}}_0(\boldsymbol{X}) \tag{9.4}$$

式中 $\hat{\boldsymbol{t}}_0(\boldsymbol{X})$ 为已知函数。根据面力矢量 $\boldsymbol{t}_0$ 的定义，它与当前构形中面力矢量 $\boldsymbol{t}$ 的关系应是

$$\boldsymbol{t}_0 \mathrm{d}A = \boldsymbol{t} \mathrm{d}a \tag{9.5}$$

在加载过程中，物体的几何形状和边界表面的面积都在变化，然而，条件式 (9.4) 要求作用在物质面积元 $\mathrm{d}a$ 上的面力矢量 $\boldsymbol{t}\mathrm{d}a$ 应始终保持不变，这实际上就是

要求面力的大小和方向都不改变，只是因为面积的改变使得分布密度发生了改变，通常将这种载荷称为死载。

一般地，作用在边界上物质点 $\boldsymbol{X}$ 处的面力矢量可能取决于变形 $\boldsymbol{x}(\boldsymbol{X})$，也可能取决于 $\boldsymbol{X}$ 邻域内的相对变形，该变形通常使用变形梯度 $\boldsymbol{F}$ 描述，从而边界条件表述为

$$\boldsymbol{P}\cdot\boldsymbol{N}=\hat{\boldsymbol{t}}_0\left(\boldsymbol{X},\boldsymbol{x},\boldsymbol{F}\right),\quad \text{在 } \Gamma_0 \text{ 上} \tag{9.6}$$

Sewell(1967) 将具有这种性质的面力矢量称之为是“构形相关”的。

作为一个特殊的例子，物体边界表面受水压力作用，面力矢量始终沿边界面的法线，因此，在当前构形中表示为

$$\boldsymbol{t}=\boldsymbol{\sigma}\cdot\boldsymbol{n}=-p\boldsymbol{n},\quad \text{在 } \Gamma \text{ 上} \tag{9.7}$$

考虑到式 (9.5) 和式 (9.4) 以及 Nanson 公式 (3.131)，相应地，在参考构形中就有

$$\boldsymbol{P}\cdot\boldsymbol{N}=-pJ\boldsymbol{F}^{-\mathrm{T}}\cdot\boldsymbol{N},\quad \text{在 } \Gamma_0 \text{ 上} \tag{9.8}$$

由于 $J=\det\boldsymbol{F}$ 且 $\boldsymbol{N}$ 是 $\boldsymbol{X}$ 的函数，上式显然是式 (9.6) 的一种特殊情况。

混合边界条件：物体边界由两部分组成，一部分边界上给定位移，记作 Γ_{0u}，一部分边界上给定面力矢量，记作 $\Gamma_{0\sigma}$，表示为

$$\boldsymbol{u}=\hat{\boldsymbol{u}}\left(\boldsymbol{X}\right),\quad \text{在 } \Gamma_{0u} \text{ 上};\quad t_0=\boldsymbol{P}\cdot\boldsymbol{N}=\hat{\boldsymbol{t}}_0\left(\boldsymbol{X}\right),\quad \text{在 } \Gamma_{0\sigma} \text{ 上} \tag{9.9}$$

例如，一个圆柱形等截面的铅直杆，底部约束 $\boldsymbol{u}=\hat{\boldsymbol{u}}\left(\boldsymbol{X}\right)=0$，侧面自由，顶部受死载荷作用并产生屈曲，但载荷始终沿铅直方向，不随屈曲变形而改变，如图 9.1(a) 所示。顶部的另外一种可能载荷是它始终与变形中的顶部截面垂直，如图 9.1(b) 所示，这就是所谓的“构形相关”载荷。

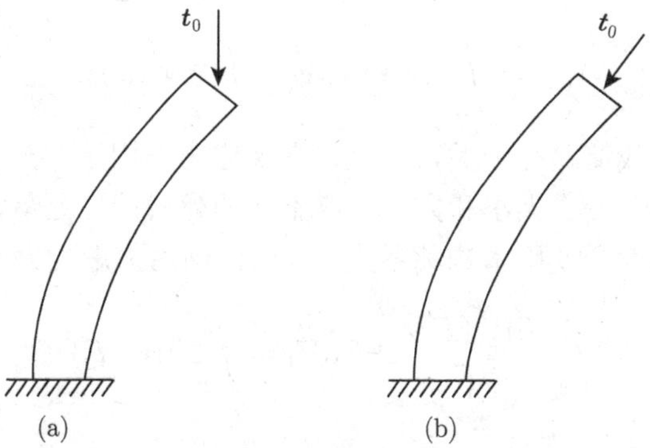

图 9.1 (a) 死载荷；(b)“构形相关”载荷

9.2　极值原理

采用物质描述，考察参考构形中物质区域为 Ω_0 的物体，设它的边界为 Γ_0，在物体内单位质量力为 $\boldsymbol{f}$，边界上的表面力矢量为 $\boldsymbol{t}_0$ 的作用下，处于平衡状态，问题的解是：物质点的空间坐标为 $\boldsymbol{x}$，变形梯度为 $\boldsymbol{F}$，第一 P-K 应力为 $\boldsymbol{P}$。设想在该状态的基础上产生虚位移 $\delta\boldsymbol{u}=\delta\boldsymbol{x}$ (因 $\boldsymbol{x}=\boldsymbol{X}+\boldsymbol{u}$，$\delta\boldsymbol{x}=\delta\boldsymbol{u}$)，在位移边界 Γ_{0u} 上 $\delta\boldsymbol{x}=0$，即不违背位移约束，对应的虚变形梯度 $\delta\boldsymbol{F}=\delta\boldsymbol{x}\otimes\nabla_0$，经过虚位移后达到的状态 $\boldsymbol{x}+\delta\boldsymbol{x}$ 称之为变形可能的状态，极值原理指出：

若外力为保守力 (其定义接下来给出) 且材料为超弹性，则平衡状态的总势能相对所有变形可能状态必然取极值。

下面详细讨论。根据虚位移原理式 (5.200)，当物体处于平衡状态时应有内力虚功和外力虚功相等

$$\int_{\Omega_0}\boldsymbol{P}:\delta\boldsymbol{F}\mathrm{d}V_0=\int_{\Omega_0}\rho_0\boldsymbol{f}\cdot\delta\boldsymbol{x}\mathrm{d}V_0+\int_{\Gamma_{0\sigma}}\boldsymbol{t}_0\cdot\delta\boldsymbol{x}\mathrm{d}A \tag{9.10}$$

若 (物质点上的) 外力不取决于变形梯度 $\boldsymbol{F}$，但随位移 $\boldsymbol{u}$ 或者说随物质点的空间坐标 $\boldsymbol{x}$ 而变化 (因 $\boldsymbol{x}=\boldsymbol{X}+\boldsymbol{u}$)，且满足

$$\rho_0\boldsymbol{f}=-\frac{\partial\phi^f}{\partial\boldsymbol{x}},\quad \boldsymbol{t}_0=-\frac{\partial\phi^t}{\partial\boldsymbol{x}} \tag{9.11}$$

称它们为保守力，其中 ϕ^f，ϕ^t 称为势函数，是空间坐标的函数，这时，外力虚功变为

$$\int_{\Omega_0}\rho_0\boldsymbol{f}\cdot\delta\boldsymbol{x}\mathrm{d}V_0+\int_{\Gamma_{0\sigma}}\boldsymbol{t}_0\cdot\delta\boldsymbol{x}\mathrm{d}A=-\int_{\Omega_0}\delta\phi^f\left(\boldsymbol{x}\right)\mathrm{d}V_0-\int_{\Gamma_{0\sigma}}\delta\phi^t\left(\boldsymbol{x}\right)\mathrm{d}A=-\delta\mathcal{W}_{\text{ext}} \tag{9.12}$$

式中

$$\mathcal{W}_{\text{ext}}=\int_{\Omega_0}\phi^f\left(\boldsymbol{x}\right)\mathrm{d}V_0+\int_{\Gamma_{0\sigma}}\phi^t\left(\boldsymbol{x}\right)\mathrm{d}A \tag{9.13}$$

称为外力势，它与载荷路径无关，于是，在保守力作用下，外力虚功就等于外力势因虚位移引起的改变。大小和方向始终不变的死载荷，是最常见的保守力。

若材料为超弹性，使用本构关系式 (8.52)，则内力虚功为

$$\int_{\Omega_0}\boldsymbol{P}:\delta\boldsymbol{F}\mathrm{d}V_0=\int_{\Omega_0}\frac{\partial W\left(\boldsymbol{F}\right)}{\partial\boldsymbol{F}}:\delta\boldsymbol{F}\mathrm{d}V_0=\int_{\Omega_0}\delta W\left(\boldsymbol{F}\right)\mathrm{d}V_0=\delta\mathcal{W}_{\text{int}} \tag{9.14}$$

其中

$$\mathcal{W}_{\text{int}}=\int_{\Omega_0}W\left(\boldsymbol{F}\right)\mathrm{d}V_0 \tag{9.15}$$

代表物体总的应变能，也与载荷路径无关，这样，对于超弹性体，内力虚功就等于物体总的应变能因虚位移引起的改变。

代入虚位移原理，得

$$\delta \Pi(\boldsymbol{x}) = 0 \tag{9.16}$$

式中 Π 为总势能

$$\Pi(\boldsymbol{x}) = \mathcal{W}_{\text{int}} + \mathcal{W}_{\text{ext}} \tag{9.17}$$

这说明物体处于平衡状态时，相对所有变形可能的位移场，其总势能取极值，11.1.2 节将表明，若平衡状态是稳定的，该极值为极小值。

当保守力为死载荷时，总势能具体写为

$$\Pi(\boldsymbol{x}) = \int_{\Omega_0} W(\boldsymbol{F})\,\mathrm{d}V_0 - \int_{\Omega_0} \rho_0 \boldsymbol{f} \cdot \boldsymbol{x}\,\mathrm{d}V_0 - \int_{\Gamma_{0\sigma}} \boldsymbol{t}_0 \cdot \boldsymbol{x}\,\mathrm{d}A \tag{9.18}$$

9.3 解不唯一与不稳定的简单例子

考察一个圆柱形等截面直杆，两端受沿杆轴线方向且均匀分布的死载荷作用，如图 9.2(a) 所示。使用 $\boldsymbol{N}$ 表示初始参考构形中端部截面的外法线方向，规定坐标轴 $\boldsymbol{e}$ 的正方向为从左到右，$\boldsymbol{N}_B = -\boldsymbol{N}_A = \boldsymbol{e}$，而 $\boldsymbol{t}_{0A} = -t_0\boldsymbol{e}$，$\boldsymbol{t}_{0B} = t_0\boldsymbol{e}$ (非黑体的 t_0 代表面力矢量 $\boldsymbol{t}_0$ 的大小)，力边界条件应为

$$(\boldsymbol{P} \cdot \boldsymbol{N})_A = -t_0\boldsymbol{e}, \quad (\boldsymbol{P} \cdot \boldsymbol{N})_B = t_0\boldsymbol{e} \tag{9.19}$$

显然，均匀伸长变形构形是问题的解，如图 9.2(b) 所示，相应的第一 P-K 应力为均匀分布是 $\boldsymbol{P} = t_0\boldsymbol{e} \otimes \boldsymbol{e}$，而且，转动张量 $\boldsymbol{R} = \boldsymbol{I}$，使用 (5.137)，得相应的 Biot 应力是 (Ogden，1984)

$$\boldsymbol{S}^{(1)} = \frac{1}{2}(\boldsymbol{R} \cdot \boldsymbol{P} + \boldsymbol{P} \cdot \boldsymbol{R}) = t_0\boldsymbol{e} \otimes \boldsymbol{e} \tag{9.20}$$

设想将杆件绕其轴线的垂直轴 $\boldsymbol{M}$ 旋转 180° 到达新的当前构形，如图 9.2(c) 所示，B 端从右边转动到左边，A 端由左边转动到右边，由于载荷是死载荷，A 端和 B 端的面力仍然保持原来的方向和大小，即 $\boldsymbol{t}_{0A} = -t_0\boldsymbol{e}$，$\boldsymbol{t}_{0B} = t_0\boldsymbol{e}$，它们使得杆件产生均匀压缩变形，构成问题的另外一个解，两端截面在参考构形中的法线 $\boldsymbol{N}$ 保持不变 (由于它们是相对固定参考构形定义的)，即 $\boldsymbol{N}_B = -\boldsymbol{N}_A = \boldsymbol{e}$，均匀的第一 P-K 应力 $\boldsymbol{P} = t_0\boldsymbol{e} \otimes \boldsymbol{e}$ 仍然是问题的应力解，此时转动张量 $\boldsymbol{R} = 2\boldsymbol{M} \otimes \boldsymbol{M} - \boldsymbol{I}$，使用式 (5.137) 得 Biot 应力为

$$\boldsymbol{S}^{(1)} = \frac{1}{2}(\boldsymbol{R} \cdot \boldsymbol{P} + \boldsymbol{P} \cdot \boldsymbol{R}) = -t_0\boldsymbol{e} \otimes \boldsymbol{e} \tag{9.21}$$

应力解也不唯一。

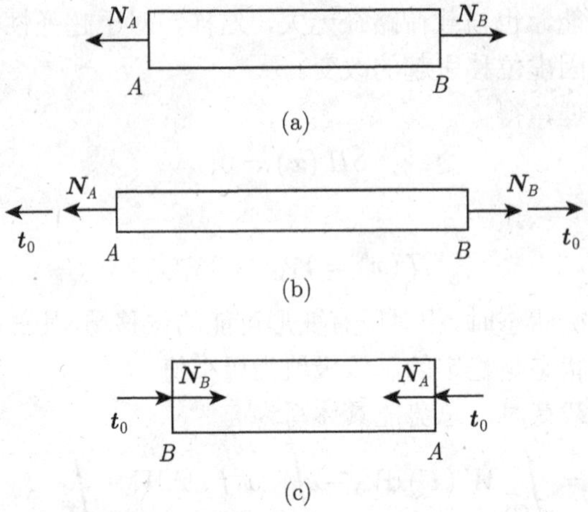

图 9.2 (a) 初始参考构形；(b) 均匀伸长构形；(c) 均匀压缩构形

下面具体考察一个非稳定的实际简单例子，如图 9.3 所示的桁架，两杆的初始长度和截面积分别是 $l_0(=a^2+b^2)$ 和 A_0，在 1 节点受竖直向下的载荷 p 作用，桁架的变形由 1 节点当前的竖直坐标 y_1 描述，这时对应的杆长和截面积分别是 l 和 A，两杆沿杆轴线方向的 Green 应变是

$$E_{11}=\frac{1}{2}\frac{l^2-l_0^2}{l_0^2}=\frac{a^2+y_1^2-a^2-b^2}{2l_0^2}=\frac{y_1^2-b^2}{2l_0^2} \tag{9.22}$$

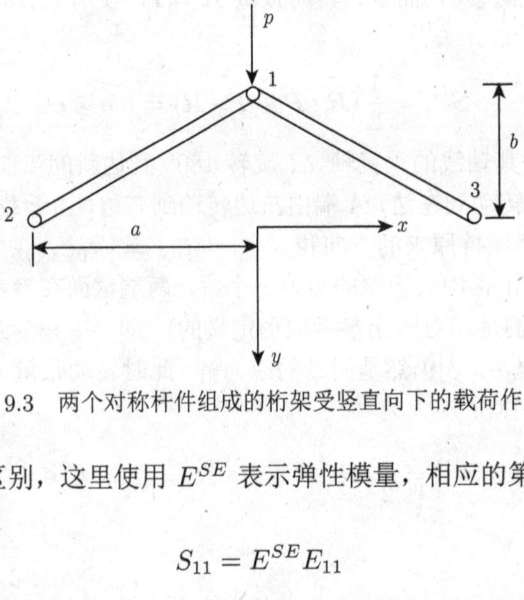

图 9.3 两个对称杆件组成的桁架受竖直向下的载荷作用

为与 Green 应变区别，这里使用 E^{SE} 表示弹性模量，相应的第二 P-K 应力和应变能函数应分别是

$$S_{11}=E^{SE}E_{11}$$

$$\mathcal{W}_{\text{int}} = \left(\int S_{11} \mathrm{d} E_{11}\right) A_0 l_0 = k\left(y_1^2 - b^2\right)^2, \quad k = \frac{E^{SE} A_0}{4 l_0^3}$$

外力势就是 $\mathcal{W}_{\text{ext}} = -p(b + y_1)$，因此，总势能为

$$\varPi = \mathcal{W}_{\text{int}} + \mathcal{W}_{\text{ext}} = k\left(y_1^2 - b^2\right)^2 - p\left(b + y_1\right) \tag{9.23}$$

物体处于平衡状态时应要求 $\delta \varPi = 0$，这里就是要求总势能 $\varPi$ 相对变形 y_1 的偏导为零，于是得平衡方程为

$$\frac{\partial \varPi}{\partial y_1} = 0 \quad \Rightarrow \quad p = 4 k y_1\left(y_1^2 - b^2\right) \tag{9.24}$$

显然，外载荷 p 与变形 y_1 呈三次方关系，如图 9.4 所示，求解

$$\frac{\mathrm{d} p}{\mathrm{d} y_1} = 4 k\left(3 y_1^2 - b^2\right) = 0 \quad \Rightarrow \quad \sqrt{3} y_1 = -b \quad 或 \quad \sqrt{3} y_1 = b \tag{9.25}$$

当 $\sqrt{3} y_1 < -b$ 时即图 9.4 中 AB 段 (图中 A 点处 $y_1 = -b$)，$\dfrac{\mathrm{d} p}{\mathrm{d} y_1} > 0$，若要产生进一步的变形必须增大载荷，桁架结构是稳定的；当 $-b < \sqrt{3} y_1 < b$ 时即图 9.4 中 BC 段，$\dfrac{\mathrm{d} p}{\mathrm{d} y_1} < 0$，载荷减小就能导致进一步的变形，桁架结构是不稳定的，它会迅速地从 $\sqrt{3} y_1 = -b$ 向下变形到对称位置 $\sqrt{3} y_1 = b$；当 $\sqrt{3} y_1 > b$ 时，结构重新进入稳定状态。

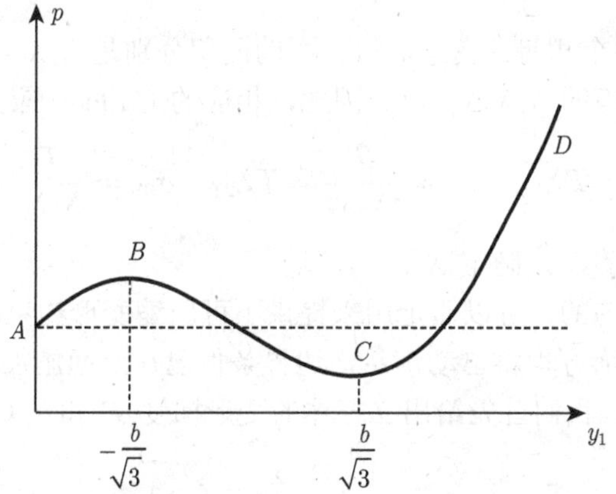

图 9.4 载荷与变形的关系曲线

求总势能相对变形状态的二次偏导，注意 p 是死载荷，求偏导时应保持不变，有

$$\frac{\partial^2 \varPi}{\partial y_1^2} = \frac{\partial^2 \mathcal{W}_{\text{int}}}{\partial y_1^2} = 4 k\left(3 y_1^2 - b^2\right) = \frac{\mathrm{d} p}{\mathrm{d} y_1}$$

对照上面的分析，稳定性要求

$$\frac{\partial^2 \Pi}{\partial y_1^2} > 0 \tag{9.26}$$

这意味着对于稳定的平衡状态总势能取极小值。

9.4 立方体受均匀拉力作用

考虑参考构形中的一立方体，为各向同性不可压缩 Neo-Hook 材料，立方体每个面上受均匀分布的拉力作用，其合力为 T，假定体积为单位 1，求由此产生的均匀变形。

考虑每个面上的合力 T 是预先给定的，这等价于第一 P-K 应力是预先给定的，则每个面相应的 Cauchy 应力将取决于变形后每个面的面积。当然，也可考虑每个面上的 Cauchy 应力是预先给定的，这将构成完全不同的另外一个问题。

根据构形几何与载荷的对称性，自然可以假设变形也是对称的，这就要求三个边长方向是变形张量的主方向，且三个主拉伸比均相等，由于材料不可压缩，$\lambda_1\lambda_2\lambda_3 = 1$，因此有 $\lambda_1 = \lambda_2 = \lambda_3 = 1$，即每个方向都没有变形，这当然是问题的一个解。然而，我们可以不必预先假定变形是对称的，寻求一种非对称的变形解，再讨论对称解与非对称解之间的关系。

假设立方体的变形是均匀的为

$$x_1 = \lambda_1 X_1, \quad x_2 = \lambda_2 X_2, \quad x_3 = \lambda_3 X_3 \tag{9.27}$$

且 λ_1，λ_2，λ_3 并不全相等。变形后每个面的面积分别是 $\lambda_1\lambda_2$，$\lambda_2\lambda_3$ 和 $\lambda_1\lambda_3$，考虑到材料是不可压缩的 $\lambda_1\lambda_2\lambda_3 =1$，因此，相应的 Cauchy 应力就是

$$\sigma_{11} = \frac{T}{\lambda_2\lambda_3} = T\lambda_1, \quad \sigma_{22} = \frac{T}{\lambda_1\lambda_3} = T\lambda_2, \quad \sigma_{33} = \frac{T}{\lambda_1\lambda_2} = T\lambda_3 \tag{9.28}$$

问题就是根据已知的 T，确定 λ_1，λ_2，λ_3。

由于变形是均匀的，可以假定用来提供不可压缩变形约束的静水压力 p 也是均匀的，因此，平衡方程将自动满足，边界条件已在上面施加，剩下来就是要满足本构方程。为此，我们首先给出立方体的变形梯度 $\boldsymbol{F}$ 和左 Cauchy-Green 变形张量 $\boldsymbol{b}$

$$\boldsymbol{F} = \begin{bmatrix} \lambda_1 & 0 & 0 \\ 0 & \lambda_2 & 0 \\ 0 & 0 & \lambda_3 \end{bmatrix}, \quad \boldsymbol{b} = \begin{bmatrix} \lambda_1^2 & 0 & 0 \\ 0 & \lambda_2^2 & 0 \\ 0 & 0 & \lambda_3^2 \end{bmatrix} \tag{9.29}$$

根据式 (8.211)，Neo-Hookean 材料的本构关系使用 $\boldsymbol{\sigma}$ 与 $\boldsymbol{b}$ 的偏量表示为

$$\boldsymbol{\sigma} = -p\boldsymbol{I} + \mu\boldsymbol{b}'$$

将式 (9.29) 的 $\boldsymbol{b}$ 代入，并写成分量的形式有

$$\sigma_{ii} = -p + \mu\left[\lambda_i^2 - \frac{1}{3}\left(\lambda_1^2 + \lambda_2^2 + \lambda_3^2\right)\right] \quad (i = 1, 2, 3;\ \text{不对 } i \text{ 求和}) \tag{9.30}$$

因此，伸长变形与外力 T 的关系就是

$$T\lambda_i = -p + \mu\left(\lambda_i^2 - \frac{1}{3}\left(\lambda_1^2 + \lambda_2^2 + \lambda_3^2\right)\right) \quad (i = 1, 2, 3;\ \text{不对 } i \text{ 求和}) \tag{9.31}$$

为了系统地求解由上面三个方程组成的方程组，简便的方法是先消去压力 p，用第一个方程减去第二个方程，再用第二个方程减去第三个方程，整理得

$$\left(T - \mu\left(\lambda_1 + \lambda_2\right)\right)\left(\lambda_1 - \lambda_2\right) = 0 \tag{9.32a}$$

$$\left(T - \mu\left(\lambda_2 + \lambda_3\right)\right)\left(\lambda_2 - \lambda_3\right) = 0 \tag{9.32b}$$

求解上面两个方程可得主伸长比，下面分三种情况进行讨论。

(1) 三个主伸长比均不相等，方程的解是

$$T = \mu\left(\lambda_1 + \lambda_2\right), \quad T = \mu\left(\lambda_2 + \lambda_3\right) \tag{9.33}$$

考虑到 $\lambda_1\lambda_2\lambda_3 = 1$，必然有

$$\lambda_1 = \lambda_3$$

这与三个主伸长比都不相等的假设矛盾，因此，不存在这种解。

(2) 三个主伸长比均相等。前面已经简单的讨论，这时有 $\lambda_1 = \lambda_2 = \lambda_3 = 1$，即没有变形产生，立方体保持不变。

(3) 三个主伸长比有两个相等。比如 $\lambda_2 = \lambda_3 = \lambda$，$\lambda_1 \neq \lambda$，不可压缩条件要求

$$\lambda_1 = \lambda^{-2}$$

方程式 (9.32a) 化简为

$$\lambda + \lambda^{-2} = \frac{T}{\mu} \tag{9.34}$$

对于给定的 T/μ，上面方程存在一个或多个 $\lambda > 0$ 的根，或者解并不存在，为了弄清这个问题，我们作出 T/μ 与 λ 的关系曲线。从图 9.5 中可知：

当 $T/\mu < \dfrac{3}{2^{2/3}}$ 时，方程 (9.34) 的解并不存在；

当 $T/\mu = \dfrac{3}{2^{2/3}}$ 时，方程 (9.34) 存在一个 $\lambda = 2^{1/3}$ 的解；

当 $T/\mu > \dfrac{3}{2^{2/3}}$ 时，方程 (9.34) 存在两个 $\lambda > 0$ 的解。

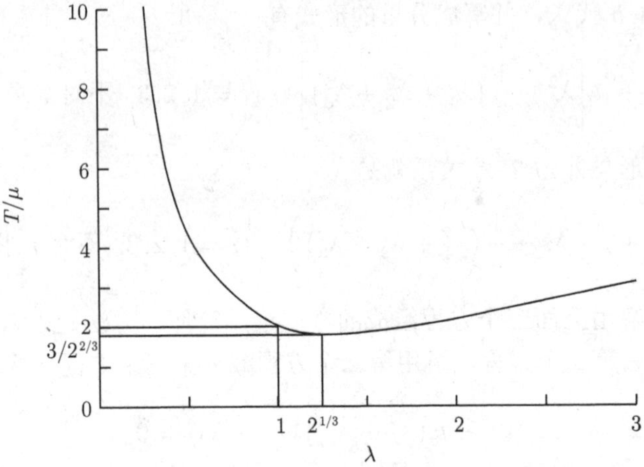

图 9.5　载荷与主伸长比关系曲线

注意：对应 $\lambda > 1$ 的解，变形后的当前构形为两个边长相等的长边、一个短边的扁平状板 ($\lambda_2 = \lambda_3 > 1$，$\lambda_1 < 1$)；而对应 $\lambda < 1$ 的解，变形后的当前构形为两个边长相等的短边、一个长边的长条形柱 ($\lambda_2 = \lambda_3 < 1$，$\lambda_1 > 1$)。

总体来说，立方体受外力作用后存在两种不同性质的构形：一是立方体保持不变，这对于所有的载荷值都有可能产生；另外一个是两边相等，一边不等的正六面体，这只有在 $T/\mu \geqslant \dfrac{3}{2^{2/3}}$ 的载荷条件下才有可能产生，正六面体又有两种可能的形状即扁平状板和长条形柱。存在多个解意味着平衡状态存在不稳定性。

Rivlin(1948a，1974) 对稳定性进行了分析。对于均匀变形的情况若不计体积力，则应力也是均匀的，总势能表达式 (9.18) 可写成

$$\Pi(\boldsymbol{x}) = \int_{\Omega_0} W(\boldsymbol{F})\,\mathrm{d}V_0 - \int_{\Omega_0} \boldsymbol{P} : \boldsymbol{F}\mathrm{d}V_0 \tag{9.35}$$

上式右边的最后一项是外力势，因为对于均匀的应力分布，使用散度定理式 (2.155) 和式 (2.130a)，以及平衡方程 $\boldsymbol{P} \cdot \nabla_0 = \boldsymbol{0}$，有

$$\begin{aligned}\int_{\Gamma_0} \boldsymbol{t}_0 \cdot \boldsymbol{x}\mathrm{d}A &= \int_{\Gamma_0} \boldsymbol{x} \cdot \boldsymbol{P} \cdot \boldsymbol{N}\mathrm{d}A = \int_{\Omega_0} (\boldsymbol{x} \cdot \boldsymbol{P}) \cdot \nabla_0 \mathrm{d}V_0 \\ &= \int_{\Omega_0} (\boldsymbol{x} \otimes \nabla_0) : \boldsymbol{P}\mathrm{d}V_0 = \int_{\Omega_0} \boldsymbol{P} : \boldsymbol{F}\mathrm{d}V_0\end{aligned} \tag{9.36}$$

显然，单位体积内的总势能变为

$$\hat{\Pi}(\boldsymbol{x}) = W(\boldsymbol{F}) - \boldsymbol{P} : \boldsymbol{F} \tag{9.37}$$

对于 Neo-Hook 不可压缩材料，其储能函数表达式为 (8.208)，在参考构形中考虑边长为 1 的立方体，在每个面上第一 P-K 应力分量的大小就是合力 T，变形梯度见式 (9.29) 的第一式，总势能应是

$$\hat{\Pi}=\frac{1}{2}\mu\left(\lambda_1^2+\lambda_2^2+\lambda_3^2-3\right)-T\left(\lambda_1+\lambda_2+\lambda_3\right) \tag{9.38}$$

求上面总势能的极值得前面的平衡构形，为讨论它的稳定性，还需要分析极值的性质。考虑前面情况 (3) 对应的变形，即 $\lambda_2=\lambda_3=\lambda$，$\lambda_1=\lambda^{-2}$，相应的总势能为

$$\hat{\Pi}(\lambda)=\frac{1}{2}\mu\left(\lambda^{-4}+2\lambda^2-3\right)-T\left(\lambda^{-2}+2\lambda\right) \tag{9.39}$$

令其导数为零 $\dfrac{\mathrm{d}\hat{\Pi}(\lambda)}{\mathrm{d}\lambda}=0$，得

$$\lambda=1 \quad \text{或者} \quad \lambda+\lambda^{-2}=\frac{T}{\mu} \tag{9.40}$$

稳定性要求总势能的二阶导数大于零

$$\frac{\mathrm{d}^2\hat{\Pi}(\lambda)}{\mathrm{d}\lambda^2}=\frac{1}{2}\mu\left(20\lambda^{-6}+4\right)-6\lambda^{-4}T>0 \tag{9.41}$$

因此，对应 $\lambda=1$ (不变形) 的平衡构形，上式给出的稳定条件是

$$T<2\mu \tag{9.42}$$

而对应 $\lambda+\lambda^{-2}=T/\mu$ 的平衡构形，稳定条件则是

$$2\mu\left(\lambda^{-3}-1\right)\left(2\lambda^{-3}-1\right)>0 \tag{9.43}$$

解得

$$\lambda<1, \quad \lambda>2^{1/3} \tag{9.44}$$

注意，这里的稳定条件是相对前面情况 (3) 对应的变形，而不是相对所有几何可能的变形，或者说这里的极小值是局部极小而非整体极小，因此，当相对所有几何可能的变形时，这里分析得出的稳定可能会变得不稳定。实际上，Rivlin(1948a，1974) 表明，只有 $\lambda>2^{1/3}$ 对应的构形是稳定的，而 $\lambda<1$ 对应的构形是不稳定的。

9.5 球壳球对称变形

考虑一空心的球壳，内半径为 A，外半径为 B，内壁自由，外壁受均匀的径向分布力 q 作用，根据物体和载荷的球对称性，产生的变形必然球对称，即只有

径向方向的变形。设变形后的内半径变为 a，外半径变为 b，下面求解内、外半径与外载荷 q 的关系。

选取自然状态作为参考构形，使用球坐标 $(R，\varPhi，\varTheta)$ 描述其几何，则有

$$A \leqslant R \leqslant B, \quad 0 \leqslant \varPhi \leqslant \pi, \quad 0 \leqslant \varTheta \leqslant 2\pi \tag{9.45}$$

当前构形也使用球坐标 $(r，\phi，\theta)$ 描述，显然有

$$a \leqslant r \leqslant b, \quad \phi = \varPhi, \quad \theta = \varTheta$$

其中

$$r = f(R) \tag{9.46}$$

两个构形都采用球坐标，这意味着物质坐标系与空间坐标系重合。根据上式，变形后的空间位置矢量 $\boldsymbol{x}$ 可写成 (Ball，1982)

$$\boldsymbol{x} = \frac{f(R)}{R}\boldsymbol{X} \tag{9.47}$$

变形梯度就是

$$\boldsymbol{F} = \left(\frac{f(R)}{R}\boldsymbol{X}\right) \otimes \nabla_0 = \frac{f(R)}{R}\boldsymbol{X} \otimes \nabla_0 + \boldsymbol{X} \otimes \left(\frac{f(R)}{R}\right)\nabla_0 \tag{9.48}$$

使用球坐标下的微分算子式 (B.79) 和关系 $\boldsymbol{e}_R = \dfrac{\boldsymbol{X}}{R}$，则有

$$\begin{aligned}\left(\frac{f(R)}{R}\right)\nabla_0 &= \left(\boldsymbol{e}_R\frac{\partial}{\partial R} + \boldsymbol{e}_\varPhi\frac{1}{R}\frac{\partial}{\partial \varPhi} + \boldsymbol{e}_\varTheta\frac{1}{R\sin\varPhi}\frac{\partial}{\partial \varTheta}\right)\frac{f(R)}{R} \\ &= \boldsymbol{e}_R\frac{\mathrm{d}}{\mathrm{d}R}\left(\frac{f(R)}{R}\right) \\ &= \frac{f'(R)R - f(R)}{R^3}\boldsymbol{X}\end{aligned} \tag{9.49}$$

式中 $\boldsymbol{e}_R$，$\boldsymbol{e}_\varPhi$，$\boldsymbol{e}_\varTheta$ 是球坐标的单位基矢量，上标“ $'$ ”代表对 R 求导数。显然，∇_0 中只有 $\boldsymbol{e}_R\dfrac{\mathrm{d}}{\mathrm{d}R}$ 起作用，将上式代入式 (9.48)，并考虑到 $\boldsymbol{X} \otimes \nabla_0 = \boldsymbol{I}$，得

$$\boldsymbol{F} = \frac{f(R)}{R}\boldsymbol{I} + \frac{f'(R)R - f(R)}{R^3}\boldsymbol{X} \otimes \boldsymbol{X} \tag{9.50}$$

或使用球坐标的基矢量表示为

$$\begin{aligned}\boldsymbol{F} &= \frac{f(R)}{R}(\boldsymbol{e}_R \otimes \boldsymbol{e}_R + \boldsymbol{e}_\varPhi \otimes \boldsymbol{e}_\varPhi + \boldsymbol{e}_\varTheta \otimes \boldsymbol{e}_\varTheta) + \frac{f'(R)R - f(R)}{R}\boldsymbol{e}_R \otimes \boldsymbol{e}_R \\ &= \frac{f(R)}{R}(\boldsymbol{e}_\varPhi \otimes \boldsymbol{e}_\varPhi + \boldsymbol{e}_\varTheta \otimes \boldsymbol{e}_\varTheta) + f'(R)\boldsymbol{e}_R \otimes \boldsymbol{e}_R\end{aligned} \tag{9.51}$$

显然，变形梯度 $\boldsymbol{F}$ 是对称张量，其主方向就是球坐标轴方向，始终保持不变，因而没有转动 $\boldsymbol{R}=\boldsymbol{I}$，于是，$\boldsymbol{U}=\boldsymbol{F}$，三个主伸长比是

$$\lambda_R = f'(R), \quad \lambda_\Phi = \lambda_\Theta = \frac{f(R)}{R} \tag{9.52}$$

应用第一 P-K 应力表示的平衡 (运动) 方程式 (5.110) 进行求解。由于 $\boldsymbol{R}=\boldsymbol{I}$，第一 P-K 应力应与 Biot 应力相等 $\boldsymbol{P}=\boldsymbol{S}^{(1)}$。假定参考构形无初应力且材料为各向同性，根据式 (8.21)，Biot 应力与右伸长张量 $\boldsymbol{U}$ 共主轴，即为球坐标轴方向，设径向方向的主应力是 S_R，根据问题的对称性，经、纬两个方向的主应力应相等，均记为 S_Φ，则它可表示为

$$\begin{aligned}\boldsymbol{S}^{(1)} &= S_R\boldsymbol{e}_R\otimes\boldsymbol{e}_R + S_\Phi\boldsymbol{e}_\Phi\otimes\boldsymbol{e}_\Phi + S_\Phi\boldsymbol{e}_\Theta\otimes\boldsymbol{e}_\Theta \\ &= S_R\boldsymbol{e}_R\otimes\boldsymbol{e}_R + S_\Phi(\boldsymbol{I}-\boldsymbol{e}_R\otimes\boldsymbol{e}_R) \\ &= \frac{S_R-S_\Phi}{R^2}\boldsymbol{X}\otimes\boldsymbol{X} + S_\Phi\boldsymbol{I}\end{aligned} \tag{9.53}$$

求上面应力的散度，使用式 (2.122)、式 (2.123) 和式 (B.79)，并注意到 $\boldsymbol{X}\otimes\nabla_0=\boldsymbol{I}$，$\boldsymbol{e}_R=\dfrac{\boldsymbol{X}}{R}$，$\boldsymbol{X}\cdot\boldsymbol{X}=R^2$，得

$$\begin{aligned}\boldsymbol{S}^{(1)}\cdot\nabla_0 &= \boldsymbol{X}\otimes\boldsymbol{X}\cdot\left(\left(\frac{S_R-S_\Phi}{R^2}\right)\nabla_0\right) \\ &\quad + \frac{S_R-S_\Phi}{R^2}\left((\boldsymbol{X}\otimes\nabla_0)\cdot\boldsymbol{X}+\boldsymbol{X}(\boldsymbol{X}\cdot\nabla_0)\right)+\boldsymbol{I}\cdot(S_\Phi\nabla_0) \\ &= R\frac{\mathrm{d}}{\mathrm{d}R}\left(\frac{S_R-S_\Phi}{R^2}\right)\boldsymbol{X}+4\frac{S_R-S_\Phi}{R^2}\boldsymbol{X}+\frac{\mathrm{d}S_\Phi}{\mathrm{d}R}\frac{1}{R}\boldsymbol{X} \\ &= \left(\frac{\mathrm{d}S_R}{\mathrm{d}R}+2\frac{S_R-S_\Phi}{R}\right)\boldsymbol{e}_R\end{aligned} \tag{9.54}$$

不考虑体积力，且这里有 $\boldsymbol{P}=\boldsymbol{S}^{(1)}$，因此，物质形式的平衡方程就是上述散度为零，有

$$\frac{\mathrm{d}S_R}{\mathrm{d}R}+2\frac{S_R-S_\Phi}{R}=0 \tag{9.55}$$

上面的平衡方程也可以直接采用式 (B.85) 导出。采用同样的步骤，可导出用 Cauchy 应力表示的空间形式平衡方程为

$$\frac{\mathrm{d}\sigma_r}{\mathrm{d}r}+2\frac{\sigma_r-\sigma_\phi}{r}=0 \tag{9.56}$$

若材料是超弹性的，储能函数采用伸长比描述，即为 $W=W(\lambda_R，\lambda_\Phi，\lambda_\Theta)$，根据式 (8.190) 和式 (8.181)，则

$$S_R=\frac{\partial W}{\partial\lambda_R}, \quad S_\Phi=\frac{\partial W}{\partial\lambda_\Phi}, \quad S_\Theta=\frac{\partial W}{\partial\lambda_\Theta} \tag{9.57a}$$

$$\tau_r = J\sigma_r = \lambda_R \frac{\partial W}{\partial \lambda_R}, \quad \tau_\phi = J\sigma_\phi = \lambda_\Phi \frac{\partial W}{\partial \lambda_\Phi}, \quad \tau_\theta = J\sigma_\theta = \lambda_\Theta \frac{\partial W}{\partial \lambda_\Theta} \tag{9.57b}$$

对于不可压缩材料，上面两式中还应加上静水压力。将式 (9.57a) 代入式 (9.55)，并考虑到式 (9.52)，得储能函数应满足的物质形式的平衡方程为

$$\frac{\partial^2 W}{\partial \lambda_R \partial \lambda_R} f''(R) + 2\frac{f'(R)R - f(R)}{R^2} \frac{\partial^2 W}{\partial \lambda_R \partial \lambda_\Phi} + \frac{2}{R}\left(\frac{\partial W}{\partial \lambda_R} - \frac{\partial W}{\partial \lambda_\Phi}\right) = 0 \tag{9.58}$$

注意：尽管本问题中 $\lambda_\Phi = \lambda_\Theta$，但在求偏导时应将它们看作独立变量处理。

下面针对不可压缩 Neo-Hookean 材料，采用 Cauchy 应力表示的空间形式平衡方程式 (9.56) 进行具体求解。Neo-Hookean 材料的储能函数见式 (8.208)，使用伸长比表示就有

$$\hat{W}(\boldsymbol{C}) = \frac{1}{2}\mu\left(J^{-2/3}\left(\lambda_R^2 + \lambda_\Phi^2 + \lambda_\Theta^2\right) - 3\right) \tag{9.59}$$

代入式 (9.57b) 或直接使用式 (8.212)，考虑到 $J = 1$，得

$$\sigma_r = \mu\lambda_R^2 - p, \quad \sigma_\phi = \mu\lambda_\Phi^2 - p, \quad \sigma_\theta = \mu\lambda_\Theta^2 - p \tag{9.60}$$

使用式 (9.52)，不可压缩条件为

$$J = \det \boldsymbol{F} = \lambda_R\lambda_\Phi\lambda_\Theta = f'(R)\frac{f^2(R)}{R^2} = 1$$

由此解得

$$r = f(R) = \left(R^3 + a^3 - A^3\right)^{1/3} \quad (A \leqslant R \leqslant B) \tag{9.61}$$

将式 (9.61) 代入式 (9.52)，再代入应力表达式 (9.60)，最后代入平衡方程式 (9.56)，并将物质坐标 R 利用上式替换为空间坐标 r，得如下微分方程

$$\frac{\mathrm{d}\sigma_r}{\mathrm{d}r} + \frac{2\mu}{r}\left(\frac{\left(r^3 - a^3 + A^3\right)^{4/3}}{r^4} - \frac{r^2}{\left(r^3 - a^3 + A^3\right)^{2/3}}\right) = 0 \tag{9.62}$$

边界条件在内壁 $R = A$，第一 P-K 应力分量 $P_R = 0$，在外壁 $R = B$，$P_R = q$，使用 Cauchy 应力与第一 P-K 应力的关系式 $\boldsymbol{\sigma} = \boldsymbol{P} \cdot \boldsymbol{F}^{\mathrm{T}}$ (考虑到不可压缩条件，$J = 1$)，则边界条件变为

$$\sigma_r = 0, \quad 当\ r = a; \quad \sigma_r = P_R\lambda_R = \frac{B^2}{\left(B^3 + a^3 - A^3\right)^{2/3}} q,$$

$$当\ r = b = \left(B^3 + a^3 - A^3\right)^{1/3} \tag{9.63}$$

为描述问题方便，记

$$\xi = \frac{r}{\left(r^3 - a^3 + A^3\right)^{1/3}} \tag{9.64}$$

微分方程写成

$$\frac{\mathrm{d}\sigma_r}{\mathrm{d}\xi} = -2\mu\left(\xi^{-5} + \xi^{-2}\right) \tag{9.65}$$

解上面的微分方程并代入边界条件，得变形后的半径 a 与外载荷 q 的关系为

$$\begin{aligned}\frac{q}{2\mu} = &\left(\frac{a^3}{B^3} - \frac{A^3}{B^3} + 1\right)^{1/3} + \frac{1}{4}\left(\frac{a^3}{B^3} - \frac{A^3}{B^3} + 1\right)^{-2/3} \\ &- \left(\frac{A}{a} + \frac{1}{4}\frac{A^4}{a^4}\right)\left(\frac{a^3}{B^3} - \frac{A^3}{B^3} + 1\right)^{2/3}\end{aligned} \tag{9.66}$$

一旦球壳变形前的内外半径 A、B，材料的剪切模量 μ 和外界作用力 q 已知，解上面的方程将求得变形后的内半径 a。

方程 (9.66) 可归结为 $\dfrac{q}{2\mu} = F(a)$ 的形式，其中 $F(a)$ 是 a 的非线性函数，且随 a 单调增长，当 $a = A$，$F(A) = 0$，当 $a \to \infty$，$F(a) \to \infty$，因此，对于每一个外载荷，都可以解得一个唯一的根 a，图 9.6 给出了当 $A/B = 0.5, 0.3, 0.1$ 时，a/B 随 $q/(2\mu)$ 的变化。

非线性问题毕竟不同于线性问题，当初始内半径 A 不断减小，a 与 q 的关系曲线会出现一种很有趣的变化趋势，当 $A/B \to 0$ 时，a/B 随 $q/(2\mu)$ 变化的关系曲线不断趋近于图 9.6 中的曲线 C，曲线 C 由直线段和曲线段组成：在 $0 < q/(2\mu) \leqslant 1.25$，为 $a = 0$ 的直线；在 $q/(2\mu) \geqslant 1.25$，为曲线。

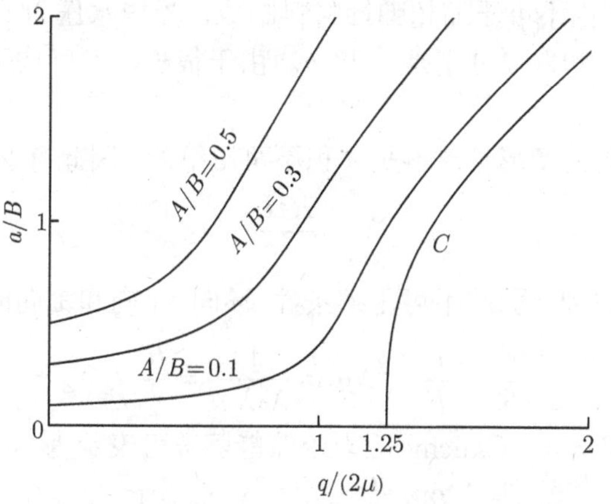

图 9.6 外部均匀压力与变形后内半径的关系

实际上，我们取极限 $A \to 0(A/B \to 0)$，方程 (9.66) 右边第三项为零，而其他两项则合并为

$$\frac{q}{2\mu} = \frac{a^3/B^3 + 5/4}{\left(a^3/B^3 + 1\right)^{2/3}} \tag{9.67}$$

显然，当 $q/(2\mu) \to 1.25$，$a/B \to 0$，所以，上式就是曲线 C 曲线段的方程。

从上面的分析可以得出结论：当外载荷从零开始增长时，变形前无限小的球内空洞半径将保持无限小，直到达到临界值 $q_{\rm cr}/(2\mu) = 1.25$，当 q 超过临界值 $q_{\rm cr}$，a 才开始按曲线 C 给出的关系增长。这种现象称之为空洞化现象。

如果物体由一般的各向同性不可压缩材料组成，其储能函数 $W = W(\lambda_1, \lambda_2, \lambda_3)$，与上面完全相同的分析可得空洞化现象的临界载荷应是 (Abeyaratne, 2012)

$$q_{\rm cr} = \int_1^\infty \frac{1}{\lambda^3 - 1} \bar{W}'(\lambda)\,\mathrm{d}\lambda \tag{9.68}$$

式中 $\bar{W}(\lambda)$ 定义为 $\bar{W}(\lambda) \xlongequal{\rm def} W(\lambda^{-2}, \lambda, \lambda)$。显然，上式中的被积函数在 $\lambda = 1$ 时可能存在奇异性，除非 $\bar{W}'(1)$ 具有适当的性质。而且，由于积分区间是无限的，积分的收敛性将取决于 $\bar{W}'(\lambda)$ 在 $\lambda \to \infty$ 时的性质，因此，对于某些材料，当上式中的积分总不收敛，即 $q_{\rm cr} \to \infty$，这意味着无论外载荷取何值，变形前无限小的球内空洞半径将始终保持为无限小；对于其他一些材料，上式中的积分能够收敛，这意味着当外载荷小于上式计算得到的临界值时，空洞化现象产生，当大于临界值时，空洞半径 a 将开始增长。

9.6 圆柱形薄壁管的轴对称变形

考虑一很长的圆柱形薄壁管，它在无应力初始构形中的平均半径和壁厚分别是 R 和 H，薄壁管由不可压缩超弹性材料制成，受内水压力 p 作用，在变形状态下，它的平均半径和壁厚分别是 r 和 h。由于很长，可以按平面应变处理，即不考虑轴向的变形。

由于不考虑轴向的变形且材料是体积不可压缩的，因此有 $2\pi RH = 2\pi rh$，即

$$h = \frac{RH}{r}$$

根据变形几何并考虑到上面的不可压缩条件，环向、径向和轴向的伸长比应分别是

$$\lambda_\theta = \frac{2\pi r}{2\pi R} = \frac{r}{R}, \quad \lambda_R = \frac{1}{\lambda_\theta \lambda_Z} = \frac{R}{r}, \quad \lambda_Z = 1 \tag{9.69}$$

使用式 (8.181) 和 $J = 1$，Cauchy 应力由储能函数可表示为

$$\sigma_r = \lambda_R \frac{\partial W}{\partial \lambda_R} - q, \quad \sigma_\theta = \lambda_\theta \frac{\partial W}{\partial \lambda_\theta} - q \tag{9.70}$$

式中 q 是不可压缩条件引起的约束反力 (本例子中 p 表示圆管内壁所受的内水压力)。上面两等式的两边分别相减消去约束反力，得

$$\sigma_\theta - \sigma_r = \lambda_\theta \frac{\partial W}{\partial \lambda_\theta} - \lambda_R \frac{\partial W}{\partial \lambda_R} \tag{9.71}$$

截取薄壁管的一半，建立平衡条件，很容易导出环向平均应力为

$$\sigma_\theta = \frac{pr}{h} = \frac{pr^2}{RH} \tag{9.72}$$

由于管壁很薄，即 $r \gg h$，$\sigma_\theta \gg p$，而 $-p < \sigma_r < 0$，因此，$\sigma_\theta \gg \sigma_r$，故 σ_r 相对 σ_θ 可忽略不计。再结合上面两个式子导出

$$p = \frac{RH}{r^2}\left(\lambda_\theta \frac{\partial W}{\partial \lambda_\theta} - \lambda_R \frac{\partial W}{\partial \lambda_R}\right) \tag{9.73}$$

考虑到储能函数取决于伸长比，即 $W(\lambda_\theta, \lambda_R, \lambda_Z)$，而伸长比 $\lambda_\theta, \lambda_R, \lambda_Z$ 是薄壁管变形后半径 r 的函数，因此，上式给出了内水压力 p 与 r 的关系式。

“体积” (当前构形中单位长度的薄壁管所围成的体积) 与压力是功共轭的运动学变量，下面进行讨论。体积是

$$v = \pi r^2$$

三个主伸长比则可表示为

$$\lambda_\theta = \sqrt{\frac{v}{\pi R^2}}, \quad \lambda_R = \sqrt{\frac{\pi R^2}{v}}, \quad \lambda_Z = 1$$

将参考构形中单位长度的储能函数由原来伸长比的函数转换表达为体积 v 的函数表示，即

$$\bar{W}(v) = 2\pi RHW\left(\sqrt{\frac{v}{\pi R^2}}, \sqrt{\frac{\pi R^2}{v}}, 1\right)$$

上式两边对体积 v 求导，得

$$\frac{\mathrm{d}\bar{W}(v)}{\mathrm{d}v} = \frac{\pi RH}{v}\left(\sqrt{\frac{v}{\pi R^2}}\frac{\partial W}{\partial \lambda_\theta} - \sqrt{\frac{\pi R^2}{v}}\frac{\partial W}{\partial \lambda_R}\right) = \frac{RH}{r^2}\left(\lambda_\theta \frac{\partial W}{\partial \lambda_\theta} - \lambda_R \frac{\partial W}{\partial \lambda_R}\right)$$

与式 (9.73) 对照，有

$$p = \frac{\mathrm{d}\bar{W}(v)}{\mathrm{d}v} \quad \text{或} \quad \mathrm{d}\bar{W}(v) = p\mathrm{d}v \tag{9.74}$$

对于像 Neo-Hookean 模型中的储能函数，上式给出的压力–体积关系是单调增加的，然而，对于一些模型，两者的关系则是非单调的，例如，Kyriakides 与 Chang(1991) 在一些试验中使用的橡胶模型，其储能函数是

$$W = \sum_{n=1}^{3} \frac{\mu_n}{\alpha_n}\left(\lambda_\theta^{\alpha_n} + \lambda_R^{\alpha_n} + \lambda_Z^{\alpha_n}\right) \tag{9.75}$$

其中材料常数 $\mu_1 = 617\text{kPa}$; $\mu_2 = 1.86\text{kPa}$; $\mu_3 = -9.79\text{kPa}$; $\alpha_1 = 1.30$; $\alpha_2 = 5.08$; $\alpha_3 = 2.00$。这时，压力–体积关系曲线如图 9.7 所示，分为三段上升、下降、再上升，其中下降段是不稳定，下面分两种情况进行讨论。

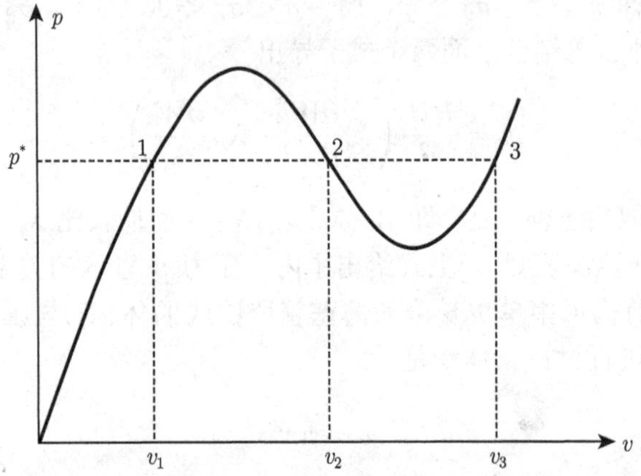

图 9.7　内水压力 p 与体积的关系曲线

通过压力控制加载，当给定压力达到 p^*，有三个体积 v_1，v_2，v_3 与之对应，因此，平衡构形是非唯一的。$v = v_1$，$v = v_3$ 构形是稳定的，而 $v = v_2$ 构形是非稳定的。其中有两个稳定的平衡构形存在，究竟会达到哪个平衡构形取决于施加压力 p^* 的过程，如果从较小的压力单调增加，显然达到的平衡构形是 $v = v_1$，如果从比 p^* 大的压力单调减小，那么达到的平衡构形是 $v = v_3$。

若通过体积控制加载，对于每一个给定的控制体积 v^*，都有唯一的压力值与之对应，形成一个平衡构形，但并不是所有构形都是稳定的。如图 9.8 所示，当

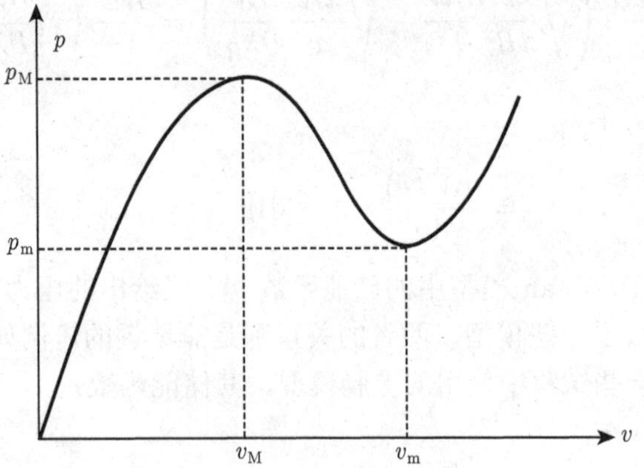

图 9.8　稳定性讨论示意图

$v_{\mathrm{M}} < v^* < v_{\mathrm{m}}$ 时，处于下降段，没有稳定的平衡构形存在。注意，我们这里所考虑的平衡构形是指沿长度方向均匀变形的圆柱形构形。因此，圆管必须采用另一种稳定的平衡构形，那就是沿长度方向非均匀的平衡构形。

考虑长度为 L 的圆管，一旦 $v^* > v_{\mathrm{M}}$，圆管一段长为 αL 的半径就会变得比加载控制体积 v^* 对应的半径要小，其相应的体积处于曲线的第一个上升段，而圆管另一段长为 $(1-\alpha)L$ 的半径变得比 v^* 大，其相应的体积处于曲线的第二个上升段，两者体积的平均值正好给出 v^*，形成沿长度方向非均匀的平衡构形。至于两种半径不同管段的管长，当 v^* 从 v_{M} 增加到 v_{m}，小半径管段的长度将减小，而大半径管段的长度将增大，即 α 从 1 逐渐变为 0。

9.7 长方体块弯曲为 (扇形) 圆柱块

3.6.5 节讨论了长方体块弯曲为 (扇形) 圆柱块的变形几何问题，如图 3.9 所示，其变形由式 (3.114) 描述，为

$$r = f(X_1), \quad \theta = g(X_2), \quad z = \lambda X_3, \tag{9.76}$$

式中 $\{r,\ \theta,\ z\}$ 是当前构形中的柱坐标，$\{X_1,\ X_2,\ X_3\}$ 是未变形构形中的直角坐标，有

$$-A \leqslant X_1 \leqslant A, \quad -B \leqslant X_2 \leqslant B, \quad -C \leqslant X_3 \leqslant C$$

根据式 (3.120) ~ 式 (3.122) 的分析可知，其转动张量和伸长张量分别是

$$\boldsymbol{R} = \boldsymbol{e}_r \otimes \boldsymbol{E}_1 + \boldsymbol{e}_\theta \otimes \boldsymbol{E}_2 + \boldsymbol{e}_z \otimes \boldsymbol{E}_3 \tag{9.77a}$$

$$\boldsymbol{U} = f'(X_1)\,\boldsymbol{E}_1 \otimes \boldsymbol{E}_1 + rg'(X_2)\,\boldsymbol{E}_2 \otimes \boldsymbol{E}_2 + \lambda \boldsymbol{E}_3 \otimes \boldsymbol{E}_3 \tag{9.77b}$$

Lagrange 主轴与未变形构形的直角坐标系基矢量 $\{\boldsymbol{E}_1,\ \boldsymbol{E}_2,\ \boldsymbol{E}_3\}$ 一致；而 Euler 主轴与当前构形的柱坐标系基矢量 $\{\boldsymbol{e}_r,\ \boldsymbol{e}_\theta,\ \boldsymbol{e}_z\}$ 一致，且三个主伸长比是

$$\lambda_1 = f'(X_1), \quad \lambda_2 = rg'(X_2) = f(X_1)\,g'(X_2), \quad \lambda_3 = \lambda = \mathrm{const} \tag{9.78}$$

各向同性情况下，Biot 应力的主轴与 Lagrange 主轴重合，因此可表示为

$$\boldsymbol{S}^{(1)} = S_1^{(1)} \boldsymbol{E}_1 \otimes \boldsymbol{E}_1 + S_2^{(1)} \boldsymbol{E}_2 \otimes \boldsymbol{E}_2 + S_3^{(1)} \boldsymbol{E}_3 \otimes \boldsymbol{E}_3 \tag{9.79}$$

式中

$$S_i^{(1)} = \frac{\partial W}{\partial \lambda_i} \quad (i = 1, 2, 3) \tag{9.80}$$

见式 (8.190)。第一 P-K 应力则是

$$\boldsymbol{P}=\boldsymbol{R}\cdot\boldsymbol{S}^{(1)}=S_1^{(1)}\boldsymbol{e}_r\otimes\boldsymbol{E}_1+S_2^{(1)}\boldsymbol{e}_\theta\otimes\boldsymbol{E}_2+S_3^{(1)}\boldsymbol{e}_z\otimes\boldsymbol{E}_3 \tag{9.81}$$

在当前构形建立整体的直角坐标系，其基矢量使用 $\{\boldsymbol{e}_1，\boldsymbol{e}_2，\boldsymbol{e}_3\}$ 表示，考虑到柱坐标与直角坐标之间的转换关系 $\boldsymbol{e}_r=\cos\theta\boldsymbol{e}_1+\sin\theta\boldsymbol{e}_2$，$\boldsymbol{e}_\theta=-\sin\theta\boldsymbol{e}_1+\cos\theta\boldsymbol{e}_2$，上式可写成

$$\begin{aligned}\boldsymbol{P}=&S_1^{(1)}\cos\theta\boldsymbol{e}_1\otimes\boldsymbol{E}_1-S_2^{(1)}\sin\theta\boldsymbol{e}_1\otimes\boldsymbol{E}_2\\&+S_1^{(1)}\sin\theta\boldsymbol{e}_2\otimes\boldsymbol{E}_1+S_2^{(1)}\cos\theta\boldsymbol{e}_2\otimes\boldsymbol{E}_2+S_3^{(1)}\boldsymbol{e}_3\otimes\boldsymbol{E}_3\end{aligned} \tag{9.82}$$

得两个平衡方程为 (不考虑体积力)

$$\frac{\partial\left(S_1^{(1)}\cos\theta\right)}{\partial X_1}-\frac{\partial\left(S_2^{(1)}\sin\theta\right)}{\partial X_2}=0 \tag{9.83a}$$

$$\frac{\partial\left(S_1^{(1)}\sin\theta\right)}{\partial X_1}+\frac{\partial\left(S_2^{(1)}\cos\theta\right)}{\partial X_2}=0 \tag{9.83b}$$

将变形几何式 (9.76) 代入，并经推导得

$$\frac{\partial S_1^{(1)}}{\partial X_1}-S_2^{(1)}g'\left(X_2\right)=0 \tag{9.84a}$$

$$\frac{\partial S_2^{(1)}}{\partial X_2}=0 \tag{9.84b}$$

因为 λ_1 与 X_2 无关，或者说，X_2 仅取决于 λ_2，见式 (9.78)，则式 (9.84b) 可改写成

$$\frac{\partial S_2^{(1)}}{\partial\lambda_2}f\left(X_1\right)g''\left(X_2\right)=0 \tag{9.85}$$

设想变形关于 X_1 轴对称，如图 3.9 所示，则

$$g\left(-X_2\right)=-g\left(X_2\right)$$

假设 $f(X_1)\neq0$，且 $\dfrac{\partial S_2^{(1)}}{\partial\lambda_2}=\dfrac{\partial^2W}{\partial\lambda_2\partial\lambda_2}\neq0$，于是，上面方程的解是

$$g'\left(X_2\right)=\alpha,\quad g\left(X_2\right)=\alpha X_2 \tag{9.86}$$

式中 α 是待定常数。因此

$$\lambda_2=\alpha f\left(X_1\right),\quad \frac{\mathrm{d}\lambda_2}{\mathrm{d}X_1}=\alpha f'\left(X_1\right)=\alpha\lambda_1 \tag{9.87}$$

考虑到 $S_2^{(1)}$ 仅取决于 X_1，见式 (9.84b)，根据式 (9.84a) 并考虑到 $g'(X_2)=\alpha$，则 $S_1^{(1)}$ 也仅取决于 X_1，从而式 (9.84a) 可简化为

$$\frac{\mathrm{d}S_1^{(1)}}{\mathrm{d}X_1}=\alpha S_2^{(1)} \tag{9.88}$$

式 (9.87) 和式 (9.78) 表明：伸长比取决于待定函数 $f(X_1)$，所以，储能函数 W 进而主应力 $S_1^{(1)}$ 和 $S_2^{(1)}$ 都取决于待定函数 $f(X_1)$ (当然还包括待定常数 α 和 $\lambda_3=\mathrm{const}$)，上式就成为求解 $f(X_1)$ 的控制性方程。

作为一个例子，考虑如下形式的储能函数 W

$$W=F(I_1)-C_2I_2+C_3I_3 \tag{9.89}$$

式中 F 是材料函数，C_2 和 C_3 是材料常数，三个主不变量用主伸长比表示为

$$I_1=\lambda_1+\lambda_2+\lambda_3$$

$$I_2=\lambda_1\lambda_2+\lambda_2\lambda_3+\lambda_1\lambda_3$$

$$I_3=\lambda_1\lambda_2\lambda_3$$

代入式 (9.80)，得

$$S_1^{(1)}=F'(I_1)-C_2(\lambda_2+\lambda_3)+C_3\lambda_2\lambda_3 \tag{9.90a}$$

$$S_2^{(1)}=F'(I_1)-C_2(\lambda_1+\lambda_3)+C_3\lambda_3\lambda_1 \tag{9.90b}$$

代入式 (9.88)，并考虑到式 (9.87)，得

$$\frac{\mathrm{d}}{\mathrm{d}X_1}F'(I_1)-\alpha F'(I_1)=-\alpha C_2\lambda_3 \tag{9.91}$$

积分上式给出

$$F'(I_1)=C_2\lambda_3+\beta\mathrm{e}^{\alpha X_1} \tag{9.92}$$

式中 β 是积分常数。上式右边是 X_1 的单调递增函数，因此，设想 $F'(I_1)$ 的逆存在，即在已知 $F'(I_1)$ 的条件下能导出 I_1，原则上由上式便可解出 I_1 作为 X_1 的函数，记作 $I_1=\varPhi(X_1)$，再使用式 (9.87) 和式 (9.76)，并考虑到 $\lambda_3=\mathrm{const}$，有

$$I_1=f'(X_1)+\alpha f(X_1)+\lambda_3=\varPhi(X_1)$$

积分上式，得

$$f(X_1)=e^{-\alpha X_1}\int(\varPhi(X_1)-\lambda_3)e^{\alpha X_1}\mathrm{d}X+\gamma\mathrm{e}^{-\alpha X_1} \tag{9.93}$$

式中 γ 是积分常数。

三个常数 α，β 和 γ 通过边界条件加以确定。考虑如下边界条件

$$S_1^{(1)} = 0, \quad 在\ X_1 = \pm A \tag{9.94}$$

以及在 $\theta = \pm\alpha B$ (在参考构形上是 $X_2 = \pm B$) 的面上，载荷垂直于表面作用。使用式 (9.88) 和上面的边界条件，在 $\theta = \pm\alpha B$ 面上的合力大小必须是

$$N = 2C\int_{-A}^{A} S_2^{(1)}\mathrm{d}X_1 = \frac{2C}{\alpha}\ S_1^{(1)}\Big|_{-A}^{A} = 0$$

虽然合力为零，但 $S_2^{(1)}$ 在 $\theta = \pm\alpha B$ 的每个面上并不为零，它绕原点的弯矩大小是

$$M = 2C\int_{-A}^{A} rS_2^{(1)}\mathrm{d}X_1 \tag{9.95}$$

使用边界条件式 (9.94)，并结合式 (9.90a) 和式 (9.92) 以及式 (9.78) 的第二式，得

$$f(\pm A) = \frac{\beta e^{\pm\alpha A}}{\alpha\left(C_2 - C_3\lambda_3\right)} \tag{9.96}$$

再结合 $S_2^{(1)}$ 的表达式 (9.90b)，得

$$S_2^{(1)} = \beta\mathrm{e}^{\alpha X_1} - \left(C_2 - C_3\lambda_3\right)f'\left(X_1\right) \tag{9.97}$$

式 (9.96) 与式 (9.93) 结合提供了两个求解待定常数 α，β 和 γ 的方程，而另外一个方程就是 (9.95)，其中 $S_2^{(1)}$ 由式 (9.97) 给出，M 是预先给定的。

9.8 不可压缩 Neo-Hookean 材料平面应变问题

9.8.1 基本方程

不可压缩 Neo-Hookean 材料的本构方程在第 8 章已进行详细讨论，其表达式见式 (8.212)，为

$$\boldsymbol{\sigma} = -p\boldsymbol{I} + \mu\boldsymbol{b} \tag{9.98}$$

不考虑体积力，平衡微分方程应是

$$\frac{\partial\sigma_{ij}}{\partial x_j} = 0$$

将本构方程代入其中，并考虑 $\boldsymbol{b}$ 的分量表示 $b_{ij} = \dfrac{\partial x_i}{\partial X_K}\dfrac{\partial x_j}{\partial X_K}$，得

$$-\frac{\partial p}{\partial x_i} + \mu\left(\frac{\partial}{\partial x_j}\left(\frac{\partial x_i}{\partial X_K}\right)\frac{\partial x_j}{\partial X_K} + \frac{\partial x_i}{\partial X_K}\frac{\partial}{\partial x_j}\left(\frac{\partial x_j}{\partial X_K}\right)\right) = 0 \tag{9.99}$$

根据复合求导法则和求偏导可以交换顺序，有

$$\frac{\partial}{\partial x_j}\left(\frac{\partial x_i}{\partial X_K}\right)\frac{\partial x_j}{\partial X_K}=\frac{\partial}{\partial X_K}\left(\frac{\partial x_i}{\partial X_K}\right)=\frac{\partial^2 x_i}{\partial X_K\partial X_K} \tag{9.100a}$$

$$\frac{\partial}{\partial x_j}\left(\frac{\partial x_j}{\partial X_K}\right)=\frac{\partial}{\partial X_K}\left(\frac{\partial x_j}{\partial x_j}\right)=0 \tag{9.100b}$$

因此，平衡方程式 (9.99) 简化为

$$\frac{\partial p}{\partial x_i}=\mu\frac{\partial^2 x_i}{\partial X_K\partial X_K}=\mu\nabla_0^2 x_i \tag{9.101}$$

式中 ∇_0^2 是定义在参考构形上的 Laplace 算子，见式 (2.139)。将压力看作是物质坐标 $\boldsymbol{X}$ 的函数，采用复合求导法则和式 (3.16)，上式变为

$$\frac{\partial p}{\partial X_K}\frac{\partial X_K}{\partial x_i}=\mu\nabla_0^2 x_i \Rightarrow \frac{\partial p}{\partial X_K}=\mu\frac{\partial x_i}{\partial X_K}\nabla_0^2 x_i \tag{9.102}$$

不可压缩条件

$$\det\left(\frac{\partial x_i}{\partial X_K}\right)=1 \tag{9.103}$$

三个平衡微分方程和不可压缩条件共四个方程，结合边界条件可求解四个未知函数，即压力 p 与空间坐标 x_i，它们都是物质坐标 X_K 的未知函数，这是一种物质求解方法。

9.8.2 基本方程在平面应变下的表示

考虑下式定义的平面应变问题

$$x=x(X,Y),\quad y=y(X,Y),\quad z=Z \tag{9.104}$$

不可压缩条件和平面应变条件见式 (3.180) 和式 (3.182)，分别是

$$\frac{\partial x}{\partial X}\frac{\partial y}{\partial Y}-\frac{\partial x}{\partial Y}\frac{\partial y}{\partial X}=1 \tag{9.105a}$$

$$\frac{\partial x}{\partial X}=\frac{\partial Y}{\partial y},\quad -\frac{\partial x}{\partial Y}=\frac{\partial X}{\partial y},\quad -\frac{\partial y}{\partial X}=\frac{\partial Y}{\partial x},\quad \frac{\partial y}{\partial Y}=\frac{\partial X}{\partial x} \tag{9.105b}$$

在本构方程式 (9.98) 中代入 $\boldsymbol{b}$ 的分量表示 $b_{ij}=\dfrac{\partial x_i}{\partial X_K}\dfrac{\partial x_j}{\partial X_K}$，则有

$$\sigma_{xx}=-p+\mu\left(\left(\frac{\partial x}{\partial X}\right)^2+\left(\frac{\partial x}{\partial Y}\right)^2\right)$$

$$\sigma_{yy} = -p + \mu\left(\left(\frac{\partial y}{\partial X}\right)^2 + \left(\frac{\partial y}{\partial Y}\right)^2\right) \tag{9.106}$$

$$\sigma_{xy} = \mu\left(\frac{\partial x}{\partial X}\frac{\partial y}{\partial X} + \frac{\partial x}{\partial Y}\frac{\partial y}{\partial Y}\right)$$

式 (9.106) 给出的应力分量是物质坐标的函数，但若将它们表示为空间坐标的函数在求解时往往会比较方便，为此，利用前面两个方程消去压力 p，定义平面内的平均应力 $\Sigma = (\sigma_{xx} + \sigma_{yy})/2$，再使用式 (9.105b)，整理得

$$\begin{aligned}
\sigma_{xx} &= \Sigma + \frac{1}{2}\mu\left(\left(\frac{\partial X}{\partial y}\right)^2 + \left(\frac{\partial Y}{\partial y}\right)^2 - \left(\frac{\partial X}{\partial x}\right)^2 - \left(\frac{\partial Y}{\partial x}\right)^2\right)\\
\sigma_{yy} &= \Sigma - \frac{1}{2}\mu\left(\left(\frac{\partial X}{\partial y}\right)^2 + \left(\frac{\partial Y}{\partial y}\right)^2 - \left(\frac{\partial X}{\partial x}\right)^2 - \left(\frac{\partial Y}{\partial x}\right)^2\right)\\
\sigma_{xy} &= -\mu\left(\frac{\partial X}{\partial x}\frac{\partial X}{\partial y} + \frac{\partial Y}{\partial x}\frac{\partial Y}{\partial y}\right)
\end{aligned} \tag{9.107}$$

应力表达式中的平面内平均应力 Σ 以及物质坐标 X 和 Y，都是空间坐标 x 和 y 的未知函数，代入平衡微分方程 $\dfrac{\partial \sigma_{ij}}{\partial x_j} = 0$，就有

$$\frac{\partial \Sigma}{\partial x} = \mu\left(\frac{\partial X}{\partial x}\nabla^2 X + \frac{\partial Y}{\partial x}\nabla^2 Y\right) \tag{9.108a}$$

$$\frac{\partial \Sigma}{\partial y} = \mu\left(\frac{\partial X}{\partial y}\nabla^2 X + \frac{\partial Y}{\partial y}\nabla^2 Y\right) \tag{9.108b}$$

使用式 (9.105b)，将不可压缩条件式 (9.105a) 也表示在当前构形中，有

$$\frac{\partial Y}{\partial y}\frac{\partial X}{\partial x} - \frac{\partial X}{\partial y}\frac{\partial Y}{\partial x} = 1 \tag{9.109}$$

上面两个平衡微分方程和一个不可压缩条件共三个方程，结合边界条件可求解三个未知函数，即平面内平均应力 Σ 以及物质坐标 X 和 Y，注意它们都是空间坐标 x 和 y 的未知函数，这就是一种空间 (Euler) 求解方法。下面针对一个简单的问题进行具体求解分析。

9.8.3　矩形块单向受压 (两个承压面上无侧向变形)

考虑一个如图 9.9 所示矩形橡胶块，通过上、下两个刚性块沿竖向 x 方向进行压缩，刚性块与橡胶块完全黏结，以至于承压面上无垂直于 x 方向的侧向变形，即没有 y 方向的变形，从而 $y = Y$。

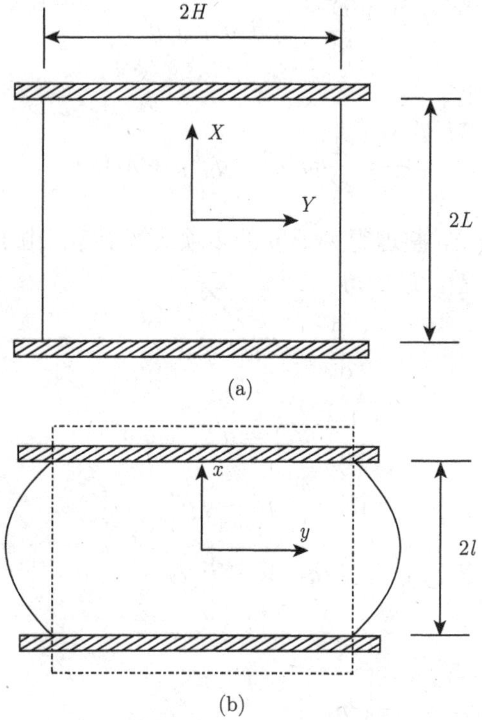

图 9.9 矩形橡胶块，通过两个刚性块沿 x 方向进行压缩，刚性块与橡胶块完全黏结

(a) 初始构形；(b) 当前构形

根据问题的特点，可设与承压面平行的任意面上沿 x 方向的位移一致，即 $x = x\,(X)$，或者

$$X = f(x)$$

代入不可压缩条件式 (9.109)，得

$$f' \frac{\partial Y}{\partial y} = 1 \tag{9.110}$$

这里上标“ $'$ ”代表对 x 求导数，记 $q(x) = [f'(x)]^{-1}$，积分上式得

$$Y = q\,(x)\,y + g(x) \tag{9.111}$$

式中 $g(x)$ 是积分函数。

使用上面给出的 X 和 Y，不可压缩条件已得到满足，而平衡方程式 (9.108a) 可写成

$$\frac{\partial \Sigma}{\partial x} = \mu\left(f'f'' + (q'y + g')\,(q''y + g'')\right) \tag{9.112a}$$

$$\frac{\partial \Sigma}{\partial y}=\mu q\left(q'' y+g''\right) \tag{9.112b}$$

积分上面最后一个方程，得

$$\frac{\Sigma}{\mu}=\frac{1}{2} q q'' y^{2}+q g'' y+M(x) \tag{9.113}$$

将上式代入式 (9.112a)，整理得关于 y 的多项式等于零，由于 y 的任意性，因此，多项式的系数都应为零，最后得

$$\begin{aligned}
&\frac{1}{2} \frac{\mathrm{d}}{\mathrm{d} x}\left(q q''\right)=q' q'' \\
&\frac{\mathrm{d}}{\mathrm{d} x}\left(q g''\right)=g' q''+q' g'' \\
&M'=f' f''+g' g''
\end{aligned} \tag{9.114}$$

上面第一个方程积分给出 $q''=k^{2} q$，其中 k 为常数，再积分这个式子得

$$q=A \mathrm{e}^{k x}+B \mathrm{e}^{-k x}$$

使用第二个式子并结合 $q''=k^{2} q$，得

$$g=C \mathrm{e}^{k x}+D \mathrm{e}^{-k x}$$

上面解中的 A，B，C 和 D 均为积分常数。代入式 (9.110) 和式 (9.111)，作为空间坐标函数的物质坐标 X 和 Y 应是

$$X=\int \frac{\mathrm{d} x}{A \mathrm{e}^{k x}+B \mathrm{e}^{-k x}} \tag{9.115a}$$

$$Y=\left(A \mathrm{e}^{k x}+B \mathrm{e}^{-k x}\right) y+C \mathrm{e}^{k x}+D \mathrm{e}^{-k x} \tag{9.115b}$$

下面通过满足边界条件确定积分常数。假设 $C=D=0$，且 $A=B$，如果该假定使得无论其他参数如何取值边界条件都不能得到满足，说明该假设不合理需要重新假设。在现有假设下解变为

$$X=(k A)^{-1}\left(\tan^{-1}\left(\mathrm{e}^{k x}\right)+G\right) \tag{9.116a}$$

$$Y=2 A y \cosh (k x) \tag{9.116b}$$

坐标原点设在矩形块中心，假定中心所在平面 $X=0$ 固定不动，因此 $x=0$，代入式 (9.116a)，得 $G=-\dfrac{\pi}{4}$。矩形块沿 x 方向的初始长度为 $2L$，在变形后的当

前构形中其长度变为 $2l$，因此，$X=\pm L$，$x=\pm l$。承压面上的已知约束条件应是 $x=\pm l$，$Y=y$，于是得

$$A=\frac{1}{2}\left(\cosh\left(kl\right)\right)^{-1} \tag{9.117}$$

将这些条件代入式 (9.116a) 得

$$kL=2\cosh kl\left(\tan^{-1}\left(\mathrm{e}^{kl}\right)-\frac{\pi}{4}\right) \tag{9.118}$$

从而确定常数 k。

两侧边的边界条件可表述为，在初始构形中 $Y=\pm H$ 的面上无应力 (矢量) 作用，$\boldsymbol{P}\cdot\boldsymbol{N}=0$，写成分量形式就是 $P_{yy}=P_{xy}=0$，该边界条件通过平面内平均应力 $\varSigma$ 中待定函数 $M(x)$ 的确定来满足。然而，严格满足比较困难，放松该边界条件，要求边界面上的合力为零而不是每一点上为零，具体可根据矩形块体的一半 (比如 $y>0$) 在 y 方向上的整体平衡条件给出，考虑到问题的对称性 ($x=0$，$\sigma_{xy}=0$；$y=0$，$\sigma_{yy}(x)=\sigma_{yy}(-x)$)，因此有

$$\int_0^l \sigma_{yy}\bigg|_{y=0}\mathrm{d}x=\int_0^H \sigma_{xy}\bigg|_{x=l}\mathrm{d}y \tag{9.119}$$

将式 (9.116a) 和式 (9.116b) 代入式 (9.106)，并考虑到式 (9.105b) 得应力各分量为

$$\begin{aligned}
\sigma_{xx}&=-p+\mu\frac{\cosh^2\left(kx\right)}{\cosh^2\left(kl\right)}\\
\sigma_{yy}&=-p+\mu\left(ky^2\frac{\sinh^2\left(kx\right)}{\cosh^2\left(kl\right)}+\frac{\cosh^2\left(kl\right)}{\cosh^2\left(kx\right)}\right)\\
\sigma_{xy}&=-\frac{1}{2}\mu ky\frac{\sinh^2\left(2kx\right)}{\cosh^2\left(kl\right)}
\end{aligned} \tag{9.120}$$

将上面的应力解代入整体平衡条件式 (9.119) 可求出压力 p 为

$$p=\frac{1}{4}\frac{\mu kH^2}{l}\frac{\sinh^2\left(2kl\right)}{\cosh^2\left(kl\right)}-\frac{4\mu}{k}\cosh^2\left(kl\right)\tanh^2\left(kl\right) \tag{9.121}$$

9.9 能动量张量与守恒

本节讨论能动量张量的定义和相应的守恒方程，主要参考了 Eshelby(1951，1975) 和 Ogden(1984)。

考察边界表面为 $\varGamma_0$ 的独立区域 $\varOmega_0$，若不考虑体积力作用，使用式 (9.18) 并考虑式 (9.11)，得它因变形产生的总势能为

$$\varPi=\int_{\varOmega_0}W(\boldsymbol{F})\,\mathrm{d}V_0+\int_{\varGamma_0}\phi^t(\boldsymbol{x})\,\mathrm{d}A \tag{9.122}$$

式中 ϕ^t 是定义表面力矢量的势函数。设其中每一点产生的位移改变 $\delta\boldsymbol{\chi}$，考虑到通过类比式 (3.242) 有 $\delta J=J\nabla\cdot(\delta\boldsymbol{\chi})$，并使用式 (2.122)，则由此引起的单位参考体积的应变能改变可写成

$$\begin{aligned}\delta W&=J\delta\left(J^{-1}W\right)+J^{-1}W\delta J=J\nabla\left(J^{-1}W\right)\cdot\delta\boldsymbol{\chi}+W\nabla\cdot(\delta\boldsymbol{\chi})\\&=J\nabla\cdot\left(J^{-1}W\delta\boldsymbol{\chi}\right)\end{aligned} \tag{9.123}$$

使用式 (9.122) 和式 (9.11)，以及上式和散度定理与 Nanson 公式 (3.131)，得总势能的改变是

$$\begin{aligned}\delta\varPi&=\int_{\varOmega_0}\delta W(\boldsymbol{F})\,\mathrm{d}V_0+\int_{\varGamma_0}\frac{\partial\phi^t(\boldsymbol{x})}{\partial\boldsymbol{x}}\cdot\delta\boldsymbol{\chi}\mathrm{d}A\\&=\int_{\varOmega}\nabla\cdot\left(J^{-1}W\delta\boldsymbol{\chi}\right)\mathrm{d}V-\int_{\varGamma_0}\delta\boldsymbol{\chi}\cdot\boldsymbol{t}_0\mathrm{d}A\\&=\int_{\varGamma}\left(J^{-1}W\delta\boldsymbol{\chi}\right)\cdot\boldsymbol{n}\mathrm{d}a-\int_{\varGamma_0}\delta\boldsymbol{\chi}\cdot\boldsymbol{P}\cdot\boldsymbol{N}\mathrm{d}A\\&=\int_{\varGamma_0}\delta\boldsymbol{\chi}\cdot\boldsymbol{F}^{-\mathrm{T}}\cdot\left(W\boldsymbol{I}-\boldsymbol{F}^{\mathrm{T}}\cdot\boldsymbol{P}\right)\cdot\boldsymbol{N}\mathrm{d}A\end{aligned} \tag{9.124}$$

定义

$$\boldsymbol{\varXi}\overset{\text{def}}{=\!=}W\boldsymbol{I}-\boldsymbol{F}^{\mathrm{T}}\cdot\boldsymbol{P}\quad\text{或}\quad\varXi_{KJ}\overset{\text{def}}{=\!=}W\delta_{KJ}-P_{iJ}F_{iK} \tag{9.125}$$

为能动量张量 (Eshelby，1951，1975)，它是非对称张量，使用该定义，总势能改变可写成

$$\delta\varPi(x)=\int_{\varGamma_0}\delta\boldsymbol{\chi}\cdot\boldsymbol{F}^{-\mathrm{T}}\cdot\boldsymbol{\varXi}\cdot\boldsymbol{N}\mathrm{d}A \tag{9.126}$$

若取 $\delta\boldsymbol{\chi}=\boldsymbol{F}^{\mathrm{T}}\cdot\delta\boldsymbol{\eta}$，则总势能改变又可写成

$$\delta\varPi(\boldsymbol{x})=\int_{\varGamma_0}\delta\boldsymbol{\eta}\cdot\boldsymbol{\varXi}\cdot\boldsymbol{N}\mathrm{d}A \tag{9.127}$$

在平衡状态 $\delta\varPi=0$ 下，有趣的是上式与表面力在位移 $\delta\boldsymbol{\eta}$ 上所做的功 $\int_{\varGamma_0}\delta\boldsymbol{\eta}\cdot\boldsymbol{P}\cdot\boldsymbol{N}\mathrm{d}A$ 具有相同形式，所以说，能动量张量具有力的意义。

使用两个 P-K 应力的关系式 (5.129)，能动量张量可写成

$$\boldsymbol{\varXi}=-(\boldsymbol{C}\cdot\boldsymbol{S}-W\boldsymbol{I}) \tag{9.128}$$

式中 $\boldsymbol{C}\cdot\boldsymbol{S}$ 是 Kirchhoff 应力 $\boldsymbol{\tau}$ 采用 $\boldsymbol{F}^{\mathrm{T}}\cdot(\ )\cdot\boldsymbol{F}^{-\mathrm{T}}$ 的方式后拉所得应力，见式 (6.33)。有文献将 $\boldsymbol{\Xi}$ 称作为 Eshelby 应力，而将 $\boldsymbol{C}\cdot\boldsymbol{S}$ 称为 Eshelby 相似应力，因它与 $\boldsymbol{\Xi}$ 相差球形部分 $W\boldsymbol{I}$ 和一个符号，$\boldsymbol{C}\cdot\boldsymbol{S}$ 也称 Mandel 应力。注意：在各向同性的情况下，$\boldsymbol{S}$ 与 $\boldsymbol{C}$ 或 $\boldsymbol{U}$ 共主轴，见 8.1.2 节，根据式 (2.240)，Eshelby 相似应力 $\boldsymbol{C}\cdot\boldsymbol{S}$ 为对称张量，因此，能动量张量也对称。进一步地有，$\boldsymbol{C}\cdot\boldsymbol{S}$ 与共旋的 Kirchhoff 应力相等，因为当 $\boldsymbol{S}$ 与 $\boldsymbol{C}$ 或 $\boldsymbol{U}$ 共主轴时，根据式 (2.240)，$\boldsymbol{C}$ 或 $\boldsymbol{U}$ 与 $\boldsymbol{S}$ 的点积顺序可交换，即

$$\boldsymbol{C}\cdot\boldsymbol{S}=\boldsymbol{S}\cdot\boldsymbol{C}=(\boldsymbol{C}\cdot\boldsymbol{S})^{\mathrm{T}} \tag{9.129}$$

从而

$$\begin{aligned}\boldsymbol{C}\cdot\boldsymbol{S}&=\boldsymbol{U}^2\cdot\boldsymbol{S}=\boldsymbol{U}\cdot\boldsymbol{S}\cdot\boldsymbol{U}\\&=\boldsymbol{R}^{\mathrm{T}}\cdot\boldsymbol{F}\cdot\boldsymbol{S}\cdot\boldsymbol{F}^{\mathrm{T}}\cdot\boldsymbol{R}=\boldsymbol{R}^{\mathrm{T}}\cdot\boldsymbol{\tau}\cdot\boldsymbol{R}=\hat{\boldsymbol{\tau}}\end{aligned} \tag{9.130}$$

对于超弹性体，下面将导出结构上与力的平衡 (运动) 方程 (5.110) 完全相同的如下方程

$$\boldsymbol{\Xi}\cdot\nabla_0-\rho_0\boldsymbol{F}^{\mathrm{T}}\cdot\boldsymbol{f}=0\quad\text{或}\quad\frac{\partial\boldsymbol{\Xi}_{KJ}}{\partial X_J}-\rho_0 f_i F_{iK}=0 \tag{9.131}$$

应用本构关系式 (8.52) 和通过求偏导可以交换顺序而得到的下式

$$\frac{\partial F_{iJ}}{\partial X_K}=\frac{1}{\partial X_K}\left(\frac{\partial x_i}{\partial X_J}\right)=\frac{1}{\partial X_J}\left(\frac{\partial x_i}{\partial X_K}\right)=\frac{\partial F_{iK}}{\partial X_J} \tag{9.132}$$

可导出

$$\frac{\partial}{\partial X_J}(W\delta_{KJ})=\frac{\partial W}{\partial X_K}=\frac{\partial W}{\partial F_{iJ}}\frac{\partial F_{iJ}}{\partial X_K}=P_{iJ}\frac{\partial F_{iJ}}{\partial X_K}=P_{iJ}\frac{\partial F_{iK}}{\partial X_J} \tag{9.133a}$$

$$\frac{\partial}{\partial X_J}(P_{iJ}F_{iK})=\frac{\partial P_{iJ}}{\partial X_J}F_{iK}+P_{iJ}\frac{\partial F_{iK}}{\partial X_J} \tag{9.133b}$$

将式 (9.133a) 与式 (9.133b) 的左右两边对应相减,并使用平衡 (运动) 方程 (5.110)，得式 (9.131)。

在参考构形中，考察物体内的子区域 Ω_0，其边界表面为 Γ_0，将式 (9.131) 作为被积函数在该区域内进行体积积分，并结合散度定理，得

$$\int_{\Gamma_0}\boldsymbol{\Xi}\cdot\boldsymbol{N}\mathrm{d}A-\int_{\Omega_0}\rho_0\boldsymbol{F}^{\mathrm{T}}\cdot\boldsymbol{f}\mathrm{d}V_0=0 \tag{9.134}$$

其结构与力的整体平衡方程

$$\int_{\Gamma_0}\boldsymbol{P}\cdot\boldsymbol{N}\mathrm{d}A+\int_{\Omega_0}\rho_0\boldsymbol{f}\mathrm{d}V_0=0 \tag{9.135}$$

相同。

下面进一步讨论能动量张量的意义。边界表面为 Γ_0 的子区域 Ω_0，变形后边界表面变为 Γ，子区域变为 Ω，总势能由 (9.122) 给出，在参考构形中，考察另外一个子区域 Ω_0'，其边界为 Γ_0'，相应地，其总的势能为

$$\Pi'(\boldsymbol{X}) = \int_{\Omega_0'} W(\boldsymbol{F})\,\mathrm{d}V_0 + \int_{\Gamma_0'} \phi^t(\boldsymbol{x})\,\mathrm{d}A \tag{9.136}$$

如果子区域 Ω_0' 不同于子区域 Ω_0，仅是一个均匀的微小位置移动 $\delta\boldsymbol{\eta}$，那么，$\Pi'(\boldsymbol{x})$ 的计算可通过在边界为 Γ_0 的子区域 Ω_0 上进行，只要将其中被积函数中 $\boldsymbol{X}$ 使用 $\boldsymbol{X}-\delta\boldsymbol{\eta}$ 代替即可，因为当 $\boldsymbol{X}-\delta\boldsymbol{\eta}$ 在边界为 Γ_0 的子区域 Ω_0 变化时，$\boldsymbol{X}$ 则在边界为 Γ_0' 的子区域 Ω_0' 变化

$$\Pi'(\boldsymbol{X}) = \int_{\Omega_0} W(\boldsymbol{F}(\boldsymbol{X}-\delta\boldsymbol{\eta}))\,\mathrm{d}V_0 + \int_{\Gamma_0} \phi^t(\boldsymbol{x}(\boldsymbol{X}-\delta\boldsymbol{\eta}))\,\mathrm{d}A \tag{9.137}$$

进行线性化有

$$W(\boldsymbol{F}(\boldsymbol{X}-\delta\boldsymbol{\eta})) = W(\boldsymbol{F}(\boldsymbol{X})) - \delta\boldsymbol{\eta}\cdot\nabla_0 W(\boldsymbol{F}(\boldsymbol{X})) \tag{9.138a}$$

$$\phi^t(\boldsymbol{x}(\boldsymbol{X}-\delta\boldsymbol{\eta})) = \phi^t(\boldsymbol{x}(\boldsymbol{X})) - \delta\boldsymbol{\eta}\cdot\nabla_0\phi^t(\boldsymbol{x}(\boldsymbol{X})) \tag{9.138b}$$

由此引起的误差应是 $O(|\delta\boldsymbol{\eta}|^2)$，因此，两个子区域的总势能差应为

$$\Pi'(\boldsymbol{x}) - \Pi(\boldsymbol{x}) = -\int_{\Omega_0} \delta\boldsymbol{\eta}\cdot\nabla_0 W(\boldsymbol{F})\,\mathrm{d}V_0 - \int_{\Gamma_0} \delta\boldsymbol{\eta}\cdot\nabla_0\phi^t(\boldsymbol{x})\,\mathrm{d}A \tag{9.139}$$

根据式 (9.11) 与第一 P-K 应力的定义式，得

$$\nabla_0\phi^t(\boldsymbol{x}) = \boldsymbol{F}^{\mathrm{T}}\cdot\nabla\phi^t(\boldsymbol{x}) = -\boldsymbol{F}^{\mathrm{T}}\cdot\boldsymbol{t}_0 = -\boldsymbol{F}^{\mathrm{T}}\cdot\boldsymbol{P}\cdot\boldsymbol{N} \tag{9.140}$$

将上式代入式 (9.139)，考虑到 $\delta\boldsymbol{\eta}$ 是均匀的，可移到积分号外面，使用定理式 (2.141) 将其右边的第一个积分转化为面积分，再结合能动量张量的定义式 (9.125)，得

$$\Pi'(\boldsymbol{x}) - \Pi(\boldsymbol{x}) = -\delta\boldsymbol{\eta}\cdot\boldsymbol{\mathcal{N}} \tag{9.141}$$

式中 $\boldsymbol{\mathcal{N}}$ 是一矢量，定义为

$$\boldsymbol{\mathcal{N}} \overset{\text{def}}{=\!=} \int_{\Gamma_0} \boldsymbol{\Xi}\cdot\boldsymbol{N}\mathrm{d}A \tag{9.142}$$

比较式 (9.141) 与式 (9.127) 可知，$\Pi'(\boldsymbol{x}) - \Pi(\boldsymbol{x}) = -\delta\Pi$，根据极值原理，$\delta\Pi = 0$，因此

$$\boldsymbol{\mathcal{N}} = 0$$

或者，使用式 (9.134)，当不考虑体积力时，也可得到上式。注意：区域 Ω_0 必须是单连通的，没有内部表面，也没有 $\boldsymbol{\Xi}$ 的奇异点存在，但是，如果区域 Ω_0 包含了物体的一个内部边界表面 Γ^{int} 在内，比如物体内部存在一个空洞或裂纹等缺陷的情况，上面的积分一般不为零，而且，对于物体中包含 Γ^{int} 在内的任意闭合面 Γ_0，若两个面之间没有任意的其他内部边界表面和奇异性，则 $\boldsymbol{\mathcal{N}} \neq \mathbf{0}$ 可通过内部边界表面 Γ^{int} 上的积分得到

$$\boldsymbol{\mathcal{N}} = \int_{\Gamma^{\text{int}}} \boldsymbol{\Xi} \cdot \boldsymbol{N} \mathrm{d}A \tag{9.143}$$

Eshelby(1975) 通过一个假想试验对上式及 $\boldsymbol{\mathcal{N}}$ 的表达式给出了清晰的物理解释。在参考构形中，考察物体受一定边界条件作用的系统 A，设物体内部子区域 Ω_0 的表面为 Γ_0，该子区域内部包含有一个内部边界表面或者奇异点，设想从物体中将表面 Γ_0 内的物质挖出并丢弃，如图 9.10(a) 所示，为阻止变形恢复，需要在物体留下来的空洞边界表面 Γ_0 上施加表面力；再考察完全相同的系统 B，即系统 A 的复制品，设想将表面 Γ_0' 内的物质从中挖出，在挖出后的物质边界 Γ_0' 上施加表面力以阻止变形恢复，要求表面 Γ_0' 的形状与表面 Γ_0 的完全一致，只是相对表面 Γ_0 产生了均匀的位置移动 $-\delta\boldsymbol{\eta}$；最后，将从系统 B 中挖出的物质放回到原来的系统 A 中。那么，这样所得到的系统 A 与初始时的不同就在于内部表面或奇异点发生位移 $\delta\boldsymbol{\eta}$。

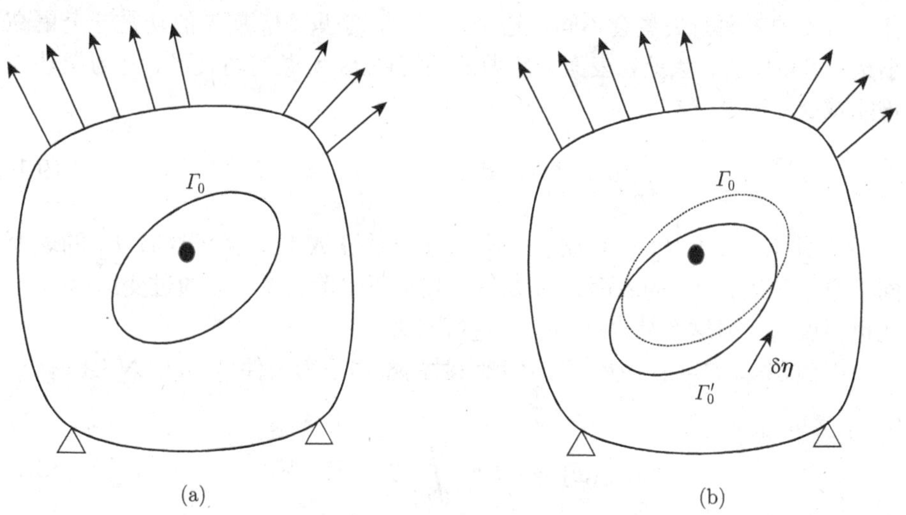

图 9.10 能动量张量解释

(a) 系统 A；(b) 系统 B(Γ_0' 与 Γ_0 的形状完全一致)

下面讨论在这个过程中系统 A 的能量改变，它由两部分组成：

(1) 表面 $\varGamma_0'$ 与 $\varGamma_0$ 内物体的能量差，如图 9.10(b) 所示，它等于表面 $\varGamma_0'$ 与 $\varGamma_0$ 之间下方月牙形区域的能量减去上方月牙形区域的能量，这两个区域的体积元均可表示为 $-\delta\boldsymbol{\eta}\cdot\boldsymbol{N}\mathrm{d}A$ (注意 $\boldsymbol{N}$ 是表面 $\varGamma_0$ 的外法线)，因此为

$$\Delta\varPi^{\mathrm{A}}(\boldsymbol{x}) = -\int_{\varGamma_0} W\delta\boldsymbol{\eta}\cdot\boldsymbol{N}\mathrm{d}A = -\delta\boldsymbol{\eta}\cdot\int_{\varGamma_0} W\boldsymbol{N}\mathrm{d}A \tag{9.144}$$

(2) 边界表面 $\varGamma_0'$ 与 $\varGamma_0$ 上相对应位置的位移分别用 $\boldsymbol{u}'$ 和 $\boldsymbol{u}$ 表示，它们不相等，因此，在将挖出的边界 $\varGamma_0'$ 内物质放回到原来的系统 A 中时，就必须使 $\varGamma_0'$ 上的位移从 $\boldsymbol{u}'$ 变化到 $\boldsymbol{u}$，在该过程中，边界 $\varGamma_0'$ 上的表面力矢量 $\boldsymbol{t}_0'$ 也会随之改变，并且要做功，从而构成能量改变的第二部分。对应位置点的位移差应为

$$\delta\boldsymbol{u} = \boldsymbol{u}' - \boldsymbol{u} = -\delta\boldsymbol{\eta}\cdot\boldsymbol{A}^{\mathrm{T}} \tag{9.145}$$

这里 $\boldsymbol{A}$ 是表面 $\varGamma_0$ 上该对应点的位移梯度，若表面 $\varGamma_0$ 上各点的表面力矢量为 $\boldsymbol{t}_0 = \boldsymbol{P}\cdot\boldsymbol{N}$，因位移差的存在，$\varGamma_0'$ 上对应点的表面力矢量 $\boldsymbol{t}_0'$ 应与之不同，但仅相差一个 $|\delta\boldsymbol{\eta}|^2$ 量级的小量，即

$$\delta\boldsymbol{t}_0 = \boldsymbol{t}_0' - \boldsymbol{t}_0 = O\left(|\delta\boldsymbol{\eta}|^2\right) \tag{9.146}$$

该小量在位移从 $\boldsymbol{u}'$ 变化到 $\boldsymbol{u}$ 的过程中不断变化，但最终不会回到 0，即 $\boldsymbol{t}_0'$ 不会变化到 $\boldsymbol{t}_0$，因为 $\varGamma_0'$ 内与 $\varGamma_0$ 内的缺陷所处的相对位置不同，对应点达到相同的位移，所需的表面力矢量会不同。这个过程中，小量 $\delta\boldsymbol{t}_0$ 所做的功是一个更高一阶小量，可以略去，因此，表面力所做的功可由 $\boldsymbol{t}_0$ 所做的功表示。外力做功使得总势能减少，于是就有

$$\Delta\varPi^{B}(\boldsymbol{x}) = -\int_{\varGamma_0} \delta\boldsymbol{u}\cdot\boldsymbol{P}\cdot\boldsymbol{N}\mathrm{d}A = \delta\boldsymbol{\eta}\cdot\int_{\varGamma_0} \boldsymbol{A}^{\mathrm{T}}\cdot\boldsymbol{P}\cdot\boldsymbol{N}\mathrm{d}A \tag{9.147}$$

还需要说明：当边界 $\varGamma_0'$ 内物质放回到原来的系统 A 后，由于这时 $\varGamma_0'$ 的表面力不同于原系统边界 $\varGamma_0$ 的表面力即 $\boldsymbol{t}_0$，力处于不平衡状态，须通过变形达到平衡，因此也要做功，但这个功也是高阶小量可略去。

考虑到 $\boldsymbol{A} = \boldsymbol{F} - \boldsymbol{I}$ 以及不计体积力时的整体平衡条件 $\displaystyle\int_{\varGamma_0} \boldsymbol{P}\cdot\boldsymbol{N}\mathrm{d}A = 0$，式 (9.147) 又可写为

$$\Delta\varPi^{\mathrm{B}}(\boldsymbol{x}) = -\delta\boldsymbol{\eta}\cdot\int_{\varGamma_0} \boldsymbol{F}^{\mathrm{T}}\cdot\boldsymbol{P}\cdot\boldsymbol{N}\mathrm{d}A \tag{9.148}$$

将这两部分能量加起来就得到式 (9.141)。

前面已述，最后得到的系统与初始时不同仅在于内部表面或奇异点发生位移 $\delta\boldsymbol{\eta}$，这说明：$\varPi' - \varPi$ 是因此而引起的能量减少或者释放，所以 $\boldsymbol{\mathcal{N}}$ 是周围物体作用在它上面的有效力。

这个概念的二维形式在断裂力学中有非常有用的应用，在那里缺陷就是裂纹，裂纹一端可以穿过表面 $\varGamma_0$ (在二维的情况下 $\varGamma_0$ 退化为曲线)，而另外一端在表面 $\varGamma_0$ 内，设 X_1 轴沿裂纹方向，那么，按照式 (9.143)，$\boldsymbol{\mathcal{N}}_1$ 应为

$$\boldsymbol{\mathcal{N}}_1 = \int_{\varGamma_0} \varXi_{1j} N_j \mathrm{d}A = \int_{\varGamma_0} \left(W N_1 - \frac{\partial u_i}{\partial X_1} P_{ij} N_j \right) \mathrm{d}A \tag{9.149}$$

它就是裂纹沿 X_1 轴方向即裂纹方向扩展的能量释放率 G 或是 J 积分。

第 10 章 弹性增量变形

大变形弹性力学问题是非线性问题，除极少数问题 (如第 9 章讨论的问题) 可以采用解析方法进行直接求解分析外，绝大多数问题需要借助数值方法，这涉及一个重要的数学过程——线性化，所谓线性化就是将载荷分成许多个增量载荷逐步施加，针对每一个当前平衡状态施加的微小增量载荷建立微小增量变形、微小增量应变和微小增量应力所满足的增量线性方程，或者说，将一个非线性问题转化为许多线性问题进行分析。本章首先讨论本构方程的线性化即增量形式或率形式的本构方程及其在不变量空间中的表示。一些分析尤其是大变形弹塑性分析中，为简单起见，也直接采用小变形弹性的弹性张量，建立客观应力率和变形率的率(增量) 线性本构关系，它们往往是不可积分的，存在能量耗散，所以被称为次弹性，本章对这类本构方程和它的可积性以及隐含在里面的材料对称性进行了详细讨论。最后讨论了增量形式的运动方程、增量形式的虚位移原理和增量形式的最小势能原理。

10.1 本构方程的增量 (率) 形式

10.1.1 物质弹性张量

下面首先针对 Cauchy 弹性材料进行讨论。对使用第二 P-K 应力 $\boldsymbol{S}$ 和 Green 应变 $\boldsymbol{E}$ 描述的本构方程一般表达式进行线性化

$$\mathrm{D}\boldsymbol{S}\left(\boldsymbol{E}\right)\left[\mathrm{D}\boldsymbol{E}\left(\boldsymbol{x}\right)\left[\boldsymbol{u}\right]\right] = \mathbb{C} : \mathrm{D}\boldsymbol{E}\left(\boldsymbol{x}\right)\left[\boldsymbol{u}\right]$$

式中 $\mathrm{D}\boldsymbol{E}\left(\boldsymbol{x}\right)\left[\boldsymbol{u}\right]$ 为 Green 应变增量，它是由在当前构形 $\boldsymbol{x}$ 的基础上产生微小位移增量 $\boldsymbol{u}$ 引起的；$\mathbb{C}$ 是 $\boldsymbol{S}$ 相对 $\boldsymbol{E}$ 的四阶梯度张量，称为物质弹性张量

$$\mathbb{C} \stackrel{\mathrm{def}}{=\!=} \frac{\partial \boldsymbol{S}}{\partial \boldsymbol{E}} \quad 或 \quad \mathbb{C}_{IJKL} = \frac{\partial S_{IJ}}{\partial E_{KL}} \tag{10.1}$$

注意：

(1) 因本构方程的描述都是针对物质点而言的，为简便起见并与后面记法一致，将应变增量 $\mathrm{D}\boldsymbol{E}(\boldsymbol{x})[\boldsymbol{u}]$ 简记为 $\delta\boldsymbol{E}$，应力增量 $\mathrm{D}\boldsymbol{S}(\boldsymbol{E})[\mathrm{D}\boldsymbol{E}(\boldsymbol{x})[\boldsymbol{u}]]$ 改记为 $\delta\boldsymbol{S}$，于是，线性化表示记作

$$\delta\boldsymbol{S} = \mathbb{C} : \delta\boldsymbol{E} \tag{10.2}$$

由于应力增量和应变增量都可以用时间率表示为

$$\delta \boldsymbol{S} = \dot{\boldsymbol{S}}\delta t, \quad \delta \boldsymbol{E} = \dot{\boldsymbol{E}}\delta t \tag{10.3}$$

因此，线性化本构方程等价地写成下面率形式

$$\dot{\boldsymbol{S}} = \mathbb{C} : \dot{\boldsymbol{E}} \tag{10.4}$$

(2) 这里的线性化是相对当前的 Green 应变 $\boldsymbol{E}$ 进行，若相对参考构形 ($\boldsymbol{E}=0$) 进行，即 $\mathrm{D}\boldsymbol{S}(\mathbf{0})[\mathrm{D}\boldsymbol{E}(\boldsymbol{X})[\boldsymbol{u}]]$，则所得四阶梯度张量就是小变形线弹性的弹性张量。

(3) 8.1 节中的弹性张量如式 (8.29) 和式 (8.39)，它们联系应力与应变，为割线模量，而这里的弹性张量，联系应力率 (增量) 与应变率 (增量)，为切线模量，当应力与应变关系为线性时，两者相等。后面所提到的弹性张量均为切线模量。

(4) 由于第二 P-K 应力 $\boldsymbol{S}$ 和 Green 应变 $\boldsymbol{E}$ 为对称张量，因此，物质弹性张量具有次对称性

$$\mathbb{C}_{IJKL} = \mathbb{C}_{JIKL} = \mathbb{C}_{IJLK}$$

对于 Cauchy 材料，使用各向同性下的式 (8.20)，横观各向同性下的式 (8.26) 以及正交各向异性下的式 (8.37)，所得物质弹性张量一般都不满足主对称性。然而，对于超弹性材料，使用式 (8.64)，并考虑到 $2\boldsymbol{E} = \boldsymbol{C} - \boldsymbol{I}$，则有

$$\mathbb{C} = 2\frac{\partial \boldsymbol{S}}{\partial \boldsymbol{C}} = 4\frac{\partial^2 W}{\partial \boldsymbol{C}\partial \boldsymbol{C}} \quad 或 \quad \mathbb{C}_{IJKL} = 2\frac{\partial S_{IJ}}{\partial C_{KL}} = 4\frac{\partial^2 W}{\partial C_{IJ}\partial C_{KL}} \tag{10.5}$$

求偏导可以交换顺序，因而具有主对称性

$$\mathbb{C}_{IJKL} = \mathbb{C}_{KLIJ}$$

10.1.2 空间弹性张量

求 Kirchhoff 应力 $\boldsymbol{\tau}$ 的物质时间导数，有

$$\dot{\boldsymbol{\tau}} = \frac{\partial \boldsymbol{\tau}}{\partial \boldsymbol{b}} : \dot{\boldsymbol{b}} \tag{10.6}$$

前面分析已指出 $\boldsymbol{\tau}$ 和 $\boldsymbol{b}$ 的时间率不客观，因此，上式不能直接使用，需要将它写成客观率形式。第 8 章已讨论，为满足标架无差异原理，$\boldsymbol{\tau}$ 必须是 $\boldsymbol{b}$ 的各向同性函数，根据式 (7.162)，上式可写成共旋客观率的形式

$$\boldsymbol{\tau}^{\nabla} = \frac{\partial \boldsymbol{\tau}}{\partial \boldsymbol{b}} : \boldsymbol{b}^{\nabla} \tag{10.7}$$

式中 “∇” 代表任意的共旋客观率。下面将证明：

式 (10.7) 以共旋客观率给出的本构方程总是可以使用 Kirchhoff 应力的 Jaumman 率 $\boldsymbol{\tau}^{\nabla J}$ 和变形率 $\boldsymbol{d}$ 表示为

$$\boldsymbol{\tau}^{\nabla J} = \boldsymbol{\mathcal{C}}^{\tau\mathcal{J}} : \boldsymbol{d} \tag{10.8}$$

式中

$$\boldsymbol{\mathcal{C}}^{\tau\mathcal{J}} = \frac{\partial \boldsymbol{\tau}}{\partial \boldsymbol{b}} : (\boldsymbol{b} \boxtimes \boldsymbol{I} + \boldsymbol{I} \boxtimes \boldsymbol{b}) \tag{10.9}$$

是空间弹性张量，对于超弹性它是

$$\boldsymbol{\mathcal{C}}^{\tau\mathcal{J}} = 2\frac{\partial}{\partial \boldsymbol{b}}\left(\frac{\partial W}{\partial \boldsymbol{b}} \cdot \boldsymbol{b}\right) : (\boldsymbol{b} \boxtimes \boldsymbol{I} + \boldsymbol{I} \boxtimes \boldsymbol{b}) \tag{10.10}$$

证明 考虑到 $\boldsymbol{b}$ 的物质时间导数式 (4.66)，则有 $\boldsymbol{b}$ 的任意共旋率可写成

$$\boldsymbol{b}^{\nabla} = \dot{\boldsymbol{b}} - \boldsymbol{\Omega} \cdot \boldsymbol{b} - \boldsymbol{b} \cdot \boldsymbol{\Omega}^{\mathrm{T}} = \boldsymbol{d} \cdot \boldsymbol{b} + \boldsymbol{b} \cdot \boldsymbol{d} - (\boldsymbol{\Omega} - \boldsymbol{w}) \cdot \boldsymbol{b} - \boldsymbol{b} \cdot (\boldsymbol{\Omega} - \boldsymbol{w})^{\mathrm{T}} \tag{10.11}$$

按照式 (6.83) 的定义，Kirchhoff 应力的 Jaumman 率 $\boldsymbol{\tau}^{\nabla J}$ 是

$$\boldsymbol{\tau}^{\nabla J} = \dot{\boldsymbol{\tau}} - \boldsymbol{w} \cdot \boldsymbol{\tau} - \boldsymbol{\tau} \cdot \boldsymbol{w}^{\mathrm{T}}$$

则 $\boldsymbol{\tau}$ 的任意共旋率可使用 Jaumann 率表示为

$$\boldsymbol{\tau}^{\nabla} = \dot{\boldsymbol{\tau}} - \boldsymbol{\Omega} \cdot \boldsymbol{\tau} - \boldsymbol{\tau} \cdot \boldsymbol{\Omega}^{\mathrm{T}} = \boldsymbol{\tau}^{\nabla J} - (\boldsymbol{\Omega} - \boldsymbol{w}) \cdot \boldsymbol{\tau} - \boldsymbol{\tau} \cdot (\boldsymbol{\Omega} - \boldsymbol{w})^{\mathrm{T}} \tag{10.12}$$

在式 (7.154) 中，使用 $\boldsymbol{\tau}$，$\boldsymbol{b}$ 和 $-(\boldsymbol{\Omega} - \boldsymbol{w})$ 分别替换其中的 $\boldsymbol{T}$，$\boldsymbol{A}$ 和 $\boldsymbol{\Omega}$，得

$$-(\boldsymbol{\Omega} - \boldsymbol{w}) \cdot \boldsymbol{\tau} - \boldsymbol{\tau} \cdot (\boldsymbol{\Omega} - \boldsymbol{w})^{\mathrm{T}} = \frac{\partial \boldsymbol{\tau}}{\partial \boldsymbol{b}} : \left[-(\boldsymbol{\Omega} - \boldsymbol{w}) \cdot \boldsymbol{b} - \boldsymbol{b} \cdot (\boldsymbol{\Omega} - \boldsymbol{w})^{\mathrm{T}}\right]$$

将式 (10.11) 和式 (10.12) 代入式 (10.7) 并考虑到上式，则式 (10.7) 可表示成

$$\boldsymbol{\tau}^{\nabla J} = \frac{\partial \boldsymbol{\tau}}{\partial \boldsymbol{b}} : (\boldsymbol{d} \cdot \boldsymbol{b} + \boldsymbol{b} \cdot \boldsymbol{d}) \tag{10.13}$$

从而得式 (10.8) 和式 (10.9)，在式 (10.9) 中使用式 (8.82)，得式 (10.10)。♦♦

若以对数应变表示的本构方程式 (8.90) 为基础，采用导出式 (10.7) 的方法，将其中的旋率取为对数率，即 $\boldsymbol{\Omega} = \boldsymbol{\Omega}^{\log}$，并考虑到式 (4.113)，得

$$\boldsymbol{\tau}^{\log} = \frac{\partial \boldsymbol{\tau}}{\partial \boldsymbol{h}} : \boldsymbol{h}^{\log} = \frac{\partial \boldsymbol{\tau}}{\partial \boldsymbol{h}} : \boldsymbol{d} \tag{10.14}$$

对于超弹性材料

$$\boldsymbol{\tau}^{\log} = \frac{\partial^2 W}{\partial \boldsymbol{h} \partial \boldsymbol{h}} : \boldsymbol{d} \tag{10.15}$$

使用空间应力张量和空间变形张量建立的本构关系，为满足标架无差异原理，必须为各向同性，因此，建立空间率形式本构方程更一般的方法是，将参考构形建立的物质率形式 $\dot{\boldsymbol{S}} = \mathbb{C} : \dot{\boldsymbol{E}}$ 前推到当前构形，下面详细讨论。

第二 P-K 应力率 $\dot{\boldsymbol{S}}$ 逆变型前推到当前构形就是 Kirchhoff 应力的 Lie 导数，见式 (6.90)，而 $\dot{\boldsymbol{E}}$ 可看作 $\boldsymbol{d}$ 的协变型后拉，见式 (4.61)，借助式 (1.302) 和式 (1.308)，它们可表示为

$$\mathcal{L}_\nu \boldsymbol{\tau} = (\boldsymbol{F} \boxtimes \boldsymbol{F}) : \dot{\boldsymbol{S}}, \quad \dot{\boldsymbol{E}} = (\boldsymbol{F} \boxtimes \boldsymbol{F})^{\mathrm{T}} : \boldsymbol{d}$$

将 $\dot{\boldsymbol{S}} = \mathbb{C} : \dot{\boldsymbol{E}}$ 两边双点积 $\boldsymbol{F} \boxtimes \boldsymbol{F}$，使用上式得空间描述下的率形式为

$$\mathcal{L}_\nu \boldsymbol{\tau} = \boldsymbol{\mathcal{C}}^\tau : \boldsymbol{d} \tag{10.16}$$

式中

$$\boldsymbol{\mathcal{C}}^\tau = \boldsymbol{F} \boxtimes \boldsymbol{F} : \mathbb{C} : (\boldsymbol{F} \boxtimes \boldsymbol{F})^{\mathrm{T}} \tag{10.17}$$

是空间弹性张量，使用式 (1.302) 和式 (1.308)

$$\begin{aligned}
\boldsymbol{\mathcal{C}}^\tau &= \mathbb{C}_{IJKL} (\boldsymbol{F} \boxtimes \boldsymbol{F}) : (\boldsymbol{e}_I \otimes \boldsymbol{e}_J) \otimes (\boldsymbol{e}_K \otimes \boldsymbol{e}_L) : (\boldsymbol{F} \boxtimes \boldsymbol{F})^{\mathrm{T}} \\
&= \mathbb{C}_{IJKL} \left(\boldsymbol{F} \cdot \boldsymbol{e}_I \otimes \boldsymbol{e}_J \cdot \boldsymbol{F}^{\mathrm{T}}\right) \otimes \left(\boldsymbol{F} \cdot \boldsymbol{e}_K \otimes \boldsymbol{e}_L \cdot \boldsymbol{F}^{\mathrm{T}}\right) \\
&= \mathbb{C}_{IJKL} \boldsymbol{F} \cdot \boldsymbol{e}_I \otimes \boldsymbol{F} \cdot \boldsymbol{e}_J \otimes \boldsymbol{F} \cdot \boldsymbol{e}_K \otimes \boldsymbol{F} \cdot \boldsymbol{e}_L \\
&= F_{iI} F_{jJ} F_{kK} F_{lL} \mathbb{C}_{IJKL} \boldsymbol{e}_i \otimes \boldsymbol{e}_j \otimes \boldsymbol{e}_k \otimes \boldsymbol{e}_l
\end{aligned} \tag{10.18}$$

就是将物质弹性张量 $\mathbb{C}$ 中的每一个基矢量分别使用 $\boldsymbol{F}$ 点积，其分量是

$$\mathcal{C}^\tau_{ijkl} = F_{iI} F_{jJ} F_{kK} F_{lL} \mathbb{C}_{IJKL} \tag{10.19}$$

Belytschko 等 (2000) 称 $\boldsymbol{\mathcal{C}}^\tau$ 为第四弹性张量，而将物质弹性张量 $\mathbb{C}$ 称为第二弹性张量，后面的两点弹性张量称为第一弹性张量。一般来说，$\boldsymbol{\mathcal{C}}^\tau$ 不同于式 (10.9) 或式 (10.10) 导出的 $\boldsymbol{\mathcal{C}}^{\tau\mathcal{J}}$。

考虑到式 (6.90) $J\boldsymbol{\sigma}^{\nabla T} = \mathcal{L}_\nu \boldsymbol{\tau}$，因此，空间形式的本构方程又可表示为

$$\boldsymbol{\sigma}^{\nabla T} = \boldsymbol{\mathcal{C}}^{\sigma\mathcal{T}} : \boldsymbol{d}, \quad \boldsymbol{\mathcal{C}}^{\sigma\mathcal{T}} = J^{-1} \boldsymbol{\mathcal{C}}^\tau \tag{10.20}$$

在一些实际应用中，对于 $\boldsymbol{\mathcal{C}}^\tau$，经常直接取简单的张量表达形式，比如常张量，而不是式 (10.17)，这种处理虽然简单，但并不能保证材料的超弹性，关于这一点在 10.4 节还有详细说明。

10.1.3 两点弹性张量

下面对使用第一 P-K 应力 $\boldsymbol{P}$ 和变形梯度 $\boldsymbol{F}$ 描述的超弹性本构方程进行线性化，对式 (8.52) 求物质时间导数，有

$$\dot{\boldsymbol{P}} = \frac{\partial \boldsymbol{P}}{\partial \boldsymbol{F}} : \dot{\boldsymbol{F}} = \frac{\partial^2 W}{\partial \boldsymbol{F} \partial \boldsymbol{F}} : \dot{\boldsymbol{F}} = \mathbb{A} : \dot{\boldsymbol{F}} \tag{10.21}$$

式中

$$\mathbb{A} \xlongequal{\text{def}} \frac{\partial \boldsymbol{P}}{\partial \boldsymbol{F}} = \frac{\partial^2 W}{\partial \boldsymbol{F} \partial \boldsymbol{F}}, \tag{10.22}$$

是两点弹性张量，Belytschho 等 (2000) 称之为第一弹性张量，写成分量形式是

$$\mathbb{A}_{iJkL} = \frac{\partial P_{iJ}}{\partial F_{kL}} = \frac{\partial^2 W}{\partial F_{iJ} \partial F_{kL}}$$

它具有主对称性，$\mathbb{A}_{iJkL} = \mathbb{A}_{kLiJ}$，但不具有次对称性，此外，它并不是真正的弹性张量，因为它与刚体转动有关。

两个 P-K 应力之间有 $\dot{\boldsymbol{P}} = \boldsymbol{F} \cdot \dot{\boldsymbol{S}} + \dot{\boldsymbol{F}} \cdot \boldsymbol{S}$，将 $\dot{\boldsymbol{S}} = \mathbb{C} : \dot{\boldsymbol{E}}$ 代入并考虑到 $2\dot{\boldsymbol{E}} = \dot{\boldsymbol{F}}^{\mathrm{T}} \cdot \boldsymbol{F} + \boldsymbol{F}^{\mathrm{T}} \cdot \dot{\boldsymbol{F}}$，结合 $\mathbb{C}$ 的次对称性 $\mathbb{C}_{PJQL} = \mathbb{C}_{PJLQ}$，写成分量的形式，得

$$\begin{aligned}
\dot{P}_{iJ} &= F_{iP} \mathbb{C}_{PJQL} \frac{1}{2} \left(\dot{F}_{kQ} F_{kL} + F_{kQ} \dot{F}_{kL} \right) + \dot{F}_{iL} S_{LJ} \\
&= \frac{1}{2} F_{iP} \left(\mathbb{C}_{PJLQ} \dot{F}_{kL} F_{kQ} + \mathbb{C}_{PJQL} F_{kQ} \dot{F}_{kL} \right) + \dot{F}_{iL} S_{LJ} \\
&= \left(F_{iP} F_{kQ} \mathbb{C}_{PJQL} + S_{JL} \delta_{ik} \right) \dot{F}_{kL} = \mathbb{A}_{iJkL} \dot{F}_{kL}
\end{aligned} \tag{10.23}$$

从而有第一弹性张量

$$\mathbb{A}_{iJkL} = F_{iP} F_{kQ} \mathbb{C}_{PJQL} + S_{JL} \delta_{ik} \tag{10.24}$$

其中，第一项是由应力率引起的，取决于材料的本构响应，在有限元分析中，它给出材料刚度；而第二项则涉及应力的状态和变形几何，它给出几何刚度。

10.1.4 瞬时弹性张量

以当前构形作为参考构形，采用第一 P-K 应力 $\boldsymbol{P}_t$ 建立率形式本构方程，可将它表示为

$$\dot{\boldsymbol{P}}_t = \boldsymbol{\mathcal{A}} : \dot{\boldsymbol{F}}_t \tag{10.25}$$

式中相对当前构形的变形梯度 $\boldsymbol{F}_t = \boldsymbol{I}$，它的率就是速度梯度 $\boldsymbol{l}$，见式 (4.80)，$\boldsymbol{\mathcal{A}}$ 是相对当前构形的第一弹性张量，称为瞬时弹性张量，也称第三弹性张量。

下面讨论 $\boldsymbol{\mathcal{A}}$ 和 $\mathbb{A}$ 的关系。将式 (5.219a) 代入式 (10.25)，并考虑到 $\dot{\boldsymbol{P}} = \mathbb{A} : \dot{\boldsymbol{F}}$ 和 $\dot{\boldsymbol{F}}_t = \boldsymbol{l} = \dot{\boldsymbol{F}} \cdot \boldsymbol{F}^{-1}$，得

$$J^{-1}\left(\mathbb{A} : \dot{\boldsymbol{F}}\right) \cdot \boldsymbol{F}^{\mathrm{T}} = \boldsymbol{\mathcal{A}} : \left(\dot{\boldsymbol{F}} \cdot \boldsymbol{F}^{-1}\right) \tag{10.26}$$

写成分量形式

$$J^{-1}\mathbb{A}_{iMkN}\dot{F}_{kN}F^{\mathrm{T}}_{Mj} = \mathcal{A}_{ijkl}\dot{F}_{kN}F^{-1}_{Nl}$$

因此有

$$\mathcal{A}_{ijkl} = J^{-1}F_{jM}\mathbb{A}_{iMkN}F_{lN} \tag{10.27}$$

对于超弹性材料，前面指出 $\mathbb{A}$ 具有主对称性，根据上式，$\boldsymbol{\mathcal{A}}$ 也应具有主对称性。将式 (10.24) 代入，从而有

$$\mathcal{A}_{ijkl} = J^{-1}\left(F_{iP}F_{jM}F_{kQ}F_{lN}\mathbb{C}_{PMQN} + F_{jM}F_{lN}S_{MN}\delta_{ik}\right) \tag{10.28}$$

使用式 (10.20) 和式 (10.17)，以及式 (5.127)，上式变为

$$\mathcal{A}_{ijkl} = \mathcal{C}^{\sigma\mathcal{T}}_{ijkl} + \sigma_{jl}\delta_{ik} \quad 或者 \quad \boldsymbol{\mathcal{A}} = \boldsymbol{\mathcal{C}}^{\sigma\mathcal{T}} + \boldsymbol{I} \boxtimes \boldsymbol{\sigma} \tag{10.29}$$

使用第二 P-K 应力 $\boldsymbol{S}_t$ 和 Green 应变 $\boldsymbol{E}_t$ 表示的率形式本构方程可以很容易得到。相对当前构形，$\boldsymbol{E}_t$ 的物质时间导数就是变形率 $\boldsymbol{d}$，见式 (4.82)，而 $\boldsymbol{S}_t$ 的物质时间导数就是 $\boldsymbol{\sigma}^{\nabla T}$，见式 (6.98)，因此，根据式 (10.20) 应有

$$\dot{\boldsymbol{S}}_t = \boldsymbol{\mathcal{C}}^{\sigma\mathcal{T}} : \dot{\boldsymbol{E}}_t \tag{10.30}$$

所以，$\boldsymbol{\mathcal{C}}^{\sigma\mathcal{T}}$ 可以理解为相对当前构形的线性化弹性张量。

10.2 弹性张量的表示

10.1 节已说明本构方程线性化后的增量表示与时间率形式表示等价，为直接起见，本节以下均采用增量表示。为讨论问题方便，将应力 (应变) 增量分解为两部分之和，一部分代表其主值单独变化引起的，用上标 A 表示，而另一部分代表其主轴单独变化 (即转动) 引起的，用上标 B 表示，从而有

$$\delta\boldsymbol{S} = \delta^{\mathrm{A}}\boldsymbol{S} + \delta^{\mathrm{B}}\boldsymbol{S}, \quad \delta\boldsymbol{E} = \delta^{\mathrm{A}}\boldsymbol{E} + \delta^{\mathrm{B}}\boldsymbol{E} \tag{10.31}$$

分解的第一部分属于一个共主轴的张量子空间 $\mathscr{T}_1$，而第二部分属于一个由三个基张量 $\boldsymbol{N}_i \otimes \boldsymbol{N}_j + \boldsymbol{N}_j \otimes \boldsymbol{N}_i (i, j = 1, 2, 3;\ i < j)$ 确定的张量子空间 $\mathscr{T}_2$，见 1.6.3 节和 2.4 节，子空间 $\mathscr{T}_1$ 和子空间 $\mathscr{T}_2$ 相互正交，从而分解的两部分相互正交

$$\delta^{\mathrm{A}}\boldsymbol{S} : \delta^{\mathrm{B}}\boldsymbol{S} = 0, \quad \delta^{\mathrm{A}}\boldsymbol{E} : \delta^{\mathrm{B}}\boldsymbol{E} = 0 \tag{10.32}$$

下面将表明：闭合形式的四阶弹性切线张量 $\mathbb{C}$ 也可分解为两部分之和，这两部分分别是子空间 $\mathscr{T}_1$ 和 $\mathscr{T}_2$ 上的线性变换，分别代表由应变主值和主轴单独变化所引起的，具体地说，$\mathbb{C}$ 的一部分将 $\delta^{\mathrm{A}}\boldsymbol{E}$ 变换为 $\delta^{\mathrm{A}}\boldsymbol{S}$，另一部分将 $\delta^{\mathrm{B}}\boldsymbol{E}$ 变换为 $\delta^{\mathrm{B}}\boldsymbol{S}$ (Chen et al., 2012)。它们的表达式将分别相对 8.3.1 节定义的直角 (主轴) 坐标系和柱坐标系给出。

10.2.1　相对固定的主轴坐标系 $\boldsymbol{A}_i$

应力增量的两部分相对特征基的表达式，通过类比伸长张量的时间率式 (4.90)，可分别写为

$$\delta^{\mathrm{A}}\boldsymbol{S}=\sum_{I=1}^{3}\delta S_I\boldsymbol{N}_I\otimes\boldsymbol{N}_I=\sum_{I=1}^{3}\delta S_I\boldsymbol{A}_I \tag{10.33a}$$

$$\delta^{\mathrm{B}}\boldsymbol{S}=\sum_{I=1}^{3}\sum_{J\neq I}^{3}\left(S_J-S_I\right)\varOmega_{IJ}^{\mathrm{Lag}}\delta t\boldsymbol{N}_I\otimes\boldsymbol{N}_J \tag{10.33b}$$

对应变增量可以得到相似的表达式，只需要将其中的 $\boldsymbol{S}$ 替换成 $\boldsymbol{E}$ 即可

$$\delta^{\mathrm{A}}\boldsymbol{E}=\sum_{I=1}^{3}\delta E_I\boldsymbol{A}_I,\quad \delta^{\mathrm{B}}\boldsymbol{E}=\sum_{I=1}^{3}\sum_{J\neq I}^{3}\left(E_J-E_I\right)\varOmega_{IJ}^{\mathrm{Lag}}\delta t\boldsymbol{N}_I\otimes\boldsymbol{N}_J \tag{10.34}$$

在各向同性的情况下，三个应力主值应分别是三个应变主值的函数，考虑到 $\boldsymbol{A}_K:\boldsymbol{A}_J=\delta_{KJ}$ 和微分算子的定义式 (8.177)，则应力三个主值的增量可写成

$$\delta S_I=\sum_{J=1}^{3}\frac{\partial S_I}{\partial E_J}\delta E_J=\sum_{K=1}^{3}\boldsymbol{A}_K\frac{\partial S_I}{\partial E_K}:\sum_{J=1}^{3}\delta E_J\boldsymbol{A}_J=\nabla_E S_I:\delta^{\mathrm{A}}\boldsymbol{E}\quad (I=1,2,3) \tag{10.35}$$

代入式 (10.33a)，就有

$$\delta^{\mathrm{A}}\boldsymbol{S}=\mathbb{C}^{\mathrm{A}}:\delta^{\mathrm{A}}\boldsymbol{E} \tag{10.36}$$

式中四阶张量为

$$\mathbb{C}^{\mathrm{A}}=\boldsymbol{A}_1\otimes\nabla_E S_1+\boldsymbol{A}_2\otimes\nabla_E S_2+\boldsymbol{A}_3\otimes\nabla_E S_3=\boldsymbol{S}\otimes\nabla_E \tag{10.37}$$

反映了主轴固定情况下应力相对应变的改变。对于超弹性材料，将式 (8.176) 代入上式得

$$\mathbb{C}^{\mathrm{A}}=\boldsymbol{S}\otimes\nabla_E=(\nabla_E W)\otimes\nabla_E=\nabla_E\otimes\nabla_E W \tag{10.38}$$

考虑到式 (8.177)，上式可写成

$$\begin{aligned}\mathbb{C}^{\mathrm{A}} &= \sum_{I=1}^{3}\sum_{J=1}^{3}\frac{\partial S_I}{\partial E_J}\boldsymbol{A}_I\otimes\boldsymbol{A}_J = \sum_{I=1}^{3}\sum_{J=1}^{3}\frac{\partial^2 W}{\partial E_I\partial E_J}\boldsymbol{A}_I\otimes\boldsymbol{A}_J \\ &= \sum_{I=1}^{3}\sum_{J=1}^{3}C_{IJ}^{\mathrm{A}}\boldsymbol{A}_I\otimes\boldsymbol{A}_J = \{\boldsymbol{B}_A\}^{\mathrm{T}}\left[C^{\mathrm{A}}\right]\{\otimes\boldsymbol{B}_A\}\end{aligned} \tag{10.39}$$

式中矩阵

$$\left[C^{\mathrm{A}}\right] = \left[\frac{\partial S_I}{\partial E_J}\right] = \left[\frac{\partial^2 W}{\partial E_I\partial E_J}\right] \tag{10.40}$$

当将基张量 $\boldsymbol{A}_I(I=1,2,3)$ 看作矢量时，$\mathbb{C}^{\mathrm{A}}$ 可看作是二阶张量，其相对坐标“基矢量” $\boldsymbol{A}_I$ 的分量就是 C_{IJ}^{A}。式 (10.39) 中引入了如下记法，这在后面还会用到

$$\{\otimes\boldsymbol{B}_A\} = \{\otimes\boldsymbol{A}_1 \quad \otimes\boldsymbol{A}_2 \quad \otimes\boldsymbol{A}_3\}^{\mathrm{T}} \tag{10.41}$$

至于弹性张量中反映主轴变化的部分，对比式 (10.33b) 的 $\delta^{\mathrm{B}}\boldsymbol{S}$ 和式 (10.34) 的 $\delta^{\mathrm{B}}\boldsymbol{E}$，有

$$\delta^{\mathrm{B}}\boldsymbol{S} = \mathbb{C}^{\mathrm{B}} : \delta^{\mathrm{B}}\boldsymbol{E} \tag{10.42}$$

式中

$$\mathbb{C}^{\mathrm{B}} = \frac{1}{2}\sum_{I=1}^{3}\sum_{J\neq I}^{3}\frac{S_J - S_I}{E_J - E_I}\boldsymbol{N}_I\otimes\boldsymbol{N}_J\otimes(\boldsymbol{N}_I\otimes\boldsymbol{N}_J + \boldsymbol{N}_J\otimes\boldsymbol{N}_I) \tag{10.43}$$

对 $\mathbb{C}^{\mathrm{B}}$ 的最后两个指标进行了对称化处理。当两个主伸长相等，比如 $\lambda_I = \lambda_J$，则 $E_I = E_J$，上式的分母为零，但是有下列极限成立

$$\lim_{\lambda_J\to\lambda_I}\frac{S_J - S_I}{E_J - E_I} = \frac{\partial}{\partial E_I}(S_J - S_I) \quad (I, J\ \text{不求和}) \tag{10.44}$$

因此，系数并不是奇异。根据 $\boldsymbol{A}_I(I=1,2,3)$ 的定义和运算符号“$\boxtimes$”与“$\overline{\boxtimes}$”的规定，见式 (1.302) 和式 (1.309)，前面的 $\mathbb{C}^{\mathrm{B}}$ 又可表达为

$$\mathbb{C}^{\mathrm{B}} = \frac{1}{2}\sum_{I=1}^{3}\sum_{J\neq I}^{3}\frac{S_J - S_I}{E_J - E_I}\left(\boldsymbol{A}_I\boxtimes\boldsymbol{A}_J + \boldsymbol{A}_I\,\overline{\boxtimes}\,\boldsymbol{A}_J\right) \tag{10.45}$$

利用上面的表达式，很容易导出下面的正交性

$$\mathbb{C}^{\mathrm{A}} : \delta^{\mathrm{B}}\boldsymbol{E} = 0, \quad \mathbb{C}^{\mathrm{B}} : \delta^{A}\boldsymbol{E} = 0 \tag{10.46}$$

说明四阶张量 $\mathbb{C}^{\mathrm{A}}$ 和 $\mathbb{C}^{\mathrm{B}}$ 分别是子空间 $\mathscr{T}_1$ 和 $\mathscr{T}_2$ 上的线性变换。于是，增量本构关系可表达为

$$\delta\boldsymbol{S} = \mathbb{C}^{\mathrm{A}} : \delta^{\mathrm{A}}\boldsymbol{E} + \mathbb{C}^{\mathrm{B}} : \delta^{\mathrm{B}}\boldsymbol{E} = \mathbb{C} : \delta\boldsymbol{E} \tag{10.47}$$

四阶弹性张量为

$$
\begin{aligned}
\mathbb{C} = \mathbb{C}^{\mathrm{A}} + \mathbb{C}^{\mathrm{B}} &= \{\boldsymbol{B}_A\}^{\mathrm{T}} \left[C^{\mathrm{A}}\right] \{\otimes \boldsymbol{B}_A\} \\
&+ \frac{1}{2} \sum_{I=1}^{3} \sum_{J \neq I}^{3} \frac{S_J - S_I}{E_J - E_I} \left(\boldsymbol{A}_I \boxtimes \boldsymbol{A}_J + \boldsymbol{A}_I \overline{\boxtimes} \boldsymbol{A}_J\right)
\end{aligned} \tag{10.48}
$$

类似于式 (4.173) 及其后面的分析可知，$\mathbb{C}$ 的三个特征张量和相应的特征值是

$$
\frac{1}{\sqrt{2}} \left(\boldsymbol{N}_I \otimes \boldsymbol{N}_J + \boldsymbol{N}_J \otimes \boldsymbol{N}_I\right), \quad \frac{S_J - S_I}{E_J - E_I} \quad (I, J = 1, 2, 3;\ J > I)
$$

这三个特征张量位于子空间 $\mathscr{T}_2$ 中，另外三个特征张量就是矩阵 $\left[C^{\mathrm{A}}\right]$ 的三个特征矢量对应的张量值，位于子空间 $\mathscr{T}_1$ (主空间) 中。

利用上面的结果还可得，对于 $\boldsymbol{E}$ (或 $\boldsymbol{S}$) 的任意各向同性二阶张量值函数 $\boldsymbol{E}$ 和任意的旋率 $\boldsymbol{\Omega}$，有

$$
\mathbb{C}^{\mathrm{A}} : \left(\boldsymbol{\Omega} \cdot \boldsymbol{E} + \boldsymbol{E} \cdot \boldsymbol{\Omega}^{\mathrm{T}}\right) = \mathbf{0}, \quad \mathbb{C}^{\mathrm{B}} : \boldsymbol{E} = \mathbf{0} \tag{10.49}
$$

因 $\boldsymbol{E}$ 与 $\delta^{\mathrm{A}} \boldsymbol{E}$ 共主轴，是子空间 $\mathscr{T}_1$ 中的张量，上式中的第二式显而易见。至于第一式，使用式 (1.207) 可知，对称张量 $\boldsymbol{\Omega} \cdot \boldsymbol{E} + \boldsymbol{E} \cdot \boldsymbol{\Omega}^{\mathrm{T}}$ 与 $\boldsymbol{E}$ 正交，是子空间 $\mathscr{T}_2$ 中的张量，从而式 (10.49) 的第一式成立。式 (10.49) 的两个等式在后面建立弹塑性本构关系的具体表达式中很有用。

例题 10.1 求物质对数应变 $\boldsymbol{H}$ 相对右 Cauchy-Green 变形张量 $\boldsymbol{C}$ 的偏导数

$$
\mathbb{H} = \frac{\partial \boldsymbol{H}}{\partial \boldsymbol{C}} \tag{10.50}
$$

解 考虑到 $\boldsymbol{H}$ 的主值是 $\ln \lambda_i$，而 $\boldsymbol{C}$ 的主值是 λ_i^2，它们的特征基是 $\boldsymbol{A}_i = \boldsymbol{N}_i \otimes \boldsymbol{N}_i (i = 1, 2, 3; i$ 不求和)，使用式 (10.39) 和式 (10.45)，得

$$
\mathbb{H} = \mathbb{H}^{\mathrm{A}} + \mathbb{H}^{\mathrm{B}}
$$

$$
\mathbb{H}^{\mathrm{A}} = \sum_{i=1}^{3} \sum_{j=1}^{3} \frac{\partial \left(\ln \lambda_j\right)}{\partial \left(\lambda_i^2\right)} \boldsymbol{A}_i \otimes \boldsymbol{A}_j = \sum_{i=1}^{3} \frac{1}{2\lambda_i^2} \boldsymbol{A}_i \otimes \boldsymbol{A}_i
$$

$$
\mathbb{H}^{\mathrm{B}} = \sum_{i=1}^{3} \sum_{j \neq i}^{3} \frac{1}{2} \frac{\ln \lambda_j - \ln \lambda_i}{\left(\lambda_j^2 - \lambda_i^2\right)} \left(\boldsymbol{A}_i \boxtimes \boldsymbol{A}_j + \boldsymbol{A}_i \overline{\boxtimes} \boldsymbol{A}_j\right)
$$

考虑到 $\boldsymbol{A}_i \boxtimes \boldsymbol{A}_i = \boldsymbol{A}_i \otimes \boldsymbol{A}_i$ $(i = 1, 2, 3; i$ 不求和) 以及极限

$$
\lim_{\lambda_j \to \lambda_i} \frac{\ln \lambda_j - \ln \lambda_i}{\lambda_j^2 - \lambda_i^2} = \frac{1}{2\lambda_i^2} \tag{10.51}
$$

所以有

$$\mathbb{H}=\sum_{i=1}^{3}\sum_{j=1}^{3}\frac{1}{2}\frac{\ln\lambda_j-\ln\lambda_i}{\left(\lambda_j^2-\lambda_i^2\right)}\left(\boldsymbol{A}_i\boxtimes\boldsymbol{A}_j+\boldsymbol{A}_i\,\overline{\boxtimes}\,\boldsymbol{A}_j\right)\tag{10.52}$$

注意上式后一个指标求和运算中包含有 $j=i$，而 $\mathbb{H}^{\mathrm{B}}$ 的求和运算中 $j\neq i$。

10.2.2 相对柱坐标系 $\boldsymbol{\Lambda}$, $\boldsymbol{\Phi}$, $\boldsymbol{Z}$

8.4 节定义了主空间中的柱坐标。在柱坐标下，式 (10.38) 仍然有效，将柱坐标下的微分算子，见式 (B.66) 和式 (B.67)，代入进行运算得

$$\mathbb{C}^{\mathrm{A}}=\{\boldsymbol{B}_{\boldsymbol{\Phi}}\}^{\mathrm{T}}\left[\hat{C}^{\mathrm{A}}\right]\{\otimes\boldsymbol{B}_{\boldsymbol{\Phi}}\}\tag{10.53}$$

对于超弹性材料，参考式 (B.67)，本构矩阵为

$$\left[\hat{C}^{\mathrm{A}}\right]=\begin{bmatrix}\dfrac{\partial^2 W}{\partial^2 b} & \dfrac{\partial}{\partial b}\left(\dfrac{1}{b}\dfrac{\partial W}{\partial\varphi}\right) & \dfrac{\partial^2 W}{\partial b\partial a}\\ \dfrac{\partial}{\partial b}\left(\dfrac{1}{b}\dfrac{\partial W}{\partial\varphi}\right) & \dfrac{1}{b}\dfrac{\partial}{\partial\varphi}\left(\dfrac{1}{b}\dfrac{\partial W}{\partial\varphi}\right)+\dfrac{1}{b}\dfrac{\partial W}{\partial b} & \dfrac{1}{b}\dfrac{\partial^2 W}{\partial\varphi\partial a}\\ \dfrac{\partial^2 W}{\partial b\partial a} & \dfrac{1}{b}\dfrac{\partial^2 W}{\partial\varphi\partial a} & \dfrac{\partial^2 W}{\partial^2 a}\end{bmatrix}\tag{10.54}$$

它与固定坐标下式 (10.40) 给出的本构矩阵之间的关系可通过式 (8.157) 定义的坐标变换得到。

下面求第二部分 $\mathbb{C}^{\mathrm{B}}$。使用式 (8.160)，得仅因主轴转动而引起的改变 $\delta^{\mathrm{B}}\boldsymbol{S}$ 可写成

$$\delta^{\mathrm{B}}\boldsymbol{S}=S_1^{\Phi}\delta^{\mathrm{B}}\boldsymbol{\Lambda}+S_2^{\Phi}\delta^{\mathrm{B}}\boldsymbol{\Phi}\tag{10.55}$$

对表达式 $\boldsymbol{E}=a\boldsymbol{Z}+b\boldsymbol{\Lambda}$ 和 $\boldsymbol{\Phi}$ 的定义式 (8.149) 分别取增量运算但保持主值不变，则

$$b\delta^{\mathrm{B}}\boldsymbol{\Lambda}=\delta^{\mathrm{B}}\boldsymbol{E}\tag{10.56a}$$

$$\delta^{\mathrm{B}}\boldsymbol{\Phi}=\left[-\tan3\varphi\mathbb{I}-\frac{3\sqrt{2}}{2\cos3\varphi}\left(\boldsymbol{Z}\boxtimes\boldsymbol{\Lambda}+\boldsymbol{\Lambda}\boxtimes\boldsymbol{Z}+\boldsymbol{Z}\,\overline{\boxtimes}\,\boldsymbol{\Lambda}+\boldsymbol{\Lambda}\,\overline{\boxtimes}\,\boldsymbol{Z}\right)\right]:\delta^{\mathrm{B}}\boldsymbol{\Lambda}\tag{10.56b}$$

注意：上式中将 $\boldsymbol{Z}\boxtimes\boldsymbol{\Lambda}+\boldsymbol{\Lambda}\boxtimes\boldsymbol{Z}$ 的后两个指标进行了对称化处理，后面还会有相同的处理。将上式代入式 (10.55)，得

$$\delta^{\mathrm{B}}\boldsymbol{S}=\mathbb{C}^{\mathrm{B1}}:\delta^{\mathrm{B}}\boldsymbol{E}\tag{10.57}$$

式中

$$\mathbb{C}^{\mathrm{B1}}=\xi_1\mathbb{I}+\frac{1}{2}\xi_2\left(\boldsymbol{Z}\boxtimes\boldsymbol{\Lambda}+\boldsymbol{\Lambda}\boxtimes\boldsymbol{Z}+\boldsymbol{Z}\,\overline{\boxtimes}\,\boldsymbol{\Lambda}+\boldsymbol{\Lambda}\,\overline{\boxtimes}\,\boldsymbol{Z}\right)\tag{10.58a}$$

$$\xi_1 = \frac{1}{b}\left(S_1^{\Phi} - S_2^{\Phi}\tan 3\varphi\right), \quad \xi_2 = -\frac{3\sqrt{2}S_2^{\Phi}}{b\cos 3\varphi} \tag{10.58b}$$

$\mathbb{C}^{\mathrm{B1}}$ 与 $\delta^{\mathrm{A}}\boldsymbol{E}$ 不正交,因而与式 (10.45) 中的 $\mathbb{C}^{\mathrm{B}}$ 并不等价。实际上,在式 (10.58a) 中使用定义式 (8.152) 和式 (8.151),就能够以 $\boldsymbol{A}_i$ 作为基张量将 $\mathbb{C}^{\mathrm{B1}}$ 分解为两部分(即子空间 $\mathscr{T}_1$ 和 $\mathscr{T}_2$ 上的线性变换) 之和,考虑到当 $I=J$ 时 $\boldsymbol{A}_I \boxtimes \boldsymbol{A}_J = \boldsymbol{A}_I \otimes \boldsymbol{A}_J$,则有

$$\mathbb{C}^{\mathrm{B1}} = \mathbb{C}^{\mathrm{B2}} + \mathbb{C}^{\mathrm{B12}} \tag{10.59}$$

式中

$$\begin{aligned}\mathbb{C}^{\mathrm{B2}} =& \left(\xi_1 + \frac{2\sqrt{2}}{3}\xi_2\sin\left(\varphi + \frac{2\pi}{3}\right)\right)\boldsymbol{A}_1\otimes\boldsymbol{A}_1 + \left(\xi_1 + \frac{2\sqrt{2}}{3}\xi_2\sin\varphi\right)\boldsymbol{A}_2\otimes\boldsymbol{A}_2 \\ &+ \left(\xi_1 + \frac{2\sqrt{2}}{3}\xi_2\sin\left(\varphi - \frac{2\pi}{3}\right)\right)\boldsymbol{A}_3\otimes\boldsymbol{A}_3\end{aligned} \tag{10.60}$$

是子空间 $\mathscr{T}_1$ 上的线性变换，而 $\mathbb{C}^{\mathrm{B12}} = \mathbb{C}^{\mathrm{B1}} - \mathbb{C}^{\mathrm{B2}}$ 必然具有如下的张量结构

$$\mathbb{C}^{\mathrm{B12}} = \sum_{I=1}^{3}\sum_{J\neq I}^{3}\hat{C}_{IJ}^{\mathrm{B12}}\left(\boldsymbol{A}_I \boxtimes \boldsymbol{A}_J + \boldsymbol{A}_I \overline{\boxtimes}\, \boldsymbol{A}_J\right) \tag{10.61}$$

它与以 $\boldsymbol{A}_i$ 为基的主空间正交，因而与 $\mathscr{T}_1$ 正交，结合起来有

$$\mathbb{C}^{\mathrm{B2}} : \delta^{\mathrm{B}}\boldsymbol{E} = \boldsymbol{0} \quad 或 \quad \mathbb{C}^{\mathrm{B1}} : \delta^{\mathrm{B}}\boldsymbol{E} = \mathbb{C}^{\mathrm{B12}} : \delta^{\mathrm{B}}\boldsymbol{E} \quad 及 \quad \mathbb{C}^{\mathrm{B12}} : \delta^{\mathrm{A}}\boldsymbol{E} = \boldsymbol{0} \tag{10.62}$$

因此，$\mathbb{C}^{\mathrm{B12}}$ 是子空间 $\mathscr{T}_2$ 上的线性变换，与式 (10.45) 中的 $\mathbb{C}^{\mathrm{B}}$ 等价，即

$$\mathbb{C}^{\mathrm{B12}} = \mathbb{C}^{\mathrm{B}}$$

使用式 (8.157)，将 $\mathbb{C}^{\mathrm{B2}}$ 变换为使用基 $\boldsymbol{\varLambda}$，$\boldsymbol{\varPhi}$，$\boldsymbol{Z}$ 表示，为

$$\mathbb{C}^{\mathrm{B2}} = \{\boldsymbol{B}_{\boldsymbol{\varPhi}}\}^{\mathrm{T}}\left[\hat{C}^{\mathrm{B2}}\right]\{\otimes\boldsymbol{B}_{\boldsymbol{\varPhi}}\} \tag{10.63}$$

其中矩阵为

$$\left[\hat{C}^{\mathrm{B2}}\right] = \begin{bmatrix} \xi_1 - \dfrac{\sqrt{2}\xi_2}{3}\sin 3\varphi & -\dfrac{\sqrt{2}\xi_2}{3}\cos 3\varphi & \dfrac{2}{3}\xi_2 \\ & \xi_1 + \dfrac{\sqrt{2}\xi_2}{3}\sin 3\varphi & 0 \\ \mathrm{sym} & & \xi_1 \end{bmatrix} \tag{10.64}$$

上面将 $\mathbb{C}^{\mathrm{B1}}$ 以 $\boldsymbol{A}_i$ 作为基张量分解为两部分，然后，通过坐标变换得到 $\mathbb{C}^{\mathrm{B2}}$ 使用基 $\boldsymbol{\Lambda}$，$\boldsymbol{\Phi}$，$\boldsymbol{Z}$ 的表示，实际上，也可根据 $\mathbb{C}^{\mathrm{B12}}:\delta^{\mathrm{A}}\boldsymbol{E}=\left(\mathbb{C}^{\mathrm{B1}}-\mathbb{C}^{\mathrm{B2}}\right):\delta^{\mathrm{A}}\boldsymbol{E}=\boldsymbol{0}$ 直接导出 $\mathbb{C}^{\mathrm{B2}}$ 的表示 (Chen et al., 2012)。

最终得弹性张量的紧凑表达式为

$$\begin{aligned}\mathbb{C}&=\mathbb{C}^{\mathrm{A}}+\mathbb{C}^{\mathrm{B1}}-\mathbb{C}^{\mathrm{B2}}\\&=\{\boldsymbol{B}_{\boldsymbol{\Phi}}\}^{\mathrm{T}}\left[\hat{C}^{\mathrm{A}}-\hat{C}^{\mathrm{B2}}\right]\{\otimes\boldsymbol{B}_{\boldsymbol{\Phi}}\}+\xi_1\mathbb{I}+\frac{1}{2}\xi_2\left(\boldsymbol{Z}\boxtimes\boldsymbol{\Lambda}+\boldsymbol{\Lambda}\boxtimes\boldsymbol{Z}+\boldsymbol{Z}\,\overline{\boxtimes}\,\boldsymbol{\Lambda}+\boldsymbol{\Lambda}\,\overline{\boxtimes}\,\boldsymbol{Z}\right)\end{aligned} \tag{10.65}$$

如果上式中的基张量 $\boldsymbol{\Lambda}$，$\boldsymbol{\Phi}$，$\boldsymbol{Z}$ 通过坐标变换关系式 (8.157) 使用基张量 $\boldsymbol{X}$，$\boldsymbol{Y}$，$\boldsymbol{Z}$ 表示，即进行坐标变换，可得 $\mathbb{C}$ 使用坐标 $\boldsymbol{X}$，$\boldsymbol{Y}$，$\boldsymbol{Z}$ 的表达式。

使用 $\boldsymbol{\Lambda}$, $\boldsymbol{\Phi}$, $\boldsymbol{Z}$ 表示弹性张量，可避免求主轴的工作，仅一个张量 $\boldsymbol{\Phi}$ 需要通过简单的张量运算导出，而且，主轴表示下弹性张量的简单形式 (Bowen and Wang, 1970；Chadwick and Ogden，1971) 完整地保留下来。

例题 10.2 求 8.2.1 节介绍的 St. Venant-Kirchhoff 模型的切线模量。

解 储能函数式 (8.76) 使用本节定义的不变量可表示为

$$W=\frac{3}{2}Ka^2+\mu b^2 \tag{10.66}$$

式中 $K=\lambda+\dfrac{2}{3}\mu=\dfrac{2\mu(1+\nu)}{3(1-2\nu)}$ (ν 是泊松比) 是体积模量。式 (10.54) 中的矩阵变为对角矩阵

$$\left[\hat{C}^{\mathrm{A}}\right]=\begin{bmatrix}2\mu&0&0\\0&2\mu&0\\0&0&3K\end{bmatrix} \tag{10.67}$$

使用式 (10.58b) 并结合式 (8.172)，则有 $\xi_1=2\mu$，$\xi_2=0$，从而式 (10.64) 中的矩阵简化为

$$\left[\hat{C}^{\mathrm{B2}}\right]=2\mu\begin{bmatrix}1&0&0\\0&1&0\\0&0&1\end{bmatrix} \tag{10.68}$$

代入式 (10.65)，得弹性张量为

$$\mathbb{C}=3K\boldsymbol{Z}\otimes\boldsymbol{Z}+2\mu(\mathbb{I}-\boldsymbol{Z}\otimes\boldsymbol{Z}) \tag{10.69}$$

其中，张量 $\mathbb{I}-\boldsymbol{Z}\otimes\boldsymbol{Z}$ 就是式 (8.126) 所定义的四阶投影张量。

10.2.3　弹性张量的逆

四阶弹性张量 $\mathbb{C}$ 的逆就是柔度张量，使用 $\mathbb{D}$ 表示，应满足

$$\mathbb{D}:\mathbb{C}=\mathbb{I} \tag{10.70}$$

同 $\mathbb{C}$ 一样，$\mathbb{D}$ 应是 Green 应变张量 $\boldsymbol{E}$ 的四阶各向同性张量值函数，且满足指标对称性

$$\mathbb{D}_{IJKL}=\mathbb{D}_{JIKL}=\mathbb{D}_{IJLK}=\mathbb{D}_{KLIJ} \tag{10.71}$$

同样也可将 $\mathbb{D}$ 分解为子空间 $\mathscr{T}_1$ 和 $\mathscr{T}_2$ 上的线性变换之和，即

$$\mathbb{D}=\mathbb{D}^{\mathrm{A}}+\mathbb{D}^{\mathrm{B}} \tag{10.72}$$

使用张量逆的定义和正交条件有

$$\delta\boldsymbol{E}=\mathbb{D}:\delta\boldsymbol{S}=\mathbb{D}:\mathbb{C}:\delta\boldsymbol{E}=\mathbb{D}^{\mathrm{A}}:\mathbb{C}^{\mathrm{A}}:\delta^{\mathrm{A}}\boldsymbol{E}+\mathbb{D}^{\mathrm{B}}:\mathbb{C}^{\mathrm{B}}:\delta^{\mathrm{B}}\boldsymbol{E}$$

上式右边中的第一项属于 $\mathscr{T}_1$，第二项属于 $\mathscr{T}_2$，因此，可以写

$$\mathbb{D}^{\mathrm{A}}:\mathbb{C}^{\mathrm{A}}:\delta^{\mathrm{A}}\boldsymbol{E}=\delta^{\mathrm{A}}\boldsymbol{E} \tag{10.73a}$$

$$\mathbb{D}^{\mathrm{B}}:\mathbb{C}^{\mathrm{B}}:\delta^{\mathrm{B}}\boldsymbol{E}=\delta^{\mathrm{B}}\boldsymbol{E} \tag{10.73b}$$

上面两式说明：$\mathbb{D}^{\mathrm{A}}$ 是子空间 $\mathscr{T}_1$ (主空间) 中 $\mathbb{C}^{\mathrm{A}}$ 的逆，而 $\mathbb{D}^{\mathrm{B}}$ 是子空间 $\mathscr{T}_2$ 中 $\mathbb{C}^{\mathrm{B}}$ 的逆。

在固定坐标系下，结合特征张量的正交性，因此得 $\mathbb{D}$ 可表示为

$$\begin{aligned}\mathbb{D}&=\mathbb{D}^{\mathrm{A}}+\mathbb{D}^{\mathrm{B}}\\&=\{\boldsymbol{B}_A\}^{\mathrm{T}}\left[D^{\mathrm{A}}\right]\{\otimes\boldsymbol{B}_A\}+\frac{1}{2}\sum_{I=1}^{3}\sum_{J\neq I}^{3}\frac{E_J-E_I}{S_J-S_I}\left(\boldsymbol{A}_I\boxtimes\boldsymbol{A}_J+\boldsymbol{A}_I\,\overline{\boxtimes}\,\boldsymbol{A}_J\right)\end{aligned} \tag{10.74}$$

式中

$$\left[D^{\mathrm{A}}\right]=\left[C^{\mathrm{A}}\right]^{-1} \tag{10.75}$$

所以说，单个张量自变量的四阶张量值函数求逆归结为一个 3×3 矩阵求逆，好比一个二阶张量求逆。

在柱坐标系中求逆的闭合形式会稍微复杂一些。对照张量函数表示定理得出的式 (2.263)，除了 $\mathbb{C}$ 的表达式 (10.65) 中的八项外，还有一项就是 $\boldsymbol{\Phi}\boxtimes\boldsymbol{Z}+\boldsymbol{Z}\boxtimes\boldsymbol{\Phi}$，虽然在 $\mathbb{C}$ 中该项为零，但它的逆中该项一般存在，应予以保留。

引入类似于 $\mathbb{C}$ 的分解表达式 (10.65)

$$\mathbb{D}=\mathbb{D}^{\mathrm{A}}+\mathbb{D}^{\mathrm{B1}}-\mathbb{D}^{\mathrm{B2}} \tag{10.76}$$

式中 $\mathbb{D}^{\mathrm{A}}$，$\mathbb{D}^{\mathrm{B1}}$ 和 $\mathbb{D}^{\mathrm{B2}}$ 分别是

$$\mathbb{D}^{\mathrm{A}}=\{\boldsymbol{B}_{\boldsymbol{\Phi}}\}^{\mathrm{T}}\left[\hat{D}^{\mathrm{A}}\right]\{\otimes\boldsymbol{B}_{\boldsymbol{\Phi}}\} \tag{10.77a}$$

$$\mathbb{D}^{\mathrm{B2}}=\{\boldsymbol{B}_{\boldsymbol{\Phi}}\}^{\mathrm{T}}\left[\hat{D}^{\mathrm{B2}}\right]\{\otimes\boldsymbol{B}_{\boldsymbol{\Phi}}\} \tag{10.77b}$$

$$\begin{aligned}\mathbb{D}^{\mathrm{B1}}=&\zeta_1\mathbb{I}+\frac{1}{2}\zeta_2\left(\boldsymbol{Z}\boxtimes\boldsymbol{\Lambda}+\boldsymbol{\Lambda}\boxtimes\boldsymbol{Z}+\boldsymbol{Z}\,\overline{\boxtimes}\,\boldsymbol{\Lambda}+\boldsymbol{\Lambda}\,\overline{\boxtimes}\,\boldsymbol{Z}\right)\\&+\frac{1}{2}\zeta_3\left(\boldsymbol{Z}\boxtimes\boldsymbol{\Phi}+\boldsymbol{\Phi}\boxtimes\boldsymbol{Z}+\boldsymbol{Z}\,\overline{\boxtimes}\,\boldsymbol{\Phi}+\boldsymbol{\Phi}\,\overline{\boxtimes}\,\boldsymbol{Z}\right)\end{aligned} \tag{10.77c}$$

类似于 $\mathbb{C}$ 中的处理，要求 $\mathbb{D}^{\mathrm{B}}=\mathbb{D}^{\mathrm{B1}}-\mathbb{D}^{\mathrm{B2}}$ 为子空间 $\mathscr{T}_2$ 上的线性变换，这通过矩阵 $[\hat{D}^{\mathrm{B2}}]$ 实现，矩阵 $[\hat{D}^{\mathrm{A}}]$ 和系数 ζ_1，ζ_2 和 ζ_3 通过张量逆的定义和正交条件得到。

首先，导出矩阵 $[\hat{D}^{\mathrm{A}}]$。根据式 (10.73a)，就是在主空间中求逆，类似于式 (10.75)，有

$$\left[\hat{D}^{\mathrm{A}}\right]=\left[\hat{C}^{\mathrm{A}}\right]^{-1} \tag{10.78}$$

然后，按照导出式 (10.64) 的步骤，通过将式 (10.77c) 中的 $\mathbb{D}^{\mathrm{B1}}$ 分解为两项，其中一项就是 $\mathbb{D}^{\mathrm{B2}}$，得

$$\begin{aligned}&\left[\hat{D}^{\mathrm{B2}}\right]\\&=\begin{bmatrix}\zeta_1-\dfrac{\sqrt{2}}{3}(\zeta_2\sin3\varphi+\zeta_3\cos3\varphi) & -\dfrac{\sqrt{2}}{3}(\zeta_2\cos3\varphi-\zeta_3\sin3\varphi) & \dfrac{2}{3}\zeta_2\\ & \zeta_1+\dfrac{\sqrt{2}}{3}(\zeta_2\sin3\varphi+\zeta_3\cos3\varphi) & \dfrac{2}{3}\zeta_3\\ \mathrm{sym} & & \zeta_1\end{bmatrix}\end{aligned} \tag{10.79}$$

最后，求系数 ζ_1，ζ_2 和 ζ_3。使用 Λ_i 表示 $\boldsymbol{\Lambda}$ 的主值，即 $\boldsymbol{\Lambda}=\Lambda_k\boldsymbol{A}_k$，则有

$$\begin{aligned}&\boldsymbol{Z}\boxtimes\boldsymbol{\Lambda}:(\boldsymbol{N}_i\otimes\boldsymbol{N}_j+\boldsymbol{N}_j\otimes\boldsymbol{N}_i)\\&=\frac{1}{\sqrt{3}}\boldsymbol{I}\cdot(\boldsymbol{N}_i\otimes\boldsymbol{N}_j+\boldsymbol{N}_j\otimes\boldsymbol{N}_i)\cdot\boldsymbol{\Lambda}\\&=\frac{1}{\sqrt{3}}(\boldsymbol{N}_i\otimes\boldsymbol{N}_j+\boldsymbol{N}_j\otimes\boldsymbol{N}_i)\cdot\Lambda_k\boldsymbol{A}_k\\&=\frac{1}{\sqrt{3}}(\Lambda_j\boldsymbol{N}_i\otimes\boldsymbol{N}_j+\Lambda_i\boldsymbol{N}_j\otimes\boldsymbol{N}_i)\quad(i,j=1,2,3;\ i<j;\ \text{不求和})\end{aligned} \tag{10.80}$$

同理可导出

$$\boldsymbol{\Lambda}\boxtimes\boldsymbol{Z}:(\boldsymbol{N}_i\otimes\boldsymbol{N}_j+\boldsymbol{N}_j\otimes\boldsymbol{N}_i)=\frac{1}{\sqrt{3}}(\Lambda_i\boldsymbol{N}_i\otimes\boldsymbol{N}_j+\Lambda_j\boldsymbol{N}_j\otimes\boldsymbol{N}_i)$$

$$(i,j=1,2,3;\ i<j;\ \text{不求和})$$

使用式 (10.58a) 和式 (10.77) 并考虑上面两式，张量的缩并运算给出

$$\mathbb{C}^{\mathrm{B1}}:(\boldsymbol{N}_i\otimes\boldsymbol{N}_j+\boldsymbol{N}_j\otimes\boldsymbol{N}_i)=\left(\xi_1+\frac{\sqrt{3}}{3}\xi_2(\Lambda_i+\Lambda_j)\right)(\boldsymbol{N}_i\otimes\boldsymbol{N}_j+\boldsymbol{N}_j\otimes\boldsymbol{N}_i)$$

$$\begin{aligned}&\mathbb{D}^{\mathrm{B1}}:(\boldsymbol{N}_i\otimes\boldsymbol{N}_j+\boldsymbol{N}_j\otimes\boldsymbol{N}_i)\\&=\left(\zeta_1+\frac{\sqrt{3}}{3}\zeta_2(\Lambda_i+\Lambda_j)+\frac{\sqrt{3}}{3}\zeta_3(\Phi_i+\Phi_j)\right)(\boldsymbol{N}_i\otimes\boldsymbol{N}_j+\boldsymbol{N}_j\otimes\boldsymbol{N}_i)\\&\qquad(i,j=1,2,3;\ i<j;\ \text{不求和})\end{aligned}\tag{10.81}$$

式中 Φ_i 是张量 $\boldsymbol{\Phi}$ 的主值，考虑到 $\boldsymbol{\Lambda}$ 和 $\boldsymbol{\Phi}$ 是偏张量，则 $\Lambda_1+\Lambda_2+\Lambda_3=0$ 和 $\Phi_1+\Phi_2+\Phi_3=0$。显然 $\mathbb{D}^{\mathrm{B1}}$ 和 $\mathbb{C}^{\mathrm{B1}}$ 将三个基张量 $\boldsymbol{N}_i\otimes\boldsymbol{N}_j+\boldsymbol{N}_j\otimes\boldsymbol{N}_i(i,j=1,2,3;\ i<j)$ 确定的子空间 $\mathscr{T}_2$ 上的张量变换到子空间 $\mathscr{T}_2$ 上。另一方面，$\mathbb{D}^{\mathrm{B2}}$ 和 $\mathbb{C}^{\mathrm{B2}}$ 与子空间 $\mathscr{T}_2$ 正交，即

$$\mathbb{C}^{\mathrm{B2}}:(\boldsymbol{N}_i\otimes\boldsymbol{N}_j+\boldsymbol{N}_j\otimes\boldsymbol{N}_i)=\mathbb{D}^{\mathrm{B2}}:(\boldsymbol{N}_i\otimes\boldsymbol{N}_j+\boldsymbol{N}_j\otimes\boldsymbol{N}_i)=\boldsymbol{0}\tag{10.82}$$

式 (10.73b) 则变为

$$\mathbb{D}^{\mathrm{B1}}:\mathbb{C}^{\mathrm{B1}}:(\boldsymbol{N}_i\otimes\boldsymbol{N}_j+\boldsymbol{N}_j\otimes\boldsymbol{N}_i)=(\boldsymbol{N}_i\otimes\boldsymbol{N}_j+\boldsymbol{N}_j\otimes\boldsymbol{N}_i)\quad(i,j=1,2,3;\ i<j)\tag{10.83}$$

在上式中使用式 (10.81) 得线性方程组

$$\begin{bmatrix}\frac{1}{\sqrt{3}}&\Lambda_1&\Phi_1\\\frac{1}{\sqrt{3}}&\Lambda_2&\Phi_2\\\frac{1}{\sqrt{3}}&\Lambda_3&\Phi_3\end{bmatrix}\begin{Bmatrix}\sqrt{3}\zeta_1\\-\frac{\sqrt{3}}{3}\zeta_2\\-\frac{\sqrt{3}}{3}\zeta_3\end{Bmatrix}=\begin{Bmatrix}\frac{1}{\vartheta_1}\\\frac{1}{\vartheta_2}\\\frac{1}{\vartheta_3}\end{Bmatrix}\tag{10.84}$$

式中的系数为

$$\vartheta_i=\xi_1-\frac{\sqrt{3}}{3}\xi_2\Lambda_i\quad(i=1,2,3)\tag{10.85}$$

式 (10.84) 中的 3×3 系数矩阵是正交的，因为其中的三列元素分别代表三个基张量 $\boldsymbol{\Lambda}$，$\boldsymbol{\Phi}$，$\boldsymbol{Z}$ 相对主空间坐标轴 $\boldsymbol{A}_1$，$\boldsymbol{A}_2$ 和 $\boldsymbol{A}_3$ 的分量，于是，它的逆应等于其转置，得

$$\zeta_1=\frac{1}{3}\sum_{i=1}^{3}\frac{1}{\vartheta_i},\quad\zeta_2=-\sqrt{3}\sum_{i=1}^{3}\frac{\Lambda_i}{\vartheta_i},\quad\zeta_3=-\sqrt{3}\sum_{i=1}^{3}\frac{\Phi_i}{\vartheta_i}\tag{10.86}$$

将上面求得的矩阵 $[\hat{D}^{\mathrm{A}}]$，$[\hat{D}^{\mathrm{B2}}]$ 和系数 ζ_1，ζ_2 和 ζ_3 代入式 (10.77)，最终得四阶弹性张量逆的闭合形式。

例题 10.3 求 St. Venant-Kirchhoff 模型给出的弹性张量式 (10.69) 的逆，即柔度张量。

解 例题 10.2 已求得 $\xi_1=2\mu$，$\xi_2=0$，使用式 (10.85) 和式 (10.86)，并考虑到 $\varLambda_1+\varLambda_2+\varLambda_3=0$ 和 $\varPhi_1+\varPhi_2+\varPhi_3=0$，则有 $\zeta_1=\dfrac{1}{2\mu}$，$\zeta_2=\zeta_3=0$，再使用式 (10.78) 和式 (10.79)，得矩阵

$$\left[\hat{D}^{\mathrm{A}}\right]=\left[\hat{C}^{\mathrm{A}}\right]^{-1}=\frac{1}{2\mu}\begin{bmatrix}1&0&0\\0&1&0\\0&0&2\mu/(3K)\end{bmatrix},\quad \left[\hat{D}^{\mathrm{B2}}\right]=\frac{1}{2\mu}\begin{bmatrix}1&0&0\\0&1&0\\0&0&1\end{bmatrix}$$

代入式 (10.77)，最终得柔度张量

$$\mathbb{D}=\frac{1}{3K}\boldsymbol{Z}\otimes\boldsymbol{Z}+\frac{1}{2\mu}\left(\mathbb{I}-\boldsymbol{Z}\otimes\boldsymbol{Z}\right)\tag{10.87}$$

就是将式 (10.69) 中系数倒过来 (求逆)。

从上面的分析可知：四阶弹性张量表示中的 $[\hat{C}^{\mathrm{A}}]$ 为对角矩阵，使得求逆变得非常简单，这在弹塑性有限元分析里的本构积分算法中对提高计算效率非常有用 (例如，Chen et al., 2014)，因为该算法的主要工作是对一个类似于弹性张量的四阶张量求逆。实际上，只要储能函数与 Lode 角无关，即不取决于第三不变量，且没有 a，b 之间的耦合项 (在小变形下意味着形状改变能只取决于偏应变，而体积能只取决于体积应变)，则 $[\hat{C}^{\mathrm{A}}]$ 总为对角矩阵。

10.3 Neo-Hookean 超弹性材料

10.3.1 弹性张量

求 Neo-Hookean 材料超弹性本构方程 (8.192) 相对 $\boldsymbol{C}$ 的偏导数，使用 $\boldsymbol{C}^{-1}$ 和 J 的偏导数式 (2.67) 和式 (7.88)，得物质弹性张量为

$$\mathbb{C}=\lambda\boldsymbol{C}^{-1}\otimes\boldsymbol{C}^{-1}+2\left(\mu-\lambda\ln J\right)\mathbb{J}\tag{10.88}$$

式中四阶张量 $\mathbb{J}$ 为

$$\mathbb{J}=-\frac{\partial\boldsymbol{C}^{-1}}{\partial\boldsymbol{C}}=\frac{1}{2}\left(\boldsymbol{C}^{-1}\boxtimes\boldsymbol{C}^{-1}+\boldsymbol{C}^{-1}\overline{\boxtimes}\,\boldsymbol{C}^{-1}\right)\tag{10.89}$$

将物质弹性张量式 (10.88) 进行式 (10.17) 定义的前推运算，首先，应用式 (1.308) 并考虑到上式，有

$$(\boldsymbol{F}\boxtimes\boldsymbol{F}):\boldsymbol{C}^{-1}\otimes\boldsymbol{C}^{-1}:(\boldsymbol{F}\boxtimes\boldsymbol{F})^{\mathrm{T}}=\left(\boldsymbol{F}\boxtimes\boldsymbol{F}:\boldsymbol{C}^{-1}\right)\otimes\left(\boldsymbol{F}\boxtimes\boldsymbol{F}:\boldsymbol{C}^{-1}\right)$$
$$=\left(\boldsymbol{F}\cdot\boldsymbol{C}^{-1}\cdot\boldsymbol{F}^{\mathrm{T}}\right)\otimes\left(\boldsymbol{F}\cdot\boldsymbol{C}^{-1}\cdot\boldsymbol{F}^{\mathrm{T}}\right)=\boldsymbol{I}\otimes\boldsymbol{I} \tag{10.90}$$

然而，采用同样的方法可得

$$(\boldsymbol{F}\boxtimes\boldsymbol{F}):\boldsymbol{C}^{-1}\boxtimes\boldsymbol{C}^{-1}:(\boldsymbol{F}\boxtimes\boldsymbol{F})^{\mathrm{T}}=\boldsymbol{I}\boxtimes\boldsymbol{I}$$

$$(\boldsymbol{F}\boxtimes\boldsymbol{F}):\boldsymbol{C}^{-1}\overline{\boxtimes}\,\boldsymbol{C}^{-1}:(\boldsymbol{F}\boxtimes\boldsymbol{F})^{\mathrm{T}}=\boldsymbol{I}\,\overline{\boxtimes}\,\boldsymbol{I}$$

所以

$$(\boldsymbol{F}\boxtimes\boldsymbol{F}):\mathbb{J}:(\boldsymbol{F}\boxtimes\boldsymbol{F})^{\mathrm{T}}=\boldsymbol{\mathcal{I}} \tag{10.91}$$

式中 $\boldsymbol{\mathcal{I}}$ 是四阶单位 (空间) 张量，最终得空间弹性张量为

$$\boldsymbol{\mathcal{C}}^{\sigma\mathcal{T}}=\frac{\lambda}{J}\boldsymbol{I}\otimes\boldsymbol{I}+\frac{2}{J}(\mu-\lambda\ln J)\boldsymbol{\mathcal{I}} \tag{10.92}$$

或由两个等效的 Lame 常数简洁地表示为

$$\boldsymbol{\mathcal{C}}^{\sigma\mathcal{T}}=\lambda'\boldsymbol{I}\otimes\boldsymbol{I}+2\mu'\boldsymbol{\mathcal{I}} \tag{10.93}$$

式中

$$\lambda'=\frac{\lambda}{J},\quad \mu'=\frac{1}{J}(\mu-\lambda\ln J) \tag{10.94}$$

式 (10.93) 与线性弹性理论的弹性张量在形式上一样，只是这里的 Lame 参数通过 J 取决于变形。Simo 和 Pister(1984) 表明，弹性模量取决于变形对超弹性材料而言是必要的，见本章末的讨论。当 $\lambda'\gg\mu'$ 时，材料接近不可压缩。在小变形情况下，$J\approx 1$，则 $\lambda'\approx\lambda$，$\mu'\approx\mu$，上式退化为线弹性理论中的弹性张量。

实际上，这里所得的空间弹性张量式 (10.93) 与小变形理论一致，正是 Neo-Hookean 超弹性模型选取式 (8.191) 形式的储能函数的根本原因，下面进行详细讨论。

10.3.2　储能函数形式选取的原因

为了使本构关系式 (8.79) 的右边为 $\boldsymbol{b}$ 的线性函数，即不出现 $\boldsymbol{b}^2$ 项，让

$$\frac{\partial W}{\partial II^{*C}}=0 \tag{10.95}$$

则储能函数 W 只依赖于 $\boldsymbol{C}$ 的第一不变量 I^C 和第三不变量 III^C，为了讨论问题方便，将 III^C 换作 J^2，并将 I 的上标 C 省略掉，于是有

$$W = W(I, J)$$

本构方程式 (8.73) 和式 (8.79) 变为

$$\boldsymbol{S} = 2\frac{\partial W}{\partial I}\boldsymbol{I} + J\frac{\partial W}{\partial J}\boldsymbol{C}^{-1} \tag{10.96a}$$

$$\boldsymbol{\sigma} = 2J^{-1}\frac{\partial W}{\partial I}\boldsymbol{b} + \frac{\partial W}{\partial J}\boldsymbol{I} \tag{10.96b}$$

参考构形中的物质弹性张量为

$$\begin{aligned}\mathbb{C} = 2\frac{\partial \boldsymbol{S}}{\partial \boldsymbol{C}} = 2\Bigg\{&2\boldsymbol{I}\otimes\left(\frac{\partial^2 W}{\partial I^2}\frac{\partial I}{\partial \boldsymbol{C}} + \frac{\partial^2 W}{\partial I \partial J}\frac{\partial J}{\partial \boldsymbol{C}}\right)\\ &+\boldsymbol{C}^{-1}\otimes\left(\frac{\partial}{\partial I}\left(J\frac{\partial W}{\partial J}\right)\frac{\partial I}{\partial \boldsymbol{C}} + \frac{\partial}{\partial J}\left(J\frac{\partial W}{\partial J}\right)\frac{\partial J}{\partial \boldsymbol{C}}\right) + J\frac{\partial W}{\partial J}\frac{\partial \boldsymbol{C}^{-1}}{\partial \boldsymbol{C}}\Bigg\}\end{aligned} \tag{10.97}$$

在上式中使用不变量 I、J 和逆张量 $\boldsymbol{C}^{-1}$ 的偏导数式 (8.72)、式 (7.88) 和式 (10.89)，进一步得

$$\begin{aligned}\mathbb{C} = &2\boldsymbol{I}\otimes\left(2\frac{\partial^2 W}{\partial I^2}\boldsymbol{I} + \frac{\partial^2 W}{\partial I \partial J}J\boldsymbol{C}^{-1}\right)\\ &+ 2\boldsymbol{C}^{-1}\otimes\left(J\frac{\partial^2 W}{\partial J \partial I}\boldsymbol{I} + \frac{\partial}{\partial J}\left(J\frac{\partial W}{\partial J}\right)\frac{1}{2}J\boldsymbol{C}^{-1}\right) - 2J\frac{\partial W}{\partial J}\mathbb{J}\end{aligned} \tag{10.98}$$

为了使得上式的弹性张量具有如式 (10.88) 那样的简单形式，应有

$$\frac{\partial^2 W}{\partial I^2} = \frac{\partial^2 W}{\partial I \partial J} = 0$$

故 $\partial W/\partial I$ 为常数，记该常数为 a

$$\frac{\partial W}{\partial I} = a \tag{10.99}$$

代入前面的物质弹性张量表达式，得

$$\mathbb{C} = J\frac{\partial}{\partial J}\left(J\frac{\partial W}{\partial J}\right)\boldsymbol{C}^{-1}\otimes\boldsymbol{C}^{-1} - 2J\frac{\partial W}{\partial J}\mathbb{J} \tag{10.100}$$

将上式进行式 (10.17) 定义的前推运算，使用式 (10.90) 和式 (10.91)，得当前构形中的空间弹性张量为

$$\boldsymbol{\mathcal{C}}^{\sigma\mathcal{T}} = \frac{\partial}{\partial J}\left(J\frac{\partial W}{\partial J}\right)\boldsymbol{I}\otimes\boldsymbol{I} - 2\frac{\partial W}{\partial J}\boldsymbol{\mathcal{I}} \tag{10.101}$$

储能函数 W 的选择还应满足下面两个要求:

(1) 在参考状态下 ($\boldsymbol{C}=\boldsymbol{I}$，$I=3$，$J=1$)，无初应力作用，使用本构关系式 (10.96a)，则有

$$2\frac{\partial W}{\partial I}+\frac{\partial W}{\partial J}=0 \tag{10.102}$$

(2) 在小变形的情况下，能退化到小变形的线弹性张量 (小变形时 $I\approx 3$，$J\approx 1$，取 $I=3$，$J=1$)，比较式 (10.101) 和式 (8.78)，则要求

$$\frac{\partial}{\partial J}\left(J\frac{\partial W}{\partial J}\right)=\frac{\partial^2 W}{\partial J^2}+\frac{\partial W}{\partial J}=\lambda,\quad -\frac{\partial W}{\partial J}=\mu,\quad \text{当 } I=3, J=1 \tag{10.103}$$

结合这两个要求，很容易导出

$$\frac{\partial^2 W}{\partial J^2}=\lambda+\mu,\quad \frac{\partial W}{\partial J}=-2\frac{\partial W}{\partial I}=-\mu,\quad \text{当 } I=3, J=1 \tag{10.104}$$

后一个等式意味着式 (10.99) 中的 $a=\mu/2$。

选择满足上面两个条件式的储能函数形式为

$$W=\frac{1}{2}\mu\left(I-3\right)+\lambda W_{\mathrm{vol}}\left(J\right)-\mu\ln J \tag{10.105}$$

为满足式 (10.104)，有

$$\frac{\mathrm{d}W_{\mathrm{vol}}}{\mathrm{d}J}=0,\quad \frac{\mathrm{d}^2 W_{\mathrm{vol}}}{\mathrm{d}J^2}=1,\quad \text{当 } J=1 \tag{10.106}$$

Simo 和 Pister(1984) 选择满足上式条件的最简单的函数 $W_{\mathrm{vol}}(J)$ 形式为

$$W_{\mathrm{vol}}\left(J\right)=\frac{1}{2}\left(\ln J\right)^2 \tag{10.107}$$

最后得储能函数式 (8.191)。

10.3.3 不可压缩与近不可压缩

对于不可压缩情况，使用本构关系一般式 (8.122) 得其物质弹性张量可分解为两部分之和

$$\mathbb{C}=2\frac{\partial \boldsymbol{S}}{\partial \boldsymbol{C}}=\mathbb{C}_{\mathrm{iso}}+\mathbb{C}_{\mathrm{vol}} \tag{10.108}$$

式中第一部分代表偏量部分的贡献，而第二部分代表静水压力部分的贡献，分别为

$$\mathbb{C}_{\mathrm{iso}}=2\frac{\partial \boldsymbol{S}'}{\partial \boldsymbol{C}}=4\frac{\partial^2 \hat{W}}{\partial \boldsymbol{C}\partial \boldsymbol{C}},\quad \mathbb{C}_{\mathrm{vol}}=-2p\frac{\partial \boldsymbol{C}^{-1}}{\partial \boldsymbol{C}} \tag{10.109}$$

使用式 (8.209) 和不变量的偏导式 (8.72) 及 $\boldsymbol{C}^{-1}$ 的偏导数式 (10.89)，得这两部分分别是

$$\mathbb{C}_{\mathrm{iso}}=\frac{2}{3}\mu\left(I^C\mathbb{J}-\boldsymbol{C}^{-1}\otimes\boldsymbol{I}\right),\quad \mathbb{C}_{\mathrm{vol}}=2p\mathbb{J} \tag{10.110}$$

使用式 (10.17) 定义的前推运算前推到当前构形，得空间弹性张量的两部分

$$\mathcal{C}^{\sigma\mathcal{T}} = \mathcal{C}_{\text{iso}} + \mathcal{C}_{\text{vol}} \tag{10.111}$$

分别为

$$\mathcal{C}_{\text{iso}} = \frac{2}{3}\mu\left(I^b\boldsymbol{\mathcal{I}} - \boldsymbol{I}\otimes\boldsymbol{b}\right), \quad \mathcal{C}_{\text{vol}} = 2p\boldsymbol{\mathcal{I}} \tag{10.112}$$

考察 8.2.5 节中的近不压缩材料，储能函数为形状改变部分和体积改变部分之和，见式 (8.130)，为

$$W(\boldsymbol{C}) = W_{\text{iso}}\left(\tilde{\boldsymbol{C}}\right) + W_{\text{vol}}(J) \tag{10.113}$$

式 (8.133) 给出压力为 $p = -\dfrac{\mathrm{d}W_{\text{vol}}}{\mathrm{d}J}$，它不再是常数，因此，物质弹性张量应在式 (10.108) 的基础上增加因压力改变引起的项，而且因这里 J 并不严格为 1，应对 $\mathbb{C}_{\text{iso}}$ 和 $\mathbb{C}_{\text{vol}}$ 进行适当修改，最终表示为

$$\mathbb{C} = \mathbb{C}_{\text{iso}} + \mathbb{C}_{\text{vol}} + \mathbb{C}_k \tag{10.114}$$

其中，考虑到 $\boldsymbol{S} = \boldsymbol{S}' - pJ\boldsymbol{C}^{-1}$ 和式 (10.5)，新增加的项是

$$\begin{aligned}\mathbb{C}_k &= -2J\boldsymbol{C}^{-1}\otimes\frac{\partial p}{\partial \boldsymbol{C}} = 2J\frac{\mathrm{d}^2W_{\text{vol}}}{\mathrm{d}J^2}\boldsymbol{C}^{-1}\otimes\frac{\partial J}{\partial \boldsymbol{C}}\\ &= J^2\frac{\mathrm{d}^2W_{\text{vol}}}{\mathrm{d}J^2}\boldsymbol{C}^{-1}\otimes\boldsymbol{C}^{-1}\end{aligned} \tag{10.115}$$

当 $W_{\text{vol}}(J)$ 取为式 (8.142) 时，它变为

$$\mathbb{C}_k = KJ^2\boldsymbol{C}^{-1}\otimes\boldsymbol{C}^{-1}$$

当 $W_{\text{iso}}(\tilde{\boldsymbol{C}})$ 取为式 (8.208) 时，考虑到 $\tilde{\boldsymbol{C}} = J^{-2/3}\boldsymbol{C}$，结合式 (8.134) 和式 (8.135)，则应力应修改为

$$\boldsymbol{S}' = J^{-2/3}\mathbb{P} : 2\frac{\partial W\left(\tilde{\boldsymbol{C}}\right)}{\partial \tilde{\boldsymbol{C}}} = \mu J^{-2/3}\left(\boldsymbol{I} - \frac{1}{3}I^C\boldsymbol{C}^{-1}\right) \tag{10.116}$$

因此，考虑到 $\boldsymbol{S} = \boldsymbol{S}' - pJ\boldsymbol{C}^{-1}$，$\mathbb{C}_{\text{iso}}$ 和 $\mathbb{C}_{\text{vol}}$ 应分别修改为

$$\mathbb{C}_{\text{iso}} = 2\frac{\partial \boldsymbol{S}'}{\partial \boldsymbol{C}} = \frac{2}{3}\mu J^{-2/3}\left(I^C\mathbb{J} - \boldsymbol{C}^{-1}\otimes\boldsymbol{I} - \boldsymbol{I}\otimes\boldsymbol{C}^{-1} + \frac{1}{3}I^C\boldsymbol{C}^{-1}\otimes\boldsymbol{C}^{-1}\right) \tag{10.117a}$$

$$\mathbb{C}_{\text{vol}} = -2p\frac{\partial\left(J\boldsymbol{C}^{-1}\right)}{\partial \boldsymbol{C}} = -pJ\left(\boldsymbol{C}^{-1}\otimes\boldsymbol{C}^{-1} - 2\mathbb{J}\right) \tag{10.117b}$$

将式 (10.115) 和上面两式使用式 (10.17) 定义的前推运算前推到当前构形，并考虑到式 (10.20) 的第二式以及式 (10.90) 和式 (10.91)，得空间弹性张量的一般表达式为

$$\mathcal{C}^{\sigma\mathcal{T}} = \mathcal{C}_{\text{iso}} + \mathcal{C}_{\text{vol}} + \mathcal{C}_k \tag{10.118}$$

式中

$$\begin{aligned}
\mathcal{C}_{\text{iso}} &= \frac{2}{3}\mu J^{-5/3}\left(I^b\boldsymbol{\mathcal{I}} - \boldsymbol{b}\otimes\boldsymbol{I} - \boldsymbol{I}\otimes\boldsymbol{b} + \frac{1}{3}I^b\boldsymbol{I}\otimes\boldsymbol{I}\right)\\
\mathcal{C}_{\text{vol}} &= -p\left(\boldsymbol{I}\otimes\boldsymbol{I} - 2\boldsymbol{\mathcal{I}}\right)\\
\mathcal{C}_k &= J\frac{\mathrm{d}^2W_{\text{vol}}}{\mathrm{d}J^2}\boldsymbol{I}\otimes\boldsymbol{I}
\end{aligned} \tag{10.119}$$

当 $W_{\text{vol}}(J)$ 取为式 (8.142) 时，则

$$\mathcal{C}_k = KJ\boldsymbol{I}\otimes\boldsymbol{I} \tag{10.120}$$

在初始时刻，$\boldsymbol{F}=\boldsymbol{C}=\boldsymbol{b}=\boldsymbol{I}$，$J=1$，$p=0$，这时，空间弹性张量变为

$$\begin{aligned}
\mathcal{C}^{\sigma\mathcal{T}} &= \mathcal{C}_{\text{iso}} + \mathcal{C}_k = 2\mu\left(\boldsymbol{\mathcal{I}} - \frac{1}{3}\boldsymbol{I}\otimes\boldsymbol{I}\right) + K\boldsymbol{I}\otimes\boldsymbol{I}\\
&= 2\mu\boldsymbol{\mathcal{I}} + \left(K - \frac{2}{3}\mu\right)\boldsymbol{I}\otimes\boldsymbol{I}
\end{aligned} \tag{10.121}$$

与小变形各向同性弹性张量一致。

10.4 次 弹 性

所谓次弹性模型就是直接使用 Cauchy 应力率与变形率建立率形式的本构方程。Cauchy 应力率不是客观量，不能作为应力率的度量，需要使用应力客观率，使得本构关系的描述独立于任意的刚体运动，满足所谓的客观性原理即标架无差异原理。

10.4.1 一般表达式

使用 Cauchy 应力的客观率与变形率可建立如下一般的率形式本构方程

$$\boldsymbol{\sigma}^{\nabla} = \boldsymbol{f}(\boldsymbol{\sigma}, \boldsymbol{d}) \tag{10.122}$$

标架无差异原理要求，在当前变形构形的刚体转动 $\boldsymbol{Q}$ 下，上式应按照下面的表达式进行变换

$$\boldsymbol{Q}\cdot\boldsymbol{\sigma}^{\nabla}\cdot\boldsymbol{Q}^{\mathrm{T}} = \boldsymbol{f}(\boldsymbol{Q}\cdot\boldsymbol{\sigma}\cdot\boldsymbol{Q}^{\mathrm{T}}, \boldsymbol{Q}\cdot\boldsymbol{d}\cdot\boldsymbol{Q}^{\mathrm{T}}) \tag{10.123}$$

即要求张量函数 $\boldsymbol{f}$ 为自变量的各向同性函数。

若材料弹性性质是时间率无关的，任意单调增长的参数都能作为时间尺度，则张量函数 $\boldsymbol{f}$ 还必须是变形率 $\boldsymbol{d}$ 的一次齐次函数，实际上，采用一个不同的时间尺度 $t^* = kt$，其中 k 为常数，就有

$$\boldsymbol{\sigma}^{*\nabla} = k\boldsymbol{\sigma}^{\nabla}, \quad \boldsymbol{d}^* = k\boldsymbol{d}$$

以及

$$k\boldsymbol{f}(\boldsymbol{\sigma}, \boldsymbol{d}) = \boldsymbol{f}(\boldsymbol{\sigma}, k\boldsymbol{d})$$

为使得满足上式，$\boldsymbol{f}$ 中不能包含量 $\boldsymbol{d}$ 的二次或二次以上的项。所以，本构方程可表示为

$$\boldsymbol{\sigma}^{\nabla} = \boldsymbol{\mathcal{C}}^{\nabla}(\boldsymbol{\sigma}) : \boldsymbol{d} \tag{10.124}$$

式中 $\boldsymbol{\mathcal{C}}^{\nabla}$ 为四阶弹性张量，仅是应力张量的函数，由于应力客观率和变形率是对称张量，因此，要求它须具有次对称性，若还要求它满足主对称性，对照式 (2.263) 应为

$$\begin{aligned}\boldsymbol{\mathcal{C}}^{\nabla} = &\ \phi_1 \boldsymbol{I}\otimes\boldsymbol{I} + \phi_2(\boldsymbol{I}\otimes\boldsymbol{\sigma} + \boldsymbol{\sigma}\otimes\boldsymbol{I}) + \phi_3\left(\boldsymbol{I}\otimes\boldsymbol{\sigma}^2 + \boldsymbol{\sigma}^2\otimes\boldsymbol{I}\right) + \phi_4\boldsymbol{\mathcal{I}} \\ &+ \phi_5\boldsymbol{\sigma}\otimes\boldsymbol{\sigma} + \phi_6\left(\boldsymbol{\sigma}\otimes\boldsymbol{\sigma}^2 + \boldsymbol{\sigma}^2\otimes\boldsymbol{\sigma}\right) + \phi_7\boldsymbol{\sigma}^2\otimes\boldsymbol{\sigma}^2 \\ &+ \phi_8(\boldsymbol{\sigma}\boxtimes\boldsymbol{I} + \boldsymbol{I}\boxtimes\boldsymbol{\sigma}) + \phi_9\left(\boldsymbol{\sigma}^2\boxtimes\boldsymbol{I} + \boldsymbol{I}\boxtimes\boldsymbol{\sigma}^2\right)\end{aligned} \tag{10.125}$$

式中 ϕ_1，ϕ_2，$\cdots$，ϕ_9 为 $\boldsymbol{\sigma}$ 的三个不变量的函数。

上面讨论的次弹性材料本构方程是时间率无关、增量线性和增量可逆的，但是，它不能积分表达为应力和应变之间的本构方程，因此，不是 Cauchy 材料；在应力的有限闭合循环中，也会存在能量耗散，因此，更不是超弹性材料。一般来说，超弹性材料必然是 Cauchy 材料，而 Cauchy 材料必是次弹性材料，但反过来均不成立。次弹性也称低弹性或亚弹性。

任意的应力客观率可以是 Jaumann 率、Truesdell 率、Green-Naghdi 率或其他客观率。因此，本构方程可以具体表示为

$$\boldsymbol{\sigma}^{\nabla J} = \boldsymbol{\mathcal{C}}^{\sigma\mathcal{J}} : \boldsymbol{d}, \quad \boldsymbol{\sigma}^{\nabla T} = \boldsymbol{\mathcal{C}}^{\sigma\mathcal{T}} : \boldsymbol{d}, \quad \boldsymbol{\sigma}^{\nabla G} = \boldsymbol{\mathcal{C}}^{\sigma\mathcal{G}} : \boldsymbol{d} \tag{10.126}$$

对于同一种材料，若切线模量 $\boldsymbol{\mathcal{C}}^{\sigma\mathcal{J}} = \boldsymbol{\mathcal{C}}^{\sigma\mathcal{T}} = \boldsymbol{\mathcal{C}}^{\sigma\mathcal{G}}$，则给出不同的本构响应。为了使得本构响应一致，则切线模量 $\boldsymbol{\mathcal{C}}^{\sigma\mathcal{J}}$、$\boldsymbol{\mathcal{C}}^{\sigma\mathcal{T}}$、$\boldsymbol{\mathcal{C}}^{\sigma\mathcal{G}}$ 应不同，下面导出它们之间的关系。

使用 Jaumann 率和 Truesdell 率的定义式 (6.83) 和式 (6.89)，并考虑到式

(10.126) 有

$$\begin{aligned}\boldsymbol{\sigma}^{\nabla T} &= \boldsymbol{\sigma}^{\nabla J} + (\mathrm{tr}\boldsymbol{d})\boldsymbol{\sigma} - \boldsymbol{d}\cdot\boldsymbol{\sigma} - \boldsymbol{\sigma}\cdot\boldsymbol{d} \\ &= \boldsymbol{\mathcal{C}}^{\sigma\mathcal{J}} : \boldsymbol{d} + (\mathrm{tr}\boldsymbol{d})\boldsymbol{\sigma} - \boldsymbol{d}\cdot\boldsymbol{\sigma} - \boldsymbol{\sigma}\cdot\boldsymbol{d} \\ &= \left(\boldsymbol{\mathcal{C}}^{\sigma\mathcal{J}} + \boldsymbol{\sigma}\otimes\boldsymbol{I} - \boldsymbol{\mathcal{M}}\right) : \boldsymbol{d} = \boldsymbol{\mathcal{C}}^{\sigma\mathcal{T}} : \boldsymbol{d}\end{aligned} \tag{10.127}$$

式中

$$\boldsymbol{\mathcal{M}} = \frac{1}{2}\left(\boldsymbol{I}\boxtimes\boldsymbol{\sigma} + \boldsymbol{\sigma}\boxtimes\boldsymbol{I} + \boldsymbol{I}\overline{\boxtimes}\boldsymbol{\sigma} + \boldsymbol{\sigma}\overline{\boxtimes}\boldsymbol{I}\right) \tag{10.128}$$

写成分量形式是

$$\mathcal{M}_{ijkl} = \frac{1}{2}\left(\sigma_{ik}\delta_{jl} + \delta_{ik}\sigma_{jl} + \sigma_{il}\delta_{jk} + \delta_{il}\sigma_{jk}\right)$$

因此，两切线模量之间的关系为

$$\boldsymbol{\mathcal{C}}^{\sigma\mathcal{T}} = \boldsymbol{\mathcal{C}}^{\sigma\mathcal{J}} + \boldsymbol{\sigma}\otimes\boldsymbol{I} - \boldsymbol{\mathcal{M}} \tag{10.129}$$

注意：如果 $\boldsymbol{\mathcal{C}}^{\sigma\mathcal{J}}$ 是常张量，则 $\boldsymbol{\mathcal{C}}^{\sigma\mathcal{T}}$ 不是，同时，$\boldsymbol{\mathcal{M}}$ 具有主对称性，但 $\boldsymbol{\sigma}\otimes\boldsymbol{I}$ 不具有。

Green-Naghdi 切线模量 $\boldsymbol{\mathcal{C}}^{\sigma\mathcal{G}}$ 和 Truesdell 切线模量 $\boldsymbol{\mathcal{C}}^{\sigma\mathcal{T}}$ 之间的关系采用上面类似的方法得到为

$$\boldsymbol{\mathcal{C}}^{\sigma\mathcal{T}} = \boldsymbol{\mathcal{C}}^{\sigma\mathcal{G}} + \boldsymbol{\sigma}\otimes\boldsymbol{I} - \boldsymbol{\mathcal{M}} - \boldsymbol{\mathcal{M}}^{\mathrm{spin}} \tag{10.130}$$

式中

$$\boldsymbol{\mathcal{M}}^{\mathrm{spin}} : \boldsymbol{d} = \left(\boldsymbol{w} - \boldsymbol{\Omega}^{R}\right)\cdot\boldsymbol{\sigma} + \boldsymbol{\sigma}\cdot\left(\boldsymbol{w} - \boldsymbol{\Omega}^{R}\right)^{\mathrm{T}} \tag{10.131}$$

物质旋率 $\boldsymbol{w}$ 和相对旋率 $\boldsymbol{\Omega}^{\boldsymbol{R}}$ 之差与变形率张量 $\boldsymbol{d}$ 呈线性关系，见式 (4.126)。

若使用 Kirchhoff 应力的 Jaumann 率建立次弹性本构关系

$$\boldsymbol{\tau}^{\nabla J} = \boldsymbol{\mathcal{C}}^{\tau\mathcal{J}} : \boldsymbol{d} \tag{10.132}$$

利用 $\boldsymbol{\tau} = J\boldsymbol{\sigma}$ 和 $\dot{J} = J\mathrm{tr}\boldsymbol{d}$，见式 (4.45)，得两应力 Jaumann 率之间的关系是

$$\boldsymbol{\tau}^{\nabla J} = J\left(\boldsymbol{\sigma}^{\nabla J} + \boldsymbol{\sigma}\mathrm{tr}\boldsymbol{d}\right) \tag{10.133}$$

利用上式，式 (10.132) 可写成

$$\boldsymbol{\tau}^{\nabla J} = \boldsymbol{\mathcal{C}}^{\tau\mathcal{J}} : \boldsymbol{d} = J\left(\boldsymbol{\mathcal{C}}^{\sigma\mathcal{J}} : \boldsymbol{d} + \boldsymbol{\sigma}\mathrm{tr}\boldsymbol{d}\right) \tag{10.134}$$

因此有

$$J^{-1}\boldsymbol{\mathcal{C}}^{\tau\mathcal{J}} = \boldsymbol{\mathcal{C}}^{\sigma\mathcal{J}} + \boldsymbol{\sigma}\otimes\boldsymbol{I} = \boldsymbol{\mathcal{C}}^{\sigma\mathcal{T}} + \boldsymbol{\mathcal{M}} \tag{10.135}$$

在相对当前构形的第一弹性张量的表达式 (10.29) 中代入式 (10.129)，并考虑到上式及式 (10.128)，得

$$\boldsymbol{\mathcal{A}}=\boldsymbol{\mathcal{C}}^{\sigma\mathcal{J}}+\boldsymbol{\sigma}\otimes\boldsymbol{I}-\boldsymbol{\mathcal{M}}+\boldsymbol{I}\boxtimes\boldsymbol{\sigma}=J^{-1}\boldsymbol{\mathcal{C}}^{\tau\mathcal{J}}+\boldsymbol{\mathcal{M}}' \tag{10.136}$$

式中

$$\boldsymbol{\mathcal{M}}'=\boldsymbol{I}\boxtimes\boldsymbol{\sigma}-\boldsymbol{\mathcal{M}} \quad \text{或} \quad \mathcal{M}'_{ijkl}=\frac{1}{2}\left(\delta_{ik}\sigma_{jl}-\sigma_{ik}\delta_{jl}-\sigma_{il}\delta_{jk}-\delta_{il}\sigma_{jk}\right) \tag{10.137}$$

若假定式 (10.125) 中的切线张量与应力无关，即与应力相关项的系数均为零，或者说我们正讨论从无应力构形出发产生小变形的情况 (这时，变形率就等于小变形的应变率，即 $\boldsymbol{d}=\dot{\boldsymbol{\varepsilon}}$)，记材料常数 $\phi_1=\lambda$、$\phi_4=2\mu$，则它简化为

$$\boldsymbol{\mathcal{C}}^{\nabla}=\lambda\boldsymbol{I}\otimes\boldsymbol{I}+2\mu\boldsymbol{\mathcal{I}} \tag{10.138}$$

上式给出的切线张量就是各向同性小变形线弹性理论的弹性张量。Simo 与 Pister(1984) 表明：次弹性模型采用常张量作为切线张量并不可积。

10.4.2 一种特殊的不变性

用 Jamman 类客观率表示的次弹性本构方程具有一种特殊的不变性，即对任意选取的参考构形它的形式都是不变的。

设相对参考构形 $\mathscr{B}_0$ 的变形梯度为 $\boldsymbol{F}$，另外选取一个中间变形构形作为新的参考构形，记作 $\tilde{\mathscr{B}}$，从参考构形 $\mathscr{B}_0$ 到参考构形 $\tilde{\mathscr{B}}$ 的变换 $\boldsymbol{F}_0$ 是等体积的 $\det\boldsymbol{F}_0=1$，则相对参考构形 $\tilde{\mathscr{B}}$ 的变形梯度 $\tilde{\boldsymbol{F}}$ 为

$$\tilde{\boldsymbol{F}}=\boldsymbol{F}\cdot\boldsymbol{F}_0^{-1} \tag{10.139}$$

且 $\tilde{J}=\det\tilde{\boldsymbol{F}}=\det\boldsymbol{F}=J$。相对参考构形 $\tilde{\mathscr{B}}$ 的速度梯度为

$$\tilde{\boldsymbol{l}}=\dot{\tilde{\boldsymbol{F}}}\cdot\tilde{\boldsymbol{F}}^{-1}=\dot{\boldsymbol{F}}\cdot\boldsymbol{F}_0^{-1}\cdot(\boldsymbol{F}\cdot\boldsymbol{F}_0^{-1})^{-1}=\dot{\boldsymbol{F}}\cdot\boldsymbol{F}^{-1}=\boldsymbol{l} \tag{10.140}$$

进而

$$\tilde{\boldsymbol{d}}=\boldsymbol{d},\quad \tilde{\boldsymbol{w}}=\boldsymbol{w}$$

但相对旋率 $\boldsymbol{\Omega}^R$ 不是不变的，因为根据式 (4.112)，得

$$\tilde{\Omega}^R_{ij}=\tilde{w}_{ij}+\frac{\tilde{\lambda}_j+\tilde{\lambda}_i}{\tilde{\lambda}_j-\tilde{\lambda}_i}\tilde{d}_{ij} \tag{10.141}$$

式中 $\tilde{\lambda}_i$ $(i=1,2,3)$ 是 $\tilde{\boldsymbol{F}}$ 对应的主伸长，显然不同于 $\boldsymbol{F}$ 对应的主伸长 λ_i $(i=1,2,3)$，除非 $\boldsymbol{F}_0$ 是正交张量，因此 $\tilde{\boldsymbol{\Omega}}^R\neq\boldsymbol{\Omega}^R$。

Cauchy 应力是相对当前构形定义的，与参考构形的选取无关。该性质也可通过同一运动相对两个不同的参考构形所得的当前构形上单位体积功率应一致 $\tilde{\boldsymbol{\sigma}} : \tilde{\boldsymbol{d}} = \boldsymbol{\sigma} : \boldsymbol{d}$ 得到，由于 $\tilde{\boldsymbol{d}} = \boldsymbol{d}$，且 $\boldsymbol{d}$ 是任意的，因此，$\tilde{\boldsymbol{\sigma}} = \boldsymbol{\sigma}$，根据 $\boldsymbol{F}_0$ 的定义，参考构形 $\mathscr{B}_0$ 和 $\tilde{\mathscr{B}}$ 是等体积的，$\tilde{J} = J$，又有 $\tilde{\boldsymbol{\tau}} = \boldsymbol{\tau}$，进一步地，包含 $\boldsymbol{d}$，$\boldsymbol{w}$，$\boldsymbol{l}$ 等物理量在内的客观率，如 Jamman 率、Truesdell 率等也应是不变的

$$\boldsymbol{\sigma}^{\nabla J} = \tilde{\boldsymbol{\sigma}}^{\nabla J}, \quad \boldsymbol{\sigma}^{\nabla T} = \tilde{\boldsymbol{\sigma}}^{\nabla T} \tag{10.142}$$

但 $\boldsymbol{\sigma}^{\nabla G}$ 不是不变的,因相对旋率 $\boldsymbol{\Omega}^R$ 不是不变的。切线张量为常张量如式 (10.138) 或是取决于 Cauchy 应力如式 (10.129)，因此也是不变的。

以 Truesdell 率表示的次弹性模型为例，在切线模量为常张量的情况下进行积分，会得到有趣的结论。回顾 Truesdell 率的定义式 (6.88)，相对参考构形 $\tilde{\mathscr{B}}$，有

$$\boldsymbol{\sigma}^{\nabla T} = \tilde{\boldsymbol{\sigma}}^{\nabla T} = \tilde{J}^{-1} \tilde{\boldsymbol{F}} \cdot \dot{\tilde{\boldsymbol{S}}} \cdot \tilde{\boldsymbol{F}}^{\mathrm{T}} \tag{10.143}$$

因此有

$$\dot{\tilde{\boldsymbol{S}}} = \tilde{J} \tilde{\boldsymbol{F}}^{-1} \cdot \left(\boldsymbol{\mathcal{C}}^{\sigma \mathcal{T}} : \tilde{\boldsymbol{d}} \right) \cdot \tilde{\boldsymbol{F}}^{-\mathrm{T}} \tag{10.144}$$

上式两边从参考构形 $\tilde{\mathscr{B}}$ 积分到当前构形，得

$$\tilde{\boldsymbol{S}} - \tilde{\boldsymbol{S}}^0 = \int_0^t \tilde{J} \tilde{\boldsymbol{F}}^{-1} \cdot (\boldsymbol{\mathcal{C}}^{\sigma \mathcal{T}} : \boldsymbol{d}) \cdot \tilde{\boldsymbol{F}}^{-\mathrm{T}} \mathrm{d}s \tag{10.145}$$

式中 $\tilde{\boldsymbol{S}}^0$ 是运动初始时相对参考构形 $\tilde{\mathscr{B}}$ 的第二 P-K 应力，小写 s 代表时间，且 $0 \leqslant s \leqslant t$。将它前推到当前构形，得

$$\boldsymbol{\sigma} - \boldsymbol{\sigma}^0 = \underset{0 \leqslant s \leqslant t}{\Gamma} \left(\tilde{\boldsymbol{F}}(s) \right) \tag{10.146}$$

式中

$$\boldsymbol{\sigma}^0 = \tilde{J}^{-1} \tilde{\boldsymbol{F}} \cdot \tilde{\boldsymbol{S}}^0 \cdot \tilde{\boldsymbol{F}}^{\mathrm{T}} \tag{10.147a}$$

$$\underset{0 \leqslant s \leqslant t}{\Gamma} (\tilde{\boldsymbol{F}}) = \tilde{J}^{-1} \tilde{\boldsymbol{F}} \cdot \left(\int_0^t \tilde{J} \tilde{\boldsymbol{F}}^{-1} \cdot (\boldsymbol{\mathcal{C}}^{\sigma \mathcal{T}} : \boldsymbol{d}) \cdot \tilde{\boldsymbol{F}}^{-\mathrm{T}} \mathrm{d}s \right) \cdot \tilde{\boldsymbol{F}}^{\mathrm{T}} \tag{10.147b}$$

上式定义的函数与参考构形的选取无关，因为使用式 (10.139)，并考虑到在等容的参考构形变换下 $\tilde{J} = J$ 和 $\boldsymbol{F}_0$ 是常张量，有

$$\begin{aligned} & \underset{0 \leqslant s \leqslant t}{\Gamma} (\tilde{\boldsymbol{F}}) \\ & = J^{-1} \boldsymbol{F} \cdot \boldsymbol{F}_0^{-1} \cdot \left(\int_0^t J \left(\boldsymbol{F} \cdot \boldsymbol{F}_0^{-1} \right)^{-1} \cdot (\boldsymbol{\mathcal{C}}^{\sigma \mathcal{T}} : \boldsymbol{d}) \cdot \left(\boldsymbol{F} \cdot \boldsymbol{F}_0^{-1} \right)^{-\mathrm{T}} \mathrm{d}s \right) \cdot \left(\boldsymbol{F} \cdot \boldsymbol{F}_0^{-1} \right)^{\mathrm{T}} \\ & = J^{-1} \boldsymbol{F} \cdot \left(\int_0^t J \boldsymbol{F}^{-1} \cdot (\boldsymbol{\mathcal{C}}^{\sigma \mathcal{T}} : \boldsymbol{d}) \cdot \boldsymbol{F}^{-\mathrm{T}} \mathrm{d}s \right) \cdot \boldsymbol{F}^{\mathrm{T}} = \underset{0 \leqslant s \leqslant t}{\Gamma} (\boldsymbol{F}) \end{aligned} \tag{10.148}$$

Shutov 和 Ihlemann(2014) 讨论了类似的不变性关系。

考察两个运动，它们相对两个不同的参考构形 $\mathscr{B}_0$ 和 $\tilde{\mathscr{B}}$ 的变形梯度都是 $\boldsymbol{F}$，且变形历史相同，由于 $\tilde{\mathscr{B}}$ 是 $\mathscr{B}_0$ 经过了变形梯度 $\boldsymbol{F}_0$ 得到的，因此两个运动是不同的，分别记作运动 A 和运动 B，然而，都以 $\tilde{\mathscr{B}}$ 作为参考构形进行积分，使用上面的不变性有

$$\left(\boldsymbol{\sigma}-\boldsymbol{\sigma}^0\right)_{\mathrm{B}}=\left(\boldsymbol{\sigma}-\boldsymbol{\sigma}^0\right)_{\mathrm{A}} \tag{10.149}$$

式中 $(\boldsymbol{\sigma}^0)_{\mathrm{A}}$ 和 $(\boldsymbol{\sigma}^0)_{\mathrm{B}}$ 分别是 A 和 B 两个运动初始时的第二 P-K 应力按照式 (10.147a) 前推到各自的当前构形所得的 Cauchy 应力，即

$$\left(\boldsymbol{\sigma}^0\right)_{\mathrm{A}}=J^{-1}\left(\boldsymbol{F}\cdot\boldsymbol{F}_0^{-1}\right)\cdot\left(\tilde{\boldsymbol{S}}^0\right)_{\mathrm{A}}\cdot\left(\boldsymbol{F}\cdot\boldsymbol{F}_0^{-1}\right)^{\mathrm{T}} \tag{10.150a}$$

$$\left(\boldsymbol{\sigma}^0\right)_{\mathrm{B}}=J^{-1}\boldsymbol{F}\cdot\left(\tilde{\boldsymbol{S}}^0\right)_{\mathrm{B}}\cdot\boldsymbol{F}^{\mathrm{T}} \tag{10.150b}$$

式 (10.149) 说明从不同的构形出发产生相同的运动所需要的应力增量相同。从一定意义上说，这是一种比各向同性物质更“强”的对称性。若 $(\boldsymbol{\sigma}^0)_{\mathrm{B}}=(\boldsymbol{\sigma}^0)_{\mathrm{A}}=0$，式 (10.149) 所描述的物质必然是流体，这实质上是要求从构形 $\mathscr{B}_0$ 到构形 $\tilde{\mathscr{B}}$ 的等体积变换中，不需要应力，由于等体积变形就是剪切变形，这也就说流体不能抵抗剪变形。通常 $(\boldsymbol{\sigma}^0)_{\mathrm{B}}\neq(\boldsymbol{\sigma}^0)_{\mathrm{A}}\neq 0$，所以说，式 (10.149) 表示的不变性比起流体的对称性要“弱”。

式 (10.149) 给出的过“强”对称性在变形较大时是不合理的，因为过大的变形通常引起材料内部微结构的改变，以变形过程中的中间构形作为参照，对后续变形而言，物质性质应是各向异性的，称之为诱导的各向异性，尽管相对初始参考构形是各向同性的。为描述这种各向异性，可让弹性张量取决于应力，其一般表示式就是 (10.125)，这意味着诱导的各向异性为正交各向异性，材料对称轴为应力的主轴，说明如下。设 $\boldsymbol{n}_1$，$\boldsymbol{n}_2$，$\boldsymbol{n}_3$ 为应力的主轴，对应的三个主应力分别是 σ_1，σ_2，σ_3，定义张量

$$\boldsymbol{m}=\boldsymbol{n}_1\otimes\boldsymbol{n}_1-\boldsymbol{n}_2\otimes\boldsymbol{n}_2 \tag{10.151}$$

则 $\boldsymbol{\sigma}$，$\boldsymbol{\sigma}^2$ 均可使用 $\boldsymbol{I}$，$\boldsymbol{m}$，$\boldsymbol{m}^2$ 表示，分别为

$$\boldsymbol{\sigma}=\sigma_3\boldsymbol{I}+\frac{\sigma_1-\sigma_2}{2}\boldsymbol{m}+\frac{\sigma_1+\sigma_2-2\sigma_3}{2}\boldsymbol{m}^2 \tag{10.152a}$$

$$\boldsymbol{\sigma}^2=\sigma_3^2\boldsymbol{I}+\frac{\sigma_1^2-\sigma_2^2}{2}\boldsymbol{m}+\frac{\sigma_1^2+\sigma_2^2-2\sigma_3^2}{2}\boldsymbol{m}^2 \tag{10.152b}$$

代入式 (10.125)，则它的形式退化为式 (8.39)，不过其中的表示系数应是三个主应力或者它的三个不变量的函数，因此，诱导的各向异性为正交各向异性，这里定义的张量 $\boldsymbol{m}$ 就是它的结构张量。

例题 10.4 考虑次弹性各向同性材料，处于简单剪切状态，应用 Jaumann 率、Truesdell 率和 Green-Naghdi 率求出剪应力，假定弹性张量均由式 (10.138) 给出。

解 简单剪切的运动使用物质描述可表达为

$$x(\boldsymbol{X},t)=X+tY,\quad y(\boldsymbol{X},t)=Y$$

其中 t 代表时间，从变形几何中可理解为剪切角。显然有

$$\boldsymbol{F}=\begin{bmatrix}1 & t\\ 0 & 1\end{bmatrix},\quad \dot{\boldsymbol{F}}=\begin{bmatrix}0 & 1\\ 0 & 0\end{bmatrix},\quad \boldsymbol{F}^{-1}=\begin{bmatrix}1 & -t\\ 0 & 1\end{bmatrix}$$

因此，速度梯度和变形率为

$$\boldsymbol{l}=\dot{\boldsymbol{F}}\cdot\boldsymbol{F}^{-1}=\begin{bmatrix}0 & 1\\ 0 & 0\end{bmatrix},\quad \boldsymbol{d}=\frac{1}{2}\begin{bmatrix}0 & 1\\ 1 & 0\end{bmatrix},\quad \boldsymbol{w}=\frac{1}{2}\begin{bmatrix}0 & 1\\ -1 & 0\end{bmatrix}$$

Jaumann 率给出的本构方程表示为

$$\boldsymbol{\sigma}^{\nabla J}=\dot{\boldsymbol{\sigma}}-\boldsymbol{w}\cdot\boldsymbol{\sigma}-\boldsymbol{\sigma}\cdot\boldsymbol{w}^{\mathrm{T}}=\left(\lambda^{J}\boldsymbol{I}\otimes\boldsymbol{I}+2\mu^{J}\boldsymbol{\mathcal{I}}\right):\boldsymbol{d}$$

或

$$\dot{\boldsymbol{\sigma}}=\left(\lambda^{J}\mathrm{tr}\boldsymbol{d}\right)\boldsymbol{I}+2\mu^{J}\boldsymbol{d}+\boldsymbol{w}\cdot\boldsymbol{\sigma}+\boldsymbol{\sigma}\cdot\boldsymbol{w}^{\mathrm{T}}$$

在材料常数上加上角标，以区别不同客观率本构方程中的材料常数。在上式中代入变形率和旋率，注意到 $\mathrm{tr}\boldsymbol{d}=0$，在直角坐标系下，应力的物质时间导数就是各分量的时间导数，则上式使用矩阵形式表示为

$$\begin{bmatrix}\dot{\sigma}_x & \dot{\sigma}_{xy}\\ \dot{\sigma}_{xy} & \dot{\sigma}_y\end{bmatrix}=\mu^{J}\begin{bmatrix}0 & 1\\ 1 & 0\end{bmatrix}+\frac{1}{2}\begin{bmatrix}0 & 1\\ -1 & 0\end{bmatrix}\begin{bmatrix}\sigma_x & \sigma_{xy}\\ \sigma_{xy} & \sigma_y\end{bmatrix}+\frac{1}{2}\begin{bmatrix}\sigma_x & \sigma_{xy}\\ \sigma_{xy} & \sigma_y\end{bmatrix}\begin{bmatrix}0 & -1\\ 1 & 0\end{bmatrix}$$

即

$$\dot{\sigma}_x=\sigma_{xy},\quad \dot{\sigma}_y=-\sigma_{xy},\quad \dot{\sigma}_{xy}=\mu^{J}+\frac{1}{2}\left(\sigma_y-\sigma_x\right)$$

上面微分方程的解为

$$\sigma_x=-\sigma_y=\mu^{J}\left(1-\cos t\right),\quad \sigma_{xy}=\mu^{J}\sin t$$

上式表明：随着剪切角 t 的增大，剪应力 σ_{xy} 呈正弦函数周期变化，即变化是振荡的，这显然不合理。这一结果最早由 Diense(1979) 给出。

对于 Truesdell 率，本构方程为

$$\dot{\boldsymbol{\sigma}}=\left(\lambda^{T}\mathrm{tr}\boldsymbol{d}\right)\boldsymbol{I}+2\mu^{T}\boldsymbol{d}+\boldsymbol{l}\cdot\boldsymbol{\sigma}+\boldsymbol{\sigma}\cdot\boldsymbol{l}^{\mathrm{T}}-\left(\mathrm{tr}\boldsymbol{d}\right)\boldsymbol{\sigma}$$

代入速度梯度和变形率，得其矩阵形式为

$$\begin{bmatrix} \dot{\sigma}_x & \dot{\sigma}_{xy} \\ \dot{\sigma}_{xy} & \dot{\sigma}_y \end{bmatrix} = \mu^T \begin{bmatrix} 0 & 1 \\ 0 & 0 \end{bmatrix} + \begin{bmatrix} 0 & 1 \\ 0 & 0 \end{bmatrix} \begin{bmatrix} \sigma_x & \sigma_{xy} \\ \sigma_{xy} & \sigma_y \end{bmatrix} + \begin{bmatrix} \sigma_x & \sigma_{xy} \\ \sigma_{xy} & \sigma_y \end{bmatrix} \begin{bmatrix} 0 & 0 \\ 1 & 0 \end{bmatrix}$$

由上式得关于应力的微分方程为

$$\dot{\sigma}_x = 2\sigma_{xy}, \quad \dot{\sigma}_y = 0, \quad \dot{\sigma}_{xy} = \mu^T + \sigma_y$$

其解是

$$\sigma_x = \mu^T t^2, \quad \sigma_y = 0, \quad \sigma_{xy} = \mu^T t$$

对于 Green-Naghdi 率，本构方程为

$$\dot{\boldsymbol{\sigma}} = \left(\lambda^G \mathrm{tr}\boldsymbol{d}\right) \boldsymbol{I} + 2\mu^G \boldsymbol{d} + \boldsymbol{\Omega}^R \cdot \boldsymbol{\sigma} + \boldsymbol{\sigma} \cdot \boldsymbol{\Omega}^{R\mathrm{T}}$$

其中 $\boldsymbol{\Omega}^R = \dot{\boldsymbol{R}} \cdot \boldsymbol{R}^{\mathrm{T}}$。先使用 $\boldsymbol{b} = \boldsymbol{F} \cdot \boldsymbol{F}^{\mathrm{T}}$ 求出 $\boldsymbol{b}$，又由 $\boldsymbol{b} = \boldsymbol{V}^2$，求出 $\boldsymbol{V}$，再由 $\boldsymbol{F} = \boldsymbol{R} \cdot \boldsymbol{V}$ 求出 $\boldsymbol{R}$，得

$$\boldsymbol{b} = \begin{bmatrix} 1+t^2 & t \\ t & 1 \end{bmatrix}, \quad \boldsymbol{V} = \begin{bmatrix} \dfrac{1+\sin^2\beta}{\cos\beta} & \sin\beta \\ \sin\beta & \cos\beta \end{bmatrix}, \quad \boldsymbol{R} = \begin{bmatrix} \cos\beta & \sin\beta \\ -\sin\beta & \cos\beta \end{bmatrix}$$

其中 $2\tan\beta = t$，进而得到 $\boldsymbol{\Omega}^R$ 为

$$\boldsymbol{\Omega}^R = \begin{bmatrix} 0 & \dot{\beta} \\ -\dot{\beta} & 0 \end{bmatrix}$$

代入本构方程，得

$$\begin{bmatrix} \dot{\sigma}_x & \dot{\sigma}_{xy} \\ \dot{\sigma}_{xy} & \dot{\sigma}_y \end{bmatrix} = \mu^G \begin{bmatrix} 0 & 1 \\ 0 & 0 \end{bmatrix} + \begin{bmatrix} 0 & \dot{\beta} \\ -\dot{\beta} & 0 \end{bmatrix} \begin{bmatrix} \sigma_x & \sigma_{xy} \\ \sigma_{xy} & \sigma_y \end{bmatrix} + \begin{bmatrix} \sigma_x & \sigma_{xy} \\ \sigma_{xy} & \sigma_y \end{bmatrix} \begin{bmatrix} 0 & -\dot{\beta} \\ \dot{\beta} & 0 \end{bmatrix}$$

得到关于应力的微分方程为

$$\dot{\sigma}_x = 2\dot{\beta}\sigma_{xy}, \quad \dot{\sigma}_y = -2\dot{\beta}\sigma_{xy}, \quad \dot{\sigma}_{xy} = \dot{\beta}\left(\sigma_y - \sigma_x\right) + \mu^G$$

上面方程的解为

$$\sigma_x = -\sigma_y = 4\mu^G \left(\cos 2\beta \ln\cos\beta + \beta \sin 2\beta - \sin^2\beta\right)$$

$$\sigma_{xy} = 2\mu^G \cos 2\beta \left(2\beta - 2\tan 2\beta \ln\cos\beta - \tan\beta\right)$$

从上面的结果可知，采用不同的应力客观率，材料的响应明显不同。为产生剪切变形，不仅需要剪应力，而且还需要正应力作用，但它不同于 Cauchy 材料对正应力的要求，见式 (8.201)。

10.4.3 唯一可积的次弹性模型

次弹性本构关系一般不可积，Xiao 等 (1997a, 1997b) 证明：只有当应力客观率取作对数率时，它是可积的，且是唯一可积的。

具体来说，使用式 (6.95) 定义的应力对数率 $\boldsymbol{\tau}^{\log}$，建立如下形式的次弹性本构关系

$$\boldsymbol{d}=\frac{\partial^2\breve{W}}{\partial\boldsymbol{\tau}\partial\boldsymbol{\tau}}:\boldsymbol{\tau}^{\log} \tag{10.153}$$

式中 $\dfrac{\partial^2\breve{W}}{\partial\boldsymbol{\tau}\partial\boldsymbol{\tau}}$ 是通过应变余能函数 $\breve{W}=\boldsymbol{\tau}:\boldsymbol{h}-\boldsymbol{W}$ 定义的四阶柔度张量，上式是可积分的，并给出

$$\boldsymbol{h}=\frac{\partial\breve{W}(\boldsymbol{\tau})}{\partial\boldsymbol{\tau}} \tag{10.154}$$

证明 其过程就是将式 (10.15) 的推导过程反过来。前面已指出，采用空间张量描述的本构方程，为满足标架无差异原理，必须为各向同性，因此，$\breve{W}$ 是 $\boldsymbol{\tau}$ 的各向同性函数，$\dfrac{\partial\breve{W}}{\partial\boldsymbol{\tau}}$ 也是 $\boldsymbol{\tau}$ 的各向同性函数，应用式 (7.154) 将其中的 $\boldsymbol{A}$ 和 $\boldsymbol{T}(\boldsymbol{A})$ 分别用 $\boldsymbol{\tau}$ 和 $\dfrac{\partial\breve{W}}{\partial\boldsymbol{\tau}}$ 替换，对于任意的反对称张量 $\boldsymbol{\Omega}$ 都有

$$\frac{\partial^2\breve{W}}{\partial\boldsymbol{\tau}\partial\boldsymbol{\tau}}:\left(\boldsymbol{\Omega}\cdot\boldsymbol{\tau}+\boldsymbol{\tau}\cdot\boldsymbol{\Omega}^{\mathrm{T}}\right)=\boldsymbol{\Omega}\cdot\frac{\partial\breve{W}}{\partial\boldsymbol{\tau}}+\frac{\partial\breve{W}}{\partial\boldsymbol{\tau}}\cdot\boldsymbol{\Omega}^{\mathrm{T}} \tag{10.155}$$

将式 (4.113) 和式 (6.95) 代入式 (10.153)，并考虑到式 (10.155) (令其中的 $\boldsymbol{\Omega}=\boldsymbol{\Omega}^{\log}$)，经整理得

$$\dot{\boldsymbol{h}}-\boldsymbol{\Omega}^{\log}\cdot\left(\boldsymbol{h}-\frac{\partial\breve{W}}{\partial\boldsymbol{\tau}}\right)-\left(\boldsymbol{h}-\frac{\partial\breve{W}}{\partial\boldsymbol{\tau}}\right)\cdot\boldsymbol{\Omega}^{\log\mathrm{T}}=\frac{\partial^2\breve{W}}{\partial\boldsymbol{\tau}\partial\boldsymbol{\tau}}:\dot{\boldsymbol{\tau}} \tag{10.156}$$

设 $\boldsymbol{z}=\boldsymbol{h}-\dfrac{\partial\breve{W}}{\partial\boldsymbol{\tau}}$，考虑到

$$\frac{\partial^2\breve{W}}{\partial\boldsymbol{\tau}\partial\boldsymbol{\tau}}:\dot{\boldsymbol{\tau}}=\frac{\mathrm{D}}{\mathrm{D}t}\left(\frac{\partial\breve{W}}{\partial\boldsymbol{\tau}}\right) \tag{10.157}$$

结合对数率的定义，式 (10.156) 等价为 $\boldsymbol{z}$ 的对数率为零，即

$$\boldsymbol{z}^{\log}=\dot{\boldsymbol{z}}-\boldsymbol{\Omega}^{\log}\cdot\boldsymbol{z}-\boldsymbol{z}\cdot\boldsymbol{\Omega}^{\log\mathrm{T}}=\boldsymbol{0}$$

对于任意的对数旋率都应成立，因此，张量 $\boldsymbol{z}$ 必须为零张量，即式 (10.154) 成立，从而式 (10.153) 的可积性得证。◆◆

可积的原因是：变形率可唯一地表示为对数应变 $\boldsymbol{h}$ 的共旋时间率，即式 (4.113)。最简单的情况就是四阶柔度张量取通常的线弹性柔度张量，见式 (10.87)，其空间形式用 $\boldsymbol{\mathcal{D}}$ 表示，并考虑到 $K=\dfrac{2\mu(1+\nu)}{3(1-2\nu)}$，得次弹性本构关系

$$\boldsymbol{d}=\boldsymbol{\mathcal{D}}:\boldsymbol{\tau}^{\log}=\frac{\boldsymbol{\tau}^{\log}}{2\mu}-\frac{\nu}{1+\nu}\frac{\mathrm{tr}\boldsymbol{\tau}^{\log}}{2\mu}\boldsymbol{I} \tag{10.158}$$

可积分为

$$\boldsymbol{h}=\frac{\boldsymbol{\tau}}{2\mu}-\frac{\nu}{1+\nu}\frac{\mathrm{tr}\boldsymbol{\tau}}{2\mu}\boldsymbol{I}=\boldsymbol{\mathcal{D}}:\boldsymbol{\tau} \tag{10.159}$$

10.5 边值问题的增量提法——基本方程的线性化

10.5.1 一般参考构形

将无应力、无变形的自然状态选取为参考构形。物体在当前载荷作用下，第一 P-K 应力分布为 $\boldsymbol{P}$，变形梯度分布为 $\boldsymbol{F}$，均已求出，在接下来的增量时间步上施加增量载荷：在体内施加体积力增量 $\delta\boldsymbol{f}$，在力边界 $\Gamma_{0\sigma}$ 上施加面力矢量增量 $\delta\hat{\boldsymbol{t}}_0$，在位移边界 Γ_{0u} 上施加已知位移增量 $\delta\hat{\boldsymbol{u}}$，即

$$\delta\boldsymbol{t}_0=\delta\boldsymbol{P}\cdot\boldsymbol{N}=\delta\hat{\boldsymbol{t}}_0(\boldsymbol{X},\boldsymbol{x},\boldsymbol{F}),\quad 在\ \Gamma_{0\sigma}\ 上 \tag{10.160a}$$

$$\delta\boldsymbol{u}=\delta\hat{\boldsymbol{u}}(\boldsymbol{X}),\quad 在\ \Gamma_{0u}\ 上 \tag{10.160b}$$

求解在区域 Ω_0 内由此产生的增量应力 $\delta\boldsymbol{P}$ 和增量位移 $\delta\boldsymbol{u}=\delta\boldsymbol{x}$，这在本质上就是相对当前构形的线性化。

不考虑惯性力作用，平衡方程应是

$$\frac{\partial(\delta P_{iJ})}{\partial X_J}+\rho_0\delta f_i=0\quad 或\quad (\delta\boldsymbol{P})\cdot\nabla_0+\rho_0\delta\boldsymbol{f}=0 \tag{10.161}$$

而动量矩守恒方程 (Cauchy 应力增量必须对称) 是

$$\delta\boldsymbol{P}\cdot\boldsymbol{F}^{\mathrm{T}}+\boldsymbol{P}\cdot\delta\boldsymbol{F}^{\mathrm{T}}=\delta\boldsymbol{F}\cdot\boldsymbol{P}^{\mathrm{T}}+\boldsymbol{F}\cdot\delta\boldsymbol{P}^{\mathrm{T}} \tag{10.162}$$

线性化的弹性本构方程是

$$\delta P_{iJ}=\mathbb{A}_{iJkL}\delta F_{kL}\quad 或\quad \delta\boldsymbol{P}=\mathbb{A}:\delta\boldsymbol{F} \tag{10.163}$$

式中 $\mathbb{A}$ 是第一弹性张量为

$$\mathbb{A}_{iJkL}=\frac{\partial K_{0iJ}}{\partial F_{kL}}\ (\text{Cauchy 弹性})\quad 或\quad \mathbb{A}_{iJkL}=\frac{\partial^2 W}{\partial F_{iJ}\partial F_{kL}}\ (\text{超弹性})$$

而参照式 (5.191)，得位移增量引起的变形梯度增量为

$$\delta F_{iJ}=\frac{\partial\left(\delta u_i\right)}{\partial X_J} \tag{10.164}$$

是位移增量的梯度。

采用与导出式 (9.2) 相同的方法，并考虑到弹性张量 $\mathbb{A}$ 与 $\boldsymbol{X}$ 无关，增量平衡方程式 (10.161) 使用位移增量表示为

$$\mathbb{A}_{iJkL}\frac{\partial^2\left(\delta u_k\right)}{\partial X_J\partial X_L}+\rho_0\delta f_i=0 \tag{10.165}$$

需要说明：

(1) 边界上的 $\delta\boldsymbol{t}_0$ 除了取决于载荷增量，一般还会取决于位移增量 $\delta\boldsymbol{u}$ 和它引起的变形梯度 $\delta\boldsymbol{F}$，例如力边界受水压力的情况，使用式 (9.8) 及线性化表达式 (3.242) 和式 (3.223)，就有

$$\begin{aligned}\delta\boldsymbol{t}_0&=\delta\boldsymbol{P}\cdot\boldsymbol{N}\\&=-\delta pJ\boldsymbol{F}^{-\mathrm{T}}\cdot\boldsymbol{N}-pJ\mathrm{tr}\left(\boldsymbol{F}^{-1}\cdot\delta\boldsymbol{F}\right)\cdot\boldsymbol{F}^{-\mathrm{T}}\cdot\boldsymbol{N}+pJ\boldsymbol{F}^{-\mathrm{T}}\cdot\delta\boldsymbol{F}^{\mathrm{T}}\cdot\boldsymbol{F}^{-\mathrm{T}}\cdot\boldsymbol{N}\end{aligned} \tag{10.166}$$

式中 p，δp 是预先给定的，若将式中的 $\delta\boldsymbol{P}$ 使用本构方程式 (10.163) 由 $\delta\boldsymbol{F}$ 表示，则上式给出了由位移增量表示的力边界条件。

(2) 名义面力矢量的增量 $\delta\boldsymbol{t}_0$ 与真实面力增量 $\delta\boldsymbol{t}$ 之间的关系，通过对 $\boldsymbol{t}_0\mathrm{d}A=\boldsymbol{t}\mathrm{d}a$ 求增量，考虑到面积的时间改变率式 (4.48)，则有

$$\delta\boldsymbol{t}_0\mathrm{d}A=\left(\delta\boldsymbol{t}+\delta t\left(\mathrm{tr}\boldsymbol{d}-\boldsymbol{n}\cdot\boldsymbol{d}\cdot\boldsymbol{n}\right)\boldsymbol{t}\right)\mathrm{d}a \tag{10.167}$$

注意式中非黑体的 δt 代表时间增量，再代入面积比的表达式 (3.134)，得

$$\delta\boldsymbol{t}=J^{-1}\sqrt{\boldsymbol{n}\cdot\boldsymbol{b}\cdot\boldsymbol{n}}\delta\boldsymbol{t}_0-\delta t\left(\mathrm{tr}\boldsymbol{d}-\boldsymbol{n}\cdot\boldsymbol{d}\cdot\boldsymbol{n}\right)\boldsymbol{t} \tag{10.168}$$

10.5.2 以当前构形作为参考构形

现在的增量问题，若以增量前的当前构形 $\mathscr{B}_t$ 作为参考构形，可看作是具有初应力的小 (线性) 变形问题。

以当前构形 $\mathscr{B}_t$ 作为参考构形，第一 P-K 应力、第二 P-K 应力和 Cauchy 应力在增量开始瞬时重合，使用下标 “t” 表示物理量相对当前构形 $\mathscr{B}_t$，$\boldsymbol{\sigma}_0$ 表示增量开始时的 Cauchy 应力，则

$$\boldsymbol{P}_t=\boldsymbol{S}_t=\boldsymbol{\sigma}_0 \tag{10.169}$$

而且增量开始时的变形梯度及其 Jacobi 行列式是

$$\boldsymbol{F}_t=\boldsymbol{I},\quad J_t=\det\boldsymbol{F}_t=1 \tag{10.170}$$

下面证明增量形式的平衡方程应是

$$(\delta \boldsymbol{P}_t) \cdot \nabla + \rho \delta \boldsymbol{f} = \mathbf{0} \tag{10.171}$$

参考构形 $\mathscr{B}_0$ 下的整体平衡方程应是

$$\int_{\Gamma_0} \boldsymbol{P} \cdot \boldsymbol{N} \mathrm{d}A + \int_{\Omega_0} \rho_0 \boldsymbol{f} \mathrm{d}V_0 = \mathbf{0} \tag{10.172}$$

上式两边求物质时间导数 (取增量)，使用式 (5.220) 和质量守恒 $\rho \mathrm{d}V = \rho_0 \mathrm{d}V_0$，得

$$\int_{\Gamma_0} \dot{\boldsymbol{P}} \cdot \boldsymbol{N} \mathrm{d}A + \int_{\Omega_0} \rho_0 \dot{\boldsymbol{f}} \mathrm{d}V_0 = \int_{\Gamma} \dot{\boldsymbol{P}}_t \cdot \boldsymbol{n} \mathrm{d}a + \int_{\Omega} \rho \dot{\boldsymbol{f}} \mathrm{d}V = \mathbf{0} \tag{10.173}$$

再应用散度定理，得率形式的平衡方程

$$\dot{\boldsymbol{P}}_t \cdot \nabla + \rho \dot{\boldsymbol{f}} = \mathbf{0} \tag{10.174}$$

式中 ρ 和 ∇ 均相对当前构形 $\mathscr{B}_t$，写成增量形式就是式 (10.171)。

率形式的本构方程式 (10.25) 写成增量形式是

$$\delta \boldsymbol{P}_t = \boldsymbol{\mathcal{A}} : \delta \boldsymbol{F}_t \tag{10.175}$$

力边界条件变为

$$\delta \boldsymbol{t}_t = \delta \boldsymbol{P}_t \cdot \boldsymbol{n} = \delta \hat{\boldsymbol{t}} (\boldsymbol{x}, \delta \boldsymbol{u}, \boldsymbol{F}_t), \quad \text{在 } \Gamma_\sigma \text{ 上} \tag{10.176}$$

式中第一个等式看作是 $\delta \boldsymbol{t}_t$ 的定义式，它代表当前构形 $\mathscr{B}_t$ 中应力矢量的增量，考虑到式 (10.170)，受水压力的特殊边界条件式 (10.166) 可写成

$$\delta \boldsymbol{t}_t = \delta \boldsymbol{P}_t \cdot \boldsymbol{n} = -\delta p \boldsymbol{n} - p \operatorname{tr} (\delta \boldsymbol{F}_t) \boldsymbol{n} + p \delta \boldsymbol{F}_t^{\mathrm{T}} \cdot \boldsymbol{n} \tag{10.177}$$

相对当前构形 $\mathscr{B}_t$ 的变形梯度 $\boldsymbol{F}_t$ 因位移增量 $\delta \boldsymbol{u}$ 而引起的增量 $\delta \boldsymbol{F}_t$ 应是

$$\begin{aligned} \delta \boldsymbol{F}_t = \mathrm{D} \boldsymbol{F}_t (\boldsymbol{x}) [\delta \boldsymbol{u}] &= \left. \frac{\mathrm{d}}{\mathrm{d}\varepsilon} \right|_{\varepsilon=0} \left(\frac{\partial (\boldsymbol{x} + \varepsilon \delta \boldsymbol{u})}{\partial \boldsymbol{x}} \right) \\ &= \left. \frac{\mathrm{d}}{\mathrm{d}\varepsilon} \right|_{\varepsilon=0} \left(\boldsymbol{I} + \varepsilon \frac{\partial (\delta \boldsymbol{u})}{\partial \boldsymbol{x}} \right) = \delta \boldsymbol{u} \otimes \nabla \end{aligned} \tag{10.178}$$

下面将基本方程使用相对当前构形 $\mathscr{B}_t$ 的第二 P-K 应力 $\boldsymbol{S}_t$ 表示。考虑到 $\boldsymbol{P}_t$ 和 $\boldsymbol{S}_t$ 之间的关系式 $\boldsymbol{P}_t = \boldsymbol{F}_t \cdot \boldsymbol{S}_t$，经线性化处理，并考虑到式 (10.169) 和式 (10.170)，得增量 $\delta \boldsymbol{P}_t$ 为

$$\delta \boldsymbol{P}_t = \boldsymbol{F}_t \cdot \delta \boldsymbol{S}_t + \delta \boldsymbol{F}_t \cdot \boldsymbol{S}_t = \delta \boldsymbol{S}_t + \delta \boldsymbol{F}_t \cdot \boldsymbol{\sigma}_0 \tag{10.179}$$

因此，平衡方程 (10.171) 变为

$$(\delta \boldsymbol{S}_t + \delta \boldsymbol{F}_t \cdot \boldsymbol{\sigma}_0) \cdot \nabla + \rho \delta \boldsymbol{f} = 0 \tag{10.180}$$

对于增量过程而言，$\boldsymbol{\sigma}_0$ 就是初应力，而 $\delta \boldsymbol{F}_t \cdot \boldsymbol{\sigma}_0$ 反映初应力对平衡方程的影响。

增量形式的动量矩守恒方程可通过线性化 $\boldsymbol{P}_t \cdot \boldsymbol{F}_t^{\mathrm{T}} = \boldsymbol{F}_t \cdot \boldsymbol{P}_t^{\mathrm{T}}$ 得到，结合式 (10.169) 和式 (10.170)，有

$$\delta \boldsymbol{P}_t + \boldsymbol{\sigma}_0 \cdot \delta \boldsymbol{F}_t^{\mathrm{T}} = \delta \boldsymbol{F}_t \cdot \boldsymbol{\sigma}_0 + \delta \boldsymbol{P}_t^{\mathrm{T}} \tag{10.181}$$

将式 (10.179) 代入，上式自动满足。实际上，使用方程式 (10.180) 求解边值问题，未知的应力增量为 $\delta \boldsymbol{S}_t$，它本身对称，因此，动量矩守恒方程不必考虑。

$\delta \boldsymbol{F}_t = \delta \boldsymbol{u} \otimes \nabla$ 的对称化是相对当前构形 $\mathscr{B}_t$ 线性化的 Green 应变，也就是增量位移引起的相对当前构形 $\mathscr{B}_t$ 的小变形应变，记作

$$\delta \boldsymbol{E}_t = \frac{1}{2}\left(\delta \boldsymbol{F}_t + \delta \boldsymbol{F}_t^{\mathrm{T}}\right) \tag{10.182}$$

根据相对当前构形的率形式本构方程式 (10.30)，增量本构方程是

$$\delta \boldsymbol{S}_t = \boldsymbol{\mathcal{C}}^{\sigma \mathcal{T}} : \delta \boldsymbol{E}_t$$

式中 $\boldsymbol{\mathcal{C}}^{\sigma \mathcal{T}}$ 是相对当前构形 $\mathscr{B}_t$ 的线性化弹性张量，它不同于相对初始自然状态线性化所得的弹性张量，如果初始自然状态是各向同性的，构形 $\mathscr{B}_t$ 定义的状态将通常不再为各向同性。

使用式 (10.179)，力边界条件式 (10.176) 可写成

$$\delta \boldsymbol{t}_t = (\delta \boldsymbol{S}_t + \delta \boldsymbol{F}_t \cdot \boldsymbol{\sigma}_0) \cdot \boldsymbol{n} = \delta \hat{\boldsymbol{t}}\left(\boldsymbol{x}, \delta \boldsymbol{u}, \boldsymbol{F}_t\right), \quad \text{在 } \varGamma_\sigma \text{ 上} \tag{10.183}$$

为了求增量后的 Cauchy 应力，可通过将 $J_t \boldsymbol{\sigma} = \boldsymbol{F}_t \cdot \boldsymbol{S}_t \cdot \boldsymbol{F}_t^{\mathrm{T}}$ 相对构形 $\mathscr{B}_t$ 线性化先得到它的增量，再应用式 (3.242)、式 (10.169) 和式 (10.170)，得

$$\begin{aligned}
\delta \boldsymbol{\sigma} &= -J^{-1} \mathrm{tr}\left(\delta \boldsymbol{F}_t\right) \boldsymbol{F}_t \cdot \boldsymbol{S}_t \cdot \boldsymbol{F}_t^{\mathrm{T}} \\
&\quad + J^{-1}\left(\delta \boldsymbol{F}_t \cdot \boldsymbol{S}_t \cdot \boldsymbol{F}_t^{\mathrm{T}} + \boldsymbol{F}_t \cdot \delta \boldsymbol{S}_t \cdot \boldsymbol{F}_t^{\mathrm{T}} + \boldsymbol{F}_t \cdot \boldsymbol{S}_t \cdot \delta \boldsymbol{F}_t^{\mathrm{T}}\right) \\
&= -\mathrm{tr}\left(\delta \boldsymbol{F}_t\right) \boldsymbol{\sigma}_0 + \delta \boldsymbol{F}_t \cdot \boldsymbol{\sigma}_0 + \delta \boldsymbol{S}_t + \boldsymbol{\sigma}_0 \cdot \delta \boldsymbol{F}_t^{\mathrm{T}}
\end{aligned} \tag{10.184}$$

从而增量后的 Cauchy 应力为

$$\boldsymbol{\sigma} = \boldsymbol{\sigma}_0 + \delta \boldsymbol{\sigma} = \left(1 - \mathrm{tr}\left(\delta \boldsymbol{F}_t\right)\right) \boldsymbol{\sigma}_0 + \delta \boldsymbol{F}_t \cdot \boldsymbol{\sigma}_0 + \boldsymbol{\sigma}_0 \cdot \delta \boldsymbol{F}_t^{\mathrm{T}} + \delta \boldsymbol{S}_t \tag{10.185}$$

上面无论是以初始的自然状态作为参考构形还是以当前构形作为参考构形，均采用的是物质 (Lagrange) 描述方法，在有限元分析中为区别起见，通常将前者称为完全的 Lagrange 方法，而将后者称为更新的 Lagrange 方法。

10.6 率 (增量) 形式的虚功率原理——虚功率原理的线性化

有限元分析是以虚功率原理为基础的，下面讨论虚功率原理的线性化，即增量 (率) 形式的虚功率原理及其相应的变分原理。

10.6.1 一般参考构形

由于虚变形或位移 (速度) 变分与增量变形无关，为了区别起见，本节使用 δ 表示物理量虚设改变或变分，而增量均采用时间率乘以 $\mathrm{d}t$ 表示，如 $\dot{\boldsymbol{P}}\mathrm{d}t$ 表示第一 P-K 应力的增量，$\boldsymbol{v}\mathrm{d}t$ 表示位移增量，由于控制方程，包括平衡方程、几何方程和本构方程，总是增量线性的，因此，增量中的 $\mathrm{d}t$ 可被消除掉而不会显示出现，从而控制方程的率形式和增量形式等价。

在虚功率原理式 (5.199) 中使用 $\delta\boldsymbol{v}$ 代替 $\boldsymbol{\eta}$，不考虑惯性力作用，得参考构形中的虚功率原理

$$\int_{\Omega_0} \boldsymbol{P} : \delta\boldsymbol{v} \otimes \nabla_0 \mathrm{d}V_0 - \int_{\Omega_0} \rho_0 \boldsymbol{f} \cdot \delta\boldsymbol{v} \mathrm{d}V_0 - \int_{\Gamma_{0\sigma}} \boldsymbol{t}_0 \cdot \delta\boldsymbol{v} \mathrm{d}A = 0 \tag{10.186}$$

对于任意满足边界约束的 $\delta\boldsymbol{v}$ (在 Γ_{0u} 上，$\delta\boldsymbol{v} = 0$) 均成立，$\boldsymbol{v} + \delta\boldsymbol{v}$ 构成所谓运动可能的速度场，即处处连续可微且满足边界速度约束条件的速度场，因此，从变形几何或运动学的角度，它是可能的，但由此运动通过本构方程给出的应力，一般不满足平衡方程。考虑到梯度和变分可以交换次序，有

$$\delta\dot{\boldsymbol{F}} = \delta\left(\frac{\partial \boldsymbol{v}}{\partial \boldsymbol{X}}\right) = \frac{\partial(\delta\boldsymbol{v})}{\partial \boldsymbol{X}} = \delta\boldsymbol{v} \otimes \nabla_0 \tag{10.187}$$

式 (10.186) 左边第一项代表内力虚功率，整个左边代表内外虚功率差，下面对它进行线性化。

线性化是在当前构形的空间位置 $\boldsymbol{x}$ 上产生位移增量 $\boldsymbol{v}\mathrm{d}t$，找出内外虚功率差的一阶改变，若将它除以 $\mathrm{d}t$ 便得内外虚功率差的物质时间导数，所以，线性化本质上等价于求物质时间导数，见式 (4.22) 及其相关分析。对式 (10.186) 求物质时间导数，注意：虚速度 $\delta\boldsymbol{v}$ 和它的梯度 $\delta\dot{\boldsymbol{F}}$ 都应保持不变，因为虚变形与增量变形无关，在式 (10.187) 的帮助下，有

$$\frac{\mathrm{D}}{\mathrm{D}t}(\boldsymbol{P} : \delta\boldsymbol{v} \otimes \nabla_0) = \dot{\boldsymbol{P}} : \delta\dot{\boldsymbol{F}} \tag{10.188}$$

于是，得式 (10.186) 的线性化形式

$$\int_{\Omega_0} \dot{\boldsymbol{P}} : \delta\dot{\boldsymbol{F}} \mathrm{d}V_0 - \int_{\Omega_0} \rho_0 \dot{\boldsymbol{f}} \cdot \delta\boldsymbol{v} \mathrm{d}V_0 - \int_{\Gamma_{0\sigma}} \dot{\boldsymbol{t}}_0 \cdot \delta\boldsymbol{v} \mathrm{d}A = 0 \tag{10.189}$$

可以证明式 (10.189) 等价于率形式的平衡方程 (10.161) 和率形式的边界条件式 (10.160a)。代入式 (10.167)，得 9.2 节已讨论虚位移原理在超弹性和保守力的条件下可表达为总势能取极值，下面将讨论虚功率原理的率形式可表达为率势取极值。考虑到率形式本构关系 $\dot{\boldsymbol{P}} = \mathbb{A} : \dot{\boldsymbol{F}}$，则因虚速度梯度引起的虚应力率改变应是 $\delta\dot{\boldsymbol{P}} = \mathbb{A} : \delta\dot{\boldsymbol{F}}$，再结合瞬时弹性张量 $\mathbb{A}$ (式 (10.24)) 所具有的对称性，又有

$$\begin{aligned}\dot{\boldsymbol{P}} : \delta\dot{\boldsymbol{F}} = \delta\dot{\boldsymbol{F}} : \mathbb{A} : \dot{\boldsymbol{F}} &= \frac{1}{2}\left(\delta\dot{\boldsymbol{F}} : \mathbb{A} : \dot{\boldsymbol{F}} + \dot{\boldsymbol{F}} : \mathbb{A} : \delta\dot{\boldsymbol{F}}\right) \\ &= \frac{1}{2}\left(\delta\dot{\boldsymbol{F}} : \dot{\boldsymbol{P}} + \dot{\boldsymbol{F}} : \delta\dot{\boldsymbol{P}}\right) = \delta\left(\frac{1}{2}\dot{\boldsymbol{P}} : \dot{\boldsymbol{F}}\right) = \delta\chi \end{aligned} \tag{10.190}$$

式中 χ 称为弹性率势，显然有

$$\dot{\boldsymbol{P}} = \frac{\partial\chi}{\partial\dot{\boldsymbol{F}}}, \quad \chi = \frac{1}{2}\dot{\boldsymbol{P}} : \dot{\boldsymbol{F}} = \frac{1}{2}\dot{\boldsymbol{F}} : \mathbb{A} : \dot{\boldsymbol{F}} \tag{10.191}$$

而且，对照式 (10.188) 和式 (10.190)，则弹性率势的变分 $\delta\chi$ 可以通过对虚内力功率进行求时间率 (线性化) 得到

$$\delta\chi = \frac{\mathrm{D}}{\mathrm{D}t}\left(\boldsymbol{P} : \delta\dot{\boldsymbol{F}}\right) \tag{10.192}$$

下面给出变分 $\delta\chi$ 使用 Kirchhoff 应力 $\boldsymbol{\tau}$ 的表示。考虑到求偏导和变分可以交换次序，见式 (5.190)，使用式 (4.80) $\dot{\boldsymbol{F}}_t = \boldsymbol{l}$，并考虑到式 (10.187)，有

$$\begin{aligned}\delta\dot{\boldsymbol{F}}_t = \delta\boldsymbol{l} = \delta\left(\boldsymbol{v} \otimes \nabla\right) &= \delta\boldsymbol{v} \otimes \nabla \\ &= \delta\boldsymbol{v} \otimes \nabla_0 \cdot \frac{\partial\boldsymbol{X}}{\partial\boldsymbol{x}} = \delta\dot{\boldsymbol{F}} \cdot \boldsymbol{F}^{-1}\end{aligned} \tag{10.193}$$

使用式 (5.212a) 和式 (10.193)，再结合 Lie 导数的表达式 (6.44)，得

$$\begin{aligned}\delta\chi = \dot{\boldsymbol{P}} : \delta\dot{\boldsymbol{F}} &= \mathrm{tr}\left(\left(\dot{\boldsymbol{\tau}} - \boldsymbol{\tau}\cdot\boldsymbol{l}^{\mathrm{T}}\right)\cdot\boldsymbol{F}^{-\mathrm{T}}\cdot\left(\delta\dot{\boldsymbol{F}}_t\cdot\boldsymbol{F}\right)^{\mathrm{T}}\right) \\ &= \left(\dot{\boldsymbol{\tau}} - \boldsymbol{\tau}\cdot\boldsymbol{l}^{\mathrm{T}}\right) : \delta\dot{\boldsymbol{F}}_t = \left(\mathcal{L}_v\boldsymbol{\tau} + \boldsymbol{l}\cdot\boldsymbol{\tau}\right) : \delta\dot{\boldsymbol{F}}_t\end{aligned} \tag{10.194}$$

将上式代入线性化的虚功率原理式 (10.189)，则式 (10.189) 变为

$$\int_{\Omega_0}\left(\mathcal{L}_v\boldsymbol{\tau} + \boldsymbol{l}\cdot\boldsymbol{\tau}\right) : \delta\dot{\boldsymbol{F}}_t \mathrm{d}V_0 - \int_{\Omega_0}\rho_0\dot{\boldsymbol{f}}\cdot\delta\boldsymbol{v}\mathrm{d}V_0 - \int_{\Gamma_0}\dot{\boldsymbol{t}}_0\cdot\delta\boldsymbol{v}\mathrm{d}A = 0 \tag{10.195}$$

$\boldsymbol{l}\cdot\boldsymbol{\tau}$ 代表增量前初应力的影响，通常称之初应力刚度 (许多文献称之为几何刚度)。需要指出：Kirchhoff 应力的 Lie 导数作为一种客观率在线性化过程中自然出现。

如果增量载荷 (外力的时间变化率) 在速度变分 $\delta \boldsymbol{v}$ 中保持不变 (类似于全局分析中的死载荷)，考虑到式 (10.190)，则式 (10.189) 可写成如下变分形式

$$\delta \Xi = 0 \tag{10.196}$$

式中 Ξ 是总的率势

$$\Xi = \int_{\Omega_0} \chi \mathrm{d}V_0 - \int_{\Omega_0} \rho_0 \dot{\boldsymbol{f}} \cdot \boldsymbol{v} \mathrm{d}V_0 - \int_{\Gamma_{0\sigma}} \dot{\boldsymbol{t}}_0 \cdot \boldsymbol{v} \mathrm{d}A \tag{10.197}$$

在所有运动可能的速度场中，实际的速度场 (不管是否唯一) 总是使得总率势 Ξ 取极值。

如果载荷增量并不是在速度变分 $\delta \boldsymbol{v}$ 中保持不变的，但是具有由 Hill(1978) 所定义的如下自伴随性质

$$\int_{\Gamma_{0\sigma}} \left(\dot{\boldsymbol{t}}_0 \cdot \delta \boldsymbol{v} - \delta \dot{\boldsymbol{t}}_0 \cdot \boldsymbol{v} \right) \mathrm{d}A = 0 \tag{10.198}$$

且体积力也满足类似的关系，式 (10.189) 也可写成变分形式 $\delta \Xi = 0$，因为，根据上式可导出

$$\delta \int_{\Gamma_{0\sigma}} \dot{\boldsymbol{t}}_0 \cdot \boldsymbol{v} \mathrm{d}A = 2 \int_{\Gamma_{0\sigma}} \dot{\boldsymbol{t}}_0 \cdot \delta \boldsymbol{v} \mathrm{d}A \tag{10.199a}$$

$$\delta \int_{\Gamma_{0\sigma}} \dot{\boldsymbol{f}} \cdot \boldsymbol{v} \mathrm{d}V_0 = 2 \int_{\Gamma_{0\sigma}} \dot{\boldsymbol{f}} \cdot \delta \boldsymbol{v} \mathrm{d}V_0 \tag{10.199b}$$

在这种情况下，总率势能为

$$\Xi = \int_{\Omega_0} \chi \mathrm{d}V_0 - \frac{1}{2} \int_{\Omega_0} \rho_0 \dot{\boldsymbol{f}} \cdot \boldsymbol{v} \mathrm{d}V_0 - \frac{1}{2} \int_{\Gamma_{0\sigma}} \dot{\boldsymbol{t}}_0 \cdot \boldsymbol{v} \mathrm{d}A \tag{10.200}$$

如果载荷增量一部分与速度无关，而另一部分与速度相关但具有自伴随性质，分别使用上标 c 和 s 表示，则总率势能为 (Hill，1978；Ogden，1984)

$$\begin{aligned} \Xi = & \int_{\Omega_0} \chi \mathrm{d}V_0 - \int_{\Omega_0} \rho_0 \dot{\boldsymbol{f}}^{\mathrm{c}} \cdot \boldsymbol{v} \mathrm{d}V_0 - \frac{1}{2} \int_{\Omega_0} \rho_0 \dot{\boldsymbol{f}}^{\mathrm{s}} \cdot \boldsymbol{v} \mathrm{d}V_0 \\ & - \int_{\Gamma_{0\sigma}} \dot{\boldsymbol{t}}_0^{\mathrm{c}} \cdot \boldsymbol{v} \mathrm{d}A - \frac{1}{2} \int_{\Gamma_{0\sigma}} \dot{\boldsymbol{t}}_0^{\mathrm{s}} \cdot \boldsymbol{v} \mathrm{d}A \end{aligned} \tag{10.201}$$

10.6.2 以当前构形作为参考构形

使用式 (5.220)，得以当前构形为参考构形的应力矢量的时间率满足

$$\dot{\boldsymbol{t}}_t \mathrm{d}a = \dot{\boldsymbol{t}}_0 \mathrm{d}A \tag{10.202}$$

将式 (10.167) 写成等效的率形式，再与上式对照，得

$$\dot{\boldsymbol{t}}_t = \dot{\boldsymbol{t}} + (\mathrm{tr}\boldsymbol{d} - \boldsymbol{n} \cdot \boldsymbol{d} \cdot \boldsymbol{n}) \boldsymbol{t} \tag{10.203}$$

使用式 (10.202) 和 $\mathrm{d}V = J\mathrm{d}V_0$，率形式的虚功率原理式 (10.195) 在以当前构形为参考构形的情况下表示为

$$\int_{\Omega} J^{-1}(\mathcal{L}_{\nu}\boldsymbol{\tau}+\boldsymbol{l}\cdot\boldsymbol{\tau}):\delta\dot{\boldsymbol{F}}_t\mathrm{d}V-\int_{\Omega}\rho\dot{\boldsymbol{f}}\cdot\delta\boldsymbol{v}\mathrm{d}V-\int_{\Gamma_\sigma}\dot{\boldsymbol{t}}_t\cdot\delta\boldsymbol{v}\mathrm{d}a=0 \tag{10.204}$$

类比于式 (10.190) 和式 (10.191)，定义弹性率势

$$\dot{\boldsymbol{P}}_t:\delta\dot{\boldsymbol{F}}_t=\delta\left(\frac{1}{2}\dot{\boldsymbol{P}}_t:\dot{\boldsymbol{F}}_t\right)=\delta\chi_t,\quad \chi_t=\frac{1}{2}\dot{\boldsymbol{P}}_t:\dot{\boldsymbol{F}}_t \tag{10.205}$$

在上式中代入式 (5.219a) 和式 (10.193)，再使用式 (10.190) 和式 (10.194)，得

$$\begin{aligned}\delta\chi_t&=J^{-1}\mathrm{tr}\left(\left(\dot{\boldsymbol{P}}\cdot\boldsymbol{F}^{\mathrm{T}}\right)\cdot\left(\delta\dot{\boldsymbol{F}}\cdot\boldsymbol{F}^{-1}\right)^{\mathrm{T}}\right)=J^{-1}\dot{\boldsymbol{P}}:\delta\dot{\boldsymbol{F}}\\&=J^{-1}\delta\chi=J^{-1}(\mathcal{L}_{\nu}\boldsymbol{\tau}+\boldsymbol{l}\cdot\boldsymbol{\tau}):\delta\dot{\boldsymbol{F}}_t\end{aligned} \tag{10.206}$$

若外力的时间变化率并不随虚速度或者速度变分 $\delta\boldsymbol{v}$ 而改变，可以通过式 (10.204) 建立相应的变分原理 $\delta\varXi=0$，这时，总率势能 $\varXi$ 应为

$$\varXi=\int_{\Omega}\chi_t\mathrm{d}V-\int_{\Omega}\rho\dot{\boldsymbol{f}}\cdot\boldsymbol{v}\mathrm{d}V-\int_{\Gamma_\sigma}\dot{\boldsymbol{t}}_t\cdot\boldsymbol{v}\mathrm{d}a \tag{10.207}$$

弹性率势的变分也可以通过对第二 P-K 应力所做的虚功率相对当前构形 $\mathscr{B}_t$ 进行线性化得到，考虑到相对当前构形 $\mathscr{B}_t$ 的 Green 应变率为

$$\dot{\boldsymbol{E}}_t=\frac{1}{2}\left(\dot{\boldsymbol{F}}_t^{\mathrm{T}}\cdot\boldsymbol{F}_t+\boldsymbol{F}_t^{\mathrm{T}}\cdot\dot{\boldsymbol{F}}_t\right) \tag{10.208}$$

则因虚速度引起的虚 Green 应变率为

$$\delta\dot{\boldsymbol{E}}_t=\frac{1}{2}\left(\delta\dot{\boldsymbol{F}}_t^{\mathrm{T}}\cdot\boldsymbol{F}_t+\boldsymbol{F}_t^{\mathrm{T}}\cdot\delta\dot{\boldsymbol{F}}_t\right)=\frac{1}{2}\left(\delta\dot{\boldsymbol{F}}_t^{\mathrm{T}}+\delta\dot{\boldsymbol{F}}_t\right) \tag{10.209}$$

接下来求虚功率的物质时间导数或增量，注意：虚速度梯度 $\delta\dot{\boldsymbol{F}}_t$ 应保持不变，因为虚变形与增量变形无关，另外，虽然相对变形梯度 $\boldsymbol{F}_t=\boldsymbol{I}$，但它的时间率并不为零，因此在求虚 Green 应变率的物质时间导数时应予以保留，考虑到 $\boldsymbol{S}_t$ 的对称性，于是得

$$\begin{aligned}&\frac{\mathrm{D}}{\mathrm{D}t}\left(\boldsymbol{S}_t:\delta\dot{\boldsymbol{E}}_t\right)\\&=\mathrm{tr}\left(\dot{\boldsymbol{S}}_t\cdot\frac{1}{2}\left(\delta\dot{\boldsymbol{F}}_t^{\mathrm{T}}+\delta\dot{\boldsymbol{F}}_t\right)\right)+\mathrm{tr}\left(\boldsymbol{S}_t\cdot\frac{1}{2}\left(\delta\dot{\boldsymbol{F}}_t^{\mathrm{T}}\cdot\dot{\boldsymbol{F}}_t+\dot{\boldsymbol{F}}_t^{\mathrm{T}}\cdot\delta\dot{\boldsymbol{F}}_t\right)\right)\\&=\mathrm{tr}\left(\dot{\boldsymbol{S}}_t\cdot\delta\dot{\boldsymbol{F}}_t\right)+\mathrm{tr}\left(\boldsymbol{S}_t\cdot\dot{\boldsymbol{F}}_t^{\mathrm{T}}\cdot\delta\dot{\boldsymbol{F}}_t\right)=\dot{\boldsymbol{S}}_t:\delta\dot{\boldsymbol{F}}_t+\dot{\boldsymbol{F}}_t\cdot\boldsymbol{S}_t:\delta\dot{\boldsymbol{F}}_t\end{aligned} \tag{10.210}$$

使用式 (10.179)，考虑到 $\boldsymbol{S}_t=\boldsymbol{\sigma}_0$，因此得

$$\frac{\mathrm{D}}{\mathrm{D}t}\left(\boldsymbol{S}_t:\delta\dot{\boldsymbol{E}}_t\right)=\dot{\boldsymbol{P}}_t:\delta\dot{\boldsymbol{F}}_t=\delta\chi_t \tag{10.211}$$

第 11 章　弹性稳定性

在第 10 章的基础上，讨论其增量解的局部唯一性和局部稳定性以及一些相关的概念，包括变形局部化等，并讨论它们对本构方程的约束。

11.1　全局解的唯一性与稳定性

11.1.1　全局解的唯一性

考察参考构形中物质区域为 Ω_0 的物体，设它的边界为 Γ_0，在体内单位质量力为 $\boldsymbol{f}$, 边界上的表面力矢量为 $\boldsymbol{t}_0$ 的作用下，处于平衡状态，问题的解是：物质点的空间坐标为 $\boldsymbol{x}$, 变形梯度为 $\boldsymbol{F}$, 第一 P-K 应力为 $\boldsymbol{P}$。若存在另外一组解：物质点的空间坐标为 $\boldsymbol{x}^*$, 变形梯度为 $\boldsymbol{F}^*$, 第一 P-K 应力为 $\boldsymbol{P}^*$, 满足 $\boldsymbol{P}^*\cdot\nabla_0+\rho_0\boldsymbol{f}^*=0$ 和 $\boldsymbol{P}^*\cdot\boldsymbol{N}=\boldsymbol{t}_0^*$，在原理式 (5.199) 中令 $\boldsymbol{\eta}=\boldsymbol{x}^*-\boldsymbol{x}$，不考虑惯性力，对于这两组解应有

$$\int_{\Omega_0}\boldsymbol{P}:(\boldsymbol{F}^*-\boldsymbol{F})\,\mathrm{d}V_0=\int_{\Gamma_0}\boldsymbol{t}_0\cdot(\boldsymbol{x}^*-\boldsymbol{x})\,\mathrm{d}A+\int_{\Omega}\rho_0\boldsymbol{f}\cdot(\boldsymbol{x}^*-\boldsymbol{x})\,\mathrm{d}V_0 \tag{11.1a}$$

$$\int_{\Omega_0}\boldsymbol{P}^*:(\boldsymbol{F}^*-\boldsymbol{F})\,\mathrm{d}V_0=\int_{\Gamma_0}\boldsymbol{t}_0^*\cdot(\boldsymbol{x}^*-\boldsymbol{x})\,\mathrm{d}A+\int_{\Omega}\rho_0\boldsymbol{f}^*\cdot(\boldsymbol{x}^*-\boldsymbol{x})\,\mathrm{d}V_0 \tag{11.1b}$$

两式相减得所谓的 Kirchhoff 等式

$$\begin{aligned}\int_{\Omega_0}(\boldsymbol{P}^*-\boldsymbol{P}):(\boldsymbol{F}^*-\boldsymbol{F})\,\mathrm{d}V_0=&\int_{\Gamma_0}(\boldsymbol{t}_0^*-\boldsymbol{t}_0)\cdot(\boldsymbol{x}^*-\boldsymbol{x})\,\mathrm{d}A\\&+\int_{\Omega}\rho_0(\boldsymbol{f}^*-\boldsymbol{f})\cdot(\boldsymbol{x}^*-\boldsymbol{x})\,\mathrm{d}V_0\end{aligned} \tag{11.2}$$

若载荷与变形无关为死载荷，上式右边项为零，因此，两组解满足

$$\int_{\Omega_0}(\boldsymbol{P}^*-\boldsymbol{P}):(\boldsymbol{F}^*-\boldsymbol{F})\,\mathrm{d}V_0=0 \tag{11.3}$$

然而，如果让 $\boldsymbol{x}^*$ 仅代表可能的变形，相应的变形梯度和第一 P-K 应力由下式定义

$$\boldsymbol{F}^*=\frac{\partial\boldsymbol{x}^*}{\partial\boldsymbol{X}},\quad \boldsymbol{P}^*=\boldsymbol{K}_0(\boldsymbol{F}^*) \tag{11.4}$$

此时的第一 P-K 应力 $\boldsymbol{P}^*$ 不必满足平衡方程。如果对于任意的可能变形 $\boldsymbol{x}^*$，下式均成立

$$\int_{\Omega_0} (\boldsymbol{P}^* - \boldsymbol{P}) : (\boldsymbol{F}^* - \boldsymbol{F}) \, \mathrm{d}V_0 \neq 0 \tag{11.5}$$

则解是唯一的。

上式积分若小于零，虽然给出唯一解，下面的分析表明它是不稳定的，不稳定的唯一解没有实用价值，因此，唯一解的充分条件是

$$\int_{\Omega_0} (\boldsymbol{P}^* - \boldsymbol{P}) : (\boldsymbol{F}^* - \boldsymbol{F}) \, \mathrm{d}V_0 > 0 \tag{11.6}$$

一个更强制性的条件是要求上式中的被积函数大于零

$$(\boldsymbol{P}^* - \boldsymbol{P}) : (\boldsymbol{F}^* - \boldsymbol{F}) > 0$$

对于 Cauchy 材料，弹性本构关系为 $\boldsymbol{P} = \boldsymbol{K}_0(\boldsymbol{F})$，就要求

$$(\boldsymbol{K}_0(\boldsymbol{F}^*) - \boldsymbol{K}_0(\boldsymbol{F})) : (\boldsymbol{F}^* - \boldsymbol{F}) > 0 \tag{11.7}$$

当材料为超弹性时，$\boldsymbol{P} = \boldsymbol{K}_0(\boldsymbol{F}) = \dfrac{\partial W(\boldsymbol{F})}{\partial \boldsymbol{F}}$，上式变为

$$\left(\frac{\partial W(\boldsymbol{F}^*)}{\partial \boldsymbol{F}^*} - \frac{\partial W(\boldsymbol{F})}{\partial \boldsymbol{F}} \right) : (\boldsymbol{F}^* - \boldsymbol{F}) > 0 \tag{11.8}$$

满足式 (11.7) 的本构响应函数 $\boldsymbol{K}_0$ 和满足式 (11.8) 的储能函数 $W(\boldsymbol{F})$ 称之为严格外凸的，关于外凸性的定义和相关性质见附录 C。因此，唯一解的充分条件就是描述本构响应的相应函数必须外凸。

使用 Biot 应力与右伸长张量组成的功共轭对，考虑到本构关系可写成 $\boldsymbol{S}^{(1)} = \boldsymbol{K}_0(\boldsymbol{U})$，见式 (8.10)(标架无差异原理要求 $\boldsymbol{K}_0(\boldsymbol{U})$ 应是对称的)，使用式 (C.8a)，$\boldsymbol{K}_0$ 外凸的条件式可等价地表示为

$$(\boldsymbol{K}_0(\boldsymbol{U}^*) - \boldsymbol{K}_0(\boldsymbol{U})) : (\boldsymbol{U}^* - \boldsymbol{U}) > 0 \tag{11.9}$$

对于均匀变形的弹性体，如单轴拉伸 (压缩) 和简单剪切等，若给定边界表面力 $\boldsymbol{t}_0$ 或者第一 P-K 应力，通常有两种情形会导致相应的变形解非唯一：① 第一 P-K 应力的分解式 (5.139)(类似于变形梯度的分解) 非唯一，这主要由于 Biot 应力 $\boldsymbol{S}^{(1)}$ 的特征值可以为负 (代表压应力)，不像伸长张量 $\boldsymbol{U}$ 的特征值只能为正，从而有 $\boldsymbol{S}^{(1)} = \pm\sqrt{\boldsymbol{P}^{\mathrm{T}} \cdot \boldsymbol{P}}$ 非唯一，进而导致变形非唯一，9.3 节的例子说明了这一点；② 本构响应函数 $\boldsymbol{K}_0$ 非外凸，致使式 (11.9) 不能满足，本构关系式 $\boldsymbol{S}^{(1)} = \boldsymbol{K}_0(\boldsymbol{U})$ 逆变换求 $\boldsymbol{U}$ 不唯一。具体讨论见 Ogden(1984)。

对于受死载荷的一般非均匀变形弹性体，定义矩张量

$$\underline{\mathbf{L}} = \int_{\Gamma} \boldsymbol{x} \otimes \boldsymbol{t} \mathrm{d}a + \int_{\Omega} \boldsymbol{x} \otimes \rho \boldsymbol{f} \mathrm{d}\Omega \tag{11.10}$$

它同第一 P-K 应力一样，其分解具有非唯一性，从而影响解的非唯一性，见 Ogden(1984)。

11.1.2 全局解的稳定性

设问题的解是：物质点的空间坐标为 $\boldsymbol{x}$，变形梯度为 $\boldsymbol{F}$，第一 P-K 应力为 $\boldsymbol{P}$，对应的构形称之为平衡构形。假定存在另一组变形可能或运动可能场，其物质点的空间坐标为 $\boldsymbol{x}^*$，变形梯度为 $\boldsymbol{F}^*$，由 $\boldsymbol{F}^*$ 通过本构方程给出的第一 P-K 应力为 $\boldsymbol{P}^*$(一般不满足平衡方程)，该构形称之为变形可能构形。若平衡构形是稳定的，在从平衡构形到变形可能构形的假象运动过程中，内力功应大于外力功 (Hill, 1958)，即

$$\int_{\Omega_0} \left(\int_{F}^{F^*} \hat{\boldsymbol{P}} : \delta \hat{\boldsymbol{F}} \right) \mathrm{d}V_0 > \int_{\Omega_0} \left(\int_{x}^{x^*} \rho_0 \boldsymbol{f} \cdot \delta \boldsymbol{x} \right) \mathrm{d}V_0 + \int_{\Gamma_{0\sigma}} \left(\int_{x}^{x^*} \boldsymbol{t}_0 \cdot \delta \boldsymbol{x} \right) \mathrm{d}A \tag{11.11}$$

式中 $\hat{\boldsymbol{P}}$ 和 $\hat{\boldsymbol{F}}$ 分别代表假想过程中不断变化着的第一 P-K 应力和变形梯度，$\boldsymbol{P} \leqslant \hat{\boldsymbol{P}} \leqslant \boldsymbol{P}^*$，$\boldsymbol{F} \leqslant \hat{\boldsymbol{F}} \leqslant \boldsymbol{F}^*$。内力功可理解为物体从当前平衡构形到变形可能构形的变形中为克服材料内部分子之间的相互作用力所需要的能量，而外力功是外部所能提供的能量，当内力功大于外力功时，说明外部所提供的能量不足以满足变形所需要的能量，欲使这种变形得以实现，外部还需要补充能量使得两者相等，这就是说，平衡构形不可能在没有外部能量输入的情况下自动变形到所谓的变形可能构形，因此，平衡构形是稳定的。

当外力为大小和方向都不改变的死载荷时，式 (11.11) 中的外力功可写成

$$\int_{\Omega_0} \rho_0 \boldsymbol{f} \cdot (\boldsymbol{x}^* - \boldsymbol{x}) \, \mathrm{d}V_0 + \int_{\Gamma_{0\sigma}} \boldsymbol{t}_0 \cdot (\boldsymbol{x}^* - \boldsymbol{x}) \, \mathrm{d}A \tag{11.12}$$

另一方面，将单位体积的内力功写成

$$\int_{F}^{F^*} \hat{\boldsymbol{P}} : \delta \hat{\boldsymbol{F}} = \int_{F}^{F^*} \left(\hat{\boldsymbol{P}} - \boldsymbol{P} \right) : \delta \hat{\boldsymbol{F}} + \boldsymbol{P} : (\boldsymbol{F}^* - \boldsymbol{F}) \tag{11.13}$$

考虑到上面两个式子和式 (11.1a)，稳定性条件式 (11.11) 简化为

$$\int_{\Omega_0} \left(\int_{F}^{F^*} \left(\hat{\boldsymbol{P}} - \boldsymbol{P} \right) : \delta \hat{\boldsymbol{F}} \right) \mathrm{d}V_0 > 0 \tag{11.14}$$

进一步地，若材料为超弹性，考虑到式 (8.52)，则内力功为

$$\int_{F}^{F^*} \hat{\boldsymbol{P}} : \delta \hat{\boldsymbol{F}} = \int_{F}^{F^*} \delta W = W\left(\boldsymbol{F}^*\right) - W\left(\boldsymbol{F}\right) \tag{11.15}$$

将上式和外力功式 (11.12) 代入式 (11.11) 并考虑到物体总势能的定义式 (9.18)，稳定条件变为

$$\Pi\left(\boldsymbol{x}^*\right) > \Pi\left(\boldsymbol{x}\right) \tag{11.16}$$

上式就是最小势能原理，即稳定平衡时，物体的总势能为最小。该原理成立的前提条件是：超弹性和死载荷。注意：该原理可推广到外力为保守力的情况，这时单位体积内的体积力所做的外力功和单位边界面积上的表面力所做的外力功分别为

$$-\int_{x}^{x^*} \rho_0 \boldsymbol{f} \cdot \delta \boldsymbol{x} = \phi^f\left(\boldsymbol{x}^*\right) - \phi^f\left(\boldsymbol{x}\right) \tag{11.17a}$$

$$-\int_{x}^{x^*} \boldsymbol{t}_0 \cdot \delta \boldsymbol{x} = \phi^t\left(\boldsymbol{x}^*\right) - \phi^t\left(\boldsymbol{x}\right) \tag{11.17b}$$

于是，式 (11.16) 中的总势能函数应取为式 (9.17) 结合式 (9.15) 和式 (9.13)。

对于均匀变形的弹性体，式 (11.14) 括号中的积分为常量，则稳定条件进一步简化为

$$\int_{F}^{F^*} \left(\hat{\boldsymbol{P}} - \boldsymbol{P}\right) : \delta \hat{\boldsymbol{F}} > 0 \tag{11.18}$$

上式理解为附加应力 $\hat{\boldsymbol{P}} - \boldsymbol{P}$ 所做的功应大于零，能否成立完全由材料的本构关系所决定，由此可建立对本构方程的约束条件。这时的稳定性通常称之为材料稳定性，然而，对于一般非均匀变形的弹性体，式 (11.18) 是稳定条件式 (11.14) 成立的充分条件。

在式 (11.18) 中使用超弹性本构关系式 (8.52)，得超弹性材料的材料稳定性条件为

$$\int_{F}^{F^*} \left(\hat{\boldsymbol{P}} - \boldsymbol{P}\right) : \delta \hat{\boldsymbol{F}} = \int_{F}^{F^*} \frac{\partial W\left(\hat{\boldsymbol{F}}\right)}{\partial \hat{\boldsymbol{F}}} : \delta \hat{\boldsymbol{F}} - \frac{\partial W\left(\boldsymbol{F}\right)}{\partial \boldsymbol{F}} : \left(\boldsymbol{F}^* - \boldsymbol{F}\right) > 0 \tag{11.19}$$

进一步地有

$$W\left(\boldsymbol{F}^*\right) - W\left(\boldsymbol{F}\right) > \frac{\partial W\left(\boldsymbol{F}\right)}{\partial \boldsymbol{F}} : \left(\boldsymbol{F}^* - \boldsymbol{F}\right) \tag{11.20}$$

满足上式的储能函数是外凸的，这与式 (11.8) 所定义的外凸性一致，因为根据附录 C，若式 (11.20) 成立，则式 (11.8) 也成立，进而唯一性得到保证。

然而，唯一性和稳定性并不能等同。实际上存在这样的情况，对于某些可能变形 $\boldsymbol{x}^*$，$\Pi(\boldsymbol{x}^*) = \Pi(\boldsymbol{x})$，而对于另外一些可能变形 $\boldsymbol{x}^*$，$\Pi(\boldsymbol{x}^*) > \Pi(\boldsymbol{x})$，这时

平衡构形是稳定性的，同时又意味着平衡构形不唯一，因为满足 $\Pi(\boldsymbol{x}^*)=\Pi(\boldsymbol{x})$ 的 $\boldsymbol{x}^*$ 所给出的应力将满足所有平衡条件，因此，稳定性并不隐含唯一性。反过来，唯一的平衡构形不必要是稳定的，比如存在这样的情况，对于至少一种可能变形 $\boldsymbol{x}^*$，$\Pi(\boldsymbol{x}^*)<\Pi(\boldsymbol{x})$，而对于所有其他可能变形 $\boldsymbol{x}^*$，$\Pi(\boldsymbol{x}^*)>\Pi(\boldsymbol{x})$。

上面基于式 (11.11) 建立的稳定性条件，要求针对从当前真实平衡构形到变形可能构形的所有路径都必须成立，非常强制。然而，如果变形可能构形限定在平衡构形的邻近，由此建立的稳定条件就称为局部稳定条件，或称为线性化稳定条件，11.2 节将使用增量变形的概念进行详细讨论。

11.2　增量解的唯一性与稳定性

11.2.1　增量解的唯一性

设基本方程式 (10.160)～式 (10.163) 构成的增量问题的解是：物质点的空间位置坐标增量为 $\delta\boldsymbol{x}$，变形梯度为 $\delta\boldsymbol{F}$，第一 P-K 应力为 $\delta\boldsymbol{P}$。假定存在另一组变形可能场，其物质点的空间坐标为 $\delta\boldsymbol{x}^*$，变形梯度为 $\delta\boldsymbol{F}^*$，与变形可能场相对应的第一 P-K 应力为 $\delta\boldsymbol{P}^*$，对照前面全局解唯一性的充分条件式 (11.6)，得增量解唯一性的充分条件应是

$$\int_{\Omega_0}(\delta\boldsymbol{P}^*-\delta\boldsymbol{P}):(\delta\boldsymbol{F}^*-\delta\boldsymbol{F})\,\mathrm{d}V_0>0 \tag{11.21}$$

使用线性化 (增量) 本构方程有

$$\delta\boldsymbol{P}^*=\mathbb{A}(\boldsymbol{F}):\delta\boldsymbol{F}^*,\quad \delta\boldsymbol{P}=\mathbb{A}(\boldsymbol{F}):\delta\boldsymbol{F} \tag{11.22}$$

因此要求

$$\int_{\Omega_0}(\delta\boldsymbol{F}^*-\delta\boldsymbol{F}):\mathbb{A}(\boldsymbol{F}):(\delta\boldsymbol{F}^*-\delta\boldsymbol{F})\,\mathrm{d}V_0>0 \tag{11.23}$$

一个更强制性的条件是

$$(\delta\boldsymbol{P}^*-\delta\boldsymbol{P}):(\delta\boldsymbol{F}^*-\delta\boldsymbol{F})>0\quad 或\quad (\delta\boldsymbol{F}^*-\delta\boldsymbol{F}):\mathbb{A}:(\delta\boldsymbol{F}^*-\delta\boldsymbol{F})>0 \tag{11.24}$$

不等式 (11.24) 成立意味着弹性张量 $\mathbb{A}$ 必须正定。

然而，我们并不能要求增量问题解的唯一性总是存在，因为不等式 (11.24) 在一些变形状态下会得不到满足，比如，在某种变形状态下 $\mathbb{A}$ 奇异，使得 $\mathbb{A}:\delta\boldsymbol{F}=0$ 存在非零的 $\delta\boldsymbol{F}$ 解，进而式 (11.24) 变为等于零。针对各向同性材料，Ogden(1984) 对这种 $\mathbb{A}$ 的奇异性问题进行了详细的讨论。

应当注意，即使从式 (11.21) 的增量角度，平衡构形是唯一的，但从整体的角度，它可能不唯一。虽然式 (11.6) 对于 $\boldsymbol{x}$ 的某些邻域 $\boldsymbol{x}^*$ 可能成立，但也可能存在邻域之外且变形可能的 $\boldsymbol{x}^*$，式 (11.6) 取等号。

11.2.2　增量解的稳定性

前面 11.1.2 节讨论了当前载荷下物体所处平衡状态通过有限变形即大扰动到任意一个可能变形状态的全局稳定性，下面讨论平衡状态通过增量变形即微小扰动到达邻近状态的稳定性即所谓的局部 (线性化) 稳定性。仍然讨论死载荷，其条件可通过对式 (11.14) 在增量步内积分得到，为

$$\int_{\Omega_0} \frac{1}{2}\delta \boldsymbol{P} : \delta \boldsymbol{F} \mathrm{d}V_0 > 0 \tag{11.25}$$

被积函数代表平均应力增量所做的功，通常称之为二阶功，注意，二阶以上的功作为高阶项被略去。因此，稳定性的充分条件就是二阶功大于零。

进一步地，若材料为超弹性，稳定性要求总势能原理取最小，见式 (11.16)，因此有

$$\Pi(\boldsymbol{x}+\delta\boldsymbol{x}) > \Pi(\boldsymbol{x})$$

通常需要将 $\Pi(\boldsymbol{x}+\delta\boldsymbol{x})$ 利用 Taylor 级数相对平衡构形 $\boldsymbol{x}$ 展开后再进行讨论，为此，首先将储能函数 $W(\boldsymbol{F}+\delta\boldsymbol{F})$ 在 $\boldsymbol{F}$ 处展开，考虑到式 (8.52) 和式 (10.22)，有

$$W(\boldsymbol{F}+\delta\boldsymbol{F}) - W(\boldsymbol{F}) = \boldsymbol{P} : \delta\boldsymbol{F} + \frac{1}{2}\delta\boldsymbol{F} : \mathbb{A} : \delta\boldsymbol{F} + \cdots \tag{11.26}$$

式中右边第一项代表增量过程中应力不变所做的功，而第二项可写成

$$\frac{1}{2}\delta\boldsymbol{F} : \mathbb{A} : \delta\boldsymbol{F} = \frac{1}{2}\delta\boldsymbol{P} : \delta\boldsymbol{F} \tag{11.27}$$

代表二阶功。对于单轴拉伸加载情况，如图 11.1 所示，$Oaed$ 是拉伸方向名义应力与名义应变的关系曲线 (F 是拉伸方向上的变形梯度分量，$F-1$ 是该方向上的名义应变)，第一项是矩形 $iacj$ 的面积，而第二项是三角形 abc 的面积 (其中，ab 是曲线在 a 点的切线)，三阶及以上项则对应连接 ae 两点的曲线与切线 ab 之间的面积。

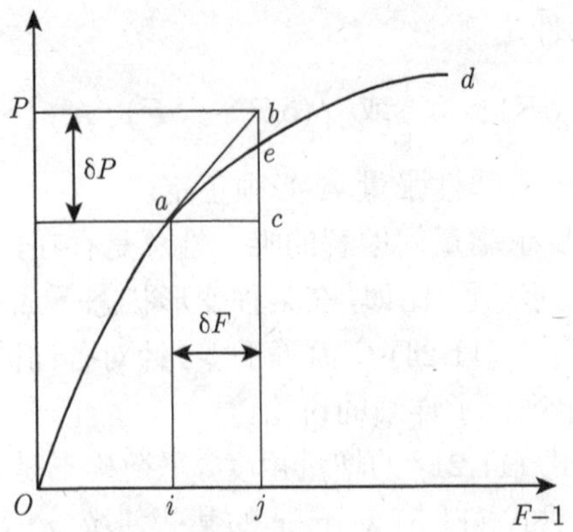

图 11.1　单轴拉伸变形下第一 P-K 应力与变形梯度关系曲线

结合式 (9.18) 和式 (11.26)，得 $\Pi(\boldsymbol{x}+\delta\boldsymbol{x})$ 相对平衡构形 $\boldsymbol{x}$ 展开为

$$\Pi\left(\boldsymbol{x}+\delta\boldsymbol{x}\right)=\Pi\left(\boldsymbol{x}\right)+\delta\Pi+\delta^2\Pi+\cdots \tag{11.28}$$

式中

$$\delta\Pi=\int_{\Omega_0}\boldsymbol{P}:\delta\boldsymbol{F}\mathrm{d}\Omega_0-\int_{\Omega_0}\rho_0\boldsymbol{f}\cdot\delta\boldsymbol{x}\mathrm{d}\Omega_0-\int_{\Gamma_0}\boldsymbol{t}_0\cdot\delta\boldsymbol{x}\mathrm{d}A \tag{11.29a}$$

$$\delta^2\Pi=\frac{1}{2}\int_{\Omega_0}\delta\boldsymbol{F}:\mathbb{A}:\delta\boldsymbol{F}\mathrm{d}V_0 \tag{11.29b}$$

根据虚位移原理或者极值原理，应有

$$\delta\Pi=0$$

当 $\delta\boldsymbol{F}\to 0$，将二阶以上的高阶项略去，因此，稳定条件式 (11.16) 变为

$$\delta^2\Pi=\frac{1}{2}\int_{\Omega_0}\delta\boldsymbol{F}:\mathbb{A}:\delta\boldsymbol{F}\mathrm{d}V_0>0 \tag{11.30}$$

显然，这与式 (11.25) 给出的条件一致。对于 $\delta\boldsymbol{F}\neq 0$，若式 (11.25) 和式 (11.30) 的积分等于零，对应的增量稳定状态称之为中性的，它可能稳定，也可能不稳定，取决于高阶功或总势能的高阶变分。

将稳定性条件式 (11.25) 或式 (11.30) 与唯一性充分条件式 (11.23) 对照，它们对弹性张量的要求实际上是等同的。但是，由于稳定条件式 (11.30) 的积分可以取等号，因此，增量稳定性一般不能隐含增量唯一性；又由于式 (11.23) 是增量唯一性的充分条件但并不必要，所以，增量唯一性也不能包含增量稳定性，相类似的结论已在 11.2.1 节针对全局解性质的讨论中给出。

增量唯一性的另外一种稳定性解释是其充分条件隐含着总率势取极小值 (Lubarda，2002)。采用率形式进行讨论，首先可以证明下式成立

$$\Xi\left(\boldsymbol{v}^*\right)-\Xi\left(\boldsymbol{v}\right)=\frac{1}{2}\int_{\Omega_0}\left(\dot{\boldsymbol{P}}^*-\dot{\boldsymbol{P}}\right):\left(\dot{\boldsymbol{F}}^*-\dot{\boldsymbol{F}}\right)\mathrm{d}V_0 \tag{11.31}$$

式中 $\boldsymbol{v}^*$ 是可能的速度场，$\dot{\boldsymbol{F}}^*$ 和 $\dot{\boldsymbol{P}}^*$ 是相应的梯度和第一 P-K 应力的时间率。

证明 第一弹性张量 $\mathbb{A}$ 只取决当前的变形，与增量变形无关，无论是增量解还是变形可能的增量，它们增量前的状态是一致的，再结合弹性张量的对称性，有

$$\dot{\boldsymbol{P}}=\mathbb{A}:\dot{\boldsymbol{F}},\quad \dot{\boldsymbol{P}}^*=\mathbb{A}:\dot{\boldsymbol{F}}^* \tag{11.32}$$

以及

$$\dot{\boldsymbol{F}}:\mathbb{A}:\dot{\boldsymbol{F}}^*=\dot{\boldsymbol{F}}^*:\mathbb{A}:\dot{\boldsymbol{F}} \tag{11.33}$$

式中

$$\dot{\boldsymbol{F}}=\frac{\partial \boldsymbol{v}}{\partial \boldsymbol{X}}, \quad \dot{\boldsymbol{F}}^{*}=\frac{\partial \boldsymbol{v}^{*}}{\partial \boldsymbol{X}}, \tag{11.34}$$

从而有

$$\dot{\boldsymbol{P}}:\dot{\boldsymbol{F}}^{*}=\dot{\boldsymbol{P}}^{*}:\dot{\boldsymbol{F}} \tag{11.35}$$

注意：$\boldsymbol{P}:\boldsymbol{F}^{*}\neq\boldsymbol{P}^{*}:\boldsymbol{F}$，根据上式容易导出

$$\dot{\boldsymbol{P}}^{*}:\dot{\boldsymbol{F}}^{*}-\dot{\boldsymbol{P}}:\dot{\boldsymbol{F}}-2\dot{\boldsymbol{P}}:\left(\dot{\boldsymbol{F}}^{*}-\dot{\boldsymbol{F}}\right)=\left(\dot{\boldsymbol{P}}^{*}-\dot{\boldsymbol{P}}\right):\left(\dot{\boldsymbol{F}}^{*}-\dot{\boldsymbol{F}}\right) \tag{11.36}$$

而根据率形式的虚功原理应有

$$\int_{\Omega_0}\dot{\boldsymbol{P}}:\left(\dot{\boldsymbol{F}}^{*}-\dot{\boldsymbol{F}}\right)\mathrm{d}V_0=\int_{\Gamma_0}\dot{\boldsymbol{t}}_0\cdot\left(\boldsymbol{v}^{*}-\boldsymbol{v}\right)\mathrm{d}A+\int_{\Omega}\rho_0\dot{\boldsymbol{f}}\cdot\left(\boldsymbol{v}^{*}-\boldsymbol{v}\right)\mathrm{d}V_0 \tag{11.37}$$

将式 (11.36) 两边进行区域内积分并考虑到上式以及率势的定义式 (10.197)，从而得式 (11.31)。♦♦

再结合式 (11.21) 并考虑到率表示和增量表示的等价性，唯一性的充分条件是

$$\varXi\left(\boldsymbol{v}^{*}\right)>\varXi\left(\boldsymbol{v}\right) \tag{11.38}$$

11.2.3 储能函数非凸

对于均匀弹性体的增量稳定性，即所谓的材料稳定性，根据式 (11.25) 和式 (11.30)，应有被积函数大于零

$$\delta\boldsymbol{P}:\delta\boldsymbol{F}>0 \tag{11.39}$$

或者

$$\delta\boldsymbol{F}:\mathbb{A}:\delta\boldsymbol{F}>0 \tag{11.40}$$

即二阶功大于零或弹性张量 $\mathbb{A}$ 正定。

若储能函数为外凸，则弹性张量 $\mathbb{A}$ 正定，式 (11.39) 和式 (11.24) 均满足，从而有稳定的唯一解，这样排斥了一些特殊的物理现象，如结构的屈曲和褶皱等，因此，储能函数外凸这个条件过于强制，实际应用中会常常遇到非凸的储能函数，下面以形状记忆合金的相变过程为例，进行详细讨论。

使用变形控制加载，形状记忆合金的单轴应力应变关系以及对应的储能函数与应变关系曲线往往分别如图 11.2 和图 11.3 所示。在一维单轴拉伸变形的情况下，外凸条件退化为

$$\frac{\partial^2 W}{\partial F\partial F}>0 \quad 或 \quad \delta P\delta F>0 \tag{11.41}$$

式中非黑体 F 和 P 分别表示变形梯度和第一 P-K 应力在拉伸方向上的分量。这就要求 P 随 F 单调增加，储能函数随 F 变化的函数曲线凸向储能函数的负轴方向。如图 11.2 所示，现在的具体情况是

$$\frac{\partial P}{\partial F}=\frac{\partial^2 W}{\partial F\partial F}\begin{cases}>0, & \text{在 } Oac \text{ 段、} eb \text{ 段}\\ <0, & \text{在 } cde \text{ 段}\end{cases} \tag{11.42}$$

于是，Oac 段和 eb 段的储能函数凸向下，是稳定的；而 cde 段的储能函数非凸 (凸向上)，从而是不稳定的。

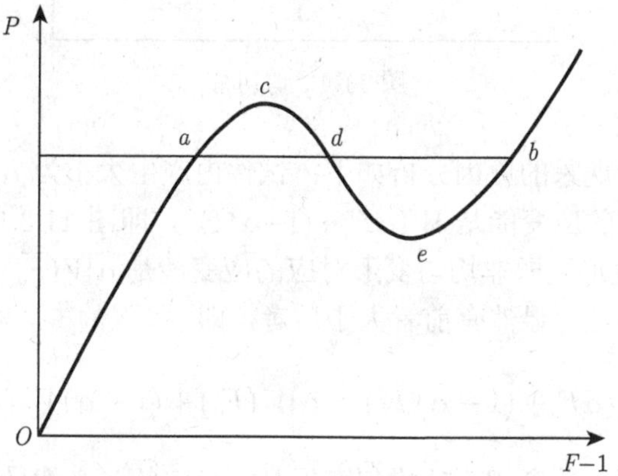

图 11.2　形状记忆合金单轴拉伸应力应变关系

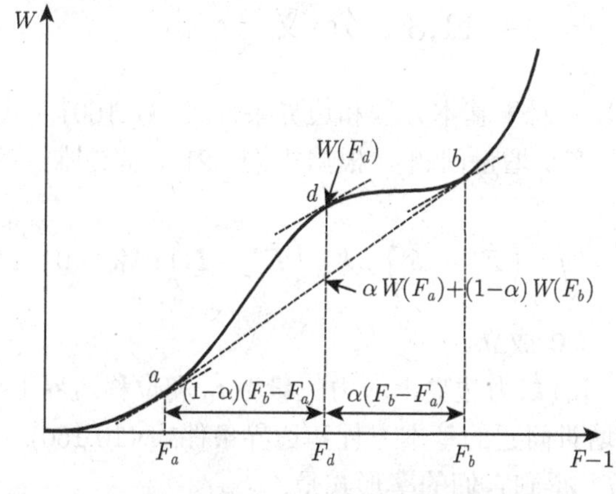

图 11.3　形状记忆合金单轴拉伸储能函数与应变关系

当单轴拉伸至 cde 段不稳定阶段的某一点，比如 d 点，试件将在应力不变的情况下，一部分区域通过从奥氏体到马氏体的相变变形到 b 点，而另外一部分通

过弹性变形退回到 a 点，变形不再均匀，但应力仍然保持均匀，由于储能函数与应变关系曲线的斜率就是应力，因此，图 11.3 中 a、b、d 三点处的切线平行 (设想应力 P 从 a 到 b 保持不变时，即为水平线时，对应的储能函数曲线为从 a 到 b 的直线，即 a、b 和 d 的公切线)。若变形为 F_a 的区域 a 占试件总体积分数是 α，变形为 F_b 的区域 b 往往以剪切带的形式出现，如图 11.4 所示，其体积分数就是 $1-\alpha$，因此，试件的体积平均变形就是 $\alpha F_a + (1-\alpha)F_b$。

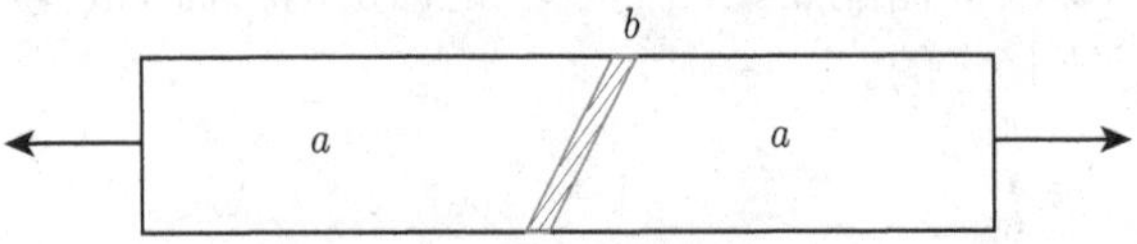

图 11.4　剪切带

产生这种失稳现象的原因分析如下：试件内产生大小为 $\alpha F_a+(1-\alpha)F_b$ 的单一均匀变形所对应的应变能是 $W(\alpha F_a+(1-\alpha)F_b)$，即图 11.3 中的 $W(F_d)$，而产生 a、b 两个不同变形区即非均匀变形对应的应变能是 $\alpha W(F_a)+(1-\alpha)W(F_b)$，根据储能函数的非凸性，显然有前者大于后者，即

$$W\left(\alpha F_a+(1-\alpha)F_b\right) > \alpha W\left(F_a\right)+(1-\alpha)W\left(F_b\right) \tag{11.43}$$

根据能量最小原理，前者相应的均匀变形是不稳定的，必然导致后者相应的非均匀变形状态。

11.3　分叉分析

前面的分析表明：对于基本方程和边界条件式 (10.160)~ 式 (10.163) 构成的增量问题 (以下称非齐次增量问题)，根据式 (11.21)，解为唯一的充分条件可用率形式表示为

$$\int_{\Omega_0}\left(\dot{\boldsymbol{F}}^*-\dot{\boldsymbol{F}}\right):\mathbb{A}:\left(\dot{\boldsymbol{F}}^*-\dot{\boldsymbol{F}}\right)\mathrm{d}V_0>0 \tag{11.44}$$

对于所有的 $\boldsymbol{v}^*-\boldsymbol{v}\neq\boldsymbol{0}$ 成立。

当质量力率 (增量)$\dot{\boldsymbol{f}}$、力边界上应力矢量率 $\dot{\boldsymbol{t}}_0$ 和位移边界上位移率 (速度)$\dot{\boldsymbol{u}}=\boldsymbol{z}$ 均为零时，求解增量问题的基本方程和边界条件式 (10.160)~ 式 (10.163) 为齐次的，两边同除 $\mathrm{d}t$，得到它们的率形式是

$$\dot{\boldsymbol{P}}\cdot\nabla_0=\boldsymbol{0} \tag{11.45a}$$

$$\dot{\boldsymbol{t}}_0=\dot{\boldsymbol{P}}\cdot\boldsymbol{N}=\boldsymbol{0},\quad 在\varGamma_{0\sigma}上;\quad \boldsymbol{z}=\boldsymbol{0}, 在\varGamma_{0u}上 \tag{11.45b}$$

式中

$$\dot{\boldsymbol{P}} = \mathbb{A} : \dot{\boldsymbol{F}}, \quad \dot{\boldsymbol{F}} = \frac{\partial \boldsymbol{z}}{\partial \boldsymbol{X}} \tag{11.46}$$

显然，总存在一个零解 $\boldsymbol{z} = \boldsymbol{0}$ 满足上面所有的方程。然而，如果它们仅有唯一的零解，根据式 (11.44)，应有

$$\int_{\Omega_0} \dot{\boldsymbol{F}} : \mathbb{A} : \dot{\boldsymbol{F}} \mathrm{d}V_0 > 0 \tag{11.47}$$

对于所有的 $\boldsymbol{z} \neq \boldsymbol{0}$ 均成立，实际上，在式 (11.44) 中取

$$\boldsymbol{z} = \boldsymbol{v}^* - \boldsymbol{v}$$

就能得到 (11.47)。

齐次增量 (率) 问题有唯一的零解就意味着对应的非齐次增量问题有唯一解，两者存在等价关系。然而，在某些变形构形下，齐次增量问题存在非零解 $\boldsymbol{z} \neq 0$，对应地，非齐次增量问题的解一定不唯一。一个构形若齐次增量解存在非零解，则称它为特征构形，该非零解被称为特征模态。由于非齐次增量问题中本构方程是增量线性的，导致问题是线性的，因此，只有且仅只有当前构形 (增量前的构形) 不是对应齐次增量问题的特征构形，它的解为唯一。如果当前构形是特征构形，那么，特征模态与任意常数 k 的乘积 $k\boldsymbol{z}$ 都可以叠加到非齐次问题的一个平衡解 $\boldsymbol{v}$ 上，从而产生另外一个平衡解 $\boldsymbol{v}+k\boldsymbol{z}$，因此，为了保证解的唯一性就必须排除所有可能的特征模态。不等式 (11.47) 保证了考虑中的当前构形不是特征构形，从而排除了特征模态，从这个意义出发，将式 (11.47) 的左边称之为排除泛函，使用 $\mathcal{D}$ 表示，即

$$\mathcal{D} \stackrel{\text{def}}{=} \frac{1}{2} \int_{\Omega_0} \dot{\boldsymbol{F}} : \mathbb{A} : \dot{\boldsymbol{F}} \mathrm{d}V_0 \tag{11.48}$$

这里引入了 1/2 是为了讨论问题方便，对结果没有影响。

如果存在一个特征模态 $\boldsymbol{z}$，考虑到 $\dot{\boldsymbol{F}}=\dfrac{\partial \boldsymbol{z}}{\partial \boldsymbol{X}}$，根据散度定理有

$$\begin{aligned}\int_{\Omega_0} \dot{\boldsymbol{P}} : \dot{\boldsymbol{F}} \mathrm{d}V_0 &= \int_{\Omega_0} \left(\left(\boldsymbol{z} \cdot \dot{\boldsymbol{P}} \right) \cdot \nabla_0 - \left(\dot{\boldsymbol{P}} \cdot \nabla_0 \right) \cdot \boldsymbol{z} \right) \mathrm{d}V_0 \\ &= - \int_{\Omega_0} \left(\dot{\boldsymbol{P}} \cdot \nabla_0 \right) \cdot \boldsymbol{z} \mathrm{d}V_0 + \int_{\Gamma_0} \left(\dot{\boldsymbol{P}} \cdot \boldsymbol{N} \right) \cdot \boldsymbol{z} \mathrm{d}A \end{aligned} \tag{11.49}$$

将齐次增量问题的方程与边界条件式 (11.45) 代入上式，得上式应为零，考虑到 $\mathbb{A}$ 具有主对称性，因此有

$$\mathcal{D}=\frac{1}{2} \int_{\Omega_0} \dot{\boldsymbol{P}} : \dot{\boldsymbol{F}} \mathrm{d}V_0=\frac{1}{2} \int_{\Omega_0} \dot{\boldsymbol{F}} : \mathbb{A} : \dot{\boldsymbol{F}} \mathrm{d}V_0=0 \tag{11.50}$$

式 (11.49) 的变分形式是，对于任意的速度变分 $\delta\boldsymbol{z}$

$$\int_{\Omega_0}\dot{\boldsymbol{P}}:\delta\dot{\boldsymbol{F}}\mathrm{d}V_0=-\int_{\Omega_0}\left(\dot{\boldsymbol{P}}\cdot\nabla_0\right)\cdot\delta\boldsymbol{z}\mathrm{d}V_0+\int_{\Gamma_0}\dot{\boldsymbol{t}}_0\cdot\delta\boldsymbol{z}\mathrm{d}A \tag{11.51}$$

同样对于齐次增量问题，上式应为零。另一方面，参照式 (10.191)，应有

$$\int_{\Omega_0}\dot{\boldsymbol{P}}:\delta\dot{\boldsymbol{F}}\mathrm{d}V_0=\int_{\Omega_0}\dot{\boldsymbol{F}}:\mathbb{A}:\delta\dot{\boldsymbol{F}}\mathrm{d}V_0=\frac{1}{2}\delta\left(\int_{\Omega_0}\dot{\boldsymbol{F}}:\mathbb{A}:\dot{\boldsymbol{F}}\mathrm{d}V_0\right)=\delta\mathcal{D} \tag{11.52}$$

从而

$$\delta\mathcal{D}=0 \tag{11.53}$$

上式说明特征模态使得排除泛函相对运动可能的速度场 $\boldsymbol{z}$ 取极值，反过来说，任意运动可能的速度场 $\boldsymbol{z}$ 使得排除泛函取极值就代表一个特征模态。上式还可以直接根据总率势的极值原理 $\delta\varXi=0$ 导出 ($\varXi$ 的表达式见 (10.197))，实际上，对于齐次增量问题，总率势 $\varXi$ 与排除泛函 $\mathcal{D}$ 相等。

关于稳定性，考察特征构形 $\boldsymbol{x}$ 和相邻的构形 $\boldsymbol{x}+\delta\boldsymbol{x}$，其中 $\delta\boldsymbol{x}=\delta\boldsymbol{u}=\boldsymbol{z}\delta t$。根据式 (11.48) 和式 (11.29b)，排除泛函 $\mathcal{D}$ 又与总势能的二阶变分相等 (分别是问题的率形式和增量形式)，考虑到式 (11.50)，因此，对于特征模态，有总势能的二次变分为零

$$\delta^2\varPi=0 \tag{11.54}$$

从而在二阶近似下，特征构形 $\boldsymbol{x}$ 和相邻的构形 $\boldsymbol{x}+\delta\boldsymbol{x}$ 具有相同的总势能

$$\varPi\left(\boldsymbol{x}+\delta\boldsymbol{x}\right)=\varPi\left(\boldsymbol{x}\right)$$

这说明特征模态的稳定性是中性的，为了准确地获得它的稳定性评价，需要在总势能的展开表达式中引入高阶项。

考虑一个变形路径由某些单调增加的载荷参数所控制，假设沿着这个变形路径排除泛函是正定的，即式 (11.47) 对于所有变形可能的 $\boldsymbol{z}$ 都成立，因而变形路径是稳定的，直到载荷参数的某个临界值，排除泛函变为半正定的，在某些运动可能的 $\boldsymbol{z}$，它就是零，则所对应的构形必然是特征构形，沿着如上所描述的稳定变形路径首先达到的特征构形称为主特征构形。在这个特征构形上，唯一性破坏，变形路径通过不同的特征模态分支为多条变形路径，这种现象称为分叉。超过载荷参数的临界值，排除泛函将是不确定的。

考虑一种特殊情况，特征构形为线弹性小变形构形，而特征模态分析必须考虑变形几何对平衡的影响，比如压杆稳定问题，特征构形为直线变形构形，特征模态为微弯状态，而微弯状态存在多种可能性，因此存在多种分叉路径。一旦进入微弯状态，就会产生弯矩进而影响平衡，因此应引入大变形理论描述，按照增量分

析的观点，可看作是具有初应力的增量变形问题 (Reismann and Pawlik，1980)，使用式 (11.52)，考虑到式 (10.194)，特征模态应满足的条件是

$$\delta\mathcal{D}=\int_{\Omega_0}\dot{\boldsymbol{P}}:\delta\dot{\boldsymbol{F}}\mathrm{d}V_0=\int_{\Omega_0}(\mathcal{L}_v\boldsymbol{\tau}+\boldsymbol{l}\cdot\boldsymbol{\tau}):\delta\dot{\boldsymbol{F}}_t\mathrm{d}V_0=0 \tag{11.55}$$

设临界状态时的载荷为 $\lambda\boldsymbol{p}^0$，其中 λ 为荷载乘子，也是特征值，$\boldsymbol{p}^0$ 为参考载荷，由于特征构形的线性性质，初应力 $\boldsymbol{\tau}$ 可表示为 $\boldsymbol{\tau}=\lambda\boldsymbol{\tau}^0$，其中 $\boldsymbol{\tau}^0$ 为参考载荷 $\boldsymbol{p}^0$ 下的应力，于是，上式可表示为

$$\int_{\Omega_0}\mathcal{L}_v\boldsymbol{\tau}:\delta\dot{\boldsymbol{F}}_t\mathrm{d}V_0+\lambda\int_{\Omega_0}(\boldsymbol{l}\cdot\boldsymbol{\tau}^0):\delta\dot{\boldsymbol{F}}_t\mathrm{d}V_0=0 \tag{11.56}$$

最后，求临界载荷的问题归结为求解特征值问题。

上面的分析表明：排除泛函 $\mathcal{D}$ 与当前构形上的载荷增量 (控制方程中的非齐次项) 无关，然而，如果非齐次增量问题有一个解存在，则在特征构形上的载荷增量并不能任意给定。说明如下：将非齐次平衡方程代入式 (11.49)，并结合式 (11.50)，得对于每一个特征模态，载荷增量应满足

$$\int_{\Omega_0}\rho_0\dot{\boldsymbol{f}}\cdot\boldsymbol{z}\mathrm{d}V_0+\int_{\Gamma_0}\dot{\boldsymbol{t}}_0\cdot\boldsymbol{z}\mathrm{d}A=0 \tag{11.57}$$

这个关系可看作是载荷增量与特征模态之间的广义正交性 (Hill，1978)。

考虑一均质弹性体处于均匀的变形状态，解的唯一性要求式 (11.47) 成立，这意味着 $\mathbb{A}$ 必须正定，然而，主特征构形就要求 $\mathbb{A}$ 半正定，即

$$\frac{\mathcal{D}}{V_0}=\frac{1}{2}\dot{\boldsymbol{F}}:\mathbb{A}:\dot{\boldsymbol{F}}\geqslant 0 \tag{11.58}$$

对于某些 $\dot{\boldsymbol{F}}$(在弹性体内均匀) 等号成立，这时 $\mathbb{A}$ 必须奇异 (即对应矩阵的行列式为零)。对应的特征模态则通过排除泛函的极值条件 $\delta\mathcal{D}=0$ 确定，即由式 (11.52) 确定，对于限制的均匀变形，式 (11.52) 给出，对于所有根据运动可能 $\delta\boldsymbol{z}$ 导出的 $\delta\dot{\boldsymbol{F}}$ 应有 $\dot{\boldsymbol{P}}:\delta\dot{\boldsymbol{F}}=0$ 成立，因此要求主特征构形

$$\dot{\boldsymbol{P}}=\mathbb{A}:\dot{\boldsymbol{F}}=0 \tag{11.59}$$

显然应该是这样，因为 $\mathcal{D}=0$ 就要求弹性张量 $\mathbb{A}$ 奇异。

前面的讨论集中在死载荷的情况。在增量载荷为变形敏感并非死载荷的情况下，排除特征模态的条件是：对于所有运动可能的速度场 $\boldsymbol{z}$

$$\mathcal{D}>0$$

式中

$$\mathcal{D}=\int_{\Omega_0}\chi\mathrm{d}V_0-\frac{1}{2}\int_{\Omega_0}\rho_0\dot{\boldsymbol{f}}\cdot\boldsymbol{z}\mathrm{d}V_0-\frac{1}{2}\int_{\Gamma_{0\sigma}}\dot{\boldsymbol{t}}_0\cdot\boldsymbol{z}\mathrm{d}A \tag{11.60}$$

如果载荷增量按照式 (10.199) 所定义那样是自伴随的，则对于特征模态，排除泛函和它的一阶变分均为零，详细讨论见 Hill(1978)。

下面给出以当前构形作为参考构形时排除泛函及其变分的表示。根据 (5.219a)，应有

$$J\dot{\boldsymbol{P}}_t:\dot{\boldsymbol{F}}_t=J\mathrm{tr}\left(\dot{\boldsymbol{P}}_t\cdot\boldsymbol{l}^{\mathrm{T}}\right)=\mathrm{tr}\left(\dot{\boldsymbol{P}}\cdot\boldsymbol{F}^{\mathrm{T}}\cdot\boldsymbol{F}^{-\mathrm{T}}\cdot\dot{\boldsymbol{F}}^{\mathrm{T}}\right)=\dot{\boldsymbol{P}}:\dot{\boldsymbol{F}} \tag{11.61}$$

因此，相对当前构形，排除泛函可表示为

$$\mathcal{D}=\frac{1}{2}\int_{\Omega}\dot{\boldsymbol{P}}_t:\dot{\boldsymbol{F}}_t\mathrm{d}V=\frac{1}{2}\int_{\Omega}\dot{\boldsymbol{F}}_t:\boldsymbol{\mathcal{A}}:\dot{\boldsymbol{F}}_t\mathrm{d}V \tag{11.62}$$

式中 $\boldsymbol{\mathcal{A}}$ 是瞬时弹性模量，为 $\boldsymbol{\mathcal{A}}=\boldsymbol{\mathcal{C}}^{\sigma\mathcal{T}}+\boldsymbol{I}\boxtimes\boldsymbol{\sigma}$，见式 (10.29)，其中 $\boldsymbol{\mathcal{C}}^{\sigma\mathcal{T}}$ 是相对当前构形的线性化弹性张量，见式 (10.30)，可取为式 (8.78) 所表示的小变形线弹性张量 $\mathbb{C}$，结合 $\mathbb{C}$ 具有的对称性，应有

$$\dot{\boldsymbol{F}}_t:\boldsymbol{\mathcal{C}}^{\sigma\mathcal{T}}:\dot{\boldsymbol{F}}_t=\dot{\boldsymbol{E}}_t:\mathbb{C}:\dot{\boldsymbol{E}}_t \tag{11.63}$$

式中 $\dot{\boldsymbol{E}}_t$ 是 $\dot{\boldsymbol{F}}_t$ 的对称化，即相对当前构形的 Green 应变率，从而

$$\mathcal{D}=\frac{1}{2}\int_{\Omega}\dot{\boldsymbol{E}}_t:\mathbb{C}:\dot{\boldsymbol{E}}_t\mathrm{d}V+\frac{1}{2}\int_{\Omega}\left(\dot{\boldsymbol{F}}_t\cdot\boldsymbol{\sigma}_0\right):\dot{\boldsymbol{F}}_t\mathrm{d}V \tag{11.64}$$

求排除泛函的变分，利用对称性，可得

$$\delta\mathcal{D}=\int_{\Omega}\dot{\boldsymbol{E}}_t:\mathbb{C}:\delta\dot{\boldsymbol{E}}_t\mathrm{d}V+\int_{\Omega}\left(\dot{\boldsymbol{F}}_t\cdot\boldsymbol{\sigma}_0\right):\delta\dot{\boldsymbol{F}}_t\mathrm{d}V \tag{11.65}$$

例题 11.1　受轴力 P 作用的简支梁，梁跨度为 l，抗弯刚度为 EI，求临界载荷。

解　特征构形为轴心受压的直线变形构形，特征模态为微弯状态。以特征构形作为参考构形，所对应的应力和位移，即初应力和初位移为

$$\boldsymbol{\sigma}_0=\begin{bmatrix}\sigma_0&0&0\\0&0&0\\0&0&0\end{bmatrix},\quad \boldsymbol{u}_0=\begin{Bmatrix}u_0\\0\\0\end{Bmatrix}$$

式中 $u_0=\varepsilon_0x$，而 $\sigma_0=E\varepsilon_0$，E 是弹性模量，注意 $\varepsilon_0\ll1$ 是小变形。

进入微弯状态梁轴线所产生的增量位移是，沿轴线方向为 $u(x)$，而垂直于轴线方向 (取为 z 轴) 的弯曲挠度为 $w(x)$，仍采用平面假定，则梁截面上任意一点的轴线方向位移是

$$u - z\frac{\mathrm{d}w}{\mathrm{d}x}$$

对应的变形梯度增量

$$\dot{\boldsymbol{F}}_t\mathrm{d}t = \begin{bmatrix} \varepsilon_x & 0 & -\dfrac{\mathrm{d}w}{\mathrm{d}x} \\ 0 & 0 & 0 \\ \dfrac{\mathrm{d}w}{\mathrm{d}x} & 0 & 0 \end{bmatrix}$$

式中

$$\varepsilon_x = \frac{\mathrm{d}u}{\mathrm{d}x} - z\frac{\mathrm{d}^2 w}{\mathrm{d}x^2} \tag{a}$$

变形梯度增量的对称化即 Green 应变增量不为零的分量只有一个

$$\left(\dot{\boldsymbol{E}}_t\right)_x \mathrm{d}t = \varepsilon_x$$

使用式 (11.64)，得

$$\mathcal{D}\,(\mathrm{d}t)^2 = \frac{1}{2}\int_{\Omega}(E+\sigma_0)\,\varepsilon_x^2\mathrm{d}V + \frac{1}{2}\sigma_0\int_{\Omega}\left(\frac{\mathrm{d}w}{\mathrm{d}x}\right)^2\mathrm{d}V \tag{b}$$

需要说明，由于 $\dfrac{\mathrm{d}w}{\mathrm{d}x}$ 是梁横截面或者轴线因弯曲变形产生的转角，且是一个小量，因此，$\sigma_0\dfrac{\mathrm{d}w}{\mathrm{d}x}$是轴向应力 σ_0 随横截面转动后所形成的相对转动前横截面的名义剪应力，$\dfrac{\mathrm{d}w}{\mathrm{d}x}$ 也是相邻横截面之间的相对剪切变形，所以，上式最后一个积分是初始参考构形中的剪切应变能。

由于 $\sigma = E\varepsilon_0$，而 $\varepsilon_0 \ll 1$ 是小变形，因此第一项积分中 σ_0 可忽略不计，将式 (a) 代入式 (b)，考虑到沿横截面积分 $\int \mathrm{d}a = A$, $\int z\mathrm{d}a = 0$ 和 $\int z^2\mathrm{d}a = I$，$\sigma_0 A = P$，结合起来得

$$\mathcal{D}\,(\mathrm{d}t)^2 = \frac{1}{2}EA\int_0^l\left(\frac{\mathrm{d}u}{\mathrm{d}x}\right)^2\mathrm{d}x + \frac{1}{2}EI\int_0^l\left(\frac{\mathrm{d}^2 w}{\mathrm{d}x^2}\right)^2\mathrm{d}x + \frac{1}{2}P\int_0^l\left(\frac{\mathrm{d}w}{\mathrm{d}x}\right)^2\mathrm{d}x$$

为计算变分 $\delta\mathcal{D}$，采用分部积分方法并考虑到微分和变分可以交换次序，例如

$$\frac{1}{2}\delta\int_0^l\left(\frac{\mathrm{d}u}{\mathrm{d}x}\right)^2\mathrm{d}x=\int_0^l\frac{\mathrm{d}u}{\mathrm{d}x}\delta\left(\frac{\mathrm{d}u}{\mathrm{d}x}\right)\mathrm{d}x=\int_0^l\frac{\mathrm{d}u}{\mathrm{d}x}\mathrm{d}\left(\delta u\right)$$

$$=\frac{\mathrm{d}u}{\mathrm{d}x}\delta u\bigg|_0^l-\int_0^l\delta u\frac{\mathrm{d}^2u}{\mathrm{d}x^2}\mathrm{d}x$$

$$\begin{aligned}\frac{1}{2}\delta\int_0^l\left(\frac{\mathrm{d}^2w}{\mathrm{d}x^2}\right)^2\mathrm{d}x&=\int_0^l\frac{\mathrm{d}^2w}{\mathrm{d}x^2}\delta\left(\frac{\mathrm{d}^2w}{\mathrm{d}x^2}\right)\mathrm{d}x=\int_0^l\frac{\mathrm{d}^2w}{\mathrm{d}x^2}d\left(\delta\frac{\mathrm{d}w}{\mathrm{d}x}\right)\\&=\frac{\mathrm{d}^2w}{\mathrm{d}x^2}\left(\delta\frac{\mathrm{d}w}{\mathrm{d}x}\right)\bigg|_0^l-\int_0^l\left(\delta\frac{\mathrm{d}w}{\mathrm{d}x}\right)\frac{\mathrm{d}^3w}{\mathrm{d}x^3}\mathrm{d}x\\&=\frac{\mathrm{d}^2w}{\mathrm{d}x^2}\left(\delta\frac{\mathrm{d}w}{\mathrm{d}x}\right)\bigg|_0^l-\frac{\mathrm{d}^3w}{\mathrm{d}x^3}\delta w\bigg|_0^l+\int_0^l\delta w\frac{\mathrm{d}^4w}{\mathrm{d}x^4}\mathrm{d}x\end{aligned}$$

位移变分应满足简支梁的边界约束，有

$$\delta u|_{x=0}=0,\quad \delta w|_{x=0,x=l}=0$$

从而得

$$\begin{aligned}\delta\mathcal{D}\left(\mathrm{d}t\right)^2=&EA\left(\frac{\mathrm{d}u}{\mathrm{d}x}\delta u\bigg|_{x=l}-\int_0^l\delta u\frac{\mathrm{d}^2u}{\mathrm{d}x^2}\mathrm{d}x\right)+EI\ \frac{\mathrm{d}^2w}{\mathrm{d}x^2}\left(\delta\frac{\mathrm{d}w}{\mathrm{d}x}\right)\bigg|_0^l\\&+\int_0^l\delta w\left(EI\frac{\mathrm{d}^4w}{\mathrm{d}x^4}-P\frac{\mathrm{d}^2w}{\mathrm{d}x^2}\right)\mathrm{d}x\end{aligned}$$

让 $\delta\mathcal{D}=0$，并考虑到 δu 和 δw 是相互独立的，另外，增量位移引起的两端的转角并不为零，即

$$\left(\delta\frac{\mathrm{d}w}{\mathrm{d}x}\right)\bigg|_{x=0,x=l}\neq 0$$

得

$$\frac{\mathrm{d}^2u}{\mathrm{d}x^2}=0,\quad \delta u|_{x=l}=0 \tag{c}$$

$$EI\frac{\mathrm{d}^4w}{\mathrm{d}x^4}-P\frac{\mathrm{d}^2w}{\mathrm{d}x^2}=0 \tag{d}$$

$$\frac{\mathrm{d}^2w}{\mathrm{d}x^2}\bigg|_{x=0,x=l}=0 \tag{e}$$

欲使式 (c) 成立，则要求 $u=0$，式 (e) 就是两端的弯矩为零，式 (d) 结合式 (e) 解得临界载荷为

$$P=\frac{m^2\pi^2EI}{l^2}$$

特征模态是

$$w=a\sin\frac{m\pi x}{l}$$

式中 $m=1,2,3,\cdots$，代表不同的特征模态，而 a 是不确定的常数。实际有意义的模态是 $m=1$，对应的临界载荷最小，最容易达到。

式 (d) 和式 (e) 很容易根据材料力学的知识建立，然而，这里是在大变形的框架下导出的，虽然复杂了许多，但它具有一般性。

11.4 变形局部化与椭圆性

考虑一均质弹性体在给定的速度边界作用下处于均匀的变形状态，当变形到一定程度时，物体内部的变形会在一个平面条带内形成局部化，从而出现所谓的分叉现象，如图 11.4 所示，下面讨论它产生的条件。

条带的厚度通常非常小，可看作一个面，而且是物质的，它的外法线方向在当前变形构形中和在未变形构形中分别是 $\boldsymbol{n}$ 和 $\boldsymbol{N}$。设条带内局部化变形的速度是

$$\boldsymbol{v}=f(\boldsymbol{N}\cdot\boldsymbol{X})\boldsymbol{\eta} \tag{11.66}$$

式中标量函数 f 代表速度的大小，其自变量为 $\boldsymbol{N}\cdot\boldsymbol{X}$，表示大小仅沿条带厚度方向变化；而 $\boldsymbol{\eta}$ 代表速度的方向，例如，在剪切带的情况下 (虽然剪切带失稳包括颈缩失稳等变形局部化现象是同材料的塑性响应紧密相连的，但是它们也可以发生在非线性弹性材料中 (Silling，1988；Lubarda，2002))，速度与当前变形构形中条带的外法线方向 $\boldsymbol{n}$ 正交，$\boldsymbol{\eta}\cdot\boldsymbol{n}=0$，即沿着条带方向。由此产生的变形梯度的率，也就是速度相对物质坐标的梯度为

$$\dot{\boldsymbol{F}}=\frac{\partial\boldsymbol{v}}{\partial\boldsymbol{X}}=f'\boldsymbol{\eta}\otimes\boldsymbol{N} \tag{11.67}$$

式中 f' 代表对标量自变量 $\boldsymbol{N}\cdot\boldsymbol{X}$ 的导数。条带外仍然保持原来的均匀变形状态，其速度为零，变形梯度的率也为零，因此，上面两式实际上是条带内外的间断值。关于间断条件的一般性讨论详见第 13 章。

相应地，条带内的应力率应是

$$\dot{\boldsymbol{P}}=\frac{\partial\boldsymbol{P}}{\partial\boldsymbol{F}}:\dot{\boldsymbol{F}}=f'\mathbb{A}:\boldsymbol{\eta}\otimes\boldsymbol{N} \tag{11.68}$$

代入齐次增量问题的平衡方程式 (11.45a)，并考虑到弹性张量 $\mathbb{A}$ 与物质坐标 $\boldsymbol{X}$ 无关，得

$$f''\left(\mathbb{A}:\boldsymbol{\eta}\otimes\boldsymbol{N}\right)\cdot\boldsymbol{N}=\mathbf{0} \tag{11.69}$$

或写成分量形式

$$f''\mathbb{A}_{iJkL}N_J\eta_kN_L=0$$

从而有

$$\underline{\mathbf{T}}\left(\boldsymbol{N}\right)\cdot\boldsymbol{\eta}=\mathbf{0} \tag{11.70}$$

式中 $\underline{\mathbf{T}}$ 是声学张量，定义为

$$\underline{\mathrm{T}}_{ik}\left(\boldsymbol{N}\right)\xlongequal{\text{def}}\mathbb{A}_{iJkL}N_JN_L \tag{11.71}$$

由于弹性张量 $\mathbb{A}$ 具有主对称性，因此，声学张量对称。之所以称为声学张量，是因为波动解涉及求该张量的特征值，见后面的式 (11.117) 和式 (11.119)。

$\boldsymbol{\eta}=0$ 意味着仍处于均匀变形状态，因此，当局部化发生 $\boldsymbol{\eta}\neq\mathbf{0}$，即齐次增量问题 (11.70) 有非零解时，这就要求矩阵 $\underline{\mathbf{T}}\left(\boldsymbol{N}\right)$ 必须奇异

$$\det\underline{\mathbf{T}}\left(\boldsymbol{N}\right)=0 \tag{11.72}$$

将式 (11.68) 两边后点积 $\boldsymbol{N}$，再利用式 (11.69)，得

$$\dot{\boldsymbol{t}}_0=\dot{\boldsymbol{P}}\cdot\boldsymbol{N}=0 \tag{11.73}$$

这说明局部化变形条带平面上名义应力矢量的时间变化率应为零。

前面已说明 $\boldsymbol{n}=\boldsymbol{N}\cdot\boldsymbol{F}^{-1}$，写成分量形式有 $N_J=n_jF_{jJ}$，利用该式可将声学张量在当前构形中表示为

$$\underline{\mathrm{T}}_{ik}\left(\boldsymbol{n}\right)=\mathbb{A}_{iJkL}n_jF_{jJ}n_lF_{lL}=J\mathcal{A}_{ijkl}n_jn_l \tag{11.74}$$

式中 $\boldsymbol{\mathcal{A}}$ 是以当前构形为参考构形的第一弹性张量，见式 (10.27)，由于 J 并不影响奇异性可以略去，因此，产生变形局部化的条件在当前构形中表示为

$$\det\left(\mathcal{A}_{ijkl}n_jn_l\right)=0 \tag{11.75}$$

使用以当前构形为参考构形的第一 P-K 应力 $\boldsymbol{P}_t$ 建立的率形式平衡方程和相应的本构方程，见式 (10.174) 和式 (10.25)，按照与上面相同的步骤 (Lubarda, 2002) 也可直接导出式 (11.75)，说明如下：这两组方程分别是

$$\dot{\boldsymbol{P}}_t\cdot\nabla=0,\quad\dot{\boldsymbol{P}}_t=\boldsymbol{\mathcal{A}}:\boldsymbol{l} \tag{11.76}$$

使用式 (11.67) 和关系式 $\boldsymbol{n}=\boldsymbol{N}\cdot\boldsymbol{F}^{-1}$，则速度梯度可写成

$$\boldsymbol{l}=\dot{\boldsymbol{F}}\cdot\boldsymbol{F}^{-1}=f'\boldsymbol{\eta}\otimes\boldsymbol{N}\cdot\boldsymbol{F}^{-1}=f'\boldsymbol{\eta}\otimes\boldsymbol{n} \tag{11.77}$$

式 (11.76) 和式 (11.77) 结合起来，就能导出 (11.75)。

如果对于任意的方向 $\boldsymbol{N}$，声学张量都是非奇异的，则本构方程和平衡方程被称之为是椭圆的

$$\det\underline{\mathbf{T}}(\boldsymbol{N})\neq 0,\quad \text{对于任意的}\boldsymbol{N} \tag{11.78}$$

因此，如果均匀变形通过在一个平面条带内形成局部化而出现分叉现象，则称本构方程和平衡方程失去椭圆性。由于变形局部化 (分叉) 与驻波 (波速为零) 两者所产生的条件具有一致性，下面讨论弹性体波的控制性方程与性质，从而引出强椭圆性的概念。

11.5 强 椭 圆 性

考虑一均质弹性体处于均匀的变形状态，不计体积力，设想微小振幅的波对它进行扰动，它的响应可通过求解率形式的运动方程获得，而该方程可由式 (5.110) 求物质时间率得到为

$$\dot{\boldsymbol{P}}\cdot\nabla_0=\rho_0\frac{\mathrm{D}^2\boldsymbol{v}}{\mathrm{D}t^2} \tag{11.79}$$

将本构方程式 $\dot{\boldsymbol{P}}=\mathbb{A}:\dot{\boldsymbol{F}}$ 代入，并考虑到 $\dot{\boldsymbol{F}}=\boldsymbol{v}\otimes\nabla_0$，得

$$(\mathbb{A}:\boldsymbol{v}\otimes\nabla_0)\cdot\nabla_0=\rho_0\frac{\mathrm{D}^2\boldsymbol{v}}{\mathrm{D}t^2} \tag{11.80}$$

对于均质体，弹性张量 $\mathbb{A}$ 与物质坐标 $\boldsymbol{X}$ 无关，于是，将上式写成分量形式应是

$$\mathbb{A}_{iJkL}\frac{\partial^2 v_k}{\partial X_J\partial X_L}=\rho_0\frac{\mathrm{D}^2 v_i}{\mathrm{D}t^2} \tag{11.81}$$

考虑下面形式的波动解

$$\boldsymbol{v}(\boldsymbol{X},t)=\boldsymbol{\eta}f(\boldsymbol{N}\cdot\boldsymbol{X}-ct) \tag{11.82}$$

式中 $\boldsymbol{\eta}$、$\boldsymbol{N}$ 和 c 分别代表波的振动矢量、传播方向和传播速度。如果 $\boldsymbol{\eta}$ 和 $\boldsymbol{N}$ 相互平行，称之为纵波，如果 $\boldsymbol{\eta}$ 和 $\boldsymbol{N}$ 相互垂直，称之为横波。代入运动方程式 (11.81)，并利用声学张量的定义式 (11.71)，得

$$\underline{\mathbf{T}}(\boldsymbol{N})\cdot\boldsymbol{\eta}=\rho_0 c^2\boldsymbol{\eta} \tag{11.83}$$

上式构成一个特征值问题，其中 $\boldsymbol{\eta}$ 和 $\rho_0 c^2$ 分别是声学张量 $\underline{\mathbf{T}}$ 的特征矢量和特征值。

若声学张量 $\underline{\mathbf{T}}(\boldsymbol{N})$ 是正定的，特征值必大于零，$c^2>0$，在这种情况下，以实数波速传播的波存在，或者说相对初始微小扰动存在着稳定的传播。然而，声学张量 $\underline{\mathbf{T}}$ 的正定性则要求，对于任意的矢量 $\boldsymbol{N}$，$\boldsymbol{\eta}$，都有

$$\boldsymbol{\eta} \otimes \boldsymbol{N} : \mathbb{A} : \boldsymbol{\eta} \otimes \boldsymbol{N} > 0 \tag{11.84}$$

或者

$$\mathbb{A}_{iJkL} \eta_i N_J \eta_k N_L > 0 \tag{11.85}$$

这时，称本构方程是强椭圆的。

如果特征值 $c^2<0$，则相对初始微小扰动存在发散式的传播，这意味着失稳产生；如果特征值 $c=0$ 称之为驻波，意味着扰动从稳定传播过渡到失稳传播。11.4 节讨论的变形局部化现象，就是 $c=0$，因此，变形局部化与驻波所产生的条件具有一致性。

在稳定传播 $(c^2>0)$ 的情况下，对于每一个传播方向 $\boldsymbol{N}$，解特征方程式 (11.83)，可得三个相互正交的特征矢量 $\boldsymbol{a}_i$ $(i=1,2,3)$，一般来说，它们既不与 $\boldsymbol{N}$ 平行也不与 $\boldsymbol{N}$ 垂直，因此，它们既不是纵波也不是横波。然而，后面的例子表明：对于各向同性的情况，一个为纵波，其余为横波，且横波的振动矢量位于垂直于传播方向的平面内。

对于超弹性材料而言，由于 $\mathbb{A} = \dfrac{\partial^2 W}{\partial \boldsymbol{F} \partial \boldsymbol{F}}$，强椭圆性条件式 (11.85) 变为，对于任意的矢量 $\boldsymbol{v}$，$\boldsymbol{w}$，都有

$$\boldsymbol{v} \otimes \boldsymbol{w} : \frac{\partial^2 W}{\partial \boldsymbol{F} \partial \boldsymbol{F}} : \boldsymbol{v} \otimes \boldsymbol{w} > 0 \tag{11.86}$$

它其实也是一个储能函数 W 的外凸条件，见附录 C。

在小变形弹性情况下，第一和第二弹性张量相等，因为：小变形下位移梯度 $|\boldsymbol{A}| \ll 1, \boldsymbol{F} \approx \boldsymbol{I}$，使用式 (10.24) 有 $\mathbb{A} = \mathbb{C} + \boldsymbol{I} \boxtimes \boldsymbol{S}$，设初始未变形构形中无初应力 $\boldsymbol{S}=0$，若进一步地假定弹性为线性及各向同性，因此有 $\mathbb{A} = \mathbb{C} = \lambda \boldsymbol{I} \otimes \boldsymbol{I} + 2\mu \mathbb{I}$，考虑到式 (1.297)，于是

$$\begin{aligned} \boldsymbol{v} \otimes \boldsymbol{w} : \mathbb{A} : \boldsymbol{v} \otimes \boldsymbol{w} &= \boldsymbol{v} \otimes \boldsymbol{w} : (\lambda (\boldsymbol{v} \cdot \boldsymbol{w}) \boldsymbol{I} + \mu (\boldsymbol{v} \otimes \boldsymbol{w} + \boldsymbol{w} \otimes \boldsymbol{v})) \\ &= (\lambda + \mu) (\boldsymbol{v} \cdot \boldsymbol{w})^2 + \mu (\boldsymbol{v} \cdot \boldsymbol{v}) (\boldsymbol{w} \cdot \boldsymbol{w}) \\ &= (\lambda + 2\mu) (\boldsymbol{v} \cdot \boldsymbol{w})^2 + \mu (\boldsymbol{v} \cdot \boldsymbol{v}) (\boldsymbol{w}_{\perp} \cdot \boldsymbol{w}_{\perp}) \end{aligned} \tag{11.87}$$

式中 $\boldsymbol{w}_{\perp}=\boldsymbol{w}-\dfrac{\boldsymbol{v}\cdot\boldsymbol{w}}{\boldsymbol{v}\cdot\boldsymbol{v}}\boldsymbol{v}$ 是 $\boldsymbol{w}$ 垂直于 $\boldsymbol{v}$ 的分量，$\boldsymbol{v}\cdot\boldsymbol{w}$ 是 $\boldsymbol{w}$ 沿 $\boldsymbol{v}$ 的分量，无论 $\boldsymbol{w}$ 和 $\boldsymbol{v}$ 是否可能相互平行，$\boldsymbol{w}_{\perp}$ 和 $\boldsymbol{v}\cdot\boldsymbol{w}$ 始终相互独立，因此，上式大于零的强椭圆条件变为

$$\lambda+2\mu>0,\quad \mu>0 \tag{11.88}$$

下面说明强椭圆条件式 (11.86) 是一阶外凸的，设 $\boldsymbol{Y}=\boldsymbol{v}\otimes\boldsymbol{w}$，相应的 3×3 矩阵 $Y_{ij}=v_iw_j$ 的秩是 1，于是，储能函数 $W(\boldsymbol{F})$ 沿着连接 $\boldsymbol{F}$ 与 $\boldsymbol{F}+\boldsymbol{Y}$ 的线是严格外凸的，因为

$$\frac{\mathrm{d}^2}{\mathrm{d}\varepsilon^2}W(\boldsymbol{F}+\varepsilon\boldsymbol{Y})=\boldsymbol{Y}:\frac{\partial^2 W}{\partial\boldsymbol{F}\partial\boldsymbol{F}}:\boldsymbol{Y}=\mathbb{A}_{iJkL}v_iv_kw_Jw_L>0 \tag{11.89}$$

所以称强椭圆性是一阶外凸的。

11.6 准凸性和多凸性

从物理的角度，储能函数外凸性过于强制，正如 Ball(1977) 指出的那样：外凸性将导致解是唯一的，排斥了一些特殊的物理现象，如结构的屈曲和褶皱等。为克服这一问题，Morrey(1952) 引入一个重要的概念——准凸性，一个函数 W 是准凸的，只要对于物质域 Ω_0，以及任意的位移梯度 $\boldsymbol{u}\otimes\nabla_0$ 都有

$$\int_{\Omega_0}W(\boldsymbol{F}+\boldsymbol{u}\otimes\nabla_0)\,\mathrm{d}V_0\geqslant\int_{\Omega_0}W(\boldsymbol{F})\,\mathrm{d}V_0 \tag{11.90}$$

然而，这是一个整体条件，处理起来非常复杂。一个非常实用的概念就是多凸，函数 $W(\boldsymbol{F})$ 是多凸的，当且仅当一个以 $\boldsymbol{F}$，$\mathrm{cof}\boldsymbol{F}$，$\det\boldsymbol{F}$ 为自变量的函数 ϕ 存在，而且它相对每个自变量都是外凸的，即

$$W(\boldsymbol{F})=\phi(\boldsymbol{F},\mathrm{cof}\boldsymbol{F},\det\boldsymbol{F}) \tag{11.91}$$

式中 $\mathrm{cof}\boldsymbol{F}$ 的定义见 (1.135)。多凸性条件具有可加的性质，如果每个函数 ϕ_i 是它们各自自变量的外凸函数，则 $W(\boldsymbol{F})=\phi_1(\boldsymbol{F})+\phi_2(\mathrm{cof}\boldsymbol{F})+\phi_3(\mathrm{def}\boldsymbol{F})$ 具有多凸性。这条性质对建立本构方程非常有用，它允许使用几个简单的函数来构造储能函数。

通常，多凸性并不代表外凸性，但隐含了准凸性，而准凸性又隐含了强椭圆性 (Marsden and Hughes，1983)，强椭圆性又隐含了 Baker 和 Ericksen 不等式 (8.145)。

11.7 本构不等式

我们也可以基于各种功共轭应力应变对的二阶功，建立类似于式 (11.39) 的本构不等式，例如，使用第二 P-K 应力和 Green 应变度量，要求二阶功大于零

就有

$$\delta \boldsymbol{S} : \delta \boldsymbol{E} > 0 \tag{11.92}$$

对于各向同性情况，使用式 (10.31)~ 式 (10.45)，有

$$\delta \boldsymbol{S} : \delta \boldsymbol{E} = \delta^{\mathrm{A}} \boldsymbol{S} : \delta^{\mathrm{A}} \boldsymbol{E} + \delta^{\mathrm{B}} \boldsymbol{S} : \delta^{\mathrm{B}} \boldsymbol{E} \tag{11.93}$$

式中

$$\delta^{\mathrm{A}} \boldsymbol{S} : \delta^{\mathrm{A}} \boldsymbol{E} = \delta^{\mathrm{A}} \boldsymbol{E} : \mathbb{C}^{\mathrm{A}} : \delta^{\mathrm{A}} \boldsymbol{E} \tag{11.94a}$$

$$\delta^{\mathrm{B}} \boldsymbol{S} : \delta^{\mathrm{B}} \boldsymbol{E} = \delta^{\mathrm{B}} \boldsymbol{E} : \mathbb{C}^{\mathrm{B}} : \delta^{\mathrm{B}} \boldsymbol{E} = \sum_{i=1}^{3} \sum_{j \neq i}^{3} (S_j - S_i)(E_j - E_i) \left(\mathit{\Omega}_{ij}^{\mathrm{Lag}} \mathrm{d}t \right)^2 \tag{11.94b}$$

对于任意的 $\delta^{\mathrm{A}} \boldsymbol{E}$ 和 $\delta^{\mathrm{B}} \boldsymbol{E}$，二阶功 $\delta \boldsymbol{S} : \delta \boldsymbol{E} > 0$ 都要成立，则应有

$$\delta^{\mathrm{A}} \boldsymbol{S} : \delta^{\mathrm{A}} \boldsymbol{E} > 0, \quad \delta^{\mathrm{B}} \boldsymbol{S} : \delta^{\mathrm{B}} \boldsymbol{E} \geqslant 0$$

后一式子等于零在有主值相等时出现，因此要求

$$\delta^{\mathrm{A}} \boldsymbol{E} : \mathbb{C}^{\mathrm{A}} : \delta^{\mathrm{A}} \boldsymbol{E} > 0, \quad (S_j - S_i)(E_j - E_i) \geqslant 0 \quad (i \neq j; i, j \text{不求和}) \tag{11.95}$$

前一个不等式要求 $\mathbb{C}^{\mathrm{A}}$ 对应的矩阵必须正定，该矩阵在主轴坐标系 $\boldsymbol{A}_i$ (i =1,2,3) 和柱坐标系 $\boldsymbol{\mathit{\Lambda}}$，$\boldsymbol{\mathit{\Phi}}$，$\boldsymbol{Z}$ 下分别见式 (10.40) 和式 (10.54)；而后一个不等式要求应力和应变的主值大小顺序一致，即最大 (小) 的主应力必须对应最大 (小) 的主应变或最大 (小) 主伸长。Hill(1970) 表明，前一个不等式包含了后一个不等式。有关这一点的证明也可参考式 (11.100)~ 式 (11.102)。

这里的顺序一致不等式与 Baker 和 Ericksen 不等式 (8.145) 类似但并不等同，一个是第二 P-K 应力，一个是 Cauchy 应力。此外，顺序一致条件等价于式 (10.85) 定义的三个系数 ϑ_k (i =1,2,3) 不小于零

$$\vartheta_k \geqslant 0 \quad (k = 1, 2, 3) \tag{11.96}$$

证明　由于 $\delta^{\mathrm{B}} \boldsymbol{E}$ 是子空间 $\mathscr{T}_2$ 的张量，可表示为下面三个基张量的线性组合 $\boldsymbol{N}_i \otimes \boldsymbol{N}_j + \boldsymbol{N}_j \otimes \boldsymbol{N}_i$ (i, j =1,2,3；$i<j$)，组合系数分别使用 δE_{ij} 表示，使用式 (10.81) 和式 (10.85)，有

$$(\boldsymbol{N}_i \otimes \boldsymbol{N}_j + \boldsymbol{N}_j \otimes \boldsymbol{N}_i) : \mathbb{C}^{\mathrm{B1}} : (\boldsymbol{N}_i \otimes \boldsymbol{N}_j + \boldsymbol{N}_j \otimes \boldsymbol{N}_i) = \vartheta_k$$
$$(i, j, k = 1, 2, 3; i < j; i \neq j \neq k)$$

结合起来，二阶功大于零的第二个不等式可写为

$$\delta^{\mathrm{B}}\boldsymbol{S}:\delta^{\mathrm{B}}\boldsymbol{E}=\delta^{\mathrm{B}}\boldsymbol{E}:\mathbb{C}^{\mathrm{B}1}:\delta^{\mathrm{B}}\boldsymbol{E}=\vartheta_3\left(\delta E_{12}\right)^2+\vartheta_1\left(\delta E_{23}\right)^2+\vartheta_2\left(\delta E_{13}\right)^2\geqslant 0 \tag{11.97}$$

对于任意的 δE_{ij} 都应成立，从而得证三个系数 ϑ_i (i =1,2,3) 不小于零。实际上，可以直接证明

$$\vartheta_k=\frac{S_j-S_i}{E_j-E_i}\quad(i,j,k=1,2,3;i<j;i\neq j\neq k) \tag{11.98}$$

所以式 (11.96) 和式 (11.95) 的第二式给出的结果一致。♦♦

下面针对使用 Biot 应力 $\boldsymbol{S}^{(1)}$ 和右伸长张量 $\boldsymbol{U}$ 建立的材料本构响应进行讨论。要求二阶功大于零，则有

$$\delta\boldsymbol{S}^{(1)}:\delta\boldsymbol{U}>0 \tag{11.99}$$

对于各向同性情况，使用 8.3.1 节建立的正交张量基表示，可得类似于式 (11.95) 的不等式，实际上只需要将其中 $\boldsymbol{S}$ 的主值 S_i 用 $\boldsymbol{S}^{(1)}$ 的对应主值 $S_i^{(1)}$ 替换，E_j 用 $U_j=\lambda_j$ 替换，因此有

$$\frac{\partial S_i^{(1)}}{\partial\lambda_j}\text{是正定的，}\left(S_j^{(1)}-S_i^{(1)}\right)(\lambda_j-\lambda_i)\geqslant 0\quad(i\neq j;\,i,\,j\text{ 不求和}) \tag{11.100}$$

接下来说明上面的第一式包含了第二式。第一式的正定性意味着 $\boldsymbol{S}^{(1)}$ 作为 $\boldsymbol{U}$ 的矢量函数是局部外凸的，若它处处局部外凸，则它必然整体外凸，见附录 C 中的式 (C.5) 以及后面的说明，即满足

$$\left(\boldsymbol{S}^{(1)*}-\boldsymbol{S}^{(1)}\right):(\boldsymbol{U}^*-\boldsymbol{U})>0 \tag{11.101}$$

各向同性下 $\boldsymbol{S}^{(1)}$ 和 $\boldsymbol{U}$ 共主轴，可以表明上式成立的充分必要条件是主值之间满足 (Ogden，1984)

$$\sum_{i=1}^{3}\left(S_i^{(1)*}-S_i^{(1)}\right)(\lambda_i^*-\lambda_i)>0 \tag{11.102}$$

进一步地，我们选择 $\lambda_i^*=\lambda_j$，$\lambda_k^*=\lambda_k$，其中 (i, j, k) 为 (1, 2, 3) 的置换，由于各向同性，$S_i^{(1)*}=S_j^{(1)}$，$S_k^{(1)*}=S_k^{(1)}$，式 (11.102) 简化为式 (11.100) 的第二式，从而最终说明式 (11.100) 的第一式包含了第二式。

对于超弹性体，使用式 (8.190)，条件式 (11.100) 变为

$$\left(\frac{\partial W}{\partial\lambda_j}-\frac{\partial W}{\partial\lambda_i}\right)(\lambda_j-\lambda_i)\geqslant 0\quad(i\neq j;\,i,\,j\text{ 不求和}) \tag{11.103}$$

然而，Baker 和 Ericksen 不等式 (8.145)，使用式 (8.181) 可表示为

$$\left(\lambda_j\frac{\partial W}{\partial\lambda_j}-\lambda_i\frac{\partial W}{\partial\lambda_i}\right)(\lambda_j-\lambda_i)\geqslant 0\quad(i\neq j;\,i,\,j\text{ 不求和}) \tag{11.104}$$

这再次说明不同的应力应变度量顺序一致性条件给出的结果不相同。

总体来说，对于不同功共轭的应力应变对，尽管它们给出的功率相同，但给出的二阶功却不同，例如，很容易表明 $\delta\boldsymbol{S}:\delta\boldsymbol{E}\neq\delta\boldsymbol{P}:\delta\boldsymbol{F}$，因此，基于不同应力应变度量的二阶功所建立的本构不等式其物理意义不一样。另外，采用 $\delta\boldsymbol{S}:\delta\boldsymbol{E}$ 建立的不等式是客观的 (标架无差异的)，而采用 $\delta\boldsymbol{P}:\delta\boldsymbol{F}$ 建立的不等式则不是客观的，因为在对当前变形构形施加刚体转动 $\boldsymbol{Q}$ 后

$$\delta\boldsymbol{P}^{*}=\delta\left(\boldsymbol{Q}\cdot\boldsymbol{P}\right)=\boldsymbol{Q}\cdot\delta\boldsymbol{P}+\delta\boldsymbol{Q}\cdot\boldsymbol{P}=\boldsymbol{Q}\cdot\left(\delta\boldsymbol{P}+\boldsymbol{\Omega}\cdot\boldsymbol{P}\right) \tag{11.105a}$$

$$\delta\boldsymbol{F}^{*}=\delta\left(\boldsymbol{Q}\cdot\boldsymbol{F}\right)=\boldsymbol{Q}\cdot\delta\boldsymbol{F}+\delta\boldsymbol{Q}\cdot\boldsymbol{F}=\boldsymbol{Q}\cdot\left(\delta\boldsymbol{F}+\boldsymbol{\Omega}\cdot\boldsymbol{F}\right) \tag{11.105b}$$

式中

$$\boldsymbol{\Omega}=\boldsymbol{Q}^{\mathrm{T}}\cdot\delta\boldsymbol{Q}$$

是反对张量。于是得

$$\begin{aligned}\delta\boldsymbol{P}^{*}:\delta\boldsymbol{F}^{*}&=\operatorname{tr}\left(\left(\delta\boldsymbol{P}^{*}\right)^{\mathrm{T}}\cdot\delta\boldsymbol{F}^{*}\right)=\operatorname{tr}\left(\left(\delta\boldsymbol{P}+\boldsymbol{\Omega}\cdot\boldsymbol{P}\right)^{\mathrm{T}}\cdot\boldsymbol{Q}^{\mathrm{T}}\cdot\boldsymbol{Q}\cdot\left(\delta\boldsymbol{F}+\boldsymbol{\Omega}\cdot\boldsymbol{F}\right)\right)\\&=\left(\delta\boldsymbol{P}+\boldsymbol{\Omega}\cdot\boldsymbol{P}\right):\left(\delta\boldsymbol{F}+\boldsymbol{\Omega}\cdot\boldsymbol{F}\right)\neq\delta\boldsymbol{P}:\delta\boldsymbol{F}\end{aligned} \tag{11.106}$$

11.8　小变形各向同性线性弹性体中的弹性波

在小变形情况下，运动方程退化为

$$\nabla_0\cdot\boldsymbol{\sigma}+\rho_0\boldsymbol{f}=\rho_0\frac{\partial^2\boldsymbol{u}}{\partial t^2} \tag{11.107}$$

线弹性各向同性的条件下，本构方程为

$$\boldsymbol{\sigma}=\mathbb{C}:\boldsymbol{\varepsilon}=\left(\lambda\boldsymbol{I}\otimes\boldsymbol{I}+2\mu\mathbb{I}\right):\boldsymbol{\varepsilon}=\lambda\left(\nabla_0\cdot\boldsymbol{u}\right)\boldsymbol{I}+\mu\left(\nabla_0\otimes\boldsymbol{u}+\boldsymbol{u}\otimes\nabla_0\right) \tag{11.108}$$

式中 $\boldsymbol{\varepsilon}=\dfrac{1}{2}\left(\nabla_0\otimes\boldsymbol{u}+\boldsymbol{u}\otimes\nabla_0\right)$ 是小变形应变，代入式 (11.107)，考虑到 $\nabla_0\cdot\left(\boldsymbol{u}\otimes\nabla_0\right)=\nabla_0\left(\nabla_0\cdot\boldsymbol{u}\right)$，若不计体积力，则它变为

$$\left(\lambda+\mu\right)\nabla_0\left(\nabla_0\cdot\boldsymbol{u}\right)+\mu\nabla_0^2\boldsymbol{u}=\rho_0\frac{\partial^2\boldsymbol{u}}{\partial t^2} \tag{11.109}$$

式中对矢量 $\boldsymbol{u}$ 的 Laplace 算子运算定义为

$$\nabla_0^2\boldsymbol{u}=\nabla_0\cdot\left(\nabla_0\otimes\boldsymbol{u}\right)\quad\text{或}\quad\nabla_0^2\left(\boldsymbol{u}\cdot\boldsymbol{h}\right)=\left(\nabla_0^2\boldsymbol{u}\right)\cdot\boldsymbol{h},\quad\text{对于任意的矢量}\boldsymbol{h}$$

运动控制方程式 (11.109) 通常称为 Navier 方程，写成分量形式是

$$(\lambda+\mu)\frac{\partial^2 u_j}{\partial X_i\partial X_j}+\mu\frac{\partial^2 u_i}{\partial X_j\partial X_j}=\rho_0\frac{\partial^2 u_i}{\partial t^2} \tag{11.110}$$

上式可直接在大变形平衡方程式 (9.2) 的基础上考虑惯性力并考虑到小变形下 $\mathbb{A}=\mathbb{C}$ 导出，实际上，一般情况下，运动方程可表示为

$$\mathbb{A}_{iJkL}\frac{\partial^2 u_k}{\partial X_J\partial X_L}+\rho_0 f_i=\rho_0\frac{\partial^2 u_i}{\partial t^2} \tag{11.111}$$

考虑简单的平面弹性波，面内位移 $\boldsymbol{u}(u_X, u_Y)$ 仅是一个坐标 (比如 X) 和时间的函数 (不计体积力)。位移相对 Y，Z 坐标的偏导均为零，使用分量形式的控制方程方程式 (11.110)，则有

$$\frac{\partial^2 u_X}{\partial X^2}-\frac{1}{c_l^2}\frac{\partial^2 u_X}{\partial t^2}=0,\quad \frac{\partial^2 u_Y}{\partial X^2}-\frac{1}{c_t^2}\frac{\partial^2 u_Y}{\partial t^2}=0 \tag{11.112}$$

式中

$$c_l^2=\frac{\lambda+2\mu}{\rho_0},\quad c_t^2=\frac{\mu}{\rho_0} \tag{11.113}$$

上式就是通常的一维波动方程，其解为

$$u_X=a_l\sin(X+c_l t),\quad u_Y=a_t\sin(X+c_t t) \tag{11.114}$$

因此，弹性波以彼此独立的两个波进行传播，一个波为 u_X，其位移 (振动) 方向与波的传播方向相同，为纵波，波速为 c_l；另一个波为 u_Y，其位移 (振动) 方向与波的传播方向垂直，为横波，波速为 c_t。

对于一般的三维弹性波，Navier 方程式 (11.109) 可使用下面形式的解

$$\boldsymbol{u}(\boldsymbol{X},t)=\boldsymbol{a}\sin(\boldsymbol{k}\cdot\boldsymbol{X}-ct),\quad |\boldsymbol{k}|=1 \tag{11.115}$$

式中 $\boldsymbol{a}$、$\boldsymbol{k}$ 和 c 分别代表波的振幅、传播方向和传播速度。使用式 (11.115) 给出的波动解求 Navier 方程式 (11.109) 的各组成项，有

$$\begin{aligned}
&\nabla_0\cdot\boldsymbol{u}=(\boldsymbol{a}\cdot\boldsymbol{k})\cos(\boldsymbol{k}\cdot\boldsymbol{X}-ct)\\
&\nabla_0(\nabla_0\cdot\boldsymbol{u})=-(\boldsymbol{a}\cdot\boldsymbol{k})\boldsymbol{k}\sin(\boldsymbol{k}\cdot\boldsymbol{X}-ct)\\
&\nabla_0^2\boldsymbol{u}=-\boldsymbol{a}\sin(\boldsymbol{k}\cdot\boldsymbol{X}-ct)\quad (\text{因为}\boldsymbol{k}\cdot\boldsymbol{k}=1)\\
&\frac{\partial^2\boldsymbol{u}}{\partial t^2}=-c^2\boldsymbol{a}\sin(\boldsymbol{k}\cdot\boldsymbol{X}-ct)
\end{aligned} \tag{11.116}$$

将后面三个式子代入式 (11.109)，考虑到 $\boldsymbol{X}$，t 和 $\sin(\boldsymbol{k}\cdot\boldsymbol{X}-ct)$ 都不为零，得式 (11.115) 为方程解的充分必要条件是

$$\underline{\mathbf{T}}(\boldsymbol{k})\cdot\boldsymbol{a}=\rho_0c^2\boldsymbol{a} \tag{11.117}$$

式中 $\underline{\mathbf{T}}$ 是声学张量为

$$\underline{\mathbf{T}}(\boldsymbol{k})=\mu\boldsymbol{I}+(\lambda+\mu)\,\boldsymbol{k}\otimes\boldsymbol{k} \tag{11.118}$$

其分量表达式为

$$\underline{\mathrm{T}}_{ik}(\boldsymbol{k})=\mathbb{A}_{iJkL}k_Jk_L \tag{11.119}$$

为方便求出 $\underline{\mathbf{T}}$ 的特征矢量 $\boldsymbol{a}$ 和特征值 ρ_0c^2，将式 (11.118) 改写为

$$\hat{\underline{\mathbf{T}}}(\boldsymbol{k})=\frac{1}{\rho_0}\underline{\mathbf{T}}(\boldsymbol{k})=c_l^2\boldsymbol{k}\otimes\boldsymbol{k}+c_t^2(\boldsymbol{I}-\boldsymbol{k}\otimes\boldsymbol{k}) \tag{11.120}$$

上式中考虑了波速的表达式 (11.113)。从上式可知，$\hat{\underline{\mathbf{T}}}$ 具有两个不相等的特征值 c_l^2 和 c_t^2，其中，c_l^2 对应的特征矢量 $\boldsymbol{a}_l$ 就是 $\boldsymbol{k}$，即 $\boldsymbol{a}_l$ 和 $\boldsymbol{k}$ 平行，而 c_t^2 对应的特征矢量 $\boldsymbol{a}_t$ 是垂直于 $\boldsymbol{k}$ 的平面上的任意矢量，即 $\boldsymbol{a}_t$ 和 $\boldsymbol{k}$ 相互垂直。因此，方程式 (11.109) 的两个正弦波特解是

$$\boldsymbol{u}_l(\boldsymbol{X},\boldsymbol{t})=\boldsymbol{a}_l\sin(\boldsymbol{k}\cdot\boldsymbol{X}-c_lt),\quad \boldsymbol{a}_l=|\boldsymbol{a}_l|\,\boldsymbol{k},\quad |\boldsymbol{k}|=1 \tag{11.121}$$

$$\boldsymbol{u}_t(\boldsymbol{X},\boldsymbol{t})=\boldsymbol{a}_t\sin(\boldsymbol{k}\cdot\boldsymbol{X}-c_tt),\quad \boldsymbol{a}_t\cdot\boldsymbol{k}=0,\quad |\boldsymbol{k}|=1 \tag{11.122}$$

前者代表纵波，后者代表横波。对它们分别求散度和旋度，得

$$\nabla_0\cdot\boldsymbol{u}_t=0,\quad \nabla_0\times\boldsymbol{u}_l=0 \tag{11.123}$$

由于 $\varepsilon_{kk}=\nabla_0\cdot\boldsymbol{u}$ 是小变形的体积应变，而 $\nabla_0\times\boldsymbol{u}$ 是位移梯度的反对称部分的轴矢量，代表小变形微单元体的刚体转动，因此，前一个式子说明横波不改变物体的体积，后一个式子说明纵波是无旋的。

所以，任意的弹性波是分解为纵波和横波彼此独立地传播

$$\boldsymbol{u}=\boldsymbol{u}_l+\boldsymbol{u}_t$$

实际上，将上式代入方程式 (11.109)，并利用式 (11.123)，可导出如下的三维波动方程

$$\nabla_0^2\boldsymbol{u}_l-\frac{1}{c_l^2}\frac{\partial^2\boldsymbol{u}_l}{\partial t^2}=0,\quad \nabla_0^2\boldsymbol{u}_t-\frac{1}{c_t^2}\frac{\partial^2\boldsymbol{u}_t}{\partial t^2}=0 \tag{11.124}$$

同样可解得式 (11.121) 和式 (11.122)，具体过程可参考 Landau 与 Lifshitz(1999)，首先，将式 (11.109) 写成

$$\left(c_l^2-c_t^2\right)\nabla_0\left(\nabla_0\cdot\boldsymbol{u}_l+\nabla_0\cdot\boldsymbol{u}_t\right)+c_t^2\nabla_0^2\left(\boldsymbol{u}_l+\boldsymbol{u}_t\right)=\frac{\partial^2}{\partial t^2}\left(\boldsymbol{u}_l+\boldsymbol{u}_t\right) \tag{11.125}$$

两边取散度，并考虑到 $\nabla_0\cdot\boldsymbol{u}_t=0$ 和 $\nabla_0\cdot\left(\nabla_0^2\boldsymbol{u}_l\right)=\nabla_0^2\left(\nabla_0\cdot\boldsymbol{u}_l\right)$，得

$$\left(c_l^2-c_t^2\right)\nabla_0^2\left(\nabla_0\cdot\boldsymbol{u}_l\right)+c_t^2\nabla_0^2\left(\nabla_0\cdot\boldsymbol{u}_l\right)=\frac{\partial^2}{\partial t^2}\left(\nabla_0\cdot\boldsymbol{u}_l\right) \tag{11.126}$$

进一步整理得

$$\nabla_0\cdot\left(c_l^2\nabla_0^2\boldsymbol{u}_l-\frac{\partial^2\boldsymbol{u}_l}{\partial t^2}\right)=0 \tag{11.127}$$

考虑到 $\nabla_0\times\boldsymbol{u}_l=0$，上式括号中表达式 (为矢量) 的旋度也为零，一个矢量的散度和旋度均为零，则这个矢量必须为零，因此得式 (11.124) 的第一式。类似的方法可导出第二式。

由于 $\nabla_0\cdot\boldsymbol{u}_t=0$，式 (11.127) 可写成

$$\nabla_0^2\left(\nabla_0\cdot\boldsymbol{u}\right)-\frac{1}{c_l^2}\frac{\partial^2}{\partial t^2}\left(\nabla_0\cdot\boldsymbol{u}\right)=0 \tag{11.128}$$

由于 $\nabla_0\cdot\boldsymbol{u}$ 是小应变的体积应变，因此，体积应变总是以纵波方式传播的。

第 12 章 热 弹 性

前面本构原理及本构方程的讨论中忽略了热与机械能的相互交换，假定无内部热源，物体边界上无热交换，即假定变形过程始终为等温。本章将前面介绍的本构原理拓展到包括热力学在内，建立热弹性材料本构方程应满足的一系列约束，并讨论有关线性化的问题。热弹性材料内部的耗散机理主要是温度梯度下的热传导，本章还将介绍热传导中的一些概念，包括潜热和比热等，以及热传导方程。

12.1 热弹性本构方程的一般表达

首先需要在描述问题的所有状态变量中选取哪些作为独立的变量，哪些作为响应变量。按照通常的做法，我们选取如下。

独立变量：空间位置 $\boldsymbol{x}$ 和温度 θ，包括它们的当前值和所有过去的历史值，即

$$\left(\boldsymbol{x}(\boldsymbol{X},s)|_{s=0}^{t},\,\theta(\boldsymbol{X},s)|_{s=0}^{t}\right) \tag{12.1}$$

我们称它为一个热运动历史过程。

响应变量：Helmholtz 自由能、应力、熵和热流矢量，称

$$(\psi(\boldsymbol{X},t),\,\boldsymbol{P}(\boldsymbol{X},t),\,\eta(\boldsymbol{X},t),\,\boldsymbol{q}_0(\boldsymbol{X},t)) \tag{12.2}$$

为质点 $\boldsymbol{X}$ 在 t 时刻的热动力学状态。

根据局部作用原理，质点 $\boldsymbol{X}$ 的热动力学状态仅取决于质点 $\boldsymbol{X}$ 的充分小邻域的热运动过程，因此，独立变量就是该质点的运动和温度的历史过程，以及它们相应的梯度 (相对物质坐标)，即

$$\boldsymbol{F}(\boldsymbol{X},\boldsymbol{s})|_{s=0}^{t} = \boldsymbol{x}(\boldsymbol{X},\boldsymbol{s})\otimes\nabla_0|_{s=0}^{t} \tag{12.3a}$$

$$\boldsymbol{g}_0(\boldsymbol{X},\boldsymbol{s})|_{s=0}^{t} = \theta(\boldsymbol{X},\boldsymbol{s})\nabla_0|_{s=0}^{t} \tag{12.3b}$$

因此，确定热动力学状态的本构方程可表示为如下形式

$$\psi = \mathcal{F}_{\psi}\left(\boldsymbol{x}(\boldsymbol{X},s)|_{s=0}^{t},\ \boldsymbol{F}(\boldsymbol{X},s)|_{s=0}^{t},\ \theta(\boldsymbol{X},s)|_{s=0}^{t},\,\boldsymbol{g}_0(\boldsymbol{X},s)|_{s=0}^{t}\right) \tag{12.4a}$$

$$\boldsymbol{P}=\boldsymbol{\mathcal{F}}_P\left(\boldsymbol{x}(\boldsymbol{X},s)\big|_{s=0}^{t},\ \boldsymbol{F}(\boldsymbol{X},s)\big|_{s=0}^{t},\ \theta(\boldsymbol{X},s)\big|_{s=0}^{t},\ \boldsymbol{g}_0(\boldsymbol{X},s)\big|_{s=0}^{t}\right) \tag{12.4b}$$

$$\eta=\mathcal{F}_\eta\left(\boldsymbol{x}(\boldsymbol{X},s)\big|_{s=0}^{t},\ \boldsymbol{F}(\boldsymbol{X},s)\big|_{s=0}^{t},\ \theta(\boldsymbol{X},s)\big|_{s=0}^{t},\ \boldsymbol{g}_0(\boldsymbol{X},s)\big|_{s=0}^{t}\right) \tag{12.4c}$$

$$\boldsymbol{q}_0=\boldsymbol{\mathcal{F}}_q\left(\boldsymbol{x}(\boldsymbol{X},s)\big|_{s=0}^{t},\ \boldsymbol{F}(\boldsymbol{X},s)\big|_{s=0}^{t},\ \theta(\boldsymbol{X},s)\big|_{s=0}^{t},\ \boldsymbol{g}_0(\boldsymbol{X},s)\big|_{s=0}^{t}\right) \tag{12.4d}$$

这里集中讨论热弹性，它只取决于热运动的当前状态，与历史无关，上式中的泛函应退化为函数，假定物质是均匀的，将表示物质点的物质坐标省去，另外，它还与物质的绝对运动无关，空间坐标也可省去，因此，上述本构方程可表示为下面简洁形式

$$\psi=\hat{\psi}(\boldsymbol{F},\ \theta,\ \boldsymbol{g}_0) \tag{12.5a}$$

$$\boldsymbol{P}=\hat{\boldsymbol{P}}(\boldsymbol{F},\ \theta,\ \boldsymbol{g}_0) \tag{12.5b}$$

$$\eta=\hat{\eta}(\boldsymbol{F},\ \theta,\ \boldsymbol{g}_0) \tag{12.5c}$$

$$\boldsymbol{q}_0=\hat{\boldsymbol{q}}_0(\boldsymbol{F},\ \theta,\ \boldsymbol{g}_0) \tag{12.5d}$$

12.2 客观性和热力学第二定律的约束

我们假定温度、Helmholtz 自由能、熵是客观的，进一步假定总耗散率 (见式 (5.278)) 是客观的，则可导出参考构形中的热流矢量 $\boldsymbol{q}_0$ (物质矢量) 是客观的，因此，在标架转动 $\boldsymbol{Q}$ 的变换下，应有

$$(\boldsymbol{P},\ \boldsymbol{q}_0,\ \psi,\ \eta)^*=(\boldsymbol{Q}\cdot\boldsymbol{P},\ \boldsymbol{q}_0,\ \psi,\ \eta) \tag{12.6}$$

上式给出的变换关系即客观性对本构响应函数的要求就是

$$\hat{\psi}(\boldsymbol{F},\ \theta,\ \boldsymbol{g}_0)=\hat{\psi}(\boldsymbol{Q}\cdot\boldsymbol{F},\ \theta,\ \boldsymbol{g}_0) \tag{12.7a}$$

$$\hat{\boldsymbol{P}}(\boldsymbol{F},\ \theta,\ \boldsymbol{g}_0)=\boldsymbol{Q}^{\mathrm{T}}\cdot\hat{\boldsymbol{P}}(\boldsymbol{Q}\cdot\boldsymbol{F},\ \theta,\ \boldsymbol{g}_0) \tag{12.7b}$$

$$\hat{\eta}(\boldsymbol{F},\ \theta,\ \boldsymbol{g}_0)=\hat{\eta}(\boldsymbol{Q}\cdot\boldsymbol{F},\ \theta,\ \boldsymbol{g}_0) \tag{12.7c}$$

$$\hat{\boldsymbol{q}}_0(\boldsymbol{F},\ \theta,\ \boldsymbol{g}_0)=\hat{\boldsymbol{q}}_0(\boldsymbol{Q}\cdot\boldsymbol{F},\ \theta,\ \boldsymbol{g}_0) \tag{12.7d}$$

对于所有的 $\boldsymbol{Q}$ 以及 $\boldsymbol{F}$, θ, $\boldsymbol{g}_0$ 都应成立，若取 $\boldsymbol{Q}=\boldsymbol{R}^{\mathrm{T}}$，则 $\boldsymbol{Q}\cdot\boldsymbol{F}=\boldsymbol{U}$，$\boldsymbol{Q}^{\mathrm{T}}=\boldsymbol{F}\cdot\boldsymbol{U}^{-1}$，而 $\boldsymbol{U}^2=\boldsymbol{C}$，可得新的本构响应函数，为

$$\psi=\hat{\psi}(\boldsymbol{U},\ \theta,\ \boldsymbol{g}_0)=\tilde{\psi}(\boldsymbol{C},\ \theta,\ \boldsymbol{g}_0) \tag{12.8a}$$

$$\boldsymbol{P}=\boldsymbol{F}\cdot\boldsymbol{U}^{-1}\cdot\hat{\boldsymbol{P}}(\boldsymbol{U},\ \theta,\ \boldsymbol{g}_0)=\boldsymbol{F}\cdot\tilde{\boldsymbol{S}}(\boldsymbol{C},\ \theta,\ \boldsymbol{g}_0) \tag{12.8b}$$

$$\eta = \hat{\eta}\left(\boldsymbol{U}, \theta, \boldsymbol{g}_0\right) = \tilde{\eta}\left(\boldsymbol{C}, \theta, \boldsymbol{g}_0\right) \tag{12.8c}$$

$$\boldsymbol{q}_0 = \hat{\boldsymbol{q}}_0\left(\boldsymbol{U}, \theta, \boldsymbol{g}_0\right) = \tilde{\boldsymbol{q}}_0\left(\boldsymbol{C}, \theta, \boldsymbol{g}_0\right) \tag{12.8d}$$

考虑到两个 P-K 应力之间的关系 $\boldsymbol{P}=\boldsymbol{F}\cdot\boldsymbol{S}$，式 (12.8b) 中的 $\tilde{\boldsymbol{S}}$ 就是第二 P-K 应力的响应函数，有

$$\boldsymbol{S}=\tilde{\boldsymbol{S}}\left(\boldsymbol{C}, \theta, \boldsymbol{g}_0\right) = \boldsymbol{U}^{-1} \cdot \hat{\boldsymbol{P}}\left(\boldsymbol{U}, \theta, \boldsymbol{g}_0\right) \tag{12.9}$$

它们满足标架无差异原理。采用式 (8.55)~ 式 (8.57) 的推演步骤，使用 ψ 的客观性还可以导出 $\boldsymbol{P}\cdot\boldsymbol{F}^{\mathrm{T}}$ 的对称性，即 Cauchy 应力的对称性。

应用热力学第二定律到本构方程一般表达式 (12.8a)，可导出本构方程应满足的约束条件如下：

(1) 本构响应函数 $\tilde{\psi}$、$\tilde{\boldsymbol{S}}$ 和 $\tilde{\eta}$ 与温度梯度 $\boldsymbol{g}_0$ 无关。

(2) $\tilde{\psi}$ 通过下列关系式确定 $\tilde{\boldsymbol{S}}$ 和 $\tilde{\eta}$

$$\boldsymbol{S} = \tilde{\boldsymbol{S}}\left(\boldsymbol{C}, \theta\right) = 2\rho_0 \frac{\partial \tilde{\psi}\left(\boldsymbol{C}, \theta\right)}{\partial \boldsymbol{C}} \tag{12.10a}$$

$$\eta = \tilde{\eta}\left(\boldsymbol{C}, \theta\right) = -\frac{\partial \tilde{\psi}\left(\boldsymbol{C}, \theta\right)}{\partial \theta} \tag{12.10b}$$

(3) 热流矢量 $\boldsymbol{q}_0$ 满足下列热传导不等式

$$\tilde{\boldsymbol{q}}_0\left(\boldsymbol{C}, \theta, \boldsymbol{g}_0\right) \cdot \boldsymbol{g}_0 \leqslant 0 \tag{12.11}$$

证明　对式 (12.8a) 的 Helmholtz 自由能求物质时间导数

$$\dot{\psi} = \frac{\partial \tilde{\psi}\left(\boldsymbol{C}, \theta, \boldsymbol{g}_0\right)}{\partial \boldsymbol{C}} : \dot{\boldsymbol{C}} + \frac{\partial \tilde{\psi}\left(\boldsymbol{C}, \theta, \boldsymbol{g}_0\right)}{\partial \theta}\dot{\theta} + \frac{\partial \tilde{\psi}\left(\boldsymbol{C}, \theta, \boldsymbol{g}_0\right)}{\partial \boldsymbol{g}_0} \cdot \dot{\boldsymbol{g}}_0 \tag{12.12}$$

将上式代入内禀耗散率式 (5.290)，使用式 (12.8a)，得内禀耗散率为

$$-\theta\gamma_{\text{int}} = \left(\frac{\partial \tilde{\psi}\left(\boldsymbol{C}, \theta, \boldsymbol{g}_0\right)}{\partial \boldsymbol{C}} - \frac{1}{2\rho_0}\boldsymbol{S}\right) : \dot{\boldsymbol{C}} + \left(\frac{\partial \tilde{\psi}\left(\boldsymbol{C}, \theta, \boldsymbol{g}_0\right)}{\partial \theta} + \eta\right)\dot{\theta} + \frac{\partial \tilde{\psi}\left(\boldsymbol{C}, \theta, \boldsymbol{g}_0\right)}{\partial \boldsymbol{g}_0} \cdot \dot{\boldsymbol{g}}_0 \tag{12.13}$$

考虑到定义 $\boldsymbol{g}_0 = \theta\nabla_0$，热传导耗散率式 (5.288a) 可写成

$$-\theta\gamma_{\text{th}} = \frac{1}{\rho_0\theta}\tilde{\boldsymbol{q}}_0\left(\boldsymbol{C}, \theta, \boldsymbol{g}_0\right) \cdot \boldsymbol{g}_0 \tag{12.14}$$

热力学第二定律要求

$$-\theta\gamma_{\text{int}} + \left(-\theta\gamma_{\text{th}}\right) \leqslant 0 \tag{12.15}$$

设想固定 $\boldsymbol{C}$，θ，$\boldsymbol{g}_0$，但它们的时间率 $\dot{\boldsymbol{C}}$，$\dot{\theta}_0$ 和 $\dot{\boldsymbol{g}}_0$ 可以任意，则热传导耗散率 $\theta\gamma_{\text{th}}$ 为常数，记为 $-c$，即有 $-\theta\gamma_{\text{th}}=c$，欲使式 (12.15) 满足，则内禀耗散率必须有 $\theta\gamma_{\text{int}}\geqslant c$，然而，由于时间率 $\dot{\boldsymbol{C}}$，$\dot{\theta}$ 和 $\dot{\boldsymbol{g}}_0$ 任意，若 $\theta\gamma_{\text{int}}$ 表达式 (12.13) 中的系数不为零，则 $\theta\gamma_{\text{int}}\geqslant c$ 难以保证，或者说，总是可以找到某些 $\dot{\boldsymbol{C}}$，$\dot{\theta}$ 和 $\dot{\boldsymbol{g}}_0$ 的值使得 $\theta\gamma_{\text{int}}\geqslant c$ 不成立，因此，其中的系数必须为零，得

$$\boldsymbol{S}=2\rho_0\frac{\partial\tilde{\psi}\left(\boldsymbol{C},\,\theta,\,\boldsymbol{g}_0\right)}{\partial\boldsymbol{C}}\tag{12.16a}$$

$$\eta=-\frac{\partial\tilde{\psi}\left(\boldsymbol{C},\,\theta,\,\boldsymbol{g}_0\right)}{\partial\theta}\tag{12.16b}$$

$$\frac{\partial\tilde{\psi}\left(\boldsymbol{C},\,\theta,\,\boldsymbol{g}_0\right)}{\partial\boldsymbol{g}_0}=0\tag{12.16c}$$

从而

$$\theta\gamma_{\text{int}}=0\tag{12.17a}$$

$$-\theta\gamma_{\text{th}}=\frac{1}{\rho_0\theta}\tilde{\boldsymbol{q}}_0\left(\boldsymbol{C},\,\theta,\,\boldsymbol{g}_0\right)\cdot\boldsymbol{g}_0\leqslant 0\tag{12.17b}$$

由式 (12.16c) 可知，自由能 $\tilde{\psi}$ 与温度梯度无关，再使用式 (12.16a) 和式 (12.16b)，第二 P-K 应力和熵也与温度梯度无关，并简化为式 (12.10a) 和式 (12.10b)，由于温度 $\theta>0$，式 (12.17b) 给出式 (12.11)，从而全部得证。◆◆

上面的分析也说明，热弹性体能量耗散的唯一来源是热传导。当自由能中的变形张量 $\boldsymbol{C}$ 使用 Green 应变 $\boldsymbol{E}$ 替换时，即 $\psi=\psi(\boldsymbol{E},\theta)$，本构方程式 (12.10a) 和式 (12.10b) 将变为

$$\boldsymbol{S}=\rho_0\frac{\partial\psi}{\partial\boldsymbol{E}},\quad \eta=-\frac{\partial\psi}{\partial\theta}\tag{12.18}$$

使用热传导耗散不等式 (12.11) 可导出几个非常重要的结论，下面按照 Gurtin 等 (2010) 给出的描述进行介绍。

(1) 热从温度高的位置流向温度低的位置。

(2) 当温度梯度为零时，热通量必须为零，无论变形梯度和温度的数值大小。

(3) 热传导张量定义为

$$\underline{\mathbf{B}}\overset{\text{def}}{=\!=}-\left.\frac{\partial\tilde{\boldsymbol{q}}_0}{\partial\boldsymbol{g}_0}\right|_{\boldsymbol{g}_0=0}\tag{12.19}$$

它是半正定的。

证明 为讨论方便，定义函数

$$\varphi\left(\boldsymbol{C},\,\theta,\,\boldsymbol{g}_0\right)\overset{\text{def}}{=\!=}\tilde{\boldsymbol{q}}_0\left(\boldsymbol{C},\,\theta,\,\boldsymbol{g}_0\right)\cdot\boldsymbol{g}_0\tag{12.20}$$

根据式 (12.11) 和该定义式，显然有 $\varphi(\boldsymbol{C}, \theta, \boldsymbol{g}_0) \leqslant 0$ 和 $\varphi(\boldsymbol{C}, \theta, \boldsymbol{0}) = 0$，因此，$\varphi(\boldsymbol{C}, \theta, \boldsymbol{g}_0)$ 作为 $\boldsymbol{g}_0$ 的函数在 $\boldsymbol{g}_0 = \boldsymbol{0}$ 处有最大值 0，于是就有

$$\left.\frac{\partial\varphi(\boldsymbol{C}, \theta, \boldsymbol{g}_0)}{\partial\boldsymbol{g}_0}\right|_{\boldsymbol{g}_0=\boldsymbol{0}} = \boldsymbol{0} \tag{12.21}$$

对定义式 (12.20) 求偏导，得

$$\frac{\partial\varphi(\boldsymbol{C}, \theta, \boldsymbol{g}_0)}{\partial\boldsymbol{g}_0} = \tilde{\boldsymbol{q}}_0(\boldsymbol{C}, \theta, \boldsymbol{g}_0) + \left(\frac{\partial\tilde{\boldsymbol{q}}_0(\boldsymbol{C}, \theta, \boldsymbol{g}_0)}{\partial\boldsymbol{g}_0}\right)^{\mathrm{T}} \cdot \boldsymbol{g}_0 \tag{12.22}$$

在上式中令 $\boldsymbol{g}_0 = \boldsymbol{0}$，利用式 (12.21)，有

$$\tilde{\boldsymbol{q}}_0(\boldsymbol{C}, \theta, \boldsymbol{0}) = \boldsymbol{0} \tag{12.23}$$

或者说

$$\tilde{\boldsymbol{q}}_0 = \boldsymbol{0} \quad \text{一旦} \quad \boldsymbol{g}_0 = \boldsymbol{0}$$

从而结论 (2) 成立。这个结论也说明，无论变形多大，只要没有温度梯度存在，都不可能诱导热传导产生。

下面讨论式 (12.19) 定义的二阶热传导张量是半正定的。选取一状态 a，其变量为 $\boldsymbol{C} = \boldsymbol{C}_a$，$\theta = \theta_a$，$\boldsymbol{g}_0 = \boldsymbol{0}$，将 $\tilde{\boldsymbol{q}}_0(\boldsymbol{C}, \theta, \boldsymbol{g}_0)$ 使用 Taylor 级数相对状态 a 展开，忽略二阶及以上的高阶项，得

$$\tilde{\boldsymbol{q}}_0(\boldsymbol{C}, \theta, \boldsymbol{g}_0) = \tilde{\boldsymbol{q}}_0|_a + \left.\frac{\partial\tilde{\boldsymbol{q}}_0}{\partial\boldsymbol{C}}\right|_a : (\boldsymbol{C} - \boldsymbol{C}_a) + \left.\frac{\partial\tilde{\boldsymbol{q}}_0}{\partial\theta}\right|_a (\theta - \theta_a) + \left.\frac{\partial\tilde{\boldsymbol{q}}_0}{\partial\boldsymbol{g}_0}\right|_a \cdot (\boldsymbol{g}_0 - \boldsymbol{0}) + \cdots \tag{12.24}$$

考虑到式 (12.23) 应有

$$\tilde{\boldsymbol{q}}_0|_a = \boldsymbol{0}, \quad \left.\frac{\partial\tilde{\boldsymbol{q}}_0}{\partial\boldsymbol{C}}\right|_a = \boldsymbol{0}, \quad \left.\frac{\partial\tilde{\boldsymbol{q}}_0}{\partial\theta}\right|_a = \boldsymbol{0} \tag{12.25}$$

代入式 (12.24) 并考虑到定义式 (12.19)，可将它写成

$$\tilde{\boldsymbol{q}}_0 = -\underline{\mathbf{B}} \cdot \boldsymbol{g}_0 \tag{12.26}$$

式中的热传导张量 $\underline{\mathbf{B}}$ 取决于状态 a，即取决于变形 $\boldsymbol{C}_a$ 和温度 θ_a。

在式 (12.22) 中令 $\boldsymbol{g}_0$ =0，两边相对 $\boldsymbol{g}_0$ 求偏导，并考虑到 $\underline{\mathbf{B}}$ 的定义式 12.19，得

$$\left.\frac{\partial^2\varphi}{\partial\boldsymbol{g}_0\partial\boldsymbol{g}_0}\right|_{\boldsymbol{g}_0=\boldsymbol{0}} = -\frac{1}{2}\left(\underline{\mathbf{B}} + \underline{\mathbf{B}}^{\mathrm{T}}\right) \tag{12.27}$$

注意: 上式左边显然是对称张量，因此右边必须进行对称化处理；由于 $\varphi(\boldsymbol{C}, \theta, \boldsymbol{g}_0)$ 作为 $\boldsymbol{g}_0$ 的函数在 $\boldsymbol{g}_0 = 0$ 处有最大值，则左边项是半负定的，因此，$\underline{\mathbf{B}}$ 的对称部分也应是半正定的。◆◆

当 $\underline{\mathbf{B}}$ 为反对称张量时，由式 (12.26) 给出的热流矢量 $\tilde{\boldsymbol{q}}_0$ 与温度梯度 $\boldsymbol{g}_0$ 正交，因为

$$\boldsymbol{g}_0 \cdot \tilde{\boldsymbol{q}}_0 = -\boldsymbol{g}_0 \cdot \underline{\mathbf{B}} \cdot \boldsymbol{g}_0 = \underline{\mathbf{B}} : \boldsymbol{g}_0 \otimes \boldsymbol{g}_0 = 0 \tag{12.28}$$

结合式 (12.17b)，因此得 $\theta\gamma_{\text{th}} = 0$，即热传导无耗散。为排除这种无热耗散的热传导现象，假定热传导张量 $\underline{\mathbf{B}}$ 为对称张量。

12.3 热弹性本构方程的其他表达

上面通过标架无差异原理和热力学第二定律建立了以变形张量 $\boldsymbol{C}$(或 Green 应变张量 $\boldsymbol{E}$) 和温度 θ 作为独立变量而 Helmholtz 自由能 ψ 作为响应函数的本构方程，下面取独立状态变量为 Green 应变张量 $\boldsymbol{E}$ 与熵 η，而内能 e 作为响应函数，即

$$e = e(\boldsymbol{E}, \eta) \tag{12.29}$$

内能 e 的时间变化率就是

$$\dot{e} = \frac{\partial e}{\partial \boldsymbol{E}} : \dot{\boldsymbol{E}} + \frac{\partial e}{\partial \eta}\dot{\eta} \tag{12.30}$$

根据前面的分析，对于热弹性而言，内禀耗散率 $\theta\gamma_{\text{int}} = 0$，式 (5.279) 取等号，考虑功共轭要求，有

$$\theta\gamma_{\text{int}} = \theta\dot{\eta} - \left(\dot{e} - \frac{1}{\rho_0}\boldsymbol{S} : \dot{\boldsymbol{E}}\right) = 0 \tag{12.31}$$

将式 (12.30) 代入式 (12.31)，并注意到自变量的率 $\dot{\boldsymbol{E}}$ 和 $\dot{\eta}$ 任意，于是得通过内能函数 e 表示的热弹性本构关系为

$$\boldsymbol{S} = \rho_0 \frac{\partial e}{\partial \boldsymbol{E}}, \quad \theta = \frac{\partial e}{\partial \eta} \tag{12.32}$$

如果选取第二 P-K 应力 $\boldsymbol{S}$ 和温度 θ 为自变量，而 Green 应变张量 $\boldsymbol{E}$ 与熵 η 为响应函数，可以对 Helmholtz 自由能 ψ 再进行一次 Legendre 变换来调换自变量 $\boldsymbol{E}$ 与响应函数 $\boldsymbol{S}$ 的位置，变换所得热力学函数称为 Gibbs 自由能，用 ψ_{G} 表示为

$$\psi_{\text{G}}(\boldsymbol{S}, \theta) \xlongequal{\text{def}} \psi - \frac{1}{\rho_0}\boldsymbol{S} : \boldsymbol{E} \tag{12.33}$$

对上式求时间率得 $\dot{\psi}_{\text{G}}$ 和 $\dot{\psi}$ 之间的关系为

$$\dot{\psi}_{\text{G}} + \frac{1}{\rho_0}\boldsymbol{E} : \dot{\boldsymbol{S}} = \dot{\psi} - \frac{1}{\rho_0}\boldsymbol{S} : \dot{\boldsymbol{E}} \tag{12.34}$$

左边第二项可理解为单位质量应变余能的时间率。考虑热弹性的内禀耗散率 $\theta\gamma_{\text{int}}=0$，于是式 (5.290) 取等号，将其结果代入上式，上式则可改写为

$$\dot{\psi}_{\text{G}}=-\eta\dot{\theta}-\frac{1}{\rho_0}\boldsymbol{E}:\dot{\boldsymbol{S}} \tag{12.35}$$

根据该式，ψ_{G} 就是等温 ($\dot{\theta}=0$) 条件下单位质量的应变余能，由该式还可导出本构方程的另外一种形式，为

$$\boldsymbol{E}=-\rho_0\frac{\partial\psi_{\text{G}}}{\partial\boldsymbol{S}},\quad \eta=-\frac{\partial\psi_{\text{G}}}{\partial\theta} \tag{12.36}$$

12.4 潜热和比热

除了应力应变关系，热弹性力学性质还应包括两个重要的概念：潜热和比热，下面给出它们的定义并讨论它们的物理意义。以变形张量 $\boldsymbol{C}$(或 Green 应变张量 $\boldsymbol{E}$) 和温度 θ 作为独立变量，将熵表示为

$$\eta=\eta(\boldsymbol{E},\theta) \tag{12.37}$$

对上式求微分并乘以温度 θ，得

$$\theta\mathrm{d}\eta=\theta\frac{\partial\eta}{\partial\boldsymbol{E}}:\mathrm{d}\boldsymbol{E}+\theta\frac{\partial\eta}{\partial\theta}\mathrm{d}\theta=\boldsymbol{\beta}:\mathrm{d}\boldsymbol{E}+C_V\mathrm{d}\theta \tag{12.38}$$

式中

$$\boldsymbol{\beta}\overset{\text{def}}{=\!=\!=}\theta\frac{\partial\eta}{\partial\boldsymbol{E}},\quad C_V\overset{\text{def}}{=\!=\!=}\theta\frac{\partial\eta}{\partial\theta} \tag{12.39}$$

分别定义为潜热和比热，显然，潜热 $\boldsymbol{\beta}$ 是一个二阶张量，比热 C_V 是标量。

对于没有温度梯度的均匀系统，热传导耗散率 $\theta\gamma_{\text{th}}=0$，由于是弹性物质，内禀耗散率 $\theta\gamma_{\text{int}}=0$，根据热力学第二定律，$\mathrm{d}Q=\theta\mathrm{d}\eta$，代入式 (12.38) 可知，二阶张量潜热 $\boldsymbol{\beta}$ 的 ij 分量就是改变应变 $\boldsymbol{E}$ 对应的 ij 分量而保持温度和其他 5 个应变分量都不变时所需要的热量；而比热就是在应变不变的情况下增加单位质量的单位温度所需要的热量。

根据式 (12.18)，熵 η 是 Helmholtz 自由能 ψ 相对温度求偏导再取负值，但保持应变 $\boldsymbol{E}$ 不变，有

$$\frac{\partial\eta}{\partial\boldsymbol{E}}=-\frac{\partial^2\psi}{\partial\theta\partial\boldsymbol{E}}=-\frac{1}{\rho_0}\frac{\partial\boldsymbol{S}}{\partial\theta}\bigg|_{\boldsymbol{E}\text{固定}} \tag{12.40}$$

因此，潜热还可表示为

$$\boldsymbol{\beta}=-\theta\frac{\partial^2\psi}{\partial\theta\partial\boldsymbol{E}}=-\frac{1}{\rho_0}\theta\frac{\partial\boldsymbol{S}}{\partial\theta}\bigg|_{\boldsymbol{E}\text{固定}} \tag{12.41}$$

使用式 (12.18) 的第二式，并考虑 Helmholtz 自由能 ψ 与内能 e 的关系 $\psi = e - \theta\eta$(见式 (5.281))，可将比热表示为

$$C_V = \theta\frac{\partial\eta}{\partial\theta} = \left(\eta + \frac{\partial\psi}{\partial\theta}\right) + \theta\frac{\partial\eta}{\partial\theta} = \frac{\partial}{\partial\theta}(\psi + \eta\theta) = \left.\frac{\partial e}{\partial\theta}\right|_{\boldsymbol{E}\text{固定}} \tag{12.42}$$

因此，比热可解释为在保持应变不变而增加单位温度时所需要的内能，这与上面的解释一致，因为，在应变不变的情况下，应力的功率为零，根据热力学第一定律，内能的改变就等于所吸收的热量。

使用式 (12.18) 的第二式，还可得比热通过 Helmholtz 自由能 ψ 表示为

$$C_V = -\theta\frac{\partial^2\psi}{\partial\theta^2} \tag{12.43}$$

稳定性要求对于任意的变形和温度，上式是正定的，所以 $C_V>0$。

12.5 线性化的热弹性本构方程

12.3 节以变形张量 $\boldsymbol{C}$(或 Green 应变张量 $\boldsymbol{E}$) 和温度 θ 作为独立变量而 Helmholtz 自由能 ψ 作为响应函数建立了热弹性本构方程式 (12.18)，下面讨论它的线性化。使用 “0” 表示应变为 $\boldsymbol{E}_0$ 和温度为 θ_0 的参考 (初始) 状态，η_0 和 $\boldsymbol{S}_0$ 是对应的熵和应力，将自由能函数 $\psi(\boldsymbol{E}, \theta)$ 相对该参考状态使用 Taylor 级数展开表示为

$$\begin{aligned}\psi(\boldsymbol{E}, \theta) = {} & \psi_0 + \left.\frac{\partial\psi}{\partial\theta}\right|_0(\theta - \theta_0) + \left.\frac{\partial\psi}{\partial\boldsymbol{E}}\right|_0 : (\boldsymbol{E} - \boldsymbol{E}_0) + \frac{1}{2}\left.\frac{\partial^2\psi}{\partial\theta^2}\right|_0(\theta - \theta_0)^2 \\ & + \left.\frac{\partial^2\psi}{\partial\theta\partial\boldsymbol{E}}\right|_0 : (\boldsymbol{E} - \boldsymbol{E}_0)(\theta - \theta_0) \\ & + \frac{1}{2}(\boldsymbol{E} - \boldsymbol{E}_0) : \left.\frac{\partial^2\psi}{\partial\boldsymbol{E}\partial\boldsymbol{E}}\right|_0 : (\boldsymbol{E} - \boldsymbol{E}_0) + \cdots\end{aligned} \tag{12.44}$$

式中

$$\left.\frac{\partial\psi}{\partial\theta}\right|_0 = -\eta_0, \quad \left.\frac{\partial\psi}{\partial\boldsymbol{E}}\right|_0 = \frac{1}{\rho_0}\boldsymbol{S}_0, \quad \left.\frac{\partial^2\psi}{\partial\theta^2}\right|_0 = -\frac{1}{\theta_0}C_{V0} \tag{12.45}$$

进一步地，使用式 (12.41)，得参考状态下的潜热

$$\left.\frac{\partial^2\psi}{\partial\theta\partial\boldsymbol{E}}\right|_0 = -\frac{1}{\theta_0}\boldsymbol{\beta}_0 \tag{12.46}$$

以及使用式 (12.18)，得参考状态等温条件下的弹性张量

$$\mathbb{C}_0 = \frac{\partial\boldsymbol{S}}{\partial\boldsymbol{E}} = \rho_0\left.\frac{\partial^2\psi}{\partial\boldsymbol{E}\partial\boldsymbol{E}}\right|_0$$

设从参考状态出发所产生的应变和温度改变足够小，则可将式 (12.44) 中二阶以上的高阶项略去，考虑到上面的关系式，得二次式表示

$$\psi(\boldsymbol{E},\theta)=\psi_0-\eta_0(\theta-\theta_0)+\frac{1}{\rho_0}\boldsymbol{S}_0:(\boldsymbol{E}-\boldsymbol{E}_0)-\frac{1}{2\theta_0}C_{V0}(\theta-\theta_0)^2$$
$$-\frac{1}{\theta_0}(\theta-\theta_0)\boldsymbol{\beta}_0:(\boldsymbol{E}-\boldsymbol{E}_0)+\frac{1}{2\rho_0}(\boldsymbol{E}-\boldsymbol{E}_0):\mathbb{C}_0:(\boldsymbol{E}-\boldsymbol{E}_0) \tag{12.47}$$

其中每一项中 $\boldsymbol{E}$ 和 θ 的幂指数加起来不大于 2。

将它代入式 (12.18)，得线性化的本构方程为

$$\Delta\eta=\frac{1}{\theta_0}\left(C_{V0}(\theta-\theta_0)+\boldsymbol{\beta}_0:\Delta\boldsymbol{E}\right) \tag{12.48a}$$

$$\Delta\boldsymbol{S}=-\frac{\rho_0}{\theta_0}\boldsymbol{\beta}_0(\theta-\theta_0)+\mathbb{C}_0:\Delta\boldsymbol{E} \tag{12.48b}$$

式中

$$\Delta\boldsymbol{S}=\boldsymbol{S}-\boldsymbol{S}_0,\quad \Delta\boldsymbol{E}=\boldsymbol{E}-\boldsymbol{E}_0,\quad \Delta\eta=\eta-\eta_0$$

在绝热过程中，$\Delta\eta\equiv 0$，于是 $\theta-\theta_0=-\dfrac{1}{C_{V0}}\boldsymbol{\beta}_0:\Delta\boldsymbol{E}$，得

$$\Delta\boldsymbol{S}=\left(\mathbb{C}_0+\frac{\rho_0}{\theta_0 C_{V0}}\boldsymbol{\beta}_0\otimes\boldsymbol{\beta}_0\right):\Delta\boldsymbol{E} \tag{12.49}$$

上式括号中的四阶张量就是绝热状态下的弹性张量。若没有应力作用，使用式 (12.48b)，则有

$$\Delta\boldsymbol{E}=\frac{\rho_0}{\theta_0}\mathbb{C}_0^{-1}:\boldsymbol{\beta}_0(\theta-\theta_0) \tag{12.50}$$

进一步地，若物质还为各向同性，根据表示定理，$\psi(\boldsymbol{E},\theta)$ 作为 $\boldsymbol{E}$，θ 的二次式 ($\boldsymbol{E}$ 和 θ 的幂指数加起来不大于 2)，其中的每一项都只能是 $\mathrm{tr}\boldsymbol{E}$、$\mathrm{tr}\boldsymbol{E}^2$、$\theta$ 和 θ^2 的函数，关于 $\boldsymbol{E}$，θ 的耦合项只能是 $(\mathrm{tr}\boldsymbol{E})\theta$，与式 (12.47) 对照，则 $\boldsymbol{\beta}_0$: $\boldsymbol{E}$ 必须与 $\mathrm{tr}\boldsymbol{E}$ 成比例，因此有

$$\boldsymbol{\beta}_0=\beta\boldsymbol{I} \tag{12.51}$$

潜热张量为各向同性张量。而且，弹性张量 $\mathbb{C}_0$ 也必须是各向同性张量，在小变形线弹性且等温的条件下，它的表达为式 (10.69)，考虑到 $\boldsymbol{Z}=\boldsymbol{I}/\sqrt{3}$，则有

$$\mathbb{C}_0=2\mu\left(\mathbb{I}-\frac{1}{3}\boldsymbol{I}\otimes\boldsymbol{I}\right)+3K\frac{1}{3}\boldsymbol{I}\otimes\boldsymbol{I} \tag{12.52}$$

它的逆即柔度张量式 (10.87) 可写成

$$\mathbb{C}_0^{-1}=\frac{1}{2\mu}\left(\mathbb{I}-\frac{1}{3}\boldsymbol{I}\otimes\boldsymbol{I}\right)+\frac{1}{3K}\frac{1}{3}\boldsymbol{I}\otimes\boldsymbol{I} \tag{12.53}$$

式中 μ 和 K 分别是等温条件下的剪切模量和体积模量。而无应力作用下应变的改变式 (12.50) 在代入上式和式 (12.51) 后将具体为

$$\Delta \boldsymbol{E} = \frac{\rho_0}{\theta_0}\frac{\beta}{3K}(\theta - \theta_0)\boldsymbol{I} \tag{12.54}$$

显然，上式右边的系数就是通常的线膨胀系数，为

$$\alpha = \frac{\rho_0}{\theta_0}\frac{\beta}{3K} \tag{12.55}$$

这时，将式 (12.51) 结合式 (12.55) 代入本构方程式 (12.48a) 和式 (12.48b)，并考虑到 $\mathbb{C}_0$ 的第一项将 $\boldsymbol{I}$ 变换为零张量，则它们可表示为

$$\Delta \eta = \frac{1}{\theta_0}C_{V0}(\theta - \theta_0) + 3K\frac{\alpha}{\rho_0}\mathrm{tr}\Delta \boldsymbol{E} \tag{12.56a}$$

$$\Delta \boldsymbol{S} = \mathbb{C}_0 : [\Delta \boldsymbol{E} - \alpha(\theta - \theta_0)\boldsymbol{I}] \tag{12.56b}$$

例题 12.1 考虑一维杆件处于封闭的绝热状态，$\mathrm{d}Q = 0$，当沿杆的轴线方向施加拉应力 $S_{11} = \sigma > 0$ 时，该封闭系统的温度是增加还是减少？如果要使试验保持在等温状态，$\mathrm{d}\theta = 0$，则需要外界提供多少热量？分别确定在绝热状态和等温状态下的弹性刚度。

解 在绝热状态下，使用热力学第二定律

$$\mathrm{d}Q = \theta \mathrm{d}\eta = 0 \quad \Leftrightarrow \quad \mathrm{d}\eta = 0$$

对式 (12.56a) 求微分，使用上面的条件，则

$$\mathrm{d}\theta = -3K\frac{\alpha\theta_0}{\rho_0 C_{V0}}\mathrm{tr}(\mathrm{d}\boldsymbol{E}) \tag{a}$$

对式 (12.56b) 两边求微分后再求迹，利用该结果消去上式中的 $\mathrm{tr}(\mathrm{d}\boldsymbol{E})$，得

$$\mathrm{d}\theta = -\frac{\alpha \mathrm{d}\sigma}{\dfrac{\rho_0 C_{V0}}{\theta_0} + 9K\alpha^2} \tag{b}$$

显然，由于线膨胀系数 $\alpha > 0$，若施加拉应力 $\mathrm{d}\sigma > 0$，则 $\mathrm{d}\theta < 0$，即温度降低；若加压应力 $\mathrm{d}\sigma < 0$，则 $\mathrm{d}\theta > 0$，即温度升高。

在等温状态下，使用式 (12.56a) 计算 $\mathrm{d}\eta$，式 (12.56b) 计算 $\mathrm{tr}(\mathrm{d}\boldsymbol{E})$，则需要提供的热量将是

$$\mathrm{d}Q = \theta_0 \mathrm{d}\eta = \theta_0 3K \frac{\alpha}{\rho_0} \mathrm{tr}(\mathrm{d}\boldsymbol{E}) = \frac{\alpha\theta_0}{\rho_0} \mathrm{d}\sigma$$

因此，在施加拉应力 ($\mathrm{d}\sigma>0$)，$\mathrm{d}Q>0$，外界必须提供热量以平衡由于施加拉应力而在内部引起的冷却趋势，这个热量就是变形的潜热。

在等温状态下，根据式 (12.56b) 可知，测出的刚度就是弹性模量 E；而在绝热状态下，为确定刚度，首先对式 (12.56b) 求微分，将它表示为

$$\mathbb{C}_0^{-1} : \mathrm{d}\boldsymbol{S} = \mathrm{d}\boldsymbol{E} - \alpha \mathrm{d}\theta \boldsymbol{I}$$

使用上式考察 11 分量，并将式 (b) 代入，得

$$\frac{\mathrm{d}\sigma}{E} = \mathrm{d}E_{11} + \frac{\alpha^2 \mathrm{d}\sigma}{\dfrac{\rho_0 C_{V0}}{\theta_0} + 9K\alpha^2}$$

式中 $\mathrm{d}E_{11}$ 是应变张量的 11 分量，于是绝热下的弹性刚度是

$$\tilde{E} = \frac{\mathrm{d}\sigma}{\mathrm{d}E_{11}} = \frac{\dfrac{\rho_0 C_{V0}}{\theta_0} + 9K\alpha^2}{\dfrac{\rho_0 C_{V0}}{\theta_0} + 9K\alpha^2 - E\alpha^2} E$$

显然有 $\tilde{E} > E$，这意味着绝热状态下刚度会变大。

12.6 熵 弹 性

有一些材料其内能随变形的改变非常小可看作是零，即仅取决于熵

$$e = e(\eta) \tag{12.57}$$

通常将具有这样性质的材料称之为熵弹性材料，橡胶材料就是一种典型的熵弹性材料 (Chadwick and Creasy，1984；Ogden，1992)。

于是，式 (12.32) 第二式的偏导变为直接求导，即有

$$\theta = \frac{\mathrm{d}e}{\mathrm{d}\eta} = \theta\,(\eta) \tag{12.58}$$

说明温度 θ 只是熵 η 的函数，因此熵弹性材料的内能可表示为温度的函数

$$e = e(\theta) \tag{12.59}$$

根据比热的表达式 (12.42)，并考虑上面的结论，则有

$$C_V = \frac{\mathrm{d}e}{\mathrm{d}\theta} = C_V\,(\theta) \tag{12.60}$$

或根据比热的定义式 (12.39)，将比热表示为

$$C_V \mathrm{d}\theta = \theta \mathrm{d}\eta \tag{12.61}$$

若比热已知，则可积分式 (12.60) 和式 (12.61)，得内能和熵分别为

$$e = \int C_V(\theta)\,\mathrm{d}\theta, \quad \eta = \int \frac{C_V(\theta)\,\mathrm{d}\theta}{\theta} \tag{12.62}$$

若比热 C_V 是与温度 θ 无关的常数，并设 $\theta = \theta_0$ 时，η 的初始值 $\eta_0 = 0$，e 的初始值 $e_0 = 0$，然后积分上式，得

$$e = C_V(\theta - \theta_0), \quad \eta = C_V \ln \frac{\theta}{\theta_0} \quad 或者 \quad \theta = \theta_0 \exp \frac{\eta}{C_V} \tag{12.63}$$

其中的温度分布通过求解附录 D.5 节的热传导方程式 (D.54) 而获得。

第 13 章　奇异面与间断条件

到目前为止所有的讨论中，都隐含假定了物理场变量随空间位置的变化是连续的，且具有所需要阶数的连续导数。然而，在一些问题的分析中，我们会遇到场变量并不总是连续的，其中最主要的情形是场变量除在一个 (或者几个) 运动的面上不连续以外，在整个物体的其他区域都连续可微，一个简单的例子，如两种不同材料组成的物体其连接界面上密度显然是不连续的即存在间断，这个面称为奇异面，它可以是物质的，即始终由相同的物质组成，如两种不同材料之间的界面，它也可以是非物质的，如冲击波波前。本章讨论在奇异面存在的情况下，运动间断和动力间断应满足的条件。

13.1　奇　异　面

在当前构形中考虑物质区域 Ω，边界为 Γ，存在随时间变化处于不断运动中的奇异面 $S_t(t)$，在固定的时刻 t，它总是将 Ω 分成两个子区域 Ω^+ 和 Ω^-，奇异面 $S_t(t)$ 上一点的法线记作 $\boldsymbol{n}$，规定从 Ω^- 指向 Ω^+ 为正，如图 13.1 所示。物理场变量 $\boldsymbol{A}$ 在奇异面 $S_t(t)$ 上存在间断，它在两侧子区域 Ω^+ 和 Ω^- 的值分别是 $\boldsymbol{A}^+$ 和 $\boldsymbol{A}^-$，定义

$$[\![\boldsymbol{A}]\!] = \boldsymbol{A}^+ - \boldsymbol{A}^- \tag{13.1}$$

通常假定物质点的运动 $\boldsymbol{x}=\boldsymbol{x}(\boldsymbol{X}, t)$ 在整体区域 Ω 内连续，但物质点的变形梯度 $\boldsymbol{F}$、速度 $\boldsymbol{v}$、Cauchy 应力 $\boldsymbol{\sigma}$、热通量 $\boldsymbol{q}$、温度 θ 和熵 η 等可以间断，这些量都可以成为上式中的场变量 $\boldsymbol{A}$。

不失一般性，奇异面 $S_t(t)$ 考虑为非物质的，由下面的曲面方程所定义

$$f(\tilde{\boldsymbol{x}}, t) = 0, \quad \tilde{\boldsymbol{x}} \in S_t(t) \tag{13.2}$$

式中 f 连续可微。设在参考构形中存在曲面 $S_0(t)$，它与 $S_t(t)$ 之间由下面形式的一一对应映射所联系

$$\tilde{\boldsymbol{x}} = \boldsymbol{\chi}\left(\tilde{\boldsymbol{X}}, t\right), \quad \tilde{\boldsymbol{x}} \in S_t(t), \quad \tilde{\boldsymbol{X}} \in S_0(t) \tag{13.3}$$

其中 $\boldsymbol{x} = \boldsymbol{\chi}(\boldsymbol{X}, t)$ 是定义物体实际运动 (变形) 的映射，即假想曲面 $S_t(t)$ 是由参考构形上与 $S_0(t)$ 瞬时重合的物质面通过实际变形而得到，注意：在不同时刻 t，

与 $S_0(t)$ 瞬时重合的物质面将不同，因此，从参考构形看来，S_0 也是随时间变化的，故记作 $S_0(t)$。

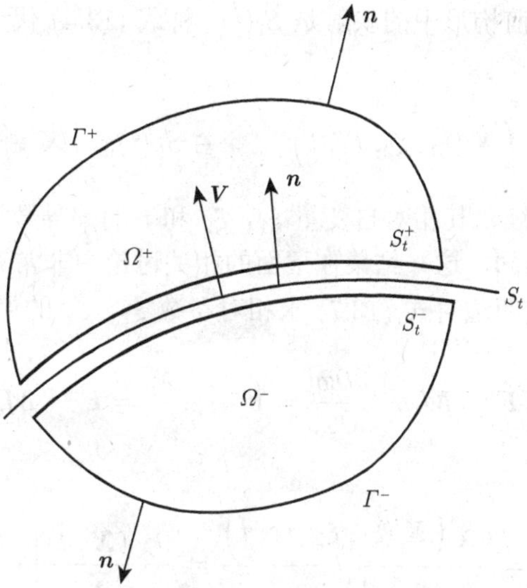

图 13.1 不断移动的奇异面

曲面 $S_0(t)$ 在参考构形中可由下面的参数方程进行定义

$$\tilde{\boldsymbol{X}}=\tilde{\boldsymbol{X}}\left(\xi_1, \xi_2, t\right), \quad \tilde{\boldsymbol{X}} \in S_0\left(t\right) \tag{13.4}$$

式中 ξ_1, ξ_2 是两个变化的参数，用来定义在特定时刻 t 组成曲面的不同点的位置。

下面的讨论总是针对曲面上的一点进行，为简便起见，通常并不专门指明它。对两个参数 ξ_1，ξ_2 求偏导数，给出曲面 $S_0(t)$ 的两个线性无关的切线矢量

$$\boldsymbol{M}_\alpha = \frac{\partial \tilde{\boldsymbol{X}}}{\partial \xi_\alpha} \quad (\alpha = 1, 2) \tag{13.5}$$

曲面 $S_0(t)$ 在其法线方向的传播速度是

$$V_0 = \frac{\partial \tilde{\boldsymbol{X}}}{\partial t} \cdot \boldsymbol{N} \tag{13.6}$$

式中 $\boldsymbol{N}$ 是曲面 $S_0(t)$ 的法线，它取决于位置矢量 $\tilde{\boldsymbol{X}} \in S_0\left(t\right)$，但与描述曲面所采用的参数 ξ_1，ξ_2 无关，因此，是曲面所固有的属性。该速度是参考构形中曲面上的点相对参考物体的速度，或者说是穿过物体的速度，不同于与之瞬时重合的物质质点的速度，详见式 (13.19)。

13.2 运动间断条件

曲面 $S_0(t)$ 在当前构形中的映射是 $S_t(t)$，将式 (13.4) 代入式 (13.3)，得 $S_t(t)$ 由下式描述

$$\tilde{\boldsymbol{x}} = \boldsymbol{\chi}\left(\tilde{\boldsymbol{X}}\left(\xi_1, \xi_2, t\right), t\right), \quad \tilde{\boldsymbol{x}} \in S_t\left(t\right), \quad \tilde{\boldsymbol{X}} \in S_0\left(t\right) \tag{13.7}$$

$\tilde{\boldsymbol{x}}$ 在曲面 $S_t(t)$ 上连续，其相对自变量 ξ_1，ξ_2 和 t 的偏导数计算从奇异面两边的任何一边进行都应相同，这一结果在下面的相关讨论中非常有用。

从曲面的正、负两边对式 (13.7) 求相对参数 ξ_1，ξ_2 的偏导数，得

$$\frac{\partial \tilde{\boldsymbol{x}}}{\partial \xi_\alpha} = \boldsymbol{F}^+ \cdot \frac{\partial \tilde{\boldsymbol{X}}}{\partial \xi_\alpha} = \boldsymbol{F}^+ \cdot \boldsymbol{M}_\alpha, \quad \frac{\partial \tilde{\boldsymbol{x}}}{\partial \xi_\alpha} = \boldsymbol{F}^- \cdot \frac{\partial \tilde{\boldsymbol{X}}}{\partial \xi_\alpha} = \boldsymbol{F}^- \cdot \boldsymbol{M}_\alpha \quad (\alpha = 1, 2) \tag{13.8}$$

式中

$$\boldsymbol{F} = \frac{\partial \boldsymbol{\chi}\left(\tilde{\boldsymbol{X}}\left(\xi_1, \xi_2, t\right), t\right)}{\partial \tilde{\boldsymbol{X}}} = \left.\frac{\partial \boldsymbol{\chi}\left(\boldsymbol{X}, t\right)}{\partial \boldsymbol{X}}\right|_{\boldsymbol{X}=\tilde{\boldsymbol{X}}} \tag{13.9}$$

是与曲面上点 $\tilde{\boldsymbol{X}}$ 重合的物体质点 $\boldsymbol{X}$ 的变形梯度，因 $\boldsymbol{x}= \boldsymbol{\chi}(\boldsymbol{X}, t)$ 定义了物体的实际运动。两式相减，得

$$\boldsymbol{F}^+ \cdot \boldsymbol{M}_\alpha - \boldsymbol{F}^- \cdot \boldsymbol{M}_\alpha = [\![\boldsymbol{F}]\!] \cdot \boldsymbol{M}_\alpha = \boldsymbol{0} \quad (\alpha = 1, 2) \tag{13.10}$$

由于 $\boldsymbol{M}_\alpha$ 是线性无关的，因此，对于曲面的任意切线 $\boldsymbol{M}$ 方向都有

$$[\![\boldsymbol{F}]\!] \cdot \boldsymbol{M} = \boldsymbol{0} \tag{13.11}$$

从曲面的正、负两边对式 (13.7) 求相对时间的偏导数，得

$$\frac{\partial \tilde{\boldsymbol{x}}}{\partial t} = \boldsymbol{F}^+ \cdot \frac{\partial \tilde{\boldsymbol{X}}}{\partial t} + \boldsymbol{v}^+, \quad \frac{\partial \tilde{\boldsymbol{x}}}{\partial t} = \boldsymbol{F}^- \cdot \frac{\partial \tilde{\boldsymbol{X}}}{\partial t} + \boldsymbol{v}^- \tag{13.12}$$

式中

$$\boldsymbol{v} = \left.\frac{\partial \boldsymbol{\chi}\left(\tilde{\boldsymbol{X}}\left(\xi_1, \xi_2, t\right), t\right)}{\partial t}\right|_{\tilde{\boldsymbol{X}}\text{固定}} = \left.\frac{\partial \boldsymbol{\chi}\left(\boldsymbol{X}, t\right)}{\partial t}\right|_{\boldsymbol{X}=\tilde{\boldsymbol{X}}\text{固定}} \tag{13.13}$$

是与曲面上点 $\tilde{\boldsymbol{X}}$ 重合的物体质点 $\boldsymbol{X}$ 的运动速度，它可以间断。式 (13.12) 两式相减得

$$[\![\boldsymbol{F}]\!] \cdot \frac{\partial \tilde{\boldsymbol{X}}}{\partial t} + [\![\boldsymbol{v}]\!] = 0 \tag{13.14}$$

将上式中的参考构形上曲面传播速度 $\dfrac{\partial \tilde{\boldsymbol{X}}}{\partial t}$ 沿曲面法线和切平面分解，并考虑到式 (13.11) 和式 (13.6)，得

$$V_0 [\![\boldsymbol{F}]\!] \cdot \boldsymbol{N} + [\![\boldsymbol{v}]\!] = 0 \tag{13.15}$$

式 (13.11) 和式 (13.15) 称为运动间断的相容条件。

曲面 $S_t(t)$ 是 $S_0(t)$ 在当前构形中的映射，它的法线使用 $\boldsymbol{n}$ 表示，$S_t(t)$ 在 $\boldsymbol{n}$ 方向的传播速度是

$$V = \frac{\partial \tilde{\boldsymbol{x}}}{\partial t} \cdot \boldsymbol{n} \tag{13.16}$$

将式 (13.12) 代入

$$V = \frac{\partial \tilde{\boldsymbol{x}}}{\partial t} \cdot \boldsymbol{n} = \left(\boldsymbol{F}^{\pm} \cdot \frac{\partial \tilde{\boldsymbol{X}}}{\partial t} \right) \cdot \boldsymbol{n} + \boldsymbol{v}^{\pm} \cdot \boldsymbol{n} \tag{13.17}$$

使用式 (3.135)，得

$$\boldsymbol{n} = \frac{(\boldsymbol{F}^{\pm})^{-\mathrm{T}} \cdot \boldsymbol{N}}{\left|(\boldsymbol{F}^{\pm})^{-\mathrm{T}} \cdot \boldsymbol{N}\right|} = \frac{\boldsymbol{N} \cdot (\boldsymbol{F}^{\pm})^{-1}}{\left|(\boldsymbol{F}^{\pm})^{-\mathrm{T}} \cdot \boldsymbol{N}\right|} \tag{13.18}$$

根据式 (6.23)，$\boldsymbol{n}$ 是 $\boldsymbol{N}$ 的法线型前推，将式 (13.18) 代入式 (13.17)，最后有

$$V - \boldsymbol{v}^{\pm} \cdot \boldsymbol{n} = \frac{V_0}{\left|(\boldsymbol{F}^{\pm})^{-\mathrm{T}} \cdot \boldsymbol{N}\right|} \tag{13.19}$$

$V - \boldsymbol{v}^{\pm} \cdot \boldsymbol{n}$ 是当前构形中奇异面相对两边物质质点的运动速度，而 V_0 是参考构形中奇异面相对物体的速度 (参考构形中物体通常是静止的)，$\left|(\boldsymbol{F}^{\pm})^{-\mathrm{T}} \cdot \boldsymbol{N}\right|$ 是参考构形单位法线矢量前推到当前构形中的缩放因子。

13.3 奇异面存在下的散度定理和输运定理

在接下来关于动力间断的讨论中需要应用散度定理和输运定理，2.5.5 节和 5.1 节中给出的这两个定理都要求被积函数在积分区域内必须连续，但现在有奇异面存在，不过奇异面 $S_t(t)$ 截开的两个子区域 Ω^+ 和 Ω^- 内被积函数连续，因此，散度定理和输运定理在这两个区域内仍然有效，可以分别应用，然后再加起来便得包含奇异面在内的散度定理和输运定理。

将 Ω^+ 和 Ω^- 的边界面 (不包括共有的奇异面) 分别记作 Γ^+ 和 Γ^-，即子区域 Ω^+ 和 Ω^- 的边界面分别是 $\Gamma^+ + S_t$ 和 $\Gamma^- + S_t$，如图 13.1 所示。在子区域 Ω^+ 和 Ω^- 内分别应用散度定理式 (2.155)，对于任意张量 $\underline{\mathbf{T}} = \underline{\mathbf{T}}(\boldsymbol{x}, t)$，得

$$\int_{\Omega^+} \underline{\mathbf{T}} \cdot \nabla \mathrm{d}V = \int_{\Gamma^+ + S_t} \underline{\mathbf{T}} \cdot \boldsymbol{n} \mathrm{d}a = \int_{\Gamma^+} \underline{\mathbf{T}} \cdot \boldsymbol{n} \mathrm{d}a + \int_{S_t} \underline{\mathbf{T}}^+ \cdot (-\boldsymbol{n})\, \mathrm{d}a \tag{13.20a}$$

$$\int_{\Omega^-}\underline{\mathbf{T}}\cdot\nabla \mathrm{d}V=\int_{\Gamma^-+S_t}\underline{\mathbf{T}}\cdot\boldsymbol{n}\mathrm{d}a=\int_{\Gamma^-}\underline{\mathbf{T}}\cdot\boldsymbol{n}\mathrm{d}a+\int_{S_t}\underline{\mathbf{T}}^-\cdot\boldsymbol{n}\mathrm{d}a \tag{13.20b}$$

注意对于子区域 Ω^+ 而言，奇异面 $S_t(t)$ 的外法线矢量为 $-\boldsymbol{n}$。将上面两式对应相加，得

$$\int_{\Gamma^++\Gamma^-}\underline{\mathbf{T}}\cdot\boldsymbol{n}\mathrm{d}a=\int_{\Omega^++\Omega^-}\underline{\mathbf{T}}\cdot\nabla \mathrm{d}V+\int_{S_t}[\![\underline{\mathbf{T}}]\!]\cdot\boldsymbol{n}\mathrm{d}a \tag{13.21}$$

上式是有奇异面存在下修正的散度定理。从推导过程可知，$\underline{\mathbf{T}}$ 可以是矢量。

对子区域 Ω^+ 和 Ω^- 分别应用输运定理式 (5.3)，对于任意的矢量 $\underline{\mathbf{t}}=\underline{\mathbf{t}}(\boldsymbol{x},t)$，得物质时间导数

$$\frac{\mathrm{D}}{\mathrm{D}t}\int_{\Omega^+}\rho\underline{\mathbf{t}}\mathrm{d}V=\int_{\Omega^+}\frac{\partial}{\partial t}(\rho\underline{\mathbf{t}})\,\mathrm{d}V+\int_{\Gamma^+}\rho\underline{\mathbf{t}}\,(\boldsymbol{v}\cdot\boldsymbol{n})\,\mathrm{d}a-\int_{S_t}(\rho\underline{\mathbf{t}})^+\,(\boldsymbol{V}\cdot\boldsymbol{n})\,\mathrm{d}a \tag{13.22a}$$

$$\frac{\mathrm{D}}{\mathrm{D}t}\int_{\Omega^-}\rho\underline{\mathbf{t}}\mathrm{d}V=\int_{\Omega^-}\frac{\partial}{\partial t}(\rho\underline{\mathbf{t}})\,\mathrm{d}V+\int_{\Gamma^-}\rho\underline{\mathbf{t}}\,(\boldsymbol{v}\cdot\boldsymbol{n})\,\mathrm{d}a+\int_{S_t}(\rho\underline{\mathbf{t}})^-\,(\boldsymbol{V}\cdot\boldsymbol{n})\,\mathrm{d}a \tag{13.22b}$$

注意上面两式最后一项面积分中的 $\boldsymbol{V}$ 是奇异面 S_t 上每点的速度矢量，它的法线分量是式 (13.16) 中的 V 即 $V=\boldsymbol{V}\cdot\boldsymbol{n}$，将上面两式相加，得

$$\frac{\mathrm{D}}{\mathrm{D}t}\int_{\Omega}\rho\underline{\mathbf{t}}\mathrm{d}V=\int_{\Omega^++\Omega^-}\frac{\partial}{\partial t}(\rho\underline{\mathbf{t}})\,\mathrm{d}V+\int_{\Gamma^++\Gamma^-}\rho\underline{\mathbf{t}}\,(\boldsymbol{v}\cdot\boldsymbol{n})\,\mathrm{d}a-\int_{S_t}[\![\rho\underline{\mathbf{t}}]\!]\,V\mathrm{d}a \tag{13.23}$$

关于上式右边第二项积分，应用有奇异面存在下的散度定理式 (13.21)，得

$$\begin{aligned}\int_{\Gamma^++\Gamma^-}\rho\underline{\mathbf{t}}\,(\boldsymbol{v}\cdot\boldsymbol{n})\,\mathrm{d}a&=\int_{\Gamma^++\Gamma^-}\rho\underline{\mathbf{t}}\otimes\boldsymbol{v}\cdot\boldsymbol{n}\mathrm{d}a\\&=\int_{\Omega^++\Omega^-}(\rho\underline{\mathbf{t}}\otimes\boldsymbol{v})\cdot\nabla\mathrm{d}V+\int_{S_t}[\![\rho\underline{\mathbf{t}}\otimes\boldsymbol{v}]\!]\cdot\boldsymbol{n}\mathrm{d}a\end{aligned} \tag{13.24}$$

将上式代入式 (13.23)，得

$$\frac{\mathrm{D}}{\mathrm{D}t}\int_{\Omega}\rho\underline{\mathbf{t}}\mathrm{d}V=\int_{\Omega^++\Omega^-}\left(\frac{\partial}{\partial t}(\rho\underline{\mathbf{t}})+(\rho\underline{\mathbf{t}}\otimes\boldsymbol{v})\cdot\nabla\right)\mathrm{d}V-\int_{S_t}[\![\rho\underline{\mathbf{t}}\,(V-\boldsymbol{v}\cdot\boldsymbol{n})]\!]\,\mathrm{d}a \tag{13.25}$$

右边第一个积分中的被积函数由于 $\underline{\mathbf{t}}$ 在 S_t 上间断，因而分别在子区域 Ω^+ 和 Ω^- 内进行讨论，根据散度运算式 (2.123)，并结合质量守恒式 (5.15) 和矢量的物质时间导数式 (4.8)，得无论是在 Ω^+ 内是在 Ω^- 内，都有

$$\begin{aligned}\frac{\partial}{\partial t}(\rho\underline{\mathbf{t}})+(\underline{\mathbf{t}}\otimes\rho\boldsymbol{v})\cdot\nabla&=\frac{\partial\rho}{\partial t}\underline{\mathbf{t}}+\rho\frac{\partial\underline{\mathbf{t}}}{\partial t}+\nabla\cdot(\rho\boldsymbol{v})\,\underline{\mathbf{t}}+(\underline{\mathbf{t}}\otimes\nabla)\cdot\rho\boldsymbol{v}\\&=\left(\frac{\partial\rho}{\partial t}+\nabla\cdot(\rho\boldsymbol{v})\right)\underline{\mathbf{t}}+\rho\left(\frac{\partial\underline{\mathbf{t}}}{\partial t}+(\underline{\mathbf{t}}\otimes\nabla)\cdot\boldsymbol{v}\right)\\&=\rho\dot{\underline{\mathbf{t}}}\end{aligned} \tag{13.26}$$

代入式 (13.25)，最后有

$$\frac{\mathrm{D}}{\mathrm{D}t}\int_{\Omega}\rho\underline{\mathbf{t}}\mathrm{d}V=\int_{\Omega^{+}+\Omega^{-}}\rho\dot{\underline{\mathbf{t}}}\mathrm{d}V-\int_{S_t}[\![\rho\underline{\mathbf{t}}\,(V-\boldsymbol{v}\cdot\boldsymbol{n})]\!]\,\mathrm{d}a \tag{13.27}$$

式 (13.27) 是奇异面存在下修正的输运定理。从推导过程可知，$\underline{\mathbf{t}}$ 可以是标量或张量。

下面讨论在奇异面存在的情况下，求参考构形中如下区域积分的时间导数

$$\frac{\mathrm{D}}{\mathrm{D}t}\int_{\Omega_0}\rho_0\underline{\mathbf{t}}\mathrm{d}V_0 \tag{13.28}$$

建立 (修正的) 输运定理的物质形式。

在参考构形中，奇异面 $S_0(t)$ 将边界为 $\varGamma_0$ 的物质区域 Ω_0 分成两个子区域 Ω_0^+ 和 Ω_0^-，Ω_0^+ 和 Ω_0^- 的边界面 (不包括共有的奇异面) 分别记作 $\varGamma_0^+$ 和 $\varGamma_0^-$，即子区域 Ω_0^+ 和 Ω_0^- 的边界面分别是 $\varGamma_0^++S_0\,(t)$ 和 $\varGamma_0^-+S_0\,(t)$，$S_0\,(t)$ 的法线方向矢量 $\boldsymbol{N}$ 规定从 Ω_0^- 指向 Ω_0^+。在子区域 Ω_0^+ 和 Ω_0^- 内分别应用输运定理式 (5.3)，对于任意的矢量 $\underline{\mathbf{t}}=\underline{\mathbf{t}}\,(\boldsymbol{X},t)$，得

$$\frac{\mathrm{D}}{\mathrm{D}t}\int_{\Omega_0^+}\rho_0\underline{\mathbf{t}}\mathrm{d}V_0=\int_{\Omega_0^+}\frac{\mathrm{D}}{\mathrm{D}t}\left(\rho_0\underline{\mathbf{t}}\right)\mathrm{d}V_0-\int_{S_0}\left(\rho_0\underline{\mathbf{t}}\right)^+V_0\mathrm{d}A \tag{13.29a}$$

$$\frac{\mathrm{D}}{\mathrm{D}t}\int_{\Omega_0^-}\rho_0\underline{\mathbf{t}}\mathrm{d}V_0=\int_{\Omega_0^-}\frac{\mathrm{D}}{\mathrm{D}t}\left(\rho_0\underline{\mathbf{t}}\right)\mathrm{d}V+\int_{S_0}\left(\rho_0\underline{\mathbf{t}}\right)^-V_0\mathrm{d}A \tag{13.29b}$$

注意：由于 $\varGamma_0^+$ 和 $\varGamma_0^-$ 并没有运动，因此右边没有出现在它们上的面积分。两式相加得

$$\frac{\mathrm{D}}{\mathrm{D}t}\int_{\Omega_0}\rho_0\underline{\mathbf{t}}\mathrm{d}V_0=\int_{\Omega_0^++\Omega_0^-}\frac{\mathrm{D}}{\mathrm{D}t}\left(\rho_0\underline{\mathbf{t}}\right)\mathrm{d}V_0-\int_{S_0}[\![\rho_0\underline{\mathbf{t}}]\!]\,V_0\mathrm{d}A \tag{13.30}$$

13.4 动力间断条件

13.4.1 空间形式

采用空间描述可以得出，在有奇异面存在的情况下，质量守恒、动量守恒、能量守恒和熵不等式等要求在奇异面上必须满足下列间断条件

$$[\![\rho\,(V-\boldsymbol{v}\cdot\boldsymbol{n})]\!]=0 \tag{13.31a}$$

$$[\![\rho\boldsymbol{v}\,(V-\boldsymbol{v}\cdot\boldsymbol{n})]\!]+[\![\boldsymbol{\sigma}]\!]\cdot\boldsymbol{n}=0 \tag{13.31b}$$

$$\left[\!\!\left[\left(\rho e+\frac{1}{2}\rho\boldsymbol{v}\cdot\boldsymbol{v}\right)(V-\boldsymbol{v}\cdot\boldsymbol{n})\right]\!\!\right]+[\![\boldsymbol{\sigma}\cdot\boldsymbol{v}]\!]\cdot\boldsymbol{n}-[\![\boldsymbol{q}]\!]\cdot\boldsymbol{n}=0 \tag{13.31c}$$

$$-[\![\rho\eta(V-\boldsymbol{v}\cdot\boldsymbol{n})]\!]+\left[\!\!\left[\frac{\boldsymbol{q}}{\theta}\right]\!\!\right]\cdot\boldsymbol{n}\geqslant 0 \tag{13.31d}$$

注意在所有表达式中都含有奇异面相对物质质点的运动速度 $V-\boldsymbol{v}\cdot\boldsymbol{n}$。

证明　关于式 (13.31a) 的证明，将式 (13.27) 被积函数中的矢量设为常矢量，则有

$$\underline{\mathbf{t}}\frac{\mathrm{D}}{\mathrm{D}t}\int_{\Omega}\rho\mathrm{d}V=-\underline{\mathbf{t}}\int_{S_t}[\![\rho(V-\boldsymbol{v}\cdot\boldsymbol{n})]\!]\,\mathrm{d}a \tag{13.32}$$

质量守恒要求 $\dfrac{\mathrm{D}}{\mathrm{D}t}\displaystyle\int_{\Omega}\rho\mathrm{d}V=0$，因此有

$$\int_{S_t}[\![\rho(V-\boldsymbol{v}\cdot\boldsymbol{n})]\!]\,\mathrm{d}a=0 \tag{13.33}$$

欲使上式恒为零，则被积函数必须处处为零，从而得式 (13.31a)，所以说该式是质量守恒所要求的，$\rho^+(V-\boldsymbol{v}^+\cdot\boldsymbol{n})$ 和 $\rho^-(V-\boldsymbol{v}^-\cdot\boldsymbol{n})$ 分别代表奇异面两边相对物质 (面) 单位时间和单位面积内流入 (或流出) 的质量，式 (13.31a) 表示穿过奇异面的相对质量流必须是连续的，下面定义的标量

$$m\overset{\mathrm{def}}{=\!=\!=}\rho^{\pm}\left(V-\boldsymbol{v}^{\pm}\cdot\boldsymbol{n}\right) \tag{13.34}$$

就代表流过奇异面的质量流。

式 (13.31b) 是动量守恒所要求的，使用上式可将它表示为简单形式

$$m[\![\boldsymbol{v}]\!]=-[\![\boldsymbol{\sigma}]\!]\cdot\boldsymbol{n} \tag{13.35}$$

关于式 (13.31b) 的证明，首先动量守恒定律可表示为

$$\frac{\mathrm{D}}{\mathrm{D}t}\int_{\Omega}\rho\boldsymbol{v}\mathrm{d}V=\int_{\Gamma}\boldsymbol{t}\mathrm{d}a+\int_{\Omega}\rho\boldsymbol{f}\mathrm{d}V \tag{13.36}$$

使用定理式 (13.21) 求表面力的合力，即令其中 $\underline{\mathbf{T}}=\boldsymbol{\sigma}$，得

$$\int_{\Gamma}\boldsymbol{t}\mathrm{d}a=\int_{\Gamma}\boldsymbol{\sigma}\cdot\boldsymbol{n}\mathrm{d}a=\int_{\Omega^++\Omega^-}\boldsymbol{\sigma}\cdot\nabla\mathrm{d}V+\int_{S_t}[\![\boldsymbol{\sigma}]\!]\cdot\boldsymbol{n}\mathrm{d}a \tag{13.37}$$

再使用定理式 (13.27) 求动量的物质时间导数，即令其中 $\underline{\mathbf{t}}=\boldsymbol{v}$，得

$$\frac{\mathrm{D}}{\mathrm{D}t}\int_{\Omega}\rho\boldsymbol{v}\mathrm{d}V=\int_{\Omega^++\Omega^-}\rho\dot{\boldsymbol{v}}\mathrm{d}V-\int_{S_t}[\![\rho\boldsymbol{v}(V-\boldsymbol{v}\cdot\boldsymbol{n})]\!]\,\mathrm{d}a \tag{13.38}$$

将式 (13.36) 和式 (13.37) 一起代入动量守恒方程式 (13.36)，得

$$\int_{\Omega^++\Omega^-}(\boldsymbol{\sigma}\cdot\nabla+\rho\boldsymbol{f}-\rho\dot{\boldsymbol{v}})\,\mathrm{d}V+\int_{S_t}[\![\boldsymbol{\sigma}]\!]\cdot\boldsymbol{n}\mathrm{d}a+\int_{S_t}[\![\rho\boldsymbol{v}(V-\boldsymbol{v}\cdot\boldsymbol{n})]\!]\,\mathrm{d}a=\mathbf{0} \tag{13.39}$$

使用运动方程式 (5.56)，第一项积分为零，因此得

$$\int_{S_t} [\![\rho\boldsymbol{v}\,(V-\boldsymbol{v}\cdot\boldsymbol{n})]\!]\,\mathrm{d}a+\int_{S_t}[\![\boldsymbol{\sigma}]\!]\cdot\boldsymbol{n}\mathrm{d}a=\boldsymbol{0} \tag{13.40}$$

欲使上式恒为零，则被积函数处处为零，从而式 (13.31b) 得证。

对整体的动量矩守恒式 (5.31) 采用与上面相同的步骤，可建立它在奇异面上应满足的间断条件。然而，当动量守恒的间断条件式 (13.31b) 一旦满足，该条件将自然满足，两者是一致的。

关于式 (13.31c) 的证明，将能量守恒式 (5.241) 展开表示为

$$\int_{\Gamma}\boldsymbol{t}\cdot\boldsymbol{v}\mathrm{d}a+\int_{\Omega}\rho\boldsymbol{f}\cdot\boldsymbol{v}\mathrm{d}V+\int_{\Omega}\rho\kappa\mathrm{d}V-\int_{\Gamma}\boldsymbol{q}\cdot\boldsymbol{n}\mathrm{d}a=\frac{\mathrm{D}}{\mathrm{D}t}\int_{\Omega}\rho\left(e+\frac{1}{2}\boldsymbol{v}\cdot\boldsymbol{v}\right)\mathrm{d}V \tag{13.41}$$

对表面力功率和热传导通过边界流入的热量分别使用定理式 (13.21)，得

$$\begin{aligned}\int_{\Gamma}\boldsymbol{t}\cdot\boldsymbol{v}\mathrm{d}a&=\int_{\Gamma}(\boldsymbol{\sigma}\cdot\boldsymbol{v})\cdot\boldsymbol{n}\mathrm{d}a=\int_{\Omega^{+}+\Omega^{-}}(\boldsymbol{\sigma}\cdot\boldsymbol{v})\cdot\nabla\mathrm{d}V+\int_{S_t}[\![\boldsymbol{\sigma}\cdot\boldsymbol{v}]\!]\cdot\boldsymbol{n}\mathrm{d}a\\&=\int_{\Omega^{+}+\Omega^{-}}[(\boldsymbol{\sigma}\cdot\nabla)\cdot\boldsymbol{v}+\boldsymbol{\sigma}:(\boldsymbol{v}\otimes\nabla)]\,\mathrm{d}V+\int_{S_t}[\![\boldsymbol{\sigma}\cdot\boldsymbol{v}]\!]\cdot\boldsymbol{n}\mathrm{d}a\end{aligned} \tag{13.42}$$

$$\int_{\Gamma}\boldsymbol{q}\cdot\boldsymbol{n}\mathrm{d}a=\int_{\Omega^{+}+\Omega^{-}}\boldsymbol{q}\cdot\nabla\mathrm{d}V+\int_{S_t}[\![\boldsymbol{q}]\!]\cdot\boldsymbol{n}\mathrm{d}a$$

对动能和内能之和的时间导数即式 (13.41) 的右边项，使用定理式 (13.27)，将 $\underline{\mathrm{t}}$ 用标量 $e+\dfrac{1}{2}\boldsymbol{v}\cdot\boldsymbol{v}$ 替换，得

$$\begin{aligned}\frac{\mathrm{D}}{\mathrm{D}t}\int_{\Omega}\rho\left(e+\frac{1}{2}\boldsymbol{v}\cdot\boldsymbol{v}\right)\mathrm{d}V&=\int_{\Omega^{+}+\Omega^{-}}\rho\frac{\mathrm{D}}{\mathrm{D}t}\left(e+\frac{1}{2}\boldsymbol{v}\cdot\boldsymbol{v}\right)\mathrm{d}V\\&\quad-\int_{S_t}\left[\!\!\left[\rho\left(e+\frac{1}{2}\boldsymbol{v}\cdot\boldsymbol{v}\right)(V-\boldsymbol{v}\cdot\boldsymbol{n})\right]\!\!\right]\mathrm{d}a\end{aligned} \tag{13.43}$$

将式 (13.43) 和式 (13.42) 一起代入 (13.41)，整理得

$$\begin{aligned}&\int_{\Omega^{+}+\Omega^{-}}(\boldsymbol{\sigma}\cdot\nabla+\rho\boldsymbol{f}-\rho\dot{\boldsymbol{v}})\cdot\boldsymbol{v}\mathrm{d}V+\int_{\Omega^{+}+\Omega^{-}}(\rho\kappa-\boldsymbol{q}\cdot\nabla-\rho\dot{e}+\boldsymbol{\sigma}:\boldsymbol{d})\,\mathrm{d}V\\&+\int_{S_t}[\![\boldsymbol{\sigma}\cdot\boldsymbol{v}]\!]\cdot\boldsymbol{n}\mathrm{d}a-\int_{S_t}[\![\boldsymbol{q}]\!]\cdot\boldsymbol{n}\mathrm{d}a+\int_{S_t}\left[\!\!\left[\rho\left(e+\frac{1}{2}\boldsymbol{v}\cdot\boldsymbol{v}\right)(V-\boldsymbol{v}\cdot\boldsymbol{n})\right]\!\!\right]\mathrm{d}a=0\end{aligned} \tag{13.44}$$

运动方程式 (5.56) 和局部形式的热力学第一定律式 (5.245) 要求前面两项积分分别为零，从而证得式 (13.31c)。

关于式 (13.31d) 的证明，整体形式的熵不等式为式 (5.270)

$$\frac{\mathrm{D}}{\mathrm{D}t}\int_{\Omega}\rho\eta\mathrm{d}V \geqslant \int_{\Omega}\rho\frac{\kappa}{\theta}\mathrm{d}V - \int_{\Gamma}\left(\frac{\boldsymbol{q}}{\theta}\right)\cdot\boldsymbol{n}\mathrm{d}a \tag{13.45}$$

对左边项，应用定理式 (13.27)，得

$$\frac{\mathrm{D}}{\mathrm{D}t}\int_{\Omega}\rho\eta\mathrm{d}V = \int_{\Omega^{+}+\Omega^{-}}\rho\dot{\eta}\mathrm{d}V - \int_{S_t}[\![\rho\eta\left(V-\boldsymbol{v}\cdot\boldsymbol{n}\right)]\!]\,\mathrm{d}a \tag{13.46}$$

而右边第二项，使用式 (13.21)，有

$$\int_{\Gamma}\left(\frac{\boldsymbol{q}}{\theta}\right)\cdot\boldsymbol{n}\mathrm{d}a = \int_{\Omega^{+}+\Omega^{-}}\left(\frac{\boldsymbol{q}}{\theta}\right)\cdot\nabla\mathrm{d}V + \int_{S_t}\left[\!\!\left[\frac{\boldsymbol{q}}{\theta}\right]\!\!\right]\cdot\boldsymbol{n}\mathrm{d}a \tag{13.47}$$

一起代入式 (13.45)，得

$$\int_{\Omega^{+}+\Omega^{-}}\left(\rho\dot{\eta}-\rho\frac{\kappa}{\theta}+\left(\frac{\boldsymbol{q}}{\theta}\right)\cdot\nabla\right)\mathrm{d}V - \int_{S_t}[\![\rho\eta\left(V-\boldsymbol{v}\cdot\boldsymbol{n}\right)]\!]\,\mathrm{d}a + \int_{S_t}\left[\!\!\left[\frac{\boldsymbol{q}}{\theta}\right]\!\!\right]\cdot\boldsymbol{n}\mathrm{d}a \geqslant 0$$

局部形式的熵不等式要求第一项积分应大于零，因此欲使上式成立，则要求

$$-\int_{S_t}[\![\rho\eta\left(V-\boldsymbol{v}\cdot\boldsymbol{n}\right)]\!]\,\mathrm{d}a + \int_{S_t}\left[\!\!\left[\frac{\boldsymbol{q}}{\theta}\right]\!\!\right]\cdot\boldsymbol{n}\mathrm{d}a \geqslant 0 \tag{13.48}$$

最终得证式 (13.31d)。♦♦

式 (13.31c) 和式 (13.31d) 分别是能量守恒 (热力学第一定律) 和熵不等式 (热力学第二定律) 所要求的，采用式 (13.35) 的定义，它们可简洁地表示为

$$m\left[\!\!\left[e+\frac{1}{2}\boldsymbol{v}\cdot\boldsymbol{v}\right]\!\!\right] + [\![\boldsymbol{\sigma}\cdot\boldsymbol{v}]\!]\cdot\boldsymbol{n} - [\![\boldsymbol{q}]\!]\cdot\boldsymbol{n} = 0 \tag{13.49a}$$

$$-m[\![\eta]\!] + \left[\!\!\left[\frac{\boldsymbol{q}}{\theta}\right]\!\!\right]\cdot\boldsymbol{n} \geqslant 0 \tag{13.49b}$$

13.4.2　物质形式

采用物质描述可以得出，在有奇异面存在的情况下，连续性条件、动量守恒、能量守恒和熵不等式等要求在奇异面上必须满足下列间断条件

$$[\![\boldsymbol{v}]\!] + [\![\boldsymbol{F}\cdot\boldsymbol{N}]\!]\,V_0 = 0, \quad [\![\boldsymbol{F}]\!]\cdot\boldsymbol{M} = 0 \tag{13.50a}$$

$$[\![\rho_0\boldsymbol{v}]\!]\,V_0 + [\![\boldsymbol{P}]\!]\cdot\boldsymbol{N} = 0 \tag{13.50b}$$

$$\left[\!\!\left[\rho e+\frac{1}{2}\rho\boldsymbol{v}\cdot\boldsymbol{v}\right]\!\!\right]V_0 + [\![(\boldsymbol{P}\cdot\boldsymbol{N})\cdot\boldsymbol{v}]\!] + [\![\boldsymbol{q}_0]\!]\cdot\boldsymbol{N} = 0 \tag{13.50c}$$

$$[\![\rho_0\eta]\!]\,V_0 + \left[\!\!\left[\frac{\boldsymbol{q}_0}{\theta}\right]\!\!\right]\cdot\boldsymbol{N} \geqslant 0 \tag{13.50d}$$

式 (13.50a) 的第一式就是式 (13.15)。为导出式 (13.50b)，将动量守恒方程写成如下物质形式

$$\frac{\mathrm{D}}{\mathrm{D}t}\int_{\Omega_0}\rho_0\boldsymbol{v}\mathrm{d}V_0=\int_{\Gamma_0}\boldsymbol{t}_0\mathrm{d}A+\int_{\Omega_0}\rho_0\boldsymbol{f}\mathrm{d}V_0 \tag{13.51}$$

使用定理式 (13.30)，得

$$\frac{\mathrm{D}}{\mathrm{D}t}\int_{\Omega_0}\rho_0\boldsymbol{v}\mathrm{d}V_0=\int_{\Omega_0^++\Omega_0^-}\rho_0\dot{\boldsymbol{v}}\mathrm{d}V_0-\int_{S_0}[\![\rho_0\boldsymbol{v}]\!]\,V_0\mathrm{d}A \tag{13.52}$$

使用散度定理式 (13.21)，得

$$\int_{\Gamma_0}\boldsymbol{t}_0\mathrm{d}A=\int_{\Gamma_0^++\Gamma_0^-}\boldsymbol{P}\cdot\boldsymbol{N}\mathrm{d}A=\int_{\Omega_0^++\Omega_0^-}\boldsymbol{P}\cdot\nabla_0\mathrm{d}V_0+\int_{S_0}[\![\boldsymbol{P}]\!]\cdot\boldsymbol{N}\mathrm{d}A \tag{13.53}$$

代入式 (13.51) 整理，得

$$\int_{\Omega_0^++\Omega_0^-}(\boldsymbol{P}\cdot\nabla_0+\rho_0\boldsymbol{f}-\rho_0\dot{\boldsymbol{v}})\,\mathrm{d}V_0+\int_{S_0}[\![\boldsymbol{P}]\!]\cdot\boldsymbol{N}\mathrm{d}A+\int_{S_0}[\![\rho_0\boldsymbol{v}]\!]\,V_0\mathrm{d}A=\boldsymbol{0} \tag{13.54}$$

在上式中使用运动方程式 (5.110)，可证得式 (13.50b)。式 (13.50c) 和式 (13.50d) 可采用类似步骤导出。

13.5 特殊情况下的间断条件

下面讨论奇异面是物质面的间断条件。

13.5.1 运动间断

讨论中将奇异面称之为界面，记作 s_0，由于是物质的，界面在参考构形中的速度

$$V_0=0$$

为满足式 (13.19)，要求

$$V=\boldsymbol{v}^{\pm}\cdot\boldsymbol{n}\quad 或\quad [\![\boldsymbol{v}]\!]\cdot\boldsymbol{n}=0 \tag{13.55}$$

说明沿界面法线物质点的速度必须连续，切线速度可以间断。为满足式 (13.11)，则要求

$$[\![\boldsymbol{F}]\!]=\boldsymbol{\eta}\otimes\boldsymbol{N} \tag{13.56}$$

式中 $\boldsymbol{\eta}$ 是某一个矢量，针对界面 (法线为 $\boldsymbol{N}$) 上任意方向的微小线元矢量 $\mathrm{d}\boldsymbol{X}$，上式给出

$$\boldsymbol{F}^+\cdot\mathrm{d}\boldsymbol{X}=\boldsymbol{F}^-\cdot\mathrm{d}\boldsymbol{X},\quad\forall\mathrm{d}\boldsymbol{X}\in S_0 \tag{13.57}$$

其几何意义是针对界面上任意线元正、负两侧的变形梯度应给出相同的伸长。

为进一步解释式 (13.56) 的意义，首先考虑小变形的情况，将 $\boldsymbol{\eta}$ 沿界面和其法线方向 $\boldsymbol{N}$ 进行分解 $\boldsymbol{\eta}=\alpha\boldsymbol{N}+\gamma\boldsymbol{M}$

$$[\![\boldsymbol{F}]\!]=\alpha\boldsymbol{N}\otimes\boldsymbol{N}+\gamma\boldsymbol{M}\otimes\boldsymbol{N} \tag{13.58}$$

使用式 (3.164) 并考虑式 (3.157)，式 (13.56) 引起的应变间断是

$$[\![\boldsymbol{\varepsilon}]\!]=\frac{1}{2}\left([\![\boldsymbol{F}]\!]+[\![\boldsymbol{F}]\!]^{\mathrm{T}}\right)=\alpha\boldsymbol{N}\otimes\boldsymbol{N}+\frac{1}{2}\gamma\left(\boldsymbol{M}\otimes\boldsymbol{N}+\boldsymbol{N}\otimes\boldsymbol{M}\right) \tag{13.59}$$

右边第一项代表沿法线方向的伸长，而第二项为包含法线在内的平面内的简单剪切，也就是说，沿法线方向界面两侧的线元其长度伸长可以不一样，两侧沿界面切平面的剪切也可以不一样，图 13.2 给出这两种间断模式的示意图，其中伸长间断值 $\alpha=\alpha^+-\alpha^-$，剪切间断值 $\gamma=\gamma^++\gamma^-$。

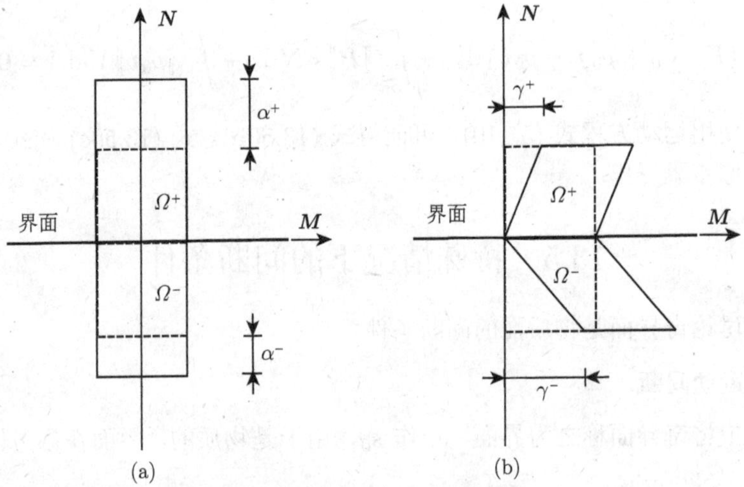

图 13.2　伸长间断和剪切间断

大变形的相关讨论要复杂许多。考虑物体的两个子区域 Ω_0^+ 和 Ω_0^- 分别产生均匀的变形 $\boldsymbol{F}^+$ 和 $\boldsymbol{F}^{-1}$，即两者均为常张量，但 $\boldsymbol{F}^+\neq\boldsymbol{F}^{-1}$，其变形可描述为

$$\boldsymbol{x}=\begin{cases}\boldsymbol{F}^+\cdot\boldsymbol{X}, & \forall\boldsymbol{X}\in\Omega_0^+\\ \boldsymbol{F}^-\cdot\boldsymbol{X}, & \forall\boldsymbol{X}\in\Omega_0^-\end{cases} \tag{13.60}$$

显然两区域的界面 S_0 上变形出现间断，根据间断条件式 (13.11)，由于 $[\![\boldsymbol{F}]\!]$ 是常张量，间断面 (界面)S_0 上各点的切线方向 $\boldsymbol{M}$ 则必须位于同一平面内，或者说，S_0 的法线必然为常矢量，所以，S_0 为平面，而且，式 (13.57) 可写成

$$\boldsymbol{F}^+\cdot\boldsymbol{X}=\boldsymbol{F}^-\cdot\boldsymbol{X},\quad\forall\boldsymbol{X}\in S_0 \tag{13.61}$$

即在界面 S_0 上的变形是连续的。

变形梯度写成 (13.56) 的形式是必须的，为解释该式的意义，将变形改写为

$$\boldsymbol{x}=\begin{cases}\boldsymbol{F}^{+}\cdot\boldsymbol{X}, & \forall\boldsymbol{X}\in\Omega_0^{+}\\ \boldsymbol{F}^{-}\cdot(\boldsymbol{F}^{+})^{-1}\cdot(\boldsymbol{F}^{+}\cdot\boldsymbol{X}), & \forall\boldsymbol{X}\in\Omega_0^{-}\end{cases}\tag{13.62}$$

这样的变形可看作由两步形成，第一步整个物体产生均匀变形梯度 $\boldsymbol{F}^{+}$，第二步子区域 Ω_0^{-} 内产生变形梯度 $\boldsymbol{F}^{-}\cdot(\boldsymbol{F}^{+})^{-1}$，而子区域 Ω_0^{+} 内不产生变形，变形梯度 $\boldsymbol{F}^{-}\cdot(\boldsymbol{F}^{+})^{-1}$ 代表在整个物体完成均匀的变形梯度 $\boldsymbol{F}^{+}$ 后附加在子区域 Ω_0^{-} 的变形梯度，为了明确 $\boldsymbol{F}^{-}\cdot(\boldsymbol{F}^{+})^{-1}$ 的意义，使用式 (13.56) 将它表示成

$$\boldsymbol{F}^{-}\cdot\left(\boldsymbol{F}^{+}\right)^{-1}=\boldsymbol{I}-\boldsymbol{\eta}\otimes\boldsymbol{N}\cdot\left(\boldsymbol{F}^{+}\right)^{-1}\tag{13.63}$$

定义

$$\boldsymbol{n}\overset{\text{def}}{=\!=}\frac{\left(\boldsymbol{F}^{+}\right)^{-\mathrm{T}}\cdot\boldsymbol{N}}{\left|\left(\boldsymbol{F}^{+}\right)^{-\mathrm{T}}\cdot\boldsymbol{N}\right|},\quad \boldsymbol{\xi}\overset{\text{def}}{=\!=}\left|\left(\boldsymbol{F}^{+}\right)^{-\mathrm{T}}\cdot\boldsymbol{N}\right|\boldsymbol{\eta}\tag{13.64}$$

则附加的变形梯度又可表示为

$$\boldsymbol{F}^{-}\cdot\left(\boldsymbol{F}^{+}\right)^{-1}=\boldsymbol{I}-\boldsymbol{\xi}\otimes\boldsymbol{n}\tag{13.65}$$

$\boldsymbol{\xi}$ 和 $\boldsymbol{n}$ 一般不正交，如果它们正交，则上式代表简单剪切变形。使用 $\boldsymbol{\xi}$ 定义与 $\boldsymbol{n}$ 正交的矢量

$$\boldsymbol{\xi}^{*}\overset{\text{def}}{=\!=}\boldsymbol{\xi}-(\boldsymbol{\xi}\cdot\boldsymbol{n})\,\boldsymbol{n}\tag{13.66}$$

即 $\boldsymbol{\xi}^{*}\cdot\boldsymbol{n}=0$，则式 (13.65) 可写成

$$\boldsymbol{F}^{-}\cdot\left(\boldsymbol{F}^{+}\right)^{-1}=(\boldsymbol{I}-(\boldsymbol{\xi}\cdot\boldsymbol{n})\,\boldsymbol{n}\otimes\boldsymbol{n})\cdot(\boldsymbol{I}-\boldsymbol{\xi}^{*}\otimes\boldsymbol{n})\tag{13.67}$$

$\boldsymbol{I}-\boldsymbol{\xi}^{*}\otimes\boldsymbol{n}$ 代表 $\boldsymbol{\xi}^{*}$ 和 $\boldsymbol{n}$ 平面内也就是 $\boldsymbol{\xi}$ 和 $\boldsymbol{n}$ 平面内的简单剪切变形，而 $\boldsymbol{I}-(\boldsymbol{\xi}\cdot\boldsymbol{n})\,\boldsymbol{n}\otimes\boldsymbol{n}$ 代表沿 $\boldsymbol{n}$ 方向的单轴拉伸变形。所以，附加的变形乘法分解为简单剪切变形和单轴拉伸变形，注意小变形时为加法分解。

例题 13.1 考虑由两子区域 Ω_0^{+} 和 Ω_0^{-} 组成的物体 Ω_0，两子区域界面为 S_0，子区域内各自产生均匀但在界面存在间断的变形

$$\boldsymbol{x}=\begin{cases}\boldsymbol{Q}_1\cdot\boldsymbol{U}_1\cdot\boldsymbol{X}, & \forall\boldsymbol{X}\in\Omega_0^{+}\\ \boldsymbol{Q}_2\cdot\boldsymbol{U}_2\cdot\boldsymbol{X}, & \forall\boldsymbol{X}\in\Omega_0^{-}\end{cases}\tag{13.68}$$

式中 $\boldsymbol{Q}_1$ 和 $\boldsymbol{Q}_2$ 是正交张量代表刚体转动，$\boldsymbol{U}_1$ 和 $\boldsymbol{U}_2$ 是对称正定张量代表伸长，在给定的正交坐标系 $\{\boldsymbol{E}_1, \boldsymbol{E}_2, \boldsymbol{E}_3\}$ 下的矩阵表示是

$$\boldsymbol{U}_1=\begin{bmatrix}\lambda_2&0&0\\0&\lambda_1&0\\0&0&\lambda_3\end{bmatrix},\quad \boldsymbol{U}_2=\begin{bmatrix}\lambda_1&0&0\\0&\lambda_2&0\\0&0&\lambda_3\end{bmatrix}\tag{13.69}$$

间断条件要求

$$\boldsymbol{Q}_2 \cdot \boldsymbol{U}_2 - \boldsymbol{Q}_1 \cdot \boldsymbol{U}_1 = \boldsymbol{\eta} \otimes \boldsymbol{N} \tag{13.70}$$

求满足式 (13.70) 的 $\boldsymbol{Q}_1$ 和 $\boldsymbol{Q}_2$ 以及矢量 $\boldsymbol{\eta}$ 和 $\boldsymbol{N}$。

解　从变形几何可知，伸长张量 $\boldsymbol{U}_1$ 和 $\boldsymbol{U}_2$ 将边长沿坐标方向且大小为 a_0 的立方体分别变形为四方 (长方) 体 $\lambda_2 a_0 \times \lambda_1 a_0 \times \lambda_3 a_0$ 和 $\lambda_1 a_0 \times \lambda_2 a_0 \times \lambda_3 a_0$。

因为整个物体产生任意的刚体转动并不影响问题的运动学分析，不失一般性，假设 $\boldsymbol{Q}_1 = \boldsymbol{I}$，$\boldsymbol{Q}_2 = \boldsymbol{Q}$，问题归结为求 $\boldsymbol{Q}$，式 (13.70) 可写成

$$\boldsymbol{Q} \cdot \boldsymbol{U}_2 = \boldsymbol{U}_1 + \boldsymbol{\eta} \otimes \boldsymbol{N} \tag{13.71}$$

更直接地，也可将式 (13.70) 两边点积 $\boldsymbol{Q}_1^{\mathrm{T}}$，令 $\boldsymbol{Q}_1^{\mathrm{T}} \cdot \boldsymbol{Q}_2 = \boldsymbol{Q}$，而 $\boldsymbol{Q}_1^{\mathrm{T}} \cdot \boldsymbol{\eta}$ 用 $\boldsymbol{\eta}'$ 表示，于是有

$$\boldsymbol{Q} \cdot \boldsymbol{U}_2 = \boldsymbol{U}_1 + \boldsymbol{\eta}' \otimes \boldsymbol{N} \tag{13.72}$$

问题归结求 $\boldsymbol{Q}$ 和 $\boldsymbol{\eta}'$，显然，使用上面两式进行分析本质上没有差别。下面使用式 (13.71) 进行分析，将它改写成

$$\boldsymbol{Q} \cdot \boldsymbol{U}_2 = \left(\boldsymbol{I} + \boldsymbol{\eta} \otimes \boldsymbol{N} \cdot \boldsymbol{U}_1^{-1}\right) \cdot \boldsymbol{U}_1 \tag{13.73}$$

两边取行列式，根据张量代数，对于任意两个矢量 $\boldsymbol{a}$ 和 $\boldsymbol{b}$ 有

$$\det(\boldsymbol{I} + \boldsymbol{a} \otimes \boldsymbol{b}) = 1 + \boldsymbol{a} \cdot \boldsymbol{b} \tag{13.74}$$

因为，从特征方程式 (1.158)～式 (1.160) 的导出可知

$$-\det(\boldsymbol{I} + \boldsymbol{a} \otimes \boldsymbol{b}) = (-1)^3 - I^{\boldsymbol{a}\otimes\boldsymbol{b}}(-1)^2 + II^{\boldsymbol{a}\otimes\boldsymbol{b}}(-1) - III^{\boldsymbol{a}\otimes\boldsymbol{b}} \tag{13.75}$$

然而，不变量 $II^{\boldsymbol{a}\otimes\boldsymbol{b}} = III^{\boldsymbol{a}\otimes\boldsymbol{b}} = 0$，$I^{\boldsymbol{a}\otimes\boldsymbol{b}} = \boldsymbol{a} \cdot \boldsymbol{b}$，从而式 (13.74) 成立，回顾正交张量 $\det \boldsymbol{Q}$=1，而根据已知条件式 (13.69) 有 $\det \boldsymbol{U}_1 = \det \boldsymbol{U}_2$，因此，式 (13.73) 的行列式给出

$$\det\left(\boldsymbol{I} + \boldsymbol{\eta} \otimes \boldsymbol{N} \cdot \boldsymbol{U}_1^{-1}\right) = 1 \quad \Rightarrow \quad \boldsymbol{\eta} \cdot \left(\boldsymbol{N} \cdot \boldsymbol{U}_1^{-1}\right) = 0 \tag{13.76}$$

说明 $\boldsymbol{\eta}$ 与 $\boldsymbol{N} \cdot \boldsymbol{U}_1^{-1}$ 正交，则 $\boldsymbol{I} + \boldsymbol{\eta} \otimes \boldsymbol{N} \cdot \boldsymbol{U}_1^{-1}$ 代表沿方向 $\boldsymbol{\eta}$ 的简单剪切，剪切大小是 $|\boldsymbol{\eta}|\left|\boldsymbol{N} \cdot \boldsymbol{U}_1^{-1}\right|$。$\boldsymbol{N}$ 是参考构形中界面的法线，根据式 (13.18) 并考虑到 $\boldsymbol{U}_1$ 的对称性，得当前构形中界面的法线为

$$\boldsymbol{n} = \frac{\left(\boldsymbol{F}^{\pm}\right)^{-\mathrm{T}} \cdot \boldsymbol{N}}{\left|\left(\boldsymbol{F}^{\pm}\right)^{-\mathrm{T}} \cdot \boldsymbol{N}\right|} = \frac{\boldsymbol{N} \cdot \boldsymbol{U}_1^{-1}}{\left|\boldsymbol{N} \cdot \boldsymbol{U}_1^{-1}\right|} \tag{13.77}$$

所以，剪切可写成

$$\boldsymbol{I}+\left|\boldsymbol{N}\cdot\boldsymbol{U}_1^{-1}\right|\boldsymbol{\eta}\otimes\boldsymbol{n} \tag{13.78}$$

其中 $\boldsymbol{\eta}$ 和 $\boldsymbol{n}$ 正交。式 (13.73) 意味着区域 Ω_0^+ 内的变形 $\boldsymbol{Q}\cdot\boldsymbol{U}_2$ 等价于区域 Ω_0^- 内的伸长变形 $\boldsymbol{U}_1$ 和上式所给出的简单剪切变形的组合。

式 (13.73) 的解可通过反复试算求得，$\boldsymbol{\eta}$ 和 $\boldsymbol{N}$ 位于 $\boldsymbol{E}_1$ 和 $\boldsymbol{E}_2$ 所决定的平面，而 $\boldsymbol{Q}$ 的转动轴是 $\boldsymbol{E}_3$，即 $\boldsymbol{\eta}\cdot\boldsymbol{E}_3=0$，$\boldsymbol{N}\cdot\boldsymbol{E}_3=0$，$\boldsymbol{Q}\cdot\boldsymbol{E}_3=\boldsymbol{E}_3$，所以，它们的矩阵形式是

$$\boldsymbol{Q}=\begin{bmatrix}\cos\theta & \sin\theta & 0\\ -\sin\theta & \cos\theta & 0\\ 0 & 0 & 1\end{bmatrix},\quad \boldsymbol{\eta}=\begin{Bmatrix}\eta_1\\ \eta_2\\ 0\end{Bmatrix},\quad \boldsymbol{N}=\begin{Bmatrix}n_1\\ n_2\\ 0\end{Bmatrix} \tag{13.79}$$

将上式和式 (13.69) 一起代入式 (13.73)，并考虑 $\boldsymbol{N}$ 是单位矢量，具体解得

$$\boldsymbol{N}=\frac{1}{\sqrt{2}}\{1,\ \beta,\ 0\},\quad \boldsymbol{\eta}=\sqrt{2}\frac{\lambda_2^2-\lambda_1^2}{\lambda_2^2+\lambda_1^2}\{-\lambda_2,\ \beta\lambda_1,\ 0\} \tag{13.80a}$$

$$\cos\theta=\frac{2\lambda_1\lambda_2}{\lambda_2^2+\lambda_1^2},\quad \sin\theta=-\beta\frac{\lambda_2^2-\lambda_1^2}{\lambda_2^2+\lambda_1^2} \tag{13.80b}$$

其中 $\beta=\pm1$，这意味着单位矢量 $\boldsymbol{N}$ 与 $\boldsymbol{E}_1$ 和 $\boldsymbol{E}_2$ 的夹角为 45°。当前构形中界面法线是

$$\boldsymbol{n}=\frac{1}{\sqrt{\lambda_2^2+\lambda_1^2}}\{\lambda_1,\ \beta\lambda_2,\ 0\} \tag{13.81}$$

本例题所分析的变形是一种 “孪生变形”(Abeyaratne，2012)，下面进行几何直观解释。不失一般性，为说明方便，仍假设 $\boldsymbol{Q}_1=\boldsymbol{I}$，$\boldsymbol{Q}_2=\boldsymbol{Q}$，子区域 Ω_0^+ 和 Ω_0^- 选取的单元体各包含一个立方体和三角体，关于 $\boldsymbol{E}_1$ 和 $\boldsymbol{E}_2$ 平面内 45° 方向线 AB 对称，AB 就是它们的界面，如图 13.3 左边图所示。在均匀伸长张量 $\boldsymbol{U}_1$ 和 $\boldsymbol{U}_2$ 的分别作用下，Ω_0^+ 立方体在 $\boldsymbol{E}_1$ 方向伸长 λ_2 在 $\boldsymbol{E}_2$ 方向伸长 λ_1，而 Ω_0^+ 立方体正好相反，变形后的两个子区域在当前构形上仍然关于 $\boldsymbol{E}_1$ 和 $\boldsymbol{E}_2$ 平面内 45° 方向线对称，其中，两子区域界面 AB 发生了转动，转动方向相反进而发生分离，其转角都是 $\varphi-45°$(φ 是当前构形中 $\boldsymbol{n}$ 与 $\boldsymbol{E}_2$ 的夹角)。因此，Ω_0^- 单元体如图 13.3 右上角图的虚线部分所示，需要进行刚体转动，其转角必须是 $(\varphi-45°)$ 的两倍以达到在界面 AB 上与 Ω_0^+ 单元体的变形相容，最后，两单元体关于当前界面 AB 对称。Ω_0^- 单元体的变形还可以分另外两步实现，第一步同 Ω_0^+ 一起产生 $\boldsymbol{U}_1$ 所作用的整体均匀变形，如图 13.3 右下角图的虚线部分所示，第二步沿当前构形中界面 AB 切线方向产生式 (13.78) 描述的剪切变形，即图中 CC′ 的连线与 AB 平行。

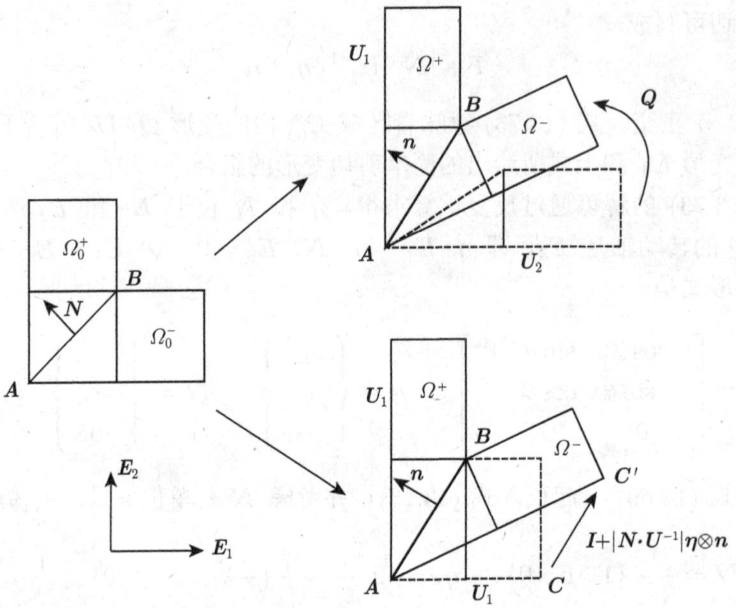

图 13.3 “孪生变形” 的几何直观解释

“孪生变形” 的分析对研究马氏体相变结晶体 (Bhattacharya, 2003) 很有帮助，图 13.3 的立方体可视作立方晶格，而 $\boldsymbol{U}_1$ 和 $\boldsymbol{U}_2$ 分别作用下产生的两个四方体可视为四方晶格，通常称之为变体，立方晶格通过相变可实现两个不同的变体，但它们在界面是相容的，进而产生满足界面间断条件的相变变形。

13.5.2 动力间断

使用式 (13.55)，间断条件式 (13.31a) 自然满足，式 (13.31b) 变为

$$[\![\boldsymbol{\sigma}]\!]\cdot\boldsymbol{n}=\boldsymbol{0}\quad\text{或}\quad\boldsymbol{\sigma}^+\cdot\boldsymbol{n}=\boldsymbol{\sigma}^-\cdot\boldsymbol{n}\tag{13.82}$$

或写成

$$\boldsymbol{t}=\boldsymbol{t}^+=-\boldsymbol{t}^-,\quad\text{其中}\quad\boldsymbol{t}^+=-\boldsymbol{\sigma}^+\cdot\boldsymbol{n},\quad\boldsymbol{t}^-=\boldsymbol{\sigma}^-\cdot\boldsymbol{n}\tag{13.83}$$

说明物质界面上的应力矢量是连续的，符合作用力与反作用力定律。为使得式 (13.82) 满足，并考虑 Cauchy 应力的对称性，Cauchy 应力间断必然可表示为

$$[\![\boldsymbol{\sigma}]\!]=\alpha\boldsymbol{m}_2\otimes\boldsymbol{m}_2+\beta\boldsymbol{m}_1\otimes\boldsymbol{m}_1+\gamma\left(\boldsymbol{m}_1\otimes\boldsymbol{m}_2+\boldsymbol{m}_2\otimes\boldsymbol{m}_1\right)\tag{13.84}$$

式中 $\boldsymbol{m}_1$ 和 $\boldsymbol{m}_2$ 是界面的切线且相互正交，说明与界面平行平面内的应力分量可以间断。

式 (13.31c) 则变为

$$[\![\boldsymbol{\sigma}\cdot\boldsymbol{v}]\!]\cdot\boldsymbol{n}-[\![\boldsymbol{q}]\!]\cdot\boldsymbol{n}=0 \tag{13.85}$$

考虑到 Cauchy 应力的对称性和式 (13.82)，上式可写成

$$\boldsymbol{t}\cdot[\![\boldsymbol{v}]\!]+[\![\boldsymbol{q}]\!]\cdot\boldsymbol{n}=0 \tag{13.86}$$

因此，物质界面上单位面积的功率 $\boldsymbol{t}^{+}\cdot\boldsymbol{v}$ 其间断由热流矢量的法线分量 $\boldsymbol{q}\cdot\boldsymbol{n}$ 的间断所平衡。

式 (13.82) 和式 (13.83) 给出的动力界面间断条件还必须结合运动界面条件。如果界面之间没有切线滑移，即速度在界面上连续，$[\![\boldsymbol{v}]\!]=0$，例如完全黏结在一起的两种复合材料的界面，这时，界面条件 (13.83) 变为

$$[\![\boldsymbol{q}]\!]\cdot\boldsymbol{n}=0 \tag{13.87}$$

上式表明热流矢量沿界面法线方向的分量连续。在一些情况下，沿界面的切平面方向允许产生相对滑移，如固体物质和黏性流体之间的界面，又比如处于受压状态下的裂纹表面，对于这种切向可滑移的界面，运动条件就是式 (13.55) 的第二式。

两种材料之间的界面若不存在摩擦，即相对滑移不受约束，这意味着从界面的任意一侧考虑沿界面的 Cauchy 剪应力 ($=\boldsymbol{t}-\sigma_n\boldsymbol{n}$, 其中 $\boldsymbol{t}=\boldsymbol{\sigma}\cdot\boldsymbol{n}, \sigma_n=\boldsymbol{n}\cdot\boldsymbol{\sigma}\cdot\boldsymbol{n}$) 都应为零，有

$$(\boldsymbol{I}-\boldsymbol{n}\otimes\boldsymbol{n})\cdot\boldsymbol{\sigma}^{-}\cdot\boldsymbol{n}=\boldsymbol{0},\quad (\boldsymbol{I}-\boldsymbol{n}\otimes\boldsymbol{n})\cdot\boldsymbol{\sigma}^{+}\cdot\boldsymbol{n}=\boldsymbol{0} \tag{13.88}$$

式中括号中的张量为界面上的投影张量，见式 (1.69) 的第二式，它将任意矢量投影或变换到界面上，上式或写成

$$\boldsymbol{\sigma}^{-}\cdot\boldsymbol{n}=\sigma_n^{-}\boldsymbol{n}\quad \boldsymbol{\sigma}^{+}\cdot\boldsymbol{n}=\sigma_n^{+}\boldsymbol{n} \tag{13.89}$$

上式的本质就是应力矢量只有沿界面法线的分量。将上式代入应力矢量的连续条件 (13.82)，得

$$[\![\sigma_n]\!]=0 \tag{13.90}$$

再考虑间断面与物体的边界表面重合的情况。设物体区域为 Ω^{-}，外部区域为 Ω^{+}，在这种情况下，$\rho^{+}=0$，$\boldsymbol{v}^{-}\cdot\boldsymbol{n}=\boldsymbol{v}\cdot\boldsymbol{n}=V$，则间断条件式 (13.31a) 自然满足，而式 (13.31b) 和式 (13.31c) 则变为

$$[\![\boldsymbol{\sigma}]\!]\cdot\boldsymbol{n}=\boldsymbol{0},\quad \boldsymbol{t}\cdot[\![\boldsymbol{v}]\!]+\boldsymbol{n}\cdot[\![\boldsymbol{q}]\!]=0 \tag{13.91}$$

式中 $\boldsymbol{\sigma}^{+}\cdot\boldsymbol{n}$ 应理解为外部作用在边界上的外力矢量，如果它为零，则根据上式中的第一式有 $\boldsymbol{\sigma}^{-}\cdot\boldsymbol{n}=\boldsymbol{0}$，第二式的第一项为零，从而有

$$[\![\boldsymbol{q}]\!]\cdot\boldsymbol{n}=0 \tag{13.92}$$

上式仅涉及热，其物理意义是外部输入的热通量 $\boldsymbol{q}^{+}\cdot\boldsymbol{n}$ 全部流入物体内。

附录 A　一般曲线坐标的基本知识

A.1　协变基与逆变基

在曲线坐标系下，标识质点空间位置的矢量由该点的三个坐标 X^K 所决定

$$\boldsymbol{X}=\boldsymbol{X}\left(X^K\right)\quad(K=1,2,3) \tag{A.1}$$

上式中取两个坐标为常数仅让一个坐标变化得三簇坐标线，作其切线，得坐标系 X^K 的三个基矢量，称为协变基矢量，使用 $\boldsymbol{G}_K$ (K =1,2,3) 表示，为

$$\boldsymbol{G}_K \xlongequal{\text{def}} \frac{\partial \boldsymbol{X}}{\partial X^K}\quad(K=1,2,3) \tag{A.2}$$

上式定义的三个协变基矢量一般非单位矢量，即

$$|\boldsymbol{G}_K|=\sqrt{\boldsymbol{G}_K\cdot\boldsymbol{G}_K}\neq 1 \tag{A.3}$$

实际上，$\boldsymbol{G}_K$ 的大小就是仅沿坐标 X^K 线变化一个单位引起矢径的长度改变量。以平面极坐标为例，如图 A.1 所示，两簇坐标线和两个协变基矢量的大小分别是

$$X^1=r,\quad |\boldsymbol{G}_1|=1$$

$$X^2=\theta,\quad |\boldsymbol{G}_2|=r$$

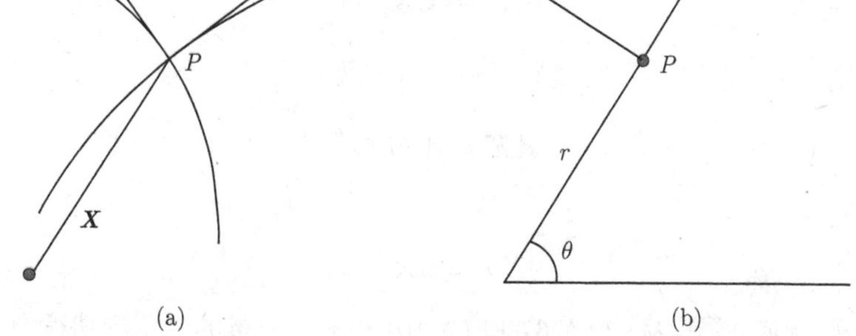

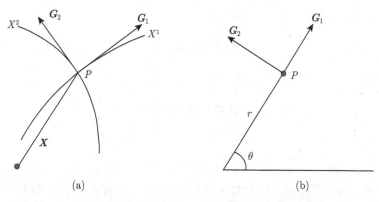

图 A.1　(a) 一般曲线坐标系 (二维) 的示意；(b) 平面极坐标

此外，式 (A.2) 定义的三个协变基矢量一般也非正交，记

$$G_{KL} = \boldsymbol{G}_K \cdot \boldsymbol{G}_L \tag{A.4}$$

则 $G_{KL} \neq 0$，当 $K \neq L$，因此有

$$G_{KL} \neq \delta_{KL} \tag{A.5}$$

显然，线元矢量 $\mathrm{d}\boldsymbol{X}$ 可表达为

$$\mathrm{d}\boldsymbol{X} = \frac{\partial \boldsymbol{X}}{\partial X^K}\mathrm{d}X^K = \mathrm{d}X^K \boldsymbol{G}_K \tag{A.6}$$

注意，分量 $\mathrm{d}X^L$ 不能认为是 $\mathrm{d}\boldsymbol{X}$ 在 $\boldsymbol{G}_L$ 上的投影，因为 $\mathrm{d}\boldsymbol{X}\cdot \boldsymbol{G}_L = \mathrm{d}X^K G_{KL} \neq \mathrm{d}X^L$，除非 $G_{KL} = \delta_{KL}$。

如何理解分量 $\mathrm{d}X^L$？为此，定义一组逆变基矢量，用 $\boldsymbol{G}^L$ 表示，它与协变基矢量 $\boldsymbol{G}_K$ 之间满足所谓的对偶条件

$$\boldsymbol{G}^L \cdot \boldsymbol{G}_K = \delta^L_K \tag{A.7}$$

式中 δ^L_K 是 Kronecker delta 符号，当 $K = L$ 时为 1，否则为 0。记

$$G^{KL} = \boldsymbol{G}^K \cdot \boldsymbol{G}^L \tag{A.8}$$

同样地，$G^{KL} \neq \delta^{KL}$，所以说，矩阵 G^{KL} 和前面的矩阵 G_{KL} 都不是单位矩阵，它们的其他有关性质和作用将在后面介绍。

两组基矢量的对偶关系可以几何解释为：取其中两个协变基矢量构成一个平面，该平面的法线就定义了一个逆变基矢量的方向，该逆变基矢量的大小则由它与另外一个协变基矢量的点积为单位 1 来定义。

将式 (A.6) 两边点乘 $\boldsymbol{G}^L$，利用对偶条件式 (A.7)，得 $\mathrm{d}X^L$ 就是 $\mathrm{d}\boldsymbol{X}$ 在逆变基矢量 $\boldsymbol{G}^L$ 上的投影，称为 $\mathrm{d}\boldsymbol{X}$ 的逆变分量

$$\mathrm{d}X^L = \mathrm{d}\boldsymbol{X} \cdot \boldsymbol{G}^L \tag{A.9}$$

利用对偶条件式 (A.7)，矢量 $\mathrm{d}\boldsymbol{X}$ 又可以表示为

$$\mathrm{d}\boldsymbol{X} = \mathrm{d}X_K \boldsymbol{G}^K \tag{A.10}$$

式中

$$\mathrm{d}X_K = \mathrm{d}\boldsymbol{X} \cdot \boldsymbol{G}_K \tag{A.11}$$

称为 $\mathrm{d}\boldsymbol{X}$ 的协变分量。从式 (A.6) 和 (A.10) 可知，矢量的表示中协变分量配逆变基，而逆变分量配协变基，实际上，任意的矢量都可以使用这两种方式表示。

利用式 (A.11)、式 (A.6) 和式 (A.4) 有

$$\mathrm{d}X_K = \mathrm{d}X^L \boldsymbol{G}_L \cdot \boldsymbol{G}_K = G_{KL}\mathrm{d}X^L \tag{A.12}$$

即 $\mathrm{d}X_K$ 是 $\mathrm{d}X^L$ 的线性组合，其中的组合系数是 G_{KL}。在曲线坐标中，一般来说，系数 G_{KL} 不满足使 $\mathrm{d}X_K$ 成为全微分的条件，也就是说，不可能通过积分上式得到一个解析函数 $X_K(X^L)$，因此，“协变坐标”X_K 一般不存在，$\mathrm{d}X_K$ 并不是 X_K 的微分。实际上，只有 $\mathrm{d}\boldsymbol{X}$ 的逆变分量 $\mathrm{d}X^L$ 才是曲线坐标 X^L 的微分。

结合式 (A.8)~ 式 (A.10)，得矢量 $\mathrm{d}\boldsymbol{X}$ 的逆变分量

$$\mathrm{d}X^K = \mathrm{d}X_L \boldsymbol{G}^L \cdot \boldsymbol{G}^K = G^{KL}\mathrm{d}X_L \tag{A.13}$$

从式 (A.13) 和式 (A.12) 可知，矩阵 G_{KL} 和 G^{KL} 的作用是将矢量指标进行升降，这说明任意矢量的逆变 (协变) 分量都可以通过指标下降 (上升) 由它的协变 (逆变) 分量所表示。

若使用三个逆变基 $\boldsymbol{G}^L$ 表示某个特定的协变基 $\boldsymbol{G}_K$，根据上面的分析，其三个分量应是 $\boldsymbol{G}_K$ 在三个协变基 $\boldsymbol{G}_L$ 的投影，结合式 (A.4) 则有

$$\boldsymbol{G}_K = G_{KL}\boldsymbol{G}^L \tag{A.14}$$

同理得

$$\boldsymbol{G}^K = G^{KL}\boldsymbol{G}_L \tag{A.15}$$

这里表明基矢量的指标升降也是通过矩阵 G_{KL} 和 G^{KL} 实现的。需要说明：当坐标系的三个基矢量 $\boldsymbol{G}_K$ 或者 $\boldsymbol{G}^K(K=1,2,3)$ 相互正交，即构成正交坐标系，则 $G_{KL}=0$ $(K \neq L)$，协变和逆变基矢量的方向重合，再将基矢量单位化则两者完全相等，$\boldsymbol{G}_K=\boldsymbol{G}^K$，因此，逆变和协变不需要区分。

结合上面式 (A.14) 和式 (A.15) 有

$$\boldsymbol{G}_K = G_{KL}\boldsymbol{G}^L = G_{KL}G^{LM}\boldsymbol{G}_M \tag{A.16}$$

从而

$$G_{KL}G^{LM} = \delta_K^M \tag{A.17}$$

说明 G_{KL} 和 G^{KL} 两者互为逆矩阵。而且还可以证明协变张量的行列式为

$$G = \det(G_{KL}) = (\boldsymbol{G}_1 \times \boldsymbol{G}_2 \cdot \boldsymbol{G}_3)^2 \tag{A.18}$$

建立一套整体的直角坐标系，其基矢量是 $\boldsymbol{E}_I$ $(I=1,2,3)$，三个协变基矢量在它们上的投影表示为

$$\boldsymbol{G}_K = G_{KL}^E \boldsymbol{E}_L$$

根据定义和行列式的性质

$$
\begin{aligned}
G=\det\left(G_{KL}\right)&=\det\left(\boldsymbol{G}_K\cdot\boldsymbol{G}_L\right)=\det\left(G_{KM}^E\boldsymbol{E}_M\cdot G_{LN}^E\boldsymbol{E}_N\right)\\
&=\det\left(G_{KM}^E G_{LM}^E\right)=\det\left(G_{KM}^E G_{ML}^E\right)=\left(\det\left(G_{KM}^E\right)\right)^2\\
&=\left(\boldsymbol{G}_1\times\boldsymbol{G}_2\cdot\boldsymbol{G}_3\right)^2
\end{aligned}
\tag{A.19}
$$

从而得证。

两个矢量 $\boldsymbol{u}$ 和 $\boldsymbol{v}$

$$
\boldsymbol{u}=u_I\boldsymbol{G}^I=u^I\boldsymbol{G}_I,\quad \boldsymbol{v}=v_I\boldsymbol{G}^I=v^I\boldsymbol{G}_I \tag{A.20}
$$

它们的点积应是

$$
\begin{aligned}
\boldsymbol{u}\cdot\boldsymbol{v}&=u_I\boldsymbol{G}^I\cdot v_J\boldsymbol{G}^J=u_Iv_JG^{IJ}=u^Iv^JG_{IJ}\\
&=u_I\boldsymbol{G}^I\cdot v^J\boldsymbol{G}_J=u_Iv^I=u^Iv_I
\end{aligned}
\tag{A.21}
$$

一个特殊的张量——度量张量，也就是单位张量 $\boldsymbol{I}$，它定义为

$$
\boldsymbol{I}\overset{\text{def}}{=\!=}\boldsymbol{G}^K\otimes\boldsymbol{G}_K=\delta_K^L\boldsymbol{G}^K\otimes\boldsymbol{G}_L\quad\text{或}\quad \boldsymbol{I}\overset{\text{def}}{=\!=}\boldsymbol{G}_K\otimes\boldsymbol{G}^K=\delta_L^K\boldsymbol{G}_K\otimes\boldsymbol{G}^L \tag{A.22}
$$

这两个定义式等价，因为使用上式和式 (A.14)~ 式 (A.17)，并考虑到 G_{KL} 和 G^{KL} 的对称性得

$$
\begin{aligned}
\boldsymbol{I}&=\boldsymbol{G}^K\otimes\boldsymbol{G}_K=G^{KL}\boldsymbol{G}_K\otimes\boldsymbol{G}_L\\
&=\boldsymbol{G}_K\otimes\boldsymbol{G}^K=G_{KL}\boldsymbol{G}^K\otimes\boldsymbol{G}^L
\end{aligned}
\tag{A.23}
$$

G_{KL}，G^{KL} 和 δ_L^K 分别构成了度量张量的协变、逆变和混合分量。度量 (单位) 张量将矢量变换为矢量自身，例如

$$
\boldsymbol{I}\cdot\mathrm{d}\boldsymbol{X}=G^{KL}\boldsymbol{G}_K\otimes\boldsymbol{G}_L\cdot\mathrm{d}X_I\boldsymbol{G}^I=G^{KL}\mathrm{d}X_L\boldsymbol{G}_K=\mathrm{d}X_L\boldsymbol{G}^L=\mathrm{d}\boldsymbol{X} \tag{A.24}
$$

A.2　二阶张量的表示与最基本运算

二阶张量将有四种分解形式

$$
\boldsymbol{T}=T^{KL}\boldsymbol{G}_K\otimes\boldsymbol{G}_L=T_{KL}\boldsymbol{G}^K\otimes\boldsymbol{G}^L=T_K{}^L\boldsymbol{G}^K\otimes\boldsymbol{G}_L=T^K{}_L\boldsymbol{G}_K\otimes\boldsymbol{G}^L \tag{A.25}
$$

式中 T^{KL}，T_{KL} 分别为张量的逆变和协变分量，$T_K{}^L$ 和 $T^K{}_L$ 则称为混合分量。这些分量可表示为

$$
T^{KL}=\boldsymbol{G}_K\cdot\boldsymbol{T}\cdot\boldsymbol{G}_L,\quad T_{KL}=\boldsymbol{G}^K\cdot\boldsymbol{T}\cdot\boldsymbol{G}^L \tag{A.26a}
$$

$$T_K{}^L = \boldsymbol{G}^K \cdot \boldsymbol{T} \cdot \boldsymbol{G}_L, \quad T^K{}_L = \boldsymbol{G}_K \cdot \boldsymbol{T} \cdot \boldsymbol{G}^L \tag{A.26b}$$

将式 (A.14) 和式 (A.15) 代入式 (A.25)，得张量的分量之间满足

$$T^{KL} = T_{MN}G^{MK}G^{NL} = T_M{}^L G^{MK} = T^K{}_N G^{NL} \tag{A.27}$$

下面给出一些常用张量运算的分量表示。一个二阶张量和一个矢量点积的协变分量表示是

$$\begin{aligned}(\boldsymbol{T}\cdot\boldsymbol{u})_I &= \boldsymbol{G}_I \cdot \left(T_K{}^J \boldsymbol{G}^K \otimes \boldsymbol{G}_J \cdot \boldsymbol{u}\right) = T_K{}^J u_J \boldsymbol{G}_I \cdot \boldsymbol{G}^K = T_I{}^J u_J \\ &= \boldsymbol{G}_I \cdot \left(T_{KJ} \boldsymbol{G}^K \otimes \boldsymbol{G}^J \cdot \boldsymbol{u}\right) = T_{KJ} u^J \boldsymbol{G}_I \cdot \boldsymbol{G}^K = T_{IJ} u^J\end{aligned} \tag{A.28}$$

类似地，对于两个二阶张量的点积，有

$$(\boldsymbol{T}\cdot\boldsymbol{S})_{IJ} = T_I{}^K S_{KJ} = T_{IK}S^K{}_J = G_{LK}T_I{}^L S^K{}_J \tag{A.29a}$$

$$(\boldsymbol{T}\cdot\boldsymbol{S})_I{}^J = T_I{}^K S_K{}^J = T_{IK}S^{KJ} \tag{A.29b}$$

张量 $\boldsymbol{T}$ 的迹用分量表示是

$$\begin{aligned}\mathrm{tr}\boldsymbol{T} &= \mathrm{tr}\left(T_{IJ}\boldsymbol{G}^I \otimes \boldsymbol{G}^J\right) = T_{IJ}\boldsymbol{G}^I \cdot \boldsymbol{G}^J = T_{IJ}G^{IJ} \\ &= \mathrm{tr}\left(T^{IJ}\boldsymbol{G}_I \otimes \boldsymbol{G}_J\right) = T^{IJ}\boldsymbol{G}_I \cdot \boldsymbol{G}_J = T^{IJ}G_{IJ}\end{aligned}$$

或写成

$$\begin{aligned}\mathrm{tr}\boldsymbol{T} &= \mathrm{tr}\left(T_I{}^J\boldsymbol{G}^I \otimes \boldsymbol{G}_J\right) = T_I{}^J\boldsymbol{G}^I \cdot \boldsymbol{G}_J = T_I{}^I \\ &= \mathrm{tr}\left(T^I{}_J\boldsymbol{G}_I \otimes \boldsymbol{G}^J\right) = T^I{}_J\boldsymbol{G}_I \cdot \boldsymbol{G}^J = T^I{}_I\end{aligned} \tag{A.30}$$

两个张量的并双点积是

$$\boldsymbol{T}:\boldsymbol{S} = T^{KJ}S_{KJ} = T_{IK}S^{IK} = T_I{}^K S^I{}_K = T^K{}_I S_K{}^I \tag{A.31}$$

如果张量是由式 (A.25) 所表示，则它的转置是

$$\boldsymbol{T}^{\mathrm{T}} = T^{LK}\boldsymbol{G}_K \otimes \boldsymbol{G}_L = T_{LK}\boldsymbol{G}^K \otimes \boldsymbol{G}^L = T^L{}_K\boldsymbol{G}^K \otimes \boldsymbol{G}_L = T_L{}^K\boldsymbol{G}_K \otimes \boldsymbol{G}^L \tag{A.32}$$

即将分量的两个指标顺序对调，或者表示为

$$\boldsymbol{T}^{\mathrm{T}} = T^{KL}\boldsymbol{G}_L \otimes \boldsymbol{G}_K = T_{KL}\boldsymbol{G}^L \otimes \boldsymbol{G}^K = T_K{}^L\boldsymbol{G}_L \otimes \boldsymbol{G}^K = T^K{}_L\boldsymbol{G}^L \otimes \boldsymbol{G}_K \tag{A.33}$$

将两个基矢量的顺序对调。$\boldsymbol{T}^{\mathrm{T}}$ 的矩阵是

$$\left[T^{\mathrm{T}}\right] = \left[\left(\boldsymbol{T}^{\mathrm{T}}\right)^K{}_L\right] = \left[T_L{}^K\right] = \left[G^{KM}T^N{}_M G_{LN}\right] = \left[G^{KI}\right]\left[T^N{}_M\right]^{\mathrm{T}}\left[G_{LJ}\right] \tag{A.34}$$

这表明，在一般情况下，转置张量的矩阵不等于原张量矩阵的转置。

A.3　一般曲线坐标下的变形与应力描述

空间曲线坐标用 x^i 表示，运动中空间位置坐标是物质坐标的函数，可由下式描述

$$x^i = x^i\left(X^k, t\right) \tag{A.35}$$

同式 (A.2) 一样，定义空间坐标的协变基矢量

$$\boldsymbol{g}_i \overset{\text{def}}{=\!=} \frac{\partial \boldsymbol{x}}{\partial x^i} \tag{A.36}$$

则空间线元可表示为

$$\mathrm{d}\boldsymbol{x} = \mathrm{d}x^i \boldsymbol{g}_i \tag{A.37}$$

使用式 (A.35)，有

$$\mathrm{d}x^i = \frac{\partial x^i}{\partial X^k}\mathrm{d}X^k \tag{A.38}$$

结合上面两式，并考虑到逆变分量的表示式 (A.9)，得

$$\mathrm{d}\boldsymbol{x} = \boldsymbol{g}_i \frac{\partial x^i}{\partial X^K}\left(\boldsymbol{G}^K \cdot \mathrm{d}\boldsymbol{X}\right) = \frac{\partial x^i}{\partial X^K}\boldsymbol{g}_i \otimes \boldsymbol{G}^K \cdot \mathrm{d}\boldsymbol{X} = \boldsymbol{F}\cdot \mathrm{d}\boldsymbol{X} \tag{A.39}$$

所以，变形梯度为

$$\boldsymbol{F} = \frac{\partial x^i}{\partial X^K}\boldsymbol{g}_i \otimes \boldsymbol{G}^K \quad 或 \quad F^i{}_K = \frac{\partial x^i}{\partial X^K} \tag{A.40}$$

还可以写成

$$\boldsymbol{F} = \boldsymbol{x}\otimes\nabla_0, \quad \nabla_0 = \boldsymbol{G}^K\frac{\partial}{\partial X^K} \tag{A.41}$$

采用同样的方法，可导出变形梯度逆的表示是

$$\boldsymbol{F}^{-1} = \frac{\partial X^K}{\partial x^i}\boldsymbol{G}_K \otimes \boldsymbol{g}^i \quad 或 \quad \left(\boldsymbol{F}^{-1}\right)^K{}_i = \frac{\partial X^K}{\partial x^i} \tag{A.42}$$

根据式 (A.33)，变形梯度逆的转置是

$$\boldsymbol{F}^{-\mathrm{T}} = \frac{\partial X^K}{\partial x^i}\boldsymbol{g}^i \otimes \boldsymbol{G}_K \tag{A.43}$$

将空间坐标的协变度量张量记作 $g_{ij} = \boldsymbol{g}_i \cdot \boldsymbol{g}_j$，使用式 (A.37) 和式 (A.38)，计算空间线元的长度，有

$$\begin{aligned}\mathrm{d}\boldsymbol{x}\cdot\mathrm{d}\boldsymbol{x} &= \left(\mathrm{d}x^i\boldsymbol{g}_i\right)\cdot\left(\mathrm{d}x^j\boldsymbol{g}_j\right) = g_{ij}\frac{\partial x^i}{\partial X^K}\mathrm{d}X^K\frac{\partial x^j}{\partial X^L}\mathrm{d}X^L \\ &= g_{ij}F^i{}_K F^j{}_L \mathrm{d}X^K\mathrm{d}X^L = C_{KL}\mathrm{d}X^K\mathrm{d}X^L \\ &= \mathrm{d}X^K\boldsymbol{G}_K\cdot\left(C_{IJ}\boldsymbol{G}^I\otimes\boldsymbol{G}^J\right)\cdot\mathrm{d}X^L\boldsymbol{G}_L = \mathrm{d}\boldsymbol{X}\cdot\boldsymbol{C}\cdot\mathrm{d}\boldsymbol{X}\end{aligned} \tag{A.44}$$

得右 Cauchy-Green 变形张量

$$\boldsymbol{C}=C_{IJ}\boldsymbol{G}^{I}\otimes\boldsymbol{G}^{J},\quad C_{KL}=g_{ij}F^{i}{}_{K}F^{j}{}_{L} \tag{A.45}$$

所以，右 Cauchy-Green 变形张量是协变张量。采用同样的方法，或者使用 Cauchy 变形张量 $\boldsymbol{c}$ 的定义式 (3.31) 和式 (A.42) 及式 (A.43)，得

$$\boldsymbol{c}=\boldsymbol{F}^{-\mathrm{T}}\cdot\boldsymbol{F}^{-1}=\frac{\partial X^{K}}{\partial x^{i}}\boldsymbol{g}^{i}\otimes\boldsymbol{G}_{K}\cdot\frac{\partial X^{L}}{\partial x^{j}}\boldsymbol{G}_{L}\otimes\boldsymbol{g}^{j}=G_{KL}\frac{\partial X^{K}}{\partial x^{i}}\frac{\partial X^{L}}{\partial x^{j}}\boldsymbol{g}^{i}\otimes\boldsymbol{g}^{j} \tag{A.46}$$

也是协变张量，其分量是

$$c_{ij}=G_{KL}\frac{\partial X^{K}}{\partial x^{i}}\frac{\partial X^{L}}{\partial x^{j}}$$

然而，左 Cauchy-Green 变形张量 $\boldsymbol{b}$

$$\boldsymbol{b}=\boldsymbol{F}\cdot\boldsymbol{F}^{\mathrm{T}}=\frac{\partial x^{i}}{\partial X^{K}}\boldsymbol{g}_{i}\otimes\boldsymbol{G}^{K}\cdot\frac{\partial x^{j}}{\partial X^{L}}\boldsymbol{G}^{L}\otimes\boldsymbol{g}_{j}=G^{KL}\frac{\partial x^{i}}{\partial X^{K}}\frac{\partial x^{j}}{\partial X^{L}}\boldsymbol{g}_{i}\otimes\boldsymbol{g}_{j} \tag{A.47}$$

却是逆变张量，其分量是

$$b^{ij}=G^{KL}\frac{\partial x^{i}}{\partial X^{K}}\frac{\partial x^{j}}{\partial X^{L}}$$

至于 Cauchy 应力的表示，首先给出在协变基 $\boldsymbol{g}_i$ 下的空间面积元 $\boldsymbol{n}\mathrm{d}a$ 的表示，如图 A.2 所示的面积元 ABC

$$\begin{aligned}\boldsymbol{n}\mathrm{d}a&=\left(\mathrm{d}x^{1}\boldsymbol{g}_{1}-\mathrm{d}x^{3}\boldsymbol{g}_{3}\right)\times\left(\mathrm{d}x^{2}\boldsymbol{g}_{2}-\mathrm{d}x^{1}\boldsymbol{g}_{1}\right)\\&=\mathrm{d}x^{1}\mathrm{d}x^{2}\boldsymbol{g}_{1}\times\boldsymbol{g}_{2}-\mathrm{d}x^{3}\mathrm{d}x^{2}\boldsymbol{g}_{3}\times\boldsymbol{g}_{2}+\mathrm{d}x^{3}\mathrm{d}x^{1}\boldsymbol{g}_{3}\times\boldsymbol{g}_{1}\end{aligned} \tag{A.48}$$

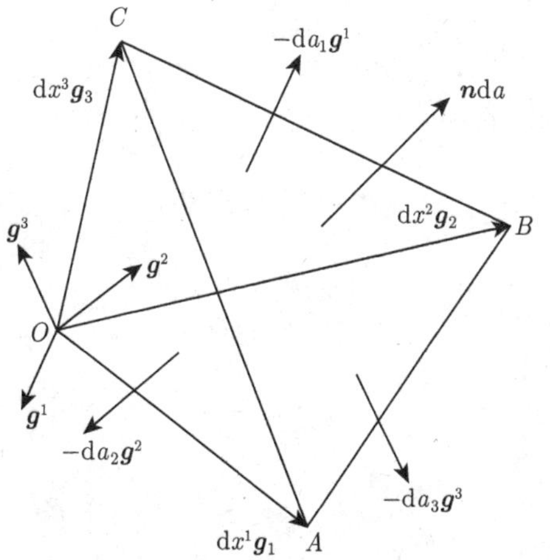

图 A.2 一般曲线坐标系下的面积元

可以证明

$$\boldsymbol{g}_1 \times \boldsymbol{g}_2 = \sqrt{g}\boldsymbol{g}^3, \quad \boldsymbol{g}_3 \times \boldsymbol{g}_1 = \sqrt{g}\boldsymbol{g}^2, \quad \boldsymbol{g}_3 \times \boldsymbol{g}_2 = -\sqrt{g}\boldsymbol{g}^1 \tag{A.49}$$

式中 $g=\det(g_{ij})$。以第一式为例，由于 $\boldsymbol{g}^3$ 与 $\boldsymbol{g}_1$ 和 $\boldsymbol{g}_2$ 均正交，因而 $\boldsymbol{g}^3$ 与 $\boldsymbol{g}_1\times\boldsymbol{g}_2$ 共轴，设

$$\boldsymbol{g}_1 \times \boldsymbol{g}_2 = \alpha\boldsymbol{g}^3$$

两边点积 $\boldsymbol{g}_3$，考虑 $\boldsymbol{g}^3\cdot\boldsymbol{g}_3=1$，再参照式 (A.18)，得

$$\alpha = \boldsymbol{g}_1 \times \boldsymbol{g}_2 \cdot \boldsymbol{g}_3 = \sqrt{g} \tag{A.50}$$

从而得证。

利用这个结果，则空间面积元 $\boldsymbol{n}\mathrm{d}a$ 式 (A.48) 表示成

$$\boldsymbol{n}\mathrm{d}a = \sqrt{g}\mathrm{d}x^2\mathrm{d}x^3\boldsymbol{g}^1 + \sqrt{g}\mathrm{d}x^3\mathrm{d}x^1\boldsymbol{g}^2 + \sqrt{g}\mathrm{d}x^1\mathrm{d}x^2\boldsymbol{g}^3 = \mathrm{d}a_i\boldsymbol{g}^i \tag{A.51}$$

式中

$$da_1 = \sqrt{g}\mathrm{d}x^2\mathrm{d}x^3, \quad \mathrm{d}a_2 = \sqrt{g}\mathrm{d}x^3\mathrm{d}x^1, \quad \mathrm{d}a_3 = \sqrt{g}\mathrm{d}x^1\mathrm{d}x^2 \tag{A.52}$$

面积元法线矢量则为

$$\boldsymbol{n} = \frac{\mathrm{d}a_i}{\mathrm{d}a}\boldsymbol{g}^i = n_i\boldsymbol{g}^i \tag{A.53}$$

因此是协变矢量。

根据 Cauchy 应力原理式 (5.35)$\boldsymbol{t}(\boldsymbol{n})=\boldsymbol{\sigma}\cdot\boldsymbol{n}$，其中应力矢量 $\boldsymbol{t}(\boldsymbol{n})$ 使用协变基 $\boldsymbol{g}_i$ 表示为 $\boldsymbol{t}(\boldsymbol{n})=t^i\boldsymbol{g}_i$，结合上式，则 Cauchy 应力必然是逆变张量，其分量满足

$$t^i = \sigma^{ij}n_j \tag{A.54}$$

因此，Cauchy 应力整体表示为

$$\boldsymbol{\sigma} = \sigma^{ij}\boldsymbol{g}_i \otimes \boldsymbol{g}_j \tag{A.55}$$

附录 B 正交曲线坐标系

B.1 正交曲线坐标的特点

前面简要地介绍了曲线坐标，其特点是：由三簇坐标线切线定义的坐标基矢量一般非正交，大小也不为单位 1，且随点变化。在实际应用中，经常遇到一类曲线坐标，它们的基矢量相互正交，如柱坐标、球坐标等，这类坐标称为正交曲线坐标，这时，不再需要进行协变和逆变的区别，因此，像笛卡儿坐标那样，统一使用下标表示。为与笛卡儿坐标 X_1、X_2、X_3 区别，三个曲线坐标使用 X_α、X_β、X_γ 表示，两套坐标系之间存在一一对应的关系

$$X_I = X_I\left(X_\alpha, X_\beta, X_\gamma\right) \quad (I=1,2,3) \tag{B.1}$$

例如在柱坐标中

$$X_\alpha = r, \quad X_\beta = \theta, \quad X_\gamma = z$$

它们的具体关系是

$$\begin{aligned} X_1 &= X_1\left(X_\alpha, X_\beta, X_\gamma\right) = r\cos\theta \\ X_2 &= X_2\left(X_\alpha, X_\beta, X_\gamma\right) = r\sin\theta \\ X_3 &= X_3(X_\alpha, X_\beta, X_\gamma) = z \end{aligned} \tag{B.2}$$

空间中的位置矢量可表示为

$$\boldsymbol{X} = X_I \boldsymbol{e}_I = X_I\left(X_\alpha, X_\beta, X_\gamma\right)\boldsymbol{e}_I \tag{B.3}$$

根据式 (A.2)，正交曲线坐标的三个基矢量表示为

$$\boldsymbol{G}_\alpha = \frac{\partial \boldsymbol{X}}{\partial X_\alpha}, \quad \boldsymbol{G}_\beta = \frac{\partial \boldsymbol{X}}{\partial X_\beta}, \quad \boldsymbol{G}_\gamma = \frac{\partial \boldsymbol{X}}{\partial X_\gamma} \tag{B.4}$$

如图 B.1 所示，它们虽然正交，但大小并不为 1，也就是说，其度量张量对应的矩阵 (见式 (A.4))，由于正交性变为对角矩阵，但不是单位矩阵，即当 $I \neq J$ 时，$G_{IJ}=0$，当 $I=J$ 时，$G_{IJ} \neq 0 \neq 1$。实际上

$$|\boldsymbol{G}_\alpha| = \left|\frac{\partial \boldsymbol{X}}{\partial X_\alpha}\right| = \sqrt{G_{11}} = \sqrt{\left(\frac{\partial X_1}{\partial X_\alpha}\right)^2 + \left(\frac{\partial X_2}{\partial X_\alpha}\right)^2 + \left(\frac{\partial X_3}{\partial X_\alpha}\right)^2}$$

$$|\boldsymbol{G}_{\beta}|=\left|\frac{\partial \boldsymbol{X}}{\partial X_{\beta}}\right|=\sqrt{G_{22}}=\sqrt{\left(\frac{\partial X_1}{\partial X_{\beta}}\right)^2+\left(\frac{\partial X_2}{\partial X_{\beta}}\right)^2+\left(\frac{\partial X_3}{\partial X_{\beta}}\right)^2} \tag{B.5}$$

$$|\boldsymbol{G}_{\gamma}|=\left|\frac{\partial \boldsymbol{X}}{\partial X_{\gamma}}\right|=\sqrt{G_{33}}=\sqrt{\left(\frac{\partial X_1}{\partial X_{\gamma}}\right)^2+\left(\frac{\partial X_2}{\partial X_{\gamma}}\right)^2+\left(\frac{\partial X_3}{\partial X_{\gamma}}\right)^2}$$

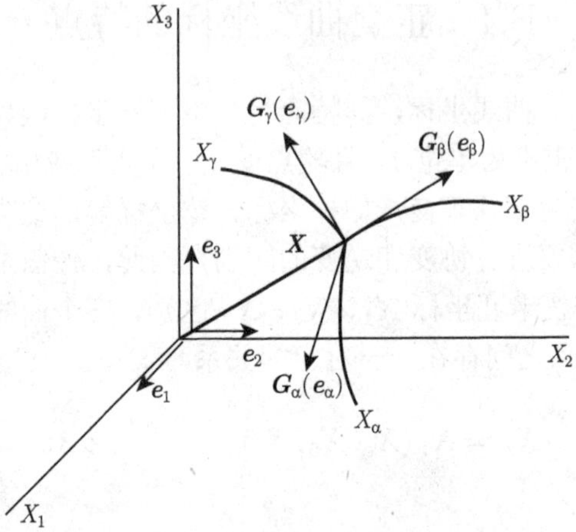

图 B.1　正交曲线坐标

为讨论问题方便，记

$$|\boldsymbol{G}_{\alpha}|=h_{\alpha},\quad |\boldsymbol{G}_{\beta}|=h_{\beta},\quad |\boldsymbol{G}_{\gamma}|=h_{\gamma} \tag{B.6}$$

它们表示坐标 $\{X_{\alpha}, X_{\beta}, X_{\gamma}\}$ 分别变化 1 个单位时引起矢量 $\boldsymbol{X}$ 长度的改变量，称之为尺度因子，它们不仅不为 1，且随点变化。

使用 $\boldsymbol{e}_{\alpha}$、$\boldsymbol{e}_{\beta}$、$\boldsymbol{e}_{\gamma}$ 表示正交曲线坐标单位化的基矢量，结合上面的定义，显然有

$$\boldsymbol{G}_{\alpha}=h_{\alpha}\boldsymbol{e}_{\alpha}=\frac{\partial \boldsymbol{X}}{\partial X_{\alpha}},\quad \boldsymbol{G}_{\beta}=h_{\beta}\boldsymbol{e}_{\beta}=\frac{\partial \boldsymbol{X}}{\partial X_{\beta}},\quad \boldsymbol{G}_{\gamma}=h_{\gamma}\boldsymbol{e}_{\gamma}=\frac{\partial \boldsymbol{X}}{\partial X_{\gamma}} \tag{B.7}$$

注意: 这里及后面的讨论中下标 α, β, γ 均不求和。将式 (B.3) 代入上式，并考虑到笛卡儿坐标的基矢量 $\boldsymbol{e}_1$、$\boldsymbol{e}_2$、$\boldsymbol{e}_3$ 是常矢量，不随坐标变化，可确定基矢量 $\boldsymbol{e}_{\alpha}$、$\boldsymbol{e}_{\beta}$、$\boldsymbol{e}_{\gamma}$ 与基矢量 $\boldsymbol{e}_1$、$\boldsymbol{e}_2$、$\boldsymbol{e}_3$ 的关系为

$$h_{\alpha}\boldsymbol{e}_{\alpha}=\frac{\partial \boldsymbol{X}}{\partial X_{\alpha}}=\frac{\partial X_1}{\partial X_{\alpha}}\boldsymbol{e}_1+\frac{\partial X_2}{\partial X_{\alpha}}\boldsymbol{e}_2+\frac{\partial X_3}{\partial X_{\alpha}}\boldsymbol{e}_3$$

$$h_{\beta}\boldsymbol{e}_{\beta}=\frac{\partial \boldsymbol{X}}{\partial X_{\beta}}=\frac{\partial X_1}{\partial X_{\beta}}\boldsymbol{e}_1+\frac{\partial X_2}{\partial X_{\beta}}\boldsymbol{e}_2+\frac{\partial X_3}{\partial X_{\beta}}\boldsymbol{e}_3 \tag{B.8}$$

$$h_\gamma \boldsymbol{e}_\gamma = \frac{\partial \boldsymbol{X}}{\partial X_\gamma} = \frac{\partial X_1}{\partial X_\gamma}\boldsymbol{e}_1 + \frac{\partial X_2}{\partial X_\gamma}\boldsymbol{e}_2 + \frac{\partial X_3}{\partial X_\gamma}\boldsymbol{e}_3$$

线元矢量可写成

$$\mathrm{d}\boldsymbol{X} = h_\alpha \mathrm{d}X_\alpha \boldsymbol{e}_\alpha + h_\beta \mathrm{d}X_\beta \boldsymbol{e}_\beta + h_\gamma \mathrm{d}X_\gamma \boldsymbol{e}_\gamma$$

长度元、面积元 (如 X_γ =const 的面) 和体积元分别是

$$\begin{aligned}
&\mathrm{d}s^2 = \mathrm{d}\boldsymbol{X}\cdot\mathrm{d}\boldsymbol{X} = h_\alpha^2(\mathrm{d}X_\alpha)^2 + h_\beta^2(\mathrm{d}X_\beta)^2 + h_\gamma^2(\mathrm{d}X_\gamma)^2 \\
&\mathrm{d}A = \left|\frac{\partial \boldsymbol{X}}{\partial X_\alpha}\times\frac{\partial \boldsymbol{X}}{\partial X_\beta}\right|\mathrm{d}X_\alpha\mathrm{d}X_\beta = h_\alpha h_\beta\left|\boldsymbol{e}_\alpha\times\boldsymbol{e}_\beta\right|\mathrm{d}X_\alpha\mathrm{d}X_\beta = h_\alpha h_\beta \mathrm{d}X_\alpha\mathrm{d}X_\beta \\
&\mathrm{d}V = \left[\frac{\partial \boldsymbol{X}}{\partial X_\alpha}, \frac{\partial \boldsymbol{X}}{\partial X_\beta}, \frac{\partial \boldsymbol{X}}{\partial X_\gamma}\right]\mathrm{d}X_\alpha\mathrm{d}X_\beta\mathrm{d}X_\gamma \\
&\quad\;\; = h_\alpha h_\beta h_\gamma\left[\boldsymbol{e}_\alpha, \boldsymbol{e}_\beta, \boldsymbol{e}_\gamma\right]\mathrm{d}X_\alpha\mathrm{d}X_\beta\mathrm{d}X_\gamma = h_\alpha h_\beta h_\gamma \mathrm{d}X_\alpha\mathrm{d}X_\beta\mathrm{d}X_\gamma
\end{aligned} \tag{B.9}$$

B.2 不变性微分算子 (梯度算子)∇ 的表示

根据张量的坐标不变性，标量函数 ψ 的梯度在曲线坐标下可表示为

$$\nabla\psi = \boldsymbol{t} = t_\alpha \boldsymbol{e}_\alpha + t_\beta \boldsymbol{e}_\beta + t_\gamma \boldsymbol{e}_\gamma \tag{B.10}$$

使用上式和考虑到 $\boldsymbol{e}_\alpha$、$\boldsymbol{e}_\beta$、$\boldsymbol{e}_\gamma$ 的正交性，以及笛卡儿坐标系下梯度算子的表达式 (2.106) 和式 (B.8)，得

$$\begin{aligned}
t_\alpha &= \boldsymbol{t}\cdot\boldsymbol{e}_\alpha = \nabla\psi\cdot\boldsymbol{e}_\alpha \\
&= \left(\boldsymbol{e}_1\frac{\partial\psi}{\partial X_1} + \boldsymbol{e}_2\frac{\partial\psi}{\partial X_2} + \boldsymbol{e}_3\frac{\partial\psi}{\partial X_3}\right)\cdot\frac{1}{h_\alpha}\left(\frac{\partial X_1}{\partial X_\alpha}\boldsymbol{e}_1 + \frac{\partial X_2}{\partial X_\alpha}\boldsymbol{e}_2 + \frac{\partial X_3}{\partial X_\alpha}\boldsymbol{e}_3\right)
\end{aligned} \tag{B.11}$$

经整理有

$$t_\alpha = \frac{1}{h_\alpha}\left(\frac{\partial\psi}{\partial X_1}\frac{\partial X_1}{\partial X_\alpha} + \frac{\partial\psi}{\partial X_2}\frac{\partial X_2}{\partial X_\alpha} + \frac{\partial\psi}{\partial X_3}\frac{\partial X_3}{\partial X_\alpha}\right) = \frac{1}{h_\alpha}\frac{\partial\psi}{\partial X_\alpha} \tag{B.12}$$

同理有

$$t_\beta = \frac{1}{h_\beta}\frac{\partial\psi}{\partial X_\beta}, \quad t_\gamma = \frac{1}{h_\gamma}\frac{\partial\psi}{\partial X_\gamma}$$

将上面 t_α，t_β，t_γ 的表达式代入式 (B.10)，得

$$\boldsymbol{t} = \nabla\psi = \boldsymbol{e}_\alpha\frac{1}{h_\alpha}\frac{\partial\psi}{\partial X_\alpha} + \boldsymbol{e}_\beta\frac{1}{h_\beta}\frac{\partial\psi}{\partial X_\beta} + \boldsymbol{e}_\gamma\frac{1}{h_\gamma}\frac{\partial\psi}{\partial X_\gamma} \tag{B.13}$$

于是，正交曲线坐标下的不变性微分算子就是

$$\nabla = \boldsymbol{e}_\alpha\frac{1}{h_\alpha}\frac{\partial}{\partial X_\alpha} + \boldsymbol{e}_\beta\frac{1}{h_\beta}\frac{\partial}{\partial X_\beta} + \boldsymbol{e}_\gamma\frac{1}{h_\gamma}\frac{\partial}{\partial X_\gamma} \tag{B.14}$$

B.3　不变性微分算子的相关运算

B.3.1　矢量的梯度

使用式 (2.118) 和式 (B.14)，矢量的右梯度可表示为

$$\begin{aligned}\boldsymbol{t}\otimes\nabla=&(t_\alpha\boldsymbol{e}_\alpha+t_\beta\boldsymbol{e}_\beta+t_\gamma\boldsymbol{e}_\gamma)\otimes\nabla\\=&\boldsymbol{e}_\alpha\otimes(t_\alpha\nabla)+\boldsymbol{e}_\beta\otimes(t_\beta\nabla)+\boldsymbol{e}_\gamma\otimes(t_\gamma\nabla)+t_\alpha(\boldsymbol{e}_\alpha\otimes\nabla)\\&+t_\beta(\boldsymbol{e}_\beta\otimes\nabla)+t_\gamma(\boldsymbol{e}_\gamma\otimes\nabla)\end{aligned}\tag{B.15}$$

而单位基矢量 $\boldsymbol{e}_\alpha$、$\boldsymbol{e}_\beta$、$\boldsymbol{e}_\gamma$ 的梯度，以 $\boldsymbol{e}_\alpha$ 为例，使用式 (B.14)，应为

$$\boldsymbol{e}_\alpha\otimes\nabla=\frac{1}{h_\alpha}\frac{\partial\boldsymbol{e}_\alpha}{\partial X_\alpha}\otimes\boldsymbol{e}_\alpha+\frac{1}{h_\beta}\frac{\partial\boldsymbol{e}_\alpha}{\partial X_\beta}\otimes\boldsymbol{e}_\beta+\frac{1}{h_\gamma}\frac{\partial\boldsymbol{e}_\alpha}{\partial X_\gamma}\otimes\boldsymbol{e}_\gamma\tag{B.16}$$

式中基矢量 $\boldsymbol{e}_\alpha$ 对坐标 X_α、X_β、X_γ 的偏导可以证明为 (例如，Jog, 2007)

$$\frac{\partial\boldsymbol{e}_\alpha}{\partial X_\alpha}=\boldsymbol{\omega}_\alpha\times\boldsymbol{e}_\alpha,\quad\frac{\partial\boldsymbol{e}_\alpha}{\partial X_\beta}=\boldsymbol{\omega}_\beta\times\boldsymbol{e}_\alpha,\quad\frac{\partial\boldsymbol{e}_\alpha}{\partial X_\gamma}=\boldsymbol{\omega}_\gamma\times\boldsymbol{e}_\alpha\tag{B.17}$$

式中

$$\begin{aligned}\boldsymbol{\omega}_\alpha&=\frac{1}{h_\gamma}\frac{\partial h_\alpha}{\partial X_\gamma}\boldsymbol{e}_\beta-\frac{1}{h_\beta}\frac{\partial h_\alpha}{\partial X_\beta}\boldsymbol{e}_\gamma\\\boldsymbol{\omega}_\beta&=\frac{1}{h_\alpha}\frac{\partial h_\beta}{\partial X_\alpha}\boldsymbol{e}_\gamma-\frac{1}{h_\gamma}\frac{\partial h_\beta}{\partial X_\gamma}\boldsymbol{e}_\alpha\\\boldsymbol{\omega}_\gamma&=\frac{1}{h_\beta}\frac{\partial h_\gamma}{\partial X_\beta}\boldsymbol{e}_\alpha-\frac{1}{h_\alpha}\frac{\partial h_\gamma}{\partial X_\alpha}\boldsymbol{e}_\beta\end{aligned}\tag{B.18}$$

为了证明 (B.17)，首先证明

$$\boldsymbol{e}_\gamma\cdot\frac{\partial^2\boldsymbol{X}}{\partial X_\alpha\partial X_\beta}=0\tag{B.19}$$

由于我们讨论的是正交曲线坐标，应有

$$\boldsymbol{G}_\alpha\cdot\boldsymbol{G}_\beta=\frac{\partial\boldsymbol{X}}{\partial X_\alpha}\cdot\frac{\partial\boldsymbol{X}}{\partial X_\beta}=0\tag{B.20}$$

求上式相对 X_γ 的偏导数，并利用式 (B.7)，得

$$h_\beta\boldsymbol{e}_\beta\cdot\frac{\partial^2\boldsymbol{X}}{\partial X_\alpha\partial X_\gamma}+h_\alpha\boldsymbol{e}_\alpha\cdot\frac{\partial^2\boldsymbol{X}}{\partial X_\beta\partial X_\gamma}=0\tag{B.21}$$

同理可得

$$h_\gamma \boldsymbol{e}_\gamma \cdot \frac{\partial^2 \boldsymbol{X}}{\partial X_\beta \partial X_\alpha} + h_\beta \boldsymbol{e}_\beta \cdot \frac{\partial^2 \boldsymbol{X}}{\partial X_\gamma \partial X_\alpha} = 0 \tag{B.22a}$$

$$h_\alpha \boldsymbol{e}_\alpha \cdot \frac{\partial^2 \boldsymbol{X}}{\partial X_\gamma \partial X_\beta} + h_\gamma \boldsymbol{e}_\gamma \cdot \frac{\partial^2 \boldsymbol{X}}{\partial X_\alpha \partial X_\beta} = 0 \tag{B.22b}$$

将式 (B.22a) 和式 (B.22b) 相加再减去 (B.21) 就可得到式 (B.19)。

使用式 (B.7)，对 $\boldsymbol{G}_\alpha$ 相对 X_β 求偏导和 $\boldsymbol{G}_\beta$ 相对 X_α 求偏导有

$$h_\alpha \frac{\partial \boldsymbol{e}_\alpha}{\partial X_\beta} + \frac{\partial h_\alpha}{\partial X_\beta} \boldsymbol{e}_\alpha = \frac{\partial^2 \boldsymbol{X}}{\partial X_\alpha \partial X_\beta} = h_\beta \frac{\partial \boldsymbol{e}_\beta}{\partial X_\alpha} + \frac{\partial h_\beta}{\partial X_\alpha} \boldsymbol{e}_\beta \tag{B.23}$$

根据式 (B.19)，则 (B.23) 的矢量位于 $\boldsymbol{e}_\alpha$ 和 $\boldsymbol{e}_\beta$ 所构成的平面内，考虑到 $\boldsymbol{e}_\alpha \cdot \boldsymbol{e}_\alpha = \boldsymbol{e}_\beta \cdot \boldsymbol{e}_\beta = 1$，两边求相对坐标的偏导，又有

$$\boldsymbol{e}_\alpha \cdot \frac{\partial \boldsymbol{e}_\alpha}{\partial X_\beta} = \boldsymbol{e}_\beta \cdot \frac{\partial \boldsymbol{e}_\beta}{\partial X_\alpha} = 0 \tag{B.24}$$

结合上式给出的正交性，因此有 $\dfrac{\partial \boldsymbol{e}_\alpha}{\partial X_\beta}$ 沿 $\boldsymbol{e}_\beta$ 方向，而 $\dfrac{\partial \boldsymbol{e}_\beta}{\partial X_\alpha}$ 沿 $\boldsymbol{e}_\alpha$ 方向，于是，从式 (B.23) 可得

$$\frac{\partial \boldsymbol{e}_\alpha}{\partial X_\beta} = \frac{1}{h_\alpha} \frac{\partial h_\beta}{\partial X_\alpha} \boldsymbol{e}_\beta, \quad \frac{\partial \boldsymbol{e}_\beta}{\partial X_\alpha} = \frac{1}{h_\beta} \frac{\partial h_\alpha}{\partial X_\beta} \boldsymbol{e}_\alpha \tag{B.25}$$

通过下标置换可以得到其他基矢量相对坐标的偏导数。

利用式 (B.17) 和上面的偏导数结果，可将矢量 $\boldsymbol{\omega}_\alpha$ 写成

$$\begin{aligned}
\boldsymbol{\omega}_\alpha &= (\boldsymbol{\omega}_\alpha \cdot \boldsymbol{e}_\alpha)\, \boldsymbol{e}_\alpha + (\boldsymbol{\omega}_\alpha \cdot \boldsymbol{e}_\beta)\, \boldsymbol{e}_\beta + (\boldsymbol{\omega}_\alpha \cdot \boldsymbol{e}_\gamma)\, \boldsymbol{e}_\gamma \\
&= (\boldsymbol{\omega}_\alpha \cdot (\boldsymbol{e}_\beta \times \boldsymbol{e}_\gamma))\, \boldsymbol{e}_\alpha + (\boldsymbol{\omega}_\alpha \cdot (\boldsymbol{e}_\gamma \times \boldsymbol{e}_\alpha))\, \boldsymbol{e}_\beta + (\boldsymbol{\omega}_\alpha \cdot (\boldsymbol{e}_\alpha \times \boldsymbol{e}_\beta))\, \boldsymbol{e}_\gamma \\
&= (\boldsymbol{e}_\gamma \cdot (\boldsymbol{\omega}_\alpha \times \boldsymbol{e}_\beta))\, \boldsymbol{e}_\alpha + (\boldsymbol{e}_\alpha \cdot (\boldsymbol{\omega}_\alpha \times \boldsymbol{e}_\gamma))\, \boldsymbol{e}_\beta - (\boldsymbol{e}_\alpha \cdot (\boldsymbol{\omega}_\alpha \times \boldsymbol{e}_\beta))\, \boldsymbol{e}_\gamma \\
&= \left(\boldsymbol{e}_\gamma \cdot \frac{\partial \boldsymbol{e}_\beta}{\partial X_\alpha}\right) \boldsymbol{e}_\alpha + \left(\boldsymbol{e}_\alpha \cdot \frac{\partial \boldsymbol{e}_\gamma}{\partial X_\alpha}\right) \boldsymbol{e}_\beta - \left(\boldsymbol{e}_\alpha \cdot \frac{\partial \boldsymbol{e}_\beta}{\partial X_\alpha}\right) \boldsymbol{e}_\gamma \\
&= \frac{1}{h_\gamma} \frac{\partial h_\alpha}{\partial X_\gamma} \boldsymbol{e}_\beta - \frac{1}{h_\beta} \frac{\partial h_\alpha}{\partial X_\beta} \boldsymbol{e}_\gamma
\end{aligned} \tag{B.26}$$

同理可证得 (B.18) 中的其他两个式子。

使用式 (B.14)，式 (B.16) 和式 (B.17)，式 (B.15) 可写成矩阵形式

$$
\boldsymbol{t}\otimes\nabla=\begin{bmatrix}
\dfrac{1}{h_\alpha}\dfrac{\partial t_\alpha}{\partial X_\alpha}+\dfrac{\boldsymbol{\omega}_\alpha}{h_\alpha}\cdot(t_\gamma\boldsymbol{e}_\beta-t_\beta\boldsymbol{e}_\gamma) & \dfrac{1}{h_\beta}\dfrac{\partial t_\alpha}{\partial X_\beta}-\dfrac{\boldsymbol{\omega}_\beta}{h_\beta}\cdot t_\beta\boldsymbol{e}_\gamma & \dfrac{1}{h_\gamma}\dfrac{\partial t_\alpha}{\partial X_\gamma}+\dfrac{\boldsymbol{\omega}_\gamma}{h_\gamma}\cdot t_\gamma\boldsymbol{e}_\beta \\
\dfrac{1}{h_\alpha}\dfrac{\partial t_\beta}{\partial X_\alpha}+\dfrac{\boldsymbol{\omega}_\alpha}{h_\alpha}\cdot t_\alpha\boldsymbol{e}_\gamma & \dfrac{1}{h_\beta}\dfrac{\partial t_\beta}{\partial X_\beta}+\dfrac{\boldsymbol{\omega}_\beta}{h_\beta}\cdot(t_\alpha\boldsymbol{e}_\gamma-t_\gamma\boldsymbol{e}_\alpha) & \dfrac{1}{h_\gamma}\dfrac{\partial t_\beta}{\partial X_\gamma}-\dfrac{\boldsymbol{\omega}_\gamma}{h_\gamma}\cdot t_\gamma\boldsymbol{e}_\alpha \\
\dfrac{1}{h_\alpha}\dfrac{\partial t_\gamma}{\partial X_\alpha}-\dfrac{\boldsymbol{\omega}_\alpha}{h_\alpha}\cdot t_\alpha\boldsymbol{e}_\beta & \dfrac{1}{h_\beta}\dfrac{\partial t_\gamma}{\partial X_\beta}+\dfrac{\boldsymbol{\omega}_\beta}{h_\beta}\cdot t_\beta\boldsymbol{e}_\alpha & \dfrac{1}{h_\gamma}\dfrac{\partial t_\gamma}{\partial X_\gamma}+\dfrac{\boldsymbol{\omega}_\gamma}{h_\gamma}\cdot(t_\beta\boldsymbol{e}_\alpha-t_\alpha\boldsymbol{e}_\beta)
\end{bmatrix}
\tag{B.27}
$$

B.3.2　矢量的散度

因为坐标 X_α，X_β 和 X_γ 是相互独立的标量，使用式 (B.14)，得

$$
\nabla X_\alpha=\frac{\boldsymbol{e}_\alpha}{h_\alpha},\quad \nabla X_\beta=\frac{\boldsymbol{e}_\beta}{h_\beta},\quad \nabla X_\gamma=\frac{\boldsymbol{e}_\gamma}{h_\gamma}
\tag{B.28}
$$

使用上式，考虑到对于任意标量场 ψ 都有 $(\psi\nabla)\times\nabla=0$，见式 (2.136)，有

$$
\nabla\times\frac{\boldsymbol{e}_\alpha}{h_\alpha}=\nabla\times\frac{\boldsymbol{e}_\beta}{h_\beta}=\nabla\times\frac{\boldsymbol{e}_\gamma}{h_\gamma}=0
\tag{B.29}
$$

由于 $\boldsymbol{e}_\alpha=\boldsymbol{e}_\beta\times\boldsymbol{e}_\gamma$，结合式 (B.28)，有

$$
\frac{\boldsymbol{e}_\alpha}{h_\beta h_\gamma}=\frac{\boldsymbol{e}_\beta}{h_\beta}\times\frac{\boldsymbol{e}_\gamma}{h_\gamma}=\nabla X_\beta\times\nabla X_\gamma
\tag{B.30}
$$

考虑到 $\nabla\cdot(\boldsymbol{a}\times\boldsymbol{b})=(\nabla\times\boldsymbol{a})\cdot\boldsymbol{b}-\boldsymbol{a}\cdot(\nabla\times\boldsymbol{b})$, 根据上式很容易导出

$$
\nabla\cdot\frac{\boldsymbol{e}_\alpha}{h_\beta h_\gamma}=\nabla\cdot\frac{\boldsymbol{e}_\beta}{h_\gamma h_\alpha}=\nabla\cdot\frac{\boldsymbol{e}_\gamma}{h_\alpha h_\beta}=0
\tag{B.31}
$$

为了得到矢量 $\boldsymbol{t}$ 在曲线坐标下的散度，可利用下式

$$
\nabla\cdot\boldsymbol{t}=\nabla\cdot(t_\alpha\boldsymbol{e}_\alpha)+\nabla\cdot(t_\beta\boldsymbol{e}_\beta)+\nabla\cdot(t_\gamma\boldsymbol{e}_\gamma)
\tag{B.32}
$$

使用式 (2.122)、式 (B.14) 和式 (B.31)，得

$$
\begin{aligned}
\nabla\cdot(t_\alpha\boldsymbol{e}_\alpha)&=\nabla\cdot\left(\frac{\boldsymbol{e}_\alpha}{h_\beta h_\gamma}h_\beta h_\gamma t_\alpha\right)=(h_\beta h_\gamma t_\alpha)\nabla\cdot\left(\frac{\boldsymbol{e}_\alpha}{h_\beta h_\gamma}\right)+\left(\frac{\boldsymbol{e}_\alpha}{h_\beta h_\gamma}\right)\cdot\nabla(h_\beta h_\gamma t_\alpha)\\
&=\frac{1}{h_\alpha h_\beta h_\gamma}\frac{\partial}{\partial X_\alpha}(h_\beta h_\gamma t_\alpha)
\end{aligned}
\tag{B.33}
$$

同理求得 $\nabla\cdot(t_\beta \boldsymbol{e}_\beta)$ 和 $\nabla\cdot(t_\gamma \boldsymbol{e}_\gamma)$，因此有

$$\nabla\cdot\boldsymbol{t}=\frac{1}{h_\alpha h_\beta h_\gamma}\left(\frac{\partial}{\partial X_\alpha}(h_\beta h_\gamma t_\alpha)+\frac{\partial}{\partial X_\beta}(h_\gamma h_\alpha t_\beta)+\frac{\partial}{\partial X_\gamma}(h_\alpha h_\beta t_\gamma)\right) \tag{B.34}$$

若 $\boldsymbol{t}=\nabla\psi$，结合式 (B.14) 和上式，得

$$\begin{aligned}\nabla\cdot\nabla\psi=\nabla^2\psi=\frac{1}{h_\alpha h_\beta h_\gamma}\bigg[&\frac{\partial}{\partial X_\alpha}\left(\frac{h_\beta h_\gamma}{h_\alpha}\frac{\partial\psi}{\partial X_\alpha}\right)+\frac{\partial}{\partial X_\beta}\left(\frac{h_\alpha h_\gamma}{h_\beta}\frac{\partial\psi}{\partial X_\beta}\right)\\&+\frac{\partial}{\partial X_\gamma}\left(\frac{h_\alpha h_\beta}{h_\gamma}\frac{\partial\psi}{\partial X_\gamma}\right)\bigg]\end{aligned} \tag{B.35}$$

因此，曲线坐标下的 Laplace 算子

$$\nabla^2=\frac{1}{h_\alpha h_\beta h_\gamma}\left[\frac{\partial}{\partial X_\alpha}\left(\frac{h_\beta h_\gamma}{h_\alpha}\frac{\partial}{\partial X_\alpha}\right)+\frac{\partial}{\partial X_\beta}\left(\frac{h_\alpha h_\gamma}{h_\beta}\frac{\partial}{\partial X_\beta}\right)+\frac{\partial}{\partial X_\gamma}\left(\frac{h_\alpha h_\beta}{h_\gamma}\frac{\partial}{\partial X_\gamma}\right)\right] \tag{B.36}$$

B.3.3 张量的散度

二阶张量可表示为

$$\boldsymbol{T}=\boldsymbol{e}_\alpha\otimes\boldsymbol{a}_\alpha+\boldsymbol{e}_\beta\otimes\boldsymbol{a}_\beta+\boldsymbol{e}_\gamma\otimes\boldsymbol{a}_\gamma \tag{B.37}$$

式中三个矢量

$$\begin{aligned}\boldsymbol{a}_\alpha&=T_{\alpha\alpha}\boldsymbol{e}_\alpha+T_{\alpha\beta}\boldsymbol{e}_\beta+T_{\alpha\gamma}\boldsymbol{e}_\gamma\\\boldsymbol{a}_\beta&=T_{\beta\alpha}\boldsymbol{e}_\alpha+T_{\beta\beta}\boldsymbol{e}_\beta+T_{\beta\gamma}\boldsymbol{e}_\gamma\\\boldsymbol{a}_\gamma&=T_{\gamma\alpha}\boldsymbol{e}_\alpha+T_{\gamma\beta}\boldsymbol{e}_\beta+T_{\gamma\gamma}\boldsymbol{e}_\gamma\end{aligned} \tag{B.38}$$

利用这个表示式以及式 (2.123)、式 (B.34) 和式 (B.16)，二阶张量的散度可表示为

$$\begin{aligned}\boldsymbol{T}\cdot\nabla=&\,\boldsymbol{e}_\alpha(\boldsymbol{a}_\alpha\cdot\nabla)+\boldsymbol{e}_\beta(\boldsymbol{a}_\beta\cdot\nabla)+\boldsymbol{e}_\gamma(\boldsymbol{a}_\gamma\cdot\nabla)+(\boldsymbol{e}_\alpha\otimes\nabla)\cdot\boldsymbol{a}_\alpha\\&+(\boldsymbol{e}_\beta\otimes\nabla)\cdot\boldsymbol{a}_\beta+(\boldsymbol{e}_\gamma\otimes\nabla)\cdot\boldsymbol{a}_\gamma\end{aligned} \tag{B.39}$$

式中

$$\begin{aligned}\nabla\cdot\boldsymbol{a}_\alpha&=\frac{1}{h_\alpha h_\beta h_\gamma}\left(\frac{\partial}{\partial X_\alpha}(h_\beta h_\gamma T_{\alpha\alpha})+\frac{\partial}{\partial X_\beta}(h_\gamma h_\alpha T_{\alpha\beta})+\frac{\partial}{\partial X_\gamma}(h_\alpha h_\beta T_{\alpha\gamma})\right)\\\nabla\cdot\boldsymbol{a}_\beta&=\frac{1}{h_\alpha h_\beta h_\gamma}\left(\frac{\partial}{\partial X_\alpha}(h_\beta h_\gamma T_{\beta\alpha})+\frac{\partial}{\partial X_\beta}(h_\gamma h_\alpha T_{\beta\beta})+\frac{\partial}{\partial X_\gamma}(h_\alpha h_\beta T_{\beta\gamma})\right)\\\nabla\cdot\boldsymbol{a}_\gamma&=\frac{1}{h_\alpha h_\beta h_\gamma}\left(\frac{\partial}{\partial X_\alpha}(h_\beta h_\gamma T_{\gamma\alpha})+\frac{\partial}{\partial X_\beta}(h_\gamma h_\alpha T_{\gamma\beta})+\frac{\partial}{\partial X_\gamma}(h_\alpha h_\beta T_{\gamma\gamma})\right)\end{aligned} \tag{B.40}$$

$$(\boldsymbol{e}_\alpha\otimes\nabla)\cdot\boldsymbol{a}_\alpha=\frac{T_{\alpha\alpha}}{h_\alpha}\frac{\partial\boldsymbol{e}_\alpha}{\partial X_\alpha}+\frac{T_{\alpha\beta}}{h_\beta}\frac{\partial\boldsymbol{e}_\alpha}{\partial X_\beta}+\frac{T_{\alpha\gamma}}{h_\gamma}\frac{\partial\boldsymbol{e}_\alpha}{\partial X_\gamma}$$

$$(\boldsymbol{e}_\beta\otimes\nabla)\cdot\boldsymbol{a}_\beta=\frac{T_{\beta\alpha}}{h_\alpha}\frac{\partial\boldsymbol{e}_\beta}{\partial X_\alpha}+\frac{T_{\beta\beta}}{h_\beta}\frac{\partial\boldsymbol{e}_\beta}{\partial X_\beta}+\frac{T_{\beta\gamma}}{h_\gamma}\frac{\partial\boldsymbol{e}_\beta}{\partial X_\gamma}$$

$$(\boldsymbol{e}_\gamma\otimes\nabla)\cdot\boldsymbol{a}_\gamma=\frac{T_{\gamma\alpha}}{h_\alpha}\frac{\partial\boldsymbol{e}_\gamma}{\partial X_\alpha}+\frac{T_{\gamma\beta}}{h_\beta}\frac{\partial\boldsymbol{e}_\gamma}{\partial X_\beta}+\frac{T_{\gamma\gamma}}{h_\gamma}\frac{\partial\boldsymbol{e}_\gamma}{\partial X_\gamma}$$

B.4 正交坐标系下变形梯度的表示

若物质坐标系和空间坐标系均为正交曲线坐标系，物质坐标、相应的单位化基矢量和尺度因子分别使用 $\{X_\alpha, X_\beta, X_\gamma\}$，$\{\boldsymbol{E}_\alpha, \boldsymbol{E}_\beta, \boldsymbol{E}_\gamma\}$ 和 $\{H_\alpha, H_\beta, H_\gamma\}$ 表示，而空间坐标、相应的单位化基矢量和尺度因子分别使用 $\{x_\alpha, x_\beta, x_\gamma\}$, $\{\boldsymbol{e}_\alpha, \boldsymbol{e}_\beta, \boldsymbol{e}_\gamma\}$ 和 $\{h_\alpha, h_\beta, h_\gamma\}$ 表示，于是

$$\boldsymbol{X}=\boldsymbol{X}(X_\alpha, X_\beta, X_\gamma),\quad \boldsymbol{x}=\boldsymbol{x}(x_\alpha, x_\beta, x_\gamma)\tag{B.41}$$

注意，$\{X_\alpha, X_\beta, X_\gamma\}$ 并不是 $\boldsymbol{X}$ 在坐标轴 $\{\boldsymbol{E}_\alpha, \boldsymbol{E}_\beta, \boldsymbol{E}_\gamma\}$ 上的投影，同样，$\{x_\alpha, x_\beta, x_\gamma\}$ 也不是 $\boldsymbol{x}$ 在坐标轴 $\{\boldsymbol{e}_\alpha, \boldsymbol{e}_\beta, \boldsymbol{e}_\gamma\}$ 上的投影，即

$$\boldsymbol{X}\neq X_\alpha\boldsymbol{E}_\alpha+X_\beta\boldsymbol{E}_\beta+X_\gamma\boldsymbol{E}_\gamma,\quad \boldsymbol{x}\neq x_\alpha\boldsymbol{e}_\alpha+x_\beta\boldsymbol{e}_\beta+x_\gamma\boldsymbol{e}_\gamma\tag{B.42}$$

但是有

$$\mathrm{d}\boldsymbol{X}=\mathrm{d}X_\alpha H_\alpha\boldsymbol{E}_\alpha+\mathrm{d}X_\beta H_\beta\boldsymbol{E}_\beta+\mathrm{d}X_\gamma H_\gamma\boldsymbol{E}_\gamma\tag{B.43a}$$

$$\mathrm{d}\boldsymbol{x}=\mathrm{d}x_\alpha h_\alpha\boldsymbol{e}_\alpha+\mathrm{d}x_\beta h_\beta\boldsymbol{e}_\beta+\mathrm{d}x_\gamma h_\gamma\boldsymbol{e}_\gamma\tag{B.43b}$$

利用上面的表达求变形梯度，则有

$$\begin{aligned}\boldsymbol{F}=\boldsymbol{x}\otimes\nabla_0&=\boldsymbol{x}\otimes\left(\boldsymbol{E}_\alpha\frac{1}{H_\alpha}\frac{\partial}{\partial X_\alpha}+\boldsymbol{E}_\beta\frac{1}{H_\beta}\frac{\partial}{\partial X_\beta}+\boldsymbol{E}_\gamma\frac{1}{H_\gamma}\frac{\partial}{\partial X_\gamma}\right)\\&=\frac{1}{H_\alpha}\frac{\partial\boldsymbol{x}}{\partial X_\alpha}\otimes\boldsymbol{E}_\alpha+\frac{1}{H_\beta}\frac{\partial\boldsymbol{x}}{\partial X_\beta}\otimes\boldsymbol{E}_\beta+\frac{1}{H_\gamma}\frac{\partial\boldsymbol{x}}{\partial X_\gamma}\otimes\boldsymbol{E}_\gamma\end{aligned}\tag{B.44}$$

其中

$$\begin{aligned}\frac{\partial\boldsymbol{x}}{\partial X_\alpha}&=\frac{\partial\boldsymbol{x}}{\partial x_\alpha}\frac{\partial x_\alpha}{\partial X_\alpha}+\frac{\partial\boldsymbol{x}}{\partial x_\beta}\frac{\partial x_\beta}{\partial X_\alpha}+\frac{\partial\boldsymbol{x}}{\partial x_\gamma}\frac{\partial x_\gamma}{\partial X_\alpha}\\&=h_\alpha\boldsymbol{e}_\alpha\frac{\partial x_\alpha}{\partial X_\alpha}+h_\beta\boldsymbol{e}_\beta\frac{\partial x_\beta}{\partial X_\alpha}+h_\gamma\boldsymbol{e}_\gamma\frac{\partial x_\gamma}{\partial X_\alpha}\end{aligned}\tag{B.45}$$

将上式中 X_α 分别替换为 X_β 和 X_γ，得 $\dfrac{\partial \boldsymbol{x}}{\partial X_\beta}$ 和 $\dfrac{\partial \boldsymbol{x}}{\partial X_\gamma}$。于是，式 (B.44) 使用矩阵表示为

$$\boldsymbol{F} = (\boldsymbol{e}_\alpha \quad \boldsymbol{e}_\beta \quad \boldsymbol{e}_\gamma) \begin{bmatrix} \dfrac{h_\alpha}{H_\alpha}\dfrac{\partial x_\alpha}{\partial X_\alpha} & \dfrac{h_\alpha}{H_\beta}\dfrac{\partial x_\alpha}{\partial X_\beta} & \dfrac{h_\alpha}{H_\gamma}\dfrac{\partial x_\alpha}{\partial X_\gamma} \\ \dfrac{h_\beta}{H_\alpha}\dfrac{\partial x_\beta}{\partial X_\alpha} & \dfrac{h_\beta}{H_\beta}\dfrac{\partial x_\beta}{\partial X_\beta} & \dfrac{h_\beta}{H_\gamma}\dfrac{\partial x_\beta}{\partial X_\gamma} \\ \dfrac{h_\gamma}{H_\alpha}\dfrac{\partial x_\gamma}{\partial X_\alpha} & \dfrac{h_\gamma}{H_\beta}\dfrac{\partial x_\gamma}{\partial X_\beta} & \dfrac{h_\gamma}{H_\gamma}\dfrac{\partial x_\gamma}{\partial X_\gamma} \end{bmatrix} \begin{pmatrix} \otimes \boldsymbol{E}_\alpha \\ \otimes \boldsymbol{E}_\beta \\ \otimes \boldsymbol{E}_\gamma \end{pmatrix} \tag{B.46}$$

如果物质坐标系和空间坐标系采用同一种正交曲线坐标系，比如都采用柱坐标系，则对应的坐标分量之间有

$$x_\alpha = X_\alpha + \xi_\alpha, \quad x_\beta = X_\beta + \xi_\beta, \quad x_\gamma = X_\gamma + \xi_\gamma \tag{B.47}$$

式中 ξ_α、ξ_β、ξ_γ 是三个“位移”分量，这里的引号是强调它们并不是位移矢量 $\boldsymbol{u}$ 在坐标轴 $\{\boldsymbol{e}_\alpha$、$\boldsymbol{e}_\beta$、$\boldsymbol{e}_\gamma\}$ 的投影分量，或者说 $\boldsymbol{u} \neq \xi_\alpha \boldsymbol{e}_\alpha + \xi_\beta \boldsymbol{e}_\beta + \xi_\gamma \boldsymbol{e}_\gamma$，而且它们通常还不具有长度的量纲，例如使用柱坐标系，让 $X_\alpha = R$，$X_\beta = \Theta$ 分别是参考构形的极半径和极角，当前构形的极半径和极角分别是 $x_\alpha = r$，$x_\beta = \theta$，“位移”的两个分量分别是 $\xi_\alpha = x_\alpha - X_\alpha = r - R$，$\xi_\beta = x_\beta - X_\beta = \theta - \Theta$，后者是角位移，但是，位移矢量在坐标轴 $\boldsymbol{E}_\alpha$，$\boldsymbol{E}_\beta$ 的投影分量却分别是 $u_\alpha = r\cos(\theta - \Theta) - R$，$u_\beta = r\sin(\theta - \Theta)$，如图 B.2 所示。

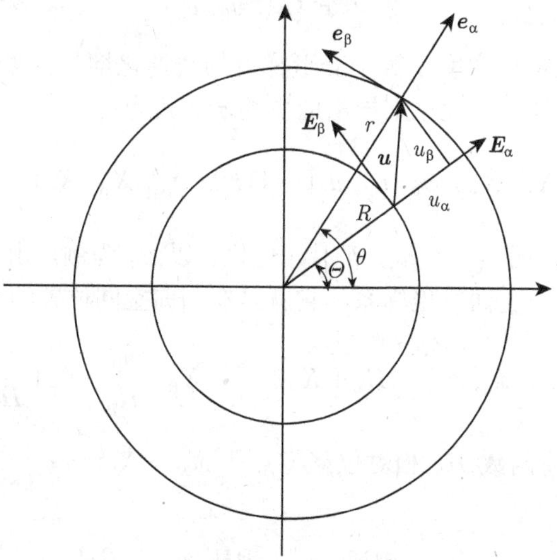

图 B.2 柱坐标下的坐标分量

将式 (B.47) 代入式 (B.46)，变形梯度的矩阵就是

$$\boldsymbol{F}=(\boldsymbol{e}_\alpha\ \boldsymbol{e}_\beta\ \boldsymbol{e}_\gamma)\begin{bmatrix}\dfrac{h_\alpha}{H_\alpha}\left(1+\dfrac{\partial\xi_\alpha}{\partial X_\alpha}\right) & \dfrac{h_\alpha}{H_\beta}\dfrac{\partial\xi_\alpha}{\partial X_\beta} & \dfrac{h_\alpha}{H_\gamma}\dfrac{\partial\xi_\alpha}{\partial X_\gamma}\\ \dfrac{h_\beta}{H_\alpha}\dfrac{\partial\xi_\beta}{\partial X_\alpha} & \dfrac{h_\beta}{H_\beta}\left(1+\dfrac{\partial\xi_\beta}{\partial X_\beta}\right) & \dfrac{h_\beta}{H_\gamma}\dfrac{\partial\xi_\beta}{\partial X_\gamma}\\ \dfrac{h_\gamma}{H_\alpha}\dfrac{\partial\xi_\gamma}{\partial X_\alpha} & \dfrac{h_\gamma}{H_\beta}\dfrac{\partial\xi_\gamma}{\partial X_\beta} & \dfrac{h_\gamma}{H_\gamma}\left(1+\dfrac{\partial\xi_\gamma}{\partial X_\gamma}\right)\end{bmatrix}\begin{pmatrix}\otimes\boldsymbol{E}_\alpha\\ \otimes\boldsymbol{E}_\beta\\ \otimes\boldsymbol{E}_\gamma\end{pmatrix} \tag{B.48}$$

定义位移的物理分量为

$$u_\alpha=\int_{X_\alpha}^{X_\alpha+\xi_\alpha}H_\alpha\mathrm{d}X_\alpha,\quad u_\beta=\int_{X_\beta}^{X_\beta+\xi_\beta}H_\beta\mathrm{d}X_\beta,\quad u_\gamma=\int_{X_\gamma}^{X_\gamma+\xi_\gamma}H_\gamma\mathrm{d}X_\gamma \tag{B.49}$$

例如对于柱坐标 $H_\beta=R$(见 B.5 节)，上式中的第二个积分给出 $u_\beta=R(\theta-\Theta)$。根据尺度因子的定义，上式给出的三个物理分量其实分别就是 (位移前后两点之间) 沿三个坐标线的弧长，当位移很小时，它与图 B.2 中位移 $\boldsymbol{u}$ 的坐标轴 ($\boldsymbol{E}_\alpha$，$\boldsymbol{E}_\beta$，$\boldsymbol{E}_\gamma$) 投影分量一致。若每个坐标方向上的尺度因子与该方向的坐标无关，比如 H_α 与 X_α 无关，柱坐标和球坐标都是这样，则式 (B.49) 的积分结果是

$$\xi_\alpha=\frac{u_\alpha}{H_\alpha},\quad \xi_\beta=\frac{u_\beta}{H_\beta},\quad \xi_\gamma=\frac{u_\gamma}{H_\gamma} \tag{B.50}$$

于是，变形梯度

$$\boldsymbol{F}=\boldsymbol{F}\left(u_\alpha,u_\beta,u_\gamma\right) \tag{B.51}$$

对于小变形，位移梯度就等于变形梯度的线性化增量，见式 (3.221)，因此，可通过对上面变形梯度线性化来导出应变的表达式为

$$\boldsymbol{\varepsilon}=\frac{1}{2}\left(\mathrm{D}\boldsymbol{F}\left(X_\alpha,X_\beta,X_\gamma\right)\left[u_\alpha,u_\beta,u_\gamma\right]+\mathrm{D}\boldsymbol{F}^{\mathrm{T}}\left(X_\alpha,X_\beta,X_\gamma\right)\left[u_\alpha,u_\beta,u_\gamma\right]\right) \tag{B.52}$$

为此，首先对尺度因子 $\{h_\alpha，h_\beta，h_\gamma\}$ 线性化，以 h_α 为例，由于物质坐标系和空间坐标系采用同一正交曲线坐标系，它就是在当前空间位置的 H_α，因此有

$$h_\alpha=H_\alpha\left(x_\alpha,x_\beta,x_\gamma\right)=H_\alpha\left(X_\alpha+\frac{u_\alpha}{H_\alpha},X_\beta+\frac{u_\beta}{H_\beta},X_\gamma+\frac{u_\gamma}{H_\gamma}\right) \tag{B.53}$$

使用 Taylor 级数将函数 H_α 相对位移零点即 $x_\alpha=X_\alpha$，$x_\beta=X_\beta$，$x_\gamma=X_\gamma$ 处展开，取线性项，有

$$h_\alpha\approx H_\alpha+\frac{\partial H_\alpha}{\partial X_\alpha}\frac{u_\alpha}{H_\alpha}+\frac{\partial H_\alpha}{\partial X_\beta}\frac{u_\beta}{H_\beta}+\frac{\partial H_\alpha}{\partial X_\gamma}\frac{u_\gamma}{H_\gamma} \tag{B.54}$$

于是

$$F_{\alpha\alpha}=\frac{h_\alpha}{H_\alpha}\left(1+\frac{\partial\xi_\alpha}{\partial X_\alpha}\right)=\frac{h_\alpha}{H_\alpha}\left(1+\frac{\partial}{\partial X_\alpha}\left(\frac{u_\alpha}{H_\alpha}\right)\right)$$
$$\approx\left(1+\frac{\partial H_\alpha}{\partial X_\alpha}\frac{u_\alpha}{H_\alpha^2}+\frac{\partial H_\alpha}{\partial X_\beta}\frac{u_\beta}{H_\alpha H_\beta}+\frac{\partial H_\alpha}{\partial X_\gamma}\frac{u_\gamma}{H_\alpha H_\gamma}\right)\left(1+\frac{1}{H_\alpha}\frac{\partial u_\alpha}{\partial X_\alpha}-\frac{u_\alpha}{H_\alpha^2}\frac{\partial H_\alpha}{\partial X_\alpha}\right)$$

$$F_{\alpha\beta}=\frac{h_\alpha}{H_\beta}\frac{\partial\xi_\alpha}{\partial X_\beta}=\frac{h_\alpha}{H_\beta}\frac{\partial}{\partial X_\beta}\left(\frac{u_\alpha}{H_\alpha}\right)$$
$$\approx\left(\frac{H_\alpha}{H_\beta}+\frac{\partial H_\alpha}{\partial X_\alpha}\frac{u_\alpha}{H_\alpha H_\beta}+\frac{\partial H_\alpha}{\partial X_\beta}\frac{u_\beta}{H_\beta^2}+\frac{\partial H_\alpha}{\partial X_\gamma}\frac{u_\gamma}{H_\beta H_\gamma}\right)\left(\frac{1}{H_\alpha}\frac{\partial u_\alpha}{\partial X_\beta}-\frac{u_\alpha}{H_\alpha^2}\frac{\partial H_\alpha}{\partial X_\beta}\right)$$

略去位移包括位移梯度以及两者乘积的二阶项，考虑到 $F_{\alpha\alpha}(X_\alpha,\ X_\beta,\ X_\gamma)=1$，$F_{\alpha\beta}(X_\alpha, X_\beta, X_\gamma)=0$(位移产生前)，则得线性化表达

$$\mathrm{D}F_{\alpha\alpha}\left(X_\alpha, X_\beta, X_\gamma\right)\left[u_\alpha, u_\beta, u_\gamma\right]=1+\frac{1}{H_\alpha}\frac{\partial u_\alpha}{\partial X_\alpha}+\frac{\partial H_\alpha}{\partial X_\beta}\frac{u_\beta}{H_\alpha H_\beta}+\frac{\partial H_\alpha}{\partial X_\gamma}\frac{u_\gamma}{H_\alpha H_\gamma}\tag{B.55a}$$

$$\mathrm{D}F_{\alpha\beta}\left(X_\alpha, X_\beta, X_\gamma\right)\left[u_\alpha, u_\beta, u_\gamma\right]=\frac{1}{H_\beta}\frac{\partial u_\alpha}{\partial X_\beta}-\frac{u_\alpha}{H_\alpha H_\beta}\frac{\partial H_\alpha}{\partial X_\beta}=\frac{H_\alpha}{H_\beta}\frac{\partial}{\partial X_\beta}\left(\frac{u_\alpha}{H_\alpha}\right)\tag{B.55b}$$

其他分量可通过类似的方法得到，也可通过下标置换得到，比如，置换后面一个式子的 α 和 β，得

$$\mathrm{D}F_{\beta\alpha}\left(X_\alpha, X_\beta, X_\gamma\right)\left[u_\alpha, u_\beta, u_\gamma\right]=\frac{H_\beta}{H_\alpha}\frac{\partial}{\partial X_\alpha}\left(\frac{u_\beta}{H_\beta}\right)\tag{B.56}$$

最后得线性应变的分量为

$$\begin{aligned}
\varepsilon_{\alpha\alpha}&=\frac{1}{H_\alpha}\frac{\partial u_\alpha}{\partial X_\alpha}+\frac{\partial H_\alpha}{\partial X_\beta}\frac{u_\beta}{H_\alpha H_\beta}+\frac{\partial H_\alpha}{\partial X_\gamma}\frac{u_\gamma}{H_\alpha H_\gamma}\\
\varepsilon_{\beta\beta}&=\frac{1}{H_\beta}\frac{\partial u_\beta}{\partial X_\beta}+\frac{\partial H_\beta}{\partial X_\alpha}\frac{u_\alpha}{H_\beta H_\alpha}+\frac{\partial H_\beta}{\partial X_\gamma}\frac{u_\gamma}{H_\beta H_\gamma}\\
\varepsilon_{\gamma\gamma}&=\frac{1}{H_\gamma}\frac{\partial u_\gamma}{\partial X_\gamma}+\frac{\partial H_\gamma}{\partial X_\alpha}\frac{u_\alpha}{H_\alpha H_\gamma}+\frac{\partial H_\gamma}{\partial X_\beta}\frac{u_\beta}{H_\beta H_\gamma}\\
2\varepsilon_{\alpha\beta}&=\frac{H_\alpha}{H_\beta}\frac{\partial}{\partial X_\beta}\left(\frac{u_\alpha}{H_\alpha}\right)+\frac{H_\beta}{H_\alpha}\frac{\partial}{\partial X_\alpha}\left(\frac{u_\beta}{H_\beta}\right)\\
2\varepsilon_{\beta\gamma}&=\frac{H_\beta}{H_\gamma}\frac{\partial}{\partial X_\gamma}\left(\frac{u_\beta}{H_\beta}\right)+\frac{H_\gamma}{H_\beta}\frac{\partial}{\partial X_\beta}\left(\frac{u_\gamma}{H_\gamma}\right)
\end{aligned}\tag{B.57}$$

$$2\varepsilon_{\gamma\alpha}=\frac{H_\gamma}{H_\alpha}\frac{\partial}{\partial X_\alpha}\left(\frac{u_\gamma}{H_\gamma}\right)+\frac{H_\alpha}{H_\gamma}\frac{\partial}{\partial X_\gamma}\left(\frac{u_\alpha}{H_\alpha}\right)$$

需要强调：这里采用式 (B.49) 定义的物理分量求变形 (位移) 梯度，也可采用式 (B.15) 和式 (B.16) 给出的步骤，直接使用位移矢量的坐标轴投影分量进行，两种方法显然不同。后一种方法属标准化方法，适用于任意的正交坐标系，而前一种方法只适用于求变形梯度，比如求速度梯度就不适用，因为不能按照类似于式 (B.49) 的方式定义速度的不同于坐标投影分量的物理分量，而且，它还要求坐标方向上的尺度因子与该方向的坐标无关，这种方法使得数学推演过程变得简单，但是，必须采用特有的分量形式进行线性化处理，如式 (B.57) 的导出过程。

B.5 柱坐标系

在柱坐标下

$$X_\alpha=r,\quad X_\beta=\theta,\quad X_\gamma=z \tag{B.58}$$

使用笛卡儿坐标与柱坐标的关系式 (B.2)，显然可得前者相对后者的偏导数，为

$$\begin{aligned}
&\frac{\partial X_1}{\partial r}=\cos\theta,\quad \frac{\partial X_2}{\partial r}=\sin\theta,\quad \frac{\partial X_3}{\partial r}=0\\
&\frac{\partial X_1}{\partial \theta}=-r\sin\theta,\quad \frac{\partial X_2}{\partial \theta}=r\cos\theta,\quad \frac{\partial X_3}{\partial \theta}=0\\
&\frac{\partial X_1}{\partial z}=0,\quad \frac{\partial X_2}{\partial z}=0,\quad \frac{\partial X_3}{\partial z}=1
\end{aligned} \tag{B.59}$$

代入式 (B.5)，因此尺度因子是

$$h_r=1,\quad h_\theta=r,\quad h_z=1 \tag{B.60}$$

代入式 (B.14) 和式 (B.36)，则得

$$\nabla=\boldsymbol{e}_r\frac{\partial}{\partial r}+\boldsymbol{e}_\theta\frac{1}{r}\frac{\partial}{\partial\theta}+\boldsymbol{e}_z\frac{\partial}{\partial z} \tag{B.61a}$$

$$\begin{aligned}
\nabla^2&=\frac{1}{r}\left[\frac{\partial}{\partial r}\left(r\frac{\partial}{\partial r}\right)+\frac{\partial}{\partial\theta}\left(\frac{1}{r}\frac{\partial}{\partial\theta}\right)+\frac{\partial}{\partial z}\left(r\frac{\partial}{\partial z}\right)\right]\\
&=\frac{\partial^2}{\partial r^2}+\frac{1}{r}\frac{\partial}{\partial r}+\frac{1}{r^2}\frac{\partial^2}{\partial\theta^2}+\frac{\partial^2}{\partial z^2}
\end{aligned} \tag{B.61b}$$

如图 B.3 所示，柱坐标单位基矢量与笛卡儿坐标单位基矢量的关系式是

$$\boldsymbol{e}_r=\cos\theta\boldsymbol{e}_1+\sin\theta\boldsymbol{e}_2,\quad \boldsymbol{e}_\theta=-\sin\theta\boldsymbol{e}_1+\cos\theta\boldsymbol{e}_2,\quad \boldsymbol{e}_z=\boldsymbol{e}_3 \tag{B.62}$$

从上式很容易导出

$$\begin{aligned}
&\frac{\partial \boldsymbol{e}_r}{\partial r}=0, \quad \frac{\partial \boldsymbol{e}_\theta}{\partial r}=0, \quad \frac{\partial \boldsymbol{e}_z}{\partial r}=0 \\
&\frac{\partial \boldsymbol{e}_r}{\partial \theta}=\boldsymbol{e}_\theta, \quad \frac{\partial \boldsymbol{e}_\theta}{\partial \theta}=-\boldsymbol{e}_r, \quad \frac{\partial \boldsymbol{e}_z}{\partial \theta}=0 \\
&\frac{\partial \boldsymbol{e}_r}{\partial z}=0, \quad \frac{\partial \boldsymbol{e}_\theta}{\partial z}=0, \quad \frac{\partial \boldsymbol{e}_z}{\partial z}=0
\end{aligned} \tag{B.63}$$

上式表明：沿着 r 和 z 坐标线，基矢量不变；而沿 θ 坐标线，$\boldsymbol{e}_r$，$\boldsymbol{e}_\theta$ 变化。

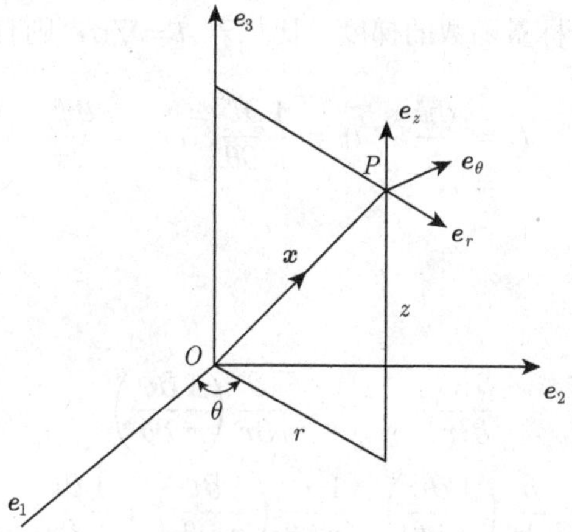

图 B.3 柱坐标

矢量的梯度可直接使用一般表示式 (B.27) 得到，为了清晰起见，这里使用式 (B.15) 和式 (B.16)，首先，在式 (B.16) 中使用式 (B.63) 和式 (B.60)，得

$$\begin{aligned}
&\boldsymbol{e}_r \otimes \nabla=\frac{\partial \boldsymbol{e}_r}{\partial r} \otimes \boldsymbol{e}_r+\frac{1}{r} \frac{\partial \boldsymbol{e}_r}{\partial \theta} \otimes \boldsymbol{e}_\theta+\frac{\partial \boldsymbol{e}_r}{\partial z} \otimes \boldsymbol{e}_z=\frac{1}{r} \boldsymbol{e}_\theta \otimes \boldsymbol{e}_\theta \\
&\boldsymbol{e}_\theta \otimes \nabla=\frac{\partial \boldsymbol{e}_\theta}{\partial r} \otimes \boldsymbol{e}_r+\frac{1}{r} \frac{\partial \boldsymbol{e}_\theta}{\partial \theta} \otimes \boldsymbol{e}_\theta+\frac{\partial \boldsymbol{e}_\theta}{\partial z} \otimes \boldsymbol{e}_z=-\frac{1}{r} \boldsymbol{e}_r \otimes \boldsymbol{e}_\theta \\
&\boldsymbol{e}_z \otimes \nabla=\frac{\partial \boldsymbol{e}_z}{\partial r} \otimes \boldsymbol{e}_r+\frac{1}{r} \frac{\partial \boldsymbol{e}_z}{\partial \theta} \otimes \boldsymbol{e}_\theta+\frac{\partial \boldsymbol{e}_z}{\partial z} \otimes \boldsymbol{e}_z=0
\end{aligned} \tag{B.64}$$

代入式 (B.15)，并考虑到式 (B.61a)，最后得矢量在柱坐标下的梯度为

$$\begin{aligned}
\boldsymbol{t} \otimes \nabla= & \boldsymbol{e}_r \otimes \boldsymbol{e}_r \frac{\partial t_r}{\partial r}+\boldsymbol{e}_r \otimes \boldsymbol{e}_\theta \frac{1}{r}\left(\frac{\partial t_r}{\partial \theta}-t_\theta\right)+\boldsymbol{e}_r \otimes \boldsymbol{e}_z \frac{\partial t_r}{\partial z} \\
& +\boldsymbol{e}_\theta \otimes \boldsymbol{e}_r \frac{\partial t_\theta}{\partial r}+\boldsymbol{e}_\theta \otimes \boldsymbol{e}_\theta \frac{1}{r}\left(\frac{\partial t_\theta}{\partial \theta}+t_r\right)+\boldsymbol{e}_\theta \otimes \boldsymbol{e}_z \frac{\partial t_\theta}{\partial z} \\
& +\boldsymbol{e}_z \otimes \boldsymbol{e}_r \frac{\partial t_z}{\partial r}+\boldsymbol{e}_z \otimes \boldsymbol{e}_\theta \frac{1}{r} \frac{\partial t_z}{\partial \theta}+\boldsymbol{e}_z \otimes \boldsymbol{e}_z \frac{\partial t_z}{\partial z}
\end{aligned} \tag{B.65}$$

或写成矩阵形式

$$\boldsymbol{t}\otimes\nabla=(\boldsymbol{e}_r\ \boldsymbol{e}_\theta\ \boldsymbol{e}_z)\begin{bmatrix}\dfrac{\partial t_r}{\partial r} & \dfrac{1}{r}\left(\dfrac{\partial t_r}{\partial\theta}-t_\theta\right) & \dfrac{\partial t_r}{\partial z}\\ \dfrac{\partial t_\theta}{\partial r} & \dfrac{1}{r}\left(\dfrac{\partial t_\theta}{\partial\theta}+t_r\right) & \dfrac{\partial t_\theta}{\partial z}\\ \dfrac{\partial t_z}{\partial r} & \dfrac{1}{r}\dfrac{\partial t_z}{\partial\theta} & \dfrac{\partial t_z}{\partial z}\end{bmatrix}\begin{pmatrix}\otimes\boldsymbol{e}_r\\ \otimes\boldsymbol{e}_\theta\\ \otimes\boldsymbol{e}_z\end{pmatrix}\tag{B.66}$$

若 $\boldsymbol{t}$ 本身是一个标量函数的梯度，比如若 $\boldsymbol{t}=\nabla\psi$，则有

$$t_r=\frac{\partial\psi}{\partial r},\quad t_\theta=\frac{1}{r}\frac{\partial\psi}{\partial\theta},\quad t_z=\frac{\partial\psi}{\partial z}$$

代入式 (B.66)，有

$$\begin{aligned}\boldsymbol{t}\otimes\nabla&=\psi\nabla\otimes\nabla\\&=(\boldsymbol{e}_r\ \boldsymbol{e}_\theta\ \boldsymbol{e}_z)\begin{bmatrix}\dfrac{\partial^2\psi}{\partial^2 r} & \dfrac{\partial}{\partial r}\left(\dfrac{1}{r}\dfrac{\partial\psi}{\partial\theta}\right) & \dfrac{\partial^2\psi}{\partial r\partial z}\\ \dfrac{\partial}{\partial r}\left(\dfrac{1}{r}\dfrac{\partial\psi}{\partial\theta}\right) & \dfrac{1}{r}\dfrac{\partial}{\partial\theta}\left(\dfrac{1}{r}\dfrac{\partial\psi}{\partial\theta}\right)+\dfrac{1}{r}\dfrac{\partial\psi}{\partial r} & \dfrac{1}{r}\dfrac{\partial^2\psi}{\partial\theta\partial z}\\ \dfrac{\partial^2\psi}{\partial r\partial z} & \dfrac{1}{r}\dfrac{\partial^2\psi}{\partial\theta\partial z} & \dfrac{\partial^2\psi}{\partial^2 z}\end{bmatrix}\begin{pmatrix}\otimes\boldsymbol{e}_r\\ \otimes\boldsymbol{e}_\theta\\ \otimes\boldsymbol{e}_z\end{pmatrix}\end{aligned}\tag{B.67}$$

为求张量 $\boldsymbol{T}$ 在柱坐标下的散度，使用式 (B.40) 并结合式 (B.64) 和式 (B.60)，得

$$\begin{aligned}\nabla\cdot\boldsymbol{a}_r&=\frac{1}{r}\left(\frac{\partial}{\partial r}(rT_{rr})+\frac{\partial T_{r\theta}}{\partial\theta}+r\frac{\partial T_{rz}}{\partial z}\right)\\ \nabla\cdot\boldsymbol{a}_\theta&=\frac{1}{r}\left(\frac{\partial}{\partial r}(rT_{\theta r})+\frac{\partial T_{\theta\theta}}{\partial\theta}+r\frac{\partial T_{\theta z}}{\partial z}\right)\\ \nabla\cdot\boldsymbol{a}_z&=\frac{1}{r}\left(\frac{\partial}{\partial r}(rT_{zr})+\frac{\partial T_{z\theta}}{\partial\theta}+r\frac{\partial T_{zz}}{\partial z}\right)\\ (\boldsymbol{e}_r\otimes\nabla)\cdot\boldsymbol{a}_r&=\frac{T_{r\theta}}{r}\frac{\partial\boldsymbol{e}_r}{\partial\theta}=\frac{T_{r\theta}}{r}\boldsymbol{e}_\theta\\ (\boldsymbol{e}_\theta\otimes\nabla)\cdot\boldsymbol{a}_\theta&=\frac{T_{\theta\theta}}{r}\frac{\partial\boldsymbol{e}_\theta}{\partial\theta}=-\frac{T_{\theta\theta}}{r}\boldsymbol{e}_r\\ (\boldsymbol{e}_z\otimes\nabla)\cdot\boldsymbol{a}_z&=0\end{aligned}\tag{B.68}$$

代入式 (B.39)，最后得

$$\begin{aligned}\boldsymbol{T}\cdot\nabla=&\left(\frac{\partial T_{rr}}{\partial r}+\frac{T_{rr}-T_{\theta\theta}}{r}+\frac{1}{r}\frac{\partial T_{r\theta}}{\partial\theta}+\frac{\partial T_{rz}}{\partial z}\right)\boldsymbol{e}_r\\&+\left(\frac{\partial T_{\theta r}}{\partial r}+\frac{T_{\theta r}+T_{r\theta}}{r}+\frac{1}{r}\frac{\partial T_{\theta\theta}}{\partial\theta}+\frac{\partial T_{\theta z}}{\partial z}\right)\boldsymbol{e}_\theta\\&+\left(\frac{\partial T_{zr}}{\partial r}+\frac{T_{zr}}{r}+\frac{1}{r}\frac{\partial T_{z\theta}}{\partial\theta}+\frac{\partial T_{zz}}{\partial z}\right)\boldsymbol{e}_z\end{aligned}\tag{B.69}$$

下面给出变形梯度以及线性化所得的小应变。使用 $\{R,\ \Theta,\ Z\}$ 表示参考构形中的物质 (柱) 坐标，而 $\{r,\ \theta,\ z\}$ 表示当前构形中的空间坐标，显然，尺度因子应是

$$H_R=1,\quad H_\Theta=R,\quad H_Z=1,\quad h_r=1,\quad h_\theta=r,\quad h_z=1\tag{B.70}$$

结合式 (B.47) 和式 (B.50)，空间坐标使用式 (B.49) 定义的物理位移分量 u_r，u_θ，u_z 表示为

$$r=R+u_r,\quad \theta=\Theta+\frac{u_\theta}{R},\quad z=Z+u_z\tag{B.71}$$

使用式 (B.48)，得变形梯度的分量使用位移分量的表示是

$$\boldsymbol{F}=\begin{bmatrix}1+\dfrac{\partial u_r}{\partial R} & \dfrac{1}{R}\dfrac{\partial u_r}{\partial\Theta} & \dfrac{\partial u_r}{\partial Z}\\ r\dfrac{\partial}{\partial R}\left(\dfrac{u_\theta}{R}\right) & \dfrac{r}{R}\left(1+\dfrac{1}{R}\dfrac{\partial u_\theta}{\partial\Theta}\right) & \dfrac{r}{R}\dfrac{\partial u_\theta}{\partial Z}\\ \dfrac{\partial u_z}{\partial R} & \dfrac{1}{R}\dfrac{\partial u_z}{\partial\Theta} & 1+\dfrac{\partial u_z}{\partial Z}\end{bmatrix}\tag{B.72}$$

使用式 (B.57)可以得到小变形应变张量的各分量，实际上，只需要在上式中引入的位移是小量，即 $\theta\approx\Theta$，$\dfrac{r}{R}\approx 1+\dfrac{u_r}{R}$，$u_r\ll R$，则可得线性化的变形梯度，再使用式 (B.52)，很容易得到

$$\begin{aligned}&\varepsilon_{RR}=\frac{\partial u_r}{\partial R},\quad 2\varepsilon_{R\Theta}=\frac{1}{R}\frac{\partial u_r}{\partial\Theta}+R\frac{\partial}{\partial R}\left(\frac{u_\theta}{R}\right)\\&\varepsilon_{\Theta\Theta}=\frac{1}{R}\frac{\partial u_\theta}{\partial\Theta}+\frac{u_r}{R},\quad 2\varepsilon_{\Theta Z}=\frac{\partial u_\theta}{\partial Z}+\frac{1}{R}\frac{\partial u_z}{\partial\Theta}\\&\varepsilon_{ZZ}=\frac{\partial u_z}{\partial Z},\quad 2\varepsilon_{ZR}=\frac{\partial u_z}{\partial R}+\frac{\partial u_r}{\partial Z}\end{aligned}\tag{B.73}$$

小变形下，物质坐标和空间坐标的差别可忽略，所以上式中的物质坐标可以全部替换为空间坐标表示。

B.6　球坐标系

三个球坐标 $\{r,\ \phi,\ \theta\}$ 记作

$$X_\alpha = r, \quad X_\beta = \phi, \quad X_\gamma = \theta \tag{B.74}$$

如图 B.4 所示，它们由笛卡儿坐标 X_1，X_2，X_3 定义为

$$r = \sqrt{X_1^2+X_2^2+X_3^2}, \quad \phi = \cot^{-1}\left(\frac{X_3}{\sqrt{X_1^2+X_2^2}}\right), \quad \theta = \tan^{-1}\left(\frac{X_2}{X_1}\right) \tag{B.75}$$

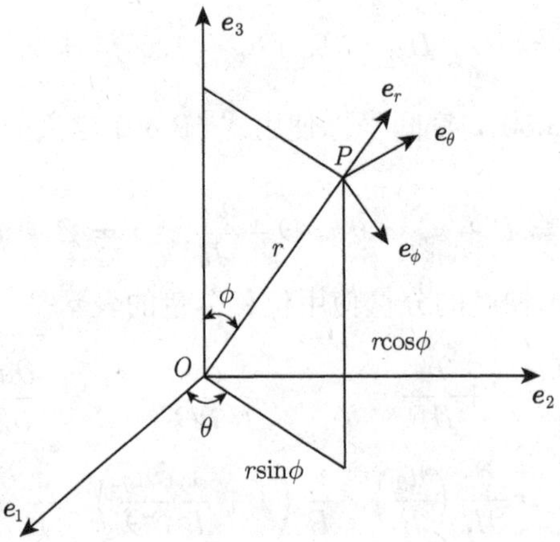

图 B.4　球坐标

或表示成

$$X_1 = r\sin\phi\cos\theta, \quad X_2 = r\sin\phi\sin\theta, \quad X_3 = r\cos\phi \tag{B.76}$$

于是

$$\begin{aligned}
&\frac{\partial X_1}{\partial r} = \sin\phi\cos\theta, \quad \frac{\partial X_2}{\partial r} = \sin\phi\sin\theta, \quad \frac{\partial X_3}{\partial r} = \cos\phi \\
&\frac{\partial X_1}{\partial \phi} = r\cos\phi\cos\theta, \quad \frac{\partial X_2}{\partial \phi} = r\cos\phi\sin\theta, \quad \frac{\partial X_3}{\partial \phi} = -r\sin\phi \\
&\frac{\partial X_1}{\partial \theta} = -r\sin\phi\sin\theta, \quad \frac{\partial X_2}{\partial \theta} = r\sin\phi\cos\theta, \quad \frac{\partial X_3}{\partial \theta} = 0
\end{aligned} \tag{B.77}$$

代入式 (B.5)，得尺度因子是

$$h_r = 1, \quad h_\phi = r, \quad h_\theta = r\sin\phi \tag{B.78}$$

微分算子就是

$$\nabla = \boldsymbol{e}_r \frac{\partial}{\partial r} + \boldsymbol{e}_\phi \frac{1}{r}\frac{\partial}{\partial \phi} + \boldsymbol{e}_\theta \frac{1}{r\sin\phi}\frac{\partial}{\partial \theta} \tag{B.79}$$

使用式 (B.8)，三个单位基矢量是

$$\begin{aligned} \boldsymbol{e}_\gamma &= (\boldsymbol{e}_1 \cos\theta + \boldsymbol{e}_2 \sin\theta)\sin\phi + \boldsymbol{e}_3 \cos\phi \\ \boldsymbol{e}_\phi &= (\boldsymbol{e}_1 \cos\theta + \boldsymbol{e}_2 \sin\theta)\cos\phi - \boldsymbol{e}_3 \sin\phi \\ \boldsymbol{e}_\theta &= -\boldsymbol{e}_1 \sin\theta + \boldsymbol{e}_2 \cos\theta \end{aligned} \tag{B.80}$$

所以有

$$\begin{aligned} &\frac{\partial \boldsymbol{e}_r}{\partial r} = 0, \quad \frac{\partial \boldsymbol{e}_\phi}{\partial r} = 0, \quad \frac{\partial \boldsymbol{e}_\theta}{\partial r} = 0 \\ &\frac{\partial \boldsymbol{e}_r}{\partial \phi} = \boldsymbol{e}_\phi, \quad \frac{\partial \boldsymbol{e}_\phi}{\partial \phi} = -\boldsymbol{e}_r, \quad \frac{\partial \boldsymbol{e}_\theta}{\partial \phi} = 0 \\ &\frac{\partial \boldsymbol{e}_r}{\partial \theta} = \boldsymbol{e}_\theta \sin\phi, \quad \frac{\partial \boldsymbol{e}_\phi}{\partial \theta} = \boldsymbol{e}_\theta \cos\phi, \quad \frac{\partial \boldsymbol{e}_\theta}{\partial \theta} = -\boldsymbol{e}_r \sin\phi - \boldsymbol{e}_\phi \cos\phi \end{aligned} \tag{B.81}$$

下面直接使用式 (B.27) 求矢量的梯度，首先根据式 (B.18) 和上式，应有

$$\boldsymbol{\omega}_r = \boldsymbol{0}, \quad \boldsymbol{\omega}_\phi = \boldsymbol{e}_\theta, \quad \boldsymbol{\omega}_\theta = \cos\phi \boldsymbol{e}_r - \sin\phi \boldsymbol{e}_\phi \tag{B.82}$$

再代入式 (B.27)，得

$$\boldsymbol{t} \otimes \nabla = (\boldsymbol{e}_r \ \boldsymbol{e}_\phi \ \boldsymbol{e}_\theta) \begin{bmatrix} \dfrac{\partial t_r}{\partial r} & \dfrac{1}{r}\dfrac{\partial t_r}{\partial \phi} - \dfrac{t_\phi}{r} & \dfrac{1}{r\sin\phi}\dfrac{\partial t_r}{\partial \theta} - \dfrac{t_\theta}{r} \\ \dfrac{\partial t_\phi}{\partial r} & \dfrac{1}{r}\dfrac{\partial t_\phi}{\partial \phi} + \dfrac{t_r}{r} & \dfrac{1}{r\sin\phi}\dfrac{\partial t_\phi}{\partial \theta} - \cot\phi \dfrac{t_\theta}{r} \\ \dfrac{\partial t_\theta}{\partial r} & \dfrac{1}{r}\dfrac{\partial t_\theta}{\partial \phi} & \dfrac{1}{r\sin\phi}\dfrac{\partial t_\theta}{\partial \theta} + \dfrac{t_r}{r} + \cot\phi \dfrac{t_\phi}{r} \end{bmatrix} \begin{pmatrix} \otimes \boldsymbol{e}_r \\ \otimes \boldsymbol{e}_\phi \\ \otimes \boldsymbol{e}_\theta \end{pmatrix} \tag{B.83}$$

上式求迹则给出

$$\boldsymbol{t} \cdot \nabla = \frac{\partial t_r}{\partial r} + \frac{1}{r}\frac{\partial t_\phi}{\partial \phi} + 2\frac{t_r}{r} + \frac{1}{r\sin\phi}\frac{\partial t_\theta}{\partial \theta} + \cot\phi \frac{t_\phi}{r} \tag{B.84}$$

对于张量场 $\boldsymbol{T}$，若它是对称的，则其左、右散度相等，使用导出式 (B.69) 的步骤，有

$$
\begin{aligned}
\boldsymbol{T}\cdot\nabla =&\nabla\cdot\boldsymbol{T}\\
=&\left(\frac{\partial T_{rr}}{\partial r}+\frac{1}{r}\frac{\partial T_{r\phi}}{\partial \phi}+\frac{1}{r\sin\phi}\frac{\partial T_{r\theta}}{\partial\theta}+\frac{2T_{rr}-T_{\phi\phi}-T_{\theta\theta}+T_{r\phi}\cot\phi}{r}\right)\boldsymbol{e}_r\\
&+\left(\frac{\partial T_{r\phi}}{\partial r}+\frac{1}{r}\frac{\partial T_{\phi\phi}}{\partial \phi}+\frac{1}{r\sin\phi}\frac{\partial T_{\phi\theta}}{\partial\theta}+\frac{T_{\phi\phi}\cot\phi-T_{\theta\theta}\cot\phi+3T_{r\phi}}{r}\right)\boldsymbol{e}_\phi\\
&+\left(\frac{\partial T_{r\theta}}{\partial r}+\frac{1}{r}\frac{\partial T_{\phi\theta}}{\partial \phi}+\frac{1}{r\sin\phi}\frac{\partial T_{\theta\theta}}{\partial\theta}+\frac{3T_{r\theta}+2T_{\phi\theta}\cot\phi}{r}\right)\boldsymbol{e}_\theta
\end{aligned}\tag{B.85}
$$

下面给出变形梯度以及线性化所得的小应变。使用 $\{R、\varPhi、\varTheta\}$ 表示参考构形中的物质 (球) 坐标，而 $\{r，\phi，\theta\}$ 表示当前构形中的空间坐标，显然，尺度因子应是

$$
H_R=1,\quad H_{\varPhi}=R,\quad H_{\varTheta}=R\sin\varPhi,\quad h_r=1,\quad h_\phi=r,\quad h_\theta=r\sin\phi \tag{B.86}
$$

结合式 (B.47) 和式 (B.50)，空间坐标使用式 (B.49) 定义的物理位移分量 u_r，u_ϕ，u_θ 表示为

$$
r=R+u_r,\quad \phi=\varPhi+\frac{u_\phi}{R},\quad \theta=\varTheta+\frac{u_\theta}{R\sin\varPhi} \tag{B.87}
$$

使用式 (B.48)，得变形梯度的分量使用位移分量来表示是

$$
\boldsymbol{F}=\begin{bmatrix}
1+\dfrac{\partial u_r}{\partial R} & \dfrac{1}{R}\dfrac{\partial u_r}{\partial\varPhi} & \dfrac{1}{R\sin\varPhi}\dfrac{\partial u_r}{\partial\varTheta}\\
r\dfrac{\partial}{\partial R}\left(\dfrac{u_\phi}{R}\right) & \dfrac{r}{R}\left(1+\dfrac{1}{R}\dfrac{\partial u_\phi}{\partial\varPhi}\right) & \dfrac{r}{R^2\sin\varPhi}\dfrac{\partial u_\phi}{\partial\varTheta}\\
\dfrac{r\sin\phi}{\sin\varPhi}\dfrac{\partial}{\partial R}\left(\dfrac{u_\theta}{R}\right) & \dfrac{r\sin\phi}{R^2}\dfrac{\partial}{\partial\varPhi}\left(\dfrac{u_\theta}{\sin\varPhi}\right) & \dfrac{r\sin\phi}{R\sin\varPhi}\left(1+\dfrac{1}{R\sin\varPhi}\dfrac{\partial u_\theta}{\partial\varTheta}\right)
\end{bmatrix} \tag{B.88}
$$

由于位移是小量，并考虑到式 (B.87) 应有

$$
\theta\approx\varTheta,\quad \frac{r}{R}\approx 1+\frac{u_r}{R},\quad u_r\ll R,\quad r\sin\phi\approx R\sin\varPhi+u_r\sin\varPhi+u_\phi\cos\varPhi \tag{B.89}
$$

代入式 (B.88) 得线性化的变形梯度，再使用式 (B.52)，得小变形应变张量的各分量为

$$
\begin{aligned}
&\varepsilon_{RR}=\frac{\partial u_r}{\partial R},\quad 2\varepsilon_{R\varPhi}=\frac{1}{R}\frac{\partial u_r}{\partial\varPhi}+R\frac{\partial}{\partial R}\left(\frac{u_\phi}{R}\right)\\
&\varepsilon_{\varPhi\varPhi}=\frac{1}{R}\frac{\partial u_\phi}{\partial\varPhi}+\frac{u_r}{R},\quad 2\varepsilon_{\varPhi\varTheta}=\frac{1}{R\sin\varPhi}\frac{\partial u_\phi}{\partial\varTheta}+\frac{\sin\varPhi}{R}\frac{\partial}{\partial\varPhi}\left(\frac{u_\theta}{\sin\varPhi}\right)\\
&\varepsilon_{\varTheta\varTheta}=\frac{1}{R\sin\varPhi}\frac{\partial u_\theta}{\partial\varTheta}+\frac{u_r}{R}+\frac{u_\phi\cot\varPhi}{R},\quad 2\varepsilon_{\varTheta R}=\frac{1}{R\sin\varPhi}\frac{\partial u_r}{\partial\varTheta}+R\frac{\partial}{\partial R}\left(\frac{u_\theta}{R}\right)
\end{aligned}\tag{B.90}
$$

式中的物质坐标也可以全部替换为空间坐标。

附录 C　外凸函数

对于标量函数 $f(x)$，若它满足

$$f\left(\alpha x_a+(1-\alpha)x_b\right)\leqslant \alpha f\left(x_a\right)+(1-\alpha)f\left(x_b\right) \tag{C.1}$$

式中 $0<\alpha<1$，则称它是外凸的。如果式中的“$\leqslant$”可以换成“$<$”，则称 f 为严格外凸。若以 x 为横轴 f 为纵轴建立平面坐标系，$x_a<\alpha x_a+(1-\alpha)x_b<x_b$，上式左边是函数 f 在 (x_a, x_b) 之间某一点的取值，即曲线 $f(x)$ 在该点的纵坐标，右边是连接 $(x_a, f(x_a))$，$(x_b, f(x_b))$ 两点的弦在同一点的纵坐标，如图 C.1 所示，因此，外凸性意味着弦位于曲线 $f(x)$ 的上方，反之是非凸的。若 f 是连续可微的，则严格外凸的定义等价于

$$\frac{\mathrm{d}^2 f(x)}{\mathrm{d}x^2}>0 \quad 或 \quad \left(\left.\frac{\mathrm{d}f(x)}{\mathrm{d}x}\right|_{x_b}-\left.\frac{\mathrm{d}f(x)}{\mathrm{d}x}\right|_{x_a}\right)(x_b-x_a)>0,\quad x_b\neq x_a \tag{C.2}$$

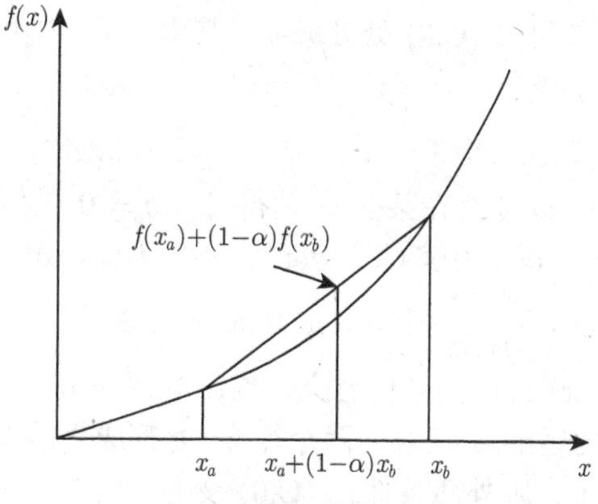

图 C.1　标量函数的外凸性

推广到矢量的标量值函数 $\phi(\boldsymbol{x})$，若它满足

$$\left(\left.\frac{\partial\phi(\boldsymbol{x})}{\partial\boldsymbol{x}}\right|_{\boldsymbol{x}_b}-\left.\frac{\partial\phi(\boldsymbol{x})}{\partial\boldsymbol{x}}\right|_{\boldsymbol{x}_a}\right)\cdot(\boldsymbol{x}_b-\boldsymbol{x}_a)>0,\quad \boldsymbol{x}_b\neq\boldsymbol{x}_a \tag{C.3}$$

则称它是外凸的。进一步地，对于任意矢量的矢量值函数 $\boldsymbol{f}(\boldsymbol{x})$，若它满足

$$\left(\boldsymbol{f}\left(\boldsymbol{x}_b\right)-\boldsymbol{f}\left(\boldsymbol{x}_a\right)\right)\cdot\left(\boldsymbol{x}_b-\boldsymbol{x}_a\right)>0 \tag{C.4}$$

则称它是外凸的。若 $\boldsymbol{f}(\boldsymbol{x})=\dfrac{\partial\phi(\boldsymbol{x})}{\partial\boldsymbol{x}}$，则式 (C.4) 和式 (C.3) 的定义等价。

如果 $\boldsymbol{f}$ 是连续可微的，定义二阶张量 $\boldsymbol{L}=\dfrac{\partial\boldsymbol{f}(\boldsymbol{x})}{\partial\boldsymbol{x}}$，则式 (C.4) 要求 $\boldsymbol{L}$ 必须是正定的，即对于所有 $\boldsymbol{w}\neq\boldsymbol{0}$ 的矢量都有

$$\boldsymbol{w}\cdot\boldsymbol{L}\cdot\boldsymbol{w}>0 \tag{C.5}$$

除非存在某些 $\boldsymbol{x}$ 使得 $\boldsymbol{L}\cdot\boldsymbol{w}=\boldsymbol{0}$ 进而 $\boldsymbol{w}\cdot\boldsymbol{L}\cdot\boldsymbol{w}=0$ 成立。这一结论可通过将 $f(\boldsymbol{x}_b)$ 在 $\boldsymbol{x}_a$ 点处展开并让 $\boldsymbol{x}_b\to\boldsymbol{x}_a$(以便略去 $\boldsymbol{x}_b-\boldsymbol{x}_a$ 的高阶项) 得到证明。

式 (C.5) 和式 (C.4) 分别给出的是局部外凸和整体外凸，若在一个区域内式 (C.5) 处处成立，则 $\boldsymbol{f}(\boldsymbol{x})$ 必然整体外凸。证明如下：令 $\boldsymbol{w}=\mathrm{d}\boldsymbol{x}$，式 (C.5) 变成 $\mathrm{d}\boldsymbol{f}\cdot\mathrm{d}\boldsymbol{x}>0$，再取 $\mathrm{d}\boldsymbol{x}=(\boldsymbol{x}_b-\boldsymbol{x}_a)\mathrm{d}t$ ($\mathrm{d}t>0$)，即沿着连接两点的直线 $(1-t)\,\boldsymbol{x}_a+t\boldsymbol{x}_b$，因此有 $\mathrm{d}\boldsymbol{f}\cdot(\boldsymbol{x}_b-\boldsymbol{x}_a)>0$，沿着这条直线从 a 点积分到 b，考虑到 $\boldsymbol{x}_b$ 和 $\boldsymbol{x}_a$ 是常矢量，从而得式 (C.4)。

标量值函数 $\phi(\boldsymbol{x})$ 的外凸性还可以等价地定义为

$$\phi(\boldsymbol{x}_b)-\phi(\boldsymbol{x}_a)>\left.\frac{\partial\phi(\boldsymbol{x})}{\partial\boldsymbol{x}}\right|_{\boldsymbol{x}_a}\cdot(\boldsymbol{x}_b-\boldsymbol{x}_a) \tag{C.6}$$

将式 (C.6) 中的 a、b 状态交换，然后把所得的结果式与式 (C.6) 相加，得式 (C.3)。若存在一个外凸区域使得式 (C.3) 处处成立，则由式 (C.3) 可导出式 (C.6)，这说明式 (C.6) 是式 (C.3) 成立的充分必要条件。

如果 ϕ 是连续、二次可微的, 式 (C.3) 要求二阶张量 $\boldsymbol{L}=\dfrac{\partial^2\phi(\boldsymbol{x})}{\partial\boldsymbol{x}\partial\boldsymbol{x}}$ 是正定的，即满足 $\boldsymbol{w}\cdot\boldsymbol{L}\cdot\boldsymbol{w}>0$，除非存在某些 $\boldsymbol{x}$ 使得 $\boldsymbol{L}\cdot\boldsymbol{w}=\boldsymbol{0}$ 进而 $\boldsymbol{w}\cdot\boldsymbol{L}\cdot\boldsymbol{w}=0$ 成立，这里的 $\boldsymbol{L}$ 是对称的, $\boldsymbol{L}\cdot\boldsymbol{w}=\boldsymbol{0}$ 意味着 $\det\boldsymbol{L}=0$, 因此，式 (C.3) 能保证 $\boldsymbol{L}$ 正定，除了对于那些使得 $\det\left(\dfrac{\partial^2\phi(\boldsymbol{x})}{\partial\boldsymbol{x}\partial\boldsymbol{x}}\right)=0$ 成立的 $\boldsymbol{x}$ 点以外。

下面说明函数 $\phi(\boldsymbol{x})$ 外凸的几何意义。建立 3 维空间，$\phi(\boldsymbol{x})$=const 在该空间为曲面，式 (C.6) 对于空间中任意的两个点 a，b 都成立，设 a，b 两点处在同一个 $\phi(\boldsymbol{x})$=const 曲面上，则外凸条件式 (C.6) 变为

$$\left.\frac{\partial\phi(\boldsymbol{x})}{\partial\boldsymbol{x}}\right|_{\boldsymbol{x}_a}\cdot(\boldsymbol{x}_b-\boldsymbol{x}_a)<0 \tag{C.7}$$

$\left.\dfrac{\partial\phi(\boldsymbol{x})}{\partial\boldsymbol{x}}\right|_{\boldsymbol{x}_a}$ 是曲面在 $\boldsymbol{x}_a$ 处的外法线矢量，$\boldsymbol{x}_b-\boldsymbol{x}_a$ 是连接点 a 到点 b 的矢量，因此，上式要求这两个矢量的角度为钝角。在 $\boldsymbol{x}_a$ 处作切平面，为使得钝角条件成立，则切平面不能再与曲面相交，或者说，切平面只能位于曲面一侧。图 C.2 所示曲面不满足上述条件，它是非凸的。

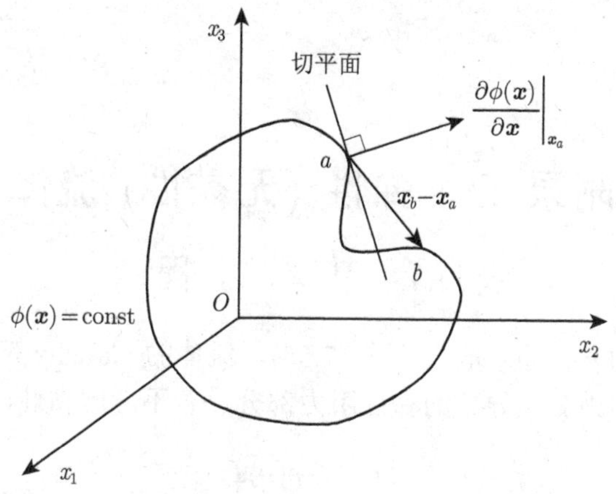

图 C.2 非凸的函数

再进一步推广到二阶张量的张量值函数 $\boldsymbol{T} = \boldsymbol{T}(\boldsymbol{E}) = \dfrac{\partial \phi}{\partial \boldsymbol{E}}$，对应式 (C.4)~式 (C.6)，外凸性定义式分别是

$$(\boldsymbol{T}(\boldsymbol{E}_b) - \boldsymbol{T}(\boldsymbol{E}_a)) : (\boldsymbol{E}_b - \boldsymbol{E}_a) > 0 \tag{C.8a}$$

$$\delta \boldsymbol{E} : \mathbb{L} : \delta \boldsymbol{E} > 0 \tag{C.8b}$$

$$\phi(\boldsymbol{E}_b) - \phi(\boldsymbol{E}_a) > \left.\frac{\partial \phi(\boldsymbol{E})}{\partial \boldsymbol{E}}\right|_{\boldsymbol{E}_a} : (\boldsymbol{E}_b - \boldsymbol{E}_a) \tag{C.8c}$$

式中四阶张量 $\mathbb{L} = \dfrac{\partial \boldsymbol{T}}{\partial \boldsymbol{E}} = \dfrac{\partial^2 \phi}{\partial \boldsymbol{E} \partial \boldsymbol{E}}$。

附录 D　弹性 (无黏性) 流体

D.1　基 本 方 程

根据流体本构方程的一般表达式 (7.55)，流体的 Cauchy 应力由两部分组成，即静水压力部分和由黏性导致的黏性阻力部分，若不考虑黏性，则

$$\boldsymbol{\sigma} = -p(\rho)\boldsymbol{I} \tag{D.1}$$

即它只能承受静水压力作用而不能传递剪切应力，因而不能抵抗剪切变形。通常将不考虑黏性的流体称作为无黏性流体或弹性流体，也称理想流体。

下面从弹性物质的角度结合流体的对称性建立本构方程式 (D.1)。弹性流体不同于固体弹性物质，就在于它的对称群为单位模群，即 $\mathcal{G} = \mathcal{U}$，因此有

$$\boldsymbol{K}(\boldsymbol{F}) = \boldsymbol{K}(\boldsymbol{F} \cdot \underline{\mathbf{H}}), \quad \underline{\mathbf{H}} \in \mathcal{U} \tag{D.2}$$

或者说，相对任意的参考构形，均为各向同性 (各向同性固体材料只是相对一个特定的参考构形为各向同性)，注意：$\underline{\mathbf{H}}$ 必须是等容的，即 $\det\underline{\mathbf{H}} = 1$。在上式中选取 $\underline{\mathbf{H}} = J^{1/3}\boldsymbol{F}^{-1}$，根据质量守恒 $J = \rho_0/\rho$，并结合式 (D.2)，因此，本构方程简化为

$$\boldsymbol{\sigma} = \boldsymbol{K}\left(J^{1/3}\boldsymbol{I}\right) = \varphi\left(\rho_0/\rho\right)\boldsymbol{I} \tag{D.3}$$

定义压力 p 为

$$p(\rho) = -\varphi\left(\rho_0/\rho\right) \tag{D.4}$$

从而得到本构方程式 (D.1)。

实际上，由于 $\underline{\mathbf{H}} \in \mathcal{U}$ 代表体积不变的任意变形，则 $\boldsymbol{F}$ 与 $\boldsymbol{F} \cdot \underline{\mathbf{H}}$ 是两个任意等体积的变形，流体对称性要求产生它们所需要的 Cauchy 应力必须相同，因此，Cauchy 应力只能取决于变形的体积部分，那就是质量密度。

反过来，如果本构方程给定为 $\boldsymbol{\sigma} = -p(\rho)\boldsymbol{I}$，则物质必然是流体。在刚体转动的标架下，考虑到 $\boldsymbol{F}^* = \boldsymbol{Q} \cdot \boldsymbol{F}$ 和质量守恒，有

$$\rho^* = \frac{\rho_0}{\det\boldsymbol{F}^*} = \frac{\rho_0}{(\det\boldsymbol{Q})(\det\boldsymbol{F})} = \frac{\rho_0}{\det\boldsymbol{F}} = \rho \tag{D.5}$$

本构方程为

$$\boldsymbol{\sigma}^* = \boldsymbol{Q} \cdot \boldsymbol{\sigma} \cdot \boldsymbol{Q}^{\mathrm{T}} = \boldsymbol{Q} \cdot (-p(\rho))\boldsymbol{I} \cdot \boldsymbol{Q}^{\mathrm{T}} = -\hat{p}\left(\rho^*\right)\boldsymbol{I} \tag{D.6}$$

因此，满足标架无差异原理。对于任意的 $\underline{\mathbf{H}} \in \mathcal{U}$，都有

$$\begin{aligned}\boldsymbol{\sigma}(\boldsymbol{F}\cdot\underline{\mathbf{H}}) &= -p\left(\frac{\rho_0}{\det(\boldsymbol{F}\cdot\underline{\mathbf{H}})}\right)\boldsymbol{I} = -p\left(\frac{\rho_0}{\det\boldsymbol{F}}\right)\boldsymbol{I} \\ &= -p(\rho)\boldsymbol{I} = \boldsymbol{\sigma}(\boldsymbol{F})\end{aligned} \tag{D.7}$$

这就证明了 $\mathcal{U} \in \mathcal{G}$，根据式 (7.33) 可知 $\mathcal{G} \subset \mathcal{U}$，因此，$\mathcal{G} = \mathcal{U}$，所以物质是流体。应当说明，这里得到的简单形式的本构方程 $\boldsymbol{\sigma} = -p(\rho)\boldsymbol{I}$，是针对理想流体，不考虑其黏性。

单位质量的 Helmholtz 自由能也必然仅取决于密度

$$\psi = \psi(\rho) \tag{D.8}$$

假定流体的弹性运动是可逆过程，类似于超弹性的处理，热力学第二定律要求耗散率为零，考虑到式 (D.1) 和上式，有

$$\boldsymbol{\sigma} : \boldsymbol{d} - \rho\dot{\psi} = -p(\rho)\,\mathrm{tr}\,\boldsymbol{d} - \rho\frac{\partial\psi(\rho)}{\partial\rho}\dot{\rho} = 0 \tag{D.9}$$

结合质量守恒方程式 (5.14)，则有

$$p(\rho) = \rho^2\frac{\partial\psi(\rho)}{\partial\rho} \tag{D.10}$$

然而，运动的流体会表现出黏性，从而导致能量耗散，正如在 7.5.2 节末讨论的那样，黏性主要取决于速度梯度中的对称部分——变形率，黏性存在使得运动流体具有一定的传递剪切应力的能力。

将本构方程式 (D.1) 代入 Cauchy 运动方程式 (5.56)，使用式 (2.122)(式中的矢量替换为张量时仍成立)，得

$$\rho\dot{\boldsymbol{v}} = -\nabla p + \rho\boldsymbol{f} \tag{D.11}$$

流体力学称之为 Euler 方程，质量守恒方程式 (5.15) 是

$$\frac{\partial\rho}{\partial t} + \nabla\cdot(\rho\boldsymbol{v}) = 0 \tag{D.12}$$

式 (D.10)~ 式 (D.12) 共五个方程，包含有五个未知数 ρ、p 和 v_i，结合边界条件可求解。注意：对于不可压缩流体，压力 p 不能通过本构方程确定，而质量守恒方程应替换为

$$\rho \equiv \rho_0, \quad \nabla\cdot\boldsymbol{v} = 0 \tag{D.13}$$

边界条件：

(1) 流体沿固体边壁法向的速度分量与固体壁自身运动在法向上的速度分量相等，当固体壁是静止时

$$\boldsymbol{v}\cdot\boldsymbol{n}=0$$

(2) 在自由面上，其压力与外部压力相等。

上述方程和边界条件都是建立在当前构形上。方程结合边界条件通常无法使用解析方法求解，只有在一些特殊情况下，解析求解才有可能，接下来 D.2 节和 D.3 节将进行专门的讨论。

D.2 加速度有势与无旋运动

若单位质量的体积力是保守力，则它可由一个标量势函数的梯度给出，见式 (9.11)，取 $\phi^f=\rho U$，有

$$\boldsymbol{f}=-\frac{\partial U}{\partial \boldsymbol{x}}=-\nabla U \tag{D.14}$$

保守力也称有势力，例如，重力是有势力，当取 z 轴铅直向上时，重力为 $\boldsymbol{f}=-g\boldsymbol{e}_z$，其中 g 是重力加速度，由于 $g\boldsymbol{e}_z=\nabla(gz)$，故重力的势函数 $U=gz$，根据定义，势函数显然可理解为单位质量的势能。

对弹性流体，考虑到 $p=p(\rho)$，按照复合函数求梯度的方法，就有

$$\nabla\left(\int\frac{1}{\rho}\mathrm{d}p\right)=\frac{\partial}{\partial p}\left(\int\frac{1}{\rho}\mathrm{d}p\right)\nabla p=\frac{1}{\rho}\nabla p \tag{D.15}$$

称

$$\varLambda\xlongequal{\text{def}}\int\frac{1}{\rho}\mathrm{d}p \tag{D.16}$$

为压力函数。例如，对于密度 ρ 为常数的流体，其压力函数是

$$\varLambda=\frac{p}{\rho} \tag{D.17}$$

将式 (D.14) 和式 (D.15) 代入式 (D.11)，得弹性流体在体力有势情形下的 Euler 运动方程

$$\dot{\boldsymbol{v}}=-\nabla(\varLambda+U) \tag{D.18}$$

等式左边项为加速度，即单位质量的惯性力，$\boldsymbol{f}=-\nabla U$ 是单位质量上的体积力，因此，$-\nabla\varLambda$ 可理解为单位质量上的力，对照式 (D.14) 可知，该作用力为有势力，压力函数 $\varLambda$ 就是它的势函数。式 (D.18) 说明：弹性流体在体力有势的情形下，加速度也是有势的，即有

$$\boldsymbol{a}=\nabla\varphi \tag{D.19}$$

其中加速度势函数

$$\varphi = -(\Lambda + U) \tag{D.20}$$

若物体内速度场处处满足旋转角速度矢量 $\boldsymbol{\omega}=\mathbf{0}$，进而物质旋率 $\boldsymbol{w}=\mathbf{0}$，称此速度场是无旋的，也称无旋运动。下面将证明：

在加速度有势的情况下，若在某一时刻运动为无旋，则运动始终为无旋。而且，对于无旋运动，加速度可表示为

$$\boldsymbol{a} = \frac{\partial \boldsymbol{v}}{\partial t} + \nabla\left(\frac{v^2}{2}\right) \tag{D.21}$$

式中 $v^2=\boldsymbol{v}\cdot\boldsymbol{v}$，括号里的项是单位质量的动能。若流动是稳定的，任意空间点的速度不随时间变化 $\dfrac{\partial \boldsymbol{v}}{\partial t}=\mathbf{0}$，则加速度就是单位质量动能的梯度。

证明 首先证明加速度的梯度 $\boldsymbol{a}\otimes\nabla$ 与物质旋率及变形梯度之间有下式成立

$$\frac{\mathrm{D}}{\mathrm{D}t}\left(\boldsymbol{F}^{\mathrm{T}}\cdot\boldsymbol{w}\cdot\boldsymbol{F}\right) = \boldsymbol{F}^{\mathrm{T}}\cdot\frac{1}{2}(\boldsymbol{a}\otimes\nabla-\nabla\otimes\boldsymbol{a})\cdot\boldsymbol{F} \tag{D.22}$$

使用式 (4.21)$\dot{\boldsymbol{F}}=\boldsymbol{l}\cdot\boldsymbol{F}$，得

$$2\boldsymbol{F}^{\mathrm{T}}\cdot\boldsymbol{w}\cdot\boldsymbol{F} = \boldsymbol{F}^{\mathrm{T}}\cdot\left(\boldsymbol{l}-\boldsymbol{l}^{\mathrm{T}}\right)\cdot\boldsymbol{F} = \boldsymbol{F}^{\mathrm{T}}\cdot\dot{\boldsymbol{F}} - \dot{\boldsymbol{F}}^{\mathrm{T}}\cdot\boldsymbol{F}$$

对上式两边求物质时间导数，应用式 (4.20)，得

$$\begin{aligned}\frac{\mathrm{D}}{\mathrm{D}t}\left(2\boldsymbol{F}^{\mathrm{T}}\cdot\boldsymbol{w}\cdot\boldsymbol{F}\right) &= \dot{\boldsymbol{F}}^{\mathrm{T}}\cdot\dot{\boldsymbol{F}} + \boldsymbol{F}^{\mathrm{T}}\cdot\ddot{\boldsymbol{F}} - \ddot{\boldsymbol{F}}^{\mathrm{T}}\cdot\boldsymbol{F} - \dot{\boldsymbol{F}}^{\mathrm{T}}\cdot\dot{\boldsymbol{F}}\\ &= \boldsymbol{F}^{\mathrm{T}}\cdot\ddot{\boldsymbol{F}} - \ddot{\boldsymbol{F}}^{\mathrm{T}}\cdot\boldsymbol{F}\end{aligned} \tag{D.23}$$

式中 $\ddot{\boldsymbol{F}}$ 是对变形梯度求两次物质时间导数，应为

$$\ddot{F}_{iK} = \frac{\partial \ddot{x}_i}{\partial X_K} = \frac{\partial \dot{v}_i}{\partial X_K} = \frac{\partial \dot{v}_i}{\partial x_j}\frac{\partial x_j}{\partial X_K}$$

写成符号记法的形式就是

$$\ddot{\boldsymbol{F}} = (\boldsymbol{a}\otimes\nabla)\cdot\boldsymbol{F} \tag{D.24}$$

将它代入式 (D.23)，从而式 (D.22) 得证。

在加速度有势的情况下，加速度的梯度为对称张量，即 $\boldsymbol{a}\otimes\nabla=\nabla\otimes\boldsymbol{a}=\nabla\otimes\nabla\varphi$，代入式 (D.22)，得 $\boldsymbol{F}^{\mathrm{T}}\cdot\boldsymbol{w}\cdot\boldsymbol{F}$ 的物质时间导数为零，即它始终保持不变，若在某一时刻 $\boldsymbol{w}$=0，运动为无旋，$\boldsymbol{F}^{\mathrm{T}}\cdot\boldsymbol{w}\cdot\boldsymbol{F}$ 为零，从而它必须恒为零，因此，$\boldsymbol{w}$=0 始终成立。

使用式 (2.119) 可得 $\nabla(\boldsymbol{v}\cdot\boldsymbol{v})=2(\nabla\otimes\boldsymbol{v})\cdot\boldsymbol{v}$, 再结合 $\boldsymbol{l}=\boldsymbol{v}\otimes\nabla=\boldsymbol{d}+\boldsymbol{w}$, 加速度式 (4.7) 可写成

$$\begin{aligned}\boldsymbol{a}&=\frac{\partial\boldsymbol{v}}{\partial t}+(\boldsymbol{v}\otimes\nabla)\cdot\boldsymbol{v}+\nabla\left(\frac{1}{2}\boldsymbol{v}\cdot\boldsymbol{v}\right)-(\nabla\otimes\boldsymbol{v})\cdot\boldsymbol{v}\\&=\frac{\partial\boldsymbol{v}}{\partial t}+\nabla\left(\frac{1}{2}\boldsymbol{v}\cdot\boldsymbol{v}\right)+2\boldsymbol{w}\cdot\boldsymbol{v}\end{aligned}\tag{D.25}$$

若运动是无旋的，$\boldsymbol{w}=\boldsymbol{0}$，最终式 (D.21) 得证。◆◆

沿闭合曲线 C 积分的速度环量定义为 $\oint_C\boldsymbol{v}\cdot\mathrm{d}\boldsymbol{x}$，这里的闭合曲线 C 是物质线，即在运动中 C 总是由一系列固定不变的一些物质点组成，流体力学中称之为流体线。Kelvin 定理指出：

当加速度有势时，速度环量的物质时间导数恒为零，即速度环量在运动中保持不变。

证明　类似于式 (5.10) 的推导方法，并考虑到时间导数与微分可以交换顺序，得速度环量的物质时间导数为

$$\begin{aligned}\frac{\mathrm{D}}{\mathrm{D}t}\oint_C\boldsymbol{v}\cdot\mathrm{d}\boldsymbol{x}&=\oint_C\frac{\mathrm{D}\boldsymbol{v}}{\mathrm{D}t}\cdot\mathrm{d}\boldsymbol{x}+\oint_C\boldsymbol{v}\cdot\frac{\mathrm{D}}{\mathrm{D}t}(\,\mathrm{d}\boldsymbol{x})\\&=\oint_C\dot{\boldsymbol{v}}\cdot\mathrm{d}\boldsymbol{x}+\oint_C\boldsymbol{v}\cdot\mathrm{d}\boldsymbol{v}\end{aligned}\tag{D.26}$$

考虑到

$$\oint_C\boldsymbol{v}\cdot\mathrm{d}\boldsymbol{v}=\oint_C\mathrm{d}\left(\frac{v^2}{2}\right)=0$$

从而得环量传输定理

$$\frac{\mathrm{D}}{\mathrm{D}t}\oint_C\boldsymbol{v}\cdot\mathrm{d}\boldsymbol{x}=\oint_C\boldsymbol{a}\cdot\mathrm{d}\boldsymbol{x}\tag{D.27}$$

当加速度有势时 $\boldsymbol{a}=\nabla\varphi$, 有

$$\oint_C\boldsymbol{a}\cdot\mathrm{d}\boldsymbol{x}=\oint_C\nabla\varphi\cdot\mathrm{d}\boldsymbol{x}=\oint_C\mathrm{d}\varphi=0\tag{D.28}$$

从而 Kelvin 定理得证。◆◆

根据 Stokes 定理式 (2.159)，沿任意闭合线 C 的速度环量等于闭合线包围之曲面积 Γ 上的通量

$$\oint_C\boldsymbol{v}\cdot\mathrm{d}\boldsymbol{x}=\int_\Gamma(\nabla\times\boldsymbol{v})\cdot\boldsymbol{n}\mathrm{d}a\tag{D.29}$$

式中 $\mathrm{d}\boldsymbol{x}$ 是曲线 C 上的线元矢量，$\boldsymbol{n}\mathrm{d}a$ 是曲面 Γ 上的面积元矢量。上式将速度环量与通量联系起来，对于无旋运动 $\boldsymbol{\omega}=0$，根据式 (4.29) 应有 $\nabla\times\boldsymbol{v}$=0，因此，流动无旋和速度环量为零两者等价。速度环量也称涡通量。

因此，当加速度有势时，原来存在的速度环量或涡通量永远存在且保持下去；原来为零，则永远为零。如原来静止的流场，其速度环量或涡通量为零，在满足加速度有势的情况下开始流动后，如果由于某种原因在某局部区域产生涡通量，则在流场中必然会产生大小相等、方向相反的涡通量与之抵消，使得沿包围流场的封闭流体线上的涡通量保持为零。

D.3 Bernoulli 积分

下面讨论：弹性流体在体力有势和无旋运动条件下 Euler 运动方程式 (D.18) 积分可得

$$\frac{\partial \varPhi}{\partial t}+\frac{v^2}{2}+\varLambda+U=h(t) \tag{D.30}$$

即左边各项之和不随空间位置变化而仅随时间变化，该积分称之为 Lagrange 积分。

证明 对于无旋运动 $\boldsymbol{\omega}=0$，根据式 (4.29) 应有 $\nabla\times\boldsymbol{v}=0$，再结合式 (2.136)，一个标量经梯度运算后再取旋度必然为零，则必有标量函数 $\varPhi$ 存在，使得

$$\boldsymbol{v}=\nabla\varPhi \tag{D.31}$$

式中 $\varPhi$ 称为速度势。满足上式的流动称为势流，显然，势流是无旋的。弹性流体在体力有势和无旋运动条件下式 (D.21) 成立，将上式代入其中，并考虑到求梯度和求时间偏导可交换顺序，得

$$\boldsymbol{a}=\nabla\left(\frac{\partial \varPhi}{\partial t}+\frac{v^2}{2}\right) \tag{D.32}$$

将上式代入 Euler 运动方程式 (D.18)，得

$$\nabla\left(\frac{\partial \varPhi}{\partial t}+\frac{v^2}{2}+\varLambda+U\right)=0 \tag{D.33}$$

这说明括号里的项不随空间位置变化而为常数，但在不同的时间常数会不同，因此式 (D.30) 得证。◆◆

定常流动系指流体运动中在固定空间点处的速度，压力和密度都保持不变，即

$$\left.\frac{\partial \boldsymbol{v}}{\partial t}\right|_{\text{固定}\ \boldsymbol{x}}=0,\quad \left.\frac{\partial p}{\partial t}\right|_{\text{固定}\ \boldsymbol{x}}=0,\quad \left.\frac{\partial \rho}{\partial t}\right|_{\text{固定}\ \boldsymbol{x}}=0 \tag{D.34}$$

在定常流动下，式 (D.18) 则可积分为

$$\frac{v^2}{2}+\varLambda+U=c \tag{D.35}$$

其中 c 对于同一流体物质点而言保持为常数，即：同一物质点在任何不同时刻 (处于不同的空间位置)，上式的左边量保持为同一常数。式 (D.35) 称之为 Bernoulli 积分。

证明　用速度 $\boldsymbol{v}$ 点乘式 (D.18) 两边，左边项为

$$\boldsymbol{v}\cdot\dot{\boldsymbol{v}}=\frac{\mathrm{D}}{\mathrm{D}t}\left(\frac{1}{2}\boldsymbol{v}\cdot\boldsymbol{v}\right)=\frac{\mathrm{D}}{\mathrm{D}t}\left(\frac{v^2}{2}\right) \tag{D.36}$$

至于式 (D.18) 的右边项，根据 4.1 节的分析，见式 (4.8)，考虑到 $(\boldsymbol{v}\otimes\nabla)\cdot\boldsymbol{v}=\boldsymbol{v}\cdot(\nabla\otimes\boldsymbol{v})$，我们有 $\dfrac{\mathrm{D}}{\mathrm{D}t}=\dfrac{\partial}{\partial t}+\boldsymbol{v}\cdot\nabla$，对于定常运动，因此

$$\frac{\mathrm{D}\varLambda}{\mathrm{D}t}=\left(\frac{\partial}{\partial t}+\boldsymbol{v}\cdot\nabla\right)\varLambda=\boldsymbol{v}\cdot\nabla\varLambda \tag{D.37}$$

将上式中 $\varLambda$ 替换为 U 同样成立，最后，式 (D.18) 可写成

$$\frac{\mathrm{D}}{\mathrm{D}t}\left(\frac{v^2}{2}+\varLambda+U\right)=0 \tag{D.38}$$

从而得式 (D.35)。◆◆

Bernoulli 积分式 (D.35) 中各项分别代表单位质量流体的动能、体积力势能和压力势能，故反映了能量守恒关系。同一物质点运动的轨迹线，称之为迹线，属于物质描述；在同一时刻各空间点速度切线的连线，称之为流线，属于空间描述。对于定常流，迹线和流线重合，因此，沿一条流线 c 为常数，当然，沿不同流线的 c 值可以不同。

Lagrange 积分式 (D.30)，在定常情形下，左边第一项为零，而右边应为常数 $h(t)=c$，就变为与 Bernoulli 积分相同的形式，注意：在增加了无旋运动的条件后，这里的 c 在整个流场内都是一个常数，而 Bernoulli 积分中的 c 是在同一条流线为常数。

当密度保持为常数 (体积不可压缩)，体积力为重力时，考虑到压力势式 (D.17) 和重力势 $U=gz$，Bernoulli 积分式 (D.35) 变为

$$\frac{v^2}{2}+gz+\frac{p}{\rho}=c \tag{D.39}$$

上式中如果忽略体积力的影响，可以得出结论，在速度高的位置，压力会比较低，甚至会产生负压。

若做无旋流动的流体还是体积不可压缩的，结合式 (D.13) 和式 (D.31)，得速度势函数应满足

$$\nabla\cdot(\nabla\varPhi)=\nabla^2\varPhi=0 \tag{D.40}$$

式中 ∇^2 是 Laplace 算子。

D.4 定常绕流问题

一物体置入到原本静止的无界不可压缩流体中并以常速度 V 运动，它所引起的流体速度场本来是不定常的，但如果把参考系取在物体上，同物体一起运动，在此运动的参考系看来，物体是静止不动的，而流体从无穷远处向物体以定常的方式绕流而过，在上游无穷远处，流体的速度是常量 $v=-V$，且是无旋的。若现在考虑的是弹性流体且体力有势，由 Kelvin 定理，则在任何区域的速度也是无旋的，即此定常绕流问题是无旋运动。

取来流方向为 x 轴，在无穷远处速度为

$$v_y=0,\quad v_z=0,\quad v_x=v_\infty \tag{D.41}$$

无旋流动必有速度势函数 Φ 存在，且它应满足 Laplace 方程式 (D.40)，这里的边界条件是

(1) 在物体表面上

$$v_n=\frac{\partial \Phi}{\partial n}=0 \tag{D.42}$$

(2) 在无穷远处

$$\frac{\partial \Phi}{\partial y}=\frac{\partial \Phi}{\partial z}=0,\quad \frac{\partial \Phi}{\partial x}=v_\infty \tag{D.43}$$

使用方程式 (D.40) 和上述边界条件求出 Φ 后，就可以知道速度 $\boldsymbol{v}=\nabla\Phi$。

考虑到定常运动下 $\dfrac{\partial}{\partial t}=0$，假设流体密度 $\rho=$ 常数，压力势为式 (D.17)，而重力势 $U=\text{const}$，再由 Lagrange 积分式 (D.30)

$$\frac{v^2}{2}+\frac{p}{\rho}=\frac{v_\infty^2}{2}+\frac{p_\infty}{\rho} \tag{D.44}$$

得

$$p=p_\infty+\frac{\rho}{2}\left(v_\infty^2-v^2\right) \tag{D.45}$$

式中 p_∞ 为无穷远处压力。

例题 D.1 如图 D.1 所示平面绕流问题，其中圆柱体的半径为 a，无穷远处速度为 v，使用极坐标求解物体周围的速度分布和压力分布。

解 取速度势函数为

$$\Phi=v\left(1+\frac{a^2}{r^2}\right)r\cos\theta$$

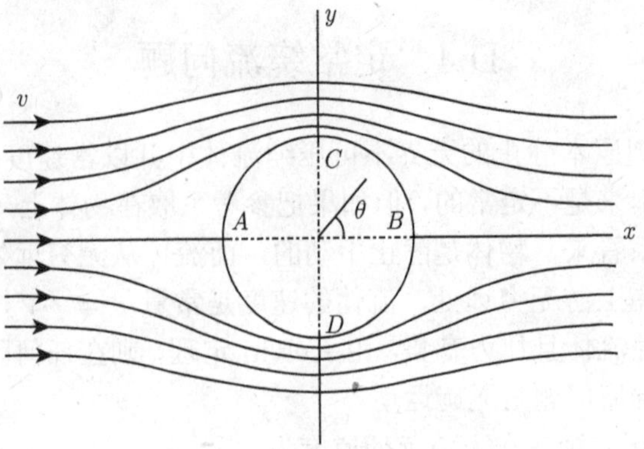

图 D.1　圆柱体绕流

得速度分布为

$$v_r = \frac{\partial \Phi}{\partial r} = v\left(1 - \frac{a^2}{r^2}\right)\cos\theta$$

$$v_\theta = \frac{1}{r}\frac{\partial \Phi}{\partial \theta} = -v\left(1 + \frac{a^2}{r^2}\right)\sin\theta$$

而

$$v_x = v_r\cos\theta - v_\theta\sin\theta = v\left(1 - \frac{a^2}{r^2}\cos 2\theta\right)$$

$$v_y = v_r\sin\theta + v_\theta\cos\theta = v\frac{a^2}{r^2}\sin 2\theta$$

在圆柱体表面 $r_s = a$，其径向和环向速度分布分别为

$$v_r = 0, \quad v_\theta = -2v\sin\theta$$

显然上面给出的速度分布能够满足 Laplace 方程式 (D.40) 及其边界条件 (圆柱表面法向速度为零，无穷远处速度为 v)。

根据上面给出的速度分布，在圆柱体的前后驻点 A 点和 B 点上，环向速度 $v_\theta = 0$，在上下侧点 C 点和 D 点上，环向速度 $v_\theta = \mp 2v$，其绝对值等于来流速度的 2 倍。

在圆柱体表面任意空间位置点的速度大小为

$$\sqrt{v_r^2 + v_\theta^2} = 2v\sin\theta$$

根据 Lagrange 积分所得的式 (D.44)，得圆柱体表面的压力分布为

$$p_s = p_\infty + \frac{1}{2}\rho v^2\left(1 - 4\sin^2\theta\right)$$

上式表明：压力分布关于 x，y 轴对称，前后驻点 A、B 处压力最大为

$$p_{s,\max} = p_\infty + \frac{1}{2}\rho v^2$$

上下侧点 C、D 处的压力最小为

$$p_{s,\min} = p_\infty - \frac{3}{2}\rho v^2$$

沿圆柱体积分，得压力合力为零，与实际情况显然不符，这是由于没有考虑黏性的结果。

D.5 热弹性流体

D.5.1 不可压缩热弹性流体

不可压缩热弹性流体即热–无黏性流体的内能同熵弹性材料一样仅取决于熵，即

$$e = e(\eta) \tag{D.46}$$

说明如下：在当前构形中，使用本构方程式 (D.1)，得单位质量的内力功率恒为零

$$\frac{1}{\rho}\boldsymbol{\sigma} : \boldsymbol{d} = -\frac{p}{\rho}\boldsymbol{I} : \boldsymbol{d} = -\frac{p}{\rho}\,\mathrm{tr}\,\boldsymbol{d} = 0 \tag{D.47}$$

根据热力学第一定律，微元内能的增量 $\mathrm{d}e$ 就等于从微元外部所吸收的热量 $\mathrm{d}Q$

$$\mathrm{d}e = \mathrm{d}Q \tag{D.48}$$

不可压缩热弹性物质，其力学过程可逆，根据热力学第二定律有

$$\mathrm{d}Q = \theta\mathrm{d}\eta \tag{D.49}$$

从而有

$$\mathrm{d}e = \theta\mathrm{d}\eta \tag{D.50}$$

直接根据热弹性物质的内禀耗散率 $\theta\gamma_{\mathrm{int}} = 0$ 并结合式 (5.279) 和式 (D.47) 也可导出上式。由上式可知，若熵 $\eta =$const，则内能 $e =$const，所以 e 只是 η 的函数。

由 $\theta\gamma_{\mathrm{int}} = 0$ 结合式 (5.276a)，并考虑到式 (12.39) 的第二式，则有

$$\rho C_V\dot{\theta} = \rho\theta\dot{\eta} = \rho\kappa - \boldsymbol{q}\cdot\nabla \tag{D.51}$$

再将热流矢量 $\boldsymbol{q}$ 与温度梯度的关系式 (12.26) 代入，得热传导方程为

$$\rho C_V\dot{\theta} = \rho\kappa + (\underline{\mathbf{B}}\cdot(\theta\nabla))\cdot\nabla \tag{D.52}$$

式中

$$\theta = \theta(\boldsymbol{x}, t) \quad \Rightarrow \quad \dot{\theta} = \frac{\partial \theta}{\partial t} + \frac{\partial \theta}{\partial x_i} v_i \tag{D.53}$$

从式 (12.26) 的导出过程可知，二阶热传导张量 $\underline{\mathbf{B}}$ 取决于变形和温度，若物质的热学性质为各向同性且不受变形的影响，它将退化为仅取决于标量的球形张量，设该标量为常数 k，则热传导方程变为

$$\rho C_V \dot{\theta} = \rho \kappa + k \nabla^2 \theta \tag{D.54}$$

若已知材料参数 C_V，k 和 ρ，以及单位时间每质量接受外部的热 κ 和边界上的热流矢量 $\boldsymbol{q}$ (作为边界条件)，就可利用上式求解温度分布。

需要指出：前面针对不可压缩流体所列出的基本方程式 (D.11) 和式 (D.13) 仍然有效，只是其中的压力 p 和速度 $\boldsymbol{v}$ 应取决于温度，然而，确定其在给定力作用下的运动，这一力学问题的求解并不取决于温度在流体中分布问题的求解，也不需要知道内能。但是，从式 (D.53) 可知，温度的物质时间导数取决于速度，因此，欲求温度分布，必须首先通过力学问题分析求解出速度分布，这就是说，热学问题的求解依赖于力学问题的求解。

D.5.2　可压缩热弹性流体

若热弹性流体是可压缩的，当前构形中单位质量的内能除依赖于熵外，还应依赖密度

$$e = e(\rho, \eta) \tag{D.55}$$

使用式 (D.47) 和质量守恒式 (5.14)，内力功应是

$$\frac{1}{\rho} \boldsymbol{\sigma} : \boldsymbol{d} \, \mathrm{d}t = -\frac{p}{\rho} \operatorname{tr} \boldsymbol{d} \, \mathrm{d}t = -\frac{p}{\rho} \nabla \cdot \boldsymbol{v} \, \mathrm{d}t = \frac{p}{\rho^2} \, \mathrm{d}\rho = -p \mathrm{d}\left(\frac{1}{\rho}\right) \tag{D.56}$$

仍然假定过程是可逆的，有 $\mathrm{d}Q = \theta \mathrm{d}\eta$，因此，热力学第一定律给出

$$\mathrm{d}e = -p \mathrm{d}\left(\frac{1}{\rho}\right) + \theta \mathrm{d}\eta \tag{D.57}$$

对 $e = e(\rho, \eta)$ 两边取微分，并与上式对照，得

$$p = \rho^2 \frac{\partial e}{\partial \rho} = p(\rho, \eta), \quad \theta = \frac{\partial e}{\partial \eta} = \theta(\rho, \eta) \tag{D.58}$$

上面两式就是考虑热效应后，可压缩热弹性流体的本构方程，应用时需要事先确定内能取决密度和熵的函数关系 $e = e(\rho, \eta)$。这样，问题求解的未知数就是 ρ、p、v_i、η 和 θ 共七个，方程包含上面两个本构方程式 (D.58)、质量守恒方程 (一个) 式 (5.14) 和动量守恒方程 (三个) 即 Euler 运动方程式 (D.11) 共六个，封闭求解还需要温度分布，这要靠热传导方程式 (D.52) 确定。

变 量 表

a	当前构形上的面积
$\boldsymbol{a}$	加速度
$\boldsymbol{a}_i(i=1,2,3)$	Almansi 应变的特征基张量
A	参考构形上的面积
$\boldsymbol{A}$	位移在参考构形上的梯度
$\boldsymbol{A}_i(i=1,2,3)$	Green 应变的特征基张量
$\boldsymbol{b}$	左 Cauchy-Green 变形张量
$\boldsymbol{c}$	Cauchy 变形张量
C_V	比热
$\boldsymbol{C}$	右 Cauchy-Green 变形张量
$\tilde{\boldsymbol{C}}$	右 Cauchy-Green 变形张量的等体积变形
$\boldsymbol{d}$	变形率
$\hat{\boldsymbol{d}}$	共旋变形率
e	单位质量的内能
$\boldsymbol{e}_i\ (i=1,2,3)$	空间坐标基矢量
$\boldsymbol{e}$	Almansi 应变张量
$\boldsymbol{e}^{(0)}$	空间对数应变张量
E	弹性模量
$\boldsymbol{E}_i\ (i=1,2,3)$	物质坐标基矢量
$\boldsymbol{E}$	Green 应变张量
$\boldsymbol{E}^{(0)}$	物质对数应变张量
$\boldsymbol{E}^{(1)}$	名义应变张量
$\boldsymbol{f}$	单位质量的体积力
$\boldsymbol{f}_G$	广义体积力
$\boldsymbol{F}$	变形梯度
$\tilde{\boldsymbol{F}}$	变形梯度的等体积变形部分
$\boldsymbol{g}_0$	温度相对物质坐标的梯度
$\boldsymbol{g}$	温度的空间梯度
$\boldsymbol{g}_i(i=1,2,3)$	Euler 曲线坐标的协变基矢量

$\boldsymbol{G}_I(I=1,2,3)$	Lagrange 曲线坐标的协变基矢量
$\boldsymbol{h}=\ \boldsymbol{e}^{(0)}$	空间对数应变张量
$\boldsymbol{H}=\boldsymbol{E}^{(0)}$	物质对数应变张量
$\boldsymbol{I}$	二阶单位张量
I^C，II^C，III^C	二阶对称张量 $\boldsymbol{C}$ 的三个主不变量
II^{*C}	$\boldsymbol{C}$ 的不变量，为 $\mathrm{tr}\,\boldsymbol{C}^2$
J	变形梯度的 Jacobi 行列式
K	体积模量
$\boldsymbol{K}$	Cauchy 应力的响应函数
$\boldsymbol{K}_0$	第一 P-K 应力的响应函数
$\boldsymbol{l}$	速度梯度
$\boldsymbol{L}$	右速度梯度
m	物质质量
$\boldsymbol{m}$	空间结构张量 (除表示方向外)
$\boldsymbol{M}$	结构张量 (除表示方向外)
$\boldsymbol{n}$	空间面法线矢量
$\boldsymbol{n}_i(i=1,2,3)$	Euler 主轴
$\boldsymbol{N}$	物质面法线矢量
$\boldsymbol{N}_I(I=1,2,3)$	Lagrange 主轴
p	静水压力
$\boldsymbol{P}$	第一 P-K 应力
$\boldsymbol{q}_0$	参考构形中的热流矢量 (热流密度)
$\boldsymbol{q}$	当前构形中的热流密度
Q	流入物质区域 Ω 的总的热量
$\boldsymbol{Q}$	正交张量
$\boldsymbol{R}$	转动张量
S	熵
$\boldsymbol{S}$	第二 P-K 应力
$\boldsymbol{S}^{(0)}$	与物质对数应变 $\boldsymbol{H}$ 共轭的应力度量
$\boldsymbol{S}^{(1)}$	Biot 应力，与名义应变张量 $\boldsymbol{E}^{(1)}$ 共轭
t	时间
$\boldsymbol{t}$	空间应力矢量
$\boldsymbol{t}_0$	物质应力矢量
$\boldsymbol{T}=\boldsymbol{S}^{(0)}$	与物质对数应变张量 $\boldsymbol{H}=\boldsymbol{E}^{(0)}$ 共轭的应力
$\boldsymbol{u}$	位移矢量

$\boldsymbol{U}$	右伸长张量
$\boldsymbol{v}$	速度
V_0	参考构形上的体积
V	当前构形上的体积
$\boldsymbol{V}$	左伸长张量
w	单位参考体积的应力功率
$\boldsymbol{w}$	物质旋率
$\hat{\boldsymbol{w}}$	共旋的物质旋率
W	参考构形中单位体积的储能函数
$\boldsymbol{x}$	空间坐标
$\boldsymbol{X}$	物质坐标
$\boldsymbol{\beta}$	二阶潜热张量
$\boldsymbol{\chi}$	单位参考体积的弹性率势
δ_{ij}	Kronecker 符号
$\boldsymbol{\varepsilon}$	小应变张量
γ	剪切应变，单位质量的内禀熵生成率
γ_{th}	热传导耗散率
γ_{int}	内禀耗散率
$\varGamma$	当前构形中物质区域 $\varOmega$ 的边界表面
$\varGamma_0$	参考构形中物质区域 $\varOmega_0$ 的边界表面
$\varGamma_c$	当前构形中固定不变空间区域 $\varOmega_c$ 的边界表面
η	单位质量的熵
κ	每单位时间单位质量流入的热量
λ	特征值，伸长比，Lame 弹性常数之一
$\bar{\lambda}$	右 Cauchy-Green 变形张量 $\boldsymbol{C}$ 的主值
μ	Lame 弹性常数之一 (剪切模量)
ν	泊松比
$\varPi$	总势能
θ	(除表示角度外) 绝对温度
ρ_0	参考构形上的密度
ρ	当前构形上的密度
$\boldsymbol{\sigma}$	Cauchy 应力张量
$\boldsymbol{\tau}$	Kirchhoff 应力张量
$\hat{\boldsymbol{\tau}}$	共旋的 Kirchhoff 应力张量
$\boldsymbol{\omega}$	转动轴矢量

$\boldsymbol{\Omega}$	固定物质点集合在当前构形中所占据的区域
$\boldsymbol{\Omega}_0$	固定物质点集合在参考构形中所占据的区域
$\boldsymbol{\Omega}_c$	当前构形中固定不变的空间区域
$\boldsymbol{\Omega}^R$	相对旋率
$\boldsymbol{\Omega}^{\mathrm{Eul}}$	Euler 旋率
$\boldsymbol{\Omega}^{\mathrm{Lag}}$	Lagrange 旋率
$\boldsymbol{\Omega}^{\log}$	对数旋率
Ξ	总的率势
$\boldsymbol{\Xi}$	Eshleby 应力张量 (能动量张量)
ψ	Helmholtz 自由能
ψ_{G}	Gibbs 自由能
$\mathbb{A}$	第一弹性张量
$\boldsymbol{\mathcal{A}}$	以当前构形为参考构形的第一弹性张量
$\mathbb{C}$	第二 (物质) 弹性张量
$\boldsymbol{\mathcal{C}}$	空间弹性张量
$\mathcal{D}$	排除泛函
$\boldsymbol{\mathcal{D}}$	空间弹性张量 $\mathcal{C}$ 的逆——柔度张量
$\mathbb{D}$	第二 (物质) 弹性张量 $\mathcal{C}$ 的逆
ε	物体的总内能
$\mathcal{E}_{ijk}$	置换符号
$\mathcal{E}$	以置换符号为分量的置换张量
$\mathcal{F}$	Cauchy 应力的本构响应泛函
$\mathcal{G}$	物质对称群
$\mathbb{I}$	参考构形上的四阶单位张量
$\boldsymbol{\mathcal{I}}$	当前构形上的四阶单位张量
$\mathcal{K}$	物体的总动能
$\mathcal{L}_{\mathrm{v}}$	Lie 导数
$\boldsymbol{\mathcal{N}}$	能动量张量的面积分
$\boldsymbol{\mathcal{O}}$	正交群
$\mathcal{Q}$	单位时间流入物体的总热量
$\mathcal{P}_{\mathrm{ext}}$	外力的功率
$\mathcal{P}_G$	广义力的功率
$\mathcal{P}_{\mathrm{int}}$	内力的功率
$\mathbb{P}$	参考构形中的四阶投影张量
$\boldsymbol{\mathcal{P}}$	四阶投影张量 $\mathbb{P}$ 的空间形式

$\mathcal{R}$	第二 P-K 应力的本构响应泛函
$\mathbb{T}$	将共旋变形率转换为物质对数应变率的四阶 (物质) 转换张量
$\mathcal{T}$	转换张量 $\mathbb{T}$ 的空间形式
$\mathcal{U}$	单位模群
$\underline{\mathbf{A}}$	以空间坐标点为参照的位移相对物质坐标的梯度
$\underline{\mathbf{B}}$	二阶热传导张量
$\underline{\mathbf{E}}$	Hill 应变度量
$\underline{\mathbf{f}}$	合外力
$\underline{\mathbf{f}}_G$	包括惯性在内的合外力——广义外力
$\underline{\mathbf{m}}$	合外力矩
$\underline{\mathbf{m}}_G$	包括惯性力在内的合外力矩——广义外力矩
$\underline{\mathbf{H}}$	物质对称群中的变换
$\underline{\mathbf{P}}$	参考构形之间的变形梯度
$\underline{\mathbf{S}}$	Hill 应力度量
$\underline{\mathbf{T}}$	声学张量

参考文献

Abeyaratne R. 2012. Lecture Notes on The Mechanics of Elastic Solids Volume II: Continuum Mechanics Version 1.0.

Anand L. 1979. On H. Hencky's approximate strain-energy function for moderate deformations. Journal of Applied Mechanics, ASME, 46: 78-82.

Baker M, Ericksen J L. 1954. Inequalities restricting the form of the stress-deformation relations for isotropic elastic solids and Reiner-Rivlin fluids. Journal of the Washington Academy of Sciences, 44: 33-35.

Ball J M. 1977.Convexity conditions and existence theorems in nonlinear elasticity. Archive for Rational Mechanics and Analysis, 63: 337-403.

Ball J M. 1982. Discontinuous equilibrium solutions and cavitation in nonlinear elasticity. Philosophical Transactions of the Royal Society of London, Series A, 306: 557-611.

Belytschko T, Liu W K, Moran B. 2000. Nonlinear Finite Elements for Continua and Structures.New York: John Wiley & Sons Ltd.

Bertram A. 2008. Elasticity and Plasticity of Large Deformations an Introduction. 2nd ed. Berlin Heidelberg: Springer Verlag.

Bertram A, Svendsen B. 2001. On material objectivity and reduced constitutive equations. Archives of Mechanics, 53: 653-675.

Bhattacharya K. 2003. Microstructure of Martensite. Oxford: Oxford University Press.

Biot M A. 1965. Meachanics of Incremental Deformation. NewYork: Wiley.

Boehler J P. 1977.On irreducible representations for isotropic scalar functions. Zeitschrift für Angewandte Mathematik und Mechanik, 57: 323-327.

Boehler J P. 1978. Lois de comportement anisotropes des milieux continus. Journal de Mecanique, 17: 153-190.

Boehler J P. 1979. A simple derivation of representations for non-polynomial constitutive equations in some cases of anisotropy. Zeitschrift für Angewandte Mathematik und Mechanik, 59: 157-167.

Bonet J, Wood R D. 2008. Nonlinear Continuum Mechanics for Finite Element Analysis. 2nd ed. Cambridge: Cambridge University Press.

Bowen R M, Wang C C. 1970. Acceleration waves in inhomogeneous isotropic elastic bodies. Archive for Rational Mechanics and Analysis, 38: 13-45.

Chadwick P, Creasy C F M. 1984. Modified entropic elasticity of rubberlike materials. Journal of the Mechanics and Physics of Solids, 32: 337-357.

Chadwick P, Ogden R W. 1971. A theorem of tensor calculus and its application to isotropic elasticity. Archive for Rational Mechanics and Analysis, 44: 54-68.

Chen M X, Peng Q, Huang J J. 2014. On the representation and implicit integration of general isotropic elastoplasticity based on a set of mutually orthogonal unit basis tensors. International Journal for Numerical Methods in Engineering, 99:654-681.

Chen M X, Tan Y W, Wang B F. 2012. General invariant representations of the constitutive equations for isotropic nonlinearly elastic materials. International Journal of Solids and Structures, 49: 318-327.

Chen M X, Zheng Q S, Yang W. 1996. A micromechanical model of crystalline polymer in plane strain.Journal of the Mechanics and Physics of Solids, 44:157-178.

Coleman B D, Noll W. 1961. Foundations of linear viscoelasticity. Reviews of Modern Physics,33: 239-249.

Coleman B D, Noll W. 1964. Material symmetry and thermostatic inequalities in finite elastic deformations. Archive for Rational Mechanics and Analysis, 15:87-111.

Curnier A, Zysset P. 2006. A family of metric strains and conjugate stresses, prolonging usual material laws from small to large transformations. International Journal of Solids and Structures, 43:3057-3086.

Dienes J K. 1979. On the analysis of rotation and stress rate in deforming bodies. Acta Mechanica, 32: 217-232.

Eshelby J D. 1951. The force on an elastic singularity. Philosophical Transactions of the Royal Society of London, Series A, 244: 87-112.

Eshelby J D. 1975. The elastic energy momentum tensor. Journal of Elasticity, 5: 321-335.

Fitzgerald J E. 1980.A tensorial Hencky measure of strain and strain rate for finite deformations. Journal of Applied Physics, 51: 5111-5115.

Flory P J. 1961. Thermodynamic relations for high elastic materials. Transactions of the Faraday Society, 57:829-838.

Frewer M. 2009. More clarity on the concept of material frame-indifference in classical continuum mechanics. Acta Mechanica, 202: 213-246.

Gurtin M E, Fried E, Anand L. 2010. The Mechanics and Thermodynamics of Continua.Cambridge: Cambridge University Press.

Hill R. 1957.On uniqueness and stability in the theory of finite elastic strain. Journal of the Mechanics and Physics of Solids, 5: 229-241.

Hill R. 1958.A general theory of uniqueness and stability in elastic-plastic solids. Journal of the Mechanics and Physics of Solids, 6: 236-249.

Hill R. 1968.On constitutive inequalities for simple material-I. Journal of the Mechanics and Physics of Solids, 16: 229-242.

Hill R. 1970. Constitutive inequalities for isotropic elastic solids under finite strain. Journal of the Mechanics and Physics of Solids, 18: 457-472.

Hill R. 1978.Aspects of invariance in solid mechnics. Advances in Applied Mechanic, 18: 1-75.

Hoger A. 1986. The material time derivative of logarithmic strain. International Journal of Solids and Structures,22: 1019-1032.

Hoger A. 1987. The stress conjugate to logarithmic strain. International Journal of Solids and Structures, 23: 1645-1656.

Holzapfel G A. 2000. Nonlinear Solid Mechanics: A Continuum Approach for Engineering Science. New York: John Wiley & Sons, Ltd.

I-Shih L. 1982. On representations of anisotropic invariants. International Journal of Engineering Science, 20:1099-1109.

Jog C S. 2007. Foundations and Applications of Mechanics: Volume 1. Continuum Mechanics. 2nd ed. Alpha Science International Ltd.

Kyriakides S, Yu-Chung C. 1991. The initiation and propagation of a localized instability in an inflated elastic tube. International Journal of Solids and Structures, 27:1085-1111.

Lainé E, Vallée C, Fortuné D. 1999. Nonlinear isotropic constitutive laws: choice of the three invariants, convex potentials and constitutive inequalities. International Journal of Engineering Science,37:1927-1941.

Landau L D, Lifshitz E M. 1999. Theory of Elasticity, Course of Theoretical Physics: Volume 7. 3rd ed. Oxford: Butterworth-Heinemann.

Latorre M, Montáns F J. 2014. On the interpretation of the logarithmic strain tensor in an arbitrary system of representation. International Journal of Solids and Structures, 51 :1507-1515.

Lee E H. 1969. Elastic-plastic deformation at finite strains. Journal of Applied Mechanics, 35: 1-6.

Liu I S.2004. On Euclidean objectivity and the principle of material frame-indifference. Continuum Mechanics and Thermodynamics, 16:177-183.

Lubarda V A. 2002. Elastoplasticity Theory.Boca Raton: CRC Press.

Mandel J. 1972. Plasticité Classique et Viscoplasticité. New York: Springer-Verlag.

Marsden J, Hughes T. 1983. Mathematical Foundations of Elasticity.New Jersey: Prentice-Hall.

Martinec Zdenek, Continuum Mechanics (Lecture Notes), 2011.

Maugin G A. 1994. Eshelby stress in elastoplasticity and ductile fracture. International Journal of Plasticity,10: 393-408.

Mehrabadi M M, Nemat-Nasser S. 1987. Some basic kinematical relations for finite deformations of continua. Mechanics of Materials, 6: 127-138.

Miehe C. 1998. Comparison of two algorithms for the computation of fourth-order isotropic tensor functions. Computers & Structures, 66(1): 37-43.

Mooney M. 1940. A theory of large elastic deformation. Journal of Applied Physics, 11(9): 582-592.

Morman K N. 1987. The generalized strain measure with application to non-homogeneous deformations in rubber-like solids. Journal of Applied Mechanics, 53:726-728.

Morrey C B. 1952. Quasi-convexity and the lower semicontinuity of multiple integrals. Pacific Journal of Mathematics, 2:25-53.

Müller I. 1972. On the frame dependence of stress and heat flux. Archive for Rational Mechanics and Analysis,45:241-250.

Noether E. 1918. Invariante variationsprobleme. Göttinger Nachrichten, Mathematisch-physikalische Klasse, 2:235-257.

Noll W. 1958. A mathematical theory of the mechanical behavior of continuous media. Archive for Rational Mechanics and Analysis, 2: 197-226.

Noll W. 1965. Proof of the maximality of the orthogonal group in the unimodular group. Archive for Rational Mechanics and Analysis, 18: 97-99.

Noll W. 1974. The Foundations of Mechanics and Thermodynamics.New York: Springer-Verlag.

Ogden R W. 1972. Large deformation isotropic elasticity – on the correlation of theory and experiment for incompressible rubberlike solids. Proceedings of the Royal Society of London, Series A, 328: 565-584.

Ogden R W. 1982. Elastic deformation of rubberlike solids// Hopkins H G, Sewell M J. Mechanics of Solids. The Rodney Hill 60th Anniversary Volume. Oxford: Pergamon Press:499-537.

Ogden R W. 1984.Non-Linear Elastic Deformations. New York: Dover Publications Inc.

Ogden R W. 1992. On the thermoelastic modeling of rubberlike solids. Journal of Thermal Stresses, 15:533-537.

Pascon J P, Coda H B. 2017.Finite deformation analysis of visco-hyperelastic materials via solid tetrahedral finite elements. Finite Elements in Analysis and Design, 133:25-41.

Pennisi S, Trovato M. 1987. On the irreducibility of Professor G. F. Smith's representations for isotropic functions. International Journal of Engineering Science, 25: 1056-1065.

Pipkin A C, Wineman A S. 1963. Material symmetry restrictions on non-polynomial constitutive equations. Archive for Rational Mechanics and Analysis, 12: 420-426.

Reismann H, Pawlik P S. 1980.Elasticity Theory and Applications.New York: John Wiley & Sons, Inc.

Rivlin R S. 1948a. Large elastic deformations of isotropic materials. II Some uniqueness theorems for pure homogeneous deformation. Philosophical Transactions of Royal Society of London, Series A, 240: 491-508.

Rivlin R S. 1948b. Large elastic deformations of isotropic materials. IV. Further developments of the general theory. Philosophical Transactions of the Royal Society of London, Series A, Mathematical and Physical Sciences, 241: 379-397.

Rivlin R S. 1955. Further remarks on the stress-deformation relations for isotropic materials. Journal of Rational Mechanics and Analysis, 4: 681-702.

Rivlin R S. 1974. Stability of pure homogeneous deformations of an elastic cube under dead loading. Quarterly of Applied Mathematics, 2: 265-271.

Rivlin R S, Ericksen J L. 1955. Stress deformation relations for isotropic materials. Journal of Rational Mechanics and Analysis, 4: 323-425.

Sansour C. 2001.On the dual variable of the logarithmic strain tensor, the dual variable of the Cauchy stress tensor, and related issues. International Journal of Solids and Structures,38: 9221-9232.

Sanz M Á, Montáns F J, Latorre M. 2017. Computational anisotropic hardening multiplicative elastoplasticity based on the corrector elastic logarithmic strain rate. Computer Methods in Applied Mechanics and Engineering, 320: 82-121.

Sewell M J. 1967. On configuration dependent loading. Archive for Rational Mechanics and Analysis, 23: 327-351.

Shutov A V, Ihlemann J. 2014. Analysis of some basic approaches to finite strain elasto-plasticity in view of reference change. International Journal of Plasticity,63:183-197.

Shames I H, Cozzarell F A. 1992. Elastic and Inelastic Stress Analysis. New York: Prentice Hall, Inc.

Silling S A. 1988. Two-dimensional effects in the necking of elastic bars. Journal of Applied Mechanics ,55:530-535.

Simo J C. 1987. On a fully three-dimensional finite-strain viscoelastic damage model: Formulation and computational aspects. Computer Methods in Applied Mechanics and Engineering, 60: 153-173.

Simo J C. 1992. Algorithms for static and dynamic multiplicative plasticity that preserve the classical return mapping schemes of the infinitesimal theory. Computer Methods in Applied Mechanics and Engineering, 99:61-112.

Simo J C, Hughes T J R. 1997. Computional Inelasticity.Berlin: Springer-Verlag.

Simo J C, Pister K S. 1984.Remarks on the rate constitutive equations for finite deformation problems: computational implications. Computer Methods in Applied Mechanics and Engineering, 46：201-215.

Smith G F. 1971. On isotropic functions of symmetric tensors, skew-symmetric tensors and vectors. International Journal of Engineering Science, 9: 899-916.

Stephenson R A. 1980. On the uniqueness of the square-root of a symmetric, positive-definite tensor. Journal of Elasticity, 10: 213-214.

Svendsen B, Bertram A. 1999. On frame-indifference and form-invariance in constitutive theory. Acta Mechanica, 132: 195-207.

Treloar L R G. 1944. Stress-strain data for vulcanised rubber under various types of deformation. Transactions of the Faraday Society, 40:59-70.

Truesdell C A, Noll W. 1965. The Non-Linear Field Theories of Mechanics//Handbuch der Physik, vol.Ⅲ/3. Berlin: Springer.

Wang C C. 1970. A new representation theorem for isotropic functions, Part I and II. Archive for Rational Mechanics and Analysis,36:166-223.

Wegener K. 1991.Zur Berechnung großer plastischer Deformationen mit einem Stoffgesetz vom Überspannungstyp. Braunschweig Series on Mechnics 2, TU Braunschweig.

Wineman A S, Pipkin A C. 1964. Material symmetry restrictions on constitutive equations. Archive for Rational Mechanics and Analysis,17: 184-214.

Xiao H. 1995. Unified explicit basis-free expressions for time rate and conjugate stress of an arbitrary Hill's strain. International Journal of Solids and Structures, 22: 3327-3340.

Xiao H, Bruhns O T, Meyers A. 1997a. Logarithmic strain, logarithmic spin and logarithmic rate. Acta Mechanica, 124: 89-105.

Xiao H, Bruhns O T, Meyers A. 1997b. Hypoelasticity model based upon the logarithmic stress rate. Journal of Elasticity, 47: 51-68.

Xiao H, Bruhns O T, Meyers A. 2006. Elastoplasticity beyond small deformations. Acta Mechanica, 182：31-111.

Xiao H, Chen L S. 2003. Hencky's logarithmic strain and dual stress-strain and strain-stress relations in isotropic finite hyperelasticity. International Journal of Solids and Structures, 40: 1455-1463.

Zheng Q S. 1993.On the representations for isotropic vector-valued, symmetric tensor-valued and skew-symmetric tensor valued functions. International Journal of Engineering Science,31: 1013-1024.

Zheng Q S. 1994. Theory of representations for tensor functions: A unified invariant approach to constitutive equations. Applied Mechanics Reviews, 47:545-587.

Zheng Q S, Betten J. 1995.On the tensor function representations of 2nd-order and 4-th-order tensors. Zeitschrift für angewandte Mathematik und Mechanik, 75：269-281.

黄筑平. 2003. 连续介质力学基础. 北京: 高等教育出版社.

王自强. 2000. 理性力学基础. 北京: 科学出版社.

谢多夫. 2007. 连续介质力学 (第一卷). 6 版. 李植, 译. 北京: 高等教育出版社.